Astronomischer Jahresbericht

1899 gegründet von Walter Wislicenus

58. Band Die Literatur des Jahres 1958

Herausgegeben vom

Astronomischen Rechen-Institut in Heidelberg

Bearbeitet von

K. Heinemann F. Henn W. Lohmann

Walter de Gruyter & Co.

vormals G. J. Göschen'sche Verlagshandlung — J. Guttentag, Verlagsbuchhandlung — Georg Reimer — Karl J. Trübner — Veit & Comp.

Berlin 1960

Druck bei G. Braun (vorm. G. Braunsche Hofbuchdruckerei und Verlag) G. m. b. H., Karlsruhe in Baden • Auflage 500 • Juli 1960

Mit alleinigem Vertrieb beauftragt W. de Gruyter & Co., Berlin
Archiv-Nr. 18 01 61 • Preis 60.— DM

Printed in Germany

Mit dem Erscheinen des vorliegenden Bandes des Astronomischen Jahresberichts vollendet Herr Prof. Dr. Karl Heinemann, Hauptobservator am Astronomischen Rechen-Institut, eine 25jährige Tätigkeit als Bearbeiter und Schriftleiter des Werkes.

Das Erbe, welches er im Jahre 1934 von der Reihe seiner Vorgänger W. F. Wislicenus, A. Berberich, F. Cohn und P. V. Neugebauer übernahm, hat er nicht nur weiter gepflegt, sondern entsprechend dem Wachstum und dem Fortschreiten der astronomischen Literatur mit seiner ganzen Schaffenskraft weiter entwickelt. Hierbei muß besonders gewürdigt werden, daß er jede Mühe auf sich genommen hat, um die Konzeption des Werkes als Bibliographie zu wahren und damit dem Benutzer mehr als ein Referatjournal zu geben. Bedenkt man, daß Herr Heinemann viele der 25 lückenlosen Jahrgänge allein mit wenigen Referenten bearbeitet hat, so wird damit die von ihm vollbrachte Leistung deutlich.

Da nach dem Erscheinen dieses Bandes Herr Heinemann als Schriftleiter ausscheidet, ist es mir eine angenehme Pflicht, ihm für die treuen Dienste zu danken, die er für unsere Wissenschaft geleistet hat.

Astronomisches Rechen-Institut

W. Fricke

Vorwort

Mit dem 58. Band des Astronomischen Jahresberichts (AJB) wird den Fachkollegen die Übersicht der astronomischen Literatur und ihrer Grenzgebiete aus dem Jahre 1958 vorgelegt. Einige Nachträge aus früheren Jahren sind durch Angabe ihres Erscheinungsjahres gekennzeichnet.

An der Einteilung des Stoffes sind gegenüber dem Vorjahr keine wesentlichen Änderungen vorgenommen worden.

Die Namen der Autoren sind in der seit Band 53 eingeführten Maßnahme außer im Namen-Verzeichnis noch in den auf den Seiten 306—307, 333—334, 422—423, 428 gegebenen Verzeichnissen der Beobachter und Berechner (Kleine Planeten, Kometen, Veränderliche Sterne, Novae, Supernovae) aufzusuchen.

Die Schriftleitung des Bandes oblag, wie bisher, K. Heinemann. An der Bearbeitung des vorliegenden Bandes war außer dem Vorgenannten Frl. F. Henn beteiligt, welche insbesondere die in der Universitäts-Bibliothek Heidelberg zugänglichen Zeitschriften der Randgebiete bearbeitete und das Manuskript der Kometen lieferte. W. Lohmann hat die russische Literatur bearbeitet. Das Manuskript der Kleinen Planeten wurde von W. Strobel, Frl. C. König und Frau G. Baumann hergestellt. Ferner hat V. Weidemann einen Beitrag aus den der Schriftleitung nicht zugänglichen, aber in der Physikalisch-Technischen Bundesanstalt Braunschweig verfügbaren Zeitschriften aus dem Jahre 1958 zur Verfügung gestellt. Die Referenten von Instituten und Sternwarten des In- und Auslandes, welche die astronomische Literatur ihres Landes bearbeiteten, sonstige Beiträge oder eine Anzahl von Referaten geliefert haben, sind in dem Verzeichnis auf Seite VI namentlich aufgeführt. Die Schriftleitung wurde außerdem durch die beiden Hilfskräfte Frl. G. Köberich und nach deren Ausscheiden durch Frau G. Baumann unterstützt.

Den Autoren, Sternwarten, Instituten, Gesellschaften und Akademien sei an dieser Stelle für die Zusendung ihrer Veröffentlichungen herzlichst gedankt. Ferner sei hier allen Förderern des Astronomischen Jahresberichts sowie allen Referenten der verbindlichste Dank ausgesprochen.

Heidelberg, den 25. Februar 1960

Die Schriftleitung

Bearbeitung

Schriftleiter: K. Heinemann

Mitarbeiter: F. Henn

Bearbeiter der russischen Literatur: W. Lohmann (Loh.)

Referenten

U. Baehr Heidelberg, K. Bahner Heidelberg, H. G. Beck Jena, M. Beyer Hamburg, A. Böhme Potsdam, S. Böhme (Böh.) Heidelberg, A. Bohrmann (Bo.) Heidelberg, J. Bouška (J. B.) Prag, B. Cester Triest, H. Daene Potsdam, W. Dieckvoss (Dv.) Hamburg, D. Eksinger Belgrad, H. C. Freiesleben (Fr.) Hamburg, W. Gleissberg Frankfurt, W. Gliese (Gli.) Heidelberg, H. G. Groth Kiel, O. Günther (O. G.) Potsdam, A. Güttler (Gü.) München, W. D. Heintz München, S. v. Hoerner Heidelberg, C. Hoffmeister Sonneberg, J. Hoppe Jena, K. Hunger Hannover, C. Luplau Janssen (C.L.J.) Kopenhagen, H. Klauder (Kdr.) Köln, T. Lederle (T. L.) Heidelberg, L. Mawridis Athen, J. P. Mehltretter Heidelberg, G. R. Miczaika (Micz.) Bedford Mass., H. Müller (H. M.) Zürich, B. Onderlička (Ond.) Brno, L. Oster Kiel, L. Perek Prag, W. Petri München, K. Pilowski Hannover, M. Plavec Prag, H. H. Rabben Freiburg i. Br., E. Rybka Krakau, K. Schaifers Heidelberg, F. Schmeidler (F. S.) München, K. H. Schmidt Jena, P. Stumpff Heidelberg, G. Thiessen (Thi.) Hamburg, H. H. Voigt Hamburg, V. Weidemann Braunschweig, J. Wempe Potsdam.

Inhaltsverzeichnis

Seite

III. Instrumente. Beobachtungstechnik

IV. Sphärische Astronomie. Chronologie

V. Theoretische Astronomie

VI. Theoretische Astrophysik

VII. Sonne

VIII. Planeten und Monde

IX. Kometen. Meteore. Meteorite. Zodiakallicht

X. Sterne

XI. Doppelsterne

XII. Veränderliche Sterne. Novae

XIII. Sternsysteme. Nebel. Interstellarer Raum

Abkürzungen

Im Astronomischen Jahresbericht sind die folgenden Abkürzungen verwendet:

1. Allgemeine Abkürzungen

Abh.	Abhandlungen	Instn.	Institution	Ref.	Referat
Abstr.	Abstrakt, abstract	J.	Journal	Rend.	Rendiconti
Acad.	Académie, Academy	Kl.	Klasse	Rep.	Report
Accad.	Accadémia	Mag.	Magazine	Repr.	Reprint
Akad.	Akademie	Math.	Mathematik etc.	Res.	Research
Ann.	Annalen, Annales, Annals	Medd.	Meddelanden, Meddelelser	Rev.	Review, Revue
Astr.	Astronomie etc.	Mém.	Mémoires	Ric.	Ricerche
Astrophys.	Astrophysik etc.	Mem.	Memoirs, Memorie	Sci.	Science, scientific
Beob.	Beobachtungen	Mitt.	Mitteilungen	Ser.	Serie, Series
Ber.	Berichte	Nachr.	Nachrichten	Sér.	Série
Bol.	Boletin	(NF)	Neue Folge	Sitzber.	Sitzungsberichte
Bull.	Bulletin	(NR)	Neue Reihe	Soc.	Società, Société, Society
bzw.	beziehungsweise	(NS)	Neue Serie	Sternw.	Sternwarte
Circ.	Circular, Zirkular	Obs.	Observatorium	Suppl.	Supplement
Cl.	Classe	Oss.	Osservatorio, Osservazioni	T.	Tidskrift, Tidsskrift, Tijdschrift
Commun.	Communications	Phil.	Philosophical	Trans.	Transactions
Comun.	Comunicazioni	Phys.	Physik etc.	Univ.	Universität etc.
Contr.	Contributions etc.	Proc.	Proceedings	Veröff.	Veröffentlichungen
CR.	Comptes Rendus	Pubbl.	Pubblicazioni	Vgl.	Vergleiche
Desgl.	Desgleichen	Publ.	Publikationen, Publications	VJS	Vierteljahrsschrift
Diss.	Dissertation	Rech.	Recherches	Wetensch.	Wetenschappen
Geod.	Geodäsie etc.			Wiss.	Wissenschaften
Ges.	Gesellschaft			Z.	Zeitschrift
Inst.	Institut etc.				

2. Spezielle Abkürzungen

Au	Aufnahme	Id	Identität
CI	Farbenindex	Na	Benennung
EB	Eigenbewegung	Nu	Numerierung
El	Elemente	RG	Radialgeschwindigkeit
Eph	Ephemeride		

AAVSO	vgl. Ref. 1102	Ref. AG	vgl. Ref. 1111	Ref. BAA	vgl. Ref. 1113
Ref. AAS	vgl. Ref. 1104	Ref. ASP	vgl. Ref. 1108	Ref. RAS	vgl. Ref. 1124

3. Abkürzungen für die Namen der Sternbilder

Für die Namen der Sternbilder sind die in Harvard Bulletin 771 veröffentlichten Abkürzungen benutzt.

4. Abkürzungen von Zeitschriften

AA	Acta Astronomica
AC	Astronomisches Zirkular der UdSSR
AJ	Astronomical Journal
AJB	Astronomischer Jahresbericht
AJ UdSSR	Astronomisches Journal der UdSSR
AN	Astronomische Nachrichten
ApJ	Astrophysical Journal
Ark Astr	Arkiv för Astronomi
BA	Bulletin Astronomique
BAA Circ	British Astronomical Association Circular
BAAH	British Astronomical Association Handbook
BAB	Bulletin Astronomique de l'Observatoire Royal de Belgique
BAC	Bulletin of the Astronomical Institutes of Czechoslovakia
BAN	Bulletin of the Astronomical Institutes of the Netherlands
BAV-Rundbrief	Mitteilungsblatt der Berliner Arbeitsgemeinschaft für Veränderliche Sterne
BIA	Bulletin des Instituts für Theoretische Astronomie, Leningrad
BSAF	L'Astronomie, Bulletin de la Société Astronomique de France
Bull hor	Bulletin horaire
CR	Comptes Rendus. Académie des Sciences, Paris
DAN	Berichte (Doklady) der Akademie der Wissenschaften der UdSSR
DOB	Documentation des Observateurs. Bulletin
DO-CIA	Documentation des Observateurs. Carte d'Information Accélérée
DO Circ	Documentation des Observateurs. Circulaire
Gaz astr	Gazette astronomique
HarvAnn, Bull usw.	siehe Cambridge, Mass.
JBAA	Journal of the British Astronomical Association
JO	Journal des Observateurs
J RAS Canada	Journal of the Royal Astronomical Society of Canada
Kop Akt Medd	Aktuelle Meddelelser fra Astronomisk Selskab, Kobenhavn
LOB	Lick Observatory Bulletin
McDC	Contributions from the McDonald Observatory
Mem RAS	Memoirs of the Royal Astronomical Society
Mem SA It	Memorie della Società Astronomica Italiana
MN	Monthly Notices of the Royal Astronomical Society
MN ASSA	Monthly Notes of the Astronomical Society of South Africa
MPC	Minor Planet Circular
MVS	Mitteilungen über Veränderliche Sterne (Sonneberg)
NAT	Nordisk Astronomisk Tidsskrift
NAZ	Nachrichtenblatt der Astronomischen Zentralstelle
NAZvM	Nachrichtenblatt der Astronomischen Zentralstelle, Vorläufige Mitteilung
Obs	Observatory
PAT	Populär Astronomisk Tidskrift
Proc IRE	Proceedings of the IRE
Publ ASP	Publications of the Astronomical Society of the Pacific
RH	Říše Hvězd
RJ UdSSR	Referatjournal, Astronomie, Geodäsie, Akademie der Wissenschaften der UdSSR
TAB	Tokyo Astronomical Bulletin
UAI Circ	Union Astronomique Internationale, Circulaire
UC, Union Circ	Circular of the Union Observatory
VdS Nachr.	Nachrichtenblatt der Vereinigung der Sternfreunde
VS Bull	Veränderliche Sterne. Bulletin
YC	Yamamoto Circular
ZfA	Zeitschrift für Astrophysik
ZfMG	Zentralblatt für Mathematik und ihre Grenzgebiete

Zeitschriften

Unter Zeitschriften sind nicht nur alle periodisch erscheinenden Schriften verstanden, sondern im weiteren Sinne auch alle zwanglos erscheinenden Veröffentlichungen von Sternwarten, Instituten, Gesellschaften und Akademien.

Die vollständig durchgesehenen Zeitschriften sind in den beiden folgenden Verzeichnissen **5** und **6** zusammengestellt.

Nicht aufgeführt sind in den Verzeichnissen **5** und **6** diejenigen Zeitschriften, in denen gelegentlich astronomische Arbeiten enthalten sind. Diese sind der Schriftleitung entweder nur in Form eines Sonderdruckes, als einzelne Abhandlung einer Akademie oder als sonstige bibliographische Mitteilung bekannt geworden.

5. Verzeichnis der Zeitschriften und Veröffentlichungen von Gesellschaften und Akademien

AAVSO Abstracts. Cambridge, Mass. — Okt. 1958.

Physics Abstracts. Section A of Science Abstracts (Physics). Published by the Institution of Electrical Engineers, London. — Vol. **61**, Gesamtnummer 721—732.

Astronautica Acta. Offizielles Organ der Internationalen Astronautischen Föderation. Springer-Verlag, Wien; I. R. Maxwell & Co. Ltd., London-Paris-New York. — Vol. **4** Fasc. 1—4.

Acta Astronomica. Polska Akademia Nauk, Warszawa-Kraków. — Vol. 8 Nr. 1—4.

Acta Astronomica Sinica. Herausgegeben vom Purple Mountain Observatory, Nanking. — Vol. **6** Nr. 1—2.

Geochimica et Cosmochimica Acta. Pergamon Press Ltd., London. — Vol. **13** Nr. 1—4, Vol. **14** Nr. 1—4, Vol. **15** Nr. 1—3.

Helvetica Physica Acta. Schweizerische Physikalische Gesellschaft. E. Birkhäuser, Basel. — Band **31**.

Acta Physica Academiae Scientiarum Hungaricae. Akademiai Kladó, Budapest. — Vol. **8** Fasc. 1—4, Vol. **9** Fasc. 1—4.

Actas de la Academia Nacional de Ciencias Exactas, Físicas y Naturales de Lima. — Vol. **21** Nr. 1—4.

Advances in Electronics and Electron Physics. Academic Press Inc. Publishers, New York. — Vol. **10**.

Annalen der Physik. Johann Ambrosius Barth, Leipzig. 7. Folge Band **1** Heft 4—8, Band **2** Heft 1—8 = Band 456 und 457 der ganzen Reihe.

Annales d'Astrophysique. Publiée par le Centre National de la Recherche Scientifique et éditée par son Service d'Astrophysique, Paris. — Tome **21** Nr. 1—6.

Suppléments aux Annales d'Astrophysique. Paris. — Fasc. Nr. 6—7.

Annales Françaises de Chronométrie. Besançon. — 2me Série Tome **12** Trimestre 1—4.

Annales Françaises de Chronométrie. Bulletin Trimestriel Signalétique de Documentation de Chronométrie Générale. Besançon. — 2me Série Tome **12bis** Trimestre 1—3.

Annales de Géophysique. Service des Publications du C. N. R. S., Paris. — Tome **14** Nr. 1—4.

Annales de Physique. Masson et Cie, Editeurs, Paris. — Sér. 13 Tome **3** Nr. 1—12.

Annals of Physics. Academic Press Inc. Publishers, New York and London. — Vol. **3** Nr. 1—4, Vol. **4** Nr. 1—4, Vol. **5** Nr. 1—4.

Anzeiger der Österreichischen Akademie der Wissenschaften. Mathematisch-naturwissenschaftliche Klasse. Wien. — **95**. Jahrgang Nr. 1—15.

Arkiv för Astronomi. Utgivet av Kungl. Svenska Vetenskapsakademien, Stockholm. — Band **2** Häfte 3.

Arkiv för Fysik. Utgivet av Kungl. Svenska Vetenskaps-Akademien. Almqvist & Wiksell, Stockholm. — Band **13** Häfte 1—6, Band **14** Häfte 1—6.

Astronomia Popular. Organ del Centro Mexicano de Investigaciones Astronómicas, Mexico, D.F. — Vol. **1** Nr. 4.

L'Astronomie. Bulletin de la Société Astronomique de France et Revue Mensuelle d'Astronomie, de Météorologie et de Physique du Globe. Paris. — **72**e année, Jan. — Déc. 1958.

Astrophysica Norvegica. Edited by the Institute of Theoretical Astrophysics, University of Oslo. — Vol. **6** Nr. 5—8.

Atti della Accademia Nazionale dei Lincei. Anno CCCLV. Serie Ottava. Memorie. Classe di Scienze fisiche, matematiche e naturali. Accademia Nazionale dei Lincei, Roma. — Sez. Ia Vol. **5** Fasc. 2, Sez. IIa Vol. **5** Fasc. 4—5.

Atti della Accademia Nazionale dei Lincei. Anno CCCLV. Serie Ottava. Rendiconti. Classe di Scienze fisiche, matematiche e naturali. Accademia Nazionale dei Lincei, Roma. — Vol. **24** Fasc. 1—6, Vol. **25** Fasc. 1—6.

Berichte (Doklady) der Akademie der Wissenschaften der UdSSR. Verlag der Akademie der Wissenschaften, Moskau. — Tom **118—123**, jeweils Heft 1—6.

Physikalische Berichte. Herausgegeben vom Verband Deutscher Physikalischer Gesellschaften e. V. Friedrich Vieweg & Sohn, Braunschweig. — Band **37** Heft 1—12.

Physikalische Blätter. Physik Verlag, Mosbach (Baden). — **14**. Jahrgang Heft 1—12.

Boletín del Centro de Documentación Científica y Técnica de México. Seccion 1a. Matemáticas, Astronomía y Astrofísica, Física, Geología, Geofísica, Geodesia. Secretaria de Educacion Publica, México. — Tomo **7** Nr. 1—12.

Bulletin of the Astronomical Institutes of Czechoslovakia. Verlag der Akademie der Wissenschaften, Prag. — Vol. **9** Nr. 1—6.

Bulletin of the Astronomical Institutes of the Netherlands. Haarlem. — Vol. **14** Nr. 482—488.

Bulletin Astronomique. Publié par l'Observatoire de Paris. — Tome **21** Fasc. 4, Tome **22** Fasc. 1.

Bulletin der Astronomisch-Geodätischen Gesellschaft der UdSSR. Verlag der Akademie der Wissenschaften der UdSSR, Moskau-Leningrad. — Nr. 21 (28) — 23 (30).

Bulletin de la Classe des Sciences. Académie royale de Belgique. 5e Série. Bruxelles. — Tome **44** Nr. 1—12.

Bulletin géodésique. Nouvelle Série. Pergamon Press Ltd., London. — Nr. 47—50.

Bulletin horaire du Bureau International de l'Heure. Observatoire de Paris. — 4me Série Nr. 19—24, Série F Nr. 16—18 (1957), Nr. 19—20.

Bulletin d'Informations Ionosphériques & Géophysiques. Administration des Postes, Télégraphes & Téléphones. Centre National d'Etudes des Télécommunications. Laboratoire National de Radioélectricité. — Vol. **2** Nr. 1—12 (1957), Vol. **3** Nr. 1—2.

Bulletin der Kommission für Kometen und Meteore des Astronomischen Rats der Akademie der Wissenschaften der UdSSR. Verlag Akad. Wiss. Tadshik. Sowjetrepublik, Stalinabad. — Nr. 2.

Ciel et Terre. Bulletin mensuel de la Société Belge d'Astronomie, de Météorologie et de Physique du Globe. Uccle-Bruxelles. — Année **74** Nr. 1—12.

Circulaire d'Information de la Commission des Etoiles Doubles de l'Union Astronomique Internationale. Observatoire de Strasbourg. — Nr. 14—16.

British Astronomical Association Circular. London. — Nr. 392—405.

The Japan Astronomical Study Association Circular. (japanisch — nur teilweise referiert). — Nr. 159—172.

Variable Star Section Circular. Royal Astronomical Society of New Zealand. Rarotonga, Cook Islands, South Pacific. — Nr. 84—88.

Yamamoto Circular. — Nr. 1467—1469 (fehlt S. 3—4), 1470—1488.

Coelum. Periodico Bimestrale per la Divulgazione dell'Astronomia. Bologna. — Vol. **26** Nr. 1—12.

Sterrekundig Colloquium van de Nederlandse Astronomen-Club. Gravenhage. — Nr. 15.

Comptes Rendus hebdomadaires des Séances de l'Académie des Sciences. Paris. — Tome **246** Nr. 1—26, Tome **247** Nr. 1—25.

Documentation des Observateurs. Institut d'Astrophysique de Paris. Bulletin. — 11e année Nr. 1—10 (Nr. 8—9 nicht eingegangen).

Documentation des Observateurs. Station d'Astrophysique Forcalquier. Carte d'Information Accélérée. — 11e année Nr. 10—39.

Documentation des Observateurs. Circulaire. Institut d'Astrophysique de Paris. — Nr. 14.

Endeavour. Eine Vierteljahres-Übersicht von Fortschritten der Wissenschaften im Dienste der Menschheit. Imperial Chemical Industries Ltd., London. — Band **17**, Gesamtnummer 65—68.

Ergebnisse der exakten Naturwissenschaften. Springer-Verlag, Berlin-Göttingen-Heidelberg. — Band **30**.

Experientia. Monatsschrift für das gesamte Gebiet der Naturwissenschaft. Verlag E. Birkhäuser, Basel. — Vol. **14**.

Extraits d'Astronomie du Bulletin Signalétique du C. N. R. S. Section II A: Astronomie. Astrophysique. Centre de Documentation du Centre National de la Recherche Scientifique, Paris. — Vol. **19** Nr. 1—12.

Fortschritte der Physik. Herausgegeben im Auftrage der Physikalischen Gesellschaft in der DDR. Akademie-Verlag, Berlin. — Band **6** Heft 1—12.

Gazette astronomique. Bulletin de la Société d'Astronomie d'Anvers. — **40**e année Nr. 1—12, Gesamtnummer 445—456.

Glasnik Matematičko-Fizički i Astronomski. Društvo matematičara i fizičara N. R. Hrvatske. Zagreb. — Serija II Tom **13** Nr. 1—4.

Hemel en Dampkring. J. B. Wolters, Groningen. — **56**. Jaargang Afl. 1—12.

American Journal of Physics. Published for the American Association of Physics Teachers by the American Institute of Physics, Inc., New York. — Vol. **26** Nr. 1—9.

The Astronomical Journal. Yale Univ. Office, New Haven. — Vol. **63** Nr. 1—11, Gesamtnummer 1255—1265.

Astronomisches Journal. Verlag der Akademie der Wissenschaften der UdSSR, Moskau. — Tom **35** Nr. 1—6.

Astronomisches Journal. Soviet Astronomy. AJ. A Translation of the Astronomical Journal of the Academy of Sciences of the USSR. Published by the American Institute of Physics, New York. — Vol. **1** Nr. 1—2, Russisches Original Vol. **34** Nr. 1—2.

The Journal of the Astronautical Sciences. Published by the American Astronautical Society, Inc., New York. — Vol. **5** Nr. 1—4.

The Astrophysical Journal. Chicago. — Vol. **127** Nr. 1—3, Vol. **128** Nr. 1—3.

The Astrophysical Journal. Supplement Series. Chicago. — Vol. **3** Nr. 30—34.

Australian Journal of Physics. Published by the Commonwealth Scientific and Industrial Research Organization, in collaboration with the Australian National Research Council and the Institute of Physics (Australian Branch). Melbourne. — Vol. **11** Nr. 1—4.

Canadian Journal of Physics. Published by the National Research Council, Ottawa. — Vol. **36** Nr. 1—12.

The Irish Astronomical Journal. Armagh. — Vol. **5** Nr. 1—4.

Journal of applied Physics. Published by the American Institute of Physics. Lancaster, Pa. and New York, N. Y. — Vol. **29** Nr. 1—12.

The Journal of the Astronomical Society of Victoria. Melbourne. — Vol. **11** Nr. 1—6.

Journal of Atmospheric and Terrestrial Physics. Pergamon Press Ltd., London & New York. — Vol. **12** Nr. 1—6, Vol. **13** Nr. 1—2.

Journal of the British Astronomical Association. Oxford. — Vol. **68** Nr. 1—8.

Journal of the British Interplanetary Society. London. — Vol. **16** Nr. 5—10.

Journal of Geophysical Research. The continuation of Terrestrial Magnetism and Atmospheric Electricity. The William Byrd Press, Richmond. — Vol. **63** Nr. 1—4.

The Geophysical Journal of the Royal Astronomical Society. Published by the Royal Astronomical Society, London. — Vol. **1** Nr. 1—4.

The Journal of the Institute of Navigation. London. — Vol. **11** Nr. 1—4.

The Journal of the International Lunar Society. Revista de la Sociedad Lunar Internacional. A. Ortega, Barcelona. — Vol. **1** Nr. 3.

Journal des Observateurs. Publié avec le concours du Centre National de la Recherche Scientifique. Marseille. — Vol. **41** Nr. 1—12.

Journal of the Optical Society of America. Published for the Optical Society of America by American Institute of Physics. Lancaster, Pennsylvania. — Vol. **48** Nr. 1—12.

Journal de Physique et Le Radium. Publication de la Société Française de Physique, Paris. — Tome **19** Nr. 1—12; Nr. 4, 7, 12 Suppl. (1A—184A); Sitzungsberichte Soc. Française Phys. 1S—96S.

The Journal of the Royal Astronomical Society of Canada. Toronto. — Vol. **52** Nr. 1—6, Gesamtnummer 430—435.

Leaflet. Astronomical Society of the Pacific. San Francisco. — Nr. 344—354.

Astronomical News Letter. Laboratoire d'Astronomie, Lille. — Nr. 88—91.

The Philosophical Magazine. A Journal of Theoretical Experimental and Applied Physics. Taylor & Francis Ltd., London. — Eighth Series. Vol. **3** Nr. 25—36.

Mededeling. Werkgroep Meteoren van de Nederlandse Vereniging voor Weer- en Sterrenkunde. — Nr. 42.

Memoirs of the Japan Astronomical Study Association. (japanisch — nur teilweise referiert). — Vol. **2** Nr. 1.

Memorie della Società Astronomica Italiana. Nuova Serie. Pavia. — Vol. **29** Nr. 1—4.

Supplementi alle Memorie della Società Astronomica Italiana. Pavia. — Nr. 2.

Memorie siehe auch Atti.

De Meteoor. Organ van de Werkgroep Meteoren van de Nederlandse Vereniging voor Weer- en Sterrenkunde. Utrecht. — **14**e Jaargang Nr. 1—6.

Meteoritika. Akademie der Wissenschaften der UdSSR, Meteoriten-Komitee. Moskau. — Nr. 15—16.

Naučna Misao. Društvo za Unapredivanje i Širenje Nauke. Zagreb. — Jahrgang 1958 Heft 7.

Mitteilungen der Astronomischen Gesellschaft. — 1957 I, II.

Mitteilungen für Planetenbeobachter. Planetensektion der Sternfreunde. Berlin. — **11**. Jahrgang Nr. 1—4.

Monographien der Griechischen Astronomischen Gesellschaft. Athen. — Nr. 9—10.

Astronomische Nachrichten. Bulletin der Griechischen Astronomischen Gesellschaft. Athen. — Jahrgang **8** Nr. 35.

Astronomische Nachrichten. Im Auftrage der Deutschen Akademie der Wissenschaften zu Berlin. Band **284** Heft 2—5.

Nachrichten der Akademie der Wissenschaften in Göttingen. Mathematisch-Physikalische Klasse. IIa. Mathematisch-Physikalisch-Chemische Abteilung. — Jahrgang 1958 Nr. 1—10.

Nachrichtenblatt der Astronomischen Zentralstelle. Astronomisches Rechen-Institut, Heidelberg. — Jahrgang **12** Nr. 1—9.

Nachrichtenblatt der Astronomischen Zentralstelle. Vorläufige Mitteilung. Astronomisches Rechen-Institut, Heidelberg. — Nr. 356—409.

Nature. A Weekly Journal of Science. Macmillan and Co., London; St. Martin's Press, Inc., New York. — Vol. **181** Nr. 4601—4626, Vol. **182** Nr. 4627—4652.

La Nature. Revue des Sciences et de leurs Applications. Dunod, Editeurs, Paris. — Vol. **86** Nr. 3273—3284.

Die Naturwissenschaften. Springer-Verlag, Berlin-Göttingen-Heidelberg. — **45**. Jahrgang Heft 1—24.

Navigation. Los Angeles, Cal. — Vol. **6** Nr. 1—3.

Navigation. Institut français de Navigation. Paris. — Vol. **6** Nr. 1—4.

Monthly Notes of the Astronomical Society of Southern Africa. Published by the Astronomical Society of Southern Africa, Royal Observatory, Cape. — Vol. **17** Nr. 1—11.

Occasional Notes. Royal Astronomical Society, London. — Vol. **3** Nr. 20.

Monthly Notices of the Royal Astronomical Society. London. — Vol. **118** Nr. 1—6.

Nuclear Physics. Monthly Journal devoted to the experimental and theoretical study of atomic nuclei, nuclear fields and the fundamental aspects of cosmic radiation. North-Holland Publishing Company, Amsterdam. — Vol. **5—8**.

Il Nuovo Cimento. Organo della Società Italiana di Fisica, sotto auspici del Consiglio Nazionale delle Ricerche. Serie decima. Nicola Zanichelli Editore, Bologna. — Vol. **7—9** jeweils Nr. 1—6; Suppl. Nr. 1—2, Vol. **10** Nr. 1—6; Suppl. Nr. 1.

The Observatory. Oxford. — Vol. **78** Nr. 902—907.

Optik. Wissenschaftliche Verlagsgesellschaft, Stuttgart. — Band **15** Heft 1—12.

Orion. Zeitschrift der Schweizerischen Astronomischen Gesellschaft. Bulletin de la Société Astronomique de Suisse. Genève bzw. Schaffhausen. — Band **5** Nr. 59—62.

Photographie und Forschung. Die Contax-Photographie in der Wissenschaft. Hausmitteilungen der Zeiss Ikon AG., Stuttgart. — Band **8** Heft 1.

Photographie und Wissenschaft. Agfa-Mitteilungen für wissenschaftliche Institute und Forschungsstätten. Agfa-Leverkusen, Bayerwerk. — Jahrgang **7** Heft 1—2.

Physica. Herausgegeben von der Stiftung Physica in Amsterdam. — Deel **24** Nr. 1—12.

Pokroky matematiky, fysiky a astronomie. Verlag Akad. Wiss., Prag. — Band **3** Nr. 1—6.

Postępy Astronomii. Czasopismo poświęcone upowszechnianiu wiedzy astronomicznej. Kraków. — Tom **6** Nr. 1—4.

Priroda (Natur). Populäres naturwissenschaftliches Journal der Akademie der Wissenschaften der UdSSR. Moskau-Leningrad. — Tom **47** Nr. 1—12.

Proceedings of the Cambridge Philosophical Society. Cambridge, At the University Press. — Vol. **54** Part 1—4.

Proceedings. Koninklijke Nederlandse Akademie van Wetenschappen. Series B. Physical Sciences. Amsterdam. — Vol. **61**.

Proceedings of the National Academy of Sciences of the United States of America. Washington. — Vol. **44** Nr. 1—12.

The Proceedings of the Physical Society. The Physical Society, London. — Vol. **71** Part 1—6, Vol. **72** Part 1—6.

Proceedings of the Royal Society of London. Series A. Mathematical and Physical Sciences. Published by the Royal Society, London. — Vol. **243—248** Nr. 1235—1255.

Proceedings of the IRE. Published monthly by The Institute of Radio Engineers. New York. — Vol. **46** Nr. 1—12.

Progress of Theoretical Physics. Published for Research Institute for Fundamental Physics. The Physical Society of Japan. — Vol. **19** Nr. 1—6, Vol. **20** Nr. 1—6.

Publications of the Astronomical Society of Japan. Tokyo. — Vol. **10** Nr. 1—4.

Publications of the Astronomical Society of the Pacific. San Francisco. Vol. **70** Nr. 412—417.

Referatjournal. Astronomie, Geodäsie. Akademie der Wissenschaften der UdSSR. Institut für wissenschaftliche Information. Verlag Akad. Wiss. UdSSR. Moskau. — 1958 Nr. 1—12.

Rendiconti siehe Atti.

Annual Report of the Board of Regents of The Smithsonian Institution showing the operations, expenditures, and condition of the Institution for the year ended June 30, 1957.

The Science Reports of the Tôhoku University. First Series (Physics, Chemistry, Astronomy). Sendai, Japan. — Vol. **41** Nr. 4, Vol. **42** Nr. 1—4.

Reports on Progress in Physics. Published by the Physical Society, London. — Vol. **21**.

The International Hydrographic Review. Monte Carlo, Monaco. — Vol. **35** Nr. 1—2.

The Physical Review. Series 2. Published for the American Physical Society by the American Institute of Physics. Lancaster, Pa., and New York, N. Y. — Vol. **109—112**, je 6 Hefte.

Physical Review Letters. Published by the American Physical Society, Freesport N. Y. — Vol. **1** Nr. 1—12.

The Review of Scientific Instruments, New Series. Published monthly by the American Institute of Physics. Lancaster, Pa., and New York, N. Y. — Vol. **29** Nr. 1—12.

Mathematical Reviews. Published by the American Mathematical Society. Providence, R. I. — Vol. **19** Nr. 1—12.

Reviews of Modern Physics. Published for the American Physical Society by the American Institute of Physics. Lancaster, Pa. and New York, N. Y. — Vol. **30** Nr. 1—4.

Revista Astronomica. Organ de la Asociacion Argentina «Amigos de la Astronomia». Buenos Aires. — Nr. 143—145.

La Ricerca Scientifica. Rivista del Consiglio Nazionale delle Ricerche. Roma. — Vol. **28** Nr. 1—12.

Říše hvězd. Verlag Orbis, Prag. — Band **39** Nr. 1—12 (tschechisch, Inhalt auch in russischer und englischer Sprache).

Rozhledy matematicko-fysikální. Pädagog. Verlag, Prag. — Band **36** Nr. 1—10.

Naturwissenschaftliche Rundschau. Wissenschaftliche Verlagsgesellschaft m. b. H., Stuttgart. — Jahrgang **11** Heft 1—12.

Science. Published by the American Association for the Advancement of Science, Washington. — Vol. **127** Nr. 3288—3313, Vol. **128** Nr. 3314—3339.

Scientia. Revue internationale de synthèse scientifique. Asso (Como, Italie). — Vol. **93** Nr. 1—12.

Der Seewart. Nautische Zeitschrift für die Deutsche Seeschiffahrt. Deutsches Hydrographisches Institut und Seewetteramt Hamburg. — Band **19** Heft 1—6.

Sitzungsberichte der mathematisch-naturwissenschaftlichen Klasse der Bayerischen Akademie der Wissenschaften zu München. — Jahrgang 1958.

Sitzungsberichte. Österreichische Akademie der Wissenschaften. Mathematisch-naturwissenschaftliche Klasse. Abteilung II. Mathematik, Astronomie, Physik, Meteorologie und Technik. Springer-Verlag, Wien. — Band **167** Heft 1—10.

Sky and Telescope. Harvard College Observatory, Cambridge, Mass. — Vol. **17** Nr. 3—12, Vol. **18** 1—2.

Sonnendaten. Bulletin, herausgegeben vom Astronomischen Hauptobservatorium und der Kommission für Sonnenforschung beim Astronomischen Rat der UdSSR. Verlag Akad. Wiss. UdSSR, Moskau-Leningrad. — 1957 Nr. 5—6, 1958 Nr. 1—7.

Southern Stars. The Journal of the Royal Astronomical Society of New Zealand. — Vol. **17** Nr. 6—9, Gesamtnummer 127—130.

Soviet Physics JETP. (Übersetzung des Journals für Experimentelle und Theoretische Physik). Herausgegeben vom American Institute of Physics. Lancaster, Pa. and New York, N. Y. — Vol. **6** Nr. 1—6, Vol. **7** Nr. 1—6.

Spaceflight. Published by the British Interplanetary Society. London. — Vol. **1** Nr. 6—9.

Die Sterne. Monatsschrift über alle Gebiete der Himmelskunde. Verlag Johann Ambrosius Barth, Leipzig. — **34**. Jahrgang Heft 1—12.

The Strolling Astronomer. Association of Lunar and Planetary Observers. Las Cruces, New Mexico. — Vol. **12** Nr. 1—12.

Studia geophysica et geodaetica. Verlag der Akademie der Wissenschaften, Prag. — Band **2** Nr. 1—4.

Studium Generale. Zeitschrift für die Einheit der Wissenschaften im Zusammenhang ihrer Begriffsbildungen und Forschungsmethoden. Springer-Verlag, Berlin-Göttingen-Heidelberg. — **11**. Jahrgang Heft 1—12.

La Suisse Horlogère. International Edition in English. La Chaux-de-Fonds. — Year **73** Nr. 1—4.

Mathematical Tables and other Aids to Computation. National Academy of Sciences — National Research Council, Washington. — Vol. **12** Nr. 61—64.

Tellus. A quarterly Journal of Geophysics. Svenska Geofysiska Föreningen. Esselte AB, Stockholm. — Vol. **10** Nr. 1—4.

Populär Astronomisk Tidskrift. Stockholm. — Årgång **39** Häfte 1—4.

Nordisk Astronomisk Tidsskrift. Kopenhagen. — 1958 Nr. 1—4.

El Universo. Organo de la Sociedad Astronómica de México. México, D. F. — Nr. 42—45.

Urania. Revista de Astronomia y Ciencias Afines. Organo Oficial de la Sociedad Astronómica de España y América y de la Unión Nacional de Astronomía y Ciencias Afines. Barcelona. — Año **43** Nr. 247.

Urania. Populært astronomisk Tidsskrift. Kopenhagen. — Aargang **15** Nr. 1—12.

Urania. Czasopismo astronomiczne popularno-naukowe. Organ Polskiego Towarzystwa Miłośników Astronomii. Kraków. — Rok **29** Nr. 1—12.

Vasiona. Revue d'Astronomie et d'Astronautique. Bulletin de la Société Astronomique «R. Bošković» et de la Société Astronautique de l'Union Aéronautique de Yougoslavie. Beograd. — Année **6** Nr. 1—3.

Veränderliche Sterne. Bulletin, herausgegeben vom Astronomischen Rat der Akademie der Wissenschaften der UdSSR. Moskau-Leningrad. — Tom **11** Nr. 3—6, Gesamtnummer 93—96.

Physikalische Verhandlungen. Physik Verlag, Mosbach (Baden). — **9.** Jahrgang Heft 1—13.

Vesmír. Verlag der Akademie der Wissenschaften, Prag. — Band **37** Nr. 1—10.

Weltraumfahrt. Beiträge zur Weltraumforschung und Astronautik. Umschau-Verlag, Frankfurt am Main. — Jahrgang 1958 Heft 1—4.

Zeitschrift für Astrophysik. Springer-Verlag, Berlin-Göttingen-Heidelberg. — Band **44** Heft 2—4, Band **45** Heft 1—4, Band **46** Heft 1—4.

Zeitschrift für Physik. Springer-Verlag, Berlin-Göttingen-Heidelberg. — Band **150** Heft 2—5, Band **151** Heft 1—5, Band **152** Heft 1—5, Band **153** Heft 1—5.

Zeitschrift für angewandte Physik. Springer-Verlag, Berlin-Göttingen-Heidelberg. — Band **10** Heft 1—12.

Deutsche Hydrographische Zeitschrift. Deutsches Hydrographisches Institut Hamburg. — Band **11** Heft 1—6.

Zeitschrift für Naturforschung. Verlag der Zeitschrift für Naturforschung, Tübingen. — Band **13a** Heft 1—12.

Wissenschaftliche Zeitschrift der Friedrich-Schiller-Universität Jena. — Jahrgang **7**.

Zentralblatt für Mathematik und ihre Grenzgebiete. Springer-Verlag, Berlin-Göttingen-Heidelberg. — Band **58** Heft 2, Band **67** Heft 1—2, Band **71** Heft 2, Band **72** Heft 1—2, Band **77** Heft 1—2, Band **78** Heft 1.

Astronomisches Zirkular. Herausgegeben vom Büro der Astronomischen Mitteilungen der Akademie der Wissenschaften der UdSSR. Kasan. — Nr. 188—198.

6. Verzeichnis der Veröffentlichungen von Sternwarten und Instituten

Die in der folgenden Tabelle genannten Sternwarten sind in dem Verzeichnis der Veröffentlichungen von Sternwarten und Instituten unter dem Ort (rechte Spalte der Tabelle) aufgeführt.

Name der Sternwarte	Ort
The Institute of Theoretical Astrophysics Blindern	Oslo
Bosscha Observatory	Lembang
University of California	Los Angeles
Carter Observatory	Wellington, N. Z.
Československá Akademie Věd Astronomický Ústav	Prag
Commonwealth Scientific and Industrial Research Organization, Australia	Sydney
Dearborn Observatory of Northwestern University	Evanston, Ill.
Dominion Observatory	Ottawa
Dominion Astrophysical Observatory	Victoria, Canada
David Dunlap Observatory, University of Toronto	Richmond Hill
Dunsink Observatory	Dublin
Observatorio del Ebro	Tortosa
Engelhardt-Observatorium	Kasan
Observatorio Fabra	Barcelona
Flower and Cook Observatories	Philadelphia
Fraunhofer-Institut	Freiburg i. Br.
Georgetown Observatory	Washington
Harvard College Observatory	Cambridge, Mass.
Kwasan Observatory	Kyoto
Lick Observatory	Mount Hamilton
Goethe Link Observatory of Indiana University	Bloomington
Lowell Observatory	Flagstaff, Ariz.
Leander McCormick Observatory of the University of Virginia	Charlottesville
McDonald Observatory	Fort Davis, Tex.
National Radio Observatory	Green Bank
Nizamia Observatory	Hyderabad
Observatoire de Paris, Section d'Astrophysique de Meudon	Nançay
Perkins Observatory	Delaware, Ohio
Purple Mountain Observatory	Nanking
Radcliffe Observatory	Pretoria
Remeis-Sternwarte	Bamberg
Rensselaer Observatory	Troy, N. Y.
Smithsonian Institution	Washington
Specola Astronomica Vaticana	Castel Gandolfo
Staatliches Astronomisches Sternberg-Institut	Moskau
Astronomisches Hauptobservatorium der Akademie der Wissenschaften der Ukrainischen Sowjetrepublik	Golossejewo
Union Observatory	Johannesburg
United States Naval Observatory	Washington
Uttar Pradesh State Observatory	Naini Tal
Warner and Swasey Observatory	Cleveland, Ohio

Abastumani

Bulletin des Astrophysikalischen Observatoriums Abastumani auf dem Kanobili. Nr.

22: Magalaschwili, Kumsischwili 111120
Magalaschwili, Kumsischwili 111121
Bartaja 9701
Kalandadse 9708
Kotschlaschwili 9418
Dolidse 7287
Rasmadse 6675
Rasmadse 6676
Dolidse, Fischkowa 2218
Kiladse 12309
Magnaradse 4223
Imnadse 4504
— 1001
— 1101

23: Alanija 12501
Dolidse 9515
Dolidse 9516
Rasmadse 12243
Chawtassi 12505
Kwirkwelija 12511
Kolchidaschwili 12353
Dsigwaschwili 12332

Alma-Ata

Mitteilungen (Iswestija) des Astrophysikalischen Instituts.

6: Toropowa 7298
Roshkowskij 12517
Karimow 6708

7: Fessenkow 5504
Fessenkow 12208
Fessenkow 7418
Fessenkow 8408
Idliss 621
Nikolskij 72207
Nikolskij 7616
Liwschiz 7290
Tulenkowa 72264
Obaschew 237
Bojko 205
Grigorjewa 12124

Amsterdam

Circular of the Astronomical Institute of the University of Amsterdam. Nr.

12: Over 6113

Arcetri

Osservatorio Astrofisico Arcetri. Contributi. Nr.

13: Godoli 6410
14—16: AJB 57
17: Godoli 6699
18: Ballario 6603
19: Rigutti 6699
20: Godoli 1323
21: Ballario 6604
22: Godoli 6699
23: Godoli 6318

Osservatorio Astrofisico di Arcetri. Annuario 1959. 426
— 6374, 6699

Århus

Meddelelser fra Ole Rømer-Observatoriet i Århus. Nr.

26: Nielsen 82104

Armagh

Contributions from the Armagh Observatory. Nr.

23: Lindsay 12463
24: Öpik 8341
Öpik 7516
25: Cillié, Lindsay 11107
26: Öpik 8256
27: Öpik 8167
28: Öpik 4232

Armagh Observatory Leaflet. Nr.

48: Lindsay 1101
49: Öpik 7214

Asiago

Contributi dell'Osservatorio Astrofisico dell'Università di Padova in Asiago. Nr.

87: Mannino AJB 57 12140
Mannino 12161
88: Mannino 9539
89: Mannino, Humblet 9540
90: Herczeg 11311
91: Rosino 11311
92: Mannino 8168
93: AJB 59
94: Grubissich 12156
95: Kopal 1159
Swings 1159
Swings 1159
Swings 1159
Petit 1159
Mannino 1159
Petit 1159
96: AJB 59
97: Rosino, Nobili 12165
98: Petit 111129
99: Grubissich 111105
100: Mannino 10208

Athen

Publications of the Laboratory of Astronomy, University of Athens, Greece. Series I. Nr.
10: Kotsakis **1337**

Publications of the Laboratory of Astronomy, University of Athens, Greece. Series II. Nr.
5: Contopoulos AJB **57 12335**

National Observatory of Athens. Greece. Bulletin of the Astronomical Institute. Year 1954.
(1) — **6374**
Elias **6374**
Elias **6374**
Focas **7362**
Focas **7402**
Elias **7370**
— **7369**

National Observatory of Athens — Greece. Reprint. Nr.
1: Macris AJB **55 6415**
2: Macris, Elias AJB **55 6414**
3: Macris **6207**
4: Karapiperis, Macris **6324**
5: Elias AJB **56 11252**
6: Focas AJB **53 7351**
7: Focas AJB **56 7340**
8: Elias **134432**
9: Focas **7419**

Bamberg

Kleine Veröffentlichungen der Remeis-Sternwarte Bamberg. Nr.
19: Geyer **11156**
20: Kippenhahn **4303**
21: Strohmeier **11225**
22: Strohmeier **11231,33**
23: Strohmeier **11233**

Barcelona

Boletín del Observatorio Fabra. Sección Astronómica.
3 1—7: Ortiz Fornaguera **4511**
— **7528**
— **§ 81**
Febrer **7528**

Basel

Mitteilungen der Astronomisch-Meteorologischen Anstalt der Universität Basel. Astronomische Reihe. Nr.
7: Becker **11148**
8: Becker, Stock **12112**
9: Becker, Stock **12111**

Beirut

Beirut American University Observatory. Monthly Bulletin. Astronomical Section. Solar photospheric observations. 1958 Jan.—Dez. **6374**

Beograd

Bulletin de l'Observatoire Astronomique de Beograd.
21 3—4: Protitch, Čepinac **7528**
Ševarlić, Teleki, Milovanović **13227**
Brkić, Mitić **2352**
Brkić, Mitić **2352**
— **7370**
— **7369**
Djurković, Dačić **10131**
Mitrinović **7528**
Protitch **6374, 6699**
Protitch **10120**
Mitrinović **7528**
Popović **4512**
Simić. Nicht referiert.

Académie Serbe des Sciences. Notes et Travaux de la Section d'Astronomie de l'Institut Mathématique.
2 10—20: Belorizky **4203**
Kašanin **3128**
de Jekhowsky **4507**
Bonnet **102**
Michkovitch **3113**
Fempl **7207**
Fempl **7208**
Georgewich **2007**
Georgewich **4503**
Simovljević **4243**
Georgewich **4212**

Berkeley

Berkeley Reprint. Nr.
128: Struve, Sahade, Huang **9556**
129: Sweet **249**
130: Wood **11139**
131: Struve, Sahade, Zebergs, Lynds **11133**
132: Struve, Sahade **11134**
133: Struve, Pillans, Zebergs **11131**
134: Struve, Sahade, Huang, Zebergs **10205**
135: Struve, Sahade, Huang, Zebergs **10208**
136: Forbes, Spinrad, Wood **8154**
137—141: AJB **59**
142: Struve **11135**

Berlin

Mitteilungen der Sternwarte Babelsberg der Deutschen Akademie der Wissenschaften zu Berlin. Nr.
4: Notni, Oleak **12164**
5: Schmidt, Engelbrecht **2426**
6: Pauscher, Hintze **8167**
7: Bachmann **12151**

Mitteilungen der Archenhold-Sternwarte Berlin-Treptow. Nr.
48: Wattenberg **1299**
— **72268**
49: Wattenberg **6374**
50: Wattenberg **72130**
Wattenberg **72131**

Veröffentlichung der Wilhelm-Foerster-Sternwarte. Nr.
12: Zimmer **10127**
13: Herrmann **1016**

Bjurakan

Mitteilungen (Soobtschenija) des Observatoriums Bjurakan. Nr.
24: Markarjan **12427**
Arakeljan, Iwanowa **11189**
Gursadjan **12240**
Gursadjan **12241**
Saakjan **10017**
25: — **1002**
Markarjan **12428**
Kallogljan **12418**
Grigorjan **111104**
Badaljan **11191**
Iwanowa **111115**
Chatschikjan **12202**
Mirsabekjan, Jersnkanjan, Geruni **6213**
Towmassjan, Burunsusjan **2186**
Geruni **2228**
Gursadjan **12242**

Bloomington

Publications of the Goethe Link Observatory of Indiana University. Nr.
19: Arp **7285**
20: Arp **9403**
21: Kraft **11308**
22: Fernie **12307**
23: Arp **12149**
24: Cuffey **12155**
25: Kraft **12132**
26—28: Nicht eingegangen
29: Arp, van Sant **12103**

Goethe Link Observatory of Indiana University. Reprint Nr.
12: Irwin **1282**
13: AJB **57** **111111**
14: Irwin, Velghe AJB **57** **1270**
15: Irwin **11162**
16: Olson **5119**
17: Heiser AJB **57** **5121**
18: Irwin vgl. **1158**

Bogotà

Observatorio Astronómico Nacional, Bogotà — Colombia. Sonderdrucke.
Casa **7007**
Rozo M. **3117**

Bologna

Pubblicazioni dell'Osservatorio Astronomico Universitario di Bologna.
7 1: Maffei **1211**
2: Maffei AJB **57** **9534**
3: Baldinelli, Dall'Olmo **7603**
4: Fracastoro **1211**, **1243**
5: Selleri **4166**
6: Maffei **12216**

Bonn

Veröffentlichungen der Universitäts-Sternwarte zu Bonn. Nr.
49: Meurers, Zentgraf, Mohn **12134**
50: Schmidt **1212**
51: van Schewick **12142**

Mitteilung der Universitäts-Sternwarte Bonn. Nr.
12: Meurers **12135**
13: Schmidt **4425**
14: Priester, Bennewitz, Lengrüßer **134295**
15: Priester, Hergenhahn **134296**
16: Priester **4160**
17: Mezger **12664**
18: Mezger **12634**

Bordeaux

Catalogue méridien de 2.024 étoiles repères de la zone +11° à +18°. **9130**

Brno

Contributions from the Astronomical Institute of the Masaryk University, Brno.
1 15: Onderlička vgl. **1174**

Bruxelles

Université de Bruxelles. Institut d'Astronomie. 2e série. Nr.
110: Spigeleer **13228**
111: Lemmens **9537**
112: Lemmens **134432**
113: — **134432**

Bucarest

Académie de la République Populaire Roumaine. Observatoire de Bucarest. Secteur Solaire. Bulletin Solaire.
Popovici, Soru, Tifrea, Muradian **6374**

Budapest

Mitteilungen der Sternwarte der Ungarischen Akademie der Wissenschaften Budapest-Szabadsághegy. Nr.
43: Izsák **134202**

Buenos Aires

Almanaque Nautico y Aeronautico para el año 1959. **401**

Cambridge, Engl.

Contributions from the Cambridge Observatories. Nr.
26: Blackwell, Willstrop AJB **57** 8168
27: Fellgett **2288**
28: von Klüber **6207**
29: Thomas **6690**

Cambridge Observatories Reprints. Nr.
26: Beer vgl. **1174**
27: Thompson **6691**
28: von Klüber **226**
29: Willstrop AJB **57** **2283**
30: von Klüber **2237**

University of Cambridge. Report of the Observatories Syndicate for the year ending 1958 September 30. **1101**

Cambridge, Mass.

Harvard Reprint. Nr.
478: Maxwell, Swarup **6548**
479: AJB **57** **13463**
480: O'Keefe, Varsavsky, Gold **8340**
481: Maxwell **6550**
482: Athay, Thomas **6103**
483: Waddell III **6117**
484: Miczaika, Wade **9544**
485: Menon **12680**
486: Payne-Gaposchkin vgl. **1174**
487: Whipple **13494**
488: Cox, Whitney **5206**
489: Wyller **259**
490: Whitney vgl. **1174**
491: Hawkins **8229**
492: Hawkins **8228**
493: Gold **6577**
494: Whipple **8275**
495: Whipple **134350**
496: Gaposchkin **12461**
497: Jones **6638**
498: Hawkins, Upton **8227**
499: Varsavsky vgl. **1170**
500: Menzel vgl. **1172**
501: Hawkins **8226**
502: Rinehart vgl. **1170**
503: de Vaucouleurs **12446**
504: Walker, Olmsted **11010**
505: Whipple, Hynek **134348**
506: Whipple **5512**

Harvard Reprint. Series II. Nr.
112: Field **12676**
113: Menon **12681**
114: Heeschen, Dieter **12677**
115: Rinehart **8397**
116: Maxwell, Swarup, Thompson **6549**
117: Gold **13109**
118: Bell, Glazer **6803**
119: Maxwell **6551**
120: AJB **57** **8243**
121: Sterne **7259**
122: Jacchia **8233**
123: AJB **57** **11151**
124: Mertz **2244**
125: Sterne **4244**
126: Gaposchkin **11324**
127: Whitney **6121**
128: Hawkins, Southworth **8230**
129: Sterne **7257**
130: McCrosky **8248**
131: Whipple **134349**
132: Sterne **7258**
133: Gaposchkin **11154**
134: Menzel **13461**
135: Sterne **7260**
136: Hawkins, Southworth **82100**
137: Hawkins **8278**
138: Hawkins, Whipple **8225**
139: Ashbrook **7403**
140: Cook II, Franklin **7706**
141: Rinehart **8345**
142: Franklin, Cook II **7707**
143: Sterne, Dieter **6509**
Abbott **6501**
Aldrich, Hoover **6502**

Harvard Astronomical Observatory. Annual report 1957. **1101**

Harvard College Observatory. Annoucement Card 1388—1420.

Cape

Annals of the Cape Observatory.
20: — **9132**

Cape Mimeogram. Nr.
5: — **9433**
7—9: — **9128**

Report of Her Majesty's Astronomer at the Cape of Good Hope to the Secretary of the Admiralty for the year 1957. **1101**

Castel Gandolfo

Specola Astronomica Vaticana. Ricerche Astronomiche.
4 : O'Connell, Treusch **72267**
5 : — **1169**
6 1: Miller **11123**
2: de Kort **8167**
3: de Kort **3129**
4: de Kort **2422**
5: Miller, Wachmann **11168**
6: Miller, Wachmann **11169**

Laboratorio Astrofisico della Specola Vaticana. Ricerche Spettroscopiche.
2 5: Junkes, Salpeter **2419**

Specola Astronomica Vaticana. Miscellanea Astronomica.
3 116: Salpeter **2258**
117: Lais, Intonti **2290**

Catalogo Astrografico. Sezione Vaticana. Decl. da +55° a +65°. Appendice V. de Kort **9111**

Catania

Osservatorio Astrofisico di Catania. Pubblicazioni. Nuova Serie. Nr.
19: Fracastoro **1220**
20: Fracastoro **6624**
21: Cristaldi **6374**, **6699**

Charlottesville

Publications of the Leander McCormick Observatory of the University of Virginia.
11 13: Vyssotsky **9729**
14: Osvalds **10132**
15: Eichhorn **9301**
16: Balz jr., Vyssotsky **9405**
17: Vandervort **9432**
18: Cowley **9510**
12 1—3: Nicht eingegangen
4: Vyssotsky AJB **57** **12356**
13 1: Balz jr. AJB **56** **9504**
2: Vyssotsky, Balz jr. **9563**
14 1: Mitchell, Reuyl, Anderson **9306**

Cincinnati

Minor Planet Circulars Nr. 1327—1536 (1956)
Nr. 1537—1678 (1957)
Nr. 1679—1829. § **75**

Cleveland

Warner and Swasey Observatory, Case Institute of Technology. Reprint. Nr.
84: Blanco **12302**
85: Walker **11311**
86: Nassau, Blanco **12163**
87: Neckel **12313**
88: Stock **2262**

Coimbra

Efemérides Astronómicas para a ano de 1959. **403**

Columbus

Ohio State University, Radio Observatory, Columbus, Ohio, U.S.A. Reprint. Nr.
38: Kraus **8167**

Delaware

Contributions from the Perkins Observatory. Series I. Nr.
50: Greenstein, Keenan **9520**
51: van den Bergh **12405**
52: Wright, Keenan **111144**

Contributions from the Perkins Observatory. Series II. Nr.
10: van den Bergh **9201**

Delhi

The Indian Ephemeris and Nautical Almanac for the Year 1959. **402**

Dorpat. Siehe Tartu

Dublin

Dunsink Observatory Reprints. Nr.
8: — AJB **57** **11223**
9: Smyth **111139**
10: McKenna, Smyth **11314**

Edinburgh

Publications of the Royal Observatory, Edinburgh.
2 3: Wilson **9565**
4: Butler, Seddon **9508**

Communications from the Royal Observatory, Edinburgh. Nr.
15: Butler vgl. **1174**
16: Wilson vgl. **1174**
17: Ellison **1216**

Evanston, Ill.

Annals of the Dearborn Observatory of Northwestern University.
7 3: Strand, Teska **12221**

Contributions from the Dearborn Observatory. Nr.
12: Nicht referiert
13: Strand **12222**
14: Strand vgl. **1158**
15: Harris vgl. **1158**
16: Harris vgl. **1158**
17: Franz **10132**
18: Strand, Lenham, Owen **9209**
19: Harris, Reid **104**
Reid, Harris **111**

Flagstaff

Lowell Observatory. Bulletin.
4 1: Giclas **9202**
2: Johnson **9415**
3: Johnson, Iriarte **9707**
4: de Vaucouleurs, de Vaucouleurs **12466**
5: Johnson, Neville, Iriarte **2014**

Fort Davis

Contributions from the McDonald Observatory, University of Texas. Nr.
279: van Houten-Groeneveld, van Houten **7510**
280: Iriarte **9414**
281: Hiltner, Iriarte **12541**
282: Hiltner, Iriarte, Johnson **12127**
283: Abt **9501**
284: Kuiper, Fujita, Gehrels, Groeneveld, Kent, van Biesbroeck, van Houten **7514**
285: Hiltner **12542**
286: Abt **10201**
287: Crawford **9511**
288: Mendoza V. **9543**
289: van Hoof, Blaauw **9529**
290: Hiltner, Iriarte **12413**
291: Bertiau **12370**

Freiburg i. Br.

Mitteilungen aus dem Fraunhofer-Institut, Freiburg i. Br. Nr.
33: Kiepenheuer, Kuenzer **6641**
34: Bruzek **6613**
35: Becker **6605**
36: Kiepenheuer, Deubner **6642**
37: Becker **6606**

Fraunhofer-Institut. Daily maps of the sun. 1958 Jan. 1—Dez. 31. **6374**, **6699**, **6724**

Golossejewo

Mitteilungen (Iswestija) des Astronomischen Hauptobservatoriums der Akademie der Wissenschaften der Ukrainischen Sowjetrepublik.
2 2: Korol, Konin **9110**
Onegina **9206**
Dsjuba **2505**
Gurtowenko **2118**
Gordeladse, Gurtowenko **7422**
Gordeladse, Tschuprina **6208**

Gothenburg

University of Gothenburg, Sweden. Section of Astronomy. Astronomical Notes. Nr.
1: Hvatum **1224**
Führer **311**
Darsenius **11199**
Fredriksson **8317**

University of Gothenburg, Sweden. Section of Astronomy. Reprint Nr.
1: Nicht referiert

Göttingen

Veröffentlichungen der Universitäts-Sternwarte zu Göttingen. Nr.
120: David **6407**
121: Schmidt **12543**
122: ten Bruggencate, Voigt **1225**
123: Schmidt **12544**

Green Bank

National Radio Astronomy Observatory. Reprint Nr.
1: Emberson, Ashton **1226**
2: Findlay **1226**

105: Neckel **6111**
106: AJB **57** **1221**
107: van Houten-Groeneveld, van Houten **7510**
108—111: AJB **57** **1191**

Helsinki

Veröffentlichungen des Finnischen Geodätischen Instituts. Nr.
49: Kalaja **3005**
50: Nicht referiert

From the Astronomical Observatory Helsinki — Finland.
Kustaanheimo **4143**
Kustaanheimo **4144**

Hyderabad

Publications of the Nizamiah Observatory.
8 2: Ali **9102**

Spectrohelioscopic Observations Nizamiah Observatory, Hyderabad. Nr.
1: Alvi **6699**

Nizamiah Observatory Reprint. Nr.
18: Nicht eingegangen
19: Ali AJB **56** **6302**
20: Aravamudan AJB **56** **9201**
21: — AJB **56** 1101
22: Goyal **9203**
23: Nicht eingegangen
24: Goyal **10131**
25: — AJB **56** **1101**

Istanbul

Publications of the Istanbul University Observatory. Nr.
62: Balli **6699**
63: Dizer **6699**

Jena

Mitteilungen der Universitäts-Sternwarte zu Jena. Nr.
32: Lambrecht, Schmidt **12512**
33: Schmidt **12319**
34: Schmidt **12521**
35: Nicht eingegangen
36: Hoppe **8323**
37: Wanie **255**
38: Lin, Weigert **8335**

Johannesburg

Circular of the Union Observatory.
6 7 (117): Bruwer **7528**
Bruwer **8116**, **8166**
Churms **10131**
Finsen **10131**

Kanzelhöhe

Mitteilungen des Sonnenobservatoriums Kanzelhöhe. Nr.
11: Comper **6619**
12: AJB **59**
13: Comper **6618**
14: Haupt **7508**

Beobachtungen des Sonnenobservatoriums Kanzelhöhe. Nr. 1—11. **6374**, **6699**, **6724**, **6877**

Kasan

Mitteilungen (Iswestija) des Astronomischen Engelhardt-Observatoriums der Lenin-Staatsuniversität Kasan. Nr.
30: Nefedjew **7393**
31: Chabibullin **7310**
32: AJB **56** **8106**, **13226**

Astronomisches Engelhardt-Observatorium. Sonderdruck. Nr.
3: Chabibullin **7309**
4: Kostylew **8240**

Kiel

Sonderdruck der Sternwarte Kiel.
Traving **5124**
Unsöld **5135**
Unsöld **5134**
Grahl **12621**
Böhm-Vitense **5104**
Böhm **6104**

Kiew

Veröffentlichungen (Trudy) des Astronomischen Observatoriums Kiew.
2: Seldina, Semanek, Sergejewa **6374**, **6699**
Tschernega **9124**

København

Publikationer og mindre Meddelelser fra Københavns Observatorium. Nr.
173: Petersen **7528**
174: Naur **2139**
175: Gyldenkerne **9522**
Gyldenkerne **9523**

Union Astronomique Internationale. Circulaire Nr. 1635—1662.

Aktuelle Meddelelser fra Astronomisk Selskab Nr. 396—402.

Kodaikanal

Kodaikanal Observatory Bulletin. Nr.
143: Das **6699**
Das **6877**

144: AJB **57** **6211**
145: Das **6699**
Das **6877**
146: Das **6699**
Das **6877**
Das **72182**
147: Das **6699**
Das **6877**
Das **72182**

Kodaikanal Observatory. Sonderdrucke.
Bhargava **72148**

Annual report of the Kodaikanal Observatory for the year 1956. **1101**

Kraków

Rocznik Astronomiczny Obserwatorjum Krakowskiego 1958, 1959. Supplemento Internationale Nr. 29, 30. **417**, **7369**, § **110**

Krim

Mitteilungen (Iswestija) des Astrophysikalischen Observatoriums auf der Krim.
18: Mustel, Galkin, Kumajgorodskaja, Bojartschuk **9545**
Bojartschuk **9704**
Kopylow **9417**
Bojartschuk **11193**
Kosyrew **7434**
Stepanow, Petrowa **6354**
Sewerny **6427**
Sewerny **6428**
Iwanow-Cholodny **6634**
Stepanow **247**
Schaposchnikowa **6679**
Balkowoj **6602**
Mustel, Mitropolskaja **6848**
Abramenko **2101**
Jerjuschew **6831**
Moissejew **6208**
Pikelner, Metik **12516**
19: Nikulin, Sewerny, Stepanow **1238**
Stepanow **6355**
Kasatschewskaja, Sewerny **6639**
Sewerny **6684**
Gopassjuk **6630**
Bumba **6614**
Chochlowa **6313**
Sawitsch **72173**
Abramenko **2162**
Mustel **5117**
Bojartschuk **11194**
Galkin **9519**
Numerowa **12314**
Numerowa **9423**
20: Jerjuschew **72161**
Jerjuschew, Neschpor **72162**
Sewerny **6685**
Stepanow **6687**
Sewerny, Chochlowa **6351**
Mustel, Zap **6667**
Kasatschewskaja **6640**
Mustel, Bojartschuk **11311**
Mustel, Kumajgorodskaja **11311**
Bojartschuk **11195**
Kopylow **9533**
Kopylow **9709**
Pronik **9425**
Brodskaja, Schajn **9407**

Kyoto

Contributions from the Institute of Astrophysics and Kwasan Observatory, University of Kyoto. Nr.
66: Ueno **5132**
67: Ueno **5125**
68: Ueno **5126**
69—72: AJB **57**
73—75: Nicht eingegangen
76: Miyamoto AJB **57** **5128**

La Plata

Observatorio Astronómico — La Plata — Argentina. Separata Astronómica. Nr.
6: Jaschek, Jaschek **9706**
7: Ringuelet **11307**

Leiden

Annalen van de Sterrewacht te Leiden.
21 3: Plaut **11221**

Lembang

Contributions from the Bosscha Observatory. Nr.
6: van Albada **10001**

Lemberg. Siehe Lwow

Leningrad

Institut für Theoretische Astronomie der Akademie der Wissenschaften der UdSSR. Ephemeriden Kleiner Planeten für das Jahr 1959. **7501**

Bulletin des Instituts für Theoretische Astronomie. Inhaltsverzeichnis der Bände 1—6. **718**

6 9 (82): Batrakow **7502**
Deberdejew **4206**
Gontkowskaja **4213**
Galibina **8005**
Sotschilina **8144**
Tschebotarjow **1002**
10 (83): Samojlowa-Jachontowa **7519**
Merman **4228**
Merman **4229**
Brumberg **7308**
Polosowa **110**
7 1 (84): Makarowa **2510**
Amelin **7304**
Bashenow **4201**
Schmakowa, Sotschilina **4514**
Schmakowa, Sotschilina **7528**
Lasarewskij **3206**
2 (85): Fokin **8123**
Fokin **8123**
Mersljakowa **8109**
Lutschitsch **8114**
Lutschitsch **8114**
Serebrjakowa **3118**

Liège

Université de Liège (Belgique). Institut d'Astrophysique, Cointe-Sclessin. Collection in 4°. Nr.
89: Swings, Greenstein **8025**
90: Swings, Dufay **8026**
91: Woszczyk **8114**
92—93: AJB **57** **8168**, **5214**
94: Dufay, Swings **8168**
95: Swings, Fehrenbach **12245**

Université de Liège (Belgique). Institut d'Astrophysique, Cointe-Sclessin. Collection in 8°. Nr.
395: Delbouille **2111**
396: — **1174**
397: Simon **5229**
398: Mannino, Humblet **9540**
399: Simon **273**
400: Houziaux, Battiau **224**
401: Ledoux **111119**
402: Simon **274**
403: Swings **1034**

Lille

Contributions du Laboratoire d'Astronomie de Lille. Nr.
7: Kourganoff vgl. **1174**
8: Nabokov **636**
9: Rousseau, Spite **9427**

Lisboa

Bulletin de l'Observatoire Astronomique de Lisbonne (Tapada). Nr.
12: Botelheiro, Santos **9104**

London

Communications from the University of London Observatory. Nr.
28: Sweet vg. **1172**
29: Piggott, Allen **6569**
30: Sweet vgl. **1160**
31: Sweet vgl. **1160**
32: Garstang vgl. **1174**
33: Garstang **7318**
34: Garstang **216**
35: Allen **6503**

Los Angeles

University of California. Astronomical Papers.
1 22: Popper AJB **57** **11154**
23: Popper AJB **57** **11155**
24: Herrick, Baker jr., Hilton **13444**
2 4: Leonard AJB **57** **8332**
5: Herrick, Baker jr. **13442**

Louvain

Publications du Laboratoire d'Astronomie et de Géodésie de l'Université de Louvain.
13 115: Lemaître **4003**
116: Lemaître AJB **50** **238**
117: De Vogelaere **12757**
118: Lemaître AJB **51** **4412**
119: van Hoof, Deurinck AJB **52** **11160**
120: Lemaître AJB **52** **4224**
121: Lemaître AJB **52** **4225**
122: Lemaître AJB **54** **4215**
123: Lemaître **108**
124: van Hoof, Bertiau, Deurinck AJB **56** **111121**
125: van Hoof **5212**

Lund

Meddelande från Lunds Astronomiska Observatorium. Ser. I. Nr.
191: Kristenson **3204**

Meddelande från Lunds Astronomiska Observatorium. Ser. II. Nr.
136: Holmberg **12415**

Lwow (Lemberg)

Zirkular des Astronomischen Observatoriums der Franko-Staatsuniversität Lwow. Nr.

34: Kopecký **6329**
Witels **6363**
Mandrykina **6337**
Mandrykina **6338**
Eigenson **6314**
Eigenson **6814**
Eigenson **6815**
Snarskij **6860**

Lyon

Publications de l'Observatoire de Lyon. Série I. — Astronomie.

5 22: Dufay AJB **52** 6404
23—28: AJB **56**
29: AJB **57** **2221**
30: Proisy **6115**

Publications de l'Observatoire de Lyon.

3 30: Andrillat vgl. **1174**
31: Bloch, Tcheng vgl. **1174**
32: Grinand **2230**
33: Dufay **2220**

Madrid

Universidad de Madrid — Facultad de Ciencias. Seminario de Astronomía y Geodesia. Publicación Nr.

34: Calvo AJB **57** **7530**
35: Siegrist AJB **57** **7530**
36: Pensado AJB **56** **10118**
37: Torroja, Bongera AJB **57** **6210**
38: Wierzbiński AJB **57** **115**
39: González-Aboín AJB **57** **7530**
40: López Arroyo AJB **57** **6339**
41: Múgica AJB **57** **13004**
42: Nicht referiert

Boletin Astronómico del Observatorio de Madrid.

5 3: Gullón, López Arroyo **6699**
Gullón, López Arroyo **6374**
Torroja **7528**
Torroja 8167

Manchester

Astronomical Contributions from the University of Manchester. Jodrell Bank Annals. Series. I.

1 5: Watkins **7216**
Davis, Millns **2287**
Davies **12229**
Browne **8206**
Browne, Evans **72152**

Astronomical Contributions from the University of Manchester. Series II. Jodrell Bank Reprint. Nr.

163: Jennison **12662**
164—171: AJB **57**
172: — vgl. **134368**
173: Hanbury Brown, Twiss **2404**
174: Hanbury Brown, Twiss **2405**
175: — **1101**
176: Harrison, Watkins **72230**
177: Davies vgl. **1173**

Astronomical Contributions from the University of Manchester. Series III. Nr.

53: Fielder, Kurth **7608**
54—57: AJB **57**
58: Kahn vgl. **1173**
59: Kahn vgl. **1173**
60: Kurth, Holden **12160**
61: Nicht eingegangen
62: Kahn **2176**

Milano-Merate

Contributi dell'Osservatorio Astronomico di Milano-Merate. Nuova Serie. Nr.

123: Hack **11110**
124: Fracassini, Hack **11108**
125: Broglia **11151**
126: Proverbio **7368**
127: Hack, Tamburini **9524**
128: Hack **9525**
129: Hack **9526**
130: Proverbio **2512**
131: Kranjc **4508**
132: Bortone, Masani, Zanoni **5203**
133: Zagar **1001**

Circolari del Servizio Orario dell'Osservatorio Astronomico di Milano-Merate. Nr.

1: Proverbio **2331**
— **2352**

Conferenze dell'Osservatorio Astronomico di Milano-Merate. Nr.

1: Proverbio **3209**

Osservatorio Astronomico di Milano e Merate.

Zagar **1249**

Mizusawa

Publications of the International Latitude Observatory of Mizusawa.

2 3: Yumi **1250**

Ikeda **1250**
Sugawa **13229**
Yumi **13231**
4: Takagi **13230**

Montevideo

Departamento de Astronomia, Facultad de Humanidades y Ciencias, Universidad de la República. Montevideo-Uruguay. Publicacion Nr.
1: — **1251**
2: Cernuschi, Codina **5409**
3: Cernuschi **1251**
4: Cernuschi, Amorín **5303**

Moskau

Publikationen (Trudy) des Staatlichen Astronomischen Sternberg-Instituts.
29: Scharow **9720**
Uranowa **9431**
Kirillowa **12213**

Mount Hamilton

Lick Observatory Bulletin. Nr.
558: van den Bos **10131**
559: Jeffers, Klemola, Vasilevskis § 81, § **75**
560: Vasilevskis, Klemola, Preston **12145**

Contributions from the Lick Observatory. Series II. Nr.
81: Mayall vgl. **1155**
Bidelman vgl. **1155**
82: Herbig vgl. **1174**
83: Herbig vgl. **1169**
84: Herbig **111108**
85: AJB **57 9524, 9510**
86: Shane **11175**
87: Kron **9419**
88: Bidelman **10101**
89: Kron **2238**
Jeffers **7428**
90: Herbig **12211**
91: Walker **12146**
92: Bidelman, Herbig **11192**
Herbig **12212**

Mount Stromlo

Mount Stromlo Observatory Reprints. Nr.
7: Buscombe **1254**
8: Przybylski AJB **57 6117**
9: Przybylski AJB **57** 8144
10: AJB **59**
11: Hogg **1254**
12: AJB **59**
13: Przybylski **134298**

Memoirs of the Mount Stromlo Observatory.
3 4(14): Buscombe, Morris **12331**

Mount Stromlo Observatory (The Australian National University) Canberra. Mimeogram. Nr.
2: Hogg **9413**

München

Veröffentlichungen der Sternwarte München.
4 23: Rabe **10132**
5 1: Schoenberg **6349**
2: Heintz **9109**
3: Schmeidler **9120**
4: Petri **9117**

Naini Tal

Uttar Pradesh State Observatory. Reprint Nr.
1: Bappu **9504**
2: Bappu, Sinvhal AJB **57** 8168
3: Bappu vgl. **1174**

Uttar Pradesh State Observatory. Annual Report. **1101**

Napoli

Osservatorio Astronomico di Capodimonte-Napoli. Contributi Astronomici.
5 1: Fichera **72112**
2: Verbaandert **2342**
3: Fichera **1217**
4: Fichera **3107**

Osservatorio Astronomico di Capodimonte-Napoli. Contributi Scientifici. Nuova Serie. Nr.
1: Cimino AJB **57 5007**
2: Fichera AJB **57 3106**
3: Fichera, Liguori AJB **57 7401**
4: Cimino AJB **57 7333**
5: Nicht referiert
6: Nicolini AJB **57 7015**
7: Fresa AJB **57 4503**
8: Fichera **7505**
9: Fichera **2314**
10: Cimino, Nicolini, Fichera AJB **57 7288**
11: Fresa AJB **57 11111**
12: Fresa vgl. **1174**
13: Cimino, Fresa, Armellini **7363**

14: Fresa **1318**
15: AJB **59**
16: Fresa vgl. **1118**

Osservatorio Astronomico di Capodimonte-Napoli. Osservazioni.
1 5: Fichera, Liguori **7107, 7601, 7801**

Neuchâtel

Publications de l'Observatoire de Neuchâtel (Suisse). Nr.
1: Blaser, Schuler **9103**
2: Cavedon, Blaser **9105**

Oslo

The Institute of Theoretical Astrophysics Blindern, Norway. Reprint Nr.
21: Harang **72231**
22: Rosseland, Jensen, Tandberg-Hanssen vgl. **1160**
23: Jensen vgl. **1160**

Institutt for Teoretisk Astrofysikk Blindern-Oslo. Småtrykk. Nr.
20—22: Nicht eingegangen
23: Omholt **72247**
24: Eriksen **12619**
25: Ringnes **1354**
26: Ringnes **8167**
27: Omholt **72123**

The Institute of Theoretical Astrophysics Blindern-Oslo. Report Nr.
4: Maltby **6547**

Ottawa

Contributions from the Dominion Observatory Ottawa.
2 24: Godoli **6409**
25: Halliday **8221**
26: Smith, Thomson **3119**
27: Halliday **8223**
28: Halliday **8222**
3 1—8: AJB **57**
9: Nicht referiert
10: AJB **57 6831**
11—20: Nicht referiert

Publications of the Dominion Observatory Ottawa. **14** Nr. 20, **17** Nr. 2, **18** Nr. 13, **19** Nr. 6—9, **20** Nr. 1, **21** Nr. 1—2, **22** Nr. 1—2: Nicht referiert

Oxford

Communications from the University Observatory, Oxford. Nr.
64: Clube **6616**
65: Adam, Nichols **201**
66: Adam **6401**
67: Nichols, Clube **6421**

Padova

Osservatorio Astronomico-Padova. Pubblicazioni e ristampe. Nr.
112: Gennaro **2408**
113: Pinto **2330**
114: Rosino **1001**
115: Nicht eingegangen
116: Romano **11222**

Osservatorio Astronomico di Padova. Comunicazioni e rassegne. Nr.
1: Romano AJB **57 11328**
2: Bertola **9703**
3: Rosino AJB **57 1181**
3 bis: Rosino vgl. **1174**
4: Dall'Olmo **11199**
5: Gennaro **1001**
6: Rosino **1001**
7: Mannino **9538**
8: Romano **111130**

Palermo

Pubblicazioni dell'Osservatorio Astronomico di Palermo. Nuova Serie.
10 8: Chiara **4205**
9: Leone **4509**
10: Chiara **10005**

Elementi Astronomici per l'anno 1958. **436**

Paris

Contributions de l'Institut d'Astrophysique de Paris. Série A. Nr.
230: Rigollet **134432**
231: Chalonge vgl. **1169**
232: Zuckerman vgl. **1174**
233: Schatzman vgl. **1174**
234: Schatzman **5123**
235: Grzędzielski **12537**
236: Barbier **72192**
237: Rozis-Saulgeot **9552**
238: Schatzman **5420**
239: Ueno **5127**
240: Ueno **5128**
241: Barbier, Delannoy, Weill **7267**
242: Ueno **5129**
243: Ueno **5130**
244: Ueno **5131**
245: Nicht eingegangen
246: Delannoy, Weill **7273**
247: Pecker **6207**

Contributions de l'Institut d'Astrophysique de Paris. Série B. Nr.
168: Henon **4408**
169: Schatzman **11305**
170: Ueno **5125**
171: Ueno **5126**
172: Schatzman vgl. **1173**
173: Schatzman vgl. **1173**
174: Bel, Schatzman vgl. **1173**

Observatoire de Paris. Section d'Astrophysique à Meudon.
2 2: d'Azambuja **6699**
3: d'Azambuja **6699**

Connaissances des Temps ou des mouvements célestes, à l'usage des astronomes et des navigateurs, pour l'an 1960. **407**

Ephémérides Nautiques pour l'an 1959. **421**

Philadelphia

Flower and Cook Observatory of the University of Pennsylvania. Reprint Nr.
109—110: Nicht eingegangen
111: Olivier **1105**

Poltawa

Publikationen (Trudy) des Gravimetrischen Observatoriums Poltawa.
7: Jewtuschenko, Ogorodnik **13215**
Matwejew **13119**
Tschernijew **9125**
Filippow **13212**

Potsdam

Mitteilungen des Astrophysikalischen Observatoriums Potsdam. Nr.
61: Daene vgl. **1163**
62: Mattig **6342**
63: Schröter **6682**
64: Mattig **4147**
65: Scheffler **6715**
66: Mädlow **6208**
67: Böttger **10131**
68: Günther **10007**
69: Scheffler **241**

Mitteilungen des Astrophysikalischen Observatoriums Potsdam. Nr.
201: Jäger, Künzel, Mattig, Schröter **6374**
202: Jäger, Künzel, Mattig, Schröter **6374**

Poznań

Poznań Observatory Reprint. Nr.
35: Koebcke AJB **57** **12507**
36: Koebcke AJB **57** **4504**
37: Koebcke **106**
38: Koebcke **2421**
39: Morkowska **7528**, 8159

Prag

Československá Akademie Věd. Astronomický Ústav. Publikace. Nr.
34: Guth **8167**
Ceplecha **8167**
Růžičková, Plavec **8167**
Valniček, Růžičková **8167**
Vanýsek, Tremko **8167**
Bouška **8167**
Blaha, Hruška, Švestka, Vanýsek **8167**
Rajchl **8167**
Ceplecha, Rajchl **8168**
35: Fritzová, Kopecký, Švestka **6699**
36: Kopecký **6327**
37: Vanýsek **8029**
38: Link, Neužil, Zacharov **7281**
39: Ruprecht **12139**
40: Guth, Ceplecha **8220**
Ceplecha **8210**
Ceplecha **8211**
41: Hruška, Vanýsek **8007**
42: Kopecký **6328**

Pretoria

Communications from the Radcliffe Observatory, Pretoria. Nr.
41: Thackeray **12167**
42: Feast, Thackeray **9214**
43: Wesselink **12548**
44: Thackeray **9218**

Radcliffe Observatory. Reprint Nr.
9: Kinman **12158**
10: AJB **57** **1280**
11: Thackeray vgl. **1169**
12: Thackeray vgl. **1169**
13: Feast, Thackeray, Wesselink **12460**

Pulkowo

Publikationen (Trudy) des Astronomischen Hauptobservatoriums in Pulkowo. Serie 2.
72: Swerew, Poloshenzew **9123**
Bronnikowa **12115**
Ponomarew, Mikischa **9119**

Sendai

Sendai Astronomiaj Raportoj. Nr.
56: Hosokawa **11112**
57: Kikuchi **12351**
58: Uchida **5231**
59: Sato **111135**
60: Hitotuyanagi, Suda **5211**
61: Hosokawa **11111**
62: Takakubo **12524**
63: Takakubo **12525**
64: Kikuchi **12352**
65: Sato **111136**
66: Takeuti **9728**

Sonneberg

Veröffentlichungen der Sternwarte in Sonneberg.
3 3: Hoffmeister **111111**
Hoffmeister **11214**
4: Hoffmeister **72201**
4 1: AJB **56** **8101**
2: AJB **57** **11203**
3: Götz, Huth **11211**

Mitteilungen über veränderliche Sterne. Nr. 351—375. **111110**, § **112**, § **113**

Sammlung von Abdrucken. Heft.
11: Hoffmeister AJB **46** **5323**
Hoffmeister AJB **56** **7229**
Jackisch AJB **54** **2222**
Richter vgl. AJB **54** **8129**
Hoffmeister AJB **55** **8225**
Hoffmeister AJB **55** **11118**
Schubart AJB **55** **4231**
Götz AJB **56** **11206**
Hoffmeister AJB **56** **7230**
Schubart AJB **56** **4224**
Schubart AJB **56** **4506**
Ahnert vgl. AJB **56** **7349**

Stalinabad

Publikationen (Trudy) des Astronomischen Observatoriums (ab Band 7: Institut für Astrophysik) Stalinabad.
6: Saidow **11128**
7: Wassiljanowskaja **7299**
Solowjow, Schachowskoj **11224**

Stockholm

Stockholms Observatoriums Annaler.
20 4: Lindblad **12355**
5: Contopoulos **4405**
6: Lindblad **12356**
7: Öhman **6699**

Stockholms Observatorium. Meddelande Nr.
98: Lodén **6657**
99: Öhman **2251**
100: Fredga **2225**
101: Lindblad, Lindblad vgl. **1155**
102: AJB **57** **8168**
103: Elvius, Sinnerstad **9517**
104: Elvius **8168**
105: Lodén, Lodén **8167**
106: Fischer-Hjalmars **213**
107: Öhman **6670**
108: Lindblad vgl. **1169**
109: Lindblad vgl. **1169**
110: Lodén **6658**
111: Larsson-Leander **8167**
112: Larsson-Leander **11120**
113—115: AJB **59**
116: Öhman **6671**

Sydney

Sydney Observatory. Astrographic Catalogue 1900.0 Vol. **39—41**. **9133**

Sydney Observatory Papers. Nr.
27: Wood **3124**
28: Wood **3133**
29: Sims **7370**
30: Robertson **7518**

Commonwealth Scientific and Industrial Research Organization, Australia, Division Radiophysics.
Christiansen, Mathewson **6524**
Gardner, Shain **7611**
Giovanelli, Roberts **6530**
Hill **12626**
Hill, Slee, Mills **12625**
Kerr vgl. **1173**
Komesaroff **6542**
Little **2178**
Mainstone, Elford, Weiss **2423**
Mills, Little, Sheridan, Slee **2179**
Mills, Hill, Slee **12635**
Mills, Slee, Hill **12665**
Murray, McGee **12682**
Oort, Kerr, Westerhout **12315**
Pawsey **12667**
Piddington vgl. **1160**
Piddington **5015**
Piddington **7017**
Piddington **238**
Rishbeth **12643**
Rishbeth **12642**

Roberts **6554**
Shain **1267**
Shain **12670**
Sheridan **12671**
Slee **134321**
Swarup, Parthasarathy **6558**
Twiss **12651**
Twiss, Roberts **299**
Wade **12652**
Weiss **8299**
Weiss **8274**
Wild, Sheridan **2187**
— **1101**

Tartu

Publikationen (Publikazii) des Astronomischen Observatoriums Tartu.
33 3: Eelsalu **12337**
Nicht referiert

Taschkent

Zirkular des Astronomischen Observatoriums Taschkent. Nr. 290—297. **1101**, **2352**, **2508**, **6208**, **6374**, **6699**, **134200**

Thessaloniki

Monographs of the Astronomical Department of the University of Thessaloniki. Nr.
2: Contopoulos **210**
3: Contopoulos **2309**

Veröffentlichungen des Astronomischen Instituts der Universität Thessaloniki. Nr.
1: Contopoulos **12304**
2: Contopoulos **2308**
3: Contopoulos **12328**

Contributions from the Astronomical Department of the University of Thessaloniki. Nr.
1: Xanthakis AJB **55** **6848**
2: Contopoulos **4405**
3: Contopoulos **4116**
4: Contopoulos **4117**

Tokyo

Annals of the Tokyo Astronomical Observatory, University of Tokyo. Second Series.
5 4: Obi, Ishidzu, Horie, Yanagawa, Tanabe, Sato **109**
6 1: Yasuda, Hara **9127**
2: Akabane **6518**

Tokyo Astronomical Bulletin. Second Series. Nr.
102: Huruhata, Kitamura **11115**
103: Tuzi **9126**
104: Tuzi, Nagane **7301**
105: Sekiguchi, Matsumoto **9121**
106: Iijima, Ohki, Oguma **2322**
107: Nakano, Yasuda, Hara **7527**
108: Nakano, Yasuda, Hara **7301**, **7401**, **7601**, **7701**, **7801**, **7805**
109: Iijima, Ohki, Oguma **2323**
110: Kaho **11231,32,35,36**
111: Hirose, Tomita, Manabe, Utida, Kozai, Kaho, Takenouchi **7367**
112: Saito, Nishi, Kurashige, Kobane **6213**

Tokyo Astronomical Observatory Reprints. Nr.
166: Hori **7626**
167: Makita **5115**
168: Shimoda, Obi **5228**
169: Kozai **4220**
170: Saito **6714**
171: Akabane **6519**
172: Osawa **9424**
173: Osawa **9549**
174: Nishimura **111126**
175: Yasuda **4430**
176—178: AJB **59**
179: Nakamura **72206**
180: Kawabata **289**

Tokyo Astronomical Observatory. Bulletin of Solar Phenomena.
9 4: **6374**, **6562**, **6699**, **6724**
10 1—3: — **6374**, **6562**, **6699**, **6724**

Nautical Almanac 1959. **410**

Japanese Ephemeris 1959. **411**

Abridged Nautical Almanac 1959. **423**

Tonantzintla

Boletín de los Observatorios Tonantzintla y Tacubaya. Nr.
17: Poveda **12430**
Poveda **4422**
Chavira **9408**
Haro **11320**

Torino

Pubblicazioni dell'Ufficio Internazionale delle Latitudini. Osservatorio Astronomico di Torino (Pino Torinese). Nr.
17: — **13237**

Tortosa

Boletín del Observatorio del Ebro.
45: — **6374**, **6699**

Toruń

Bulletin of the Astronomical Observatory of N. Copernicus University in Toruń. Nr.
15: Grudzińska **9412**
Ampel **9402**
Gąska **9410**
Lisicki **9421**
16: Stawikowski **11179**
Woszczyk **11186**
Boenigk **11149**
Boenigk **11150**
Burnicki, Krygier **11152**
Stawikowski **11180**
Hanasz **11158**
17: Dziewulski **12333**
Dziewulska **12334**
Pieczyński **1270**
Dziewulski **12335**
Dziewulski **12336**
Dziewulski, Krygier **11231**
Dziewulski, Krygier **11231**
Dziewulski, Brzeska **11231**
Dziewulski, Zaleski **11231**
18: Iwanowska **12003**

Toulouse

Annales de l'Observatoire Astronomique et Météorologique de Toulouse.
26: Paloque, Berthomieu, Prêtre, Reynis **9115**
Paloque **9207**
Bouigue **2205**

Observatoire de l'Université de Toulouse. Rapport annuel. 1955—1956. **1101**

Treviso

Osservatorio Privato Specola «Ariel» Treviso. Pubblicazione. Nr.
1: Romano AJB **55** **11171**
2: Romano AJB **55** **111131**
3: Romano AJB **56** **111140**
4: Romano AJB **56** **11247**
5: Romano AJB **57** **111185**
6: Romano AJB **57** **111183**
7: Romano AJB **57** **11230**
8: Romano AJB **57** **11328**
9: Romano AJB **57** **11230**
10: Romano **134305**
11: Romano **11231,32,34,37**
12: Romano **11237**
13: Romano **11237**
14: Romano **11230**
15—16: AJB **59**
17: Romano **11222**

Trieste

Osservatorio Astronomico di Trieste. Pubblicazioni e ristampe. Nr.
(2): Martin AJB **56** **1288**
272-280/I: AJB **57**
280/II: Martin **134240**
281: — **447**
282: Martin **4225**
283: Abrami **11101**
284: Cester **10102**

Troy, New York

Rensselaer Observatory Publications. Nr.
1: Fleischer, Lichtenstein **6574**
2: Fleischer, Lichtenstein **6575**
3: Fleischer, Lichtenstein **6576**

Tübingen

Mitteilungen des Astronomischen Instituts der Universität Tübingen. Nr.
27: Haug **7010**
28: AJB **57** **12529**
29: AJB **57** **2249**
30: Elwert **6705**
31: Elwert **6201**
32: Elsässer **12459**
33: AJB **59**
34: Walter **8414**
35: Elsässer **7008**
36: AJB **59**
37: Siedentopf **12645**
38: Elsässer **8403**

Turku

Astronomia-Optika Institucio Universitato de Turku. Informo Nr.
17: Oterma **8123**

Uccle

Annales de l'Observatoire Royal de Belgique. Troisième Série.
8 1: de Jager, Neven **6413**

Communications de l'Observatoire Royal de Belgique. Nr.
131: Coutrez, Hunaerts, Koeckelenbergh **8167**
132: AJB **57** **13206**
133: Nicht referiert

134: Melchior **13221**
135: Fichera, Melchior **3108**
136: AJB **57** **12518**
137: Verbaandert **2343**
138: AJB **57** **13214**
139: AJB **57** **4306**
140: — **1101**
141: Dommanget **1279**
142: — **1196**
143: Warzée **5310**
144: Koeckelenbergh **6645**
145: Nicht referiert
146: Koeckelenbergh **6646**
147—148: Nicht eingegangen
149: Vandekerkhove **12442**

Observatoire Royal de Belgique. Monographies. Nr.
6: Fichera **13211**

Uppsala

Uppsala Astronomiska Observatorium. Meddelande Nr.
118: Wallenquist **10124**
119: Eklöf **12507**
120: Eklöf **12508**

Utrecht

Recherches Astronomiques de l'Observatoire d'Utrecht.
14 1: de Jager, van't Veer, Seeger **6539/40**

Sterrewacht «Sonnenborgh» Utrecht. Overdruk Nr.
30: Minnaert **4231**
31: de Jager vgl. **1174**
32: de Jager vgl. **1163**
33: de Groot **6532**

Sterrewacht «Sonnenborgh» Utrecht. Overdruk Quarto. Nr.
14: de Jager **134204**

Victoria

Publications of the Dominion Astrophysical Observatory Victoria, B. C.
10 18: Pearce **10208**
19: AJB **57** **5149**
20: Odgers **5218**
21: AJB **57** **10212**
22: Petrie, Andrews, McDonald **9216**
23: Westerlund **9605**
24: Pearce **10202**
25: Pearce **11124**
11 1: McKellar, Petrie **11121**

Contributions from the Dominion Astrophysical Observatory Victoria, B. C. Nr.
56: Underhill vgl. **1174**
57: Wright, Kushwaha vgl. **1174**
58—59: AJB **57** **11147**, **9552**
60: Stewart **10208**
61: Petrie **12362**
62: Andrews **3101**
63: Wilson **9564**

Warszawa

Astronomical Observatory of the Warsaw University, Reprint Nr.
67: Smak **12522**
68: Ginter, Paczyński, Wernik **11231**
69: Piotrowski **5220**
70: Bielicki **101**
71: Zonn, Stodółkiewicz **5311**
72: Serkowski **12546**
73: Gadomski **11109**
74: Karpowicz, Zonn **11117**
75: AJB **59**
76: Liszka **72203**
77: Słomka **72106**
78: Serkowski vgl. **1173**
79—80: AJB **59**
81: Serkowski vgl. **1160**

Washington

The American Ephemeris and Nautical Almanac for the Year 1960. **412**

Publications of the United States Naval Observatory. Second Series.
17 6: Hall **12539**

United States Naval Observatory Circular. Nr.
85: Gossner **6203**
86/87: Lindenblad **6374**

Georgetown Observatory Monograph. Nr.
7: Baldini **3102**
8: Dohne, Heyden **2217**
9: Cameron, Dyer **3201**
10: Heyden, Le Fevre **2320**
11: Heyden, Rudy **2120**
12: Kiess, Lassovzsky **7012**

Georgetown Observatory Reprint. Series II. Nr.
1: AJB **59**
2: Howe **225**
3: Eichhorn AJB **57** **9107**

Smithsonian Institution. Publication.
4317: Gold **6577**
4318: Whipple **8275**

4319: Chamberlain **12103**
4320: Hawkins **1379**
4338: Abbot **6801**

Smithsonian Contributions to Astrophysics.
2 6: Hsi **11303**
Imoto, Hasegawa **8280**
7: Rinehart **8397**
8: Bell, Glazer **6803**
9: Jacchia **8233**
10: Schilling, Sterne **134432**
Rinehart, Schilling **134432**
Sterne, Schilling **7261**
Ashbrook, Schilling, Sterne **134122**
Schilling, Fergusson **134432**
Campbell jr., Hynek **134432**
Sterne, Folkart, Schilling **7262**
Schilling **134432**
Jacchia **134432**
Adams, McCumber, Brinkman **134432**
Jacchia **134432**
Slowey **134322**
11: Hawkins, Southworth **8230**
12: Whitney **6121**
13: Cook II, Franklin **7706**
3 1: Hawkins, Southworth **82100**
2: Hawkins **8278**
3: Sterne, Dieter **6509**
Aldrich, Hoover **6502**

Smithsonian Institution. Report on the Astrophysical Observatory for the year ended June 30, 1957. **1101**

Wellington, N. Z.

Carter Observatory. Astronomical Bulletin. Nr.
49: McQuistan **6343**

Carter Observatory. Reprint Nr.
26: — **3009**

Wendelstein

Forschungsberichte der Kommission Observatorium Wendelstein der Bayerischen Akademie der Wissenschaften. Nr.
21: Müller **6724**

Wien

Mitteilungen der Universitäts-Sternwarte Wien.
9 13: Hopmann **12130**
14: Hopmann, Widorn, Purgathofer **8167**
15: Hopmann **8167**
16: Hopmann **8006**
17: Schrutka-Rechtenstamm **7339**
10 1: Ferrari d'Occhieppo **5412**

Veröffentlichungen der Urania-Sternwarte. Nr.
1: Wähnl **7363**
Widorn **12234**
Wähnl **571**

Wroclaw

Wroclaw Astronomical Observatory. Reprint Nr.
8: Wierzbiński **10132**
9—10: AJB **57**
11: Wierzbiński **10125**
Wierzbiński **10132**
Wierzbiński **10132**
12: Jarzębowski **11314**

Zürich

Publikationen der Eidgenössischen Sternwarte Zürich.
11 2: Waldmeier **6374**

Astronomische Mitteilungen der Eidgenössischen Sternwarte Zürich. Nr.
212: Waldmeier **6693**
213: Izsák **6635**
214: Waldmeier **6721**
215: Waldmeier **6374, 6562, 6699, 6724**
216: Waldmeier **6722**
217: Izsák **6636**
218: Waldmeier **6695**

Quarterly Bulletin on Solar Activity Nr. 117—120. **6374, 6562, 6699, 6724**

Tätigkeitsbericht der Eidgenössischen Sternwarte Zürich für das Jahr 1957. **1101**

I. Allgemeines

§ 1

Mathematisches

101. **M. Bielicki,** On a certain numerical method of determining the variance of a function. AA 8 131—134 = Astr. Obs. Warsaw Univ. Repr. Nr. 70. — Angabe einer numerischen Methode zur Bestimmung der Funktionsänderungen, wenn die Funktionswerte für gleiche Argumentintervalle bekannt sind. Es folgt ein numerisches Beispiel für die Werte $d\delta_i$ in der Bewegung des Kopffschen Kometen im Jahre 1954. Rybka

102. **R. Bonnet,** Sur l'estimation du degré de concordance entre deux séries autocorrélatives de mesures. Notes Travaux Section Astr. Inst. Math. Beograd **2** 31—39. — Liegen für alle Individuen eines Kollektivs je zwei auf verschiedenem Weg für dieselbe Größe gewonnene Meßwerte x und y vor, so werden die beiden Serien x und y «autokorrelativ» genannt. Der Grad der Übereinstimmung wird durch Koeffizienten charakterisiert, die in diesem Falle der Autokorrelation einfach zu berechnen sind und als Ersatz für den Korrelationskoeffizienten dienen können. Das Verfahren wird am Beispiel der trigonometrischen und dynamischen Parallaxen von Doppelsternen erläutert. Bo.

103. **S. Chandrasekhar, D. D. Elbert,** On orthogonal functions which satisfy four boundary conditions. III. Tables for use in Fourier-Bessel-type expansions. ApJ Suppl **3** 453—458. — Ref. in ApJ **128** 451. — Während sich Teil I und II auf ebene Probleme beziehen, wird für Entwicklungen in zylindrischen oder sphärischen Koordinaten ein ähnliches Funktionensystem angegeben, das sich auf einer Linearkombination Besselscher Funktionen aufbaut. v. Hoerner

104. **D. L. Harris, W. H. Reid,** On orthogonal functions which satisfy four boundary conditions. I. Tables for use in Fourier-type expansions. ApJ Suppl **3** 429—447 = Contr. Dearborn Obs. Nr. 19. — Ref. in ApJ **128** 450. — Für Probleme der hydrodynamischen (bzw. -magnetischen) Stabilität werden oft Orthogonalfunktionen benötigt, die zusammen mit ihren ersten Ableitungen am Rand verschwinden. Hierfür wurden die Funktionen tabelliert:

$$C_m(x) = \frac{\cosh \lambda_m x}{\cosh \frac{1}{2} \lambda_m} - \frac{\cos \lambda_m x}{\cos \frac{1}{2} \lambda_m}; \quad S_m(x) = \frac{\sinh \mu_m x}{\sinh \frac{1}{2} \mu_m} - \frac{\sin \mu_m x}{\sin \frac{1}{2} \mu_m}$$

v. Hoerner

105. **R. A. Hirvonen,** Ein Vorschlag für Matrizenbezeichnungen in der Ausgleichsrechnung. Z. Vermessungswesen Stuttgart **83** Nr. 5.

106. **F. Koebcke,** Zur Praxis der Differentialformeln der sphärischen Polygonometrie. AA 8 71—73 = Poznań Repr. Nr. 37. — Es werden Differentialformeln der sphärischen Polygonometrie abgeleitet, die so genau wie die 1949 von K. Kozieł (vgl. AJB **49** Ref. **3008**) veröffentlichten, aber einfacher sind. Rybka

107. **J. Kuntzmann,** Méthodes modernes de calcul. Annuaire pour l'an 1959, publiée par Le Bureau des Longitudes C 1—C 9.

108. **G. Lemaître,** Intégration par analyse harmonique. Ann. Soc. Sci. Bruxelles **70** Nr. 2 S. 117—123 = Publ. Labor. Astr. Géod. Univ. Louvain **13** Nr. 123.

109. **S. Obi, T. Ishidzu, H. Horie, S. Yanagawa, Y. Tanabe, M. Sato,** Tables of the Racah coefficients $W(\bar{a}\bar{b}\bar{c}\bar{d}; ef)$. IV. Coefficients having four half-integral variables $\bar{a}$, $\bar{b}$, $\bar{c}$ and $\bar{d}$. Ann. Tokyo Astr. Obs. (2) **5** 155—199. — Teil IV (und Abschluß) der Tafeln der Racah-Koeffizienten $W(\bar{a}, \bar{b}, \bar{c}, \bar{d}; ef)$; dabei sind e und f ganzzahlig, $\bar{a}, \bar{b}, \bar{c}, \bar{d}$ ganze Vielfache von 1/2. Druckfehlerverzeichnis zu den Teilen I—III (Ann. Tokyo Astr. Obs. (2) **3** 89, **4** 1, 77). Böh.

110. **N. G. Polosowa,** La multiplication des séries trigonométriques à l'aide de la calculatrice électronique. BIA **6** 757—769 (russ. mit französ. Ref.).

111. **W. H. Reid, D. L. Harris,** On orthogonal functions which satisfy four boundary conditions. II. Integrals for use with Fourier-type expansions. ApJ Suppl **3** 448—452 = Contr. Dearborn Obs. Nr. 19. — Ref. in ApJ **128** 450. — Für praktische Rechnungen werden die unbestimmten Integrale der Produkte $C_m(x)$, $S_m(x)$ und ihrer Ableitungen auf die Funktionen selbst und ihre Ableitungen zurückgeführt. v. Hoerner

112. **H. Rösler,** Die Jagd nach dem kleinsten mittleren Fehler. Vermessungstechnik **6** Nr. 4 S. 73—75.

113. **H. Scholze,** Grundzüge der Fehlerrechnung für den Sternfreund. Sterne **34** 233—237.

114. **W. M. Smart,** The Combination of Observations. London, New York, Cambridge University Press, 1958. 14 + 253 S. mit 33 Fig. Preis 35 s. net. bzw. $ 6.00. — Besprechung in Ciel et Terre **74** 290, JBAA **68** 272—273 (M. G. Kendall), J RAS Canada **53** 186—188 (D. A. MacRae), Proc. Phys. Soc. **72** 484—485 (E. H. Lloyd), Urania København **15** 15.

115. **H. Wolf,** Beitrag zur Ausgleichung von untereinander abhängigen Beobachtungen. Z. Vermessungswesen **83** 113—120. — Ref. in Math. Rev. **19** 1197.

§ 2

Physikalisches

201. **M. G. Adam, S. Nichols,** Interferometric measurements of wavelengths. IV. The accuracy of measured wave-lengths. MN **118** 97—105 = Commun. Univ. Obs. Oxford Nr. 65. — Es wird die Genauigkeit der interferometrisch gemessenen Wellenlängen solarer Absorptionslinien untersucht. Es zeigt sich, daß die Wellenlängen dieser Linien mit einer Genauigkeit von ± 0.001 Å gemessen werden können, während die Wellenlängen der sehr viel schmaleren Linien eines Bogenspektrums mit einer Genauigkeit von ± 0.0002 Å bestimmt werden können. **Groth**

202. **G. D. Bell, M. H. Davis, R. B. King, P. M. Routly,** The absolute f-values of λ 3247 of Cu I and λ 3720 of Fe I. ApJ **127** 775—796. — Für die Resonanzlinien des Cu I und Fe I werden absolute f-Werte aus Messungen der Äquivalentbreite der Linien, verursacht durch einen Atomstrahl bekannter Dichte,

bestimmt. Die Theorie der Wachstumskurve wird dann für den Fall eines Atomstrahls entwickelt. Die Ergebnisse werden mit denen anderer Autoren verglichen. Micz.

203. **E. A. Benediktow,** On the frequency of the radio lines of CH. AJ UdSSR **35** 656—657 (russ. mit engl. Ref.). — Engl. Übersetzung in Soviet Astr. AJ **2** 608—609. — Aus den Unterlagen über die Feinstruktur des optischen Spektrums des CH-Moleküls wurde die Frequenz der Radiolinien dieses Moleküls hergeleitet. Die Frequenzen liegen bei 3150 MHz. Loh.

204. **F. E. Bisshopp,** On the thermal instability of a rotating fluid sphere. Phil. Mag. (8) **3** 1342—1360.

205. **P. N. Bojko,** Die Reflexionsfähigkeit eines Magnesiumschirms. Mitt. Astrophys. Inst. Alma-Ata **7** 82—89 (russ. mit engl. Ref.).

206. **J. Castro Mendivil,** Nociones de espectroscopia. Bol. Asoc. Peruana Astr. **5** 164—167.

207. **S. Chandrasekhar, D. D. Elbert,** On the continuous absorption coefficient of the negative hydrogen ion. V. ApJ **128** 633—635. — Die Photoionisationsquerschnitte des negativen Wasserstoffatoms werden berechnet unter Benutzung der 20-Parameter-Wellenfunktion von Hart und Herzberg und unter der Annahme einer Hartree-Approximation für das freie Elektron. Groth

208. **P. Chen,** The coefficient of electronic thermal conductivity, electrical conductivity and viscosity of a completely degenerate relativistic electron gas. Acta Astr. Sinica **6** 1—19 (chines. mit engl. Ref.).

209. **E. Chvojková,** Propagation of radio waves from cosmical sources. Nature **181** 105. — Ref. in Phys. Abstracts (A) **61** 344.

210. **G. Contopoulos,** The foundations of statistical mechanics. A: The ergodic problem. B: Statistical mechanics and thermodynamics. Techn. Ann. Athen **35** 273—281, 427—439 (griech. mit engl. Ref.) = Monographs Astr. Department Univ. Thessaloniki Nr. 2, 26 S. — Es wird zuerst darauf hingewiesen, daß es unmöglich ist, die Statistische Mechanik mit Hilfe der Ergodenhypothese zu begründen. Man muß also den Begriff der a priori Wahrscheinlichkeit beibehalten, und es wird versucht, diesen Begriff genauer zu definieren. Anschließend wird der Versuch beschrieben, den zweiten Satz der Thermodynamik mit Hilfe der Statistischen Mechanik zu erklären unter Hinweis auf die sich dabei ergebenden Schwierigkeiten. Trotz der Arbeiten von P. und T. Ehrenfest und anderer Autoren scheinen diese Schwierigkeiten noch nicht überwunden zu sein. Mawridis

211. **R. N. Dixon, R. W. Nicholls,** An experimental study of the band intensities in the CN red system. Canadian J. Phys. **36** 127—133. — Ref. in Phys. Abstracts (A) **61** 152.

212. **W. G. Fessenkow,** On the composite polarization of light. AJ UdSSR **35** 681—686 (russ. mit engl. Ref.). — Engl. Übersetzung in Soviet Astr. AJ **2** 639—645.

213. **I. Fischer-Hjalmars,** On the possible formation of H^- by way of H_2^-. Arkiv Fysik **13** 481—482 = Stockholms Obs. Medd. Nr. 106. — Es werden einige Reaktionen angegeben, die zur Bildung von H^--Ionen aus H_2^- führen können. Die Berechnung von Übergangswahrscheinlichkeiten von H_2^- wird angekündigt. Groth

214. **R. H. Garstang,** Transition probabilities for forbidden lines of Ni II and Ni III. MN **118** 234—240. — Für magnetische Dipol- und elektrische Quadrupolstrahlung werden die Übergangswahrscheinlichkeiten für alle Übergänge innerhalb der Konfiguration $3d^8$ von Ni III und der $3d^84s$- und $3d^9$-Konfiguration von Ni II berechnet. Groth

215. **R. H. Garstang,** Energy levels and transition probabilities of Fe IV. MN **118** 572—584. — Es werden die Energieniveaus der $3d^5$-Konfiguration des Fe IV und die Übergangswahrscheinlichkeiten für magnetische Dipol- und elektrische Quadrupolstrahlung für Übergänge zwischen diesen Niveaus berechnet. Im Spektrum von RR Tel wurde eine Reihe von [Fe IV]-Linien identifiziert. Groth

216. **R. H. Garstang,** Further computations of quadrupole line strengths. Proc. Cambridge Phil. Soc. **54** 383—390 = Commun. Univ. London Obs. Nr. 34. — Fortsetzung der Arbeit AJB **57** Ref. **228**. Es werden die Übergänge d^n—$d^{n-1}s$, $d^{n-1}s$—$d^{n-1}s$ und $d^{n-1}s$—$d^{n-2}s^2$ behandelt. Kdr.

217. **L. Goldberg,** On the empirical determination of line-absorption coefficients. ApJ **127** 308—311. — Verf. beschreibt ein auf andere Autoren zurückgehendes Verfahren, um die Abhängigkeit des Linienabsorptionskoeffizienten von der Wellenlänge aus den Profilen von Linienpaaren desselben Multipletts und bekannter relativer Stärke zu bestimmen. Das Verfahren wird auf die Fe II-Linien λ 6238 und λ 6248 im Sonnenspektrum angewendet. Micz.

218. **I. P. Grant,** Calculation of Gaunt factors for free-free transitions near positive ions. MN **118** 241—257. — Verf. zeigt, daß die Formeln von Sommerfeld und von Menzel und Perkeris zur Berechnung des Gauntfaktors äquivalent sind, und gibt eine Reihe von Approximationen dieser Formeln an. Mit Hilfe dieser Gleichungen werden monochromatische Gauntfaktoren numerisch berechnet. Der Einfluß der Abschirmung bei großen Wellenlängen wird abgeschätzt. Die dazu benutzte Näherungsmethode wird durch Beispiele verdeutlicht. Es wird eine einfache Methode zur Berechnung von Gauntfaktoren, gemittelt über eine Maxwellsche Geschwindigkeitsverteilung, angegeben. Groth

219. **L. C. Green, S. Matsushima, E. K. Kolchin,** Tables of the continuum wave functions for hydrogen. ApJ Suppl **3** 459—494. — Ref. in ApJ **128** 451. — Verf. geben Tabellen für die radiale Komponente $R^{N(\varepsilon)}(\varepsilon, l, \varrho)$ der kontinuierlichen Wellenfunktionen des Wasserstoffs. R ist tabuliert für $\varepsilon = 0.00$, 0.01, 0.02, 0.05, 0.10, 0.20, 0.5, 1.0, 2.0, 5.0 und 10.0 (ε in Einheiten der Ionisationsenergie) jeweils für $l = 0, 1, 2, 3$. Jedes R ist gegeben für ϱ zwischen 0 und 49.92 (ϱ in Einheiten des Wasserstoffradius). Es werden analytische Ausdrücke für R angegeben. Ferner wird beschrieben, wie die «Tables of Coulomb Wave Function» (herausgegeben vom National Bureau of Standards) zur Ergänzung der vorliegenden Tafeln benutzt werden können. Groth

220. **D. ter Haar,** Introduction to the Physics of Many-Body Systems. Interscience Tracts on Physics and Astronomy. New York, London, Interscience Publishers, 1958. 8 + 127 S.

221. **L. Haser,** Quelques nouvelles bandes émises par la flamme oxy-acétylénique. Ann d'Astrophys **21** 114—116. — Im Spektrum einer Sauerstoff-Azetylen-Flamme, die Swings-Banden emittiert, wurden drei neue Gruppen von schwachen Emissionen gefunden und mit bisher unerklärten Emissionen in den Spektren von Kometen und Absorptionen in den Spektren von N-Sternen verglichen. Für die am besten gesicherte Gruppe sind die Koinzidenzen wohl reell. Wahrscheinlich gehen die Emissionen von einem dreiatomigen Molekül, vielleicht C_3, aus. O. G.

222. **A. Herzenberg,** Geomagnetic dynamos. Phil. Trans. (A) **250** 543—585. — Ref. in Phys. Ber. **38** 586—587.

223. **S. von Hoerner,** Instationäre Stoßfronten und ihre Wechselwirkung. Fortschritte der Physik **6** 375—425 = Astr. Rechen-Inst. Heidelberg Mitt. (A) Nr. 10. — Über Arbeiten und Ergebnisse einer Göttinger Arbeitsgruppe wird eine zusammenfassende und kritische Übersicht gegeben. Das Ziel der Gruppe

war die Vorbereitung einer Theorie der Turbulenz bei Überschallgeschwindigkeit. 1.) Jede ebene, starke Stoßfront endlicher Energie wird nach kurzer Zeit zur stets gleichen «Standardfront». Diese Standardfront stellt eine spezielle Homologielösung der allgemeinen Gleichungen dar; ihre Stabilität wurde zu beweisen versucht. 2.) Die Klasse der Lösungen der allgemeinen Gleichungen mit linearem Verlauf der Geschwindigkeit wurde näher untersucht. 3.) Die Energieabstrahlung in einer starken Stoßfront wurde untersucht, desgleichen der Grenzfall der isothermen Stoßfront. 4.) Der Verlauf von Stoßfronten jeder Stärke in Magnetfeldern jeder Stärke und Richtung wurde berechnet. 5.) Beispiele wurden für Zusammenstoß und Überholung zweier paralleler, instationärer Stoßfronten gerechnet. 6.) An Hand eines einfachen Modells wurde mit Hilfe der Monte-Carlo-Methode gezeigt, wie sich in einem Feld verschiedenster Stoßfronten allmählich ein stationärer Zustand einspielen kann. v. Hoerner

224. **L. Houziaux, L. Battiau,** Diffusion de la lumière par des particules sphériques d'indice de réfraction m = 1,33. Mém. in-4° Acad. Roy. Belgique Cl. Sci. (2) **14** Fasc. 4, 33 S. = Inst. d'Astrophys. Univ. Liège Coll. 8° Nr. 400. — Ref. in Bull. Cl. Sci. Acad. Roy. Belgique (5) **44** 73—74.

225. **W. E. W. Howe,** New lines in the spectra of zirconium. J. Optical Soc. America **48** 28—30 = Georgetown Obs. Repr. (2) Nr. 2. — Im Bereich zwischen 6100 und 6500 Å wurden im Spektrum des Zirkoniums 224 neue Linien gefunden. Die Ergebnisse sind in einer Tabelle zusammengestellt. Henn

226. **H. von Klüber,** Width of the green mercury line from a 198-isotope lamp. Nature **181** 1007—1008 = Cambridge Obs. Repr. Nr. 28. — Für die Halb-Breite der grünen Quecksilberlinie λ 5461 Å wurde mit Hilfe einer mit dem Isotop 198 arbeitenden Hg-Lampe der Wert 0.006—0.007 Å ermittelt. Detaillierte Angaben über die Beobachtungsbedingungen werden mitgeteilt. Kdr.

227. **H. J. Kusch,** Experimentelle Untersuchung der Druckverbreiterung von Eisenlinien durch neutrale Wasserstoffatome und Wasserstoffmoleküle. ZfA **45** 1—16. — Nach Diskussion der verschiedenen Linienverbreiterungseffekte werden diejenigen Versuchsbedingungen angegeben, die eine Beobachtung der Druckverbreiterung durch neutrale Wasserstoffatome bzw. durch Wasserstoffmoleküle ohne Überlagerung durch andere Effekte ermöglichen. Gemessen wird die Druckverbreiterung durch H-Atome an mehr als 40 Fe-Emissionslinien sowie die durch H_2-Moleküle an einigen Fe-Absorptionslinien. Auch die Druckverbreiterung der Ca-Resonanzlinie durch Wasserstoffmoleküle ist angegeben. Verf.

228. **J. Lenoble,** Sur l'état de polarisation du rayonnement diffus aux grandes profondeurs dans un milieu suivant la loi de Rayleigh. CR **246** 924—927. — Es wird gezeigt, daß in einem nach Rayleigh streuenden Medium die Strahlung in großen Tiefen vollständig depolarisiert ist, wenn keine Eigenabsorption vorhanden ist. Ist die Eigenabsorption von Null verschieden, bleibt auch in großen Tiefen eine Polarisation in horizontaler Richtung übrig, deren Betrag mit wachsender Eigenabsorption zunimmt. Mehltretter

229. **G. V. Marr,** Possible reaction mechanisms associated with emission of the C_3 radical in laboratory and astrophysical sources. Publ ASP **70** 197—201. — Bei verschiedenen Laboratoriumslichtquellen tritt gleichzeitig mit den in Kometenspektren beobachteten C_3-Banden ein intensives Emissionskontinuum auf, das in den Kometenspektren fehlt. Das Kontinuum entsteht bei der Bildung des C_3-Radikals. Verf. überlegt mögliche Reaktionen zur Bildung des C_3-Radikals, bei denen keine kontinuierliche Emission auftritt. Auch die Möglichkeit, daß freie Radikale schon im Kometenkopf existieren, wird erwogen. Kurze Bemerkungen werden noch zum Anregungsmechanismus im Kometenkopf und zum Auftreten von C_3-Banden in Sternspektren gemacht. O. G.

230. **F. Mastrup, W. Wiese,** Experimentelle Bestimmung der Oszillatorenstärken einiger N II- und O II-Linien. ZfA **44** 259—271. — Die absoluten Oszillatorenstärken einer Anzahl von N II- und O II-Linien werden im Anschluß an die nach Bates und Damgaard berechneten *f*-Werte einiger wasserstoffähnlicher N II-Multipletts gemessen. Als Lichtquelle diente das auf 20000° K aufgeheizte Plasma eines wand- oder wasserstabilisierten Rohrbogens. Es wurde versucht, die Oszillatorenstärken auch im Anschluß an die bekannten *f*-Werte von Heliumlinien in einem Helium-Stickstoff- bzw. Helium-Sauerstoff-Plasma zu messen. Dabei zeigt sich, daß das Mischungsverhältnis offenbar vom Abstand von der Bogenachse abhängt. Groth

231. **O. A. Melnikow,** A comparison of measured and calculated intensities of iron multiplets. Mitt. Astr. Hauptobs. Pulkowo **20** Nr. 6 (159) S. 28—43 (russ. mit engl. Ref.).

232. **O. A. Melnikow, L. A. Mitrofanowa,** The calibration of spectrograms by an iron comparison spectrum for spectrographs of average dispersion. Mitt. Astr. Hauptobs. Pulkowo **20** Nr. 6 (159) S. 44—51 (russ. mit engl. Ref.).

233. **M. Migeotte, L. Neven, J. Swensson, E. Vigroux,** An atlas of nitrous oxide, methane and ozone infrared absorption bands. II. Measures and identifications. Nitrous oxide and methane bands from 2.8 to 8.9 microns. Ozone bands from 3.2 to 10.2 microns. Inst. d'Astrophys. Univ. Liège; Obs. Roy. Belgique, 1958. Special volume, 40 S.

234. **L. A. Mitrofanowa,** A determination of the relative *gf* values for Sr I and Sr II. Mitt. Astr. Hauptobs. Pulkowo **20** Nr. 6 (159) S. 52—54 (russ. mit engl. Ref.).

235. **L. A. Mitrofanowa,** The determination of the relative *gf* values of Sc I and Sc II. Mitt. Astr. Hauptobs. Pulkowo **21** Nr. 3 (162) S. 159—161 (russ. mit engl. Ref.).

236. **C. E. Moore,** Atomic Energy Levels as derived from the Analyses of Optical Spectra. Vol. **3**. The spectra of Molybdenum, Technetium, Ruthenium, Rhodium, Palladium, Silver, Cadmium, Indium, Tin, Antimony, Tellurium, Iodine, Xenon, Cesium, Barium, Lanthanum-Hafnium, Tantalum, Tungsten, Rhenium, Osmium, Iridium, Platinum, Gold, Mercury, Thallium, Lead, Bismuth, Polonium, Radon, Radium, and Actinium. Circ. National Bureau of Standards 467. Washington, 1958. 38 + 237 S. mit Ergänzungen und Verbesserungen zu Vol. **1** und Vol. **2**. S. 238—245.

237. **S. O. Obaschew,** Über die Polarisation des Prismenspektrographen. Mitt. Astrophys. Inst. Alma-Ata **7** 79—81 (russ. mit engl. Ref.).

238. **J. H. Piddington,** Growth of electric space-charge and radio waves in moving ion streams. Phil. Mag. (8) **3** 1241—1255 = Commonwealth Sci. Industrial Res. Organization, Australia, Division Radiophys. — Verf. betrachtet zwei gleiche, einander durchdringende Ionenströme und unternimmt eine Neudiskussion der in einer älteren Arbeit für diesen Fall von ihm abgeleiteten Dispersionsgleichung von Störungen. Es ergeben sich wieder vier Lösungen: zwei normale Wellen konstanter Amplitude und eine abklingende Welle sowie eine vierte Lösung, die als eine Instabilität des Mediums interpretiert werden kann. Danach wachsen in diesem Ionenwolken oberhalb einer bestimmten kritischen Dimension kontinuierlich an. Einige Beispiele, in denen im Kosmos oder Laboratorium der Effekt von Bedeutung sein kann, werden besprochen. Kdr.

239. **K. H. Prendergast,** The equilibrium of a self-gravitating incompressible fluid sphere with a magnetic field. II. ApJ **128** 361—374. — Es zeigt sich, daß das von Verf. angegebene Gleichgewichtsmodell (ApJ **123** 498,

AJB **56** Ref. **296**) dynamisch instabil wird, wenn die magnetische Energie größer als 2/5 der Gravitationsenergie wird. Groth

240. **P. Proisy,** Le spectre de l'ammoniac et ses variations observées au laboratoire. Description jusqu'à 8900 Å du spectre obtenu avec une excitation réduite. Acta Astr. Sinica **6** 63—70 (chines. mit französ. Ref.).

241. **H. Scheffler,** Strahlenoptische Ausbreitung in Medien mit statistisch verteilten Inhomogenitäten. I. Unregelmäßige Refraktion als Markoff-Prozeß. AN **284** 227—232 = Mitt. Astrophys. Obs. Potsdam Nr. 69. — Die Ausbreitung elektromagnetischer Wellen in einem Medium mit kleinen unregelmäßigen Schwankungen des Brechungsindex wird in der strahlenoptischen Näherung als stochastischer Prozeß behandelt. Insbesondere kann der Verlauf der Strahlrichtungen als Markoff-Prozeß betrachtet werden, sodaß deren Verteilung unter Einbeziehung auch großer Streuwinkel der Kolmogoroff-Gleichung genügt, deren genaue Form ermittelt wird. Den Abschluß bildet die Lösung dieser Gleichung für das ebene Streuproblem. Verf.

242. **H. Schmidt,** Interferenzstreifen in Absorptionsspektren metallischer Aufdampfschichten. Exper. Technik der Physik **6** S. 156—176. — Verf. untersucht experimentell und theoretisch die Entstehungsursachen und Bedingungen für das Auftreten der bei der photometrischen Verwendung von aufgedampften, metallischen Schichten (z. B. Platinstufenfiltern) oft als störend bemerkten Interferenzstreifen. Im ersten, experimentellen Teil werden die Ergebnisse von Versuchen mit aufgedampften Schichten von Gold, Silber und Aluminium mitgeteilt. Der Einfluß zahlreicher Faktoren auf die Entstehung, Breite, Schärfe, Lage und Neigung der Interferenzstreifen zur Dispersionsrichtung wird untersucht. Im zweiten und dritten Teil wird die Entstehung der Interferenzstreifen theoretisch erörtert. Der Grundgedanke hierbei ist: die Beugung bzw. Interferenz am Spektrographengitter für den Fall zu betrachten, daß das Gitter durch eine lichtdurchlässige homogene (bzw. inhomogene) Lamelle der Dicke d mit dem Brechungsindex n abgedeckt wird. Die dadurch auftretenden Phasenversetzungen führen zur Bildung von sich überlagernden Wellengruppen, deren Interferenz eben diese Streifen ergibt. Mehrere Halbtonaufnahmen der Interferenzstreifen illustrieren die Ergebnisse des experimentellen Teils der Arbeit. Schröter

243. **M. J. Seaton,** The quantum defect method. MN **118** 504—518. — Es wird eine allgemeine Theorie der Quanten-Defekt-Methode entwickelt. Diese Methode benutzt interpolierte oder extrapolierte Quantendefekte zur Ableitung der asymptotischen Form der atomaren Wellenfunktionen. Sie kann bei der Berechnung von Übergangswahrscheinlichkeiten und Photoionisationsquerschnitten, bei der Berechnung von Elektron-Ion-Stößen und auch im Zusammenhang mit Festkörperproblemen benutzt werden. Groth

244. **N. B. Slater,** The Development and Meaning of Eddington's Fundamental Theory. London, New York, Cambridge University Press, 1957. 12 + 299 S. Preis 40 s. — Besprechung in Nature **181** 214 (W. H. McCrea), Obs 78 215—217 (G. J. Whitrow).

245. **W. W. Sobolew,** Die Strahlungsdiffusion in einem Medium mit veränderlichen optischen Eigenschaften. Abh. Staatsuniv. Leningrad Nr. 273 S. 3—13 (russ.). — Ref. in RJ UdSSR 1959 Nr. 7 S. 33.

246. **W. W. Sobolew,** Zur Theorie der Strahlungsdiffusion. Nachr. Akad. Wiss. Armen. Sowjetrepublik (Phys. Math.) **11** Nr. 5 S. 39—50 (russ. mit armen. Ref.). — Ref. in RJ UdSSR 1959 Nr. 7 S. 33—34.

247. **W. E. Stepanow,** The absorption coefficient of atoms in the case of reverse Zeeman effect for an arbitrary directed magnetic field. Mitt. Astrophys. Obs. Krim **18** 136—150 (russ. mit engl. Ref.).

248. **O. Struve,** Einstein's equation $E = mc^2$. Sky and Telescope **17** 336—338. — Nach einem Hinweis auf die fundamentale Bedeutung der Einsteinschen Gleichung, die die Äquivalenz von Energie und Masse ausdrückt, werden einige Anwendungen besprochen. Ein Beweis für die Gleichung wird auf Grund eines von Lenard nach den ursprünglichen Ideen Hasenöhrls angegebenen Gedankenexperiments skizziert. Kdr.

249. **P. A. Sweet,** The topology of force-free magnetic fields. Obs 78 30—32 = Berkeley Repr. Nr. 129. — Ausgehend davon, daß die Kraftlinien eines Magnetfelds dieselben Eigenschaften haben wie die Trajektorien konservativer dynamischer Systeme im Phasenraum, beweist Verf. folgendes Theorem: Die Kraftlinien eines kraftfreien, in einem begrenzten Raumgebiet eingeschlossenen Magnetfelds liegen auf einer eindeutig bestimmten Familie von Torusflächen. Der Beweis liefert eine Abbildung einer durch die singulären Punkte des Magnetfelds gelegten Fläche auf sich selbst. O.G.

250. **S. P. Talwar,** Stability of magnetic stars in a decay field. Indian J. Phys. **32** 230—240. — In Fortsetzung der Untersuchung über das Gleichgewicht magnetischer Sterne (vgl. AJB **57** Ref. **2131**) wird der Fall nicht unendlicher Leitfähigkeit betrachtet. Ein langsam zerfallendes, axialsymmetrisches Magnetfeld ist durch ein entsprechendes zerfallendes Stromsystem in einem Medium konstanter elektrischer Leitfähigkeit verursacht. Kritische Anfangsfeldstärken und -energien werden berechnet. Für unterkritische Felder ist die Kugel keine Gleichgewichtsform; für den toroidalen Fall erhält man ein verlängertes, für den poloidalen ein abgeplattetes Sphäroid. Weidemann

251. **G. Toraldo di Francia,** La diffrazione della luce. Torino, Edizioni scientifiche Einaudi, 1958. 12 + 530 S. mit 159 Fig. und Tafeln. Preis L. 8000. — Besprechung in Scientia **94** 147—148 (G. Abetti).

252. **E. Trefftz,** Die Oszillatorenstärken des Heliums. Mitt. AG 1957/I S. 35—36. — Ref. AG.

253. **S. K. Trehan,** The stability of an infinitely long cylinder with a prevalent force-free magnetic field. ApJ **127** 436—445. — Verf. untersucht die Stabilität eines unendlich langen Zylinders einer inkompressiblen, reibungsfreien Flüssigkeit mit unendlicher elektrischer Leitfähigkeit. Das Magnetfeld vergrößert die Stabilität. Die Wellenlänge der Störungen, bei denen die Instabilität beginnt, wird in Abhängigkeit von der Stärke des Magnetfeldes tabuliert. Groth

254. **O. L. Waissberg,** Light absorption in a mixture of negative ions O_2^-, H^- and O^-. AJ UdSSR **35** 931—932 (russ. mit engl. Ref.). — Engl. Übersetzung in Soviet Astr. AJ **2** 877—878.

255. **G. Wanie,** Eine Variante des stabilisierten Netzgerätes. Elektronische Rundschau 1957 Heft 11 S. 343—344 = Mitt. Univ. Sternw. Jena Nr. 37. — Verf. beschreibt seine Weiterentwicklung eines stabilisierten Netzgerätes. Den Ausgang bildet eine von Perilhou und Cayzac angegebene Schaltung. Es gelingt, bei 900 Volt den Stabilisierungsfaktor 2000 zu erreichen. Hoppe

256. **L. Woltjer,** The stability of force-free magnetic fields. ApJ **128** 384—391. — Es wird gezeigt, daß kräftefreie Magnetfelder gegen kugelsymmetrische Expansion stabil sind. Axialsymmetrische Felder sind stabil gegenüber allen axialsymmetrischen Störungen, deren Normalkomponente an der Oberfläche verschwindet. Die Tragweite der Ergebnisse auf Grund des Jeansschen Kriteriums für Gravitationsinstabilitäten wird kurz diskutiert. Groth

257. **L. Woltjer,** A theorem on force-free magnetic fields. Proc. National Acad. Sci. USA **44** 489—491. — Im Anschluß an frühere Arbeiten des Verf. werden die Bedingungen des kraftfreien Magnetfeldes aus einem Variationsprinzip abge-

leitet: Innerhalb eines abgeschlossenen Systems soll der Energieinhalt an magnetischer Energie ein Minimum sein. v. Hoerner

258. **W. D. Wright,** The Measurement of Colour. London, Hilger and Watts Ltd., 1958. 2. Auflage. 9 + 263 S. Preis 52 s. net. — Besprechung in JBAA **68** 224 (J. Paton).

259. **A. A. Wyller,** Vibrational transition probabilities for the (8, 8) matrix of the CN ($A^2\Pi_i$ — $X^2\Sigma^+$) band system. ApJ **127** 763—774 = Harv Repr Nr. 489. — Es werden die Übergangswahrscheinlichkeiten für Schwingungsübergänge von 81 Banden des roten CN-Systems berechnet. Die Wellenfunktionen werden mit der Phasenintegralmethode von Wu bestimmt; ferner wird eine modifizierte Potentialfunktion nach Morse benutzt. Micz.

260. **M. Zepe,** Die Radiostrahlung der Moleküle OH und OD. Publ. Astrophys. Labor. Riga **7** 29—32 (russ. mit lett. Ref.).

Magneto-Hydrodynamik

261. **C. Agostinelli,** Moti magneto idrodinamici simmetrici rispetto a un asse. Caso delle piccole oscillazioni in una massa fluida sferoidale. Atti Accad. Sci. Torino, Cl. Sci. fis., mat., nat. **91** 263—298, 1957. — Ref. in Math. Rev. **19** 1226.

262. **F. C. Auluck, D. S. Kothari,** On the change in shape of a gravitating sphere subject to the influence of a magnetic field. Proc. National Inst. Sci. India (A) **23** 100—107, 1957. — Ref. in Math. Rev. **19** 1143.

263. **J. Bazer,** Resolution of an initial shear-flow discontinuity in one-dimensional hydromagnetic flow. ApJ **128** 686—712. — Es wird das Problem der Auflösung von Scherflußdiskontinuitäten in einer elektrisch neutralen kompressiblen Flüssigkeit unendlicher Leitfähigkeit untersucht. Die Diskussion kann auch angewandt werden auf einen Fluß, der ursprünglich parallel zu einem ideal leitenden Wall ist. Die Grundlage beider Probleme ist, daß ein Scherfluß eine unzulässige hydromagnetische Kontaktdiskontinuität ist, wenn eine Komponente des Magnetfeldes senkrecht zur Oberfläche der Störung existiert. Es wird die Bewegung untersucht, die entsteht, wenn eine Scherflußdiskontinuität vorhanden ist. Diese Bewegung kann durch die bekannten Lösungen der Stoß- und Kontinuumsgleichungen beschrieben werden. Die Abhängigkeit des Endzustandes des Mediums vom Anfangszustand wird analytisch und numerisch angegeben. Groth

264. **I. B. Bernstein, E. A. Frieman, M. D. Kruskal, R. M. Kulsrud,** An energy principle for hydromagnetic stability problems. Proc. Roy. Soc. (A) **244** 17—40.

265. **P. L. Bhatnagar,** The equilibrium of a self-gravitating incompressible fluid sphere with magnetic field. J. Indian Inst. Sci. (A) **40** Nr. 2 S. 50—73.

266. **J. Carstoiu,** Sur les équations fondamentales de la magnétohydrodynamique et quelques-unes de leurs applications. CR **247** 1716—1718. — Aus den Grundgleichungen der Hydromagnetik wird unter geeigneten Voraussetzungen ein Ausdruck hergeleitet, aus dem ersichtlich ist, daß ein anfänglich in einem geladenen Flüssigkeitspartikel vorhandener Wirbel imstande ist, ein Magnetfeld in gleicher, zeitlich konstanter Richtung und von wachsender Stärke zu erzeugen. Dieses steht im Gleichgewicht mit dem Feld von assoziierten Strömen. Eine Anwendung auf das geomagnetische Feld wird besprochen. Mehltretter

267. **S. Chandrasekhar,** On the equilibrium configurations of an incompressible fluid with axisymmetric motions and magnetic fields. Proc. National Acad. Sci. USA **44** 842—847. — Die Ergebnisse von L. Woltjer (vgl. Proc. National Acad. Sci. USA **44** 833, Ref. **280**) werden auf den axialsymmetrischen Fall angewandt, wobei sich ergibt, daß dieser Fall praktisch kaum realisierbar sein dürfte. v. Hoerner

268. **T. G. Cowling, A. Hare,** Two-dimensional problems of the decay of magnetic fields in magnetohydrodynamics. Quarterly J. Mech. Appl. Math. **10** 385—405, 1957.

269. **V. C. A. Ferraro, C. Plumpton,** Hydromagnetic waves in a horizontally stratified atmosphere. ApJ **127** 459—476. — Verf. betrachten die Fortpflanzung hydromagnetischer Wellen in einer planparallel geschichteten Atmosphäre. Das permanente Magnetfeld wird als gleichförmig und vertikal angenommen. Die Kompressibilität des Gases wird berücksichtigt. Es zeigt sich, daß zwei Typen von Wellen möglich sind, nämlich normale Alfvénsche Wellen, bei denen die Kompressibilität keine Rolle spielt, und Wellen, bei denen die Kompressibilität von großer Bedeutung ist. Die Ergebnisse bestätigen die Kritik von Cowling (The Solar System. Vol. I. The Sun, Kap. 8; vgl. AJB **53** Ref. **6015**) an der Alfvénschen Theorie der Sonnenflecken. Die Bedeutung der Ergebnisse für die Fortpflanzung von hydromagnetischen Wellen in der solaren Chromosphäre und Korona wird untersucht. Groth

270. **S. A. Kaplan,** Magnetohydrodynamics and problems of cosmogony. Fragen der Kosmogonie **6** 238—264 (russ. mit engl. Ref.). — Ref. in Math. Rev. **21** 224.

271. **A. G. Pacholczyk,** Wybrane zagadnienia magnetohydrodynamiki ruchu laminarnego. Postępy Astr. **6** 127—140.

272. **E. Schatzman,** Phénomènes électromagnétiques dans les astres (magnéto-hydrodynamique). BSAF **72** 423—429. — Kurze Beschreibung der Bewegungsverhältnisse von Elektronen und Ionen in magnetischen und elektrischen Feldern. Kdr.

273. **R. Simon,** The hydromagnetic oscillations of an incompressible cylinder. ApJ **128** 375—383 = Inst. d'Astrophys. Univ. Liège Coll. 8° Nr. 399. — Es werden kleine Schwankungen eines homogenen inkompressiblen Zylinders unendlicher Länge im Gleichgewicht mit seiner eigenen Gravitation bei Anwesenheit eines achsenparallelen Magnetfeldes untersucht. Es wird vorausgesetzt, daß die Leitfähigkeit der Materie unendlich groß ist und die Verschiebungsströme vernachlässigt werden können. Die Anwesenheit des Magnetfeldes ändert nicht die Bewegungsgleichungen, sondern nur die Grenzbedingungen des Problems. Eine Berechnung der Eigenfrequenzen zeigt einen starken Stabilisierungseffekt des Magnetfeldes. Groth

274. **R. Simon,** On the reflection and refraction of hydromagnetic waves at the boundary of two compressible gaseous media. ApJ **128** 392—397 = Inst. d'Astrophys. Univ. Liège. Coll. 8° Nr. 402. — Es wird die Reflexion und Brechung von ebenen hydromagnetischen Wellen an der ebenen Grenzfläche zweier homogener Medien mit unendlich großer Leitfähigkeit bei Anwesenheit eines homogenen Magnetfeldes diskutiert. Es wird gezeigt, daß die Ursprungswelle wegen der Kompressibilität der Medien drei Typen von reflektierten und gebrochenen Wellen erzeugen kann, die reell oder imaginär sein können. Eine genaue Untersuchung wird durchgeführt für den Fall, daß das Magnetfeld senkrecht zur Grenzfläche verläuft. Groth

275. **S. I. Syrowatskij,** Magnetohydrodynamik. Fortschr. Phys. **6** 437—503. — Übersetzung aus Fortschr. Phys. Wiss. **62** 247ff., 1957 (russ.).

276. **S. K. Trehan,** The hydromagnetic oscillations of twisted magnetic fields. I. ApJ **127** 446—453. — Vgl. nachstehendes Ref.

277. **S. K. Trehan, W. H. Reid,** The hydromagnetic oscillations of twisted magnetic fields. II. ApJ **127** 454—458. — Es wird die Stabilität spiralförmig verdrehter Magnetfelder untersucht, welche in einen unendlich langen Zylinder einer inkompressiblen, reibungsfreien Flüssigkeit mit unendlicher elektrischer Leitfähigkeit eingebettet sind. Es wird der Fall betrachtet, daß die Flüssigkeitsbewegungen in Richtung der magnetischen Kraftlinien verlaufen. Sowohl für einen Zylinder mit endlichem Radius (I) als auch für einen Zylinder mit unendlich großem Radius (II) bleibt die Konfiguration immer stabil. Die Periode der Schwingungen wird abgeleitet und diskutiert. Groth

278. **R. Weymann, R. Howard,** Note on hydromagnetic waves passing through an atmosphere with a density gradient. ApJ **128** 142—145. — Verf. untersuchen hydromagnetische Wellen in einer Atmosphäre mit starkem Dichtegradienten. Die Ergebnisse stimmen mit denen der ausführlicheren Untersuchung von Ferraro und Plumpton (ApJ **127** 459, vgl. Ref. 269) überein. Groth

279. **L. Woltjer,** Hydromagnetic equilibrium configurations. AJ **63** 312. — Ref. AAS.

280. **L. Woltjer,** On hydromagnetic equilibrium. Proc. National Acad. Sci. USA **44** 833—841. — Außer dem Energieintegral werden sechs weitere Integrale der hydromagnetischen Bewegungsgleichungen angegeben und diskutiert. Weiterhin wird untersucht, auf welche Weise der Zustand kleinster Energie angestrebt werden kann. v. Hoerner

Plasma

281. **W. H. Bostick,** Observations of explosions of high-speed plasma in a magnetic field. ApJ **127** 237. — Verf. berichtet kurz über Beobachtungen von Plasma-«Explosionen», welche isotrop in Richtungen senkrecht zu einem magnetischen Feld verlaufen. Micz.

282. **S. Chandrasekhar, L. Woltjer,** On force-free magnetic fields. Proc. National Acad. Sci. USA **44** 285—289. — Die Bedingungen von kraftfreien Magnetfeldern in einem Plasma werden untersucht. Sowohl bei unendlich großer als auch bei endlicher Leitfähigkeit dürfte der kraftfreie Zustand in Art eines stabilen Gleichgewichtes im Laufe der Zeit angestrebt werden, wenn auch das Problem der Randbedingungen noch nicht völlig geklärt werden konnte. v. Hoerner

283. **L. Davis, R. Lüst, A. Schlüter,** The structure of hydromagnetic shock waves. I. Non linear hydromagnetic waves in a cold plasma. Z. Naturforschung **13a** 916—936. — Es werden Wellen in einem quasi-neutralen Gas untersucht, das Ionen und Elektronen enthält und so kalt ist, daß thermische Bewegungen vernachlässigt werden können. Zusammenstöße zwischen Teilchen werden nicht berücksichtigt. Die nichtlinearen Gleichungen für unendlich ausgedehnte ebene Kompressionswellen, die sich senkrecht zum Magnetfeld ausbreiten, werden auf eine Differentialgleichung 2. Ordnung zurückgeführt, die exakt durch elliptische Funktionen gelöst wird. Die Lösungen sind periodische Wellenzüge oder Einzelwellen und sind symmetrisch um Extrema der magnetischen Feldstärke. Die Wellenlängen sind von der Größenordnung des Gyrationsradius. Die Geschwindigkeiten liegen zwischen Null und der doppelten Alfvén-Geschwindigkeit. Es wird die Beziehung zwischen diesen Wellen und hydromagnetischen Stoßwellen in einem Plasma mit geringer Häufigkeit gaskinetischer Stöße betrachtet. Es wird der Schluß gezogen, daß die gesamte Stoßfront eine Dicke hat, die bestimmt ist durch das Produkt aus der mittleren Zeit zwischen zwei gaskinetischen Stößen und der Gasgeschwindigkeit relativ zur Stoßfront. Groth

284. **E. A. Dibaj,** The magnetogravitational instability of an infinite cylinder. AJ UdSSR **35** 253—256 (russ. mit engl. Ref.). — Engl. Übersetzung in Soviet Astr. AJ **2** 226—229. — Untersucht wird das Stabilitätsverhalten eines unendlich ausgedehnten Plasmazylinders mit konstantem Magnetfeld parallel zu seiner Achse gegenüber longitudinalen Schwingungen. Es ergibt sich, daß das Magnetfeld das Stabilitätsverhalten nicht beeinflußt. Die Überlegungen werden auf eine Globulenkette in Taurus angewandt. Nach Meinung des Verf. könnten diese Globulen dicht und massereich genug sein, um zur Bildung von Sternen zu führen, wobei das Magnetfeld keine Rolle spielen sollte. Oster

285. **W. J. Eidman,** The radiation from an electron moving in a magnetoactive plasma. J. Experim. Theor. Phys. **34** 131—138 (russ.). — Übersetzung in Soviet Phys. JETP **7** 91—95.

286. **K. Hain, R. Lüst,** Zur Stabilität zylindersymmetrischer Plasmakonfigurationen mit Volumenströmen. Z. Naturforschung **13a** 936—940. — Die Stabilität eines Plasmazylinders mit Volumenströmen wird mit Hilfe der Methode kleiner Störungen untersucht. Das Problem wird auf eine Eigenwert-differentialgleichung 2. Ordnung reduziert. Die Eigenwerte werden für eine spezielle Stromverteilung mit starker Konzentration zur Achse numerisch berechnet. Für diesen Spezialfall tritt bei langen Wellen Instabilität auf. Das Wachstum verschiedener Arten von Störungen als Funktion der Wellenlänge wird angegeben. Groth

287. **E. R. Harrison,** The runaway effect in a fully ionized plasma. Phil. Mag. (8) **3** 1318—1325. — Ref. in Phys. Abstracts (A) **62** 548.

288. **H. Hoffman, O. Theimer,** Shielding correction to the electrical microfield in a plasma and to Holtsmark's theory of line broadening. ApJ **127** 477—486. — Verf. berechnen nach der Markoffschen Methode die Wahrscheinlichkeitsverteilung der Mikrofelder in einem Plasma unter Berücksichtigung der elektrostatischen Wechselwirkung. Die gegenseitige Abschirmung der positiven und negativen Ladungen wird nach der Debye-Hückelschen Theorie behandelt. Es zeigt sich, daß merkliche Abweichungen von der Holtsmarkverteilung auftreten. Groth

289. **K. Kawabata,** The radiation emitted within ionized gas in the presence of a magnetic field. Report Ionosphere Res. Japan **12** 428—436 = Tokyo Astr. Obs. Repr. Nr. 180. — Intensität und Polarisation der Radiostrahlung eines Plasmas im Magnetfeld werden unter Berücksichtigung der Wechselwirkung zwischen Elektronen und umgebenden Ionen berechnet. Eine Fouriertransformation der Korrelationsfunktion der Bewegungen eines Elektrons wird durchgeführt. Unter Benutzung der Fokker-Planck-Gleichung ergeben sich dann die Stokesschen Parameter der Strahlung. v. Hoerner

290. **R. Kippenhahn,** Plasma-Konfigurationen mit Oberflächenströmen, die von einem Magnetfeld im Gleichgewicht gehalten werden. Z. Naturforschung **13a** 260—267. — Die Frage nach der Existenz von Plasma-Konfigurationen mit Oberflächenströmen, die im Gleichgewicht mit einem äußeren magnetischen Potentialfeld stehen, wird mit Hilfe eines Existenzsatzes aus der Theorie der partiellen Differentialgleichungen auf differentialgeometrische Eigenschaften an der Oberfläche des Plasmas zurückgeführt. Für einen Kreistorus werden diese Eigenschaften für den Fall eines inneren azimutalen Magnetfeldes untersucht. Für einen Torus mit veränderlichem Querschnitt wird das Problem näherungsweise behandelt. Groth

291. **G. Knorr,** Über den Ionisationszustand und die Ausstrahlung von Fremdgasen in einem Wasserstoffplasma. Z. Naturforschung **13a** 941—950. — Es wird eine Interpolationsformel für die Ionisation angegeben,

welche für den ganzen Energiebereich der stoßenden Elektronen gilt. Mit Hilfe dieser Formel wird eine Zeitkonstante berechnet und diskutiert, welche die Zeit bis zur Einstellung eines Gleichgewichts charakterisiert. Elwerts Ionisationsformel wird verallgemeinert. Der Strahlungsenergieverlust durch die Verunreinigungen in einem Plasma wird berechnet und diskutiert. Groth

* * **G. S. Murty, R. K. Varma,** Acceleration of cosmic radiation. Vgl. Ref. 12735.

292. **E. N. Parker,** Dynamical instability in an anisotropic ionized gas of low density. Phys. Rev. (2) **109** 1874—1876. — Ref. in Phys. Abstracts (A) **61** 231, ZfMG **82** 205.

293. **E. N. Parker, D. A. Tidman,** Suprathermal particles. Phys. Rev. (2) **111** 1206—1211. — Die Erzeugung suprathermischer Partikel in Plasmen bei Gegenwart von magnetischen Feldern wird diskutiert. Für die Geschwindigkeitsverteilung der Ionen wird eine Fokker-Planck-Gleichung aufgestellt und gelöst. Die Erzeugung solcher Partikel im Zusammenhang mit der solaren Eruption vom 23. Feb. 1956 wird erörtert. Henn

294. **E. N. Parker, D. A. Tidman,** Suprathermal particles. II. Phys. Rev. (2) **112** 1048—1051. — In Fortführung der in voranstehender Arbeit begonnenen Untersuchungen betrachten Verf. jetzt ein verfeinertes Modell der im Plasma wirksamen Magnetfelder. Henn

295. **E. N. Parker,** Suprathermal particles. III. Electrons. Phys. Rev. (2) **112** 1429—1435.

296. **A. Ron,** Penetration of a magnetic field into a one dimensional plasma. Nuovo Cimento (10) **10** 844—853.

297. **T. Sekiguchi, R. C. Herndon,** Thermal conductivity of an electron gas in a gaseous plasma. Phys. Rev. (2) **112** 1—10.

298. **B. A. Trubnikow,** Strahlung eines Plasmas im Magnetfeld. DAN **118** 913—916 (russ.). — Ref. in Phys. Abstracts (A) **61** 453.

299. **R. Q. Twiss, J. A. Roberts,** Electromagnetic radiation from electrons rotating in an ionized medium under the action of a uniform magnetic field. Australian J. Phys. **11** 424—446 = Commonwealth Sci. Industrial Res. Organization, Australia, Division Radiophys. — In der Arbeit wird die Ausstrahlung von schnellen Elektronen behandelt, die in einem Plasma unter der Wirkung eines äußeren Magnetfeldes rotieren. Die auf die verschiedenen Ausstrahlungsformen (ordentliche und außerordentliche Welle, Grundschwingung und Oberschwingungen) entfallenden Anteile werden berechnet und an Hand der Ergebnisse die Möglichkeiten zur Deutung der nicht-thermischen Strahlung bei solaren Eruptionen auf dieser Basis erörtert. Kdr.

2100. Plasmoids. Sky and Telescope **17** 122.

Lichtgeschwindigkeit

2101. **R. Dupeyrat,** La vitesse de la lumière dans l'air et dans le vide. J. Phys. Radium **19** 557—569.

2102. **S. P. Nikitin,** Über die Bestimmung der Lichtgeschwindigkeit mittels astronomischer Methoden. Abh. Staatl. Pädagog. Inst. Gomel 1957 Nr. 5 S. 133—137 (russ.). — Ref. in RJ UdSSR 1959 Nr. 2 S. 67.

§ 3

Rechentafeln, Funktionstafeln, Rechenmaschinen

301. **J. Bauschinger, J. Peters,** Logarithmisch-Trigonometrische Tafeln mit acht Dezimalstellen. 1. Band. Tafel der achtstelligen Logarithmen aller Zahlen von 1 bis 200000. 2. Band. Tafel der achtstelligen Logarithmen der trigonometrischen Funktionen für jede Sexagesimalsekunde des Quadranten. Weinheim/Bergstraße, Verlag H. R. Engelmann (J. Cramer), 1958. 3. Auflage. 1. Band: 26 + 368 S. 2. Band: 951 S.

302. **C. Faucher,** Tables trigonométriques contenant les valeurs naturelles des sinus et des cosinus de centigrade en centigrade du quadrant avec dix décimales. Paris, Gauthier-Villars, 1957. 51 S. Preis ffr. 500.— Besprechung in Math. Tables and other Aids to Computation **12** 148 (T. H. Southard).

303. **L. N. Karmasina, L. W. Kurotschkina,** Tafeln von Interpolationskoeffizienten. Moskau, Akad. Wiss. UdSSR, 1956. 376 S. Preis 37 R. 65 Kop. (russ.). — Besprechung in Math. Tables and other Aids to Computation **12** 149 (J. C. E. Jennings).

304. **J. Peters,** Ten-place Logarithm Table. New York, 1957. — Besprechung in Math. Tables and other Aids to Computation **12** 61—63 (J. Todd).

305. **H. E. Salzer, G. M. Kimbro,** Extension of Lindow's tables for numerical differentiation using Newton-Stirling and Newton-Bessel differences. Math. Tables and other Aids to Computation **12** 133—140.

306. Interpolation and Allied Tables. Vgl. AJB **56** Ref. 308. — Weitere Besprechung in Math. Tables and other Aids to Computation **12** 99—102 (J. Todd).

307. Subtabulation. A Companion Booklet to Interpolation and Allied Tables. London, Her Majesty's Stationery Office, 1958. 54 S. Preis 7 s. 6 d.

308. Seven-Figure Trigonometrical Tables for Every Second of Time. London, Her Majesty's Stationery Office, 1958. 101 S. Preis £ 1. — Besprechung in J RAS Canada **53** 239, Obs **79** 116, Sky and Telescope **18** 462.

Rechenmaschinen

309. **F. L. Alt,** Electronic Digital Computers. New York, Academic Press Inc., 1958. 10 + 334 S. Preis $ 10.00. — Besprechung in Proc IRE **47** 346 (C. J. Swift).

310. **K. H. V. Booth,** Programming for an Automatic Digital Calculator. New York, Academic Press; London, Butterworths, 1958. 238 S. Preis $ 7.50. — Besprechung in Science **129** 1669 (J. Rothstein).

311. **H. Führer,** The ALWAC III E-computer of the Scandinavian ADP Institute at Chalmers University of Technology, in Göteborg. Univ. Gothenburg Astr. Notes Nr. 1 S. 14—15.

312. **W. A. Iswekow,** Die Verwendung moderner Rechenmaschinen im Ephemeridendienst der Kleinen Planeten. Leningrad, Astr. Hauptobs., 1958 (russ.). — Dissertationsref.

313. **A. I. Kitow, N. A. Krinizkij,** Elektronische Rechenmaschinen. Moskau-Leningrad, Verlag Akad. Wiss. UdSSR, 1958. 131 S. Preis 1 R. 90 Kop. (russ.). — Besprechung in Priroda **48** Nr. 7 S. 123.

314. **R. Tomovic,** Calculateurs analogiques répétitifs. Paris, Masson Cie., 1958. 186 S. Preis fr. 3. — Besprechung in Phys. Blätter **15** 426—427 (H. Kaufmann).

315. **M. V. Wilkes, D. J. Wheeler, S. Gill,** The Preparation of Programs for an Electronic Digital Computer. Reading/Mass., Addison Wesley Publ., 1957. 2. Auflage. 238 S. Preis $ 7.50. — Besprechung in Phys. Blätter **15** 42 (W. Döring).

§ 4

Astronomische Jahrbücher, Ephemeriden, Kalender

401. Almanaque Nautico y Aeronautico para el año 1959. República Argentina, Secretaria de Marina, Publ. H. Nr. 225. Observatorio Naval, 1958. 382 S.

402. The Indian Ephemeris and Nautical Almanac for the Year 1959. Office of preparation: Nautical Almanac Office, Regional Meteorological Centre, Alipore, Calcutta. Published by the Manager of Publications, Civil Lines, Delhi, 1958. 24 + 404 S.

403. Efemérides Astronómicas para o ano de 1959. Observatório Astronómico da Universidade de Coimbra. 13 + 235 S.

404. The Astronomical Ephemeris for the Year 1960. London, Her Majesty's Stationery Office, 1958. 12 + 533 S. Preis £ 1 15 s. 0 d. net.

405. The Nautical Almanac's new title. J. Inst. Navigation **11** 414.

406. The Astronomical Ephemeris. Southern Stars **17** 103—104.

407. Connaissance des Temps ou des mouvements célestes, à l'usage des astronomes et des navigateurs, pour l'an 1960, publiée par Le Bureau des Longitudes. Paris, Gauthier-Villars, 1958. 32 + 669 S.

408. Almanaque Náutico para 1959. Rio de Janeiro, Marinha do Brasil, Hidrografia e Navegação. 276 + 35 S.

409. Almanaque Náutico año 1959, publicado de orden de la superioridad por el Instituto y Observatorio de Marina de San Fernando (Cádiz) para el meridiano de Greenwich. Imprenta del Observatorio de Marina, 1958. Vol. **168**. 16 + 560 S. Preis 70 Pesetas, para el extranjero 85 Pesetas.

410. Nautical Almanac 1959. Tokyo, Japanese Hydrographic Office, 1958. Pub. No. 681. 2 + 461 S. mit 3 Karten.

411. Japanese Ephemeris 1959. Tokyo, Japanese Hydrographic Office, 1958. Pub. No. 684. 4 + 515 S.

412. The American Ephemeris and Nautical Almanac for the Year 1960. Washington, United States Government Printing Office, 1958. 12 + 533 S. Preis $ 4.

413. Apparent Places of Fundamental Stars 1959. Containing the 1535 stars in the Third Fundamental Catalogue (FK3) of the Berliner Jahrbuch. Produced by international co-operation under the auspices of the International Astronomical Union. Published by Order of the Lords Commissioners of the Admiralty. London, Her Majesty's Stationery Office, 1958. 40 + 536 S. Preis £ 2 2 s. 0 d. net.

414. The Handbook of the Astronomical Society of Southern Africa 1958. Computed and prepared by the Computing Section of the Society and the Editorial Board of MN ASSA. Cape Town, 1958. Preis 2 s.

415. Astronomische Grundlagen für den Kalender 1960. Herausgegeben vom Astronomischen Rechen-Institut in Heidelberg. Karlsruhe, Verlag G. Braun GmbH., 1958. 98 S. Preis DM 10.

416. The Handbook of the British Astronomical Association 1959. Thirty-eighth year of publication. Herausgegeben von J. G. Porter. Hounslow West, Middlesex, 1958. 60 S. Preis 5 s. bzw. 9 s.

417. Rocznik Astronomiczny Obserwatorium Krakowskiego 1958. International Supplement Nr 29. Kraków, 1958. 8 + 118 S. — Bedeckungsveränderliche, Präzessionsgrößen, Schiefe der Ekliptik, Sternbedeckungen.

Desgl. für 1959. International Supplement Nr. 30. 8 + 116 S.

418. Suplemento al Almanaque Nautico y Aeronautico para el año 1959. Sol, Planetas y Estrellas. República Argentina, Secretaria de Marina, Servicio de Hidrografia Naval, 1958. 2 + 95 S.

419. Nautisches Jahrbuch oder Ephemeriden und Tafeln für das Jahr 1959 zur Bestimmung der Zeit, Länge und Breite zur See nach astronomischen Beobachtungen. Herausgegeben vom Deutschen Hydrographischen Institut. Hamburg, 1958. 108. Jahrgang. 4 + 39 S. + Ephemeriden für 1959 + Schalttafeln.

420. The Nautical Almanac for the Year 1960. London, issued by Her Majesty's Nautical Almanac Office by Order of the Lords Commissioners of the Admiralty; Washington, issued by the Nautical Almanac Office, United States Naval Observatory under the authority of the Secretary of the Navy. London, Her Majesty's Stationery Office, 1958. 276 + 35 S.

421. Ephémérides Nautiques pour l'an 1959. Ouvrage publié par Le Bureau des Longitudes, spécialement à l'usage des marins. Paris, Gauthier-Villars, 1958. 473 S.

422. Almanaque Náutico para uso de los navegantes año 1959, publicado de orden de la superioridad por el Instituto y Observatorio de Marina de San Fernando (Cádiz) para el meridiano de Greenwich. Imprenta del Observatorio de Marina, 1958. 2+417+33* S. Preis 70 Pesetas.

423. Abridged Nautical Almanac 1959. Tokyo, Maritime Safety Board, Japan, 1958. Pub. Nr. 683. 3 + 233 S. mit 3 Karten.

424. The Air Almanac 1959. London, Her Majesty's Stationery Office; Washington, United States Naval Observatory, 1958. January—April, S. 1—242, A 1 — A 60, mit 2 Sternkarten. Preis je Band 15 s. 0 d.

Desgl. May—August, S. 241—488, A 1—A 60, mit 2 Sternkarten.

Desgl. September-December, S. 487—732, A 1—A 60, mit 2 Sternkarten.

425. The Star Almanac for Land Surveyors for the Year 1959. Prepared by H. M. Nautical Almanac Office. Published by Order of the Lords Commissioners of the Admiralty. London, Her Majesty's Stationery Office, 1958. 14 + 70 S. Preis 4 s. 6 d. net.

426. Osservatorio Astrofisico di Arcetri. Annuario per il 1958. Elementi astronomici per il Calendario dell'anno 1958 calcolati all'Osservatorio Astrofisico di Arcetri—Firenze.

Desgl. für 1959.

427. Annuaire de l'Observatoire Royal de Belgique 1959. Jaarboek van de Koninklijke Sterrenwacht van België. Bruxelles, Imprimerie M. Hayez, 1958. 126e année. 197 S.

428. Csillagászati évkönyv az 1959 évre. Budapest, Gondolat kiadó, 1958. 222 S.

429. Sternkalender 1959/60. Erscheinungen am Sternenhimmel. Dornach (Schweiz), Verlag Goetheanum, 1958. 103 S. Preis 6.25 Fr.

430. Annuaire Astronomique et Météorologique Camille Flammarion pour 1959. Publié par l'Observatoire de Juvisy. 95e année. 349 S. mit 29 Fig. und zahlreichen Karten.

431. Kurzer astronomischer Kalender für 1959. Zusammengestellt von S. W. Drosdow, S. I. Seleschnikow. Kiew, Akad. Wiss. Ukrain. Sowjetrepublik, 1958. 125 S. Preis 3 R. 50 Kop. (russ.).

432. Kalender für Sternfreunde 1959. Herausgegeben von P. Ahnert. Leipzig, Joh. Ambrosius Barth Verlag, 1958. 188 S. mit 62 Abb. Preis DM 4.

433. Anuario del Observatorio Astronómico de Madrid para 1959. Madrid, Talleres del Instituto Geográfico, 1958. 364 S.

434. Astronomischer Schulkalender für das Jahr 1958. Moskau, Lehrpädagog. Staatsverlag, 1958. 121 S. mit Fig. und Karten. Preis 1 R. 65 Kop. (russ.).

435. Astronomischer Kalender. Jahrbuch 1959. Veränderlicher Teil. Redigiert von P. I. Bakulin. Moskau, Phys.-Math. Staatsverlag, 1958. 371 S. Preis 7 R. 50 Kop. (russ.).

436. Osservatorio Astronomico di Palermo. Elementi Astronomici per l'anno 1958. Palermo, Tip. Fardella, 1958. 11 S.

437. Annuaire pour l'an 1959, publié par Le Bureau des Longitudes, avec un supplément pour l'an 1960. Paris, Gauthier-Villars, 1958. 8 + 551 + A 8 + B 6 + C 9 + D 5 + E 12 + F 62.

438. Astronomická tabulka 1959. Bearbeitet von B. Maleček, L. Zachar. Pilsen, Volkssternwarte, 1958. Preis Kčs. 3. — Graphische Darstellung von Auf- und Untergängen der wichtigsten Himmelskörper und Himmelserscheinungen.

439. Hvězdářská ročenka 1959. Bearbeitet von J. Bouška, V. Guth, B. Onderlička. Prag, Verlag Akad. Wiss., 1958. 35. Jahrgang. 178 S. mit 27 Fig. Preis Kčs. 7.50.

440. Astronomiskais kalendars 1959. Herausgegeben von J. Ikaunieks. Riga, Latvijas PSR Zinātņu Akademijas Izdevniecība, 1958. 136 S. mit Fig. Preis 1 R. 95 Kop.

441. Anuario del Observatorio Astronomico Nacional de la Universidad de Chile para el año 1959. Santiago de Chile, Impr. y Litorg. Univ., 1958. 112 S. mit 2 Sternkarten.

442. Anuário do Observatório de S. Paulo para 1959. Universidade de São Paulo. Instituto Astronômico e Geofísico, 1958. 8 + 226 + 21* S.

443. Astronomischer Kalender der Sternwarte Sofia für das Jahr 1959. Zusammengestellt von M. Maltschewa-Popowa, A. D. Bonoff, N. Nikoloff. Sofia, 1958. 68 S. Preis 2.40 Lw. (bulgar.).

444. Das Himmelsjahr. Sonne, Mond und Sterne im Jahre 1959. Herausgegeben von M. Gerstenberger. Stuttgart, Franckh'sche Verlagshandlung, 1958. 105 S. mit 112 Fig. Preis DM 4.80.

445. Kalender des Astronomischen Observatoriums Tartu für das Jahr 1958. Tallinn, 1958. 79 S. mit Fig. Preis 4 R. 15 Kop. (estn.).

446. Astronomical Year Book for the Year 1958 or 33. Year of Shōwa (Japanese Year). Published by the Yamamoto Observatory. 114 S. (japan.).

447. Osservatorio Astronomico di Trieste. Annuario Astronomico per l'anno comune 1959. Herausgegeben von G. Brusadin, B. Cester, I. Guidoboni. Oss. Astr. Trieste Nr. 281, 68 S.

448. Astronominis Kalendorius 1957. Vilnius, Valstybinė politinės ir mokslinės literatūros leidykla, 1956. 184 S. mit Sternkarten. Preis 4 R. 15 Kop. (litau.).
Desgl. für 1958. 206 S.

449. Rocznik Astronomiczny na rok 1959. Warszawa, 1958. Instytut Geodezij i Kartografii. XIV. 91 S.

450. Sun and Moon Tables, 1959. Accra, Ghana Meteorological Department, 1958. 9 S.

451. Standard-Daten für Ephemeriden 1959. NAZ **12** 21, UAI Circ 1656.

452. **E. Mucke,** Himmelserscheinungen 1960—1980. Wien, Verlag Hermann Mucke, 1958. Preis DM 1.00. — Besprechung in Sterne **35** 46—47 (C. Hoffmeister).

453. **H. Mucke,** Himmelskalender 1959. Wien, Verlag Hermann Mucke, 1958. Preis DM 1.00. — Besprechung in Sterne **35** 46—47 (C. Hoffmeister).

454. **H. Mucke,** Himmelstafeln. Wien, Verlag Hermann Mucke, 1958. Preis DM 1.00. — Besprechung in Sterne **35** 46—47 (C. Hoffmeister).

455. **R. A. Naef,** Der Sternenhimmel 1959. Kleines astronomisches Jahrbuch für Sternfreunde für alle Tage des Jahres zum Beobachten von bloßem Auge, mittels Feldstecher und Fernrohr, herausgegeben unter dem Patronat der Schweizerischen Astronomischen Gesellschaft. Aarau, Verlag H. R. Sauerländer & Co., 1958. **19.** Jahrgang. 126 S. Preis Fr. 7.80.

456. **J. J. Raimond jr.,** Sterrengids 1959. Uitg. in opdracht van de Nederlandse Vereniging voor weer- en sterrenkunde. Groningen, J. B. Wolters, 1958. 68 S. mit 38 Fig. und 12 Karten. Preis h. fl. 4.25.

§ 5

Wissenschaftliche und populäre Bücher zur gesamten Astronomie

501. **I. Adler,** The Sun and its Family. New York, John Day, 1958. 128 S. Preis $ 3.00.

502. **W. A. Albizkij, W. P. Wjasanizyn, A. N. Deutsch, M. S. Selzer, W. A. Krat, A. W. Markow, P. W. Mejkljar, O. A. Melnikow, W. B. Nikonow, W. W. Sobolew, G. A. Schajn, W. W. Scharonow,** Lehrbuch der Astrophysik und Stellarastronomie. Band **1.** Moskau-Leningrad, Staatsverlag für technisch-theoretische Literatur, 1951. 592 S. mit 273 Abb. und 4 Tafeln. Preis 21 R. 75 Kop. (russ.). — Besprechung in Astr. News Letter Nr. 59 S. 12—13. — Inhalt des von A. A. Michajlow redigierten Buches: I. Einleitung, S. 11—182; II. Grundlagen der photographischen Astrometrie, S. 183—258; III. Astrospektroskopie, S. 259—334; IV. Astrophotometrie, S. 335—523; V. Moderne Sonneninstrumente, S. 524—579.
Loh.

503. **M. Alecsescu,** Să facem observaţii astronomcie. Bucureşti, Ed. tineretului, 1957. 104 S. Preis 3 lei.

504. **R. Andrejtschin, G. Tomalewski,** Astronomie. Sofia, Verlag für Volksbildung, 1958. 2. Auflage. 114 S. Preis 3 Lw. (bulgar.).

505. **U. Becker,** Geheimnisse des Sternhimmels. Freiburg, Verlag Herder, 1958. 80 S. mit zahlreichen Fig. Preis DM 7.80. — Besprechung in Sterne **35** 126 (C. Hoffmeister), VdS Nachr. **7** 87 (J. Herrmann).

506. **A. Blaauw,** De astronomische blik in het verleden. Groningen, J. B. Wolters, 1958. 21 S. Preis hfl. 1.50. — Besprechung in Hemel en Dampkring **56** 53 (J. J. Raimond jr.).

507. **K. Boeke,** Cosmic View, the Universe in 40 Jumps. New York, The John Day Company, 1958. Preis $ 3.25. — Besprechung in Hemel en Dampkring **57** 86 (H. P. B. Berlage).

508. **B. J. Bok,** The Astronomer's Universe. Melbourne, Melbourne University Press; New York, Cambridge University Press, 1958. 11 + 107 S. mit 7 Fig. und 16 Tafeln. Preis $ 3.75. — Besprechung in J. Astr. Soc. Victoria **11** 26, Science **130** 701—702 (A. Sandage), Sky and Telescope **17** 471, 584—585.

509. **H. v. Bronsart,** Jugend am Fernrohr. Stuttgart, Kreuz-Verlag, 1958. 63 S. Preis DM 5.80. — Besprechung in Sterne **35** 47 (C. Hoffmeister), VdS Nachr. **8** 61—62 (J. Herrmann).

510. **B. H. Bürgel,** Aus fernen Welten. Eine volkstümliche Himmelskunde. Frankfurt a. M., Büchergilde Gutenberg, 1958. 566 S. Preis DM 9.00.

* * **F. P. de Bulhoes Carvalho,** Estrutura e Evoluçao do Universo. Vgl. Ref. **4113.**

511. **C. B. Chagas,** Manual de Astronomia. Rio de Janeiro, Estado Maior Exercito, 1958. 120 S.

512. **C. B. Clason,** Exploring the Distant Stars. London, Putnam's, 1958. 384 S. Preis $ 5.00. — Besprechung in J RAS Canada **53** 237—238 (R. J. Northcott), Science **128** 1133 (H. M. Johnson), Sky and Telescope **17** 364, **18** 160—161.

513. **J. G. Crowther,** Radioastronomy and Radar. Methuen's Outlines, 1958. Preis 10 s. 6 d. — Besprechung in Spaceflight **2** 58.

514. **M. Davidson,** Astronomie voor iederen. Bearbeitet von H. Hubenet und G. Tieman. Zutphen, W. J. Thieme en Cie, 1957. 11 + 416 S. mit 185 Fig. Preis hfl. 12.50. — Vgl. AJB **54** Ref. 509. — Besprechung in Hemel en Dampkring **56** 193—194 (K. Cuypers), Meteoor **14** 41—42 (J. de Metter).

515. **J. Dommanget,** Exploration du ciel. Vgl. AJB **57** Ref. **521.** — Weitere Besprechung in BSAF **73** 189.

516. **J. Dommanget,** Speurtocht Langs de Sterren. Namur, Les Editions du Soleil Levant, 1958. Preis fr. 20. — Besprechung in Gaz astr **40** 50, Hemel en Dampkring **57** 132 (J. Meeus).

517. **A. S. Eddington,** Sterne und Atome. Übersetzung aus dem Englischen. Göttingen, Vandenhoeck und Ruprecht, 1958. 4. Auflage. 92 S. Preis DM 2.40.

518. **I. O. Evans,** Discovering the Heavens. Hutchinson, 1958. 208 S. Preis 12 s. 6 d. — Besprechung in Spaceflight **2** 32.

519. **K. Fladt, H. Seitz,** Astronomie. Vgl. AJB **57** Ref. **525.** — Weitere Besprechung in Orion Schaffhausen **5** 683.

520. **G. Gamow,** Matter, Earth, and Sky. Englewood Cliffs, N. J., Prentice-Hall Inc., 1958. 11 + 593 S. mit zahlreichen Fig. und Tafeln. Preis $ 10. — Besprechung in Science **128** 587—588 (W. P. Binnie).

521. **M. U. Gaschimsade,** Astronomie. Lehrmittel für die Studenten der Physikalisch-Mathematischen Fakultäten Pädagogischer Institute. I. Baku, 1957. 124 S. mit Fig. (aserbejdshan.).

522. **L. Herzog,** Notre système solaire. Niederbronn-les-Bains, Impr. Commerc., 1958. 8 S.

523. **K. Heuer,** An Adventure in Astronomy. Viking, 1958. 127 S. Preis $ 3.50. — Besprechung in Sky and Telescope **18** 278.

524. **F. Hoyle,** Den sorte Taage. Übersetzung aus dem Englischen (vgl. AJB **55** Ref. **523**) von G. Dunker. Kopenhagen, E. Wangels Verlag, 1958. — Besprechung in Urania København **15** 80.

525. **M. Joffe,** La conquista delle stelle. Mailand, A. Mondadori, 1958. 725 S. mit 438 Fig. u. 24 Tab. Preis L. 9000.

526. **G. O. Jones, J. Rotblat, G. J. Whitrow,** Van Atoom tot Heelal. Übersetzung aus dem Englischen (vgl. AJB **56** Ref. **541**) von A. Kolsteren. Utrecht, Uitgeverij het Spectrum, **1957**. **233** S. mit 25 Fig. Preis hfl. 1.25. — Besprechung in Hemel en Dampkring **56** **194** (J. Weenen).

527. **M. Kemp,** Unsere Sternenwelt. Ein Wegweiser zu den Sternbildern unserer Heimat. Bonn-Hannover-Hamburg, F. Dümmler, 1957. 28 S. Preis DM 1.20.

528. **L. Kresák,** Nový pohlad na vesmír (Rádioastronòmia). Martin, Verlag Osveta, 1958. 92 S. mit 27 Abb. Preis Kčs. 3.10 (slowak.). — Besprechung in RH **39** 191.

529. **W. Kruse, W. Dieckvoss,** The Stars. Vgl. AJB **57** Ref. **540**. — Weitere Besprechung in Obs **78** **263**.

530. **R. Kühn,** Himmel voller Wunder. München, Hanns Reich Verlag, 1958. 2. Auflage. 47 S. — Vgl. AJB **57** Ref. **617**. — Besprechung in VdS Nachr. 8 77—78 (J. Herrmann).

531. **R. Kühn,** De wonderen van de sterrenhemel, weerspiegeld in 's werelds grootste telescopen. Übersetzung aus dem Deutschen durch A. J. M. Wanders. Amsterdam-Antwerpen, N. V. Uitgeversmij. Kosmos, 1958. Preis f. 8.90. — Besprechung in Hemel en Dampkring **57** 132 (L. Plaut).

532. **R. Kühn,** Världar i rymden. Allhems förlag, 1958. 50 + 50 + 3 S. Preis Kr. 16. — Besprechung in PAT **40** 76 (C. Schalén).

533. **R. Kühn,** Astronomie populär. München, Nymphenburger Verlagshandlung, 1958. 204 S. Preis DM 9.80. — Besprechung in RJ UdSSR 1960 Nr. 1 S. 12, VdS Nachr. **8** 61 (G. D. Roth).

534. **Z. Kvíz,** Jak astronomové zkoumají vesmír. Prag, Verlag Naše vojsko, 1958. 144 S. mit 76 Abb. Preis Kčs. 6.00 (tschech.). — Besprechung in RH **39** 287.

535. **J. Lyon,** Our Sun and the Worlds around it; Planets, Moon, Comets, and other Wonders of the Solar System. New York, Simon and Schuster, 1957. 56 S. Preis $ 1.35.

536. **R. A. Lyttleton,** Kloderne og Universet. Moderne astronomi uden matematik. Übersetzung aus dem Englischen von G. Lundbak und A. Lundbak. Kopenhagen, Jul. Gjellerups forlag, 1958. 219 S. mit 114 Fig. und 9 Tafeln. Preis kr. 20. — Besprechung in NAT 1958 S. 104—105.

537. **L. Mallan,** A Guide to Astronomy. London, New York, Arco Publishing Co., 1958. 134 S. Preis 15 sh. bzw. $ 2.00. — Besprechung in Publ ASP **70** 521, Sky and Telescope **17** 525.

538. **A. Marshak,** The World in Space. Edinburgh, Thomas Nelson & Sons, 1958. 176 S. — Besprechung in El Universo Nr. 45 S. 201 (H. Scheffler).

539. **R. K. Marshall,** Sun, Moon, and Planets. New York, Henry Holt and Co., 1958. 3. Auflage. 129 S. — Vgl. AJB **52** Ref. **7014**.

540. **C. Mennella,** Luci ed ombre tra i mondi sidereli; panorama degli astri che ci attendono. Torino, Società editrice internazionale, 1958. 8 + 219 S. Preis L. 1000. — Besprechung in Coelum **27** 54.

541. **C. Mennella,** Dalla Terra alle stelle; fatti e racconti del passato, del mondo attuale e del prossimo futuro. Torino, Società editrice internazionale, 1958. 8 + 243 S. Preis L. 1000. — Besprechung in Coelum **27** 55.

542. **F. W. Michels,** Sterrenkunde. Alkmaar, Arti-Encyclopedie. 64 S. Preis hfl. 1.90. — Besprechung in Hemel en Dampkring **56** 194 (A. J. M. Wanders).

543. **P. Moore,** The Boy's Book of Astronomy. London, Burke Publishing Co., 1958. 6 + 143 S. Preis 9 s. 6 d. — Besprechung in Spaceflight **2** 60.

544. **P. Moore,** Your Book of Astronomy. London, Faber & Faber Ltd., 1958. 72 S. mit zahlreichen Fig. Preis 8 s. 6 d. net. — Besprechung in JBAA **68** 274—275, VdS Nachr. **7** 61 (J. Herrmann).

545. **P. Moore,** The Amateur Astronomer. London, Lutterworth Press, 1958. 317 S. Preis 25 s. — Besprechung in Spaceflight **2** 92.

546. **J. Nangle, H. Wood,** Stars of the Southern Heavens. Sydney—London, Angus and Robertson, Ltd., 1958. 4. Auflage. 13 + 129 S. Preis 18 sh. — Besprechung in J. Astr. Soc. Victoria **11** 81.

547. **M. Ovenden,** Looking at the Stars. Vgl. AJB **57** Ref. 550. New York, Philosophical Library, 1957. 192 S. Preis $ 4.75. — Weitere Besprechung in Astronaut. Sci. Rev. **1** 24 (E. V. Laitone).

548. **C. Payne-Gaposchkin,** Le stelle in formazione. Milano, Feltrinelli, 1958. 171 S. mit 11 Fig. und 24 Tafeln. Preis L. 2500. Übersetzung des Buches «Stars in the Making» aus dem Englischen von M. Cavedon. — Vgl. AJB **52** Ref. 540. — Besprechung in Coelum **26** 90, L'Universo **38** 1016—1017 (P. Maffei).

549. **J. G. Perel,** Wissenschaftlich-populäre Literatur zur Astronomie. Priroda **47** Nr. 5 S. 117—119 (russ.). — Verf. bespricht eine Reihe von Büchern, die seit 1953 in der UdSSR erschienen sind.

550. **J. I. Perelman,** Unterhaltende Astronomie. Moskau, Phys.-math. Staatsverlag, 1958. 9. Auflage. 212 S. Preis 3 R. 60 Kop. (russ.). — Vgl. AJB **57** Ref. 559. — Besprechung in Ciel et Terre **75** 171 (H. Michel).

551. **J. S. Pickering,** One Thousand and one Questions Answered about Astronomy. New York, Dodd, Mead., 1958. 420 S. Preis $ 6.00. — Besprechung in J RAS Canada **53** 48, Sky and Telescope **17** 525, **18** 216, 219 (H. E. Crull).

552. **S. Plakidis,** Praktische Astronomie. Teil A. Athen, 1958. 7 + 334 S. mit 68 Fig. Teil B. Athen, 1956. 115 S. mit 33 Fig. (griech.).

553. **S. Plakidis,** Einführung in die Mathematische Astronomie. Band B. Athen, 1958. 281 S. mit 59 Fig. (griech.).

554. **P. I. Popow,** Allgemeinverständliche praktische Astronomie. Moskau, Staatsverlag für phys.-math. Literatur, 1958. 4. verbesserte Auflage. 160 S. mit Fig. Preis 3 R. 85 Kop. (russ.). — Besprechung in Priroda **47** Nr. 9 S. 121.

555. **P. I. Popow, K. L. Bajew, B. A. Woronzow-Weljaminow, R. W. Kunizkij,** Astronomie. Lehrbuch für die physikalisch-mathematischen Fakultäten pädagogischer Institute. Moskau, Lehr-pädagogischer Staatsverlag, 1958. 4. Auflage. 462 S. Preis 11 R. 85 Kop. (russ.).

556. **M. Radovanović,** O nebeskim telima, sunčevom sistemu i zemlji. Beograd, «Rad», 1957. 54 S.

557. **L. Rosino,** Fisica delle stelle. Vgl. AJB **56** Ref. 563. — Weitere Besprechung in RJ UdSSR 1959 Nr. 1 S. 7—8.

558. **P. Rousseau,** L'astronomie nouvelle. Paris, Arth. Fayard, 1958. Neuauflage. 367 S. Preis ffrs. 950. — Besprechung in Ciel et Terre **74** 289 (H. Michel).

559. **G. Ruggieri,** Mondi nello spazio. I Pianeti nel sistema solare e nell'universo siderale. Mit einem Vorwort von G. Abetti. Roma, Associazione per le scienze astronautiche, 1958. 187 S. mit 13 Farbtafeln. Preis L. 2000. — Besprechung in Coelum **26** 147.

560. **E. Rybka,** Astronomia dla klasy XI. Warszawa, Państwowe Zakłady Wydawnictw Szkolnych, 1958. 168 S. Preis 5.50 zł. — Neunte Ausgabe des Lehrbuches der Astronomie für Mittelschulen.

561. **J. de Saint Denis,** Astronomie. Paris, Ed. maritimes et coloniales, 1958. 80 S. mit Abb.

562. **E. Schopen,** Jenseits der Milchstraße. Berlin, Gebrüder Weiß Verlag, 1957. 270 S. — Besprechung in Weltraumfahrt 1958 S. 126.

563. **W. Schroeder,** Practical Astronomy. Vgl. AJB **57** Ref. 560. London, Wyman and Sons Ltd., 1957. — Weitere Besprechung in J. appl. Phys. **29** 234, J. Optical Soc. America **49** 106 (F. W. Wright).

564. **W. Schroeder,** Praktische Astronomie für Sternfreunde. Stuttgart, Franckh'sche Verlagshandlung, 1958. 180 S. mit 78 Fig., 16 Tafeln, 20 Sternkarten, 1 Mondkarte und 4 Vorlagen zum Ausschneiden. Preis DM 14.80. — Besprechung in Mitt. Planetenbeobachter **11** 10—11 (G. D. Roth), Naturwiss. Rundschau **11** 156, Sterne **34** 205 (C. Hoffmeister), VdS Nachr. **7** 77 (J. Herrmann).

565. **N. Siukajew,** Erde und Himmel. Stalinir, 1957. 293 S. mit Fig. Preis 4 R. 75 Kop. (osset.).

566. **J. R. Smith,** Teaching a Unit in Astronomy: Grades 1—9. New York, Vantage Press, 1958. 149 S. Preis $ 2.75. — Besprechung in Publ ASP **71** 478 (R. W. Edmonds), Sky and Telescope **18** 344, 458—459 (J. Sternig), Strolling Astronomer **13** 82—83 (W. Houston).

567. **O. Struve,** The Astronomical Universe. Eugene, University of Oregon Press, 1958. 55 S. Preis $ 1.50. — Besprechung in Ann d'Astrophys **22** 189 (R. Michard), Obs **78** 263, Publ ASP **70** 337, Sky and Telescope **17** 419.

568. **R. Tagore,** Our Universe. Übersetzt aus dem Bengalischen. London, Meridian Books, 1958. 9 + 106 S. Preis 12 sh. 6 d.

569. **B. Valníček,** Pracovní metody soudobé astronomie. Prag, Orbis, 1958. 80 S. mit 41 Abb. Preis Kčs. 3.10 (tschech.).

570. **G. de Vaucouleurs,** Discovery of the Universe. Vgl. AJB **57** Ref. 563. — Weitere Besprechung in J RAS Canada **53** 184—185 (J. F. Heard).

571. **M. Wähnl,** Himmelskunde für Jedermann. Veröff. Urania-Sternw. Wien Nr. 1 S. 19—23.

572. **Å. Wallenquist,** Astronomi. Den moderna astrofysikens resultat och forskningsmetoder. Stockholm, Svenska Bokförlaget Bonniers, 1958. 309 S. Preis Schw. Kr. 28. — Besprechung in PAT **39** 82—83 (C. Schalén), Urania København **15** 22 (C. Luplau Janssen).

573. **P. Wehrlé,** L'univers aléatoire. Paris, Dunod; Neuchâtel, Griffon, 1956. 459 S. mit Fig. — Besprechung in RJ UdSSR 1959 Nr. 2 S. 4 (L. M. Gindiliss).

574. **F. L. Whipple,** Earth, Moon and Planets. New York, Grosset and Dunlap Inc., 1958. 9 + 293 S. Preis $ 2.95. — Besprechung in Publ ASP **70** 338, Sky and Telescope **17** 419.

575. **S. K. Wsechswjatskij,** Wie sich das Weltall erkennen läßt. Frunse, 1956. 56 S. Preis 85 Kop. (kirgis.).

576. **S. K. Wsechswjatskij,** Wie das Weltall erforscht wurde. Kischinew, 1958. 52 S. Preis 75 Kop. (moldau.).

577. **W. Zonn, K. Rudnicki,** Astronomia Gwiazdowa. Vgl. AJB **57** Ref. 572. — Weitere Besprechung in Postępy Astr. **6** 178—180 (J. Kubikowski, J. Mergentaler).

578. **F. Zwicky,** Morphologische Forschung. Zürich, Morphologische Gesellschaft, 1958. Preis Fr. 6. — Besprechung in Orion Schaffhausen **5** 626 (H. Bachmann).

579. The Treshold of Space. Herausgegeben von M. Zelikoff. Vgl. AJB **57** Ref. 577. — Weitere Besprechung in La Nature **86** 334.

580. Astronomie. Lehrbuch für die 10. Klasse. Bukarest, Staatsverlag Didakt. Pädagog. Literatur, 1956. 235 S. Preis 4.60 lei (deutsch).

581. Frontiers in Science. Herausgegeben von E. Hutchings jr. New York, Basic Books Inc., 1958. 362 S. Preis $ 6.00. — Besprechung in Sky and Telescope **17** 525.

582. Universum, Natur och Kultur. Stockholm, 1958. 172 S. Preis Kr. 22.50. — Besprechung in PAT **39** 170—171 (A. Elvius).

583. Das Universum. Unser Bild vom Weltall. Übersetzung von A. Bruzek (vgl. AJB **57** Ref. 576). Wiesbaden, Rheinische Verlags-Anstalt, 1958. 216 S. mit 22 Fig. und 16 Tafeln. Preis DM 8.80. — Inhalt: Einleitung; Das Universum in Bildern; H. P. Robertson, Das Universum; W. A. Fowler, Der Ursprung der Elemente; W. Baade, Die Zusammensetzung der Galaxien; J. H. Oort, Die Entwicklung der Galaxien; R. Minkowski, Kollidierende Galaxien; G. Gamow, Die Evolutionstheorie des Universums; F. Hoyle, Das «beständige» (steady state) Universum; A. R. Sandage, Die Rotverschiebung; J. Neyman, E. L. Scott, Die Verteilung der Galaxien; M. Ryle, Radio-Galaxien; H. Dingle, Kosmologie und Wissenschaft; Bibliographie.

§ 6

Schriften allgemeiner Art

601. **L. C. Anselme,** Pluralité des mondes habités. Bull. mens. Soc. astr. popul. Toulouse **49** 119—131. — Ref. in RJ UdSSR 1959 Nr. 5 S. 7.

602. **E. A. Beet, R. H. Garstang,** Astronomy as a career. JBAA **68** 118—122.

603. **F. Bello,** Die Welt hinter den Sternen. Radioastronomie öffnet ein neues Fenster zum Universum. Weltraumfahrt 1958 S. 69—73.

604. **M. F. Berlatier,** L'initiation à l'astronomie dans les classes de 6e et 5e. Bull. Assoc. professeurs math. enseign. public **37** 338—343. — Ref. in RJ UdSSR 1959 Nr. 2 S. 8.

605. **I. F. Bojartschenko,** Die Benutzung von Lehrmaterial praktischen Charakters in Astronomie-Stunden. Abh. Staatl. Pädagog. Inst. Lugan **8** 72—93 (russ.). — Ref. in RJ UdSSR 1959 Nr. 7 S. 8.

606. **A. D. Bonoff,** Gibt es Leben auf den Planeten? Sofia, NSOF, 1957. 60 S. Preis 1.50 Lw. (bulgar.).

607. **T. G. Brough,** The uses of astronomy in training technicians. Publ ASP **70** 452—453. — Ref. ASP.

608. **J. P. Bujanda,** Astronomía y astros habitados. Madrid, Razón y Fe, Ed. Fax, 1957. 284 S. mit Fig.

609. **K. von Bülow,** Tektonische Parallelen zwischen Mond und Erde. Scientia **93** 143—150. — Französ. Übersetzung in Scientia Suppl. **93** 1—6.

610. **C. Chadeau,** Soleils en laboratoire. BSAF **72** 509—513.

611. **F. J. Escalante,** Filatelia y astronomía. El Universo Nr. 45 S. 176—189.

612. **G. Forni,** La coltivazione di vegetali in ambienti extra-terrestri. Astronautica **6** 84—86.

613. **H. C. Freiesleben,** Sterndeutung — Weltanschauung oder Wissenschaft? Universitas **13** 407—412. — Der Anspruch der Astrologie als Wissenschaft gewertet zu werden, muß abgelehnt werden. Vielmehr handelt es sich bei der Astrologie um eine Weltanschauung, die den Menschen in den Kosmos einzuordnen sucht. Von besonderer Bedeutung ist hierbei das magische Element, das als die eigentlich wirksame Kraft dieser Weltanschauung zu betrachten ist. Baehr

614. **J. Gadomski,** Le ecosfere stellari in un raggio di 12 anni-luce intorno al Sole. Astronautica **6** 120—125.

615. **J. Gadomski,** Ekosfery gwiazdowe w promieniu 17 lat światła wokół Słońca. Postępy Astr. **6** 141—148.

616. **J. Gadomski,** Przed iluminatorem satelity Brauna. Urania Kraków **29** 8—11.

617. **G. Gamow,** The Creation of the Universe. New York, New American Library, 1957. 144 S. Preis $ 0.50.

618. **L. Golosnizkij,** Leben auf anderen Planeten. Kischinew, 1957. 59 S. Preis 85 Kop. (moldau.).

619. **T. Hall,** Vår tids stjärnsång — en naturvetenskaplig studie omkring Harry Martinsons Aniara. Stockholm, Bonniers, 1958. 61 S. Preis Schw. Kr. 7.50. — Besprechung in PAT **39** 81 (J. M. Ramberg).

620. **J. Herrmann,** Astronomie im Schulfunk. VdS Nachr. **7** 52—53.

621. **G. M. Idliss,** Die Hauptzüge des beobachtbaren astronomischen Universums als charakteristische Eigenschaften eines bewohnbaren kosmischen Systems. Mitt. Astrophys. Inst. Alma-Ata **7** 39—54 (russ. mit engl. Ref.). — Inhalt: Einleitung; 1.) Der Temperaturbereich des Lebens; 2.) Die Sterne als notwendige Energiequellen zur effektiven Entwicklung des Lebens; 3.) Die Planeten als Lebensträger; 4.) Die Galaxien als typische bewohnbare Sternsysteme; 5.) Die expandierende Metagalaxis als typisches System bewohnbarer Galaxien; Schluß; Literatur.

622. **I. Jewgenjew, L. Kusnezowa,** Um den Feuerstein. Moskau, Geograph. Staatsverlag, 1958. 214 S. (russ.). — Besprechung in AJ UdSSR **36** 380—381 (K. P. Stanjukowitsch, W. W. Fedynskij, russ.).

623. **H. Spencer Jones,** Life on Other Worlds. Vgl. AJB **50** Ref. **620**. — Ins Serbische übersetzt und erschienen in Belgrad, «Nolit», 1957. 186 S. mit Fig.

624. **H. Spencer Jones,** La vie sur d'autres mondes? Übersetzung aus dem Englischen (vgl. AJB **50** Ref. **620**) von C. Mamontoff. Paris, Dunod, 1957. 10 + 180 S. Preis Fr. 680. — Besprechung in BSAF **72** 385—386.

625. **F. Kadavý,** Popularisierung der Astronomie in der Tschechoslowakei 1948—1958. RH **39** 32—34 (tschech.).

626. **F. Kadavý,** Astronomy and the materialistic aspect on the universe. RH **39** 241—243 (tschech.).

627. **S. S. Kind,** Speculations on extraterrestrial life. Spaceflight **1** 288—290.

628. **R. W. Kunizkij,** Gab es einen Anfang der Welt? Tschuwaschischer Staatsverlag, 1956. 30 S. Preis 45 Kop. (tschuwasch.).

629. **J. Lederberg, D. B. Cowie,** Moondust. Science **127** 1473—1475.

630. **G. López y López,** Algunos conceptos acerca de la supervivencia en nuestro planeta. El Universo Nr. 44 S. 122—128.

631. **J. Mergentaler,** Stratosfera czy Księżyc? Urania Kraków **29** 353—357. — Zusammenstellung von Problemen, die in einem Observatorium auf dem Mond gelöst werden könnten. Rybka

632. **P. W. Merrill,** From atoms to galaxies. ASP Leaflet Nr. 349, 8 S.

633. **W. A. Mesenzew,** «Rätsel» des Himmels. Moskau, Ges. Verbreitung polit. wiss. Kenntnisse Russ. Sowjetrepublik, 1958. 48 S. Preis 80 Kop. (russ.).

634. **P. Montel,** Réflexions sur la forme de la grande pyramide. Annuaire pour l'an 1959, publié par Le Bureau des Longitudes B 1—B 6. — Die Wahl der Pyramidenmaße ist auf technische Gesichtspunkte zurückzuführen. Es liegt in der Natur dieser Maßverhältnisse, daß sie in die Nähe ausgezeichneter, hier angeführter Konstanten führen. Jedoch wäre es verfehlt, in diesem Umstand eine besondere Absicht der Pyramidenerbauer zu erblicken. Baehr

635. **T. Moreux,** Serão habitados os outros mundos? Übersetzung aus dem Französischen. Salvador, Liv. progresso, 1956. 139 S. Preis 90.00 cruz.

636. **M. E. Nabokow,** Les méthodes de l'enseignement de l'astronomie au lycée. Aus dem Russischen übersetzt von V. Kourganoff. Contr. Labor. Astr. Lille Nr. 8, 20 S.

637. **M. E. Nabokow,** Les méthodes de l'enseignement de l'astronomie au lycée. II. Les observations astronomiques scolaires. Bull. Assoc. professeurs math. enseign. public. **37** 148—158.

638. **N. Nikoloff,** Gab es einen Anfang der Welt und wird es ein Ende geben? Sofia, NSOF, 1956. 36 S. Preis 1.50 Lw. (bulgar.).

639. **A. Oparin, W. G. Fessenkow,** Leben im Weltall. Moskau, Verlag für Literatur in ausländischen Sprachen, 1958. 302 S. Preis 8 R. (korean.).

640. **E. G. Oravec,** Getting acquainted with astronomy. Things to observe in the sky. Sky and Telescope **17** 219—221, 346—348, 443—444, 448, 564—565.

641. **S. Paturso,** I viaggi proibiti. L'uomo non andrà mai sulla luna nè sugli altri pianeti. Catania, «Edizioni Camene», 1958. 142 S. Preis L. 1000.

642. **J. G. Perel,** Sur le «fondement philosophique» d'une question. AJ UdSSR **35** 797—800 (russ. mit französ. Ref.). — Engl. Übersetzung in Soviet Astr. AJ **2** 744—747.

643. **M. Popowa,** Der Kampf der Astronomen gegen die religiösen Irrtümer. Math. Phys. Bulgarien **1** 35—40 (bulgar.).

644. **F. Rapf,** O tak zwanej «Nieważkości». Urania Kraków **29** 133—142.

645. **K. Rudnicki,** Badania astronomiczne a rzeczywistość. Urania Kraków **29** 100—103, 129—132, 169—172.

646. **I. M. Sabelin,** Astrogeographie, ihr Gegenstand und ihre Aufgaben. Moskau, Geograph. Staatsverlag, 1958. 63 S. Preis 1 R. 50 Kop. (russ.).

647. **W. Sandner,** Astronomische Motive auf Briefmarken. VdS Nachr. **7** 91—93.

648. **G. Schindler,** Das Sternbild der Zwillinge über verschiedenen Gebieten der Erde. Orion Schaffhausen **5** 366—368.

649. **G. Schindler,** Über den Entstehungsort zweier Sternnamen. Sterne **34** 196—197.

650. **G. Schindler,** Raumfahrt und Zeitmessung. Uhr **12** Nr. 11 S. 24—30. — Ref. in RJ UdSSR 1959 Nr. 9 S. 8.

651. **E. Schumacher,** Methoden und Ergebnisse radioaktiver Altersbestimmungen. Orion Schaffhausen **5** 498—499. — Zusammenfassung eines Vortrages in der Naturforschenden Gesellschaft Zürich.

652. **H. Shapley,** Of Stars and Men. The Human Response to an Expanding Universe. Boston, Beacon Press; London, Elek Books Ltd., 1958. 7 + 145 S. Preis $ 3.50 bzw. 15 s. — Besprechung in Nature Nr. 4688 S. 3 (W. L. Sumner), Science **128** 295 (G. C. McVittie), Sky and Telescope **17** 525, **18** 39—40 (J. H. Rush), Urania København **15** 54.

653. **P. Slavenas,** Ist Leben im Weltall möglich? Vilnius, Valst. polit. moksl. lit. leidykla, 1957. 60 S. Preis 90 Kop. (litau.).

654. **F. Soják,** Remarks to the teaching of astronomy in the secondary schools. RH **39** 106—108 (tschech.).

655. **R. Sommer,** Astronomie und Schule. VdS Nachr. **7** 51—52.

656. **E. Stuhlinger,** Life on other stars. Space J. **1** Nr. 2 S. 10—16, Nr. 3 S. 22—30.

657. **R. Thiel,** And there was Light. Vgl. AJB **57** Ref. **644**. Toronto, McClelland Stewart Ltd., 1957. Preis $ 7.50. — Weitere Besprechung in J RAS Canada **53** 184—186 (J. F. Heard).

658. **R. Thiel,** Och det vart ljus. Stockholm, Albert Bonniers förlag, 1958. 363 S. Preis Kr. 44.50. — Besprechung in PAT **39** 170 (Å. Wallenquist).

659. **C. W. Tombaugh, B. A. Smith,** A seeing scale for visual observers. Sky and Telescope **17** 449.

660. **M. Waldmeier,** Von der Popularisierung der Astronomie, zugleich eine Rezension. Orion Schaffhausen **5** 488—490.

661. **E. Zinner,** The Stars Above Us. Vgl. AJB **57** Ref. **654**. — Weitere Besprechung in Science **127** 243—244 (C. D. Hellman).

662. **E. Zinner,** El Mundo de las Estrellas. Übersetzung des Buches «Sternglaube und Sternforschung» durch E. Valentí (Vgl. AJB **53** Ref. **638**). Barcelona, Editorial Herder, 1958. 222 S.

663. **W. Zonn,** Kosmos jako laboratorium fizyczne. Urania Kraków **29** 225—233, 259—262. — In zwei Kapiteln wird das Problem der Gravitation und der verbotenen Übergänge in allgemeinverständlicher Form besprochen. Weiterhin werden Angaben über Weiße Zwerge gemacht. Rybka

664. Advances in Geophysics. Vol. **3**. Herausgegeben von H. E. Landsberg. Vgl. AJB **56** Ref. **647**. — Weitere Besprechung in J. British Interplanetary Soc. **17** 112 (G. V. E. Thompson).

665. Advances in Geophysics. Vol. **4**. Herausgegeben von H. E. Landsberg und J. van Mieghem. New York, Academic Press Inc., 1958. 10 + 456 S. Preis $ 12. — Besprechung in J. appl. Phys. **29** 1135.

666. Astronomical Scrapbook. Herausgegeben von J. Ashbrook. Sky and Telescope **17** 180, 183, 290—291, 394, 399, 509, 623, 628, **18** 85.

667. Ordinamento delle carriere del personale scientifico negli osservatori astronomici. Coelum **26** 86—88.

668. National Maritime Museum, re-installation of 24-hour clock. JBAA **68** 38.

669. Berichte der Schulkommission über Fragen des Astronomieunterrichts an den höheren Schulen. Mitt. AG 1957/I S. 49—69. — Enthält folgende Beiträge: H. Siedentopf, Die Astronomie in den Lehrplänen und Unterrichtswerken für die höheren Schulen der Bundesrepublik; L. W. Wolski, Die Problematik des Astronomieunterrichts in den Schulen des Bundesgebietes vom Standpunkt der Unterrichtsverwaltungen; H. Bühler, Die Astronomie im Unterricht unserer Höheren Schulen. Anregungen und Wünsche von Seiten des Lehrers; R. Kühn, Lehrmittel im astronomischen Unterricht.

§ 7

Bibliographie, Neuausgaben, Gesamtausgaben, Lexika, Sammelwerke, Festschriften

701. Astronomischer Jahresbericht. Herausgegeben vom Astronomischen Rechen-Institut in Heidelberg. Bearbeitet von K. Heinemann, F. Henn, W. Lohmann. Berlin, W. de Gruyter & Co., 1958. **56**. Band. Die Literatur des Jahres 1956. 37 + 503 S. Preis DM 60.

702. Astronomical News Letter. Publié et distribué par Le Laboratoire d'Astronomie de Lille (France). — Nr. 88—91.

703. Extraits d'Astronomie du Bulletin Analytique du Centre National de la Recherche Scientifique. Section II A. Paris. Vol. **19** Nr. 1—12.

704. Referatjournal. Astronomie, Geodäsie. Akademie der Wissenschaften der UdSSR. Institut für wissenschaftliche Information. Moskau, Verlag Akad. Wiss. UdSSR. — 1958 Nr. 1—12.

705. Boletín del Centro de Documentación Científica y Técnica de México. Sección 1a. Matemáticas, Astronomía y Astrofísica, Física, Geología, Geofísica, Geodesia. México, D. F. — Tomo **7** Nr. 1—12.

706. Mathematical Reviews. Published by the American Mathematical Society, Providence, R. I. — Vol. **19** Nr. 1—12.

707. Physics Abstracts. Section A of Science Abstracts (Physics). Published by the Institution of Electrical Engineers, London. — Vol. **61** Nr. 721—732.

708. Physikalische Berichte. Herausgegeben vom Verband Deutscher Physikalischer Gesellschaften e. V. Friedrich Vieweg & Sohn, Braunschweig. — Band **37** Heft 1—12.

709. Zentralblatt für Mathematik und ihre Grenzgebiete. Geleitet von E. Pannwitz. Springer-Verlag, Berlin-Göttingen-Heidelberg. Band **58** Heft 2, Band **67** Heft 1—2, Band **71** Heft 2, Band **72** Heft 1—2, Band **77** Heft 1—2, Band **78** Heft 1.

710. Literaturstelle der Kommission Rechenanlagen der Deutschen Forschungsgemeinschaft. Titellisten. — **5**. Jahrgang. Liste 41—44.

711. Abstracts and references. Proc IRE **46** 386—400, 516—528, 676—688, 806—818, 933—946, 1333—1346, 1444—1458, 1556—1570, 1668—1682, 1780—1794, 1892—1906, 1980—1994.

712. Abstracts and reviews of the astronautical sciences. J. Astronautical Sci. **5** 20—24, 30.

713. Bulletin Trimestriel Signalétique de Documentation de Chronométrie Générale. Herausgegeben von R. Baillaud. Ann. Françaises Chronométrie Documentation (2) **12** bis Nr. 1—4. — Enthält zahlreiche Literaturangaben und Referate aus dem Gebiet der Chronometrie und ihrer Randgebiete.

714. Abstracts. Edited by J. Humphries and J. Foley. J. British Interplanetary Soc. **16** 58—60, 120—130, 192—194, 317—320, 384—386, 439—442, 489—496, 547—552. — Enthält zahlreiche Literaturangaben zur Astronautik und Raketentechnik.

715. Scientific, Medical, and Technical Books. A selected list of titles in print with annotations. Herausgegeben von R. R. Hawkins. Second edition. Books published to December 1956. Prepared under the direction of the National Academy of Sciences — National Research Council's Committee on Bibliography of American scientific and technical books. Washington, 1958. 1491 S. — Die auf dem Gebiet der Astronomie erschienenen Bücher befinden sich auf den Seiten 91—108.

716. Viaggi interplanetari. Bibliografia delle ricerche sulla propulsione a reazione e sul volo extraplanetare. Herausgegeben von G. Nebbia. Coelum **26** 28—32, 62—64.

717. Summaries of works from the Tartu Observatory. Stellar statistics and dynamics. G. G. Kuzmin's papers published in the years 1952—1956. Herausgegeben vom Astronomischen Observatorium Tartu, 50 S.

718. Inhaltsverzeichnis der Bände 1—6 des «Bulletin des Instituts für Theoretische Astronomie» (BIA). Herausgegeben vom Institut für Theoretische Astronomie. Moskau-Leningrad, Verlag Akad. Wiss. UdSSR, 1958. 18 S. (russ.).

719. Soviet Astronomy AJ. A translation of the Astronomical Journal of the Academy of Sciences of the UdSSR (Russian original Vol. **34** Nr. 1, Vol. **34** Nr. 2). Published by the American Institute of Physics, 1958. Vol. **2** 1—309.

720. Vistas in Astronomy Vol. I. II. Herausgegeben von A. Beer. Vgl. AJB **56** Ref. 732, AJB **57** Ref. 738. — Weitere Besprechung in Naturwissenschaften **45** 426—427 (H. H. Voigt).

721. The Encyclopedia of Radio and Television. New York, Philosophical Library, 1958. 2. Auflage. — Besprechung in Strolling Astronomer **12** 68—69 (W. R. G. Duane, J. M. Sharp).

722. **H. Baranowski,** Bibliografia Kopernikowska 1509—1955. Warszawa, Państwowe Wydawnictwo Naukowe, 1958. 449 S. mit 13 Fig.

723. **M. Benton,** Artificial satellites. A bibliography of recent literature. I. II. 1956, 1957/1958. Jet Propuls **28** 301—302, 352—361, 399—401, 418—432.

724. **A. Carugo, L. Geymonat,** G. Galilei, Discorsi e dimostrazioni matematiche intorno a due nuove scienze attenenti alla meccanica et i movimenti locali. Torino, Boringhieri, 1958. 28 + 887 S. mit zahlreichen Fig. Preis L. 7000. — Besprechung in Coelum **26** 148—3. Umschlagseite von Nr. 9/10.

725. **H. Gartmann,** Econ Weltraum ABC. Düsseldorf, Econ Verlag GmbH, 1958. 232 S. Preis DM 6.80. — Besprechung in Weltraumfahrt 1958 S. 127.

726. **K. Kaltschajew,** Russisch-turkmenisches Wörterbuch astronomischer Ausdrücke. Aschchabad, Akad. Wiss. Turkmen. Sowjetrepublik, 1958. 104 S. Preis 3 R. 10 Kop.

727. **K. P. Massalskaja,** Bibliographie zur Meteoritik. Nr. 5 (1955). Meteoritika Nr. 16 S. 181—208 (russ.). — Enthält 325 Literaturhinweise.

728. **F. I. Ordway III,** A survey of astronautical periodicals. Sky and Telescope **17** 169—171.

729. **H. Scheffler,** Datos históricos de la revista «El Universo», organo de la Sociedad Astronómica de México. El Universo Nr. 43 S. 80—85.

730. **W. E. Scott,** List of recent publications. J. Geophys. Res. **63** 257—264, 429—436, 560—568, 840—848.

731. J. Kepler, Somnium sive Astronomia Lunaris. Phys. Blätter **14** 433—441. — Deutsche Wiedergabe der in lateinischer Sprache abgefaßten Erzählung, unter Fortlassung der Einkleidung und nach Kürzung des Anfangs.

II. Tätigkeit. Geschichte

§ 10

Personalien, Biographie, Briefwechsel

1001. **Nekrologe und Todesanzeigen**

1954

J. Armeanca, 1900 Nov. 20—1954 Mai 19. AN **284** 86 (G. Chiş).

1955

H. Bucerius, 1904 Dez. 13—1955 Sept. 7. AN **284** 84 (J. Wempe).

A. Staus, 1872 Sept. 5—1955 Juli 21. Mitt. AG 1957/I S. 5—6, mit Bild (A. Kutter).

1956

W. S. Adams, 1876 Dez. 20—1956 Mai 11. National Acad. Sci. Biograph. Mem. **31** 1—31, mit Bild (A. H. Joy).

K. K. Dubrowskij, 1888 Okt. 11—1956 Juni 15. Bull. Astr.-Geod. Ges. UdSSR Nr. 21 S. 63—64 (russ.).

D. L. Edwards, 1894 Jan. 11—1956 Sept. 23. Irish AJ **5** 11.

G. A. Schajn, 1892—1956 Aug. 4. VS Bull **11** 321—324 (P. P. Dobronrawin, russ.).

P. F. Schajn, 1894—1956 Aug. 27. VS Bull **11** 321—324 (P. P. Dobronrawin, russ.).

F. Tomingas, † 1956 Dez. Irish AJ **5** 12 (E. Öpik).

R. J. Trumpler, 1886 Okt. 2—1956 Sept. 10. Rev. Astr. Nr. 143 S. 91.

M. A. Waschakidse, 1909—1956 Nov. 27. Bull. Astrophys. Obs. Abastumani Nr. 22 S. 181—184, mit Bild (georg. und russ.).

1957

I. C. Browne, † 1957 Dez. 8. Obs **78** 136.

J. R. Collins, 1865—1957 Sept. 19. J RAS Canada **52** 1—2 (E. J. A. Kennedy).

E. R. Gibson, † 1957 Aug. 20. J RAS Canada **52** 96 (J. K. McDonald).

H. J. Gramatzki, 1882 Aug. 12—1957 März 14. Sterne **34** 38—39 (D. Wattenberg).

G. Grandidier, 1873 Juli 1—1957. Annuaire pour l'an 1959, publié par Le Bureau des Longitudes D 1—D 5 (P. Tardi).

A. S. King, 1876 Jan. 18—1957 April 25. Irish AJ **5** 11.

O. Kohl, 1889 Dez. 30—1957 April 3. AN **284** 85 (A. Kahrstedt).

L. J. Lukeš, † 1957 Nov. 15. RH **39** 15—16 (tschech.), Studia **2** 98.

T. J. McEndoo, † 1957 Sept. 23. Irish AJ **5** 11.

H. N. Russell, 1877 Okt. 25—1957 Feb. 18. MN **118** 311—312 (J. Q. Stewart).

G. Silva, 1882 März 26—1957 Okt. 20. Annuario Univ. Padova 1957—58, 21 S., mit Bild = Oss. Astr. Padova Pubbl. Nr. 114 (L. Rosino), Atti Accad. Sci. Torino **92**, 9 S. (G. Cecchini), Atti Ist. Veneto Sci. Lettere e Arti **116** 51—57 = Oss. Astr. Padova Comun. e rassegne Nr. 6 (L. Rosino), Boll. Geod. Sci. affini **17** 565—566, Coelum **26** 1, Mem SA It (NS) **29** 361—380, mit Bild = Contr. Oss. Astr. Milano-Merate (NS) Nr. 133 (F. Zagar), Ric. Sci. **28** 2017—2022 = Oss. Astr. Padova Comun. e rassegne Nr. 5 (A. Gennaro).

F. C. M. Störmer, 1874 Sept. 3—1957 Aug. 13. BSAF **72** 40, NAT 1958 S. 65—67 (R. Brahde), PAT **39** 84, Southern Stars **17** 102—103.

H. E. Tatel, † 1957 Nov. 15. Obs **78** 136.

H. Tompkins, † 1957 April. JBAA **68** 38 (P. Moore).

J. B. G. Turner, 1907 April 15—1957 Mai 22. MN **118** 312 (J. Jackson).

1958

G. Armellini, 1887 Okt. 23—1958 Juli 16. Coelum **26** 141, Rend. Mat. **17** 475—492 = Oss. Astr. Roma Nr. 250 (M. Cimino).

S. G. Barton, † 1958 Juni 3. Sky and Telescope **17** 626.

R. B. Borcherds, † 1958 Jan. 24. MN ASSA **17** 3.

W. Brunner, † 1958 Dez. 1. Obs **78** 264.

N. J. Bugoslawskaja, 1897—1958 Jan. 31. AC Nr. 189 S. 29 (russ.), Bull. Astr.-Geod. Ges. UdSSR Nr. 23 S. 66—67 (P. I. Popow, R. W. Kunizkij, russ.).

T. N. Burke-Gaffney, † 1958 Sept. 14. Obs **78** 224.

K. Burns, 1881 März 1—1958 April 30. J. Optical Soc. America **48** 762 (M. Warga), Publ ASP **70** 340, Sky and Telescope **17** 456—457.

A. Chapuis, 1880—1958. La Suisse Horlogère **73** Nr. 3 S. 80.

V. Dahlkamp, 1895 Jan. 27—1958 Sept. 21. VdS Nachr. **7** 81 (J. Herrmann).

H. Dierckx, † 1958 Nov. 18. Gaz astr **40** 37—39.

C. L. Friend, † 1958 Jan. 18. Sky and Telescope **17** 235.

E. H. Gowan, † 1958 Aug. 27. J RAS Canada **52** 280 (E. E. Bridgen).

G. H. Hall, † 1958 Sept. 30. J RAS Canada **52** 280 (E. E. Bridgen).

P. Hübschmann, † 1958 Juni 2. VdS Nachr. **7** 64—65 (E. Rockstroh, R. Brandt).

A. G. Ingalls, † 1958 Aug. 13. J. Astr. Soc. Victoria **11** 84, Orion Schaffhausen **5** 499 (H. Rohr), Publ ASP **70** 526, Strolling Astronomer **12** 73—74.

J. Jackson, † 1958 Dez. 9. Obs **78** 264.

K. E. Lundmark, 1889 Juni 14—1958 April 23. Irish AJ **5** 63, NAT 1958 S. 67—68 (C. Schalén), Obs **78** 136, PAT **39** 84, 158—160 (B. Lindblad), Publ ASP **70** 340, Sky and Telescope **17** 457, Urania København **15** 25—30 (C. Luplau Janssen).

J. Miller, † 1958 Juni 15. Obs **78** 136.

K. Novák, † 1958 Juni 7. RH **39** 180—181 (tschech.), Mitt. Planetenbeobachter **11** Titelblatt von Heft 4 (W. Sandner), VdS Nachr. **7** 55 (J. Herrmann).

S. W. Orlow, 1880 Aug. 18—1958 Jan. 12. AC Nr. 188 S. 28 (russ.), Nr. 190 S. 1—3 (russ.), AJ UdSSR **35** 321—322, mit Bild (russ., engl. Übersetzung in Soviet Astr. AJ **2** 297—298), Bull. Kommission Kometen Meteore UdSSR 1958 Nr. 2 S. 53—54 (russ.).

F. A. Paneth, 1887 Aug. 31—1958 Sept. 17. Obs **78** 224, Phys. Blätter **14** 558—559 (H. Wänke).

W. Rabe, 1893 Juni 5—1958 April 1. AN **284** 144, 237—238, JO **41** 80, Mitt. AG 1957/II S. 5—7 (F. Schmeidler), Mitt. Planetenbeobachter **11** 17, 19 (G. D. Roth), Obs **78** 136, PAT **39** 172, Sterne **34** 241—243 (B. Thüring), VdS Nachr. **7** 32—33 (J. Herrmann).

R. F. Sanford, 1883 Okt. 6—1958 April 7. Coelum **26** 178, Obs **78** 180, PAT **39** 172, Publ ASP **70** 231, 360—363, mit Bild (R. E. Wilson), Sky and Telescope **17** 406.

P. Stuker, 1886—1958 Juli 11. Orion Schaffhausen **5** 431—433, mit Bild (R. A. Naef).

R. Vernić, 1914 Dez. 23—1958 Okt. 20. Glasnik Mat.-Fiz. Astr. (2) **13** 287—289 (Z. Marković).

G. Walker, † 1958 Nov. 4. Obs **78** 264.

A. Wintner, 1903—1958. American J. Math. **80** 1.

A. G. Cook, †. Obs **78** 180.

P. Lejay, †. CR **247** 2237.

J. B. Sidgwick, †. Obs **78** 224.

1002. Personalien

D. Alter als Direktor des Griffith Observatory zurückgetreten. J. International Lunar Soc. **1** 70, Sky and Telescope **17** 342.

V. A. Ambarzumjan, 50. Geburtstag. Mitt. Obs. Bjurakan Nr. 25 S. 5—13 (russ.), Nachr. Akad. Wiss. Armen. Sowjetrepublik (Phys. Math.) **11** Nr. 5 S. 3—7 (russ.).

W. Baade tritt in den Ruhestand. Nature **182** 225, Sky and Telescope **17** 514.

H. W. Babcock erhielt die Eddington-Medaille der Royal Astronomical Society. MN **118** 404—405 (W. H. Steavenson), Obs **78** 58—60, Publ ASP **70** 125.

H. W. Babcock erhielt die Henry Draper-Medaille der National Academy of Sciences. Obs **78** 180, Sky and Telescope **17** 406.

G. van Biesbroeck erhielt die James Craig Watson-Medaille der National Academy of Sciences. Obs **78** 180, Publ ASP **70** 340, Sky and Telescope **17** 406.

A. Blaauw, Direktor des Sterrekundig Laboratorium Kapteyn, Groningen, als Nachfolger von P. J. van Rhijn. Hemel en Dampkring **56** 14—15, mit Bildern (A. Blaauw, J. J. Raimond jr.).

W. Brunner, 80. Geburtstag. Orion Schaffhausen **5** 397 (E. Egli).

E. Bullard erhielt die Charles Chree-Medaille. Obs **78** 44.

C. H. Cleminshaw, Direktor des Griffith Observatory als Nachfolger von D. Alter. Publ ASP **70** 230.

A. D. Code, Direktor des Washburn Observatory als Nachfolger von A. E. Whitford. Obs **78** 180.

A. Danjon erhielt die Goldmedaille der Royal Astronomical Society. MN **118** 401—403 (W. H. Steavenson), Obs **78** 55—58, Publ ASP **70** 125.

T. van Dijk erhielt den van der Bilt-Preis 1957. Meteoor **14** 42.

A. Dittrich, 80. Geburtstag. Pokroky **3** 366—368 (A. Dratvová, tschech.), RH **39** 158—160 (tschech.), Vesmír **37** 277 (V. Tomíček, tschech.).

M. A. Ellison, Direktor des Dunsink Observatory als Nachfolger von H. A. Brück. Obs **78** 180.

P. M. Gorschkow, 75. Geburtstag. Bote Univ. Leningrad 1958 Nr. 13 S. 5—10 (K. F. Ogorodnikow, W. W. Sobolew, russ.).

L. Gratton, Direktor des Observatorio Nacional de Córdoba, Argentinien. Obs **78** 44, PAT **39** 84.

J. S. Hall, Direktor des Lowell Observatory in Flagstaff, Arizona, ab 1. Sept. 1958. Obs **78** 264, Publ ASP **70** 526, Sky and Telescope **18** 19.

R. Henseling, 75. Geburtstag. Sterne **34** 227—232, mit Bild (J. Herrmann), VdS Nachr. **7** 71—72 (J. Herrmann).

E. Hertzsprung, 85. Geburtstag. Urania København **15** 57—58 (C. Luplau Janssen).

M. G. Inghram erhielt die J. Lawrence Smith-Medaille der National Academy of Sciences. Sky and Telescope **17** 406.

G. P. Kuiper, Direktor des Yerkes- und McDonald-Observatorium als Nachfolger von B. Strömgren. NAT 1958 S. 35, Rev. Astr. Nr. 144—145 S. 137.

H. S. W. Massey erhielt die Royal Medal der Royal Society. Obs **78** 264.

A. B. Meinel, Direktor des United States National Astronomical Observatory. Obs **78** 92, Sky and Telescope **17** 234.

W. W. Morgan erhielt die Catherine Wolfe Bruce-Goldmedaille der Astronomical Society of the Pacific. Coelum **26** 146, Obs **78** 136, Publ ASP **70** 125, 129—132, mit Bild (A. McKellar), Sky and Telescope **17** 457.

J. H. Oort, Präsident der IAU. Hemel en Dampkring **56** 173.

R. S. Richardson, Associate director at the Griffith Observatory and Planetarium in Los Angeles. Sky and Telescope **17** 514.

N. S. Samojlowa-Jachontowa, 60. Geburtstag. BIA **6** 675—680 (G. A. Tschebotarjow, russ.).

H. Scheffler erhielt die Goldmedaille «Premio Luis G. León» der Sociedad Astronómico de México. El Universo Nr. 43 S. 73, mit Bild.

R. Sommer, 70. Geburtstag. VdS Nachr. **7** 33 (J. Herrmann).

K. A. Strand, Direktor der Abteilung Astrometrie und Astrophysik des U. S. Naval Observatory, Washington, D. C. als Nachfolger von J. S. Hall. Obs **78** 264, Publ ASP **70** 526, Sky and Telescope **18** 22.

B. Strömgren, Professor für Astronomie am «Institute of Advanced Studies» in Princeton, New Jersey. NAT 1958 S. 35.

A. A. Wachmann erhielt die A. Donohoe-Medaille der Astronomical Society of the Pacific. Science **128** 21.

A. E. Whitford, Direktor des Lick Observatory als Nachfolger von C. D. Shane. Obs **78** 92, PAT **39** 84, Sky and Telescope **17** 287.

Biographie, Briefwechsel

1003. **G. Alter,** Two Renaissance astronomers: David Gans, Joseph Delmedigo. Rozpravy Českosl. Akad. Věd **68** Nr. 11, 78 S.

1004. **A. Armitage,** Copernicus. Vgl. AJB **57** Ref. **1007**. — Weitere Besprechung in El Universo Nr. 46 S. 46 (H. Scheffler), Science **127** 972 (T. S. Kuhn).

1005. **J. Ashbrook,** Julius Schmidt and the Moon. Sky and Telescope **17** 290—291.

* * **H. Baranowski,** Bibliografia Kopernikowska 1509—1955. Vgl. Ref. 722.

1006. **J. Chazy,** Cérémonies du deux-centième anniversaire de la naissance de Pierre-Simon marquis de Laplace à l'Université de Caen le 21 mai 1949 et à Beaumont-en-Auge le 22 mai 1949. Inst. France. Acad. sci. **3** 31—38, 1957. — Ref. in RJ UdSSR 1959 Nr. 5 S. 2.

1007. **R. E. Cox,** Albert G. Ingalls, T. N. Sky and Telescope **17** 616—617.

1008. **H. Dilgan,** Nassireddin Toussi grande scienziato matematico. Atti dell' VIII Congresso Internazionle di Storia delle Scienze, Firenze, 3—9 Settembre 1956, S. 183—191. — Ref. in Math. Rev. **19** 825.

1009. **O. J. Eggen,** John Flamsteed and Robert Hooke. MN ASSA **17** 114—118.

1010. **O. J. Eggen,** Flamsteed and Halley. Occasional Notes **3** 211—221.

1011. **D. S. Evans,** Dashing and dutyfull. Herschel and Maclear made a strange if effective team in their astronomical work at the Cape of Good Hope. Science **127** 935—948.

1012. **H. Fauth,** Philipp Fauths große Mondkarte im Entstehen. J. International Lunar Soc. **1** 64—68.

1013. **B. Hacar,** J. G. Palitzsch, 1723 Juni 11—1788 Feb. 22. RH **39** 277—278 (tschech.).

1014. **H. Hartl,** Hermann Oberth — Vorkämpfer der Weltraumfahrt. Hannover, Theodor Oppermann Verlag, 1958. 239 S. Preis DM 16.80. — Besprechung in VdS Nachr. **7** 78 (E. Pohl), Weltraumfahrt 1958 S. 125.

1015. **J. Hernández,** Camilo Flammarion, su vida y su obra. El Universo Nr. 43 S. 59—68.

1016. **J. Herrmann,** Ein Leben für die astronomische Volksbildung. Zum 75. Geburtstag von Robert Henseling am 19. Oktober 1958. Sterne **34** 227—232 = Wilhelm-Foerster-Sternw. Veröff. Nr. 13.

1017. **J. Herrmann,** Jugoslawien ehrt einen Astronomen. VdS Nachr. **7** 55. — 100. Geburtstag von Oton Kučèra.

·1018. **J. E. Hofmann,** Leonhard Euler (1707—1783). Phys. Blätter **14** 117—122.

1019. **I. Jewgenjew, L. M. Kusnezowa,** Über den Begründer der sowjetischen Meteoritik E. A. Kulik. Moskau, Geograph. Staatsverlag, 1958. 213 S. Preis 4 R. 80 Kop. (russ.).

1020. **H. Spencer Jones,** Halley at St. Helena. MN ASSA **17** 8.

1021. **O. A. Melnikow,** Fjodor Alexandrowitsch Bredichin. (Zum 125. Geburtstag). Mitt. Astr. Hauptobs. Pulkowo **20** Nr. 6 (159) S. 1—27 (russ.).

1022. **L. W. Mirsojan, E. S. Wlassjan, S. S. Jasytschjan,** Victor Amasaspowitsch Ambarzumjan. Erewan, Verlag Akad. Wiss. Armen. Sowjetrepublik, 1958. 121 S. mit Bild. Preis 2 R. (armen.).

1023. **R. S. Mitrinović,** Le Verie. Vasiona **5** 110—113, 1957 (serb.). — Bericht über Leben und Werk von Le Verrier.

1024. **W. Norlind,** On some manuscripts concerning Tycho Brahe. Obs **78** 73—75.

1025. **J. Pelseneer,** Louis Cruls. Biographie Nationale Acad. roy. Belgique Sci., Lettres, Beaux-Arts **30** 306—307.

1026. **D. Pérez,** Francisco Arago. El Universo Nr. 44 S. 129—133.

1027. **H. Q. Rasmusen,** Om Newcomb og Hill. NAT 1958 S. 1—10.

1028. **S. Rosen,** Galileo and the Magic Numbers. Boston, Little, Brown & Co., 1958. 212 S. Preis **$** 3.50. — Besprechung in Sky and Telescope **17** 306, 416 (P. V. Rizzo).

1029. **F. A. Schibanow,** Der Pionier der russischen Feldastronomie A. D. Krassilnikow. Abh. Staatsuniv. Leningrad Nr. 226 S. 21—74 (russ.). — Ref. in RJ UdSSR 1959 Nr. 1 S. 1—2.

1030. **J. A. Schumaker,** Pierre de Maupertuis and the history of comets. Scripta Math. **23** 97—108. — Ref. in RJ UdSSR 1959 Nr. 5 S. 2.

1031. **J. Široký,** A. Seydler, Gründer der modernen tschechischen Astronomie. Sborník pro dějiny přírodních věd a techniky **4** 5—32 (tschech.).

1032. **O. Struve,** Henri Poincaré and his cosmogonical studies. Sky and Telescope **17** 226—228. — In diesem Gedenkaufsatz für den großen französischen Gelehrten wird das Kapitel «Die Milchstraße» und die «Theorie der Gase» aus den «Leçons sur les hypothèses cosmogoniques» besprochen und die darin entwickelten Gedankengänge in ihrer Bedeutung für die moderne Stellardynamik gewürdigt.
Kdr.

1033. **O. Struve,** G. A. Shajn and Russian astronomy. Sky and Telescope **17** 272—274.

1034. **P. Swings,** Léo de Ball. Biographie Nationale Belgique **30** Fasc. 1, 2 S. = Inst. d'Astrophys. Univ. Liège Coll. 8° Nr. 403.

1035. **A. Unsöld,** Max Planck. Physik und Historie. Veröff. Schleswig-Holsteinische Univ. Ges. (NF) Nr. 24, 32 S.

1036. **E. Zinner,** Ein angeblicher Brief des Nicolaus Coppernicus. Naturforschende Ges. Bamberg. Sonderdruck aus dem 36. Bericht 1958. 2 S. — Der Brief des Coppernicus von 1514 ergibt sich als eine Fälschung.

1037. En souvenir de Camille Flammarion. BSAF **72** 456—458.

1038. Chronique des astronomes de 1958. BSAF **72** 482.

1039. John Wheatley. Obs **78** 19—20.

1040. Minnessten över Pehr Wilhelm Wargentin. PAT **39** 169.

1041. Sale of Herschel relics. Sky and Telescope **17** 234, Coelum **26** 146.

1042. Isaac Newton's Papers & Letters on Natural Philosophy. Herausgegeben von I. B. Cohen. Cambridge, Mass., Harvard University Press, 1958. 501 S. Preis $ 12.50. — Besprechung in Sky and Telescope **17** 648, **18** 102.

* * Von Bremer Astronomen und Sternfreunden. Vgl. Ref. **1291**.

1043. J. C. Poggendorff, Biographisch-Literarisches Handwörterbuch der exakten Naturwissenschaften. Unter Mitwirkung der Akademien der Wissenschaften zu Berlin, Göttingen, Heidelberg, München und Wien, herausgegeben von der Sächsischen Akademie der Wissenschaften zu Leipzig. Berlin, Akademie-Verlag, 1958. Band VIIa, Teil 2: F—K,
Siebente und achte Lieferung, S. 769—977. Preis brosch. DM 16.—
Band VIIa, Teil 3: L—R,
Erste Lieferung, S. 1—128. Preis brosch. DM 16.—
Zweite Lieferung, S. 129—248. Preis brosch. DM 16.—
Dritte Lieferung, S. 249—360. Preis brosch. DM 16.—

1044. Royal Astronomical Society. List of Fellows, Junior Members and Associates, 1958 June. List of persons to whom the medals or testimonials of the Society have been adjudged. George Darwin Lectures. Presidents and officers of the Society. London, 1958. **42** S.

§ 11

Tätigkeitsberichte von Instituten und Gesellschaften, Tagungen

Institute

1101. Tätigkeitsberichte von Instituten

Abastumani. Bull. Astrophys. Obs. Abastumani Nr. 22 S. 185 (russ.).

Albany, N. Y. Dudley Observatory. AJ **63** 351. C. L. Hemenway.

Ann Arbor, Mich. The Observatories of the University of Michigan. AJ **63** 366—370. L. Goldberg.

Arcetri. Relazione sull'attività dell'Osservatorio Astrofisico di Arcetri durante l'anno 1957. Oss. Astrofis. Arcetri. Firenze, Tip. Bruschi. 15 S. G. Righini. — Ferner: Elenco dei lavori pubblicati dal personale dell'Osservatorio Astrofisico di Arcetri nel periodo luglio 1957 — giugno 1958 e dei lavori in corso di stampa. Boll. Geod. Sci. affini **17** 53—57.

Armagh. Armagh Observatory in 1957. Irish AJ **5** 1—2 = Armagh Obs. Leaflet Nr. 48, MN **118** 322—323. E. M. Lindsay.

Athen. National Observatory. Bull. milit. geogr. Amt Athen **18** 19—33 (griech.). S. Plakidis. — 1956.

Bamberg. Mitt. AG 1957/II S. 9—11. W. Strohmeier.

Baton Rouge, La. Observatory of the Louisiana State University. AJ **63** 365—366. K. M. Yoss.

Berkeley, Calif. Leuschner Observatory. AJ **63** 359—361. O. Struve.

Berlin-Babelsberg. Mitt. AG 1957/II S. 11—15. A. Kahrstedt.

Bloomington, Ind. Goethe Link Observatory. AJ **63** 506. F. K. Edmondson.

Bonn. Mitt. AG 1957/II S. 16—18. F. Becker.

Boulder and Climax, Colo. High Altitude Observatory of the University of Colorado. AJ **63** 353—356. W. O. Roberts.

Buenos Aires. Anuario del Instituto Geográfico Militar. Vol. **15** S. 13—18. — Tätigkeitsbericht 1953—1957 der Abteilung Astronomie.

Cambridge, Engl. University of Cambridge. Report of the Observatories Syndicate for the year ending 1958 September 30. 5 S. R. O. Redman. — Ferner: MN **118** 323—326.

Cambridge, Engl. Cavendish Laboratory, Mullard Radio Astronomy Observatory. MN **118** 326—328. N. F. Mott.

Cambridge, Mass. Harvard Astronomical Observatory. Annual report 1957. Cambridge, Mass. Published by the University. 16 S. D. H. Menzel. — Ferner: AJ **63** 507—510.

Canberra. Mount Stromlo Observatory of the Australian National University. MN **118** 361—368. B. J. Bok.

Canterbury, N. Z. Canterbury University Observatory. MN **118** 376. K. W. Roth.

Cape of Good Hope. Report of Her Majesty's Astronomer at the Cape of Good Hope to the Secretary of the Admiralty for the year 1957. 9 S. R. H. Stoy. — Ferner: MN **118** 319—322.

Charlottesville, Va. Leander McCormick Observatory. AJ **63** 358—359. H. L. Alden.

Christchurch, N. Z. Geophysical Observatory. MN **118** 374—375. J. W. Beagley.

Cleveland, Ohio. Warner and Swasey Observatory. AJ **63** 382—384. J. J. Nassau.

Delaware, Ohio. Perkins Observatory. AJ **63** 373—375. P. C. Keenan.

Dublin. Dunsink Observatory during 1957. Irish AJ **5** 3—4. M. J. Smyth. — Ferner: MN **118** 338—339.

Edinburgh. Royal Observatory. MN **118** 316—319. H. A. Brück.

Evanston, Ill. Dearborn Observatory. AJ **63** 350—351. K. A. Strand.

Exeter. Norman Lockyer Observatory of the University of Exeter. MN **118** 338. D. R. Barber.

Frankfurt a. M. Mitt. AG 1957/II S. 18. K. Schiller.

Frankfurt a. M. Institut für Angewandte Geodäsie. Bericht über die Tätigkeit des Instituts für Angewandte Geodäsie für die Zeit vom 1. 4. 1955 bis 31. 3. 1957. Frankfurt, 1958. — Auf S. 38—39 wird über die Tätigkeit am Meridiankreis, ferner über Lotabweichungsbestimmungen und Längenbestimmung berichtet.

Freiburg i. Br. Fraunhofer-Institut. Mitt. AG 1957/II S. 18—21. K. O. Kiepenheuer.

Glasgow. University Observatory. MN **118** 328—329. W. M. Smart.

Göttingen. Universitäts-Sternwarte. Mitt. AG 1957/II S. 21—25. P. ten Bruggencate.

Göttingen. Max-Planck-Institut für Physik. Mitt. AG 1957/II S. 25—28. L. Biermann.

Greenwich. Royal Greenwich Observatory. Report of the Astronomer Royal to the Board of Visitors of the Royal Greenwich Observatory. R. v. d. R. Woolley. — 1957 April 1 — 1958 März 31. — Ferner: MN **118** 313—316.

Hamburg-Bergedorf. Mitt. AG 1957/II S. 28—34 = Jahresbericht der Hamburger Sternwarte in Bergedorf für das Jahr 1957. O. Heckmann.

Hamburg. Deutsches Hydrographisches Institut. Jahresbericht Nr. 12 für das Jahr 1957. 76 S. G. Böhnecke.

Heidelberg. Astronomisches Rechen-Institut. Mitt. AG 1957/II S. 38—41. W. Fricke.

Heidelberg. Königstuhl. Mitt. AG 1957/II S. 34—38. H. Kienle.

Hyderabad. Nizamiah Observatory. MN **118** 353—355. A. Ali.

Jena. Mitt. AG 1957/II S. 41—43. H. Lambrecht.

Johannesburg. Union Observatory. MN **118** 349—350. W. S. Finsen.

Kiel. Mitt. AG 1957/II S. 44. A. Unsöld.

Kodaikanal. Annual report of the Kodaikanal Observatory for the year 1956. 10 S., 1957. A. K. Das. — Ferner: MN **118** 355—358.

Lake Angelus, Pontiac, Mich. McMath-Hulbert Observatory. AJ **63** 370—373. R. R. McMath.

London. University of London Observatory. MN **118** 329—330. C. W. Allen.

London, Ontario. Hume Cronyn Memorial Observatory. J RAS Canada **52** 279. W. Wehlau.

Malvern. Royal Radar Establishment, Ministry of Supply. MN **118** 330.

Manchester. Jodrell Bank Experimental Station, University of Manchester. MN **118** 331—336 = Astr. Contr. Univ. Manchester (2) Jodrell Bank Repr. Nr. 175. A. C. B. Lovell.

Middletown, Conn. Van Vleck Observatory. AJ **63** 381. C. L. Stearns.

Mount Hamilton, Calif. Lick Observatory. AJ **63** 361—365. C. D. Shane.

Mount Stromlo. Commonwealth Observatory. Nature **182** 95, Sky and Telescope **17** 407.

München. Mitt. AG 1957/II S. 45—48. W. Rollwagen.

Münster. Mitt. AG 1957/II S. 48. J. Hellerich.

Naini Tal. Uttar Pradesh State Observatory. MN **118** 359—361. M. K. V. Bappu.

Nashville, Tenn. Dyer Observatory. AJ **63** 351—353. C. K. Seyfert.

Neuchâtel. Observatoire Cantonal de Neuchâtel. Rapport annuel du Directeur sur l'exercice 1957 et Rapport sur le Concours chronométrique 1957. 32 S. mit 4 Anhängen. J.-P. Blaser, R. Payot.

New Haven, Conn. Yale Observatory. AJ **63** 384—386. D. Brouwer.

Ottawa. Dominion Observatory. J RAS Canada **52** 141—142, 277—278. M. S. Burland. MN **118** 340—341. C. S. Beals.

Oxford. University Observatory. MN **118** 336—337. H. H. Plaskett.

Perth. Perth Observatory. MN **118** 373—374. H. S. Spigl.

Philadelphia, Pa. Flower and Cook Observatory. AJ **63** 504—505. F. B. Wood.

Pittsburgh, Pa. Allegheny Observatory. AJ **63** 349. N. E. Wagman.

Potsdam. Astrophysikalisches Observatorium. Mitt. AG 1957/II S. 48—53. J. Wempe.

Pretoria. Radcliffe Observatory. MN **118** 351—353. A. D. Thackeray.

Princeton, N. J. Princeton University Observatory. AJ **63** 375—377. L. Spitzer jr.

Richmond Hill, Ont. David Dunlap Observatory. AJ **63** 350, J RAS Canada **52** 180, MN **118** 341—342. J. F. Heard.

Rio de Janeiro. O Observatório Nacional 1951—1957. Rio de Janeiro, 1958. 54 S. L. I. Gama.

Riverview, N. S. W. Riverview College Observatory. MN **118** 368—369. T. N. Burke-Gaffney.

Rochester, N. Y. Department of Physics and Astronomy, University of Rochester. AJ **63** 377. R. E. Marshak.

Sonneberg. Mitt. AG 1957/II S. 53—56. C. Hoffmeister.

St. Andrews. University Observatory. MN **118** 337—338. E. Finlay-Freundlich.

Swarthmore, Pa. Sproul Observatory. AJ **63** 377—378. P. van de Kamp.

Sydney. Observatory. MN **118** 369. H. Wood.

Sydney. Radiophysics Laboratory. MN **118** 369—373 = Commonwealth Sci. Industrial Res. Organization, Australia, Div. Radiophys. E. G. Bowen.

Taschkent. Astronomisches Observatorium. Chronik. Circ. Astr. Obs. Taschkent Nr. 292 S. 18—20 (russ.).

Toulouse. Observatoire de l'Université de Toulouse. Rapport annuel 1955—1956. 9 S. E. Paloque.

Tübingen. Mitt. AG 1957/II S. 57—59. H. Siedentopf.

Uccle. Rapport sur les travaux scientifiques effectués pendant l'année 1957. Commun. Obs. Roy. Belgique Nr. 140, 20 S. P. Bourgeois.

Urbana, Ill. University of Illinois Observatory. AJ **63** 356—357. G. C. McVittie.

Victoria, B. C. Dominion Astrophysical Observatory. J RAS Canada **52** 233, MN **118** 342—348. R. M. Petrie.

Washington, D. C. United States Naval Observatory. AJ **63** 378—381. C. G. Christie.

Washington, D. C. United States Coast and Geodetic Survey. AJ **63** 378. C. Pierce.

Washington, D. C. The Smithsonian Institution. Report of the Secretary and financial Report of the Executive Committee of the Board of Regents for the year ended June 30, 1957. 10 + 204 S. — Auszug in Nature **181** 1709—1710.

Desgl. for the year ended June 30, 1958. 10 + 232 S. — Auszug in Nature **184** Nr. 4688 S. 26—27.

Washington, D. C. The Smithsonian Institution. Report on the Astrophysical Observatory. Annual Report Smithsonian Inst. for 1957 S. 68—81. F. L. Whipple, L. Carmichael.

Washington. The Carnegie Institution of Washington. Report for 1956—57. Nature **181** 1513—1515.

Wellington, N. Z. Carter Observatory. MN **118** 375. I. L. Thomsen.

Zürich. Eidgenössische Sternwarte Zürich. Tätigkeitsbericht für das Jahr 1957. 8 S. M. Waldmeier.

* * Tätigkeitsberichte von Privat- und Volkssternwarten siehe unter § **12**.

Gesellschaften

1102. American Association of Variable Star Observers

AAVSO Abstracts, 8 S. Edited by R. N. Mayall. Papers presented at the Nantucket meeting, June 12—15, 1958.

AAVSO Abstracts, 10 S. Edited by R. N. Mayall. Papers presented at the Springfield meeting, October 10—12, 1958.

J RAS Canada **52** 37—40. The Amherst meeting of the A. A. V. S. O. — 1957 Okt. 4—6.

J RAS Canada **52** 40. A.A.V.S.O. Spring meeting. — 1958 Juni 13—15.

1103. American Astronautical Society

J. Astronautical Sci. **5** 25, 27, 29, 47—48, 49. News of the AAS.

1104. American Astronomical Society

AJ **63** 45, Sky and Telescope **17** 275. Ninety-ninth meeting of the American Astronomical Society at Indianapolis, Ind. 1957 Dec. 27—30.

AJ **63** 301, Sky and Telescope **18** 20. Hundredth meeting of the American Astronomical Society at Madison, Wisc., 1958 June 29—July 2.

Die kurzen Berichte über die auf den Versammlungen gehaltenen Vorträge sind durch «Ref. AAS» gekennzeichnet.

1105. The American Meteor Society

The American Meteor Society. Bull. Nr. 18, 2 S. = Flower and Cook Obs. Repr. Nr. 111. C. P. Olivier.

1106. Asociación Argentina «Amigos de la Astronomia»

Rev. Astr. Nr. 143 S. 97—106. Acta de la asamblea ordinaria anual de socios (26 de enero de 1957). H. A. Viola, C. L. Segers.

1107. Association of Lunar and Planetary Observers

Strolling Astronomer **12** 29—30. The 1958 conventions of the A.L.P.O. W. H. Haas.

Strolling Astronomer **12** 69—70. Astronomical league — A.L.P.O. convention. W. E. Shawcross.

Strolling Astronomer **12** 90—94. Progress report of the A.L.P.O. lunar meteor search project, 1957—58. R. M. Adams.

Strolling Astronomer **12** 103—107. The A.L.P.O. Lunar Missile Survey: A status report. W. H. Haas.

Strolling Astronomer **12** 107—110. The fourth convention of the A.L.P.O. W. H. Haas.

Strolling Astronomer **12** 152—154. Artificial planet one and the A.L.P.O. Lunar Missile Survey. W. H. Haas.

1108. Astronomical Society of the Pacific

Publ ASP **70** 341—348. Minutes of the 69th annual meeting of the Astronomical Society of the Pacific, January 21, 1958. S. Einarsson.

Publ ASP **70** 430—435. Minutes of the meeting of the newly elected board of directors, January 21, 1958.

Publ ASP **70** 527—535. The Los Angeles meeting of the Astronomical Society of the Pacific. W. M. Sinton.

Die kurzen Berichte über die auf den Versammlungen gehaltenen Vorträge sind durch «Ref. ASP» gekennzeichnet.

1109. Astronomical Society of South Africa

MN ASSA **17** 60—65. Annual reports. Astronomical Society of Southern Africa. G. Orpen, R. P. de Kock, S. C. Venter, I. R. A. Brickett.

MN ASSA **17** 72—77. Annual reports: The Transvaal Centre. The Cape Centre. J. A. Bruwer, G. F. G. Knipe, H. C. Lagerweij, N. E. Saville, H. E. Krumm.

1110. Astronomical Society of Victoria

J. Astr. Soc. Victoria **11** 1—7. Annual report, 1957.

J. Astr. Soc. Victoria **11** 17—19. Annual general meeting, 20th February, 1958.

1111. Astronomische Gesellschaft

Mitt. AG 1957/I S. 7—20. Bericht über die Versammlung der Astronomischen Gesellschaft in Bamberg. F. Gondolatsch, J. Larink, W. Fricke, O. Heckmann, O. Meyer.

Sterne **34** 24—31. Die 43. Versammlung der Astronomischen Gesellschaft. C. Hoffmeister.

Die kurzen Berichte über die auf den Versammlungen gehaltenen Vorträge sind durch «Ref. AG» gekennzeichnet.

1112. Astronomische Gesellschaft «R. Bošković»

Vasiona **6** 54 (serb.). Die 6. Jahresversammlung der Astronomischen Gesellschaft «R. Bošković».

1113. British Astronomical Association

JBAA **68** 1—23. The annual general meeting of the association.

JBAA **68** 3—22. Presidential address: The estimation of distance in astronomy. A. Hunter.

JBAA **68** 212—213. Radio and Electronics Section. J. Heywood.

JBAA **68** 283—298. Report of the Council on the work of the session 1957 July 1 to 1958 June 30, to be presented to members of the Association at the Annual General Meeting, 1958 October 29. — Enthält unter anderem die Berichte folgender Sektionen: Solar Section (F. Addey), Lunar Section (E. A. Whitaker), Mercury and Venus Section (P. Moore), Mars Section (E. H. Collinson), Jupiter Section (W. E. Fox), Saturn Section (M. B. B. Heath), Comet Section (M. P. Candy), Meteor Section (H. B. Ridley), Aurora and Zodiacal Light Section (J. Paton), Variable Star Section (R. G. Andrews), Radio and Electronics Section (J. Heywood), Instruments and Observing Methods (W. H. Steavenson), Computing Section (J. G. Porter), Historical Section (C. A. Ronan).

1114. British Interplanetary Society

J. British Interplanetary Soc. **16** 436—437. The British Interplanetary Society.

J. British Interplanetary Soc. **16** 588—593. Thirteenth annual general meeting.

Spaceflight **1** 195. The B.I.S. satellite programme.

1115. Deutsche Gesellschaft für Chronometrie

Ann. Françaises Chronométrie (2) **12** 283—284. Assemblée générale de la «Deutsche Gesellschaft für Chronometrie» à Stuttgart, 20 et 21 juin 1958.

1116. Griechische Astronautische Gesellschaft

Astr. Nachr. Athen **8** 19 (griech.). Gründung der Griechischen Astronautischen Gesellschaft.

Spaceflight **1** 317. Elliniki Astronaftiki Etairia (Hellenic Astronautical Society). E. N. Petropoulos.

1117. Griechische Astronomische Gesellschaft

Astr. Nachr. Athen 8 1—3 (griech.). Veröffentlichungen der Griechischen Astronomischen Gesellschaft 1957—1958.

Astr. Nachr. Athen 8 24 (griech.). Vorträge der Griechischen Gesellschaft 1957—1958.

1118. International Astronomical Union

AC Nr. 195 S. 26—27 (russ.). Die X. Tagung der Internationalen Astronomischen Union. W. W. Arsentjew.

AJ UdSSR **35** 941—956 (russ.). Die zehnte internationale Astronomentagung in Moskau. A. Massewitsch. — Engl. Übersetzung in Soviet Astr. AJ **2** 887—903.

Ann. Ist. Univ. Navale Napoli **27** 357—359 = Oss. Astr. Capodimonte-Napoli Contr. Sci. (NS) Nr. 16. X assemblea generale dell'Unione Astronomica Internazionale (Mosca, agosto 1958). A. Fresa. — Bericht über die Arbeiten der Kommission 42.

Astr. Nachr. Athen 8 19—21 (griech.). Die zehnte Internationale Astronomische Tagung, Moskau 12.—21. August 1958.

Boll. Geod. Sci. affini **17** 549—557. La fisica solare alla X assemblea generale dell'Unione Astronomica Internazionale (Mosca, 12—20 agosto 1958). G. Godoli. — Bericht über die Arbeiten der Kommissionen 10—13.

Bote Akad. Wiss. UdSSR 1958 Nr. 7 S. 3—6 (russ.). Die internationale Astronomentagung rückt näher. V. A. Ambarzumjan. — Ref. in RJ UdSSR 1959 Nr. 4 S. 4.

Bote Akad. Wiss. UdSSR 1958 Nr. 12 S. 38—46 (russ.). Neue Fortschritte der Astronomie. (Zu den Ergebnissen der X. Tagung der Internationalen Astronomischen Union). B. W. Kukarkin, P. G. Kulikowskij.

BSAF **72** 389—394. Union Astronomique Internationale. Xe Assemblée Générale. A. Danjon.

Bull hor (4) Nr. 23 S. 483—487. La dixième Assemblée générale de l'Union Astronomique Internationale (UAI) à Moscou du 13 au 20 août 1958. N. Stoyko.

Bull. mens. Soc. astr. popul. Toulouse **49** 165—176. Xe Congrès astronomique international.

Circ. Inf. Comm. 26 UAI Nr. 16 S. 3—4. Xe Assemblée Générale de l'U.A.I. à Moscou. P. Muller.

Coelum **26** 149—151. Impressioni di viaggio di un partecipante al X Congresso dell'Unione astronomica internazionale a Mosca. M. G. Fracastoro.

CR **247** 899. Mémoires et communications: A. Danjon s'exprime en ces termes.

Gaz astr **40** 57—64. La Xe assemblée de l'Union astronomique internationale (Moscou, 12—20 août 1958). A. Dermul.

Hemel en Dampkring **56** 98. Congres van de Internationale Astronomische Unie te Moskou, 12 tot 20 augustus 1958.

J RAS Canada **52** 143—144. The tenth General Assembly of the I.A.U. J. F. Heard.

MN ASSA **17** 104—110. The Moscow meeting of the International Astronomical Union.

Nature Mag. **51** 379—380, 386. International Astronomical Union. S. D. Gossner. — Ref. in RJ UdSSR 1959 Nr. 4 S. 4.

NAT 1958 S. 85—91. Den Internationale Astronomiske Unions 10. kongres i Moskva. J. M. Vinter Hansen.

NAT 1958 S. 114—119. Rapporter från IAU: s konferens i Moskva. N. Hansson, B. A. Lindblad, T. Dahlgren jr., H. Kristenson.

Obs **78** 181—184. International Astronomical Union.

Priroda **47** Nr. 7 S. 3—6 (russ.). Ein bedeutendes Ereignis im wissenschaftlichen Leben. Zur 10. Tagung der Internationalen Astronomischen Union. P. G. Kulikowskij.

Priroda **47** Nr. 12 S. 59—67 (russ.). Ein bedeutender Beitrag zur Entwicklung der Astronomie. 10. internationaler Astronomenkongreß. A. G. Massewitsch.

RH **39** 221—226 (tschech.). General assembly of the IAU in Moscow. J. Bouška, V. Vanýsek.
Sky and Telescope **17** 439. IAU Moscow meeting.
Sky and Telescope **18** 6. Grand opening of the Xth General Assembly of the International Astronomical Union.
Sky and Telescope **18** 7—11. World's astronomers meet in Moscow. B. J. Bok.
Urania København **15** 58—60. Astronommødet i Moskva. C. Luplau Janssen.
Urania København **15** 70—72, 73—75. Til Kongres i Sovjet-Unionen. A. Luplau Janssen.
Urania Kraków **29** 359—361. X Kongres Międzynarodowej Unii Astronomicznej. E. Rybka. — Bericht über den Verlauf des Kongresses in Moskau.

Geochimia 1958 Nr. 7 S. 689—691 (russ.). Die zehnte internationale astronomische Tagung im August 1958 in Moskau. Symposium über die Entwicklung der meteoritischen Materie. A. A. Jawnel. — Ref. in RJ UdSSR 1959 Nr. 9 S. 62.
NAT 1958 S. 110—113. Nyt om grundstofforvandlinger i stjerner. M. Rudkjøbing.
Obs **78** 221—223. Joint I.A.U. — U.R.S.I. symposium on radio astronomy. A. Hewish.
Sky and Telescope **18** 77—80. Solar research reported at Moscow. O.C. Mohler.
Symposium on the H-R-diagram, Xth General Assembly of the International Astronomical Union, Moscow 1958. 4 S. Small Magellanic Cloud. H. C. Arp.

1119. Internationale Astronautische Föderation

Hemel en Dampkring **56** 98. Congres van de Internationale Astronautische Federatie te Amsterdam, 24 tot 30 augustus 1958.
Hemel en Dampkring **56** 130—131. Ninth congress of the International Astronautical Federation — Amsterdam 1958. J. H. Oort.
Hemel en Dampkring **56** 170—171. Bij het internationale congres voor ruimtevaart te Amsterdam 1958. J. H. Oort.
J. British Interplanetary Soc. **16** 316. Ninth International Astronautical Congress.
J. British Interplanetary Soc. **16** 434. International Astronautical Federation.
J. British Interplanetary Soc. **16** 502. Tenth International Astronautical Congress.
J. British Interplanetary Soc. **16** 598—599. Tenth International Astronautical Congress.
Naturwiss. Rundschau **11** 446. 9. Jahreskongreß der Internationalen Astronautischen Föderation.
Vasiona **6** 24—25. Osmi Međunarodni astronautički kongres u Barseloni. D. Knežević.
Weltraumfahrt 1958 S. 88—92. Der 9. Internationale Astronautische Kongreß. — Aug. 25—30 in Amsterdam.
Proceedings of the VIIIth International Astronautical Congress, Barcelona 1957. Wien, Springer-Verlag, 1958. 7 + 607 S. Preis $ 29.75. — Besprechung in Coelum **27** 28—29, Math. Rev. **20** 946.

1120. Irish Astronomical Society

Irish AJ **5** 52—53. The Armagh Centre in 1957—58. W. J. O'Riordan.
Irish AJ **5** 53—54. News from the Belfast Centre. R. Hayward.

1121. Nederlandse Vereniging voor Weer- en Sterrenkunde

Hemel en Dampkring **56** 99—103. Nederlandse Vereniging voor Weer- en Sterrenkunde. Beknopt verslag van de jaarvergadering.
Hemel en Dampkring **56** 175—176. Verslagen van de werkgroepen over het jaar 1957.

Hemel en Dampkring **56** 245—246. Nederlandse Vereniging voor Weer- en Sterrenkunde.
Meteoor **14** 41. Jaarvergadering Werkgroep Meteoren.

1122. **Norwegian Astronautical Society**
Spaceflight **1** 251. Norsk Astronautisk Forfning. K. H. Höie.

1123. **Polnische Astronomische Gesellschaft**
Urania Kraków **29** 70—74. Konferencje Naukowe Polskiego Towarzystwa Astronomicznego w Krakowie. K. Rudnicki. — Bericht und Zusammenfassung der bei der Tagung vom 7.—10. 11. 57 in Krakau gehaltenen Vorträge.

1124. **Royal Astronomical Society**
MN **118** 287—288. Anniversary meeting of 1958 February 14.
MN **118** 288—310. Annual general meeting of 1958 February 14.
Obs **78** 55—65. Anniversary meeting and annual general meeting of the Royal Astronomical Society.
Die kurzen Berichte über die auf den Tagungen gehaltenen Vorträge sind durch «Ref. RAS» gekennzeichnet.

1125. **Royal Astronomical Society of Canada**
J RAS Canada **52** 120—136. Minutes of the annual meeting of the Royal Astronomical Society of Canada.

1126. **Royal Astronomical Society of New Zealand**
Southern Stars **17** 86—87. Annual general meeting.

1127. **Schweizerische Astronomische Gesellschaft**
Orion Schaffhausen **5** 423—424. 16. Generalversammlung der Schweizerischen Astronomischen Gesellschaft am Samstag und Sonntag, den 28. und 29. Juni 1958 in Neuenburg. — Programm.
Orion Schaffhausen **5** 460—464. 16. Generalversammlung der Schweizerischen Astronomischen Gesellschaft vom 28./29. Juni 1958 in Neuchâtel. F. Egger.
Orion Schaffhausen **5** 465. Tätigkeitsbericht der St. Galler Astronomischen Arbeitsgruppe.

1128. **Sociedad Astronómica de España y América**
Urania Barcelona **43** 123—130. Memoria de las actividades de la Sociedad Astronómica de España y América durante el año 1957.

1129. **Sociedad Astronómica de México**
El Universo Nr. 43 S. 72—75. Actividades de la Sociedad.
El Universo Nr. 43 S. 76—79. Informe anual del presidente de la Sociedad. V. Souza de Quevedo.
El Universo Nr. 45 S. 190—191. Actividades de la Sociedad.

1130. **Société Astronomique de France**
BSAF **72** 223—224. Société Astronomique de France. G. Florsch.
BSAF **72** 295—302. Assemblée générale annuelle de la Société Astronomique de France du 18 juin 1958. A. Hamon.
BSAF **72** 311—313. La vie de la Société Astronomique de France (1957—1958). G. C. Flammarion.
BSAF **72** 459—461. Société Astronomique de France. Groupe de Lorraine. XXXIIe séance. G. Florsch.

1131. **Société Belge d'Astronomie, de Météorologie et de Physique du Globe**
Ciel et Terre **74** 406—411. Assemblée générale annuelle du 8 mars 1958. E. Hoge, M. Nicolet.

1132. **Société Chronométrique de France**
Ann. Françaises Chronométrie (2) **12** 53—61. Compte rendu de l'assemblée générale du 30 novembre 1957. A. Donat.
Ann. Françaises Chronométrie (2) **12** 273—275. Assemblée générale de la Société Chronométrique de France à Colmar 17, 18 et 19 mai 1958.

1133. **Société Suisse de Chronométrie**
Ann. Françaises Chronométrie (2) **12** 277—282. 33e assemblée générale de la Société Suisse de Chronométrie. Lausanne, les 31 mai et 1er juin 1958.

1134. **Svenska Astronomiska Sällskapet**
PAT **39** 68—71. Svenska Astronomiska Sällskapet. B. Lindblad, Å. Wallenquist.
PAT **39** 134—157. Svenska Astronomiska Sällskapets astronomdag i Uppsala den 7 Juni 1958. Å. Wallenquist.
Stockholm, 1958. 14 S. Svenska Astronomiska Sällskapet.

1135. **B. Albers,** Die Arbeitsgemeinschaft für Halo-Beobachtung im Jahre 1957. VdS Nachr. **7** 58—59.

1136. **C. de Bièvre, A. Dermul, L. Michiels, W. de Kort,** Société d'Astronomie d'Anvers. Trente-huitième rapport 1957. Anvers, 1958. 12 S.

1137. **E. J. Blum,** Aspects de la radioastronomie après le congrès de l'URSI à Boulder. BSAF **72** 237—244.

1138. **R. Brandt,** Tagung der Vereinigung der Sternfreunde in Bochum vom 8. bis 12. August 1957. Sterne **34** 31—35.

1139. **E. A. van der Elst, A. S. M. Rebers,** Jubileumbijeenkomst ter gelegenheit van het 25-jarig bestaan van de Haarlemse Weer- en Sterrenkundige Kring, op 15 april 1958. Hemel en Dampkring **56** 124—125.

1140. **G. A. W. C. van Hemert tot Dingshof,** Dertiende bijeenkomst van werkende amateurs. Hemel en Dampkring **56** 22—23.

1141. **A. R. Hogg,** Astronomy at ANZAAS, 1958. Publ ASP **70** 610—611.

1142. **F. Laforest,** Le centre français de Montréal a dix ans. J RAS Canada **52** 95.

1143. **J. Leclerc,** Activité de la Cinémathèque S. A. F. en 1957. BSAF **72** 176—177.

1144. **A. McClure,** Convention in Pasadena. Los Angeles Astronomical Society. Sky and Telescope **17** 629—630.

1145. **H. W. Milner,** The Western Amateur Astronomers convention at Pasadena, August 15—17, 1958. Publ ASP **70** 590—591.

1146. **R. A. Naef,** Internationale Gesellschaft der Mondbeobachter. Orion Schaffhausen **5** 387.

1147. **W. Witkewitsch,** Die zwölfte Generalversammlung der U.R.S.I. AJ UdSSR **35** 313—320 (russ.). — 1957 August 22 — September 5 in Boulder, Col. — Engl. Übersetzung in Soviet Astr. AJ **2** 286—296.

1148. Association Française pour l'avancement des Sciences. BSAF **72** 134.

1149. Het achtste lustrum van de Nederlandsche Astronomenclub. Hemel en Dampkring **56** 225—230.

1150. Fifty-sixth annual report for the year ending December 31, 1957. Memorial House, Nantucket, Mass. 44 S. mit einem Bild von Maria Mitchell. — Bericht der Nantucket Maria Mitchell Association.

1151. Tätigkeitsbericht der Max-Planck-Gesellschaft zur Förderung der Wissenschaften e. V. für die Zeit vom 1. 4. 1956 bis 31. 3. 1958. Naturwissenschaften **45** 581—619. — Dieser Bericht enthält auf den S. 609 und 610 Angaben über die Abteilungen C. F. von Weizsäcker und L. Biermann am Max-Planck-Institut für Physik in Göttingen.

1152. Amateur Astronomers. Sky and Telescope **17** 122, 182—183, 235—236, 292—295, 349—350, 407, 453, 515, 568—571, 631—632, **18** 16, 87—88.

1153. ICSU, UGGI and CSAGI. Southern Stars **17** 120—122. — ICSU = The International Council of Scientific Unions, UGGI = Union Géophysique et Géodésique International, CSAGI = Comité Spécial de l'Année Géophysique International.

1154. Comité Consultatif pour la Définition de la Seconde, auprès du Comité International des Poids et Mesures. 1re Session (1957). Procès-Verbaux des Séances, Rapport et Annexes. Paris, 1958. 66 S.

Tagungen

1955

1155. Comparison of the Large-Scale Structure of the Galactic System with that of other Stellar Systems. Edited by N. G. Roman. London, Cambridge University Press, 1958. International Astronomical Union Symposium No. 5, held in Dublin, 2 September 1955. 7 + 72 S. mit zahlreichen Fig. und Tafeln. Preis 15 s. net. — Besprechung in Ann d'Astrophys **21** 162 (J.-C. Pecker), Obs **78** 218 (O. J. Eggen), Publ ASP **70** 517—518 (A. D. Code), Science **128** 1500 (H. Shapley), Sky and Telescope **17** 525, ZfA **47** 266 (A. Unsöld). — Inhalt: W. Baade, Large-scale structure of spiral nebulae; V. A. Ambarzumjan, Some remarks on multiple galaxies; M. W. Feast, A. D. Thackeray, A. J. Wesselink, A study of bright members of the Large Magellanic Cloud; B. Lindblad, P. O. Lindblad, On rotating ring orbits in galaxies; H. C. van de Hulst, The distribution of atomic hydrogen in the Galaxy; N. U. Mayall, Spectroscopic evidence bearing on the distribution of gas in extra-galactic systems; G. A. Schajn, On the role of diffuse emission nebulae in galaxies; R. Hanbury Brown, Galactic and extra-galactic radio frequency radiation due to sources other than the thermal and 21-cm emission of the interstellar gas; J. E. Baldwin, The radio emission from the Galaxy and the Andromeda nebula; B. W. Kukarkin, Variable stars and problems of general structure of galaxies; W. P. Bidelman, The space distribution of middle- and late-type super-giants in the region of the galactic system near the sun; W. W. Morgan, The observation of blue giant stars at great distances from the sun; I. M. Kopylow, The spatial distribution of novae and super-novae; B. A. Woronzow-Weljaminow, Spiral structure and the rotation of galaxies; D. E. Schtschegolew, On the structure of galaxies according to photometric studies; J. H. Oort, Comparison of the galactic system with other stellar systems.

1156. Jahrestagung der Deutschen Akademie der Wissenschaften zu Berlin vom 28. März bis 2. April 1955. Fachkonferenz Radioastronomie. Abh. Akad. Wiss. Berlin Kl. Math. Phys. Technik 1955 Nr. 3 S. 59—135. Berlin, Akademie-Verlag, 1958. Preis DM 16.00. — Besprechung in Gaz astr 40 30—31, ZfA 47 210 (A. Unsöld).—

Enthält die folgenden Beiträge: O. Hachenberg, Die Strahlung der Sonne im dm-Wellen-Gebiet; L. Mollwo, Die Grenzen der Empfängerempfindlichkeit im dm- und cm-Gebiet; F. Fürstenberg, H. Prinzler, Strahlungsabsolutmessung; A. Schlüter, Solare Kurzwellenstrahlung und die Herkunft der solaren Korpuskel-Strahlung; D. Schneewolf, Über die Möglichkeit eines Frequenzschaltverfahrens; C. Hoffmeister, Kritische Bemerkungen zur Geschwindigkeitsbestimmung von Meteoren nach der Radar-Methode; J. Taubenheim, Über die Korrelation zwischen der cm-Wellenstrahlung der Sonne und der Elektronendichte der ionosphärischen E-Schicht; M. Schubert, Über Beugungseinflüsse bei der Bedeckung von Strahlungsquellen; H. Scheffler, Bemerkungen zur Deutung der Szintillation im Radiofrequenzgebiet; R. Lüst, Magnetohydrodynamische Stoßwellen und solare Kurzwellenstrahlung; F. Dröge, W. Priester, Mitte-Rand-Variation der solaren Radiofrequenzstrahlung bei 198 MHz; H. Daene, Über den Entwicklungsstand der Geräte zur Messung der Hochfrequenzstrahlung im Meterwellengebiet.

1157. Transactions of the Conference on the Use of Solar Energy — The Scientific Basis. Vol. I—V. Herausgegeben von E. F. Carpenter. Tucson, Arizona, University of Arizona Press, 1958. 16 + 135, 14 + 265, 10 + 169, 12 + 187, 7 + 132 S. Preis $ 12.50. — Inhalt:

Vol. I. R. N. Thomas, The features of the solar spectrum as imposed by the physics of the sun; S. Fritz, Transmission of solar energy through the earth's clear and cloudy atmosphere; F. Daniels, Principles and problems in the utilization of solar energy; C. G. Abbot, Smithsonian contributions to solar radiation measurement; H. Stratmann, An apparatus for the continuous measurement of solar and sky radiation in various spectral regions; A. R. Kassander jr., L. L. Knowles, An automatic printing and totalizing device for solar radiation measurements; W. Mörikofer, On the principles of solar radiation measuring instruments; W. Mörikofer, Methods for the open-air measurement of caloric radiation; C. R. Caryl, The ratio of ultraviolet to total solar radiation in Phoenix; A. K. Pierce, Solar energy distribution in visible and infrared; W. O. Roberts, Indirect measurement of solar energy variations in the extreme ultraviolet and X-ray region; M. V. Migeotte, The observation of the infrared solar spectrum at high altitudes; L. J. Briggs, Observed and computed radiation from first to fourth contact during a total solar eclipse; R. W. Gerdel, Some problems of measuring solar radiation in the Arctic; F. Tonne, Opto-graphic computation of insolation-duration and insolation-energy; A. J. Drummond, Sky radiation, its importance in solar energy problems; A. E. H. Bleksley, The intensity of solar radiation in southern Africa.

Vol. II Sect. A. H. Tabor, Solar energy collector design; H. Tabor, Selective radiation: 1. Wavelength discrimination; 2. Wavefront discrimination; J. T. Gier, R. V. Dunkle, Selective spectral characteristics as an important factor in the efficiency of solar collectors; C. P. Tingwaldt, Measurement of spectral sensitivity in the infrared; R. W. Crain, R. W. Crain jr., G. A. Vincent, B. O. Reese, A solar radiation apparatus; H. C. Hottel, A. Whillier, Evaluation of flat-plate solar-collector performance; J. L. Threlkeld, R. C. Jordan, Solar collector studies at the University of Minnesota; G. V. Parmelee, Application of thermal circuit analysis to collector design; B. M. Bensin, The prospects for various uses for solar reflectors as a means of environmental control of microclimates in agriculture; F. A. Brooks, Remarks on the use of direct-beam radiation in architecture and agriculture.

Vol. II Sect. B. F. Trombe, M. Foex, Traitements à haute température au moyen de fours centrifuges chauffés par l'énergie solaire; C. P. Butler, High intensity carbon arc sources for thermal radiation studies; W. M. Conn, The importane of accurate temperature measurements in work with solar furnaces; P. Duwez, T. E. Tietz, E. Loh, N. K. Hiester, The operation and use of a lens-type solar furnace; T. S. Laszlo, W. F. de Dufour, J. Erdell, A guiding system for solar furnaces; T. Hisada, Construction of solar furnace; C. G. Abbot, Solar power from reflectors; L. d'Amelio, A steam engine using a mixture of vapors from non-miscible fluids as a solar engine with flat-plate collectors; C. D. MacCracken, The solar-powered thermopump; R. L. Meier, Hydrocarbon fuels via photosynthesis: an evaluation of the processes and their economics.

Vol. III. H. Buchberg, Circuit analysis applied to solar house-heating; R. C. Jordan, J. L. Threlkeld, Solar heat pump systems; M. Yanagimachi, How to combine: solar energy, nocturnal radiational cooling, radiant panel system of heating and cooling, and heat pump to make a complete year-round air-conditioning system; H. Masson, Les insolateurs à bas potentiel; I. Tanishita, Present status of solar water heaters in Japan; J. A. Duffie, Reflective solar cooker designs; M. Telkes, Solar stoves; R. Lappala, J. Bjorksten, Development of plastic solar stills for use in the large-scale, low-cost, demineralization of saline waters by solar evaporation; R. Fitzmaurice, A. C. Seligman, Some experiments on solar distillation of sea water in Cyprus during the summers of 1954 and 1955; C. Gomella, Practical possibilities for the use of solar distillation in under-developed arid countries; J. Savornin, Efficiency of various types of solar stills; G. LeJeune, J. Savornin, Recovering water-vapor from the atmosphere; G. LeJeune, Avoiding crystallization in solar stills; M. Telkes, Improved solar stills; B. W. Wilson, Solar distillation in Australia; E. D. Howe, Solar distillation.

Vol. IV. Photochemical processes.

Vol. V. Electrical processes.

1956

1158. Cosmic distance scale. A conference sponsored by the National Science Foundation and the University of Virginia, Charlottesville, Virginia, April 5—7, 1956. AJ **63** 149—210. — Ref. in Coelum **26** 176. — Enthält folgende Beiträge: A. Blaauw, A. B. Underhill, Editor's introduction; P. van de Kamp, The aims of the conference; Part I. Astrometric distances. K. A. Strand, Accomplishments and reliability of trigonometric parallaxes; O. Heckmann, W. Dieckvoss, Questions of method and technique concerning proper motions; A. N. Vyssotsky, Statistical parallaxes; D. L. Harris, Cluster parallaxes: the nearest clusters; J. Schilt, Critical considerations; Part II. Photometric distances. W. W. Morgan, Systems of spectroscopic luminosity criteria; R. M. Petrie, Luminosities derived from Hγ intensities; D. Chalonge, Spectrophotometric luminosity criteria; A. Blaauw, The calibration of spectroscopic absolute magnitudes of early B-type stars; R. M. Petrie, A comparison between the Victoria system of absolute magnitudes for the B stars and other systems; D. L. Harris, Photometric parallaxes of distant clusters; H. L. Johnson, Distances of galactic clusters from their color-magnitude diagrams; W. J. Luyten, Intercomparison of spectroscopic and spectrophotometric methods; J. B. Irwin, Photoelectric observations of two southern Cepheids; S. C. B. Gascoigne, O. J. Eggen, Cepheids: absorption and galactic rotation; B. Strömgren, Summary of work on narrow-band photoelectric photometry; A. Slettebak, J. Stock, Spectroscopic results with the new Hamburg Schmidt telescope; A. E. Whitford, The law of interstellar reddening; W. Baade, Problems in the determination of the distances of galaxies.

1159. Colloqui d'Astrofisica di Asiago (1956—1958). Contr. Oss. Astrofis. Asiago Nr. 95, 78 S. — Inhalt: Z. Kopal, Origin and evolution of close binary systems, S. 3—18; P. Swings, L'astrophysique moléculaire, S. 19—22; P. Swings, Progrès récents en physique cométaire, S. 23—26; P. Swings, Comètes et étoiles carbonées, S. 27—28; M. Petit, Etoiles à sursauts lumineux, S. 29—44; G. Mannino, Fisica delle comete, S. 45—60; M. Petit, Les céphéides de population II, S. 61—78.

Colloqui del Centro di Astrofisica del Consiglio Nationale delle Ricerche. Mem SA It Suppl. Nr. 2, 103 S. — Inhalt: wie vorstehendes Ref.; auf S. 79—103 ist ferner enthalten: A. Gião, Le problème du temps en cosmologie relativiste.

1160. Electromagnetic Phenomena in Cosmical Physics. Edited by B. Lehnert. London, Cambridge University Press, 1958. International Astronomical Union Symposium Nr. 6, held in Stockholm, August 1956. 13 + 545 S. mit zahlreichen Fig. und Tafeln. Preis $ 10.00. — Besprechung in Ann d'Astrophys **22** 288 (J. Heidmann), Nuovo Cimento (10) **11** 471—472 (S. Segre), Proc. Phys. Soc. **74** 494 (M. J. Seaton), Publ ASP **71** 248—249 (W. Opechowski), Sky and Telescope **18** 344, ZfA **48** 303—304 (R. Lüst). — Inhalt: H. C. van de Hulst, Magnetic fields in astrophysics; A. Baños jr., Magneto-hydrodynamic waves in compressible fluids with finite viscosity and heat conductivity; L. Davis jr., A fluid self-excited dynamo; A. J. Kipper, Non-stable magneto-hydrodynamical processes in stars; S. Chandrasekhar, K. H. Prendergast, The axisymmetric case in hydromagnetics (Abstract); B. Lehnert, Magneto-hydrodynamic experiments; Y. Nakagawa, K. H. Prendergast, Experimental work at the University of Chicago on the onset of thermal instability in a layer of fluid heated from below; A. Schlüter, Ionized gas in a magnetic field; E. Åström, Waves in a hot ionized gas in a magnetic field; W. H. Bostick, Experimental study of plasmoids; R. S. Pease, A characteristic line current in a fully ionized gas; T. G. Cowling, Solar electrodynamics; A. B. Sewerny, The processes in active regions on the sun and electromagnetics; P. A. Sweet, The neutral point theory of solar flares; J. W. Dungey, The neutral point discharge theory of solar flares. A reply to Cowling's criticism; J. H. Piddington, Some effects of hydromagnetic waves in the solar atmosphere; S. Rosseland, E. Jensen, E. Tandberg-Hanssen, Some considerations on thermal conduction and magnetic fields in prominences; H. W. Babcock, Stellar magnetic fields; Y. Öhman, Astrophysical applications of selective magnetic rotation; L. Spitzer jr., Theoretical problems of stellar magnetism; G. A. Schajn, On the magnetic fields in interstellar space and in nebulae; E. R. Mustel, On the magnetic fields of novae and super-novae; K. Serkowski, Interpretation of the polarization measurements of the double cluster in Perseus; A. J. Deutsch, Harmonic analysis of the periodic spectrum variables; E. M. Burbidge, G. R. Burbidge, W. A. Fowler, Nuclear reactions and element synthesis in stellar atmospheres; H. W. Babcock, H. D. Babcock, Photospheric magnetic fields; L. Biermann, On meridional circulations in stellar convective zones; E. Jensen, The magnetic fields of sunspots and the Evershed effect; A. Schlüter, S. Temesváry, The internal constitution of sunspots; T. Gold, The magnetic field in the corona; J. P. Terlezkij, On the theory of ionized interstellar gas motion; H. Alfvén, Interplanetary magnetic field; V. C. A. Ferraro, The present state of the corpuscular theory of magnetic storms; L. Block, The present state of the electric field theory of magnetic storms and aurorae; S. F. Singer, A new model of magnetic storms and aurorae (Abstract); S. E. Forbush, The 27-day variation in cosmic ray intensity and in geomagnetic activity; D. Venkatesan, Correlation between cosmic ray intensity and geomagnetic activity; J. A. Simpson, Solar production and modulation of cosmic rays, and their propagation through interplanetary space; V. Sarabhai, N. W. Nerurkar, S. P. Duggal, T. S. G. Sastry, The anisotropy of primary cosmic radiation and the electromagnetic state in interplanetary space; E. Å. Brunberg, Separation of extra terrestrial variations in cosmic ray intensity and atmospheric effects by differential measurements with G-M telescopes; H. Elliot, P. Rothwell, The solar daily variation of the cosmic ray intensity; A. Ehmert, Solar cosmic radiation and the interstellar magnetic field; E. N. Parker, On the variations of the primary cosmic ray intensity; W. F. G. Swann, Electromagnetic acceleration of particles to cosmic ray energies; Y. Sekido, S. Yoshida, Y. Kamiya, Further observations of the point source of cosmic rays; W. H. Bennett, The Störmertron; L. A. Artsimowitsch, Untersuchungen über Impulsentladungen im Zusammenhang mit der Möglichkeit von kontrollierbaren thermonuklearen Reaktionen; A. L. Besbatschenko, I. N. Golowin, D. P. Iwanow, V. D. Kirillow, N. A. Jawlinskij, Untersuchung einer Starkstromgasentladung im magnetischen Längsfelde; W. D. Schafranow, Über die Stabilität eines zylindrischen Gasleiters im magnetischen Felde; P. A. Sweet, Magneto-hydrostatic equilibrium in an external magnetic field; S. A. Kaplan, Theory of isotropic magnetic turbulence in gases; M. Kopecký, An approximative calculation of electric conductivity in the lower layers of the solar atmosphere; I. S. Schklowskij, On the nature of the emission from the galaxy NGC 1186; I. S. Schklowskij, Optical emission from the Crab nebula in the continuous spectrum; G. R. Burbidge, Magnetic fields in radio sources; S. B. Pikelner, Some effects which can accompany magnetic storms; Name Index. Subject Index.

1161. Publikationen der 13. astrometrischen Konferenz der UdSSR. (Pulkowo, 23.—25. August 1956). Moskau-Leningrad, Verlag Akad. Wiss. UdSSR, 1958. 92 S. (russ.).

1162. Review of Magneto-Hydrodynamics (A Symposium). Herausgegeben von R. K. Landshoff. Vgl. AJB **57** Ref. **1186**. — Weitere Besprechung in Obs **78** 261—262 (R. J. Tayler).

1163. Probleme des Plasmas in Physik und Astronomie. Tagung der Physikalischen Gesellschaft in der Deutschen Demokratischen Republik vom 8.—11. Oktober 1956 in Leipzig. Berlin, Akademie-Verlag, 1958. 223 S. mit zahlreichen Fig. und Tafeln. — Besprechung in Ann d'Astrophys **22** 931—932 (E. Schatzman), Coelum **27** 27—28, ZfA **47** 267—268 (A. Unsöld). — Enthält folgende Beiträge: K. Wurm, Der physikalische Zustand in den planetarischen Nebeln; C. Hoffmeister, Ionisation durch Meteore; F. Dröge, W. Priester, Die galaktische Radiofrequenzstrahlung bei 200 MHz; R. W. Larenz, Zur Entstehung der überthermischen kosmischen Radiofrequenzstrahlung; H. Daene, Zusammenhang zwischen Sonnenemission und Ultrastrahlung; S. Wallis, Die Streuung der Radiostrahlung in der Sonnenkorona; C. de Jager, Zur Deutung der Radiostöße der Korona; M. Blaha, Zur Bestimmung der Ionisationstemperatur der Sonnenkorona; E. Woyk (Chvojkova), Elektromagnetische Eigenschaften eines rotierenden Plasmas mit evtl. Anwendung auf die Astronomie; E. Woyk (Chvojkova), Aufspaltung der ionosphärischen Schichten während der Photoionisation; P. Mezger, Probleme der Spektroskopie der 21.1 cm-Linie des interstellaren Wasserstoffs; J. Taubenheim, Rekombination im sehr verdünnten Plasma der Ionosphäre; T. Ionescu, Les fréquences critiques et les couches ionosphériques; R. Mannkopff, Übergangswahrscheinlichkeiten in der Atomhülle; E. Trefftz, Zur Berechnung von Übergangswahrscheinlichkeiten und Oszillatorstärken; J. Wilhelm, Bestimmung der Elektronengeschwindigkeiten im Plasma; H. Schüler, Spektroskopisches Verhalten von Molekülen im Plasma; M. Masing, S. Mandelstam, Über die Verbreiterung und Verschiebung der Spektrallinien im Entladungsplasma; W. Lochte-Holtgreven, Über die Holtsmarksche Theorie und die Verbreiterung der Balmerlinien in thermisch leuchtenden Plasmen; L. Pekárek, Übergangsprozesse bei Schichtbildung im Plasma der positiven Säule; K. Wojaczek, K. Rademacher, Über die Beweglichkeit der Elektronen im nichtisothermen Argonplasma; H. Bartels, Über das Spektrum des dichten Plasmas; L. Mollwo, Bestimmung der Elektronentemperatur aus dem hochfrequenten 20 cm-Rauschen; M. Cloupeau, Postluminescenses provoquées par des ondes de choc lors de décharges condensées dans les gaz; M. v. Ardenne, Über die Plasmatron-Ionenquellen und einige ihrer Anwendungen; A. Raev, Sich selbst aufrechterhaltende Elektronenspeichen in Magnetrons.

1164. Publikationen der siebenten Meteoritenkonferenz. Meteoritika Nr. 16 S. 3—144 (russ.). — Die vom Komitee für Meteorite der Akademie der Wissenschaften der UdSSR einberufene Konferenz fand vom 14.—16. November 1956 in Moskau statt.

1165. Atmospheric Explorations. Herausgegeben von H. G. Houghton. Cambridge, Mass., Technology Press; New York, John Wiley & Sons, 1958. 10 + 125 S. Preis $ 6.50. — Besprechung in Ann d'Astrophys **21** 166 (D. Barbier), J RAS Canada **52** 282, Publ ASP **70** 521.

1166. **K. A. Porzewskij,** Die zehnte Moskauer astronomische Olympiade 1956. Bull. Astr.-Geod. Ges. UdSSR Nr. 22 S. 47—48 (russ.).

1167. **E. P. Strelkowa,** Vollsitzung der Kommission zur Erforschung der Veränderlichen Sterne des Astronomischen Rates der Akademie der Wissenschaften der UdSSR. VS Bull **11** 231—235 (russ.). — Odessa 1956 Juni 29—Juli 1.

1957

1168. Problème de populations stellaires et de structure de la galaxie. Colloque national d'astronomie, Paris, 8—10 avril 1957. Paris, Centre National Rech. Sci., 1957. 99 S. mit 31 Fig. Preis frs. 700. — Inhalt: A. Danjon, Introduction; R. Cayrel, Les populations stellaires; D. Chalonge, Quelques résultats de l'étude du spectre continu des étoiles normales; C. Menneret, Classification des étoiles à raies métalliques; L. Divan, Les «spectrum variables»; L. Divan, Classification des sous-naines (population II) et transition entre les populations I et II; A.-M. Fringant, Etude de l'étoile bleue BD + 28°4211; A.-M. Fringant, Classification de RR Lyrae; J. Berger, Essai d'étalonnage en magnitudes absolues de la classification à trois dimensions; F. van't Veer, La classification de l'amas des Hyades; C. Fehrenbach, M. Duflot, Les étoiles à grande vitesse; J. Dufay, Relations entre les nébuleuses galactiques et les étoiles O et B; H. Andrillat, Relation entre la densité électronique des nébuleuses planétaires et leur extension à partir de l'étoile centrale; G. Courtès, Résultats et perfectionnements de l'observation interférentielle des nébuleuses à émission; M.-T. Martel, Nébuleuses diffusantes et étoiles B.

1169. Stellar Populations. Proceedings of the Conference sponsored by the Pontificial Academy of Science and The Vatican Observatory. May 20—28, 1957. Herausgegeben von D. J. K. O'Connell. Pontificiae Acad. Sci. Scripta Varia 16 = Specola Astr. Vaticana Ric. Astr. Vol. 5. Amsterdam, North Holland Publishing Co.; New York, Interscience Publishers Inc., 1958. 17 + 544 S. mit zahlreichen Fig. — Besprechung in Irish AJ **5** 154—156 (V. C. Reddish), J RAS Canada **53** 45, NAT 1958 S. 140—141, Nature **185** 412—413 (R. O. Redman), Obs **79** 26—27 (R. H. Garstang), Proc. Phys. Soc. **73** 830 (C. W. Allen), Sky and Telescope **18** 162, 338—339 (R. T. Mathews). — Inhalt: Introduction; La semaine d'étude sur le problème des populations stellaires; L'audience et le discours du Saint Père; La séance ordinaire de l'Académie; Les semaines d'étude et leur règlement. I.) W. Baade, Galaxies and their stellar populations (a review of the present state of affairs); J. H. Oort, Neutral hydrogen in galaxies; B. Lindblad, The population types and the evolution of barred spirals. II.) A. Sandage, The color-magnitude diagrams of galactic and globular clusters and their interpretation as age groups; A. D. Thackeray, 47 Tucanae — an interim report; A. Sandage, Luminosity function of galactic clusters, globular clusters and elliptical galaxies; D. J. K. O'Connell, Note on binaries and theories of stellar evolution. III.) A. Blaauw, Stellar associations; G. H. Herbig, T Tauri stars, flare stars, and related objects as members of stellar associations; A. Sandage, NGC 2264 and M 8 as examples of very young stellar associations which are still partly in the stage of Kelvin contraction. IV.) W. Baade, Physical variable stars and stellar populations; J. J. Nassau, M-type stars and red variables in the direction of the galactic centre; J. J. Nassau, Carbon and S-type stars; A. D. Thackeray, The Magellanic Clouds and stellar populations. V.) M. Schwarzschild, Theory of stellar evolution and the age sequence of stellar populations; F. Hoyle, Remarks on the computation of evolutionary tracks; E. E. Salpeter, Statistics of stellar evolution; B. Strömgren, Composition differences between stellar populations; W. A. Fowler, Nuclear processes and element synthesis in stars; F. Hoyle, The astrophysical implications of element synthesis. VI.) A. Sandage, The stars within 15 parsecs of the sun; W. Baade, The population of the galactic nucleus and the evidence for the presence of an old population pervading the whole disk of our galaxy; W. W. Morgan, Some characteristics of the strong and weak-line stars; W. W. Morgan, Some features of stellar populations as determined from integrated spectra; A. Blaauw, Kinematic properties of the strong and weak-line stars; D. Chalonge, Classification spectrophotométrique des populations stellaires; B. Strömgren, Spectrophotometric classification of the population groups. VII). J. H. Oort, Dynamics and evolution of the galaxy, in so far as relevant to the problem of the populations; F. Hoyle, On the formation of galaxis and type II stars; L. Spitzer jr., Mass exchange with the interstellar medium and the formation of type I stars; B. Lindblad, The vertex deviation of the velocity ellipsoid and the evolution of type I stars in our galaxy; G. Lemaître, Instability in the expanding universe and its astronomical implications. VIII.) F. Hoyle, Summary — from a physical point of view; J. H. Oort, Summary — from the astronomical point of view; Conclusions; Name index.

1170. Symposium on Tektites. Geochim. Cosmochim. Acta **14** 257—379. — Inhalt: I. Friedman, Foreward; E. L. Krinow, Some considerations on tektites; V. E. Barnes, Properties of tektites pertinent to their origin; A. J. Cohen, The absorption spectra of tektites and other natural glasses; J. S. Rinehart, Impact effects and tektites; C. M. Varsavsky, Dynamical limits on a lunar origin for tektites; W. A. Cassidy, Achondrite investigations and their bearing on the origin of tektites; I. Friedman, The water, deuterium, gas and uranium content of tektites; G. R. Tilton, Isotopic composition of lead from tektites; W. H. Pinson jr., L. F. Herzog, H. W. Fairbairn, R. F. Cormier, Sr/Rb age study of tektites; W. D. Ehmann, T. P. Kohman, Cosmic-ray-induced radioactivities in meteorites. I. Chemical and radiometric procedures for aluminium, beryllium and cobalt; W. D. Ehmann, T. P. Kohman, Cosmic-ray-induced radioactivities in meteorites. II. Al^{26}, Be^{10} and Co^{60}, aerolites, siderites and tektites.

1171. Problems common to the fields of astronomy and biology: A symposium. Publ ASP **70** 41—78. — Ref. in Coelum **26** 127. — Inhalt: A. G. Wilson, Introduction; H. Strughold, General review of problems common to the fields of astronomy and biology; W. M. Sinton, Spectroscopic evidence of vegetation on Mars; A. Dollfus, The nature of the surface of Mars (Ref. in Irish AJ **5** 110—111); J. A. Kooistra jr., R. B. Mitchell, H. Strughold, The behavior of microorganisms under simulated Martian environmental conditions; D. G. Simons, Manned balloon capabilities for astronomical observations; I. Schmidt, Application of recent advances in physiological optics to astronomy.

1172. Convegno Internazionale sui Raggi Cosmici. Organizzato dall' Unione Internazionale di Fisica con la collaborazione della Società Italiana di Fisica. Varenna, 21—26 giugno 1957. Nuovo Cimento (10) **8** Suppl. Nr. 2 S. 125—804. — Inhalt von Part I—III: J. A. Simpson, Solar flare cosmic rays and their propagation; G. Cocconi, K. Greisen, P. Morrison, T. Gold, S. Hayakawa, The cosmic ray flare effect; K. Kawabata, I. Kondò, K. Murakami, M. Wada, On the unusual increase and the modulation of cosmic rays; R. Lüst, Impact zones for solar cosmic ray particles; G. Pfotzer, On the separation of direct and indirect fractions of solar cosmic radiation on February 23, 1956 and on the difference in steepness of momentum spectrum of these two components; P. A. Sweet, The production of high energy particles in solar flares; S. F. Singer, A model for solar flare increases of cosmic rays based on hydromagnetic turbulence; D. Eckhartt, The electro-magnetic state in interplanetary space during the flare of Feb. 23, 1956; H. Alfvén, Electromagnetic state of interplanetary space; J. F. Denisse, Courte discussion des observations radio-astronomiques associées à l'éjection de matière du soleil; D. H. Menzel, Solar activity and cosmic radiation; K. O. Kiepenheuer, On the origin of the solar component of cosmic radiation; G. Pfotzer, Latitude effect of solar cosmic radiation on February 23, 1956 with respect to the problem of effective geomagnetic coordinate system; P. L. Marsden, J. G. Wilson, Determination of latitude equivalents for second phase solar flare particles; P. Meyer, J. A. Simpson, New changes in the low-energy particle cut-off and spectrum of the primary cosmic radiation; E. Å. Brunberg, Directional properties of cosmic ray telescopes; Y. Miyazaki, Comparison of the cosmic-ray intensity variations observed at different altitudes; P. Rothwell, J. Quenby, Cosmic rays in the earth's magnetic field; M. A. Pomerantz, A. E. Sandström, D. C. Rose, Shipboard neutron monitor determination of cosmic-ray equator; A. E. Sandström, Cosmic ray soft component measurements during a flight from Scandinavia across the north pole and around Asia and Europe; L. Katz, P. Meyer, J. A. Simpson, Further experiments concerning the geomagnetic field effective for cosmic rays; M. Kodama, Latitude effect of cosmic ray nucleon and meson components at sea level; D. Venkatesan, The 27-day variation in cosmic ray intensity; H. V. Neher, Cosmic-ray changes near the north geomagnetic pole from 1954 to 1956; V. Sarabhai, P. D. Bhavsar, Changes of solar anisotropy and of the intensity of cosmic radiation; N. R. Parsons, A. G. Fenton, Solar daily cosmic ray variations observed with meson telescopes at high southern latitudes; A. Ehmert, Variations of nuclear and mesonic component; S. F. Singer, Observation of cosmic ray decreases at the pole; S. F. Singer, Cosmic ray time variations produced by deceleration in interplanetary space; S. F. Singer, On the low energy cut-off of the cosmic radiation; A. Schlüter, Störmer orbits of low energy; L. I. Dorman, E. L. Feinberg, True primary energy spectrum variations and solar activity; L. I. Dorman, E. L. Feinberg, Solar corpuscular streams and cosmic ray variations; L. I. Dorman, The generation and propagation of solar cosmic rays; G. R. Burbidge, The origin of cosmic rays: some astrophysical problems; I. S. Schklowskij, Some problems of radioastronomical theory of the origin of cosmic rays; W. L. Hinsburg, On the origin of cosmic rays; W. I. Krassowskij, I. S. Schklowskij, Variation of the intensity of cosmic radiation during earth's geological history and their possible influence on life's evolution; L. Davis jr., An examination of the Fermi mechanism; C. Y. Fan, Galactic origin of cosmic radiations; F. J. M. Farley, Cosmic rays in intergalactic space; G. Cocconi, The exterior ballistics of the cosmic radiation; K. Sitte, Extragalactic cosmic radiation; Y. Sekido, S. Yoshida, Y. Kamiya, H. Ueno, K. Nagashima, A point source of cosmic rays and its time variation; J. Heidmann, Continuous creation of cosmic rays; H. Alfvén, General observations on the origin problem; P. Fowler, P. S. Freier, E. P. Ney, The primary alpha particle spectrum over North America and geomagnetic cut-off energies; F. B. McDonald, Study of primary cosmic ray alpha and proton energy spectra, geomagnetic cut-off energies and temporal variations; M. Koshiba, G. Schultz, M. Schein, The charge spectrum of the cosmic radiation at 41° N; M. M. Shapiro, B. Stiller, F. W. O'Dell, Flux of primary helium near the geomagnetic equator; C. J. Waddington, The light and medium nuclei in the cosmic radiation; C. J. Waddington, The flux of medium and heavy nuclei in the cosmic radiation near the equator; R. R. Hillier, V. Y. Rajopadhye, The heavy nuclei in the cosmic radiation; R. Cester, A. Debenedetti, C. M. Garelli, B. Quassiati, L. Tallone, M. Vigone, On the charge and energy spectrum of heavy primaries; B. J. O'Brien, A. J. Herz, J. H. Noon, The charge spectrum of light elements at 41° N geomagnetic latitude; W. R. Webber, The charge composition and energy spectra of primary cosmic rays and the energy balance problem; S. F. Singer, Energy spectra of primary cosmic rays and the interpretation of their origin; S. F. Singer, On the origin of the charge spectrum of the primary cosmic radiation; B. Peters, General observations on the composition of the primary radiation.

1173. Proceedings of the Third Symposium on Cosmical Gas Dynamics. Held at the Smithsonian Astrophysical Observatory, Cambridge, Massachusetts, June 24—29, 1957. Herausgegeben von J. M. Burgers, R. N. Thomas. I. A. U. Symposium Series Nr. 8 = Smithsonian Symposium Publication Nr. 1. Rev. Modern Phys. **30** 905—1108. — Ref. in Obs **79** 156—157 (V. C. A. Ferraro). — Inhalt: J. M. Burgers, R. N. Thomas, Preface; F. L. Whipple, Opening address; I. H. C. van de Hulst, Density and velocity distribution of the interstellar gas; F. J. Kerr, Sydney work on 21-cm observations of the II I galactic disk; G. de Vaucouleurs, Large-scale structure and direction of rotation in galaxies; R. D. Davies; Twenty-one-cm studies of some interstellar clouds; S. B. Pikelner, I. S. Schklowskij, On the nature of the galactic halo; B. Donn, Validity of the cloud model of the interstellar medium; S. A. Kaplan, On the formation of interstellar gas clouds; V. A. Ambarzumjan, On the problem of the mechanism of the origin of stars in stellar associations; D. A. Roshkowskij, Statistical study of globules projected on stellar clouds; W. G. Fessenkow, Star chains and dark filaments in galactic nebulae; K. Serkowski, Microstructure of the galactic magnetic field; II. E. N. Parker, Gross dynamics of the interstellar medium; H. E. Petschek, Aerodynamic dissipation; L. Biermann, A. Schlüter, Magnetohydrodynamic dissipation; M. J. Seaton, Thermal inelastic collision processes; A. Burgess, M. J. Seaton, Cross sections for photoionization from valence-electron states; III. General summarizing discussion of problems raised in parts I and II; IV. E. Schatzman, On the cooling of interstellar matter; E. Schatzman, On the condensation of interstellar material; N. Bel, E. Schatzman, On the gravitational instability of a medium in nonuniform rotation; G. J. Odgers, R. W. Stewart, Possible mechanisms of single and multiple star formation; L. Mestel, Magnetic field of a contracting protostar; W. S. Safronow, On the turbulence in the protoplanetary cloud; V. O. C. Wilson, Internal kinematics of the planetary nebulae; H. Zanstra, Comparison of gas and radiation pressure in the problems of the dynamics of planetary nebulae; M. J. Seaton, Local density variations in planetary nebulae; G. Münch, Internal motions in the Orion nebula; G. Münch, Kinematics of the filaments in the Crab nebula; I. S. Schklowskij, On the nature of the emission of the Crab nebula; R. Minkowski, Cygnus loop and some related nebulosities; VI. S. R. Pottasch, Bright rims in diffuse nebulae; F. D. Kahn, On the stability of ionization fronts; F. A. Goldsworthy, On the propagation and structure of ionization fronts; F. D. Kahn, Collision of two highly ionized clouds of gas; M. P. Savedoff, Gas-dynamical effects of star formation; M. P. Savedoff, Gas dynamics of galaxy collisions; VII. L. I. Sedow, Examples of gas motion and certain hypotheses on the mechanism of stellar outbursts; G. C. McVittie, Some exact solutions of the equations of magnetohydrodynamics when both self-attraction and magnetic fields are present; J. Bass, On the mathematical structure of turbulence; D. W. Allan, E. C. Bullard, Distortion of a toroidal field by convection; S. A. Kaplan, Shock waves in magneto-gasodynamic turbulence; W. H. Bostick, Possible hydromagnetic simulation of cosmical phenomena in the laboratory; VIII. Summaries and conclusions.

1174. Etoiles à raies d'émission. Communications présentées au huitième Colloque International d'Astrophysique tenu à Liège les 8, 9 et 10 juillet 1957. Mém. in-8° Soc. Roy. Sci. Liège (4) **20**, 518 S. mit Fig. = Inst. d'Astrophys. Univ. Liège Coll. 8° Nr. 396. — Besprechung in Ann d'Astrophys **22** 190—191, BSAF **72** 371—374 (C. Bertaud), Bull. Cl. Sci. Acad. roy. Belgique (5) **44** 527—528 (P. Swings), Coelum **25** 150—151. — Inhalt: P. Swings, Introduction, S. 9—11;

O. Struve, Opening remarks, S. 12—14; A. B. Underhill, Introductory remarks concerning the emission lines in Of and WR stars, S. 17—35; P. Swings, Quelques remarques sur les noyaux de nébuleuses planétaires, S. 36—39; M. K. V. Bappu, A physical analysis of Wolf-Rayet spectra, S. 40—45; J. Sahade, On the spectra of Wolf-Rayet stars, S. 46—54; B. A. Woronzow-Weljaminow, Spectrophotometric temperatures of the Wolf-Rayet stars, S. 55—60; Y. Andrillat, Luminosités absolues des étoiles de Wolf-Rayet, S. 61—67; B. Onderlička, Distances and absolute magnitudes of Wolf-Rayet and Of stars, S. 68—75; M. S. Roberts, The distribution of Wolf-Rayet stars, S. 76—83; R. Wilson, Observations of emission features in O stars, S. 85—90; A. B. Underhill, Some comments on the emission lines in Of stars, S. 91—97; J. Humblet, G. Mannino, Spectrophotometry and emission mechanisms in Of stars, S. 98—99; L. H. Aller, Central stars of planetary nebulae, S. 100—101; B. A. Woronzow-Weljaminow, Galaxies with broad emissions in the spectra of their nuclei and radiogalaxies, S. 102—110; E. R. Mustel, Formation of emission bands in the spectra of extended envelopes in the presence of turbulent processes, S. 111—116; V. Kourganoff, Les étoiles Be et P Cygni, S. 117—147; W. W. Sobolew, Diffusion of $L\alpha$-radiation in stellar envelopes, S. 148—158; A. A. Bojartschuk, Some characteristics of the Be stars, S. 159—171; C. de Jager, The chromospheres of G-type stars, S. 172—176; B. E. J. Pagel, The interpretation of hydrogen emission intensities in P Cygni and AG Pegasi, S. 177—192; H. E. Butler, Some spectrophotometric observations of emission stars of type B2, S. 193—197; H. Rojas, R. Herman, Décrément Balmer en émission dans les étoiles Be, S. 198—203; D. Rakotoarijimy, R. Herman, Note sur le spectre de 66 Ophiuchi, S. 204—212; L. Gratton, The $H\alpha$ line in the spectrum of Eta Carinae, S. 213—218; M. Johnson, Some gas motions around Be stars contributing to long periods in emission line contours, S. 219—223; M. Hack, Spectral variations of Zeta Tauri between 1950 and 1956, S. 224—230; D. B. McLaughlin, Long-term variations of three Be spectra, S. 231—236; M. C. Zuckermann, Les fluctuations rapides de lumière de SS Cygni, S. 237—245; G. H. Herbig, Stars of types F, G, and K with emission lines: Introductory report, S. 251—270; K. H. Böhm, A spectrophotometric investigation of bright ultraviolet T Tauri stars, S. 271—273; L. W. Mirsojan, A few notes on stars with continuous emission in spectra, S. 274—282; K. Hunger, G. E. Kron, Polarization in a bright-ultraviolet T Tauri star, S. 283—284; L. Rosino, Nebular variables and flare stars in NGC 2264, S. 285—288; E. Schatzman, Les raies d'émission dans les étoiles variables pulsantes: Rapport introductif, S. 291—297; C. Whitney, The Ca II emission of classical Cepheids, S. 298—327; A. H. Delsemme, D. Delsemme-Jehoulet, Observations photoélectriques de la céphéide à raies d'émission RU Camelopardalis, S. 328—339; K. Wurm, Emission lines in late type variables: Introductory report, S. 343—357; W. Iwanowska, Emission effects in absorption spectra of some long-period variables, S. 358—362; S. Gaposchkin, The emission star L 2 Puppis, S. 363; C. E. R. Bruce, Excitation and gas movements in the long-period variable stars, S. 364—369; E. Schatzman, Sur la largeur des raies d'émission, S. 370—374; O. Struve, Emission lines in the spectra of close binary stars: Introductory report, S. 377—382; S. Gaposchkin, Emission in the eclipsing variables, S. 383; A. Fresa, On the period of W Serpentis, S. 384—386; A. Beer, Spectrophotometry of W Serpentis, S. 387—393; J. Sahade, O. Struve, The spectrum of W Serpentis, S. 394—396; M. Hack, Spectrophotometric study of W Serpentis, S. 397—403; J. Sahade, Emission lines in the spectrum of Algol, S. 404—407; O. Struve, J. Sahade, K. D. Abhyankar, The spectrum of Plaskett's star, HD 47129, S. 408—410; M. Plavec, Dynamical instability of the components of close binary systems, S. 411—420; K. O. Wright, R. S. Kushwaha, Observations of $H\alpha$ in the spectrum of ε Aurigae obtained during and outside of eclipse, S. 421—434; P. W. Merrill, Symbiosis in astronomy: Introductory report, S. 436—448; W. G. Tifft, J. L. Greenstein, MWC 603, a high-velocity symbiotic star, S. 449—451; K. G. Widing, The peculiar star

17 Leporis, S. 452—457; M. Bloch, M.-L. Tcheng, Observations récentes de quelques étoiles symbiotiques, S. 458—473; J. Gauzit, Sur l'origine des raies émises par certaines étoiles symbiotiques, S. 474—478; C. Payne-Gaposchkin, Relationships between variable stars whose spectra show bright lines, S. 483—493; R. H. Garstang, Recent experimental and theoretical investigations on atomic properties of interest for emission-line stars, S. 497—513; O. Struve, Closing remarks, S. 515—518.

1175. Radio sources outside our galaxy: A symposium. Publ ASP **70** 133—159. — Die einzelnen Beiträge sind in § **126** aufgeführt.

1176. Eleventh annual general meeting. J. Inst. Navigation **11** 103—104. — Institute of Navigation, London.

1177. Cepheid symposium. Sky and Telescope **17** 277. Ref AAS

1178. **H. C. Arp,** Cepheid variables in the Small Magellanic Cloud. AJ **63** 45. — Kurzer Bericht über ein Symposium gelegentlich der 99. Tagung der A.A.S. in Indianapolis, Ind., 1957 Dez. 27—30. Die Ergebnisse eines Vergleichs von 49 Cepheiden der Region NGC 371 in der Kleinen Magellanschen Wolke mit den δ Cephei-Sternen der Milchstraße und der Kugelhaufen werden auf Grund neuerer Untersuchungen dargelegt. Beyer

1179. **B. Beckmann,** Ionosphärenforschung und Radioastronomie in ihren Wechselbeziehungen untereinander und mit der Funkortung. Nachrichtentechn. Z. **10** 580—582, 1957. — Tagungsbericht, Essen 23.—25. Juli 1957.

1180. **W. A. Bronstein, I. T. Sotkin,** Die VII. Vollsitzung der Kommission für Kometen und Meteore des Astronomischen Rats der Akademie der Wissenschaften der UdSSR. AJ UdSSR **35** 503—506 (russ.). — Engl. Übersetzung in Soviet Astr. AJ **2** 462—465. — 1957 Mai 13—17 in Odessa.

1181. **E. A. Dibaj,** Die zweite Konferenz der Kommission für Stellarastronomie. AC Nr. 189 S. 27—28 (russ.). — 1957 Nov. 22—24 in Moskau. Es wurden hauptsächlich Probleme des Hertzsprung-Russell-Diagramms behandelt.

1182. **C. Hoffmeister,** Internationale Konferenz über Interplanetare Materie in Jena 1957 Oktober 7 bis 12. Sterne **34** 161—166.

1183. **J. Hoppe,** Die internationale Konferenz über «Interplanetare Materie». AJ UdSSR **35** 499—502 (russ.). — Engl. Übersetzung in Soviet Astr. AJ **2** 457—462. — 1957 Okt. 7—12 in Jena.

1184. **C. de Jager,** Een colloquium over materie. III. Meteoor **14** 3—6. — Fortsetzung des Berichtes über das vom 7.—12. Oktober 1957 in Jena abgehaltene Kolloquium über Interplanetare Materie.

1185. **B. W. Kukarkin,** Der Aufbau der Galaxien und der Metagalaxis. Priroda **47** Nr. 10 S. 111—112 (russ.). — Bericht über die Tagung in Brüssel vom 9.—13. Juni 1958.

1186. **B. N. Panowkin,** Erweiterte Konferenz der Kommission für Radioastronomie. AC Nr. **190** S. 28—29 (russ.). — Moskau, 1957 Nov. 26—30.

1187. **K. Petrowa, F. Zizin,** Die sechste kosmogonische Tagung vom 5.—7. Juni 1957 am Staatlichen Astronomischen Sternberg-Institut. Bote Univ. Moskau 1957 Nr. 5 S. 233—237 (russ.).

1188. **G. D. Roth,** Himmelsphotographie für Amateure, Kolloquium in München am 29. Juni 1957. Sterne **34** 156—157.

1189. **W. S. Safronow,** Konferenz des Astronomischen Rats der Akademie der Wissenschaften der UdSSR und der Akademie der Wissenschaften der Aserbejdshanischen Sowjetrepublik. AJ UdSSR 35 506—507 (russ.). — Engl. Übersetzung in Soviet Astr. AJ 2 466—468. — 1957 September 26—30 in Baku.

1958

1190. The transition from the ionosphere to interplanetary space. Geophys. J. 1 263—266. — Geophysical discussion of the Royal Astronomical Society, 21. Feb. 1958.

1191. Zusammenkunft der Delegierten der astronomischen Organisationen Jugoslawiens. Vasiona 6 53—54 (kroat.). — Belgrad, 1958 Febr. 23.

1192. Celestial mechanics. A conference sponsored by the National Science Foundation, Columbia University and the Watson Scientific Computing Laboratory, New York, N. Y., March 17—21, 1958. Herausgegeben von D. Brouwer. AJ 63 401—464. — Inhalt: G. M. Clemence, Numerical integration of the orbits of the principal planets, S. 403—404; J. G. Porter, A comparative study of perturbation methods, S. 405—406; E. Rabe, Secular perturbations of the protoplanets, S. 407—411; G. P. Kuiper, Statistics of asteroids, S. 412; K. H. Prendergast, The effects of imperfect elasticity in problems of celestial mechanics, S. 412—415; W. J. Eckert, Improvement by numerical methods of Brown's expressions for the coordinates of the moon, S. 415—418; M. S. Davis, Constants of integration in planetary theory in rectangular coordinates, S. 418—422; B. Garfinkel, On the life-time of an artificial satellite, S. 422—424; T. E. Sterne, Development of some general theories of the orbits of artificial earth satellites, S. 424—426; P. Musen, Modified formulae for Hansen's special perturbations, S. 426—429; P. Herget, P. Musen, A modified Hansen lunar theory for artificial satellites, S. 430—433; D. Brouwer, Outlines of general theories of the Hill-Brown and Delaunay types for orbits of artificial satellites, S. 433—438; J. Moser, Stability of the asteroids, S. 439—443; P. J. Message, The search for asymmetric periodic orbits in the restricted problem of three bodies, S. 443—448; G. C. McVittie, Remarks on planetary theory in general relativity, S. 448—452; J. Kovalevsky, The problems of the eighth satellite of Jupiter, S. 452—456; R. L. Duncombe, G. M. Clemence, Accuracy of the solar ephemeris, S. 456—459; L. H. Thomas, Numerical integration of ordinary differential equations at an interval which may be compared with some periods in the defining functions, S. 459—460; H. R. J. Grosch, A new level of instruction in celestial mechanics, S. 461; M. S. Davis, Round table discussion, S. 462—464.

1193. Radio-noise conference. Sky and Telescope 17 406.

1194. La structure et l'évolution de l'univers. Onzième conseil de Physique tenu à l'Université de Bruxelles du 9 au 13 juin 1958. Rapports et discussions publiés sous les auspices du Comité Scientifique de l'Institut International de Physique Solvay. Herausgegeben von R. Stoops. Bruxelles, Coudenberg, 1958. 312 S. Preis f. 440. — Inhalt: G. Lemaître, The primaeval atom hypothesis and the problem of the clusters of galaxies; O. Klein, Some considerations regarding the earlier development of the system of galaxies; F. Hoyle, The steady state theory; T. Gold, The arrow of time; J. A. Wheeler, Some implications of general relativity for the structure and evolution of the universe; E. Schücking, O. Heckmann, World models; J. H. Oort, Distribution of galaxies and the density in the universe; A. C. B. Lovell, Radio-astronomical observations which may give information on the structure of the universe; H. C. van de Hulst, Radio investigations of the galactic system and near-by-galaxies; Evidence of magnetic fields in galaxies; V. A. Ambarzumjan, On the evolution of galaxies; F. Hoyle, Origin of the elements in stars; W. W. Morgan, Some spectroscopic phenomena associated with the stellar population of galaxies; General discussion.

1195. Colloquium on Interplanetary Matter. Obs 78 190—197.

1196. Deuxième colloque international de la Commission du CSAGI pour l'étude des marées terrestres. Commun. Obs. Roy. Belgique Nr. 142, 183 S. — München, 1958 Juli 21—26.

1197. Convention in Ithaca. Sky and Telescope 17 556—557, 560. — Tagung der Astronomical League, Juli 1958.

1198. Joint I.A.U. — U.R.S.I. symposium on radio astronomy. Obs 78 221—223. A. Hewish.

1199. Symposium over Radioastronomie te Parijs, 30 juli tot 6 augustus 1958. Hemel en Dampkring 56 98.

11100. Planetarium operators' symposium at Cranbrook Institute. Sky and Telescope 18 80—81.

11101. Geodätische Astronomie. Wiss. Z. Dresden 8 271—284. — Inhalt: E. Lindinger, Fragen der astronomischen Zeitbestimmung mit dem Passageinstrument; H. Thurm, Bericht über den im geodätischen Institut gebauten Autokollimator; E. Buschmann, Zeit- und Breitenbestimmung mit dem unpersönlichen Prismenastrolab von Danjon; G. Schliephake, Die astronomisch-geodätischen Arbeiten in der deutschen Demokratischen Republik; P. Kalaja, Die astronomischen Ortsbestimmungen in Finnland und einige damit zusammenhängende Probleme; K.-G. Steinert, Die Bestimmung der persönlichen Gleichung bei Zeitbestimmungen mittels eines künstlichen Sterns; H.-U. Sandig, Bemerkungen zur photoelektrischen Erfassung der Kontaktzeiten von Sonnenfinsternissen; H. Rehse, Visuelle Beobachtungsmethoden künstlicher Satelliten; E. Buchar, Die Bestimmung der Erdabplattung aus der Bewegung von Sputnik II.

11102. **B. J. Bok,** The Paris symposium on radio astronomy. Sky and Telescope 17 620—623.

11103. **W. W. Burxer, K. M. Alexejewa,** Die achte Meteoritenkonferenz in Moskau. Geolog. J. 18 109—110 (ukrain.). — 1958 Juni 2—5. — Ref. in RJ UdSSR 1959 Nr. 9 S. 4.

11104. **A. N. Deutsch, W. I. Sacharow,** Die 14. astrometrische Konferenz der UdSSR. AC Nr. 194 S. 30—31 (russ.). — Kiew, 1958 Mai 27—30.

11105. **G. Godoli,** Il corso di «Fisica del plasma ed applicazioni astrofisiche» alla Scuola internazionale di fisica a Varenna (Varenna 23 giugno — 5 luglio 1958). Boll. Geod. Sci. affini 17 548—549. — Bericht.

11106. **A. Kranjc,** Il corso sul plasma a Varenna. Coelum 26 129—131.

11107. **G. A. Lejkin,** Die Sitzung des Astronomischen Rates vom 5. bis 7. Februar 1958. AC Nr. 190 S. 27—28 (russ.).

11108. **O. A. Melnikow, I. G. Koltschinskij,** Tagung über die Szintillation der Sterne und das Problem der Wellenausbreitung in einem Medium mit zufälligen Inhomogenitäten. AJ UdSSR 35 819—822 (russ.). — Engl. Übersetzung in Soviet Astr. AJ 2 767—770. — Moskau, 1958 Juni 18—20.

11109. **J. G. Perel,** Sitzung der Kommission für Geschichte der Astronomie. AJ UdSSR 35 509—512 (russ.). — Engl. Übersetzung in Soviet Astr. AJ 2 470—473. — 1958 Februar 7 in Pulkowo.

11110. **W. W. Podobed,** Die Entwicklung der astrometrischen Arbeiten (XIV. UdSSR-Konferenz). Bote Akad. Wiss. UdSSR 1958 Nr. 8 S. 116—118 (russ.). — Ref. in RJ UdSSR 1959 Nr. 3 S. 12.

11111. **W. W. Podobed,** Die vierzehnte astrometrische Konferenz. AJ UdSSR **35** 822—824, mit einer Bemerkung von M. S. Swerew in AJ UdSSR **36** 194 (russ.). — Engl. Übersetzung in Soviet Astr. AJ **2** 771—773. — Kiew, 1958 Mai 17—18.

11112. **J. G. Porter,** Modern trends in celestial mechanics. Obs **78** 176—177. — Bericht über ein in New York vom 17.—21. März 1958 abgehaltenes Symposium.

11113. **E. Rybka,** Konferencja Astrometryczna w Kijowie 27—30 maja 1958 r. Kosmos (B) **4** 353—355. — Bericht über den Verlauf der von der Akademie der Wissenschaften der UdSSR organisierten astrometrischen Konferenz, die in Kiew vom 27.—30. Mai 1958 stattfand. Rybka

11114. **W. S. Safronow,** Rechenschafts- und Koordinierungssitzung des Astronomischen Rates der Akademie der Wissenschaften der UdSSR vom 5. bis 7. Februar 1958. AJ UdSSR **35** 508—509 (russ.). — Die Sitzung fand in Pulkowo statt. — Engl. Übersetzung in Soviet Astr. AJ **2** 468—470.

11115. **A. W. Wolfendale,** Cosmic rays. Nature **182** 1281—1283. — Durham, 24.—25. Sept. 1958.

11116. **F. Zagar,** Simposio internazionale per Ruggero Giuseppe Boscovich (Ragusa, 23—30 ottobre 1958). Mem SA It (NS) **29** 341—343.

11117. **E. H. Haux,** Internationale Tagung für Raketentechnik und Astronautik. Phys. Blätter **14** 564—565.

11118. **W. W. Scharonow,** Konferenz über das Problem der leuchtenden Nachtwolken während des IGJ. AC Nr. 192 S. 33—34 (russ.).

11119. **A. Teucher,** Tagung der Liebhaberastronomen des Bezirkes Dresden. Sterne **34** 127.

11120. **A. T. Tschekirda,** Plenum der Kommission für Planetenphysik. Bote Akad. Wiss. UdSSR 1958 Nr. 8 S. 113—114 (russ.). — Ref. in RJ UdSSR 1959 Nr. 2 S. 59.

11121. Resolution des Meteorseminars in Odessa. Bull. Astr.-Geod. Ges. UdSSR Nr. 22 S. 49—50 (russ.).

11122. Symposium on constitution of stars. Proc. National Acad. Sci. India (A) **26** 431—475. — Ref. in RJ 1959 Nr. 5 S. 5.

Ausstellungen

11123. **A. N. Dadajew,** Astronomische Instrumente auf der Weltausstellung in Brüssel. AJ UdSSR **35** 679—680 (russ.). — Engl. Übersetzung in Soviet Astr. AJ **2** 634—635.

11124. The exhibition meeting of the Association. JBAA **68** 299—301. — 1958 Juni 25.

11125. Ausstellung in Crayford, England. J. International Lunar Soc. **1** 69.

11126. Ausstellung «Blick ins Weltall» im Schloß Arbon. Orion Schaffhausen **5** 516.

§ 12

Sternwarten, Planetarien

1201. **Abastumani**

T. A. Abramischwili, Das Astrophysikalische Observatorium Abastumani. Techn. Staatsverlag Georg. Sowjetrepublik, 1957. 34 S. mit Fig. Preis 45 Kop. (russ.).

E. K. Charadse, W. P. Dshapiaschwili, T. G. Megrelischwili, Mond- und Planetenforschungen in Abastumani. Bote Akad. Wiss. UdSSR 1958 Nr. 11 S. 42—45 (russ.). — Ref. in RJ UdSSR 1959 Nr. 4 S. 64.

E. K. Charadse, Das Astrophysikalische Observatorium Abastumani. Moskau, Verlag Akad. Wiss. UdSSR, 1958. 38 S. Preis 1 R. 10 Kop. (russ.).

E. K. Charadse, The Abastumani Astrophysical Observatory. Tiflis, Verlag Akad. Wiss. Georg. Sowjetrepublik, 1958. 34 S. Preis 1 R. 10 Kop. — Besprechung in Priroda **47** Nr. 11 S. 121.

1202. **Ann Arbor**

Sky and Telescope **17** 123. University of Michigan 85-foot radio telescope. — Ref. in Orion Schaffhausen **5** 388.

1203. **Athen** (Astrophysikalische Beobachtungsstation auf dem Berg Pentele)

C. S. Chassapis, The transparency of the atmosphere at the astronomical station Pentele, Grece. Bull. milit. geogr. Amt Athen **17** 49—60, 89—106 (griech. mit engl. Ref.) = Monographie Griech. Astr. Ges. Nr. 10. — Im Jahre 1937 wurde auf dem Berg Pentele (Hügel «Konfos», 17 km NO von Athen) eine kleine Beobachtungsstation eingerichtet um zu prüfen, inwieweit die Stelle für die Errichtung eines astrophysikalischen Observatoriums geeignet ist. Verf. diskutiert die von ihm während der Jahre 1946—1956 angestellten Beobachtungen. Es erweist sich, daß die Stelle für die Durchführung astrophysikalischer Beobachtungen sehr geeignet ist. Mawridis

Astr. Nachr. Athen **8** 18—19 (griech.). — Besuch der Station durch H. Urey und S. Chandrasekhar.

1204. **Barcelona**

Sonderdruck Real Acad. Ciencias Artes Barcelona 1957, 63 S. Cincuenta aniversario de la fundacion del Observatorio Fabra. — Diese Festschrift enthält folgende Beiträge: Breve noticia histórica del Observatorio Fabra, S. 7—12; H. P. Wilkins, The value of the smaller observatories, S. 13—16; J. M. Torroja, Nuevos métodos astronómicos en el estudio de la figura de la tierra, S. 17—40; P. Herget, Opposition dates for new minor planets, S. 41—42; L. d'Azambuja, Un phénomène peu connu: La «disparition brusque» des protubérances solaires, S. 43—48; A. Romañá, Las corrientes telúricas en Tortosa a fines del siglo pasado, S. 51—63.

1205. **Basel**

H. B. Wackernagel, Die Astronomische Beobachtungsstation Metzerlen der Sternwarte Basel. Orion Schaffhausen **5** 491—493.

1206. **Belgrad**

V. Sekora, Eine Mainacht an der Sternwarte Belgrad. Vasiona **5** 76, 1957 (serb.).

1207. **Berkeley**

Science **128** 133. Radio telescope in California.

1208. **Besançon**

R. Baillaud, Le service d'essais des chronomètres de l'Observatoire de Besançon. Ann. Françaises Chronométrie (2) **12** 39—46.

1209. **Bjurakan**

L. W. Mirsojan, Das Astrophysikalische Observatorium Bjurakan. Moskau, Verlag Akad. Wiss. UdSSR, 1958. 30 S. mit 13 Fig. Preis 85 Kop. (russ.).

1210. **Bogotà**

A. D. Bateman, El Observatorio Astronómico de Bogotà. Monografia histórica con ocasión del 150° aniversario de su fundación. Bogotà, Ediciones «Universidad Nacional de Colombia», 1954. 189 S. mit Fig.

1211. **Bologna**

M. G. Fracastoro. Vgl. Ref. **1243**.

P. Maffei, Venti anni di attività della Stazione astronomica dell'Università di Bologna a Loiano. Boll. Geod. Sci. affini **17** 197—220, 315—349 = Pubbl. Oss. Astr. Univ. Bologna **7** Nr. 1. — Kurzer geschichtlicher Überblick über die Tätigkeit der Sternwarte in Loiano für die Zeit 1937—1956. Es folgt ein Verzeichnis und eine Beschreibung der photographisch aufgenommenen Objekte und ihre teilweise Wiedergabe. Der Bericht schließt mit personellen Angaben und einem Verzeichnis der Veröffentlichungen. Cester

1212. **Bonn**

B.-H. Grahl, Die Positionsgenauigkeit des 25 m-Radioteleskops der Sternwarte Bonn. Telefunken-Zeitung **31** 226—232.

P. G. Mezger, Technische und astronomische Messungen mit dem Bonner 25 m-Radioteleskop. I. Telefunken-Zeitung **31** 213—225.

H. Schmidt, Die atmosphärische Extinktion am Observatorium Hoher List. Veröff. Univ.-Sternw. Bonn Nr. 50, 9 S. — Auf Grund lichtelektrischer Messungen aus vier Jahren werden die Extinktionsverhältnisse am Observatorium Hoher List ausführlich studiert. F. S.

1213. **Brno**

J. Tremko, M. Vetešnik, Spectral sensitivity of the photoelectric photometer of the University Observatory at Brno. BAC **9** 105—107.

1214. **Caracas**

Askania-Warte **16** Nr. 53 S. 3—4. Großer festfundierter Meridiankreis 190 mm. — Angabe einiger Einzelheiten über den Aufbau des mit zahlreichen Neuerungen ausgestatteten Instruments für das Observatorium Cagigal in Caracas. Kurze Zusammenfassung der wichtigsten technischen Daten.

1215. **Cambridge,** Engl.

M. Ryle, The work of the Mullard Radio-Astronomy Observatory, Cambridge. Obs **78** 62—64.

1216. **Cape**

M. A. Ellison, The Lyot Hα heliograph at the Cape of Good Hope. Nature **182** 624—626 = Commun. Roy. Obs. Edinburgh Nr. 17. — Die Konstruktion des Instrumentes und die Planung der Arbeiten des IGJ werden erläutert. Beispiele von monochromatischen Sonnenbildern und Intensitätsmessungen an Flares zeigen die Leistungsfähigkeit des Instrumentes. Stumpff

M. A. Ellison, The Cape Lyot Hα heliograph. MN ASSA **17** 18.

M. A. Ellison, A heliograph for the Cape. Southern Stars **17** 127.

1217. Capodimonte-Napoli

E. Fichera, La collaborazione scientifica Italo-Belga. Boll. Geod. Sci. affini **17** 291—300 = Oss. Astr. Capodimonte-Napoli Contr. Astr. **5** Nr. **3**. — Bericht über die belgisch-italienische Zusammenarbeit vom Jahr 1948 bis zur Gegenwart, den personellen Austausch und die Errichtung einer italienischen Beobachtungsstation in Uccle. Es wurden 2657 Sterndurchgänge beobachtet. Cester

E. Fichera, Il servizio del tempo all'Osservatorio Astronomico di Capodimonte-Napoli. Vgl. Ref. **2314**.

E. Fichera, La spedizione scientifica dell' Osservatorio Astronomico di Capodimonte-Napoli in occasione dell' A.G.I. Vgl. Ref. **72112**.

1218. Capri

Y. Öhman, Die große Sonneneruption vom 20. Januar 1957. Vgl. Ref. **6672**.

1219. Castel Gandolfo

J. Pagaczewski, Watykańskie Obserwatorium Astronomiczne. Urania Kraków **29** 298—301. — Geschichte der Gründung der Vatikan-Sternwarte und Beschreibung des heutigen Zustandes der Sternwarte in Castel Gandolfo. Rybka

1220. Catania

M. G. Fracastoro, Due nuovi riflettori di 30 cm dell'Osservatorio astrofisico di Catania. Ric. Sci. **28** 794—800 = Oss. Astrofis. Catania Pubbl. (NS) Nr. 19. — Verf. gibt eine kurzgefaßte Beschreibung des Entwurfs und Baues von zwei Zwillingsreflektoren, die eine Öffnung von 300 mm, ein Öffnungsverhältnis von 1 : 4 im Newton-Fokus und von 1 : 17 im Cassegrain-Fokus aufweisen. Sie wurden in der Sternwarte von Catania für astrophysikalische Untersuchungen, besonders für solche photoelektrischer Photometrie, errichtet. Verf.

1221. Cleveland, Ohio

Obs **78** 42—43. Nassau Astronomical Station.

1222. Fort Davis

W. A. Hiltner, McDonald Observatory's 36-inch reflector. Sky and Telescope **17** 124—125.

1223. Fritz-Peak, Colorado

Sky and Telescope **17** 163. Night-sky observatory.

1224. Gothenburg

H. Hvatum, The Onsala Radio Wave Propagation Observatory. Univ. Gothenburg Astr. Notes Nr. 1 S. 5—13. — Ein neues Observatorium des elektronischen Forschungslaboratoriums der Chalmers Technischen Universität wird beschrieben. Hauptarbeitsgebiet ist die radioastronomische Forschung; Untersuchungen von Meteoren, Radiostern-Szintillationen, solare Radiostrahlung sowie der 21 cm-Wasserstoff-Spektrallinie werden bereits durchgeführt. Außer mehreren kleineren Antennen sind fünf große in Benutzung: zwei Dipolwände (9.5 × 15 m) für 150 MHz, zwei Würzburg-Riesen (Durchmesser = 7.5 m), parallaktisch montiert, für 21 cm-Linien-Untersuchungen und einer für Sonnenstrahlungs-Messungen bei 147 und 150 MHz. Rabben

Obs **78** 179—180. Astronomy at Gothenburg.

1225. Göttingen

P. ten Bruggencate, H.-H. Voigt, Das Turmteleskop der Göttinger Sternwarte II. Instrumentelle Ergänzungen und Verbesserungen. Nachr. Akad. Wiss.

Göttingen Math.-Phys. Kl. (2 a) 1958 Nr. 8 S. 189—211 = Veröff. Univ.-Sternw. Göttingen Nr. 122. — Beschreibung der instrumentellen Ergänzungen des Turmteleskops: unter anderem Aufstellung zweier neuer Plangitter, eines Konkavgitters und eines Interferenzfilters (zum Nachführen von Protuberanzen etc); Entwicklung einer photoelektrischen Registriereinrichtung und einer elektronischen Einrichtung zur Reproduktion kurzer Belichtungszeiten; Umbau des Monochromators und des Standardisierungsspektrographen. Voigt

1226. Green Bank

R. M. Emberson, N. L. Ashton, The telescope program for the National Radio Astronomy Observatory at Green Bank, West Virginia. Proc IRE **46** 23—35 = National Radio Astr. Obs. Repr. Nr. 1. — Bei der Errichtung und Unterhaltung des neuen «National Radio Astronomy Observatory» in USA (durch die National Science Foundation und die Associated Universities) erfordern die Antennenanlagen der geplanten Radioteleskope die Hauptmittel. Außer einfachen Antennenanordnungen und Mills-Cross-Antennen für die Meterwellenbereiche sind fünf bewegliche Parabolspiegel mit den Durchmessern 3—6 m, 18 m, 43 m, 90 m und 180 m für Mikrowellen geplant, die möglichst vielseitig und für große Wellenlängenbereiche (vor allem um $\lambda = 21$ cm) verwendbar sein sollen. Die Errichtung der Spiegel soll der Größe nach erfolgen, wobei zunächst nur die drei kleineren in Angriff genommen werden. Bei den beiden großen sollen die Erfahrungen ihrer Vorläufer berücksichtigt werden. Die zu fordernden Eigenschaften der Spiegel (Verhältnis: $f/d = 0.35$—0.5; Toleranz und maximale Lochweite des Parabols $\pm$ 6.5 mm; Einstellungsgenauigkeit maximal etwa = $\pm$ 10″; maximale Abweichung der Halterung für die HF-Einspeisung von der genauen Position bei 225 kg Belastung = $\pm$ 3.2 mm) werden erörtert. Die Möglichkeit einer Überdachung der Spiegel wird aus finanziellen Gründen verworfen. Für den 43 m-Spiegel werden vier Entwürfe diskutiert, von denen drei eine azimutale Montierung vorsehen. Dem parallaktisch montierten wird aus meßtechnischen Gründen der Vorzug gegeben; eine Abschätzung zeigt, daß für Spiegel bis zu $d = 30$ m die parallaktische, und für Spiegel mit $d \geq 60$ m die azimutale Montierung günstiger ist. Rabben

J. W. Findlay, Noise levels at the National Radio Astronomy Observatory. Proc IRE **46** 35—38 = National Radio Astr. Obs. Repr. Nr. 2. — Am Ort des neuen National Radio Astronomy Observatory (USA) wurde die Feldstärke der elektromagnetischen Störstrahlung in einem Frequenzbereich von 20 bis 10000 MHz gemessen, um die Eignung des Platzes für radioastronomische Messungen festzustellen. Die gemessenen Störungen überstiegen dabei nicht eine Feldstärke von 50 $\mu V/m$ bei einer Empfindlichkeit der Meßgeräte von 0.1 $\mu V/m$ bis 240 MHz, 10 $\mu V/m$ bis 400 MHz, 200 $\mu V/m$ bis 1000 MHz und 2000 $\mu V/m$ bis 10 GHz. Ferner werden die Möglichkeiten diskutiert, stärkere Störungen (Rundfunk und Starkstromgeräte und andere) auch für die Zukunft vom Observatorium fernzuhalten, vor allem durch Ersuchen bei der FCC (Bundeskommission für das Nachrichtenwesen in USA), bestimmte Frequenzen von Fernsehsendern auszuwechseln, soweit sie den Empfang der 21 cm-Linienstrahlung beeinträchtigen würden. Rabben

Sky and Telescope **18** 72. Green Bank dedication.

1227. Greenwich

JBAA **68** 126. National maritime Museum: Closing of the Octagon Room.

Sky and Telescope **17** 499. Work suspended on 98-inch Isaac Newton telescope.

1228. Hamburg-Bergedorf

J. v. d. Heide, Neue Einrichtungen am Meridiankreis der Hamburger Sternwarte. Mitt. AG 1957/I S. 24. — Ref. AG.

Strewinski, Der große Schmidt-Spiegel der Hamburger Sternwarte in Bergedorf. Mitt. Vereinigte Drehbank-Fabriken Nr. 15 S. 1—10.

1229. Haute-Provence (Saint Michel)

B. M. Ševarlić, New great astrophysical observatory in Haute-Provence, its equipment and achievements. Vasonia **5** 105—107, 1957 (serb.). — Beschreibung der Sternwarte, ihrer Ausrüstung und ihrer Aufgaben. Eksinger

A. Woszczyk, Obserwatorium de Haute-Provence. Urania Kraków **29** 357—359. — Beschreibung des 193 cm-Teleskops der Sternwarte von Haute-Provence. Rybka

Bull. mens. Soc. Astr. Popul. Toulouse **49** 91—92. Télescope électronique de Haute-Provence. — Ref. in RJ UdSSR 1958 Nr. 9 S. 17.

1230. Helwan

W. G. Fessenkow, The scientific work of the Helwan Observatory. AJ UdSSR **35** 283—288 (russ. mit engl. Ref.). — Engl. Übersetzung in Soviet Astr. AJ **2** 256—259.

1231. Józefosław

W. Opalski, Przygotowania do prac obserwacyjnych w Józefosławiu. Postępy Astr. **6** 64—66. — Erstellung eines neuen Meridianpavillons und Aufstellung eines Passageinstruments auf der astronomisch-geodätischen Station der Warschauer Technischen Hochschule in Józefosław im Jahre 1957 und Teilnahme am Programm des IGJ. Rybka

1232. Jungfraujoch

B. Endlich, Hochalpine Forschungsstation Jungfraujoch. Naturwiss. Rundschau **11** 272—274. — Vorliegender Bericht enthält Angaben über die von D. Chalonge durchgeführten Untersuchungen von Sternspektren sowie über die von M. Migeotte geleitete Forschungsgruppe, die mit der Analyse des Sonnenspektrums beschäftigt ist. In einem letzten Abschnitt wird über die von H. Gebbie angestellten Beobachtungen des Nachthimmellichtes berichtet. Henn

1233. Kasan

S. N. Korytnikow, Über die erste Simonow-Sternwarte der Universität Kasan. Abh. Univ. Kasan **117** Nr. 9 S. 181—184, 1957 (russ.). — Ref. in RJ UdSSR 1959 Nr. 1 S. 2.

1234. Kislowodsk

M. N. Gnewyschew, Auf der Astronomischen Bergstation bei Kislowodsk. Bote Akad. Wiss. UdSSR 1958 Nr. 8 S. 107—109 (russ.). — Ref. in RJ UdSSR 1959 Nr. 9 S. 4.

1235. Kitab

W. P. Schtscheglow, Die internationale Breitenstation Kitab. Priroda **47** Nr. 11 S. 46—49 (russ.).

1236. Kitt Peak

T. Dahlgren jr., Ett nytt amerikanskt observatorium. PAT **39** 168—169.

A. B. Meinel, Report on the Kitt Peak Observatory. AJ **63** 308. — Ref. AAS.

A. B. Meinel, The National Observatory at Kitt Peak. Sky and Telescope **17** 492—499.

Bull. American Meteorol. Soc. **39** 336. National Astronomical Observatory at Kitt Peak, Arizona. — Ref. in RJ UdSSR 1959 Nr. 6 S. 7.

JBAA **68** 330—331. U. S. National Astronomical Observatory.

J. Geophys. Res. **63** 557. National Astronomical Observatory site chosen.

J. Optical Soc. America **48** 277—278. National Science Foundation contracts with newly organized group of universities for construction and operation of Optical Astronomy Observatory.

J. Optical Soc. America **48** 432. Kitt Peak chosen as site for new National Astronomical Observatory.

Nature **181** 236, 740. U. S. National Astronomical Observatory.

Obs **78** 134—135. U. S. National Astronomical Observatory.

Publ ASP **70** 107—108. Developments in the National Optical Astronomy Observatory project.

Publ ASP **70** 228—229. National Observatory site chosen.

Science **127** 23. Contract for observatory. — Vorschlag für die Errichtung eines neuen Observatoriums durch die National Science Foundation.

Sky and Telescope **17** 342. National Observatory to be on Kitt Peak.

Southern Stars **17** 152. National Observatory for U. S. A.

1237. Kraków

O. Czyżewski, Aparatura radioteleskopu krakowskiego. Postępy Astr. **6** 149—154. — Beschreibung der Empfangsapparatur des Krakauer Radioteleskops.

K. Kozieł, O radioteleskopie krakowskim. Postępy Astr. **6** 148—149. — Inbetriebnahme des 5 m-Radioteleskops der Sternwarte Krakau am 1. Okt. 1957. Es werden Beobachtungen der Sonnenstrahlung auf der Wellenlänge 37 cm durchgeführt. Rybka

1238. Krim

P. P. Dobronrawin, Das Astrophysikalische Observatorium auf der Krim. Moskau, Verlag Akad. Wiss. UdSSR, 1958. 50 S. Preis 1 R. 40 Kop. (russ.).

N. S. Nikulin, A. B. Sewerny, W. E. Stepanow, The solar magnetograph of the Crimean Astrophysical Observatory. Mitt. Astrophys. Obs. Krim **19** 3—19 (russ. mit engl. Ref.).

1239. Lake Angelus

O. Mohler, Solar spectroscopy. Vgl. Ref. **2247**.

1240. La Plata

Rev. Astr. Nr. 144—145 S. 136. Estación para explorar la ionosfera en La Plata.

1241. Leningrad

M. F. Subbotin, Das Institut für Theoretische Astronomie. Moskau-Leningrad, Verlag Akad. Wiss. UdSSR, 1958. 15 S. Preis 40 Kop. (russ.).

1242. Locarno-Monti

M. Waldmeier, La Specola Solare dell'Osservatorio Astronomico Federale, Locarno-Monti. Orion Schaffhausen **5** 398—402.

1243. Loiano

M. G. Fracastoro, Progetto ottico di uno spettrografo per il riflettore Zeiss della stazione astronomica di Lojano. Atti Fondaz. Ronchi **13** 93—100 = Pubbl. Oss. Astr. Univ. Bologna **7** Nr. 4. — Betrachtungen über die Möglichkeit der Anwendung eines Spektrographen am Newtonschen Zeiss-Reflektor von Loiano und Berechnung verschiedener Lösungen bei Verwendung eines Beugungsgitters. Cester

1244. Lwow

P. P. Kosak, Das photoelektrische Sonnenspektralphotometer des Astronomischen Observatoriums Lwow. AC Nr. 194 S. 15—16 (russ.).

1245. Madison

J. Stebbins, The Washburn Observatory, 1878—1958. Publ ASP **70** 437—449. — Der Bericht enthält Angaben über die Geschichte des Observatoriums von seiner Stiftung an, über die Direktoren und einige der Astronomen sowie Angaben über wichtige wissenschaftliche Arbeiten und über die Suche nach einem neuen geeigneteren Ort für das Observatorium. Auch die Leistungen von Mitgliedern des Observatoriums als Gäste an anderen Observatorien oder nach Übergang an andere Observatorien werden erwähnt. O. G.

Sky and Telescope **17** 552—554. Wisconsin's Pine Bluff Observatory.

1246. Malvern

JBAA **68** 166—167. The Malvern radio telescope.

1247. Manchester

H. C. Husband, The Jodrell Bank radiotelescope. Proc. Instn. Civ. Engineers **10** 410—418.

C. N. Kington, Radio telescope sees 2 billion light years. Electronics **31** 70—75.

A. C. B. Lovell, The work of the Jodrell Bank Experimental Station of the University of Manchester. Obs **78** 60—62.

A. C. B. Lovell, The Jodrell Bank radio telescope. S. African J. Sci. **54** Nr. 2 S. 25—27.

E. Mädlow, Das Radioteleskop von Jodrell Bank. VdS Nachr. **7** 17—18.

Electronic Engineering **30** 466—472. The computer and control for the telescope at Jodrell Bank.

JBAA **68** 112—113. A visual meteor observer visits Jodrell Bank. W. F. Ewbank.

La Nature **86** 1—2. Le radiotélescope géant de Jodrell Bank vient d'être mis en service.

1248. Mauna Loa

R. Stair, R. G. Johnston, Some studies of atmospheric transmittance on Mauna Loa. J. Res. National Bureau of Standards **61** 419—425. — Ref. in RJ UdSSR 1959 Nr. 8 S. 24—25.

1249. Milano

S. Guidarelli, Manovre e rettifiche sul nuovo spettrografo stellare dell'Osservatorio Astronomico di Merate. Atti Fondaz. Ronchi **13** 499—516. — Die mechanischen Handgriffe, Skalen und Genauigkeitsgrenzen des neuen Gittersternspektrographen für die Sternwarte in Merate werden beschrieben. Cester

E. Proverbio, Il servizio dell'ora all'Osservatorio di Brera. Istanti di ricezione dei segnali orari nel II semestre 1957. Vgl. Ref. **2331**.

E. Proverbio, Occultazioni di stelle e loro riduzioni e osservazioni di eclissi negli anni 1956—57. Vgl. Ref. **7368**.

F. Zagar, Per l'inaugurazione della nuova cupola, del nuovo complesso strumentale e dei lavori per l'anno geofisico internazionale all'Osservatorio di Brera (27 luglio 1957). Pavia, Industria Grafica M. Ponzio, 1958, 13 S. mit 3 Fig. — Wiedergabe der Ansprachen, die anläßlich der Inbetriebnahme der Instrumente der Sternwarte Mailand für die Teilnahme am Internationalen Geophysikalischen Jahr gehalten wurden. Cester

F. Zagar, Die neue Kuppel der Sternwarte Brera. Askania-Warte **16** Nr. 54 S. 3—7.

1250. Mizusawa

T. Ikeda, The effect of the upper wind on the latitude observation at Mizusawa. Publ. Latitude Obs. Mizusawa **2** 393—410.

S. Yumi, Micrometer value of the international zenith telescope at Mizusawa. II. Results of the greatest elongation observations of circumpolar stars. Publ. Latitude Obs. Mizusawa **2** 321—392.

1251. Montevideo

F. Cernuschi, El proyectado Observatorio Astronomico Interamericano. Publ. Depart. Astr. Univ. Montevideo Nr. 3, 25 S.

Publ. Depart. Astr. Univ. Montevideo Nr. 1, 14 S. Fundamentos del proyecto de creacion del observatorio astronomico de la facultad de humanidades y ciencias.

1252. Moskau

D. J. Martynow, Das Staatliche Astronomische Sternberg-Institut. Moskau, Akad. Wiss. UdSSR, 1958. 31 S. mit Fig. Preis 90 Kop. (russ.).

1253. Mount Hamilton

N. U. Mayall, S. Vasilevskis, Quantitative tests of the 120-inch mirror of Lick Observatory. Science **128** 1146. — Ref.

1254. Mount Stromlo

W. Buscombe, Research at the Mount Stromlo Observatory. J RAS Canada **52** 68—81 = Mt. Stromlo Obs. Repr. Nr. 7.

H. Gollnow, Stellar spectrographs. Vgl. Ref. **2229**.

A. R. Hogg, The great Melbourne telescope. Australian J. Sci. **21** 2—5 = Mt. Stromlo Obs. Repr. Nr. 11.

1255. Mount Wilson

Sky and Telescope **17** 123. Fire near Mt. Wilson.

1256. Nançay

E. J. Blum, J. F. Denisse, J. L. Steinberg, Radio astronomy at the Meudon Observatory. Proc IRE **46** 39—43. — Die Hauptinstrumente und die letzten Ergebnisse der Radioastronomie in Frankreich (Nançay-Observatorium) werden beschrieben (Stand von Ende 1957): 1.) Ein Interferometer aus zwei parallaktisch montierten Würzburg-Riesen (d = 7.5 m), die auf einer 1500 m langen, in Ost-West-Richtung verlegten Schiene (Spurweite = 6 m) leicht beweglich sind. Empfangsfrequenz etwa 1420 MHz; Einstellgenauigkeit = 1'. 2.) Mehrere Radiometer bei λ = 3 cm für die Sonnenbeobachtung: a) Ein Interferometer mit 60 m langer Ost-West-Basis; Auflösungsvermögen = 1!5. b) Ein Vier-Antennen-Interferometer mit ungleichen Zwischenräumen. c) Zwei herkömmliche Radioteleskope, von denen eines beweglich ist, für Szintillationsmessungen. Korrelationen bestehen bei Szintillationsregistrierungen von solaren Emissionsgebieten mit einer Größe von etwa 5' bis zu einem Abstand von 170 m; Lage der Szintillationsquellen in der Tropopause. 3.) Ein 32 Parabolantennen-Interferometer (d = 5 m) mit 1550 m langer Ost-West-Basis. Empfangsfrequenz = 169 MHz (λ = 1.8 m); Keulenbreite = 3!8; Keulenabstände = 2°. Tägliche Messungen der solaren Helligkeitsverteilung führten zur Entdeckung eines neuartigen Bursttypes (IV). Rabben

A. Boischot, Etude du rayonnement radioélectrique solaire sur 169 MHz, à l'aide d'un grand interféromètre à réseau. Vgl. Ref. **6522**.

1257. Nanking

Y.-H. Chow, S.-G. Lee, G.-C. See, Examination of Talcott-levels on the transit instrument of Purple Mountain Observatory. Acta. Astr. Sinica **6** 71—78 (chines. mit engl. Ref.).

1258. Neuchâtel

J.-P. Blaser, Centenaire de l'Observatoire cantonal de Neuchâtel 22 mai 1958. Orion Schaffhausen **5** 442—449.

L. Defossez, Le centenaire de l'Observatoire cantonal de Neuchâtel. J. suisse horlog. bijouterie **83** Nr. 4 Suppl. S. 8—12. — Ref. in RJ UdSSR 1959 Nr. 5 S. 2.

Rev. internat. horlog. 1958 Nr. 7 S. 3—7. Le centenaire de l'Observatoire de Neuchâtel. — Ref. in RJ UdSSR 1959 Nr. 4 S. 2.

1259. Nikolajew

I. I. Boshko, An investigation of the Repsold meridian circle at Nikolajew. Mitt. Astr. Hauptobs. Pulkowo **21** Nr. 2 (161) S. 170—202 (russ. mit engl. Ref.). — Der Pulkowoer Repsoldsche Meridiankreis mußte nach dem Kriege repariert werden; daher war eine neue Untersuchung des Instrumentes notwendig. Verf. beschreibt ausführlich die Untersuchung der Durchbiegung, der Schrauben des Okularmikrometers und der Mikroskopmikrometer. Ferner wurden die Fehler der Kreisteilung und der Einfluß der Neigung der Mikroskope auf die Ablesungen am Kreis bestimmt. Auch der Einfluß der Refraktion auf die Messung der Durchbiegung mit horizontalen Kollimatoren wird diskutiert. Die unregelmäßigen Änderungen der Durchbiegung werden wahrscheinlich durch das schwere Okularmikrometer verursacht. Ond.

1260. Odessa

W. P. Zessewitsch, Das Astronomische Observatorium am Dnjestr. Priroda **47** Nr. 10 S. 86—87 (russ.). — Mitteilung über die Gründung eines der Sternwarte Odessa angeschlossenen Astrophysikalischen Observatoriums in der Nähe des Dorfes Majaki im Mündungsgebiet des Dnjestr. Loh.

1261. Padova

L. Rosino, Ricerche astronomiche ed astrofisiche all'Osservatorio dell'Università di Padova. I. Ric. Sci. **28** 1133—1144. — Die in der Abteilung von Asiago des «Centro per lo studio dell'astrofisica del CNR» laufenden Arbeiten wollen einen Beitrag zu den Entwicklungs- und Strukturproblemen der Sternsysteme sowie der chemischen und physikalischen Beschaffenheit der Gestirne liefern. Es wird über die Untersuchungen der letzten Jahre berichtet, die mit dem 120 cm-Fernrohr mit Newtonscher Montierung über veränderliche Sterne, Nebel und Sternhaufen durchgeführt wurden. Über die spektroskopischen Untersuchungen soll später berichtet werden. Verf.

1262. Paris

B. Guinot, L'astrolabe impersonnel A. Danjon, modèle O. P. L. de l'Observatoire de Paris. Etude des résultats d'une année d'observations. Variation de la latitude. Catalogue d'étoiles. Vgl. Ref. **2414**.

1263. Prag

K. Hermann-Otavský, The coronograph of the popular observatory in Prague. RH **39** 171—174 (tschech.).

1264. Pulkowo

A. M. Dadajew, Die Sternwarte Pulkowo. Moskau-Leningrad, Akad. Wiss. UdSSR, 1958. 52 S. Preis 1 R. 30 Kop. (russ.). — Ref. in RJ UdSSR 1959 Nr. 4 S. 9.

S. D. Gossner, The Pulkowo Observatory. Nature Mag. **51** 543—545. — Ref. in RJ UdSSR 1959 Nr. 5. S. 7.

W. B. Suchow, J. P. Platonow, The Pulkowo time service photoelectric device operating with an alternating current feed. Mitt. Astr. Hauptobs. Pulkowo **21** Nr. 2 (161) S. 52—70 (russ. mit engl. Ref.).

1265. Simferopol

W. W. Martynenko, B. I. Goldberg, Die Satejschtschikow-Meteorstation Simferopol. Bull. Astr.-Geod. Ges. UdSSR Nr. 22 S. 42—46 (russ.).

1266. Stalinabad

A. Bacharew, Wissenschaftliche Jubiläumstagung der Akademie der Wissenschaften der Tadshikischen Sowjetrepublik anläßlich des 25jährigen Bestehens des Astronomischen Observatoriums Stalinabad. AC Nr. 194 S. 29—30 (russ.). — 1958 April 22—25.

1267. Sydney

W. H. Robertson, Minor planet observations at Sydney Observatory. J. Astr. Soc. Victoria **11** 35—38.

C. A. Shain, The Sydney 19.7-mc radio telescope. Proc IRE **46** 85—88 = Commonwealth Sci. Industrial Res. Organization, Australia, Division Radiophys. — Das Auffinden ionisierten interstellaren Wasserstoffs, die Feststellung der Verteilung der allgemeinen Hintergrundstrahlung von sehr entfernten Milchstraßensystemen, die Untersuchung diskreter Radioquellen und der Brechungserscheinungen in der Ionosphäre sind Aufgaben, die mit einem neuen «Mills-Cross» für 19.7 MHz (Keulenbreite des Antennendiagramms = 1°.4) in Angriff genommen wurden. Beobachtungsgerät und -methoden werden kurz beschrieben, ausführlicher die mit dieser tiefen Frequenz zusammenhängenden Besonderheiten. Die bisherigen Beobachtungsergebnisse werden zusammengefaßt und diskutiert. Rabben

1268. Taschkent

W. P. Schtscheglow, L'Observatoire Astronomique de Tachkent. Moskau, Verlag Akad. Wiss. UdSSR, 1958. 16 S. Preis 50 Kop.

1269. Tokyo

M. Shimizu, Der neue Lyot-Spektroheliograph des Astronomischen Observatoriums Tokyo. Astr. Herald **51** Nr. 17 (japan.). — Ref. in RJ UdSSR 1959 Nr. 3 S. 44.

Nature **182** 1643. Tokyo Observatory polar tube.

1270. Toruń

K. Grzesiak, S. Gorgolewski, Radioteleskop Obserwatorium UMK w Toruniu. Postępy Astr. **6** 49—50. — Angabe der Eigenschaften des Radioteleskops der Sternwarte in Toruń, das für Beobachtungen der Sonnenstrahlung auf der 2.37 m-Wellenlänge bestimmt ist. Rybka

L. Pieczyński, Determination of geographical coordinates of the Astronomical Observatory N. Copernicus University in Toruń-Piwnice. Studia Soc. Sci. Toruń (F) **2** Nr. 1 S. 12—24 = Bull. Astr. Obs. Toruń Nr. 17 (poln. mit engl. und russ. Ref.).

1271. Uccle

P. Bourgeois, M. Cimino, T. Nicolini, La station horaire italienne A. G. I. à l'Observatoire Royal de Belgique. Ciel et Terre **74** 301—303.

E. Fichera, La collaborazione scientifica Italo-Belga. — Vgl. Ref. 1217.

E. Fichera, La spedizione scientifica dell'Osservatorio Astronomico di Capodimonte-Napoli in occasione dell'A.G.I. Vgl. Ref. 72112.

1272. Victoria, Canada

A. McKellar, A new 48-inch telescope for the Dominion Astrophysical Observatory. Publ ASP **70** 315—316. — Ref. in Coelum **26** 178. — Über das neue Teleskop, das etwa 1961 fertig werden soll und das hauptsächlich für lichtelektrische Photometrie und für spektrographische Arbeiten (auch Coudé-Spektrograph) bestimmt ist, werden einige schon festliegende Einzelheiten mitgeteilt. O. G.

J RAS Canada **52** 167—168. A new 48-inch telescope for the Dominion Astrophysical Observatory.
Urania København **15** 79. En ny, stor Reflektor.

1273. Washington

F. McClain, The Naval Research Laboratory's 84-foot radio telescope. Sky and Telescope **17** 608—610.

1274. Wien

Coelum **26** 167—168. L'Osservatorio di Vienna visto da un astrofilo.

1275. Williams Bay

H. A. Abt, W. A. Hiltner, A new 16 inch reflector at Yerkes Observatory. Publ ASP **70** 414—415. — Das neue Spiegelteleskop soll für lichtelektrische Messungen im U, B, V-System dienen und außerdem zur Erprobung von Geräten, die zum Ansetzen an die größeren Teleskope bestimmt sind, benutzt werden. Ein paar technische Angaben über das neue Teleskop werden gegeben. O. G.

1276. Woomera

V. J. Bosher, Notes on the Baker-Nunn satellite camera at Woomera. J. Astr. Soc. Victoria **11** 38—42.

1277. **F. M. Bateson,** North American odyssey. Southern Stars **17** 129—132. — Besuch einiger Sternwarten in Kanada und USA.

1278. **S. P. Dartschija,** Vorläufige Ergebnisse visueller Beobachtungen der Güte von Sternbildchen (1956—1957). AC Nr. 189 S. 21—24 (russ.). — Eine Gruppe von Astronomen der Sternwarte Pulkowo hat in verschiedenen Teilen der Sowjetunion Untersuchungen der oben genannten Art durchgeführt, um einen zur Aufstellung eines großen Teleskops besonders geeigneten Ort ausfindig zu machen. Loh.

1279. **J. Dommanget,** Le projet de création d'un observatoire européen en Union Sud-Africaine. Ciel et Terre **74** 305—357 = Commun. Obs. Roy. Belgique Nr. 141.

1280. **A. V. Douglas,** Astronomy at Queen's University. J RAS Canada **52** 82—86.

1281. **W. G. Fessenkow,** The expedition of Soviet astronomers to Aswan, Egypt for observations of zodiacal light and the optical properties of the atmosphere. AJ UdSSR **35** 305—313 (russ. mit engl. Ref.). — Engl. Übersetzung in Soviet Astr. AJ **2** 276—286.

1282. **J. B. Irwin,** An international observatory. Sci. Monthly **84** 111—122, 1957 = Goethe Link Obs. Repr. Nr. 12.

1283. **G. G. Lengauer,** Das Museum für Vorführgeräte und anschauliche Lehrmittel zur Astronomie am astrophysikalischen Laboratorium des Staatlichen Naturwissenschaftlichen P. F. Lesgaft-Instituts. Nachr. Akad. Pädagog. Wiss. Russ. Sowjetrepublik 1957 Nr. 85 S. 441—449 (russ.). — Ref. in RJ UdSSR 1958 Nr. 6 S. 7.

1284. **K. P. Massalskaja,** Die internationale Zusammenarbeit in der Meteoritik. Meteoritika Nr. 15 S. 180—182 (russ.).

1285. **K. P. Massalskaja,** Die meteoritischen Institutionen in USA. Meteoritika Nr. 15 S. 183—189 (russ.).

1286. **P. M. Millman,** Het Springhill Meteoren-Observatorium. Meteoor **14** 39—41.

1287. **D. C. Morton,** An observatory at 80,000 feet. J RAS Canada **52** 5—10.

1288. **W. P. Schtscheglow,** L'Observatoire d'Ouloug-Beg à Samarkande. Moskau, Verlag Akad. Wiss. UdSSR, 1958. 15 S. Preis 45 Kop.

1289. **W. R. Steiger, J. W. Little,** On the feasibility of a solar observatory in the Hawaiian Islands. Publ ASP **70** 556—560.

1290. **R. v. d. R. Woolley,** A visit to Russia. MN ASSA **17** 35—39.

1291. Von Bremer Astronomen und Sternfreunden. Zur Einweihung der Sternwarte der Olbers-Gesellschaft am 200. Geburtstag von W. Olbers, am 11. Oktober 1958, herausgegeben von W. Stein. Bremen, Verlag Arthur Geist, 1958. 160 S. mit zahlreichen Fig. und Abb. Preis DM 16.80. — Besprechung in NAT 1959 S. 148, Sterne **35** 94 (C. Hoffmeister), Sky and Telescope **18** 522, VdS Nachr. **7** 93—94 (J. Herrmann).

1292. Spectroscopic work with the 60 cm reflector. Acta Astr. Sinica **6** 79—86 (chines. mit engl. Ref.).

1293. Department of Astronomy, Los Angeles. Bull. Staff Univ. California **6** 165.

1294. A world list of radio observatories (1957—8). Compiled by J. L. Pawsey. IAU Circ. 1958 Nr. 4, 15 S. Amendments to the list published in I. A. U. Circ., 1958 Nr. 4 of October 1958. 2 S.

1295. Operation Blake. MN ASSA **17** 103.

1296. Radio telescope at Sugar Grove. Sky and Telescope **17** 626.

1297. Institute of space sciences. Sky and Telescope **18** 72.

1298. Zum zweihundertjährigen Jubiläum der Sternwarte des Stiftes Kremsmünster. Österreich Z. Vermessungswesen **46** 122—123.

1299. **Privat- und Volkssternwarten**

El Universo Nr. 42 S. 7—21. El Observatorio «Archenhold». F. J. Escalante.

El Universo Nr. 43 S. 69—71. Breve informe sobre la «Estación Urania» de Palma de Mallorca, España. R. Compte Porta.

JBAA **68** 34—35. A note on the Port Elizabeth Observatory. H. Welsh.

JBAA **68** 37—38. The Wilfred Hall Observatory.

JBAA **68** 217—222. A home-built rotating observatory. A. K. Appleton.

J RAS Canada **52** 3—4. The observatory of the Montreal Centre. I. K. Williamson.

Mitt. Archenhold-Sternw. Berlin-Treptow Nr. 48 S. 1—6. Jahresbericht der Archenhold-Sternwarte 1957. D. Wattenberg.

MN **118** 376. Mr M. Abdul Ahad's Observatory, Basrah, Iraq.

MN **118** 376. Godlee Observatory, College of Science and Technology, Manchester.

MN **118** 377. Mr J. D. Bestwick's Observatory, Leek, Staffordshire.

MN **118** 377. Dr J. L. Haughton's Observatory, Littleton, Nr Winchester, Hants.

MN **118** 377. Mr M. B. B. Heath's Observatory, Kingsteignton, Devon.

MN **118** 377. Mr F. M. Holborn's Observatory, Peaslake, Surrey.

MN **118** 377. Mr Patrick Moore's Observatory, East Grinstead, Sussex.

MN **118** 377—378. Mr G. E. Patston's Observatory, Eastbourne, Sussex.

MN **118** 378. Dr R. L. Waterfield's Observatory, Ascot.

MN **118** 378. Dr H. P. Wilkins' Observatory, Bexleyheath, Kent.

MN ASSA **17** 77. The People's Observatory, Munich.

Naturwiss. Rundschau **11** 7—8. Satellitenprogramm der Volkssternwarte München. E. Klee.

Orion Schaffhausen **5** 369—370. Visite aux astronomes amateurs de Montréal. E. Antonini.

PAT **39** 65—67. Skogatorps Observatorium. G. Darsenius.

Recklinghausen, Volkssternwarte, 1958. Jahresbericht 1957 der Volkssternwarte Recklinghausen. 37 S.

Sky and Telescope **17** 277. Wilfred Hall Observatory.

Sky and Telescope **17** 593—594. A new solar observatory in the Northwest. B. C. Parmenter.

Sterne **34** 203—204. «Junge Amateur-Astronomen» in Greifswald. E. Strübing.

VdS Nachr. **7** 59. Von der Arbeit der Stuttgarter Volkssternwarte. H. Bühler.

VdS Nachr. **7** 60. Tätigkeitsbericht der Privatsternwarte Hans Oberndorfer, München.

VdS Nachr. **7** 60. Die Volkssternwarte Recklinghausen im Jahre 1957.

VdS Nachr. **7** 65. Die Tätigkeit der Volkssternwarte München. H. Oberndorfer.

12100. **J. Doleček,** O powstaniu kółka astronomicznego i budowa ludowego obserwatorium w Wołoskim Międzyrzeczu. Urania Kraków **29** 36—38. — In Valašske Meziřiči (Tschechoslowakei) wurde durch Amateurastronomen eine Sternwarte aufgebaut, die ihre Tätigkeit 1958 aufgenommen hat. Das Hauptinstrument ist ein 24 cm-Cassegrain-Reflektor. Rybka

12101. **F. Kadavý,** Thirty years of the popular observatory in Prague. RH **39** 152—155 (tschech.).

12102. **B. Maleček,** How to build a popular observatory. RH **39** 247—250 (tschech.).

Planetarien

12103. **J. M. Chamberlain,** The development of the planetarium in the United States. Smithsonian Report 1957 S. 261—277 = Smithsonian Inst. Publ. 4319.

12104. **O. Dias de Almeida,** Planetarium in Brazil. Sky and Telescope **17** 400.

12105. **H. C. King,** The London planetarium. JBAA **68** 115—118, Spaceflight **1** 241—246. — Kurze Beschreibung des Londoner Zeiss-Planetariums. Unter den technischen Neuerungen wird der automatische Lichtwechsel bei drei Veränderlichen besonders hervorgehoben. T. L.

12106. **H. C. King,** The London planetarium. Nature **181** 733—735. — Beschreibung des Zeiss-Planetariums in London.

12107. **H. C. King,** The London planetarium. Obs **78** 69—72.

12108. **H. C. King,** London's new planetarium. Sky and Telescope **17** 440—443, mit zwei Bemerkungen S. 501.

12109. **H. C. King,** The Alexander F. Morrison planetarium. Optician **136** 85—88. — Ref. in RJ UdSSR 1959 Nr. 2 S. 86—87.

12110. **G. Lovi,** A basement planetarium. Sky and Telescope **17** 122.

12111. **B. Maleček,** Zeiss Kleinplanetarium der Volkssternwarte in Pilsen. RH **39** 209—211 (tschech.).

12112. **R. B. Michell,** The London planetarium. J. Inst. Navigation **11** 323—324.

12113. **M. G. Moore,** The Longway Planetarium in Flint, Michigan. Sky and Telescope **17** 500—501.

12114. **J. Patterson,** Boston's planetarium opens. Sky and Telescope **18** 12—15.

12115. **L. Wolfe,** Let's Go to a Planetarium. London, Putnam & Co. Ltd., 1958. 47 S. Preis $ 1.95. — Besprechung in Sky and Telescope **18** 219.

12116. The London planetarium. BAA Circ Nr. 393 S. 2.

12117. London's new planetarium. Spaceflight **1** 195.

§ 13

Geschichte und Fortschritte der Astronomie

1301. **I. Almár,** Astronomia na Węgrzech. Postępy Astr. **6** 3—9. — Kurze Geschichte der Astronomie in Ungarn seit dem 15. Jahrhundert. Die Wiedergeburt der ungarischen Astronomie ist mit dem Namen Nikolaus Konkoly-Thege und seiner von ihm gegründeten Sternwarte in Ogyalla verbunden. Nach dem ersten Weltkriege wurde die Sternwarte in Budapest gegründet. Das gegenwärtige Astronomische Institut der Ungarischen Akademie der Wissenschaften wird von L. Detre geleitet. Es werden hauptsächlich Sterne vom Typus RR Lyr und die Sonne beobachtet. Rybka

1302. **J. Ashbrook,** Navigators of the old Pacific. Sky and Telescope **17** 180, 183. — Das Problem, ob die Polynesier bei der Entdeckung und Besiedlung der pazifischen Inselwelt im Besitz astronomischer Navigationsmethoden gewesen seien oder ob die Entdeckungen zufällig erfolgten, ist schon öfters diskutiert worden. Der Artikel stellt die Ansichten einer Reihe älterer und neuerer Autoren zusammen mit dem Ergebnis, daß die Frage auch heute noch nicht zu entscheiden ist. Kdr.

1303. **L. Auger,** Les idées de Roberval sur le système du monde. Rev. histoire sci. **10** 226—234, 1957. — Ref. in RJ UdSSR 1959 Nr. 3 S. 1—2.

1304. **C. M. Botley,** Two cometary centenaries. JBAA **68** 322—324. — Die Jahre 1758 und 1858 sind durch das Erscheinen des Halleyschen bzw. des Donatischen Kometen ausgezeichnet. Ersterer wurde 1758 auf Grund von Vorausberechnungen aufgefunden, während der Donatische Komet 1858 entdeckt wurde und durch seine Helligkeit und sein Aussehen jedem Beobachter unvergeßlich blieb. Baehr

1305. **F. Buffière,** La Lune chez les anciens. Bull. mens. Soc. astr. popul. Toulouse **49** 5—21. — Ref. in RJ UdSSR 1959 Nr. 8 S. 1.

1306. **F. Chatelet,** Contribution de l'université au développement de la chronométrie. Ann. Françaises Chronométrie (2) **12** 267—269.

1307. **C. Cook de Leonard,** Historia de la ciencia astronómica. La astrología y la tradición escéptica en China. Astronomia Popular **1** Nr. 4 S. 26—28.

1308. **A. Czwalina,** Über einige Beobachtungsfehler des Ptolomäus und die Deutung ihrer Ursachen. Centaurus **5** 283—306. — Ref. in RJ UdSSR 1959 Nr. 5 S. 1—2.

1309. **R. Danić,** Zwei große Systeme in der Astronomie. Vasiona **5** 72—75, 108—110, 1957 (serb.). — Verf. gibt eine kurze Beschreibung des ptolomäischen und kopernikanischen Systems. Eksinger

1310. **A. Dermul,** Catalogues d'étoiles. XII. Gaz astr **40** 1—9. — Vgl. I—II: AJB **50** Ref. **1406**, III—VII: AJB **51** Ref. **1411**, VIII: AJB **53** Ref. **1305**, IX—XI: AJB **54** Ref. **9107**.

1311. **P. Duhem,** Histoire des Doctrines Cosmologiques de Platon à Copernic. Tome 8. Paris, Hermann & Cie., 1958. 512 S. Preis fr. 3.400. — Besprechung in Nature **183** 964 (E. J. Dijksterhuis).

1312. **O. J. Eggen,** A clock paradox — 1794 style. Obs **78** 126—127. — Abdruck eines Briefes von W. Herschel, in dem für den angenommenen Fall, daß zwei gleichschnelle Rennpferde längs eines Breitenkreises aber in entgegengesetzter Richtung laufen, die Zeitverhältnisse für verschiedene Arten der Zeitmessung diskutiert werden. O. G.

1313. **P. P. d'Elia,** Frammenti di due antiche carte cinesi presso l'Osservatorio astronomico di Bologna. Coelum **26** 41—50. — Beschreibung zweier Abbildungen, welche sich im Besitz der Sternwarte Bologna befinden. Die erste besteht aus zwei Fragmenten der 3. Auflage der chinesischen Weltkarte von Pater Matteo Ricci (Peking 1602); die zweite besteht aus vier Fragmenten der Darstellung der Himmelskugel, welche 1634 von Pater G. Adam Schall von Bell in Peking herausgegeben wurde. Ein Beitrag über die Tätigkeit der Jesuiten in China wird gegeben. Exemplare der genannten Werke sind in der Bibliothek der Vatikan-Sternwarte aufbewahrt. Cester

1314. **M. G. Evans,** Newton and the cause of gravity. American J. Phys. **26** 619—624.

1315. **R. O. Faulkner,** Meteors in ancient Egypt. JBAA **68** 216—217.

1316. **A. Fiorentini,** Teoria ed esperienze sulla forma della volta celeste e sulla grandezza apparente degli astri. Atti Fondaz. Ronchi **13** 253—261. — Die Haupttheorien über die scheinbare Vergrößerung von Sonne und Mond am Horizont sowie einige Experimente über die Gestalt des Himmelsgewölbes und die Dimensionen der Himmelskörper, die am Anfang dieses Jahrhunderts ausgeführt wurden, werden kurz beschrieben. Cester

1317. **J. O. Fleckenstein,** Die Erweiterung des kosmischen Raumbegriffs in der Geschichte der Raummessung. Studium Generale **11** 29—34.

1318. **A. Fresa,** Su un'iscrizione pompeiana allusiva al tramonto eliaco di Deneb. Sonderdruck aus Atti Accad. Pontaniana (NS) **7,** 7 S. = Oss. Astr. Capodimonte-Napoli Contr. Sci. (NS) Nr. 14.

1319. **B. von Freytag Löringhoff,** Über die erste Rechenmaschine. Phys. Blätter **14** 361—365.

1320. **Geyer,** Der «Wolfsrachen» des germanischen Sternhimmels. Sterne **34** 248.

1321. **E. Gigas,** Geschichte der Geodäsie. Studium Generale **11** 47—62.

1322. **O. Gingerich,** The naming of Uranus and Neptune. ASP Leaflet Nr. 352, 7 S.

1323. **G. Godoli,** La fisica solare in Canada. Ric. Sci. **28** 2482—2491 = Oss. Astrofis. Arcetri Contr. Nr. 20.

1324. **C. E. Gondell,** Las antiguas mediciones de la Tierra y la Metrologia. Rev. Astr. Nr. 143 S. 57—64.

1325. **A. R. Hall,** Newton on the calculation of central forces. Ann. Sci. Bull. Brit. Soc. Hist. Sci. **13/2** Nr. 1/16 S. 62—71. — Ref. in RJ UdSSR 1959 Nr. 1 S. 1.

1326. **H. C. van de Hulst,** «Zonnewervels» een jubileum. Hemel en Dampkring **56** 16—20.

* * **S. Imoto, I. Hasegawa,** Historical records of meteor showers in China, Korea, and Japan. Vgl. Ref. 8280.

1327. **N. Janković,** Astronomische Daten in alten Chroniken. Vasiona **6** 38—40 (serb.).

1328. **C. M. Jansky jr.,** The discovery and identification by Karl Guthe Jansky of electromagnetic radiation of extraterrestrial origin in the radio spectrum. Proc IRE **46** 13—15. — Ref. in RJ UdSSR 1958 Nr. 7 S. 27.

1329. **A. Luplau Janssen,** Lidt Astronomi fra Karl den Stores Tid. Urania København **15** 49—53.

1330. **H. M. Johnson,** Moslem astronomy and supernovae. ASP Leaflet Nr. 353, 7 S.

1331. **M. Kamieński,** Comet Halley in 1163 BC and the fall of Troy. AA 8 62—70. — Es wurden die Periheldurchgänge des Halleyschen Kometen für die Jahre 622 bis 2884 v. Chr. und die Werte der Elemente Ω, ω und i für die Jahre 100 bis 2300 v. Chr. gegeben. Ferner wurden die Örter des Halleyschen Kometen für das Jahr 1163 v. Chr. berechnet. Dieser Zeitpunkt liegt nahe bei dem von Historikern geschätzten Datum der Eroberung von Troja. Rybka

1332. **M. Kamieński,** Nieznana kometa z roku około 2008 przed Chr. była prawdopodobnie kometą Halleya. Postępy Astr. **6** 10—14. — Verf. ist der Ansicht, daß der in dem Werk von S. Lubieniecki «Historia Cometarum» 1667, Bd. 2 S. 28 beschriebene Komet der Halleysche Komet ist, der im Jahre 2008 v. Chr. durchs Perihel ging. Die von Verf. berechneten Koordinaten des Kometen für seine Erscheinung im Jahre 2009 und 2008 v. Chr. ergeben einen Unterschied von 1° in λ und 6° in β gegenüber den von Lubieniecki angegebenen Örtern. Rybka

1333. **M. Kamieński,** Rola komety Halleya w astronomii i w chronologii. Postępy Astr. **6** 57. — Mit Hilfe einer in AA **7** 111 abgeleiteten empirischen Formel berechnet Verf. die Periheldurchgänge des Halleyschen Kometen vom Jahre 1910 rückwärts bis zum Jahre 2312 v. Chr. An Hand des Kometen bestimmt Verf. zur Gegenüberstellung mit Chronikdaten den Beginn des Trojanischen Krieges für das Jahr 1163 v. Chr. und die Eroberung und Zerstörung von Troja für das Jahr 1150 v. Chr. Rybka

1334. **M. Kamieński,** Katastrofa Poseidonii a kometa Halleya. Urania Kraków **29** 193—197.

1335. **A. Kauffeldt,** Nikolaus Kopernikus. Der Umsturz des mittelalterlichen Weltbildes. Leipzig-Jena, Urania-Verlag, 1958. 145 S. Preis DM 2.00.

1336. **A. E. Kennelly,** Radio astronomy in 1890: A proposed experiment. Publ ASP **70** 303—304.

1337. **D. Kotsakis,** Astronomy and mathematical sciences during the Byzantine period. Bull. milit. geogr. Amt Athen **18** 125—141 (griech. mit engl. Ref.) = Publ. Laboratory Astr. Univ. Athen (1) Nr. 10. — Die Entwicklung der Astronomie und Mathematik wurde während der Byzantinischen Zeit, wenn auch nicht so intensiv wie in der klassischen Zeit, fortgesetzt. Das gilt besonders für die drei letzten Jahrhunderte von Byzanz (13.—15. Jahrhundert), wie in zwei früheren Artikeln des Verf. (vgl. AJB **56** Ref. **1028** und **1322**) ausführlich dargelegt wurde. Mawridis

1338. **M. Lesley,** Biruni on rising times and daylight lengths. Centaurus **5** 121—141, 1957. — Ref. in RJ UdSSR 1959 Nr. 1 S. 1.

1339. **F. Longauer,** About the lunar cult in Danubian lands. RH **39** 82—85 (slowak.). — Auf verschiedenen Gegenständen aus der Bronzezeit, die in der Slowakei und in Ungarn gefunden wurden, kann man die Symbole des Mondes erkennen. Viele von diesen Gegenständen dienten wahrscheinlich Kultzwecken. J. B.

1340. **J. Loranchet,** Pourquoi Améric Vespucci mérite-t-il que son nom plutôt que celui de Colomb, fut donné au nouveau monde? Navigation Paris **6** 72—80. — Erst Vespuccis Längenbestimmungen führten zu der Erkenntnis, daß ein neuer Kontinent entdeckt sei. Fr.

1341. **O. A. Melnikow,** Ein Jahrhundert Astrospektroskopie. Nachr. Akad. Wiss. Armen. Sowjetrepublik (Phys. Math.) **11** Nr. 5 S. 51—70 (russ. mit armen. Ref.).

1342. **M. G. J. Minnaert,** 1859 — Kirchhoff verklaart de Fraunhoferlijnen. Hemel en Dampkring **56** 212—215.

1343. **J. M. Mohr,** Forty years of astronomy in Czechoslovakia. RH **39** 217—221 (tschech.).

1344. **M. K. Munitz,** Space, Time, and Creation. Vgl. AJB **57** Ref. **1345.** — Weitere Besprechung in Science **128** 526—528 (T. S. Jacobsen).

1345. **A. Negulescu,** Atractia universala. Gaz. mat. fiz. (B) **8** 350—362, 1957. — Ref. in RJ UdSSR 1959 Nr. 2 S. 9.

1346. **O. Neugebauer,** The Exact Sciences in Antiquity. Vgl. AJB **57** Ref. **1348.** — Weitere Besprechung in Sky and Telescope **18** 162.

1347. **J. G. Perel,** Die Entwicklung der Vorstellungen über das Weltall. Moskau, Phys.-Math. Staatsverlag, 1958. 352 S. Preis 6 R. 30 Kop. (russ.). — Besprechung in AJ UdSSR **36** 553—554 (T. A. Agekjan), Priroda **48** Nr. 3 S. 121, RJ UdSSR 1959 Nr. 7 S. 2.

1348. **A. Poveda,** La obra astronomica de Alfonso X, El Sabio. Astronomia Popular **1** Nr. 4 S. 14—18.

1349. **T. Przypkowski,** Tablica doświadczalna Mikołaja Kopernika w Olsztynie w świetle najnowszych odkryć 1956—1957 roku. Postępy Astr. **6** 107—109. — Eine alte Zeichnung in Olsztyn wurde zuerst als Überrest einer Sonnenuhr angesehen. Sie hat sich als Werk und Experimental-Tafel von Nikolaus Kopernikus über die Unregelmäßigkeit der Erdbewegung um die Sonne erwiesen. Rybka

1350. **M. J. Pulec,** The oldest astronomical relic in Bohemia. RH **39** 136—137 (tschech.). — Verf. zeigt, daß die «Teufelssäule» in Prag von den alten Slawen zur Bestimmung der Sonnenwende benutzt wurde. J. B.

* * **J. M. Ramberg,** Om införandet av borgerlig tid i Sverige och andra länder. Vgl. Ref. **2332.**

1351. **G. Reber,** Early radio astronomy at Wheaton, Illinois. Proc IRE **46** 15—22. — Ref. in Phys. Abstracts (A) **61** 133, RJ UdSSR 1958 Nr. 7 S. 27.

1352. **N. Rescher,** Cosmic evolution in Anaximander. Studium Generale **11** 718—731.

1353. **R. Riekher,** Fernrohre und ihre Meister. Eine Entwicklungsgeschichte der Fernrohrtechnik. Vgl. AJB **57** Ref. **1364.** — Weitere Besprechung in Phys. Blätter **15** 142, RH **39** 167.

1354. **T. S. Ringnes,** Kometene. Naturen 1958 S. 136—150 = Inst. Teoret. Astrofys. Blindern-Oslo Småtrykk Nr. 25.

1355. **P. Salmon,** La mesure de la gravitation au temps de Descartes. Bull. mens. Soc. astr. popul. Toulouse **49** 170—171. — Ref. in RJ UdSSR 1959 Nr. 8 S. 2.

1356. **A. Sayili,** An early seventeenth century Persian manuscript on the Tychonic system. Anatolia (Ankara) **3** 79—87 (türk. und engl.). — Das hier behandelte Manuskript ist die in der Vatikanischen Bibliothek befindliche, im Jahre 1631 in Rom angefertigte und mit italienischer Übersetzung versehene Abschrift eines in Indien im Jahre 1624 in persischer Sprache geschriebenen Briefes, der die Übersetzung einer lateinischen Broschüre über das Tychonische System enthält. In dem Briefe wird die Überlegenheit dieses Systems gegenüber dem Ptolemäischen System mit sieben Argumenten belegt. Auch Galileis Entdeckung der Jupitermonde wird als Argument zugunsten des Tychonischen Systems gewertet. Das Kopernikanische System wird mit keinem Wort erwähnt. Gleissberg

1357. **A. Sayili,** Islam and the rise of the seventeenth century science. Belleten (Ankara) **22** 353—368. — Für die Vermutung, daß auch nach dem Beginn des Verfalls der Wissenschaften im Bereich des Islams und nach dem Aufhören lateinischer Übersetzungen arabisch geschriebener Werke die orientalische Wissenschaft weiter auf die europäische gewirkt und so zu deren Aufstieg im 17. Jahrhundert beigetragen habe, werden Argumente aus dem Gebiet der Astronomie beigebracht. Sowohl für die im Westen aufkommenden theoretischen Auffassungen als auch für die dort in Gebrauch kommenden astronomischen Beobachtungsmethoden werden orientalische Vorbilder angeführt. Gleissberg

1358. **R. Schlegel,** Steady-state theory at Chicago. American J. Phys. **26** 601—604. — Ref. in Phys. Abstracts (A) **62** 280.

* * **J. A. Schumaker,** Pierre de Maupertuis and the history of comets. Vgl. Ref. **1030.**

1359. **B. Sticker,** Zeitmaß und Zeitmessung. Studium Generale **11** 35—47.

* * **O. Struve,** G. A. Shajn and Russian astronomy. Vgl. Ref. **1033.**

1360. **K. M. Talgeri,** Jai Singh and his observatory at New Delhi. Sky and Telescope **18** 70—72.

1361. **E. G. R. Taylor,** The earth but a satellite of the Sun. J. Inst. Navigation **11** 150—156. — Die verdiente Kennerin der Geschichte der Nautik in England schildert, wie sich dort allmählich das Kopernikanische Weltbild durchsetzte, eine Entwicklung, die erst im 18. Jahrhundert zum Abschluß kam. R. d'E. Atkinson ergänzt in J. Inst. Navigation **11** 409—410 diese Studie durch Hinweise auf Bradleys Entdeckung der Aberration. Fr.

1362. **H. De Terra,** Alexander von Humboldt und seine Zeit. Wiesbaden, F. A. Brockhaus, 1956. 278 S. Preis DM 13.50. — Besprechung in Naturwissenschaften **47** 24 (H. Schmidt).

1363. **A. Teucher,** Ein halbes Jahrhundert volkstümliche Astronomie in Dresden. Sterne **34** 80—84.

1364. **O. Thomas,** 50 Jahre Astronomisches Büro (1907—1957). Sterne **34** 104—113.

1365. **L. Thorndike,** A new work by Robert Holkot. Arch. Internat. Histoire Sci. **10** 227—235, 1957. — Ref. in RJ UdSSR 1959 Nr. 2 S. 3.

1366. **M. Vincent,** Le mystère de la découverte de Neptune par Leverrier. Paris, Fischbacher, 1958. 35 S. Preis fr. 100.

1367. **B. L. van der Waerden,** The astronomical papyrus Ryland 27. Centaurus **5** 177—191. — Ref. in RJ UdSSR 1959 Nr. 9 S. 1.

1368. **E. Whittaker,** From Euclid to Eddington. New York, Dover, 1958. 212 S. Preis **$** 1.35. — Besprechung in Sky and Telescope **18** 699.

1369. **B. A. Woronzow-Weljaminow,** Die Errungenschaften der sowjetischen Astronomie. Moskau, «Snanie», 1958. 32 S. Preis 60 Kop. (russ.).

1370. **E. Zinner,** Neue Forschungen über den Sternenmantel Kaiser Heinrichs II. Naturforschende Ges. Bamberg. Sonderdruck aus dem 36. Bericht 1958. 6 S. — Nach Wiederherstellung des Mantels werden neue Forschungen zu den bereits veröffentlichten (vgl. AJB **52** Ref. **1447**) gegeben.

1371. **E. Zinner,** Die Uhr und das Pendel. Die Uhr **12** Nr. 18 S. 31—37. — Besprechung des 1957 von E. Morpurgo veröffentlichten Buches «L'orologio e il pendolo».

1372. Historisch-Astronomische Untersuchungen. Band 4. Herausgegeben von P. G. Kulikowskij. Moskau, Staatsverlag Phys. Math. Literatur, 1958. 592 S. Preis 16 R. 40 Kop. (russ.). — Besprechung in RJ UdSSR 1959 Nr. 6 S. 3.

1373. Aratos. Sternbilder und Wetterzeichen. Übersetzt und eingeleitet von A. Schott, mit Anmerkungen von R. Böker. München, Max Hueber Verlag, 1958. 120 S. mit zahlreichen Fig. und 2 Sternkarten. Preis DM 11.80.

1374. Aratos' Phaenomena. Übersetzt von W. I. Barnholth. 1958. Erhältlich von Mr. Barnholth, 2060 17th Street, S. W., Akron, Ohio. Preis $ 0.50. — Besprechung in Publ ASP **70** 522.

1375. Een gouden jubileum. Meteoor **14** 13—16.

1376. Bericht über einige im Gebiet der Bundesrepublik weitergeführte Unternehmungen der Preussischen Akademie der Wissenschaften. Mainz, 1956. — Enthält auf S. 3—9 einen Bericht über die Kommission für die Geschichte des Fixsternhimmels von deren Anfängen an bis zum 1. November 1956.

1377. De student Nicolaas Beets ziet de komeet Halley. Hemel en Dampkring **56** 205.

Fortschritte der Astronomie

1378. **P. ten Bruggencate,** Neuere Erkenntnisse auf dem Gebiet der Physik der Sonne. Sitzber. Phys.-Med. Sozietät Erlangen **78** 65—75.

1379. **G. S. Hawkins,** The development of radio astronomy. Annual Report Smithsonian Inst. 1957 S. 279—291 = Smithsonian Inst. Publ. Nr. 4320.

1380. **A. Pérard,** Les progrès récents de l'astronomie. BSAF **72** 303—310.

1381. **R. Sudre,** Progress in French astronomy. Southern Stars **17** 83—85.

1382. Über den Stand und die Perspektiven der astrometrischen Untersuchungen an der Akad. Wiss. Ukrain. Sowjetrepublik und über die Vorbereitungen des Astr. Hauptobs. Akad. Wiss. Ukrain. Sowjetrepublik zum X. internationalen Astronomenkongreß. Bote Akad. Wiss. Ukrain. Sowjetrepublik 1958 Nr. 6 S. 38 (ukrain.). — Ref. in RJ UdSSR 1959 Nr. 2 S. 5.

1383. Reports on the progress in astronomy. MN **118** 379—400. — Inhalt: J. H. Oort, F. J. Kerr, G. Westerhout, The galactic system as a spiral nebula; A. K. Das, Solar activity; J. G. Porter, Comets (1957).

1384. Progresos realizados por la investigación astronómica en 1957. Urania Barcelona **43** 98—114.

III. Instrumente. Beobachtungstechnik

§ 20

Allgemeines, Optik, Beobachtungsanleitungen, Alte Instrumente

2001. **K. D. Adams,** Eyepieces and telescopic vision. Southern Stars **17** 163—167.

2002. **M. Chopinet, G. Courtès, C. Fehrenbach,** Extension de certaines techniques d'observation aux télescopes de grands diamètres. CR **246** 1009—1010 = Publ. Obs. Haute-Provence **4** Nr. 10. — Mit einer von Courtès und Ring (Astronomical Optics 1955 S. 195, 381) entwickelten Zusatzoptik ist es möglich, in Verbindung mit dem 193 cm-Spiegel in Haute-Provence ein Fehrenbachsches Objektivprisma (Durchmesser: 108 mm) zu verwenden. Innerhalb des Gesichtsfeldes von 1° können noch Sterne 13^m mit 5 Minuten Belichtungszeit bei einer Dispersion von ~ 120 Å/mm erreicht werden. Mehltretter

2003. **J. Cokor,** Suggestions for mirror makers. Sky and Telescope **18** 110.

2004. **N. Croyle,** Some observations on the magnification and resolving power of the astronomical telescope. Optician **136** 481—482. — Ref. in RJ UdSSR 1959 Nr. 5 S. 10.

2005. **E. E. Danjuschewskij,** Calculation of stresses and deformations in a disk, suspended vertically on a flexible band. AJ UdSSR **35** 277—282 (russ. mit engl. Ref.). — Engl. Übersetzung in Soviet Astr. AJ **2** 251—255.

2006. **R. R. Dudley,** Telescope Operation Manual for the Amateur Astronomer. Published by the author. 44 S. Preis 1 $. — Besprechung in Spaceflight **1** 332 (C. A. Cross).

2007. **R. Georgewich,** L'équation de la section méridionale de la surface réfringente d'une lentille exempte de l'aberration de sphéricité. Notes Travaux Section Astr. Inst. Math. Beograd **2** 61—65. — Es wird die Gleichung für den Meridianschnitt einer Plankonvexlinse abgeleitet, durch die alle parallel zur Achse auf die vordere, konvexe Fläche auffallenden Strahlen in einem Punkt vereinigt werden. In einer Tabelle werden die Abweichungen dieser Fläche von einer Kugelfläche gleicher Brennweite tabuliert. Bo.

2008. **F. Gianni,** L'astrofilo autocostruttore, guida pratica alla costruzione di strumenti astronomici ad uso dei dilettanti. Genova, Briano, 1958. 3. Auflage. 127 S. mit 292 Diagrammen und 15 Tafeln. Preis L. 1200. — Besprechung in Coelum **26** 122.

2009. **S. Guidarelli,** Sull'apertura relativa degli obbiettivi. Atti Fondaz. Ronchi **13** 1—7.

2010. **S. Guidarelli,** Sulla larghezza geometrica delle righe spettrali. Atti Fondaz. Ronchi **13** 191—195.

2011. **W. H. Haas,** Some remarks upon the Tombaugh-Smith seeing scale. Strolling Astronomer **12** 144—145.

2012. **J. P. Hamilton,** Comparison tests for optical surfaces. J. Astr. Soc. Victoria **11** 55—60, 76—79, 95—97. — Ausführliche Beschreibung der von

R. Hayward erfundenen Methode, stark asphärische, rotationssymmetrische Flächen durch Vergleich mit einer ebenen oder sphärischen Fläche bestimmen zu können. Das Profil der asphärischen Fläche wird z. B. durch ausgesuchte Kugellagerkugeln «sichtbar» gemacht, die zwischen den Prüfling und die Vergleichsplatte gebracht werden, welche gegeneinander geneigt sind. Je nach der Neigung lassen sich verschiedene Schnitte durch den Prüfling ermitteln, aus denen das Profil abgeleitet werden kann. Anleitung zur Auswahl der erforderlichen Kugeln auf interferometrischem Wege. Anwendung der Methode zur Prüfung von Schmidtkorrektionsplatten und Cassegraingegenspiegeln. Im letzteren Fall werden Newtonsche Ringe zur Prüfung benutzt, die sich zwischen Prüfling und dem sphärischen Probeglas bilden. Beck

2013. **W. A. Jackson,** The paraboloidal mirror. Southern Stars **17** 112—114.

2014. **H. L. Johnson, R. de F. Neville, B. Iriarte,** A method of increasing the photographic limiting magnitude of an astronomical telescope. Lowell Obs. Bull. **4** 83—86. — Es wird über einen Versuch berichtet, Grenzgröße und Auflösung durch Übereinanderkopieren mehrerer Aufnahmen des gleichen Sternfeldes zu verbessern. Auf 103 a-O-Platten wird mit dem 13′-Teleskop (1 : 5) die optimale Hintergrundschwärzung bei 45 Minuten Belichtungszeit erreicht. Bei normaler Entwicklung ist die Grenzhelligkeit $18^{m}_{.}0$, bei Feinkornentwicklung $18^{m}_{.}5$. Das Übereinanderkopieren von 10 feinkornentwickelten 45 Minuten-Aufnahmen gibt eine Grenzhelligkeit von $19^{m}_{.}7$. Bahner

2015. **G. Klaus,** Maksutow-Kamera und Maksutow-Cassegrain-Teleskop. Orion Schaffhausen **5** 457—459.

2016. **H. Köhler,** Neue apochromatische Fernrohrobjektive. Mitt. AG 1957/I S. 21. — Ref. AG.

2017. **S. Kolařík,** The construction of supports for astronomical mirrors. RH **39** 6—13 (tschech.).

2018. **A. Kranjc,** Come scegliere il propio telescopio. Coelum **26** 12—17.

2019. **N. F. Kuprewitsch,** Die Fernsehtechnik in der Astronomie. Priroda **47** Nr. 3 S. 50—54 (russ.).

2020. **O. A. Melnikow,** Der sowjetische astronomische Instrumentenbau. Bote Akad. Wiss. UdSSR 1958 Nr. 1 S. 54—59 (russ.). — Ref. in RJ UdSSR 1958 Nr. 10 S. 75.

2021. **N. N. Michelson,** Beryllium — a possible material for astronomical mirrors of the future. Mitt. Astr. Hauptobs. Pulkowo **21** Nr. 3 (162) S. 153—158 (russ. mit engl. Ref.). — Verf. diskutiert die Anforderungen, denen das Material für astronomische Spiegel genügen muß. Die Eigenschaften von Glas, Quarz, Pyrex und Stahl werden betrachtet. Es wird gezeigt, daß Beryllium wesentliche Vorzüge vor anderen Materialien besitzt. Über die physikalisch-mechanischen Eigenschaften des Berylliums und die Ergebnisse erster Bearbeitungsversuche wird berichtet. Verf. (übersetzt)

2022. **G. Montiel,** Construccion de una camara Schmidt. Astronomia Popular **1** Nr. 4 S. 23—25.

2023. **C. Morais,** Riassunto delle applicazioni dei reticoli allo studio delle aberrazioni dei sistemi ottici. Atti Fondaz. Ronchi **13** 546—602. — Zusammenfassung der von verschiedenen Autoren erzielten Ergebnisse zur Messung der Aberration mit Hilfe eines Gitters. Cester

2024. **H. E. Neal,** The Telescope. New York, Julian Messner, 1958. 192 S. Preis $ 3.50. — Besprechung in Sky and Telescope **17** 419, 469—470 (K. M. Yoss), Strolling Astronomer **12** 29 (J. C. Robinson).

2025. **H. Ottens,** Making a six-inch mirror. MN ASSA **17** 80—100. — Ausführliche Anweisungen zum Schleifen, Polieren und Prüfen eines 150 mm-Parabolspiegels für ein astronomisches Fernrohr. Beck

2026. **A. Piaskowski,** Przybliżona metoda oznaczania odległości ogniskowych okularów lornetek pryzmatycznych i tym podobnych przyrządów. Urania Kraków **29** 50—53.

2027. **F. E. Roach, P. M. Jamnick,** The sky and eye. Sky and Telescope **17** 164—168. — Der Bau des menschlichen Auges und seine für astronomische Beobachtungen wichtigsten Eigenschaften werden erläutert. Anschließend wird über visuelle Beobachtungen schwacher, ausgedehnter Himmelsobjekte (Zodiakallicht, Gegenschein, Polarlichter, Milchstraße, Nachthimmelleuchten) referiert. Kdr.

2028. **V. Ronchi,** An elementary introduction to the use of the grating interferometer. Atti Fondaz. Ronchi **13** 365—403. — Die elementare Theorie des Gitterinterferometers für die praktische Anwendung des Ronchi Tests wird ausführlich dargestellt. Cester

2029. **G. D. Roth,** Sternfreunde am Fernrohr. Murnau-München-Innsbruck-Basel, Verlag Sebastian Lux, 1958. 74 S. mit zahlreichen Fig. Preis DM 1.00. — Besprechung in Gaz astr **40** 49, Mitt. Planetenbeobachter **11** 64, 66 (W. Sandner), Sterne **35** 47—48 (C. Hoffmeister), VdS Nachr. **7** 87 (J. Herrmann).

2030. **M. Sauer,** Zum chemischen Versilbern großer Spiegel in den Subtropen. Sterne **34** 86.

2031. **P. K. N. Sauer,** Ein einfaches Umkehr-System aus verschiedenen «Kern'schen Okularen». Orion Schaffhausen **5** 385—386.

2032. **A. A. Sherwood, A. M. I. Mech,** A quantitative analysis of the Ronchi test in terms of ray optics. JBAA **68** 180—190.

2033. **M. A. Sosnina,** The compensation method for controlling large aspherical mirrors. Mitt. Astr. Hauptobs. Pulkowo **21** Nr. 3 (162) S. 137—148 (russ. mit engl. Ref.).

2034. **J. Strong,** Concepts of Classical Optics. San Francisco, Calif., W. H. Freeman and Co., 1958. 692 S. Preis $ 9.50. — Besprechung in Sky and Telescope **18** 100 (H. H. Selby).

2035. **J. Texereau,** How to Make a Telescope. Vgl. AJB **57** Ref. **2045.** — Weitere Besprechung in J RAS Canada **53** 235—236 (R. J. Northcott).

2036. **J. Texereau,** Commission des instruments. BSAF **72** 36—38, 69—74, 169—173, 328—331.

2037. **J. Texereau,** Quelques réflexions sur l'efficacité des grands instruments. BSAF **72** 519—524.

2038. **H. Vehrenberg,** Über das Schleifen von Teleskopspiegeln. Monatsbeilage zu VdS Nachr. Nr. 7/1958, 8 S.

2039. **P. G. White,** Fast paraboloidal mirrors. J RAS Canada **52** 109—111.

2040. Über die Entwicklung der Arbeiten zur Konstruktion von Riesenteleskopen. Bote Akad. Wiss. UdSSR 1958 Nr. 3 S. 106 (russ.). — Ref. in RJ UdSSR 1959 Nr. 2 S. 86.

2041. Neue Poliermethode für Teleskop-Spiegel. Orion Schaffhausen **5** 382—385.

2042. Observer's page. Sky and Telescope **17** 136—138, 184—185, 187—188, 191—192, 237—238, 241, 297, 299—300, 352—357, 359, 409—411, 413—414, 464—465, 467, 517, 519—520, 579—580, 583, 637—640, **18** 30—31, 35—36, 91—92, 95—96.

2043. Gleanings for ATM's. Herausgegeben von R. E. Cox. Sky and Telescope **17** 148—151, 201—203, 251—252, 255—256, 309—310, 314, 368—370, 372—374, 423—424, 427, 473—474, 477—478, 529—530, 532—534, 589—591, 593—594, 651—654, **18** 47—50, 107—110.

2044. More Maksutow notes — radius testing. Sky and Telescope **17** 309—310, 314.

2045. Using spherometers in Maksutow radius testing. Sky and Telescope **17** 473—474, 477—478.

2046. Newtonian focus position and parfocal eyepieces. Sky and Telescope **17** 651—653, mit Berichtigung in Sky and Telescope **18** 50.

Beobachtungsanleitungen

* * **F. M. Bateson,** The Observation of Variable Stars. Vgl. Ref. **11201.**

2047. C. F. Capen jr., Filter techniques for planetary observers. Sky and Telescope **17** 517, 519—520.

2048. C. P. Custer, Prime-focus photography for the amateur. Sky and Telescope **17** 352—356.

2049. F. Gabilondo Soler, Campos telescopios. El Universo Nr. 43 S. 96—97.

2050. C. W. Gartlein, Auroral photography. Ann. Internat. Geophys. Year **4** 104—109. — Ref. in RJ UdSSR 1959 Nr. 9 S. 57.

* * **C. Hoffmeister,** Visual observations of the airglow and other non-auroral luminosities of the night sky. Vgl. Ref. **72200.**

2051. F. M. Holborn, The methods of the variable star section. JBAA **68** 313—322.

2052. F. Kimberger, Filmaufnahmen am Fernrohr. Mitt. Planetenbeobachter **11** 9—10.

2053. E. Leutenegger, Photographie von Planetoiden. Orion Schaffhausen **5** 496—497.

2054. M. W. Mayall, Manual for Observing Variable Stars. Vgl. AJB **57** Ref. **2057.** — Weitere Besprechung in J RAS Canada **53** 48.

2055. D. Meisel, Comets recorder. A.L.P.O. Comets Section Suppl. Nr. 1, 4 S. (Beilage zu Strolling Astronomer **12** Nr. 4—6).

2056. I. D. Nowikow, Photographische Liebhaberbeobachtungen veränderlicher Sterne. Bull. Astr.-Geod. Ges. UdSSR Nr. 22 S. 38—41 (russ.).

2057. F. Reeg, Mondaufnahmen im Brennpunkt eines Fernrohrs. Wiesbaden, Edixa-Post, 1958 Nr. 12 S. 8—10.

2058. G. D. Roth, Die Photographie von Sternfeldern. Wiesbaden, Edixa-Post, 1958 Nr. 12 S. 6—8.

2059. G. D. Roth, Aufnahmen künstlicher Erdsatelliten mit der Edixa-Reflex. Wiesbaden, Edixa-Post, 1958 Nr. 12 S. 14—15.

2060. G. D. Roth, Die photographische Photometrie für den Amateur. Orion Schaffhausen **5** 494—495.

2061. W. Sandner, Photographische Aufnahmen von Sonnen- und Mondhalos. Wiesbaden, Edixa-Post, 1958 Nr. 12 S. 20—22.

2062. H. W. Seekins, A simple method of star photography. Sky and Telescope **17** 300.

2063. **J. B. Sidgwick,** Amateur Astronomer's Handbook. London, Faber and Faber, 1958. 3. Auflage. Preis sh. 63. — Vgl. AJB **55** Ref. **2072.** — Besprechung in Mitt. Planetenbeobachter **12** 12—13 (G. D. Roth).

2064. **J. B. Sidgwick,** Observational Astronomy for Amateurs. London, Faber and Faber Ltd., 1957. 2. Auflage. Preis 50 s. — Vgl. AJB **55** Ref. **2073.** — Besprechung in Mitt. Planetenbeobachter **12** 12—13 (G. D. Roth).

2065. Några objekt för spegelteleskopet. PAT **39** 77—79.

2066. Improved sun compass. J. Franklin Inst. **265** 336. — Ref. in RJ UdSSR 1959 Nr. 1 S. 11.

2067. Notes on extended surface diffraction theory. Strolling Astronomer **12** 156.

Alte Instrumente

2068. **I. Argyrakos,** Etude de «l'astrolabe de Synesius Cyrène» (4ème siècle). Athenes 1958. 14 S. (griech. mit franz. Ref.).

2069. **J. Ashbrook,** The great Paris telescope. Sky and Telescope **17** 509.

2070. **M. S. Burland, J. E. Kennedy,** A Gregorian telescope. J RAS Canada **52** 255—258.

* * **R. Müller,** Sonnenforschung im Internationalen Geophysikalischen Jahr. Vgl. Ref. **72120.**

2071. **F. Stradal,** Torquetum. RH **39** 230—232 (tschech.). — Beschreibung der Rekonstruktion eines polnischen Torquetum (= Türkengerät, vgl. E. Zinner: Deutsche und Niederländische Astronomische Instrumente des 11.—18. Jahrhunderts S. 177, AJB **56** Ref. **2071**) aus dem 15. Jahrhundert. J. B.

2072. Herschel's instruments. Obs **78** 135.

§ 21

Beobachtungsinstrumente

2101. **A. N. Abramenko,** A device for recording the field strength of atmospherics. Mitt. Astrophys. Obs. Krim **18** 182—186 (russ. mit engl. Ref.).

2102. **H. J. Albrecht,** An electronic actinometer for measurements in narrow spectral ranges. Indian J. Meteorolog. Geophys. 8 193—198, 1957. — Ref. in Phys. Abstracts (A) **62** 87, RJ UdSSR 1959 Nr. 1 S. 51.

2103. **S. Arend,** Théorie et réglage de l'équatorial. Publ. Sci. techn. Ministr. Air, Notes techn. 1958 Nr. 77 S. 43—59.

2104. **I. S. Astapowitsch,** Der Nutzeffekt von Meteorkameras in Abhängigkeit von der Lichtstärke. Nachr. Akad. Wiss. Turkmen. Sowjetrepublik 1957 Nr. 6 S. 99—100 (russ.). — Ref. in RJ UdSSR 1959 Nr. 3 S. 59.

2105. **R. d'E. Atkinson,** A «telescope» of unit magnification and very large field for satellite work. JBAA **68** 153—154. — Durch einen Kollimator wird über eine teilweise durchlässig verspiegelte Glasplatte eine geeignete Strichplattenfigur in das auf unendlich akkomodierte Auge des Beobachters gebracht, der durch die Glasplatte den Himmel (z. B. bei Satellitenbeobachtungen) betrachtet. In Verbindung mit einem Theodolitenachsensystem lassen sich die Koordinaten des Beobachtungsobjektes bestimmen. Beck

2106. **R. Brandt,** Das Fernrohr des Sternfreundes. Stuttgart, Franckh'sche Verlagsbuchhandlung, 1958. 78 S. mit 17 Fig. und 17 Tafeln. Preis DM 6.80. — Besprechung in Mitt. Planetenbeobachter 12 63—64 (G. D. Roth), VdS Nachr. 7 93 (J. Herrmann).

2107. **F. M. Branley,** Die Sonne in neuer Sicht. Spezialkamera für Aufnahmen in 24 km Höhe. Weltraumfahrt 1958 S. 112—113. — Bericht über die ersten Stratoskopaufnahmen der Sonne am 25. Sept. 1957 in Minnesota.

* * **R. Hanbury Brown, R. Q. Twiss,** Interferometry of the intensity fluctuations in light. IV. A test of an intensity interferometer on Sirius A. Vgl. Ref. 2405.

2108. **R. Cayrel,** Grands et petits télescopes. BSAF 72 247—252.

2109. **C. P. Custer,** A prime-focus camera for a large amateur reflector. Sky and Telescope 17 148—151, 201—203.

2110. **A. Danjon,** L'astrolabe impersonnel modèle O. P. L. BA 21 323—334. — Es handelt sich um eine Weiterentwicklung des 1955 beschriebenen Instruments (vgl. AJB 55 Ref. 1247). Es wurden Öffnung und Brennweite vergrößert, das Wollastonprisma und der Antriebsmechanismus des Mikrometers abgeändert und der Beobachtungsraum wurde zur Erzielung eines besseren Temperaturausgleiches mit einem fahrbaren Dach versehen. Bo.

2111. **L. Delbouille,** Dispositif de guidage automatique d'un coelostat. Bull. Soc. Roy. Sci. Liège 27 Nr. 3—4 S. 74—86 = Inst. d'Astrophys. Univ. Liège Coll. 8° Nr. 395. — Automatische Nachführung des Coelostaten auf dem Jungfraujoch mit einer phasenempfindlichen Wechselstrommethode. Genauigkeit 1 Bogensekunde. Lichtelektrischer Empfänger RCA 931-A. Beck

2112. **J. H. DeWitt jr., C. K. Seyfert, R. H. Hardie,** An electronically controlled telescope drive. Publ ASP 70 293—298. — Für das 24 inch-Baker-Schmidt-Teleskop des Dyer-Observatoriums ist eine besondere Einrichtung für die automatische Nachführung im Stundenwinkel entwickelt worden, die es gestattet, die durch den Einfluß der Refraktion verursachte Änderung der Geschwindigkeit zu berücksichtigen und bei Aufnahmen mit Objektivprisma für alle verwendeten Belichtungszeiten durch entsprechende Änderung der Nachführungsgeschwindigkeit die gewünschte Verbreiterung zu erreichen. O. G.

2113. **J. A. E. Eyster,** A rigid pier. Sky and Telescope 17 653—654.

2114. **C. Frank,** Book of the Telescope. Glasgow, Author's ed., 1958. 139 S. Preis 5 sh. 6 d.

2115. **L. E. Gray,** A proposal for a survival sextant. Navigation Los Angeles 6 126—127.

2116. **R. Griffin,** The satellite telescope. J. British Interplanetary Soc. 16 584—585.

2117. **B. Guinot,** L'astrolabe impersonnel de M. A. Danjon. Rev. d'Optique 37 18—31. — Es wird eine neue Anordnung eines Prismenastrolabiums von Danjon beschrieben, bei dem im Gegensatz zu älteren Konstruktionen der Zeitpunkt der Koinzidenz der Sternbilder unabhängig von der Akkommodation des Auges beobachtet wird. Kurz vor der Strahlenvereinigung führt Danjon ein Wollaston-Prisma ein, das die vom Objektiv kommenden Strahlenbüschel im Augenblick der Koinzidenz nahezu parallel richtet. Mit Hilfe einer Mikrometerschraube läßt sich dieses Prisma meßbar in Richtung der optischen Achse verschieben, so daß die Koinzidenz über mehrere Sekunden aufrechterhalten werden kann. Die Bewegung des Prismas wird über eine Kontakttrommel auf den Chronographen geschrieben. Die wesentlich verbesserte Meßgenauigkeit im Vergleich zu älteren Anordnungen wird angegeben zu $\pm$ 0ˢ0045 für die Zeitbestimmung und $\pm$ 0ʺ05 für die Breitenbestimmung mit Hilfe von 28 Sternen, die innerhalb 1.5 Stunden beobachtet werden konnten. Elsässer

2118. **E. A. Gurtowenko,** Untersuchung der Objektive des 400 mm-Astrographen des Astronomischen Hauptobservatoriums der Ukrainischen Sowjetrepublik. Mitt. Astr. Hauptobs. Golossejewo **2** Nr. 2 S. 115—139 (russ.).

2119. **H. Hemleb,** 2-m-Universal-Spiegelteleskop aus Jena — eine Weltspitzenleistung. Feingeräte-Technik **7** 7—11.

2120. **F. J. Heyden, M. W. Rudy,** A fast-action multiplate camera. Georgetown Obs. Monograph Nr. 11, 4 S. — Beschreibung einer Kassettenanordnung, mit der 50 Photoplatten von $2^1/_4 \times 3^1/_4$ Zoll in rascher Folge belichtet werden können. Der Photoplattentransport aus dem Plattenmagazin an die Fokusebene und von dort in den Sammelbehälter wird von Hand betätigt. Innerhalb einer Minute können alle 50 Platten «durchgedreht» werden. Für Sonnenfinsternisbeobachtungen geeignet, wo Aufnahmen mikrometrisch vermessen werden sollen. Beck

2121. **P. Hudlow,** An amateur's 12-inch modified Cassegrainian. Sky and Telescope **17** 251—252, 255—256.

2122. **C. M. Jensen,** A variable rate telescope drive. Strolling Astronomer **12** 94—96.

2123. **G. I. Karatajew,** Eine Vorrichtung für das AT-1-Rohr zur Bestimmung der horizontalen Koordinaten eines künstlichen Erdbegleiters. AC Nr. 190 S. 12—13 (russ.).

2124. **E. Kramer,** Eine Vorrichtung zur photographischen Aufnahme eines künstlichen Erdbegleiters. AC Nr. 190 S. 14—15 (russ.).

2125. **A. Kranjc,** Un moto orario pel rifrattore Merz di Merate. Mem SA It (NS) **29** 157—158. — Es wird eine elektronische Antriebsvorrichtung für die Stundenbewegung beschrieben, die nur zwei Thyratrons und einen Asynchronmotor benutzt und von einem Halbsekundenpendel gesteuert wird. Durch eine Fernkontrolle kann die Geschwindigkeit innerhalb $\pm 2\%$ kontinuierlich verändert werden, ohne das Pendel anzurühren. Verf.

2126. **R. Lehmann,** Universalgerät für die photographische Himmelsüberwachung. Monatsschrift Feinmech. Optik **75** 213—215. — Ref. in RJ UdSSR 1959 Nr. 6 S. 90.

2127. **J. Lemmens,** Sur un nouvel instrument impersonnel destiné à l'application de la méthode des hauteurs égales. Ann. Françaises Chronométrie (2) **12** 211—216. — Es wird das von einer Quecksilberoberfläche reflektierte Bild der Sterne in einem nur 45° gegen das Lot nach unten gerichteten mit unpersönlichem Mikrometer versehenen Fernrohr beobachtet. Zur Kontrolle der Konstanz dieses Höhenwinkels dient ein rechtwinkliges Prisma mit horizontaler Hypotenusenfläche vor dem Objektiv, das nur etwa $^1/_3$ des Objektivs seitlich abdeckt. Auf der dem Stern zugewandten Kathetenfläche ist eine versilberte planparallele Glasplatte aufgekittet, die seitlich um ein weiteres Drittel der Objektivöffnung über das Prisma hinausragt. Durch doppelte Autokollimation (Reflexion des Horizontalfadens am freien und an dem auf der Prismenfläche aufliegenden Teil der Planplatte) wird die Hypotenusenfläche stets parallel zur Quecksilberoberfläche gestellt. Jeder Stern wird dann im ersten Teil seines Durchganges durch das Gesichtsfeld mit dem Faden selbst, im zweiten Teil, bei umgekehrter Drehrichtung der Mikrometerschraube, mit dem reflektierten Faden verfolgt. Das Mittel der Registrierungen bezieht sich für alle Sterne auf den Durchgang durch die gleiche Höhe von etwa 45°. Bo.

2128. **J. Lequeux,** Observations photographiques à très haute altitude de la surface du Soleil. La Nature **86** 354—355. — Verf. berichtet über die von M. Schwarzschild mit Ballonen in 27000 m Höhe durchgeführten Versuche zur Gewinnung photographischer Aufnahmen der Sonnenoberfläche. Instrument und Methode werden kurz beschrieben. Henn

2129. **A. M. Losinskij, W. W. Podobed, A. N. Smirnowa, W. A. Sulim,** Eine Kamera für Sputnik-Aufnahmen. AC Nr. 191 S. 3—5 (russ.).

2130. **R. E. Loughhead, V. R. Burgess,** High resolution cinematography of the solar photosphere. Australian J. Phys. **11** 35—40. — Es wird die Konstruktion einer automatischen Sonnenkamera für Reihenaufnahmen der Photosphäre beschrieben. Die Objektivöffnung beträgt 5 Zoll, der Durchmesser des Sonnenbildes 20 cm. In Abständen von wahlweise 6 bis 120 sec können auf 35 mm Film beliebige Ausschnitte der Scheibe photographiert werden. Durch eine geeignete Vorrichtung wird an allen der direkten Sonneneinstrahlung ausgesetzten Teilen der Apparatur die erwärmte Luft abgesaugt, so daß innerhalb des Gerätes keine störenden Wärmeschlieren auftreten. Die Auflösung der besten Aufnahmen ist praktisch gleich dem theoretischen Auflösungsvermögen, $\sim 1''$. Mehltretter

2131. **A. W. Markow,** Optical and photometrical properties of the ASI-4 astrographic mirror-lens camera. Mitt. Astr. Hauptobs. Pulkowo **20** Nr. 5 (158) S. 130—137 (russ. mit engl. Ref.). — Beschreibung der 1948 von Slussarew in Pulkowo entworfenen und aufgestellten und von Verf. untersuchten Spiegel-Linsen-Kamera. Die Kamera besteht aus einem sphärischen Spiegel und einem Spiegel-Linsen-System, das ein verengtes paralleles Lichtbündel im Innern der Kamera gibt, und in dessen Weg ein Linsensystem zur Vereinigung der Lichtstrahlen in der Fokalebene eingebaut ist. Loh.

2132. **W. Markowitz,** Photographic zenith tube and dual-rate moon camera. J. Optical Soc. America **48** 282. — Ref. Optical Soc. America.

2133. **A. Marks,** Największy teleskop świata. Urania Kraków **29** 267—271. — Geschichte und Beschreibung des 5 m-Teleskops.

2134. **I. I. Maslennikow,** Eine vervollständigte Konstruktion des Kompensations-Pyrheliometers. Sammlung wiss. Arbeiten Kasach. Berg-Metallurg. Inst. 1957 Nr. 15 S. 170—180 (russ.). — Ref. in RJ UdSSR 1959 Nr. 1 S. 51.

2135. **G. L. McFarland,** A 10-inch reflector with a Pasadena mounting. Sky and Telescope **17** 427.

2136. **N. W. Merman,** A meniscus telescope for observations of planets. Mitt. Astr. Hauptobs. Pulkowo **20** Nr. 6 (159) S. 144—182 (russ. mit engl. Ref.). — Das in Entwurf und Rechendaten (unter Einbeziehung der Aberrationsterme 3. Ordnung) ausführlich behandelte Instrument ist ein Cassegrain-Meniskus-Teleskop von 70 cm Öffnung. Mit dem Öffnungsverhältnis 1 : 20 soll es visuellen und photographischen Mondbeobachtungen, mit 1 : 14, 1 : 28 und 1 : 35 der Planetenphotographie dienen. Außerdem sind radiometrische Planetenbeobachtungen mit 1 : 20 vorgesehen. Beim Entwurf wurden erdatmosphärische Turbulenz und die Erfordernisse schneller kinematographischer Aufnahmen besonders berücksichtigt. Petri

2137. **N. N. Michelson,** A computer which corrects the position of a telescope for mean refraction. Mitt. Astr. Hauptobs. Pulkowo **21** Nr. 3 (162) S. 149—152 (russ. mit engl. Ref.).

2138. **C. Morais,** Ancora alcune considerazioni sul telescopio aplanatico a specchi. Atti Fondaz. Ronchi **13** 156—162.

2139. **P. Naur,** An automatic declination film measuring machine for the Brorfelde meridian circle. Publ. Københavns Obs. Nr. 174, 13 S. —

Das Gerät ist eine verbesserte Ausführung der von Watts für den 6'-Meridiankreis in Washington konstruierten Apparatur zur automatischen Ausmessung der durch Photographieren des Teilkreises gewonnenen Filme. Das Grundprinzip (Abtasten des Bildes der Teilstriche und des festen Fadens mit Hilfe eines durch Reflexion an einem Prisma geteilten und auf zwei Photomultiplier fallenden Lichtstrahls) ist das gleiche; wesentlich verbessert ist die elektronische Einrichtung. Bo.

2140. **L. Nogacevsky, V. Stavinschi,** Studiul nivelelor lunetei reversibile Zeiss 100/1000 mm. Studii cercetari astr. seismol. Acad. RPR **2** 427—430, 1957. — Ref. in RJ UdSSR 1959 Nr. 3 S. 16.

2141. **Y. Öhman,** Ein Instrument zur Überwachung der Sonne. Sterne **34** 79—80.

2142. **J. Pagaczewski,** Teleskop «księżycowy». Urania Kraków **29** 282—283. — Beschreibung des vom E. M. Fahy (JBAA **66** 102—106, AJB **56** Ref. **2108**) für Mond- und Planetenbeobachtungen konstruierten Horizontalspiegelsystems. Rybka

2143. **A. Piaskowski,** Nowe lunety i lornetki produkcji Polskich Zakładów Optacznych w Warszawie. Urania Kraków **29** 185—188. — Beschreibung von Fernrohren und Feldstechern, die in Polen hergestellt werden. Es handelt sich um ein Amateur-Teleskop vom Cassegrain-Maxutowtyp mit 70 mm Durchmesser und 765 mm Brennweite sowie um ein terrestrisches Prismenfernrohr mit 64 mm Objektiv-Durchmesser und 400 mm Brennweite. Rybka

* * **J. B. Rogerson jr.,** Project stratoscope-solar photographs from 80,000 feet. Vgl. Ref. **6425**.

2144. **E. Rolf,** Der 70 cm-Refraktor der Sternwarte in Rathenow. Mitt. AG 1957/I S. 27. — Ref. AG.

2145. **W. Sandner,** Ein 6 m-Spiegel in der Sowjet-Union? VdS Nachr. **7** 70. — Anzeige eines Entwurfs.

2146. **W. J. Semerau,** Construction of a solar telescope. Sky and Telescope **17** 368—370, 372—374.

2147. **B. Ševarlić,** Prüfung des Horizontalkreises beim Wildschen Präzisionstheodoliten T 3. Zbornik **1** 7—29 (jugoslaw. mit engl., französ., deutschem und russ. Ref.).

2148. **F. A. Smith,** The satellite telescope. J. British Interplanetary Soc. **16** 361—367.

2149. **F. Stradal,** Opis małej lunety. Urania Kraków **29** 218—220. — Beschreibung eines kleinen, vom Verf. hergestellten Fernrohrs mit 35 mm Öffnung und 300 mm Brennweite. Rybka

2150. **L. A. Sucharew, G. M. Timaschkowa,** The commencement of systematic observations with the horizontal meridian instrument. Mitt. Astr. Hauptobs. **21** Nr. 2 (161) S. 129—133 (russ. mit engl. Ref.). — Das Arbeitsmodell eines horizontalen Meridianinstruments, welches 1953 in Pulkowo aufgestellt worden ist, wird kurz beschrieben. Zur Erprobung des Instruments wurde 1956 ein Beobachtungsprogramm zur Bestimmung der Rektaszensionen von 130 Sternen der Deklinationszone + 70° bis + 90° begonnen. Als Anschlußsterne wurden Sterne aus den Zonen + 50° bis + 70° und — 15° bis + 20° gewählt. Ond.

2151. **M. M. Thomson,** The dual-rate moon-position camera. J RAS Canada **52** 112—119. — Aufgabe der Kamera ist die möglichst exakte Bestimmung von Mondörtern im Anschluß an Fixsterne. Während der Exposition (10^s—20^s) kann die Platte der Fixsternbewegung nachgeführt werden, während die Mondbewegung durch Kippung einer gleichzeitig als Filter dienenden Planparallelplatte um eine senkrecht zur Bewegungsrichtung einstellbare Achse kompensiert wird. Die Zeiten werden automatisch registriert. Die erhaltenen Örter sollen nicht nur der Gewinnung eines möglichst gleichförmigen Zeitmaßes, sondern auch geophysikalischen Aufgaben dienen. König

2152. **H. Wittke,** Satellit-Meß-Teleskop. Vermessungstechn. Rundschau 1958 Nr. 3 S. 100—102.

2153. The Present and Future of the Telescope of Moderate Size. Herausgegeben von F. B. Wood. Philadelphia, University of Pennsylvania Press; London, Bombay, Karachi, Oxford University Press, 1958. 219 S. mit 14 Fig. und Tafeln. Preis $ 5.00 bzw. 40 sh. — Besprechung in Irish AJ **5** 61, JBAA **68** 328 (S. Archer), PAT **40** 159—160 (G. Larsson-Leander), Sky and Telescope **17** 364, 524 (A. A. Hoag), Spaceflight **2** 31—32.

2154. Frank's Book of the Telescope. Glasgow, Charles Frank, 1958. 132 S. Preis 5 s. 6 d. — Besprechung in Sky and Telescope **18** 161.

2155. Radiation instruments and measurements. General introduction. Ann. Internat. Geophys. Year **5** 373—386. — Ref. in RJ UdSSR 1959 Nr. 9 S. 51.

2156. Notes and new data on Maksutov telescopes. Sky and Telescope **17** 423—424.

2157. The neo-brachyt reflector. Sky and Telescope **17** 529—530, 533—534, mit Berichtigung S. 654.

2158. Herschelian telescopes for amateur use. Sky and Telescope **17** 589—590.

2159. Balancing the tube of a reflecting telescope. Sky and Telescope **18** 47—50.

2160. New Canadian telescope. Sky and Telescope **18** 73.

2161. Balancing a German equatorial mounting. Sky and Telescope **18** 107—109.

Radioastronomische Instrumente

2162. **A. N. Abramenko,** A spectrograph for observing solar radio emission. Mitt. Astrophys. Obs. Krim **19** 140—152 (russ. mit engl. Ref.). — Die ausführlich beschriebene Empfangseinrichtung hat 350 Hz Bandbreite und 4 μV Empfindlichkeit bei einem Signal/Rausch-Verhältnis 2 : 1. Der Frequenzbereich von 100 bis 150 MHz wird binnen 0.02 sec überstrichen. Der volle Arbeitszyklus dauert 0.06 sec. Eine Antenne zur automatischen Sonnenüberwachung ist noch im Bau. Weitere Verbesserungen sind vorgesehen. Petri

2163. **K. Akabane,** A polarimeter in the microwave region. Proc IRE **46** 194—197. — Arbeitsweise und Besonderheiten der Schaltung eines Radiometers für 9000 MHz (Bandbreite: 2 × 8 MHz) mit einem 1.1 m-Reflektor zur Messung der Polarisation solarer Bursts werden beschrieben. Mit Hilfe eines Phasenmodulators am Empfängereingang gelingt es, die aufgefangene HF-Energie so zu zerlegen, daß die vier Stokesschen Parameter direkt registriert werden können. Kalibrierungsmethode und Meßgenauigkeit werden diskutiert. Das nach der Eigengeräusch-Kompensationsmethode arbeitende Gerät erreicht eine Empfindlichkeit von etwa 3×10^{-22} mks-Einheiten. Rabben

2164. **L. E. Alsop, J. A. Giordmaine, C. H. Mayer, C. H. Townes,** Observations using a maser radiometer at 3-cm wave length. AJ **63** 301. — Ref. AAS. — Besprechung in Nature **183** 223.

2165. **N. F. Barber,** Optimum arrays for direction finding. New Zealand J. Sci. **1** 35—51.

2166. **N. F. Barber, A. E. Covington, N. W. Broten,** Compound interferometers. Proc IRE **46** 1951—1952.

* * **F. G. Bass, S. Y. Braude,** The reflection of radar signals from the sun. Vgl. Ref. **6003/04.**

2167. **R. N. Bracewell,** Radio interferometry of discrete sources. Proc IRE **46** 97—105. — Theorie und Praxis der Interpretation radio-interferometrischer Meßergebnisse, vor allem für den zweidimensionalen Fall, werden in Anlehnung an Arbeiten über die optische Interferometrie behandelt, wobei bestimmte Voraussetzungen besonders berücksichtigt werden. Die interferometrisch meßbaren Größen (nach Betrag und Phase) werden als komplexe Sichtbarkeitsfunktion («visibility») bezeichnet, und ein Gesetz wird bewiesen, nach dem nur bestimmte diskrete Stellen in einem rechtwinkligen Gitter besetzt zu sein brauchen, um eine Verteilung diskreter Quellen vollständig bestimmen zu können. Daraus leitet sich ein optimales Verfahren für die Radio-Interferometrie ab. Ein Beispiel zeigt, daß im Falle der Sonne nur Antennenabstände von etwa 100 λ, im Falle kleinerer extragalaktischer Quellen von etwa 1000 λ, unabhängige Daten liefern können. Dies wurde bisher oft nicht in Rechnung gestellt, so daß ein Teil der gewonnenen Daten als überflüssig anzusehen ist. Rabben

* * **H. G. van Bueren,** Versterkers voor licht en radiostraling uit de wereldruimte. Vgl. Ref. **2207.**

* * **W. N. Christiansen, D. S. Mathewson,** Scanning the sun with a highly directional array. Vgl. Ref. **6524.**

2168. **M. H. Cohen,** The Cornell radio polarimeter. Proc IRE **46** 183—190. — Die Arbeitsweise eines Radiometers für 201.5 MHz (Bandbreite = 10 kHz) zur Messung der Polarisation bei solaren Bursts mit einem gekreuzten Dipolpaar und einem Parabolreflektor (d = 5 m) wird beschrieben, und die durch unvermeidliche Ungenauigkeiten bei der Antennenkonstruktion auftretenden Meßfehler werden diskutiert. Es ergeben sich für das Achsenverhältnis r und den Polarisationsgrad m Beträge von etwa $\pm$ 5 %. Die für eine vollständige Polarisationsmessung erforderlichen vier Parameter (I, m, r und χ) werden mit einem Mehrfachschreiber gleichzeitig registriert. Die Eichung des Gerätes geschieht mit Hilfe eines entfernt aufgestellten rauschenden Dipols. Die Beobachtungsergebnisse weichen von den bereits bekannten nicht wesentlich ab. Ein deutlicher «Bandbreiteneffekt» (im Zusammenhang mit dem Faraday-Effekt) konnte nicht festgestellt werden. Rabben

2169. **F. D. Drake, H. I. Ewen,** A broad-band microwave source comparison radiometer for advanced research in radio astronomy. Proc IRE **46** 53—60. — Ein Mikrowellen-Radiometer für 8000 MHz (λ = 3.75 cm) mit drei Wanderfeldröhren am Eingang erreicht bei 1 GHz Bandbreite eine Empfindlichkeit von 0.01° K. Es arbeitet an einer Parabolantenne mit d = 8.5 m. Besondere Schwierigkeiten machten bei der hohen Empfindlichkeit die Verstärkungsschwankungen. Ihre erfolgreiche Beseitigung durch Geräusch-Kompensation mit Hilfe einer Argon-Gasentladung und einem regelbaren Abschwächer wird erörtert. Es ließ sich eine extrem gute Nullstabilität bei der angegebenen Empfindlichkeit erreichen. Durch die hohe Empfindlichkeit im Mikrowellenbereich ergeben sich viele Vorteile: 1.) Erweiterte Kenntnisse der Spektren von Radioquellen; 2.) Genauere Polarisationsmessungen (kleinerer Einfluß der Erdatmosphäre); 3.) Bessere Informationen über den Ursprung der Strahlung und 4.) Über die Struktur der Milchstraße im Bereich des ionisierten Wasserstoffs (Mikrowellenstrahlung vorwiegend thermisch); 5.) Bessere Daten über die planetarischen Nebel; 6.) Genauere Temperaturmessung an den Planeten (bisher sehr unterschiedliche Ergebnisse); 7.) Einfachere Positionsbestimmungsmöglichkeit bei Radioquellen (Wellenlängenabhängigkeit des Auflösungsvermögens). Rabben

2170. **G. Eiby,** Large telescopes. Southern Stars **17** 106—111. — Behandel die Radioteleskope der Jodrell Bank Experimental Station, Manchester, und des Mullard Radio Astronomy Observatory, Cambridge.

2171. **P. B. Gallagher,** An antenna array for studies in meteor and radio astronomy at 13 meters. Proc IRE **46** 89—92. — Eine Antennenanordnung, die aus zwei in Ost-West-Richtung verlaufenden Reihen (Abstand $= 7^1/_2\,\lambda$) mit je 48 Vier-Element-Yagi-Antennen besteht, wurde für Untersuchungen an Meteoren, aber auch an radioastronomischen Objekten, mit einem Sender von 100 kW Impulsleistung ausgestattet. Die azimutale Keulenbreite beträgt 1°2; von den sechs Nebenzipfeln haben die ersten bei einer Dämpfung von 14 db einen Abstand von ± 1°7. Die Einflüsse von Justierungsfehlern werden ausführlich diskutiert. Die Frequenz von 23.1 MHz ($\lambda = 13$ m) stellt einen Kompromiß dar zwischen Empfindlichkeit für kleine Meteore und Stärke der ionosphärischen Rückstreuung. Vorläufige Versuche mit einem Teil der Antennenanlage zeigten, daß Meteore bis zur 15. Größenklasse zu messen sein werden. Angemessene Toleranzen bei Dimensionierung und Konstruktion erwiesen sich als geringfügig. Rabben

2172. **M. Goldsmith,** The largest radiotelescope. Vesmír **37** 113—114 (tschech.).

2173. **S. J. Goldstein jr.,** On wide-band two-element interferometers for radio astronomy. Diss. Abstracts U.S.A. **19** Nr. **4** S. 633. — Ref.

* * **T. de Groot,** Duration and band-width of short-lived transients in solar noise. Vgl. Ref. **6532.**

2174. **A. H. Guerra Vieira, L. Q. Orsini,** The construction of a radio-interferometer for the localization of extra-terrestrial sources, and the registrations obtained in the case of the sun and of artificial satellites. An. Acad. Brasil. Cienc. **30** 299—306 (portugies.). — Ref. in Phys. Abstracts (A) **62** 498.

2175. **G. A. Gursadjan,** Das «lunare» Radiointerferometer. DAN **118** 1094—1097 (russ.). — Eine vielleicht vorhandene — wenn auch sehr schwache — Mondionosphäre kann gegenüber einer Radiostrahlungsquelle die Rolle der zweiten Antenne oder der Meeresoberfläche übernehmen. Verf. umreißt in Anlehnung hieran das Funktionieren dieses Mondinterferometers sowie das Verfahren zur Bestimmung der Winkeldurchmesser diskreter Quellen. Loh.

* * **J. S. Hey, V. A. Hughes,** A method of calibrating centimetric radiometers using a standard noise source. Vgl. Ref. **2416.**

2176. **F. D. Kahn,** On photon coincidences and Hanbury Brown's interferometer. Opt. Acta **5** 93—100 = Astr. Contr. Univ. Manchester (3) Nr. 62. — Es werden einige statistische Ergebnisse mitgeteilt, die die Zahl der nachgewiesenen Photonen bestimmen, welche einen kleinen Empfänger erreichen und von einer Lichtquelle ausgehen, die zu klein ist, um vom Empfänger aufgelöst zu werden. Die Ergebnisse werden dazu benutzt, die Wahrscheinlichkeit dafür aufzusuchen, daß ein Photonenpaar gleichzeitig auf zwei kleine Empfänger fällt, die auf dieselbe Lichtquelle gerichtet sind. Das Hanbury-Brownsche Interferometer ist im wesentlichen eine Anordnung, die diese Wahrscheinlichkeit mißt. Im dritten Abschnitt werden die statistischen Ergebnisse für die Abschätzung des Verhältnisses zwischen Signal und Rauschen herangezogen, welches man beim Gebrauch des Interferometers zu erwarten hat. Verf.

2177. **J. D. Kraus,** Radio telescope antennas of large aperture. Proc IRE **46** 92—97. — Um mehr Radioquellen auffinden zu können (visuell werden z. B. 20 Größenklassen beobachtet, radioastronomisch bisher nur 6, entspr. 24 db), wird ein Radioteleskop mit großer Empfangsfläche benötigt. Zur Bestimmung der Anzahl der auffindbaren, bzw. der auflösbaren Quellen in Abhängigkeit von

Empfangsfrequenz und effektiver Antennenfläche werden zwei Gleichungen abgeleitet und graphisch dargestellt. Die Zahl der auffindbaren und auflösbaren Quellen soll danach für etwa 300 MHz gleich groß sein; das entspricht der Frequenz, bei der ein Radioteleskop die niedrigsten Kosten pro Radioquelle erfordert. Ein Plan für ein Radioteleskop mit relativ niedrigen Kosten bei angemessener Empfangsfläche wird erörtert. Die Antennenanlage besteht im wesentlichen aus einem feststehenden Parabolreflektor (Höhe zu Breite = 1 : 10) und einem kippbaren ebenen Umlenkspiegel. Der Erdboden wird zur Erzeugung eines Spiegelbildes vom Parabolreflektor mit leitfähigem Material bedeckt. Die Frequenz läßt sich bei einer derartigen Anordnung um mehr als 1 : 50 variieren. Ein Modell für $\lambda = 1.25$ cm erwies sich in guter Übereinstimmung mit der Rechnung. Rabben

2178. **A. G. Little,** Gain measurements of large aerials used in interferometer and cross-type radio telescopes. Australian J. Phys. **11** 70—78 = Commonwealth Sci. Industrial Res. Organization, Australia, Division Radiophys. — Die Antennen des 3.5 m «Mills Cross»-Radioteleskops in Sydney wurden in der Weise kalibriert, daß mehrere starke diskrete Radioquellen jeweils mit dem Mills Cross und einem Dipol mit ebenem Reflektor, dessen Gewinn bekannt ist, ausgemessen wurden. Durch Vergleich der gemessenen Intensitäten wurde der Gewinn des Mills Cross erhalten. Hunger

* * **P. Mezger,** Verzerrung radioastronomischer Beobachtungen durch Antennencharakteristik und Tiefpaß. Vgl. Ref. **12634.**

2179. **B. Y. Mills, A. G. Little, K. V. Sheridan, O. B. Slee,** A high resolution radio telescope for use at 3.5 m. Proc IRE **46** 67—84 = Commonwealth Sci. Industrial Res. Organization, Australia, Division Radiophys. — Ein Radioteleskop mit kreuzförmiger Antennenanordnung («Mills Cross») wird beschrieben. Die Keulenbreite des Antennendiagramms beträgt 49′, die Grenzempfindlichkeit 2×10^{-26} W m^{-2} Hz^{-1}. Eine Durchmusterung des Himmels zwischen + 11° und − 79° (bei speziellen Beobachtungen noch mehr) ist für fünf verschiedene Deklinationen praktisch gleichzeitig möglich. Starke Radioquellen können mit großer Genauigkeit lokalisiert werden. Einige Anwendungsbeispiele für das Teleskop werden angegeben und Methoden zur Kalibrierung der Flußdichte- und Temperaturskalen sowie die Theorie der Messungen diskutiert. Aus der Diskussion der Konstruktionsdaten folgt, daß für das beste Signal/Rausch-Verhältnis einer typischen Radioquelle bei gegebener Antennengröße die Wellenlänge ziemlich genau definiert ist. In Abhängigkeit von Empfänger- und Antennenkonstruktion sowie von einigen anderen Faktoren liegt das Optimum im allgemeinen zwischen 2 und 4 m. Rabben

2180. **T. Pederzani,** Zur Technik des Radio-Teleskops. Elektrotech. Z. (A) 78 862—865, 1957. — Ref. in Phys. Ber. **38** 790—791.

2181. **H. Penfield,** A phase tracking interferometer. Proc IRE **46** 321—325. — Ausführliche Beschreibung einer Interferometer-Anordnung, die eine getrennte Registrierung der Phasenlage erlaubt. Ein wichtiges Bauelement ist ein mechanischer Phasenschieber, der speziell für diese Apparatur entwickelt wurde. Als ein wesentliches Anwendungsgebiet wird auf die Beobachtung der Phasen-Szintillation hingewiesen. Das Laboratorium des National Bureau of Standards in Boulder (Colorado) führt mit diesen Geräten auf drei Frequenzen: 53 MHz, 108 MHz und 470 MHz laufend Beobachtungen durch. Daene

2182. **A. E. Salomonowitsch,** Ein neues mächtiges Radioteleskop. Bote Akad. Wiss. UdSSR 1958 Nr. 5 S. 130—131 (russ.). — Ref. in RJ UdSSR 1958 Nr. 11 S. 44.

2183. **P. D. Strum,** Considerations in high-sensitivity microwave radiometry. Proc IRE **46** 43—53. — Für hochempfindliche Mikrowellen-Radiometer (Grenzempfindlichkeit etwa 1° K) wird der Einfluß von zwölf (statt bisher meist nur vier) die Empfindlichkeit begrenzenden Komponenten untersucht mit dem Ergebnis, daß manche der bisher vernachlässigten Einflüsse wesentlich werden. Die 12 Komponenten lassen sich zu vier Gruppen zusammenfassen: 1.) Eigenrauschen, 2.) Antenne und ihre Umgebung, 3.) Impedanzmodulation und 4.) Verstärkungsschwankungen. Spielt nur das Eigenrauschen eine wesentliche Rolle, erweist sich der «kontinuierliche» Empfänger als der empfindlichste. Sind dagegen Verstärkungsschwankungen vorhanden, liegen die optimalen Eigenschaften bei Radiometertypen mit Eigengeräuschkompensation bzw. mit automatischem Nullabgleich. Solange sich die Maser-Verstärker (deren Eigengeräusch sich etwa bis auf 10° K senken lassen wird) noch in der Entwicklung befinden, lassen sich die empfindlichsten Mikrowellen-Radiometer mit rauscharmen Wanderfeldröhren bauen (Eigengeräusch etwa 4000 °K bei sehr großer Bandbreite).

Rabben

2184. **S. Suzuki, A. Tsuchiya,** A time-sharing polarimeter at 200 Mc. Proc IRE **46** 190—194. — Arbeitsweise und Schaltschema mit Schaltungseinzelheiten von den wesentlichen Teilen eines 200 MHz-Radiometers (Bandbreite: 100 kHz) für Polarisationsmessungen (vor allem bei solaren Bursts) werden beschrieben. Die beiden von einem gekreuzten Dipolpaar mit einem 10 m-Parabolreflektor aufgenommenen Komponenten der HF-Strahlung werden zur Ermittlung aller erforderlichen Parameter 200 mal je sec nacheinander auf sechs verschiedene Weisen entsprechend mit einander kombiniert und mit einem Sechsfach-Schreiber registriert (ein Registrierbeispiel ist beigefügt). Die verwendeten Kalibrierungs- und Prüfmethoden werden angegeben. Der Eigengeräuschfaktor hat den Wert 6.

Rabben

2185. **G. M. Towmassjan,** Über die Empfindlichkeitserhöhung von Interferenz-Radioteleskopen. II. DAN Armen. Sowjetrepublik **26** Nr. 1 S. 11—20 (russ. mit armen. Ref.). — Ref. in RJ UdSSR 1958 Nr. 10 S. 40.

2186. **G. M. Towmassjan, E. S. Burunsusjan,** Die experimentelle Prüfung der Methode der Radiosignal-Resonanzakkumulation bei der Arbeit mit einem Interferenzradioteleskop. Mitt. Obs. Bjurakan Nr. 25 S. 83—90 (russ. mit armen. Ref.).

2187. **J. P. Wild, K. V. Sheridan,** A swept-frequency interferometer for the study of high-intensity solar radiation at meter wavelengths. Proc IRE **46** 160—171 = Commonwealth Sci. Industrial Res. Organization, Australia, Division Radiophys. — Ein Zwei-Antennen-Interferometer (mit einer Ost-West-Basis von 1 km Länge) für die Untersuchung der verschiedenen solaren Bursttypen im Meterwellenbereich erlaubt eindimensionale Messungen der Position (jede Sekunde) und der Größe der kurzlebigen Radioquellen (alle zwei Sekunden) sowie eine Bestimmung von Polarisation und Intensität der empfangenen Radiostrahlung. Alle vier Kenngrößen ergeben sich als Funktionen der Frequenz (70—40 MHz). Erste Beobachtungsergebnisse zeigen, daß die Durchmesser der Typ I- und Typ III-Radioquellen mit abnehmender Frequenz zunehmen, und zwar für beide Typen etwa von 6′ bei 65 MHz auf 10′ bei 45 MHz. Rabben

2188. **W. W. Witkewitsch, W. A. Udalzow,** The application of interferometric reception to the recording of high-speed time processes. Radiotechnik Elektronik **3** 784—793 (russ.). — Ref. in Phys. Abstracts (A) **62** 1233.

2189. Radio telescopes. J. British Interplanetary Soc. **16** 302—303.

2190. Range of radio telescopes extended by new amplifier. J. Franklin Inst. **265** 83—84. — Ref. in RJ UdSSR 1958 Nr. 8 S. 38.

2191. A giant radio telescope. J. Franklin Inst. **265** 302. — Ref. in RJ UdSSR 1958 Nr. 11 S. 45.

2192. Radio spectroheliograph at Stanford University. Sky and Telescope **17** 118.

2193. New giant radio telescopes. Sky and Telescope **17** 456. — Betrifft das 90-foot Radio-Teleskop in Bigpine, Calif.

* * Weitere Instrumente siehe auch § **12**.

§ 22

Zusatz- und Auswertgeräte, Photometrie, Photographie

2201. **S. Archer,** A photoelectric stellar photometer. JBAA **68** 264—266. — Beschreibung eines einfachen, leistungsfähigen, lichtelektrischen Sternphotometers, das mit einem SEV 931-A ausgerüstet für die Beobachtung veränderlicher Sterne entwickelt wurde. Beck

* * **H. W. Babcock,** Deformable optical elements with feedback. Vgl. Ref. **7202**.

2202. **W. A. Baum, W. K. Ford jr., J. S. Hall,** Recent astronomical tests of thin-film image converters. AJ **63** 47—48. — Ref. AAS.

2203. **A. Boggess III, L. Dunkelman,** Stellar flux measurements at 2700 Å. AJ **63** 303. — Ref. AAS.

2204. **K. H. Böhm,** Spektrophotometrie und Deutung des starken Ultraviolett-Kontinuums eines T Tauri-Sternes. Habilitationsschrift, Univ. Kiel, 1957.

2205. **R. Bouigue,** Photométrie photoélectrique des étoiles rouges et des comètes. Ann. Obs. Astr. Toulouse **26** 61—75 = Publ. Obs. Haute-Provence **4** Nr. 17.

2206. **Y. Bouriau, J. Lenoble,** Projet d'un polarimètre pour l'étude du rayonnement ultraviolet du ciel. Rev. d'Optique **37** 131—146. — Ref. in Phys. Ber. **38** 380, RJ UdSSR 1959 Nr. 5 S. 54—55.

2207. **H. G. van Bueren,** Versterkers voor licht en radiostraling uit de wereldruimte. Nederl. T. Natuurk. **24** 189—205, 213—228 = Sterrekundig Colloquium van de Nederlandse Astronomen-Club Nr. 15. — Bericht über die Wirkungsweise elektronischer Bildwandler und -sammler (unter Benutzung des äußeren bzw. inneren Photoeffekts und der Elektrolumineszenz) sowie auf molekular- und atomphysikalischer Grundlage arbeitender rauscharmer Mikrowellenverstärker (Gas- und Kristallmaser, parametrische, ferromagnetische Verstärker). Gü.

2208. **M. M. Butslow, E. K. Sawojskij, A. A. Kalinjak, W. B. Nikonow, W. W. Prokofjewa, G. E. Smolkin,** The use of multistage electron optical light amplifiers in astrophysics. DAN **121** 815—818 (russ.).

2209. **R. Chabbal,** Le spectromètre Fabry-Pérot intégral. J. Phys. Radium **19** 246—255. — Ref. in Phys. Ber. **38** 149.

2210. **R. Chabbal, M. Soulet,** Dispositif permettant le déplacement mécanique d'une lame de Fabry-Pérot. J. Phys. Radium **19** 274—277. — Ref. in Phys. Ber. **38** 149.

2211. **R. Chabbal,** Recherches expérimentales et théoriques sur la généralisation de l'emploi du spectromètre Fabry-Pérot aux divers domaines de la spectroscopie. Rev. d'Optique **37** 49—103, 336—370, 501—551. — Ref. in Phys. Ber. **38** 148—149, 545, 1595.

2212. **A. Couder, C. Fehrenbach,** Un prisme objectif à champ normal de 40 cm de diamètre pour la mesure de vitesses radiales stellaires.

CR **247** 2067—2070 = Publ. Obs. Haute-Provence **4** Nr. 32. — Konstruktion und Eigenschaften eines geradsichtigen Objektivprismas von 40 cm Öffnung werden beschrieben. Es wird zusammen mit einem Dublett von 38.5 m Öffnung und 4 m Brennweite verwendet. Es zeigt sich, daß man in einer Milchstraßengegend mit 40 Minuten Belichtung noch Spektren von Sternen etwa 12. Größe und auf einer Platte von 2°×2° etwa 300 auswertbare Spektren erhält. Außerhalb der Milchstraße erreicht man bei zwei Stunden Belichtungszeit noch Sterne 14. Größe. Mehltretter

2213. **G. Courtès,** Etude de l'émission interstellaire à l'aide de l'étalon de Fabry-Pérot. J. Phys. Radium **19** 342—345. — Kurzer Übersichtsaufsatz über einige Möglichkeiten der Beobachtung galaktischer Emissionsnebel und extragalaktischer Systeme mit Hilfe von Fabry-Perot-Interferometern. In einem ersten Teil werden die bei den Untersuchungen des Verf. benützten optischen Anordnungen beschrieben, insbesondere wird auf einige für den Betrieb günstige Feinheiten hingewiesen. Dazu gehört unter anderem die Lösung des Problems, einen Gasnebel in zwei benachbarten Spektrallinien zu beobachten, wie etwa der roten Wasserstofflinie Hα und dem verbotenen N II-Dublett λλ 6548/6584. Die Anlage — zusammen mit dem 120 cm-Teleskop des Observatoire de Haute-Provence und Belichtungszeiten von maximal einigen Stunden — ermöglicht es, noch Nebel mit 20′ scheinbarem Durchmesser auf ihren Doppler-Effekt hin zu untersuchen, und zwar mit einer Genauigkeit von 3 km/sec. Als Beispiel ist eine Abbildung der Interferenzringe von Hα und des [N II]-Dubletts in einer Aufnahme der äußeren Gebiete von IC 405 beigegeben, dessen Intensität nur etwa 10^{-4} der Helligkeit des Orionnebels beträgt. Die mittlere Dispersion betrug hierbei 6 Å/mm, die Belichtungszeit zwei Stunden. Oster

2214. **A. W. J. Cousins,** Non-linearity of photoelectric photometers. MN ASSA **17** 66—68. — Die Linearitätskontrolle wurde mit einem Diffusor durchgeführt, der von einer batteriegespeisten Lampe aus fixierten Positionen beleuchtet wurde. Bei dem verwendeten Multiplier E. M. I. 5659 ergab sich nur eine geringe Abweichung von 0ᵐ001 pro μA Photostrom. Dagegen zeigte sich bei festgehaltener Beleuchtung eine Abhängigkeit des Photostroms von der Gegenkopplung des Verstärkers. Bahner

2215. **A. W. J. Cousins,** Non-linearity of photomultipliers. MN ASSA **17** 111. — Der im vorhergehenden Ref. zuletzt erwähnte Effekt wurde auch bei anderen Zellen nachgewiesen (E. M. I. 6094, RCA 931-A); er wird auf die Verringerung der Multiplier-Anodenspannung (70 bzw. 50 V) durch den Spannungsabfall am Arbeitswiderstand (max. 3 V) zurückgeführt. Bahner

2216. **J. T. Cox, G. Hass,** Antireflection coatings for germanium and silicon in the infrared. J. Optical Soc. America **48** 677—680. — Ref. in Sky and Telescope **18** 22, Phys. Abstracts (A) **62** 20.

2217. **C. F. Dohne, F. J. Heyden,** A stable direct-current amplifier for a photoelectric photometer. Georgetown Obs. Monograph Nr. 8, 5 S. — Gleichstromverstärker für ein lichtelektrisches Photometer, der einen möglichst einfachen Aufbau hat, um während einer Sonnenfinsternis Messungen anstellen zu können, die durch Fehlfunktionen von Verstärkerbauteilen möglichst wenig beeinträchtigt werden. Einfacher Aufbau geht jedoch auf Kosten der Reichweite, so daß das Photometer speziell nur für den angegebenen Aufgabenbereich in Frage kommt. Beck

2218. **M. W. Dolidse, L. M. Fischkowa,** A supplementary device to the self-recording microphotometer «MF-4». Bull. Astrophys. Obs. Abastumani Nr. 22 S. 117—124 (russ. mit engl. Ref.).

2219. **A. Dollfus,** Un polarimètre photoélectrique très sensible pour l'étude du Soleil. CR **246** 2345—2347. — Ein hochempfindliches photoelektrisches Polarimeter wird beschrieben. Die Grenze der Nachweisbarkeit von kleinen Polarisationsgraden liegt bei etwa 10^{-5} und ist im wesentlichen durch das Rauschen der Photozellen und des Verstärkers bedingt. Mit dem Gerät kann die K-Korona ohne Koronograph nachgewiesen werden. Mehltretter

2220. **M. Dufay,** Description d'un spectromètre photoélectrique destiné à l'étude du spectre du ciel nocturne dans le proche infrarouge. Rev. d'Optique **37** 467—473 = Publ. Obs. Lyon **3** Fasc. 33. — Ref. in Phys. Ber. **38** 994, RJ UdSSR 1959 Nr. 9 S. 56.

2221. **M. Duflot, C. Fehrenbach, J. Guillaume, G. Ray,** La mesure des vitesses radiales au prisme objectif. VII. Améliorations du spectrocomparateur à projection. JO **41** 41—42 = Publ. Obs. Haute-Provence 4 Nr. 11. — Es werden einige Verbesserungen des Meßapparates mitgeteilt. F. S.

2222. **J. W. Evans,** Solc birefringent filter. J. Optical Soc. America **48** 142—145. — Das von I. Solc entwickelte Filter wird untersucht und mit dem Lyot-Filter verglichen. Henn

2223. **P. Fellgett,** Spectromètre interférentiel multiplex pour mesures infra-rouges sur les étoiles. J. Phys. Radium **19** 237—240. — Das von Verf. konstruierte Infrarot-Spektrometer geht von folgendem Bauprinzip aus: Das Bild einer Lichtquelle wird von einem Sammelspiegel auf eine ebene Doppelglasplatte mit Luftspalt geworfen, das reflektierte Bild durch einen zweiten Sammelspiegel auf den Spalt abgebildet, hinter dem eine Photozelle angebracht ist. Läßt man jetzt die beiden Spiegel zusammen rotieren, so bildet sich zwar ein stationäres Bild der Lichtquelle auf dem Spalt, doch ziehen die Interferenzstreifen, welche an der Glasplatte entstehen, über den Spalt hinweg. Man mißt dann die Intensität in Abhängigkeit vom Gangunterschied. In dieser Weise läßt sich aus der Fourier-Analyse der gemessenen Intensität das Spektrum einer Lichtquelle mit ausreichender Genauigkeit herleiten. Mit diesem Arbeitsprinzip wurde nun ein Gerät für den 36'-Reflektor der Cambridger Universitäts-Sternwarte konstruiert. Die Einzelheiten der technischen Ausarbeitung sind angegeben. Als Empfänger wurden bisher PbS-Zellen benützt, welche in der Spektralregion 1 bis 3 μ ein gutes Verhältnis zwischen Signal und Rauschen ergeben, wenn man das Signal mit einer Frequenz von einigen 100 Hz moduliert. Ausweitung der angegebenen Konstruktion auf andere Spektralbereiche, insbesondere auf den thermischen, sind kurz diskutiert. In einer ersten provisorischen Meßreihe wurden einige Dutzend Sterne bis zur 4. und 5. visuellen Größe vermessen, wobei sich ein Auflösungsvermögen von rund 60 ergab. In der Arbeit sind einige aus der Fourier-Transformation erhaltene Spektren dargestellt. Oster

2224. **E. P. Fjodorow, Zsou-I-Sin,** Bestimmung des Schraubenwertes eines Okularmikrometers aus Durchgangsbeobachtungen zenitnaher Sterne. AC Nr. 188 S. 21—23 (russ.).

2225. **K. Fredga,** On some observations made with a polarizing double image flare photometer. Ark Astr **2** 183—187 = Stockholms Obs. Medd. Nr. 100. — Mit dem neuen 0.7 Å-Hα-Filter der Schwedischen Astrophysikalischen Station auf Anacapri wurde eine Anzahl von Flares (Sommer 1957) photometrisch untersucht. Stumpff

2226. **J. E. Geake, W. L. Wilcock,** Exploration de raies spectrales stellaires en inclinant un interféromètre Fabry-Pérot. J. Phys. Radium **19** 346—350. — Das Prinzip der in der Arbeit beschriebenen Anordnung zur photoelektrischen Registrierung von Sternspektren ist folgendes: Man wirft das von einem Teleskop gelieferte Sternbildchen auf den Eintrittsspalt eines Monochromators und richtet das aus dem Austrittsspalt kommende, jetzt mehr oder weniger monochromatische Licht parallel. Dieses Licht wird auf ein Fabry-Perot-Interferometer gegeben, das jetzt wie ein Filter wirkt und eine Reihe von

Durchlässigkeitsbereichen besitzt, die verschiedenen Interferenzordnungen entsprechen. Der Monochromator unterdrückt dabei alle Durchlässigkeitsbereiche des Fabry-Perot-Interferometers bis auf einen. Diese Anordnung hat den großen Vorteil, daß man mit einem verhältnismäßig weiten Spalt arbeiten kann und so die störenden Lichtverluste im Monochromator vermeidet, die man bei der Anwendung des Monochromators allein zur Erreichung einer ordentlichen Auflösung in Kauf nehmen muß. Das wirkt sich vor allem deshalb günstig aus, weil bei einem weiten Eintrittsspalt die atmosphärische Turbulenz an Bedeutung verliert, welche das Sternbildchen auf dem Eintrittsspalt hin und her wenden läßt und so ein Schwanken des registrierten Lichtstromes zur Folge hat, das nur mit aufwendigen Hilfsmechanismen und dann auch nur zum Teil korrigiert werden kann. Die kontinuierliche Registrierung des Spektrums läßt sich dann auf zwei Weisen durchführen: Entweder man verändert kontinuierlich den Plattenabstand im Etalon oder die Neigung des Etalons gegen die optische Achse. Aus technischen Gründen haben Verf. sich für den zweiten Weg entschieden. Das beschriebene Gerät wurde zusammen mit dem 120 cm-Teleskop der Sternwarte Asiago in Italien erprobt, wobei mit einem provisorischen Etalon und einer Auflösung von rund 1 Å bei λ 4500 gearbeitet wurde. Es sind die ersten Registrierungen im einzelnen aufgeführt und durch Abbildungen illustriert, insbesondere die Messungen an $H\gamma$ im Sonnenspektrum und dem Spektrum des G0-Sterns o UMa. Oster

2227. **R. K. H. Gebel, L. R. Wylie,** The Cateye. Sky and Telescope **18** 84—85. — Ein als Zusatzgerät zu normalen Fernrohren verwendbarer elektronischer Verstärker wird kurz beschrieben, welcher speziell zur Gewinnung von Tagesaufnahmen des Mondes und der Planeten dienen soll. Einige Reproduktionen von Aufnahmen erläutern die Leistungsfähigkeit des Geräts. Kdr.

2228. **P. M. Geruni,** Ein Instrument zur automatischen Messung komplexer Widerstände bei überhohen Frequenzen. Mitt. Obs. Bjurakan Nr. 25 S. 91—99 (russ. mit armen. Ref.).

2229. **H. Gollnow,** Stellar spectrographs. J. Astr. Soc. Victoria **11** 67—74. — Zusammenfassung eines Vortrages über Sternspektrographen: Geschichtliche Entwicklung, Newton-, Cassegrain- und Coudéspektrographen. Einzelheiten des Mt. Stromlo Cassegrainspektrographen. Erwähnung der bedeutendsten Spektrographen. Beck

2230. **Y. Grinand,** Possibilités d'utilisation d'un miroir sphérique incliné dans un spectrographe autocollimateur. Rev. d'Optique **37** 291—294 = Publ. Obs. Lyon **3** Fasc. 32.

2231. **S. Guidarelli,** Sul contributo del reticolo all'ingrandimento di uno spettrografo. Atti Fondaz. Ronchi **13** 101—105.

2232. **K. Güssow,** Auswahlgrundsätze für Photo-Multiplier in der Astronomie. Wiss. Z. Friedrich-Schiller-Univ. Jena Math.-naturwiss. Reihe **7** 247—249. — Verf. erörtert die Bedeutung der charakteristischen Größen eines Multipliers für astronomische Zwecke und gibt ein Diagramm zur raschen Auswahl des für eine vorgegebene Aufgabe geeignetsten Exemplars. Hoppe

* * **K. Hermann-Otavský,** Observations of solar prominences. Vgl. Ref. **6632**.

2233. **A. R. Hogg,** Slide rule for stellar magnitude computations. Obs **78** 258—259.

2234. **J. T. Houghton, T. S. Moss, J. P. Chamberlain,** An airborne infra-red solar spectrometer. J. Sci. Instruments **35** 329—333. — Ref. in Phys. Abstracts (A) **62** 1, Phys. Ber. **38** 2436—2437.

2235. **H. L. Johnson,** A new photometer for very faint stars. Sky and Telescope **17** 558—560. — Ref. in Orion Schaffhausen **5** 518—519.

* * **J. Junkes, E. W. Salpeter,** Effective line widths in photographic spectral photometry. Vgl. Ref. 2418.

2236. **W. N. Kanunnikow,** Elektronisches Zeitrelais zur Bestimmung der Fehler bei der Messung der Flugdauer von Meteoren. Bull. Astr.-Geod. Ges. UdSSR Nr. 21 S. 41—44 (russ.).

2237. **H. von Klüber,** Photographic photometry. Cambridge Obs. Repr. Nr. 30, 12 S. — Nach einem allgemeinen Überblick über die Grundlagen, Methoden und speziellen Schwierigkeiten der photographischen Photometrie werden die verschiedenen Photometertypen mit besonderer Berücksichtigung der neueren, z. T. bereits automatischen Geräte behandelt. Ein ausführliches Literaturverzeichnis mit 175 Hinweisen verweist für die Einzelheiten auf die Originalveröffentlichungen. In einem abschließenden Vergleich zwischen photographischer und lichtelektrischer Photometrie wird auf die hohe Speicherkapazität der photographischen Platte für viele, stets verfügbare Informationen als Hauptvorteil gegenüber den einer weit höheren Genauigkeit fähigen lichtelektrischen Methoden hingewiesen. Wempe

2238. **G. E. Kron,** Performance data for several infrared-sensitive multiplier phototubes. Publ ASP **70** 285—292 = Contr. Lick Obs. (2) Nr. 89. — Nach einem kurzen Hinweis auf Herstellerfirmen wird die Prüfung von vier infrarotempfindlichen Vervielfachern im Laboratorium unter Verwendung einer Wolframlampe mit Filtern beschrieben. Die Zellen zeigten Unterschiede in der Empfindlichkeit der Kathoden, im thermischen Emissionsstrom und in der Grenze der anwendbaren Spannungen. Flüssiges Kühlungsmittel wirkte besser als Trockeneis. Versuchsbeobachtungen mit einem der Multiplier am Crossley-Reflektor ergaben befriedigende Genauigkeit bis zur infraroten Helligkeit 15^m. O. G.

2239. **R. Kühn,** Versuche mit Bildröhren langer Speicherzeit. Mitt. AG 1957/I S. 23. — Ref. AG.

2240. **G. G. Lengauer,** Ein Gerät zur Erklärung der scheinbaren Bewegung der Planeten. Nachr. Akad. Pädagog. Wiss. Russ. Sowjetrepublik Nr. 85 S. 456—461 (russ.).

2241. **K. Masson,** An easily built adjustable slit. Sky and Telescope **17** 256.

2242. **P. Mayer,** About the spectrographs. RH **39** 35—39 (tschech.).

2243. **A. W. Merkulow,** A static spectroheliograph. I. Mitt. Astr. Hauptobs. Pulkowo **21** Nr. 3 (162) S. 109—136 (russ. mit engl. Ref.).

2244. **L. Mertz,** Spectromètre stellaire multicanal. J. Phys. Radium **19** 233—236 = Harv Repr (2) Nr. 124. — Verf. konstruiert ein Interferometer für die Sternphotometrie im sichtbaren Spektralbereich, welches von der Tatsache ausgeht, daß bei einem ungünstigen Verhältnis Signal/Störpegel ein Zweistrahlinterferometer gegenüber einem Monochromator erhebliche Vorteile besitzt. Die Anlage ist bisher noch nicht für spezielle Probleme durchkonstruiert worden, sondern soll zunächst die Vor- und Nachteile in der Praxis zu studieren gestatten. Das Interferometer besteht im wesentlichen aus einer doppelbrechenden Platte, d. h. aus einem einzigen Element eines Lyotschen Interferenzfilters. Die vorliegende Anordnung liefert einen Gangunterschied von 175 λ bei 4000 Å. Um die Szintillationsstörungen zu verringern, wird mit einem elektrisch doppelbrechenden Blättchen der Gangunterschied mit einer Frequenz von 3 kHz moduliert. Durch die Registrierung einer Wechselstromkomponente gegenüber einer Gleichstromkomponente wird eine zusätzliche Reduktion erreicht. Die technischen Daten sind dann noch im einzelnen beschrieben. Das Gerät ist bisher zusammen mit dem 60 cm-Clark-Teleskop im Cassegrain-Fokus getestet worden. Eine Reihe von Registrierkurven von Sternen verschiedenen Spektraltyps, etwa 10 Lac (Oe5), Altair (A5) und λ Aqu (M0) sowie der Kometen Arend-Roland und Mrkos sind als Illustration reproduziert. Oster

2245. **R. Michard, R. Servajean, J. Laborde,** The «flare spectrograph» in the French IGY program. ApJ **127** 504—506. — Es wird ein Spektrograph beschrieben, welcher zur Überwachung von Flares der Sonne entwickelt wurde. Die Spektren können über den Bereich von λ 3500 bis λ 8800 mit hoher Dispersion und kurzen Belichtungszeiten in rascher Folge photographiert werden. Die Auffindung von Flares geschieht im Licht von Hα entweder visuell oder unter Zuhilfenahme einer Fernsehkamera. Micz.

2246. **F. D. Miller,** Filters for comet photography—comet Mrkos, 1957 d. Publ ASP **70** 279—284. — Als Beitrag zur Frage der Analyse verschiedener Strukturelemente von Kometen durch geeignete Kombinationen von Filtern und Emulsionen wird über Aufnahmen mit Rotfilter (Schott RG 1) und einem Interferenzfilter, das etwa λ 5125 bis λ 5165 durchläßt, berichtet und ein kurzer Vergleich mit Aufnahmen im integrierten Licht und einer Aufnahme mit Objektivprisma durchgeführt. Die Rotaufnahmen zeigen die Strukturen, die in reflektiertem Sonnenlicht sichtbar sind. O. G.

2247. **O. Mohler,** Solar spectroscopy. Science **128** 505—510. — Historischer Überblick. Beschreibung des McMath-Hulbert Vakuumspektrographen, Prinzipien, Aufbau, Ergebnisse. Vorschläge für ein noch größeres Instrument. Weidemann

2248. **W. I. Moros,** Astrophotometrie mit Vervielfachern. Moskau, Staatsuniv., 1957 (russ.). — Dissertationsref.

2249. **M. E. Nabokow,** Ein Instrument zur Messung der Sonnenhelligkeit während einer Finsternis. Bull. Astr.-Geod. Ges. UdSSR Nr. 23 S. 18—20 (russ.).

2250. **R. A. Nidey,** Astrostats in the high-altitude sounding program. American J. Phys. **26** 589. — Ref. American Phys. Teacher.

2251. **Y. Öhman,** On some new birefringent filters for solar research. Ark Astr **2** 165—170 = Stockholms Obs. Medd. Nr. 99. — Einige Eigenschaften eines neuen Hα-Filters (0.7 Å), das auf Anregung des Autors für die Schwedische Station auf Anacapri beschafft wurde, werden beschrieben. Das Filter gibt einen ausgezeichneten Bildkontrast. Beobachtungen des großen Flares 1957 Juli 3 werden mitgeteilt. Ferner werden Beobachtungen mit einem anderen Filter (CaII-H, 2.0 Å) kurz diskutiert. Stumpff

2252. **N. Papasjan, B. Tumanjan,** Verbesserung der Arbeit der Signalvorrichtung bei Beobachtungen eines künstlichen Erdbegleiters. AC Nr. 190 S. 15—16 (russ.).

2253. **Z. Pěkný,** Some notes on the photometry of the Mt. Palomar atlas. BAC **9** 164—169. — In Ergänzung zu der Untersuchung von Perek (vgl. Ref. **2254**) wird festgestellt, daß die Unterschiede in der Auffassung der Bilddurchmesser durch verschiedene Beobachter über einen weiten Bereich konstant sind. Ein Vergleich der Feldkorrektionen auf zwei verschiedenen Lieferungen des Palomar-Atlas zeigt, daß ihre Ursache nicht in der Herstellung der Papierkopie zu suchen ist. Bahner

2254. **L. Perek,** Photometry from the prints of the National Geographic Society — Palomar Observatory Sky Survey. BAC **9** 39—44. — Ref. in Coelum **26** 177. — Kopien des NGS-POSS werden mit einem aufsetzbaren Meßmikroskop nach der Durchmessermethode photometrisch ausgewertet. Die Messungen sind im Bereich zwischen 10^{m} und 20^{m} mit einer Genauigkeit $\pm 0\overset{\mathrm{m}}{.}12$, $\pm 0\overset{\mathrm{m}}{.}13$ und $\pm 0\overset{\mathrm{m}}{.}15$ für Blau- und Rothelligkeiten bzw. Farbenindizes (mittlere Fehler) möglich. Kleinste meßbare Bildchen haben Durchmesser von 0.040 Millimeter. Photometrische Messungen sind nach dieser Methode erfolgversprechend, wenn man in einem kleinen Feld eine geeignete Standardsequenz und über die ganze Kopie verteilt Sterne bekannter Helligkeiten hat, die sogar 10^{m} bis 13^{m} hell sein können. Beck

2255. **J. I. Prodan, W. W. Nesterow,** Über die Bestimmung des Schraubenwertes des Okularmikrometers des Zenitteleskops ST-180. AC Nr. 193 S. 17—19 (russ.).

2256. **J. Ring, N. J. Woolf,** Utilisation de l'interféromètre Fabry Pérot en astronomie. J. Phys. Radium **19** 354—357. — Das Hauptproblem, das sich Verf. in der vorliegenden Untersuchung gestellt haben, ist die Frage nach der günstigsten optischen Dimensionierung der für Spektraluntersuchungen einer vorgegebenen Auflösung benützten Teleskope, Monochromatoren und Interferometer. Es werden nacheinander drei Arbeitsbereiche untersucht: 1.) Der Bereich geringer Auflösung (≈ 100), wie er vor allem für die monochromatische Photographie ausgedehnter Objekte, etwa galaktischer Emissionsnebel, von Interesse ist. Hier werden im einzelnen zwei Systeme beschrieben, die unter Benützung von Schmidt-Kameras aberrationskorrigierte (3′ bei einem Feld von 1°) Aufnahmen der Fokalebene eines 120 cm-Paraboloids (gedacht ist an den Spiegel der Sternwarte Asiago, Italien) zu machen gestatten. 2.) Der Bereich mittlerer Auflösung (≈ 5000), wie er bei mehr qualitativen Untersuchungen von Sternspektren in Frage kommt. Wieder ist darauf zu achten, daß der Spektrographenspalt möglichst alles Licht ausnützt, das vom Teleskop gesammelt wird. In diesem Zusammenhang wird die Monochromator- und Interferometeranordnung von Geake und Wilcock (vgl. Ref. **2226**) mit anderen Geräten dieser Art verglichen, insbesondere mit dem Vorschlag der Verf., die Wellenlängenabhängigkeit der Durchlaßbereiche des Fabry-Pérot-Interferometers durch eine Unterdruck- und Überdruckkammer zu kontrollieren. 3.) Der Bereich höchster Auflösung (≈ 100000) ist bisher vorwiegend die Domäne der großen amerikanischen Teleskope mit entsprechend dimensionierten Gitterspektrographen. Hier gehen Verf. vor allem auf das Problem sehr geringer Lichtstärken (weniger als 100 Photonen pro sec) ein, wo eine Photonenzählanordnung als Empfangsgerät das günstigste Verhältnis Signal-Untergrund vermitteln dürfte. Oster

2257. **J. Rösch,** Photomètre visuel pour l'étude de la lumière cendrée de la lune. Rev. d'Optique **37** 458—466. — Ref. in Phys. Abstracts (A) **62** 280.

* * **G. D. Roth,** Die photographische Photometrie für den Amateur. Vgl. Ref. **2060**.

2258. **E. W. Salpeter,** Sulla costruzione di fotometri a fenditura variabile per la misura di larghezze effettive. Specola Astr. Vaticana Misc. Astr. **3** 185—187. — Es werden einige theoretische und praktische Fragen behandelt, die die Konstruktion eines geeigneten Meßspaltes und die photoelektrische Einrichtung eines solchen Photometers betreffen, sei es für eine Neukonstruktion, sei es zur Adaptierung eines schon vorhandenen Photometers. Es wird auch ein kleines kompaktes Gerät vorgeführt, das in Verbindung mit einem beliebigen Spektrenprojektor ein komplettes Meßspaltphotometer darstellt. Verf.

2259. **E. H. Schröter,** Prüfungsergebnisse an einem neuen Potsdamer Beugungsgitter mit «blaze»-Wirkung. Mitt. AG 1957/I S. 32—33. — Ref. AG.

2260. **P. W. Schtscheglow,** Some methodical problems in applying image converters. AJ UdSSR **35** 651—655 (russ. mit engl. Ref.). — Engl. Übersetzung in Soviet Astr. AJ **2** 604—607. — In der Arbeit werden einige allgemeine Angaben über die Verwendung von Bildwandlern in der Astrophysik unter Beifügung von Blockschemata gemacht und dann im einzelnen die Anwendung auf Infrarot-Photometrie und -Spektroskopie besprochen. Oster

2261. **G. F. Sitnik,** The evaluation of scattered light in a monochromator during absolute measurements, using a standard source. AJ UdSSR **35** 137—142 (russ. mit engl. Ref.). — Engl. Übersetzung in Soviet Astr. AJ **2** 119—122. — Verf. untersucht das Problem, in welcher Weise das instrumentelle Streulicht Absolutmessungen der Spektren ausgedehnter Lichtquellen beeinflußt. Zu diesem Zweck wurden Messungen des Streulichts in einem Prismenmonochromator in Autokollimation mit Lichtquellen verschiedener Temperatur unternommen. Dabei wurde hauptsächlich festgestellt, daß das Streulicht wenigstens in dem ausgemessenen Spektralbereich zwischen 3700 und 6000 Å eine sehr ähnliche Verteilung besitzt. Infolgedessen sollte bei Absolutmessungen etwa des Sonnenspektrums mit Anschluß an eine Standardlichtquelle selbst dann kein wesentlicher Fehler auftreten, wenn keine Vorzerlegung durchgeführt wird. Oster

2262. **J. Stock,** Calibration curves in focal photographic photometry. AJ **63** 496—500 = Warner and Swasey Obs. Case Inst. Technology Repr. Nr. 88. — Unter einer bestimmten Annahme über das Schwärzungsgesetz, über die wirksame Intensitätsverteilung im fokalen Bild von Reflektoren und über den Meßvorgang im Plattenphotometer werden theoretische Eichkurven für Irisblendenphotometer und für feste Meßblenden abgeleitet. An Hand dieser Eichkurven wird gezeigt, daß für ein Irisblendenphotometer, bei dem die Ablesung proportional der Diaphragmenfläche ist, ein nahezu linearer Verlauf der Eichkurve zu erwarten ist, soweit die Transparenz der Bilder vernachlässigbar klein bleibt. Bei Photometern mit konstanter Meßblende ist die Wirkung eines variablen Plattenschleiers leichter zu eliminieren als bei Irisblendenphotometern. Wempe

2263. **N. N. Sytinskaja,** Eine einfache Methode zur photographischen Photometrie ohne Hilfe eines Mikrophotometers. Nachr. Akad. Pädagog. Wiss. Russ. Sowjetrepublik 1957 Nr. 85 S. 483—488 (russ.). — Ref. in RJ UdSSR 1958 Nr. 7 S. 14.

2264. **G. Thiessen,** On photoelectric polarization photometry. Obs 78 256—257. — Kurze Beschreibung einer Anordnung für die direkte Messung der Differenz zweier nahezu gleicher Photoströme von zwei Sekundärelektronenvervielfachern, wie sie für Polarisationsmessungen gebraucht werden. O. G.

2265. **S. S. Towtschigretschko,** An investigation of the micrometer screws of level-triers. AJ UdSSR **35** 782—787 (russ. mit engl. Ref.). — Engl. Übersetzung in Soviet Astr. AJ **2** 730—734.

2266. **J. Tremko,** Comparison of multiplier phototube parameters. BAC **9** 77—79. — Untersuchung der relativen Empfindlichkeit, des Dunkelstroms und des Rauschens von 17 Sekundärelektronenvervielfachern vom Typ FEU-17. Bei einem Exemplar wird auch die Abhängigkeit des Dunkelstroms von der Kühlung des SEV und von der Zeit nach dem Einschalten der Stufenspannung dargestellt. Geringster Dunkelstrom 1.3×10^{-11} Amp, geringstes Rauschen 1.3×10^{-11} Amp. Beck

2267. **M. A. Tuve, W. K. Ford jr., J. S. Hall, W. A. Baum,** Results of preliminary tests of cascaded image converters. Publ ASP **70** 592—594. — Es wurde eine Röhre erprobt, die aus zwei hintereinandergesetzten einfachen Bildwandlern besteht. Aufnahmen von NGC 1883 am 40 inch-Spiegelteleskop des Naval-Observatoriums erreichten mit Bildwandler bei zwei Minuten Belichtung die Grenzgröße $V = 18^m$, ohne ihn $V = 16\overset{m}{.}5$. Marsaufnahmen mit 4 mm Bilddurchmesser am 24 inch-Refraktor des Lowell-Observatoriums wurden bei $^1/_{300}$ sec erhalten. Nachteile sind bisher die Ungleichförmigkeit und Körnigkeit der Phosphorschirme, kleines Bildfeld und ein Gewinn, der nicht der höheren Quantenausbeute einer Photokathode im Vergleich mit der photographischen Emulsion entspricht. O. G.

2268. **B. Valníček,** About the photoelectric photometry. RH **39** 243—247 (tschech.).

2269. **V. Vanýsek,** Photoelectrical photometry. RH **39** 100—105 (tschech.).

2270. **R. V. Willstrop,** Stellar photometry in c. g. s. units. MN ASSA 17 40—46. — Die Meßanordnung besteht aus einem 4'-Fernrohr, Interferenzfiltern und einem 13-stufigen E. M. I.-Photomultiplier. Als Vergleichslichtquelle dient eine 4 Volt-4 Watt-Einfadenlampe, die in «candela» (0.903 candela = 1 Hefner-Kerze) geeicht ist, mit Blaufilter zur Farbtemperaturtransformation von 2360° K auf 6000° K, in 111 m Entfernung. Das System des Grünfilters (Max. bei 5400 Å, Halbwertsbreite 100 Å) ist für normale Sterne sehr nahe dem V-System. Als vorläufiges Ergebnis wird mitgeteilt: Ein Stern der Helligkeit $0^m_.0$ liefert außerhalb der Atmosphäre 3.8×10^{-7} erg entsprechend 1.0×10^5 Photonen pro cm^2 sec und 100 Å Bandbreite bei $\lambda = 5400$ Å. Bahner

2271. Silicon solar cells. J. Franklin Inst. **266** 321. — Ref. in RJ UdSSR 1959 Nr. 9 S. 53.

2272. Ny fotoelektrisk polarimeter i Saltsjöbaden. PAT **39** 76—77.

Ausnutzung der Sonnenenergie

2273. **R. R. Aparissi, B. A. Garf,** Die Ausnutzung der Sonnenenergie. Moskau-Leningrad, Verlag Akad. Wiss. UdSSR, 1958. 60 S. Preis 85 Kop. (russ.). — Besprechung in Priroda 48 Nr. 4 S. 123.

2274. **F. E. Edlin,** Plastic glazings for solar energy absorption collectors. Solar Energy **2** Nr. 2 S. 3—6. — Ref. in RJ UdSSR 1959 Nr. 8 S. 46.

2275. **P. E. Glaser,** Engineering research with a solar furnace. Solar Energy **2** Nr. 2 S. 7—10.

2276. **J. G. Koloss,** Untersuchung der Wärmeeigenschaften parabolzylindrischer Sonnenöfen bei verschiedenen Temperaturen und Drucken des Wassers im Kessel. Moskau, Energiewirtschaftl. Inst. Akad. Wiss. UdSSR, 1957 (russ.).

2277. **A. W. Simon,** Calculation of the concentration of the solar radiation through the focal spot of a parabolic mirror. Solar Energy **2** Nr. 2 S. 25—29. — Ref. in RJ UdSSR 1959 Nr. 8 S. 45.

2278. **A. W. Simon,** The loss of energy by absorption and reflection in the heliostat and parabolic condenser of a solar furnace. Solar Energy **2** Nr. 2 S. 30—33. — Ref. in RJ UdSSR 1959 Nr. 8 S. 45.

2279. L'utilisation de l'énergie solaire. La Nature **86** 315.

2280. Giant solar furnace. Sky and Telescope **17** 457.

2281. The largest American solar furnace. Sky and Telescope **18** 4—5.

Photographie

2282. **H. Baines,** The Science of Photography. London, Fountain Press; New York, John Wiley and Sons, Inc., 1958. 309 S. Preis $ 7.50 — Besprechung in J. Optical Soc. America **49** 492 (L. E. Varden).

2283. **I. I. Brejdo,** A comparison of the properties of photographic plates, when photographing extended and point objects. AJ UdSSR **35** 634—642 (russ. mit engl. Ref.). — Engl. Übersetzung in Soviet Astr. AJ **2** 589—595.

2284. **I. I. Brejdo,** A catalogue of characteristics of photographic plates used in astronomy. Mitt. Astr. Hauptobs. Pulkowo **20** Nr. 5 (158) S. 156—167 (russ. mit engl. Ref.). — Für 30 verschiedene photographische Emulsionen, die in der Astrophysik Verwendung finden, macht Verf. Angaben über die Empfindlichkeit, den Kontrastkoeffizienten und die Schleierdichte bei verschiedenen Entwicklungszeiten, die Abhängigkeit der Empfindlichkeit von der Belichtungszeit, die spektrale Empfindlichkeit, das Auflösungsvermögen und die Körnigkeit. Loh.

2285. **I. I. Brejdo, A. A. Markelowa,** The properties of Kodak photographic plates used for astrophotography. Mitt. Astr. Hauptobs. Pulkowo **21** Nr. 3 (162) S. 162—173 (russ. mit engl. Ref.). — Von einigen Sorten photographischer Platten der Firma Kodak (London) werden die Ergebnisse einer detaillierten Untersuchung mitgeteilt. Es wird gezeigt, daß bei langen Belichtungszeiten, die in der Astrophotographie üblich sind, die Kodakplatten um ein Mehrfaches empfindlicher sind als Agfa- und Ilford-Platten. Verf. (übersetzt)

2286. **I. I. Brejdo, A. A. Markelowa,** Infrared photographic materials and their hypersensibilization. Mitt. Astr. Hauptobs. Pulkowo **21** Nr. 3 (162) S. 174—181 (russ. mit engl. Ref.). — Verf. berichten über Untersuchungen von Infrarotplatten sowjetischer Herkunft und auch solcher von Agfa und Ilford. Verfahren zur Empfindlichkeitssteigerung werden beschrieben. Es wird gezeigt, daß die Hypersensibilisierung durch Wasser oder Ammoniak in einigen Fällen sehr nutzbringend ist. Das Laboratoriumsverfahren zur Sensibilisierung von Rotplatten durch das Baden in entsprechenden Farbstofflösungen wird beschrieben. Verf. (übersetzt)

* * **P. Darnell, J. Trier, C. Jacobsen,** Om fotografering af de kunstige drabanter. Vgl. Ref. **134153.**

2287. **J. Davis, P. Y. Millns,** A method of sensitising curved glass plates. Astr. Contr. Univ. Manchester (1) Jodrell Bank Ann. **1** 232—236. — Eine neue Methode, stark gekrümmte Glasplatten z. B. für die Verwendung in Super-Schmidt-Meteorkameras mit Emulsionsträgern zu versehen, wird eingehend beschrieben. Die Emulsion wird auf Kodalith-Film aufgebracht, der sich von der Trägerschicht ablösen und nach geeigneter Behandlung auf die gekrümmte Glasplatte übertragen läßt. Verschiedene Emulsionen für den blauen, gelben und roten Bereich sind einsetzbar. Kein Empfindlichkeitsverlust und kein Anwachsen des Schleiers gegenüber dem unabgelösten Film wird festgestellt. Die erhaltenen Aufnahmen werden direkt ausgemessen. Die Kosten lassen sich in Grenzen halten weil Aufnahmen ohne die gewünschte Information (Meteore) für eine Neubelegung mit Emulsion hergerichtet werden können. Beck

2288. **P. Fellgett,** Equivalent quantum-efficiencies of photographic emulsions. MN **118** 224—233 = Contr. Cambridge Obs. Nr. 27. — Um die Leistung einer photographischen Emulsion mit der Leistung anderer Strahlungsempfänger vergleichbar zu machen, wird als adäquates Maß die «äquivalente Quantenleistung» so definiert, daß sie dem Verhältnis Signal : Rauschpegel entspricht. Bei besten Emulsionen erreicht die maximale äquivalente Quantenleistung die Größenordnung 1%. Das Maximum liegt bei geringen Dichten nur wenig über dem Schleier. Vier Emulsionen, für die sensitometrische Daten und Körnigkeit bekannt sind, werden verglichen. O. G.

2289. **H. Kallmann, J. Rennert,** Application of inorganic phosphors to infrared photography. J. Optical Soc. America **48** 812—815. — Ref. in Sky and Telescope **18** 72.

2290. **A. Lais, R. Intonti,** Influenza della emulsione fotografica sulla larghezza effettiva. Specola Astr. Vaticana Misc. Astr. **3** 188—191. — Im Hinblick auf analytische Anwendungen der «effektiven Breite» als Maß für den photographischen Effekt wurde der Einfluß der Korngröße untersucht. Dabei ergab sich folgendes: Feinkörnige Emulsionen ergeben größere Steilheit der Eichkurven Logarithmus Breite gegen Logarithmus Belichtung. Verf.

2291. **V. Ronchi,** About the resolving power of the photographic emulsions. Atti Fondaz. Ronchi **13** 71—82.

2292. **G. de Vaucouleurs,** La photographie astronomique, du Daguerréotype au télescope électronique. Paris, Editions Albin Michel, 1958. 128 S. mit 18 Tafeln. Preis ffr. 690. — Besprechung in Ciel et Terre **74** 473 (J. F. Brouet), Irish AJ **5** 62, J. Astr. Soc. Victoria **12** 11, La Nature **87** 93, Sky and Telescope **17** 525.

* * Weitere Zusatz- und Auswertgeräte siehe § **12**, weitere Arbeiten zur Photographie siehe § **20**, Beobachtungsanleitungen.

§ 23

Uhren, Chronographen, Zeitdienst, Sonnenuhren

2301. **H. Awender,** Atom-Uhren. Molekül-Uhren. I. Nachfolger der Quarzuhren — Schrittmacher für die HF-Technik. II. Das Strahlverfahren. Radio Mentor **23** 675—681, 734—736, 1957. — Zur Zeitbewahrung werden Wechselstromgeneratoren sehr hoher Frequenzkonstanz mit Quarzsteuerung, sogenannte «Quarzuhren», verwendet. Die dort benutzten Steuerquarze weisen aber eine «Alterung» auf, d. h. deren Eigenfrequenz verändert sich langsam und stetig mit der Zeit. Durch Ausnutzung quantenmechanischer Vorgänge im atomaren Bereich, z. B. Hyperfeinstrukturübergänge in Atomen oder Mokekülen, sodann Molekülrotations- oder Molekülschwingungsübergänge, lassen sich primäre Zeitnormale aufbauen, die keine «Alterung» der Eigenfrequenz aufweisen. Der Frequenzbereich, in welchem die Synchronisierung elektrischer Oszillatoren durch solche Spektrallinien-Eigenfrequenzen heute möglich ist, liegt im Mikrowellenbereich. Die zuerst benutzten Absorptionsverfahren (Inversionsspektrum des NH_3-Moleküls) enttäuschten mit der erreichten absoluten Frequenzgenauigkeit (1×10^{-8}). Zur Zeit verwendet man das «Strahlverfahren» zur Gewinnung eines Diskriminatornormals (Caesium-Uhr; absolute Frequenzgenauigkeit: 1×10^{-9}, Frequenzkonstanz: 5×10^{-10}) oder eines Oszillatornormals (NH_3-Maser; absolute Frequenzgenauigkeit: 1×10^{-9}, Konstanz: 1×10^{-10}). «Atom-» oder «Molekül-uhren» werden in der Astronomie, Physik usw. verwendet. Verf.

2302. **H. Bayard,** Description d'un combiné chronoscope-chronographe imprimant. Ann. Françaises Chronométrie (2) **12** 217—226. — Für Arbeiten im Felde war vom Verf. ein «Chronoskop» entwickelt worden. Ein Marine-Chronometer mit Kontakteinrichtung steuert einen Synchronmotor, durch den eine Scheibe mit einer Umdrehung pro Sekunde gedreht wird. Der Rand der Scheibe ist in 100 Teile geteilt. Der Uhrstand wird bestimmt durch Ablesen dieser Skala in dem Augenblick, in dem sie durch ein Blitzlicht, das durch die Sekundensignale eines Zeitsignals ausgelöst wird, beleuchtet wird. Wird nun dieses Chronoskop mit einem Druckchronographen, dessen Typenräder durch den selben Synchronmotor angetrieben werden, verbunden, so können auch Kontakte eines unpersönlichen Mikrometers bei Sterndurchgängen registriert und in Uhrzeit abgelesen werden. Die Sekundentrommel des Chronoskops und die Räder des Druckchronographen müssen in Phase mit dem Chronometer gebracht werden. Bo.

2303. **J.-P. Blaser,** L'utilisation de l'heure atomique. Ann. Françaises Chronométrie (2) **12** 135—142. — Definition und Genauigkeit des astronomischen und des physikalischen Zeitmaßes werden einander gegenübergestellt. Die Frage nach der Identität der beiden Zeiteinheiten kann erst nach einem längeren Vergleich zwischen Ephemeridenzeit und Atomzeit beantwortet werden. T. L.

2304. **J.-P. Blaser, J. Bonanomi,** Comparison of an ammonia maser with a caesium atomic frequency standard. Nature **182** 859. — Genauigkeitsangaben über die Frequenzstabilität des Ammoniak-Maser aus Vergleichen mit der Caesiumuhr des National Physical Laboratory Teddington. Böh.

2305. **J.-P. Blaser, J. De Prins,** Comparison of astronomical time measurements with atomic frequency standards. Nature **182** 859—860. — Vergleich der durch die Frequenz des Ammoniak-Maser definierten Zeit mit der astronomisch bestimmten 1957 Jan. — 1958 Mai. Böh.

2306. **J. Bonanomi, J. De Prins, J. Herrmann, P. Kartaschoff, J.-P. Blaser, M. Cavedon, R. Payot, W. Schuler,** Comparaison entre déterminations de temps astronomiques et atomiques. Helv. Phys. Acta **31** 278—281. — Beschreibung des in Neuchâtel benutzten Verfahrens, die Zeit mit dem Maser als Frequenzstandard zu messen, und Vergleich mit astronomischen Zeitbestimmungen 1957 Jan. — 1958 März. Böh.

2307. **E. Buschmann,** Die Bestimmung der Zeiteinheit. Monatsschr. Feinmech. Optik **75** 218—219.

* * **R. Chaléat,** Satellites artificiels et chronométrie. Vgl. Ref. **13**4148.

2308. **G. Contopoulos,** Die Atomzeit. Bull. milit. geogr. Amt Athen **18** 111—124 (griech.) = Veröff. Astr. Inst. Univ. Thessaloniki Nr. 2. — Behandelt die Benutzung von NH_3- und Cs^{133}-Uhren zur Bestimmung der Atomzeit und die dadurch entdeckten Unregelmäßigkeiten der Erdrotation. Die Vergleichsmöglichkeiten der Atom- mit der Ephemeridenzeit werden kurz besprochen. Mawridis

2309. **G. Contopoulos,** Die Zeit. Monographs Astr. Department Univ. Thessaloniki Nr. 3, 46 S. mit 12 Fig. (griech.). — Drei frühere Aufsätze des Verf. über die Zeit in der Physik, die genaue Bestimmung der Zeit (vgl. AJB **56** Ref. **2312**) und die Atomzeit (vgl. Ref. **2308**) sind hier zu einer Monographie vereinigt. Mawridis

2310. **B. Decaux,** La mesure du temps dans la vie moderne. Ann. Françaises Chronométrie (2) **12** 47—52.

2311. **L. Defossez,** Pourquoi diviser le jour en 24 heures? J. Suisse Horlog. Bijouterie **83** Nr. 4 Suppl. S. 13—16. — Ref. in RJ UdSSR 1959 Nr. 6 S. 1.

2312. **J.-L. Dreyer,** Horary installations controlled by precision time-keepers. La Suisse Horlogère **73** 23—30.

2313. **L. Essen, J. V. L. Parry, J. H. Holloway, W. A. Mainberger, F. H. Reder, G. M. R. Winkler,** Comparison of caesium frequency standards of different construction. Nature **182** 41—42. — Im National Physical Laboratory Teddington wurde die Caesiumuhr mit zwei Atomichrons verglichen; es ergab sich zwischen beiden ein systematischer Frequenzunterschied von rund 3×10^{-10}. Böh.

2314. **E. Fichera,** Il servizio del tempo all'Osservatorio Astronomico di Capodimonte-Napoli. Boll. Geod. Sci. affini **16** 547—565, 1957 = Oss. Astr. Capodimonte-Napoli Contr. Sci. (NS) Nr. 9.

2315. **H. Gerber,** Oméga «time recorder». Ann. Françaises Chronométrie (2) **12** 107—117.

2316. **R.-P. Guye,** Une horloge atomique suisse à l'Exposition de Bruxelles. Rev. Internat. Horlog. 1958 Nr. 5 S. 6—10. — Ref. in RJ UdSSR 1959 Nr. 6 S. 19.

2317. **C. Guyot,** The conquest of time. La Suisse Horlogère **73** 69—76.

2318. **E. Guyot,** Comment évaluer la précision d'une horloge. Ann. Françaises Chronométrie (2) **12** 143—151.

2319. **E. Guyot,** Quelle est la précision de l'extrapolation de l'heure fournie par les horloges à quartz? Ciel et Terre **74** 381—387. — Die für fünf Quarzuhren (zwei amerikanische, drei englische) publizierten Stände werden durch quadratische Gleichungen dargestellt. Vergleicht man die mit diesen Formeln extrapolierten Stände mit den beobachteten, so treten nach einem Jahr Abweichungen auf, die im Minimum bei einer Uhr $-0^{s}014$, im Maximum bei einer andern $+0^{s}113$ betragen. Man kann also mit einer Gruppe von Quarzuhren im Mittel die Zeit mit einer Genauigkeit von etwa $\pm 0^{s}07$ für die Dauer eines Jahres extrapolieren. Bo.

2320. **F. J. Heyden, L. Le Fevre,** A time signal filter and amplifier for recording WWV. Georgetown Obs. Monograph Nr. 10, 4 S. — Der Verstärker wird mit einem Doppel-T-Netzwerk auf 1000 Hz bei 20 Hz Bandbreite abgestimmt. Das Schaltbild des Geräts, das den Anschluß einer Uhr und eines Schreibers gestattet, ist angegeben. Bahner

2321. **K. Hladil,** Electronic equipment for the time registration. RH **39** 273—277 (tschech.).

2322. **S. Iijima, Y. Ohki, I. Oguma,** A receiving equipment especially designed for the detection of Doppler shift in received signals. TAB (2) Nr. 106 S. 1155—1163. — Die beschriebene Apparatur dient zur Messung der Frequenzänderung beim Empfang der mit 10 MHz von Hawaii ausgestrahlten WWV-Signale, verursacht durch Bewegungen der Ionosphärenschichten. Dies gelingt durch Frequenzteilung und Mischung mit der von einer Quarzuhr gelieferten Frequenz von 100 kHz, die ihrerseits kontrolliert wird durch die Frequenz einer nahe bei Tokyo gelegenen Sendestation. Im Endeffekt wird die Frequenzänderung durch die Frequenz eines auf einem Oszillographenschirm in einem Kreis umlaufenden Lichtflecks mit Hilfe von zwei Photozellen gemessen. Die erreichte Genauigkeit beträgt 1×10^{-9}. Bo.

2323. **S. Iijima, Y. Ohki, I. Oguma,** Frequency change due to Doppler shift in WWVH signals as received at Tokyo. TAB (2) Nr. 109 S. 1173—1181. — Vorläufiger Bericht über die im Rahmen des I.G.J. durchgeführten Messungen. Diese lassen vier verschiedene Typen von tageszeitlichen Frequenzvariationen erkennen, doch ist allen gemeinsam eine Abnahme der Frequenz während der Zeit, in der die Strecke Hawaii-Tokyo im Nachtschatten liegt, und eine zeitlich anschließende rasche Zunahme. Die gesamte Amplitude der relativen Frequenzänderung beträgt 4×10^{-7}. Bo.

2324. **S. N. Kalra, R. Bailey, H. Daams,** Cesium beam standard of frequency. Canadian J. Phys. **36** 1442—1443. — Kurze Beschreibung des Aufbaus des Caesium-Frequenzstandards des National Research Council, Division Applied Physics, Ottawa; die Genauigkeit der Frequenzmessung ist höher als 1×10^{-9}. Böh.

2325. **Z. Kandziora,** Astronomiczne zegary mechaniczne. Urania Kraków **29** 239—241.

2326. **J. Lequeux,** Une horloge atomique à césium. La Nature **86** 54—55.

2327. **A. Lübke,** Die Uhr. Von der Sonnenuhr zur Atomuhr. Düsseldorf, VDI-Verlag, 1958. 9 + 441 S. mit 476 Abb. und 79 Fig. Preis DM 88.50. — Inhalt: Die elementaren Uhren. Räderuhren. Monumentaluhren. Uhren sind Meisterwerke vereinter Ausdrucksform von Kunst und Technik. Beständigkeit und Präzision bestimmen die Entwicklung neuzeitlicher Uhrentechnik.

2328. **W. Markowitz, R. G. Hall, L. Essen, J. V. L. Parry,** Frequency of cesium in terms of ephemeris time. Phys. Rev. Letters **1** 105—107. — Ref. in Phys. Abstracts (A) **61** 785.

2329. **G. Masson,** Comparaison précise de deux fréquences voisines de 100 kilocycles. Ann. Françaises Chronométrie (2) **12** 227—229.

* * **A. Orte Lledó,** La operación mundial de longitudes del Año Geofísico y el problema de la hora. Vgl. Ref. **13224**.

2330. **G. Pinto,** La registrazione su nastro magnetico di segnali orari per controllo di orologi. Mem SA It (NS) **29** 181—185 = Oss. Astr. Padova Pubbl. Nr. 113.

2331. **E. Proverbio,** Il servizio dell'ora all'Osservatorio di Brera. Istanti di ricezione dei segnali orari nel II semestre 1957. Circ. Servizio Orario Oss. Astr. Milano-Merate Nr. 1, 18 S.

2332. **J. M. Ramberg,** Om införandet av borgerlig tid i Sverige och andra länder. PAT **39** 85—101. — Übersicht über die Geschichte der Zonenzeit und Weltzeit. Ausführliche Beschreibung des Vorschlags von S. Fleming sowie die betreffenden Verhandlungen im Schwedischen Reichstag. C. L. J.

2333. **Y. Requième,** Diviseur-déphaseur à dékatrons pour la réception des signaux horaires sur oscillographe. Ann. Françaises Chronométrie (2) **12** 99—106.

2334. **P. Rybka,** Problem czasu. Wszechświat 1958 Nr. 9 S. 244—249. — Allgemeinverständlicher Aufsatz über astronomische Zeitbestimmungen. Rybka

2335. **H. Siedentopf,** Die Bedeutung der Zeit in der astronomischen Forschung. Jahrb. Deutsche Gesellsch. f. Chronometrie **9** 5—17.

* * **C. C. Smith, M. M. Thomson,** Standard time and time zones in Canada. Vgl. Ref. **3119**.

2336. **A. Stoyko,** Deuxième supplément à la liste des coordonnées des stations d'émission et de réception des signaux horaires et leurs distances mutuelles. Bull hor (F) Nr. 17 S. 433—435, 1957.

2337. **A. Stoyko,** La précision des Services Horaires de 39 observatoires en 1957. Bull hor (F) Nr. 18 S. 465—471, 1957.

2338. **A. Stoyko,** Heure définitive (TU 2) des signaux horaires en 1958. Bull hor (F) Nr. 19 S. 501—505.

2339. **P. Szkalnitzky,** Die jüngsten Änderungen im internationalen Zeitdienst. Österreich. Z. Vermessungswesen **46** 119—121.

2340. **C. H. Townes,** Masers and atomic clocks. American J. Phys. **26** 407. — Ref. American Phys. Teacher.

2341. **S. S. Towtschigretschko,** On the improvement of the efficiency of reception of second beats and rythmic radio time signals. AJ UdSSR **35** 666—669 (russ. mit engl. Ref.). — Engl. Übersetzung in Soviet Astr. AJ **2** 619—621.

2342. **J. Verbaandert,** La moderna utilizzazione dei cronografi imprimenti. Adattamento agli orologi a quarzo di un cronografo imprimente della Société Genevoise d'Instruments de précision della Stazione Italiana A.G.I. ad Uccle. Boll. Geod. Sci. affini **17** 351—382 = Oss Astr. Capodimonte-Napoli Contr. Astr. **5** Nr. 2. — Nach einem kurzen geschichtlichen Überblick über Druckchronographen und Quarzuhren berichtet Verf. über die Modernisierung eines alten Druckchronographen von Uccle und eines weiteren der italienischen Station Uccle. Eine Anleitung für den Gebrauch des Druckchronographen in Verbindung mit elektrischen Geräten wird gegeben. Cester

2343. **J. Verbaandert,** Les horloges à raies spectrales. (Le temps astronomique — le temps atomique). Ciel et Terre **74** 153—187, 273—283 = Commun. Obs. Roy. Belgique Nr. 137. — Zusammenfassende und leicht verständliche Darstellung der Technik und Wirkungsweise der Ammoniak- und Caesium-Uhr, der damit bisher erreichten Ganggenauigkeiten sowie der Anwendungsmöglichkeiten in Astronomie und Physik, z. B. auch zur Auffindung etwaiger zeitlicher und örtlicher Änderungen der Atomfrequenzen gegenüber der Ephemeridenzeit. Auch das Prinzip des Maser wird besprochen. Bo.

2344. **J. de Vía,** Hora legal en España. Urania Barcelona **43** 130—131. — Behandelt den Zeitraum 1918—1958.

* * **E. Zinner,** Die Uhr und das Pendel. Vgl. Ref. **1371**.

2345. L'horloge la plus précise du monde. Bull. mens. Soc. astr. popul. Toulouse **49** 167—168. — Ref. in RJ UdSSR 1959 Nr. 5 S. 16.

2346. Time Service. Royal Greenwich Obs. Bull. Nr. 1—9. — 1956 Jan. — 1958 März.

2347. Time Service. Observations with reversible transit and wireless time signals 1948. Greenwich Astronomical Results 1948, A 25—A 46.
Desgl. für 1950, A 29—A 54.
Desgl. für 1951, A 33—A 69.
Desgl. für 1952, A 33—A 67.

2348. L'horloge atomique est l'instrument le plus précis pour la mesure du temps. J. Suisse Horlog. Bijouterie **83** 248—249. — Ref. in RJ UdSSR 1959 Nr. 6 S. 19.

2349. Horloge à quartz à transistors. La Nature **86** 239.

2350. Zeitmessung. Moskau, Standard-Staatsverlag, 1958. 116 S. (russ.).

2351. Standard frequency transmissions. Obs **78** 43.

2352. **Zeitsignale**

Regelmäßige Mitteilungen bzw. Sendezeiten in: AC; AN; Astr. Ústav ČSAV Praha; BAC; Bull hor; Bull. Obs. Astr. Beograd; Circ. Servizio Orario Oss. Astr. Milano-Merate; Circ. Astr. Obs. Taschkent; NAZ; NAZvM; Obs. Neuchâtel Bull. (A), (B), (C), (D); Rev. Astr; RH; UAI Circ.

Sonnenuhren

2353. **H. Kühnhanss,** Eine neue Äquatorialsonnenuhr modernster Gestaltung. Neue Uhrmacher-Zeitung **11** Nr. 13 S. 11—14, Nr. 14 S. 5—7, 1957. — Ref. in RJ UdSSR 1958 Nr. 1 S. 10.

2354. **F. Salch,** Eine kaukasische Sonnenuhr. Neue Uhrmacher-Zeitung **13** Nr. 2 S. 8—9. — Ref. in RJ UdSSR 1959 Nr. 9 S. 8.

2355. **F. A. Stebbins,** A Roman sun-dial. J RAS Canada **52** 250—254.

§ 24

Beobachtungs- und Reduktionsmethoden

2401. **W. I. Alexejew,** Über die Bestimmung des Schraubenwertes eines Okularmikrometers nach der Methode der Skalenpaare. Publ. Inst. Geod. Luftbildaufnahme Kartographie Nowosibirsk **7** 47—56, 1956 (russ.). — Ref. in RJ UdSSR 1959 Nr. 7 S. 19.

2402. **A. Ångström,** On pyrheliometric measurements. Tellus **10** 342—354.

2403. **S. Arend,** Le problème géométrique du rattachement d'un astre à *n* étoiles de référence basé sur le principe de l'homographie linéaire. Publ. sci. techn. Ministr. Air, Notes techn. 1958 Nr. 77 S. 87—109.

* * **A. A. Baldini,** New short method for the precise determination of time and azimuth and new short method for latitude determination. Vgl. Ref. 3102.

2404. **R. Hanbury Brown, R. Q. Twiss,** Interferometry of the intensity fluctuations in light. III. Applications to astronomy. Proc. Roy. Soc. (A) **248** 199—221 = Astr. Contr. Univ. Manchester (2) Jodrell Bank Repr. Nr. 173. — Eine theoretische Untersuchung über die Anwendung eines neuen Interferometers zu Messungen scheinbarer Sterndurchmesser wird gegeben und die Leistungsfähigkeit des Instrumentes berechnet. Im einzelnen werden behandelt: 1.) Beschreibung des neuen Interferometers; 2.) Messung der Sterndurchmesser; 3.) Die Effekte der Randverdunklung; 4.) Das Signal/Rausch-Verhältnis; 5.) Messung der Sterndurchmesser von kühlen Sternen (früher als K 5); 6.) Der Einfluß der atmosphärischen Szintillation; 7.) Messung von Einzel- und Doppelsternen; 8.) Vergleich mit anderen Methoden. Henn

2405. **R. Hanbury Brown, R. Q. Twiss,** Interferometry of the intensity fluctuations in light. IV. A test of an intensity interferometer on Sirius A. Proc. Roy. Soc. (A) **248** 222—237 = Astr. Contr. Univ. Manchester (2) Jodrell Bank Repr. Nr. 174. — Die in den früheren Arbeiten gewonnenen Ergebnisse werden benutzt, um ein Interferometer zu konstruieren, das an Sirius erprobt wird. Der ermittelte Durchmesser zeigt eine ausreichende Übereinstimmung mit dem auf Grund astrophysikalischer Daten zu erwartenden Wert. Verf. sehen darin eine teilweise Bestätigung der in der voranstehenden Arbeit gewonnenen theoretischen Ergebnisse. Henn

* * **B. Cester,** Perequazione grafico-meccanica delle misure di stelle doppie visuali con applicazione al sistema ADS 6554. Vgl. Ref. 10102.

2406. **L. Cichowicz,** L'étude de la méthode de détermination simultanée des coordonnées géographiques et de l'azimut par observations à la distance zénithale constante. Geodezja i Kartografia Warszawa **7** Nr. 1 S. 34—76.

* * **J. Davis, P. Y. Millns,** A method of sensitising curved glass plates. Vgl. Ref. 2287.

2407. **W. A. Dombrowskij,** Über die Methodik polarimetrischer Untersuchungen von Sternen und Nebeln. Bote Univ. Leningrad **1957** Nr. 19 S. 153—171 (russ. mit engl. Ref.). — Ref. in RJ UdSSR **1959** Nr. 6 S. 27—28.

* * **M. Eckstein,** Über die Bestimmung von Radialgeschwindigkeiten mit Objektivprisma. Vgl. Ref. 9213.

2408. **A. Gennaro,** Sulla riduzione dei passaggi stellari nel metodo delle altezze uguali. Atti Ist. Veneto Sci. Lettere Arti Cl. Sci. mat. nat. **116** 13—23 = Oss. Astr. Padova Pubbl. Nr. 112. — Ableitung zweier neuer Formeln.

2409. **W. E. Gordon,** Incoherent scattering of radio waves by free electrons with applications to space exploration by radar. Proc IRE **46** 1824—1829.

2410. **S. Gorgolewski,** O mozliwości zmniejszenia licby szumowej układów odbiorczych radioteleskopów metodą korelacji. Postępy Astr. **6** 49. — Untersuchung über die Verminderung der Rauschzahl von Empfängersystemen durch Einschaltung eines elektronischen Systems, das auf synchronisierte, nicht aber auf unsynchronisierte Signale reagiert. Rybka

2411. **A. Gougenheim,** Une nouvelle méthode de réduction des observations de hauteurs égales. CR **246** 1976—1979. — Bei der geographischen Ortsbestimmung mittels des Prismenastrolabs tritt stets außer den unbekannten geographischen Koordinaten als Unbekannte auch der spezifische Höhenwinkel des Instruments auf. Es wird ein Verfahren mitgeteilt, nach dem aus einer großen Anzahl von Einzelbeobachtungen durch quadratische Ausgleichung einer linearisierten Form der Beobachtungsgleichung die drei gesuchten Größen Länge, Breite und Instrumentalhöhe direkt und ohne den Umweg eines Näherungsverfahrens ermittelt werden können. Änderungen der Refraktion während des Beobachtungszeitraums können dabei voll berücksichtigt werden. Wegen der erforderlichen hohen Rechengenauigkeit ist bei diesem Verfahren allerdings die Verwendung eines Rechenautomaten angebracht. Mehltretter

2412. **A. Gougenheim,** Un nouveau mode de calcul des observations de hauteurs égales. Rev. Hydrogr. Internat. Nov. 1958 S. 55—62. — Das vorgeschlagene Verfahren vermeidet die bei den klassischen Methoden zunächst erforderliche Näherungslösung. Es ist speziell für die maschinelle Durchführung der Rechnung geeignet. T. L.

2413. **G. Guilino, H. Maier-Leibnitz,** Une nouvelle méthode pour l'étude de la lumière du ciel nocturne. J. Phys. Radium **19** 270—272. — In der vorliegenden Arbeit wird ein Spektrometer beschrieben, das sich vor allem für ausgedehnte, lichtschwache Emissionsobjekte eignet, indem es das Licht von Spektrallinien registriert, das Kontinuum jedoch nicht berücksichtigt. Die Anordnung ist folgende: Ein Fabry-Pérot-Interferometer wird in Reflexion benützt, wobei seine Streifen gleicher Neigung in die Fokalebene eines Objektivs (Öffnungsverhältnis **1 : 4.5**) projiziert werden. Das Fabry-Pérot-Interferometer ist dabei um einen Winkel von 45° gegen die optische Achse des Objektivs geneigt. Infolgedessen sind die Interferenzbilder nicht kreisförmig, sondern bilden ein Feld von Ellipsenbögen. In monochromatischem Licht entsteht so ein System von hellen und dunklen Linien («Filter»). Dieses Filter wird auf einer Platte photographiert und die Reproduktion in die Fokalebene des Objektivs gebracht. Ist nun die Wellenlänge des Lichtes einer Lichtquelle identisch mit derjenigen des Lichtes, mit dessen Hilfe die photographische Aufnahme gewonnen wurde, so sind auch die Interferenzstreifen und das «Filter» identisch. In jedem anderen Fall gilt das nicht mehr, so daß die durchgelassene Lichtmenge abhängt von der Phasenverschiedenheit zwischen Interferenzstreifen und Filtersystem. Auf diese Weise erhält das Gerät die Eigenschaft einer Interferenzanordnung für eine bestimmte Wellenlänge. Der Lichtstrom wird von einem Photomultiplier aufgenommen. Die beschriebene Anordnung ist außerordentlich günstig für die Überwachung des Nachthimmelleuchtens in den bekannten roten und grünen Linien oder etwa in der NaD-Linie. Erste Versuche in dieser Richtung sind bereits unternommen worden. Oster

2414. **B. Guinot,** L'astrolabe impersonnel A. Danjon, modèle O.P.L. de l'Observatoire de Paris. Étude des résultats d'une année d' observations. Variation de la latitude. Catalogue d'étoiles. BA **22** 1—71. — Organisation der Beobachtungen. Untersuchung der systematischen Fehler in den Resultaten: systematische Beobachtungsfehler; in die Berechnungen eingeführte Fehler; aus den Katalogen herstammende Fehler. Veränderung der augenblicklichen Breite des Astrolabiums. Aufstellung eines «Astrolabium»-Sternkataloges; die systematischen Fehler des FK 3. Verf.

2415. **A. P. Guljajew,** Some methodical problems concerning the determination of the irregularities of the pivots, using as an example the investigation of the Moscow meridian circle. AJ UdSSR **35** 148—156 (russ. mit engl. Ref.). — Engl. Übersetzung in Soviet Astr. AJ **2** 128—135. — Verf. beschreibt die Untersuchung von Zapfen mittels der von Podobed vorgeschlagenen Interferenzmethode und gibt ein einfaches Verfahren zur Lösung der erhaltenen Gleichungen an. Die Messungen mit einem Fühler ergaben einen einfachen sinusähnlichen Term in der Entwicklung der Zapfenfigur in eine Fourier-Reihe. Es zeigt sich, daß das systematische Auftreten dieses Terms durch den

Unterschied der Wechselwirkungen des Zapfens mit dem Fühler und des Zapfens mit den Lagern erklärt wird. Dieser Unterschied der Wechselwirkungen macht die Anwendung der neuen Methode praktisch zweckdienlich. Verf. (übersetzt)

2416. **R. Hervieu,** Détermination des éléments d'une droite de hauteur dans les régions polaires pour les latitudes comprises entre 80° et 90°, l'astre observé étant le soleil ou un astre de faible déclinaison. Navigation Paris **6** 286—292.

2417. **J. S. Hey, V. A. Hughes,** A method of calibrating centimetric radiometers using a standard noise source. Proc IRE **46** 119—121. — Eine Eichmethode für ein Radiometer ($\lambda = 10.5$ cm) mit einer Meßgenauigkeit von etwa 1° K innerhalb eines Meßbereiches von 0 bis 1000° K wird beschrieben. Das Radiometer arbeitet nach der Methode der Eigengeräuschkompensation (von Dicke) durch einen ständigen Vergleich (etwa 29 mal/sec) der Antennentemperatur mit der über einen variablen Präzisionsabschwächer regelbaren Temperatur einer Argon-Gasentladung. Dabei wird mit dem Abschwächer eine möglichst geringe Temperaturdifferenz eingestellt. Die Absoluteichung des Radiometers geschieht mit Hilfe einer durch eine Argon-Gasentladung temperierten Hornantenne, die in einer angemessenen Entfernung (66 m) installiert wurde. Am 30. 6. 54 wurde für die Sonne ein Wert von 4.2×10^4 °K ermittelt. Die Genauigkeit wird mit 5% angegeben. Rabben

2418. **W. Jaschek,** Prüfung optischer Beugungsgitter nach dem Phasenkontrastverfahren. Mitt. AG 1957/I S. 21—23. — Ref. AG.

* * **R. C. Jennison,** A phase sensitive interferometer technique for the measurement of the Fourier transforms of spatial brightness distributions of small angular extent. Vgl. Ref. **12662**.

* * **H. L. Johnson, R. de F. Neville, B. Iriarte,** A method of increasing the photographic limiting magnitude of an astronomical telescope. Vgl. Ref. **2014**.

2419. **J. Junkes, E. W. Salpeter,** Effective line widths in photographic spectral photometry. Labor. Astrofis. Specola Vaticana Ric. Spettroscop. **2** 205—220. — Verf. geben ein Verfahren zur Messung von effektiven Linienbreiten an, welches der Methode zur Messung von effektiven Sterndurchmessern mit Irisblendenphotometern entspricht. Trägt man den Logarithmus dieser effektiven Linienbreiten gegen den Logarithmus der Intensitäten auf, so erhält man Eichkurven, die den Schwärzungskurven entsprechen, aber einen größeren Intensitätsbereich überdecken. Zur Messung können die gebräuchlichen Photometer benutzt werden. Groth

2420. **F. Kimberger,** Die «Projektionsmethode». Wiesbaden, Edixa-Post, 1958 Nr. 12 S. 16—17.

2421. **F. Koebcke,** Zur Praxis der Bearbeitung von Beobachtungsreihen (Genauigkeit der Zeitbestimmung im Meridian). AA 8 122—130 = Poznań Repr. Nr. 38. — Kritik an der Behauptung von Pilnik (AJ UdSSR **33** 761, AJB **56** Ref. **2338**), daß die Beobachtungsmethode von Zirkumzenitalsternen weniger genau sei als die anderen Methoden. Verf. entwickelt mit Hilfe von Krakovianen eine allgemeine Theorie zur Bearbeitung von Beobachtungswerten und zur Bestimmung der mittleren Fehler. Die neue Theorie wird auf das von Pilnik angegebene Material angewendet, und es wird der Schluß gezogen, daß die beste Beobachtungsmethode die Verwendung von Zirkumzenitalsternen ist. In der Praxis ist der Unterschied gegenüber den anderen klassischen Methoden gering. Rybka

2422. **J. de Kort,** On finding the dependences from six measured distances without the use of a measuring machine. Specola Astr.

Vaticana Ric. Astr. **6** 53—61. — Im Falle von drei Anhaltsternen können die Dependenzen auch aus den sechs Distanzen zwischen den vier Punkten auf der Platte berechnet werden. Die Formeln hierzu werden abgeleitet und es wird die Genauigkeit des Verfahrens diskutiert, ebenso die Verbesserung der direkt errechneten Dependenzen für den im allgemeinen eintretenden Fall, daß ihre Summe verschieden von Eins ist. An einem Beispiel wird gezeigt, daß man bei Benutzung einer vergrößerten Kopie und mehrmaliger Messung mit einem guten Maßstab die Genauigkeit einer Messung mit einem Meßapparat erzielen kann. Bo.

* * **N. F. Kuprewitsch,** Die Fernsehtechnik in der Astronomie. Vgl. Ref. **2019.**

* * **J. Lemmens,** Sur un nouvel instrument impersonnel destiné à l'application de la méthode des hauteurs égales. Vgl. Ref. **2127.**

* * **J. Lequeux,** Observations photographiques à très haute altitude de la surface du Soleil. Vgl. Ref. **2128.**

* * **A. G. Little,** Gain measurements of large aerials used in interferometer and cross-type radio telescopes. Vgl. Ref. **2178.**

2423. **J. S. Mainstone, W. G. Elford, A. A. Weiss,** A suggested improvement to the C. W. technique for measurements of meteor velocities. Australian J. Phys. **11** 277—278. — Für die von McKinley (vgl. AJB **51** Ref. 8232) entwickelte Methode zur Bestimmung der Geschwindigkeiten mit Hilfe von Radioechos an Meteorspuren wird eine Verbesserung vorgeschlagen. In dieser Form ist die Methode vor allem auch zur Geschwindigkeitsbestimmung schwacher Meteore brauchbar. Henn

2424. **J. Pagaczewski,** Skala określająca dobroć obrazów. Urania Kraków **29** 346—348. — Skala zur Abschätzung der Güte von Bildern auf Grund der Beobachtungen von Doppelsternen nach C. W. Tombaugh und B. A. Smith. Rybka

* * **P. A. Read,** Photographing the solar granulation. Two new and unusual methods. Vgl. Ref. **6424.**

2425. **J. Rösch,** Expériences préliminaires sur la sélection dans le temps des images stellaires les mieux définies. CR **247** 422—425. — Es wird eine Methode der Bildselektion vorgeschlagen, die auf die Deformation der in das Objektiv eintretenden Wellenfläche anspricht. Um die Anwendbarkeit dieses Prinzips zu prüfen, wird das vom Objektiv kommende Bündel in zwei Teile gespalten; der eine ergibt eine Photographie des Sternbildes, der andere wird zu einer gleichzeitigen Aufnahme einer Art Hartmann-Figur verwendet. Die Ergebnisse solcher Voruntersuchungen werden mitgeteilt. Mehltretter

2426. **H. Schmidt, J. Engelbrecht,** Interferenzeinrichtung zur Untersuchung von Sternspektren nach dem Schwärzungsplastikverfahren. Z. Instrumentenkunde **66** Heft 11, 4 S. = Mitt. Sternw. Berlin-Babelsberg Nr. 5. — Die auf einer photographischen Platte aufgenommenen Spektren sind in Form eines plastischen Silberniederschlags vorhanden. Die beschriebene Interferenzanordnung erlaubt eine empfindliche Auswertung des Schwärzungsgrades durch Abbildung des Silbergebirges mit Hilfe von Interferenzlinien. Verf.

* * **H. W. Seekins,** A simple method of star photography. Vgl. Ref. **2062.**

2427. **R. Sumner,** Film for naked-eye sunspot observing. Sky and Telescope **17** 430.

* * **C. H. Townes,** Application of masers to radioastronomy. Vgl. Ref. **12649.**

* * **J. H. Trexler,** Lunar radio echoes. Vgl. Ref. **7344.**

* * **A. J. Wesselink,** On the reduction of polarization measures affected by instrumental polarization. Vgl. Ref. 12548.

2428. **F. Wünschmann,** Zur Pointierung mit einfachem Faden und Doppelfaden bei Meridianbeobachtungen. Mitt. AG 1957/I S. 24. — Ref. AG.

§ 25

Systematische, Instrumentelle, Methodische Fehler

* * **A. C. F. Binaghi Pages,** Estudio de los errores en las determinaciones de latitud y corrección del reloj en el método de Gauss, por la observación de tres estrellas que alcanzan una misma altura. Vgl. Ref. 3103.

2501. **M. Bonneau,** Sur un effet systématique constaté dans les observations faites à l'astrolabe impersonnel de M. Danjon. BA 22 73—81. — Man findet, daß bei der Methode gleicher Höhen die Abweichungen der Höhenstandlinien vom Ausgleichskreis für die ersten, im unpersönlichen Astrolabium von Danjon beobachteten Sterne, gewöhnlich negativ sind. Dieser Effekt beeinflußt leicht die Ergebnisse für die Breiten und Uhrkorrektionen, welche aus den Beobachtungen abgeleitet werden; man kann jedoch die Verbesserungen berechnen, die man an diesen Ergebnissen anbringen muß. Dieser persönliche Effekt ändert sich nur wenig mit dem Beobachter. Verf.

2502. **R. N. Bracewell,** Restoration in the presence of errors. Proc IRE **46** 106—111. — Im Anschluß an bisher übliche Methoden zur Entzerrung der Ergebnisse radioastronomischer Messungen der Quellenverteilung am Himmel mit Antennen endlicher Keulenbreite z. B. durch algebraische Näherungsmethoden oder auf graphischem Wege («chord construction») wird untersucht, bis zu welchem Grad sich die «wahre» Verteilung aus den Meßergebnissen wiederherstellen läßt. Dabei wird vor allem das Vorhandensein von Meßfehlern berücksichtigt. Es zeigt sich, daß bei allen Entzerrungsmethoden der Charakter der wahren Verteilung und der Fehler berücksichtigt werden muß, damit keine Verschlechterung eintritt. Die mathematische Ableitung der wiederherzustellenden Verteilung nach der Näherungsmethode führt auf gewisse Spezialfälle, für die sich an Hand von angegebenen Diagrammen der beste Entzerrungsgrad ermitteln läßt. — Ein Beispiel, bei dem der Anteil der zufälligen Fehler etwa 15% beträgt, zeigt, daß die Übereinstimmung mit der wahren Verteilung sich nur bis zur dritten Näherung verbessert; bei diesem Fehleranteil führt die Anwendung einer graphischen Methode nach Bracewell (1955) auf noch einfachere Weise zum Ziel. Rabben

2503. **H. Camichel,** Erreur systématique sur la mesure des diamètres des petits astres avec le micromètre à double image. Ann d'Astrophys **21** 217—228. — Aus der Beugungstheorie folgt, daß bei Messung kleiner Sternscheibchen mit Doppelbildmikrometern systematische Fehler auftreten müssen. Laboratoriumsmessungen an Modellen scheinen die Theorie zu bestätigen. Bei Beobachtungen am Himmel treten jedoch wesentlich größere Störungen auf, gegenüber denen der beugungstheoretische Effekt zurücktritt. König

2504. **O. Douglas,** Die Verbesserung von Kreisteilungen nach dem Kompensationsverfahren. Askania-Warte **16** Nr. 53 S. 22—25. — Die Herstellung der Kompensationsteilung durch Aufeinanderlegen von zwei mit Teilungen versehenen Glaskreisen wird beschrieben. Die Ergebnisse der Untersuchung eines Kompensationskreises werden angeführt und diskutiert. Die erreichbare Genauigkeit der Kompensationsteilung hängt von der Genauigkeit ab, mit der Teilungsfehler zur Zeit sicher bestimmt werden können. Das Verfahren ist imstande, Kreisteilungen zu liefern, deren mittlerer totaler Durchmesserfehler ± 0!25 nicht übersteigt. Verf. (gekürzt)

2505. **I. P. Dsjuba,** Untersuchung der Teilungsfehler des Vertikalkreises des Astronomischen Hauptobservatoriums der Akademie der Wissenschaften der Ukrainischen Sowjetrepublik. Mitt. Astr. Hauptobs. Golossejewo **2** Nr. 2 S. 87—114 (russ.).

* * **M. Eckstein,** Über die Bestimmung von Radialgeschwindigkeiten mit Objektivprisma. Vgl. Ref. **9213.**

* * **A. E. Filippow,** Über eine mögliche Ursache der systematischen Fehler bei Breitenbestimmungen. Vgl. Ref. **13212.**

2506. **F. Gianni,** Turbolenza, diaframmi e filtri di luce. Coelum **26** 75—77. — Aus dem Gebiet der Planetenbeobachtungen betrachtet Verf. den Einfluß der Turbulenz der Erdatmosphäre. Er schlägt vor, Filter zu verwenden, anstatt das Fernrohrobjektiv abzublenden. Cester

* * **B. Guinot,** L'astrolabe impersonnel A. Danjon, modèle O.P.L. de l'Observatoire de Paris. Etude des résultats d'une année d'observations. Variation de la latitude. Catalogue d'étoiles. Vgl. Ref. **2414.**

2507. **G. van Herk,** Preliminary results of measurements of flexure of the Leiden meridian telescope. BAN **14** 155—160. — Mit einer auf van Heel zurückgehenden experimentellen Methode wird die Biegung des Leidener Meridiankreises und deren Temperaturgang untersucht. Unter anderem ergibt sich ein merklicher Einfluß der Wärmeausstrahlung des Beobachters. F. S.

2508. **A. Kadyrow,** Die Abhängigkeit des Azimuts des Passageinstruments von der Temperatur. Circ. Astr. Obs. Taschkent Nr. 295 S. 10—13 (russ.).

* * **W. N. Kanunnikow,** Elektronisches Zeitrelais zur Bestimmung der Fehler bei der Messung der Flugdauer von Meteoren. Vgl. Ref. **2236.**

2509. **D. I. Krawzew,** Über das «Set»-Glied von drei Beobachtern der Ulugbek-Breitenstation Kitab. AC Nr. 194 S. 14—15 (russ.).

2510. **E. N. Makarowa,** On the simultaneous determination of systematic errors of stellar catalogues and of the masses of planets from observations of asteroids. BIA **7** 1—18 (russ. mit engl. Ref.). — Es werden die klassischen Lagrangeschen Gleichungen der Variation der Elemente in Vektorform abgeleitet und mit den Systemen von Musen und Herrick verglichen. Störungen von Pallas durch Jupiter von 1955—1965 werden nach den Methoden von Lagrange und Musen berechnet. Die Bedingungen für eine gleichzeitige Bestimmung systematischer Katalogfehler und der Jupitermasse aus den Pallasbeobachtungen dieses Zeitraums werden untersucht. Es wird gezeigt, daß die Einführung einer neuen Unbekannten (der Verbesserung der Jupitermasse) die Gewichte der Katalogkonstanten nicht beeinflußt. Verf. (übersetzt)

* * **P. Mezger,** Verzerrung radioastronomischer Beobachtungen durch Antennencharakteristik und Tiefpaß. Vgl. Ref. **12634.**

2511. **O. Nögel,** Verlustfreie Beseitigung der Tagblindheit des Cassegrain-Teleskops. Sterne **34** 141—145. — Beim Cassegrain-Teleskop gelangt Licht aus der Umgebung des eingestellten Objekts in das Rohr, was bei Tagbeobachtungen lästig ist. Durch eine Blende hinter dem Okular läßt sich dieser Nachteil bei visuellen Beobachtungen beseitigen. F. S.

2512. **E. Proverbio,** La determinazione degli errori periodici del passo di una vite micrometrica con distanze meridiane. Mem SA It (NS) **29** 193—205 = Contr. Oss. Astr. Milano-Merate (NS) Nr. **130**. — Methode zur Bestimmung der periodischen Fehler einer Mikrometerschraube. Sie wurde auf die Bestimmung der periodischen Fehler der Mikrometer «Bamberg» und «Askania» angewendet. Cester

2513. **J. Rösch,** Etude expérimentale des défauts de l'image d'une étoile en fonction du diamètre de l'objectif utilisé. CR **246** 559—561. — Messungen der Schwankungen des Sternbildes in Helligkeit, Lage und Ausdehnung werden mit der in CR **244** 3027 (AJB **57** Ref. **2036**) beschriebenen Apparatur in Abhängigkeit von der Objektivöffnung mit den in der genannten Arbeit mitgeteilten Ausdrücken verglichen. Die aus verschiedenen Meßgrößen unabhängig ermittelten Parameter (Höhe der Schicht, Wellenlänge der Störungen und Amplitude der Gangunterschiedsschwankungen) stimmen verhältnismäßig gut überein. Mehltretter

2514. **S. Rush, L. Colin,** The effects on radio astronomical observations due to longitudinal propagation in the presence of field-aligned ionization. Proc IRE **46** 356—357.

2515. **F. Schmeidler,** Über systematische Fehler bei der Messung astronomischer Deklinationen. Naturwiss. Rundschau **11** 458—459.

2516. **G. W. Starizyn,** Systematic errors with a diurnal period from observations on photoelectric transit instruments. Mitt. Astr. Hauptobs. Pulkowo **21** Nr. 2 (161) S. 13—51 (russ. mit engl. Ref.). — Verf. diskutiert systematische Fehler in astronomischen Beobachtungen, welche mit einer täglichen Periode auftreten. Die wichtigsten Ursachen sind systematische Fehler in den Sternkoordinaten, Fehler im angenommenen Wert der Aberrationskonstante, kurzperiodische Schwankungen im Azimut des Durchgangsinstrumentes und wahrscheinlich auch Temperatureffekte. Aus den Beobachtungen mit den photoelektrischen Durchgangsinstrumenten in Pulkowo in den Jahren 1948—50 wurde für die Aberrationskonstante der Wert $20''\!.484 \pm 0''\!.021$ abgeleitet. Die Untersuchung der Zeitkorrektionen zeigte, daß dieselben vor (nach) Mitternacht eine deutlich sinkende (schwach steigende) Tendenz aufweisen. Formeln für den täglichen Gang der Zeitkorrektionen werden gegeben. Ond.

IV. Sphärische Astronomie. Chronologie

§ 30

Allgemeines, Tafeln

3001. **B. Chiat,** An introduction to spherical astronomy. MN ASSA **17** 119—128.

3002. **M. Dobrzycka, J. Dobrzycki,** Auxiliary tables for computing apparent declinations of stars in the Pleiades. AA **8** 97—98. — Hilfstafel mit den Werten Da′, Db′, Dc′ und Dd′ für $\alpha = 3^h\,41^m - 3^h\,47^m$, $\delta = +23°\,30' - 24°\,0'$. Rybka

3003. **A. M. Gishizkij,** Sammlung von Aufgaben und Beispielen zur sphärischen und praktischen Astronomie. Leningrad, Univ., 1958. 82 S. Preis 2 R. 55 Kop. (russ.).

3004. **S. D. Gossner,** Sunrise and popular concepts. Nature Mag. 51 156—157, 163. — Ref. in RJ UdSSR 1958 Nr. 9 S. 9.

3005. **P. Kalaja,** Die Zeiten von Sonnenschein, Dämmerung und Dunkelheit in verschiedenen Breiten. Veröff. Finn. Geod. Inst. Nr. 49, 63 S.

3006. **J. Lugeon,** Tables crépusculaires donnant l'altitude au zénith des rayons rasants du Soleil pour toutes les latitudes de degré en degré. Warszawa, 1957. 2. erweiterte Auflage. 54 + 440 S. mit Fig.

3007. **A. Peřina,** Julian period. RH 39 198—203 (tschech.).

3008. **H. Strassl,** Nomogramme zur Transformation sphärischer Koordinaten. Mitt. AG 1957/I S. 39. — Ref. AG.

3009. Tables for finding the times of sunrise and sunset. Carter Obs. Repr. Nr. 26, 4 S.

§ 31

Astronomische Koordinaten und Konstanten, Ortsbestimmung

3101. **D. H. Andrews,** An instrument for calculating precession. J RAS Canada 52 224—229 = Contr. Dominion Astrophys. Obs. Victoria Nr. 62. — Beschreibung eines verhältnismäßig einfach herzustellenden und zu benutzenden mechanischen Instruments, mit dem man die Präzession für eine beliebige Anzahl von Jahren auf $0^{m}\!.05$ und $0''\!.2$ genau erhält. T. L.

* * **S. Arend,** Le problème géométrique du rattachement d'un astre à n étoiles de référence basé sur le principe de l'homographie linéaire. Vgl. Ref. 2403.

3102. **A. A. Baldini,** New short method for the precise determination of time and azimuth and new short method for latitude determination. Georgetown Obs. Monograph Nr. 7, 22 S. — Die Methode beruht auf der Beobachtung der Durchgangszeiten zweier Sterne durch denselben Vertikal auf verschiedenen Seiten des Zenits. In die zur Berechnung von Uhrstand und Azimut dienenden Formeln gehen auch die Zenitdistanzen der beiden Sterne ein, deren Einfluß auf das Ergebnis umso geringer ist, je näher der Beobachtungsvertikal dem Meridian ist, so daß das Verfahren nur in diesem Falle sinnvoll ist. Zur Breitenbestimmung werden polnahe Sterne benutzt. Aus der Differenz des mit einem angenommenen φ berechneten z und dem gemessenen z wird die Korrektion $\Delta\varphi = \Delta z \sec a$ berechnet, wobei das Azimut a klein ist und nur genähert bekannt zu sein braucht. Bo.

3103. **A. C. F. Binaghi Pages,** Estudio de los errores en las determinaciones de latitud y corrección del reloj en el método de Gauss, por la observación de tres estrellas que alcanzan una misma altura. Urania Barcelona 43 19—50.

3104. **E. Buchar,** Le problème de l'invariabilité de la distance zénithale dans la méthode des hauteurs égales. Geod. i Kartogr. Warszawa 7 Nr. 1 S. 3—11.

3105. **F. F. Bulatowa-Kalichewitsch,** The determination of the coefficient of atmospheric dispersion of the Pulkowo normal astrograph. AJ UdSSR 35 925—930 (russ. mit engl. Ref.). — Engl. Übersetzung in Soviet Astr. AJ 2 871—876. — Der Koeffizient der atmosphärischen Dispersion $\Delta\beta'$ wird für den Normalastrographen von Pulkowo nach der Blashko-Methode bestimmt, die vom Verf. für die Messung von Koordinatenunterschieden der Sterne etwas modifiziert wurde. Folgender Wert ergab sich für den Koeffizienten: $\Delta\beta' = +0\overset{''}{.}051 \pm 0\overset{''}{.}007$ für Sterne der photographischen Größe 10.5 in den Spektralklassen A1—G6. Zum Vergleich wird eine Liste der von anderen Autoren für andere Instrumente gefundenen Werte für $\Delta\beta'$ mitgeteilt. Verf. (übersetzt)

* * **L. Cichowicz,** L'étude de la méthode de détermination simultanée des coordonnées géographiques et de l'azimut par observations à la distance zénithale constante. Vgl. Ref. **2406**.

* * **P. Couillault,** Star identifier. Vgl. Ref. **13305**.

3106. **S. W. Drosdow,** The comparison of declinations derived by different methods from observations with a zenith telescope. AJ UdSSR **35** 164—166 (russ. mit engl. Ref.). — Engl. Übersetzung in Soviet Astr. AJ **2** 145—146. — In Ergänzung seines Beitrages in den Publikationen der dritten Breitenkonferenz der UdSSR (vgl. AJB **54** Ref. **13011**) teilt Verf. die Genauigkeit der Deklinationen der von ihm am Zenitteleskop von Poltawa beobachteten und nach zwei verschiedenen Methoden reduzierten Zenitpaare mit. Loh.

3107. **E. Fichera,** La formula di Bessel e il programma d'osservazione per le Stazioni orarie A. G. I. all'Observatoire Royal de Belgique. Boll. Geod. Sci. affini **17** 455—479 = Oss. Astr. Capodimonte-Napoli Contr. Astr. **5** Nr. 4. — Aus der Diskussion der Besselschen Formel erhält man Kriterien für die Auswahl der zu beobachtenden Sterne. Das nach diesen Prinzipien aufgestellte Programm für die an der Weltlängenbestimmung teilnehmenden drei Stationen in Uccle enthält 275 FK3-Sterne. T. L.

3108. **E. Fichera, P. J. Melchior,** A propos de la constante d'aberration. Ciel et Terre **74** 188—194 = Commun. Obs. Roy. Belgique Nr. 135. — Aus den Schlußfehlern aller Beobachtungen des Internationalen Breitendienstes der Jahre 1900 bis 1954 folgt, daß die Aberrationskonstante zwischen $20\overset{''}{.}51$ und $20\overset{''}{.}52$ liegen muß, also sicher größer ist als der internationale Wert $20\overset{''}{.}47$. Bo.

3109. **E. P. Fjodorow,** Die Nutation und die erzwungene Bewegung der Erdpole aus Breitenbeobachtungen. Kiew, Verlag Akad. Wiss. Ukrain. Sowjetrepublik, 1958. 144 S. mit Fig. Preis 8 R. 30 Kop. (russ.). — Inhalt: Einleitung; I. Theorie der Rotationsbewegung der ideal elastischen Erde; II. Die Hauptglieder der Nutation; III. Die erzwungene Bewegung der Erdpole; IV. Einige Ergebnisse über die Wechselwirkung zwischen Kern und Hülle der Erde; Anhang; Literatur. Loh.

* * **A. Gennaro,** Sulla riduzione dei passaggi stellari nel metodo delle altezze uguali. Vgl. Ref. **2408**.

* * **A. Gougenheim,** Une nouvelle méthode de réduction des observations de hauteurs égales. Vgl. Ref. **2411**.

* * **A. Gougenheim,** Un nouveau mode de calcul des observations de hauteurs égales. Vgl. Ref. **2412**.

3110. **B. Guinot,** Une mesure directe de la constante de l'aberration. CR **247** 185—187. — Aus Messungen der Radialgeschwindigkeit eines Planeten läßt sich bei bekannten Bahnelementen die Aberrationskonstante ermitteln. Dies wird mit Venus als Objekt durchgeführt. Die Beobachtungsmethode wird eingehend beschrieben. Als Ergebnis findet Verf. für k den Wert $20\overset{''}{.}514 \pm 0\overset{''}{.}008$ und für die Sonnenparallaxe den Wert $8\overset{''}{.}787 \pm 0\overset{''}{.}003$. Es wird darauf hingewiesen, daß die Ergebnisse durch den nicht berücksichtigten Einfluß einer Rotation von Venus spürbar verfälscht sein können. Mehltretter

* * **R. Hervieu,** Détermination des éléments d'une droite de hauteur dans les régions polaires pour les latitudes comprises entre 80° et 90°, l'astre observé étant le soleil ou un astre de faible déclinaison. Vgl. Ref. **2415**.

* * **J. Lemmens,** Sur la corrélation décelée entre la constante de l'aberration et le type spectral des étoiles. Vgl. Ref. **9537**.

3111. **W. Markowitz,** Geocentric co-ordinates from lunar and satellite observations. Bull. géod. (NS) Nr. 49 S. 41—49. — Es werden die Gleichungen abgeleitet, mit denen man aus Beobachtungen mit der Mondkamera die geozentrischen Koordinaten eines Erdortes bestimmen kann; aus drei Beobachtungen während einer Nacht ist es hierbei möglich, die Differenz zwischen Weltzeit und Ephemeridenzeit zu eliminieren. Das für das Internationale Geophysikalische Jahr aufgestellte Beobachtungsprogramm soll zur Bestimmung der Erdfigur, zur Verbesserung der Mondbahnelemente und zur Ableitung der Ephemeridenzeit ausgewertet werden. T. L.

3112. **C. J. Merdinger,** Polaris and the meridian. The Military Engineer **50** 192—196.

3113. **V. V. Michkovitch,** Approximations successives dans la méthode des hauteurs égales. Notes Travaux Section Astr. Inst. Math. Beograd **2** 41—44. — Zur Bestimmung der drei Unbekannten (Polhöhe, Uhrstand und Höhe) bei der Beobachtung von Sternen in gleicher Höhe wird die Sinuskurve benutzt, die man erhält, wenn man die Differenzen zwischen den mit Näherungswerten von Polhöhe und Uhrstand berechneten und einer angenommenen Höhe als Funktion des Azimuts aufträgt. Bo.

3114. **N. I. Pantschenko,** Über die Bestimmung des Abklingens der freien Nutation der Erde. AC Nr. 195 S. 12—13 (russ.).

3115. **G. M. Petrow,** The selection of stars for determining the azimuth of a transit instrument of the time service. Mitt. Astr. Hauptobs. Pulkowo **21** Nr. 2 (161) S. 71—76 (russ. mit engl. Ref.). — Um aus Zeitdienst-Beobachtungen Korrektionen für die Rektaszensionen des benutzten Fundamentalkatalogs ableiten zu können, ist die genaue Kenntnis des Azimuts des Instrumentes erforderlich. Verf. zeigt, daß sich für nördliche Observatorien zur Ableitung des Azimuts am besten die äquatorialen und zirkumzenitalen Sterne eignen. Ond.

3116. **J. G. Porter, D. H. Sadler,** The accurate calculation of apparent places of stars. MN **118** 528. — Bemerkung zu einer Arbeit aus MN **113** 455—467 (AJB **53** Ref. **3108**).

3117. **D. Rozo M.,** Consideraciones sobre las mejores condiciones de observación en astronomía geográfica. Rev. Acad. Colombiana Cienc. Exactas, Fís., Nat. **10** 171—174 = Sonderdruck Obs. Astr. Nacional Bogotà.

3118. **G. E. Serebrjakowa,** Determination of the difference between ephemeris and universal time for 1951, 1953, 1954 and 1955. BIA **7** 165—176 (russ. mit engl. Ref.). — Die Differenz wurde aus Beobachtungen von Sternbedeckungen unter Benutzung der Innes'schen Formeln ermittelt. Verf. (gekürzt)

3119. **C. C. Smith, M. M. Thomson,** Standard time and time zones in Canada. J RAS Canada **52** 193—223 = Contr. Dominion Obs. Ottawa **2** Nr. 26. — Für sämtliche wichtigen Länder und Gebiete sind die Zonenzeiten in einer Liste zusammengestellt, die durch eine Weltkarte ergänzt ist. Speziell für Kanada findet man außerdem die folgenden sehr ausführlichen Angaben: die in den einzelnen Provinzen gültigen Zonenzeiten (mit genauer Karte) und die gesetzlichen Grundlagen hierzu; die Orte, die 1957 Sommerzeit eingeführt hatten; Tafeln zur Berechnung der Zeiten von Sonnenaufgang und -untergang für 166 Orte; die Dauer der Dämmerung, des Tageslichtes und des theoretischen monatlichen Sonnenscheins. T. L.

3120. **I. Stamatin,** Reducerea observatiilor de trecere a doua stele la acelasi almucantarat prin formule diferentiale. Bul. Topogr. 1957 Nr. 4 S. 9—23. — Ref. in RJ UdSSR 1959 Nr. 4 S. 16—17.

* * **G. W. Starizyn,** Systematic errors with a diurnal period from observations on photoelectric transit instruments. Vgl. Ref. **2516.**

3121. **G. Teleki,** Détermination rapide des corrections de déclinaisons des couples de Talcott dans les intervalles de changements insignificants du programme des latitudes. AJ UdSSR **35** 917—924 (russ. mit französ. Ref.). — Engl. Übersetzung in Soviet Astr. AJ **2** 863—870. — Es wird eine Methode zur schnellen Bestimmung der Deklinationsverbesserungen von Talcott-Paaren angegeben, die nicht die Beendigung eines jährlichen Beobachtungszyklus erreichen. Die Methode kann in den Fällen benutzt werden, in denen das Programm kleine Änderungen erleidet. Der Artikel ist in erster Linie für diejenigen Zeitdienste gedacht, die am Internationalen Schnelldienst teilnehmen. Verf. (übersetzt)

3122. **A. Thom,** Circum-meridian altitudes. Vgl. AJB **57** Ref. **3122.** — Bemerkung hierzu von G. Thornton-Smith in Empire Survey Rev. **14** 335—336. — Ref. in RJ UdSSR 1959 Nr. 7 S. 18.

3123. **M. Waldmeier,** Leitfaden der astronomischen Orts- und Zeitbestimmung. Aarau, Verlag H. R. Sauerländer & Co., 1958. 2. Auflage. 90 S. mit 30 Fig.

3124. **H. Wood,** Conversions between equatorial coordinates and standard coordinates on photographic plates. J. and Proc. Roy. Soc. New South Wales **90** 51—56 = Sydney Obs. Repr. Nr. 27. — Die Rechnung nach den strengen Formeln wird durch Benutzung einer Reihenentwicklung, deren Koeffizienten tabuliert sind, vereinfacht. Bo.

3125. Fluctuation «Ephemeris Time minus Universal Time» for the years 1955—1957 (cf. MPC 1553). MPC 1694. — Vgl. AJB **57** Ref. **3126.**

* * Weitere Mitteilungen über Ephemeridenzeit und Schwankungen des Zeitmaßes siehe auch §§ **23** bzw. **131.**

Refraktion

3126. **G. Chiş, S. Radu,** Table de refractie diferentialiă. Studii cercetări astr. seismol. **2** Nr. 1 S. 39—107, 1957. — Ref. in RJ UdSSR 1959 Nr. 1 S. 11.

3127. **R. Eder jr.,** Kann der Wert des Refraktionskoeffizienten als annähernd konstant angenommen werden? Allgemeine Vermessungs-Nachr. Berlin 1958 Nr. 5 S. 145—149.

3128. **R. Kašanin,** Réfraction astronomique moyenne. Notes Travaux Section Astr. Inst. Math. Beograd **2** 11—20. — Nach einigen allgemeinen Abschätzungen über die Größe der Refraktion und über die Höhe, oberhalb der der Beitrag der Luftschichten zur Refraktion praktisch unbedeutend ist, wird eine einfache Formel für die mittlere Refraktion abgeleitet, die bei $z = 80°$ einen Fehler von 1!4, für $z > 80°$ aber große Differenzen gegenüber den Werten von Radau ergibt. Bo.

3129. **J. de Kort,** On the correction for refraction in the method of dependences. Specola Astr. Vaticana Ric. Astr. **6** 47—52. — Um den Einfluß der differentiellen Refraktion auf den Ort des Anschlußobjektes zu berechnen, genügt es, die quadratischen Glieder der Refraktion zu berücksichtigen. Eine Tabelle der zweiten Differenzen der mittleren Refraktion für $z > 60°$ erleichtert die Rechnung nach den abgeleiteten Formeln. Bo.

3130. **F. Link, L. Neužil,** Tables mondiales des réfractions et des masses d'air. BAC **9** 28—33.

3131. **C. Sugawa,** On the relation between the wind effect and the anomalous refraction in the latitude observations. Publ. Astr. Soc. Japan **10** 79—98. — Zur Untersuchung der Ursache des «Wind-Effektes», das heißt der Korrelation zwischen den einzelnen Nachtwerten der Polhöhe und der Windrichtung sowie der Windgeschwindigkeit werden aus Höhenwind- und Radiosonden-Messungen die Gradienten von Druck, Temperatur und Luftdichte in verschiedenen Höhen im Meridian von Mizusawa berechnet. Der Jahresgang des Windeffektes und die Neigung der Schichten gleicher Dichte bis 2000 m Höhe zeigen gleiches Verhalten, so daß man schließen muß, daß anomale Refraktion die Ursache für den Wind-Effekt ist. Bo.

3132. **A. Thom,** An empirical investigation of atmospheric refraction. Empire Survey Rev. **14** 248—262.

3133. **H. Wood,** Refraction in photographic astrometry. J. and Proc. Roy. Soc. New South Wales **90** 151—156 = Sydney Obs. Repr. Nr. 28. — Die Formeln zur Berechnung des Einflusses der Refraktion bei Vermessung photographischer Platten werden in allgemeiner Form durch Koordinatentransformation mittels Matrizenrechnung hergeleitet und mit den Formeln von Vick (1934) und Turner (1897) verglichen. Bo.

§ 32

Finsternisse, Bedeckungen

3201. **R. C. Cameron, E. R. Dyer,** Comments on the ephemerides and constants for a total eclipse of the sun. Georgetown Obs. Monograph Nr. 9, 49 S. — Ausführliche Diskussion des Problems der Bestimmung der geodätischen Distanz zweier Erdorte aus der Beobachtung der Kontaktzeiten bei Sonnenfinsternissen, besonders des Einflusses der Erddimensionen, der Mondparallaxe, des Mondprofils und der Genauigkeit der Ephemeridenorte von Sonne und Mond. Im günstigsten Fall läßt sich heute eine Distanz mit einem wahrscheinlichen Fehler von $\pm$ 70 m bestimmen. Die Unsicherheiten sind in erster Linie bedingt durch die Ungenauigkeit des Erdradius, der Mondparallaxe und des Mondprofils. Der Anhang enthält eine sehr ausgedehnte Literaturzusammenstellung. Bo.

3202. **A. Goldstein, O. Mattingly, F. J. Heyden,** On the geodetic application of a solar eclipse. Bull. géod. (NS) Nr. 49 S. 53—63. — Die Formeln zur Ableitung geodätischer Distanzen aus Beobachtungen von Sonnenfinsternissen werden angegeben, und es wird gezeigt, wie sich Beobachtungsfehler sowie die Unsicherheit in den Werten für den Erdradius und die Mondparallaxe auf das Ergebnis auswirken. T. L.

3203. **S. W. Henriksen, S. H. Genatt, M. Q. Marchant, C. D. Batchlor,** Surveying by occultations. AJ **63** 291—295. — Bei der vorgeschlagenen Methode werden Sternbedeckungen gleichzeitig an zwei Orten beobachtet. Aus den Beobachtungen des einen Ortes mit als bekannt angenommenen geographischen Koordinaten werden Verbesserungen der Mondörter abgeleitet. Die weitere Reduktion ergibt dann die gesuchten Koordinaten des zweiten Ortes. Das Beispiel beschreibt den geodätischen Anschluß der Palau-Insel (Karolinen) an die Philippinen. T. L.

* * **J. Herrmann,** Die Beobachtung von Sternbedeckungen und ihre Bedeutung für die theoretische Astronomie. Vgl. Ref. **7366**.

3204. **H. Kristenson,** Geodetic deductions from studies of solar eclipses with critical remarks. Ark Astr **2** 273—282 = Lund Medd. (1) Nr. 191. — Die Gleichungen zur Bestimmung des Radius und der Abplattung der Erde aus Beobachtungen an mehreren Orten längs der Totalitätszone werden diskutiert unter der Voraussetzung, daß die wahren geodätischen Koordinaten dieser Orte bekannt sind. Am Beispiel der Finsternis vom 30. 6. 54 wird die im günstigsten Fall erreichbare Genauigkeit berechnet und für den Erdradius ein mittlerer Fehler von $\pm$ 60 m abgeleitet. Es ist fraglich, ob diese Genauigkeit bei dieser Methode je erreicht wird. Bo.

3205. **W. S. Lasarewskij,** Über die Zahl der Finsternisse im Saros und im Saros-Zyklus. Bull. Astr.-Geod. Ges. UdSSR Nr. 23 S. 24—25 (russ.).

3206. **W. S. Lasarewskij,** Über die Zahl der Finsternisse im Saros und im Saros-Zyklus. BIA **7** 78—87 (russ.). — Ergänzung zu der in AJB **55** Ref. **3210** zitierten Arbeit von Polosowa mit Tafeln über die Zahl der Finsternisse im Saros und die Zyklen (Serien) der Sonnen- und Mondfinsternisse. Loh.

3207. **J. A. O'Keefe,** The occultation method of long line measurements. Bull. géod. (NS) Nr. 49 S. 64—65. — Die Entfernung zweier Orte kann durch gleichzeitige photoelektrische Registrierung von Sternbedeckungen ermittelt werden. Die Genauigkeit hängt wesentlich von der Form des Mondrandprofils ab. T. L.

3208. **H. I. Potter,** Tables for the prediction of occultations of faint stars at Pulkowo. Mitt. Astr. Hauptobs. Pulkowo **21** Nr. 2 (161) S. 134—143 (russ. mit engl. Ref.). — Eine einfache graphische Methode zur Vorhersage von Sternbedeckungen wird beschrieben. Bei Benutzung einiger von Verf. berechneter Hilfstafeln wird die Arbeit erleichtert, so daß binnen einer halben Stunde Bedeckungen für 10—15 schwache Sterne mit einer Genauigkeit von 1^m im Zeitpunkt und 3—5° im Positionswinkel berechnet werden können. Ond.

3209. **E. Proverbio,** Le osservazioni di occultazioni lunari ed i problemi ad esse connessi. Conferenze Oss. Astr. Milano-Merate (1) Nr. 1, 32 S. — Monographie über die Theorie der Sternbedeckungen, deren Beobachtung und Reduktion mit Rechenschemata. Böh.

§ 33

Chronologie, Kalenderwesen

3301. **U. Baehr,** Tafeln zur Behandlung chronologischer Probleme. I.—III. Vgl. AJB **55** Ref. **3302**. — Weitere Besprechung in Z. Assyriologie (NF) **19** 319—324 (R. Böker).

3302. **K. Ferrari d'Occhieppo,** Das Tzolkin der Maya im Lichte des Saros-Problems. Anthropos **53** 192—202. — Aus der Beobachtung von Finsternissen lassen sich leicht Perioden ableiten, die nahezu ein Vielfaches des Tzolkin von 260 Tagen sind. Aus derartigen Ableitungen ist jedoch nicht zu erkennen, warum die Maya gerade den Zeitraum von 260 Tagen für die Länge des Tzolkin gewählt haben. Die Bedeutung der Vollmondzeit als Freudenfest und die damit verbundene Beobachtung der Stellung des Vollmondes innerhalb des Mondbahngürtels an der Sphäre führt jedoch zu einer Erklärung dieser Periode. Aus der Entstehungszeit des Tzolkin lassen sich auch ungefähre Grenzen dafür angeben, wann die Long Count-Zählung in Gebrauch kam. Baehr

3303. **K. Ferrari d'Occhieppo,** Der Stern von Bethlehem. Sternenbote Wien **1** Nr. 9 S. 2—6.

3304. **F. K. Ginzel,** Handbuch der mathematischen und technischen Chronologie. Das Zeitrechnungswesen der Völker. Band I—III. Unveränderter Nachdruck 1958, veranstaltet vom Deutschen Buch-Export und -Import, Abt. Antiquariat, Leipzig. Fotomechan. Nachdruck. Zwickau, Ullmann, 1958. 584 + 597 + 445 S. Preis DM 180.

3305. **N. Janković,** Der serbische Kalender. Vasiona **5** 77, 1957 (serb.). — Kurze Beschreibung des alten orthodoxen serbischen Kalenders. Eksinger

3306. **E. Della Longa,** La astronomía y el calendario. El Universo Nr. 42 S. 22—29.

3307. **J. G. Perel,** Der Kalender und der Plan seiner Reform. Priroda **47** Nr. 7 S. 47—50 (russ.).

3308. **N. Rsajew,** Eine Methode zur Umwandlung der lunaren Jahreszählung in eine solare. DAN Aserbejdshan. Sowjetrepublik **14** 339—341 (aserbejdshan. mit russ. Ref.). — Ref. in RJ UdSSR 1959 Nr. 1 S. 1.

3309. **M. Sauer,** Mohammedanische Zeitrechnung, Festtage und Gebetszeiten. Sterne **34** 194—196. — Es werden einige grundlegende Merkmale der mohammedanischen Zeit- und Festrechnung genannt. Die täglichen Gebete werden von den Anhängern des Islam nach einem vorgeschriebenen Ritual verrichtet, wobei die Gebetszeiten weitgehend astronomisch festgelegt sind. Baehr

V. Theoretische Astronomie

§ 40

Allgemeines, Tafeln

4001. **W. T. Kondurar,** The development of the potential function of the mutual attraction of two ellipsoids (homogeneous and nonhomogeneous). AJ UdSSR **35** 763—771 (russ. mit engl. Ref.). — Engl. Übersetzung in Soviet Astr. AJ **2** 712—720.

4002. **R. Kurth,** Über den statistisch-stationären Zustand mechanischer Systeme. Z. Naturforschung **13a** 28—30. — Für mechanische Systeme, insbesondere für kosmische mechanische Systeme, ist die Existenz statistisch-stationärer Zustände nicht ohne weiteres gesichert. Sie ist verbürgt, wenn die Potentialfunktion des Systems ein echtes relatives Minimum besitzt. Das ist z. B. bei interstellaren Gasen der Fall, nicht dagegen bei Sternsystemen. Verf.

4003. **G. Lemaître,** Application des méthodes de la mécanique céleste au problème de Störmer. Ann. Soc. Sci. Bruxelles (1) **63** 83—97, 1949 = Publ. Labor. Astr. Géod. Univ. Louvain **13** Nr. 115.

4004. **A. M. Stojanović,** «Elektro-gravitacija» šta je to ili šta može da bude? Vasiona **5** 102—104, 1957.

§ 41

Raum, Zeit, Licht, Gravitation, Relativitätstheorie, Kosmologie

* * **M. G. Adam,** Interferometric measurements of wavelengths. V. The radial current interpretation of solar red shifts. Vgl. Ref. **6401**.

4101. **R. A. Alpher, R. Herman,** On nucleon-antinucleon symmetry in cosmology. Science **128** 904. — Verf. zeigen, daß Goldhabers Vorschlag (Science **124** 218, AJB **56** Ref. **5408**), das gegenwärtige Verhältnis der Häufigkeiten von Teilchen zu Antiteilchen als Resultat statistischer Fluktuationen im Großen anzusehen, für kosmogonische Modelle mit anfänglichem Gleichgewicht zwischen Teilchen und Antiteilchen auf Widersprüche führt. Weidemann

4102. **V. Arcidiacono,** Come si evolvono i Cieli: Origine ed evoluzione dell'Universo. Messina, Rizzo-Nervo, 1958. 452 S. mit 34 Fig. und 21 Tafeln. Preis Lire 1500. — Besprechung in Coelum **26** 170.

4103. **N. L. Balazs,** On relativistic thermodynamics. ApJ **128** 398—405. — Definition der Temperatur im statischen Gravitationsfeld, das in üblicher Weise eine «Weltzeit» festlegt. Begriff der «Welttemperatur». Beispiele: Ideales Gas, elektromagnetisches Strahlungsfeld. Anwendung auf Temperaturbestimmungen aus dem Spektrum bei Rotverschiebung. Dv.

4104. **N. L. Balazs,** Effect of a gravitational field, due to a rotating body, on the plane of polarization of an electromagnetic wave. Phys. Rev. (2) **110** 236—239. — Es wird gezeigt, daß das von einer rotierenden Masse erzeugte Gravitationsfeld die Polarisationsebene einer elektromagnetischen Welle so dreht wie beim Passieren eines optisch aktiven Mediums, dessen optische Achse mit der Rotationsachse der Quelle zusammenfällt. Für die Sonne wird dieser Effekt zu 4×10^{-12} rad errechnet. Böh.

4105. **J. Becquerel,** L'expansion de l'univers et les théories cosmologiques. BSAF **72** 341—357, 395—422. — Diese umfangreiche Abhandlung aus dem Nachlaß des 1954 verstorbenen Verf. stellt im ersten Teil die für das Thema relevanten Beobachtungsdaten aus Stellar- und Nebelastronomie zusammen. Im zweiten Teil werden sodann die wichtigsten älteren Weltmodelle und kosmologischen Theorien besprochen. Die vorgesehenen Schlußabschnitte, die neueren Arbeiten gewidmet sein sollten, sind nicht mehr zur Ausführung gelangt. Kdr.

4106. **M. Born,** Ein Besuch bei den Raumfahrern und das Uhrenparadoxon. Phys. Blätter **14** 207—212.

4107. **M. Born, W. Biem,** Zum Uhrenparadoxon. Proc. K. Nederl. Akad. Wetensch. (B) **61** 110—120.

4108. **W. A. Brumberg,** Relativistische Verbesserungen im Dreikörperproblem. Leningrad, Astr. Hauptobs. Pulkowo, 1958 (russ.). — Dissertationsref.

4109. **W. A. Brumberg,** The equations of motion and the coordinate conditions in the relativistic problem of *n* bodies. AJ UdSSR **35** 893—903 (russ. mit engl. Ref.). — Engl. Übersetzung in Soviet Astr. AJ **2** 839—849.

4110. **G. Builder,** Ether and relativity. Australian J. Phys. **11** 279—297. — Ref. in Phys. Ber. **38** 1835.

4111. **G. Builder,** The constancy of the velocity of light. Australian J. Phys. **11** 457—480.

4112. **M. Cahen,** Trajectoires de Schwarzschild et trajectoires de Newton. CR **246** 386—388. — Aus einer Betrachtung des Weylschen Tensors und des Riemannschen Krümmungstensors läßt sich folgern, daß der dem klassischen Keplerproblem zugeordnete affine und torsionsfreie Raum kein Einsteinscher Raum ist und nicht geodätisch invariant in einen solchen übergeführt werden kann. Gleichwie man auch die Ortsfunktionen irgendwelcher Zusatzkräfte wählt, ist es nicht möglich, den affinen Zusammenhang des Kepler-Raumes auf den Einsteinschen Raum zu übertragen. Mehltretter

4113. **F. P. de Bulhoes Carvalho,** Estrutura e Evoluçao do Universo. Rio de Janeiro, Ed. Borsoi, 1958. 500 S. mit Fig. Preis 500.00 cruz.

4114. **G. Cocconi, E. Salpeter,** A search for anisotropy of inertia. Nuovo Cimento (10) **10** 646—651. — Zur Prüfung des Machschen Prinzips und seiner Folgen schlägt Verf. als Testversuch Messungen des Zeeman-Effektes in verschiedenen Richtungen zum galaktischen Zentrum vor. Böh.

4115. **J. A. Coleman,** Relativity of the Layman. New York, The New American Library, 1958. 127 S. Preis $ 0.50. — Besprechung in Science **129** 144 (M. G. Moore).

* * **G. Contopoulos,** Die gegenwärtigen Ansichten bezüglich des Aufbaus des Universums. Vgl. Ref. **12304.**

4116. **G. Contopoulos,** A solution of the clock paradox. Ann. Faculty Sci. Univ. Thessaloniki 8 21—41 = Contr. Astr. Department Univ. Thessaloniki Nr. 3. — In Ablehnung der Dingleschen Argumentation wird darauf hingewiesen, daß die Bewegungen der beiden Uhren des «Uhren-Paradoxons» in bezug auf die übrige Welt asymmetrisch verlaufen, so daß eine unterschiedliche Alterung zu erwarten ist. Lösungen des Paradoxons im Rahmen der speziellen und allgemeinen Relativitätstheorie werden auseinandergesetzt und die Möglichkeit einer experimentellen Nachprüfung mit Hilfe von schnellbewegten Mesonen besprochen. Mawridis

4117. **G. Contopoulos,** Space and time in general relativity. Ann. Faculty Sci. Univ. Thessaloniki 8 43—63 = Contr. Astr. Department Univ. Thessaloniki Nr. 4. — Die Fragen einer Definition der Eigenzeit, der Zeitkoordinate und der Geschwindigkeit werden ausführlich diskutiert. Anschließend werden Probleme der Geometrie der rotierenden Kreisscheibe behandelt. Mawridis

4118. **O. Costa de Beauregard,** Mesure du temps et relativité. Cahiers Phys. **12** 256—260. — Ref. in Phys. Ber. **38** 1010—1011.

4119. **O. Costa de Beauregard,** Sur la théorie de l'inertie de D. W. Sciama et D. Park et sur la relation de la «longueur élémentaire» λ aux constantes universelles c, h, G. CR **247** 2101—2103. — Verf. zeigt, daß die Gravitationskonstante auf natürliche Weise mit den Begriffen der Elementarlänge und -masse verknüpft ist. Böh.

4120. **O. Costa de Beauregard,** Coefficient de conversion du temps propre d'une horloge terrestre au temps astronomique de Schwarzschild à l'approximation de 10^{-12}. Séminar théor. phys. L. Broglie Paris, 1957. — Ref. in RJ UdSSR 1959 Nr. 8 S. 58.

4121. **M. Daisomont,** L'effet Einstein et le Soleil. Orion Schaffhausen **5** 415—417.

4122. **G. Eiby,** Gravity. Southern Stars **17** 153—162. — Historischer Überblick über Entdeckung und Wesen der Gravitation. Böh.

4123. **A. Einstein,** Grundzüge der Relativitätstheorie. Vgl. AJB **56** Ref. **4119.** — Weitere Besprechung in Z. angew. Phys. **12** 48 (W. Meissner).

4124. **A. Einstein,** Istota teorii względności. Übersetzung aus dem Englischen. Warszawa, PWN, 1958. 196 S. Preis 23 zł.

4125. **E. F. Fahy,** The clock paradox in relativity. Australian J. Phys. **11** 586—587.

4126. **I. G. Fichtengolz,** Die Koordinatenbedingungen in der Einsteinschen Gravitationstheorie. J. Exp. Theor. Phys. **35** 1457—1465 (russ.). — Ref. in Phys. Ber. **38** 1222.

4127. **A. D. Fokker,** The clock paradox in so-called relativity theory. Physica **24** 1119—1120.

* * **M. Fox,** Effect of expansion of the universe on the distribution of images of galaxies on photographic plates — a simplified model. Vgl. Ref. **4407.**

4128. **G. García,** Las ecuaciones completas del campo cosmológico sin recurrir a la teoría de la relatividad. Actas Acad. Nacional Ci. Exact. Fis. Nat. Lima **21** Fasc. 1—2 S. 3—30.

4129. **G. García,** Las formulas completas de la variación de la masa y de la energía intrinseca de la materia sin recurrir a la teoría de la relatividad. Actas Acad. Nacional Ci. Exact. Fis. Nat. Lima **21** Fasc. 1—2 S. 31—50.

4130. **A. Gião,** Sulla variazione annuale del test chimico-fisico D di Piccardi e la cosmologia relativistica. Rend. Accad. Nazionale Lincei, Cl. Sci. fis., mat., nat. (8) **25** 65—69.

4131. **P. S. Gupta,** Pulsating fluid sphere in general relativity. Ann. Physik (7) **2** 421—424.

4132. **E. Hardtwig,** Erlauben künstliche Erdsatelliten ein Überprüfen von Einsteins Allgemeiner Relativitätstheorie? Forschungen und Fortschritte **32** 193—197. — Ref. in RJ UdSSR 1959 Nr. 5 S. 67.

4133. **R. Herman,** Relativity and space travel: a reply to Professor Dingle. J. British Interplanetary Soc. **16** 564—574.

4134. **J. G. Hernández,** La edad del Universo. El Universo Nr. 44 S. 108—121. — In dem Aufsatz setzt sich Verf. eine Vereinigung der relativistischen Weltmodelle zum Ziel. Dabei schließt er, für alle außergalaktischen Nebel die gleiche Entwicklungsskala voraussetzend, aus der Durchmischung aller Nebeltypen auf eine permanente Welt ohne Alter. Die in deren Metrik erscheinenden helikoidenartigen, geodätischen Linien nähern sich ähnlich der Cornuschen Spirale asymptotisch zwei Punkten scheinbarer «ewiger Ruhe». Durch die Relativität der Entropie wird die Möglichkeit einer Beobachtung des «absoluten Nichts» ausgeschlossen. Die Rotverschiebung wird auf eine säkulare Zunahme der Wellenlänge zurückgeführt. Die aus dem Beobachtungsfeld verschwindenden Systeme werden durch Neuentstehungen ersetzt. Gü.

4135. **H. Jeffreys,** The clock paradox in special relativity. Australian J. Phys. **11** 583—586.

4136. **V. Joseph,** On apparent luminosity in general relativity. MN **118** 631—639. — Betrachtet werden geodätische Nullinien zwischen auf geodätischen Linien liegenden Beobachtern. Die Relativgeschwindigkeit zweier solcher Beobachter wird definiert. Die Ausbreitung von Wellenstrahlung gibt wie die Ausbreitung von Photonen den gleichen Ausdruck für die scheinbare Helligkeit, die ein Beobachter für ein entferntes Objekt messen kann. Eine Übereinstimmung mit speziellen Fällen älterer Autoren wird gezeigt. Dv.

4137. **F. A. Kaempffer,** On possible realizations of Mach's program. Canadian J. Phys. **36** 151—159. — Verf. gelingt es, innerhalb einer vereinfachten Theorie der Gravitation Weltmodelle zu finden, in denen das Machsche Programm, alle Wirkungen der Energie auf solche der Gravitation zurückzuführen, verwirklicht ist. Böh.

4138. **N. S. Kalitzin,** Grundgleichungen der relativistischen Mechanik eines materiellen Punktes mit veränderlicher Masse. Nuovo Cimento (10) **8** 843—849. — Ref. in Math. Rev. **20** 114, Phys. Ber. **38** 5.

4139. **N. S. Kalitzin,** Über den Einfluß der Eigenrotation des Zentralkörpers auf die Bewegung der Satelliten nach der Einsteinschen Gravitationstheorie. Nuovo Cimento (10) **9** 365—374. — Die Aufgabe der Periheldrehung eines Satelliten mit verschwindender Masse im Felde eines rotierenden Zentralkörpers wird auf Grund der Bewegungsgleichungen von Einstein, Infeld, Fock, Riabuschko in der Nähe v^2/c^2 exakt behandelt. Zu der Einsteinschen Periheldrehung erhält man hier noch ein Zusatzglied, welches von der Rotation des Zentralkörpers herrührt. Dieses Glied entspricht der von Lense und Thirring entdeckten Periheldrehung. Die Abhängigkeit vom Winkel i zwischen der Äquatorebene des Zentralkörpers und der Bahnebene des Satelliten ist bei uns verschieden von der bei Lense und Thirring. Der Unterschied kommt durch die Änderung der Bahnebene des Satelliten (Knotenverschiebung) zustande. Die Periheldrehung in unserer Theorie wird aber in der Bahnebene gemessen. Unser Ergebnis ist von der Kleinheit der Effekte unabhängig. Die Betrachtungen sind so durchgeführt, daß sie sich leicht auf den allgemeineren Fall eines sich drehenden Satelliten mit endlicher Masse verallgemeinern lassen. Verf.

4140. **C. W. Kilmister,** Eddington's statistical theory. II. The density-particle correlation. Rend. Circ. Mat. Palermo (2) **6** 33—50, 1957. — Ref. in Math. Rev. **20** 260.

4141. **C. W. Kilmister, B. O. J. Tupper,** Eddington's statistical theory. III. The uncertainty of the origin. Rend. Circ. Mat. Palermo (2) **6** 117—140, 1957. — Ref. in Math. Rev. **20** 260.

4142. **J. M. J. Kooy,** On relativistic rocket mechanics. Astronaut. Acta **4** 31—58. — Die meisten Autoren gehen bei der Behandlung der geradlinigen relativistischen Raketenbewegung im schwerefreien Raum von dem relativistischen Impulssatz aus und betrachten dabei die Rakete und die bereits ausgestoßene Masse als ein mechanisches System. In dieser Arbeit wird nur die Rakete und die noch darin befindliche Stoßmasse als das mechanische System betrachtet und die Bewegungsgleichung der geradlinigen und auch der allgemeinen Raketenbewegung im schwerefreien Raum direkt aus der Grundgleichung der relativistischen Mechanik hergeleitet. Weiter wird der astronautische Aspekt der Zeitdilatation diskutiert. Die fundamentale Bedeutung der Beschleunigung des Fahrzeuges in Beziehung auf ein allgemeines metrisches Feld wird hervorgehoben. Zur näheren Bestimmung dieses allgemeinen metrischen Feldes wird der weltumfassende Raum-Zeit-Zusammenhang herangezogen. Verf.

4143. **P. Kustaanheimo,** Scalar field theory as a theory of gravitation. Soc. Sci. Fennica Comm. Phys.-Math. **21** Nr. 3, 10 S. = Sonderdruck Astr. Obs. Helsinki. — Ref. in Phys. Abstracts (A) **62** 95.

4144. **P. Kustaanheimo,** On a unified field theory based on the special theory of relativity. Soc. Sci. Fennica Comm. Phys.-Math. **21** Nr. 4, 11 S. = Sonderdruck Astr. Obs. Helsinki.

4145. **C. B. Leffert, T. M. Donahue,** Clock paradox and the physics of discontinuous gravitational fields. American J. Phys. **26** 515—523. — Ref. in Phys. Abstracts (A) **62** 184.

* * **J. Lequeux,** L'échelle des distances de l'Univers encore révisée. Vgl. Ref. **12426**.

4146. **J. Lévy,** Astronomie de position et relativité générale. Cahiers Phys. **12** 437—446. — Verf. berücksichtigt den Standort, z. B. eines irdischen Beobachters, im Rahmen der allgemeinen Relativitätstheorie. Differentielle Effekte der Zeitdilatation für Kreisbewegungen ergeben für einen Erdsatelliten bei $R/R_{\mathrm{Erde}} = 1.2$ mit $v = 9.48$ km/sec eine Zeitdifferenz $\delta\theta = -0.030$ sec/a und für Umläufe um die Sonne $\delta\theta = 0.0465\,(1 - 1/\lambda)$ sec/a, wobei $\lambda = R/R_{\mathrm{Erde}}$ ist. Es wird darauf hingewiesen, daß die Genauigkeit einer atomgesteuerten Quarzuhr im Prinzip ausreicht, um den Effekt zu beobachten, daß aber das Problem der Rückkehr eines Satelliten erst gelöst sein muß, um die nach Ende der Reise erforderliche Gangkontrolle vornehmen zu können. Weiterhin werden theoretische und beobachtete Perihelbewegung und Lichtablenkung kritisch untersucht. Weidemann

4147. **W. Mattig,** Über den Zusammenhang zwischen Rotverschiebung und scheinbarer Helligkeit. AN **284** 109—111 = Mitt. Astrophys. Obs. Potsdam Nr. 64. — Im Rahmen der relativistischen Kosmologie wird für den Fall des verschwindenden Gliedes Λ ein strenger Zusammenhang zwischen der bolometrischen Helligkeit und der Rotverschiebung angegeben. Die sich ergebenden Differenzen gegenüber der bisher benutzten Näherung werden berechnet. Es zeigt sich, daß diese Differenzen bei größeren Beträgen der Rotverschiebung nicht mehr zu vernachlässigen sind. Verf.

4148. **W. H. McCrea,** Zum heutigen Stand der Kosmologie. Endeavour **17** 5—11. — Ref. in Coelum **26** 128. — Die Frage, ob das Weltall sich in einem Entwicklungszustand oder in einem statischen Zustand befindet, hat sich bisher weder durch optische Methoden noch durch Radiobeobachtungen klären lassen. Einige Beobachtungsdaten und theoretische Beweisgründe, die gegen den statischen Zustand sprachen, sind neuerdings hinfällig geworden. Dagegen ergibt sich aus dieser Theorie eine aussichtsreichere Hypothese über die Entstehung der Galaxien als bisher auf Grund der Evolutionskosmologie. Der vorliegende Artikel versucht, über den jetzigen Stand des Gebietes einen kurzen Überblick zu geben. Verf.

4149. **G. C. McVittie,** General Relativity and Cosmology. Vgl. AJB **56** Ref. **4157**. — Weitere Besprechung in Astronaut. Acta **4** 166 (L. Halpern).

4150. **G. C. McVittie,** Distance and relativity. Science **127** 501—505. — Bericht über einen Vortrag, den Verf. auf der Tagung der American Association for the Advancement of Science in Indianapolis am 26. 12. 57 gehalten hat. Behandelt werden Entfernungsbestimmungen im Sonnensystem. Weidemann

4151. **P. Moon, D. E. Spencer,** The cosmological principle and the cosmological constant. J. Franklin Inst. **266** 47—58.

4152. **G. Naan,** Über den gegenwärtigen Stand der kosmologischen Wissenschaft. Fragen der Kosmogonie **6** 277—329 (russ. mit deutschem Ref.). — Ref. in Math. Rev. **21** 225.

4153. **H. Nariai, Y. Ueno,** On the test of gravitational theories in terms of an artificial satellite. Progr. Theoret. Phys. **20** 703—713. — Die Frage, ob der Raum gekrümmt oder eben ist, kann mit Hilfe von Singers Test nicht beantwortet werden, da die Singersche Formel sowohl aus der allgemeinen Relativitätstheorie als auch bei Annahme der Guptaschen Interpretation der Gravitation gewonnen werden kann. Das gleiche gilt für die Theorien von Whitehead und Birkhoff. Solange nur statische Gravitationsfelder in Betracht gezogen werden, scheint es unmöglich zu sein, zu einer Entscheidung über die Raum-Zeit-Struktur zu kommen. Weidemann

4154. **T. Neugebauer,** Zu dem Problem des Hubbleeffektes. Acta Phys. Acad. Sci. Hungaricae **8** 365—385. — In Zusammenhang mit einer früheren Arbeit (AJB **54** Ref. **4166**) wird die Frage besprochen, ob tatsächlich eine Verwaschenheit der Bilder der entfernten Spiralnebel auftreten müßte, wenn man den Hubbleeffekt als eine Art Lichtzerstreuungseffekt — nach dem in der zitierten Arbeit besprochenen Gedankengange — deuten würde. Im ersten Teil der Arbeit wird mit Hilfe einer wahrscheinlichkeitstheoretischen Rechnung gezeigt, daß, wenn es sich um genug zahlreiche Ablenkungen der Lichtquanten unter entsprechend kleinen Winkeln handelt, die resultierende Verschwommenheit des Bildes mit der Zahl n der einzelnen Ablenkungen wie $1/\sqrt{n}$ gegen Null geht. Dabei wird angenommen, daß der Partikelkomplex, mit dem das Photon zusammenstößt, sich weitgehend der Newtonschen Mechanik entsprechend verhält. Außerdem wird ein Vergleich mit den bei der Herleitung der Stokesschen Formel auftretenden Verhältnissen gezogen. Im zweiten Teil der Arbeit wird gezeigt, daß je relativistischer die Zusammenstöße sind, desto kleinere Winkelablenkungen werden nach der relativistischen Mechanik auftreten und im Falle, daß auch die fraglichen Teilchen extrem relativistische Partikel sind, tritt bei der Lichtzerstreuung überhaupt keine Richtungsänderung auf. Solche Teilchen könnten z. B. Neutrinos sein. Verf.

4155. **L. O'Raifeartaigh,** A static generalization of the Einstein universe. Proc. Roy. Soc. (A) **245** 202—212. — Ref. in Math. Rev. **20** 114, ZfMG **79** 419—420.

4156. **W. Pauli,** Theory of Relativity. Übersetzung aus dem Deutschen von G. Field. London, New York, Paris, Los Angeles, Pergamon Press Ltd., 1958. 14 + 241 S. Preis 35 s. — Vgl. AJB **23** Ref. **2424**. — Besprechung in Phys. Abstracts (A) **62** 879 (T. R. Carson), Phys. Blätter **15** 377—378 (M. v. Laue).

4157. **W. Pauli,** Teoria della relatività. Übersetzung aus dem Deutschen von P. Gulmanelli. Torino, Editore P. Boringhieri, 1958. 14 + 323 S. Preis L. 3000. — Vgl. AJB **23** Ref. **2424**. — Besprechung in Coelum **26** 168—169.

4158. **A. Peres,** Photons, gravitons and the cosmological constant. Nuovo Cimento (10) **8** 532—538. — Ref. in Phys. Abstracts (A) **61** 525, RJ UdSSR 1959 Nr. 8 S. 59.

4159. **W. Petri,** Die Relativitätsprinzipien Newtons. Naturwiss. Rundschau **11** 378.

4160. **W. Priester,** Zur Statistik der Radioquellen in der relativistischen Kosmologie. ZfA **46** 179—202 = Mitt. Univ.-Sternw. Bonn Nr. 16. — Für expandierende Weltmodelle mit homogener Verteilung der Galaxien wird für euklidische, sphärische und hyperbolische Metrik die kumulative Anzahl N der extragalaktischen Radioquellen als Funktion ihrer scheinbaren Radiohelligkeit (Strahlungsstrom) S berechnet. Dabei werden zwei Fälle unterschieden: 1.) Die Anzahl der in den Durchmusterungen erscheinenden Radioquellen ist in jedem Raumelement der Anzahl der Galaxien proportional («einfache homogene Verteilung der Radioquellen»). 2.) Die extragalaktischen Radioquellen entstehen durch Kollisionen von Galaxien («Kollisions-Hypothese»). Die kosmologischen Beziehungen werden für diesen Fall erweitert, indem im homogenen Weltmodell regellose Pekuliarbewegungen der Galaxien zugelassen werden. Eine zeitliche Änderung der mittleren absoluten Radiohelligkeit E der Quellen wird nicht betrachtet. Im Falle einfacher homogener Quellenverteilung wurde zur Deutung der Beobachtung ein physikalischer Prozeß postuliert, der in einem Bruchteil aller Galaxien auftritt und in ihnen eine starke Radioemission erzeugt. Im Falle der Kollisionshypothese muß $E = 10^{24}$ bis 10^{25} Watt/ster Hz sein. Dieser Mittelwert ist nicht unplausibel, wenn man berücksichtigt, daß bei der Kollisionsquelle Cygnus A : $E = 8 \times 10^{26}$ Watt/ster Hz ist. Für eine Entscheidung zwischen den beiden Fällen sind die vorliegenden Beobachtungen noch nicht hinreichend.
Verf. (gekürzt)

4161. **S. R. Roy,** A relativistic analogue of a simple Newtonian result. Proc. National Inst. Sci. India (A) **23** 241—245, 1957. — Ref. in ZfMG **82** 238.

4162. **K. Rudnizky,** Wie erforschen wir das «unerforschte» Universum? Ist das Universum unendlich? Vasiona **5** 66—68, 100—101, 1957 (serb.). — Verf. beschreibt verschiedene Möglichkeiten der Lösungen über die Größe, Gestalt und Dynamik des Universums. Zusammenfassend wird festgestellt, daß das endliche Universum mit Materie erfüllt oder aber das unendliche leer ist.
Eksinger

4163. **E. Ruechardt,** Light: Visible and Invisible. Ann Arbor, Mich., University of Michigan Press, 1958. 201 S. Preis $ 4.50. — Besprechung in Sky and Telescope **17** 646—647 (E. F. Bailey).

4164. **E. Schatzman,** Le décalage vers le rouge des raies spectrales. Cahiers Phys. **12** 240—246. — Ref. in Phys. Ber. **38** 991.

4165. **L. I. Schiff,** Neutrino theory of gravitation. Science **127** 1063. — Ref.

4166. **F. Selleri,** Alcune considerazioni sull'effetto Einstein. Mem SA It (NS) **29** 245—249 = Pubbl. Oss. Astr. Univ. Bologna **7** Nr. 5.

4167. **P. Straneo,** Essenza e utilizzazione attuale della relatività di Einstein. Confer. Sem. Mat. Univ. Bari Nr. 31, 1957. 24 S. — Ref. in Math. Rev. **20** 257.

4168. **H. Takeno,** A comparison of plane wave solutions in general relativity with those in non-symmetric theory. Progr. Theoret. Phys. **20** 267—276. — Für den Fall der Anwesenheit elektromagnetischer Felder werden Lösungen erhalten, deren Vergleich ergibt, daß in der allgemeinen Relativitätstheorie die Raum-Zeit-Struktur eng mit dem elektromagnetischen Feld verknüpft ist, während bei der nicht-symmetrischen einheitlichen Feldtheorie die Struktur des Riemannschen Raumes unabhängig davon bestimmt ist. Weidemann

4169. **H. Thirring,** Der Einfluß der Eigenrotation der Planeten auf die Bewegung ihrer Trabanten. Phys. Blätter **14** 212—214.

4170. **W. Tulczyjew,** On the motion of rotating bodies in the general theory of relativity. Bull. Acad. polon. Sci. (Ser. math., astr., phys.) **6** 645—651. — Das Problem der Bewegung rotierender Doppelsterne wird in Erweiterung einer Methode von Infeld für nicht rotierende Körper (Acta Phys. Polon. **13** 187, 1954) behandelt. Dabei werden die Körper als Singularitäten des Gravitationsfeldes angesehen und durch einen Energie-Impuls-Dichte-Tensor beschrieben, der mit Hilfe von δ-Funktionen und deren Ableitungen konstruiert ist. Die Bewegungsgleichungen werden angegeben. Näherungsweise Integration ergibt, daß die Newtonschen Massezentren um gleichförmig bewegte Trägheitszentren oszillieren. Für Spezialfälle wird die Periastronbewegung bestimmt. Weidemann

4171. **P. C. Vaidya, K. B. Shah,** A radiating mass particle in an expanding universe. Proc. National Inst. India (A) **23** 534—539. — Das Problem des Einflusses eines expandierenden Kosmos auf das Gravitationsfeld in der Umgebung eines Sternes wird erneut aufgegriffen. Wenn die Massensingularität im Koordinatenursprung strahlt, sind die Voraussetzungen eines leeren Raumes in der Umgebung des Sternes nicht mehr gegeben, unter denen Einstein und Strauss (1945) eine Lösung gefunden hatten. Verf. zeigen, daß dann das Feld vielmehr vom McVittie-Typ sein muß, und geben eine Lösung an, die sie durch Verallgemeinerung erhalten. Weidemann

4172. **V. Vâlcovici,** Sur la loi linéaire de E. P. Hubble concernant la récession des nébuleuses extragalactiques. Rend. Accad. Nazionale Lincei, Cl. Sci. fis., mat., nat. (8) **24** 294—300. — Aus dem Additionsgesetz der speziellen Relativitätstheorie für die Geschwindigkeitsvektoren leitet Verf. für die Rotverschiebung $z = \Delta\lambda/\lambda_0$ der Spiralnebel die Beziehung ab: $z = e^{r/r_0} - 1$ $(r_0 = c/H)$, in welcher das (lineare) Hubblesche Gesetz als 1. Näherung enthalten ist. Böh.

4173. **V. Vâlcovici,** Autres corrections appliquées à la loi de Hubble. II. Rend. Accad. Nazionale Lincei, Cl. Sci. fis., mat., nat. (8) **25** 474—480.

4174. **F. Winterberg,** Überprüfung der allgemeinen Relativitätstheorie durch Erdsatelliten. Nuovo Cimento (10) **8** 17—31. — Die Schaffung künstlicher Erdsatelliten bringt eine Reihe von Möglichkeiten zur Überprüfung der allgemeinen Relativitätstheorie. Mit den bisherigen Nachweismöglichkeiten als gleichwertig anzusehen sind bei künstlichen Satelliten die Perihelbewegung und die Rotverschiebung. Die relativistische Perihelbewegung wird durch eine von der Erdabplattung herrührende viel größere Perihelbewegung überlagert und ist daher schwer erfaßbar. Bei der Rotverschiebung muß der Einfluß der Eigenbewegung des Satelliten mitberücksichtigt werden. Wegen der geringen Größe der Rotverschiebung ist ein Nachweis durch Messung der Spektrallinienverschiebung ausgeschlossen. Es ist aber möglich, durch einen Vergleich des Ganges von Atomuhren auf Erde und Satellit diese Rotverschiebung direkt zu messen. Für eine Zweistundenbahn beträgt diese Zeitverschiebung jährlich 4.1×10^{-3} sec.

Eine weitere Folgerung der allgemeinen Relativitätstheorie besteht in der Änderung der Lichtgeschwindigkeit in Abhängigkeit vom Gravitationspotential. Der Effekt ist aber so klein, daß er nicht meßbar ist. Schließlich hat die Erdrotation relativistische Folgerungen, die nicht mehr zu vernachlässigen sind. Die Erdrotation erzeugt ein zusätzliches Gravitationsfeld, das zu einer zusätzlichen relativistischen Perihelbewegung sowie zu einem Vorrücken der Knoten der Satellitenbahn führt. Das jährliche Vorrücken der Knotenlinie beträgt für eine Zweistundenbahn 0ʺ13. Verf.

4175. **P. J. Wyatt,** Possible existence of anti-matter in bulk. Nature **181** 1194.

4176. Rotverschiebung der Galaxien. Orion Schaffhausen **5** 389.

4177. Fotoelektriska bestämmingar av galaxernas rödförskjutning. PAT **39** 75—76. — Besprechung der Untersuchung von W. A. Baum in AJ **62** 6 (AJB **57** Ref. 4104).

§ 42

Himmelsmechanik, Störungstheorie

* * Himmelsmechanische Probleme künstlicher Satelliten und des Raketenflugs siehe auch § **134**.

4201. **G. M. Bashenow,** Zwei praktische Schemata zur Berechnung von Störungen erster Ordnung der Bahnelemente eines Körpers von geringer Masse im räumlichen restringierten elliptischen Dreikörperproblem. BIA **7** 43—71 (russ. mit deutschem Ref.). — Verf. leitet zunächst die Grundgleichungen ab, mittels deren die gesuchten Störungen bestimmt werden. Dann werden die auf der Theorie der besten Annäherungen von Tschebyscheff gegründeten Methoden der Reihenentwicklung von für die Auflösung der gestellten Aufgaben benötigten Größen betrachtet und Rechenschemata für eine effektive Ableitung der Reihenkoeffizienten und für die Integration dieser Reihen angeführt. In dem einen Schema wird die mittlere Anomalie des kleinen Körpers als Integrationsargument angenommen, im anderen dessen exzentrische Anomalie. Die beiden Schemata sind ungefähr gleichwertig. Im Anhang werden Hilfstafeln und ein Rechenbeispiel nach dem ersten Schema für die Störungen der Bahnelemente des Kleinen Planeten Sita (244) angeführt. Verf. (gekürzt)

4202. **G. M. Bashenow,** Über die Störungen erster Ordnung der Bahnelemente eines Körpers mit verschwindend kleiner Masse im räumlichen eingeschränkten elliptischen Dreikörperproblem und über einige verwandte Fragen. Leningrad, Astr. Hauptobs., 1958 (russ.). — Dissertationsref.

4203. **D. Belorizky,** Sur la régularisation du mouvement dans le problème restreint. Notes Travaux Section Astr. Inst. Math. Beograd **2** 7—10. — Es ist bekannt, daß im Zweikörperproblem die Bewegung mit der durch die Gleichung $dt = r\,du$ definierten Veränderlichen u vollkommen regularisiert wird; andererseits können im restringierten Dreikörperproblem durch $dt = r_1 r_2\, d\omega$ alle Arten von Zweierstößen regularisiert werden. Verf. zeigt, daß dennoch die Bewegung im restringierten Fall mit der Variablen ω nicht in der ganzen ω-Ebene regularisiert werden kann. Böh.

4204. **M. Bielicki,** Zagadnienie długości przedziałów czasu differencjałów perturbacji podczas zbliżenia komety do Jowisza. Postępy Astr. **6** 45—48.

4205. **L. Chiara,** Casi in cui nel problema dei due corpi di massa decrescente, l'eccentricità varia in ragione inversa della massa. Pubbl. Oss. Astr. Palermo (NS) **10** Nr. 8, 16 S.

4206. **A. A. Deberdejew,** Bestimmung der störenden Kräfte aus den Bewegungen der Himmelskörper. BIA **6** 581 — 591 (russ. mit deutschem Ref.). — In der vorliegenden Arbeit wird eine Methode zur Bestimmung der einen Himmelskörper störenden Kräfte vorgeschlagen, wenn die Bewegung des letzteren bekannt ist. Um das mehrfache Differenzieren zu vermeiden, wird die Ermittlung der genannten Größen auf die Auflösung gewisser Integralgleichungen zurückgeführt, womit das Ersetzen des angenäherten Differenzierens durch das angenäherte Integrieren — eine zuverlässigere Operation — ermöglicht wird. Verf.

4207. **M. Diriķis,** Über einige Sonderfälle des allgemeinen Dreikörperproblems. Publ. Astrophys. Labor. Riga **7** 5—15 (russ. mit lett. Ref.). — Verf. zeigt, daß das ebene Dreikörperproblem mit sechs Freiheitsgraden sich geeignet auf Teilaufgaben mit einer kleineren Anzahl von Freiheitsgraden zerlegen läßt. Einige Beispiele zu einer Aufgabe mit zwei Freiheitsgraden werden durchgerechnet, wobei besonders die Bedingungen für die Entweichung des dritten Körpers gesucht werden. Verf. weist auf die Wichtigkeit solcher Lösungen für Trapez-Systeme hin. Perek

4208. **C. W. Dornseiffen,** De libratiepunten L_3 en L_4. Hemel en Dampkring **56** 116—117. — Elementare Ableitung der Lage der Lagrangeschen Librationspunkte L_4 und L_5. Gü.

4209. **G. N. Duboschin,** The differential equations of translational-rotational motion of mutually attracted rigid bodies. AJ UdSSR **35** 265—276 (russ. mit engl. Ref.). — Engl. Übersetzung in Soviet Astr. AJ **2** 239—250. — Die Differentialgleichungen der Bewegung eines Systems von festen Körpern haben 10 Integrale, die analog den Integralen eines Systems von Massenpunkten sind. Weitere Integrale treten nur in Sonderfällen auf. Eine Aufspaltung des Gleichungssystems in Systeme der Translationsbewegung der Schwerpunkte der Körper und der Rotation der Körper um ihre Schwerpunkte ist außer einem Trivialfall nur bei Vernachlässigung von Gliedern höherer Ordnungen der reziproken Distanzen möglich. Perek

4210. **E. Finlay-Freundlich,** Celestial Mechanics. London, New York, Paris, Los Angeles, Pergamon Press, 1958. 8 + 150 S. mit 10 Fig. Preis 2 £ 10 s. bzw. $ 7.50. — Besprechung in Ciel et Terre **75** 231 (J. F. Brouet), Geophys. J. **2** 386, PAT **40** 158—159 (G. Larsson-Leander), Publ ASP **71** 352—353 (R. M. L. Baker jr.), Science **130** 36 (D. Brouwer), Sky and Telescope **18** 344, 402, ZfMG **82** 235—236 (K. Stumpff).

* * **J. Gadomski,** Sztuczne satelity planet. Vgl. Ref. **13**4165.

4211. **B. Garfinkel,** On the motion of a satellite of an oblate planet. AJ **63** 88—96. — Verf. gelingt es, vom Potential V eines abgeplatteten Planeten einen Teil V_0 so abzuspalten, daß die daraus resultierende Bewegung eines Satelliten mittels geschlossener Ausdrücke darstellbar ist und durch das Restpotential $V—V_0$ keine säkularen Störungen erleidet. Böh.

4212. **R. Georgewich,** A geometrical interpretation of the Lagrange-Cauchy equation. Notes Travaux Section Astr. Inst. Math. Beograd **2** 81—88. — Verf. zeigt, daß alle Planeten und Kometen, die zum gleichen Zeitpunkt dieselben sphärischen Koordinaten mit denselben zeitlichen Ableitungen haben, auf einem parabolischen Zylinder liegen. Böh.

4213. **W. T. Gontkowskaja,** The application of modern computational techniques to the analytical methods of celestial mechanics. BIA **6** 592—629 (russ. mit engl. Ref.). — Die vorliegende Arbeit behandelt die Anwendung von Lochkartenmaschinen und Großrechenanlagen auf die analytischen Methoden der Himmelsmechanik. Es werden vier verschiedene Methoden erörtert; jede wird vom Gesichtspunkt der Verwendung beider Arten von Maschinen beurteilt. Böh.

4214. **J. Gremillard,** Sur un cas particulier de solutions périodiques de troisième sorte du problème des trois corps. CR **247** 1307—1310. — Beweis für die Existenz von periodischen Lösungen der 3. Sorte im Dreikörperproblem bei kleinen Neigungen und beliebigen Anfangswerten für die mittleren Längen. Böh.

4215. **W. Gröbner,** Le soluzioni generali del problema degli n corpi rappresentante mediante serie di Lie. Rend. Accad. Nazionale Lincei, Cl. Sci. fis., mat., nat. (8) **24** 11—15. — Verf. gibt eine analytische Lösung des n-Körperproblems mit Hilfe der von ihm so genannten Lieschen Reihen. Es seien x_k, y_k, z_k die Koordinaten, u_k, v_k, w_k die Geschwindigkeiten des k-ten Massenpunktes, m_k seine Masse und U die Kräftefunktion; dann erhält man mit

$$D = \sum_{k=1}^{n} u_k\, \partial/\partial x_k + v_k\, \partial/\partial y_k + w_k\, \partial/\partial z_k - 1/m_k\, \partial U/\partial x_k\, \partial/\partial u_k - 1/m_k\, \partial U/\partial y_k\, \partial/\partial v_k -$$

$$- 1/m_k\, \partial U/\partial z_k\, \partial/\partial w_k$$ die Lösung in der Form: $$X_k = \sum_{\nu=0}^{\infty} t^\nu/\nu!\; D^\nu x_k\,, \cdots,$$

$$W_k = \sum_{\nu=0}^{\infty} t^\nu/\nu!\; D^\nu w_k\,,$$ wobei: $x_k = (X_k)_{t=0}, \cdots, w_k = (W_k)_{t=0}$. Böh.

4216. **G. F. Hilmi,** Qualitative methods for the n-body problem. Moskau, Akad. Wiss. UdSSR, 1958. 123 S. Preis 295 R. (russ.). — Besprechung in Math. Rev. **20** 119 (A. S. Householder).

4217. **M.-F. Ho,** Improvement of the convergence of the development of perturbative function in the case of the space circular restrictive problem of three bodies. Acta Astr. Sinica **6** 219—229 (chines. mit engl. Ref.).

4218. **M. S. Jarow-Jarowoj,** The determination of the secular motions of the perihelion and node from observations. AJ UdSSR **35** 772—781 (russ. mit engl. Ref.). — Engl. Übersetzung in Soviet Astr. AJ **2** 721—729. — In der Theorie der periodischen Lösungen in Problemen der Himmelsmechanik besitzt die ungestörte Bewegung, die durch eine Ellipse mit unveränderlicher säkularer Bewegung von Perihel und Knoten dargestellt wird, große Bedeutung. Es werden Formeln abgeleitet, die es ermöglichen, die Parameter einer solchen Ellipse aus den Beobachtungen mit Hilfe der differentiellen Methode der Bahnverbesserung zu bestimmen. Die ausgearbeitete Methode wird zur Bestimmung der säkularen Bewegungen des Perihels und Knotens des Kleinen Planeten Ceres benutzt. Verf. (übersetzt)

4219. **W. B. Klemperer, E. T. Benedikt,** Selenoid satellites. Astronaut. Acta **4** 25—30. — Es wird die Lagrangesche Lösung des vereinfachten Dreikörperproblems konstanter Konfiguration behandelt. Die fünf möglichen Positionen sind die untere und obere Konjunktion, die Opposition und zwei «Trojaner»-Stellungen oder Sextile. Diese Positionen werden für einen symperiodischen Begleiter des Erdmondes und einen zu Sonne und Erde «trojanischen» Erdbegleiter berechnet. Verf.

4220. **Y. Kozai,** On the motion of a certain close satellite. Publ. Astr. Soc. Japan **10** 40—47 = Tokyo Astr. Obs. Repr. Nr. 169. — Es werden für einen planetennahen Satelliten unter der Annahme einer sphäroidischen Gestalt und Dichteverteilung des Planeten und unter einschränkenden Voraussetzungen für die Bahn des Satelliten die säkularen Störungen bei beliebiger Neigung berechnet und ferner wird das Verhalten der Bahnelemente im allgemeinen und in Abhängigkeit von der Neigung dargestellt; die Bewegung des Knotens wird bis zu Gliedern 2. Ordnung einschließlich bestimmt. Böh.

4221. **R. Kurth,** Verallgemeinerung des Jacobischen Knotensatzes. Elemente Math. **12** 125—127, 1957. — Ref. in ZfMG **80** 236—237.

4222. **E. Leimanis,** Some recent advances in the dynamics of rigid bodies and celestial mechanics. Survey in Applied Mathematics Vol. **2.** New York, John Wiley & Sons, Inc.; London, Chapman & Hall Ltd., 1958. 12 + 206 S. Preis $ 7.75. — Besprechung in Math. Rev. **20** 476 (J. P. LaSalle).

4223. **N. G. Magnaradse,** Einige Bemerkungen zum Problem der Bewegung eines materiellen Punktes unter dem Einfluß einer zeitabhängigen Kraft. Bull. Astrophys. Obs. Abastumani Nr. 22 S. 139—144 (russ.). — Das Theorem, daß die Lösung von Duboschin (vgl. AJB **33** Ref. **3204**), die auf eine nichtlineare Integralgleichung führt, existiert und eindeutig ist, wird unter verallgemeinerten Bedingungen bewiesen. Perek

* * **E. N. Makarowa,** On the simultaneous determination of systematic errors of stellar catalogues and of the masses of planets from observations of asteroids. Vgl. Ref. **2510.**

4224. **F. R. Marsicano,** Sobre las ecuaciones del movimiento del satéllite. Bol. Un. mat. Ital. **13** 214—216.

4225. **E. L. Martin,** Precisazioni sul problema dei due corpi di massa variabile quando l'anomalia vera osculatrice rimane costante. Oss. Astr. Trieste Pubbl. e ristampe Nr. 282, 16 S.

4226. **J. Meffroy,** Sur l'existence effective du terme séculaire pur de la perturbation du troisième ordre des grands axes. BA **21** 261—322. — Verf. beweist die Existenz des rein säkularen Gliedes 3. Ordnung in den Störungen der großen Halbachse eines Planeten und den analytischen Ausdruck dieses Terms für verschiedene Neigungen und für Exzentrizitäten bis einschließlich 6. Ordnung. Böh.

4227. **J. Meffroy,** Sur un cas d'élimination du terme séculaire pur introduit dans la perturbation du troisième ordre des grands axes par le coefficient d'argument nul de la fonction perturbatrice. CR **247** 863—865. — Verf. zeigt, daß im Dreikörperproblem mit verschwindenden Exzentrizitäten und beliebigen Neigungen der durch das Glied der Störungsfunktion mit dem Winkelargument Null hervorgerufene rein säkulare Term in den Störungen 3. Ordnung der großen Halbachsen eliminiert werden kann (der demnach vorwiegend von den Exzentrizitäten erzeugt wird). Böh.

4228. **G. A. Merman,** Recherches qualitatives dans le problème des trois corps. BIA **6** 687—712 (russ. mit französ. Ref.). — Es werden die Bewegungen im Dreikörperproblem für $t \to \infty$ im Fall negativer Werte der Energie untersucht. Die hinreichenden Bedingungen für die Aufteilung der Bewegung der drei Körper in zwei nahezu unabhängige und genähert Keplersche Bewegungen werden gefunden, außerdem die Grenzen für Entfernung und Geschwindigkeit des entfernten Körpers von den beiden anderen. Verf. (übersetzt)

4229. **G. A. Merman,** Sur la représentation de la solution générale du problème des trois corps par des séries convergentes. BIA **6** 713—732 (russ. mit französ. Ref.). — Mit Hilfe einiger aus den allgemeinen Sätzen über Existenz und Fortsetzung der Lösungen der Differentialgleichungen (unter Verwendung einer Arbeit des Verf. in BIA **6** 687, vgl. vorstehendes Ref.) abgeleiteten Abschätzungen wird gezeigt, daß es möglich ist, die allgemeine Lösung des Dreikörperproblems durch konvergente und von den Sundmanschen verschiedene Reihen darzustellen. Verf. (übersetzt)

4230. **D. Mihailović,** Généralisation de certains résultats dans le problème du choc de trois corps. Univ. Beogradu Publ. Elektrotehn. Fak. (Mat. Fiz.) Nr. 12, 32 S., 1957. — Ref. in Math. Rev. **20** 258.

4231. **M. G. J. Minnaert,** De libratiepunten. Hemel en Dampkring **56** 46—49 = Sterrewacht «Sonnenborgh» Utrecht Overdruk Nr. 30. — Bedeutung der Librationspunkte im Planetensystem und bei engen Doppelsternen. Elementare Bestimmung von L_1, L_2, L_3. Gü.

4232. **E. J. Öpik,** Perturbations of a satellite by an oblate planet. Irish AJ **5** 79—95 = Contr. Armagh Obs. Nr. 28. — Berechnung der Bewegung des Knotens und der Apsidenlinie eines Satelliten infolge der Störungen durch einen abgeplatteten Hauptplaneten mit Tafeln zur genäherten Ermittlung der Störungen 1. und 2. Ordnung. Böh.

4233. **D. G. Parkyn,** Elliptic orbits in a frictional atmosphere. American J. Phys. **26** 436—440, 644. — Ref. in Phys. Abstracts (A) **62** 7, RJ UdSSR 1959 Nr. 5 S. 70.

4234. **D. G. Parkyn,** The effect of friction on elliptic orbits. Math. Gaz. **42** 96—98. — Ref. in RJ UdSSR 1959 Nr. 6 S. 69.

4235. **H. Poincaré,** Les méthodes nouvelles de la mécanique céleste. Vgl. AJB **57** Ref. 4222. — Weitere Besprechung in BSAF **73** 188—189, ZfMG **79** 238 (O. Volk).

4236. **B. Popović,** Eltrovado de la vektoraj elementoj de planedetorbito el du observoj kaj la moviĝdirekto. I. (Teorio). Bull. Soc. Math. Phys. Serbie **9** Nr. 1—2 S. 37—54, 1957 (mit russ. Ref.).

4237. **B. Popović,** Pri avantaĝoj de Gibbs-aj super Gauss-aj esprimoj por la triangulrilatoj en planedetorbitoj. Bull. Soc. Math. Phys. Macédoine **8** 22—28, 1957 (mit serb. Ref.).

4238. **B. Popović,** Eltrovado de vektoraj elementoj de planedetorbito el du observoj kaj la moviĝdirekto. II. Apliko de la metodo. Bull. Soc. Math. Phys. Macédoine **8** 29—37, 1957 (mit serb. Ref.).

4239. **B. Popović,** Određivanje vektorskih elemenata putanja malih planeta. Naučno Društvo Bosne Hercegovine **11** Nr. 2 S. 97—148 (mit serb. Ref.).

4240. **B. Popović,** Senpera korektado de la vektoraj elementoj de planedetorbitoj. Sciencaj Studoj Kopenhago 1958 S. 133—142 (mit engl. Ref.).

4241. **N. S. Samojlowa-Jachontowa,** Remarks on the computation of special perturbations of elements. AJ UdSSR **35** 801—804 (russ. mit engl. Ref.). — Engl. Übersetzung in Soviet Astr. AJ **2** 748—751. — Es werden Gleichungssysteme abgeleitet, in denen als unabhängige Veränderliche die wahre Anomalie v und die wahre Länge in der Bahn w gewählt worden sind. Verf. (übersetzt)

4242. **F. J. Sigel,** Über den Zusammenhang des eingeschränkten Dreikörperproblems mit der Bewegung künstlicher Erdsatelliten. Bull. Astr.-Geod. Ges. UdSSR Nr. 21 S. 14—16 (russ.).

4243. **J. L. Simovljević,** Partial gradients of the perturbation function and the perturbation force. Notes Travaux Section Astr. Inst. Math. Beograd **2** 73—80. — Verf. leitet in vektorieller Schreibweise Beziehungen ab, die es ermöglichen, partielle Gradienten der Störungsfunktion in Funktionen der störenden Kraft umzurechnen und umgekehrt. Als Beispiel wird diese Umrechnung für ein spezielles System von Bahnelementen im einzelnen vorgeführt. Böh.

4244. **T. E. Sterne,** The gravitational orbit of a satellite of an oblate planet. AJ **63** 28—40 = Harv Repr (2) Nr. 125. — Verf. entwickelt eine Theorie für die Bewegung eines Satelliten um einen abgeplatteten Planeten, indem er zunächst eine intermediäre Bahn als exakte Lösung mit einer den Hauptteil der Elliptizitätseffekte enthaltenden Hamiltonschen Funktion bestimmt und die Wirkungen der restlichen Abplattungsterme und der anderen Kräfte als Störungen dieser asymmetrischen und nichtperiodischen Bahn berechnet. Böh.

4245. **O. Struve,** A problem in celestial motions. Sky and Telescope **17** 512—514. — Die Studie behandelt die drei geradlinigen Lagrangeschen Punkte im eingeschränkten Dreikörperproblem, die neuerdings für die Bewegung künstlicher Satelliten im System Erde Mond und von Gasströmen in engen Doppelsternsystemen aktuell geworden sind. Kdr.

4246. **V. G. Szebehely,** Orbit changes and invariants in a Newtonian central force field. J. appl. Mech. **25** 168—169.

4247. **I. P. Tarassaschwili,** Über die Bewegung eines kleinen Körpers im äußeren Gebiet des Planetensystems. II. Publ. Staatl. Pädagog. Inst. Suchum 1958 S. 10—11, 465—471 (russ.). — Ref. in RJ UdSSR 1959 Nr. 6 S. 10.

§ 43

Figur der Himmelskörper, Rotation, Gezeiten

4301. **W. S. Jardetzky,** Theories of Figures of Celestial Bodies. Mit einem Vorwort von O. Struve. New York, London, Interscience Publishers, 1958. 11 + 186 S. Preis $ 6.50. — Besprechung in Phys. Blätter **15** 428 (A. Unsöld).

4302. **H. Jeffreys,** Rock creep, tidal friction and the Moon's ellipticities. MN **118** 14—17. — In einer früheren Arbeit über Gezeitenreibung hatte sich Verf. auch mit der Rolle der elastischen Nachwirkung für die Gestalt der Planeten und Satelliten befaßt. Er behandelt hier eine gering veränderte Form des Gesetzes, die sowohl den Erfahrungen an Planeten genügt als auch die schwach ellipsoidische Gestalt des Erdmondes erklärt. Hoffmeister

4303. **R. Kippenhahn,** Untersuchungen über rotierende Sterne. II. Die Theorie erster Ordnung. ZfA **46** 26—65 = Kleine Veröff. Remeis-Sternw. Bamberg Nr. 20. — Es werden die Gleichungen diskutiert, die bei Strahlungsgleichgewicht das Rotationsgesetz eines Sterns bestimmen, wobei die im Verhältnis von Fliehkraft zu Schwerkraft linearen Glieder berücksichtigt werden. Für das Standardmodell wird das System der meridionalen Zirkulationen zu vorgegebener nichtstarrer Rotation hergeleitet und in zwei Beispielen numerisch bestimmt. Die Rückwirkung der meridionalen Zirkulationen auf das Rotationsgesetz wird als lineare Störung behandelt (linearisierte Theorie erster Ordnung). Für das Standardmodell wird ein numerisches Beispiel für das Rotationsgesetz unter Berücksichtigung der linearen Rückwirkung der meridionalen Zirkulationen gelöst. Ein in der früher veröffentlichten Theorie nullter Ordnung bewiesener Satz über das Rotationsgesetz, das ein Stern nach hinreichend langer Zeit erreicht, läßt sich auf die linearisierte Theorie erster Ordnung übertragen. Die linearisierte Theorie erster Ordnung ist nur bei hinreichend langsamer Rotation anwendbar. Bei rascherer Rotation, bei der die Corioliskräfte der meridionalen Zirkulation die Größenordnung der Reibung erreichen, wird die Bewegungsgleichung in der Winkelgeschwindigkeit ω nichtlinear (nichtlineare Theorie erster und höherer Ordnung). Hierfür werden einige allgemeine Aussagen hergeleitet. Verf.

4304. **I. W. Maximow,** Die langperiodische Lunisolarflut im Weltmeer. DAN **118** 888—890 (russ.). — Die langperiodische Flut tritt auch im Weltmeer in ausreichender Stärke auf; ihre Auswirkung auf die Zirkulation der Wellen und die Eisdrift in den Meeren höherer Breiten ist beachtlich. Loh.

4305. **G. B. Pacella,** L'attrito di marea ed il ritardo della rotazione diurna terrestre: effetto del ritardo sull'area della superficie terrestre. Mem SA It (NS) **29** 23—30. — Zunächst wird ein kurzer Überblick über die Theorie der Rotationsabnahme der Erde gegeben. Nach Darwin wird die ursprüngliche Berührung des Mondes mit der Erde angenommen, bzw. es soll die Rotationsperiode 4.7 Stunden betragen haben. Auf Grund der berechneten Rotationsabnahme wird die Flächenänderung des Erdellipsoids untersucht, die eine Zunahme von 148500 Quadratkilometern ergibt. Cester

4306. **E. Schoenberg,** Die äquatoriale Beschleunigung bei Sonne, Jupiter und Saturn, nebst Betrachtungen über die Form der Kontinente. Sitzber. Bayer. Akad. Wiss. Math.-naturwiss. Kl. 1958 S. 30*—31*. — Ref. — Die Arbeit erscheint in der Zeitschrift Geofís. pura e applicata **40**, 1959.

§ 44

Sternsysteme

4401. **T. A. Agekjan,** Fragen der Dynamik und des Aufbaus von Sternsystemen. Leningrad, Staatsuniv., 1958 (russ.). — Dissertationsref.

4402. **T. A. Agekjan,** The evolution of rotating systems of gravitating bodies. AJ UdSSR **35** 26—36 (russ. mit engl. Ref.). — Engl. Übersetzung in Soviet Astr. AJ **2** 22—31. — Untersucht wird die Entwicklung rotierender Systeme, die im Verlauf von Dissipationsprozessen in einen Gleichgewichtszustand gelangt sind. Verf. berechnet zunächst einen Ausdruck für den Bruchteil der Sterne, die aus einem gegebenen Volumen in der Relaxationszeit dissipieren. Da ein Stern dabei im allgemeinen mehr Drehimpuls mitnimmt, als einem mittleren Stern der Gruppe zukommt, wird weiterhin der Bruchteil des Drehimpulses berechnet, der bei dem Dissipationsprozeß verloren geht. Von diesen Daten ausgehend werden Entwicklungsfrequenzen für Systeme bestimmt, und zwar vor allem die Bedingungen, unter denen sich ein System von einem ellipsoidischen Ausgangszustand in einen mehr sphärischen entwickelt und umgekehrt. Oster

4403. **J. B. Alexander,** The velocity ellipsoid of A0 stars. MN **118** 161—171. — Verf. benutzt die Radialgeschwindigkeiten aller A0-Sterne heller als 6^m5 des Radialgeschwindigkeitskataloges von Wilson (mit Ausnahme der cA0 und A0p-Sterne) und deren Eigenbewegungen aus dem GC von Boss. Die mittlere Raumgeschwindigkeit von 54 Sternen in Nähe des Sonnenapex, verglichen mit der von 54 Sternen in etwa 90° Abstand vom Apex, ergibt $M_0 = +0^m14 \pm 0^m25$ als mittlere absolute Helligkeit der A0-Sterne. Mit diesem Wert werden die Raumgeschwindigkeiten von 475 A0-Sternen bestimmt und untersucht. Die Sonnenbewegung beträgt 18.5 ± 1.6 km/sec nach $\alpha = 273^\circ8 \pm 2^\circ2$, $\delta = +26^\circ6 \pm 2^\circ0$ (1950). Die Richtung der großen Achse des Geschwindigkeitsellipsoides weist nach 354° galaktischer Länge. Gli.

4404. **F. C. Bertiau, P. H. Roberts,** Distribution of gravitational field at the center of globular and spherical clusters. ApJ **128** 130—138. — Gefragt ist nach der Wahrscheinlichkeitsverteilung des Potentials an einem Zufallsort. Während dies in einem unendlich ausgedehnten Sternfeld konstanter Dichte auf die Holtsmark-Verteilung führt, zeigen sich Abweichungen für Sternhaufen mit einer endlichen Anzahl N von Sternen, speziell für kleine Beträge des Potentiales. Zwei Haufenmodelle wurden mit $N = 1000$ gerechnet; die Abweichungen betragen maximal 30%. Sie würden jedoch weit größer für kleine N.
v. Hoerner

4405. **G. Contopoulos,** On the vertical motions of stars in a galaxy. Stockholms Obs. Ann. **20** Nr. 5, 24 S. = Contr. Astr. Department Univ. Thessaloniki Nr. 2. — **Die** «*rz*-**Bahnen**», d. h. die Kurven, die dadurch entstehen, daß man die dreidimensionalen Bahnen von Fixsternen auf eine Ebene projiziert, die durch die Symmetrieachse des Systems geht und dem betrachteten Stern in seiner Bewegung dauernd folgt, liegen innerhalb einer Kurve (torus section), deren Eigenschaften für bestimmte Formen des Potentials analytisch untersucht werden (vgl. AJB **57** Ref. **12335**). Aus zwei Beispielen, die mit Hilfe einer elektronischen Rechenmaschine numerisch durchgerechnet wurden, ergibt sich, daß die «*rz*-Bahnen» für Zeitintervalle bis zu 5×10^9 Jahren nicht die ganze «torus section« ausfüllen, infolgedessen besitzen diese Bahnen für astronomisch nicht zu große Zeitintervalle keinen quasi-ergodischen Charakter. Mawridis

4406. **D. S. Evans, P. A. Wayman,** Radiation pressure and spiral arms. Obs **78** 252—255. — Verf. nehmen an, daß aus einem ursprünglichen, aus Sternen und Staub bestehenden rotierenden Kern eines Spiralnebels Staubmassen durch die Wirkung von Strahlungsdruck ausströmen und so die Spiralarme bilden. Bahnkurven für die ausgeströmten Staubmassen, die nach dieser Annahme mit verschiedenen Werten des Verhältnisses Strahlungsdruck : Gravitation gerechnet wurden, entsprechen weitgehend beobachteten Spiralstrukturen; auch Sonderfälle finden dabei eine Erklärung. O. G.

4407. **M. Fox,** Effect of expansion of the universe on the distribution of images of galaxies on photographic plates — a simplified model. AJ **63** 266—272. — In der Methode von Neumann (vgl. AJB **55** Ref. **4170**) zur Prüfung der Expansion des Universums mit Hilfe von Nebelzählungen wird ein kompliziertes Modell der räumlichen Verteilung der außergalaktischen Nebel benutzt, das bei der Anwendung der Methode große mathematische Schwierigkeiten bereitet. Verf. schlägt ein einfacheres Modell für diese Verteilung vor, das die Anwendung der Neumannschen Methode für eine erste Beantwortung der Frage nach der Expansion des Universums ermöglicht. Mawridis

4408. **M. Henon,** Un calcul amélioré des perturbations des vitesses stellaires. (Problème du «temps de relaxation»). Ann d'Astrophys **21** 186—216 = Contr. Inst. d'Astrophys. Paris (B) Nr. 168. — Bei der bisherigen Behandlung des Problems der Wechselwirkungen zwischen den Sternen auf Grund von Begegnungen ist der Energieaustausch berechnet worden durch Summierung ungestörter Zweierbegegnungen. In der vorliegenden Arbeit wird diese Methode für entferntere Begegnungen aufgegeben und für diese eine Störungsrechnung ausgeführt. Die Schwierigkeit, die bisher durch Divergenz der Integrale auftrat, verschwindet auf diese Weise. Fricke

4409. **G. M. Idliss,** Ein praktisches Kriterium für die Stationarität oder Instationarität endlicher selbstgravitierender Sternsysteme. DAN **122** 997—998 (russ.). — Aus einer Gegenüberstellung der sich für die Kreisbewegung ergebenden Periode in einem homogenen Sternsystem der Dichte d und der aus dem Virialsatz abgeleiteten mittleren Periode folgt, wenn G die Gravitationskonstante bezeichnet, daß die Periode $P = 3/\sqrt{Gd}$ ein charakteristisches Maß für eine merkliche Verschiebung eines Körpers im Innern des Systems ist. Daher ist ein System als instationär zu betrachten, wenn sein Alter $T \leq P$ ist, aber als stationär, wenn $T \gg P$ ist. Dies wird an verschiedenen Systemen (Assoziationen, Haufen, Galaxis, Metagalaxis) bestätigt. Loh.

4410. **G. M. Idliss,** Allgemeiner Ausdruck für die Phasendichte endlicher stationärer achsensymmetrischer selbstgravitierender Sternsysteme und ihre differentielle axiale Rotation. DAN **123** 994—997 (russ.).

4411. **I. King,** The escape of stars from clusters. I. Calculation for a centrally concentrated model. AJ **63** 109—113. — Der Einfluß der

Existenz einer zentralen Massenkonzentration auf die Geschwindigkeit des Sternverlustes eines Haufens wird untersucht, indem man für die Dichteverteilung im Haufen diejenige einer polytropen Gaskugel mit $n = 5$ oder 3 annimmt. Es ergeben sich Geschwindigkeiten, welche um einen Faktor 4 bzw. etwas < 4 kleiner sind als diejenigen, die man in der Theorie von Ambarzumjan-Spitzer bei Benutzung von Mittelwerten, d. h. ohne Integration über den ganzen Haufen, erhält.
Mawridis

4412. **I. King,** The escape of stars from clusters. II. A simple theory of the evolution of an isolated cluster. AJ **63** 114—117. — Unter Benutzung des Virialsatzes und des Satzes von der Erhaltung der Energie wird bewiesen, daß der Radius eines Haufens ungefähr proportional dem Quadrat der jeweiligen Anzahl der Haufenmitglieder ist, also im Laufe der Zeit abnimmt. Diese Kontraktion beschleunigt den Sternverlust des Haufens, so daß schließlich nach ungefähr 40 ursprünglichen Relaxationszeiten aus dem ganzen Haufen nur ein Doppelstern übrigbleibt. Der Einfluß der Rotation des Haufens, der Begegnungen mit Feldsternen und der Wirkung von Gezeitenkräften wird kurz behandelt. Mawridis

4413. **I. King,** The escape of stars from clusters. III. AJ **63** 465—473. — Die Änderung des Radius eines Haufens unter der gleichzeitigen Wirkung des Sternverlustes (Haufenkontraktion) und der Begegnungen mit Wolken interstellarer Materie (Haufenexpansion) wird untersucht. Es ergibt sich ein von der Anzahl der Haufenmitglieder fast unabhängiger kritischer Radius R_c, so daß jeder Haufen mit $R > R_c$ expandiert und $R < R_c$ kontrahiert. Bei vorgegebenem n entspricht $R = R_c$ der maximalen Haufenlebensdauer T. Für einen Haufen in der galaktischen Ebene ist $R_c = 1.5$ pc und $T = 1 \times 10^9$ oder $3 — 4 \times 10^9$ Jahre bei $n = 100$ bzw. 1000. Weicht der Haufen während seiner galaktozentrischen Bewegung um 500 pc von der galaktischen Ebene ab, so ist $R_c = 3$ pc und T dreimal so groß. Wegen des obigen Effektes ist ein Maximum bei $R = R_c$ in der beobachteten Verteilung der Haufenradien zu erwarten. Mawridis

4414. **R. Kurth,** Introduction to the Mechanics of Stellar Systems. Vgl. AJB **57** Ref. **4410**. — Weitere Besprechung in AJ UdSSR **36** 746—750 (K. F. Ogorodnikow), La Nature **86** 158, Math. Rev. **19** 1141 (Z. Kopal), Nature **181** 1029 (R. H. Garstang), Naturwissenschaften **45** 324 (W. Fricke), RJ UdSSR 1959 Nr. **3** S. 38 (G. G. Kusmin), Science **127** 1111—1112 (I. King).

4415. **F. Nahon,** Sur l'analyse harmonique des distributions de vitesses radiales. CR **247** 1311—1313. — Für das Problem, die Dichteverteilung in einer Ebene zu berechnen, wenn deren Projektionen in verschiedenen Richtungen des beliebigen Winkels l gegeben sind, wird eine Lösung angegeben. Die Rechnung basiert auf harmonischer Analyse der projizierten Verteilungen nach dem Winkel l und führt auf Bessel-Funktionen ganzzahliger Ordnung.
Verf. (übersetzt)

4416. **F. Nahon,** Sur la résolution d'une équation intégrale qui généralise l'équation de Jeans des systèmes stationnaires. CR **247** 1437—1440. — Die Untersuchung nicht-stationärer Bewegungen der Sterne führt auf eine Integralgleichung, die die Jeanssche Gleichung verallgemeinert. Diese Gleichung ist mit derjenigen identisch, die bei der Analyse der Verteilung der Radialgeschwindigkeiten auftritt. In ihrer Lösung treten die Fourier-Transformierten der Bessel-Funktionen ganzzahliger Ordnung auf. Verf. (übersetzt)

4417. **F. Nahon,** Le centre de dispersion d'un système de droites. JO **41** 133—137. — Behandelt ein geometrisches Problem, das bei der Bestimmung der Geschwindigkeit eines Bewegungssternhaufens Anwendung findet.
Mawridis

4418. **K. F. Ogorodnikow,** Dynamik von Sternsystemen. Moskau, Staatsverlag für Physikalisch-Mathematische Literatur, 1958. 627 S. mit Fig. Preis 17 R. 40 Kop. (russ.).

4419. **K. F. Ogorodnikow,** Statistical mechanics of galaxies with non-homogeneous stellar population. AJ UdSSR **35** 408—423 (russ. mit engl. Ref.). — Engl. Übersetzung in Soviet Astr. AJ **2** 375—388. — Zur Bestimmung von KL-Galaxien (nach Kapteyn und Lindblad), d. h. Galaxien mit heterogenen Sternpopulationen, reichen die früher (1957) eingeführten drei Parameter (Masse, Energie, Rotationsmoment) nicht aus. Auf der Oortschen Rotationsformel aufbauend, führt Verf. als vierten Parameter die Dispersion der Rotationsmomente der Sterne um die Symmetrieachse des Systems ein. Ein Entwicklungsschema wird vorgeschlagen: Bei der Rotation einer nadelförmigen Galaxis um ihre kleine Achse werden nur Sterne zerstreut, aber nicht die diffuse Materie, die durch das Magnetfeld gehalten wird. Der Körper der diffusen Materie rollt sich in zwei Spiralarme ein. Die Sterne, die in den Spiralarmen entstehen, formen die galaktische Scheibe. Diese wird immer größer und dünner, bis schließlich nur der Kern als eine elliptische Galaxis übrigbleibt. Verf. bemerkt, daß nicht alle beobachteten Formen von Galaxien durch dieses Schema erklärt werden können. Perek

4420. **L. Perek,** Heterogeneous spheroids with Gaussian and exponential density-laws. BAC **9** 208—221. — Zur Vorbereitung eines Modells der Milchstraße wird eine Folge von konzentrischen Rotationsellipsoiden betrachtet, die alle das gleiche Achsenverhältnis besitzen. Die Dichte sei längs dieser Flächen konstant und falle nach außen entweder nach einer Gaußverteilung oder exponentiell ab. Für den so definierten Körper wird der Verlauf der Gravitationskraft bei verschiedenen Achsenverhältnissen berechnet und tabuliert. v. Hoerner

4421. **W. Petri,** Galaktische Sternbahnen im empirischen Potential. Mitt. AG 1957/I S. 47. — Ref. AG.

4422. **A. Poveda,** La energía potencial de la esfera politrópica $n = 5$. Bol. Obs. Tonantzintla y Tacubaya Nr. 17 S. 8—14. — Für die potentielle Energie einer polytropen Konfiguration ergibt sich nach der üblichen Formel für $n = 5$ ein unbestimmter Wert. Diese Unbestimmtheit versucht Verf. zu beseitigen, was durch einen Wechsel der Parameter gelingt. Es resultiert im Gegensatz zur bisher vertretenen Ansicht ein wohl definierter endlicher Wert der potentiellen Energie. Kdr.

4423. **P. Regnard,** Détermination du nuage des vitesses spatiales par la seule connaissance des vitesses radiales. JO **41** 138—144. — Mit Hilfe der im Katalog von R. E. Wilson gegebenen Radialgeschwindigkeiten von A-Sternen mit $|b| < 40°$ wird eine Formel gefunden, die den Anteil dieser Sterne mit Raumgeschwindigkeiten größer als ein vorgegebener Wert als Funktion dieses Grenzwertes angibt. Mawridis

4424. **K. Rudnicki,** Próba nowej metody w dynamice układów gwiazdowych. Postępy Astr. **6** 92—99. — Darlegung der Theorie der Dynamik des Sternsystems nach K. F. Ogorodnikow (vgl. AJB **57** Ref. 4420/21). Die Theorie kann auf die Galaxien der Typen E, S0 und SB angewandt werden, nicht aber auf gewöhnliche Galaxien vom Typus S wie unsere Milchstraße. Rybka

4425. **H. Schmidt,** Bemerkungen zur Frage der Verwendbarkeit einer Mehrfarbenphotometrie in der Stellarstatistik. ZfA **44** 129—137 = Mitt. Univ.-Sternw. Bonn Nr. 13. — Einige Schwierigkeiten, die der Anwendung einer Dreifarbenphotometrie nach W. Becker auf das Problem der räumlichen Verteilung der Sterne durch die interstellare Absorption und die verschiedenen Leuchtkraftklassen erwachsen, werden untersucht. Es zeigt sich dabei, daß eine Erweiterung der Drei- zu einer Vier- oder Mehrfarbenphotometrie keinen Gewinn bringt. Für gewisse Sterne läßt sich eine von der Absorption unabhängige Größe ΔJ bestimmen, die es gestattet, diese Sterne zu erfassen. Ganz allgemein ergibt sich, daß selbst bei komplexen Absorptionsverhältnissen durch eine Kombination von Objektivprismenaufnahmen mit geringer Dispersion und Integralhelligkeiten des RGU-Systems alle für stellarstatistische Zwecke notwendigen Daten relativ einfach gewonnen werden können. Verf.

4426. **L. Spitzer jr.,** Disruption of galactic clusters. ApJ **127** 17—27. — Ref. in Sky and Telescope **17** 555. — Die innere Energie eines Sternhaufens erhöht sich durch die Gezeitenkraft vorüberziehender interstellarer Gaswolken. Dadurch nimmt die Dichte eines Haufens zeitlich bis zu seiner endgültigen Auflösung ab. Die so berechnete Lebensdauer der Haufen ist proportional zu deren Dichte und sollte etwa 2×10^8 Jahre betragen für eine Dichte von $1\ M_\odot/pc^3$. Da Sterne geringer Masse im Mittel weiter vom Haufenzentrum entfernt sind, nimmt ihre Anzahl schneller ab als die der massiven Sterne. v. Hoerner

4427. **L. Spitzer jr., R. Härm,** Evaporation of stars from isolated clusters. ApJ **127** 544—550. — Die Auflösung von Sternhaufen durch gegenseitigen Energieaustausch der Haufensterne wird unter Benutzung der Fokker-Planck-Gleichung berechnet. Das Potential wird innerhalb eines konstanten Radius als konstant angesetzt und außerhalb Null. Für Sterne größerer und mittlerer Masse stimmen die Ergebnisse mit früheren Abschätzungen überein, während Sterne geringer Masse den Haufen weit schneller verlassen als bisher angenommen wurde. v. Hoerner

4428. **G. de Vaucouleurs,** Further evidence for a local super-cluster of galaxies: rotation and expansion. AJ **63** 253—266. — Die Verteilung der Radialgeschwindigkeiten der helleren Galaxien bestätigt die Existenz eines abgeplatteten lokalen Supernebelhaufens (supergalaxy), dessen Zentrum mit dem Virgo-Nebelhaufen und der Nordpol mit dem Punkt $l = 15°$, $b = +5°$ zusammenfallen. Verf. zeigt, daß die beobachtete Verteilung der Radialgeschwindigkeiten der helleren Nebel in «supergalaktischer» Länge als Effekt einer differentiellen Rotation plus einer differentiellen Expansion des Supernebelhaufens quantitativ erklärt werden kann. Dabei betragen die Rotationsgeschwindigkeit und die Umlaufszeit an der Stelle der Milchstraße (10 Mpc vom Zentrum) gleich 500 km/sec bzw. 10^{11} Jahre; die Gesamtmasse des Superhaufens ist gleich $10^{15}\ M_\odot$. Die Expansionsgeschwindigkeit R'/R nimmt vom Zentrum bis zum Rande des Superhaufens zu. Die Ableitung der Leuchtkraftfunktion der Galaxien verschiedener Typen aus der beobachteten Radialgeschwindigkeit - scheinbare Helligkeits-Beziehung wird im Anhang diskutiert. Mawridis

4429. **A. A. Wlassow,** Über räumlich inhomogene Verteilungen eines Systems gravitierender Teilchen. Bote Univ. Moskau (Math., Mechan., Astr., Phys., Chem.) 1958 Nr. 4 S. 95—107 (russ.). — Ref. in RJ UdSSR 1959 Nr. 6 S. 41—42.

4430. **H. Yasuda,** On the subgroup of the high velocity stars. Publ. Astr. Soc. Japan **10** 165—175 = Tokyo Astr. Obs. Repr. Nr. 175. — Die Schnellläufer im Katalog von N. G. Roman (AJB **55** Ref. **12348**) werden auf Grund ihres Ultraviolettexzesses und der maximal erreichbaren Distanz von der galaktischen Ebene in drei Gruppen unterteilt: Die größte Gruppe Ia umfaßt Sterne ohne UV-Exzeß, die eine starke Konzentration zur galaktischen Ebene zeigen und keine großen Bahnexzentrizitäten haben. Gruppe Ib zeigt ebenfalls keinen UV-Exzeß, erreicht aber hohe Distanzen über der galaktischen Ebene. Im Hertzsprung-Russell-Diagramm liegen diese Sterne konzentrierter als die der Gruppe Ia. Gruppe II, Sterne mit großem UV-Exzeß, großen Bahnexzentrizitäten und kleinen perigalaktischen Distanzen, ähnelt der Gruppe der Subzwerge. In einem Anhang werden das Potential im galaktischen System und die galaktozentrischen Bahnen von Schnelläufern berechnet unter der Annahme, daß das galaktische System sich aus vier Untersystemen verschiedener Abplattung zusammensetzt. Gli.

* * **W. Zonn, J. Stodółkiewicz,** Modification of fundamental equation of stellar statistics in the light of discontinuity of interstellar matter. Vgl. Ref. **5311**.

§ 45

Bahnbestimmung

* * Bahnbestimmung von Kleinen Planeten siehe auch § **75**, von visuellen Doppelsternen siehe § **101**, von künstlichen Erdsatelliten siehe § **134**.

4501. **J. G. Behrens, K. Stumpff,** Rasch abklingende Reihen für die Mittelpunktsgleichung und andere Funktionen. AN **284** 145—148. — Es sei für die elliptische Bewegung v die wahre, w die antifokale Anomalie (nach der Definition von K. Stumpff AN **273** 179), dann wird als neue Variable $\psi = (v + w)/2$ gesetzt. An einem nach der interpolatorischen Methode gerechneten Beispiel wird deutlich, daß die Entwicklung der Mittelpunktsgleichung nach dem Sinus der Vielfachen von ψ viel rascher abklingt als nach denen von der mittleren Anomalie M. Für die Entwicklungen von $E—M$, $v—M$, $w—M$ und r/a nach dem Sinus oder Cosinus der Vielfachen von ψ (bis einschließlich $7\,\psi$) werden die Koeffizienten der einzelnen Glieder als Potenzreihen der Exzentrizität (bis einschließlich e^7) dargestellt. Böh.

4502. **J. Gallo, H. Scheffler,** Las velocidades parabólicas. El Universo Nr. 43 S. 54—58.

4503. **R. Georgewich,** Choice of the origin of time in the problem of determination of a planet's orbit from two complete observations. Notes Travaux Section Astr. Inst. Math. Beograd **2** 67—72. — Sind für einen Planeten oder Kometen zu den Zeiten t_1 und t_2 die Koordinaten α und δ sowie deren erste Ableitungen $d\alpha/dt$ und $d\delta/dt$ gegeben, so werden aus diesen zwei Sätzen von Beobachtungsdaten die Bahnelemente dann mit größtmöglicher Genauigkeit bestimmt, wenn als Epoche die Zeit $t_0 = (t_1 + t_2)/2 \pm \sqrt{3}\ (t_2 - t_1)/6$ genommen wird. Böh.

4504. **M. P. Imnadse,** The integrals of the problem of two bodies in spherical coordinates and their application to orbit determination. Bull. Astrophys. Obs. Abastumani Nr. 22 S. 145—180 (georg. mit russ. und engl. Ref.). — Die Integrale des Zweikörperproblems werden in sphärischen Koordinaten abgeleitet. Eine Methode zur Bahnbestimmung wird vorgeschlagen, die statt den Ableitungen der geozentrischen Koordinaten die Ableitungen der heliozentrischen Koordinaten anwendet, welche mit einer größeren Genauigkeit bestimmt werden können. Perek

4505. **V. Janová,** Bahnbestimmung eines Doppelsterns aus einem Bogen in der Umgebung des Periastrons. Die Bahn des Doppelsterns ADS 16373. BAC **9** 21—28. — Die Bestimmung von Ausgangsgrößen der Bahnberechnung nach Rabe auf graphischem Wege aus der Positionswinkelbewegung und ihrer 1. und 2. Ableitung erleichtert die Methode, besonders in Periastronnähe, wo die Potenzreihe des Positionswinkels schlechter konvergiert. Anwendung auf ADS 16373 = Hu 987 (drei Bahnen). Heintz

4506. **W. A. Jegorow,** The determination of the true anomaly in perturbed motion. AJ UdSSR **35** 166—168 (russ. mit engl. Ref.). — Engl. Übersetzung in Soviet Astr. AJ **2** 147—149. — Berichtigung zum Lehrbuch «Einführung in die Himmelsmechanik» (1938) von G. N. Duboschin.

4507. **B. de Jekhowsky,** Simplification de la méthode Laplace-Leuschner pour la détermination des orbites des comètes et des planètes. Notes Travaux Section Astr. Inst. Math. Beograd **2** 21—29. — Verf. gelingt es, aus den Grundgleichungen der Leuschnerschen Methode der Bahnbestimmung aus drei Beobachtungen ein vereinfachtes Formelsystem zur Bestimmung der geozentrischen Distanz für die Zeit der mittleren Beobachtung abzuleiten. Er zeigt an einigen Beispielen, daß die nach seinen Formeln erhaltenen Ergebnisse mit den nach dem bisher üblichen Verfahren gewonnenen identisch sind. Böh.

4508. **A. Kranjc,** Determinazione di un'orbita circolare ed effemeride mediante calcolatrici elettroniche a programma. Mem SA It (NS) **29** 217—231 = Contr. Oss. Astr. Milano-Merate (NS) Nr. 131. — Zur Bestimmung einer Kreisbahn und Berechnung einer Ephemeride gibt Verf. Formelsysteme, die der Verwendung einer speicherprogrammierten elektronischen Rechenmaschine angepaßt sind; ferner wird das zugehörige Flußdiagramm für den Rechner CRC 102 A gegeben. Das Verfahren wird an dem Planeten 1177 erläutert und erprobt. Zusätzlich wird angegeben, wie die Formeln bei Anwendung auf einen künstlichen Erdsatelliten abzuändern sind. Böh.

4509. **S. Leone,** Sulla determinazione provvisoria di un'orbita. Atti Accad. Sci. Lettere ed Arti Palermo (4) **18** = Pubbl. Oss. Astr. Palermo (NS) **10** Nr. 9. — Nach einer Betrachtung des klassischen Problems der Bahnbestimmung wird ein Verfahren vorgeschlagen, das einige Vereinfachungen einführt, indem es den allgemeinen Schritten der Gaußschen Methode folgt, ohne die Annäherung zu beeinträchtigen. Beide Methoden werden an einer Modellbahn geprüft. Die Ergebnisse des neuen Verfahrens nähern sich mehr den theoretischen Werten. Cester

* * **S. J. Lin, A. Weigert,** Zur Bestimmung der Bahnelemente von kometarischen Meteoriten. Vgl. Ref. 8335.

4510. **V. Nadolschi,** Problema determinării elementelor geometrice ale unei orbite planetare din observaţii. Cazul determinării riguroase cînd se dau elementele Ω, i. Gaz. mat. fiz. (A) **10** 652—655. — Ref. in RJ UdSSR 1959 Nr. 8 S. 10.

4511. **R. Ortiz Fornaguera,** Sobre la determinación de una órbita sin hipótesis alguna relativa a la excentricidad. Bol. Obs. Fabra Barcelona (Astr.) **3** 5—29. — Darstellung der Bahnbestimmungsmethode von Veithen-Merton mit geringen Abweichungen von der Form in dem Lehrbuch von Stracke (vgl. AJB **31** Ref. **3401**). Böh.

4512. **B. Popović,** Interpolaj formuloj kaj tabeloj por rapidokoordinatoj de la suno kaj de kvin eksteraj planedoj. Bull. Obs. Astr. Beograd **21** Nr. 3—4 S. 17—25. — Verf. entwickelt Formeln, ohne Benutzung von Differenzen, zur Interpolation der Sonnenkoordinaten aus den Jahrbüchern, zur Herleitung der Geschwindigkeitskomponenten der Erde, der Koordinaten des Baryzentrums und der Geschwindigkeitskomponenten der äußeren Großen Planeten. Böh.

4513. **F. Rapf,** Orbity planet metodą graficzną. Urania Kraków **29** 339—346. — Graphische Methoden zur Konstruktion genäherter Planetenbahnen. Rybka

4514. **M. J. Schmakowa, A. S. Sotschilina,** An approximate method of determining of a circular orbit of an asteroid. BIA **7** 72—75 (russ. mit engl. Ref.). — Eine einfache Methode zur Bestimmung des Radius einer Kreisbahn kann erhalten werden, wenn man die Bedingung einer Kreisbahn $v_2 - v_1 = ka^{-3/2}(t_2 - t_1)$ durch die Näherung $\gamma = ka^{-3/2}(t_2 - t_1)$ ersetzt, wo γ der bekannte Winkel zwischen den geozentrischen Richtungen ist. Der Wert des so erhaltenen Radius ist eine gute erste Näherung und in den meisten Fällen sein definitiver Wert. Verf. (übersetzt)

4515. **B. M. Schtschigolew,** Genäherte Ephemeridenrechnung in der ungestörten elliptischen Bewegung. Bote Univ. Moskau (Math., Mechan., Astr., Phys., Chem.) 1958 Nr. 4 S. 45—56 (russ.). — Ref. in RJ UdSSR 1959 Nr. 7 S. 10.

4516. **J. Schubart,** Zur Bahnbestimmung erdnah beobachteter Kleinkörper. Sterne **34** 13—16. — Verf. weist darauf hin, daß die Bahnbestimmung von in großer Erdnähe beobachteten Meteoren oder Kleinen Planeten im allgemeinen sehr unsicher ist, weil aus den Beobachtungen die heliozentrische Geschwindigkeit nicht genau genug bestimmt werden kann, zeigt jedoch, daß in einem speziellen Fall diese Unsicherheit nicht alle Bahnelemente beeinflußt und belegt das an den Elementen einiger Meteore und des Objekts Hermes. Böh.

4517. **P. Sconzo,** Il calcolo della posizione e della velocità nel problema della determinazione di un'orbita. Rend. Accad. Nazionale Lincei, Cl. Sci. fis., mat., nat. (8) **24** 422—427 = Oss. Astr. Roma Monte Mario Contr. Sci. (NS) Nr. 247. — Verf. gestaltet eine von ihm entwickelte Methode der Bahnbestimmung so um, daß die Vektoren r_0 und $\dot{r}_0$ aus rein algebraischen Ausdrücken erhalten werden; ein Auszug aus einem Rechenbeispiel soll die Konvergenz des Verfahrens zeigen. Böh.

4518. **M. K. Wentzel,** On the solution of Kepler's equation. AJ UdSSR **35** 672—673 (russ. mit engl. Ref.). — Engl. Übersetzung in Soviet Astr. AJ **2** 625—627.

VI. Theoretische Astrophysik

§ 50

Allgemeines

5001. **S.-I. Akasofu,** The helicoidal structures in the cosmical electrodynamics. Tellus **10** 409—414. — Ref. in Phys. Abstracts (A) **62** 230.

5002. **L. H. Aller,** Astrofizika. II. Teil. Moskau, Verlag für ausländische Literatur, 1957. 325 S. mit 71 Abb. Preis R. 17.80. — Übersetzung aus dem Englischen des in AJB **54** Ref. **5001** zitierten Buches. — Besprechung in RH **39** 190.

5003. **P. M. Anselone,** Convergence of the Wick-Chandrasekhar approximation technique in radiative transfer. ApJ **128** 124—129. — Wick und Chandrasekhar haben Näherungsformeln für den Fall der reinen und isotropen Streuung angegeben. Es wird bewiesen, daß bei zunehmender Feinheit der Intervallteilung die Näherung gleichmäßig gegen die wahre Lösung konvergiert. v. Hoerner

5004. **F. A. Baum, S. A. Kaplan, K. P. Stanjukowitsch,** Einführung in die kosmische Gasdynamik. Moskau, Phys.-Math. Staatsverlag, 1958. 424 S. Preis 13 R. 50 Kop. (russ.). — Besprechung in RJ UdSSR 1959 Nr. 9 S. 35 (I. N. Minin).

5005. **W. B. Bonnor,** Stability of polytropic gas spheres. MN **118** 523—527. — Im Anschluß an frühere Untersuchungen (Ebert, ZfA **37** 217, AJB **55** Ref. **5307**; Bonnor, MN **116** **351**, AJB **56** Ref. **4106**) über die gravitative Instabilität einer durch äußeren Druck langsam zusammengedrückten isothermen Gaskugel wird die gleiche Frage für polytrope Gaskugeln gestellt. Ist der Polytropenindex $n > 3$, so tritt die gleiche Art der Instabilität ein wie im isothermen Fall. Dagegen bleiben Polytropen mit $n \leq 3$ stabil. v. Hoerner

5006. **P. Bouvier,** L'astrophysique théorique. Orion Schaffhausen **5** 403—405.

5007. **J. C. Brandt,** Radiative transfer of resonance lines in finite atmospheres. AJ **63** 303. — Ref. AAS.

5008. **S. Chandrasekhar,** On the continuous absorption coefficient of the negative hydrogen ion. IV. ApJ **128** 114—123. — Zur Berechnung der Wirkungsquerschnitte des negativen Wasserstoffions gegenüber Photoionisation benötigt man die Wellenfunktion des Grundzustandes. Letztere erhält man aus Variationsansätzen, die sehr viele Parameter enthalten müssen, um genügend genau zu sein. Als Test für die Verläßlichkeit der benutzten Wellenfunktionen wird der frequenzabhängige Absorptionskoeffizient berechnet, erstens aus der 11-parametrigen Wellenfunktion von Heinrich, zweitens aus der 20-parametrigen von Hart und Herzberg. Da die Verbesserung nur gering ist, dürfte die Genauigkeit ausreichen. v. Hoerner

5009. **J. W. Dungey,** Cosmic Electrodynamics. Cambridge Monographs on Mechanics and Applied Mathematics. Cambridge, At the University Press, 1958. 9 + 183 S. Preis 32 s. 6 d. bzw. $ 6.00. — Besprechung in Ciel et Terre **74** 473—474 (M. Nicolet), J. appl. Phys. **29** 1775, J. Atmospheric and Terrestrial Phys. **17** 179 (E. V. Appleton), Nature **184** 1672—1673 (V. C. A. Ferraro), Naturwissenschaften **46** 500 (W. Kertz), Obs **79** 155—156 (P. A. Sweet), Proc. Phys. Soc. **73** 978—980 (T. G. Cowling), Sky and Telescope **17** 648, ZfA **47** 135—136 (E. Richter), ZfMG **81** 240, Z. Naturforschung **14a** 1003 (R. Lüst).

5010. **A. T. Gresky,** New physical constants from dimensional analysis. J. Franklin Inst. **265** 85—95. — Ref. in Phys. Abstracts (A) **61** 203.

5011. **H. C. van de Hulst,** Light Scattering by Small Particles. Vgl. AJB **57** Ref. **5009**. — Weitere Besprechung in Nature **182** 1470—1471 (J. Paton), Nuovo Cimento (10) **10** 414—415 (G. Poiani).

5012. **P. C. Jain,** Gravitational instability of an infinite homogeneous and stationary turbulent medium. Proc. National Inst. Sci. India (A) **24** 230—233. — Ref. in Math. Rev. **20** 929, RJ UdSSR 1959 Nr. 6 S. 34.

5013. **P. Morrison,** On gamma-ray astronomy. Nuovo Cimento (10) **7** 858—865. — Ref. in Phys. Abstracts (A) **61** 201.

5014. **A. G. Pacholczyk,** Z zagadnień niekoherentnego rozpraszania. Postępy Astr. **6** 103—106. — Bemerkungen über die Wahrscheinlichkeit einer inkohärenten Streuung für verschiedene Zustände des strahlenden Gases. Rybka

5015. **J. H. Piddington,** Cosmical electrodynamics. Proc IRE **46** 349—355 = Commonwealth Sci. Industrial Res. Organization, Australia, Division Radiophys. — Um die zunehmende Bedeutung einer kosmischen Elektrodynamik zu belegen, wird über eine Anzahl aktueller Probleme aus verschiedenen Teilgebieten der Astrophysik referiert, die mit Sicherheit oder großer Wahrscheinlichkeit elektrischer oder magnetischer Natur sind. Kdr.

5016. **S. B. Pikelner,** Phénomènes électromagnétiques en astrophysique. Astr. News Letter Nr. 88 S. 29—52, Nr. 89 S. 16—49. — Übersetzung der in AJB **54** Ref. **5017** zitierten Arbeit.

5017. **Z. Plavcová,** Kosmische Elektrodynamik. Pokroky **3** 598—606 (tschech.).

5018. **W. W. Sobolew,** Radiation diffusion in a semi-infinite medium. Soviet Phys. Doklady **2** 426—429, 1957. — Ref. in Phys. Ber. **38** 1409—1410.

5019. Handbuch der Physik. Herausgegeben von S. Flügge. Band 50. Astrophysik. I. Sternoberflächen. Doppelsterne. Berlin-Göttingen-Heidelberg, Springer-Verlag, 1958. 7 + 458 S. mit 167 Fig. Preis DM 78.40. — Besprechung in Ann d'Astrophys **22** 191, Gaz astr **40** 28—30 (A. Dermul), J.

Atmosph. Terr. Phys. **14** 350 (H. A. Brück), Mem SA It (NS) **29** 350—353 (M. Hack), Nature Nr. 4688 S. 3—4 (R. O. Redman), Naturwissenschaften **45** 580 (H. H. Voigt), Proc. Phys. Soc. **72** 319 (Z. Kopal), Publ ASP **70** 332—334 (O. C. Wilson), RJ UdSSR 1959 Nr. 7 S. 29, Science **128** 528 (D. ter Haar), Sky and Telescope **18** 162, 214—215 (J. B. Irwin), ZfA **45** 239—242 (O. Struve). — Inhalt: Les classifications spectrales des étoiles normales. Stars with peculiar spectra. Les bandes moléculaires dans les spectres stellaires. Die Spektren der planetarischen Nebel. The spectra of the white dwarfs. Visual binaries. The eclipsing binaries. Spectroscopic binaries. Théorie générale des atmosphères stellaires. Theorie der planetarischen Nebel.

5020. Handbuch der Physik. Herausgegeben von S. Flügge. Band 51. Astrophysik II. Sternaufbau. Berlin-Göttingen-Heidelberg, Springer-Verlag, 1958. 8 + 831 S. mit 197 Fig. Preis DM 175. — Besprechung in Ann d'Astrophys **22** 290—291, Gaz astr **40** 68—70 (A. Dermul), Naturwissenschaften **46** 459—460 (P. ten Bruggencate), Proc. Phys. Soc. **74** 232 (H. Bondi), Science **129** 1734 (O. Struve), Sky and Telescope **18** 399—402 (J. B. Irwin), ZfA **48** 156—157 (K. H. Böhm). — Inhalt: Stellar interiors. The Hertzsprung-Russell diagram. Stellar evolution. Die Häufigkeit der Elemente in den Planeten und Meteoriten. The abundances of the elements in the sun and stars. Variable stars. Stellar stability. Magnetic fields of stars. Théorie des naines blanches. The Novae. Supernovae.

5021. Theoretical Astrophysics. Edited by V. A. Ambarzumjan. Übersetzung aus dem Russischen (vgl. AJB **52** Ref. **5016**) von J. B. Sykes. London, New York, Los Angeles, Paris, Pergamon Press, 1958. 15 + 645 S. mit 75 Fig. Preis 6 £ 15 s. bzw. $ 22.50. — Besprechung in Ann d'Astrophys **21** 163 (J.-C. Pecker), Endeavour **18** 52 (W. H. McCrea), Irish AJ **5** 54—60, J RAS Canada **52** 281 (L. Searle), La Nature **86** 510, Nature **182** 548—549 (R. O. Redman), Phys. Abstracts (A) **61** 343 (R. A. Newing), Sky and Telescope **17** 419, 523—524 (L. H. Aller), ZfA **46** 280—281 (G. Traving), Z. Naturforschung **14a** 588 (H. Elsässer).

§ 51

Sternatmosphäre, Spektrum

5101. **L. H. Aller, J. Jugaku,** The atmospheres of the B stars. VI. The profile of Hγ as a function of temperature and electron-pressure distribution. ApJ **128** 616—632. — Verf. geben zunächst eine Zusammenfassung über die Theorien der Verbreiterung der Wasserstofflinien. Nach der neuen Theorie von Kolb werden die Profile von Hγ für verschiedene Atmosphärenmodelle ($T_{\text{eff}} = 27000$ bis 29500° K; $\log g = 3.80$ und 4.20) berechnet und mit beobachteten Profilen verglichen. Die Übereinstimmung zwischen beobachteten und berechneten Profilen ist gut für solche Atmosphärenmodelle, durch die auch andere beobachtete Linienprofile richtig wiedergegeben werden. Groth

* * **M. K. V. Bappu,** Physical conditions in Wolf-Rayet atmospheres. Vgl. Ref. **9504**.

5102. **C. Bertaud,** Les étoiles à enveloppe. BSAF **72** 291—294. — Die typischen Eigenschaften der Hüllensterne im allgemeinen und die speziellen der einzelnen Untergruppen werden in populärer Form beschrieben. Kdr.

5103. **E. Böhm-Vitense,** Die Wasserstoffkonvektionszone für Sterne mit Effektivtemperaturen zwischen 4400° und 8000°. Mitt. AG 1957/I S. 40. — Ref. AG.

5104. **E. Böhm-Vitense,** Über die Wasserstoffkonvektionszone in Sternen verschiedener Effektivtemperaturen und Leuchtkräfte. ZfA **46** 108—143 = Sonderdruck Sternw. Kiel. — Die Temperatur- und Druckschichtung in den Wasserstoffkonvektionszonen von Sternatmosphären mit effektiven Temperaturen zwischen 4400° und 8000° wird mit Hilfe einer Mischungswegtheorie unter Berücksichtigung des Strahlungsaustausches berechnet. Bei heißen Sternen und bei Übergiganten mittlerer Temperaturen verhindert der Strahlungsaustausch die Ausbildung einer eigentlichen Konvektionszone. In einigen Schichten dieser Atmosphären wird die Strahlungsbeschleunigung größer als die Gravitationsbeschleunigung. Eine durch die Strahlungsbeschleunigung angefachte Konvektion gibt es — jedenfalls in einer grauen Atmosphäre — trotzdem nicht. Böhm-Vitense

5105. **L. M. Branscomb, B. E. J. Pagel,** Atomic and molecular negative ions in stellar atmospheres. MN **118** 258—270. — Die Häufigkeiten negativer Ionen in Sternen verschiedenen Typs und ihr Einfluß auf die Absorption werden untersucht. O^- dürfte zu vernachlässigen sein; C^- spielt vermutlich eine Rolle in Sternen mit hohem Gehalt an Kohlenstoff; OH^- dürfte in späten M- und S-Sternen von Bedeutung sein; CN^- trägt in späten N-Sternen vielleicht mehr als C_3 zur Absorption bei. Spezielle Beobachtungen werden vorgeschlagen, die zur Klärung dieser Fragen beitragen könnten. v. Hoerner

5106. **A. Burgess,** The hydrogen recombination spectrum. MN **118** 477—495. — Die Besetzungszahlen der verschiedenen Zustände des Wasserstoffatoms bei reiner Strahlungsrekombination werden neu berechnet. Alle Terme mit $n < 13$ werden unter expliziter Berücksichtigung ihrer Aufspaltung nach der Drehimpulsquantenzahl l in die Rechnung einbezogen. Das System der Stationaritätsgleichungen wird für die Menzelschen Fälle A und B und Elektronentemperaturen von 10000° und 20000° gelöst. Die Besetzungszahlen verschiedener l-Terme bei festem n sind keinesfalls den statistischen Gewichten dieser Terme proportional. Ferner werden Tabellen für die Photoionisationsquerschnitte und die Rekombinationskoeffizienten bei den genannten Temperaturen angegeben. Böhm

5107. **R. Cayrel,** Observations et étude théorique du spectre de ζ Per. Ann d'Astrophys Suppl Nr. 6, 125 S. — In dieser ausführlichen Monographie über den BlI_b-Stern ζ Per wird ein umfangreiches Material an spektralen Beobachtungen im Bereich λ 3587 — λ 4921 Å verarbeitet. Unter Berücksichtigung von Strahlungs- und Turbulenzdruck wird ein Atmosphärenmodell im Strahlungsgleichgewicht mit $T_{eff} = 27000°$ und $\log g = 3.6$ berechnet. Die Ableitung von Linienprofilen und Äquivalentbreiten auf Grund dieses Modells trägt der Änderung der physikalischen Zustandsgrößen mit der Tiefe Rechnung. Außer den bekannten Ursachen für die Linienverbreiterung wird beim Stark-Effekt erstmalig auch die Ungleichförmigkeit des Störungsfeldes berücksichtigt. Für Radius und Masse von ζ Per ergeben sich die Werte 18 Sonnenradien bzw. 30 Sonnenmassen. Die resultierende chemische Zusammensetzung gleicht weitgehend derjenigen von τ Sco. Kdr.

5108. **A. H. Davis,** The kinetic temperature of an atmosphere supported by radiation. II. ApJ **127** 118—124. — In einer Atmosphäre geringer Dichte wird die Anisotropie der kinetischen Temperatur untersucht, die durch ein anisotropes Strahlungsfeld hervorgerufen wird. Eine frühere Arbeit behandelte den Fall einer einzigen Resonanzlinie (ApJ **125** 771, AJB **57** Ref. 5109), während jetzt die kontinuierliche Emission und Absorption berücksichtigt wird. Numerische Werte werden angegeben für den Fall einer Atmosphäre über einer ebenen Grundfläche, die als schwarzer Körper strahlt. v. Hoerner

* * **L. R. Doherty, M. L. Hazen, D. H. Menzel,** The calculation of line profiles in a stratified atmosphere. Vgl. Ref. **6108**.

5109. **S. Dumont, J.-C. Pecker,** La généralisation des relations d'Eddington-Barbier et ses applications. CR **247** 425—428. — Die Beziehungen von Eddington-Barbier für Strahlungsfluß bzw. -intensität, die eine lineare Abhängigkeit der Quellenfunktion S_ν von der optischen Tiefe τ voraussetzen, werden unter der Annahme eines bestimmten analytischen Zusammenhangs zwischen S_ν und τ verallgemeinert. Das neue Verfahren wird durch genauere Diskussion eines Spezialfalles erläutert. Kdr.

5110. **F. Hoyle, O. C. Wilson,** Some theoretical aspects of H and K emission in late type stars. ApJ **128** 604—615. — Verf. versuchen die empirisch gefundene Korrelation zwischen der Breite der Emissionskomponenten der H- und K-Linien und der Leuchtkraft theoretisch zu erklären. Sie finden, daß sich in den Konvektionszonen der Sterne späten Spektraltyps eine Geschwindigkeit definieren läßt, die die gleiche Korrelation mit der Leuchtkraft zeigt wie die Dopplerbreite der H- und K-Emissionslinien. Möglicherweise kann diese Geschwindigkeit mit der Geschwindigkeit der hydromagnetischen Wellen identifiziert werden. Groth

5111. **S.-S. Huang, O. Struve,** Study of Doppler motions in stellar atmospheres. Acta Astr. Sinica **6** 185—198 (chines.).

5112. **J. T. Jefferies, R. N. Thomas,** Source function in a non-equilibrium atmosphere. II. Depth dependence of source function for resonance and strong subordinate lines. ApJ **127** 667—675. — Eine algebraische Lösung für die Tiefenabhängigkeit wird angegeben. Dabei zeigt sich, daß die Annahme thermodynamischen Gleichgewichtes zu kleine Werte für die Effektivtemperatur liefern würde. Theoretische Ergebnisse und Beobachtungen an Balmer-Linien stimmen qualitativ überein. v. Hoerner

5113. **M. Kanno, S. Kawabata, T. Kogure,** The formation of forbidden lines in the out-flowing envelopes. Publ. Astr. Soc. Japan **10** 129—137. — Verf. berechnen die relativen Intensitäten verbotener Linien in sich ausdehnenden Hüllen und untersuchen das Auftreten von verbotenen Linien in solchen Hüllen. Es zeigt sich, daß verbotene Linien auftreten müßten, wenn man annimmt, die Elektronentemperatur der Hülle sei gleich der Effektivtemperatur des Sterns. Ist die Elektronentemperatur der Hülle kleiner als die Effektivtemperatur, so werden die Intensitäten der verbotenen Linien wesentlich schwächer. Die Sichtbarkeit eines Nebels um den Stern wird diskutiert. Groth

5114. **M. Krook, J. C. Pecker,** Sur le calcul de modèles d'atmosphère en équilibre radiatif (cas non-gris). CR **247** 1177—1179. — Bei fast allen Verfahren zur Berechnung von Modell-Atmosphären wird als Berechnungskriterium die Konstanz des Strahlungsstromes verwendet. Verlangt man eine Konstanz von 10^{-4}, so zeigt es sich, daß das am meisten verwendete Strömgrensche Verfahren viel zu langsam konvergiert. Es wird eine kleine Abänderung vorgeschlagen, mit der die Konvergenz beschleunigt werden kann. Mehltretter

5115. **M. Makita,** Inhibition of convection by a magnetic field. Publ. Astr. Soc. Japan **10** 1—7 = Tokyo Astr. Obs. Repr. Nr. 167. — Ausgehend von den hydromagnetischen Gleichungen wird die Stabilität von Sternatmosphären in magnetischen Feldern untersucht. Eine Anwendung der Resultate auf die Sonne zeigt, daß in deren Konvektionszone Stabilität erzwungen würde bei Feldern über 200 Gauß. Auf den Zusammenhang mit Sonnenflecken wird eingegangen. v. Hoerner

5116. **G. Münch,** Study of the hydrogen and helium II lines in a high-temperature subdwarf. ApJ **127** 642—657. — Es wird gezeigt, daß die Minnaert-Unsöldsche Interpolationsformel den frequenzunabhängigen Anteil des Verhältnisses von Linien- zu kontinuierlicher Absorption unterschätzt. Daher wird eine Theorie entwickelt, die berücksichtigt, daß die verschiedenen Teile einer Linienkontur sich in Schichten verschiedener Tiefe ausbilden. Die Ergebnisse werden auf den O-Unterzwerg HZ **44** angewandt. Die effektive Temperatur ergibt sich zu 34000° K, der zahlenmäßige Anteil des Heliums zu 23%. Die Gravitation an der Oberfläche beträgt $10^{5.7}$ cm/sec². Die absolute visuelle Helligkeit würde $M_v = +3.7$ betragen bei einer Sonnenmasse und $M_v = +1.2$ bei 10 Sonnenmassen. v. Hoerner

5117. **E. R. Mustel,** The loss of mass by stationary stars. Mitt. Astrophys. Obs. Krim **19** 153—164 (russ. mit engl. Ref.). — In dieser Fortsetzung einer früheren Arbeit (vgl. AJB **53** Ref. **6504**) wird gezeigt, daß der Massenverlust der Sonne durch korpuskulare Ströme nur etwa 1% des Massenverlustes durch Strahlung beträgt. Für Sterne, deren Spektrum sich von dem der Sonne unterscheidet, kennen wir vorläufig nicht alle verschiedenen Ejektionsmechanismen. Der einzige Weg zur Bestimmung des Massenverlustes, besonders bei heißen Sternen, ist das Studium der Effekte, welche durch die ausgeworfenen Gasmassen auftreten können. Es wird gezeigt, daß die entsprechende H_α-Emission im allgemeinen zu schwach ist. Verf. betrachtet auch die Wechselwirkung der ausgeworfenen Gasmassen mit der interstellaren Materie. Für die Gashülle wird eine Bewegungsgleichung abgeleitet. Ond.

5118. **E. C. Olson, J. A. Stewart, M. H. Wrubel, L. W. Schroeder,** Electronic computations of astrophysical interest. AJ **63** 52. — Ref. AAS.

5119. **E. C. Olson,** Computer program for calculating opacities. ApJ **128** 146—148 = Goethe Link Obs. Repr. Nr. 16. — Verf. teilt mit, daß er Rechenprogramme für IBM 650 entwickelt hat, welche die Berechnung der mittleren Opazität nach Rosseland und der Dichte für beliebige chemische Zusammensetzung der Atmosphäre erlauben. Micz.

5120. **M. J. Orlow,** On the anomalous excitation of hydrogen in the atmosphere of α Boo. AJ UdSSR **35** 755—762 (russ. mit engl. Ref.). — Engl. Übersetzung in Soviet Astr. AJ **2** 704—711. — Verf. zeigt zunächst, daß die anomale Anregung des Wasserstoffs in der Atmosphäre von α Boo nicht auf die ultraviolette Emission einer Korona zurückgeführt werden kann, sondern vielmehr auf die Existenz einer Art Chromosphäre mit Elektronentemperaturen zwischen 10000° und 20000° hinweist. Die Anregung der Wasserstoffatome sollte dann durch Elektronenstöße erfolgen, ohne daß man für die Chromosphäre eine ins Gewicht fallende optische Dicke im Kontinuum und eine meßbare Heliumabsorption annehmen müßte. Oster

5121. **A. G. Pacholczyk,** Efekt temperaturowy van-der-Waalsowskiego rozszerzenia linii rezonansowych. Postępy Astr. **6** 106—107.

5122. **H. van Regemorter,** Sur l'élargissement des raies de l'hydrogène par le champ des électrons. CR **246** 2737—2740. — Nach der gegenüber der Holtsmarkschen Theorie verbesserten Theorie der Stoßdämpfung in Balmerlinien von Kolb (Dissertation, Univ. of Michigan, 1957) werden für die Balmerlinien die Dämpfungskonstanten und Absorptionskoeffizienten berechnet. Dabei zeigt sich, daß die Pannekoeksche Approximation (MN **98** 701, AJB **40** Ref. **4421**) auch im Rahmen dieser neuen Theorie brauchbar ist. Mehltretter

5123. **E. Schatzman,** Sur la largeur des raies d'émission. Contr. Inst. d'Astrophys. Paris (A) Nr. 234, 5 S. — Der empirisch gefundene Zusammenhang zwischen der Breite der Ca II H- und K-Emissionslinien und der Leuchtkraft eines Sternes (O. C. Wilson und M. K. V. Bappu, ApJ **125** 661, AJB **57** Ref. **9550**) wird auf Grund einer schon früher von Verf. vorgeschlagenen Theorie interpretiert. Sie beruht auf der Vorstellung von Kompressionswellen, die durch die Atmosphäre laufen. In Übereinstimmung mit der Beobachtung ergibt die Theorie folgenden Zusammenhang zwischen Leuchtkraft L und vertikaler Geschwindigkeit w: $w \sim L^{0.16}$. Böhm

5124. **G. Traving,** Bemerkungen zu den Analysen des B0-Sternes Tau Scorpii. ZfA **44** 142—152 = Sonderdruck Sternw. Kiel. — Die Analysen von τ Sco durch A. Unsöld 1941, G. Traving 1955 und L. H. Aller, G. Elste und J. Jugaku 1957 werden diskutiert und insbesondere die Gründe für unterschiedliche Ergebnisse untersucht. Es zeigt sich 1.), daß nach dem bisher bei den Grobanalysen üblichen Vorgehen erheblich zu große effektive Schwerebeschleunigungen gefunden werden; 2.), daß zu Linien, die in tiefen Schichten gebildet werden, kleinere Grenztiefen R'_c gehören als zu Linien, die in höheren Schichten entstehen (normales R_c), und daß sich wegen des kleineren R'_c auch die zugehörigen Wachstumskurven von der universellen Wachstumskurve unterscheiden müssen; und 3.), daß die Unterschiede in den erhaltenen Elementhäufigkeiten wesentlich auf systematischen Fehlern der beobachteten Äquivalentbreiten beruhen. Verf.

5125. **S. Ueno,** The probabilistic method for problems of radiative transfer. IV. Milne's problem with non-coherent scattering. Ann d'Astrophys **21** 18—25 = Contr. Inst. Astrophys. Kwasan Obs. Kyoto Nr. 67 = Contr. Inst. d'Astrophys. Paris (B) Nr. 170.

5126. **S. Ueno,** The Laplace transform method for problems of radiative transfer. II. Milne's problem with non-coherent scattering. Ann d'Astrophys **21** 71—76 = Contr. Inst. Astrophys. Kwasan Obs. Kyoto Nr. 68 = Contr. Inst. d'Astrophys. Paris (B) Nr. 171.

5127. **S. Ueno,** La méthode variationnelle pour les problèmes de transfert du rayonnement. Formation non cohérente d'une raie d'absorption dans le modèle Milne-Eddington. CR **246** 3415—3417 = Contr. Inst. d'Astrophys. Paris (A) Nr. 239. — Auf Grund der Variationsmethode nach Marshak (Phys. Rev. (2) **71** 688, 1947) und Kourganoff (AJB **49** Ref. **5114**) wird ein expliziter Ausdruck für das Profil einer Absorptionslinie bei nichtkohärenter Streuung im Rahmen des Milne-Eddington-Modells angegeben. Mehltretter

5128. **S. Ueno,** La méthode probabiliste pour les problèmes de transfert du rayonnement. Formation non cohérente d'une raie d'absorption dans le modèle Milne-Eddington. CR **246** 3593—3595 = Contr. Inst. d'Astrophys. Paris (A) Nr. 240. — Die bisher abgeleiteten exakten Lösungen des Problems nicht-kohärente Streuung im Milne-Eddington-Modell durch Sobolew, Busbridge und Ueno setzten für die Planck-Funktion eine lineare Abhängigkeit von der optischen Tiefe voraus. Eine explizite Lösung wird nun auch für den Fall gegeben, daß die Planck-Funktion in Form eines Polynoms in τ vorliegt. Dazu dient ein aus der Theorie der stochastischen Prozesse entliehenes Verfahren. Mehltretter

5129. **S. Ueno,** La méthode probabiliste pour les problèmes de transfert du rayonnement. Le problème de Milne avec la diffusion non cohérente dans les cas non conservatifs. CR **247** 1314—1316 = Contr. Inst. d'Astrophys. Paris (A) Nr. 242.

5130. **S. Ueno,** La méthode probabiliste pour les problèmes de transfert du rayonnement. La réflexion diffuse et la transmission dans l'atmosphère finie. CR **247** 1443—1445 = Contr. Inst. d'Astrophys. Paris (A) Nr. 243. — Für das Problem der diffusen Reflexion und Transmission einer endlichen, homogenen und planparallelen Atmosphäre im konservativen Fall wird eine exakte Lösung der Transportgleichung nach der stochastischen Methode gegeben. Mehltretter

5131. **S. Ueno,** La méthode probabiliste pour les problèmes de transfert du rayonnement. La réflexion diffuse et la transmission dans l'atomsphère finie avec la diffusion non cohérente. CR **247** 1557—1559 = Contr. Inst. d'Astrophys. Paris (A) Nr. 244.

5132. **S. Ueno,** The probabilistic method for problems of radiative transfer — III. Line formation by coherent scattering. J. Math. Mech. **7** 629—641 = Contr. Inst. Astrophys. Kwasan Obs. Kyoto Nr. 66. — Ref. in RJ UdSSR 1959 Nr. 3 S. 25.

5133. **A. B. Underhill,** Helium abundance in stellar atmospheres. Obs **78** 127—129. — In dieser Entgegnung auf die Feststellung von Minnaert, daß die Diskussion über die Häufigkeit des Heliums in Sternatmosphären zugunsten von Unsöld und Mitarbeitern entschieden zu sein scheint, erklärt Verf., daß zu einer Entscheidung von der Theorie wie von der Beobachtung her noch viel fehlt. Verf. glaubt, daß für die HeI-Spektren nicht-adiabatische Prozesse von Bedeutung sind, daß die Linien zum großen Teil außerhalb der üblichen Modellatmosphäre entstehen und daß zur Ableitung der Häufigkeiten aus HeII-Linien die Temperaturschichtung sehr genau bekannt sein muß. O. G.

5134. **A. Unsöld,** On the quantitative analysis of stellar spectra. MN **118** 3—13 = Sonderdruck Sternw. Kiel. — In dieser George Darwin-Vorlesung gibt der Autor einen Überblick über den derzeitigen Stand des im Thema genannten Problemkreises. Kdr.

5135. **A. Unsöld,** Über die mittleren Zustandsgrößen und Spektren der Sternatmosphären in Abhängigkeit von ihrem Wasserstoff- und Heliumgehalt. Nachr. Akad. Wiss. Göttingen Math.-Phys. Kl. (2a) Jahrgang 1958 Nr. 2 S. 49—58 = Sonderdruck Sternw. Kiel. — Es wird berechnet, wie sich die mittleren Zustandsgrößen und die spektroskopisch wichtigen «wirksamen Atomzahlen» einer Sternatmosphäre verhalten, wenn — bei vorgegebenen Mittelwerten der Temperatur T und des Elektronendruckes P_e — die Häufigkeitsverhältnisse von Wasserstoff : Helium : Schwere Elemente (Metalle) geändert werden. Geringe Metallhäufigkeit (relativ zum Wasserstoff) bewirkt eine entsprechende Schwächung der Metallinien, solange — bei höheren und mittleren Temperaturen — die freien Elektronen vorwiegend durch Ionisation des Wasserstoffes entstehen. Stammen dagegen — bei kühlen Sternen — die freien Elektronen von den Metallen, so hat eine Verringerung der Metallhäufigkeit nur ganz minimale spektroskopische Effekte zur Folge. Verf.

5136. **A. Unsöld,** The quantitative analysis of stellar spectra. Obs **78** 1—7. — George Darwin Lecture, 1957.

5137. Nestacionarnyje zvezdy. Erewan, Verlag Akad. Wiss. Armen. Sowjet Republik, 1957. 187 S. mit 11 Abb. Preis R. 7.80 (russ.). — Besprechung des Buches «Instabile Sterne» in RH **39** 71.

§ 52

Sterninneres

5201. **E. Anders,** A time scale for the mixing process in S-type stars. ApJ **127** 355—362. — Die überraschend große Häufigkeit schwerer Elemente in Sternen späten Spektraltyps ist verschiedentlich durch die Umwandlung leichter Elemente in schwere infolge Neutroneneinfangs erklärt worden. Verf. zeigt, daß Camerons Modell zu einer starken Verringerung des Häufigkeitsverhältnisses Nb/Zr in den Neutronen erzeugenden Zonen führt. Wenn sich die Materie aus diesen Zonen entfernt hat, steigt das Verhältnis infolge des Zerfalls von Zr^{93} in Nb^{93} wieder an. Die Möglichkeit, aus dem beobachteten Häufigkeitsverhältnis die «Mischzeit» zu ermitteln, wird erörtert. Micz.

5202. **J. M. Blackler,** Models for main sequence stars. MN **118** 37—44. — Die Gleichungen des inneren Aufbaus werden für Hauptreihensterne unter verschiedenen Annahmen über den Wasserstoffgehalt numerisch gelöst. Weiter wird ausgerechnet, wie diese Sterne sich infolge der Verwandlung von Wasserstoff in Helium entwickeln. F. S.

5203. **G. Bortone, A. Masani, A. Zanoni,** Studio sulla struttura interna di una stella gigante rossa di tipo η Aquilae. Mem SA It (NS) **29** 313—340 = Contr. Oss. Astr. Milano-Merate (NS) Nr. 132. — Bisherige Modelle der roten Riesen führen zu einer zu geringen Energieproduktion, verglichen mit der Leuchtkraft des Sternes. Unter Variation verschiedener Parameter werden eine Reihe von Sternmodellen untersucht, ohne daß sich jedoch die obige Schwierigkeit beheben läßt. Der Einfluß bisher übersehener physikalischer Parameter wird vermutet. v. Hoerner

* * **E. M. Burbidge, G. R. Burbidge,** Formation of elements in the stars. Vgl. Ref. 5408.

5204. **S. Chandrasekhar,** An Introduction to the Study of Stellar Structure. Vgl. AJB **57** Ref. 5206. — Weitere Besprechung in BSAF **73** 189, ZfMG **79** 239 (S. von Hoerner).

5205. **J. P. Cox,** Non-adiabatic stellar pulsation. I. ApJ **127** 194—210. — Die Pulsation von Sternen unter nichtadiabatischen Bedingungen wird theoretisch studiert. Unter verschiedenen Annahmen über Energieerzeugung und Zustandsgleichung werden Modelle gerechnet. Bei allen Modellen wird vor allem die Phasenverschiebung der Pulsation studiert. F. S.

5206. **J. P. Cox, C. Whitney,** Stellar pulsation. IV. A semitheoretical period-luminosity relation for classical cepheids. ApJ **127** 561—572 = Harv Repr Nr. 488. — Verf. geht von der Theorie Eddingtons aus: Eine Instabilität tritt ein, wenn die Phasenverzögerung des Energieflusses in den obersten Schichten eines Sternes etwa gleich $\pi/2$ ist. Unter speziellen, ausführlich diskutierten Voraussetzungen wird die Phasenverzögerung bei polytroper Schichtung berechnet ($n = 1.5$). Es resultiert eine Gleichung zwischen Periode, Leuchtkraft, Masse und Radius, die sich unter Benutzung einiger halbempirischer Beziehungen in eine Gleichung zwischen Periode und Leuchtkraft umwandeln läßt. Mit der Beobachtung ergibt sich etwa befriedigende Übereinstimmung, wenn man annimmt, daß die Phasenverzögerung durch He^+-Ionisation hervorgerufen wird. v. Hoerner

5207. **K. E. Edgeworth,** Diffusion in the stars. Obs **78** 212—213.

5208. **W. A. Fowler,** Completion of the proton-proton reaction chain and the possibility of energetic neutrino emission by hot stars. ApJ **127** 551—556. — Nach neueren Messungen des Wirkungsquerschnittes der Reaktion $He^3 (\alpha, \gamma) Be^7$ ist zu erwarten, daß oberhalb von etwa 13×10^6 Grad diese Reaktion an die Stelle von $He^3 (He^3, 2p) He^4$ der normalen pp-Kette tritt. Als Abschluß würde dann die Reaktionenfolge $Be^7 (e^-, \nu) Li^7 (p, \alpha) He^4$ eintreten. Oberhalb von etwa 20×10^6 Grad dürfte diese Folge jedoch abgelöst werden durch $Be^7 (p, \gamma) B^8 (\beta^+ \nu) Be^{8*} (\alpha) He^4$. Hierbei werden Neutrinos frei mit einer Energie bis zu 14 Mev, die 29 % der insgesamt erzeugten Energie mit sich führen. Ist dieser Prozeß auf der Sonne wirksam, so könnte diese Neutrinostrahlung eventuell auf der Erde gemessen werden. v. Hoerner

5209. **D. A. Frank-Kamenezkij,** On the spatial amplitude distribution in a pulsating star. Fragen der Kosmogonie **5** 123—148, 1957 (russ. mit engl. Ref.). — Ref. in Math. Rev. **19** 1143.

5210. **C. Hayashi, M. Nishida, N. Ohyama, H. Tsuda,** Stellar syntheses of α-particle nuclei heavier than Ne^{20}. Progr. Theoret. Phys. **20** 110—112.

5211. **Z. Hitotuyanagi, K. Suda,** Stellar models with isothermal cores and intermediate convective zones. II. Publ. Astr. Soc. Japan **10** 8—25 = Sendai Astr. Rap. Nr. 60. — In Fortsetzung einer früheren Arbeit in Publ. Astr. Soc. Japan **9** 7 (AJB **57** Ref. 5212) wird zusätzlich ein Sprung des Molekulargewichtes an der Grenzschicht zwischen der Konvektionszone und der außerhalb davon liegenden Zone des Strahlungsgleichgewichtes eingeführt. Die Energieerzeugung findet in einer dünnen Schale an der äußeren Grenze des konvektiven Kernes statt. Aus einer Reihe von Modellen werden Entwicklungswege im HR-Diagramm konstruiert und mit bisherigen Ergebnissen verglichen. v. Hoerner

5212. **A. van Hoof,** Overtone oscillations and emission features in pulsating stars. ZfA **45** 171—191 = Publ. Labor. Astr. Géod. Univ. Louvain **13** Nr. 125. — Abweichungen der Lichtkurven von verschiedenen Typen von Cepheiden werden als Anzeichen von Schwingungen mit Vielfachen der Grundfrequenz der Pulsation interpretiert. Die Arten von Lichtkurven, die sich dabei als möglich ergeben, werden mit den von Eggen betrachteten Unterklassen der Cepheiden in Zusammenhang gebracht. Am Schluß folgen Betrachtungen über die physikalischen Ursachen der Oberschwingungen. F. S.

5213. **K. Kaminisi,** Distribution of hydrogen and helium in the interior of the stars. Kumamoto J. Sci. (A) **3** 111—114, 1957.

5214. **R. Kippenhahn, S. Temesváry, L. Biermann,** Sternmodelle I. Die Entwicklung der Sterne der Population II. ZfA **46** 257—275. — Ein flexibles Programm zur Berechnung von Sternmodellen wurde für die Rechenmaschine G2 hergestellt. Der Entwicklungsweg im HR-Diagramm wurde für 1.2 Sonnenmassen berechnet, zunächst unter den gleichen Voraussetzungen wie bei Hoyle und Schwarzschild (ApJ Suppl. **2** Nr. 13, AJB **55** Ref. **5410**), nur daß anstelle vereinfachender Annahmen in der Wasserstoff-Konvektionszone exakt integriert wurde. Der Entwicklungsweg verläuft anfangs ähnlich wie bei Hoyle und Schwarzschild, zeigt jedoch nicht das steile Anwachsen der Helligkeit im Riesenast. Größere Steilheit läßt sich erreichen durch Vergrößerung des Mischungsweges oder durch Verminderung des Metallgehaltes. v. Hoerner

5215. **P. Lal, P. L. Bhatnagar,** Exchange potential and the mass-radius relation for cold bodies. Proc. National Acad. Sci. India (A) **26** 435—448, 1957. — Ref. in RJ UdSSR 1959 Nr. 5 S. 28.

5216. **D. N. Limber,** The structure of the M dwarf stars. I. ApJ **127** 363—386. — Die von Osterbrock aufgestellte Theorie des inneren Aufbaus von Zwergsternen später Spektraltypen versagte bisher bei M-Zwergen. Eine genaue Diskussion des Beobachtungsmaterials zeigt, daß die bolometrischen Korrektionen um etwa $0\overset{m}{.}3$ und die effektiven Temperaturen um 100° bis 200° geändert werden müssen. Mit diesen Werten werden die Unterschiede zwischen der Theorie von Osterbrock und den Beobachtungen erheblich verringert. F. S.

5217. **D. N. Limber,** The structure of the M dwarf stars. II. ApJ **127** 387—427. — Aus den Resultaten der vorhergehenden Arbeit (vgl. vorstehendes Ref.) läßt sich folgern, daß M-Zwerge vollständig konvektiv aufgebaut sein müssen. Der Aufbau eines solchen Sterns wird berechnet und dabei die im Zentrum notwendig auftretende Entartung berücksichtigt. F. S.

5218. **G. J. Odgers,** Homologous solutions of equations of stellar structure. Publ. Dominion Astrophys. Obs. Victoria **10** 393—406. — Das System von vier Differentialgleichungen erster Ordnung, zusammen mit drei Randbedingungen, läßt prinzipiell eine einparametrige Schar von Homologielösungen zu. Es wird jedoch untersucht, welche Form die Gleichungen für Energie-Erzeugung und Opazität besitzen müssen, um Homologielösungen überhaupt zu ermöglichen. Da sich hierbei physikalisch unmögliche Gleichungen ergeben, können keine Homologielösungen existieren. Weiterhin wird gezeigt, daß das Russell-Vogt-Theorem nicht in voller Strenge gilt und keine analytisch einfache Masse-Leuchtkraft-Beziehung bestehen kann, auch nicht in der von Strömgren abgeleiteten Form. v. Hoerner

5219. **H. Oleak,** Die Energiequellen der Sterne. Wissenschaft und Fortschritt 1958 S. 305—308. — Allgemeinverständliche Darstellung der Energieerzeugung im Sterninneren. Oleak

* * **E. C. Olson, J. A. Stewart, M. H. Wrubel, L. W. Schroeder,** Electronic computations of astrophysical interest. Vgl. Ref. **5118**.

5220. **S. Piotrowski,** Some remarks concerning the integral theorems on the internal structure of stars. AA 8 51—61 = Astr. Obs. Warsaw Univ. Repr. Nr. 69. — Verf. bemerkt, daß man beim Beweis der meisten Integraltheoreme des Sternaufbaus das gleiche Ergebnis erhält, wenn man statt der Voraussetzung nach außen nicht zunehmender mittlerer Dichte die etwas allgemeinere Annahme macht, daß ϱ_m überall größer als die mittlere Dichte der Gesamtkonfiguration und kleiner als die Zentraldichte ist. Ferner gelingt durch die Annahme konvektiver Stabilität des Sterns eine etwas schärfere Berechnung des zentralen maximalen Strahlungsdrucks und der minimalen Zentraltemperatur. Kdr.

5221. **S. Piotrowski,** Uwagi o twierdzeniach całkowych teorii wewnętrznej budowy gwiazd. Postępy Astr. **6** 111—113.

5222. **C. Popovici,** Stelele. Date fizice, structura internă, originea şi evoluţia lor. Bucureşti, Biblioteca Societăţii de Ştiinţe Matematice şi fizice din R. P. R. Nr. 31, 1958. 286 S. mit 72 Fig.

5223. **T. C. Roy,** Cepheid vibration. Progr. Theoret. Phys. **19** 470—474. — Es wird die Leuchtkraftänderung eines Sterns unter verschiedenen Bedingungen untersucht. Groth

5224. **M. Schwarzschild,** Structure and Evolution of the Stars. Princeton, N. J., Princeton University Press, 1958. 17 + 296 S. mit zahlreichen Fig. Preis $ 6.00. — Besprechung in Obs **79** 153—155 (T. G. Cowling), PAT **40** 78—79 (G. Larsson-Leander), Phys. Blätter **16** 40—41 (H. Siedentopf), Publ ASP **70** 621—622 (D. E. Osterbrock), Sky and Telescope **17** 525, **18** 99—100 (G. S. Mumford III), Z. Naturforschung **14a** 587—588 (H. Elsässer).

5225. **S. Segre,** Un modello della struttura interna di Algol A. I. II. Rend. Accad. Nazionale Lincei, Cl. Sci. fis., mat., nat. (8) **24** 301—306, 537—541 = Oss. Astr. Roma Monte Mario Contr. Sci. (NS) Nr. 245. — Die Gleichungen des inneren Aufbaus von Sternen werden aufgestellt und für die numerische Integration umgeformt. Im zweiten Teil werden numerische Resultate unter Benutzung der experimentellen Daten von Algol A gebracht. F. S.

5226. **S. A. Shewakin,** Central and peripheral theories of cepheid oscillations. Fragen der Kosmogonie **5** 84—122, 1957 (russ. mit engl. Ref.). — Ref. in Math. Rev. **19** 1143.

5227. **S. A. Shewakin,** The dissipation of the energy of oscillation of a pulsating star. AJ UdSSR **35** 583—596 (russ. mit engl. Ref.). — Engl. Übersetzung in Soviet Astr. AJ **2** 538—551. — Unter der Voraussetzung des Energieaustausches nur durch Strahlung wird eine Näherungsformel für den Energieverlust der radialen, quasiadiabatischen Grundschwingung eines pulsierenden Sterns abgeleitet. Im einzelnen werden Berechnungen für verschiedene Konzentrationsgrade der Masse des Sterns zum Zentrum hin und für verschiedene Werte des Opazitätskoeffizienten durchgeführt. Wenn die Massenkonzentration genügend groß ist, etwa der Polytropen $n = 3$ entsprechend, wird die Dissipation der Oszillationsenergie lediglich von der Leuchtkraft und dem Bereich relativer Amplituden von Temperatur- und Strahlungsflußschwankungen auf einer Sphäre außerhalb des Dissipationsgebietes abhängen, nicht aber von der Verteilung dieser Schwankungen im Innern. Einige Anwendungen auf die Theorie der Veränderlichkeit von Sternen werden diskutiert. Oster

5228. **M. Shimoda, S. Obi,** Studies on stellar models with partially degenerate cores and outer convective zones. Publ. Astr. Soc. Japan **10** 26—39 = Tokyo Astr. Obs. Repr. Nr. 168. — Gegenüber anderen Sternmodellen wird im Kern zusätzlich der Ionendruck berücksichtigt. Weiterhin wird vorausgesetzt: Keine Durchmischung in Kern und Strahlungszone. Die Elektronen im Kern sind nichtrelativistisch teilweise entartet, die Ionen werden als ideales Gas betrachtet. Reine Elektronen-Streuung in der Strahlungszone. Vernachlässigung des Strahlungsdruckes. Energieerzeugung in dünner Schale an der Grenze des Kernes durch CN-Zyklus allein. Für den Gehalt an Kohlenstoff und Stickstoff werden zwei Werte eingesetzt: 0.005 und 0.0005. Abweichungen gegenüber den Ergebnissen von Hoyle und Schwarzschild werden vor allem durch die Berücksichtigung des Ionendruckes erklärt. v. Hoerner

5229. **R. Simon,** Radial oscillations of the generalized Roche model. ApJ **127** 428—435 = Inst. d'Astrophys. Univ. Liège Coll. 8° Nr. 397. — Die Pulsationsperioden von Sternen, die nach dem Modell von Roche aufgebaut sind, werden in Abhängigkeit von chemischer Zusammensetzung, Größe und Masse des Kerns studiert. F. S.

5230. **S. Temesváry, R. Kippenhahn,** Ein Sternmodellbaukasten für die Göttinger Rechenmaschine G 2. Mitt. AG 1957/I S. 36—37. — Ref. AG.

5231. **J. Uchida,** Stellar models with isothermal cores and intermediate convective zones. Sci. Reports Tôhoku Univ. (1) **41** 248—255 = Sendai Astr. Rap. Nr. 58. — Die bereits von Hitotuyanagi und Suda (Publ. Astr. Soc. Japan **9** 7, AJB **57** Ref. **5212**) behandelten Modelle bestehen aus isothermem Kern, konvektiver Zwischenzone und radiativer Hülle. An der Grenze zwischen dem isothermen und konvektiven Bereich besteht eine Diskontinuität im Molekulargewicht. Für das Verhältnis μ_i/μ_e existiert ein kritischer Wert (= 1.7479), dessen Bedeutung darin besteht, daß für kleinere Werte die hier betrachteten Modelle die kontinuierliche Fortsetzung der Schönberg-Chandrasekharschen Modellreihe (isothermer Kern mit radiativer Außenzone) bilden, während für größere Werte mit allgemeineren Modelltypen zu rechnen ist. Kdr.

5232. **H. C. Urey,** Some observations on the abundance of the elements. Science **127** 1063. — Ref.

5233. **H. Vogt,** Aufbau und Entwicklung der Sterne. Vgl. AJB **57** Ref. 5229. — Weitere Besprechung in Weltraumfahrt 1958 S. 64 (W. Schaub).

5234. **C. A. Whitney,** Comments on the present status of the pulsation theory. AJ **63** 47. — Ref.

5235. **R. Wildt,** Inside the planets. Publ ASP **70** 237—250. — Die Planeten sind nach astronomischem Maßstab kalte Körper. Die Untersuchungen über das Innere der Planeten sind hauptsächlich durch die fehlende Kenntnis der maßgebenden Druck-Dichte-Beziehungen begrenzt. Ein Masse-Dichte-Diagramm zeigt deutlich die Verschiedenheit der Großen Planeten von den übrigen. Für das Innere der Erde ist der Dichtesprung in einer Tiefe von 2900 km gesichert. Verf. bringt Argumente vor, die gegen die Ramsaysche Hypothese sprechen, nach der es sich nur um eine Trennung zwischen zwei verschiedenen thermodynamischen Phasen bei gleicher chemischer Zusammensetzung handeln soll. Für die Großen Planeten konnte, vor allem durch Arbeiten von De Marcus, gezeigt werden, daß ein wesentlicher Teil der Masse aus festem Wasserstoff besteht. O. G.

5236. **H. Zirin,** The calculation of opacities for stellar interiors. ApJ **128** 342—347. — Es werden die Opazitäten für das Sterninnere im Temperaturbereich 0.4×10^6 bis 25×10^6 °K und im Dichtebereich 0.001 bis 100 g/cm^3 für verschiedene Metallhäufigkeit berechnet. Groth

§ 53

Nebel, Interstellare Materie

5301. **T. A. Agekjan,** Interaction of stars with diffuse matter. Fragen der Kosmogonie **6** 221—237 (russ. mit engl. Ref.). — Ref. in Math. Rev. **21** 223.

5302. **L. H. Aller, S. Chapman,** Thermal diffusion in gaseous nebulae. ApJ **127** 797—798. — Verf. kommen zu dem Schluß, daß thermische Diffusion in gasförmigen Nebeln ohne Bedeutung für ihre Struktur ist. Micz

5303. **F. Cernuschi, J. Amorín,** Estudio de algunos aspectos de la evolución de las nubes cósmicas. Publ. Depart. Astr. Univ. Montevideo Nr. 4, 56 S.

5304. **G. García,** Sobre la igualdad de Lagrange en el movimiento de las nebulosas espirales. Actas Acad. Nacional Ci. Exact. Fis. Nat. Lima **21** Fasc. 1—2 S. 51—52.

5305. **S. A. Kaplan,** Interstellare Gasdynamik. Moskau, Phys.-Math. Staatsverlag, 1958. 194 S. Preis 7 R. 15 Kop. (russ.). — Besprechung in RJ UdSSR 1959 Nr. 8 S. 28 (I. N. Minin).

5306. **A. Opolski,** Granica strefy Strömgrena dla ośrodka wodorowego o zmiennej gęstości. Postępy Astr. **6** 66.

5307. **A. G. Pacholczyk,** O hipotezie Platta. Postępy Astr. **6** 168—173. — Besprechung der Untersuchungen von B. Donn und J. R. Platt (AJB **56** Ref. 5313/14).

5308. **S. Pottasch,** Dynamics of bright rims in diffuse nebulae. BAN **14** 29—37. — Nach Zusammenstellung der Beobachtungsdaten über die hellen Ränder, die sich häufig an der Grenze zwischen diffusen Emissionsnebeln und anschließenden Dunkelwolken finden, wird versucht, im Anschluß an eine Arbeit von Kahn (AJB **54** Ref. 5308) eine theoretische Interpretation dieser hellen Ränder zu geben. Danach sind diese Objekte wahrscheinlich als Ionisationsfronten aufzufassen, welche durch die Strahlung der das Leuchten der Emissionsnebel anregenden Sterne hervorgerufen werden und die sich ohne zusätzliche Stoß- oder Expansionswelle in das neutrale Gas hinein ausbreiten. An Hand dieser Vorstellung werden Dichte, Temperatur und Druck auf beiden Seiten der Ionisationsfront berechnet. Soweit hieraus Vergleichsmöglichkeiten mit der Beobachtung folgen, kann befriedigende Übereinstimmung festgestellt werden. Eine qualitative Diskussion der Entwicklung der fraglichen hellen Ränder beschließt die Arbeit. Kdr.

5309. **L. Searle,** The recombination spectrum of nebular hydrogen. ApJ **128** 489—496 = Commun. David Dunlap Obs. Nr. 42. — Das Rekombinationsspektrum nebularen Wasserstoffs wird neu berechnet, wobei die Aufspaltung eines der Hauptquantenzahl n entsprechenden Zustands in diskrete Unterzustände gemäß der Nebenquantenzahl l exakter berücksichtigt wird als in früheren Arbeiten. Die relativen Intensitäten der Balmer-Linien werden bis $n = 8$ für zwei kinetische Temperaturen (1×10^4 und 1.5×10^4 Grad) und für den Fall a) eines optisch dünnen und b) eines für die Lyman-Strahlung optisch dicken Nebels tabuliert. Danach ist der Abfall der Linienintensitäten weniger steil und vor allem der Unterschied zwischen den Fällen a) und b) erheblich kleiner als bisher angenommen wurde. Kdr.

* * **C. M. Wade,** On the radio emission of hydrogen nebulae. Vgl. Ref. 12652.

5310. **J. Warzée,** Méthode permettant de déduire, du diagramme cumulatif de Wolf, la distance et le pouvoir absorbant d'une nébuleuse obscure, sans connaître la dispersion. Bull. Cl. Sci. Acad.

roy. Belgique (5) **44** 363—388 = Commun. Obs. Roy. Belgique Nr. 143. — In engem Anschluß an eine frühere Arbeit (AJB **53** Ref. **5326**) wird die Bestimmung der Entfernung und der Gesamtabsorption von Dunkelnebeln aus ihrem Wolf-Diagramm der $N(m)$ diskutiert. Kdr.

5311. **W. Zonn, J. Stodółkiewicz,** Modification of fundamental equation of stellar statistics in the light of discontinuity of interstellar matter. Bull. Acad. polon. Sci. (Ser. math., astr., phys.) **6** 185—189 = Astr. Obs. Warsaw Univ. Repr. Nr. 71. — Falls die interstellare Materie in Bereiche zerfällt, deren Dichte symmetrisch um ihren Mittelwert schwankt, würde der übliche Ansatz der Stellarstatistik, bei dem nur eine mittlere Absorption zu Grunde gelegt wird, zu falschen Ergebnissen führen derart, daß die Sterndichte in Sonnennachbarschaft überhöht erscheint. Verf. berücksichtigen dies durch Reihenentwicklung der Leuchtkraftfunktion nach der Zahl der einen Sehstrahl treffenden Wolken und berechnen Korrektionen als Funktion der absoluten Helligkeit. Weidemann

§ 54

Kosmogonie der Himmelskörper

5401. **T. A. Agekjan,** On the change of the rotational velocity of stars during evolution. AJ UdSSR **35** 424—433 (russ. mit engl. Ref.). — Engl. Übersetzung in Soviet Astr. AJ **2** 389—397. — Verf. geht von der Tatsache aus, daß beim Übergang von den frühen zu den späten Spektralklassen die Rotationsgeschwindigkeit sehr rasch, die Massen aber nur langsam abnehmen. Zur Erklärung wird vorgeschlagen, daß bei Sternen der späten Spektralklassen ein Mechanismus existiert, durch den Materie in Richtung der Rotationsgeschwindigkeit vom Stern abströmt und in dieser bevorzugten Richtung das Gravitationsfeld des Sterns verläßt. Der von einer Masseneinheit mitgeführte Impuls muß dabei größer sein als der mittlere Drehimpuls pro Masseneinheit. Von diesem Modell ausgehend wird dann berechnet, wie der Verlust an Drehimpuls von der Oberfläche ins Sterninnere weitergegeben wird. Oster

5402. **V. A. Ambarzumjan,** Problema originii stelelor. An. Rom.-Sov. (mat.-fiz.) **12** 129—142.

5403. **V. A. Ambarzumjan,** Über die Entwicklung der Galaxien. Nachr. Akad. Wiss. Armen. Sowjetrepublik (Phys. Math.) **11** Nr. 5 S. 9—37 (russ. mit armen. Ref.). — Inhalt: 1.) Der physikalische Gedanke der Gruppenbildungstendenz; 2.) Die Abweichung vom Dissoziationsgleichgewicht; 3.) Beobachtete Konfigurationen von Mehrfachgalaxien; 4.) Über die Ursache des Vorherrschens der Trapeze; 5.) Mehrfachsysteme mit positiver Energie; 6.) Über das Vorzeichen der Gesamtenergie großer Galaxienhaufen; 7.) Die Radiogalaxien in Perseus und Cygnus; 8.) Die Radiogalaxie Virgo A; 9.) Blaue Eruptionen aus den Kernen elliptischer Nebel; 10.) Durch Dämme und Fasern verbundene Galaxien; 11.) Galaxien vom Typ M 51; 12.) Starke Verdichtungen in den Spiralarmen; 13.) Über die Natur der Galaxienkerne; 14.) Über die Wiederholung von Prozessen der Komponenten- und Armbildung; 15.) Über die Rolle des interstellaren Gases; 16.) Über die Herkunft der Population II; 17.) Über Doppelspiralen. Loh.

5404. **V. A. Ambarzumjan,** Origin of stars. Pokroky **3** 312—323 (tschech.).

5405. **G. S. Badaljan,** Über die Genesis des interstellaren Wasserstoffs und der galaktischen Cepheiden. DAN Armen. Sowjetrepublik **27** 13—22 (russ. mit armen. Ref.). — Ref. in RJ UdSSR 1959 Nr. 5 S. 35.

* * **H. P. Berlage,** De ouderdom van het zonnestelsel. Vgl. Ref. 5502.

5406. **G. Borocki,** Die Entwicklung der Sterne. Vasiona **6** 46—47 (serb.).

5407. **R. Bouigue,** Réflexions sur l'âge de la terre et l'âge de l'univers. Bull. mens. Soc. astr. popul. Toulouse **49** 145—158. — Ref. in RJ UdSSR 1959 Nr. 6 S. 7.

5408. **E. M. Burbidge, G. R. Burbidge,** Formation of elements in the stars. Science **128** 387—399. — Einleitung. Kosmologische Aspekte. Bisherige Entwicklung der Idee der Synthese von Elementen im Inneren der Sterne. Sternentwicklung. Acht Kernprozesse, die zum Aufbau der Elemente hinreichen. Materieaustausch zwischen Sternen und interstellarem Medium. Entwicklung der Galaxien. Verbleibende Probleme. Weidemann

5409. **F. Cernuschi, S. Codina,** Análisis de las posibilidades de formación de planetas a consecuencia de explosiones estelares. Publ. Depart. Astr. Univ. Montevideo 1958 Nr. 2, 104 S.

* * **J. Delhaye,** Les associations stellaires instables et la détermination astrométrique d'âges d'étoiles. Vgl. Ref. **12372**.

5410. **E. A. Dibaj,** The evolution of globules in the vicinity of hot stars. AJ UdSSR **35** 469—472 (russ. mit engl. Ref.). — Engl. Übersetzung in Soviet Astr. AJ **2** 429—432. — Verf. untersucht die Einwirkung von Stoßwellen auf die Kontraktion von Globulen in der Nähe heißer Sterne. Er findet, daß die Kontraktion ohne merkliche Aufheizung erfolgt, so daß die Einwirkung des benachbarten ionisierten Gases auf die Globulen, woraus die Kontraktion ja resultiert, eine mögliche Ursache für die Bildung von Sternen darstellt. Oster

5411. **M. W. Feast,** Groups of young stars. MN ASSA **17** 48—55. — Wiedergabe eines allgemein gehaltenen Vortrages über die gegenwärtig geltenden Auffassungen über die Sternentwicklung, insbesondere im Hinblick auf die Ergebnisse über die T Tauri-, O- und B-Assoziationen sowie offenen Sternhaufen. Pilowski

5412. **K. Ferrari d'Occhieppo,** Kritische Bemerkung zur Entwicklungstheorie der Unterriesensterne. Anzeiger Österreich. Akad. Wiss. Math.-naturwiss. Kl. **95** 155—157 = Mitt. Univ.-Sternw. Wien **10** Nr. 1. — Die von Parenago und Massewitsch (vgl. AJB **51** Ref. **9725**) aus empirischen Daten abgeleitete Masse-Radius-Leuchtkraft-Beziehung legte Massewitsch (vgl. AJB **57** Ref. **1181**) einer Untersuchung über Aufbau und Entwicklung der Unterriesen zugrunde. Zu dieser Untersuchung macht Verf. einige kritische Bemerkungen. Henn

* * **W. G. Fessenkow,** Über die Entwicklung der Sterne und die Entstehung des Sonnensystems. Vgl. Ref. **5504**.

5413. **C. B. Haselgrove, F. Hoyle,** Giant stars of type II. MN **118** 519—522. — Als Fortsetzung zweier früherer Arbeiten der beiden Autoren (MN **116** 515, AJB **56** Ref. **5411**; MN **116** 527, AJB **56** Ref. **5412**) werden sieben weitere Sternmodelle gerechnet für die Entwicklung von Sternen mit 1.25 Sonnenmassen. Bei den beiden letzten Modellen beginnt die Umwandlung von Helium in schwerere Elemente einen wesentlichen Anteil der Energieproduktion beizutragen. Beim Einsetzen der Helium-Prozesse erhöht sich die Zentraltemperatur, und der Kern ist anschließend nicht mehr entartet. Ein Teil des Entwicklungsweges im HR-Diagramm wird daher dreifach durchlaufen. v. Hoerner

5414. **P. Javet,** L'origine de l'univers. Orion Schaffhausen **5** 425—430, 478—487. — Es werden zunächst die Beobachtungstatsachen über die Verteilung der Galaxien im Raum und über ihre Bewegungsverhältnisse diskutiert. Sodann werden die beiden Haupttypen der kosmologischen Theorien behandelt, die versuchen, den Ursprung und den Zustand des beobachteten Universums zu erklären: Die Theorie von Lemaître, die vom großen Ur-Atom ausgeht, aus dessen Zerfallsprodukten das Universum besteht, und die Theorien der kontinuierlichen Schöpfung, wie sie Hoyle, McCrea, Gold und Bondi entwickelt haben, die alles aus dem kosmologischen Prinzip ableiten, das besagt, daß der Anblick des Universums von jedem Ort und zu jedem Zeitpunkt der gleiche ist. Die Theorien selber sowie die Folgerungen aus ihnen und die eventuellen Möglichkeiten, an Hand von Beobachtungen eine Entscheidung zu treffen, sind außerordentlich klar dargestellt. H. M.

* * **S. A. Kaplan,** Magnetohydrodynamics and problems of cosmogony. Vgl. Ref. 270.

5415. **I. King,** Expansion versus contraction in the evolution of a star cluster. AJ **63** 306—307. — Ref. AAS.

* * **R. Kippenhahn, S. Temesváry, L. Biermann,** Sternmodelle I. Die Entwicklung der Sterne der Population II. Vgl. Ref. **5214.**

* * **Z. Kopal,** Evolutionary trends in close binary systems. Vgl. Ref. 10011.

5416. **J. Kubikowski,** O ubytku masy ewolucji gwiazd. Postępy Astr. **6** 63—64. — Behandelt wird die Frage nach Änderungen der Sternmassen mit der Zeit durch Untersuchung der Änderungen von Bahnelementen visueller Doppelsterne. Rybka

5417. **J.-C. Pecker,** La détermination de la composition chimique des étoiles et du soleil. BSAF **72** 93—111. — Vortrag vor der SAF, in dem die empirischen und theoretischen Grundlagen des Problems behandelt werden. Die wichtigsten bisher erzielten Resultate werden angegeben und diskutiert und dabei in ihrer Bedeutung für allgemeinere, vor allem kosmogonische Fragen gewürdigt. Kdr.

* * **K. Pilowski,** Zur Sternentwicklung und zur Feinstruktur des Zustandsdiagramms. Vgl. Ref. **9716.**

* * **C. Popovici,** Stelele. Date fizice, structura internă, originea şi evoluţia lor. Vgl. Ref. **5222.**

5418. **V. C. Reddish,** The rate of formation of stars. Obs **78** 198—202. — In neueren Arbeiten gehen verschiedene Autoren von der Annahme aus, daß in der Umgebung der Sonne das Verhältnis der Sternentstehung während des Lebensalters der Milchstraße konstant geblieben ist. Verf. untersucht, wie die Verteilungsfunktion der absoluten Leuchtkräfte für verschieden alte Sternhaufen geändert wird, wenn diese Annahme nicht erfüllt ist. Ein Vergleich der Beobachtungen mit den Rechnungen spricht für abnehmende Sternentstehung während 6×10^9 Jahren. Diese Tatsache wird in Zusammenhang gebracht mit der abnehmenden Masse der interstellaren Materie, die zur Sternbildung zur Verfügung steht. O. G.

5419. **E. Schatzman,** Origine et évolution des mondes. Vgl. AJB **57** Ref. 5424. — Weitere Besprechung in Scientia **93** 248 (P. Tempesti).

5420. **E. Schatzman,** Vues nouvelles sur l'origine des mondes. BSAF **72** 189—207 = Contr. Inst. d'Astrophys. Paris (A) Nr. 238. — Referat vor der SAF, in dem einige neuere Gedankengänge zum Thema, vor allem an Hand der Arbeiten von Urey, vorgetragen werden. Kdr.

5421. **M. Schwarzschild, R. Härm,** Evolution of very massive stars. ApJ **128** 348—360. — Es werden die frühen Entwicklungsphasen von Sternen mit Massen zwischen 20 und 200 Sonnenmassen berechnet. Mit fortschreitender Entwicklung wandert die Konvektionsinstabilität nach außen. Dieser Effekt wird verursacht durch den kleinen Wert für das Verhältnis der spezifischen Wärmen. Es zeigt sich, daß schon, bevor der Kern völlig ausgebrannt ist, 2/3 des ursprünglichen Wasserstoffgehalts verbraucht sind. Die Entwicklung geht infolgedessen langsamer vor sich, als man bisher abschätzte. Ein Stern von 200 Sonnenmassen braucht etwa 2×10^6 Jahre, bis der Kern völlig ausgebrannt ist. Groth

* * **M. Schwarzschild,** Structure and Evolution of the Stars. Vgl. Ref. 5224.

* * **J. Smak,** Ewolucja gwiazd, a funkcja jasności absolutnych (luminosity function). Vgl. Ref. **9723**.

5422. **B. Strömgren,** The composition of stars and their ages. Obs **78** 137—148. — Halley Lecture. — Nach Erörterung der grundsätzlichen Möglichkeit aus Sternspektren Maßzahlen abzuleiten, die zur Bestimmung der Parameter Masse und Alter dienen, wird besonders eingegangen auf die lichtelektrische Messung des Balmersprungs und der Hβ-Absorption mit Verwendung von Interferenzfiltern. Bei der Diskussion der Meßergebnisse werden auch andere geeignete Beobachtungen herangezogen. Das Alter der B5—B9-Sterne läßt sich am sichersten ableiten. Bei den F-Sternen werden Unterschiede im Verhältnis schwere Elemente : Wasserstoff merklich. Sterne der Populationen I und II unterscheiden sich darin besonders stark. O. G.

* * **O. Struve,** Henri Poincaré and his cosmogonical studies. Vgl. Ref. **1032**.

5423. **O. Struve,** The chemical composition and ages of stars. Sky and Telescope **18** 17—19. — Zusammenfassende Übersicht über den gegenwärtigen Stand der Theorie der Sternentwicklung mit einer ausführlichen Beschreibung der Strömgrenschen Methode der Sternklassifizierung. v. Hoerner

5424. **O. Struve,** Some possible evidence of evolution in individual stars. Sky and Telescope **18** 74—76, 86. — Verf. erörtert die Frage, ob die bei einigen periodischen Veränderlichen vom Typ β Canis Maioris beobachteten Zunahmen der Periode von der Ordnung 1 sec pro 100 Jahre als Anzeichen für eine individuelle Entwicklung der betreffenden Sterne aufgefaßt werden kann. Verf. findet, daß die Möglichkeit für eine solche Interpretation durchaus besteht, wenn sich dies auch zur Zeit noch keineswegs sicher entscheiden läßt. Kdr.

* * **H. Vogt,** Aufbau und Entwicklung der Sterne. Vgl. Ref. **5233**.

5425. **C. F. von Weizsäcker,** Über Sternentstehung. Physiker Tagung Heidelberg 1957 S. 44—60. Mosbach/Baden, Physik Verlag, 1958.

5426. **L. R. Whitby,** Birth of a star. J. Astr. Soc. Victoria **11** 19—25. — Populäres Referat über einige Aspekte der Entstehung von Sternen aus diffuser Materie. Kdr.

5427. **W. Zonn,** Ewolucja gwiazd. Warszawa, Państwowe Wydawnictwo Naukowe, 1958. 271 S. Preis 25 zł. — Das Buch gibt in allgemeinverständlicher Form einen Überblick über die Probleme der Sternentwicklung. Es werden im einzelnen behandelt: Hertzsprung-Russell-Diagramm, interstellare Materie, Entwicklung von Einzel- und Doppelsternen sowie von Galaxien. Rybka

5428. Fragen der Kosmogonie. Band 5. Moskau, Verlag Akad. Wiss. UdSSR, 1957. 298 S. Preis R. 13.75 (russ.). — Besprechung in RH **39** 189.

§ 55

Kosmogonie des Planetensystems

5501. **H. Alfvén,** The origin of the solar system. Fragen der Kosmogonie **6** 78—97 (russ. mit engl. Ref.). — Ref. in Math. Rev. **21** 223.

5502. **H. P. Berlage,** De ouderdom van het zonnestelsel. Hemel en Dampkring **56** 37—42. — Gemeinverständlicher Bericht über geologische und thermodynamische Schätzungen des Erdalters, radioaktive Altersbestimmungen an

Gesteinen und Meteoriten, das hypothetische Mondalter, die Abschätzung des Weltalters aus der Hubbleschen Konstanten und das errechnete Alter der Elemente. Gü.

* * **R. Bouigue,** Réflexions sur l'âge de la terre et l'âge de l'univers. Vgl. Ref. 5407.

* * **F. Cernuschi, S. Codina,** Análisis de las posibilidades de formación de planetas a consecuencia de explosiones estelares. Vgl. Ref. 5409.

5503. **E. Chvojková,** Zur Alfvénschen Kosmogonie. Pokroky **3** 192—199 (tschech.).

5504. **W. G. Fessenkow,** Über die Entwicklung der Sterne und die Entstehung des Sonnensystems. Mitt. Astrophys. Inst. Alma-Ata **7** 3—10 (russ. mit engl. Ref.). — Auf Grund der gegenwärtigen astronomischen Kenntnisse ist es ziemlich klar, daß die Sterne aus den galaktischen Nebeln entstanden sind. Während ihrer Bildung blieb ein Teil der diffusen Materie dem Zentralkörper fern und lieferte die Materie für die Planeten. Der Ursprung der Großen Planeten ist im wesentlichen derselbe wie der der Sterne, also einfach das Resultat des Anwachsens von Kondensationen im allgemeinen Medium. Die Entstehung der Erdplaneten ist komplizierter. Die Erforschung der Meteore gibt dazu einige Anhaltspunkte. Verf. (übersetzt)

5505. **J. O. Fleckenstein,** Il problema dei due corpi nel quadro della cosmogonia planetaria di Schmidt. Sem. mat. fis. Milano **27** 126—152. — Ref. in ZfMG **81** 240.

5506. **H. Spencer Jones,** Der Ursprung des Sonnensystems. Endeavour **17** 140—144. — Die Theorien über die Entstehung des Sonnensystems lassen sich in zwei Gruppen einteilen. In der ersten Gruppe wird angenommen, daß das System durch langsame Evolution aus einer Urmasse hervorgegangen ist. Die Theorien der zweiten Gruppe basieren auf der Annahme einer katastrophalen Begegnung der Sonne mit einem anderen Himmelskörper. Verf. diskutiert beide Ansichten und deutet eine Entwicklung zur befriedigenden Lösung des Problems an.

5507. **B. J. Lewin,** Entstehung und Zusammensetzung der Erde. Nachr. Akad. Wiss. UdSSR (Geophys.) 1957 Nr. 11 S. 1323—1331 (russ.). — Ref. in RJ UdSSR 1959 Nr. 1 S. 64.

* * **J.-C. Pecker,** La détermination de la composition chimique des étoiles et du soleil. Vgl. Ref. 5417.

* * **E. Schatzman,** Vues nouvelles sur l'origine des mondes. Vgl. Ref. 5420.

5508. **A. K. Suslow,** Kosmogonie und Astrobiologie. Publ. Sektor Astrobotanik Akad. Wiss. Kasach. Sowjetrepublik **6** 39—42 (russ.). — Ref. in RJ UdSSR 1959 Nr. 6 S. 66.

5509. **N. P. Suworoff,** Die Entwicklung der Sonne. Naturwissenschaften **45** 434. — Vorläufige Mitteilung.

5510. **J. Tuominen,** On the vortices postulated in von Weizsäcker's theory of the origin of the solar system. ZfA **46** 88—91. — Die Bewegungsgleichungen für ebene, reibungsfreie Wirbel im Schwerefeld der Sonne werden aufgestellt. Es zeigt sich, daß einige der in der Hydrodynamik sonst üblichen Vernachlässigungen hier nicht statthaft sind, dafür jedoch einige andere Größen vernachlässigt werden dürfen. v. Hoerner

5511. **H. C. Urey,** The early history of the solar system as indicated by the meteorites. Proc. Chem. Soc. 1958 März S. 67—78. — Ref. in RJ UdSSR 1959 Nr. 2 S. 66.

5512. **F. L. Whipple,** Notes on comets, meteors, and planetary evolution. Publ ASP **70** 485—488 = Harv Repr Nr. 506. — Das photographische Meteorprogramm des Harvard-Observatoriums hat gezeigt, daß fast alle visuellen Meteore von Kometen stammen. Die neuen Ergebnisse, die das Meteormaterial als sehr zerbrechlich und sehr wenig dicht gezeigt haben, sowie das Auftreten von Mikrometeoriten von normaler Dichte und schließlich das Vorkommen von freien Radikalen aktiver Elemente in den Kometenkernen schreiben gewisse Bedingungen für die Entstehung von Kometen vor. Verf. versucht, ausgehend von den Kuiperschen Vorstellungen über die Kosmogonie des Sonnensystems die Bildung der Kometenkerne zu erklären. O. G.

5513. Origin of comets. Nature **181** 394.

VII. Sonne

§ 60

Astrometrische Beobachtungen, Allgemeines

6001. **Astrometrische Beobachtungen**

Greenwich Astronomical Results 1948, A 8—A 11. Observed right ascensions, declinations and diameters.

Desgl. für 1950, 1951, 1952, A 8—A 12.

6002. **G. Abetti,** The Sun. Vgl. AJB **57** Ref. **6002**. — Weitere Besprechung in La Nature **86** 118.

6003. **F. G. Bass, S. Y. Braude,** The reflection of radar signals from the sun. Bul. Inst. Politeh. Iasi (NS) **4** 127—134 (russ. mit engl. Ref.). — Ref. in Phys. Ber. **38** 2038, Phys. Abstracts (A) **62** 498.

6004. **F. G. Bass, S. Y. Braude,** The reflection of radar signals from the sun. Ukrain. Phys. J. **2** Nr. 2 S. 149—164, 1957 (ukrain. mit russ. und engl. Ref.). — Ref. in Phys. Abstracts (A) **61** 704.

* * **F. M. Branley,** Die Sonne in neuer Sicht. Spezialkamera für Aufnahmen in 24 km Höhe. Vgl. Ref. **2107**.

* * **P. ten Bruggencate,** Neuere Erkenntnisse auf dem Gebiet der Physik der Sonne. Vgl. Ref. **1378**.

6005. **A. Danjon,** La parallaxe du Soleil et les distances en astronomie. Ciel et Terre **74** 1—12. — Zusammenfassender Bericht über die verschiedenen Methoden der Bestimmung der Sonnenparallaxe seit Cassini und Diskussion der Ergebnisse. Hinweis auf eine noch unveröffentlichte Reihe neuerer Messungen der Radialgeschwindigkeit von Venus in Paris mit dem vorläufigen Ergebnis: $\pi_{\odot} = 8\overset{''}{.}788$. Bo.

6006. **P. M. Djurković,** Sonne und Sonnenoberfläche. Vasiona **5** 97—100, 1957 (serb.). — Nach einer kurzen Beschreibung der hauptsächlichsten Eigenschaften der Sonne wird über die internationale Zusammenarbeit zwischen den astronomischen Observatorien, insbesondere im Internationalen Geophysikalischen Jahr, berichtet. Dabei wird besonders auf die Aufgaben der Sternwarte Belgrad eingegangen. Eksinger

6007. **R. A. Gallant,** Exploring the Sun. Garden City Books, 1958. 56 S. Preis $ 2.50. — Besprechung in Sky and Telescope **18** 44.

6008. **S. D. Gossner,** What's what in the sun. Nature Mag. **51** 435—436, 445. — Ref. in RJ UdSSR 1959 Nr. 5 S. 7.

6009. **K. O. Kiepenheuer,** Die Sonne. Vgl. AJB **57** Ref. **6009.** — Weitere Besprechung in La Nature **86** 158.

6010. **M. A. Kljakotko,** Eine Methode zur unmittelbaren Bestimmung heliographischer Koordinaten von Einzelheiten der Sonnenoberfläche bei spektrohelioskopischen und spektrographischen Beobachtungen. Sonnendaten 1957 Nr. 6 S. 123—126 (russ.).

6011. **E. Lalou,** Le soleil. Paris, R. Delpire, 1958. 108 S. mit 100 Abb. — Besprechung in Ann d'Astrophys **21** 229 (J. C. Pecker).

6012. **J. Mergentaler,** Słońce. Warszawa, Państwowe Wydawnictwo Naukowe. 1958. 310 S. Preis zł 66.— Inhalt: 1.) Eigenschaften der Sonne; 2.) Sonnenstrahlung; 3.) Sonneninneres; 4.) Photosphäre; 5.) Vorgänge in der Photosphäre; 6.) Chromosphäre; 7.) Sonnenkorona; 8.) Radiostrahlung der Sonne. Jeder Abschnitt enthält eine Bibliographie. Rybka

* * **O. Mohler,** Solar spectroscopy. Vgl. Ref. **2247.**

6013. **H. W. Newton,** The Face of the Sun. London, Penguin Books, 1958. 208 S. mit 36 Fig. und 16 Tafeln. Preis 3 s. 6 d. — Besprechung in J RAS Canada **53** 236 (D. Hogg), NAT 1958 S. 143 (P. Darnell), Obs **79** 25—26 (M. A. Ellison), Publ ASP **71** 249 (S. B. Nicholson), Sky and Telescope **18** 278, 461 (H. L. Bondy).

6014. **M. Schwarzschild, J. B. Rogerson jr., J. W. Evans,** Solar photographs from 80,000 feet. AJ **63** 313. — Ref. AAS.

6015. **J. I. Witinskij,** Einige Anwendungsergebnisse der Isolinienmethode zur Herstellung synoptischer Sonnenkarten. Sonnendaten 1958 Nr. 3 S. 75—78 (russ.).

6016. The Solar System. Vol. I. The Sun. Herausgegeben von G. P. Kuiper. Moskau, Verlag für ausländische Literatur, 1957. 609 S. Preis R. 42.15 (russ.). — Übersetzung des in AJB **53** Ref. **6015** zitierten Buches. — Besprechung in RH **39** 71.

6017. Negative solare su carta. Coelum **26** 139—140.

6018. Tests of the solar ephemeris. Sky and Telescope **17** 119. — Ref. AAS.

§ 61

Theorie, Rotation, Magnetfeld

6101. **M. Kopecký,** Relative Bewegung von Partikeln auf Grund der differentiellen Sonnenrotation. BAC **9** 121—125. — Die durch die differentielle Sonnenrotation hervorgerufenen relativen Partikelgeschwindigkeiten wachsen in der Richtung gegen die tiefsten der Beobachtung zugänglichen Schichten der Sonnenatmosphäre. Die relative Geschwindigkeit von Partikeln, die zu einander in derselben Radialrichtung liegen, erlangt ihren höchsten Wert in ungefähr 50° heliographischer Breite und beträgt bei einer Partikelentfernung von 1 km etwa 1 bis 10 cm/sec. Die relative Geschwindigkeit von Partikeln, die zueinander in derselben Meridianrichtung liegen, erlangt ihren höchsten Wert in etwa 35° heliographischer Breite und beträgt bei einer Partikelentfernung von 1 km ungefähr 10^{-2} cm/sec. Es ist nicht ausgeschlossen, daß zwischen der Sonnentätigkeit und den durch die differentielle Sonnenrotation hervorgerufenen Partikelgeschwindigkeiten ein gewisser Zusammenhang besteht. Verf.

6102. **M. Kopecký,** Rotation of the sun in the heliographic latitudes 40°—50°. RH **39** 197—198 (tschech.).

Theorie der Atmosphäre

6103. **R. G. Athay, R. N. Thomas,** On the use of the early Balmer lines to extend the photospheric model. ApJ **127** 96—107 = Harv Repr Nr. 482. — Die Ergiebigkeit in den niedrigen Balmerlinien kann nicht durch die der lokalen Elektronentemperatur entsprechende Kirchhoff-Planck-Funktion approximiert werden. Sie wird vielmehr in erster Näherung durch das Strahlungsfeld in *H* bestimmt. Das Verhalten der Restintensitäten der verschiedenen Balmerlinien am äußersten Sonnenrand wird unter Zuhilfenahme der Spiculen-Vorstellung gedeutet. Böhm

* * **W. S. Berditschewskaja,** Theoretical and observed equivalent widths of some strong lines in the sunspot spectrum. Vgl. Ref. **6303**.

6104. **K. H. Böhm,** Über die Größe der Konvektionselemente in Schichten mit variablem Temperaturgradienten. ZfA **46** 245—256 = Sonderdruck Sternw. Kiel. — Die solare Wasserstoffkonvektionszone zeigt im wesentlichen folgende Struktur: Eine sehr instabile nur etwa 500 km dicke Schicht liegt über einer Zone sehr viel kleinerer Instabilität von mindestens 60000 km Dicke. Stabilitätsbetrachtungen zeigen, daß unter solchen Verhältnissen die konvektiven Strömungen in der oberen Teilzone weitgehend unabhängig von den Verhältnissen im unteren Teil der Konvektionszone sind und daß die charakteristischen Konvektionselemente in den oberen Schichten der solaren Konvektionszone einen Durchmesser von etwa 500 km haben müssen. Böhm

6105. **A. Brown,** On the stability of a hydromagnetic prominence model. ApJ **128** 646—663. — Herleitung der partiellen Differentialgleichung eines zweidimensionalen Modells einer Protuberanz, die als kompressible, reibungsfreie Flüssigkeit hoher Leitfähigkeit im statischen Gleichgewicht unter normalen hydrodynamischen Kräften betrachtet wird. Eine Lösung der Gleichung wird diskutiert und mittels einer Variationsmethode gezeigt, daß sie stabil ist gegenüber vertikalen und vermutlich auch gegenüber horizontalen Verschiebungen. Letzteres hängt von zwei Parametern ab, von denen nur eine Auswahl betrachtet wird. Voigt

6106. **R. J. Coates,** A model of the chromosphere from millimeter wave-length observations. ApJ **128** 83—91. — Verf. entwickelt ein neues Modell der Chromosphäre, das insbesondere der Existenz der Spiculen Rechnung trägt. Das Modell beruht vornehmlich auf Beobachtungen der Sonnenstrahlung bei 8.6 und 4.3 mm Wellenlänge. Die Spiculen werden als Zylinder mit 1500 km Durchmesser und Höhen zwischen 3000 und 18000 km angenommen; ihre Basis liegt an der Photosphäre und ihre Häufigkeit nimmt mit der Höhe rasch ab. Die Millimeterstrahlung spricht für eine Temperatur der Spiculen von 6400° K; das Gas zwischen ihnen ist heißer. Micz.

6107. **A. Dauvillier,** Sur le mécanisme de l'activité solaire. CR **246** 1945—1947. — Es wird eine qualitative Theorie entwickelt, derzufolge durch das Zusammenwirken der differentiellen Rotation und einer aus der Entstehungsgeschichte der Planeten begründbaren Deformationsschwingung in Richtung der Rotationsachse (Periode 22 Jahre) in der Nähe der Pole magnetische Wirbelsysteme entstehen, die äquatorwärts wandern und sich als Aktivitätszentren bemerkbar machen. Einige Folgerungen werden diskutiert. Mehltretter

6108. **L. R. Doherty, M. L. Hazen, D. H. Menzel,** The calculation of line profiles in a stratified atmosphere. AJ **63** 305. — Ref. AAS.

* * **V. C. A. Ferraro, C. Plumpton,** Hydromagnetic waves in a horizontally stratified atmosphere. Vgl. Ref. **269**.

6109. **D. Mugglestone,** A study of the determination of solar atmospheric abundances. MN **118** 432—457. — Es wird gezeigt, daß es bei hochangeregten Linien, die in tiefen Schichten entstehen, nicht genügt, die Planckfunktion durch eine dreigliedrige Potenzreihe zu ersetzen, sondern daß vielmehr ihre präzise Form verwendet werden muß. Als Beispiel werden neun schwache infrarote Stickstofflinien untersucht. Je nach dem benutzten Sonnenmodell ergeben sich für log H/N Werte zwischen 4.07 und 4.29 (gegenüber 3.39 und 2.98 früherer Autoren). Voigt

6110. **H. Neckel,** Die Randverdunklung der Sonne bei 4674 Å und die Temperaturverteilung in den äußersten Photosphärenschichten. ZfA **44** 153—159 = Mitt. Landessternw. Heidelberg Nr. 104. — Aus einer Aufnahme der partiell verfinsterten Sonne am 30. Juni 1954 wird unter Berücksichtigung der am Mondrand erhaltenen Streufunktion die Randverdunklung bei λ 4674 Å für sin $\vartheta > 0.98$ und die Temperaturverteilung in den äußeren Photosphärenschichten abgeleitet. Das Ergebnis ist für optische Tiefen $\tau_0 > 0.05$ in überraschend guter Übereinstimmung mit dem von ten Bruggencate, Gollnow und Jäger angegebenen Modell, zeigt dagegen bei $\tau_0 \approx 0.05$ einen steilen Temperaturabfall, der eine Grenztemperatur von 3500 bis 3600° K andeutet. Verf.

6111. **H. Neckel,** Die Temperaturverteilung der Sonnenphotosphäre aus Restintensitäten von Fraunhoferlinien. ZfA **44** 160—168 = Mitt. Landessternw. Heidelberg Nr. 105. — Es wird versucht, aus den Restintensitäten von Fraunhoferlinien mit bekannten relativen *gf*-Werten die Temperaturverteilung in der Sonnenphotosphäre abzuleiten. Das Ergebnis zeigt einen Temperaturabfall in den äußersten Schichten bis zu log $\tau_0 \approx -5$, wo eine Grenztemperatur von etwa 3600° K angedeutet ist. Verf.

6112. **L. Oster,** Bemerkungen zum Emissionsmechanismus der Sonneneruptionen. Mitt. AG 1957/I S. 30. — Ref. AG.

6113. **J. Over,** On the vaporization of solid particles near the sun. Proc. K. Nederl. Akad. Wetensch. (B) **61** 74—84 = Circ. Astr. Inst. Univ. Amsterdam Nr. 12. — Unter der Annahme, daß SiO_2-Partikel für $\lambda > 3.6\ \mu$ vollständig absorbieren, wird die Temperatur solcher Partikel als Funktion des Abstandes von der Sonne berechnet. Aus der Dampfdruckkurve von SiO_2 und einer zu 2×10^{-21} g cm^{-3} angenommenen Dichte der Partikel ergibt sich, daß innerhalb von etwa vier Sonnenradien diese Partikel im wesentlichen verdampfen, außerhalb dagegen erhalten bleiben. Etwas abweichende Annahmen über die eingeführten Parameter (Sonnentemperatur, Absorptionsgrenze und Dichte) führen praktisch zu demselben Ergebnis. Mehltretter

6114. **E. N. Parker,** Suprathermal particle generation in the solar corona. ApJ **128** 677—685. — Es wird gezeigt, daß hydromagnetische Wellen, die von der Sonne nach außen durch die Korona laufen, den größten Teil ihrer Energie zur Bildung suprathermischer Teilchen verwenden. Es wird vermutet, daß dies die Quelle der 3×10^{28} erg/sec darstellt, die nötig sind, um die Korona bei einer kontinuierlichen Expansion (solarer Wind) auf der Temperatur von 2×10^6 Grad zu halten. Die bisher betrachteten Quellen reichen zwar aus, die statische Korona (nur Abstrahlung) im Gleichgewicht zu halten, nicht aber den Verlust durch die Expansion zu decken. Voigt

6115. **P. Proisy,** L'effet de la courbure sur l'interprétation de l'assombrissement du disque solaire. Ann d'Astrophys **21** 151—161 = Publ. Obs. Lyon (1) **5** Fasc. 30. — Die Wirkung der Schichtkrümmung der Sonnenatmosphäre auf dem Photosphärenmodell, das man aus der Mitte-Rand-Verdunklung ableitet, wird bestimmt, indem man die Chromosphärenschichten in Betracht zieht; diese Wirkung führt zu einer Erniedrigung der Temperatur der Oberfläche von ca. hundert Grad. Zwei Interpolationsformeln werden berücksichtigt und diskutiert. Verf.

* * **E. Schoenberg,** Eine hydrodynamische Theorie der äquatorialen Beschleunigung der Sonne und der Bildung von Sonnenflecken. Vgl. Ref. **6349**.

6116. **R. L. Sears,** An evolutionary sequence of solar models. AJ **63** 53—54. — Ref. AAS.

6117. **J. H. Waddell III,** Study of solar turbulence based on profiles of weak Fraunhofer lines. ApJ **127** 284—301 = Harv Repr Nr. 483. — Mit dem Ziel, Material zur Klärung der Ursache der Linienverbreiterung nach dem Sonnenrande hin beizubringen, wurden lichtelektrische Beobachtungen der Profile von elf schwachen Fraunhoferlinien an je sechs Stellen der Sonnenscheibe angestellt. Der Analyse der Linienprofile wurde die Methode der Gewichtsfunktionen von Pecker zu Grunde gelegt. Eine gute Darstellung der Beobachtungsergebnisse der Mitte-Rand-Variation sowohl der Profile wie auch der Zentralintensitäten und der Halbbreiten ergibt sich unter der Voraussetzung einer Linienverbreiterung durch nicht-isotrope, von der Höhe unabhängige Turbulenz mit einer radialen Turbulenzgeschwindigkeit von 1.8 km/sec und einer tangentialen Turbulenzgeschwindigkeit von 3.0 km/sec. Kdr.

6118. **J. Wasiutynski,** The dynamic constitution of the outer layer of the sun. I. Rotation, meridional currents, activity. Ann d'Astrophys **21** 119—136. — Es wird ein Zwei-Schichten-Modell für den Aufbau der Sonne vorgeschlagen. Die innere, hydromagnetisch turbulente Schicht rotiert im ganzen gleichförmig infolge von ursprünglich im Innern vorhandenen Magnetfeldern, während die äußere Schicht durch die innere infolge Jeans-Effekt und Turbulenz beschleunigt wird. Die beobachtete äquatoriale Rotationsbeschleunigung an der Sonnenoberfläche läßt sich nach diesem Modell erklären, wenn die Grenze zwischen den beiden Schichten in eine Tiefe von 40000 km verlegt wird. Ferner wird nachgewiesen, daß damit die mit wachsender Breite zunehmende Poldrift der Sonnenflecken und ihre Änderung mit der Phase des Sonnenfleckenzyklus sowie die Wanderung der Fleckenzonen gegen den Äquator während des Zyklus qualitativ wie quantitativ gedeutet werden können. H. M.

6119. **J. Wasiutynski,** The dynamic constitution of the outer layer of the sun. II. Diffusion and chemical stratification. Ann d'Astrophys **21** 137—150. — Gemäß der Hypothese des Zwei-Schichten-Modells können die Vorgänge auf der Sonnenoberfläche durch die Existenz der tiefer gelegenen turbulenten Schicht verstanden werden. Es ist aber dafür notwendig, daß die Opazität der höheren Schicht stark herabgesetzt ist. Es wird nun gezeigt, daß dies durch einen Diffusionsprozeß erreicht werden kann, durch den Helium und die schwereren Elemente aus dieser Schicht entweichen, wobei dieser Prozeß in einer Zeitspanne von 200—300 Millionen Jahren zu einer scharf abgegrenzten Wasserstoffschicht von 40000 km Dicke führt, wie nach der Hypothese verlangt wird. H. M.

6120. **J. Wasiutynski,** The dynamic constitution of the outer layer of the sun. III. Recurrence of deep-seated convection in the ice ages. Ann d'Astrophys **21** 169—185. — Der Aufbau der Wasserstoffzone in dem vorgeschlagenen Zwei-Schichten-Modell im Laufe von 2.5×10^8 Jahren wird periodisch durch Konvektion aus der unteren Schicht und einen daraus resultierenden Mischungsprozeß unterbrochen. Dieser Ausbruch der Konvektion bewirkt auch die Wiederherstellung des Magnetfeldes in dieser Schicht auf eine Stärke von rund 4000 Gauß, das dann im Laufe der genannten Periode der Diffusion exponentiell auf 1.5 Gauß abfällt. Die maximale Feldstärke, die sich aus der Länge der Periode ableiten läßt, gibt gerade den richtigen Wert für die Sonnenfleckenfelder, die als Proben dieses inneren Feldes aufgefaßt werden können. Durch den Einfluß des Mischungs- und anschließenden Diffusionsprozesses auf die Ausstrahlung der Sonne lassen sich in plausibler Weise die großen Eiszeiten der Erde erklären, die eben dieser Periode folgen. H. M.

6121. **C. Whitney,** Granulation and oscillations of the solar atmosphere. Smithsonian Contr. Astrophys. **2** 365—376 = Harv Repr (2) Nr. 127. — Zusammenstellung der Beobachtungen und theoretische Untersuchung der Granulation (steady-state-Lösung der linearisierten Bewegungsgleichungen). Auf zwei Punkte wird hingewiesen: 1.) Es kann sich nicht um reine Kompressions- sondern nur um ein Gemisch von Kompressions- und Gravitationswellen handeln. 2.) Die weitere physikalische Interpretation erfordert die Bestimmung der Phasenbeziehung zwischen Helligkeit und Geschwindigkeit (Spektren hoher räumlicher und zeitlicher Auflösung). Voigt

6122. Turbulence in the solar atmosphere. Irish AJ **5** 113—114.

Magnetfeld

6123. **H. D. Babcock, W. C. Livingston,** Changes in the sun's polar magnetic field. Science **127** 1058. — Ref. — Ferner: Sky and Telescope **17** 555. — Ref. in NAT 1958 S. 101.

6124. **M. Correll, W. O. Roberts,** Atmospheric magnetic fields above active solar region of April 13, 1950. ApJ **127** 726—730. — Eine Betrachtung der Bewegungsvorgänge in der Protuberanzentätigkeit über einem aktiven Gebiet der Sonne am 13. April 1950 führt zu der Annahme eines magnetischen Dipols von 0.03 Sonnenradien unter der Oberfläche. Zusammen mit der Protuberanzentätigkeit trat erhöhte Radiostrahlung im Meterwellengebiet und eine magnetische Störung auf. Micz.

* * **M. Makita,** Inhibition of convection by a magnetic field. Vgl. Ref. **5115.**

* * **W. Mattig,** Zur Linienabsorption im inhomogenen Magnetfeld der Sonnenflecken. Vgl. Ref. **6341.**

6125. **E. N. Parker,** Dynamics of the interplanetary gas and magnetic fields. ApJ **128** 664—676. — Es werden die dynamischen Konsequenzen der Feststellung von Biermann untersucht, daß zeitweilig Gas in allen Richtungen von der Sonne mit Geschwindigkeiten von 500—1500 km/sec ausströmt. Diese Geschwindigkeiten und die interplanetaren Dichten von 800 Ionen/cm^3 folgen aus den hydrodynamischen Gleichungen für eine Korona von 3×10^6 Grad. Es wird gezeigt, daß das ausströmende Gas das Magnetfeld mitnimmt, so daß nahe der Sonne die Kraftlinien radial verlaufen. Groth

6126. **M. Sandoval Vallarta,** Sobre el problema del campo magnético general del Sol y el efecto de albedo. An. Inst. geofis. Univ. nac. México **1** 140—147, 1955. — Ref. in RJ UdSSR 1959 Nr. 6 S. 53—54.

6127. **A. B. Sewerny, V. Bumba,** On the penetration of solar magnetic fields into the chromosphere. Obs **78** 33—35. — Verschiedene Beobachtungen zeigen, daß die mit Fleckengruppen verbundenen Magnetfelder bis zu Höhen von mindestens 2000 km in die Chromosphäre reichen: 1.) Übereinstimmender Verlauf der Feldstärkeänderungen aus Messungen in Linien, die in der Photosphäre entstehen und im Kern von Hβ; 2.) Über Flecken geringere maximale Feldstärke in Hα im Vergleich zur K-Linie; 3.) Das Aussehen von Hα über randnahen Flecken spricht für eine absorbierende Wolke über dem Fleck. O. G.

6128. **H. Shimooda,** Solar and interplanetary magnetic field. II. Polar rays and the general magnetic field. Publ. Astr. Soc. Japan **10** 107—119. — Aus Finsternisbeobachtungen von 1954 und 1955 wird der Verlauf der Polarstrahlen, die als Kraftlinien eines allgemeinen Magnetfeldes der Sonne aufgefaßt werden, bestimmt. Die Orthogonalen hierzu, also magnetische Äquipotentialkurven, werden durch eine einfache Formel dargestellt; sie entsprechen nicht einem Dipolfeld. Die Beobachtungen werden unter der Annahme eines kräftefreien Magnetfeldes und hydrostatischen Gleichgewichts der Korona magnetohydrodynamisch interpretiert. Voigt

* * **W. E. Stepanow,** On the theory of the formation of absorption lines in a magnetic field and the profile of Fe λ 6173 Å in the solar sunspot spectrum. Vgl. Ref. **6355**.

§ 62

Sonnenfinsternisse

6201. **G. Elwert,** Die Verteilung der Röntgenstrahlung der Sonnenkorona über die emittierende Fläche und die Restintensität bei totalen Sonnenfinsternissen. J. Atmosph. Terr. Phys. **12** 187—199 = Mitt. Astr. Inst. Univ. Tübingen Nr. 31. — Während bei der Deutung des zeitlichen Verlaufs der Elektronendichte in der E-Schicht bei totalen Sonnenfinsternissen gewöhnlich angenommen wird, daß die Intensität der ionisierenden Strahlung proportional zur Fläche der optisch sichtbaren Sonnenscheibe ist, hat sich neuerdings gezeigt, daß bei der Totalität ein Restbetrag ΔJ der Intensität J übrigbleibt. Da es wahrscheinlich ist, daß der wesentliche Beitrag zur Bildung der normalen E-Schicht von einer langwelligen Röntgenstrahlung der Sonnenkorona stammt, wird die Intensitätsverteilung dieser Strahlung über die emittierende Fläche für die ungestörte Korona unter Berücksichtigung der Selbstabsorption der Linien untersucht. Am Rand ergibt sich eine Aufhellung. Deshalb ist der Wert von $R = \Delta J/J$ vom Verhältnis η des scheinbaren Mondradius zum Sonnenradius abhängig, kann also bei den einzelnen Finsternissen merklich verschiedene Werte haben. Infolge der Abplattung der Korona kommt die Strahlung hauptsächlich aus der Äquatorgegend. Verwendet man das Waldmeiersche Modell der Dichteverteilung der Elektronen, so findet man für die Reststrahlung R mit $\eta = 1.02$ (gültig für die Finsternisse von 1952 und 1954) etwa 17 bis 22 %, mit $\eta = 1.06$ (Finsternis von 1955) etwa 10 bis 12 %. Diese Ergebnisse ermöglichen eine Deutung der ionosphärischen Beobachtungen, wobei gegebenenfalls noch die Beiträge lokaler Quellen zu berücksichtigen sind. Verf.

6202. **G. Elwert,** Die Restintensität der Röntgenstrahlung der Sonnenkorona bei totalen Sonnenfinsternissen. Mitt. AG 1957/I S. 32. — Ref. AG.

6203. **S. D. Gossner,** Solar eclipses 1963—1967. US Naval Obs. Circ. Nr. 85, 11 S. — Fortsetzung von Circ. Nr. 59: Kurze Angaben über sämtliche Sonnenfinsternisse in den betreffenden Jahren; bei den totalen und ringförmigen Finsternissen ist außerdem der Verlauf der Zentrallinie gegeben (für die totale, aber nicht zentrale Finsternis 1967 Nov. 2 statt dessen der Verlauf der nördlichen Grenzkurve). T. L.

* * **G. A. Gursadjan,** Von der Mondionosphäre hervorgerufene Radiointerferenzerscheinungen. Vgl. Ref. **7321**.

6204. **C. M. Minnis,** The interpretation of changes in the E- and F1-layers during solar eclipses. J. Atmosph. Terr. Phys. **12** 272—282.

6205. **G. H. Munro, L. H. Heisler,** Ionospheric records of solar eclipses. J. Atmosph. Terr. Phys. **12** 57—67. — Ref. in Phys. Abstracts (A) **61** 198, Phys. Ber. **38** 996—997.

6206. Sonnenfinsternis 1944 Juli 20

J. C. Bhattacharyya, Non-uniformity in the brightness of the sun's disk at sunspot minimum. J. Atmosph. Terr. Phys. **13** 43—44.

6207. Sonnenfinsternis 1952 Februar 25

H. von Klüber, Intensities, polarization and electron density of the solar corona from photographs taken at the total solar eclipse of 1952 February 25. MN **118** 201—223 = Contr. Cambridge Obs. Nr. 28. — Bei der totalen Sonnenfinsternis vom 25. Februar 1952 wurden in Khartum sechs Aufnahmen gewonnen, wobei mit Hilfe einer vierfachen Kamera mit vier praktisch identischen Objektiven gleichzeitig auf jede Platte vier Koronabilder exponiert waren, das eine direkt, die anderen drei durch Polaroide, deren Polarisationsebenen sich jeweils um 60° unterschieden. Plan und Ausführung der Beobachtungen und der nachfolgenden Reduktionen werden ausführlich beschrieben. Die Photometrie der Aufnahmen liefert absolute Intensitäten des Koronalichts sowie Betrag und Richtung der Polarisation; dadurch können die Beiträge der K-Korona und der F-Korona getrennt und die Elektronendichten ermittelt werden. Alle Ergebnisse sind graphisch dargestellt. Schließlich wird ein Vergleich mit dem theoretischen Koronamodell von van de Hulst durchgeführt. Auch andere Beobachtungen werden noch zur Diskussion herangezogen. H. M.

C. J. Macris, Sur la variation de l'éclat du zénith pendant l'éclipse totale du Soleil du 25 Février 1952. CR Acad. Athènes **30** 23—27, 1955 = National Obs. Athens Repr. Nr. 3. — Die Himmelshelligkeit im Zenit wurde in Khartum während der totalen Sonnenfinsternis vom 25. 2. 1952 visuell gemessen. Im Augenblick der Totalität war die Zenithelligkeit im Grünen um $7^{m}_{.}00$ und im Roten um $5^{m}_{.}75$ abgeschwächt. Mawridis

W. I. Moros, Relative Photometrie des feurigen Rings während der Sonnenfinsternis vom 25. Februar 1952 in Artschman. Bull. Astr.-Geod. Ges. UdSSR Nr. 22 S. 35—37 (russ.).

C. Pecker, Etude d'une condensation coronale. CR **247** 1713—1715 = Contr. Inst. d'Astrophys. Paris (A) Nr. 247. — Auf Spektralaufnahmen der Korona, die von Lyot während der Finsternis im Februar 1952 in Khartum erhalten wurden, findet sich am Westrand der Sonne ein äußerst aktives Gebiet, das durch ein sehr kräftiges Kontinuum und zahlreiche bisher unbeobachtete Koronalinien ausgezeichnet ist. Das Verhalten der Äquivalentbreiten der Linien dieser Kondensation relativ zu gewissen mittleren Äquivalentbreiten wird beschrieben und diskutiert. Kdr.

J. B. Zirker, The metallic chromosphere at the Khartoum eclipse. ApJ **127** 680—713. — Für eine Anzahl von Metallinien der Chromosphäre werden logarithmische Emissionsgradienten und absolute Intensitäten als Funktion der Höhe mitgeteilt. Die Beobachtungen wurden anläßlich der totalen Finsternis 1952 in Khartum angestellt. Die Gradienten werden an Hand von Selbstabsorption und chromosphärischen Dichtegradienten geprüft. Die Kerne vieler metallischer Fraunhoferlinien entstehen offenbar in der Chromosphäre. Micz.

Die totalen Sonnenfinsternisse vom 25. Februar 1952 und 30. Juni 1954. Redigiert von N. N. Parijskij. Moskau, Verlag Akad. Wiss. UdSSR, 1958. 357 S. Preis 20 R. **80** Kop. (russ.).

6208. Sonnenfinsternis 1954 Juni 30

R. J. Coates, J. E. Gibson, J. P. Hagen, The 1954 eclipse measurement of the 8.6-mm solar brightness distribution. ApJ **128** 406—415. — Während der totalen Sonnenfinsternis vom 30. Juni 1954 wird in Oskarshamn in Schweden innerhalb der Totalitätszone die Sonnenstrahlung bei der Wellenlänge von 8.6 mm gemessen. Aus den Registrierungen im Verlaufe der Finsternis wird die Intensitätsverteilung der 8.6 mm-Strahlung auf der Sonnenscheibe abgeleitet. Es ergibt sich konstante Intensität im zentralen Teil der Scheibe, ein ganz geringer Abfall zwischen 0.6 und 0.9 Radien vom Zentrum, eine Intensitätssteigerung von rund 10% am Sonnenrand und jenseits des scharfen Sonnenrandes ein schwacher diffuser Beitrag der Korona. Der Rand der Sonne liegt bei dieser Frequenz 4740 km über dem sichtbaren Rand. Der unerwartete Intensitätsabfall vor dem Rand läßt sich nach den Autoren so verstehen, daß in der Mitte der Scheibe die Strahlung sowohl von den kühleren Spikulen als auch von den heißeren Zwischengebieten kommt, während in Randnähe diese Zwischengebiete durch die nur von der Seite gesehenen Spikulen weitgehend verdeckt sind, so daß die gesamte Strahlungstemperatur niedriger ist. H. M.

S. G. Gordeladse, R. I. Tschuprina, Relative Spektralphotometrie einer Eruption während der totalen Sonnenfinsternis vom 30. Juni 1954. Mitt. Astr. Hauptobs. Golossejewo **2** Nr. 2 S. 155—159 (russ.).

W. P. Kartaschew, M. W. Lilejew, W. J. Skulskij, S. N. Schukstowa, Über die Beobachtung der totalen Sonnenfinsternis vom 30. Juni 1954 durch die Swerdlowsker Expedition. Bull. Astr.-Geod. Ges. UdSSR Nr. 23 S. 3—17 (russ.).

A. Korsun, Spektralphotometrie der Sonnenkorona am 30. Juni 1954. AC Nr. 107 S. 5—6 (russ.).

M. Mädlow, Photometrie der Sonnenkorona vom 30. Juni 1954 im roten Spektralbereich. AN **284** 149—154 = Mitt. Astrophys. Obs. Potsdam Nr. 66. — Es wird eine Aufnahme der Sonnenkorona vom 30. Juni 1954 mit der effektiven Wellenlänge $\lambda_{eff} = 633$ mμ photometrisch ausgewertet. Um die Streulichtkorrektur aus der Helligkeit auf der Mondscheibe zu gewinnen, werden als Ansätze für die Streufunktion die Messungen von S. Günther benutzt. M. Mädlow

C. M. Minnis, Non-uniformity in the brightness of the sun's disk during the eclipse of 30 June 1954. J. Atmosph. Terr. Phys. **12** 266—271.

I. G. Moissejew, Observations of solar radio emission during the solar eclipse of June 30, 1954. Mitt. Astrophys. Obs. Krim **18** 196—197 (russ. mit engl. Ref.). — Die Beobachtungsergebnisse der solaren Radioemission bei $\lambda = 1.5$ m während der Finsternis zeigen Intensitätsänderungen an, die mit dunklen Filamenten und Flocculi auf der Scheibe in Verbindung gebracht werden könn(t)en. Verf. (übersetzt)

A. E. Salomonowitsch, J. N. Parijskij, U. W. Changildin, Observations in the millimeter diapason of the total solar eclipse of June 30, 1954. AJ UdSSR **35** 659—661 (russ. mit engl. Ref.). — Engl. Übersetzung in Soviet Astr. AJ **2** 612—614.

W. P. Schtscheglow, Die geographischen Koordinaten des Zentrums des Ortes, an dem sich die Expeditionen zur Beobachtung der totalen Sonnenfinsternis vom 30. Juni 1954 im Dorf Aljaty-Pristan der Aserbajdshanischen Sowjetrepublik befanden. Circ. Astr. Obs. Taschkent Nr. 296 S. 9 (russ.).

N. I. Sokolowa, Beobachtungen der Sonnenhelligkeit während der Sonnenfinsternis vom 30. Juni 1954. Bull. Astr.-Geod. Ges. UdSSR Nr. 23 S. 21—23 (russ.).

Die totalen Sonnenfinsternisse vom 25. Februar 1952 und 30. Juni 1954. Redigiert von N. N. Parijskij. Moskau, Verlag Akad. Wiss. UdSSR, 1958. 357 S. Preis 20 R. 80 Kop. (russ.).

6209. Sonnenfinsternis 1955 Juni 20

E. Brun, L'éclipse totale de Soleil du 20 juin 1955. BSAF **72** 276—277.

6210. Sonnenfinsternis 1955 Dezember 14

R. G. Rastogi, Vertical soundings at Ahmedabad during partial solar eclipse on 14th December 1955. Proc. Indian Acad. Sci. (A) **47** 65—76. — Ref. in RJ UdSSR 1959 Nr. 8 S. 41.

6211. Sonnenfinsternis 1956 Juni 8

Southern Stars **17** 97. Partial solar eclipse. — Beobachtung in Rarotonga.

6212. Sonnenfinsternis 1956 Dezember 2

W. M. Pletschkow, K. M. Streshnewa, Beobachtungen der partiellen Sonnenfinsternis vom 2. Dezember 1956 bei den Wellenlängen 3.2 und 10 cm. Sonnendaten 1958 Nr. 3 S. 66—69 (russ.).

W. Tschernow, L'éclipse partielle de Soleil du 2 décembre 1956. Gaz astr **40** 27—28.

6213. Sonnenfinsternis 1958 April 19

N. A. Amenizkij, Z.-F. Li, A. E. Salomonowitsch, U. W. Changildin, Z.-L. Tschen, Beobachtungen der Radiostrahlung der Sonne im 8-Millimeterbereich während der ringförmigen Finsternis am 19. April 1958. Sonnendaten 1958 Nr. 7 S. 69—71 (russ.).

D. Fudsinami, Die Gruppe der Universität Kyoto zur Beobachtung der Sonnenfinsternis auf der Insel Tanegassima. Astr. Herald 51 128—130 (japan.). — Ref. in RJ UdSSR 1959 Nr. 9 S. 48.

G. B. Helfreich, S.-C. Jen, D. W. Korolkow, N. F. Ryshkow, N. S. Sobolewa, S.-T. U, K.-J. Tschen, Vorläufige Beobachtungsergebnisse der Sonnenfinsternis vom 19. April 1958 an der Polarisationsanlage für den Zentimeterwellenbereich. Sonnendaten 1958 Nr. 5 S. 66—70 (russ.).

S. Itoh, Observation of the annular eclipse of April 19, 1958. Mem. Japan Astr. Study Ass. 2 33—38.

E. G. Mirsabekjan, G. A. Jersnkanjan, P. M. Geruni, Radiobeobachtung der ringförmigen Sonnenfinsternis vom 19. April 1958 bei der Wellenlänge 50 cm. Mitt. Obs. Bjurakan Nr. 25 S. 75—81 (russ. mit armen. Ref.).

A. P. Moltschanow, F.-J. Tschen, Die ringförmige Sonnenfinsternis. Radioastronomische Beobachtungen. Bote Akad. Wiss. UdSSR 1958 Nr. 9 S. 66—69 (russ.). — Ref. in RJ UdSSR 1959 Nr. 5 S. 40.

J. Morel, L'éclipse annulaire de soleil du 19 avril 1958. BSAF 72 246.

N. N. Parijskij, Optische Beobachtungen. Bote Akad. Wiss. UdSSR 1958 Nr. 9 S. 70—71 (russ.). — Ref. in RJ UdSSR 1959 Nr. 9 S. 48.

K. Saito, K. Nishi, T. Kurashige, S. Kobane, Airborne sun-pointing device and its test at the annular eclipse on April 19, 1958. TAB (2) Nr. 112 S. 1205—1214. — Es wird eine Apparatur beschrieben, die so konstruiert ist, daß ein mit einer Rakete mitgeführtes Fernrohr trotz Rotations- und Präzessionsbewegungen der Rakete stets auf die Sonne gerichtet ist. Der dafür maßgebliche Bestandteil besteht aus zwei Paaren von Photoaugen, das eine Paar mit einem weiteren, das andere mit einem engeren Gesichtswinkel, die die jeweiligen Motoren für Höhen- und Azimutbewegungen steuern. Die Apparatur wurde auf einem Flugzeug bei der ringförmigen Sonnenfinsternis vom 19. April 1958 ausprobiert, obwohl die hier gegebenen Bedingungen von denen bei einem Raketenflug wesentlich verschieden sind. Es zeigte sich, daß bei 70% der Aufnahmen der Fehler der Richtung kleiner als 16′ war und 30′ nie überschritt. Man kann erwarten, daß bei Raketenflügen die Genauigkeit größer ist und für die Nachführung eines Spektrographen genügt. H. M.

W. M. Sobolew, Über die Sonnenfinsternis am 19. April 1958. Priroda 47 Nr. 4 S. 110 (russ.). — Vorschau.

J. Tano, Bericht über die Beobachtungen der Sonnenfinsternis auf der Insel Amumiossima. Astr. Herald 51 133—134 (japan.). — Ref. in RJ UdSSR 1959 Nr. 9 S. 48—49.

Sky and Telescope 17 413—414. April's annular eclipse observed in the orient.

Strolling Astronomer 12 35, 36. Annular solar eclipse of April 19, 1958.

YC 1484 S. 4. Plan of eclipse expeditions for 1958 April 19. — Vorschau.

6214. Sonnenfinsternis 1958 Oktober 12

B. H. Dawson, El próximo eclipse total. Rev. Astr. Nr. 144—145 S. 127—131.

A. Gutiérrez Alonso, El eclipse total de sol del 12 de octubre de 1958. An. Facul. Ci. Fís. Mat. 15, 18 S. = Univ. Chile Contr. Ci. Tecn. (F) Publ. Nr. 3.

R. J. Low, Observing plans for October's eclipse. I. Sky and Telescope 17 395—397.

R. J. Low, Observing plans for October's eclipse. II. Sky and Telescope 17 450—452.

D. Morrison, An amateur views the total eclipse of the sun. Strolling Astronomer 12 148—151.

BSAF 72 479. L'éclipse totale de Soleil du 12 octobre 1958 observée au Chili.

J. Geophys. Res. **63** 558—559. Total solar eclipse of October 12, 1958.
Science **128** 993—994. Solar eclipse.
Sky and Telescope **17** 499. Eclipse expeditions.
Sky and Telescope **17** 615. A total eclipse of the sun.
Sky and Telescope **18** 68—69. Eclipse observations on October 12th.
Trans. American Geophys. Union **39** 591—596. Total solar eclipse: October 12, 1958. — Ref. in RJ UdSSR 1959 Nr. 6 S. 53.

6215. Sonnenfinsternis 1959 Oktober 2

E. Mädlow, Die Vorarbeiten für ein wissenschaftliches Programm der Sonnenfinsternis-Expedition 1959 der VdS. Mitt. Planetenbeobachter **11** 23—24. — Vorschau.

PAT **39** 163. Solförmörkelsen den 2 oktober 1959.

6216. Sonnenfinsternis 1961 Februar 15

Annuaire pour l'an 1959, publiée par Le Bureau des Longitudes A1—A8. — Vorschau.

§ 63

Flecke, Fackeln

6301. F. Addey, The calculation of the coordinates of sunspots. JBAA **68** 309—313. — Formeln, nach denen aus den im Projektionsbild der Sonne gemessenen Polarkoordinaten eines Sonnenflecks seine heliographische Breite und Länge berechnet werden können, werden hergeleitet. Die Verwendung zweier verschiedener Formeln zur Berechnung der Länge ermöglicht eine Kontrolle des erhaltenen Resultats. Gleissberg

* * **J. D. R. Bahng,** Lifetime of photospheric pores. Vgl. Ref. **6403**.

6302. E. A. Baranowskij, N. N. Petrowa, Ein Fleck mit einem Magnetfeld von 4900 Gauß. Sonnendaten 1957 Nr. 5 S. 118—120 (russ.). — Nach Messungen am 17. und 18. Juli 1957 hatte der am 17. 7. bei $\varphi = +30°$, $L = 143°$ befindliche Fleck eine Feldstärke von 4900 Gauß. Während die Feldstärke bis zum 28. 7. monoton abnahm, erreichte die Fleckenfläche am 21. 7. ein Maximum und wurde erst danach kleiner. Loh.

6303. W. S. Berditschewskaja, Theoretical and observed equivalent widths of some strong lines in the sunspot spectrum. AJ UdSSR **35** 730—738 (russ. mit engl. Ref.). — Engl. Übersetzung in Soviet Astr. AJ **2** 682—688. — Die Arbeit stützt sich einerseits auf das Modell von Sonnenflecken nach Michard, aus dem nach dem Vorgang von Pecker die Äquivalentbreiten berechnet werden, und auf der anderen Seite auf Beobachtungen von ten Bruggencate. Benützt werden die Linien Mg 5184, CaI 4227 und Al 3961, welche qualitativ zu denselben Resultaten führen. Es zeigt sich, daß Michards Modell zu niedrige Gas- und Elektronendrucke liefert. Nimmt man auf der anderen Seite an, daß in einem Sonnenfleck mechanisches und Ionisationsgleichgewicht herrscht, so wird man auf zu hohe Werte für die Äquivalentbreiten geführt, welche allerdings den Beobachtungen etwas besser gerecht werden. Oster

6304. A. J. Besrukowa, The character of the nineteenth cycle of solar activity. Mitt. Astr. Hauptobs. Pulkowo **20** Nr. 6 (159) S. 77—102 (russ. mit engl. Ref.). — Auf Grund einer Untersuchung der Fleckenareale ist unter anderem zu erwarten: Für die Nordhemisphäre der Sonne das Maximum im Jahre 1957, für die Südhemisphäre je ein Maximum 1956 und 1958/59. Petri

6305. A. J. Besrukowa, Über die Entwicklung des Zyklus Nr. 19. II. Sonnendaten 1957 Nr. 5 S. 120—122 (russ.).

6306. A. J. Besrukowa, Die Sonnenfleckengruppenfläche 1957. Sonnendaten 1958 Nr. 3 S. 78—79 (russ.).

6307. A. D. Bonoff, Über den 22-jährigen Zyklus der Sonnenaktivität. Bull. Astr.-Geod. Ges. UdSSR Nr. 21 S. 33—36 (russ.).

6308. R. J. Bray, R. E. Loughhead, The lifetime of sunspot penumbra filaments. Australian J. Phys. **11** 185—190. — Aus einer Serie von 2400 Aufnahmen einer Fleckengruppe mit der in Ref. **2130** beschriebenen Kamera wurden 27 Aufnahmen bester Definition ausgewählt. Auf diesen Aufnahmen, die sich über einen Zeitraum von fünf Stunden erstrecken, wurden die Veränderungen der penumbralen Filamentstruktur untersucht. Es ergab sich als mittlere Lebensdauer eines solchen Filaments eine Zeit von der Größenordnung Stunden.
Mehltretter

6309. W. Brunner-Hagger, Bemerkungen zu Sonnenfleckentheorien. Orion Schaffhausen **5** 406—407. — Es wird die Idee entwickelt, daß durch die Stellungen der Planeten die Sonnentätigkeit im großen gesteuert wird, und zwar sowohl die 11-jährige als auch die rund 80-jährige Periode. Zur Veranschaulichung ist der Weg des Massenmittelpunktes unseres Sonnensystems in bezug auf den Sonnenmittelpunkt für die Zeit von 1900—1960 dargestellt. H. M.

* * **V. Bumba,** Relation between chromospheric flares and magnetic fields of sunspot groups. Vgl. Ref. **6614.**

6310. S.-T. Chao, T.-M. Pang, On the errors of the measured sun-spot area in visual projection. Acta Astr. Sinica **6** 87—91 (chines. mit engl. Ref.).

6311. E. J. Chernosky, M. P. Hagan, The Zurich sunspot number and its variations for 1700—1957. J. Geophys. Res. **63** 775—788. — In Form von Tabellen und graphischen Darstellungen werden folgende Werte mitgeteilt: Monatsmittel der beobachteten Relativzahlen 1749—1957 und Jahresmittel 1700—1957, gleitende Mittelwerte dieser Jahresmittel über 11 und 22 Jahre, gleitende Fünfmonatsmittel 1932—1957, Epochen der Minima und Maxima sowie Mittel- und Summenwerte der Relativzahlen für jeden elfjährigen Zyklus 1698—1954, Ordinaten der Minima und Maxima seit 1749, Zeiten des ersten und letzten beobachteten Flecks jedes Zyklus seit 1856. Dabei werden die von R. Wolf für die Jahre 1700—1748 berechneten Jahresmittel auf die heutige Relativzahlenskala reduziert. Gleissberg

6312. W. L. Chochlowa, Spektralphotometrische Untersuchung der H- und K-Linien des Ca II in ungestörten Gebieten und Fackelgebieten der Sonne. Moskau, Sternberg-Inst., 1958 (russ.). — Dissertationsref.

6313. W. L. Chochlowa, The determination of the optical depth of grains of continuous emission in solar faculae. Mitt. Astrophys. Obs. Krim **19** 115—125 (russ. mit engl. Ref.). — Eine Untersuchung der Linienflügel von H und K in sieben Fällen ergab: Die optische Tiefe, in der sich die in Fackeln auftretenden Kerne kontinuierlicher Emission befinden, variiert zwischen 0 und 1. Die Kerne beeinflussen ihre photosphärische Umgebung nicht sehr stark; sie selbst sind optisch durchsichtige Gebilde. Je tiefer sie stecken, um so größer pflegt ihre absolute Helligkeit zu sein. Petri

* * **A. Dauvillier,** Sur le mécanisme de l'activité solaire. Vgl. Ref. **6107.**

6314. M. S. Eigenson, Über den wahrscheinlichen Charakter des absteigenden Astes des laufenden säkularen Zyklus der Sonnenaktivität. Circ. Astr. Obs. Lwow Nr. 34 S. 16—18 (russ.). — Allem Anschein nach wird der laufende säkulare Zyklus, genau wie der des 18. Jahrhunderts, sieben — und nicht acht — Elfjahreszyklen umfassen. Demzufolge sollte das Minimum der säkularen Sonnentätigkeit in den siebziger, wenn nicht schon in den sechziger Jahren zu erwarten sein. Loh.

* * **P. S. Freier, E. P. Ney, P. H. Fowler,** Primary α-particle intensity at sunspot maximum. Vgl. Ref. 6824.

6315. **W. Gleissberg,** The eighty-year sunspot cycle. JBAA **68** 148—152. — Nach einer Darstellung der Vorgeschichte der Entdeckung des 80-jährigen Sonnenfleckenzyklus werden seine Eigenschaften und sein Nachweis in Schoves Liste der alten Nordlichtmaxima beschrieben. Gleissberg

6316. **W. Gleissberg,** Der Ablauf des achtzigjährigen Sonnenfleckenzyklus. Sterne **34** 117—122. — Die Änderungen, denen die Fleckenhäufigkeit und ihre relative Schwankung, die Fleckenverteilung auf die Nord- und Südhalbkugel und die Asymmetrie in der Lage der nördlichen und südlichen Fleckenzone relativ zum Sonnenäquator im Laufe des 80-jährigen Zyklus unterliegen, werden beschrieben. Gleissberg

6317. **W. Gleissberg,** Die Breitenausdehnung der Sonnenfleckenzonen. ZfA **46** 219—223. — Die Wanderung der Sonnenfleckenzonen zum Äquator wird von einer systematischen Änderung ihrer Ausdehnung in Breite begleitet. Die zu Beginn des 11-jährigen Zyklus etwa 10° breiten Zonen erstrecken sich kurz vor dem Maximum des Zyklus über etwa 36° in Breite und schrumpfen gegen Ende des Zyklus auf etwa 8° zusammen. Die größte Ausdehnung in Breite scheint von der Höhe des Maximums abzuhängen. Zur Erklärung des Vorgangs wird die Annahme einer Folge nacheinander zum Äquator wandernder Tätigkeitszonen vorgeschlagen. Gleissberg

6318. **G. Godoli,** Una nuova asimmetria est-ovest dell'attività solare. Rend. Accad. Nazionale Lincei, Cl. Sci. fis., mat., nat. (8) **25** 481—484 = Oss. Astrofis. Arcetri Contr. Nr. 23. — Nach Hinweis auf frühere Untersuchungen von Ost-West-Asymmetrien weist Verf. in vorliegender Notiz auf eine Asymmetrie von Zahl und Fläche der Ca-Flocculi hin, die sich aus den 1957 in Arcetri durchgeführten Beobachtungen herleiten läßt. Cester

6319. **R. Howard,** Excitation temperatures and turbulent velocities in sunspots. ApJ **127** 108—117. — In Spektren mit hoher Dispersion (0.7 Å/mm), die am 16-zölligen Koronographen des Sacramento Peak Observatoriums von zwei kleinen und einem mittleren Sonnenfleck aufgenommen wurden, werden Äquivalentbreiten und Halbwertsbreiten der Spektrallinien gemessen und Wachstumskurven konstruiert. Die Anregungstemperatur für Eisen ergibt sich aus den Wachstumskurven zu etwa 800° niedriger für die Flecken als für die Photosphäre. Die kleinen Flecken zeigen eine höhere Anregungstemperatur als der größere Fleck. Als Turbulenzgeschwindigkeit folgt aus der Wachstumskurve: 2.9 km/sec für Fleck, 1.7 km/sec für Photosphäre; aus einer Analyse der Linienprofile folgt: 3.7 km/sec für Fleck, 1.5 km/sec für Photosphäre. Gleissberg

6320. **A. M. Humby,** Sunspot and magnetic activity. Wireless World **64** 435—438.

6321. **C. de Jager,** De bouw van een zonnevlek. Hemel en Dampkring **56** 57—61. — An Hand zweier Pic du Midi-Aufnahmen wird über Beobachtungen der Granulation in der Umbra und die magnetische Theorie der Sonnenflecken berichtet. Gü.

6322. **L. Jakimiec, J. Rdułtowski,** Obserwacje fotograficzne Słońca we Wrocławiu. Urania Kraków **29** 56—57. — Beschreibung der an der Universitäts-Sternwarte in Breslau durchgeführten photographischen Sonnenbeobachtungen im Programm des Internationalen Geophysikalischen Jahres. Rybka

6323. **G. Johnson,** Naked-eye sunspot observing. Sky and Telescope **17** 138.

6324. **L. N. Karapiperis, C. J. Macris,** Quelques remarques sur la relation qui existe entre les taches solaires et les éruptions chromosphériques. CR Acad. Athènes **28** 190—192, 1953 = National Obs. Athens Repr. Nr. 4. — Der Verlauf der Monatsmittel der Sonnenfleckenrelativzahlen für die Jahre 1936—1949 wurde mit demjenigen der entsprechenden Werte des Index Q der chromosphärischen Eruptionen verglichen. Während um das Sonnenfleckenminimum (1940—1945) der Korrelationskoeffizient den Wert +0.626 hat, beträgt dieser Koeffizient für die übrigen Jahre nur +0.328. Mawridis

6325. M. A. Kljakotko, The structure of the velocity field of motions in latitude of nonrecurring sunspots. AJ UdSSR **35** 739—747 (russ. mit engl. Ref.). — Engl. Übersetzung in Soviet Astr. AJ **2** 689—697. — Verf. isoliert aus den Beobachtungen von nichtwiederkehrenden Sonnenflecken aus den Jahren 1877—1887 die Struktur eines Bewegungsfeldes in heliographischer Breite und gibt in Tabellenform die Verteilung der mittleren Geschwindigkeiten an. Oster

6326. M. Kopecký, Sonnenfleckengruppen in heliographischen Breiten $\geq 40°$. BAC **9** 34—38. — Während der Epoche hoher Maxima des 11-jährigen Sonnenfleckenzyklus erweitert sich das Gebiet des Vorkommens aktiver Zentren in der Richtung gegen die Sonnenpole. Sonnenfleckengruppen in heliographischen Breiten $\geq 40°$ zeigen die Tendenz, während einiger Rotationen der Sonne stets an derselben Stelle der Photosphäre zu entstehen. Verf.

6327. M. Kopecký, Abnahme der Sonnenflecken vom Mittelpunkt zum Rand der Sonnenscheibe. Českosl. Akad. Věd. Astr. Ústav Publ. Nr. 36, 20 S. — In der vorliegenden Arbeit werden die allgemeinen Beziehungen abgeleitet, durch die die Abnahme der Sonnenflecken vom Mittelpunkt zum Rand der Sonnenscheibe mit Rücksicht auf die Verteilung der Sonnenflecken in heliographischen Breiten bestimmt wird, wobei drei verschiedene Methoden der Darstellung dieser Abnahme verwendet werden. Durch eine annähernde Berechnung wird gezeigt, daß alle drei Methoden praktisch einen übereinstimmenden Verlauf der Abnahme ergeben, und daß die verschiedene Sonnenfleckenzahl in verschiedenen heliographischen Breiten praktisch keinen Einfluß auf den Verlauf der Abnahme der Sonnenflecken gegen den Sonnenrand ausübt. Die von F. Roggenhausen (AJB **52** Ref. **6326**) bestimmte Abnahme der Sonnenflecken gegen den Sonnenrand unterscheidet sich aus unbekannten Gründen wesentlich von den übrigen Bestimmungen und von den Resultaten des Verf. Verf.

6328. M. Kopecký, Verlauf der Anzahl neu entstandener Sonnenfleckengruppen und ihrer mittleren Lebensdauer im Zeitraum 1874—1950. Českosl. Akad. Věd. Astr. Ústav Publ. Nr. 42, 58 S. — Auf der Grundlage der Greenwicher photographischen Beobachtungen von Sonnenflecken wird die Anzahl der neu entstandenen Fleckengruppen auf der sichtbaren und unsichtbaren Sonnenhalbkugel und ihre mittlere Lebensdauer im Zeitraum 1874—1950 berechnet sowohl für die Gesamtoberfläche der Sonne als auch gesondert für die nördliche und südliche Halbkugel. Für diese zwei Charakteristiken werden die gleitenden Durchschnitte für 27 Sonnenrotationen und die mittleren Jahreswerte wiedergegeben. Die Ausgangs- und Endwerte dieser Charakteristiken werden tabellarisch gegeben und der Verlauf der gleitenden Durchschnitte in 27 Rotationen wird graphisch dargestellt. Es zeigt sich, daß die elfjährige Periode der Relativzahl durch die elfjährige Periode der Anzahl neu entstandener Fleckengruppen hervorgerufen wird, wobei die Anzahl der neu entstandenen Fleckengruppen der achtzigjährigen Periode praktisch nicht unterliegt. Dagegen wird die achtzigjährige Periode der Relativzahlen durch die achtzigjährige Periode der mittleren Lebensdauer der Fleckengruppen hervorgerufen, wobei die mittlere Lebensdauer praktisch keinen Zusammenhang mit der elfjährigen Periode hat. Verf. untersucht eine Reihe anderer Eigenschaften des Verlaufs der Anzahl neu entstandener Gruppen und ihrer mittleren Lebensdauer sowie die Abhängigkeit dieser Charakteristiken von der heliographischen Breite in den Zeitabschnitten der Maxima und Minima der elfjährigen Zyklen. Verf.

6329. **M. Kopecký,** Die Maße der mittleren Stärke der Sonnenflecken. Circ. Astr. Obs. Lwow Nr. 34 S. 1—2 (russ.). — Zur Bestimmung der mittleren Mächtigkeit der Sonnenfleckengruppen gibt es dreierlei Maße: 1.) Die Wiederkehr der Gruppen, 2.) Die mittlere maximale Gruppenfläche und 3.) Die mittlere Lebensdauer der Gruppen. Zwischen ihnen bestehen deutliche positive Korrelationen. Loh.

6330. **M. Kopecký,** Periodicity of solar activity. Pokroky **3** 66—80 (tschech.).

6331. **M. Kopecký,** Magnetische Eigenschaften der Sonnenflecken. Pokroky **3** 323—332 (tschech.).

6332. **M. Kopecký,** Obecne braki w badaniu okresowości plam słonecznych. Postępy Astr. **6** 39—41. — Die Vorhersagen, welche auf empirischen Gesetzen der Sonnenfleckenperiodizität beruhen, sind fehlerhaft. Es muß daher nach einer Prognosenmethode unter Berücksichtigung aller bisher bekannten Beziehungen gesucht werden. Einer der Hauptfehler in der Erforschung der Sonnenfleckenperiodizität ist die Verwendung von Relativzahlen, die nur die Anzahl der beobachteten Fleckengruppen repräsentieren. Es muß nach besseren Charakteristiken, als die Relativzahlen es sind, gesucht werden. Eine neue Charakteristik bildet die von Eigenson eingeführte, mittlere Intensität der Sonnenfleckengruppen. Eine neue Methode kann die Untersuchung der Fleckenperiodizität auf der sichtbaren und unsichtbaren Sonnenhalbkugel und der mittleren Lebensdauer der Flecken sein. Rybka

6333. **M. Kopecký, F. Hřebík,** Solar activity research during the first half of the IGY. RH **39** 73—77 (tschech.). — Bericht über die Sonnenbeobachtungen auf der Sternwarte in Ondřejov und auf einigen tschechoslowakischen Volkssternwarten. J. B.

6334. **M. Kopecký,** About two periods of solar activity. RH **39** 108—109 (tschech.). — Die 11-jährige Periode der Relativzahlen ist durch die 11-jährige Periode der Fleckengruppen, die 80-jährige Periode der Relativzahlen ist durch die 80-jährige Periode der mittleren Lebensdauer der Gruppen verursacht. Auf die 11-jährige Periode hat die mittlere Lebensdauer der Fleckengruppen, auf die 80-jährige Periode die Zahl der entstandenen Gruppen keinen Einfluß. J. B.

6335. **D. W. Korolkow, N. S. Sobolewa,** Neues über die Radiostrahlung der Sonnenflecken. Priroda **47** Nr. 1 S. 87—89 (russ.).

6336. **R. E. Loughhead, R. J. Bray,** The Wilson effect in sunspots. Australian J. Phys. **11** 177—184. — Mit der in Ref. **2130** beschriebenen Kamera wurde ein kleiner regulärer Fleck während seiner Wanderung vom Ost- zum Westrand der Sonnenscheibe beobachtet. Auf 38 aus einer Serie von insgesamt 24000 Aufnahmen ausgewählten Bildern bester Definition wurde der Wilson-Effekt gemessen und damit seine Realität erwiesen. Ein qualitatives Modell für diesen Effekt wird angegeben und diskutiert. Mehltretter

6337. **T. L. Mandrykina,** Die Entwicklung des laufenden säkularen Zyklus der Sonnenaktivität im Verlauf des 11-jährigen Zyklus Nr. 18. Circ. Astr. Obs. Lwow Nr. 34 S. 11—13 (russ.). — Im 18. Zyklus setzte sich das säkulare Anwachsen sowohl der fleckenbildenden als auch der geomagnetischen Aktivität der Sonne fort. Loh.

6338. **T. L. Mandrykina,** Über den Zusammenhang der Lebensdauer der Sonnenfleckengruppen mit ihrer Fläche. Circ. Astr. Obs. Lwow Nr. 34 S. 14—15 (russ.). — Zwischen der Lebensdauer der Sonnenfleckengruppen und ihren maximalen Flächen besteht nach den Daten der Greenwicher Kataloge (1900—1933) und des sowjetischen Sonnendienstes (1934—1953) eine positive Korrelation mit $r = 0.55$ bzw. 0.53. Loh.

6339. **W. Mattig,** Magnetisch bedingte Linienasymmetrie im Spektrum von Sonnenflecken. Mitt. AG 1957/I S. 28. — Ref. AG.

6340. W. Mattig, Beobachtungen randnaher Sonnenflecken in Hα. Naturwissenschaften **45** 104—105. — Verf. gelang es, am neuen Potsdamer Beugungsgitter Spektrogramme von drei randnahen Flecken in der Umgebung von Hα zu erhalten. Bei ihrer Auswertung wurde festgestellt, daß randnahe Sonnenflecken im Kern der Wasserstofflinie Hα gegenüber dem benachbarten Kontinuum zum Sonnenrande hin verschoben sind («Randverschiebung»). Dieser Effekt wird in Analogie zu der bekannten Erscheinung, daß der Kern der Hα-Linie über den Sonnenrand hinausragt, im Sinne eines Höheneffektes gedeutet. Die «Randverschiebung» wird als Funktion der Wellenlänge graphisch dargestellt. Aus den Beobachtungen folgt, daß die Emissionshöhe von Hα über den Flecken kleiner ist als über der ungestörten Photosphäre. Henn

6341. W. Mattig, Zur Linienabsorption im inhomogenen Magnetfeld der Sonnenflecken. Wiss. Z. Humboldt-Univ. Berlin Math.-Naturwiss. Reihe **7** 520. — Dissertationsref.

6342. W. Mattig, Zur Linienabsorption im inhomogenen Magnetfeld der Sonnenflecken. ZfA **44** 280—300 = Mitt. Astrophys. Obs. Potsdam Nr. 62. — Für ein Sonnenfleckenmodell, das mittels einer Extrapolation der von R. Michard gefundenen Temperaturschichtung, aber unter anderen Annahmen über die chemische Zusammensetzung berechnet wird, wird der Einfluß eines inhomogenen, d. h. von der Tiefe abhängigen Magnetfeldes auf das Verhalten der Linien des Fleckenspektrums untersucht. Es ergibt sich keine vertikale Verschiebung der Wachstumskurve, aber eine Asymmetrie der Linienkontur, aus der sich der Gradient der magnetischen Feldstärke bestimmen läßt. Falls Turbulenz die Ursache der beobachteten Verschiebung der Wachstumskurve ist, beträgt die Turbulenzgeschwindigkeit im Fleck etwa 3 km/sec. Gleissberg

6343. G. W. McQuistan, Note on frequency of high latitude sunspots. Carter Obs. Astr. Bull. Nr. 49, 3 S. — Fleckengruppen, deren Äquatorabstand größer als 30° ist, scheinen abwechselnd in je zwei aufeinanderfolgenden 11-jährigen Zyklen die nördliche und die südliche Halbkugel zu bevorzugen. Falls dieser Wechsel reell ist, sollten ebenso wie im gegenwärtigen so auch im kommenden 11jährigen Zyklus mehr derartige Gruppen auf der Nord- als auf der Südhalbkugel auftreten. Gleissberg

6344. J. Meeus, Une formule d'adoucissement pour l'activité solaire. Ciel et Terre **74** 445—449.

6345. J. Mergentaler, Wykresy aktywności słonecznej. Urania Kraków **29** 279—282. — Im Mittel besteht zwischen der Fleckenfläche F und der Sonnenfleckenrelativzahl die Beziehung $F = 16.7\,R$. Verf. erhielt für verschiedene Sonnenfleckenzyklen Beziehungen, die sich durch die allgemeine Formel $\chi = a + by + c \cos(\vartheta + \varphi)$ besser darstellen lassen. Dabei bedeuten χ die Fleckenfläche, y die Relativzahlen. Rybka

6346. C. M. Minnis, S. W. Visser, Behaviour of the present sunspot cycle. Nature **182** 1599—1600. — Ref. in Phys. Abstracts (A) **62** 183.

* * **E. R. Mustel, T. T. Zap,** The spectrophotometry of the infrared lines of ionized calcium λλ 8498, 8542, 8662 in flocculi. II. The general characteristic properties of infrared lines in the spectra of flocculi and spots. Vgl. Ref. **6667**.

* * **H. V. Neher, S. E. Forbush,** Correlation of cosmic-ray intensity and solar activity. Vgl. Ref. **12737**.

6347. S. B. Nicholson, The solar cycle. ASP Leaflet Nr. 348, 8 S.

6348. G. Reber, Solar activity cycle and spread F. J. Geophys. Res. **63** 869.

* * **E. F. Schaposchnikowa,** Filaments directly connected with sunspots. Vgl. Ref. **6679**.

6349. **E. Schoenberg,** Eine hydrodynamische Theorie der äquatorialen Beschleunigung der Sonne und der Bildung von Sonnenflecken. Mitt. AG 1957/I S. 28—30 (Ref. AG). — Abh. Bayer. Akad. Wiss. Math.-Naturwiss. Klasse (NF) Heft 85, 22 S. = Veröff. Sternw. München **5** Nr. 1. — Inhalt: Einleitung; Die Drift der Sonnenflecken nach dem Äquator; Die Drift in Länge; Das Verhältnis der Drift in Länge zu der in Breite; Ein Apparat zur Veranschaulichung der Drift der Sonnenflecken in Länge und Breite; Die möglichen Deutungen der Beobachtungen; Die Bewegungsgleichungen; Die Auflösung der 2. Navier-Stock'schen Gleichung; Die Gleichung der Welle; Die Häufigkeit und die Lebensdauer der Flecken nach Beobachtung und Theorie; Der umgekehrte Drehungssinn in den nördlichen und südlichen Flecken; Der umgekehrte Drehungssinn bei zwei benachbarten Flecken; Die Hypothese der Sturzwelle; Die Prüfungsmöglichkeit der Theorie; Schlußbetrachtungen; Literatur.

6350. **R. Servajean,** Sur la répartition en profondeur de l'effet Evershed dans les taches solaires. CR **246** 1158—1160. — Auf Spektrogrammen eines mittleren Flecks, die mit dem neuen Gitterspektrographen in Meudon gewonnen wurden (Dispersion 0.86 Å/mm), werden im Bereich $\lambda\lambda$ 5040—5404 Å die Dopplerverschiebungen von 126 Fe- und Ti-Linien verschiedenster Stärke in der Penumbra gemessen. Für alle Linien wird die optische Tiefe ihrer Entstehung (nach der Definition von Minnaert) aus dem Photosphärenmodell von Michard berechnet, und diese wiederum unter Benutzung eines aus Flecken- und Photosphärenmodellen interpolierten Modells der Penumbra in geometrische Tiefen verwandelt. Im Rahmen der Meßgenauigkeiten zeigt sich eine lineare Abhängigkeit des Dopplereffekts von der geometrischen Tiefe. Mehltretter

6351. **A. B. Sewerny, W. L. Chochlowa,** On the polarization of continuous emission in active regions on the sun. Mitt. Astrophys. Obs. Krim **20** 67—73 (russ. mit engl. Ref.). — Auf 12 besonders guten Spektrogrammen wurde der Unterschied zwischen der Polarisation des in aktiven Sonnengebieten entstehenden Kontinuums und der instrumentell bedingten Polarisation des Spektrums der angrenzenden ungestörten Photosphäre untersucht. In 30% der Fälle überstieg diese Differenz bei weitem die zufälligen Meßfehler. Damit ist gezeigt, daß und wann in den inneren Gebieten von Fackeln und in der Nähe sich entwickelnder Flecken eine Polarisation der kontinuierlichen Emission auftritt. Petri

6352. **H. Shibata,** A method of determining of correlation between f_0 F 2 and sunspot number. J. Radio Res. Labor. Tokyo **5** 65—73.

6353. **G. Stemmler,** Sonnenfleckengruppen in großem Äquatorabstand. Sterne **34** 186—188. — Zusammenstellung aller in den Jahren 1951—1957 beobachteten Sonnenfleckengruppen, deren Äquatorabstand mindestens 40° betrug. Ihre Anzahl ist 27, davon 14 im Jahre 1957. Gleissberg

6354. **W. E. Stepanow, N. N. Petrowa,** The polarities and maximum strengths of the magnetic fields of sunspots in 1956. Mitt. Astrophys. Obs. Krim **18** 66—95 (russ. mit engl. Ref.). — Verf. geben eine Tabelle der maximalen Feldstärken der Magnetfelder und der Polaritäten der Sonnenflecken, die im Turmteleskop des Astrophysikalischen Observatoriums auf der Krim 1956 beobachtet wurden. Die Messung der Feldstärken erfolgte auf Grund der Aufspaltung der Linie λ 6173. Die lineare Dispersion beträgt in diesem Teil 3.65 mm/Å. Zur Identifizierung der Flecke werden Datum, Beobachtungszeit, Nummer der Gruppe und die heliographischen Koordinaten nach den Angaben der Bergstation Kislowodsk gegeben. Verf. (übersetzt)

6355. **W. E. Stepanow,** On the theory of the formation of absorption lines in a magnetic field and the profile of Fe λ 6173 Å in the solar sunspot spectrum. Mitt. Astrophys. Obs. Krim **19** 20—45 (russ. mit engl. Ref.). — Für ein beliebig orientiertes Magnetfeld wird der Einfluß des Doppler-

Effekts auf den Absorptionskoeffizienten beim umgekehrten Zeeman-Effekt in Rechnung gestellt. Für die Wechselwirkung des Strahlungsfeldes mit den Atomen werden unter den Bedingungen des Strahlungsgleichgewichts für polarisiertes Licht zwei Gleichungen entwickelt und auf die Linie λ 6173 (Fe) angewandt. Die beste Übereinstimmung mit dem Linienprofil im Sonnenfleck entspricht einer Turbulenzgeschwindigkeit von 1.8 km/sec. Der Einfluß von Feldstärke und Blickwinkel auf die Äquivalentbreite wird untersucht. Gegenüber der Theorie von Seares ergeben sich beträchtliche Abweichungen. Petri

6356. **W. Szymański,** Powierzchnia plam słonecznych a liczby Wolfa. Urania Kraków **29** 311—313. — Verf. zeigt, daß der Umrechnungskoeffizient der Sonnenfleckenrelativzahlen auf die Fleckenfläche veränderlich ist. Rybka

6357. **W. Szymański,** Okresowe zmiany długości cykli plamotwórczych Słońca. Urania Kraków **29** 313—315. — Verf. gibt einige Bemerkungen über die periodischen Änderungen der Sonnenfleckenaktivität. Rybka

6358. **K. Toman,** Identification of M-regions on the sun. Nature **181** 641—642. — Verf. untersucht die M-Regionen auf der Sonne in ihrer Beziehung zu den Sonnenflecken. Henn

6359. **W. Tschernow,** La visibilité des taches solaires à l'œil nu. Gaz astr **40** 23—25. — Zusammenstellung der Tage, an denen Verf. in den Jahren 1941—1956 Flecken mit bloßem Auge beobachtet hat, und Mitteilung von Beobachtungen von S. Teslia und W. Tschistjakow aus den Jahren 1922 und 1935—1941. Abgesehen von ca. 1.5 bis 2 Jahren in der Umgebung der Minima, treten solche Flecken zu allen Zeiten auf. Ihr scheinbarer Durchmesser ist mindestens 50 Bogensekunden. Ein starker jahreszeitlicher Gang in der Häufigkeit solcher Flecken macht den Einfluß der atmosphärischen Bedingungen auf Beobachtungen dieser Art deutlich. Gleissberg

6360. **W. F. Tschistjakow,** Bestimmung der meridionalen Zirkulationsgeschwindigkeit auf der Sonne mit Hilfe des Spörerschen Gesetzes. AC Nr. 195 S. 9—12 (russ.). — Für die Zyklen 10—17 wurden die Zirkulationsgeschwindigkeiten ermittelt, die zwischen 1°.7 und 3°.5 liegen, im Mittel 2°.6 betragen. Loh.

6361. **W. F. Tschistjakow,** Besonderheiten des laufenden Zyklus der Sonnenaktivität. AC Nr. 196 S. 6—8 (russ.).

6362. **S. W. Visser,** Behaviour of the present sunspot cycle. Nature **182** 253—254. — Ref. in Phys. Abstracts (A) **61** 704.

* * **J. R. Winckler, L. Peterson,** A large cosmic-ray decrease accompanying the solar maximum of 1957. Vgl. Ref. **6870.**

6363. **L. A. Witels,** Über den Sonnenindex $\bar{a}$. Circ. Astr. Obs. Lwow Nr. 34 S. 3—10 (russ.). — Das von Eigenson 1940 unter anderem eingeführte Maß der Sonnenaktivität $\bar{a}$ bezeichnet die mittlere Zahl der zum Vorschein gekommenen Fleckengruppen eines Jahres. Verf. diskutiert die Bedeutung und die Beziehungen von $\bar{a}$ zu anderen Maßen der Sonnentätigkeit. Loh.

6364. **J. I. Witinskij,** Über eine Besonderheit wiederkehrender Sonnenfleckengruppen. Sonnendaten 1958 Nr. 6 S. 74—76 (russ.). — Für wiederkehrende Sonnenfleckengruppen sind die Indizes maximale Fläche und Lebensdauer kaum gleichwertig. Loh.

6365. **G. F. Wjalschin,** Über den Einfluß der Abbildungsschwankungen auf die Messungen der Magnetfelder von Sonnenflecken. Sonnendaten 1958 Nr. 1—2 S. 103—105 (russ.). — Fehler in der Bestimmung der Feldstärken (im Fleckenzentrum) können wegen der Bildschwankungen merkliche Beträge erreichen (bis fast 20%). Verf. gibt ein Verfahren zur Korrektion der Beobachtungen bzw. Auswertungen an. Loh.

6366. J. Xanthakis, Les aires des taches solaires et de facules en fonction du temps d'ascension. Geofís. pura e applicata **39** 1—12. — Unter Zugrundelegung der Greenwicher täglichen Mittelwerte pro Sonnenrotation oder Monat untersucht Verf. die Beziehung zwischen dem Verlauf der Sonnenflecken-, Umbra- und Fackelflächen in jedem Zyklus der Sonnentätigkeit und der entsprechenden Anstiegszeit T, ausgedrückt in Sonnenrotationen bzw. Monaten. Sowohl die Maxima als auch die Mittelwerte und Summen der Sonnenflecken-, Umbra- und Fackelflächen in jedem Zyklus lassen sich als Summen einer Funktion der Anstiegszeit von der Form $a + b\,(T - c)^2$ und einer periodischen Funktion der Zeit, deren Periode jeweils gleich zu 8, 4, 3 oder 2 Sonnenfleckenzyklen ist, darstellen. Indem sich die obigen Ergebnisse auf die ganze Sonnenscheibe beziehen, gelten für die Sonnenfleckenflächen ähnliche Beziehungen auch für jede Sonnenhalbkugel getrennt.
Mawridis

6367. J. Xanthakis, The areas of sunspots in the two sun hemispheres. Mem. Acad. Athens **24** Nr. 1, 54 S. (mit griech. Ref.). — Die Beziehungen zwischen dem Verlauf der Sonnentätigkeit in jedem Zyklus und der entsprechenden Anstiegszeit T, ausgedrückt in Monaten (vgl. Ref. **6366**), werden bei Hinzunahme der beobachteten wie auch der ausgeglichenen Monatsmittel der Sonnenfleckenrelativzahlen für die Zyklen Nr. 7—18 weiter untersucht. Auch für diese Zahlen, genau wie für die Sonnenflecken-, Umbra- und Fackelflächen, lassen sich die Maxima, Mittelwerte und Summen für jeden Zyklus als Summen einer Funktion der Anstiegszeit von der Form $a + b\,(T - c)^2$ und einer periodischen Funktion der Zeit, deren Periode gleich 8 oder 4 Sonnenfleckenzyklen ist, darstellen. Anschließend wird die Änderung des Verhältnisses der Penumbra- und Umbraflächen wie auch der Fackel- und Fleckenflächen von Zyklus zu Zyklus untersucht.
Mawridis

6368. Record d'activité solaire. BSAF **72** 111.

6369. Rekordartad solaktivitet. PAT **39** 164.

6370. Amateur observations of the sun. Sky and Telescope **17** 184—188.

6371. Sunspot count reaches highest maximum. Sky and Telescope **17** 410—411.

6372. Lifetimes of solar pores. Sky and Telescope **17** 627. — Ref. AAS.

6373. Solar «points». Sky and Telescope **17** 628. — Ref. AAS.

6374. Beobachtungen von Sonnenflecken

Acta Astr. Sinica **6** 92—114 (chines.). Observations of sun-spots in 1957 at Purple Mountain Observatory and its stations at Zô-Sè, Kunming and Tsingtao. C.-Y. Chen.

Acta Geophys. Polon. **6** 166—172. Plamy słoneczne W 1957 R. J. Mergentaler.

Astronomia Popular **1** Nr. 4 S. 21—22. Manchas solares. J. L. Franco C.

Beirut American Univ. Obs. Monthly Bull. (Astr.) 1958 Jan.—Dez. Solar photospheric observations. G. Contino.

Beob. Sonnenobs. Kanzelhöhe Univ. Graz 1958 Nr. 1—11. Die Sonnentätigkeit im Januar—November 1958.

Bol. Obs. Ebro **45**, 86 S. Heliofísica 1957.

Bol. Astr. Obs. Madrid **5** Nr. 3 S. 11—66. Observaciones de manchas solares. I. II. E. Gullón, M. López Arroyo.

Boll. Accad. Gioenia Sci. Nat. Catania (4) **4** 361—379 = Oss. Astrofis. Catania Pubbl. (NS) Nr. 21. Osservazioni solari nel 1957. S. Cristaldi.

Boll. Geod. Sci. affini **17** 481—486 = Annuario Arcetri 1959 S. 27—32. Osservazioni di macchie solari, di protuberanze e della cromosfera eseguite nel periodo 1° luglio 1957—30 giugno 1958. G. Noci, M. Rigutti. — Ref. in RJ UdSSR 1959 Nr. 9 S. 50.

BSAF **72** 26—27, 60, 112, 157—158, 208, 314, 358, 430, 463—464, 525—526. L'activité solaire. M. d'Azambuja, M.-J. Martres. — Rotationen Nr. 1393—1405.

BSAF **72** 118. Nombres relatifs de Wolf pour l'année 1957. M. Waldmeier.

Bull. Informat. Ionosph. Géophys. **2** Nr. 1—12 (1957), **3** Nr. 1—2.

Bull. Obs. Astr. Beograd **21** Nr. 3—4 S. 12. Activité des taches solaires et des protubérances, observée à Belgrade en 1956. M. Protitch.

Bull. Solaire Obs. Bucarest. Rotations Nr. 1374—1381, 1382—1395. Observations solaires. C. Popovici, I. Soru, E. Tifrea, Z. Muradian. — 23. Mai 1956 — 12. Januar 1958.

Ciel et Terre **74** 366—369. L'activité solaire en 1957. R. Coutrez, A. Koeckelenbergh.

Circ. Astr. Obs. Taschkent Nr. 290—291, 1957 (russ.). Die Sonnenaktivität 1957 Juli—Okt. K. Kuleschowa.

Circ. Astr. Obs. Taschkent Nr. 292—297 (russ.). Die Sonnenaktivität 1957 Nov. — 1958 Okt. S. Korobowa.

Coelum **26** 18—20, 53, 83—84, 118, 140—141, 165. Fenomeni solari dei mesi di ottobre 1957 — settembre 1958.

DOB **11** Nr. 1 Fasc. 2, Nr. 2 Fasc. 2, Nr. 3 Fasc. 2, Nr. 4 Fasc. 2, Nr. 5 Fasc. 1, je 8 S. Série solaire. — 1957 Nov. — 1958 April.

Fraunhofer-Inst. Freiburg. Map of the sun. — 1958 Jan. 1 — Dez. 31.

Gaz astr **40** 9—11. Observations du Soleil à l'œil nu en 1937—1957. A. Moissejew.

Greenwich Photo-heliographic Results 1951. Results of measures made at the Royal Greenwich Observatory of photographs of the sun, taken at Greenwich, the Cape and Kodaikanal in the year 1951. London, Her Majesty's Stationery Office, 1957. C I—C VIII, C 1—C 122.

Desgl. für 1952. C I—C VIII, C 1—C 81.

Desgl. für 1953. C I—C VIII, C 1—C 55.

Desgl. für 1954. C I—C VII, C 1—C 41.

Desgl. für 1955. C I—C VII, C 1—C 85.

Hemel en Dampkring **56** 32, 56, 80, 127—128, 178, 180, 198, 200, 224, 248. Zonnevlekkengetallen. — 1957 Dez. — 1958 Okt.

Indian J. Meteorol. Geophys. **9** 85—90. Kodaikanal solar, geomagnetic and ionospheric data. A. K. Das, S. L. Malurkar.

JBAA **68** 210—212. Solar activity from 1950 June 29 to 1958 January 12. Synodic rotations Nos. 1295—1395 inclusive. F. Addey.

J. Geophys. Res. **63** 248, 417, 553, 830. Provisional sunspot-numbers. M. Waldmeier. — 1957 Okt. — Dez., 1958 Jan. — Sept.

J. Geophys. Res. **63** 409—411. Final relative sunspot-numbers for 1957. M. Waldmeier.

Mem SA It (NS) **29** 3—22 = Oss. Astr. Roma Monte Mario Contr. Sci. (NS) Nr. 242. Area, posizione eliografica e classifica delle macchie solari durante l'anno 1956, secondo i rilievi fotografici giornalieri dell'Osservatorio Astronomico di Roma. T. Fortini, R. Flamini.

Mem SA It (NS) **29** 251—262 = Oss. Astr. Roma Monte Mario Contr. Sci. (NS) Nr. 248. Posizione eliografica, classifica ed area delle macchie solari durante il I° semestre 1957, secondo i rilievi fotografici giornalieri dell'Osservatorio Astronomico di Roma su Monte Mario. R. Flamini, T. Fortini.

Mitt. Archenhold-Sternw. Berlin-Treptow Nr. 49, 8 S. Bericht über Sonnenbeobachtungen im Jahre 1957. D. Wattenberg.

Mitt. Astrophys. Obs. Potsdam Nr. 201—202, 68 S. Polaritäten und Maximalwerte magnetischer Feldstärken von Sonnenflecken im Zeitraum 1957 April 1 bis September 30. F. W. Jäger, H. Künzel, W. Mattig, E. H. Schröter.

NAT 1958 S. 138—139. Solplet-aktiviteten.

National Obs. Athen Bull. Astr. Inst. 1954 Nr. 1 S. 1. Annual summary of sunspot observations taken at the Athens Observatory in 1954.

National Obs. Athen Bull. Astr. Inst. 1954 Nr. 1 S. 2—14. Sunspot report 1954. D. P. Elias.

National Obs. Athen Bull. Astr. Inst. 1954 Nr. 1 S. 15—19. Solar activity in 1954. D. P. Elias.

Obs **78** 40—42. Solar activity and geomagnetic storms, 1957. H. F. Finch, P. S. Laurie.

Orion Schaffhausen **5** 388, 419, 471, 517. Provisorische Sonnenflecken-Relativzahlen Okt. 1957 — Sept. 1958. M. Waldmeier.

Orion Schaffhausen **5** 419. Definitive Sonnenflecken-Relativzahlen — Monatsmittel 1957. M. Waldmeier.

Orion Schaffhausen **5** 466—468. Remarques sur l'activité solaire. S. Cortesi.

Oss. Astr. Roma Circ. Nr. 1—12. Fenomeni solari. — 1958 Januar—Dezember.

Publ ASP **70** 114—119, 212—217, 319—324, 415—420, 508—512, 611—615. Summary of Mount Wilson magnetic observations of sunspots. — 1957 Sept. — 1958 Aug.

Publ ASP **70** 299—302. Solar activity in 1957. T. Cragg.

Publ. Sternw. Zürich **11** 31—59. Heliographische Karten der Photosphäre für das Jahr 1957. M. Waldmeier. — Rotationen Nr. 1382—1395.

Quarterly Bull. Solar Activity Nr. 117—120. Published by the Eidgen. Sternw. Zürich. — 1957 Jan.—Dez.

Rev. geofís. **16** 61—76, 210—216, 1957. Nota relativa a la actividad solar, geomagnetica e ionosferica. J. O. Cardus.

RH **39** 19, 66, 115, 163, 183, 236. Synoptische Karten der Photosphäre. L. Schmied. — Übersichtskarten der Rotationen Nr. 1391—1402.

Sky and Telescope **17** 138, 188, 237—238, 299, 357, 430, 465, 538, 580, 640, **18** 35, 96. Sunspot numbers. — 1957 Okt. — 1958 Sept.

Sonnendaten 1957 Nr. 5—6, 1958 Nr. 1—7 (russ.). Tägliche Karten der Sonne und Magnetogramme. — 1957 Sept. — 1958 Juli.

Sterne **34** 35—37. Die Sonnentätigkeit im ersten Halbjahr 1957. R. Müller.

Sterne **34** 38. Definitive Sonnenflecken-Relativzahlen für 1956. M. Waldmeier.

Sterne **34** 194. Definitive Sonnenfleckenzahlen für 1957. M. Waldmeier.

Sternenbote Wien **1** Nr. 8 S. 9. Sonnentätigkeit im 3. Quartal 1958. A. Barner.

Tokyo Astr. Obs. Bull. Solar Phenomena **9** 91—130, **10** 1—124. — 1957 Okt. — 1958 Dez.

Trans. American Geophys. Union **38** 815—817, 1957. Current sunspot numbers. — Ref. in RJ UdSSR 1959 Nr. 4 S. 6.

Urania Barcelona **43** 10. Datos relativos a la actividad solar y geomagnética en 1957.

US Naval Obs. Circ. Nr. 86, 87. Positions, areas, and counts of sunspots. I. W. Lindenblad.

Veröff. (Trudy) Astr. Obs. Kiew **2** 3—468 (russ.). Beobachtungen der Photosphäre und Chromosphäre der Sonne am Astronomischen Observatorium der Universität Kiew in den Jahren 1946—1950. M. J. Seldina, E. N. Semanek, A. N. Sergejewa.

VJS Naturf. Ges. Zürich **103** 185—212 = Astr. Mitt. Sternw. Zürich Nr. 215. Die Sonnenaktivität im Jahre 1957. M. Waldmeier.

§ 64

Photosphäre, Spektrum

* * **M. G. Adam, S. Nichols,** Interferometric measurements of wave-lengths. IV. The accuracy of measured wave-lengths. Vgl. Ref. 201.

6401. M. G. Adam, Interferometric measurements of wave-lengths. V. The radial current interpretation of solar red shifts. MN **118**

106—116 = Commun. Univ. Obs. Oxford Nr. 66. — Ein neues, umfangreiches Material sehr genauer Wellenlängenmessungen (Fehler < 0.001 Å) im Sonnenspektrum und im Vakuumbogen wird diskutiert. Verf. folgert, daß die Abweichungen der beobachteten Rotverschiebung von der relativistischen nicht allein durch radiale Strömungen der Granulen erklärt werden können, wie sie Schröter (ZfA **41** 141, vgl. AJB **57** Ref. **6119**) hergeleitet hat. Voigt

* * **R. G. Athay, R. N. Thomas,** On the use of the early Balmer lines to extend the photospheric model. Vgl. Ref. **6103**.

6402. R. G. Athay, The solar ultraviolet spectrum of He II. ApJ **128** 447—449. — Bei Raketenaufstiegen 1955 und 1957 gewonnene UV-Spektren zeigen, daß die Intensität der He II-Emission bei λ 1640 zwischen 1 und 2% der Lα-Intensität beträgt. Die Besetzungszahlen der beiden an der Emission beteiligten Zustände $n = 2$ und $n = 3$ werden abgeschätzt. Die Strahlungstemperatur im Linienzentrum ist 5200°, im Kontinuum etwa 5000°. Intensität und Breite der noch unbeobachteten Resonanzlinie von He II bei λ 304 werden abgeschätzt. Stumpff

6403. J. D. R. Bahng, Lifetime of photospheric pores. ApJ **128** 145—146. — Auf Aufnahmen der Sonne, die während eines Ballonaufstieges mit einem 12′-Teleskop in 80000 Fuß Höhe erhalten wurden, sind im Bild der Granulation einige als «photosphärische Poren» bekannte dunkle Flecken enthalten, die während der Beobachtungszeit von 47 Minuten keine Veränderung zeigten. Verf. schließt daraus, daß diese «Poren» tatsächlich sehr kleine Sonnenflecken sind. Micz.

6404. W. E. Behring, H. McAllister, W. A. Rense, Ultraviolet emission lines in the solar spectrum. ApJ **127** 676—679. — Mit Hilfe von Sonnenspektren, die durch Raketenaufstiege im August 1957 gewonnen wurden, wurde eine Liste von Emissionslinien zwischen 1032 Å und 1893 Å zusammengestellt. Verbesserte Wellenlängen werden mitgeteilt. Ferner wurde die Halbwertsbreite von Lyman-alpha (0.80 Å) und von He II λ 1640.5 (0.30 Å) gemessen. Micz.

6405. R. J. Bray, R. E. Loughhead, Observations of changes in the photospheric granules. Australian J. Phys. **11** 507—516. — Auf Grund einer Serie von 29 Aufnahmen der Granulation mit hoher Auflösung (~ 1′), die innerhalb von 10 min. gewonnen wurden, werden die Änderungen von Größe, Helligkeit und Gestalt der photosphärischen Granulen untersucht. Es zeigt sich unter anderem, daß die mittlere Lebensdauer eines individuellen Granulums 7 bis 8 min. überschreitet. Mehltretter

6406. E. T. Byram, T. A. Chubb, H. Friedman, J. E. Kupperian jr., R. W. Kreplin, Intensity of solar Lyman-alpha and adjacent ultraviolet emission lines. ApJ **128** 738—741. — Zur Absolutmessung der UV-Strahlung bei Raketenaufstiegen benutzen die Autoren gasgefüllte Ionenkammern, wobei für Lα der zu messende Spektralbereich durch ein Lithiumfluorid-Filter ausgeblendet wird. Da nur die Filterdurchlässigkeit und die Wirkungsquerschnitte der Gasfüllung in die Berechnung der Intensität eingehen, erscheinen die Resultate sehr gesichert. Für Lα ergeben sich etwa 5—10 mal größere Intensitäten als früher mit anderen Meßmethoden. Bei Verwendung eines Calciumfluorid-Filters läßt sich Lα selbst abschneiden, und man erhält die integrierte Strahlung im Bereich λ 1225—1350. Dadurch lassen sich die relativen, photographisch bestimmten Intensitäten von einzelnen Linien (N V, S II, Si II, O I und C II) in diesem Gebiet in absolute umrechnen. Die Kombination von photographischer und Ionenkammer-Photometrie erscheint zur Bestimmung absoluter Linienintensitäten auch in anderen UV-Bereichen sehr geeignet. Stumpff

* * **G. W. Curtis, D. K. Watson,** Relative intensities of λ 3888.6 (He) and λ 3889 (H) in solar prominences. Vgl. Ref. **6620**.

6407. **K.-H. David,** Zwei Methoden der lichtelektrischen Registrierung des Sonnenspektrums mit Kompensation der Extinktions- und Szintillationsschwankungen. ZfA **45** 192—213 = Veröff. Univ.-Sternw. Göttingen Nr. 120. — Beschreibung einer lichtelektrischen Einrichtung zur direkten Registrierung des Sonnenspektrums am großen Plangitterspektrographen des Göttinger Sonnenturms. Benutzt werden zwei Multiplier, einer an einer festen Stelle im Kontinuum und einer, der die Linie durchfährt. Registriert wird wahlweise die Differenz oder der Quotient der Intensitäten. Die Verzerrung der Linienkonturen wird eingehend diskutiert. Voigt

6408. **A. Dollfus,** Premières observations avec le polarimètre solaire. CR **246** 3590—3593. — Beobachtungen mit dem in CR **246** 2345 (Ref. **2219**) beschriebenen Polarimeter auf der Sonne werden beschrieben. Demnach zeigen die Flecken Polarisationsgrade von einigen 10^{-4}, in Aktivitätsgebieten treten ungeregelte, vorübergehende Polarisationen auf. In der Nähe des Sonnenrandes tritt keine ausgeprägte Polarisation auf. Mehltretter

* * **D. M. Gates, D. G. Murcray, C. C. Shaw, R. J. Herbold,** Near infrared solar radiation measurements by balloon to an altitude of 100000 feet. Vgl. Ref. **6507.**

6409. **G. Godoli,** Studies of some infrared Fraunhofer lines. Canadian J. Phys. **36** 431—437 = Contr. Dominion Obs. Ottawa **2** Nr. 24. — Nach Ermittlung der Apparate-Funktion des Infrarot-Spektrographen des Dominion-Observatoriums mit Hilfe der CH_4-Bande bei 1.7 μ und der CO_2-Bande bei 1.6 μ werden an sieben Punkten des Sonnenradius Äquivalentbreiten und Profile von vier solaren Fe-Linien bei 1.6 μ bestimmt und mit älteren Ergebnissen anderer Autoren verglichen. Aus den Profilen folgt für das Verhältnis γ/γ_{cl} der beobachteten zur klassischen Dämpfungskonstanten ein relativ hoher Wert und eine Abhängigkeit der kinetischen Temperatur von der Linienstärke. Kdr.

6410. **G. Godoli,** Lo spettro solare infrarosso. Coelum **26** 102—107 = Oss. Astrofis. Arcetri Contr. Nr. 13. — Allgemeiner, geschichtlicher Überblick über die Erforschung des infraroten Spektrums der Sonne; es werden ferner die bedeutendsten Atlanten und Tafelwerke sowie die spektroskopischen Arbeiten des Kontinuums und des Linienspektrums behandelt. Cester

* * **L. Goldberg,** On the empirical determination of line-absorption coefficients. Vgl. Ref. 217.

6411. **L. Goldberg,** An observational approach to solar hydrodynamics. J. Optical Soc. America **48** 284. — Ref. Optical Soc. America.

* * **R. Howard,** Excitation temperatures and turbulent velocities in sunspots. Vgl. Ref. **6319.**

6412. **G. S. Iwanow-Cholodny,** Spektralphotometrische Messung von Mg II-Linien im Sonnenspektrum. Nachr. Akad. Wiss. UdSSR (Geophys.) 1958 Nr. 9 S. 1105—1110 (russ.). — Ref. in RJ UdSSR 1959 Nr. 7 S. 52—53.

6413. **C. de Jager, L. Neven,** Spectroscopic data for 50 model photospheres. Ann. Obs. Roy. Belgique (3) 8 Fasc. 1, 85 S. = Rech. Astr. Obs. Utrecht **13** Nr. 4. — Vgl. AJB **57** Ref. **5123.**

6414. **F. S. Johnson, H. H. Malitson, J. D. Purcell, R. Tousey,** Emission lines in the extreme ultraviolet spectrum of the sun. ApJ **127** 80—95. — Es wird zunächst ein Gitterspektrograph beschrieben, mit dem beim Aufstieg einer Aerobee-Rakete bis zu 115 km Höhe ein Sonnenspektrum erhalten wurde, welches 45 Emissionslinien zwischen 1892 Å und 977 Å Wellenlänge zeigt. Die Mehrzahl der Linien konnte identifiziert werden; ein Teil gehört dem O VI, N V, C IV und Si IV an. Die Intensität von Lyman α wird zu 0.06 μ Watt/cm² geschätzt, die Halbwertsbreite war < 0.3 Å. Die O VI-Linien sind gegen den Sonnenrand zu kräftiger, verglichen mit Lα; dasselbe gilt für die C IV-Resonanzlinien und He II λ 1640.5, verglichen mit den C I-Linien. Das Kontinuum konnte bis etwa λ 1550 Å verfolgt werden. Micz.

6415. **M. Kopecký,** Photographic investigation of the solar photosphere. RH **39** 4—6 (tschech.).

6416. **N. I. Koshewnikow,** Untersuchung des Randverdunklungsgesetzes der Sonnenscheibe im infraroten Spektralgebiet. Moskau, Staatsuniv., 1958. (russ.). — Dissertationsref.

6417. **W. A. Krat, L. M. Prawdjuk,** Hot zones of helium excitation in the solar photosphere. Mitt. Astr. Hauptobs. Pulkowo **20** Nr. 6 (159) S. 55—60 (russ. mit engl. Ref.). — Beobachtungen der D_3-Absorption im Sommer 1956 ergaben: In «Heliumgebieten», die bei 7000 km charakteristischem Durchmesser vorzugsweise in der Penumbra von Flecken auftreten, herrscht keine hohe Radialgeschwindigkeit. Die Elektronenkonzentration beträgt 10^{15}. Zeitweiliges Gleichgewicht der Heliumgebiete mit der ungestörten photosphärischen Umgebung setzt ein Magnetfeld von mindestens 100 Gauß voraus. Die Temperatur kann 70000° erreichen. Während diese Gebiete innerhalb der Photosphäre zu lokalisieren sind, ist außerdem eine schwache chromosphärische D_3-Absorption von 0.006 Å Äquivalentbreite und 0.011 Tiefe auf der ganzen Scheibe zu beobachten. Petri

* * **J. Lequeux,** Observations photographiques à très haute altitude de la surface du Soleil. Vgl. Ref. **2128.**

6418. **J. Lequeux,** L'observation de la granulation solaire en France. La Nature **86** 502. — Hinweis auf in Frankreich durchgeführte Arbeiten zur Gewinnung von Granulationsaufnahmen. Henn

* * **R. E. Loughhead, V. R. Burgess,** High resolution cinematography of the solar photosphere. Vgl. Ref. **2130.**

6419. **M. Migeotte, L. Neven, J. Swensson,** The solar spectrum from 2.8 to 23.7 microns. I. II. Vgl. AJB **56** Ref. **6420** und AJB **57** Ref. **6419.** — Weitere Besprechung in Scientia **93** 330 (G. Abetti).

6420. **V. Nadolschi, T. Grindei,** Consideratii în legătură cu folosirea metodei lui Julius de detereminare a distributiei luminozitătii pe discul solar. An. ştiint. Univ. Iaşi (1) **2** 165—170, 1956. — Ref. in RJ UdSSR 1959 Nr. **4** S. 52.

* * **H. Neckel,** Die Randverdunklung der Sonne bei 4674 Å und die Temperaturverteilung in den äußersten Photosphärenschichten. Vgl. Ref. **6110.**

* * **H. Neckel,** Die Temperaturverteilung der Sonnenphotosphäre aus Restintensitäten von Fraunhoferlinien. Vgl. Ref. **6111.**

6421. **S. Nichols, S. V. M. Clube,** Interferometric measurements of wavelengths. VI. Measurements in the region 3940—4450 A. MN **118** 496—503 = Commun. Univ. Obs. Oxford Nr. 67. — Genaue Messung der Rotverschiebung von 17 weiteren Linien im Sonnenspektrum, darunter die Fe-Resonanzlinie λ 4376 Å und die in der Chromosphäre relativ starke Ti^+-Linie λ 4444 Å. Es ergibt sich mit den gegenwärtigen theoretischen Voraussagen keine Übereinstimmung. Die einzige bisher gefundene Gesetzmäßigkeit scheint eine allgemeine Zunahme der Rotverschiebung mit der Stärke der Linien zu sein. Voigt

6422. **A. A. Nikitin,** The lines of technetium in the solar spectrum. I. AJ UdSSR **35** 18—25 (russ. mit engl. Ref.). — Engl. Übersetzung in Soviet Astr. AJ **2** 15—21. — Die Untersuchung zeigt, daß für den weiteren Vergleich von Tc-Linien mit Linien des Sonnenspektrums, die bis heute noch nicht identifiziert werden konnten, folgende in Betracht kommen: λ 5620.45; 5589.01; 4238.24; 3636.05. Es wird darauf hingewiesen, daß die Linie 3195.23, die dem Tc II zugeschrieben wird und auf der die Identifizierung der Tc-Linien beruht, Blends mit den Linien Mo λ 3195.235 und Fe λ 3195.231 bildet. Deshalb sind weitere Untersuchungen notwendig. Verf. (gekürzt)

6423. **A. A. Nikitin,** On the lines of technetium in the solar spectrum. II. AJ UdSSR **35** 366—371 (russ. mit engl. Ref.). — Engl. Übersetzung in Soviet Astr. AJ **2** 338—342. — Ein Vergleich nicht identifizierter Linien des Sonnenspektrums, die in unmittelbarer Nachbarschaft der Wellenlängen starker Technetiumlinien liegen, mit den Linien besonders häufiger Moleküle im Sonnenspektrum ergibt, daß die Wellen λ5620.45; 5589.01; 4238.24; 3636.05 und 3195.23 Å größtenteils nicht mit Linien von Molekülen wie C_2, O_2, OH, CH usw. zusammenfallen. Verf. (übersetzt)

6424. **P. A. Read,** Photographing the solar granulation. Two new and unusual methods. Southern Stars **17** 116—120.

6425. **J. B. Rogerson jr.,** Project stratoscope — solar photographs from 80,000 feet. Sky and Telescope **17** 112—115. — Ref. in Coelum **26** 123—124. — Bericht über ein vom Princeton-Observatorium in Zusammenarbeit mit mehreren anderen Stellen durchgeführtes Projekt, von einem unbemannten Skyhook-Ballon aus Sonnenaufnahmen in großer Höhe (über 10000 Fuß) zu gewinnen. Einzelheiten über das Instrument — einen 12″-Reflektor — seine Fokussierung und Pointierung werden mitgeteilt. Die drei ersten Aufstiege im Herbst 1957 ergaben bereits unter mehreren 1000 Aufnahmen einige, deren Qualität die der besten von der Erdoberfläche aus erhaltenen weit übertraf. Sie zeigen die Granulation in der Sonnenmitte und am Rande bis herab zu Elementen von $^1/_3$″ Durchmesser. Kdr.

6426. **B. M. Rubaschew,** Some problems of subphotospheric stratification and circulation on the sun. Mitt. Astr. Hauptobs. Pulkowo **21** Nr. 3 (162) S. 39—62 (russ. mit engl. Ref.). — Nach ausgiebiger Diskussion der Literatur und einer näheren Betrachtung von Viskosität, Leitfähigkeit und Magnetfeldern in der Wasserstoffkonvektionszone wird unter bestimmten Annahmen schließlich eine numerische Beziehung zwischen der Stärke der «planetaren Grenzschicht» und der heliographischen Breite gewonnen. Danach wächst jene von 1.67×10^9 cm am Pol auf fast 6×10^9 cm am Äquator an. Der Wert von 2×10^9 cm in 40° Breite stellt, wie Verf. bemerkt, nach L. E. Gurewitsch und A. I. Lebedinskij (1946) auch die Mindesttiefe für Fleckenherde dar. Damit wäre eine Erklärung für die Beschränkung des Fleckenphänomens auf niedere Breiten gefunden. Petri

6427. **A. B. Sewerny,** On the abundance of thorium on the sun. Mitt. Astrophys. Obs. Krim **18** 96—104 (russ. mit engl. Ref.). — Im langwelligen Flügel der Linie λ 4019.054 befindet sich eine Depression, die vermutlich der Th II-Resonanzlinie λ 4019.140 zuzuschreiben ist. Verf. bestimmt aus 36 Registrierungen des Sonnenspektrums in diesem Wellenlängenbereich die Häufigkeit der Th II-Atome und findet $Nf = 8.95 \times 10^9$. Da Argumente dafür sprechen, daß Th hauptsächlich im ersten Ionisationszustand in der Sonnenatmosphäre existiert, ergibt sich für die Thoriumhäufigkeit 10^{10} Atome pro Gramm. Hiernach sollte Thorium relativ zu Blei in der Sonnenatmosphäre viel weniger häufig sein als auf der Erde. Loh.

6428. **A. B. Sewerny,** Kinman's attempt to detect deuterium on the sun. Mitt. Astrophys. Obs. Krim **18** 105—108 (russ. mit engl. Ref.). — Kritische Bemerkung zu der Arbeit von Kinman in MN **116** 77 (vgl. AJB **56** Ref. **6108**).

6429. **G. F. Sitnik,** Der gegenwärtige Stand der Frage über die Absolutmessungen des kontinuierlichen Sonnenspektrums. Acta Astr. Sinica **6** 166—184 (chines. mit russ. Ref.).

6430. **R. B. Teplizkaja,** Die Veränderung der Fraunhofer-Linien zum Sonnenrand in Abhängigkeit vom Anregungsgrad der Atome. Sonnendaten 1958 Nr. 6 S. 68—72 (russ.). — Diese statistische Untersuchung basiert auf den Äquivalentbreiten (W) von 120 Fe I-, 45 Ti I-, 10 Fe II- und 9 Ti II-Linien. Das Verhältnis $W_{\text{Rand}} : W_{\text{Zentrum}}$ nimmt im Fall von Fe I bei kleinem W_Z rasch ab und bleibt bei größerem fast konstant. Wird das gesamte Material in Gruppen bestimmter Anregungspotentiale analog graphisch untersucht, so schälen sich gewisse Unterschiede heraus. Bei Linien mit $W_Z = 80$ mÅ folgt daraus für das Verhältnis $W_R : W_Z$ in Abhängigkeit von der Suemoto-Größe Δ (vgl. AJB 48 Ref. 6426) eine Abnahme mit wachsendem Δ. Loh.

6431. **H. H. Voigt,** The photosphere of the sun. ASP Leaflet Nr. 346, 8 S. — Übersetzung in Urania København **15** 41—48 von C. Luplau Janssen.

6432. **J. H. Waddell III,** An empirical determination of the turbulence field in the solar photosphere based on a study of weak Fraunhofer lines. Diss. Abstr. USA **18** 1209—1212. — Ref.

§ 65

Strahlung

6501. **C. G. Abbott,** On Sterne and Dieter's paper, «The constancy of the solar constant». Smithsonian Contr. Astrophys. **3** 13—21 = Harv Repr (2) Nr. 143. — Auf Fälle, in denen solare Vorgänge oder magnetische Stürme den Betrag der Solarkonstanten herabgesetzt haben, und auf eine 273monatige Schwankung der Solarkonstanten, die sich auch im Wetterablauf äußert, wird hingewiesen. Gleissberg

6502. **L. B. Aldrich, W. H. Hoover,** The solar constant. Smithsonian Contr. Astrophys. **3** 23—24 = Harv Repr (2) Nr. 143. — Nach Anbringung der neuesten Korrekturwerte beträgt die Solarkonstante 1.94 cal cm^{-2} min^{-1}. Gleissberg

6503. **C. W. Allen,** Solar radiation. Quarterly J. Roy. Meteorol. Soc. **84** 307—318 = Commun. Univ. London Obs. Nr. 35. — Wiedergabe der Simons Memorial Lecture vom 2. 4. 1958. Der erste Teil enthält unter anderem graphische und tabellarische Zusammenstellungen des spektralen Intensitätsverlaufs für den permanenten Anteil der Sonnenstrahlung im sichtbaren, Röntgen- und Radiofrequenzbereich. Die angeblichen Schwankungen der Solarkonstante werden kritisch diskutiert. Auf die starken Variationen in der Radiostrahlung der Sonne wird kurz hingewiesen. Im letzten Abschnitt werden die verschiedenen Anteile der Extinktion in der Erdatmosphäre behandelt. Für die Solarkonstante wird als Ergebnis einer Neudiskussion der Wert 1.99 ± 0.02 cal cm^{-2} min^{-1} entsprechend einer effektiven Temperatur von 5800° K angegeben. Wempe

6504. **M. S. Awerkijew,** Berechnung der möglichen direkten solaren Gesamtstrahlung unter Berücksichtigung verschiedener Durchsichtigkeit der Atmosphäre. Nachr. Akad. Wiss. UdSSR (Georg.) 1958 Nr. 1 S. 98—101 (russ.). — Ref. in RJ UdSSR 1959 Nr. 3 S. 52.

6505. **A. J. Drummond,** A contribution to absolute pyrheliometry. Quart. J. Roy. Meteorol. Soc. **82** 481—493, 1956. — Ref. in Phys. Abstracts (A) **62** 868.

6506. **H. Friedman,** Russian satellite instrumentation for solar radiation measurements. J. Optical Soc. America **48** 282. — Ref. Optical Soc. America.

6507. **D. M. Gates, D. G. Murcray, C. C. Shaw, R. J. Herbold,** Near infrared solar radiation measurements by balloon to an altitude of 100 000 feet. J. Optical Soc. America **48** 1010—1016. — Am 22. Juni 1955 wurde ein Spektrograph von einem unbemannten Ballon in etwa 30 km Höhe getragen, um das Sonnenspektrum im nahen Infrarot in Abhängigkeit von der Höhe zu registrieren. Aus dem Absorptionsspektrum wurde weiterhin für jedes Niveau der Gehalt an Wasserdampf, Kohlendioxyd sowie anderen absorbierenden Gasen bestimmt. Spektrograph und Registriereinrichtung werden beschrieben. Henn

6508. **E. A. Lopuchin,** Aktinometrische Beobachtungen bei Sonnen- und Mondfinsternissen. Publ. Geophys. Obs. Taschkent Nr. 13 S. 113—121, 1957 (russ.). — Ref. in RJ UdSSR 1950 Nr. 1 S. 49.

6509. **T. E. Sterne, N. Dieter,** The constancy of the solar constant. Smithsonian Contr. Astrophys. **3** 9—12 = Harv Repr (2) Nr. 143. — Zehntägige Mittelwerte der von Januar 1926 bis Juni 1955 an den Stationen Table Mountain (Kalifornien) und Montezuma (Chile) gemessenen Tageswerte der Solarkonstanten werden zwecks Feststellung reeller Änderungen miteinander nach der Kovarianzmethode verglichen. Reelle Schwankungen der Solarkonstanten können, falls vorhanden, höchstens 0.0017 des Wertes der Solarkonstanten betragen. Gleissberg

6510. Direct solar radiation. Ann. International Geophys. Year **5** 387—410. — Ref. in RJ UdSSR 1959 Nr. 9 S. 51—52.

6511. Total (short-wave) radiation of sun and sky. Ann. International Geophys. Year **5** 411—433. — Ref. in RJ UdSSR 1959 Nr. 8 S. 45.

Solare UV- und Röntgenstrahlung

* * **E. T. Byram, T. A. Chubb, H. Friedman, J. E. Kupperian jr., R. W. Kreplin,** Intensity of solar Lyman-alpha and adjacent ultraviolet emission lines. Vgl. Ref. **6406**.

* * **G. Elwert,** Die Verteilung der Röntgenstrahlung der Sonnenkorona über die emittierende Fläche und die Restintensität bei totalen Sonnenfinsternissen. Vgl. Ref. **6201**.

* * **G. Elwert,** Die Restintensität der Röntgenstrahlung der Sonnenkorona bei totalen Sonnenfinsternissen. Vgl. Ref. **6202**.

6512. **H. Friedman, T. A. Chubb, J. E. Kupperian jr., R. W. Kreplin, J. C. Lindsay,** X-ray and ultraviolet emission of solar flares (IGY project 10.3). Ann. Géophys. **14** 232—235. — In den Monaten Juli und August 1957 wurden während solarer Eruptionen Raketen abgefeuert, die Instrumente zur Messung der Röntgen- und Hα-Strahlung der Sonne trugen. Das Röntgenspektrum war gegenüber der ruhigen Korona wesentlich «härter», bei der größten Eruption reichte es bis 2 Å hinab. Für das Röntgengebiet variierte der Quantenfluß von 10^{-3} erg cm^{-2} sec^{-1} für eine Eruption der Klasse 1 bis 10^{-2} erg cm^{-2} sec^{-1} für ein Flare der Klasse 2. Eine bemerkenswerte Zunahme der Lyman α-Strahlung während der Eruption konnte nicht festgestellt werden. Henn

6513. **H. Friedman,** The X-ray region of the solar spectrum from rocket measurements. Spectrochim. Acta **12** 383—384.

6514. **C. de Jager,** De röntgenstraling van zonnevlammen. Hemel en Dampkring **56** 135—139. — Bericht über amerikanische Untersuchungen der Röntgenstrahlung solarer Eruptionen mit Hilfe ballongestarteter Raketen (1956) und zweistufiger Raketen auf San Nicolai (1957). Versuchsweise Zurückführung der aufgefundenen Strahlung bis 1.5 Å herab auf überhitzte Koronagebiete über den Eruptionen. Gü.

* * **L. Peterson, J. R. Winckler,** Short γ-ray burst from a solar flare. Vgl. Ref. **6673**.

6515. **W. A. Rense,** Rocket ultraviolet solar spectroscopy. Sky and Telescope **17** 502—507. — Nach kurzer Schilderung der Struktur der Sonnen- und Erdatmosphäre bringt der Aufsatz die wichtigsten Angaben über die seit 1946 für Untersuchungen der solaren UV-Strahlung verwandten Raketen und deren instrumentelle Ausrüstung. Unter den bisherigen Ergebnissen sind hervorzuheben: 1.) Die Feststellung, daß die Intensität des Kontinuums zwischen 3000 und 1800 Å niedriger liegt, als früher angenommen wurde; 2.) Der Nachweis eines Intensitätsabfalls bei etwa 2000 Å an den Seriengrenzen des Al und Ca sowie Messungen der Lα-Linie und ihrer Veränderlichkeit. Auch liegen schon erste Resultate über die Strahlung kürzer als 1000 Å vor, besonders im Bereich zwischen 1 bis 100 Å. Kdr.

6516. **A. B. Sewerny,** Über die Entstehung der hochenergetischen Teilchen und der harten Strahlung in Sonneneruptionen. DAN **121** 819—821 (russ.). — Verf. zeigt, daß eruptionsartige Prozesse die Ursache von Röntgen- und γ-Strahlung der Sonne und der Sterne sein können. Der γ-Strahlungsuntergrund von einer Intensität $\leq \approx 10^{-3}$ erg/cm² sec, wie er sich aus Raketenmessungen ergeben hat, kann von 300 Sternen von der Art der Sonne im Umkreis von etwa 40 pc erzeugt werden. Loh.

6517. **A. E. Tschudakow,** Untersuchung der Photonen mit Hilfe des dritten künstlichen Erdsatelliten. Priroda **47** Nr. 12 S. 88—90 (russ.). — Kurzer Bericht über einen Vortrag vor der 5. Versammlung des Spezialkomitees zur Durchführung des IGJ. Nach einer kurzen Beschreibung des Zählers werden einige Ergebnisse über die Messung von Gammastrahlen mitgeteilt. Loh.

Solare Radiostrahlung

6518. **K. Akabane,** Solar radio emission at 9500 Mc/s. I. II. Ann. Tokyo Astr. Obs. (2) **6** 57—100. — Ein Polarimeter neuer Konstruktion für den cm-Wellenbereich wird beschrieben, und die mit ihm von Juni 1957 bis Mai 1958 gewonnenen Ergebnisse der Beobachtung der Sonnenstrahlung der Frequenz 9500 MHz werden mitgeteilt. Die Intensität der Strahlung der ruhigen Sonne wird auf 300—350 $\times$ 10^{-22} Wm^{-2} Hz^{-1} geschätzt. Die langsam veränderliche Komponente der Strahlung (S-Komponente) weist zirkulare Polarisation von ca. 10 % auf; in vier Fällen wurde beim Zentralmeridiandurchgang einer bipolaren Gruppe eine Umkehrung des Drehsinns der Polarisation beobachtet. Schwache lineare Polarisation konnte in einigen Fällen festgestellt werden. Von 548 Strahlungsausbrüchen, die stärker als 20×10^{-22} Wm^{-2} Hz^{-1} waren, wiesen 355 zirkulare Polarisation auf, die in ca. 65 % der Fälle mit dem Drehsinn der Polarisation der S-Komponente übereinstimmte. Aus den Beobachtungen der partiellen Finsternisse 1957 April 29 und 1958 April 19 wird auf die Struktur der auf den Frequenzen 3000 MHz und 9500 MHz aktiven Gebiete geschlossen; Modelle dieser Gebiete werden skizziert. Diese Gebiete werden mit den Magnetfeldern der Sonnenflecken identifiziert und die beobachteten Polarisationseigenschaften der solaren Radiostrahlung durch die Wirkung der Magnetfelder erklärt. Außer diesen aktiven Gebieten ist auch eine äquatornahe Zone der Sonne an der S-Komponente beteiligt. Gleissberg

6519. **K. Akabane,** On elliptical polarization of solar radio outbursts at 9500 Mc/s. Publ. Astr. Soc. Japan **10** 99—101 = Tokyo Astr. Obs. Repr. Nr. 171. — Verf. gibt eine kurze Übersicht über die Ergebnisse der seit Mai 1957 in Tokyo durchgeführten Polarisationsbeobachtungen. Die meisten der untersuchten «Outbursts» sind zirkular polarisiert mit einem Polarisationsgrad von etwa 10 %; ungefähr 20 % der «Outbursts» sind elliptisch polarisiert. Zwei typische Beispiele elliptisch polarisierter «Outbursts» werden diskutiert. A. Böhme

6520. **K. A. Anderson,** Ionizing radiation associated with solar radio noise storm. Phys. Rev. Letters **1** 335—337. — Ref. in Phys. Abstracts (A) **62** 281, Phys. Ber. **38** 1096.

6521. **Y. Avignon, A. Boischot, P. Simon,** Caractères d'une émission solaire remarquable observée le 4 novembre 1957 sur 169 MHz. Ann d'Astrophys **21** 243—249. — Beschreibung eines ungewöhnlichen Ereignisses der solaren Radiostrahlung auf der Frequenz 169 MHz am 4. November 1957 von 8.40 WZ bis etwa 15.15 WZ. Die Beobachtung erfolgte mit dem Vielfachinterferometer von Nançay sowie mit einer zweiten Apparatur geringeren Auflösungsvermögens. Zusätzlich werden noch die Beobachtungen anderer Stationen ausgewertet. Das Ereignis, dessen Maximalintensität 2×10^{-19} Wm^{-2} Hz^{-1} betrug (etwa das 200-fache der ruhigen Sonne), unterscheidet sich in Einzelheiten des Verlaufs und im spektralen Verhalten von den bekannten Bursttypen. Zur Erklärung starker szintillationsähnlicher Schwankungen wird auf die Möglichkeit terrestrischer Effekte hingewiesen. Das Ereignis hatte keine sonstigen terrestrischen Erscheinungen zur Folge. Auf der Sonne wurde von einigen Observatorien eine Eruption der Stärke 1 beobachtet, die zeitlich und örtlich im Zusammenhang mit dem Phänomen stehen könnte. Daene

6522. **A. Boischot,** Etude du rayonnement radioélectrique solaire sur 169 MHz à l'aide d'un grand interféromètre à réseau. Ann d'Astrophys **21** 273—344. — Nach Darlegung der Theorie der Radiointerferometer und Beschreibung des Gitterinterferometers von Nançay, das aus 32 Antennen mit je 50 m Abstand besteht, wird über die Ergebnisse der mit diesem Instrument seit Juni 1956 (anfangs mit acht und dann eine Zeitlang mit 16 Antennen) angestellten täglichen Beobachtungen der solaren Radiostrahlung bei einer Frequenz von 169 MHz berichtet. Auf dieser Frequenz beträgt das Auflösungsvermögen 3'.4. Die ruhige Sonne zeigt Strahlungsschwankungen von Tag zu Tag, die von ausgedehnten strahlenden Gebieten herrühren, und langsamere Änderungen, für die vermutlich die Korona verantwortlich ist. Die Quellgebiete der Geräuschstürme, von denen oft mehrere gleichzeitig wirksam sind, liegen über die ganze Sonne verteilt, jedoch vorzugsweise in der Umgebung des Zentralmeridians. Ihre Höhe über der Photosphäre beträgt 0.3 bis 1.0 Sonnenradien, und ihr Durchmesser kann bis zu 10' betragen. Von chromosphärischen Eruptionen geht eine intensive Strahlung aus, die vermutlich durch Elektronen, die im Magnetfeld stark beschleunigt worden sind, erzeugt wird; vielleicht stehen diese in Beziehung zu der nach manchen großen Eruptionen beobachteten Zunahme der kosmischen Strahlung. Gleissberg

6523. **J. Budějický, Z. Švestka,** 536 Mc/s radio events associated with chromospheric flares during the year 1956. BAC **9** 48—60. — In Ondřejov wurden während des Jahres 1956 auf der Frequenz 536 MHz 665 Radioereignisse beobachtet. Diese Ereignisse werden mit den optischen Beobachtungen von Flares und den Beobachtungen von S. W. F. und S. E. A. des Geophysikalischen Instituts der Tschechoslowakischen Akademie in Panská Ves verglichen. Die optischen Beobachtungen sind zum Teil in Ondřejov durchgeführt worden. Es ergibt sich, daß die Gruppe der Ereignisse, die (gemäß der Einteilung nach Dodson, Hedeman und Owren) aus den Typen: «major +», «major», «minor +», «onset of noise storm», «group of bursts» besteht, sehr gut mit den optischen Flare-Beobachtungen korreliert ist. Dagegen zeigt die zweite Gruppe, enthaltend die Typen: «minor», «base-level rise», «series» und «micro-burst», nur geringe Übereinstimmung. Die Zeitdifferenz zwischen dem Beginn des optischen und des Radio-Ereignisses ist für 80 % der allerdings geringen Zahl zeitlich genügend genau festgelegter Ereignisse kleiner als 5 Minuten, wobei meist das Radio-Ereignis früher zu beginnen scheint. Eine Abhängigkeit der Zeitdifferenz von der Distanz des Flares wird durch die Verschlechterung der Beobachtbarkeit nach dem Rand zu erklärt. Abweichend von den Ergebnissen bei 200 MHz wird für den Typ «group of bursts» eine gute Übereinstimmung mit den ionosphärischen Ereignissen gefunden. Daene

* * **J. Budějický,** About one possibility of using small-aperture antennas for estimating the position of local sources of radio noise on the sun's disk. Vgl. Ref. **12609.**

6524. **W. N. Christiansen, D. S. Mathewson,** Scanning the sun with a highly directional array. Proc IRE **46** 127—131 = Commonwealth Sci. Industrial Res. Organization, Australia, Division Radiophys. — Nach einem Überblick über Beobachtungsgeräte und Meßmethoden zur Bestimmung der Radiohelligkeits-Verteilung über die Sonnenscheibe wird ein neues Instrument beschrieben, das bei einer Wellenlänge von 21 cm tägliche Radiobilder der Sonne liefert. Es besteht aus 64 kreuzförmig angeordneten Parabolantennen (Durchmesser = 5.5 m) und verbindet damit die Prinzipien eines 32-Antennen-Interferometers mit denen des «Mills-Cross». Das Antennendiagramm des neuartigen Instrumentes besteht aus einem System steiler Empfindlichkeitsmaxima (Durchmesser $\sim 3'$). Das Sonnenbild wird durch zeilenweise Abtastung der Sonnenscheibe (ähnlich wie beim Fernsehen) gewonnen. Rabben

6525. **R. J. Coates,** Measurements of solar radiation and atmospheric attenuation at 4.3-millimeters wavelength. Proc IRE **46** 122—126. — Zur Messung der solaren Helligkeitsverteilung bei 4.3 mm Wellenlänge wird die Sonnenscheibe mit einem Radiometer (System Dicke) zeilenweise abgetastet. Die Apparatur ist mit einer parallaktisch montierten Parabolreflektorantenne ($d = 3$ m) ausgerüstet (Keulenbreite = $6\overset{.}{.}7$). Die Dämpfung durch die Erdatmosphäre wird aus der Abhängigkeit der Sonnenstrahlungsintensität von der Elevation unter Berücksichtigung der atmosphärischen Eigenstrahlung bestimmt. Die Messungen ergaben für die ruhige Sonne eine Strahlungsintensität, die einer Temperatur von 7000° K ± 10% entspricht. Die stärkste Zunahme, die in der Nähe großer Sonnenflecken (in den Jahren 1956/57) ermittelt werden konnte, betrug 2%. Die Sonnenscheibe erscheint um 1% größer als bei optischen Wellenlängen. Für die atmosphärische Dämpfung ergaben sich bei klarem Wetter im Zenit Werte zwischen 1.6 und 2.2 db. Rabben

* * **M. H. Cohen,** Radio astronomy polarization measurements. Vgl. Ref. **12615.**

6526. **A. E. Covington, G. A. Harvey,** Impulsive and long-enduring sudden enhancements of solar radio emission at 10-cm. wave-length. J RAS Canada **52** 161—166. — Seit 1947 wurden auf 10.7 cm Wellenlänge 2390 Bursts beobachtet. Die während der Jahre 1956 und 1957 zusätzlich auf 10.2 cm durchgeführten Beobachtungen zeigen nur in wenigen Fällen einen merklichen Unterschied in der Burstform. Im Gegensatz zum Meterwellen-Gebiet sind die Bursts im 10 cm-Gebiet weit weniger komplex, 90% der im Jahre 1958 beobachteten Bursts bestanden aus einem einfachen Anstieg und Abfall der Intensität. Die statistische Auswertung der Zeitdauer-Intensitäts-Abhängigkeit zeigt zwei Gruppen: Kurze Bursts mit hoher Intensität und lange Bursts geringerer Intensität. Die letzteren werden in Beziehung gebracht mit der langsam variablen Komponente und werden auf thermische Strahlung zurückgeführt. Die kurzen Bursts, die meist einen schnellen Anstieg in im Mittel $^1/_4$ der Gesamtdauer zeigen, werden mit der Partikelstrahlung in Verbindung gebracht und auf nichtthermische Strahlung zurückgeführt. Daene

6527. **S. Débarbat, J.-C. Pecker,** Le rayonnement radioélectrique du Soleil à différentes phases du cycle solaire. Ann d'Astrophys **21** 250—259. — Verf. diskutieren alle Beobachtungen der Sonnenfinsternisse des vergangenen Zyklus. Sie vergleichen die gemessenen Verfinsterungskurven mit Kurven, die aus Modellen der Radiosonne berechnet wurden, um Einblick in den Zusammenhang zwischen optischer und Radiostrahlungsaktivität als Funktion der Phase im Zyklus zu gewinnen. Zur Berechnung der künstlichen Verfinsterungskurven wurde angenommen, daß die Stellen erhöhter Radioemission in Lage und

Form mit den Stellen erhöhter Koronaintensität übereinstimmen. Unter Vernachlässigung der Mitte-Rand-Variation der ruhigen Strahlung wurden für verschiedene Werte g des Verhältnisses von gestörter zu ruhiger Radiostrahlung Verfinsterungskurven konstruiert. Ferner wurden die Asymmetrien der beobachteten und gerechneten Kurven verglichen. Aus den Ergebnissen versuchen Verf. zu schließen auf die Verschiebung von optischen und Radiogebieten, auf die Variation von g, auf den verschiedenen Einfluß der Mitte-Rand-Variation der ungestörten Strahlung und auf die Möglichkeit überhaupt, die beobachteten Kurven durch solche Modellrechnungen zu approximieren. A. Böhme

* * **H. W. Dodson,** Studies at the McMath-Hulbert Observatory of radio frequency radiation at the time of solar flares. Vgl. Ref. **6622.**

6528. **Ø. Elgarøy,** On the fine structure of solar bursts in the 200 Mc/s range and their drift in frequency. Astrophys. Norvegica **6** 55—74. — Mit einem Zweikanal-Empfänger für 199 und 200.5 MHz wurden in Harestua bei Oslo von Februar bis September 1957 simultane Registrierungen kurzzeitiger Bursts (Pips) durchgeführt. In 48 % der 2051 beobachteten Fälle ging die Empfangsspitze bei der höheren Frequenz bis zu 0ˢ2 der bei der niederen voraus, in 34 % der Fälle folgte sie dieser in ähnlichem Zeitabstand. Traten die Pips während mehrerer aufeinander folgender Tage auf, so nahm diese Asymmetrie der Zeitunterschiede von Tag zu Tag ab und konnte sich dabei sogar umkehren. Der Vergleich der sieben so untersuchten Folgen mit den optischen Sonnenbeobachtungen legt die Vermutung nahe, daß diese Variation mit dem Durchgang aktiver Zentren durch den Zentralmeridian zusammenhängt. Als wahrscheinlichste Ursache der Asymmetrie wird dabei eine zeitliche Verschiebung der Scheitelfrequenz angesehen. In einem Anhang wird die bei der Beobachtung benutzte Apparatur beschrieben. Gü.

6529. **A. D. Fokker,** Een zeldzaam radiofenomeen op de zon. Hemel en Dampkring **56** 115—116.

* * **R. G. Giovanelli,** Flare-puffs as a cause of type III radio bursts. Vgl. Ref. **6628.**

6530. **R. G. Giovanelli, J. A. Roberts,** Optical observations of the solar disturbances causing type II radio bursts. Australian J. Phys. **11** 353—359 = Commonwealth Sci. Industrial Res. Organization, Australia, Division Radiophys. — Es wird über 13 Beobachtungen von Typ II-Bursts berichtet, die mit optischen Erscheinungen in Verbindung gebracht werden können. Es handelt sich dabei um Auswürfe, die am oder nahe dem Rand beobachtet wurden und Geschwindigkeiten größer als die Schallgeschwindigkeit in der inneren Korona aufwiesen. Unter anderem zeigt sich, daß die fundamentale Plasmafrequenz auch von Vorgängen beobachtet werden konnte, die weiter vom Zentrum der Scheibe entfernt lagen, als unter der Annahme einer kugelsymmetrischen Korona zu erwarten wäre. Mehltretter

6531. **J. Goodman, M. Lebenbaum,** A dynamic spectrum analyzer for solar studies. Proc IRE **46** 132—135. — Ein Radiospektrograph zur Beobachtung der Sonne in einem Frequenzbereich von 90 bis 580 MHz (λ = 330 bis 52 cm) wird in seinen technischen Einzelheiten beschrieben. Das gesamte Spektrum wird dreimal je Sekunde abgetastet und photographisch registriert, wobei der Schwärzungsgrad ein Maß für die Strahlungsintensität ist. Das Eigengeräusch des Apparates beträgt durchschnittlich 4.6 db bis 180 MHz, 5.7 db bis 340 MHz und 6.6 db bis 580 MHz. Verbesserungen bezüglich Eigengeräusch und Verstärkungskonstanz sind geplant. Rabben

6532. **T. de Groot,** Duration and band-width of short-lived transients in solar noise. Nature **181** 1676—1677 = Sterrewacht «Sonnenborgh» Utrecht Overdruk Nr. 33. — Ref. in Phys. Abstracts (A) **61** 703.

6533. **O. Hachenberg,** Radioastronomische Messungen an der Sonne. Mitt. Gesellschaft Deutscher Naturf. Ärzte 1958 Nr. 3 S. 3. — Ref.

6534. **O. Hachenberg,** Untersuchungen über die Strahlungsausbrüche der Sonne im cm-Wellengebiet. ZfA **46** 67—87. — Da für das cm- und dm-Gebiet noch keine spektroskopischen Beobachtungen existieren, wurde das Verhalten von Bursts auf den Frequenzen 3.2, 10, 15 und 20 cm miteinander verglichen. Im allgemeinen zeigen die Bursts auf allen vier Frequenzen einen sehr ähnlichen Verlauf; der Intensitätsanstieg beginnt nahezu gleichzeitig (die größten gemessenen Zeitdifferenzen liegen bei $\pm$ 2 sec), die Maxima zeigen eine geringe zeitliche Verschiebung. Verf. schließt deshalb, daß es sich um einen Anregungsvorgang handelt, der ein Kontinuum erzeugt und der nicht notwendig mit einer Aufwärtsbewegung der Quelle verbunden ist. Der Übergang zum m-Gebiet, wo eine monochromatische Strahlung vorherrscht, die offenbar durch einen anderen Mechanismus erzeugt wird, vollzieht sich im Gebiet zwischen 1500 und 600 MHz, was der Übergangsschicht Chromosphäre-Korona entspricht. Die Intensitätsverteilung zeigt im Bereich zwischen 3.5 und 20 cm ein Maximum, dessen Lage von Fall zu Fall stark variiert und offenbar mit der Höhe des Ortes in der Chromosphäre, an dem die Strahlung entsteht, zusammenhängt. Der zeitliche Verlauf der Bursts wurde analysiert. Der Normalfall ist ein kurzer asymmetrischer Burst mit einer Halbwertsbreite von etwa 25 sec. Die Bursts zeigen meist einen exponentiellen Abfall, der bei starken Bursts mit Zeitkonstanten bis zu 20 Minuten erfolgen kann.
A. Böhme

* * **A. Hewish,** The scattering of radio waves in the solar corona. Vgl. Ref. **6707**.

6535. **W. L. Hinsburg, W. W. Shelesnjakow,** On the possible mechanisms of sporadic solar radio emission. (Radiation in an isotropic plasma). AJ UdSSR **35** 694—712 (russ. mit engl. Ref.). — Engl. Übersetzung in Soviet Astr. AJ **2** 653—668. — Verf. vergleichen die beobachtete Radiostrahlung der Bursts vom Typ I, II und III mit theoretischen Ansätzen über ihren möglichen Ursprung und kommen dabei zu folgenden Schlüssen: Typ II läßt sich nicht durch inkohärente (thermische) Strahlung erklären. Offensichtlich versagt auf der anderen Seite der kohärente Mechanismus (Plasmaschwingungen) bei Typ III, obwohl hier einige Details gut übereinstimmen. Verf. stellen schließlich fest, daß wegen des Zusammenhangs der Bursts vom Typ I mit Sonnenflecken eine Analyse der Plasmaeigenschaften ohne Berücksichtigung der Magnetfelder nicht für einen Vergleich mit Beobachtungen geeignet erscheint und verweisen hierfür auf eine spätere Veröffentlichung.
Oster

6536. **W. N. Ichsanowa,** The commencement of observations of solar radio emission on 3.2 cm with the Pulkovo large radio telescope. Mitt. Astr. Hauptobs. Pulkowo **21** Nr. 3 (162) S. 29—38 (russ. mit engl. Ref.). — Das im Dezember 1956 in Dienst gestellte Instrument hat bei eigenartiger Antennenkonstruktion eine Auflösung von etwa 1′ in der Horizontalen und 1° in der Vertikalen. Erste Ergebnisse werden mitgeteilt. Danach haben örtliche Emissionsgebiete auf der Sonnenscheibe Mindestausdehnungen bis unter 1′ und liegen — ebenso wie die 10 cm-Emissionsgebiete — in einer mittleren Höhe von 1.07 $R_\odot$. In einem Ring, der von 0.79 bis 0.85 $R_\odot$ reicht, ist die 3.2 cm-Intensität doppelt so hoch wie im Zentrum der ungestörten Sonnenscheibe.
Petri

6537. **W. N. Ichsanowa,** Einige Beobachtungsergebnisse der solaren Radiostrahlung am großen Radioteleskop des Astronomischen Hauptobservatoriums. Sonnendaten 1957 Nr. 6 S. 120—122 (russ.). — Eine vorläufige Statistik der Beobachtungen ergibt, daß solche Gebiete einen besonders starken Radiostrahlungsstrom liefern, die mit Sonnenfleckengruppen der Klasse F identifiziert werden können, deren Flächen von der Ordnung 600×10^{-6} der Halbsphäre der Sonne und mehr sind.
Loh.

6538. C. de Jager, De zon bezien met een «radio-oog». Hemel en Dampkring **56** 33—37. — Gemeinverständlicher Bericht über die Untersuchung der solaren Radiostrahlung mit dem Christiansenschen Radiointerferometer. Vergleich eines Radioheliogramms von 1957 Okt. 14 mit den entsprechenden visuellen und photographischen Sonnenkarten. Gü.

6539/40. C. de Jager, F. van't Veer, C. L. Seeger, A discussion of short-lived solar radio transients at 200 Mc/s. Verhandl. Koninkl. Nederl. Akad. Wetensch. Afd. Natuurk. (1) **21** Nr. 3 S. 3—61 = Rech. Astr. Obs. Utrecht **14** Nr. 1. — Ref. in Irish AJ **5** 158. — Solare Radiostrahlungsstöße bei 200 MHz, die mit einem Schnellschreiber registriert wurden, werden analysiert und statistisch untersucht. Ihre Lebensdauer beträgt «normalerweise» 0.5 sec, mindestens jedoch 0.1 sec; sehr breite Stöße von 2—3 sec Dauer wurden manchmal im ersten Teil der mit solaren Eruptionen koinzidierenden Radiophänomene festgestellt. Im einzelnen zeigte sich: Strahlungsstöße in Geräuschstürmen neigen zur Gruppenbildung und entstehen anscheinend nahe der Reflexionsschicht, da keine «Echos» gefunden werden konnten. Ihrer Bandbreite von etwa 7 MHz — als Doppler-Verbreiterung interpretiert — entspricht eine kinetische Temperatur von etwa 10^6 Grad. Die bei 200 und 205 MHz registrierten Strahlungsstöße dieser Art zeigen Zeitverschiebungen gegeneinander von höchstens 0.1 sec. Die Untersuchung der Zeitprofile von isolierten Strahlungsstößen ergab vier unterschiedliche Typen und läßt Rückschlüsse auf Entstehungsmechanismus (Plasmaschwingungen, angeregt durch dünne, die Korona durchlaufende Fronten) und Koronatemperatur zu (2.6 — 6.8 $\times 10^6$ Grad je nach Typ). Die Frequenzdrift von etwa 20 MHz/sec offenbart den Typ III-Burst-Charakter dieser Stöße. Rabben

6541. H. Jasik, A wide-band antenna system for solar noise studies. Proc IRE **46** 135—142. — Der Entwicklungsgang einer parallaktisch montierten Breitbandantenne mit Parabolreflektor ($d = 8.5$ m) für einen Radiospektrographen mit drei Frequenzbereichen (Bereich N: 100—180 MHz; M: 160—320 MHz und H: 300—600 MHz) wird erläutert. Die Speisung der Antenne geschieht durch drei in einander verschachtelte Systeme: System H ist ein Horn im Brennpunkt des Parabols, System N besteht aus zwei Dipolen längs der Hornkanten und einem ebenen Reflektor, während System M aus einem Dipol mit Winkelreflektor gebildet wird und zur Entkopplung mit seiner Polarisationsebene um 90° gegen die beiden anderen Systeme verdreht ist. Die errechnete effektive Empfangsfläche beträgt für alle drei Systeme etwa 40 $m^2 \pm 10\%$. Ein viertes System mit dem Bereich 2 bis 4 GHz, das aus einem Horn besteht und in der Öffnung des anderen größeren Horns untergebracht ist, ist vorgesehen. Weitere Eigenschaften der Anordnung, bzw. einer Modellausführung (z. B. Keulenbreite, Stehwellenverhältnis) werden angegeben. Rabben

6542. M. Komesaroff, Polarization measurements of the three spectral types of solar radio bursts. Australian J. Phys. **11** 201—214 = Commonwealth Sci. Industrial Res. Organization, Australia, Division Radiophys. — Es wird eine Methode beschrieben, mit der an verschiedenen Typen von Bursts Polarisationsmessungen durchgeführt wurden. Es zeigte sich, daß viele Bursts vom Typ III weitgehend polarisiert sind. Desgleichen ergaben sich einige Hinweise darauf, daß diese Polarisation in der Strahlungsquelle selbst entsteht und nicht durch besondere Eigenschaften der übergelagerten Schichten verursacht wird. Mehltretter

* * **J. D. Kraus,** Planetary and solar radio emission at 11 meters wavelength. Vgl. Ref. **7013**.

6543. M. Krishnamurthi, G. S. Sastry, T. Seshagiri Rao, Radio emission from the Sun at 30 Mc/s. J. Sci. Industrial Res. (A) **17** Nr. 12 Suppl. S. 71—73. — Ref. in Phys. Abstracts (A) **62** 281.

6544. **M. R. Kundu,** Etudes des sources solaires persistantes sur ondes centimétriques. CR **246** 2740—2743. — Die Messungen der Helligkeitsverteilung von langlebigen solaren Radioquellen im Zentimetergebiet zeigen die Existenz von kleinen und intensiven Quellen (Durchmesser ∼ 1!5) und anderen, die weniger intensiv und ausgedehnter sind. Zwischen dem Auftreten von engbegrenzten Quellen und der Eruptionstätigkeit der Sonne besteht ein deutlicher Zusammenhang, während die ausgedehnteren Quellen wahrscheinlich den Fackelflächen zuzuordnen sind. Mehltretter

6545. **M. R. Kundu,** Sur les dimensions des sources des sursauts de rayonnement solaire sur ondes centimétriques. CR **246** 2852—2855. — Unter Zugrundelegung einer großen Anzahl von Bestimmungen der Durchmesser solarer Bursts mit einem Interferometer ist es möglich, eine detailliertere Klassifikation der verschiedenen Bursts im Zentimeterbereich zu geben, ihre Entwicklungsgeschichte näher zu beschreiben und Werte für die äquivalenten Temperaturen abzuschätzen. Mehltretter

6546. **P. Maltby,** Preliminary report on positional fluctuations of solar radio sources on 200 Mc/s. Astrophys. Norvegica **6** 75—84. — Die Fluktuationen der Position eines aktiven solaren Herdes bei 200 MHz wurden mit einem Interferometer im Phasenschaltverfahren gemessen. Die Größe der Fluktuationen wurde aus der Differenz zwischen berechneten und beobachteten Durchgangszeiten bestimmt. Die Größe der so ermittelten Fluktuationen beträgt maximal 1!2. Derartige Beträge liegen bereits außerhalb der Fehlergrenzen der Beobachtungen. Obwohl die Größe der Fluktuationen im Einzelfall sehr unterschiedlich ist, so besteht doch die allgemeine Tendenz, daß die Fluktuationen umso größer werden, je geringer der Polarisationsgrad, der Strahlungsstrom oder die Variabilität sind. Dagegen besteht keine Abhängigkeit von der Lage der Quelle auf der Sonnenscheibe. Es wird versucht zu diskutieren, inwieweit diese Fluktuationen durch Koronainhomogenitäten verursacht werden, oder inwieweit es sich um reelle Schwankungen der Lage des Herdes handelt. A. Böhme

6547. **P. Maltby,** The determination of position and polarization of sources of enhanced solar radiation on 200 Mc/s. Inst. Theoret. Astrophys. Blindern-Oslo Report Nr. 4, 34 S. — Beschreibung einer Interferometeranlage, bestehend aus zwei Dipolfeldern zu je 16 Halbwellendipolen, Basislänge 140 λ, Frequenz 200 MHz. Sie arbeitet nach dem Phasenschaltverfahren und dient zur Lokalisation von Quellen in der Sonnenatmosphäre. Die Anlage ist seit 1958 Febr. 6 in regelmäßigem Betrieb. Als Beispiel werden einige Beobachtungsergebnisse angeführt. Im zweiten Teil werden Überlegungen zur Polarisationsmessung mitgeteilt unter besonderer Berücksichtigung eines von Hatanaka angegebenen Verfahrens. Daene

6548. **A. Maxwell, G. Swarup,** A new spectral characteristic in solar radio emission. Nature **181** 36—38 = Harv Repr Nr. 478. — Eine neue Art von schnellen solaren Ausbrüchen von mehreren Sekunden Dauer wird beschrieben. Sie wurden im radiofrequenten Bereich beobachtet, sind aber meist mit Ausbrüchen im optischen Bereich korreliert. Möglichkeiten für ihren Ursprung werden skizziert. Kdr.

6549. **A. Maxwell, G. Swarup, A. R. Thompson,** The radio spectrum of solar activity. Proc IRE **46** 142—148 = Harv Repr (2) Nr. 116. — Ein verhältnismäßig empfindlicher Radiospektrograph zur Beobachtung solarer Strahlungsausbrüche im Spektralbereich von 100 bis 580 MHz wird beschrieben. Die Beobachtungsergebnisse etwa eines Jahres (1956/57) werden anhand von zahlreichen Reproduktionen typischer Burstspektren erörtert, mit simultanen optischen Beobachtungen der chromosphärischen Eruptionen verglichen sowie im Hinblick auf bestehende Theorien über den Entstehungsmechanismus kommentiert. Es konnten vier unterschiedliche Bursttypen festgestellt werden: 1.) Aus sehr kurz andauernden Bursts bestehende Geräuschstürme, 2.) Bursts mit langsamer Frequenzdrift, 3.) Bursts mit schneller Frequenzdrift, die in einigen Fällen sogar das Vorzeichen wechselt (U-Bursts) und 4.) Breitbandige langandauernde Bursts (10—60 min) mit sehr ruhigem Verlauf. Rabben

6550. **A. Maxwell,** Radio emissions from the sun. Proc. National Electronics Conf. **13** 374—376 = Harv Repr Nr. 481. — Nach einem kurzen Überblick über die Geschichte der Radioastronomie der Sonne wird der Radiospektrograph von Fort Davis/Texas (Frequenzbereich 100—580 MHz) beschrieben und seine Arbeitsweise durch zwei Registrierbeispiele illustriert. Die verschiedenen Typen der solaren Radiostrahlungsausbrüche werden aufgezählt und erläutert. Rabben

6551. **A. Maxwell,** Solar radio astronomy in Texas. Sky and Telescope **17** 388—393 = Harv Repr (2) Nr. 119. — Bericht über die Ausrüstung und das Programm der seit September 1956 arbeitenden Station für Radioastronomie der Harvard-Sternwarte bei Fort Davis in Texas in der Nähe des McDonald-Observatoriums. Kdr.

6552. **W. J. Medd, A. E. Covington,** Discussion of 10.7-cm solar radio flux measurements and an estimation of the accuracy of observations. Proc IRE **46** 112—118. — Die Genauigkeit der seit mehr als zehn Jahren in Ottawa (Kanada) täglich gemessenen Intensität der solaren Radiostrahlung bei $\lambda = 10.7$ cm wird untersucht. Der relative Fehler der ersten drei Jahre wird mit $\pm 10\%$ angegeben, der der folgenden Jahre bei verbesserter Beobachtungsmethode mit $\pm 3\%$. Auf Grund der Untersuchungen ergaben sich 1952 für die vorhergehenden Jahre Korrektionsfaktoren, die zwischen 1.17 (im Sommer) und 1.19 (im Winter) lagen. Die Größe der die Messung möglicherweise beeinflussenden Parameter wird an Hand der für die Kalibrierung des Radiometers notwendigen theoretischen Unterlagen und der Darstellung der erforderlichen Hilfsuntersuchungen (Hintergrundstrahlung, Kalibrierung durch «Black Box» und heizbare Widerstände und andere) erörtert. Zur Abschätzung des systematischen Fehlers wurden längere Zeit zwei Empfänger gleichzeitig betrieben; es ergab sich hierbei ein Betrag von $\pm 7\%$. Rabben

6553. **C. M. Minnis, G. H. Bazzard,** Similarities in characteristics of solar radiation at λ 10.7 cm and in the far ultra-violet. Nature **181** 1796. — Ref. in Phys. Ber. **38** 1620.

6554. **J. A. Roberts,** Evidence of echoes in the solar corona from a new type of radio burst. Australian J. Phys. **11** 215—234 = Commonwealth Sci. Industrial Res. Organization, Australia, Division Radiophys. — Ein neuer spektraler Typ von Bursts wird beschrieben, der aus zwei Elementen im Abstand von 1.5 bis 2 sec besteht, und bei dem die Frequenz nur 2 bis 8 MHz pro sec zunimmt. Diese Bursts sind nur von sehr kurzer Dauer und treten bevorzugt in längeren Meter-Wellen-Bereichen auf. Verschiedene Mechanismen werden diskutiert, unter anderem auch ein Reflexionsvorgang in den tieferen Schichten der Korona. Mehltretter

6555. **W. W. Shelesnjakow,** Radiostrahlung der Sonne und der Planeten. Fortschritte Phys. Wiss. **64** 113—154 (russ.). — Ref. in RJ UdSSR 1958 Nr. 9 S. 34.

6556. **A. W. Straiton, C. W. Tolbert, C. O. Britt,** Apparent temperatures of some terrestrial materials and the sun at 4.3 millimeter wavelengths. J. appl. Phys. **29** 776—782. — Ref. in Phys. Abstracts (A) **61** 801.

6557. **K. M. Streshnewa, W. M. Pletschkow, A. M. Starodubzew,** Untersuchung der Korrelation zwischen der Intensität der solaren Radiostrahlung und der Strahlung von sichtbaren aktiven Gebilden auf der Sonne. I. Sonnendaten 1958 Nr. 7 S. 71—76 (russ.). — Nach der Bestimmung der effektiven Temperatur der ruhigen Sonne in der Periode 1956—1957 bei 1.6, 3.2, 10 und 145 cm Wellenlänge werden die täglichen Werte der veränderlichen Sonne der Epoche Jan.—Mai 1956 den Fleckenflächen gegenübergestellt. Die sich bei $\lambda = 145$ cm ergebenden effektiven Temperaturen werden dann noch für dieselbe Epoche mit den Fleckenflächen des zentralen Sonnenscheibengebiets ($r = 0.5\,R_\odot$) verglichen. Die T_e für 3.2 und 10 cm sind gut miteinander korreliert. Loh.

6558. G. Swarup, R. Parthasarathy, Solar brightness distribution at a wavelength of 60 centimetres. II. Localized radio bright regions. Australian J. Phys. **11** 338—349 = Commonwealth Sci. Industrial Res. Organization, Australia, Division Radiophys. — Mit einem 32 Element-Interferometer (Auflösung $\sim 9'$) wurde bei $\lambda = 60$ cm die Helligkeitsverteilung der Sonnenscheibe untersucht. Die Lage der hellen Gebiete stimmt weitgehend mit der der chromosphärischen Fackeln überein. Für die im einzelnen beobachteten Gebiete werden Durchmesser und Intensitäten angegeben. Aus ebenfalls beobachteten, kurzdauernden Fluktuationen wird geschlossen, daß nicht die ganze Strahlung thermischen Ursprungs ist. Mehltretter

* * **J. P. Wild, K. V. Sheridan,** A swept-frequency interferometer for the study of high-intensity solar radiation at meter wavelengths. Vgl. Ref. 2187.

6559. W. W. Witkewitsch, S. I. Kamenewa, Outbursts of solar radio emission. AJ UdSSR **35** 372—381 (russ. mit engl. Ref.). — Engl. Übersetzung in Soviet Astr. AJ **2** 343—350. — Ausbrüche solarer Radiostrahlung wurden im Laufe des Jahres 1956 simultan auf 12 Kanälen von 82 bis 165 MHz sowie zusätzlich auf 204 MHz registriert. Die Erscheinungen dauerten 25—40 Sekunden bei Intensitäten zwischen 10^{-21} und 10^{-20} W m^{-2} Hz^{-1}. Die Driftgeschwindigkeit sank mit der Frequenz, entsprechend mittleren Geschwindigkeiten des erregenden Agens von 30×10^3 km sec^{-1}. Einer mittleren Anstiegsdauer von zwei Sekunden stand eine mittlere Abklingdauer (auf halbe Intensität) von sieben Sekunden gegenüber. Gelegentlich wuchs die Eruptionsdauer nicht mit abnehmender Frequenz, sondern erreichte um 100 MHz einen Höchstwert. In seltenen Fällen beschränkte sich das Spektrum auf ein nur 30 MHz breites Band, während es sonst den gesamten Registrierbereich überspannte. Offenbar hängt die Geschwindigkeit der Frequenzdrift nicht von der Intensität und Dauer der Erscheinung ab. Der Zusammenhang zwischen Radiostrahlungsausbrüchen und chromosphärischen Eruptionen ist noch nicht gesichert. Petri

6560. W. W. Witkewitsch, A. D. Kusmin, A. E. Salomonowitsch, W. A. Udalzow, Die Radiostruktur der Sonne bei 3.2 cm Wellenlänge. DAN **118** 1091—1093 (russ.). — Mit dem 31 m-Reflektor des Phys. Lebedew-Inst. Akad. Wiss. UdSSR auf der Krim wurden am 18. und 20. Juli 1957 die Isophoten der solaren Radiostrahlung bei 3.2 cm und 10 cm bestimmt; diese sind reproduziert. Bei $\lambda = 3.2$ cm schälen sich sehr ungleichmäßig über die Sonnenscheibe verteilte Gebiete erhöhter Intensität heraus, die eng mit Sonnenfleckengruppenbereichen zusammenfallen. Ähnliches ist bei $\lambda = 10$ cm der Fall. Loh.

6561. A remarkable solar radio event. Nature **181** 542—543. — Ref. in Phys. Abstracts (A) **61** 202.

6562. Beobachtung der Radiostrahlung

Acta Astr. Sinica **6** 119—124 (chines.). Observations of solar radiation in 1957 at Zô-Sè Observatory. Y.-L. Chang, C.-H. Ho.

Ciel et Terre **74** 366—369. L'activité solaire en 1957. R. Coutrez, A. Koeckelenbergh.

Quarterly Bull. Solar Activity Nr. 117—120. Published by the Eidgen. Sternw. Zürich. — 1957 Jan.—Dez.

Sonnendaten 1957 Nr. 5—6, 1958 Nr. 1—7 (russ.). Tägliche Karten der Sonne und Magnetogramme. — 1957 Sept. — 1958 Juli.

Sonnendaten 1958 Nr. 1—2 S. 108—110 (russ.). Beobachtungsergebnisse zur Verschiebung des effektiven Zentrums der solaren Radiostrahlung bei 3.2 cm Wellenlänge. G. S. Weissig, W. F. Kuschnir, A. P. Moltschanow. — Mitteilung von Beobachtungen in Pulkowo vom 4. 12. 56 bis 30. 6. 57. Der Ort des effektiven Zentrums wurde aus dem Zeitunterschied zwischen der optischen und radiofrequenten Kulmination bei feststehendem Reflektor bestimmt. Spätere Messungen werden laufend in den «Sonnendaten» veröffentlicht. Loh.

Sonnendaten 1958 Nr. 3 S. 72—75 (russ.). Die große Schwankung der solaren Radiostrahlung am 3. März 1958. N. L. Kajdanowskij, W. N. Ichsanowa, N. S. Sobolewa, G. M. Timofejewa, G. B. Helfreich.

Sonnendaten 1958 Nr. 4 S. 60—63 (russ.). Die Verteilung der Radiohelligkeit auf der Sonnenscheibe bei 3.2 cm Wellenlänge. W. N. Ichsanowa.

Sonnendaten 1958 Nr. 7 S. 69—71 (russ.). Beobachtungen der Radiostrahlung der Sonne im 8-Millimeterbereich während der ringförmigen Finsternis am 19. April 1958. N. A. Amenizkij, Z.-F. Li, A. E. Salomonowitsch, U. W. Changildin, Z.-L. Tschen.

Tokyo Astr. Obs. Bull. Solar Phenomena **9** 91—130, **10** 1—124. — 1957 Okt. — 1958 Dez.

VJS Naturf. Ges. Zürich **103** 185—212 = Astr. Mitt. Sternw. Zürich Nr. 215. Die Sonnenaktivität im Jahre 1957. M. Waldmeier.

* * Beobachtungen der solaren Radiostrahlung bei Finsternissen siehe auch § **62**.

Solare Korpuskularstrahlung

6563. **B. A. Bagarjazkij,** On the velocity dispersion of the stream of solar corpuscles near the earth. AJ UdSSR **35** 227—229 (russ. mit engl. Ref.). — Engl. Übersetzung in Soviet Astr. AJ **2** 203—205. — Es wird die Geschwindigkeitsdispersion in einem die Erde treffenden Korpuskularstrom berechnet. Es zeigt sich, daß sie nicht genügt, um die beobachtete Form der Kontur der Wasserstofflinien im Polarlicht zu erklären. Verf. (übersetzt)

* * **W. I. Krassowskij,** The characteristic of the properties of solar corpuscular emission from spectra of aurorae. Vgl. Ref. **72241**.

6564. **W. I. Krassowskij, J. M. Kuschnir, G. A. Bordowskij,** Untersuchung der Korpuskularstrahlung der Sonne mit Hilfe eines künstlichen Erdsatelliten. Fortschritte Phys. Wiss. **64** 425—434 (russ.). — Ref. in RJ UdSSR 1959 Nr. 3 S. 55—56.

6565. **L. Kurotschka,** Über die Geschwindigkeiten der Teilchen in solaren Korpuskularströmen. AC Nr. 189 S. 7—9 (russ.). — Aus den Sonnenbeobachtungen zwischen 1938 und 1956 schälen sich acht Fälle heraus, in denen magnetischen Stürmen helle chromosphärische Eruptionen vorausgegangen waren. Die zwischen dem Beginn korrespondierender Erscheinungen liegenden Zeiten streuen wenig um $1^d\,15^h$, denen eine Laufgeschwindigkeit der Korpuskel von 1680 km/sec entspricht. Loh.

6566. **E. R. Mustel,** Corpuscular streams during the years of minimum solar activity and their properties. AJ UdSSR **35** 351—365 (russ. mit engl. Ref.). — Engl. Übersetzung in Soviet Astr. AJ **2** 326—337. — Die Dauer der von (meist mit Flocculi zusammenfallenden) F-Gebieten auf der Sonne verursachten geomagnetischen Störungen ΔT wächst mit der Annäherung an das Sonnenaktivitätsmaximum ebenso an wie die bis zum Eintreten der Störungen verstreichende Zeitspanne Δt, welche ein reziprokes Maß für die Ausbreitungsgeschwindigkeit v der verursachenden Teilchen ist. Diese positive Korrelation von ΔT und Δt wird als natürliche Folge einer Abnahme der

Korpuskelgeschwindigkeit mit der Sonnentätigkeit erklärt — bei Vorhandensein einer Geschwindigkeitsdispersion Δv. Die hiermit scheinbar im Widerspruch stehende Tatsache, daß sich die mittlere Amplitude der geomagnetischen Schwankungen während einer Erscheinung nur unwesentlich zu ändern pflegt, wird dadurch erklärt, daß die eingefrorene magnetische Energie der Partikeln erheblich größer sein kann als ihre kinetische Energie. Die Korpuskelströme sind nicht homogen, sondern bestehen aus vielen Einzelkondensationen, in deren Innerem Feldstärken bis 10^{-2} Gauß herrschen können. Vielleicht sind diese Magnetfelder auch für die Beschleunigung von N_2^+- und CO^+-Ionen in Kometenschweifen verantwortlich. Der Zusammenhang der F-Störungen mit anderen solaren Erscheinungen, besonders den radioastronomisch aktiven R-Flecken, wird erörtert. Eine Deutung der Verteilungskurve plötzlicher und nichtplötzlicher geomagnetischer Störungen im Laufe eines Sonnenzyklus wird versucht, die koronale Hypothese der Entstehung solcher Korpuskelströme wird aber abgelehnt. Petri

6567. **W. A. Petuchow,** On a possible mechanism of solar non-stable processes leading to neutron eruptions. Ann. Géophys. **14** 425—432. — Solare, von aktiven Gebieten der Sonnenoberfläche ausgehende Korpuskularstrahlen werden mit einer Neutronenemission in Zusammenhang gebracht. Die Erzeugung von Neutronen im Sonneninneren wird diskutiert. Kiepenheuer

6568. **W. A. Petuchow,** Über die Geschwindigkeitsbestimmung der aus aktiven Sonnengebieten emittierten Korpuskeln aus der Verspätungszeit von Erscheinungen auf der Erde. Nachr. Akad. Wiss. UdSSR (Geophys.) 1957 Nr. 1 S. 124 (russ.). — Ref. in RJ UdSSR 1959 Nr. 8 S. 42.

6569. **W. R. Piggott, C. W. Allen,** Observational aspects of solar corpuscular radiation. 9e Rapport de la Commission pour l'Etude des Relations entre les Phénomènes Solaires et Terrestres, S. 77—89, 1957 = Commun. Univ. London Obs. Nr. 29. — Die bisher unternommenen Versuche, aus beobachteten Beziehungen zwischen erdmagnetischen Stürmen und solaren Phänomenen Schlüsse auf die Partikelstrahlung der Sonne zu ziehen, werden eingehend besprochen; reiche Literaturangaben sind beigefügt. Gleissberg

6570. **W. O. Roberts,** Solar corpuscular emission. Review of C. E. P. Brooks on solar-weather relations. Techn. Report Inst. Solar-Terrestr. Res. 1956 Nr. 1 S. 38—48. — Ref. in RJ UdSSR 1958 Nr. 7 S. 36.

* * **S. F. Singer,** Geophysical effects of solar corpuscular radiation. Vgl. Ref. **6859.**

6571. **K. Sinno,** On the origin of the long-lived solar corpuscular streams which appeared last solar cycle 1950 to 53. J. Radio Res. Labor Tokyo **4** 25—35, 1957. — Ref. in Phys. Abstracts (A) **62** 392.

6572. **J. A. Wood jr.,** The destructive effect of solar corpuscular radiation on small particles. ApJ **127** 241—242. — Bemerkungen über die zerstörende Wirkung der solaren Korpuskularstrahlung auf die Partikeln der Zodiakallicht-Materie. Micz.

* * Physik der solaren Korpuskularströme und ihre Einwirkung auf die obere Erdatmosphäre. Vgl. Ref. **6873.**

Solare kosmische Strahlung

6573. **A. Ehmert, G. Pfotzer,** The falling off of the solar cosmic radiation after the sudden increase on 23 February 1956 and the geomagnetic impact conditions. Mitt. Max Planck-Inst. Phys. Stratosphäre Nr. 6, 14 S., 1956 (deutsch). — Ref. in Phys. Abstracts (A) **62** 226.

6574. **R. Fleischer, P. R. Lichtenstein,** 18-megacycle cosmic-noise intensities 1958 March 1 to 1958 May 31. Rensselaer Obs. Publ. Nr. 1, 31 S. — Im Vorwort werden Zweck, Inhalt, Umfang und Erscheinungsweise dieser neuen Veröffentlichungsreihe angegeben, und zwar sollen nur die Rensselaer Forschungsarbeiten in der Astronomie und artverwandten Gebieten beschrieben werden. Als Einführung wird ein 18 MHz-Teleskop beschrieben, mit dem über die Ionosphäreneffekte solare Eruptionen entdeckt werden sollen (Mögel-Dellinger-Effekt) sowie auch andere Erscheinungen (vor allem die Polarlichtaktivität); ferner sollen solare Radiobursts registriert werden. Als Antenne werden zwei gefaltete $\lambda/2$-Dipole mit geringer Richtwirkung verwendet. Der Empfänger ist ein «Doppelsuper» (Bandbreite: 800 Hz) mit Frequenzwobbelung (Bereich: 30 kHz) und Minimum-Signal-Schaltung zur Auffindung freier Frequenzbänder. Hauptinhalt des Heftes sind die täglichen Registrierkurven (März bis Mai 1958) bei 18 MHz mit Zeitmarkenamplituden bei 5 MHz (durch einen zweiten Empfänger für die Station WWV) sowie eine Liste der besonderen Ereignisse.

Rabben

6575. **R. Fleischer, P. R. Lichtenstein,** 18-megacycle cosmic-noise intensities 1958 June 1 to 1958 September 30. Rensselaer Obs. Publ. Nr. 2, 35 S. — Von Juni bis Sept. 1958 wurde die kosmische 18 MHz-Strahlung ($\lambda =$ 16.7 m) registriert, um auf indirekte Weise Sonnenflares mit Hilfe des Mögel-Dellinger-Effekts zu entdecken. Die Registrierkurven mit Beschreibung aller Besonderheiten sind für den ganzen Zeitraum angegeben. Bemerkenswert sind zwei 18 MHz-Radiostürme am 10.—13. Juli und 22. August. Voigt

6576. **R. Fleischer, P. R. Lichtenstein,** 18-megacycle cosmic-noise intensities 1958 October 1 to 1958 December 31. Rensselaer Obs. Publ. Nr. 3, 29 S.

6577. **T. Gold,** Cosmic rays from the Sun. Annual Report Smithsonian Inst. 1957 S. 233—238 = Smithsonian Inst. Publ. Nr. 4317 = Harv Repr Nr. 493. — Abdruck einer Vorlesung, in der die mit dem Sonnenausbruch vom 22./23. 2. 1956 verbundenen Phänomene, insbesondere der danach beobachtete starke Anstieg der Intensität der kosmischen Strahlung beschrieben werden. Kdr.

* * **S. L. Malurkar,** Solar flares, concurrent cosmic ray bursts and subsequent geomagnetic storms. Vgl. Ref. **6659.**

* * **S. L. Malurkar,** Further studies of cosmic ray bursts with solar activity. Vgl. Ref. **6660.**

6578. **G. Pfotzer,** The momentum distribution of the solar cosmic radiation in the decreasing phase of the sudden radiation increase on 23 February 1956. Mitt. Max Planck-Inst. Phys. Stratosphäre Nr. 7, 20 S., 1956 (deutsch). — Ref. in Phys. Abstracts (A) **62** 226.

* * **W. W. Pissarewa,** The diffraction of radiowaves on random non-uniformities and the intensity variations of solar and cosmic radio emission. Vgl. Ref. **12638.**

6579. **M. Sandoval Vallarta,** Sobre la relación entre la radiación electromagnética y la radiación cósmica emitidas por el Sol. An. Inst. geofis. Univ. nac. México **1** 134—139, 1955. — Ref. in RJ UdSSR 1959 Nr. 6 S. 53.

6580. **W. D. Sokolow,** Über die Natur der 27-tägigen Variation der Intensität der kosmischen Strahlung. Publ. Jakut. Abt. Akad. Wiss. UdSSR 1958 Nr. 2 S. 123—128 (russ.). — Ref. in RJ UdSSR 1959 Nr. 3 S. 49.

* * Mitteilungen über die Sonneneruption vom 23. Februar 1956 siehe auch §§ **66, 68** und **72.**

§ 66

Chromosphäre, Flares, Protuberanzen

6601. **R. G. Athay,** Hα and D_3 profiles in chromospheric spicules. Ann d'Astrophys **21** 98—113. — In über 100 Spiculen werden Profile von Hα und D_3 bestimmt. Aus den mittleren (bei Hα von Selbstabsorption befreiten) Profilen ergibt sich unter der sehr vereinfachten Annahme einer im Bereich eines Spiculs konstanten Ergiebigkeit (source function) eine kinetische Temperatur von 65000° und keine Turbulenz. 22 individuell untersuchte Spiculen ergeben kinetische Temperaturen zwischen 37000° und 83000° und Turbulenzgeschwindigkeiten zwischen 0 und 16 km/sec. Voigt

6602. **A. E. Balkowoj,** The eruptive prominence of September 24, 1956. Mitt. Astrophys. Obs. Krim **18** 157—161 (russ. mit engl. Ref.). — Die Untersuchung der Bewegungen der eruptiven Protuberanz vom 24. Sept. 1956 erweckt den Eindruck einer Explosion der von der Sonne entweichenden Hauptmasse der Protuberanz. Die sich dabei bildenden Fragmente oder Knoten bewegten sich in zwei entgegengesetzten Richtungen. Unmittelbar nach der Explosion erfuhren die Knoten zeitweilige Beschleunigungen und Flare-Prozesse. Es ist möglich, daß die Bewegungen der Knoten in zwei entgegengesetzten Richtungen von einem Magnetfeld beherrscht wurden, das sich zusammen mit den Protuberanzen entfernte. Verf. (übersetzt)

6603. **M. C. Ballario,** Caratteristiche e fotometria dei brillamenti del 3 luglio 1957. Mem SA It (NS) **29** 89—100 = Oss. Astrofis. Arcetri Contr. Nr. 18. — An Hand von 24 in Hα und drei in $K_{2,3}$ am 3. Juli 1957 zwischen 8^h2^m und 10^h39^m W.Z. am Sonnenturm in Arcetri erhaltenen Spektrogrammen werden Merkmale und Entwicklung einer Eruption beschrieben. Um 8^h31^m wurde die Entstehung einer zweiten Eruption beobachtet. Zehn Punkte der gestörten Zone wurden mit Hilfe eines Hartmann-Densitometers photometrisch gemessen; ihre Lichtkurven werden dargestellt. Cester

6604. **M. C. Ballario,** Determinazione della scala di importanza fotometrica per i brillamenti in Hα osservati alla Torre Solare di Arcetri negli anni 1953—54—55—56. Curve di luce di brillamenti di varia importanza. Mem SA It (NS) **29** 439—464 = Oss. Astrofis. Arcetri Contr. Nr. 21. — Auf 159 am Sonnenturm in Arcetri erhaltenen Hα-Spektrogrammen wurden 369 helle Flocculi vermessen, um eine photometrische Skala chromosphärischer Eruptionen und Grenzen für die Intensitätsschwankungen abzuleiten. Nimmt man die Intensität des Kontinuums auf der Sonnenscheibenmitte als Einheit an, dann ist ein heller Zentralflocculi eine Eruption, wenn ihre Intensität $\geqq 0.43$ der des Kontinuums ist, ein Wert, der mit den Ergebnissen anderer Autoren gut übereinstimmt. Die Lichtkurven für einige Eruptionen werden gegeben. Cester

6605. **U. Becker,** Über die Fernauslösung von Eruptionen. ZfA **44** 243—248 = Mitt. Fraunhofer Inst. Freiburg Nr. 35. — An einem neuen Beobachtungsmaterial wird die von Richardson vermutete Fernauslösung von Eruptionen bestätigt. Die Geschwindigkeit der auslösenden Störung ergibt sich zu etwa 2000 km/sec. Verf.

6606. **U. Becker,** Beobachtungen von drei Eruptionen im weißen Licht. ZfA **46** 168—175 = Mitt. Fraunhofer Inst. Freiburg Nr. 37. — Es werden Beobachtungen an drei Eruptionen mitgeteilt, die während ihres Helligkeitsmaximums für kurze Zeit in bläulich weißer Farbe sichtbar wurden. Verf.

6607. **D. E. Billings,** Hα profiles and opacity of small flares. AJ **63** 302—303. — Ref. AAS.

6608. **R. D. Bolokadse,** Absolute spectrophotometry of the lower chromosphere. Mitt. Astr. Hauptobs. Pulkowo **21** Nr. 3 (162) S. 24—28 (russ. mit engl. Ref.). — Für fünf Höhen von 0 bis 1360 km wird die Gesamtemission der Chromosphäre in schwachen Absorptionslinien angegeben. Für 40 Linien wurde der Emissionsgradient bestimmt. In einer besonderen Tabelle werden die Ergebnisse mit denen von Cillié und Menzel verglichen. Verf. (gekürzt)

6609. **M. W. Bratijtschuk,** Untersuchung des Beugungsspektrographen und Spektralphotometrie von Protuberanzen. Leningrad, Univ., 1956. — Dissertationsref.

* * **A. Brown,** On the stability of a hydromagnetic prominence model. Vgl. Ref. **6105**.

6610. **R. R. Brown,** The influence of modulation effects on solar flare radiation. J. Geomagn. Geoelect. **10** 1—6. — Ref. in Phys. Abstracts (A) **62** 551.

6611. **P. ten Bruggencate, G. Elste,** Temperature and turbulence in quiescent prominences determined from line-widths. Nature **182** 1154. — Ref. in Phys. Abstracts (A) **62** 93. — In Fortführung einer früheren Arbeit (vgl. AJB **52** Ref. **6609**) teilen Verf. ihre Ergebnisse mit, die sie am Göttinger Turmteleskop unter Verwendung eines Konkavgitter-Spektrographen gewonnen haben. Von zehn ruhenden Protuberanzen wurden in der Zeit vom 1. Mai bis 13. Juni 1957 Spektren erhalten. Aus den Halbbreiten der Emissionslinienprofile von H, He und Ca^+ werden die Dopplerbreiten bestimmt und aus diesen die kinetischen Temperaturen und Turbulenzgeschwindigkeiten abgeleitet. Das Vorhandensein einer schwachen, aber statistisch gesicherten negativen Korrelation von Temperatur und Turbulenzgeschwindigkeit läßt sich zeigen. Henn

6612. **A. Bruzek,** Die großen Eruptionen vom 20. Januar und 3. Juli 1957. Sterne **34** 2—6. — Am 20. Januar und am 3. Juli 1957 ereigneten sich die mit einer Flächenbedeckung von 40 Quadratgrad oder 2×10^{-3} der Sonnenhalbkugel bisher größten Eruptionen des laufenden Fleckenzyklus. Über die ungewöhnliche Größe hinaus zeigten sich noch manche gemeinsame bisher kaum beobachtete Besonderheiten. Ihre Entwicklung und Begleiterscheinungen werden an Hand von Beobachtungen am Spektrohelioskop des Observatoriums Schauinsland und am $H\alpha$-Lyot-Filter des Observatoriums Anacapri des Fraunhofer-Instituts geschildert. Verf.

6613. **A. Bruzek,** Die Filamente und Eruptionen eines Aktivitätszentrums. ZfA **44** 183—202 = Mitt. Fraunhofer Inst. Freiburg Nr. 34. — Vom 23. Juni bis 6. Juli 1957 wanderte ein alter, scheinbar unipolarer Sonnenfleck vom Typus H, zeitweilig von kleineren Begleitern umgeben, in einer heliographischen Breite von 11° N über die Sonnenscheibe. Die Vorgänge in diesem Aktivitätszentrum wurden an Hand von $H\alpha$-Filtergrammen studiert, welche mit dem Lyotschen $H\alpha$-Filtergraphen des Observatoriums Anacapri erhalten wurden. Die überraschend hohe Aktivität in diesem alten Zentrum hing offenbar mit Änderungen der Struktur und des Magnetfeldes des Flecks zusammen. Es werden die Veränderungen an den Filamenten und die Vorgänge bei den bedeutenderen Eruptionen dieses Aktivitätszentrums besprochen. Ein besonderer Abschnitt ist der ausführlichen Beschreibung der großen Eruption vom 3. Juli gewidmet. Verf. (gekürzt)

6614. **V. Bumba,** Relation between chromospheric flares and magnetic fields of sunspot groups. Mitt. Astrophys. Obs. Krim **19** 105—114 (russ. mit engl. Ref.). — Ein Vergleich der Lage von 69 Eruptionen und Flocculi-Aufhellungen in 10 Fleckengruppen mit der Verteilung der magnetischen Polarität in diesen Gruppen ergab: a) In ihrer ersten Entwicklungsphase liegen die Eruptionen nahezu am Rande der Polarität des Magnetfeldes der Gruppe. b) Der Haupteruptionsherd liegt gewöhnlich nahe bei sehr eng benachbarten Flecken entgegengesetzter Polarität. Bisweilen kommt es in der Nähe des Haupteruptionsherdes zur Entwicklung eines oder mehrerer Flecken gegensätzlicher Polarität. c) Die Bewegung in der Eruption wird durch das Magnetfeld bestimmt. d) Oft entsteht in einer Einbuchtung des größten Flecks der Gruppe ein zweiter Eruptionsherd. e) Etwa 30% der beobachteten Eruptionen erschienen in zwei benachbarten Gruppen entweder gleichzeitig oder mit nur wenigen Zeitminuten Abstand. f) Die Filamente liegen manchmal auf der Grenze der Polaritäten und nehmen manchmal den Platz der Eruptionen ein. Verf.

6615. **T. A. Chubb, H. Friedman, J. E. Kupperian jr., J. C. Lindsay,** Flare measurements from rockets. Jet Propuls. **27** 1094—1097, 1957. — Ref. in Phys. Ber. **38** 1212—1213.

6616. **S. V. M. Clube,** The profiles of chromospheric Hα and D_3 from interferometric observations. MN **118** 18—30 = Commun. Univ. Oxford Nr. 64. — Obs **78** 50—52 (Ref. RAS). — Vier Aufnahmen der Chromosphärenlinien Hα und D_3 mit Fabry-Perot-Etalon wurden nach der Treanorschen Methode untersucht, wobei für Hα das gestreute Photosphärenlicht aus dem Profil eliminiert wurde. Während die Breite der Hα-Linie mit von 200 auf 3200 km steigender Höhe abnahm, blieb die von D_3 unverändert. Die Ergebnisse für beide Linien wurden mit denen früherer Arbeiten verglichen und aus ihnen zusammen unter Berücksichtigung der Selbstabsorption und in der Annahme gemeinschaftlicher Emission der Dichteverlauf der Chromosphäre abgeleitet. Unter Zugrundelegung eines isothermen Modells nimmt die Atomdichte von 46.5×10^3 cm^{-3} bei 500 km auf 3.6×10^3 cm^{-3} bei 3000 km ab. Die Dopplerbreite beruht vorwiegend auf der Turbulenzgeschwindigkeit von 17 km/sec. Gü.

* * **R. J. Coates,** A model of the chromosphere from millimeter wavelength observations. Vgl. Ref. **6106**.

6617. **R. J. Coates,** Observation of a solar flare at 4.3-mm wavelength. Nature **182** 861. — Verf. berichtet über eine am 26. Sept. 1957 im Rahmen seiner Beobachtungen festgestellte Eruption der Importance 3. Henn

6618. **W. Comper,** Untersuchung einer eruptiven Protuberanz an zwei aufeinanderfolgenden Tagen mit dem Interferenz-Polarisationsfilter. Sitzber. Österreich. Akad. Wiss. Math.-naturwiss. Kl. Abteilung II **167** 291—302 = Mitt. Sonnenobs. Kanzelhöhe Nr. 13. — Mit einem Interferenz-Polarisationsfilter wurde am Koronographen des Observatoriums an zwei aufeinanderfolgenden Tagen eine eruptive Protuberanz im Licht der Wasserstofflinie Hα aufgenommen und aus diesen Aufnahmen wurden die Äquivalentbreiten und die Isophoten bestimmt; weiterhin wurden den einzelnen Isophoten die Besetzungszahlen des zweiten und dritten Quantenzustandes der H-Atome sowie die Elektronendichten zugeordnet. Die erhaltenen Ergebnisse stimmen gut mit den von ten Bruggencate auf anderem Wege gefundenen Werten überein. Verf.

6619. **W. Comper,** Die eruptive Protuberanz vom 16. Dezember 1956. ZfA **45** 83—90 = Mitt. Sonnenobs. Kanzelhöhe Nr. 11. — Von einer eruptiven Protuberanz wurden während des Aufsteigens vier Spektrogramme um Hα aufgenommen und es wurde die Zentralintensität dieser Linie bestimmt. In der zweiten Phase der Expansion konnte eine Zunahme der Intensität beobachtet werden. Die Aufstiegsgeschwindigkeit zweier Knoten wurde aus dem Zeit-Höhen-Diagramm zu 263 km/sec ermittelt. Verf.

* * **J. J. Corrigan, S. F. Singer, M. J. Swetnick,** Cosmic ray increases associated with small solar flares. Vgl. Ref. **12711**.

* * **J. J. Corrigan, S. F. Singer, M. J. Swetnick,** Cosmic-ray increases produced by small solar flares. Vgl. Ref. **12712**.

6620. **G. W. Curtis, D. K. Watson,** Relative intensities of λ 3888.6 (He) and λ 3889 (H) in solar prominences. American J. Phys. **26** 588. — Ref. American Phys. Teacher.

6621. **H. W. Dodson, E. R. Hedeman,** Crochet-associated flares. AJ **63** 304—305. — Ref. AAS.

6622. **H. W. Dodson,** Studies at the McMath-Hulbert Observatory of radio frequency radiation at the time of solar flares. Proc IRE **46** 149—159. — Die chromosphärische Eruption wird als komplexes Phänomen betrachtet und mit solaren Radiostrahlungsausbrüchen bei den Frequenzen 2800, 200, 80 und 18 MHz, den Bursts des Typs II (40—240 MHz) sowie geomagnetischen Störungen in Beziehung gesetzt. Nach einer Betrachtung der mit den chromosphärischen Eruptionen im Zusammenhang stehenden radiofrequenten Erscheinungen für die Jahre 1949/56 werden die Registrierungen der Radiostrahlungsintensität bei 2800 und 200 MHz untersucht, die während der Zeit von 277 chromosphärischen Eruptionen aufgenommen wurden. Für 60% der chromosphärischen Eruptionen waren bei beiden Frequenzen sehr ähnlich verlaufende Strahlungsanstiege vorhanden. Die Untersuchung der 80 MHz-Registrierungen, die während der Zeit von 496 chromosphärischen Eruptionen aufgenommen wurden, ergab bei 261 (53%) von ihnen Radiobursts. Jedem der 13 Typ II-Bursts, für die simultane Beobachtungen vorlagen, ging eine chromosphärische Eruption oder (und) ein 3750 MHz-Burst voran (Zeitdifferenz = 1—21 Minuten). Geomagnetische Störungen folgten fast allen chromosphärischen Eruptionen, die mit Bursts einer bestimmten Burstklasse («major early b.») oder mit einem der 20 bisher beobachteten Typ II-Bursts koinzidierten. Rabben

6623. **D. Eckhartt,** On the increase in cosmic ray intensity and the electromagnetic state in interplanetary space during the solar flare of Feb. 23, 1956. Tellus **10** 126—136. — Ref. in RJ UdSSR 1959 Nr. 3 S. 49.

* * **A. Ehmert, G. Pfotzer,** The falling off of the solar cosmic radiation after the sudden increase on 23 February 1956 and the geomagnetic impact conditions. Vgl. Ref. **6573.**

* * **M. A. Ellison,** Magnetic activity following a solar flare. Vgl. Ref. **6816.**

* * **R. Fleischer, P. R. Lichtenstein,** 18-megacycle cosmic-noise intensities 1958 March 1 to 1958 May 31. Vgl. Ref. **6574.**

* * **R. Fleischer, P. R. Lichtenstein,** 18-megacycle cosmic-noise intensities 1958 June 1 to 1958 September 30. Vgl. Ref. **6575.**

* * **R. Fleischer, P. R. Lichtenstein,** 18-megacycle cosmic-noise intensities 1958 October 1 to 1958 December 31. Vgl. Ref. **6576.**

6624. **M. G. Fracastoro,** Osservazioni solari all'equatoriale Merz dell' Osservatorio Astrofisico di Catania. Ric. Sci. **28** 1668—1675 = Oss. Astrofis. Catania Pubbl. (NS) Nr. 20. — Die Flächen von Sonnenprotuberanzen werden mit dem 30 cm-Merz-Refraktor nach dem in Arcetri üblichen Verfahren gemessen und mit den regelmäßig mit dem 15 cm-Cook-Refraktor ausgeführten verglichen. Es werden keine wesentlichen systematischen Unterschiede der beiden Beobachtungsreihen festgestellt. Cester

6625. **H. Friedman,** Solar flare patrol and ionizing radiation in the night sky. American Rocket Soc. Prepr. Nr. 636, 15 S. — Ref. in RJ UdSSR 1959 Nr. 8 S. 41.

* * **H. Friedman, T. A. Chubb, J. E. Kupperian jr., R. W. Kreplin, J. C. Lindsay,** X-ray and ultraviolet emission of solar flares (IGY project 10.3). Vgl. Ref. **6512.**

6626. **R. G. Giovanelli, M. K. McCabe,** The distribution of flare heights as derived from limb flares. Australian J. Phys. **11** 130—134. — Aus einem Gesamtmaterial von 90 Beobachtungen von Rand-Eruptionen wird eine Höhenverteilung der Eruption ermittelt. Durch ein geeignetes Reduktionsverfahren werden die gemessenen Höhen (projizierte Höhen) vom Einfluß des nicht immer zu bestimmenden Winkels zwischen der Sichtlinie und dem heliozentrischen Radiusvektor der Eruption (der nicht immer genau 90° ist) befreit. Die mittlere Höhe ergibt sich zu 7.3×10^3 km. Mehltretter

6627. **R. G. Giovanelli, M. K. McCabe,** The flare-surge event. Australian J. Phys. 11 191—200. — Der Zusammenhang von «Flares» und «Surges» wird an Hand von zahlreichen Hα-Überwachungsaufnahmen studiert. Die Aufnahmen wurden mit dem Sydney-Lyot-Monochromator in Verbindung mit einem 5 Zoll-Teleskop gemacht. Es zeigt sich, daß die dunklen Surges auf der Scheibe direkt von den Flares herkommen, mit anfänglicher Bewegungsrichtung von dem nächsten größeren Fleck wegzeigend. Bei einem «Flare-Surge»-Ereignis wird offenbar ein kontinuierlicher Gasstrom emittiert, der anfangs heißer ist als die Chromosphäre. Mit zunehmender Abkühlung wird dieser zunächst auf der Scheibe unsichtbar (am Rand bleibt er sichtbar), dann aber wieder als dunkler Surge sichtbar, nachdem die Temperatur unter die Chromosphärentemperatur abgesunken ist. Hunger

6628. **R. G. Giovanelli,** Flare-puffs as a cause of type III radio bursts. Australian J. Phys. 11 350—352. — Aus einem Vergleich zwischen den optischen Beobachtungen von «flare-puffs» und radiospektroskopischen Beobachtungen von Typ III-Bursts ergibt sich, daß bei einem Drittel der beobachteten «puffs» innerhalb von $\pm$ 2 Minuten auch Typ III-Bursts auftreten. Nicht auf alle «puffs» folgt auch ein «surge»; daraus läßt sich schließen, daß dieselbe Explosion zwei Folgeerscheinungen hat: 1.) Einen für den Typ III-Burst verantwortlichen Auswurf hoher Geschwindigkeit ($^1/_5$ c); 2.) Einen Auswurf mit einer Geschwindigkeit von etwa 100 km/sec, der sich als «surge» bemerkbar macht. Mehltretter

6629. **L. Goldberg, O. C. Mohler, E. A. Müller,** The profile of Hα during the limb flare of February 10, 1956. ApJ **127** 302—307. — Hα-Profile einer hellen bogenförmigen Protuberanz, die mit der großen Randeruption von 1956 Febr. 10 verbunden war, zeigen außer der Absorption einer vorgelagerten Wolke im Kern der verschobenen Linie eine Überhöhung im kurzwelligen Flügel, die als Überlagerung einer Dα-Linie erklärt werden kann. Je nach Deutung der Dopplerverbreiterung ergibt sich dabei ein D-Gehalt von 5 bis 18 bzw. 4 bis 13% des H. Dieser hohe D-Anteil könnte aus H durch den Einfang schneller Neutronen gebildet werden, die durch (p, n)-Reaktionen in der Eruption entstehen. Gü.

6630. **S. I. Gopassjuk,** Motions in the solar flare of August 31, 1956. Mitt. Astrophys. Obs. Krim **19** 100—104 (russ. mit engl. Ref.). — Die größte Helligkeit der Eruption tritt am Vorderrand der sich bewegenden Front auf. Zwischen der Breite der Übergangsschicht, in der die Helligkeit vom Maximum auf Null absinkt, und der Geschwindigkeit der Front besteht ein für Stoßwellen charakteristischer Zusammenhang. Petri

6631. **Y. Hakura,** On the asymmetry of the heliographic distribution of the storm-producing probability of flares. J. Radio Res. Labor Tokyo 5 57—64. — Ref. in Phys. Abstracts (A) **62** 393, RJ UdSSR 1959 Nr. 4 S. 57.

* * **Y. Hakura,** On the power spectrum of solar radio outburst and its relation to S. W. F. (Dellinger phenomenon) and geomagnetic storm. Vgl. Ref. 6827.

6632. **K. Hermann-Otavský,** Observations of solar prominences. RH **39** 97—100 (tschech.). — Eine Neukonstruktion eines doppelbrechenden Interferenzfilters ermöglicht im Tiefland nicht nur die Beobachtung der chromosphärischen Phänomene sondern auch der Koronalinie 5303 Å. In der Nähe von Prag können z. B. brauchbare Protuberanzenaufnahmen jährlich an ungefähr 200 Tagen und spektroskopische Beobachtungen der grünen Koronalinie an rund 100 Tagen pro Jahr gewonnen werden. Es werden von Verf. einige Beobachtungserfahrungen mit diesem neuen Filter mitgeteilt. J. B.

6633. K. Hermann-Otavský, Sztuczne zaćmienia Słońca. Urania Kraków **29** 12—17. — Verf. führt seit 1958 in der Tschechoslowakei Beobachtungen mit einem Koronographen von 50 cm Öffnung durch. Zu den Beobachtungen der niedrigen Schichten der Chromosphäre sowie von Protuberanzen wird ein doppelbrechendes Filter von Šolc benützt. Das von Gajdušek konstruierte Instrument sowie die Beobachtungsmethoden werden beschrieben. Rybka

6634. G. S. Iwanow-Cholodny, The deviation of the profiles of emission lines of the prominences from the Doppler profile. Mitt. Astrophys. Obs. Krim **18** 109—135 (russ. mit engl. Ref.). — Die Auswertung der im Jahre 1955 mit dem Gitterspektrographen des Turmteleskops erhaltenen Aufnahmen ergab: 1.) Die Kerne schwacher Wasserstoff- und Metall-Linien zeigen hauptsächlich Doppler-Verbreiterung. 2.) Eine Formel der Selbstabsorption in homogener Schicht gilt nicht für Protuberanzen. 3.) Die Kerne der Hα- und Hβ-Linien mit Selbstabsorption haben keinen Doppler-Charakter. 4.) Bei den Heliumlinien D_3 und λ 4471 ist der Doppler-Effekt nicht die einzige Ursache der Verbreiterung. 5.) Die Größe $\Delta\lambda/\lambda$ wächst beim Übergang zu Balmer-Linien höherer Ordnung nur wenig an. 6.) Die Stärke der äußersten Flügel heller Ca^+- und He-Linien kann nicht durch die Annahme sehr heißen Gases im Innern einer relativ kühlen Protuberanz gedeutet werden. 7.) Bei Hα und D_3 treten auch nicht-Doppler-artige Verschiebungen auf. Petri

6635. I. Izsák, Bewegungen in Sonnenprotuberanzen. II. Beschreibung des Protuberanzenaufstieges vom 18. Juli 1956. ZfA **45** 91—97 = Astr. Mitt. Sternw. Zürich Nr. 213. — Es wird der Protuberanzenaufstieg vom 18. Juli 1956 beschrieben. Geschwindigkeiten und Beschleunigungen von 23 Knoten werden aus 40 Aufnahmen, die in zeitlichen Abständen von je einer Minute mit dem Koronographen in Arosa gewonnen wurden, abgeleitet. Die Deutung ist schwierig, da die projizierten Geschwindigkeiten infolge ungünstiger Blickrichtung nur den kleineren Teil der Raumgeschwindigkeiten darstellen wie einige Radialgeschwindigkeitsmessungen erkennen lassen. H. M.

6636. I. Izsák, Bewegungen in Sonnenprotuberanzen. III. Strömungen in der aufsteigenden Protuberanz vom 13. Juli 1950. ZfA **46** 203—216 = Astr. Mitt. Sternw. Zürich Nr. 217. — In Fortführung früherer ähnlicher Untersuchungen werden an Hand von 75 Aufnahmen, die mit dem Koronographen in Arosa gewonnen wurden, die Vorgänge in einer aufsteigenden Protuberanz analysiert. Die daraus erhaltenen Geschwindigkeiten und Beschleunigungen ergeben ein ziemlich kompliziertes Bild, so daß darauf verzichtet werden muß, das dazu gehörige magnetische Kraftfeld abzuleiten, das sicherlich stark mit der Zeit variabel ist. H. M.

6637. J. T. Jefferies, F. Q. Orrall, On the interpretation of prominence spectra. I. Balmer series line widths. ApJ **127** 714—725. — Auf Protuberanzenspektren hoher Dispersion wurde die Breite der Balmerlinien Hα, Hβ, Hγ, Hδ und Hε gemessen. Aus der Diskussion folgt, daß aus der Hα-Linie allein nur wenig über den Verlauf physikalischer Parameter mit der optischen Tiefe gesagt werden kann, daß dies jedoch möglich ist, wenn Profile anderer Balmerlinien hinzugezogen werden. Verf. bezweifeln die Zulässigkeit der üblichen Verfahren zur Bestimmung von kinetischer Temperatur und Turbulenzgeschwindigkeit aus den Breiten der Wasserstoff- und Heliumlinien. Micz.

6638. F. S. Jones, Classification of solar prominences. J RAS Canada **52** 149—157 = Harv Repr Nr. 497. — Nach kurzem Überblick über Entdeckungsgeschichte und ältere Beobachtungsergebnisse der Protuberanzen beschreibt Verf. das von Menzel und Evans entwickelte Klassifizierungs-Schema unter Angabe der wichtigsten Besonderheiten der einzelnen Untergruppen. Anschließend skizziert Verf. eine im Januar 1956 begonnene Arbeit, mit der beabsichtigt wird, alle Protuberanzen während eines Sonnenfleckenzyklus für statistische Zwecke einheitlich nach dem Menzel-Evans-Schema zu klassifizieren. Kdr.

* * **L. N. Karapiperis, C. J. Macris,** Quelques remarques sur la relation qui existe entre les taches solaires et les éruptions chromosphériques. Vgl. Ref. 6324.

6639. **T. W. Kasatschewskaja, A. B. Sewerny,** The hydrogen spectrum of flares. Mitt. Astrophys. Obs. Krim **19** 46—71 (russ. mit engl. Ref.). — Die Untersuchung von Aufnahmen mit dem Turmteleskop ergab: Alle Balmer-Linien werden durch Stark-Effekt verbreitert. Dem beobachteten Profil entsprechen 25—50 bar Elektronendruck, 10000° kinetische Temperatur und 10^{15}—10^{16} Wasserstoffatome im zweiten Quantenzustand (in einer Säule von 1 cm^2 Querschnitt). Das gefundene Balmer-Dekrement unterscheidet sich stark von dem bei Rekombinationsprozessen. Durch «blend» seitens H_2-Emission erscheint die $H\varepsilon$-Emission anomal niedrig. Die Emissionsstärke wächst in Eruptionen mit der Tiefe. In der benachbarten Sonnenatmosphäre bewirken Eruptionen eine gewisse Linienverbreiterung. Auffällige Züge des Eruptionsspektrums sind helle, zarte «Fäden» quer zu den Linien und das Fehlen von Emissionslinien jenseits der Balmer-Grenze. Die deutliche Asymmetrie der Balmerlinien hängt mit Rückströmungen von «surges» zusammen. Ihre Untersuchung führt zu Werten der Aufstiegsgeschwindigkeiten um 100 km/sec und Atomzahlen um 5×10^{12}. Petri

6640. **T. W. Kasatschewskaja,** Profiles of H and K CaII in the flare spectrum. Mitt. Astrophys. Obs. Krim **20** 80—85 (russ. mit engl. Ref.). — Im Spektrum einer Eruption Klasse 2 (1955 Okt. 20; 0.5 Å/mm) waren die H- und K-Linien in den Flügeln durch Strahlungsdämpfung verbreitert und zeigten im Kern eine starke Selbstabsorption. Es wurden folgende Ca-Atomzahlen errechnet: Grundzustand $4^2S_{\frac{1}{2}}$: 10^{17}; $4^2P_{\frac{1}{2}}$: 1.43×10^{14}; $4^2P_{\frac{3}{2}}$: 0.7×10^{14}. Petri

6641. **K. O. Kiepenheuer, G. Kuenzer,** Über die Beobachtung eines solaren Auswurfs am Sonnenrande im Integrallicht. ZfA **44** 138—141 = Mitt. Fraunhofer Inst. Freiburg Nr. 33. — Am 7. Sept. 1957 wurde am Observatorium Schauinsland am NW-Rand der Sonne in 18° N von $8^h 9^m$ bis $8^h 11^m$ WZ ein «Spritzer» im Integrallicht beobachtet, dessen Helligkeit diejenige der Sonnenscheibe deutlich übertraf, jedoch keine Färbung zeigte. Der Spritzer ragte etwa 30000 bis 40000 km über den Sonnenrand hinaus. Er fällt auf der Sonnenoberfläche mit einer sehr aktiven Fleckengruppe zusammen, deren Schwerpunkt den Westrand am 7. Sept. passierte und die in den Vortagen zahlreiche Eruptionen zeigte. Unmittelbar nach Auftreten des Spritzers wurde an dessen Ort eine helle Randeruption beobachtet, deren Einsatz recht genau mit dem Verschwinden des Spritzers zusammenfällt. Verf.

6642. **K. O. Kiepenheuer, F. L. Deubner,** Zur lichtelektrischen Registrierung und Photometrie von Fackeln und Eruptionen. ZfA **45** 17—23 = Mitt. Fraunhofer Inst. Freiburg Nr. 36. — Es wird eine photoelektrische Einrichtung zur Registrierung von Fackeln und Flares im Licht der K-Linie (λ 3934) beschrieben. Parallel zum Äquator werden die N- und S-Hemisphäre getrennt durchmustert. Einige Registrierungen werden vorgelegt. Es wurden vorläufige Resultate über eine kurze periodische Fluktuation der Fackelhelligkeiten erhalten. Verf. (übersetzt)

6643. **J. Kleczek,** Condensation of solar prominences. II. AS type. BAC **9** 115—116. — Es wird gezeigt, daß die Kompression der Koronamaterie bei konstanter oder abnehmender Temperatur zu langsam ist, um die Bildung kurzlebiger Protuberanzen vom AS-Typ zu erklären. Die Kompression muß vielmehr zwischen der isothermen und der adiabatischen erfolgen, d. h. die Temperatur muß zunächst ansteigen. Dann kann die Materie schnell genug längs einer Isobaren abkühlen. Das Auftreten der gelben Koronalinie bei AS-Protuberanzen bestätigt diese Voraussage. Voigt

6644. **J. Kleczek,** Solar prominences. Pokroky **3** 181—191 (tschech.).

6645. **A. Koeckelenbergh,** L'éruption solaire remarquable du 23 mars 1958 à 09 h 49 m TU. Commun. Obs. Roy. Belgique Nr. 144, 4 S.

6646. **A. Koeckelenbergh,** L'éruption chromosphérique du 9 avril 1956 et ses phénomènes associés. Commun. Obs. Roy. Belgique Nr. 146, 8 S.

6647. **E. W. Kononowitsch,** Modell der Sonnenchromosphäre nach Außerfinsternisbeobachtungen. Moskau, Sternberg-Inst., 1958 (russ.). — Dissertationsref.

6648. **E. W. Kononowitsch,** Das Profil der $L\alpha$-Linie im Sonnenspektrum. AC Nr. 194 S. 13—14 (russ.).

6649. **E. W. Kononowitsch,** Das Spektrum der Chromosphäre im Infraroten. AC Nr. 193 S. 12—13 (russ.). — Aus den Profilen von zehn Linien des He, H, CaII und O zwischen λ 7775 und 10830 Å werden Äquivalentbreiten, Dopplerbreiten und Turbulenzgeschwindigkeit der Chromosphäre im Höhenbereich 2000—4000 km abgeleitet. Loh.

6650. **T. W. Krat,** Chromospheric condensations. Mitt. Astr. Hauptobs. Pulkowo **21** Nr. 3 (162) S. 11—18 (russ. mit engl. Ref.). — Am 18. Mai 1956 wurde im Rahmen eines größeren Beobachtungsprogramms zum Studium chromosphärischer Inhomogenitäten ein Spektrogramm gewonnen, das außer $H\alpha$ und D_3 auch die Linien D_1 und D_2 des Natriums — und zwar in Emission — zeigt. Deren sehr geringe Dopplerbreite von 0.06 ergab bei einer niedrigen kinetischen Temperatur von höchstens 5000° für die durch solche Natriumemission gekennzeichneten «kalten Filamente» eine Turbulenzgeschwindigkeit von nur 2.3 km/sec bei $n^+ = 10^9$ als Dichte des ionisierten Natriums. Petri

6651. **W. A. Krat, T. W. Krat, L. M. Prawdjuk,** The K, H and $H\varepsilon$ lines in the spectrum of the solar chromosphere. Mitt. Astr. Hauptobs. Pulkowo **20** Nr. 5 (158) S. 1—11 (russ. mit engl. Ref.). — Am 7. und 11. Mai 1954 in verschiedenen Höhen über dem Sonnenrand gewonnene Linienprofile werden in beobachteter und in reduzierter Form dargestellt. Der Einfluß der Bildunruhe in Verbindung mit der Belichtungszeit wird erörtert. Für die Wasserstoff-Filamente wird eine mittlere kinetische Temperatur von 8000—10000° abgeleitet. Die bis etwa 7000 km Höhe reichende Selbstabsorption der H- und K-Linien schwächt in den unteren Schichten der Chromosphäre die Linienintensität um mehr als eine Größenordnung. Ca II und Wasserstoff im zweiten Quantenzustand haben in Blickrichtung gleich große logarithmische Gradienten der Atomzahlen; nur über Fackeln überwiegt unterhalb 3800 km der angeregte Wasserstoff. Dies sowie die größere Turbulenzgeschwindigkeit und die um den Faktor 1.5 angehobene Chromosphärengrenze erwecken den Eindruck, daß Fackelgebiete als Anhäufungen kleiner chromosphärischer Eruptionen aufgefaßt werden dürfen. Petri

6652. **W. A. Krat, W. M. Sobolew,** The excitation of helium in the solar chromosphere. Mitt. Astr. Hauptobs. Pulkowo **20** Nr. 5 (158) S. 68—73 (russ. mit engl. Ref.). — Die Anregung des Heliums wird unter dem Gesichtspunkt untersucht, daß die Chromosphäre heterogen aufgebaut ist und aus heißen Helium- und kühleren Wasserstoff-Filamenten besteht. Anregung und Ionisation des Heliums kann nur in den letzteren erfolgen. In 3500 km Höhe über der Photosphäre ist die Elektronendichte von der Ordnung 10^{10}, und die Elektronentemperatur beträgt etwa 35000°. Die magnetischen Feldstärken werden für die He- bzw. H-Filamente auf 0.6 bzw. 6 Gauß abgeschätzt. Die Intensität der harten chromosphärischen Strahlung ist an der Grenze der Erdatmosphäre von der Ordnung 0.1 erg/cm² sec. Loh.

6653. **W. A. Krat, W. M. Sobolew,** Physical conditions in weak chromospheric flares. Mitt. Astr. Hauptobs. Pulkowo **21** Nr. 3 (162) S. 2—10 (russ. mit engl. Ref.). — Die Untersuchung der Linien H, K, $H\varepsilon$, H_8, H_9 und He 3889 in sechs ausgewählten Eruptionen der Stufe 1 im Sommer 1956 ergab (bei neuartiger

Auswertung der Selbstabsorption), daß das Calcium überwiegend im doppelt ionisierten Zustand ist. Bei einer Elektronenkonzentration von 10^{11} und einer Elektronentemperatur von 9500° sind die Konzentrationszahlen für Ca^{++} 2×10^7 und für Wasserstoff 10^{13}. Der Einfluß zentraler Absorption auf die beobachtete Breite der höheren Balmerlinien wird erörtert. Wasserstoff und Ca^+ emittieren im Falle chromosphärischer Eruptionen in den gleichen Filamenten. Für die Heliumemissionsgebiete wird bei einer Konzentration von 2×10^{12} die Elektronentemperatur auf 25000° geschätzt. Petri

6654. W. A. Krat, The profiles of chromospheric Hα. Obs **78** 257—258. — Zur Klärung eines Mißverständnisses in einer Arbeit von S. V. M. Clube (Ref. **6616**) wird das am Observatorium Pulkowo angewandte Verfahren zur Gewinnung des richtigen Hα-Absorptionsprofils für die Korrektion beobachteter chromosphärischer Hα-Emissionsprofile wegen der überlagerten Effekte der Streuung und Szintillation kurz begründet und erläutert. O. G.

6655. L. Křivský, Erhöhung der atmosphärischen Störungen bei der Entstehung und raschen Entwicklung von Sonnenfilamenten. BAC **9** 117—118. — Bei der Registrierung atmosphärischer Störungen (27 kHz) wurden gelegentlich plötzliche und kurze Erhöhungen (bis zum dreifachen Wert des Normalniveaus) beobachtet, die zeitlich genau mit der Bildung oder schnellen Auflösung von Eruptivfilamenten und -protuberanzen zusammenfielen. Der Mechanismus scheint der gleiche zu sein wie bei Störungen durch chromosphärische Eruptionen. Eine gleichzeitige Erhöhung der Radioemission der Sonne (56 cm) bestätigt den Zusammenhang dieser irdischen und solaren Effekte. Voigt

6656. V. Letfus, F. Hřebík, La grande éruption chromosphérique du 31 août 1956. BAC **9** 45—48. — Für die große Eruption (Stärke 3) 1956 Aug. 31 $12^h 31^m$ WZ ist ein vielseitiges Beobachtungsmaterial zusammengestellt: Allgemeine photosphärische und chromosphärische Aktivität der Fleckengruppe, spektrohelioskopische Beobachtungen in Hα, Radioemission bei 50, 20 und 3.2 cm; ferner an terrestrischen Einwirkungen: Die geomagnetischen Variationen, atmosphärische Störungen bei 27 kHz, Mögel-Dellinger-Effekt bei 2.6 und 3.8 MHz. Für die Geschwindigkeit der Korpuskularstrahlen ergibt sich 1100 km/sec. Das Ende der Eruption wird, entgegen anderen Beobachtern, erst gegen $16^h 26^m$ erreicht. Voigt

6657. K. Lodén, An investigation of bright and dark surges observed on the sun. Ark Astr **2** 153—163 = Stockholms Obs. Medd. Nr. 98. — Eine Untersuchung der an der schwedischen Sonnenstation auf Capri 1955 und 1956 mit Lyot-Filter beobachteten chromosphärischen Materieauswürfe (Surges) und Eruptionen erbrachte folgende Ergebnisse: 1.) Die Monatsmittel der nach der Importance-Klasse gewogenen stündlichen Zahlen zeigen für Surges und Eruptionen fast den gleichen Gang. 2.) Bei beiden Bevorzugung der N-Hemisphäre (N/S = 1.4 bzw. 2.1). 3.) Stärkere Eruptionen sind häufiger mit Surges verbunden als schwächere. 4.) Dabei erscheinen die Surges relativ zu den zugehörigen Eruptionen im Mittel etwas zu den Polen verlagert. 5.) Die Erstreckung der Surges bevorzugt auf der nördlichen Hemisphäre die NO-, auf der südlichen die NW-Richtung. 6.) Verteilung der Surges und Eruptionen auf die Importance-Klassen. 7.) Surge-Dauern zwischen 4 und 80 Minuten (Mittel bei 20 Minuten). 8.) Geschwindigkeiten in den Surges zwischen 300 und über 500 km/sec wurden beobachtet. 9.) Nur 6 bis 10 % aller Surges sind mit Mögel-Dellinger-Effekt verbunden. Gü.

6658. L. O. Lodén, Some spectrographic solar observations made in July 1957. Ark Astr **2** 245—258 = Stockholms Obs. Medd. Nr. 110. — Einige im Zusammenhang mit Flares interessierende Phänomene wurden im Hα-Licht mit dem Gitterspektrographen des 20 m-Horizontalteleskops der schwedischen astrophysikalischen Station auf Capri (Italien) untersucht. Verf. (übersetzt)

6659. **S. L. Malurkar,** Solar flares, concurrent cosmic ray bursts and subsequent geomagnetic storms. Acta Phys. Acad. Sci. Hungaricae 8 285—300.

6660. **S. L. Malurkar,** Further studies of cosmic ray bursts with solar activity. Acta Phys. Acad. Sci. Hungaricae **9** 353—368.

6661. **A. W. Merkulow,** Die ersten Beobachtungen am statischen Spektroheliographen. Sonnendaten 1958 Nr. 5 S. 64—66 (russ.). — Vorläufige Mitteilung. Die ausführliche Arbeit ist in Mitt. Astr. Hauptobs. Pulkowo Nr. 162 erschienen (Ref. **2243**).

6662. **R. Michard,** Etude spectroscopique des structures fines de la chromosphère. CR **246** 3413—3415. — Auf Spektrogrammen hoher spektraler Auflösung (3.4 mm/Å) und hoher Bildauflösung ($\sim 1''$, kontinuierliche Abtastung) der Chromosphäre konnten zahlreiche Spiculen bis in die Nähe des Photosphärenniveaus verfolgt werden. Der Verlauf des Hα-Profils und der auftretenden Dopplerverschiebungen mit der Höhe in der Chromosphäre werden qualitativ beschrieben. Einige Einzelheiten der Beobachtungstechnik werden mitgeteilt. Mehltretter

6663. **R. Michard,** L'interprétation du spectre Hα de la chromosphère. CR **247** 990—992. — Es wird eine Deutung der in verschiedenen Höhen in der Chromosphäre beobachteten Hα-Profile gegeben, die von Spiculen und der «mittleren» Chromosphäre herrühren. Zwischen 1000 und 3000 km Höhe nehmen die Spiculen etwa 6 % des Raumes ein, oberhalb von etwa 4000 km, wo auch der plötzliche Temperaturanstieg zur Korona hin eintritt, verschwinden 85 % der Spiculen. Es zeigt sich ferner, daß im wesentlichen unterhalb von 5000 km die Spiculen als «heiße» Gebilde in ein kühleres Medium eingebettet sind. Mehltretter

6664. **A. P. Mitra, K. A. Sarada, N. V. G. Sarma, M. N. Joshi,** Radio patrol of solar flares. J. Sci. Industr. Res. (A) **17** Nr. 12 Suppl. S. 74—80. — Ref. in Phys. Abstracts (A) **62** 1007.

6665/6. **O. C. Mohler, H. W. Dodson,** Observation of solar «points». AJ **63** 309—310. — Ref. AAS.

6667. **E. R. Mustel, T. T. Zap,** The spectrophotometry of the infrared lines of ionized calcium λλ 8498, 8542, 8662 in flocculi. II. The general characteristic properties of infrared lines in the spectra of flocculi and spots. Mitt. Astrophys. Obs. Krim **20** 74—79 (russ. mit engl. Ref.). — Analog den im Jahre 1911 von E. S. John bei den Ca-Linien H und K beschriebenen Erscheinungen zeigen Aufnahmen hoher Dispersion im Kern des untersuchten Infrarot-Tripletts über Flecken eine helle Umkehr (IR_2) und über Flocculi darin noch eine dunkle Umkehr (IR_3). In der Mehrzahl der Fälle ist IR_2 bei den Flocculi nach kürzeren und IR_3 nach längeren Wellenlängen verschoben. Auch über Flecken zeigt IR_2 Verschiebungen. Petri

6668. **G. Newkirk jr.,** Emission-line polarization in prominences. Publ ASP **70** 185—190. — Bisher liegen über die Polarisation in den Emissionslinien Hα und Helium D 3 nur Beobachtungen von Lyot vor. Die Ergebnisse theoretischer Untersuchungen verschiedener Autoren stimmen nicht überein. Verf. beschreibt ein Instrument, das lichtelektrische Messungen der Polarisation in der Helium D 3-Linie gestattet. Es ist im wesentlichen ein Koronograph mit einem empfindlichen Polarimeter und einem Interferenzfilter zur Isolierung der Emissionslinie. Zur Kalibrierung wurden Anschlüsse an die Sonne mit Neutralfilter und Kalibrierungsplatte vor dem Polarimeter gemacht. Nach ersten Versuchsbeobachtungen, die mitgeteilt werden, soll die Empfindlichkeit durch Verwendung eines anderen Interferenzfilters und Vergrößerung der Zeitkonstanten gesteigert werden. O. G.

6669. **M. Ogir,** Besonderheiten von Bewegungen und Helligkeiten in aktiven Protuberanzen. AC Nr. 188 S. 17—18 (russ.). — Kurze Mitteilung über Beobachtungen an drei elektromagnetischen Protuberanzen am 2. Juli, 4. Juli und 7. Oktober 1956. Loh.

6670. **Y. Öhman,** On absorption effects in prominences possibly connected with a magnetic cooling mechanism proposed by L. Marshall. ApJ **128** 92—94 = Stockholms Obs. Medd. Nr. 107. — Es werden Beobachtungen von Gebieten geringerer Anregung in Protuberanzen mitgeteilt und diskutiert. Zur Deutung wird der von L. Marshall (ApJ **126** 177, vgl. AJB **57** Ref. **6654**) vorgeschlagene magnetische Kühlungsmechanismus herangezogen. Voigt

6671. **Y. Öhman,** Coronagraphic observations of prominences in the Balmer continuum. Obs **78** 204—206 = Stockholms Obs. Medd. Nr. 116. — Mit einem Interferenzfilter, das für λ 3590 mit einer Durchlaßbreite von etwa 200 Å gebaut worden war, gelangen nach Ansetzen an einen Koronographen die ersten Aufnahmen von Protuberanzen im Balmerkontinuum. Verf. leitet aus ihnen eine Elektronendichte von 2.2×10^{11} cm^{-3} ab. Er betont die Bedeutung gleichzeitiger Beobachtungen von Protuberanzen mit zwei Koronographen, von denen einer das Balmerkontinuum, der andere ein Stück des langwelligen, durch Thomson-Streuung erzeugten Kontinuums erfaßt. O. G.

6672. **Y. Öhman,** Die große Sonneneruption vom 20. Januar 1957. Sterne **34** 1—2. — Beschreibung der schwedischen Sonnenstation auf Capri und ihrer Einrichtungen. Ca^{+}H-Aufnahme der Sonne mit einem Lyot-Filter von 2 Å Durchlaßbreite. Gü.

6673. **L. Peterson, J. R. Winckler,** Short γ-ray burst from a solar flare. Phys. Rev. Letters **1** 205—206. — Ref. in Phys. Abstracts (A) **62** 93.

* * **G. Pfotzer,** The momentum distribution of the solar cosmic radiation in the decreasing phase of the sudden radiation increase on 23 February 1956. Vgl. Ref. **6578**.

6674. **L. M. Prawdjuk,** The scattering of light in the chromosphere by hydrogen atoms (according to the chromospheric line Hβ). Mitt. Astr. Hauptobs. Pulkowo **21** Nr. 3 (162) S. 19—23 (russ. mit engl. Ref.). — Spektrogramme aus den Jahren 1954/55 deuten darauf hin, daß die Wasserstoffemission durch Lichtstreuung erzeugt wird. Für etliche chromosphärische Höhen sind die Ergebnisse der Auswertung, insbesondere die Besetzung des 2. und 4. Quantenzustandes, in einer Tabelle zusammengestellt. Petri

6675. **T. S. Rasmadse,** On the statistics of spectrohelioscopic observations. Bull. Astrophys. Obs. Abastumani Nr. 22 S. 103—112 (georg. mit russ. Ref.). — Der Gang der Tageswerte für die Flocculiflächen stimmt mit der Sonnenfleckenkurve während der Jahre 1940—1951 sehr gut überein. Auch die Werte für Protuberanzen und Filamente erweisen durch ihr Verhalten im Laufe des Zyklus und hinsichtlich heliographischer Breite die Güte der spektrohelioskopischen Beobachtungen in Abastumani. Petri

6676. **T. S. Rasmadse,** On some chromospheric flare characteristics. Bull. Astrophys. Obs. Abastumani Nr. 22 S. 113—115 (georg. mit engl. Ref.). — Aus den Daten des Quarterly Bulletin of Solar Activity der Jahre 1949—1954 wird eine direkte Korrelation zwischen Größe der Eruptionsfläche und maximaler Hα-Linienbreite abgeleitet. Petri

6677. **K. A. Sarada,** Sudden cosmic noise absorption associated with the solar event of 23 March 1958. J. Atmosph. Terr. Phys. **13** 192—194. — Am 23. März 1958 beobachtete Verf. einen ungewöhnlich starken Absorptionseffekt in den Registrierungen der kosmischen Radiostrahlung bei 30 MHz. Der Effekt begann um 9^h55^m und endete gegen 12^h45^m. Wie optische Beobachtungen in Boulder, Nizamiah und auf dem Wendelstein zeigen, wurde während dieser Zeit ein Flare der Klasse 3^+ festgestellt. Henn

6678. **H. J. Schaefer,** Extra-atmospheric cosmic ray dosage during the large solar flare of 23 February 1956. Science **127** 186—187. — Ref. in Phys. Abstracts (A) **61** 306.

6679. **E. F. Schaposchnikowa,** Filaments directly connected with sunspots. Mitt. Astrophys. Obs. Krim **18** 151—156 (russ. mit engl. Ref.). — Die Bewegungen und Intensitäten eruptiver Filamente werden untersucht. Die in der Arbeit untersuchten Filamente treten aus Gebieten heraus, die einem Fleck unmittelbar benachbart sind und außerordentlich kurzlebige Gebilde darstellen. Ein typischer Entwicklungsprozeß derartiger Filamente wird beschrieben und es werden dazu die Werte der Filamentgeschwindigkeiten und -beschleunigungen angegeben. Verf. (übersetzt)

6680. **I. S. Schklowskij, E. W. Kononowitsch,** Models of the solar chromosphere. AJ UdSSR **35** 37—51 (russ. mit engl. Ref.). — Engl. Übersetzung in Soviet Astr. AJ **2** 32—44. — Auf Grund der optischen und radioastronomischen Beobachtungen der Sonnenfinsternis von 1952 wird ein Chromosphärenmodell entworfen, das im großen und ganzen mit dem Modell nach Piddington übereinstimmt. Die Heliumemission der Chromosphäre wird von einem neuen Gesichtspunkt aus untersucht. Es wird gezeigt, daß die ultraviolette Strahlung der Chromosphäre eine große Rolle in der Anregung des Heliums spielt. Dabei wird die beobachtete Heliumemission vollkommen durch eine Elektronentemperatur erklärt, die zwischen 10000° und 15000° liegt. Eine höhere Temperatur widerspricht den Beobachtungen. Abschließend werden einige Überlegungen hinsichtlich der harten monochromatischen Strahlung der Chromosphäre angestellt. Verf. (gekürzt)

6681. **I. S. Schklowskij,** On the nature of the fine structure of emission of active regions on the sun. AJ UdSSR **35** 838—847 (russ. mit engl. Ref.). — Engl. Übersetzung in Soviet Astr. AJ **2** 786—794. — Verf. stellt zunächst fest, daß die Materie, welche die Entstehung der bekannten «Moustaches» im Emissionsspektrum von Sonneneruptionen verursacht, während der Lebensdauer dieser Erscheinungen gut einige hundert Mal erneuert werden muß. Das soll so vor sich gehen, daß kleine Gasmassen mit Geschwindigkeiten von der Größenordnung 10^8 cm/sec sich durch die gestörten Gebiete der Sonne bewegen und mit dem Photosphärenplasma in Wechselwirkung treten. Verf. diskutiert im einzelnen die dabei wahrscheinlichen Anregungs- und Deaktivierungsprozesse und kommt auf eine Gesamtmasse in den rasch beweglichen Knoten von der Größenordnung 10^{-4} der Gesamtmasse im Eruptionsgebiet. Für die Energie wird angenommen, daß sie aus einer Beschleunigung der beteiligten Partikel in den Magnetfeldern der im Eruptionsgebiet liegenden Flecken stammt. Oster

6682. **E. H. Schröter,** Chromosphärische Strukturen in den Balmerlinien. ZfA **45** 68—80 = Mitt. Astrophys. Obs. Potsdam Nr. 63. — Am Einsteinturm von Potsdam gewonnene Spektrogramme hoher spektraler und atmosphärischer Auflösung in der Umgebung der Balmerlinien werden zur Untersuchung der granularen bzw. chromosphärischen Linienstrukturen herangezogen. Zur Vermessung der Linienstrukturen werden Äquidensiten der Linien (Kurven konstanter Schwärzungen) photographisch hergestellt. Ergebnisse: Die mittlere Dopplergeschwindigkeit nimmt mit der Seriennummer der Balmerlinien ab ($H\alpha$: 0.85 km/sec). Die Metallinien deuten ebenfalls einen tiefenabhängigen Gang an. Für die Strukturen in den Metallinien wird der mittlere Durchmesser zu $2'$, für die chromosphärischen Strukturen in den Balmerlinien zu 5′ angegeben. Unter anderem wird festgestellt: a) Strukturelemente, die im Abstand von $\Delta\lambda = 0.46$ Å vom Hα-Linienzentrum heller als die Umgebung erscheinen, haben im allgemeinen auch im Hα-Zentrum eine größere Intensität. Eine Ausnahme von dieser Regel machen durchweg Strukturelemente mit $d > 5'$. b) Für die Balmerlinien besteht die folgende Korrelation: Elemente mit geringerer Kernbreite weisen Violettverschiebungen auf (Ausströmungen, vgl. Spiculen). c) Die Richtung der Dopplerverschiebungen ist in den Balmerlinien und Metallinien im allgemeinen die gleiche. Zu den beiden Fällen unter a) werden einige theoretische Abschätzungen durchgeführt. Schröter

6683. **A. B. Sewerny,** Solar flares as a pinch-effect. AJ UdSSR **35** 335—350 (russ. mit engl. Ref.). — Engl. Übersetzung in Soviet Astr. AJ **2** 310—325. — Die schnurrbartähnliche Gestalt der Balmer-, H- und K-Linienflügel bei starken Sonneneruptionen verrät makroskopische Geschwindigkeiten von 80 bis 200 km sec^{-1} im Kern der Erscheinung, während der an der Eruptionsperipherie entstehende zentrale Teil der Linien hauptsächlich durch Starkeffekt verbreitert ist. Photoelektrische Detailuntersuchungen mit dem Heliomagnetographen ergaben folgende Vorstellung: Zu Eruptionen kommt es in neutralen Punkten des Magnetfeldes von Sonnenflecken bei hinreichend großem Feldstärkegradienten in der Umgebung dieser Punkte. Durch Konzentration der Kraftlinien um den neutralen Punkt wird das Plasma instabil. Auf den neutralen Punkt laufen Stoßwellen zu, deren frontales Zusammentreffen in einem Gebiet von etwa 10^5 cm Länge das Plasma auf rund 10^7 ° aufheizt, heftige Strömungen in Gang setzt und das ursprüngliche Magnetfeld zerstreut. Damit werden mancherlei Effekte verständlich: Konzentration der spektroskopischen Erscheinungen auf kleine Flächenkerne, Auftreten hoher makroskopischer Atomgeschwindigkeiten, Verschwinden der Magnetfelder und Expansion der Eruption nach dem Aufleuchten. Vom Eruptionskern gehen vermutlich außer Röntgen- und vielleicht γ-Strahlen auch Neutronen und kosmische Strahlungspartikeln aus. Bei der Teilchenbeschleunigung könnte auch Reflexion an den zusammenlaufenden Stoßwellenfronten mitwirken. Verf. (gekürzt)

6684. **A. B. Sewerny,** The excitation and ionization of hydrogen in flares. Mitt. Astrophys. Obs. Krim **19** 72—99 (russ. mit engl. Ref.). — Auf Grund typischer Werte für Elektronendruck, kinetische Temperatur und Wasserstoffbesetzungszahlen werden Balmer-Dekrement sowie Anregung und Ionisation in Eruptionen durchgerechnet. Die Ergebnisse sind graphisch und in Tabellen dargestellt. Für die Besetzung der unteren Niveaus ist das Strahlungsfeld der Eruption bestimmend; bei den Quantenzuständen ab etwa $n = 3$ bis 4 sind es Stoßanregung und Ionisation. Um schnelle Abkühlung des Elektronengases durch unelastische Zusammenstöße mit Wasserstoffatomen aufzuhalten, ist ein Energiestrom von etwa 700 erg/cm^{3}sec erforderlich. Für das Kontinuum der Eruptionen muß eine nichtthermische Energiequelle gleicher Größenordnung postuliert werden (relativistische Elektronen?). Schließlich werden Prozesse zur Bildung energiereicher Teilchen in Eruptionen besprochen. Petri

6685. **A. B. Sewerny,** The appearance of flares in neutral points of the solar magnetic field and the pinch-effect. Mitt. Astrophys. Obs. Krim **20** 22—51 (russ. mit engl. Ref.). — Mit dem neuen Sonnenmagnetographen wurden im Sommer 1957 auf Grund des longitudinalen Zeeman-Effektes der Linie λ 5250 bei einer Flächenauflösung von 20 Quadratbogensekunden Isogauß-Karten von Fleckengruppen gewonnen und auf vergrößerte Hα-Aufnahmen dieser Gebiete übertragen. Dabei zeigte sich, daß die Eruptionen von magnetischen Neutralpunkten ausgehen. Die Aktivität im Neutralpunkt ist stark mit dem Feldgradienten verknüpft. Durch den Eruptionsvorgang können Magnetfelder von einigen Hundert Gauß vernichtet werden. Auf Grund eines Modellversuchs und eingehender physikalischer Überlegungen wird die bisherige Entladungstheorie verworfen und der Eruptionsvorgang durch Interferenz zweier auf einander zulaufender Alfvén-Wellen interpretiert. Wenn die magnetische Energie des Plasmas größer wird als seine thermische Energie, kommt es zu einem Pinch-Effekt, der Stoßwellen auslöst, die in einem sehr schmalen Gebiet (Länge etwa 10^4 cm) zusammentreffen und dort Temperaturen um 10^7 ° erzeugen können, so daß thermonukleare Reaktionen möglich werden. Diese Theorie erklärt auch andere beobachtete Effekte, wie die Emission von Röntgenstrahlen in der ersten Phase der Eruption und die Ausdehnung des Plasmas hinter der Stoßwellenfront nach anfänglicher Kontraktion. Petri

* * **A. B. Sewerny, V. Bumba,** On the penetration of solar magnetic fields into the chromosphere. Vgl. Ref. **6127**.

6686. **W. M. Sobolew,** On the excitation of hydrogen and helium in solar prominences. Mitt. Astr. Hauptobs. Pulkowo **20** Nr. 5 (158) S. 12—67 (russ. mit engl. Ref.). — Nach der Beschreibung des Beobachtungsverfahrens und der Auswertung der Spektrogramme werden eine Reihe von Mechanismen zur Erklärung der Anregung des H und He durchdacht. Dabei zeigt sich, daß die beobachteten Linienintensitäten am ehesten durch Temperatur- und Dichteinhomogenitäten in den Protuberanzen erklärt werden können. Bei niedrigen Elektronentemperaturen ($< 7500°$) wird der Wasserstoff von photosphärischer Strahlung angeregt, bei hohen durch Elektronenstoß und Rekombination. Die Helium-Linien D_3 und λ 4472 werden durch photosphärische Strahlung vom $2\,^3P$-Niveau angeregt, dessen Anregung auf Elektronenstöße zurückgeht. Loh.

6687. W. E. Stepanow, Local magnetic fields, fine chromospheric structure and filaments in Hα. Mitt. Astrophys. Obs. Krim **20** 52—66 (russ. mit engl. Ref.). — Nach anfänglichen Ausführungen über die passende Wahl der Eingangsspaltbreite werden folgende Beobachtungsergebnisse mitgeteilt: Zwischen magnetisch paarigen Flecken existieren Gradienten von 0.1 Gauß/km. Bei magnetischen Null-Linien schwankt das Feld zeitlich um 10^{-3} Gauß/sec. Entlang den magnetischen Feldlinien hat die Chromosphäre eine filamentartige Feinstruktur; «Ströme» verbinden Feldgebiete von Flecken entgegengesetzter Polarität — gelegentlich sogar von einer Hemisphäre zur anderen. Die Struktur der «Ströme» zeigt, daß das Magnetfeld horizontal geschichtet ist und bis in das Koronagebiet hinein reicht. Örtliche Magnetfelder können Attraktionszentren aktiver Protuberanzen sein. Unter kleinen chromosphärischen Wirbelgebieten mit zentralen Feldstärken um 10 Gauß fehlt ein lokales Magnetfeld in der Photosphäre. Filamente sind mit zunehmender Entfernung vom magnetischen Zentrum immer stärker gegen die «Strom»-Linien geneigt. Bisweilen nehmen sie das obere Stück magnetischer Feldbögen ein. In Einzelfällen (offenbar bei Auswürfen) schneiden sie die magnetischen Null-Linien aber auch unter 90°. Petri

6688. W. N. Sujkow, The kinetic temperature of gases in solar prominences. Mitt. Astr. Hauptobs. Pulkowo **20** Nr. 6 (159) S. 61—65 (russ. mit engl. Ref.). — Aus den Konturen der Linien Hα, H und K (Ca II) bestimmt Verf. unter Eliminierung der Selbstabsorption die kinetische Temperatur im Mittel zu 6370°. Die Zahl der Wasserstoffatome im zweiten Quantenzustand beträgt $N_{2,\mathrm{H}} = 1.5 \times 10^{13}$ cm^{-2} und die der Ca$^+$-Ionen im Grundzustand $N_{\mathrm{Ca}} = 1.2 \times 10^{13}$ cm^{-2}. Loh.

6689. W. N. Sujkow, Über die kinetische Temperatur einer metallischen Protuberanz. Sonnendaten 1958 Nr. 6 S. 72—74 (russ.). — Verf. erhält aus der Spektralphotometrie von Ca-, Sr$^+$- und He-Linien sehr gut übereinstimmende Werte für die kinetische Temperatur: 11400°, 12100° bzw. 12300°. Loh.

6690. D. V. Thomas, Excitation temperatures for the CN emission from the low chromosphere. MN **118** 458—476 = Contr. Cambridge Obs. Nr. 29. — Auf Finsternis-Aufnahmen (Redman 1952) wird die CN-Bande bei

λ 3883 Å in drei Höhen (0, 50 und 400 km über der Photosphäre) untersucht. Unter Berücksichtigung der Selbstabsorption im Bandenkopf ergibt sich in 400 km Höhe eine Anregungstemperatur von 4500° und ein negativer Temperaturgradient. Das Ergebnis braucht dem Chromosphärenmodell von de Jager (positiver Gradient der kinetischen Temperatur) nicht zu widersprechen, wenn man Abweichungen vom thermischen Gleichgewicht und die Unsicherheiten in den Beobachtungen berücksichtigt. Voigt

6691. G. I. Thompson, The chromospheric continuum. Obs **78** 170—172 = Cambridge Obs. Repr. Nr. 27. — Eine von Dewhirst während der Finsternis von 1954 in Schweden erhaltene Aufnahme der unteren Chromosphäre zeigt ein meßbares Kontinuum von 3400—4400 Å. Die Intensitätsabnahme mit zunehmender Wellenlänge spricht für vorherrschende Rayleigh-Streuung an neutralem Wasserstoff, also für niedrige Temperatur. Gleichzeitig tritt aber ein starkes Balmerkontinuum auf, das die Annahme einer zusätzlichen heißen Komponente fordert. Da die Aufnahme durch dünne Wolken gestört war, bleibt eine Bestätigung der Ergebnisse abzuwarten. O. G.

6692. P. J. Treanor, Techniques interférométriques dans l'observation solaire. J. Phys. Radium **19** 260—261. — Diskussion der Probleme, die im Zusammenhang mit der Benutzung eines Fabry-Perot-Interferometers in der Spektroskopie der Sonnenchromosphäre auftreten. Am Sonnenturm in Oxford wurden die Profile von Hα, Hβ, D, H und K sowie die Heliumlinie bei λ 5876 mit einem effektiven Auflösungsvermögen von 10^5 Å/mm gemessen. Traving

6693. M. Waldmeier, Bewegungen in Sonnenprotuberanzen. I. Aufsteigendes polares Filament. ZfA **44** 213—220 = Astr. Mitt. Sternw. Zürich Nr. 212. — Aus 77 Aufnahmen, die mit dem Koronographen in zeitlichen Abständen von einer Minute von einer aufsteigenden Protuberanz gewonnen wurden, werden Geschwindigkeiten und Beschleunigungen für eine Anzahl markanter Knoten hergeleitet. Die Beschleunigungen lassen erkennen, daß außer der Gravitationskraft der Sonne noch eine weitere unbekannte Kraft wirksam ist, deren Lage dicht oberhalb der Sonnenoberfläche genähert fixiert werden kann. Die von dieser Kraft hervorgerufenen Beschleunigungen sind von der gleichen Größenordnung wie die von der Gravitationskraft bewirkten. H. M.

6694. M. Waldmeier, Sonnen-Eruption im integralen Licht. Naturwissenschaften **45** 236—237. — Am 23. März 1958 konnte gleichzeitig in Zürich, Locarno-Monti und am astrophysikalischen Observatorium in Arosa das äußerst seltene Phänomen einer Eruption im weißen Licht beobachtet werden. Die große Dauer (die Eruption begann 9^h50^m WZ, erreichte 10^h5^m ihr Maximum und verschwand in Zürich 10^h25^m, in Locarno 10^h55^m und war in Arosa fast drei Stunden zu sehen) ermöglichte es, erstmalig auch photographische Aufnahmen zu gewinnen. Als Folge der UV-Emission bei der Eruption wurden zahlreiche terrestrische Wirkungen festgestellt. Die Erscheinung wird als ein Emporheben dichter und heißer Materie in das Niveau der Chromosphäre gedeutet. Henn

6695. M. Waldmeier, Die weiße Sonneneruption vom 23. März 1958. ZfA **46** 92—107 = Astr. Mitt. Sternw. Zürich Nr. 218. — Der Verlauf der Eruption vom 23. März 1958, die ungewöhnlich lange im integrierten Licht sichtbar war, wird mit sämtlichen Begleitumständen ausführlich beschrieben. Die Beschreibung umfaßt Beobachtungen der Photosphäre, der Chromosphäre und der Korona, spektroskopische Untersuchungen, Beobachtungen von Radioemissionen sowie der dazugehörigen ionosphärischen und geomagnetischen Effekte. Die Lage der Eruption in der Nähe des Sonnenrandes wirkte sich günstig aus, da auch die sie begleitenden Vorgänge in der Korona vollständig erfaßt werden konnten. Durch diese simultanen Beobachtungen wird das Verständnis für das Wesen der Eruptionen stark gefördert, und manche frühere Feststellung findet ihre Bestätigung. H. M.

6696. H. Zirin, K. Watson, G. W. Curtis, Spectra of quiescent and loop prominences. Publ ASP **70** 406—407. — Mit dem Climax-Koronographen erhaltene Spektrogramme zeigen, daß das Spektrum einer ruhenden Protuberanz im wesentlichen dem Flash-Spektrum der Chromosphäre ähnlich ist. Das Spektrum einer aktiven Fleckenprotuberanz ist dagegen dem Spektrum eines Flare ähnlich. Es entspricht höheren Temperaturen und Anregungsbedingungen als sie in ruhenden Protuberanzen oder in der Chromosphäre vorliegen. O. G.

6697. Prominence motions and solar magnetic fields. Sky and Telescope **17** 120. — Ref. AAS.

6698. Rocket flare patrol program. Trans. American Geophys. Union **39** 165—167. — Ref. in R.J [illegible] 1958 Nr. 11 S. 48—49.

6699. Beobachtungen der Chromosphäre, Flares und Protuberanzen

AC Nr. 189 S. 6—7 (russ.). Beobachtungen der Eruption vom 31. Januar 1958 am Spektrohelioskop des Sternberg-Instituts auf den Lenin-Bergen. M. A. Kljakotko.

AC Nr. 190 S. 16—19 (russ.). Beobachtungen solarer Eruptionen am Spektrohelioskop des Sternberg-Instituts auf den Lenin-Bergen. M. A. Kljakotko.

Acta Astr. Sinica **6** 115—118 (chines.). Observations of solar flares from June to December in 1957 at Zô-Sè Observatory. C.-S. Kuo, K.-Y. Kin.

Ann. Geofis. **10** 235—239 = Oss. Astrofis. Arcetri Contr. Nr. 17. Numeri caratteristici dei flocculi d'idrogeno e di calcio e dei filamenti d'idrogeno per l'anno 1957. G. Godoli.

BAC **9** 178—190. Catalogue of chromospheric flares observed at Ondřejov during the years 1952—1956. V. Letfus, B. Růžičková, Z. Švestka.

Beob. Sonnenobs. Kanzelhöhe Univ. Graz 1958 Nr. 1—11. Die Sonnentätigkeit im Januar — November 1958.

Bol. Astr. Obs. Madrid **5** Nr. 3 S. 1—10. Protuberancias solares. Resumen de las observaciones realizadas en Madrid durante el año 1957. E. Gullón, M. López Arroyo.

Bol. Obs. Ebro **45**, 86 S. Heliofísica 1957.

Boll. Accad. Gioenia Sci. Nat. Catania (4) **4** 361—379 = Oss. Astrofis. Catania Pubbl. (NS) Nr. 21. Osservazioni solari nel 1957. S. Cristaldi.

Boll. Geod. Sci. affini **17** 481—486 = Annuario Arcetri 1959 S. 27—32. Osservazioni di macchie solari, di protuberanze e della cromosfera eseguite nel periodo 1° luglio 1957 — 30 giugno 1958. G. Noci, M. Rigutti.

Boll. Geod. Sci. affini **17** 487—495 = Annuario Arcetri 1959 S. 33—41. Attività dei flocculi d'idrogeno e di calcio e dei filamenti d'idrogeno per il periodo 1° luglio 1957 — 30 giugno 1958. G. Godoli.

Boll. Geod. Sci. affini **17** 496—506 = Annuario Arcetri 1959 S. 42—52. Brillamenti cromosferici osservati alla torre solare di Arcetri dal 1° luglio 1957 al 30 giugno 1958. M. C. Ballario.

BSAF **72** 26—27, 60, 112, 157—158, 208, 314, 358, 430, 463—464, 525—526. L'activité solaire. M. d'Azambuja, M.-J. Martres. — Rotationen Nr. 1393—1405.

Bull. Informat. Ionosph. Géophys. **2** Nr. 1—12 (1957), **3** Nr. 1—2.

Bull. Obs. Astr. Beograd **21** Nr. 3—4 S. 12. Activité des taches solaires et des protubérances, observée à Belgrade en 1956. M. Protitch.

Cartes synoptiques de la chromosphère solaire et catalogue des filaments de la couche supérieure. Obs. Paris, Section d'Astrophys. Meudon. Vol. **2** Fasc. 2, années 1948—1949—1950. L. d'Azambuja. — Rotationen Nr. 1261—1300.

Desgl. Vol. **2** Fasc. 3, années 1951—1952—1953—1954. L. d'Azambuja. — Rotationen Nr. 1301—1354.

Českosl. Akad. Věd. Astr. Ústav. Publ. Nr. 35, 78 S. Catalogue of great chromospheric flares and their terrestrial consequences. L. Fritzová, M. Kopecký, Z. Švestka.

Ciel et Terre **74** 366—369. L'activité solaire en 1957. R. Coutrez, A. Koeckelenbergh.

Ciel et Terre **74** 450—453. L'éruption solaire remarquable du 23 mars 1958 à 09^h49^m TU. A. Koeckelenbergh.

Circ. Astr. Obs. Taschkent Nr. 290—291, 1957 (russ.). Die Sonnenaktivität 1957 Juli—Okt. K. Kuleschowa.

Circ. Astr. Obs. Taschkent Nr. 292—297 (russ.). Die Sonnenaktivität 1957 Nov. — 1958 Okt. S. Korobowa.

Coelum **26** 18—20, 53, 83—84, 118, 140—141, 165. Fenomeni solari dei mesi di ottobre 1957 — settembre 1958.

DOB **11** Nr. 1 Fasc. 2, Nr. 2 Fasc. 2, Nr. 3 Fasc. 2, Nr. 4 Fasc. 2, Nr. 5 Fasc. 1, je 8 S. Série solaire. — 1957 Nov. — 1958 April.

Fraunhofer Inst. Freiburg. Map of the sun. — 1958 Jan. 1 — Dez. 31.

Greenwich Photo-heliographic Results 1951. Results of measures made at the Royal Greenwich Observatory of photographs of the sun, taken at Greenwich, the Cape and Kodaikanal in the year 1951. London, Her Majesty's Stationery Office, 1957. C I—C VIII, C 1—C 122.

Desgl. für 1952. C I—C VIII, C 1—C 81.

Desgl. für 1953. C I—C VIII, C 1—C 55.

Desgl. für 1954. C I—C VII, C 1—C 41.

Desgl. für 1955. C I—C VII, C 1—C 85.

Indian J. Meteorol. Geophys. **9** 85—90. Kodaikanal solar, geomagnetic and ionospheric data. A. K. Das, S. L. Malurkar.

Kodaikanal Obs. Bull. Nr. 143 S. 461—503, 1956. Summary of prominence observations for the second half of 1954. A. K. Das.

Kodaikanal Obs. Bull. Nr. 145 S. 29—71, 1957. Summary of prominence and calcium flocculus observations for the first half of 1955. A. K. Das.

Kodaikanal Obs. Bull. Nr. 146 S. 73—117, 1957. Summary of prominence and calcium flocculus observations for the second half of 1955. A. K. Das.

Kodaikanal Obs. Bull. Nr. 147 S. 185—230, 1957. Summary of prominence and calcium flocculus observations for the first half of 1956. A. K. Das.

Mem SA It (NS) **29** 187—192 = Oss. Astrofis. Arcetri Contr. Nr. 19. Osservazioni di protuberanze e della cromosfera solare eseguite nel 1957. M. Rigutti.

Mem SA It (NS) **29** 521—535 = Oss. Astrofis. Arcetri Contr. Nr. 22. Area e posizione dei flocculi di calcio per il 1957 secondo le osservazioni eseguite alla torre solare di Arcetri. G. Godoli.

Orion Schaffhausen **5** 466—468. Remarques sur l'activité solaire. S. Cortesi.

Publ. Istanbul Univ. Obs. Nr. 62 S. 225—231, 1957 (mit türk. und engl. Ref.). Observations photographiques de la chromosphère solaire en 1956. E. Balli.

Publ. Istanbul Univ. Obs. Nr. 63 S. 50—67 (mit türk. und franz. Ref.). Observations des protubérances faites à l'Observatoire de Kandilli-Istanbul en 1957. M. Dizer.

Quarterly Bull. Solar Activity Nr. 117—120. Published by the Eidgen. Sternw. Zürich. — 1957 Jan.—Dez.

Rep. Ionosphere Res. Japan **12** 6—9. On the great solar flare which started at 21^h09^m, February 9th, 1958, as the likely source of geomagnetic storm, February 11th. K. Sinno. — Ref. in RJ UdSSR 1959 Nr. 7 S. 59.

Rev. geofís. **16** 61—76, 210—216, 1957. Nota relativa a la actividad solar, geomagnetica e ionosferica. J. O. Cardus.

Sonnendaten 1957 Nr. 5—6, 1958 Nr. 1—7 (russ.). Tägliche Karten der Sonne und Magnetogramme. — 1957 Sept. — 1958 Juli.

Sonnendaten 1958 Nr. 1—2 S. 105—107 (russ.). Über eine metallische Protuberanz. W. N. Sujkow. — Bericht über eine Protuberanz vom 11. Juni 1956.

Sonnendaten 1958 Nr. 1—2 S. 107—108 (russ.). Die außerhalb eines Fackel-Gebietes erfolgte Eruption am 27. Januar 1958. Z.-S. Ho.

Sonnendaten 1958 Nr. 4 S. 58—60 (russ.). Das Spektrum der Protuberanz vom 18. Oktober 1957 und ihre ungewöhnlichen Begleiterscheinungen in der Korona. A. A. Spitalnaja.

Spectroheliosсopic Observations Nizamiah Obs. Nr. 1 S. 1—11, 1956. Spectrohelioscopic observations of solar flocculi made at the Nizamiah Observatory, Hyderabad, during 1951—1955. H. Alvi.

Sterne **34** 153—154. Beobachtungen von Protuberanzen. R. Brandt.

Stockholms Obs. Ann. **20** Nr. 7, 38 S. Solar flares and surges observed at the Swedish Astrophysical Station in Anacapri in the year 1957. Y. Öhman.

Tokyo Astr. Obs. Bull. Solar Phenomena **9** 91—130, **10** 1—124. — 1957 Okt. — 1958 Dez.

Urania Barcelona **43** 10. Datos relativos a la actividad solar y geomagnética en 1957.

VdS Nachr. **7** 42—43. Beobachtung eines Protuberanzenaufstiegs. J. Herrmann.

Veröff. (Trudy) Astr. Obs. Kiew **2** 3—468 (russ.). Beobachtungen der Photosphäre und Chromosphäre der Sonne am Astronomischen Observatorium der Universität Kiew in den Jahren 1946—1950. M. J. Seldina, E. N. Semanek, A. N. Sergejewa.

VJS Naturf. Ges. Zürich **103** 185—212 = Astr. Mitt. Sternw. Zürich Nr. 215. Die Sonnenaktivität im Jahre 1957. M. Waldmeier.

* * Weitere Mitteilungen über Flares siehe auch § **65**, **68**, **72** und **127**.

§ 67

Korona

6701. **M. Blaha,** Electron collision cross-section of Fe XIV. BAC **9** 160. — Es wird kurz über die Neuberechnungen des Stoßquerschnittes von Fe XIV berichtet, die einen mehr als 10mal kleineren Wert ergeben, als man bisher nach der Formel von Menzel und Hebb gefunden hatte. H. M.

6702. **R. N. Bracewell, C. V. Stableford,** Critical frequency, refractive index, and cone of escape in the solar corona. Proc IRE **46** 198—199. — Die Fortpflanzungsbedingungen für Radiowellen in der Sonnenkorona unter Vernachlässigung etwa vorhandener Elektronendichte-Unregelmäßigkeiten und Magnetfelder werden durch zwei Nomogramme dargestellt: 1.) Brechungsindex n und 2.) Öffnungswinkel des Abstrahlungskegels β in Abhängigkeit vom Photosphärenabstand h und von der Frequenz f (bzw. Wellenlänge λ). Für $n = 0$ läßt sich die Plasmafrequenz f_0 ermitteln. Rabben

6703. **M. C. Bretz, D. E. Billings,** Red coronal line intensities from Climax, 1942—1955. AJ **63** 303—304. — Ref. AAS.

6704. **A. Dollfus,** Procédé permettant d'observer la couronne solaire et des jets jusqu'à une grande hauteur. CR **247** 42—45. —Bei Anwendung des in CR **246** 2345, 3590 (vgl. Ref. **2119**, **6408**) beschriebenen Polarimeters in Verbindung mit dem Koronographen gelingt es, die Korona durch Messung des Polarisationsgrades in der näheren Sonnenumgebung bis zu einer Distanz von 35′ vom Sonnenrand nachzuweisen. Einige Beobachtungsergebnisse werden mitgeteilt. Mehltretter

* * **G. Elwert,** Die Verteilung der Röntgenstrahlung der Sonnenkorona über die emittierende Fläche und die Restintensität bei totalen Sonnenfinsternissen. Vgl. Ref. **6201**.

6705. **G. Elwert,** Das Ionisationsgleichgewicht der Sonnenkorona und die Entstehung der gelben Koronalinie. Mitt. AG 1957/I S. 31 (Ref. AG).; ZfA **44** 112—125 = Mitt. Astr. Inst. Univ. Tübingen Nr. 30. — Bei der geläufigen Ionisationsformel der Sonnenkorona wird ein Gleichgewicht von Stoßionisation und Photorekombination vorausgesetzt. Wenn in der Korona Dichte- und Temperaturanstiege auftreten, sind Abweichungen von dieser Formel in Betracht zu ziehen, da die von diesen Störgebieten ausgehende Röntgenstrahlung erhöhter Intensität und kürzerer Wellenlänge zu zusätzlichen Photoionisationen führen kann. Falls die Strahlungsintensität im Wellenlängengebiet um 15 Å ungefähr um zwei Größenordnungen höher ist, als einer mittleren koronalen Kondensation von 6×10^{6} °K entspricht, kann die Ionisation bis zu Ionisationsenergien von etwa 800 eV fortschreiten. Die Annahme einer zeitweiligen Erhöhung der Intensität der kurzwelligen Röntgenstrahlung findet ihre Berechtigung durch Intensitätsmessungen bei Raketenaufstiegen. Dieser Ionisationsmechanismus kommt bei der Entstehung der gelben Koronalinie in Betracht, wenn die Elektronendichte am Ort der Emission die Größenordnung 10^{8} nicht überschreitet. Da der Ionisationszustand von Fe dabei nicht wesentlich geändert wird, können die rote, grüne und gelbe Linie in demselben Raumgebiet entstehen. Bei größeren Elektronendichten, wie sie im Innern von koronalen Kondensationen herrschen, überwiegen jedoch die Stoßionisationen. Dann kann die gelbe Linie im Innern heißer Kondensationen entstehen, während die grüne in einer umgebenden kühleren Schale emittiert wird. Verf.

* * **R. G. Giovanelli, J. A. Roberts,** Optical observations of the solar disturbances causing type II radio bursts. Vgl. Ref. **6530**.

6706. **M. N. Gnewyschew, R. S. Gnewyschewa, A. A. Spitalnaja,** Die an der Astronomischen Bergstation des Astronomischen Hauptobservatoriums angewandte Methode zur Beobachtung der Sonnenkorona außerhalb von Finsternissen. Sonnendaten 1958 Nr. 1—2 S. 101—102 (russ.). — Der bei Kislowodsk aufgestellte Lyot-Koronograph hat ein Objektiv von 20 cm Durchmesser. Die spektrographische Überwachung der Korona erfolgt in Abständen von 5° zu 5° um den Sonnenrand herum, beim Vorhandensein von Flecken am Sonnenrand in noch engeren Abständen. Die Belichtungszeiten betragen für die Linien λ 5303 und 6374 Å 5 sec. Die mikrophotometrische Auswertung der Aufnahmen hat zu Ergebnissen geführt, die gut mit den auf dem Pic du Midi erhaltenen übereinstimmen. Loh.

6707. **A. Hewish,** The scattering of radio waves in the solar corona. MN **118** 534—546. — Während des Monats Juni passiert die Strahlung des Crab-Nebels von der Erde aus gesehen die äußeren Teile der Sonnenkorona. Es wurden Beobachtungen der Radioemission bei $\lambda = 1.9$ m, 3.7 m und 7.9 m in diesem Monat in den Jahren 1952—58 durchgeführt. Bei 7.9 m wurden neben der Streuung Refraktionseffekte festgestellt. Die Streuung ist anisotrop. Sie wird wahrscheinlich erzeugt durch filamentartige Unregelmäßigkeiten, die in einem solaren allgemeinen Magnetfeld ausgerichtet sind. Eine deutliche Variation mit der Fleckentätigkeit bei 8 $R_{\odot}$ Abstand wurde beobachtet. Thi.

6708. **M. G. Karimow,** Über die Intensitätsschätzungen der Koronalinien 5303 und 6374 Å. Mitt. Astrophys. Inst. Alma-Ata **6** 92—102 (russ. mit engl. Ref.). — Da die Schätzung der monochromatischen Koronaintensität nach Filmaufnahmen in einer sechsstufigen Skala nur relative und zudem stark vom jeweiligen Streulicht abhängige Werte ergab, wurde ein objektives, international vergleichbares, photographisch-photometrisches Verfahren entwickelt, das auch den Einfluß der Fraunhoferlinie λ 5302.3 auf den Gang der grünen Koronalinie λ 5302.8 berücksichtigt, der ein Absinken der effektiven Äquivalentlinienbreite um 10—50 % bewirken kann. Obwohl die Messungen in 60′ Abstand vom Sonnenrand ausgeführt werden, ist der Vergleich mit den Werten des Pic du Midi in 40′ Abstand befriedigend. Um bei Kalibrierungsaufnahmen die nachteilige starke Abblendung des Koronographenobjektivs zu vermeiden, wird unter Entwicklung der entsprechenden Formel vorgeschlagen, das direkte Sonnenlicht über zwei Magnesiumschirme in das Instrument zu leiten. Petri

* * **H. von Klüber,** Intensities, polarization and electron density of the solar corona from photographs taken at the total solar eclipse of 1952 February 25. Vgl. Ref. **6207**.

6709. **E. W. Kononowitsch,** Die Sonnenkorona. Moskau, Phys.-Math. Staatsverlag, 1958. 87 S. Preis 1 R. 40 Kop. (russ.). — Besprechung in Priroda **47** Nr. 12 S. 119.

6710. **J. N. Lipskij,** The dependence of the equivalent widths of coronal lines on the degree of polarization of the continuous spectrum of the corona. AJ UdSSR **35** 662—665 (russ. mit engl. Ref.). — Engl. Übersetzung in Soviet Astr. AJ **2** 615—618. — Bei der Messung von Äquivalentbreiten, etwa der Koronalinien im Anschluß an das benachbarte (polarisierte) Kontinuum, muß man dem Effekt Rechnung tragen, daß der Spektrograph das polarisierte Kontinuum in etwas anderer Weise schwächt als die Linien. Es wird ein Ausdruck mitgeteilt, durch den Beobachtungen korrigiert werden können. Die Methode ist auch auf Beobachtungen an punktförmigen Lichtquellen anwendbar. Oster

6711. **L. Pajdušáková-Mrkosová,** Asymétries solaires. VIII. BAC **9** 201—208. — Die Untersuchungen der Koronabeobachtungen verschiedener Stationen aus den Jahren 1948—53 durch Link und Linková werden auf die Jahre 1954—55 erweitert. Im allgemeinen werden die früheren Ergebnisse bestätigt, die im ganzen einen positiven O-W-Überschuß der roten wie der grünen Strahlen ergeben. Im einzelnen zeigen sich zwischen den Werten der verschiedenen Stationen individuelle Differenzen, die eine zeitliche Abhängigkeit erkennen lassen. H. M.

* * **E. N. Parker,** Suprathermal particle generation in the solar corona. Vgl. Ref. **6114**.

6712. **C. Pecker,** Sur l'identification de quelques raies coronales. CR **247** 2296—2298. — Es wird versucht, einige der Linien, die auf einem Spektrogramm einer koronalen Kondensation (Finsternis 1952 in Khartum) gefunden wurden, zu identifizieren. 1.) Es zeigt sich, daß die Linie λ 5694 Å auf Grund des Intensitätsverhältnisses zur Linie λ 5446 Å ziemlich eindeutig dem Ca XV zuzuordnen ist. 2.) Mit großer Wahrscheinlichkeit können die von Edlén vorausgesagten Linien K XI (4260), Mn XIII (6539) und Co XV (4349) den neu entdeckten Linien λ 4256 Å, λ 6535 Å bzw. λ 4351 Å zugeordnet werden. 3.) Durch Berechnung einiger weiterer isoelektronischer Sequenzen werden Anzeichen für andere Identifikationsmöglichkeiten gegeben. Mehltretter

6713. **I. A. Prokofjewa,** Winterbeobachtungen der Sonnenkorona in Pulkowo. Sonnendaten 1957 Nr. 6 S. 123 (russ.).

* * **J. A. Roberts,** Evidence of echoes in the solar corona from a new type of radio burst. Vgl. Ref. **6554**.

6714. **K. Saito,** Polar rays of the solar corona. Publ. Astr. Soc. Japan **10** 49—78 = Tokyo Astr. Obs. Repr. Nr. 170. — Unter Benutzung der Ergebnisse der Sonnenfinsternisse, vor allem von 1952, 1954 und 1955, aber auch einiger älterer wird das Verhalten der polaren Koronastrahlen untersucht. Diese Strahlen bevorzugen eine ringförmige Zone von etwa 10° Breite, die zwischen 10° und 15° vom Pol entfernt ist. Die Verteilung und vor allem die Krümmung der Polarstrahlen steht im Einklang mit der Annahme eines Magnetfeldes der Sonne, dessen Pole sich auf der Rotationsachse, aber nicht im Sonnenzentrum befinden. Der Abstand der Pole vom Zentrum variiert mit der Phase des Sonnenfleckenzyklus; er ist mit etwa $^2/_3$ des Sonnenradius am größten nahe beim Minimum und beträgt beim Maximum erheblich weniger. Die Elektronendichten sind in den Polarstrahlen 5.4 mal größer als im Raum zwischen ihnen. Die Beziehungen zwischen den Polarstrahlen der Korona und den Polfackeln werden eingehend studiert. Die Erscheinung und die Verteilung beider Phänomene lassen auf einen gemeinsamen Ursprung schließen, doch kann man nicht nachweisen, daß beide identisch sind. H. M.

6715. **H. Scheffler,** Streuung von Radiowellen in der Sonnenkorona und die Mitte-Rand-Variation der ruhigen solaren Meterwellenstrahlung. ZfA **45** 113—148 = Mitt. Astrophys. Obs. Potsdam Nr. 65. — Es wird der Einfluß von statistisch verteilten Inhomogenitäten der Elektronendichte in der Sonnenkorona, beschrieben durch eine Korrelationsfunktion, auf die Mitte-Rand-Variation der ruhigen Meterwellenstrahlung untersucht. Die Darstellung bisheriger Beobachtungen dieser, als auch der Zunahme des Winkeldurchmessers der Taurusquelle bei deren Bedeckung durch die äußere Korona, ermöglicht die Festlegung des Verlaufs des Quotienten $\overline{(\Delta N_e)^2}/l$, wobei l ein Maß für die Ausdehnung der (kleinsten) Inhomogenitäten angibt. Für einige diesem Befund entsprechende Modelle gestattet die Berechnung der Schwankungen der optischen Koronastrahlung eine gewisse Abgrenzung der zu erwartenden Verhältnisse. Scheffler

6716. **M. Trellis,** Contributions à l'étude de la couronne solaire. Paris, Univ., 1956. 82 S. — Dissertation.

6717. **D. E. Trotter,** Occurences of the yellow coronal line. ApJ **127** 75—79. — Auf Grund von Beobachtungen mit den Koronographen des High Altitude- und des Sacramento Peak-Observatoriums wird ein Katalog mitgeteilt, welcher die Zeiten und Positionswinkel des Auftretens der gelben Koronalinie bei λ 5694 Å mit besonders großer Intensität zwischen 8. November 1951 und 30. April 1957 nachweist. Micz.

6718. **B. Valníček,** Beobachtung der Sonnenkorona in geringen Höhen über dem Meeresspiegel. BAC **9** 125—127. — Es wird über Koronabeobachtungen im Lichte der grünen und der roten Linie mit Hilfe von Lyot-Koronographen auf Beobachtungsstationen in geringer Seehöhe berichtet. Der Vergleich der Beobachtungen auf der Station Černošice bei Prag mit anderen auf Bergobservatorien gewonnenen ergibt gute Übereinstimmung und läßt die tschechische Station trotz ihrer geringen Seehöhe als durchaus konkurrenzfähig erscheinen. H. M.

6719. **M. Waldmeier,** Die Sonnenkorona. II. Struktur und Variationen der monochromatischen Korona. Vgl. AJB **57** Ref. **6738**. — Weitere Besprechung in J. Atmosph. Terr. Phys. **12** 87—88 (M. A. Ellison), Nature **181** 871 (R. O. Redman), Naturwissenschaften **45** 251 (H. H. Voigt).

6720. **M. Waldmeier,** Vorgänge in der Sonnenkorona. Mitt. AG 1957/I S. 30—31. — Ref. AG.

6721. **M. Waldmeier,** Die Form der Korona nach Beobachtungen in der Linie 6374 Å. ZfA **45** 155—170 = Astr. Mitt. Sternw. Zürich Nr. 214. — Es wird der Verlauf der Höhe der monochromatischen Korona im Lichte der roten Linie bei λ 6374 Å beschrieben, wie er sich aus Beobachtungen in den Jahren 1941—1957 ergibt. Neben dem Breiteneffekt — die Korona ist in niedrigen Breiten höher als in größeren Breiten — läßt sich eine Abhängigkeit von der Phase im Sonnenzyklus erkennen, wenigstens für Breiten unterhalb von 35°. Die Beobachtungen führen zu dem wichtigen Ergebnis, daß für die Anregung der Koronalinien nicht nur Elektronenstöße verantwortlich sind, sondern auch die Strahlungsanregung berücksichtigt werden muß. H. M.

6722. **M. Waldmeier,** Die Komponenten des kontinuierlichen Koronaspektrums. ZfA **46** 17—25 = Astr. Mitt. Sternw. Zürich Nr. 216. — Es wird dargelegt, daß die Verschmierung der Fraunhofer-Linien im Spektrum der K-Komponente des Koronalichtes die beobachtete Intensität des Kontinuums der K-Komponente herabsetzt. Berücksichtigt man diesen Effekt, so erhält man aus dem Spektrum für das Verhältnis der K-Komponente zur F-Komponente Werte, die mit denen übereinstimmen, die die Polarisationsmessungen liefern, während bisher eine Diskrepanz bestanden hatte. Auch die Energieverteilung im Kontinuum der K-Komponente wird nunmehr befriedigend erklärt. Ferner zeigt sich, daß die F-Komponente an den Polen der Sonne etwas schwächer ist als am Äquator. H. M.

6723. **W. W. Witkewitsch,** New data on the supercorona of the sun. AJ UdSSR **35** 52—63 (russ. mit engl. Ref.). — Engl. Übersetzung in Soviet Astr. AJ **2** 45—53. — Die Radioquelle Tau A diente als Sonde für die Durchstrahlung der Außenkorona. Nach anfänglichen Versuchen mit einem Meeresspiegelinterferometer sowie mit einem entfernten Berg als Strahlungsschirm wurde seit 1956 ein unbeweglicher Parabolspiegel von 30 m Durchmesser mit einer 171 m entfernten 8-Element-Antenne kombiniert. Die Antennencharakteristik dieser Interferometeranordnung wurde genau überwacht. Die räumliche Erstreckung der Außenkorona ist ein Maß für die Sonnenaktivität. Besonders wünschenswert sind Messungen während eines Maximums. Für die modellmäßige Betrachtung wurde die Vorstellung einer homogenen Grundkorona gewählt, der sich inhomogene »Strahlen« überlagern. Die Inhomogenität wächst bis 12 Sonnenradien mit der Entfernung von der Sonne an und nimmt dann wohl etwas ab (Diagramm). Ihr Verhalten im Bereich um 20 $R_\odot$ ist noch unsicher. In einer Tabelle ist der Verlauf der Elektronendichte in äquatorialer und polarer Richtung für eine mittlere Abmessung der Inhomogenitäten von 10^4 km dargestellt. An drei Tagen (1957 Juni 12, 13, 17) änderte sich die Brechung der Radiowellen auf 5.8 m merklich in dem Sinne, daß die Strahlungsquelle der Sonne näher gerückt erschien. Die Elektronendichte innerhalb der Strahlen dürfte 5—15 mal größer sein als in der allgemeinen Korona. Petri

6724. **Koronabeobachtungen**

Beob. Sonnenobs. Kanzelhöhe Nr. 11, 8 S. Die Sonnentätigkeit im November 1958.

Forschungsber. Obs. Wendelstein Nr. 21, 15 S. Katalog monochromatischer Koronastrahlen 1957. R. Müller.

Fraunhofer-Inst. Freiburg. Map of the sun. — 1958 Jan. 1—Dez. 31.

Quarterly Bull. Solar Activity Nr. 117—120. Published by the Eidgen. Sternw. Zürich. — 1957 Jan.—Dez.

Sonnendaten 1957 Nr. 5—6, 1958 Nr. 1—7 (russ.). Tägliche Karten der Sonne und Magnetogramme. — 1957 Sept.—1958 Juli.

Tokyo Astr. Obs. Bull. Solar Phenomena **9** 91—130, **10** 1—124. — 1957 Okt.—1958 Dez.

VJS Naturf. Ges. Zürich **103** 185—212 = Astr. Mitt. Sternw. Zürich Nr. 215. Die Sonnenaktivität im Jahre 1957. M. Waldmeier.

* * Koronabeobachtungen während Sonnenfinsternissen siehe § **62**.

§ 68

Sonnentätigkeit in Beziehung zu terrestrischen Erscheinungen

6801. **C. G. Abbot,** Periodicities in ionospheric data. Smithsonian Inst. Publ. Nr. 4338, 5 S. — Im Zeitraum Juli 1944—Juni 1957 finden sich in den Schwankungen der Größe $h'F_2$ Perioden, die Teiler einer Hauptperiode von 273 Monaten sind. Das gleiche Resultat hatte Verf. früher für die Niederschlagsmengen und die Solarkonstante gefunden. Gleissberg

6802. **G. McK. Allcock, M. G. Morgan,** Solar activity and whistler dispersion. J. Geophys. Res. **63** 573—576.

6802a. **R. G. Athay,** The sun's flares and earth. These solar phenomena have many important effects on our planet. Natural History USA **67** 474—483.

6803. **B. Bell, H. Glazer,** Sunspots and geomagnetism. Smithsonian Contr. Astrophys. **2** 161—179 = Harv Repr (2) Nr. 118. — Keine bekannte Eigenschaft solarer Tätigkeitsherde reicht zu einer sicheren Vorhersage erdmagnetischer Störungen aus. Die Radiostrahlung im Meterwellenbereich scheint das wichtigste

Kriterium zur Unterscheidung erdmagnetisch wirksamer und unwirksamer Flekken zu sein. Nicht alle im Meterwellenbereich aktiven Flecken erzeugen magnetische Stürme; dagegen gibt es kaum einen magnetischen Sturm, der von im Meterwellenbereich inaktiven Flecken ausgelöst wird. Von den übrigen Eigenschaften der Sonnenflecken scheint die magnetische Klasse die wichtigste Rolle in ihrer erdmagnetischen Wirksamkeit zu spielen; die Eruptionstätigkeit ist von geringer, die Fläche von keiner Bedeutung. Die Lage der Sonnenflecken auf der nördlichen oder südlichen Halbkugel ist, gleichgültig welcher Sonnenpol uns zugewandt ist, ohne Einfluß auf ihre erdmagnetische Wirkung. Der jahreszeitliche Gang in der Häufigkeit der erdmagnetischen Stürme läßt sich durch die Neigung der Sonnenachse nicht erklären. Gleissberg

6804. **W. H. Bennett,** Auroral and magnetic-storm theory. ApJ **127** 731—742.

6805. **W. van der Bijl,** Amerikanen over de betrekkingen tussen de zon en ons weer. Hemel en Dampkring **56** 120—122.

6806. **G. Brier,** Some correlations of atmospheric parameters with solar activity. Techn. Report Inst. Solar-Terrestr. Res. 1957 Nr. 1 S. 98—101.

6807. **R. R. Brown,** Solar activity and cosmic radiation. J. Geomagn. Geoelect. **9** 79—85, 1957. — Ref. in Phys. Abstracts (A) **62** 35, RJ UdSSR 1959 Nr. 1 S. 48.

6808. **A. Cappel,** Die Häufigkeit der Großwetterlagen im Sonnenfleckenzyklus. Meteorol. Rundschau **10** 189—196, 1957. — Ref. in RJ UdSSR 1959 Nr. 3 S. 51.

6809. **A. Dauvillier,** Sur l'origine et le maintien du géomagnétisme, sa variation séculaire et ses inversions. CR **246** 1354—1356. — Es wird ein Mechanismus vorgeschlagen, demzufolge der Erdmagnetismus durch eine thermo-remanente Magnetisierung der festen Erdkruste im Feld der solaren Korpuskularstrahlung entsteht. Verschiedene Beobachtungen werden nach dieser Theorie diskutiert. Mehltretter

6810. **H. W. Dodson, E. R. Hedeman,** Crochet-associated flares. ApJ **128** 636—645. — Von hoher durchschnittlicher Intensität waren zwischen 1949 und 1954 die von geomagnetischen «crochets» begleiteten Flares. Ihre Verteilung auf der Sonne war anomal — mit kleinerer Häufigkeit in Sonnenmitte. Die «crochet-flares» in diesem Zeitraum waren nicht identisch mit den große ionosphärische Störungen hervorrufenden Flares. Zwischen «crochet-flares» und Flares, die im Maximum breites Hα zeigten, bestand eine enge Beziehung. Die durchschnittlichen geomagnetischen Kennzahlen erreichten ein hohes Maximum am zweiten Tag nach dem Auftreten von «crochet-flares» mit «major early burst» bei einer Frequenz $\leq$ 200 MHz, jedoch nicht nach «crochet-flares» im allgemeinen. Verf. (übersetzt)

6811. **H. W. Dodson, E. R. Hedeman,** Geomagnetic disturbances associated with solar flares with major premaximum bursts at radio frequencies $\lesseqgtr$ 200 Mc/s. J. Geophys. Res. **63** 77—96.

6812. **A. Ehmert, K. Revellio,** Solare Ultrastrahlung und ionosphärische D-Dichte. Z. Geophys. **23** 113—134, 1957. — Ref. in Phys. Ber. **37** 2323.

6813. **M. S. Eigenson,** Abriß der physikalisch-geographischen Erscheinungen der Sonnentätigkeit. Vgl. AJB **57** Ref. 6809. — Weitere Besprechung in RH **39** 189.

6814. **M. S. Eigenson,** Über die solare Natur der starken Zirkulationsanomalien in den Atmosphären von Erde und Mars 1956. Circ. Astr. Obs. Lwow Nr. 34 S. 19—23 (russ.). — Der ungewöhnlich starken Sonnenaktivität des Jahres 1956 lief eine starke Anomalie der allgemeinen Zirkulation der terrestrischen Troposphäre parallel. Zur selben Zeit wurden anomale Erscheinungen in der Marsatmosphäre festgestellt. Loh.

6815. **M. S. Eigenson,** Über die bevorstehenden Niveauverhältnisse des Kaspischen Meeres. Circ. Astr. Obs. Lwow Nr. 34 S. 24—26 (russ.).

6816. **M. A. Ellison,** Magnetic activity following a solar flare. J. Atmosph. Terr. Phys. **12** 214—215.

6817. **M. A. Ellison,** El Sol y su influencia. Übersetzung aus dem Englischen (vgl. AJB **55** Ref. 6817). México, Trad. México, Univ. Nac. Autón, 1957. 243 S. Preis pesos 35.00.

6818. **C. Ellyett, H. Leighton,** Solar cycle influence in the lower ionosphere and on VHF forward scatter. Proc IRE **46** 1711—1716. — Die Analyse von siebenjährigen Beobachtungen bei 49.8 MHz in Cedar Rapids (Iowa) ergibt, daß die Monatsmittel für die Mittags- und Nachmittagswerte der Empfangsintensität mit der Sonnenfleckenzahl korreliert sind. Weidemann

6819. **J. W. Evans, S. Chapman, H. Wexler,** The Sun's effects on the Earth's atmosphere. Techn. Report Inst. Solar-Terrestr. Res. 1956 Nr. 2, 7 + 30 S. — Ref. in RJ UdSSR 1959 Nr. 2 S. 51.

6820. **E. D. Farthing,** Weather changes associated with coronal activity. Techn. Report Inst. Solar-Terrestr. Res. 1957 Nr. 1 S. 132—137. — Ref. in RJ UdSSR 1959 Nr. 3 S. 50.

6821. **H. Faust,** Sonnenflecken und Wintertemperatur. Naturwiss. Rundschau **11** 25—26.

6822. **H. Faust,** Sonnenfleckenzyklus und Großwetterlagen. Naturwiss. Rundschau **11** 275.

6823. **S. E. Forbush,** Variations in strength of wind system, in the dynamo mechanism for the magnetic diurnal variation, deduced from solar flare effects at Huancayo, Peru. Techn. Report Inst. Solar-Terrestr. Res. 1957 Nr. 1 S. 36—37.

6824. **P. S. Freier, E. P. Ney, P. H. Fowler,** Primary α-particle intensity at sunspot maximum. Nature **181** 1319—1321. — Ref. in Phys. Abstracts (A) **61** 384.

6825. **A. Gabilly,** Activité magnétique, activité solaire et circulation générale. Météorologie 1958 Nr. 50 S. 109—121. — Ref. in RJ UdSSR 1959 Nr. 6 S. 54.

6826. **A. Grafe,** Untersuchungen über die geomagnetischen Sonneneruptionseffekte von Potsdam-Niemegk für die Periode 1890—1956. Deutsche Akad. Wiss. Berlin, Geomagnet. Inst. Potsdam Abh. Nr. 21 S. 7—43. Berlin, Akademie-Verlag, 1958. Preis DM 21.50. — Ref. in Coelum **26** 122. — Aus den Untersuchungen der geomagnetischen Sonneneruptionseffekte von Potsdam-Niemegk für die Periode 1890—1956 ergab sich ein eindeutiges Häufigkeitsmaximum in den Äquinoktien. Aus dem zeitlichen Störungsabfall eines geomagnetischen Sonneneruptionseffektes wurde der Rekombinationskoeffizient berechnet. Dieser ergab sich zu einer Größe, die zwischen den bekannten Rekombinationskoeffizienten der F_1- und F_2-Schicht liegt. Die sfe-Leitfähigkeitserhöhungen wurden daher in der Höhe der unteren F_2-Schicht angenommen und die Häufigkeitsmaxima in den Äquinoktien als jahreszeitliche Variation der Struktur der Ionosphäre in dieser Höhe gedeutet. Ferner ergab sich aus dem Vergleich mit den Sonneneruptionen, daß der geomagnetische Effekt oft eher beginnt als die Eruption in Hα. Dies kann nur so gedeutet werden, daß für die Erzeugung des geomagnetischen Effektes eine andere Strahlung als Lyman α, die eher emittiert wird, verantwortlich ist. Der Mechanismus einer Sonneneruption ist also viel vielfältiger. Es wird nicht nur Lyman α emittiert, sondern ein breites Frequenzband, das fähig ist, alle Ionosphärenschichten zu beeinflussen. Die verschiedenen Frequenzen rufen daher auch verschiedene Eruptionseffekte hervor. Schließlich wurde auch bei den Eruptionen, die für den geomagnetischen Effekt verantwortlich sind, die bekannte Ost-West-Asymmetrie, die für die Outbursts bereits nachgewiesen ist, gefunden. Verf.

6827. **Y. Hakura,** On the power spectrum of solar radio outburst and its relation to S. W. F. (Dellinger phenomenon) and geomagnetic storm. J. Radio Res. Lab. Tokyo **5** 283—293. — Ref. in Phys. Abstracts (A) **62** 1004—1005.

6828. **Ø. Hauge,** On short periodic variations in solar noise storms on 200 Mc/s. Astrophys. Norvegica **6** 43—54. — An 14 Tagen im Juni, Juli und August 1955 wurde das Sturmkontinuum mit Hilfe von Autokorrelationsfunktionen auf Perioden mit einer Dauer zwischen 7.5 und 90 Minuten untersucht. Dabei zeigten einige «noise-storms» Perioden, deren Länge aber von Tag zu Tag wechselte, während bei anderen keinerlei Perioden aufzufinden waren. Die Tendenz zu gleichem Periodencharakter scheint sich über mehrere Sonnenrotationen zu erhalten. Es herrscht eine gewisse Neigung vor, daß hohe Kontinuumsintensitäten mit kurzen Perioden korreliert sind. Keine Beziehung besteht zwischen dem Auftreten von Perioden und der Variabilität sowie dem Frequenzbereich der Stürme. Alle Stürme, ob sie Perioden enthalten oder nicht, sind mit dem Durchgang großer Fleckengruppen durch den Zentralmeridian verbunden. Eine enge Korrelation besteht zwischen dem Auftreten kurzer Perioden und dem Vorhandensein heller Emissionsgebiete über den Flecken. A. Böhme

6829. **R. E. Houston jr.,** The effect of certain solar radiations on the lower ionosphere. J. Atmosph. Terr. Phys. **12** 225—235.

6830. **I. N. Jaroslawzew,** Über die Schwankungen der monatlichen und jährlichen Gesamtstrahlungswärme der Sonne, des Himmels und der Erde. Publ. Geophys. Obs. Taschkent Nr. 13 S. 211—217, 1957 (russ.). — Ref. in RJ UdSSR 1959 Nr. 1 S. 49.

6831. **N. N. Jerjuschew,** Some problems of the propagation of atmospherics. Mitt. Astrophys. Obs. Krim **18** 187—195 (russ. mit engl. Ref.).

6832. **L. A. Judowitsch, J. I. Feldstein,** Die kurzfristige Vorhersage der Bedingungen für kurzwellige Radioverbindungen. Sonnendaten 1958 Nr. 3 S. 69—72 (russ.).

6833. **J. Katzman,** A cosmic ray increase related to solar activity. Canadian J. Phys. **36** 807—814. — Ref. in Phys. Abstracts (A) **61** 742.

6834. **M. R. Kundu, J. F. Denisse,** Solar radiation on decimeter waves as an index for ionospheric studies. J. Atmosph. Terr. Phys. **13** 176—178. — Im allgemeinen werden zu ionosphärischen Untersuchungen die Sonnenfleckenrelativzahlen *R* benutzt. Dieser Index *R* hat sich für solar-terrestrische Untersuchungen auf monatlicher oder jährlicher Basis als sehr nützlich erwiesen, ist aber weniger befriedigend bei Vergleichen für tägliche Werte. Ziel vorliegender Notiz ist es, zu zeigen, daß die Intensität der solaren Strahlung im Dezimeterbereich einen Index der Sonnenaktivität liefern kann, der für ionosphärische Untersuchungen bei kürzeren Zeiträumen geeignet erscheint. Henn

6835. **A. I. Kusmin, G. W. Skripin,** Die Abhängigkeit des 24-stündigen Intensitätseffekts der kosmischen Strahlung von der geomagnetischen und solaren Aktivität. Publ. Jakut. Abt. Akad. Wiss. UdSSR 1958 Nr. 2 S. 107—117 (russ.). — Ref. in RJ UdSSR 1959 Nr. 4 S. 57.

* * **J.-P. Legrand,** Possibilités de prévision des phénomènes solaires et de leurs répercussions sur le globe par l'étude de l'intensité du rayonnement cosmique. Vgl. Ref. 12730.

6836. **M. Lépineux,** Discrimination des éruptions chromosphériques associées aux perturbations géomagnétiques durant le maximum solaire actuel. CR **247** 109—111. — Das Beobachtungsmaterial über Eruptionen und geomagnetische Störungen aus der Zeit 1957 April 15—1958 März 31 (Relativzahl stets > 150) wird im Hinblick auf Korrelationen zwischen den Eigenschaften der Eruption und den charakteristischen terrestrischen Folgen untersucht. Dabei stellt sich heraus, daß es zwei Kategorien von Eruptionen gibt: Die einen werden von einem ausgeprägten und langdauernden Rauschsturm bei 200 MHz begleitet und haben nach 20 bis 70 Stunden ausgeprägte geomagnetische Störungen zur Folge. Außerdem treten sie zu Zeiten allgemein erniedrigter Intensität der kosmischen Strahlung (CR **247** 70, vgl. Ref. **12730**) auf. Die anderen, nicht von Rauschstürmen begleiteten haben keine geomagnetischen Auswirkungen, unabhängig von ihrem Ort auf der Sonnenscheibe und ihrer optischen Importance.
Mehltretter

* * **F. Link,** Kometen, Sonnentätigkeit und Klimaschwankungen. Vgl. Ref. 8011.

6837. **J. London,** An approach to a theoretical study of a solar-weather relationship. Comments. Techn. Report Inst. Solar-Terrestr. Res. 1956 Nr. 1 S. 148—150. — Ref. in RJ UdSSR 1959 Nr. 1 S. 47—48.

6838. **E. Lorenz,** An approach to a theoretical study of a solar-weather relationship. Techn. Report Inst. Solar-Terrestr. Res. 1956 Nr. 1 S. 146—147. — Ref. in RJ UdSSR 1959 Nr. 1 S. 47.

6839. **B. Maehlum,** The diurnal- and sunspot-cycle variation of the layers E, F 1 and F 2 of the ionosphere as observed in Norway during the period 1932—1956. Geofys. Publ. **20** Nr. 6, 14 S. — Ref. in Phys. Abstracts (A) **62** 276.

6840. **S. L. Malurkar,** Solar flares, concurrent cosmic ray bursts and subsequent geomagnetic storms. Vgl. Ref. **6659.**

6841. **S. L. Malurkar,** Solar control of some unusually remarkable geophysical events. J. Sci. Industr. Res. (A) **17** Nr. 12 Suppl. S. 69—71. — Ref. in Phys. Abstracts (A) **62** 1065.

6842. **S. Matsushita,** On geomagnetic indices responsible for solar particles. Techn. Report Inst. Solar-Terrestr. Res. 1956 Nr. 1 S. 70—72. — Ref. in RJ UdSSR 1959 Nr. 1 S. 48.

6843. **C. M. Minnis,** Solar activity and the ionosphere. Nature **181** 543—544. — Ref. in Phys. Abstracts (A) **61** 202.

6844. **C. M. Minnis, G. H. Bazzard,** Solar-flare effect in the F 2-layer of the ionosphere. Nature **181** 690—691. — Während der solaren Eruption vom 23. Febr. 1956 wurde in Singapure außer der stark erhöhten Ionisation in der D- und E-Schicht eine geringe Erhöhung der Elektronendichte in der F-Schicht festgestellt. Eine statistische Untersuchung scheint eine Korrelation zu den solaren Vorgängen anzudeuten.
Henn

6845. **Y. Miyazaki, M. Wada,** Eleven year variation of cosmic-ray disturbance and its relation to solar and geomagnetic activities. J. Geomagn. Geoelect. **7** 1—8, 1955.

6846. **E. R. Mustel, A. S. Dworjaschin,** Solar activity and geomagnetic disturbances in 1942—1944. AJ UdSSR **35** 3—17 (russ. mit engl. Ref.). — Engl. Übersetzung in Soviet Astr. AJ **2** 1—14. — Verf. untersuchen die Beziehungen zwischen Flocculi und geomagnetischen Störungen nach einem aus mehreren Quellen stammenden Beobachtungsmaterial. Es zeigt sich, daß selbst eine grelle

Flocculistrahlung nicht als Hauptursache der emittierten Korpuskeln aus den Flocculi in Frage kommt. Die Aufheizung der Chromosphäre im Flocculigebiet und die Abstrahlung von Korpuskeln aus den Flocculi sind verschiedene Erscheinungen eines oder mehrerer komplizierter Prozesse im Aktivitätsgebiet. Es scheint, als ob der Ejektionsmechanismus der Korpuskeln elektromagnetischer Natur ist. Loh.

6847. **E. R. Mustel, O. N. Mitropolskaja,** Flocculi (plages) and the twenty-seven day recurrence tendency in magnetic disturbances. AJ UdSSR **35** 194—207 (russ. mit engl. Ref.). — Engl. Übersetzung in Soviet Astr. AJ **2** 172—185. — Die Arbeit enthält einen Vergleich der 27tägigen Sequenzen der geomagnetischen Störungen von 1929 bis 1933 mit den Flocculi. Die bereits seit längerem bekannte zeitliche Verzögerung wird bestätigt. Der Einfluß der Sonnenflecken auf die Ejektion von Korpuskeln aus F-Regionen ist anscheinend nicht sehr wesentlich; sicherheitshalber sollte man ihn aber noch in Zeiten des Maximums untersuchen. F-Regionen sind Quellgebiete von relativ radialen Korpuskeln. Loh.

6848. **E. R. Mustel, O. N. Mitropolskaja,** The relation between calcium flocculi (plages) and geomagnetic and ionospheric disturbances. Mitt. Astrophys. Obs. Krim **18** 162—181 (russ. mit engl. Ref.). — Die Untersuchung der Sonnenrotationen 1309—1347, speziell 1323—1341, ergab: Die zeitliche Verschiebung zwischen Durchgang eines Flocculus durch den Zentralmeridian und Beginn der M-Störung hängt von der Phase des Sonnenaktivitätszyklus ab und ist im Minimum am größten. Offenbar sind um diese Zeit die auslösenden Teilchen besonders langsam. Allgemein verrät die lange Dauer der M-Störungen oft ein erhebliches Geschwindigkeitsspektrum. Eine Korrelation zwischen Helligkeit der Flocculi und Intensität der M-Störung wurde nicht gefunden. Die Beziehungen zwischen Flocculi und M-Störungen sind für einige Sonnenrotationen graphisch dargestellt. Petri

6849. **R. Naismith,** Solar activity and radio communication. Nature **181** 954—956.

6850. **I. Özdoğan,** The relations between solar radio activity and sudden commencement of magnetic storms. Rev. Fac. Sci. Univ. Istanbul (C) **23** 155—168 (französ.). — Ref. in Phys. Abstracts (A) **62** 868.

6851. **E. N. Parker,** Interaction of the solar wind with the geomagnetic field. Phys. Fluids **1** 171—187. — Ref. in Phys. Abstracts (A) **61** 701—702.

6852. **E. N. Parker,** Cosmic-ray modulation by solar wind. Phys. Rev. (2) **110** 1445—1449.

6853. **J.-C. Pecker,** Activité solaire et magnétisme terrestre. BSAF **72** 485—498.

6854. **G. Piccardi,** Fatti sperimentali ed ipotesi solare. Rend. Accad. Nazionale Lincei, Cl. Sci. fis., mat., nat. (8) **24** 427—429. — Nach Hinweis auf experimentelle Ergebnisse, auf die Verf. seine Sonnenhypothese (vgl. AJB **57** Ref. **6830**) aufbaut, stellt er in vorliegender Arbeit eine Korrelation zwischen den Änderungen des chemischen «Tests» *D* und dem Logarithmus der Fleckenzahl fest. Eine säkulare und eine jährliche Schwankung lassen sich nachweisen; letztere besitzt ein tiefes Minimum im März, was Verf. der Erdbewegung zuschreibt. Cester

6855. **G. Piccardi,** L'ipotesi solare ed i risultati delle osservazioni effettuate mediante i tests chimici nell'ambito dell'Anno Geofisico Internazionale. Rend. Accad. Nazionale Lincei, Cl. Sci. fis., mat., nat. (8) **25** 485—487. — Aus den Resultaten der chemischen «Tests» *D* und *F* ergibt sich eine Asymmetrie für Orte mit abnehmender geographischer Breite. Diese Nord-Süd-Asymmetrie bringt Verf. mit der jeweiligen Stellung der Erde in ihrer schraubenförmigen Bahn in Verbindung. Cester

6856. **B. M. Rubaschew,** Heating of the upper layers of the earth's atmosphere during magnetic storms. Mitt. Astr. Hauptobs. Pulkowo **20** Nr. 6 (159) S. 66—76 (russ. mit engl. Ref.).

6857. **B. M. Rubaschew,** Geomagnetische Aktivität und Typen der atmosphärischen Zirkulation. Sonnendaten 1957 Nr. 5 S. 115—118 (russ.).

6858. **B. M. Rubaschew,** Zur Gegenüberstellung der Reaktionen der atmosphärischen Zirkulation und der barischen Felder auf die Schwankungen der geomagnetischen Aktivität. Sonnendaten 1957 Nr. 6 S. 117—120 (russ.).

6859. **S. F. Singer,** Geophysical effects of solar corpuscular radiation. Ann. Géophys **14** 403—437. — Erdmagnetische Stürme sowie Schwankungen der Intensität der kosmischen Strahlung werden als Folge von Vorgängen innerhalb eines Ringstromes um die Erde diskutiert, einschließlich Beschleunigungs- und Bremsvorgängen innerhalb desselben. Kiepenheuer

6860. **A. N. Snarskij,** Vulkanismus und Sonnenaktivität. Circ. Astr. Obs. Lwow Nr. 34 S. 27—30 (russ.). — Es werden Beispiele angeführt, nach denen sich über die geomagnetische Tätigkeit Korrelationen zwischen der Sonnentätigkeit und den Ausbrüchen wiederkehrender Lava- und Schlammvulkane andeuten. Loh.

6861. **A. K. Suslow,** Einige Ergebnisse der Spektralphotometrie tellurischer O_2-Linien. Sonnendaten 1958 Nr. 6 S. 76—77 (russ.).

6862. **P. Thrane,** The diurnal and semidiurnal atmospheric solar tide. Tellus **10** 415—429. — Ref. in Phys. Abstracts (A) **62** 183.

6863. **N. I. Tjabin,** Die langjährigen Schwankungen der hydrometeorologischen Bedingungen der atlantischen Arktis und ihr Zusammenhang mit der Sonnenaktivität. Leningrad, Arkt. Forschungsinst., 1958 (russ.). — Dissertationsref.

6864. **H. Trenkle,** Die zonale Windkomponente im atlantisch-europäischen Sektor in Abhängigkeit von kurzperiodischen Schwankungen der Sonnenaktivität. II. Erweiterte Untersuchung. Meteorol. Rundschau **10** 177—179, 1957. — Ref. in RJ UdSSR 1959 Nr. 3 S. 51.

6865. **E. Vassy,** Relations entre quelques phénomènes solaires et terrestres. Ciel et Terre **74** 421—433.

* * **D. Venkatesan,** Changes in amplitude of the 27-day variation in cosmic ray intensity during the solar cycle of activity. Vgl. Ref. 12756.

6866. **H. Volland, J. Taubenheim,** On the ionospheric current system of the geomagnetic solar flare effect (s. f. e.). J. Atmosph. Terr. Phys. **12** 258—265.

6867. **S. N. Wernow, W. F. Tulinow, A. N. Tscharachtschjan,** Die 27-tägige Variation der Intensität der kosmischen Strahlung in der Stratosphäre. DAN **122** 788—791 (russ.).

6868. **H. C. Willett,** Meteorological evidence for solar control of weather. Techn. Report Inst. Solar-Terrestr. Res. 1956 Nr. 1 S. 65—69. — Ref. in RJ UdSSR 1959 Nr. 1 S. 47.

6869. **H. C. Willett,** Long range climatic forecasting on the basis of solar variability. Techn. Report Inst. Solar-Terrestr. Res. 1956 Nr. 1 S. 128—131, 1957. — Ref. in RJ UdSSR 1959 Nr. 2 S. 50.

6870. **J. R. Winckler, L. Peterson,** A large cosmic-ray decrease accompanying the solar maximum of 1957. Nature **181** 1317—1319. — Ref. in Phys. Abstracts (A) **61** 384.

6871. **D. D. Woodbridge, T. W. Pohrte, N. Macdonald,** A possible effect in 300 MB circulation related to solar corpuscular emission. An interim report. Techn. Report Inst. Solar-Terrestr. Res. 1957 Nr. 3, 8 S. — Ref. in RJ UdSSR 1959 Nr. 1 S. 47.

6872. **D. D. Woodbridge, T. W. Pohrte, N. Macdonald,** A possible solar effect on wind patterns at high altitudes. Techn. Report Inst. Solar-Terrestr. Res. 1957 Nr. 4, 24 S.

6873. Physik der solaren Korpuskularströme und ihre Einwirkung auf die obere Erdatmosphäre. Moskau, Verlag Akad. Wiss. UdSSR, 1957. 288 S. mit 142 Abb. Preis R. 17.45 (russ.). — Vgl. AJB 57 Ref. 6845. — Weitere Besprechung in RH **39** 190.

6874. Über die Wirkung der Sonnenstrahlung auf Organismen. Priroda **47** Nr. 9 S. 127—128 (russ.).

6875. Catalogue of disturbances in ionosphere, geomagnetic field, field intensity of radio wave, cosmic ray, solar phenomena and other related phenomena. Nr. 23. March 26—30, 1957. Rep. Ionosphere Res. Japan **11** 251—277.

6876. Catalogue of disturbances in ionosphere, geomagnetic field, field intensity of radio wave, cosmic ray, solar phenomena and other related phenomena. Nr. 25. Sept. 11—15, 1957. Rep. Ionosphere Res. Japan **12** 101—145.

6877. **Solar-terrestrische Beobachtungen**

Beob. Sonnenobs. Kanzelhöhe Univ. Graz 1958 Nr. 1—11. Die Sonnentätigkeit im Januar—November 1958.

Indian J. Meteorol. Geophys. **9** 85—90. Kodaikanal solar, geomagnetic and ionospheric data. A. K. Das, S. L. Malurkar.

J. Geophys. Res. **63** 243—252, 409—422, 547—556, 825—835. Geomagnetic and solar data. A. Romañá, J. Bartels, J. Veldkamp.

Kodaikanal Obs. Bull. Nr. 143 S. 504, 1956. Principal magnetic storms. A. K. Das.

Desgl. Nr. 145 S. 72, 1957.

Desgl. Nr. 147 S. 230, 1957.

Kodaikanal Obs. Bull. Nr. 146 S. 118, 1957. List of magnetic storms. A. K. Das.

Obs **78** 40—42. Solar activity and geomagnetic storms, 1957. H. F. Finch, P. S. Laurie.

Rev. geofís. **16** 61—76, 1957. Nota relativa a la actividad solar, geomagnetica e ionosferica. J. O. Cardus.

Rev. geofís. **16** 210—216, 1957. Nota relativa a la actividad solar-geomagnetica.

Sonnendaten 1957 Nr. 5—6, 1958 Nr. 1—7 (russ.). Tägliche Karten der Sonne und Magnetogramme. — 1957 Sept. — 1958 Juli.

VIII. Planeten und Monde

§ 70

Sonnensystem, Allgemeines

7001. Planetary Co-ordinates for the Years 1960—1980, referred to the equinox of 1950.0. Prepared by H. M. Nautical Almanac Office. Published by Order of The Lords Commissioners of the Admiralty. London, Her Majesty's Stationery Office, 1958. 19 + 160 S. Preis £ 1 10 s. — Besprechung in Irish AJ **5** 60—61, NAT 1958 S. 105—106, Obs **78** 262—263 (C. Dinwoodie), RH **39** 215, Sky and Telescope **17** 525, Southern Stars **17** 170 (L. P. Lee), ZfA **46** 217—218 (S. Böhme).

7002. **D. E. Blackwell,** The transition from the ionosphere to interplanetary space. Nature **181** 1237—1238.

7003. **L. Block,** Cosmic ray orbits in interplanetary magnetic fields. Arkiv Fys. **14** 161—178. — Ein verfeinertes Modell des ursprünglich von Alfvén angegebenen interplanetaren Magnetfeldes wird berechnet. Die Feldstärke in der Erdbahn ist zu 3×10^{-5} Gauß angenommen. Zahlreiche Bahnen kosmischer Teilchen sind berechnet. Die Forbush-Abnahme der Intensität der kosmischen Strahlung kann durch ein solches interplanetares Feld erklärt werden. Hunger

7004. **L. Block,** On the interplanetary gas and its magnetic field. Arkiv Fys. **14** 179—193. — Ein Modell des interplanetaren Magnetfeldes, das einen Kompromiß zwischen dem von Lüst und Schlüter sowie dem von Alfvén abgeleiteten Modell bildet, wird berechnet. Es werden Gründe angegeben, warum die interplanetare Gasdichte in Erdnähe nur höchstens 0.1 cm^{-3} betragen kann. Hunger

7005. **F. M. Branley,** The Nine Planets. New York, Thomas Y. Crowell Co., 1958. 78 S. Preis $ 3.00. — Besprechung in Sky and Telescope **18** 344, 521—522 (M. D. Ashbrook).

7006. **E. K. Bütner,** The dissipation of gas from planetary atmospheres. I. The dissipation of an isothermal ideal gas in the central field of gravitation. AJ UdSSR **35** 572—582 (russ. mit engl. Ref.). — Engl. Übersetzung in Soviet Astr. AJ **2** 528—537. — In der vorliegenden Arbeit wird zunächst die Dissipation von Teilchen eines idealen Gases in einem Zentralfeld berechnet und es werden dabei die Abweichungen der Geschwindigkeitsverteilung von der Maxwellschen berücksichtigt. Anschließend wird untersucht, welcher Bruchteil von Teilchen die Atmosphäre verläßt, und zwar insbesondere für verschiedene Werte des Verhältnisses von Entweichgeschwindigkeit zu thermischer Geschwindigkeit. Oster

* * **C. F. Capen jr.,** Filter techniques for planetary observers. Vgl. Ref. **2047**.

7007. **C. F. Casa,** Sobre las leyes de Kepler y de Newton. Rev. Acad. Colombiana Ci. Exactas, Fís., Nat. **10** 163—170 = Sonderdruck Obs. Astr. Nacional Bogotà.

* * **D. Eckhartt,** On the increase in cosmic ray intensity and the electromagnetic state in interplanetary space during the solar flare of Feb. 23, 1956. Vgl. Ref. **6623.**

7008. **H. Elsässer,** Interplanetare Materie. Mitt. AG 1957/II S. 61—88 = Mitt. Astr. Inst. Univ. Tübingen Nr. 35. — Die Arbeit, die einen Überblick des gesamten Problemkreises gibt, befaßt sich mit drei Bereichen: 1.) Dichte und räumliche Verteilung der interplanetaren Materie, 2.) Physik des interplanetaren Plasmas, 3.) Herkunft der interplanetaren Materie. Insbesondere werden Sonnenkorona und Zodiakallicht behandelt. Hoffmeister

7009. **R. A. Gallant,** Exploring the Planets. Garden City Books, 1958. 123 S. Preis $ 2.95. — Besprechung in Sky and Telescope **18** 44.

7010. **U. Haug,** Über die Häufigkeitsverteilung der Bahnelemente bei den interplanetaren Staubteilchen. ZfA **44** 71—97 = Mitt. Astr. Inst. Univ. Tübingen Nr. 27. — Zusammenfassende Darstellung in Sterne **34** 172—174. — Unter Zugrundelegung der Massenverteilung, wie sie sich aus den photometrischen Beobachtungen der Staubkomponente des Zodiakallichts ergibt, wird ein Modell der interplanetaren Partikelwolke berechnet und mit der Statistik der Bahnelemente der Meteore verglichen. In erster Näherung ergibt sich Übereinstimmung; Unterschiede zeigen sich unter anderem in den Neigungen (stärkere Bevorzugung der kleinen Werte im Modell) und den Periheldistanzen. Hoffmeister

7011. **S. L. Hess,** Atmospheres of other planets. Science **128** 809—814. — Verf. stellt eine Reihe von Ergebnissen der Untersuchungen über die Atmosphären der Planeten Venus, Mars und Jupiter zusammen und weist auf noch bestehende Probleme hin. Henn

7012. **C. C. Kiess, K. Lassovzsky,** The known physical characteristics of the moon and the planets. Georgetown Obs. Monograph Nr. 12, 39 S. — Zusammenstellung optischer, physischer und mechanischer Daten über Mond, Merkur, Venus und Mars. Kurze Abschnitte über die vier äußeren Großplaneten und die interplanetare Materie. Hoffmeister

7013. **J. D. Kraus,** Planetary and solar radio emission at 11 meters wavelength. Proc IRE **46** 266—274. — Mit einem Zwei-Antennen-OW-Interferometer (Basis = 11 λ) für 27 MHz wurden bei Sonnenbeobachtungen zahlreiche Bursts registriert (gute Eignung zur Kalibrierung des Antennendiagramms). Der Einfluß der Sonnenaktivität auf die Ionosphäre wurde durch Szintillationsbeobachtungen an der Quelle Cygnus A nachgewiesen. Nach längeren Zeiten der Inaktivität meist in großen Gruppen auftretende, starke Radiobursts sind das Kennzeichen der Jupiter-Radiostrahlung im Dekameter-Wellenbereich. Viele Registrierungen zeigen zwei unterschiedliche Bursttypen: Bursts von mehreren Sekunden Dauer (im Lautsprecher durch Grollen oder Rumpeln erkennbar) und weniger als 10 msec andauernde Bursts (durch Knacken oder Klicks erkennbar), die oft paarweise oder zu dritt auftreten (Abstände: etwa 0.25 oder 0.025 sec). An einem Planetenmodell mit Ionosphäre lassen sich die Mehrfachbursts als Echos deuten. Auf einige Fälle starker Jupiteraktivität als Folge großer Sonneneruptionen wird hingewiesen. Bei Venus wurde außer mit dem beschriebenen mit einem zweiten Interferometer (Basislänge: 5 λ) sowie mit einem Drei-Helixantennen-OW-Interferometer (Basis: $2 \times 4\ \lambda$), dessen Empfindlichkeitsmaximum alle zwei Minuten den ganzen Tierkreis abtastet, eine Reihe von Radiobursts beobachtet. Die beigefügte Abbildung der erfolgreichsten Registrierung läßt eine mehrstündige Aktivität erkennen, die einzige während einer zweimonatigen Beobachtungsperiode (mit dem 5 λ-Interferometer). Rabben

* * **E. N. Makarowa,** On the simultaneous determination of systematic errors of stellar catalogues and of the masses of planets from observations of asteroids. Vgl. Ref. **2510.**

7014. **C. H. Mayer, T. P. McCullough, R. M. Sloanaker,** Measurements of planetary radiation at centimeter wavelengths. Proc IRE **46** 260—266. — Im Gegensatz zu Beobachtungen bei längeren Wellen (über 10 m) erweist sich die Radiostrahlung der Planeten Venus, Mars und Jupiter im cm-Wellenbereich als überwiegend thermischen Ursprungs. Zur Bestimmung der scheinbaren Temperatur wurde, um möglichst große Strahlungsstromdichten zu erhalten, (nach Rayleigh-Jeans) die kleinste, mit (im NRL/Washington) verfügbaren Radiometern noch benutzbare Wellenlänge (3.15 cm) gewählt. Eine zweite Wellenlänge (9.4 cm) wurde zu Kontrollmessungen herangezogen. Die 3.15 cm-Empfangsanlage arbeitete nach der «Methode des ständigen Vergleichens» (Vergleichsnormal: eine kleine auf den Himmel gerichtete Hornantenne; «Umschalter»: ein Ferritzirkulator) an einer 15 m-Parabolreflektorantenne (Halbwertsbreite 9!7 × 8!5). Konstruktionseinzelheiten, Eich- und Kalibrierungsverfahren werden beschrieben (Eigengeräusch: 6.7 db; Antennengewinn: 61.2 db). Das mit derselben Antenne arbeitende 9.4 cm-Radiometer unterschied sich im Prinzip nur durch ein andersartiges Vergleichsnormal (rotierende Absorberscheibe). Die entsprechenden Daten waren: 7 db und 51.9 db. Die ermittelten scheinbaren Temperaturen für Jupiter und Mars ($145 \pm 26°$ K bzw. $218 \pm 76°$ K) sind in guter Übereinstimmung mit den bei Infrarot-Messungen erhaltenen. Für Venus ergab sich ein etwa doppelt so großer Wert ($560 \pm 73°$ K — Infrarot: 240° K). Kurzzeitige Änderungen und Polarisation konnten nicht festgestellt werden. Rabben

7015. **I. Molnár,** Day-light observations of planets with telescope. RH **39** 203—205 (slowak.).

7016. **G. M. Nikolskij,** On the possibility of absorption of solar Lα-radiation by the interplanetary medium. AJ UdSSR **35** 657—659 (russ. mit engl. Ref.). — Engl. Übersetzung in Soviet Astr. AJ **2** 610—611. — Bei einer Elektronendichte von 10^2 bis 10^3 cm^{-3} und einer Temperatur von etwa 10^4 ° beträgt die Konzentration des neutralen Wasserstoffs im interplanetaren Raum ($r \leq 1$ Astr. Einheit) 1 bis 10 cm^{-3}. Da die optische Dicke des interplanetaren Gases in der Lα-Linie zwischen Erde und Sonne groß ist, sollte eine Umkehr mit der Breite von 0.1 Å in der Mitte von Lα entstehen. Verf. (übersetzt)

* * **E. N. Parker,** Dynamics of the interplanetary gas and magnetic fields. Vgl. Ref. **6125**.

7017. **J. H. Piddington,** Interplanetary magnetic field and its control of cosmic-ray variations. Phys. Rev. (2) **112** 589—596 = Commonwealth Sci. Industrial Res. Organization, Australia, Division Radiophys. — Ref. in Phys. Rev. Letters **1** 273. — Verf. schlägt ein Modell des interplanetaren Magnetfeldes vor, das die plötzlichen Intensitätsschwankungen der solaren kosmischen Strahlung sowie die Fluktuationen der Primärstrahlung zu erklären gestattet. Henn

7018. **W. W. Radsijewskij,** Über den Einfluß der Strahlungsanisotropie auf die Neigung heliozentrischer Bahnen. Bull. Astr.-Geod. Ges. UdSSR Nr. 23 S. 26—30 (russ.).

7019. **R. S. Richardson,** Rotation in the solar system. ASP Leaflet Nr. 354, 8 S.

7020. **M. D. Ross,** Plastic balloons for planetary research. J. Astronautical Sci. **5** 5—10. — Kurze Beschreibung der bisherigen Versuche, durch Kunststoffballone astronomische Beobachtungen in großer Höhe zu machen, so daß die Störungen durch die Erdatmosphäre ausgeschaltet werden. Bei den meisten bisherigen Ballonaufstiegen standen astronomische Untersuchungen nur im Hintergrund. Weiter werden mögliche Zukunftsaufgaben für astronomische Beobachtungen von bemannten oder unbemannten Ballonen diskutiert. F. S.

7021. **G. Ruggieri,** Considerazioni sulla visione dei pianeti al telescopio. Atti Fondaz. Ronchi **13** 8—15.

7022. **W. W. Scharonow,** Die Natur der Planeten. Moskau, Physikalisch-Mathematischer Staatsverlag, 1958. 552 S. mit Fig. Preis 19 R. 5 Kop. (russ.). — Besprechung in Priroda **47** Nr. 8 S. 123, RH **39** 263, RJ UdSSR 1959 Nr. 1 S. 56 (N. N. Sytinskaja).

7023. **I. S. Schklowskij,** The interplanetary medium and some problems of physics of the upper atmosphere. AJ UdSSR **35** 557—571 (russ. mit engl. Ref.). — Engl. Übersetzung in Soviet Astr. AJ **2** 516—527. — Verf. beschäftigt sich zunächst mit der Frage der Herkunft, Dichte und des Ionisationsgrades der interplanetaren Materie, wobei er feststellt, daß das interplanetare Medium offenbar alle 10^3—10^4 Jahre aus irgend einer Quelle — etwa der solaren Korpuskularstrahlung — erneuert werden muß, um die Verluste durch das Aufsammeln der Sonne auszugleichen. Anschließend wird die Wechselwirkung zwischen neutralem und ionisiertem Wasserstoff in der Nähe der Erde insbesondere unter dem Einfluß ihres Magnetfeldes untersucht, und schließlich wird auf die Möglichkeit hingewiesen, über Beobachtungen an Helium in der Erdatmosphäre zu Aussagen über die Heliumdichte in der interplanetaren Materie zu gelangen. Oster

* * **F. Schmeidler,** Über die Bestimmung absoluter Koordinatensysteme mit Hilfe von Planetenbeobachtungen. Vgl. Ref. **9120**.

* * **W. W. Shelesnjakow,** Radiostrahlung der Sonne und der Planeten. Vgl. Ref. **6555**.

* * **H. Siedentopf,** Zur Radioastronomie der interplanetaren Materie. Vgl. Ref. **12645**.

7024. **Simojassu,** Die Messung der Temperatur der Oberfläche der Planeten und des Mondes. Astr. Herald **51** 134—135 (japan.). — Ref. in RJ UdSSR 1959 Nr. 9 S. 61.

7025. **W. M. Sinton,** Taking the temperatures of the moon and planets. ASP Leaflet Nr. 345, 8 S. — Ref. in Orion Schaffhausen **5** 473—477, VdS Nachr. 8 15.

7026. **O. Storey,** Protons outside the earth's atmosphere. Ann. Géophys. **14** 144—153. — In vorliegender Arbeit diskutiert Verf. die Möglichkeit, daß die äußere Atmosphäre der Erde und die äußere Atmosphäre der Sonne zum größten Teil aus Wasserstoff bestehen. Henn

7027. **M. Todd,** Natural satellites in the solar system. Junior Astronomer **5** Nr. 1 S. 7—9.

* * **F. L. Whipple,** Earth, Moon and Planets. Vgl. Ref. **574**.

* * **R. Wildt,** Inside the planets. Vgl. Ref. **5235**.

7028. **S. K. Wsechswjatskij,** Die Kleinkörper des Sonnensystems. Moskau, Technischer Staatsverlag, 1958. 48 S. Preis 80 Kop. (russ.). — Besprechung in Priroda **47** Nr. 7 S. 125.

7029. Planetary temperatures. Sky and Telescope **17** 343. — Ref. in Coelum **26** 174.

* * Research in outer space. Vgl. Ref. **134111**.

§ 71

Merkur, Venus

7101. **Merkur. Astrometrische Beobachtungen**

Greenwich Astronomical Results 1948, A 20. Observed right ascensions, declinations and diameters.
Desgl. für 1950, A 22.
Desgl. für 1951, A 23.
Desgl. für 1952, A 23.

7102. **J. P. Hamilton,** Transit of Mercury 1957 May 6 observed at Melbourne and Sydney. AJ **63** 252.

7103. **M. B. B. Heath,** The brightness of Mercury at its greatest elongations. JBAA **68** 30—32. — Ausgehend von Müllers Formel diskutiert Verf. das Problem der maximalen und minimalen Helligkeiten des Planeten bei der größten Elongation und erläutert die Verhältnisse an einer Zeichnung.
Hoffmeister

7104. Observations de Mercure. DO-CIA Nr. 24. — Hinweis auf die Konjunktion von Merkur und Venus 1958 Sept. 18.

7105. Merkur, März/April 1958. Mitt. Planetenbeobachter **11** 24.

7106. When is Mercury at quarter phase? Sky and Telescope **17** 173.

7107. **Venus. Astrometrische Beobachtungen**

Greenwich Astronomical Results 1948, A 20—A 21. Observed right ascensions, declinations and diameters.
Desgl. für 1950, A 22—A 23.
Desgl. für 1951, A 23—A 24.
Desgl. für 1952, A 23—A 25.
Mem SA It (NS) **29** 307—311 = Oss. Astr. Capodimonte-Napoli Oss. **1** Nr. 5. Determinazioni di ascensioni rette dei pianeti Venere, Giove, Urano nel 1957. E. Fichera, M. Liguori.

7108. **Venus. Physische Beobachtungen**

JBAA **68** 95—98. Vgl. Ref. **7602**.
Mitt. Planetenbeobachter **11** 6. Venus 1957/58.
Mitt. Planetenbeobachter **11** 20. Beobachtungen der Venus-Dichotomie. W. Sandner.
Mitt. Planetenbeobachter **11** 31—32. Venusbeobachtungen in Rostock. U. Langenbeck, W. Sandner.
Mitt. Planetenbeobachter **11** 42—43. Beobachtungen von Venus. F. Thieme.
Mitt. Planetenbeobachter **11** 62—63. Die Polflecken der Venus. W. Kokott.
Orion Schaffhausen **5** 459. Beobachtungen der Venus zur Zeit der unteren Konjunktion zur Sonne Ende Januar 1958. R. Brandt.
Sky and Telescope **17** 241. Venus markings. A. J. M. Wanders.

7109. **J. C. Bartlett jr.,** A quantitative approach to the problem of the cusp caps of Venus. Strolling Astronomer **12** 43—54. — Verf. untersucht sehr gründlich unter Verwertung von 830 Beobachtungen die Frage der Existenz heller Polkappen auf Venus. Er kommt zu keiner endgültigen Entscheidung, wenngleich er starke Hinweise auf die Realität der vielfach, aber nicht immer, zu beobachtenden Aufhellungen findet. Unerklärt bleibt, warum auch manche Beobachtungen dunkle Polkappen aufzeigen. Hoffmeister

7110. **J. C. Bartlett jr.,** Some statistical notes on the auxiliary phenomena of the cusp caps of Venus. Strolling Astronomer **12** 123—135.

7111. **F. M. Bateson,** The ashen light of Venus. Southern Stars **17** 97—98.

7112. **I. I. Gussew,** Beobachtungen der Venusrotation. Bull. Astr.-Geod. Ges. UdSSR Nr. 23 S. 51—54 (russ.). — Ref. in Mitt. Planetenbeobachter **12** 37.

7113. **S. Janss,** Die Bestimmung des relativen Bahnhalbmessers der Venus mit einfachen Mitteln. Sterne **34** 11—13.

7114. **I. K. Kowal,** The absolute photometry of Venus in the ultraviolet and infrared. AJ UdSSR **35** 792—796 (russ. mit engl. Ref.). — Engl. Übersetzung in Soviet Astr. AJ **2** 739—743. — In der Arbeit werden Methoden und Ergebnisse photographischer Venus-Beobachtungen nach der Methode der absoluten Photometrie mitgeteilt, die von Verf. mit Hilfe des 270 mm-Reflektors des Astronomischen Observatoriums Charkow im August 1956 unter Verwendung eines ultravioletten und infraroten Filters durchgeführt worden waren. Die Ergebnisse sind in mehreren Tabellen zusammengefaßt. Verf. (übersetzt)

7115. **K. W. Kuimow,** Venus 1954. Bull. Astr.-Geod. Ges. UdSSR Nr. 21 S. 30—32 (russ.).

7116. **S. P. Makarowa,** Venus 1956. Bull. Astr.-Geod. Ges. UdSSR Nr. 23 S. 46—50 (russ.).

7117. **C. H. Mayer, T. P. McCullough, R. M. Sloanaker,** Observations of Venus at 3.15-cm wave length. ApJ **127** 1—10. — Ref. in Irish AJ **5** 73—74. — Messungen der Radiostrahlung von Venus bei 3.15 cm Wellenlänge im Mai und Juni ergeben eine bemerkenswerte Konstanz ohne eine erkennbare linear polarisierte Komponente. Die Temperatur von Venus, bei Annahme schwarzer Strahlung, betrug $620^\circ \pm 110^\circ$ K zu Anfang und $560^\circ \pm 73^\circ$ K zu Ende des Intervalls. Unter Heranziehung von zwei vereinzelten Messungen bei 9.4 cm Wellenlänge wird geschlossen, daß die spektrale Energieverteilung im cm-Bereich thermischer Natur ist. Micz.

7118. **J. Meeus,** De overgangen van Venus. Hemel en Dampkring **56** 235—245. — Geschichte der Beobachtung von Venus-Durchgängen und der Bestimmung der Sonnenparallaxe; Verzeichnisse der Durchgänge zwischen 1600 und 3000 mit Kontaktzeiten und kleinster Zentraldistanz sowie aller Durchgangsjahre zwischen — 3000 und + 3000; Periodizitäten. Gü.

7119. **J. Meeus,** The transits of Venus 3000 B. C. to A. D. 3000. JBAA **68** 98—108. — Ref. in Coelum **26** 142. — Für 82 Venusdurchgänge sind die geozentrischen Phasen gegeben. Die Eigenschaften der charakteristischen Periode von 243 Jahren werden besprochen. T. L.

7120. **P. Moore,** The Planet Venus. Vgl. AJB **57** Ref. **7125**. — Weitere Besprechung in Science **128** 354 (R. J. Davis).

7121. **R. R. de Freitas Mourão, M. R. de Carvalho Sobrinho,** Observações de Vênus em 1957 e 1958. Obs. Nacional Rio de Janeiro Publ. Avulsa Nr. 4, 15 S.

7122. **S. P. Nikolajew,** Bestimmung des Momentes größter Venushelligkeit. Bull. Astr.-Geod. Ges. UdSSR Nr. 23 S. 55—56 (russ.).

7123. **P. A. Read,** The cloud markings of Venus. Some factors governing their visibility. Southern Stars **17** 92—96. — Verf. spricht sich für die Realität der wolkenartigen Gebilde auf Venus aus und gibt Hinweise für ihre Beobachtung. Hoffmeister

7124. **R. S. Richardson,** Spectroscopic observations of Venus for rotation made at Mount Wilson in 1956. J. British Interplanetary Soc. **16** 517—524, Publ ASP **70** 251—260. — Ref. in Irish AJ **5** 68—69, Coelum **26** 174—175. — Im Frühjahr und Herbst 1956 wurden insgesamt 30 Gitterspektrogramme von Venus am Snow-Teleskop (Dispersion 0.84 Å/mm) und im Coudé-Fokus des 100′-Teleskops (Dispersion 2.8 und 2.7 Å/mm) aufgenommen. Meistens wurden 13 Sonnenlinien und 17 atmosphärische Linien des Gebiets bei λ 6300 vermessen; nur auf fünf Spektrogrammen wurden 15 Sonnenlinien und 18 Eisenbogenlinien verwendet. Zur Prüfung durchgeführte spektrographische Bestimmungen der Rotationsgeschwindigkeiten von Sonne und Mars ergaben gute Übereinstimmung mit den bekannten Werten. Für Venus war nicht einmal der Rotationssinn eindeutig bestimmbar. Eine kurze Rotationsperiode erscheint ausgeschlossen. Eine Periode von 13 Tagen nach Radiobeobachtungen von Kraus könnte richtig sein. O. G.

7125. **R. S. Richardson,** A survey of conditions on Mars and Venus. Navigation Los Angeles **6** 43—46. — Ref. in RJ UdSSR 1959 Nr. 8 S. 52.

7126. **I. T. Sotkin, A. E. Schereschewskaja,** Sichelform und Details auf Venus 1951. Bull. Astr.-Geod. Ges. UdSSR Nr. 23 S. 39—45 (russ.).

7127. Ashen light of Venus. Sky and Telescope **17** 123. — Ref. in NAT 1958 S. 30.

7128. Transits of Venus, past and future. Sky and Telescope **17** 514.

7129. Phases of Venus. Sky and Telescope **17** 520.

7130. Rotation of Venus. Sky and Telescope **17** 547.

7131. How long is the «day» on Venus? Spaceflight **1** 327.

7132. **Regulus-Bedeckung durch Venus 1959 Juli 7**

AC Nr. 196 S. 17 (russ.). Die Regulus-Bedeckung durch Venus am 7. Juli 1959. A. A. Kawerin. — Vorschau.

AC Nr. 197 S. 17—18 (russ.). Die Regulus-Bedeckung durch Venus am 7. Juli 1959. A. A. Kawerin, N. S. Tschernych.

AC Nr. 197 S. 19—21 (russ.). Die Regulus-Bedeckung durch Venus am 7. Juli 1959. G. W. Kuklin.

Mitt. Planetenbeobachter **11** 62. Venus bedeckt Regulus am 7. Juli 1959.

§ 72

Erde

Allgemeines

7201. **D. W. Allan,** Reversals of the earth's magnetic field. Nature **182** 469—470. — Ref. in Phys. Abstracts (A) **62** 87.

7202. **H. W. Babcock,** Deformable optical elements with feedback. J. Optical Soc. America **48** 500. — In einer früheren Arbeit hat Verf. eine Einrichtung zur Kompensierung der durch die atmosphärische Turbulenz verursachten wechselnden Vergrößerung der Sternbildchen im Fernrohr beschrieben. In vorliegender Notiz wird eine verbesserte und einfachere Form des Eidophors vorgeschlagen. Henn

7203. **A. Beiser,** The external magnetic field of the earth. Nuovo Cimento (10) **8** 160—162. — Ref. in Phys. Abstracts (A) **61** 424.

7204. **R. N. C. Bowen,** The Exploration of Time. New York, Philosophical Library, 1958. 7 + 143 S. Preis $ 6.00. — Besprechung in Publ ASP **70** 522, Sky and Telescope **17** 648, **18** 274, 277.

7205. **E.-Å. Brunberg,** The optics of cosmic rays telescopes. Arkiv Fys. 14 195—262. — Es wird ausführlich diskutiert, wie das Bild einer kosmischen Strahlungsquelle durch den Einfluß des Erdmagnetfeldes an der Sphäre deformiert und durch Bildung von Sekundärteilchen in der Erdatmosphäre aufgeweitet wird. Kennt man die Richtcharakteristik des Teleskops, so kann man damit auf das wahre Bild, d. h. die Intensitätsverteilung an der Sphäre schließen. Hunger

7206. **M. S. Eigenson,** Über den Zustand des Erdinneren und über die Geschichte des Wärmezustandes der Erde. Circ. Astr. Obs. Lwow Nr. 31 S. 4—12, 1955 (russ.).

7207. **S. Fempl,** Variations séculaires d'insolation de la Terre au cours des cent millénaires futurs. Notes Travaux Section Astr. Inst. Math. Beograd 2 45—57. — In Fortsetzung der Arbeiten von Milankovitch über die Bestrahlung der Erde durch die Sonne während der letzten 6×10^5 Jahre werden hier die Ergebnisse der Vorausberechnung für die kommenden 10^5 Jahre mitgeteilt. In Intervallen von 5000^a sind die Änderungen der Wärmezufuhr gegenüber der Gegenwart für verschiedene geographische Breiten, getrennt für Sommer und Winter, tabuliert. Bo.

7208. **S. Fempl,** Sur les variations séculaires des éléments astronomiques de l'orbite de la Terre. Notes Travaux Section Astr. Inst. Math. Beograd 2 57—59. — Die Werte für Exzentrizität und Perihellänge der Erdbahn werden für die kommenden 10^5 Jahre in Intervallen von 5000^a gerechnet und damit die von Michkovitch 1939 im Intervall von 10000^a berechneten Werte nachgeprüft. Bo.

7209. **G. V. Groves,** Irregularities of satellite drag and diurnal variations in density of the air. Nature 182 1533—1534. — Ref. in Phys. Abstracts (A) 62 284.

* * **A. Herzenberg,** Geomagnetic dynamos. Vgl. Ref. 222.

7210. **L. Knopoff, G. J. F. MacDonald,** The magnetic field and the central core of the Earth. Geophys. J. 1 216—223. — Es wird die Hypothese geprüft, daß der Kern der Erde flüssig und Sitz eines starken Magnetfeldes sei. Wenn dieses Feld toroidal wäre, müßte der Erdkern stark elliptisch sein. Da keine Elliptizität beobachtet ist, kann das Feld nicht toroidal sein. Die Hypothese ist mit einer Reihe von Beobachtungen verträglich, kann aber nicht die beobachteten Fluktuationen des Feldes an der Erdoberfläche erklären. F. S.

7211. **K. A. Kulikow,** Die Astronomie und die Erforschung der tiefen Erdschichten. Priroda 47 Nr. 6 S. 19—26 (russ.).

7212. **E. A. Lauter, K. H. Schmelovsky,** Zur Deutung der Sonnenaufgangseffekte im Längstwellenbereich. Gerlands Beiträge Geophys. 67 218—231. — Ref. in Phys. Ber. 38 2231.

7213. **K. Maeda,** Distortion of the magnetic field in the outer atmosphere due to the rotation of the earth. Ann. Géophys. 14 154—166. — Ref. in Phys. Abstracts (A) 62 94, Phys. Ber. 38 1623.

7214. **E. J. Öpik,** Solar variability and palaeoclimatic changes. Irish AJ 5 97—109 = Armagh Obs. Leaflet Nr. 49.

7215. **D. G. Panow,** Über den Zusammenhang der tektonischen Entwicklung der Erde mit der Sonnenaktivität. Circ. Astr. Obs. Lwow Nr. 31 S. 13—18, 1955 (russ.).

7216. **C. D. Watkins,** Fluxgate recording of the transient variations in the geomagnetic field at Jodrell Bank (geomagnetic latitude 56°0 N). Astr. Contr. Univ. Manchester (1) Jodrell Bank Ann. 1 223—231. — Der Hauptteil der Arbeit ist der Beschreibung des in der Überschrift bezeichneten Instrumentariums gewidmet, dessen Wirkungsweise durch eine Reihe von Registrierungen erläutert wird. Hoffmeister

7217. The Planet Earth. Herausgegeben von D. R. Bates. Vgl. AJB 57 Ref. 7215. — Weitere Besprechung in Ann. Géophys. 14 237—238, J. Atmosph. Terr. Phys. 12 87 (E. V. Appleton), La Nature 86 245.

7218. Planet Earth. Washington, National Academy of Sciences, 1958. Preis 50 cents. — Besprechung in Sky and Telescope 19 181.

* * Research in outer space. Vgl. Ref. 134111.

7219. Physik und Chemie der Erde. Sammlung von Aufsätzen. Unter Redaktion von W. I. Kejlis-Borok und A. A. Saukow aus dem Englischen übersetzt. Moskau, Verlag für Ausländische Literatur, 1958. 313 S. Preis 17 R. (russ.).

Atmosphäre

7220. **K. A. Anderson,** Soft radiation events at high altitude during the magnetic storm of August 29—30, 1957. Phys. Rev. (2) **111** 1397—1405. — Ref. in Phys. Rev. Letters **1** 84.

7221. **A. Ångström,** On the computation of global radiation from records of sunshine. Ark. Geofys. **2** 471—479, 1956. — Ref. in Phys. Abstracts (A) **62** 494.

7222. **J. F. Bedinger, E. R. Manring, S. N. Ghosh,** Study of sodium vapor ejected into the upper atmosphere. J. Geophys. Res. **63** 19—29.

7223. **H. Berg,** Sulla radiazione globale a Mogadiscio. Geofis. meteorol. **6** 46—48. — Ref. in RJ UdSSR 1959 Nr. 8 S. 45.

7224. **M. Bossolasco, B. Castagnoli,** La radiazione globale a Genova. Geofis. meteorol. **4** 114—117, 1956. — Ref. in RJ UdSSR 1959 Nr. 1 S. 50.

7225. **D. E. Burch,** Emission spectrum of the earth's atmosphere from 4 to 22.5 microns. J. Optical Soc. America **48** 873. — Ref. Optical Soc. America.

7226. **O. Burkard,** Die äußere Erdatmosphäre nach Beobachtungen anläßlich des Internationalen Geophysikalischen Jahres. Phys. Verhandlungen **9** 256. — Ref.

7227. **E. T. Byram, T. A. Chubb, H. Friedman,** Evidence for water vapor at high altitudes from rocket measurements. J. Optical Soc. America **48** 282. — Ref. Optical Soc. America.

7228. **T. A. Chubb, E. T. Byram, H. Friedman, J. E. Kupperian jr.,** The use of radiation absorption and luminescence in upper air density measurements. Ann. Géophys. **14** 109—116. — Die Anwendung der meisten Methoden zur Bestimmung der Luftdichte in der oberen Atmosphäre ist auf Höhen unterhalb 100 km beschränkt. Verf. beschreiben die auf Messung der Strahlungsabsorption und Lumineszenz beruhenden Methoden, die gerade für größere Höhen geeignet sind, und berichten über Versuche in den Jahren 1953 und 1955. Henn

7229. **C. D. Cooper, E. R. Manring, J. F. Bedinger,** 3303 A emission from sodium ejected into the upper atmosphere. J. Geophys. Res. **63** 369—371.

7230. **A. Defant, F. Defant,** Physikalische Dynamik der Atmosphäre. Frankfurt/Main, Akademische Verlagsgesellschaft m. b. H., 1958. 15 + 527 S. mit 139 Abb. Preis DM 60.

7231. **D. Deirmendjian,** Temperature dependence of the Rayleigh scattering coefficient in the atmosphere. J. Optical Soc. America **48** 1018—1019. — Bemerkungen zu der in AJB 57 Ref. 7245 zitierten Arbeit von Penndorf. Henn

7232. **A. J. Drummond, E. Vowinckel,** The distribution of solar radiation throughout Southern Africa. J. Meteorol. **14** 343—353, 1957. — Ref. in RJ UdSSR 1959 Nr. 1 S. 50.

7233. **M. K. Elnesr,** On the evaluation of solar radiation in Egypt. Geofís. pura appl. **40** 247—251. — Ref. in RJ UdSSR 1959 Nr. 3 S. 52.

7234. **L. Foitzik, H. Hinzpeter,** Sonnenstrahlung und Lufttrübung. Probleme der Kosmischen Physik Band **31**. Leipzig, Akademische Verlagsgesellschaft Geest und Portig, 1958. 9 + 309 S. mit 80 Abb. Preis DM 43. — Besprechung in Beiträge Phys. Atmosphäre **32** 125—126 (H. Koschmieder), Gerlands Beiträge Geophys. **68** 188—189 (O. Czepa), Phys. Ber. **38** 800 (H. Ebert), Sky and Telescope **18** 219, ZfA **47** 208—209 (S. Baumbach), Z. Naturforschung **14a** 768 (H. Elsässer).

7235. **I. Harris, R. Jastrow,** Upper atmosphere densities from Minitrack observations on Sputnik I. Science **127** 471—472.

7236. **I. Harris, R. Jastrow,** Density determinations based on the Explorer and Vanguard satellites. Science **128** 420—421. — Auswertung von Minitrack-Daten für die Zone zwischen 33 Grad Nord und 33 Grad Süd ergab für Explorer I: $\varrho = (9\,^{+6}_{-4}) \times 10^{-15}$ g/cm³ in 405 km Höhe; für Vanguard I: $\varrho = (1.2 \pm 0.3) \times 10^{-16}$ g/cm³ in 720 km Höhe. Weidemann

7237. **F. S. Johnson,** Temperatures in the high atmosphere. Ann. Géophys. **14** 94—108.

7238. **T. J. Keary, H. J. Wirth,** The random occurrence of meteors in the upper atmosphere. J. Geophys. Res. **63** 67—75.

7239. **W. I. Krassowskij,** Die Untersuchungen der Hochatmosphäre mit Hilfe künstlicher Erdsatelliten und Raketen. Moskau, «Snanie», 1958. 30 S. Preis 60 Kop. (russ.).

7240. **W. I. Krassowskij,** The nature of emissions of the upper atmosphere. Ann. Géophys. **14** 395—413. — Es werden im einzelnen behandelt: Nachthimmellicht, Dämmerungsleuchten und Nordlicht. Henn

7241. **W. I. Krassowskij,** Untersuchung der Hochatmosphäre mit Hilfe des dritten künstlichen Erdsatelliten. Priroda **47** Nr. 12 S. 71—78 (russ.).

7242. **J. Lequeux,** Mesures en haute atmosphère par les fusées. La Nature **86** 24—29. — Verf. berichtet über die beim Einsatz von Raketen gewonnenen Ergebnisse. Es werden im einzelnen behandelt: Struktur der Hochatmosphäre, Ozonverteilung in der Atmosphäre, Ionosphäre, Erdmagnetfeld, UV- und Röntgenstrahlung der Sonne, kosmische Strahlung. Henn

7243. **F. Link, L. Neužil,** Raketové lety a výzkum vysoké atmosféry. Vgl. AJB **57** Ref. 7234. — Weitere Besprechung in Vesmír **37** 174.

7244. **E. A. Lopuchin,** Einige Ergebnisse von aktinometrischen Beobachtungen in Pamir. Publ. Geophys. Obs. Taschkent Nr. 13 S. 218—223, 1957 (russ.). — Ref. in RJ UdSSR 1959 Nr. 1 S. 49.

7245. **H. S. W. Massey, R. L. F. Boyd,** The Upper Atmosphere. London, Hutchinson & Co., 1958. 12 + 333 S. mit 28 Tafeln. Preis 63 s. — Besprechung in Nature **182** 1629 (D. R. Bates), Phys. Abstracts (A) **62** 88 (G. M. Brown).

7246. **S. Matsushita,** Some studies of the upper atmosphere in the auroral zone. Ann. Géophys. **14** 483—491.

7247. **D. Murcray, J. Brooks, F. Murcray, C. Shaw,** High altitude infrared studies of the atmosphere. J. Geophys. Res. **63** 289—299.

7248. **M. Nicolet,** High atmosphere densities. Science **127** 1317—1320. — Atmosphärische Modelle müssen die Diffusion berücksichtigen, um die von Satelliten gewonnenen Ergebnisse zu erklären. Das Sauerstoff/Stickstoffverhältnis ist nicht konstant. Verschiedene Annahmen über Wärmeleitung und -transport führen zu Abschätzungen von Temperatur, Temperaturgradienten und Dichte in 500 km Höhe. Weidemann

7249. **T. Obayashi,** Geomagnetic pulsations and the earth's outer atmosphere. Ann. Géophys. **14** 464—474. — Vgl. nachstehendes Ref.

7250. **T. Obayashi, J. A. Jacobs,** Geomagnetic pulsations and the earth's outer atmosphere. Geophys. J. **1** 53—63. — Aus dem Auftreten weltweiter geomagnetischer Pulsationen wird auf Schwingungen des Plasmas sehr hoher Schichten der Atmosphäre längs der magnetischen Kraftlinien geschlossen und die Ionendichte in großen Abständen abgeleitet. Sie beträgt «in einigen Erdradien Abstand» 10^3 cm^{-3} und nimmt exponentiell zur Dichte auf 5 cm^{-3} im interplanetaren Raum ab. Hoffmeister

7251. **H. K. Paetzold,** Über die Atmosphäre von Erde und Mars. Mitt. AG 1957/I S. 33—34. — Ref. AG.

7252. **H. K. Paetzold, H. Zschörner,** Die Dichte der äußersten Erdatmosphäre nach Satellitenbeobachtungen. Naturwissenschaften **45** 485—486. — Die Umlaufszeit $T(n)$ eines Satelliten läßt sich zunächst als quadratische Form der Umlaufszahl n darstellen: $T(n) = T_0 - an - bn^2$. Dabei bedeuten T_0 die anfängliche Umlaufszeit, a das lineare Glied und b die zeitliche Zunahme der Abbremsung. Aus der beobachteten Abbremsung der beiden ersten russischen Satelliten (1957 α und 1957 β) ergab sich, daß die Dichte der Erdatmosphäre in 225 km Höhe etwa viermal höher anzunehmen ist, als sie sich bei Raketenaufstiegen ergab. Dieses Ergebnis wurde durch die amerikanischen Satelliten bestätigt. Auch die vorhandenen zeitlichen Variationen der Dichte der hohen Atmosphäre konnten an den Schwankungen der Abbremsung der Satelliten geprüft werden. Henn

* * **H. K. Paetzold,** Beobachtungen der künstlichen Erdsatelliten und der Zustand der höchsten irdischen Atmosphäre. Vgl. Ref. **134278.**

7253. **I. A. Sawikowskij,** Beobachtungen über die Sonnenstrahlung in der freien Atmosphäre. Publ. Aerolog. Zentralobs. 1957 Nr. 23 S. 100—108 (russ.). — Ref. in RJ UdSSR 1959 Nr. 3 S. 52.

7254. **I. S. Schklowskij,** Elementary processes in the upper atmosphere and their manifestation in emissions. Ann. Géophys. **14** 414—424. — Fluoreszenz der hohen Atmosphäre durch selektive Absorption von UV-Strahlung. Anregung von Hα im Nordlicht durch Korpuskel hoher Energie. Das interplanetare Gas. Verf. (übersetzt)

7255. **W. Schöne,** Die Globalstrahlung in Gotha. Z. Meteorol. **11** 199—211, 1957. — Ref. in RJ UdSSR 1959 Nr. 3 S. 53.

7256. **J. H. Shaw,** The abundance of atmospheric carbon monoxide above Columbus, Ohio. ApJ **128** 428—440. — Enthält Messungen des Gehalts der atmosphärischen Luft an CO unter verschiedenen äußeren Umständen. F. S.

7257. **T. E. Sterne,** An atmospheric model, and some remarks on the inference of density from the orbit of a close earth satellite. AJ **63** 81—87 = Harv Repr (2) Nr. 129. — Es werden Formeln für die durch den Luftwiderstand verursachte Änderung von Perigäums- und Apogäumshöhe einer Erdsatellitenbahn angegeben. Für die Luftdichte als Funktion der Höhe wird zunächst eine Modellannahme gemacht. Mit Hilfe der beobachteten Änderungen von Satellitenbahnen kann dieses Modell verbessert werden. Schubart

7258. **T. E. Sterne,** High-altitude atmospheric density. Physics of Fluids **1** 165—170 = Harv Repr (2) Nr. 132. — Diskussion der bis Anfang 1958 gemessenen Werte der Luftdichte aus den Bahnen künstlicher Satelliten. Einige Gesichtspunkte über die Zuverlässigkeit der Messungen werden diskutiert. F. S.

7259. **T. E. Sterne,** Formula for inferring atmospheric density from the motion of artificial earth satellites. Science **127** 1245 = Harv Repr (2) Nr. 121.

7260. **T. E. Sterne,** Density of the upper atmosphere. Science **128** 420 = Harv Repr (2) Nr. 135. — Ableitung von Dichtewerten auf Grund von Beobachtungen des Satelliten 1958 α. Es ergibt sich $\varrho = 1.5 \times 10^{-14}$ g/cm³ bei 368 km Höhe. Vergleiche mit Modellwerten und Beobachtungen von 1957 α 2 werden durchgeführt. Weidemann

7261. **T. E. Sterne, G. F. Schilling,** Some preliminary values of upper atmosphere density from observations of U. S. S. R. satellites. Smithsonian Contr. Astrophys. **2** 207—210.

7262. **T. E. Sterne, B. M. Folkart, G. F. Schilling,** An interim model atmosphere fitted to preliminary densities inferred from U. S. S. R. satellites. Smithsonian Contr. Astrophys. **2** 275—279.

7263. **A. Suslow,** Neue Bestimmung des Übergangsexponenten von der Intensität tellurischer O_2-Linien zur Zahl der Moleküle. AC Nr. 189 S. 10—13 (russ.).

7264. **A. K. Suslow,** Vorläufige Ergebnisse der Beobachtungen tellurischer O_2-Linien. AC Nr. 197 S. 8—10 (russ.).

7265. **A. K. Suslow,** Die Proportionalität zwischen der Halbbreite und der Äquivalentbreite tellurischer O_2-Linien. AC Nr. 198 S. 2—3 (russ.).

7266. **B. W. Tarnishewskij,** Aufzeichnungen der direkten Sonnenstrahlung an vier Punkten Turkmeniens. Publ. Inst. Phys. Geophys. Akad. Wiss. Turkmen. Sowjetrepublik 1958 Nr. 4 S. 33—49 (russ.). — Ref. in RJ UdSSR 1959 Nr. 4 S. 60.

* * **P. Thrane,** The diurnal and semidiurnal atmospheric solar tide. Vgl. Ref. **6862**.

* * **W. A. Wildhack,** Effect of transverse atmospheric drag on satellite orbits. Vgl. Ref. **134352**.

* * Physik der solaren Korpuskularströme und ihre Einwirkung auf die obere Erdatmosphäre. Vgl. Ref. **6873**.

Dämmerungserscheinungen

7267. **D. Barbier, J. Delannoy, G. Weill,** Sur la nouvelle raie crépusculaire. CR **247** 886—888 = Contr. Inst. d'Astrophys. Paris (A) Nr. 241. — Aus der beobachteten Intensität der neuen Dämmerungslinie bei λ 6708 Å (vgl. Ref. **7273**) wird unter der Annahme, daß die Zuordnung der Linie zu Li richtig ist, das Verhältnis der Anzahlen der neutralen Li-Atome zu der der neutralen Na-Atome in der oberen Atmosphäre zu 0.006 bestimmt, ein Wert, der der Größenordnung nach dem Verhältnis Li : Na in Meteoriten entspricht. Kdr.

7268. **J. E. Blamont, T. M. Donahue, V. R. Stull,** The sodium twilight airglow 1955—1957. I. Ann. Géophys. **14** 253—281 = Publ. Obs. Haute-Provence **4** Nr. 23.

7269. **J. E. Blamont, T. M. Donahue, W. Weber,** The sodium twilight airglow 1955—1957. II. Ann. Géophys. **14** 282—304 = Publ. Obs. Haute-Provence **4** Nr. 23.

7270. **J. W. Chamberlain,** Interpretation of twilight spectra. Ann. Géophys. **14** 196—203. — Die in zahlreichen Untersuchungen gewonnenen Ergebnisse über das Spektrum des Dämmerungsleuchtens werden zusammenfassend dargestellt. Auf die Na D-Linien und die roten Sauerstofflinien wird besonders eingegangen. Henn

7271. **J. W. Chamberlain, D. M. Hunten, J. E. Mack,** Resonance scattering by atmospheric sodium. IV. Abundance of sodium in twilight. J. Atmosph. Terr. Phys. **12** 153—165. — Ref. in Phys. Ber. **38** 993.

7272. **M. W. Chiplonkar, P. V. Kulkarni,** Further studies of the twilight illumination. BAC **9** 128—132. — Die Arbeit befaßt sich mit dem Dämmerungseffekt bei den [O]-Emissionen λ 5577 Å und 6300 Å. Kurven und Tabellen zeigen, daß die Morgenwerte meist unter den zu gleicher Sonnentiefe gehörenden Abendwerten liegen. Für Sonnendepressionen > 14° sind die Werte praktisch konstant. Hoffmeister

7273. **J. Delannoy, G. Weill,** Observation d'une nouvelle raie d'émission crépusculaire atmosphérique. CR **247** 806—807 = Contr. Inst. d'Astrophys. Paris (A) Nr. 246. — Ref. in Sky and Telescope **18** 72. — An einer Station in der Antarktis wurde während des Internationalen Geophysikalischen Jahres eine neue Emissionslinie im Dämmerungsspektrum bei λ 6708 Å gefunden, die wahrscheinlich dem Lithium zuzuordnen ist. Einzelheiten über die benützte Apparatur werden mitgeteilt. Kdr.

7274. **N. B. Diwari,** Über die Farbänderungen des Dämmerungshimmels. DAN **122** 795—798 (russ.).

7275. **T. M. Donahue,** Determination of upper atmosphere sodium abundance from D_2/D_1 measurements in twilight. Phys. Rev. Letters **1** 287—288. — Ref. in Phys. Abstracts (A) **62** 87—88.

7276. **M. Dufay,** Sur l'émission des raies H et K du calcium ionisé dans le spectre du ciel crépusculaire. Ann. Géophys. **14** 391 = Publ. Obs. Haute-Provence **4** Nr. 15.

7277. **M. Gadsden, K. Salmon,** Presence of 6707 A. Radiation in the twilight sky. Nature **182** 1598—1599.

7278. **A. V. Jones,** Calcium and oxygen in the twilight airglow. Ann. Géophys. **14** 179—185. — Ref. in Phys. Abstracts (A) **62** 88.

7279. **A. V. Jones, D. H. McPherson,** The seasonal variation of the intensity ratio of the D-lines in twilight. J. Atmosph. Terr. Phys. **12** 166—170.

7280. **A. V. Jones, A. W. Harrison,** $^1\Delta_2 - {}^3\Sigma_g{}^- O_2$ infrared emission band in the twilight airglow spectrum. J. Atmosph. Terr. Phys. **13** 45—60.

7281. **F. Link, L. Neužil, I. Zacharov,** Mesures de la luminance crépusculaire au zénith. Českosl. Akad. Věd. Astr. Ústav Publ. Nr. 38, 43 S.

7282. **F. Link,** Emissions de la haute atmosphère pendant le crépuscule. I. Méthode de recherches. Studia **2** 345—352 (mit russ. Ref.). — Interpretation der photoelektrischen Helligkeitsmessungen des Dämmerungshimmels im Emissions- und Vergleichsbereich. Die Reduktionsformeln, die auf die Theorie der Dämmerungserscheinungen des Verf. angewendet werden, ermöglichen es, die Emission der hohen Atmosphäre von der Depression 9° bis zum Beginn der astronomischen Nacht zu berechnen. Die Anwendung der Methode beruht auf den Messungen, die in der zweiten Hälfte des Jahres 1957 auf der Sternwarte Lomnický Štít (2634 m) durchgeführt wurden. J. B.

7283. **F. Link,** Éclairement crépusculaire en lumière jaune 5893 Å. Studia **2** 47—53 (mit russ. Ref.). — Eine neue Theorie des Leuchtens der hohen

Atmosphärenschichten, die zur Deutung des Dämmerungsleuchtens im gelben Licht der Linie λ 5893 Å angewendet wurde. J. B.

7284. **T. G. Megrelischwili, I. A. Chwostikow,** Neue Banden im Spektrum des Dämmerungshimmels. AC Nr. 197 S. 6—8 (russ.).

Extinktion

7285. **H. C. Arp,** Southern hemisphere photometry. I. Photoelectrically-measured extinction. AJ **63** 58—60 = Publ. Goethe Link Obs. Nr. 19. — Es hat sich ergeben, daß die Extinktionskoeffizienten im gelben und blauen Bereich nicht streng linear mit dem Farbenindex verbunden sind. Die Abweichungen sind erklärbar, wenn die Energieverteilung der Sternstrahlung der bei α Boo beobachteten entspricht. Es empfiehlt sich aber, in vielen Fällen weiterhin linear von der Farbe abhängige Extinktionskoeffizienten zu benutzen, um die Möglichkeit einer leichten Umrechnung von Helligkeitssystemen aufeinander zu erhalten. Dieser Weg bringt einen kleinen Verlust an Genauigkeit und erfordert für gewisse Fälle entsprechende Korrektionen. O. G.

7286. **L. S. Beresina,** Messung der Absorption der Sonnenstrahlung im Rayon Odessa. Publ. Ukrain. Hydrometeorol. Forschungsinst. 1957 Nr. 8 S. 128—135 (russ.). — Ref. in RJ UdSSR 1959 Nr. 2 S. 53.

7287. **M. W. Dolidse,** On the atmospheric extinction. Bull. Astrophys. Obs. Abastumani Nr. 22 S. 93—102 (russ. mit engl. Ref.). — Die Durchsichtigkeit der Atmosphäre auf dem Kanobili im Jahre 1956 (in verschiedenen Jahreszeiten) wurde im Gebiet λ 3790—4600 Å bestimmt. Im Zusammenhang mit meteorologischen Daten wurden die einzelnen Komponenten der Extinktion studiert (Rayleigh-Streuung, Absorption durch Wasserdampf und Aerosole). Die Beobachtungsbedingungen verändern sich mit der Jahreszeit und mit der Größe und Zusammensetzung der Aerosole. Ond.

7288. **R. G. Eldridge, J. C. Johnson,** Diffuse transmission through real atmospheres. J. Optical Soc. America **48** 463—468. — Ref. in Phys. Abstracts (A) **61** 609.

7289. **L. W. Gulnizkij,** Der Grenzwert der Durchlässigkeit der Erdatmosphäre. Sammlung wiss. Arbeiten Kasach. Berg-Metallurg. Inst. 1957 Nr. 15 S. 86—100 (russ.). — Ref. in RJ UdSSR 1959 Nr. 1 S. 22.

7290. **L. S. Liwschiz,** Die Streufunktion des Lichts in der Atmosphäre im nahen Infrarot. Mitt. Astrophys. Inst. Alma-Ata **7** 65—73 (russ. mit engl. Ref.).

7291. **E. A. Lopuchin,** Die Abhängigkeit der Grenze des ultravioletten Endes des Sonnenspektrums von der Höhe der Sonne in Taschkent. Publ. Geophys. Obs. Taschkent Nr. 13 S. 204—210, 1957 (russ.). — Ref. in RJ UdSSR 1959 Nr. 1 S. 49.

7292. **M. Lunel,** Absorption atmosphérique dans le proche infrarouge. CR **247** 490—493 = Publ. Obs. Haute-Provence **4** Nr. 22. — Ref. in J. Phys. Radium **19** 83S. — Mit einer PbS-Zelle in Verbindung mit geeigneten Filterkombinationen wird im nahen Infrarot die zenitale Extinktion gemessen. Es zeigt sich, daß neben der Molekularstreuung (λ^{-4}) im wesentlichen die selektive Absorption des Wasserdampfes und ein geringer Dunsteinfluß wirksam sind. Mehltretter

7293. **A. I. Perewertun,** Bestimmung des Transmissionskoeffizienten der Atmosphäre im photographischen Spektralbereich. Sammlung wiss. Arbeiten Kasach. Berg-Metallurg. Inst. 1957 Nr. 15 S. 133—146 (russ.). — Ref. in RJ UdSSR 1959 Nr. 1 S. 21.

7294. **E. W. Pjaskowskaja-Fessenkowa,** Über die Streuung und Polarisation des Lichtes in der Atmosphäre unter den Bedingungen der Libyschen Wüste. DAN **123** 1006—1009 (russ.).

7295. **D. E. Schtschegolew,** Atmospheric extinction at Pulkovo. Mitt. Astr. Hauptobs. Pulkowo **21** Nr. 3 (162) S. 104—108 (russ. mit engl. Ref.).

7296. **G. F. Sitnik, R. N. Chemljowa,** Some conclusions derived from observations of the coefficient of transparency of the earth's atmosphere at Kuchino. AJ UdSSR **35** 932—935 (russ. mit engl. Ref.). — Engl. Übersetzung in Soviet Astr. AJ **2** 878—881.

7297. **B. W. Tarnishewskij,** Über die Durchlässigkeit der Atmosphäre an einigen Punkten Turkmeniens aus aktinometrischen Beobachtungen. Publ. Inst. Phys. Geophys. Akad. Wiss. Turkmen. Sowjetrepublik **3** 82—90, 1957 (russ.). — Ref. in RJ UdSSR 1959 Nr. 1 S. 22.

7298. **T. P. Toropowa,** Über die verschiedenen Faktoren der Lichtschwächung durch die Erdatmosphäre. Mitt. Astrophys. Inst. Alma-Ata **6** 3—72 (russ. mit engl. Ref.). — Während der Jahre 1951, 1952 und 1954 wurde mit einfachem Gerät (Prismenmonochromator mit Photoelement, Aureolphotometer) der spektrale Gang des Extinktionskoeffizienten im Bereich λ 4100—10100 Å gemessen. Der Wasserdampfgehalt folgte aus der relativen Tiefe der ϱ-Bande bei λ 9400 unter Heranziehung aerologischer Daten. Sein jahreszeitlicher Gang wird dargestellt. Der Korrelationskoeffizient zwischen dem Wasserdampfgehalt in einer Säule senkrecht über dem Beobachtungsort und der absoluten Feuchtigkeit am Boden betrug $r = 0.87 \pm 0.03$. Wenn man aus der Feuchtigkeit am Boden auf den Wasserdampfgehalt der Luft schließen will, ist ein mittlerer Fehler von 0.26 cm Niederschlagshöhenäquivalent zu erwarten. Die gesamte Extinktion wurde für die einzelnen Spektralbereiche in ihre Bestandteile (molekulare Streuung, Wasserdampfabsorption, Aerosolstreuung...) getrennt. Bei der Extinktion durch Aerosole werden in Abhängigkeit von Natur und Verteilung der Schwebeteilchen drei Komponenten unterschieden: a) eine wellenlängenunabhängige, b) eine mit zunehmender Wellenlänge abnehmende und c) eine Komponente mit einem Maximum, das (von Tag zu Tag unterschiedlich) zwischen λ 4600 und λ 5200 liegt. Petri

7299. **O. P. Wassiljanowskaja,** Untersuchung der indirekten Methoden zur Berechnung der atmosphärischen Durchsichtigkeit bei astrophotometrischen Tagesbeobachtungen in Tadshikistan. Publ. Akad. Wiss. Tadshik. Sowjetrepublik **76** 5—44 (russ.) = Publ. Inst. Astrophys. Stalinabad **7** 5—44.

Himmelshelligkeit

72100. **J. C. Brandt,** Oxygen red lines in the airglow. III. The dayglow. ApJ **128** 718—723. — Es wird eine theoretische Erklärung der bei λ 6300 beobachteten Emission des Himmellichts vorgeschlagen. F. S.

72101. **J. C. Brandt, J. W. Chamberlain,** Resonance scattering by atmospheric sodium. V. Theory of the day airglow. J. Atmosph. Terr. Phys. **13** 90—99.

72102. **J. A. Chapman,** A device for visualizing the pattern of plane polarized light from blue sky. Nature **181** 1393—1394.

72103. **S. Q. Duntley, D. G. Simons,** Luminance of the horizon sky at high altitudes. J. Optical Soc. America **48** 282. — Ref. Optical Soc. America.

72104. **J. Glover, J. S. G. McCulloch,** The empirical relation between solar radiation and hours of bright sunshine in the high-altitude tropics. Quart. J. Roy. Meteorol. Soc. **84** 56—60. — Ref. in RJ UdSSR 1959 Nr. 3 S. 53.

72105. **J. Lenoble,** Remarques sur le calcul du rayonnement ultraviolet du ciel pur. Rev. d'Optique **36** 343—356, 1957. — Ref. in Phys. Abstracts (A) **62** 734.

72106. **J. Słomka,** Distribution of radiation of wave length 0.5 μ over a sky covered by a thick cloud layer (provisional communication). Acta Geophys. Polonica **6** 236—242 = Astr. Obs. Warsaw Univ. Repr. Nr. 77.

72107. **R. B. Toolin, V. J. Stakutis,** Qualitative indication of nadir sky blue. J. Optical Soc. America **48** 71—72. — Ref. in Phys. Abstracts (A) **61** 259.

Internationales Geophysikalisches Jahr

72108. **L. Barnier,** La Terre, planète inconnue; l'Année Géophysique. Paris, Savoir et Connaître, 1957. Mit 10 Fig. Preis F. 390.

* * **P. Bourgeois, M. Cimino, T. Nicolini,** La station horaire italienne A. G. I. à l'Observatoire Royal de Belgique. Vgl. Ref. **1271.**

72109. **Z. Ceplecha,** The Czechoslovak conference about the IGY. RH **39** 175—177 (tschech.). — Zusammenfassung der Vorträge.

72110. **E. K. Charadse, W. W. Kebuladse, A. W. Buchnikaschwili, K. O. Otorbajew, P. B. Babadshanow,** Zum Plan des Internationalen Geophysikalischen Jahres. (Die Untersuchungen der Wissenschaftler Georgiens, Kirgisiens und Tadshikistans). Bote Akad. Wiss. UdSSR **1958** Nr. 3 S. 56—58 (russ.). — Ref. in RJ UdSSR 1958 Nr. 9 S. 4.

72111. **W. W. Fedynskij,** Die Meteorbeobachtungen während des Internationalen Geophysikalischen Jahres 1957—1958. Bull. Kommission Kometen Meteore UdSSR 1958 Nr. 2 S. 3—9 (russ.).

72112. **E. Fichera,** La spedizione scientifica dell'Osservatorio Astronomico di Capodimonte-Napoli in occasione dell'A. G. I. Boll. Geod. Sci. affini **17** 1—31 = Oss. Astr. Capodimonte-Napoli Contr. Astr. **5** Nr. 1. — Beschreibung der Zusatz-Einrichtungen zum Durchgangsinstrument Bamberg 90 von der Sternwarte Neapel für die in Uccle während des Internationalen Geophysikalischen Jahres auszuführenden Beobachtungen. Es folgt ein Vorschlag über die Auswahl der zu beobachtenden Sterne, welcher von der Kommission für das Beobachtungsprogramm angenommen wurde. Cester

72113. **R. Fraser,** Once Round the Sun. The Story of the International Geophysical Year. Vgl. AJB **57** Ref. **7294.** New York, The Macmillan Company, 1958. — Weitere Besprechung in Sky and Telescope **17** 197, Spaceflight **1** 225 (N. H. Langton), Strolling Astronomer **11** 140—141 (C. A. Haas).

72114. **W. Fricke,** Probleme der klassischen Astronomie im Internationalen Geophysikalischen Jahr 1957/58. Ruperto-Carola Mitt. Heidelberg **24** 149—151.

72115. **W. C. Galejew,** Astronomische Beobachtungen in der Antarktis während des Internationalen Geophysikalischen Jahres. Geod. Kartographie 1958 Nr. 8 S. 22—31 (russ.). — Ref. in RJ UdSSR 1959 Nr. 7 S. 18—19.

72116. **M. O. Hyde,** Exploring Earth and Space; the Story of the I. G. Y. New York, McGraw-Hill, 1957. 160 S. Preis $ 3.

72117. **B. Maksić,** Naša nauka i Međunarodna geofizička godina 1957—1958. Glasnik Mat.-Fiz. Astr. (2) **13** 65—70.

72118. **W. Markowitz,** Instructions for operation of the moon-position camera. Ann. International Geophys. Year **4** 195—196, 1957. — Ref. in RJ UdSSR 1959 Nr. 3 S. 13.

72119. **P. M. Millman,** The I. G. Y. visual meteor programme — progress report No. 1. J RAS Canada **52** 29—33.
Desgl. No. 2. J RAS Canada **52** 181—184.

72120. **R. Müller,** Sonnenforschung im Internationalen Geophysikalischen Jahr. Deutsches Museum, Abhandl. und Berichte **26** Heft 1, 39 S. München, R. Oldenbourg; Düsseldorf, VDI-Verlag, 1958. Preis DM 1.80. — Besprechung in Sterne **35** 94 (C. Hoffmeister), ZfA **47** 136 (W. Priester). — Beigeheftet ist ein Bericht von A. Wissner über alte astronomische Instrumente des Deutschen Museums.

72121. **H. Odishaw,** International Geophysical Year. A report on the United States program. Science **127** 115—128.

72122. **H. Odishaw,** International Geophysical Year. I. Science **128** 1599—1609. — Dieser erste Teilbericht umfaßt Ergebnisse aus Beobachtungen der Sonnenaktivität sowie von Nordlichterscheinungen. Weiter werden bei der Untersuchung kosmischer Strahlen gewonnene Ergebnisse mitgeteilt. Henn

72123. **A. Omholt,** Polarlysforskningen i det Geofysiske Året. Naturen 1958 S. 367—377 = Inst. Teoret. Astrofys. Blindern-Oslo Småtrykk Nr. 27.

* * **A. Orte Lledó,** La operación mundial de longitudes del Año Geofísico y el problema de la hora. Vgl. Ref. **13224.**

72124. **H.-U. Sandig,** Astrometrische Beobachtungen zum Geophysikalischen Jahr. Sterne **34** 69—78. — Allgemeine Übersicht der astrometrischen Aufgaben im Zusammenhang mit dem IGJ: Polhöhenschwankung, Längenvermessung, Zeitprobleme mit besonderer Berücksichtigung der Mondlängen. Hinweise auf neue und verbesserte Instrumente. Hoffmeister

* * **W. W. Scharonow,** Konferenz über das Problem der leuchtenden Nachtwolken während des IGJ. Vgl. Ref. **11118.**

72125. **B. Styra,** Tarptautiniai geofiziniai metai. Vilnius, Vaist. polit. moksl. lit. leidykla, 1957. 30 S. mit Fig. Preis 40 Kop.

72126. **J. Veldkamp,** Nieuws van het Geofysisch Jaar. Hemel en Dampkring **56** 61—65, 161—163, 181—183, 203—205, 230—234.

72127. **T. A. Vincent,** After December — what? Southern Stars **17** 101—102.

72128. **M. Waldmeier,** L'astronomie dans l'Année Géophysique. Rev. Internat. Horlog. 1958 Nr. 8 S. 9—15. — Ref. in RJ UdSSR 1959 Nr. 8 S. 3.

72129. **M. Waldmeier,** Die Astronomie im Geophysikalischen Jahr. Sterne **34** 49—56.

72130. **D. Wattenberg,** Aufgaben des Internationalen Geophysikalischen Jahres 1957/58. Radio und Fernsehen 1957 Nr. 12, 3 S. = Mitt. Archenhold-Sternw. Berlin-Treptow Nr. 50.

72131. **D. Wattenberg,** Raketen- und Satellitenprogramme im Internationalen Geophysikalischen Jahr 1957/58. Radio und Fernsehen 1957 Nr. 13, 3 S. = Mitt. Archenhold-Sternw. Berlin-Treptow Nr. 50.

* * **F. L. Whipple, J. A. Hynek,** The IGY optical satellite tracking program as a source of geodetic information. Vgl. Ref. **134348.**

* * **H. van Woerden,** De Perseiden en het Internationaal Geofysisch Jaar. Vgl. Ref. **8298.**

72132. **F. Zagar,** Una impresa scientifica senza precedenti: l'Anno Geofisico Internazionale. Pavia, Industria Grafica M. Ponzio, 1957, 21 S. — Ausführlicher Vortrag über das Internationale Geophysikalische Jahr.

72133. Annals of the International Geophysical Year. Vgl. AJB **57** Ref. **72136**. — Weitere Besprechung in Nature **181** 726—727 (R. L. Smith-Rose), 1097 (G. A. Bull).

72134. Guide to I. G. Y. International Geophysical Year 1957—8. Vgl. AJB **57** Ref. **72137**. — Weitere Besprechung in JBAA **69** 50—51, La Nature **86** 118, Scientia **93** (II—1958) S. 21.

72135. Geophysical Year thoughts. Irish AJ **5** 51—52.

72136. Electron density profiles in the ionosphere during the I.G.Y. J. Atmosph. Terr. Phys. **13** 195—197.

72137. Anno Geofisico Internazionale. Notiziario. Ric. Sci. **28** 177—189, 393—414, 615—639, 833—862, 1019—1053, 1229—1277, 1495—1541, 1699—1725, 1923—1947, 2139—2165, 2363—2385, 2595—2631.

72138. First progress report of IGY meteor observing. Sky and Telescope **17** 287.

72139. Volunteer participation in the IGY earth satellite program. Trans. American Geophys. Union **38** 1007—1009, 1957. — Ref. in RJ UdSSR 1959 Nr. 2 S. 72.

72140. A report on the United States program. Trans. American Geophys. Union **39** 179—187. — Ref. in RJ UdSSR 1958 Nr. 10 S. 5.

72141. Geophysics and the IGY. Herausgegeben von H. Odishaw und S. Ruttenberg. Washington D. C., American Geophysical Union, 1958. 210 S. Preis $ 8.00. — Besprechung in Sky and Telescope **17** 587.

72142. O mezinárodním geofysikálním roce. Prag, Verlag naše vojsko, 1958. 258 S. mit 114 Fig. und 4 S. Abb. in Beilage. Preis Kčs. 14.60 (tschech.). — Besprechung in RH **39** 188.

72143. United States program for the International Geophysical Year, 1957—58. Washington, National Acad. Sci. National Res. Council, 1958. 5 + 68 S.

Ionosphäre

72144. **J. L. Alpert, F. F. Dobrjakowa, E. F. Tschudessenko, B. S. Schapiro,** Über die Ergebnisse der Bestimmung der Elektronenkonzentration in der äußeren Ionosphäre aus Beobachtungen von Radiosignalen des ersten Sputniks. DAN **120** 743—746 (russ.).

72145. **J. L. Alpert,** Über eine Methode zur Erforschung der Ionosphäre mit Hilfe eines künstlichen Erdsatelliten. Fortschritte Phys. Wiss. **64** Nr. 1 S. 3—14 (russ.). — Ref. in RJ UdSSR 1959 Nr. 9 S. 72—73.

72146. **J. L. Alpert,** Ionosphäre und künstliche Erdsatelliten. Priroda **47** Nr. 10 S. 71—77 (russ.).

72147. **S. J. Bauer, F. B. Daniels,** Ionospheric parameters deduced from the Faraday rotation of lunar radio reflections. J. Geophys. Res. **63** 439—442.

72148. **B. N. Bhargava,** Observations of spread echoes from the F layer over Kodaikanal — A preliminary study. Indian J. Meteorol. Geophys. **9** 35—40 = Sonderdruck Kodaikanal Obs.

72149. **H. G. Booker,** Concerning ionospheric turbulence at the meteoric level. J. Geophys. Res. **63** 97—107.

* * **H. G. Booker,** The use of radio stars to study irregular refraction of radio waves in the ionosphere. Vgl. Ref. **12604**.

72150. **K. L. Bowles,** Observation of vertical-incidence scatter from the ionosphere at 41 Mc/s. Phys. Rev. Letters **1** 454—455. — Ref. in Phys. Abstracts (A) **62** 338.

72151. **N. M. Brice,** Variations in ionospheric F-region characteristics. Australian J. Phys. **11** 587—591.

* * **B. H. Briggs,** A study of the ionospheric irregularities which cause spread-F echoes and scintillations of radio stars. Vgl. Ref. **12605.**

* * **B. H. Briggs,** The diurnal and seasonal variations of spread-F ionospheric echoes and the scintillations of a radio star. Vgl. Ref. **12606.**

72152. **I. C. Browne, J. V. Evans,** The magneto-ionic effect in earth-moon space. Astr. Contr. Univ. Manchester (1) Jodrell Bank Ann. **1** 255—265. — Die Polarisationsebene einer Radiowelle kann unter gewissen Bedingungen beim Eindringen in das Plasma des Erde-Mond-Raumes gedreht werden. Es wird gezeigt, daß der wesentliche Teil dieser Drehung noch innerhalb der Ionosphäre erfolgt. Hoffmeister

72153. **O. Burkhard,** Modell der Ionosphäre. Naturwissenschaften **45** 507.

72154. **E. Chvojková,** Ionospheric layer during photoionisation. II. Secondary influences. BAC **9** 10—13. — In einer früheren Arbeit hatte Verf. eine vereinfachte Theorie der Wirkung solarer UV-Strahlung auf die Atmosphäre in der Höhe der F-Schicht gegeben. Die vorstehende Ergänzung befaßt sich mit Einflüssen, die Abweichungen von der Theorie verursachen können: Abhängigkeit des Ionisationsgrades von der Temperatur, Polarisation in einem quasi-neutralen Plasma, Inhomogenität der Atmosphäre, Konvektionsströme. Am Schluß sind einige Bemerkungen über ionosphärische Schichten bei anderen Planeten angefügt. Hoffmeister

72155. **E. Chvojková,** Comments on Link's paper on ionospheric refraction. BAC **9** 118—120. — Kritische Bemerkungen zu Formeln der in der Überschrift bezeichneten Arbeit. Hoffmeister

72156. **F. B. Daniels, S. J. Bauer,** Measurement of the ionospheric Faraday effect by radio waves reflected from the moon. Nature **181** 1392—1393.

72157. **A. J. Dessler,** Large amplitude hydromagnetic waves above the ionosphere. J. Geophys. Res. **63** 507—511.

72158. **A. J. Dessler,** Large-amplitude hydromagnetic waves above the ionosphere. Phys. Rev. Letters **1** 68—69. — Ref. in Phys. Abstracts (A) **61** 701.

* * **G. R. Ellis,** The trapping of cosmic radio waves beneath the ionosphere. Vgl. Ref. **12617.**

72159. **V. C. A. Ferraro, I. Özdoğan,** The effect of diffusion on the vertical distribution of ionization in quiet F-region. J. Atmosph. Terr. Phys. **12** 140—149.

72160. **A. D. Gazzard,** Lunar tides in E_{2s} at Brisbane. Australian J. Phys. **11** 272.

* * **R. E. Houston jr.,** The effect of certain solar radiations on the lower ionosphere. Vgl. Ref. **6829.**

72161. **N. N. Jerjuschew,** Ionospheric effects of the large solar flare of February 23, 1956. Mitt. Astrophys. Obs. Krim **20** 3—11 (russ. mit engl. Ref.). — Die Elektronenkonzentration nahm während der Eruption in der E_2- und in der normalen E-Schicht um Beträge bis maximal etwa 95 % beziehungsweise

60% zu. Um 3.45 WZ nahm infolge erhöhter Ionisation in der D-Schicht die integrale Stärke der «atmospherics» jäh ab. Die beobachteten Effekte sind ungewöhnlich und in der besonderen Art jener Eruption begründet. Petri

72162. **N. N. Jerjuschew, J. I. Neschpor,** On the connection between solar flares and phenomena in the lower ionosphere. Mitt. Astrophys. Obs. Krim **20** 12—21 (russ. mit engl. Ref.). — Unter Hinzunahme von Sonnenbeobachtungen des Fraunhofer-Instituts und der belgischen Sternwarte wurde der Einfluß von Sonneneruptionen auf die Anstiege der Grenzfrequenzen (nur lotrechte Reflexionsbeobachtungen, keine «fade-out»-Registrierungen) und des langwelligen atmosphärischen Störpegels untersucht. Die ionosphärische Wirksamkeit der Eruptionen nimmt danach mit ihrer (dreistufig geschätzten) Intensität allgemein zu. Bezüglich der relativen heliographischen Position scheint ein schwacher positiver Einfluß der Nähe zum Zentralmeridian und ein etwas deutlicherer der Nähe zum Äquator erkennbar. Der Ortszeiteinfluß zeigt sich bei den Grenzfrequenzen in einem Maximum am frühen Nachmittag und bei den «atmospherics» in einem Anstieg gegen Abend. Petri

72163. **F. A. Kitchen, W. R. R. Joy,** Some effects of the fine structure of the ionosphere on transmissions received from the Russian earth satellite 1958 δ. Nature **181** 1759—1761.

* * **H. C. Ko,** Amplitude scintillation of extraterrestrial radio waves at ultrahigh frequency. Vgl. Ref. **12629.**

72164. **W. I. Krassowskij,** Über den effektiven Rekombinationskoeffizienten in der Ionosphäre. Bull. Acad. Sci. UdSSR Ser. Geophys. 1957 S. 504—511 (russ.).

72165. **R. S. Lawrence,** An investigation of the perturbations imposed upon radio waves penetrating the ionosphere. Proc IRE **46** 315—320.

72166. **C. G. Little, H. Leinbach,** Some measurements of high-latitude ionospheric absorption using extraterrestrial radio waves. Proc IRE **46** 334—348.

72167. **L. A. Manning, V. R. Eshleman,** Concerning Bookers theory of meteoric reflections. J. Geophys. Res. **63** 737—739.

72168. **V. Marasigan,** Bifurcations in the F-region at Baguio, 1952—1957. J. Atmosph. Terr. Phys. **13** 26—31.

* * **C. M. Minnis,** The interpretation of changes in the E- and F 1-layers during solar eclipses. Vgl. Ref. **6204.**

* * **C. M. Minnis, G. H. Bazzard,** Solar-flare effect in the F 2-layer of the ionosphere. Vgl. Ref. **6844.**

* * **G. H. Munro, L. H. Heisler,** Ionospheric records of solar eclipses. Vgl. Ref. **6205.**

72169. **W. Pfister, J. C. Ulwick,** The analysis of rocket experiments in terms of electron-density distributions. J. Geophys. Res. **63** 315—333.

72170. **W. R. Piggott, W. J. G. Beynon, G. M. Brown, C. G. Little,** The ionosphere. II. The measurement of ionospheric absorption. Ann. International Geophys. Year **3** 173—226, 1957. — Ref. in Phys. Ber. **38** 2443.

72171. **B. R. Rao, E. B. Rao,** Effect of enhanced solar activity on the F_2 region drifts at Waltair. J. Sci. Industr. Res. (A) **17** Nr. 12 (Suppl.) S. 59—62. — Ref. in Phys. Abstracts (A) **62** 994.

72172. **K. Rawer,** The Ionosphere. Übersetzung aus dem Deutschen. London, Crosby Lockwood and Son, 1958. 202 S. Preis 42 s. — Besprechung in Endeavour

18 107 (B. H. Briggs), Geophys. J. 1 267—268 (C. M. Minnis), J. Atmosph. Terr. Phys. 12 223 (E. V. Appleton), Nature 182 1116 (T. W. Bennington), Obs 79 24—25 (M. J. Seaton), Proc. Phys. Soc. 72 682—683 (J. A. Ratcliffe).

72173. **N. A. Sawitsch,** The behaviour of the ionosphere during solar flares. Mitt. Astrophys. Obs. Krim **19** 126—139 (russ. mit engl. Ref.). — Auf Grund der Gleichung des Ionisationsgleichgewichtes und unter der Annahme, daß die überschüssige, ionosphärisch aktive Eruptionsstrahlung durch einen Rechteckimpuls approximiert werden kann, wurden die ionosphärischen Effekte von 374 Eruptionen verschiedener Intensität untersucht. Danach sind die Eruptionen auf die F_2-, F_1- und E-Schichten nicht wirksam. Bei einigen, von den übrigen wahrscheinlich verschiedenen Eruptionen kommt es in einem engen Spektralbereich zu erheblicher Verstärkung der D-Schicht-aktiven Strahlung. Für die Änderungen der Elektronenkonzentration in den D- und E-Schichten sind aktive Ausstrahlungen unterschiedlichen Charakters verantwortlich. Petri

72174. **H. Shibata,** A method of determining the correlation between f_0 F 2 and sunspot number. J. Radio Res. Lab. Tokyo **5** 65—73. — Ref. in RJ UdSSR 1959 Nr. 4 S. 56.

72175. **S. Stein,** The role of F-layer tilts in detection of auroral ionization. J. Geophys. Res. **63** 391—404.

72176. **E. Tandberg-Hanssen,** Variation in the height of ionospheric layers during magnetic storms. J. Geophys. Res. **63** 157—160.

72177. **M. C. Thompson jr., D. M. Waters,** Comparison of phase difference and Doppler shift measurements for studying ionospheric fine structure using earth satellites. Proc IRE **46** 1960.

* * **H. Volland, J. Taubenheim,** On the ionospheric current system of the geomagnetic solar flare effect (s. f. e.). Vgl. Ref. **6866**.

72178. **J. M. Watts,** The interpretation of night-time low-frequency ionograms. J. Geophys. Res. **63** 717—726.

72179. **E. Woyk-Chvojková,** Investigation of the ionosphere using signals from Earth satellites. Nature **182** 1362—1363.

72180. **T. Yonezawa,** A new theory of formation of the F 2 layer. J. Radio Res. Lab. (Tokyo) **3** 1—16, 1956. — Ref. in Phys. Abstracts (A) **62** 868—869.

72181. Ionospheric studies using earth satellites. Trans. American Geophys. Union **39** 169—174. — Ref. in RJ UdSSR 1959 Nr. 3 S. 72.

72182. **Beobachtungen der Ionosphäre**

Bull. Informat. Ionosph. Géophys. **2** Nr. 1—12 (1957), **3** Nr. 1—2.

Kodaikanal Obs. Bull. Nr. 146 S. 119—183, Nr. 147 S. 231—327, 1957. Ionospheric data. A. K. Das.

Rev. geofís. **16** 61—76, 210—216, 1957. Nota relativa a la actividad solar, geomagnetica e ionosferica. J. O. Cardus.

Leuchtende Nachtwolken

72183. **N. I. Grischin,** Untersuchung der Bewegungen leuchtender Nachtwolken. Bull. Astr.-Geod. Ges. UdSSR Nr. 21 S. 52—60 (russ.).

72184. **N. I. Grischin,** Instructions pour l'observation des nuages nocturnes lumineux au cours de l'Année Géophysique Internationale. Ciel et Terre **74** 13—44.

72185. **N. I. Grischin,** Die Beobachtungen leuchtender Nachtwolken. Priroda **47** Nr. 1 S. 55—57 (russ.).

72186. **L. F. Gromowa,** Versuch zur Bestimmung der wahren Häufigkeit für das Auftreten leuchtender Nachtwolken. AC Nr. 192 S. 32—33 (russ.).

* * **W. W. Scharonow,** Konferenz über das Problem der leuchtenden Nachtwolken während des IGJ. Vgl. Ref. 11118.

72187. **W. Strajshis,** Beobachtungen leuchtender Nachtwolken vom 12.—13. und 13.—14. Juni 1958 in Wilna. AC Nr. 197 S. 21 (russ.).

72188. **Beobachtungen Leuchtender Nachtwolken**

AC Nr. 193 S. 35 (russ.). Leuchtende Nachtwolken in Riga. W. Klewezkij. — 1958 Juni 12/13.

AC Nr. 193 S. 35 (russ.). Leuchtende Nachtwolken. D. J. Martynow. — 1958 Juni 16/17, Moskau.

Sterne **34** 44. Leuchtende Nachtwolke? G. Pflugrad.

Sterne **34** 87. Leuchtende Nachtwolken 1956 Juli 8. B. Albers.

Licht des Nachthimmels

72189. **N. Allard,** Interféromètre de Fabry-Pérot enregistreur pour l'étude de la raie verte du ciel nocturne. J. Phys. Radium **19** 340—341. — Verf. beschreibt in der vorliegenden Note ein Gerät, das in Kürze aufgestellt werden soll, um durch genaue Messungen der Linienkontur der grünen verbotenen O I-Linie λ 5577 Aussagen über die Temperatur der emittierenden Schichten in der höheren Erdatmosphäre zu erhalten. Die Anordnung besteht aus einem Interferometer und einer photoelektrischen Registrieranordnung. Die Interferometerplatten sind aus Quarz mit fünffacher $\lambda/4$-Belegung aus abwechselnd ZnS und Kryolith, wobei das Reflexionsmaximum in die Gegend von λ 5577 gelegt wurde. Die Platten konnten auf $\lambda/30$ eben gehalten werden. Bei einem nutzbaren Durchmesser von 85 mm betrug die Transparenz etwa 70 %, der Reflexionsfaktor etwa 88 %. Die den gegebenen Bedingungen (Intensitätsschwäche der grünen Linie vor dem Sternhintergrund) angepaßte Schaltung des Verstärkerteils ist in großen Zügen angegeben. Außerdem wurde Wert darauf gelegt, das Gerät so stabil zu bauen, daß es ohne Schwierigkeiten an verschiedenen Beobachtungsorten eingesetzt werden kann. Das gilt insbesondere für die Realisierung der Druckausgleichsanordnung. Für die gesamte Durchlässigkeit der Anlage wird ein Wert von 0.3 angegeben, der durch Berücksichtigung der Verluste im optischen System und im Monochromator berechnet wird. In der anschließenden Diskussion wird auf die Frage eingegangen, ob für das Studium der Emissionslinien im Nachthimmelleuchten ein Interferometer vom Michelson-Typ demjenigen nach Fabry-Perot vorzuziehen ist. Oster

72190. **E. B. Armstrong,** Largeur de la raie OI λ 5577 du ciel nocturne et des aurores. J. Phys. Radium **19** 358—365. — Zunächst wird eine verbesserte Versuchsanordnung beschrieben, die es gestattet, in ungefähr einer halben Stunde das Nachthimmelleuchten in der verbotenen O I-Linie λ 5577 photoelektrisch zu registrieren. Das Aufnahmegerät bestand aus einem Fabry-Perot-Etalon, dessen Aluminisierung entfernt und durch eine Dreifachbelegung aus ZnS-Kryolith-ZnS ersetzt wurde, wodurch das Reflexionsvermögen im Grünen auf einen Wert von etwa 0.6 gesteigert werden konnte. Vor dem Etalon war eine Kondensorlinse angebracht, um das ausnutzbare Feld zu vergrößern, sowie ein Gelatine-Gelbfilter, durch das der langwellige Spektralbereich abgeschnitten wurde. Für λ 5577 wurden die Ordnungen 150600 und 45540 benützt, wobei in jedem Fall jeweils 0.175 Ordnungen durch eine Zentralblende ausgeschnitten wurden. Das Objektiv wurde auf die Kathode eines Photomultipliers mit angeschlossenem Verstärker abgebildet. Das ganze Gerät wird durch Thermostaten auf konstanter Temperatur gehalten, außerdem war für Druckausgleich gesorgt. Die Bestimmung des Apparateprofils geschah mit Hilfe der Hg-Linie λ 5461 in den Ordnungen 46500 und 153800. Die Arbeitsweise ist im einzelnen dargestellt. Auch das Korrektionsverfahren wegen der endlichen Helligkeit des Himmelshintergrundes ist ausführlich beschrieben. Die Messungen wurden in der Zeit von Februar bis April 1956 durchgeführt und ergaben als Temperatur für die Schichten, welche für das Nachthimmelleuchten verantwortlich sind, 180—220° (wahrscheinlichster Wert 190°), während die grüne Linie in den Nordlichtern bei höheren Temperaturen emittiert wird, und zwar fanden sich Werte zwischen 250 und 540°. Zum Schluß werden noch weitere Verbesserungsvorschläge für die Apparaturen diskutiert. Oster

72191. **B. A. Bagarjazkij**, Die Arbeiten sowjetischer Wissenschaftler über das Leuchten des Nachthimmels und die Polarlichter. Nachr. Akad. Wiss. UdSSR (Geophys.) 1957 Nr. 11 S. 1410—1417 (russ.). — Ref. in RJ UdSSR 1959 Nr. 9 S. 54.

72192. **D. Barbier**, La luminescence nocturne atmosphérique de la raie rouge 6300 Å de l'oxygène. CR **246** 2780—2781 = Contr. Inst. d'Astrophys. Paris (A) Nr. 236. — Eine Diskussion der Ergebnisse von langdauernden Messungen der zeitlichen und räumlichen Intensitätsverteilung der roten Linie λ 6300 Å zeigt, daß sehr verschiedene Ursachen bei ihrer Emission zusammenwirken. Verschiedene Beobachtungsergebnisse können mit den bisher bekannten Mechanismen nicht ausreichend gedeutet werden. Mehltretter

72193. **J. W. Chamberlain**, Oxygen red lines in the airglow. I. Twilight and night excitation processes. ApJ **127** 54—66. — Verf. erörtert eine Reihe von Anregungsmechanismen für die roten [O I]-Linien im Dämmerungs- und Nachthimmelspektrum. Es wird gezeigt, daß Resonanzstreuung vom Sonnenlicht bei λ 6300 Å das [O I]-Leuchten nicht erklären kann. Ein vorhandener Beitrag zur Linienintensität durch Dissoziation von O_2 im Schumann-Runge-Kontinuum reicht nicht aus, um die beobachtete Intensität zu erzielen. Verf. nimmt dissoziative Rekombination von O_2^+ als Anregungsmechanismus an und entwickelt eine Theorie des Leuchtens, die das beobachtete Verhalten der [O I]-Linien zu erklären vermag. Micz.

72194. **J. W. Chamberlain**, The blue airglow spectrum. ApJ **128** 713—717. — Untersuchung des Nachthimmellichts bei starker Dispersion im Bereich λ 3700—4900 Å. Einige bisher nicht erklärte Banden werden versuchsweise mit O_2-Banden identifiziert. Die Energieverteilung im Kontinuum wird studiert. F. S.

72195. **A. Dalgarno**, The altitudes and excitation mechanisms of the night airglow. Ann. Géophys. **14** 241—252. — In den vergangenen Jahren wurde das Spektrum des Nachthimmellichts in zahlreichen Arbeiten untersucht. Verf. gibt einen Überblick über die daraus folgenden Ergebnisse für die Höhe der Emissionsschicht und die Anregungsmechanismen der einzelnen Linien. Henn

72196. **M. Dufay**, Etude photoélectrique du spectre du ciel nocturne dans le proche infrarouge. Acta Geophys. Sinica **6** 117—126, 1957 (chines. und französ.). — Ref. in RJ UdSSR 1959 Nr. 3 S. 55.

72197. **M. Dufay**, Sur les intensités des bandes d'émission du ciel nocturne dans le proche infrarouge. CR **246** 2281—2283 = Publ. Obs. Haute-Provence **4** Nr. 16. — Das Spektrum des Nachthimmels im nahen Infrarot (λ 7000—λ 11000 Å) wird mit einem Gittermonochromator und einem Lallemand-Multiplier registriert. Die zeitlichen Variationen der Intensität der O_2-Banden (λ 8659, λ 8629 Å) verlaufen weitgehend parallel zu den Intensitätsvariationen der Linie λ 5577 Å des [O I], die gleichzeitig neben den O_2-Banden in der zweiten Ordnung des Gittermonochromators beobachtet werden kann. Mehltretter

72198. **L. Fischkowa, G. Markowa**, Über die Hα-Linie im Spektrum des Nachthimmelleuchtens. AC Nr. 196 S. 8—9 (russ.).

* * **H. Friedman,** Solar flare patrol and ionizing radiation in the night sky. Vgl. Ref. **6625**.

* * **G. Guilino, H. Maier-Leibnitz,** Une nouvelle méthode pour l'étude de la lumière du ciel nocturne. Vgl. Ref. **2413**.

72199. **J. P. Heppner, L. H. Meredith,** Nightglow emission altitudes from rocket measurements. J. Geophys. Res. **63** 51—65.

72200. **C. Hoffmeister, J. Paton,** Visual observations of the airglow and other non-auroral luminosities of the night sky. International Geophysical Year, Observer's Manual S. 110—114. — Anleitung für die Beobachter zum Gebrauch während des IGJ; besondere Berücksichtigung finden die durch Zodiakallicht, Milchstraße, Sonnen- und Monddämmerung verursachten Irrtümer. Hoffmeister

72201. **C. Hoffmeister,** Beobachtungen hochatmosphärischer Erhellungen des Nachthimmels in Südwestafrika 1952—53 (Ergebnisse der Beobachtungen in Südwestafrika 1952—53; Achte Mitteilung). Veröff. Sternw. Sonneberg **3** 451—471. — In der Einleitung werden einige Rechnungen über die Wirkung von Strahlungsdruck und Gravitation auf die interplanetare Materie mitgeteilt, zusammen mit statistischen Ergebnissen. Die Beobachtungen reichen von Juli 1952 bis August 1953. Hoffmeister

72202. **W. I. Krassowskij, J. I. Galperin, A. W. Mironow, W. S. Prokudina, N. N. Schefow, N. I. Fedorowa, B. A. Bagarjazkij,** Results from studies of the night airglow and aurorae in the U. S. S. R. Ann. Géophys. **14** 356—367.

72203. **L. Liszka,** Some remarks about the results of the observations of the [O I]-5577 nightglow at Sacramento Peak in 1955. Acta Geophys. Polonica **6** 197—204 = Astr. Obs. Warsaw Univ. Repr. Nr. 76.

72204. **E. R. Manring, H. B. Pettit,** The 5577 Å emission of [O I] in the night airglow from Sacramento Peak, New Mexico. Ann. Géophys. **14** 506—508. — Beschreibung der in Sacramento Peak von 1955 Feb.—1957 April durchgeführten Beobachtungen der Nachthimmellinie λ 5577. Henn

72205. **E. R. Manring, H. B. Pettit,** The 5577 Å emission of [O I] in the night airglow from Sacramento Peak, New Mexico. J. Geophys. Res. **63** 39—49.

72206. **J. Nakamura,** Latitude effect of night airglow. Rep. Ionosphere Res. Japan **12** 419—427 = Tokyo Astr. Obs. Repr. Nr. 179.

72207. **G. M. Nikolskij,** Über das Leuchten des Nachthimmels in der grünen und den roten Linien. Mitt. Astrophys. Inst. Alma-Ata **7** 55—57 (russ. mit engl. Ref.).

72208. **F. E. Roach, L. R. Megill, M. H. Rees, E. Marovich,** The height of nightglow 5577. J. Atmosph. Terr. Phys. **12** 171—186.

72209. **B. P. Sandford,** Relative intensities of the oxygen lines at 5577 Å and 6300 Å in the night sky. Nature **182** 42—43. — In der Zeit vom 13. Aug. bis 31. Dez. 1957 haben Verf. spektrographische Beobachtungen des Nachthimmellichts durchgeführt. Eine vorläufige Analyse von 220 Spektren zeigt, daß in einigen Nächten die Linie λ 6300 Å, in anderen λ 5577 intensiver war. Eine Korrelation zur geomagnetischen Aktivität läßt sich nachweisen. Ist der K-Index klein (0 oder 1), so ist λ 5577 intensiver, ist dagegen $K \geqq 4$, so hat die Linie λ 6300 die größere Intensität. Henn

72210. **M. J. Seaton,** Oxygen red lines in the airglow. II. Collisional deactivation effects. ApJ **127** 67—74. — Bei der Erklärung der beobachteten Intensitätsverhältnisse, der zeitlichen Änderung und der Emissionshöhen der roten Sauerstofflinien des Himmellichtes muß die Stoßreaktivierung der metastabilen

Zustände des Sauerstoffs berücksichtigt werden. Es werden daher die Reaktivierungsraten aus den Himmellicht- und Nordlichtbeobachtungen abgeleitet. Danach werden die verschiedenen Stoßprozesse diskutiert, welche für die Reaktivierung verantwortlich sein könnten. Groth

* * **H. Siedentopf,** Polarlicht und Nachthimmelleuchten. Vgl. Ref. **72252.**

72211. **O. Struve,** Far-ultraviolet radiation of the night sky. Sky and Telescope **17** 445—448. — Bericht über die Ergebnisse von Raketenaufstiegen bei Nacht bis in Höhen über 100 km, die von einer Arbeitsgruppe am Naval Research Laboratory, Washington, seit 1955 zwecks Messung der UV-Strahlung des Nachthimmels durchgeführt wurden. Es gelang hierbei, im Bereich von 1230 bis 1350 Å Strahlung der Milchstraße und diskreter Strahlungsquellen außerhalb der Milchstraße (z. B. der heißen Sterne und Nebel im Orion) nachzuweisen. Ferner wurde auch Lα-Strahlung der Erdatmosphäre nach außen registriert. Es wird vermutet, daß diese durch Strahlung interplanetaren Wasserstoffs angeregt wird, wofür wiederum die Sonne als primäre Strahlungsquelle in Frage kommt. Kdr.

72212. Spectrum of the night sky. Nature **182** 361.

Polarlicht

72213. **W. N. Abbott,** Displacements of the radiant point during the auroral disturbance of September 22, 1957. Canadian J. Phys. **36** 643—648. — Drei während des Nordlichts vom 22. Sept. 1957 in Alaska gewonnene Aufnahmen der Nordlichtkrone auf bekanntem Sternhintergrund werden zur Bestimmung des Radiationspunktes und seiner Verschiebung benutzt. Die Aufnahmen bedecken ein Intervall von 21 Minuten und ergeben eine mittlere Verschiebung von 12 Bogenminuten pro Zeitminute. Eine gleichfalls festgestellte Änderung der magnetischen Elemente scheint zur Bewegung des Radiationspunktes nicht in Beziehung zu stehen. Henn

72214. **H. Alfvén,** On the theory of magnetic storms and aurorae. Tellus **10** 104—116. — Ref. in Phys. Abstracts (A) **61** 425.

72215. **B. A. Bagarjazkij,** The influence of spiral paths of protons on the Doppler profile of hydrogen lines of aurorae. AJ UdSSR **35** 101—111, 495 (russ. mit engl. Ref.). — Engl. Übersetzung in Soviet Astr. AJ **2** 87—96, 453. — Unter denselben Voraussetzungen wie Chamberlain (vgl. AJB **54** Ref. **72147, 72149**) und Omholt (vgl. AJB **56** Ref. **72172**), jedoch unter Berücksichtigung der Spiralform der Protonenbahnen in einem Monopol-Magnetfeld, berechnet Verf. die Doppler-Konturen von Hα im Polarlicht. Das Ergebnis kann die beobachteten Profile von Hα und Hβ nicht erklären. Verf. schließt daraus, daß der Streuung der Protonen in der Atmosphäre eine besondere Bedeutung zukommt, die zu einer stärkeren isotropen Verteilung der Geschwindigkeitsrichtungen führen müßte. Loh.

72216. **B. A. Bagarjazkij,** Einige Daten über die Energieverteilung im infraroten Spektrum der Polarlichter. Nachr. Akad. Wiss. UdSSR (Geophys.) 1957 Nr. 4 S. 540—542 (russ.). — Ref. in RJ UdSSR 1959 Nr. 2 S. 56—57.

72217. **D. Barbier,** L'activité aurorale aux basses latitudes. Ann. Géophys. **14** 334—355 = Publ. Obs. Haute-Provence **4** Nr. 21.

72218. **L. Block,** On the shape of the auroral zones. Arkiv Fys. **14** 153—160. — Ref. in RJ UdSSR 1959 Nr. 9 S. 57.

72219. **J. W. Chamberlain,** Theories of the aurora. Advances Geophys. **4** 109—215.

72220. **J. W. Chamberlain,** Origin of the aurora. I. Sky and Telescope **17** 268—271.

72221. **J. W. Chamberlain,** Origin of the aurora. II. Sky and Telescope **17** 339—342. — Die derzeitige Problematik in der Frage nach der theoretischen Deutung des Polarlichts wird dargelegt und die Richtung skizziert, in der sich die vorliegenden Lösungsversuche bewegen, wobei auf ihren zum Teil noch sehr spekulativen Charakter hingewiesen wird. Kdr.

72222. **S. Chapman,** Visual auroral observation. Ann. International Geophys. Year **4** 41—103, 1957.

72223. **S. Chapman, C. W. Gartlein, D. S. Kimball, J. Paton, O. Schneider, I. L. Thomsen,** Observations visuelles des aurores. Ciel et Terre **74** 48—120.

72224. **C. Collins,** Some observations of aurora using a low-power frequency-modulated radar. Canadian J. Phys. **36** 926—934.

72225. **N. W. Dshordshio,** Einige Resultate der elektro-photometrischen Messung von Polarlichtern. Bull. Acad. Sci. UdSSR Ser. Geophys. 1957 S. 692—695 (russ.).

72226. **C. T. Elvey, W. Stoffregen,** Aurora and airglow. Auroral photography by all-sky camera. Ann. International Geophys. Year **5** 117—151, 1957. — Ref. in RJ UdSSR 1959 Nr. 6 S. 58.

72227. **C. Y. Fan,** Time variation of the intensity of auroral hydrogen emission and the magnetic disturbance. ApJ **128** 420—427. — Während einiger Nordlichter im Juni und Juli 1957 wurden am Yerkes Observatorium die zeitlichen Änderungen der Wasserstoffemission und des magnetischen Feldes der Erde beobachtet. Es ergeben sich gewisse Zusammenhänge, die es nahe legen, daß in der Ionosphäre mindestens zwei verschiedene Stromsysteme vorliegen. F. S.

72228. **R. Fleischer,** Auroral absorption of 18-Mc./s. cosmic radio waves on February 11, 1958. Nature **181** 1156. — Ref. in Phys. Abstracts (A) **61** 435.

72229. **J. I. Galperin,** Hydrogen line profiles in the auroral spectra. AJ UdSSR **35** 382—389 (russ. mit engl. Ref.). — Engl. Übersetzung in Soviet Astr. AJ **2** 351—358.

* * **C. W. Gartlein,** Auroral photography. Vgl. Ref. **2050.**

72230. **P. K. S. Gupta,** Excitation of the spectrum of the sunlit aurora. Indian J. Phys. **31** 376—383, 1957. — Ref. in Phys. Abstracts (A) **62** 872.

72231. **L. Harang,** Height distribution of the red auroral line in polar aurorae. Geophys. Norvegica **20** Nr. 5, 9 S. = Inst. Theoret. Astrophys. Blindern-Oslo Repr. Nr. 21. — Ref. in Phys. Abstracts (A) **61** 342, RJ UdSSR 1959 Nr. 3 S. 56.

72232. **D. P. Harrison, C. D. Watkins,** A comparison of radio echoes from the aurora australis and aurora borealis. Nature **182** 43—44 = Astr. Contr. Univ. Manchester (2) Jodrell Bank Repr. Nr. 176.

72233. **T. R. Hartz,** Auroral radiation at 500 Mc. Canadian J. Phys. **36** 677—682. — Verf. berichtet über Registrierungen der Radiostrahlung bei 500 MHz, die er von dem am 21./22. Okt. 1957 aufgetretenen Nordlicht erhalten hat. Dasselbe wurde in Ottawa gleich nach Sonnenuntergang für etwa zwei Stunden beobachtet. Wie eine weitere Untersuchung zeigt, trat das Nordlicht etwa 30 Stunden nach einer starken solaren Eruption auf. Verf. schließt, daß die während dieser Eruption ausgeschleuderte Materie in den Schichten der Ionosphäre eine ausreichende Ionisation bewirkte, so daß die Radiostrahlung des Nordlichtes hervorgerufen wurde. Henn

72234. **J. P. Heppner,** A study of relationships between the aurora borealis and the geomagnetic disturbances caused by electric currents in the ionosphere. Directorate Sci. Information Service, Defence Research Board Canada Report Nr. DR 135, 39 + 18 S.

72235. **C. Hoffmeister,** Beobachtung von Polarlichtern auf niederen Breiten. Sterne **34** 154—155.

72236. **D. M. Hunten,** Recent work at the University of Saskatchewan on auroral and night sky spectra. Ann. Géophys. **14** 167—174. — Verf. gibt einen Überblick über die in Saskaton und Churchill seit 1951 durchgeführten Arbeiten zur Spektroskopie des Nord- und Nachthimmellichts. Es werden im einzelnen behandelt: 1.) Rotationstemperaturen der Nordlichtlinien; 2.) Intensitäten im Nordlichtspektrum; 3.) Beobachtungen von Wasserstofflinien; 4.) Das Spektrum des Nachthimmels bis 20000 Å. Henn

72237. **S. I. Issajew, N. W. Puschkow,** Polarlichter. Moskau-Leningrad, Verlag Akad. Wiss. UdSSR, 1958. 114 S. Preis 3 R. 25 Kop. (russ.). — Besprechung in Priroda **48** Nr. 3 S. 121.

72238. **W. I. Iwantschuk, P. J. Suchoiwanenko,** Das Leuchten des Wasserstoffs und Heliums in Polarlichtern. AC Nr. 196 S. 9—11 (russ.).

72239. **T. R. Kaiser,** Relationships between auroral ionization and magnetic disturbance. Ann. Géophys. **14** 76—79. — In diesem Bericht werden die Ergebnisse einer detaillierten Untersuchung der Korrelation zwischen Nordlichtionisation und geomagnetischen Störungen mitgeteilt. Henn

72240. **J. S. Kim, B. W. Currie,** Horizontal movements of aurora. Canadian J. Phys. **36** 160—170. — Ref. in Phys. Abstracts (A) **61** 430.

72241. **W. I. Krassowskij,** The characteristic of the properties of solar corpuscular emission from spectra of aurorae. AJ UdSSR **35** 222—226 (russ. mit engl. Ref.). — Engl. Übersetzung in Soviet Astr. AJ **2** 199—202. — Die Spektren der Polarlichter zeigen, daß Polarlichter in niederen Breiten im Vergleich zu denen in hohen Breiten durch Korpuskel angeregt werden, deren Wege kürzer sind. Es wird vermutet, daß einige Emissionen des Polarlichts dadurch angeregt werden, daß neutrale Stickstoffatome mit einmal ionisiertem Helium von Korpuskularströmen wieder aufgeladen werden. Verf. (übersetzt)

72242. **A. U. Landolt,** An aurora and airglow program at the south pole. Publ ASP **70** 581—584.

72243. **G. F. Lyon, A. Kavadas,** Horizontal motions in radar echoes from aurora. Canadian J. Phys. **36** 1661—1671. — Ref. in Phys. Abstracts (A) **62** 182.

72244. **B. Maehlum,** The diurnal variation of f_0F2 near the auroral zone during magnetic disturbances. J. Atmosph. Terr. Phys. **13** 187—190.

72245. **D. J. McEwen, R. Montalbetti,** Parallactic measurements on aurorae over Churchill, Canada. Canadian J. Phys. **36** 1593—1600.

72246. **A. G. McNamara,** A continuously recording automatic auroral radar. Canadian J. Phys. **36** 1—8.

72247. **A. Omholt,** Noen nyere undersøkelser av nordlysets spektrum. Fys. Verden **20** 10—23 = Inst. Teoret. Astrofys. Blindern-Oslo Småtrykk Nr. 23. — Ref. Phys. Ber. **38** 2040.

72248. **J. Paton,** Auroral activity during 1957. Obs **78** 219—221.

72249. **G. C. Reid,** Electric field theory of aurorae. Nature **182** 1791—1792.

72250. **G. J. Romick, C. T. Elvey,** Variations in the intensity of the hydrogen emission line $H\beta$ during auroral activity. J. Atmosph. Terr. Phys. **12** 283—287.

72251. **T. J. Seed, C. D. Ellyett,** Low latitude reflections from the aurora australis. Australian J. Phys. **11** 126—129.

72252. **H. Siedentopf,** Polarlicht und Nachthimmelleuchten. Mitt. Gesellschaft Deutscher Naturf. Ärzte 1958 Nr. 3 S. 3—4. — Ref.

72253. **L. Vegard,** Recent progress relating to the study of aurorae and kindred phenomena. Geofys. Publ. **20** Nr. 4, 16 S. — Ref. in Phys. Abstracts (A) **62** 278.

72254. **A. E. Veller,** Hydrogen emission at the final stage of the aurora. Ann. Géophys. **14** 323—325. — Verf. beobachtet mit einem Gitterspektrographen nunmehr auch im Nachleuchten von Nordlichtern $H\alpha$-Emission in 64° N. Dieses Ergebnis steht im Gegensatz zu den Beobachtungen von Meinel und Mitarbeitern am Yerkes Observatorium (53° N). Weidemann

72255. **G. Weill,** Aspects de l'aurore observée à la base Dumont-d'Urville en Terre Adélie. CR **246** 2925—2927. — Die Ergebnisse einer statistischen Auswertung des Beobachtungsmaterials über Polarlichterscheinungen auf einer Station in Terre Adélie (Antarktis) während des I. G. J. werden mitgeteilt. Es zeigt sich eine deutliche Abhängigkeit der Richtung der Polarlichtbogen von der Tageszeit. Mehltretter

72256. **J. R. Winckler, L. Peterson, R. Arnoldy, R. Hoffman,** X-rays from visible aurorae at Minneapolis. Phys. Rev. (2) **110** 1221—1231. — Bei starker Nordlichttätigkeit wurden bei Ballonaufstiegen Bursts von Röntgenstrahlung gemessen, deren Energie zwischen 50 und 100 keV lag. Die integrale Intensität betrug 0.03 bis 0.14 mr, die maximale Spitzenintensität 0.4 mr/h. Der die Strahlung auslösende Elektronenstrom wurde auf 3×10^6 Elektronen/cm^2 sec abgeschätzt. Henn

72257. February's great multicolored aurora. Sky and Telescope **17** 280—283.

72258. **Polarlichtbeobachtungen**

AC Nr. 189 S. 29 (russ.). Polarlichter.
AC Nr. 190 S. 29 (russ.). Polarlichter.
AC Nr. 191 S. 28—29 (russ.). Elektrophotometrische Beobachtungen des in niederen Breiten sichtbaren Polarlichtes vom 11.—12. Februar 1958 in Abastumani. L. M. Fischkowa, G. W. Markowa.
AC Nr. 194 S. 29 (russ.). Polarlicht in Moskau am 8.—9. Juli 1958. W. W. Fedynskij.
AC Nr. 195 S. 26 (russ.). Polarlicht. — 1958 Sept. 4—5.
AC Nr. 196 S. 18 (russ.). Polarlicht. — 1958 Sept. 4—5
AC Nr. 198 S. 18 (russ.). Beobachtungen eines Polarlichtes bei Kasan. M. Lawrow.
BSAF **72** 39. Observation de l'aurore du 11 février 1958. P. Muller.
BSAF **72** 134. L'aurore boréale du 10—11 février 1958.
BSAF **72** 174—175. L'aurore boréale extraordinaire observée dans les montagnes Chorie (Sibérie, U. R. S. S.) le 11 février 1958. A. Djakow.
BSAF **72** 367—370. Aurores boréales.
BSAF **72** 429. L'aurore boréale du 13 septembre 1957.
BSAF **72** 431—433, 469—478, 527—528. La magnifique aurore boréale du 4 septembre 1958.
Coelum **26** 131—133. Aurora boreale dell'8 luglio 1958.
Coelum **26** 159—163. Aurora boreale del 4 settembre 1958.

CR Soc. sci. natur. phys. Maroc **23** 38—39, 1957. L'aurore boréale de la nuit du 21 au 22 janvier 1957 et l'ionosphère à Casablanca. A. Haubert. — Ref. in RJ UdSSR 1959 Nr. 7 S. 64.

CR Soc. sci. natur. phys. Maroc **23** 48, 1957. L'aurore boréale du 21 janvier 1957. W. Groubé. — Ref. in RJ UdSSR 1959 Nr. 7 S. 63.

El Universo Nr. 44 S. 153—154. La aurora boreal del 10 de febrero de 1958.

Gaz astr **40** 41—44. L'aurore boréale du 26 novembre 1957. W. Sandner.

Gaz astr **40** 45—46. Waarneming van het Noorderlicht te Antwerpen op 4 september 1958.

Hemel en Dampkring **56** 21. Het poollicht van 29 september 1957. D. van Sabben.

Hemel en Dampkring **56** 206—208. Het poollicht van 4 september 1958. D. van Sabben.

J. Astr. Soc. Victoria **11** 8, 43, 75. Aurora notes.

J. Atmosph. Terr. Phys. **12** 217—218. A radar record of an aurora at Adelaide. A. A. Weiss, J. W. Smith. — Ref. in Phys. Ber. **38** 992.

J. Geophys. Res. **63** 517—526. V. H. F. observations on the aurora australis. T. J. Seed.

J. Geophys. Res. **63** 867—868. UHF auroral radar observations. B. C. Blevis.

Natura **48** 113—117, 1957. Notizie sull'aurora polare osservata in Italia il 21—22 gennaio 1957. C. F. Capello.

Orion Schaffhausen **5** 418. Beobachtungen des Nordlichtes vom 11. Februar 1958 und des Nordlichtscheines vom 12. Februar 1958 in Zürich-Kloten. C. Zahn.

Orion Schaffhausen **5** 513—514. Nordlichtbeobachtungen vom 4./5. September 1958. R. A. Naef.

Priroda **47** Nr. 4 S. 81—83 (russ.). Ungewöhnliche Polarlichter im Jahre 1957.

Priroda **47** Nr. 8 S. 117—118 (russ.). Das Polarlicht vom 11. Februar 1958. L. W. Lukina.

Science **127** 1047—1048. Absorption of cosmic radio noise during the great aurora of 11 February 1958. J. W. Warwick. — Beobachtungen am High Altitude Observatory Boulder/Colorado. — Ref. in Phys. Abstracts (A) **61** 435.

Sky and Telescope **17** 137—138. A bright red aurora.

Sky and Telescope **17** 357. March 11th aurora.

Sky and Telescope **17** 464. Aurora on May 13—14.

Sky and Telescope **17** 520. June 6—7 aurora.

Sky and Telescope **17** 580. July 8—9 aurora.

Sky and Telescope **17** 640. Aurora of Sept. 4—5.

Sky and Telescope **18** 96. Aurora of October 24th.

Sterne **34** 44—45. Nordlicht 1957 Nov. 26. W. Sandner.

Sterne **34** 88. Das Nordlicht vom 29. 9. 1957 bis in die Südostschweiz beobachtet. W. Heybrock.

Sterne **34** 125—126. Nordlicht-Beobachtungen auf der Sternwarte Sonneberg der Deutschen Akademie der Wissenschaften. C. Hoffmeister.

Sterne **34** 126. Nordlicht am 30. 6./1. 7. 1957. H. König.

Sterne **34** 200—201. Nordlicht vom 11. Februar 1958. G. Jackisch.

Urania Kraków **29** 316. Obserwacja zorzy polarnej. M. Kłusak. — Nordlichtbeobachtungen in Jaworzno am 4. 9. 58.

Urania Kraków **29** 376—378. Obserwacja Zorzy Polarnej. W. Czyszek. — Nordlichtbeobachtungen in der Nacht vom 4.—5. September 1958 im Geophysikalischen Observatorium auf Hel. Rybka

VdS Nachr. **7** 4. Nordlichterscheinungen.

VdS Nachr. **7** 19—20. Das Nordlicht vom 11. Februar 1958. J. Herrmann.

VdS Nachr. **7** 28—29. Beobachtung des Nordlichtes vom 11. Februar 1958. K. Schöbel.

VdS Nachr. **7** 34. Das Nordlicht am 11. Februar 1958. V. Röder.

VdS Nachr. **7** 68. Das Nordlicht vom 7. Juli 1958. R. Brandt.

VdS Nachr. **7** 72—73. Nordlichttage in Mitteleuropa 1957. W. Sandner.

VdS Nachr. **7** 75—76. Das Nordlicht vom 3./4. und 4./5. September 1958. J. Herrmann.

VdS Nachr. **7** 76. Weitere Beobachtungen des Nordlichts vom 4./5. September 1958.

VdS Nachr. **7** 86. Weitere Nordlichterscheinungen. — Erscheinungen am 11. Febr., 26. Juli und 17. Aug. 1958.

VdS Nachr. **7** 86. Weitere Meldungen über das Nordlicht vom 4./5. September 1958.

YC 1477 S. 2. Aurora. I. Suzuki, I. Okamura.

Szintillation

72259. **A. H. Mikesell,** Observations of stellar scintillation from moving platforms. AJ **63** 308—309. — Ref. AAS.

72260. **W. M. Protheroe,** A study of stellar scintillation. Ohio, Univ., 1955. — Dissertation.

72261. **J. Rösch,** Variations de la scintillation, de l'agitation et de l'étalement de l'image d'une étoile en fonction du diamètre de l'objectif utilisé. CR **246** 384—385. — Unter der vereinfachenden Annahme, daß Dichteschwankungen in einer definierten Schicht konstanter Höhe in der Atmosphäre beheimatet sind und einen sinusförmigen Verlauf konstanter Wellenlänge haben, werden einfache Ausdrücke für die Schwankungen des Sternbildes in Helligkeit, Lage und Ausdehnung in Abhängigkeit vom Durchmesser des Objektivs gegeben. Mehltretter

72262. **L. N. Shukowa,** The registration of stellar scintillation by the photoelectric method. Mitt. Astr. Hauptobs. Pulkowo **21** Nr. 3 (162) S. 72—82 (russ. mit engl. Ref.). — 1956—1957 wurden mit einem afokalen Teleskop und einer Verstärkungseinrichtung photoelektrische Beobachtungen von Sternszintillation durchgeführt. Verf. gibt eine kurze Beschreibung von Beobachtungsapparatur und Bearbeitungsmethode und führt in graphischen Darstellungen und Tabellen einige Ergebnisse an. Dazu gehören Frequenz und Amplitude der Szintillation in verschiedenen Zenitdistanzen sowie die Verteilung der Amplituden mit der Zeit. Besonderheiten der chromatischen Szintillation werden diskutiert und die Fehler bei den Messungen der auf photoelektrischem Weg erhaltenen spektralphotometrischen Gradienten bestimmt. Verf. (übersetzt)

72263. **W. I. Tatarskij, A. S. Gurwitsch, M. A. Kallistratowa, L. W. Terentjewa,** The influence of meteorological conditions on the intensity of light scintillation near the earth's surface. AJ UdSSR **35** 623—626 (russ. mit engl. Ref.). — Engl. Übersetzung in Soviet Astr. AJ **2** 578—581. — Die Ergebnisse von Experimenten zur Untersuchung der Stärke der Szintillation einer entfernten, erdnahen Lichtquelle von den meteorologischen Bedingungen werden kurz dargestellt. In guter Übereinstimmung mit der Theorie wird eine starke Korrelation (Korrelationskoeffizient = 0.92) der Szintillationsstärke mit dem vertikalen Gradienten der mittleren Temperatur festgestellt.
Verf. (übersetzt)

72264. **L. N. Tulenkowa,** Bestimmung der Szintillation aus Beobachtungen am Observatorium des Astrophysikalischen Instituts. Mitt. Astrophys. Inst. Alma-Ata **7** 74—78 (russ. mit engl. Ref.).

Sonstige Erscheinungen

72265. **P. I. Artjuchow,** Beobachtungen des «Grünen Strahls». Bull. Astr.-Geod. Ges. UdSSR Nr. 21 S. 61—62 (russ.).

72266. **H. Michel,** Le rayon vert. Ciel et Terre **74** 370.

72267. **D. J. K. O'Connell, C. Treusch,** The green flash and other low sun phenomena with photographs (80 in colour). Specola Astr. Vaticana Ric. Astr. **4** 1—192. — Als Buch erschienen New York, Interscience Publishers; Amsterdam, North Holland Publishing Co., 1958. 192 S. Preis $ 6.00 bzw. hfl. 22.50. — Besprechung in Endeavour **18** 163 (D. H. McIntosh), Irish AJ **5** 157 (R. A. Buchanan), J. Astr. Soc. Victoria **12** 28, J. Inst. Navigation **12** 337—338 (R. E. G. Simmons), J RAS Canada **53** 47 (L. Searle), NAT 1958 S. 142—143, Nature **183** 423 (J. Paton), Naturwissenschaften **46** 659 (H. Elsässer), Obs **79** 115—116 (M. A. Ellison), Proc. Phys. Soc. **74** 226—227 (A. C. Menzies), Publ ASP **71** 251—252 (T. S. Jacobsen), Science **129** 1218—1219 (C. H. Smiley), Sky and Telescope **18** 162, 457—458 (S. P. Wyatt jr.).

72268. **Beobachtungen**

Coelum **26** 137—138. Ecclisse solare visible dall'alta atmosfera.

Gaz astr **40** 67. Observations de halos en 1958. W. Sandner.

Mitt. Archenhold-Sternw. Berlin-Treptow Nr. 48 S. 7—10. Statistik der Halo-Tage 1957.

Sky and Telescope **17** 457. Sun pillar. — Beobachtung 1958 Feb. 5.

Sky and Telescope **17** 596. Countersun observed. S. Gauss. — Beob. 1958 Juni 27.

§ 73

Mond

7301. **Astrometrische Beobachtungen**

AJ **63** 299—300. Meridian observations of the moon, 1953—57. C. B. Watts, A. N. Adams.

Greenwich Astronomical Results 1948, A 12—A 19. Observed right ascensions, declinations and diameters.

Desgl. für 1950, A 13—A 21.

Desgl. für 1951, A 13—A 22.

Desgl. für 1952, A 13—A 22.

TAB (2) Nr. 104 S. 1141—1151. Meridian observations of right ascension of Moon's limb made with Repsold transit instrument. Report No. 2. K. Tuzi, K. Nagane.

TAB (2) Nr. 108 S. 1167—1172. Meridian observations of the right ascensions of the Moon and planets during the year 1957. S. Nakano, H. Yasuda, H. Hara.

Allgemeines

7302. **R. M. Adams,** Progress report of the A. L. P. O. Lunar meteor search project, 1957—58. Strolling Astronomer **12** 90—94.

7303. **D. Alter,** Introduction to the Moon. Los Angeles, Griffith Observatory, 1958. 108 S. mit 69 Fig. Preis $ 1.65. — Besprechung in J. International Lunar Soc. **1** 68, Publ ASP **70** 519—520 (R. B. Baldwin), Strolling Astronomer **12** 101—102 (A. K. Herring), Sky and Telescope **17** 471, 647—648, Spaceflight **2** 30—31.

7304. **W. M. Amelin,** The methods of making use of the moon for geodetic purposes. BIA **7** 19—42 (russ. mit engl. Ref.). — Verf. diskutiert die Methoden zur Verwendung der Ergebnisse von Bedeckungen, Finsternissen und speziellen Beobachtungen des Mondes für geodätische Zwecke. Dazu werden einige numerische Beispiele gegeben. Verf. (übersetzt)

7305. **R. d'E. Atkinson,** The computation of differential librations. AA 8 101—104. — In der Arbeit von Kozieł in AA 7 228 (AJB 57 Ref. 7315) wird behauptet, daß die in MN 111 448 (AJB 51 Ref. 7303) von Atkinson angegebene Rechenmethode der Differentiallibration weniger streng sei als die von Kozieł. Es werden Argumente angeführt, die zum Vorteil der Methode des Verf. sprechen. Rybka

7306. **R. B. Baldwin,** The Face of the Moon. Chicago, The University of Chicago Press, 1958. 2. Aufl. 239 S. mit 26 Fig. und 17 Tafeln. Preis $ 6. — Die erste Auflage des vorliegenden Buches erschien 1949 (vgl. AJB 49 Ref. 7303).

7307. **M. K. V. Bappu,** Photographic observation of the Moon's position. J. Sci. Industrial Res. India (A) 17 Nr. 12 Suppl. S. 88—90.

7308. **W. A. Brumberg,** Les corrections relativistiques dans la théorie de la lune. BIA 6 733—756 (russ. mit französ. Ref.). — Die Hauptteile der relativistischen Korrektionen (für die als harmonische Funktionen dargestellten Koordinaten) in der Theorie des Mondes werden durch Anwendung der Methode von Hill und Brown auf die Bewegungsgleichungen des restringierten Problems in der zweiten Näherung der allgemeinen Relativitätstheorie erhalten. Verf. (übersetzt)

7309. **S. T. Chabibullin,** On an unique solution for the value of the f parameter of the physical libration of the moon. AJ UdSSR 35 669—671 = Astr. Engelhardt-Obs. Kasan Sonderdruck Nr. 3 (russ. mit engl. Ref.). — Engl. Übersetzung in Soviet Astr. AJ 2 622—624. — Im vorliegenden Bericht werden die Untersuchungsergebnisse der jährlichen Welle a_3 sin g' in der erzwungenen Libration des Mondes in Länge mitgeteilt. Die Kasaner Beobachtungsreihen und die Beobachtungen Hartwigs in Dorpat liefern die Größe der Amplitude a_3, die dem Wert des Parameters f entspricht, der kleiner als 0.662 ist. Auf die Ursache der Diskrepanz zwischen den Ergebnissen Jakowkins und des Verf. wird hingewiesen. Verf. (übersetzt)

7310. **S. T. Chabibullin,** Die physische Libration des Mondes. IX. Mitt. Astr. Engelhardt-Obs. Kasan Nr. 31, 182 S. (russ.).

7311. **V. Dahlkamp,** Meteoreinschlag auf dem Monde? Sterne 34 87—88.

7312. **J. Dubois,** Au sujet de la luminescence lunaire. BSAF 72 267—268. — Verf. vergleicht eigene Beobachtungen über eine vermutete Lumineszenz auf der Mondoberfläche (AJB 56 Ref. 7359) mit Ergebnissen von Kosyrew (AJB 56 Ref. 7315) und stellt im wesentlichen Übereinstimmung fest. Als Ursache kommt nach seiner Ansicht neben der Korpuskularstrahlung auch die Kurzwellenstrahlung der Sonne in Frage. Kdr.

7313. **W. F. Edwards, L. B. Borst,** Possible sources of a lunar atmosphere. Science 127 325—328. — Zur Erklärung der radioastronomisch beobachteten Dichte werden spontane Kernspaltung von Uran 238, Xenon 129 aus Jod 129 und Reste ursprünglich vorhandener Gase vorgeschlagen. In allen Fällen werden die relativen Häufigkeiten von Xenon und Krypton abgeschätzt; für die Kernspaltung werden 5 % Kr und 95 % Xe, für den J 129-Prozess 100 % Xe-129 und für die Gasresthypothese 93 % Kr und 7 % Xe erwartet. Weidemann

7314. **G. Fielder,** Conditions on the Moon with which the first landing crew will contend. Spaceflight 1 216—219.

7315. **G. Fielder,** Why send a rocket to the Moon? Spaceflight 1 308—310.

7316. **V. A. Firsoff,** Color on the moon. Sky and Telescope 17 328—331. — Verf. referiert über eigene visuelle Farbbeobachtungen der Mondoberfläche unter Verwendung von Farbfiltern aus den Jahren 1953—1956 und vergleicht seine Ergebnisse mit denen anderer Beobachter. Kdr.

7317. **W. J. Gallagher,** Mass of the moon from satellite observations. Science **128** 1207. — Verf. entwickelt ein Verfahren zur Bestimmung der Mondmasse nach dem 3. Keplerschen Gesetz auf Grund von Satellitenbeobachtungen, deren Genauigkeit aber gegenwärtig noch nicht zur praktischen Auswertung ausreicht. Weidemann

7318. **R. H. Garstang,** The surface temperature of the Moon. JBAA **68** 155—165 = Commun. Univ. London Obs. Nr. 33.

7319. **I. W. Gawrilow,** Librationseffekte auf den Radius und auf die Lage des Zentrums der Mondfigur. AC Nr. 192 S. 18—20 (russ.). — Vorläufige Mitteilung.

7320. **J. E. Gibson,** Lunar thermal radiation at 35 kmc. Proc IRE **46** 280—286.

7321. **G. A. Gursadjan,** Von der Mondionosphäre hervorgerufene Radiointerferenzerscheinungen. DAN **118** 884—887 (russ.). — Die von Verf. 1956 und 1957 gegebene Erklärung, daß die Verstärkung der solaren Radiostrahlung vor dem Beginn und nach dem Ende einiger Sonnenfinsternisse auf eine Refraktion der Radiowellen an der Mondionosphäre zurückgeführt werden kann, wird hier des weiteren untermauert. Es zeigt sich, daß die von der Mondionosphäre bedingte Refraktion und Interferenz der Radiowellen, die von Punktquellen der Sonne ausgehen, zu einer Verstärkung der Fluktuationen der Radiostrahlung vor und nach einer Finsternis führen. Die Größe der Fluktuationen wächst im Mittel mit der Wellenlänge. Loh.

7322. **W. H. Haas,** Lunar colongitude: Why, what, how, and when. Strolling Astronomer **12** 80—82.

7323. **J. G. Hernández,** ¿ Hay aún cambios de la Luna ? El Universo Nr. 44 S. 134—136.

7324. **W. Horbacki,** Ksieżyc. Wybrane zagadnienia. Warszawa, «Wiedza Powszechna», 1957. 39 S. Preis 2 zł.

* * **H. Jeffreys,** Rock creep, tidal friction and the Moon's ellipticities. Vgl. Ref. **4302.**

7325. **O. Jefimenko,** On the possibility of electromagnetic damping on the moon's motion. Naturwissenschaften **45** 566. — Verf. bemerkt, daß die Säkularakzeleration des Mondes und die Gleichheit seiner Umlaufs- und Rotationsdauer auch als Wirkung des Induktionswiderstandes erklärt werden kann, der bei der Bewegung eines Körpers durch ein Plasma bei vorhandenem Magnetfeld auftritt, und schätzt die Feldstärke zu mindestens 1 Gauß ab. Böh.

* * **C. C. Kiess, K. Lassovzsky,** The known physical characteristics of the moon and the planets. Vgl. Ref. **7012.**

7326. **K. Kozieł,** Efekt Jakowkina w świetle libracyjnego szeregu sztrasburskiego Hartwiga. Postępy Astr. **6** 60—62. — Unter Benutzung eines Teils des von Hartwig in Straßburg gesammelten Beobachtungsmaterials wird eine lineare Abhängigkeit des Mondradius R_0 von der optischen Libration in Breite β_c erhalten: $dR_0 = x + \beta_c \cdot y$. Bei Berücksichtigung aller Beobachtungen und bei Anwendung der neuen Methode zur Ausgleichung der Librationsbeobachtungen erhält Verf. einen kleineren Wert für den Koeffizienten y, der seinen mittleren Fehler kaum überschreitet. Rybka

7327. **A. Lauber,** Frühe Beobachtung der Mondsichel. Sterne **34** 201. — 1957 März 2.

7328. **A. W. Markow,** The results of measurements of the polarization of details on the lunar surface. Mitt. Astr. Hauptobs. Pulkowo **20** Nr. 5 (158) S. 138—155 (russ. mit engl. Ref.). — Verf. hat mit der mit einem

Elektropolarimeter ausgestatteten Sljussarew-Kamera die Polarisation des Lichts von 40 ihrer Struktur nach verschiedenen Objekten der Mondoberfläche zwischen den Phasenwinkeln −39° und +80° ermittelt. Die Messungen an den Strahlensystemen, Kratern und großen Maren ergeben eine Erhöhung der Polarisation zur Zeit der Quadratur, während die Albedo abnimmt. Die Kratermare (Schickard, Grimaldi, etc.) polarisieren das Licht weniger. Vermutlich hängt das mit der Bildung der Kratermare zusammen. Loh.

7329. **K. Morav,** The age of the moon and its application for the orientation. RH **39** 39—42 (tschech.).

7330. **R. W. Muncey,** Calculations of lunar temperatures. Nature **181** 1458—1459. — Verf. weist darauf hin, daß die Abhängigkeit von Leitfähigkeit und spezifischer Wärme von der Temperatur berücksichtigt werden muß. Wird für diese Größen Proportionalität zur absoluten Temperatur angenommen, so lassen sich die beobachteten Werte erklären. Henn

7331. **W. Nephew, M. Chester,** Moon Trip. London, Putnam & Co. Ltd., 1958. 63 S. Preis $ 2.50. — Besprechung in Sky and Telescope **18** 278, 343—344 (M. D. Ashbrook).

7332. **H. Oberndorfer,** Was ist auf dem Mond los? Mitt. Planetenbeobachter **11** 61.

7333. **N. S. Orlowa,** Absolutwerte der Helligkeit des Mondrandes bei verschiedenen Phasen. AC Nr. 192 S. 20—21 (russ.). — Nachdem verschiedentlich festgestellt worden ist, daß sich der Mondrand zum Anschluß von Flächenhelligkeitsmessungen anderer Objekte, insbesondere Leuchtender Nachtwolken, eignet, tabuliert Verf. den Helligkeitsverlauf des äquatorialen hellen Mondrandes für die Phasenwinkel $0 \leq \alpha \leq 140°$. Loh.

7334. **J. R. Platt,** On the nature and color of the moon's surface. Science **127** 1502—1503. — Erörterungen der Möglichkeit, daß die Mondoberfläche durch energiereiche Strahlung derart geschädigt ist, daß chemische Instabilität vorliegt. Dies könnte das hohe Absorptionsvermögen im Sichtbaren und die geringe Wärmeleitfähigkeit, unabhängig von der Annahme von Schichten kosmischen Staubes, der selbst ebenfalls chemisch aktiviert sein mag, erklären. Weidemann

7335. **H. I. Potter,** The velocity of the apparent motion of the moon among the stars. AJ UdSSR **35** 143—147 (russ. mit engl. Ref.). — Engl. Übersetzung in Soviet Astr. AJ **2** 123—127. — Verf. leitet Formeln zur Berechnung der Geschwindigkeitskomponenten der scheinbaren Bewegung des Mondes ab. Die Kenntnis der Mondbewegung nach Größe und Richtung ist für photographische Beobachtungen des Mondes mittels einer Markowitz-Kamera oder der von Jakowkin an der Sternwarte Kiew konstruierten Kassette unerläßlich. Damit solche Beobachtungen frei von systematischen Fehlern sind, die vom Stundenwinkel und der Zenitdistanz abhängen, muß der Einfluß der Änderung der Refraktion während der Belichtung berücksichtigt werden. Dieser Einfluß kann einen wesentlichen Betrag erreichen; in der Breite von Pulkowo beläuft er sich bei einer Zenitdistanz von 80° auf etwa 10% der gesamten Änderung des topozentrischen Mondortes. Verf. (übersetzt)

7336. **H. I. Potter,** On the application of observations of the moon for geodetic purposes. AJ UdSSR **35** 618—622 (russ. mit engl. Ref.). — Engl. Übersetzung in Soviet Astr. AJ **2** 573—577.

7337. **L. N. Radlowa, W. W. Scharonow,** The threshold of colour distinction during visual observations of the lunar surface and the maximal colour difference of lunar objects. AJ UdSSR **35** 788—791 (russ. mit engl. Ref.). — Engl. Übersetzung in Soviet Astr. AJ **2** 735—738.

* * **F. Reeg,** Mondaufnahmen im Brennpunkt eines Fernrohrs. Vgl. Ref. **2057**.

7338. **A. E. Salomonowitsch,** Radio emission of the moon in the millimeter band. AJ UdSSR **35** 129—136 (russ. mit engl. Ref.). — Engl. Übersetzung in Soviet Astr. AJ **2** 112—118. — Methode und Ergebnisse der Beobachtungen der thermischen Radiostrahlung des Mondes im 8 Millimeterband, die 1955 bis 1956 mit einem 2 m-Radioteleskop durchgeführt wurden, werden beschrieben. Es ergibt sich eine Abhängigkeit der mittleren Temperatur des Mondes von der Phase, die näherungsweise durch $T_c = 197°—32° \cos(\vartheta—40°)$ dargestellt werden kann, wobei ϑ die vom Neumond an gerechnete Mondphase ist. Die Resultate werden mit früheren Beobachtungen verglichen. Verf. (übersetzt)

7339. **G. Schrutka-Rechtenstamm,** Neureduktion der 150 Mondpunkte der Breslauer Messungen von J. Franz. Sitzber. Österreich. Akad. Wiss. Math.-naturwiss. Kl. Abteilung II **167** 71—123 = Mitt. Univ.-Sternw. Wien **9** Nr. 17. — Mit einer strengen Librationstheorie und den neuen von Verf. früher abgeleiteten Konstanten der physischen Libration werden die Messungen von Franz an 150 über die Mondoberfläche verteilten Punkten neu reduziert; das Ergebnis sind die absoluten rechtwinkligen Koordinaten (in Einheiten des Mondradius) jedes Punktes. Böh.

7340. **G. Schrutka-Rechtenstamm, J. Hopmann,** Die Figur des Mondes. Erläuterungen zu einer neuen Höhenschichtenkarte des Mondes. Sitzber. Österreich. Akad. Wiss. Math.-naturwiss. Kl. Abteilung II **167** 283—290. — Es wird eine Höhenschichtenkarte des Mondes vorgelegt, die G. Schrutka auf Grund der absoluten Höhen von 150 Fixpunkten entworfen hatte. Diese waren in einer umfassenden früheren Arbeit von ihm an Hand der Messungen von J. Franz auf fünf Lick-Platten abgeleitet worden. Die 150 Höhen verteilen sich auf zwei Kollektive, deren eines mit 23 Punkten im Mittel um 3.5 km höher liegt als das zweite. Es ergibt sich eine verbürgte, wenn auch nur sehr schwache Korrelation zwischen den hohen und tiefen Stellen einerseits und den «Kontinenten» und «Maria» andererseits. Diese liegen im Durchschnitt 1 bis 2 km tiefer als jene. Die Punkte des kleinen Kollektivs liegen im wesentlichen in einem örtlich begrenzten Horst nahe der Mitte der Mondscheibe. Die übrigen 127 Punkte liegen mit geringer Streuung alle auf einer Kugel. Von diesem Horst abgesehen, läßt sich eine Abweichung der Figur des Mondes von einer Kugel nicht nachweisen. Die von Ritter entworfene Höhenschichtenkarte des Mondes und die aus ihr abgeleitete Figur des Mondes erweisen sich als verfehlt, was im einzelnen begründet wird. Verf.

* * **Simojassu,** Die Messung der Temperatur der Oberfläche der Planeten und des Mondes. Vgl. Ref. **7024**.

* * **W. M. Sinton,** Taking the temperatures of the moon and planets. Vgl. Ref. **7025**.

7341. **B. Spruštil,** Zur Frage der Mondatmosphäre. Vesmír **37** 261 (tschech.).

7342. **W. G. Teufel,** Über die Farben-Helligkeitsbeziehung von Teilen der Mondoberfläche. AC Nr. 194 S. 11—13 (russ.).

7343. **W. G. Teufel,** Über die spektralen Unterschiede von Teilen der Mondoberfläche. AC Nr. 196 S. 5—6 (russ.). — Aus einer relativen Spektralphotometrie zwischen λ 3900 und 6200 Å von 90 Gebieten der Mondoberfläche in bezug auf das Mare Vaporum geht hervor, daß der spektralphotometrische Unterschied maximal 0.6 Spektralklassen dG beträgt. Loh.

7344. **J. H. Trexler,** Lunar radio echoes. Proc IRE **46** 286—292. — Der Bericht enthält nach einer geschichtlichen Einleitung eine Darstellung des Versuchsprogramms des Naval Research Laboratory, das sich über den Frequenzbereich 30 MHz bis 2800 MHz erstreckt. Ausführlicher werden dann die Versuche bei 198 MHz und 220 MHz behandelt. Das wesentlichste Element der Apparatur ist eine Erdantenne von etwa 70 m Durchmesser. Der Impulssender für 198 MHz hatte etwa 1 Megawatt Leistung bei 12 μsec Impulsdauer. Die benutzten Empfänger hatten Rauschfaktoren zwischen 2 und 3 db. Die Feinstrukturuntersuchung der Echos ergibt eine wesentlich kürzere Echodauer als erwartet. 50 % der Echoenergie werden in den ersten 50 μsec empfangen; dies entspricht einer reflektierenden Fläche von etwa 340 km Durchmesser bzw. im Bogenmaß 3′. Das Echo ist nach 1 msec praktisch völlig abgeklungen. Weitere Erörterungen betreffen die Echoamplitude. Abschließend wird von erfolgreichen Versuchen berichtet, auf dem Wege über Mondechos Sprache zu übertragen. Daene

7345. **W. Tschernow,** La teinte anormale de la lune. Gaz astr **40** 26—27.

7346. **G. Turner,** The polarization of light reflected by the lunar surface. JBAA **68** 253—263. — Die Arbeit gibt einen Überblick der Beiträge einer Reihe von Beobachtern seit etwa 1920. Im zweiten Teil werden Vergleiche mit irdischen Materialien und die Ansichten über den Zustand der Mondoberfläche behandelt. Hoffmeister

7347. **H. C. Urey,** Composition of the Moon's surface. Z. phys. Chem. **16** 346—357. — Ref. in RJ UdSSR 1959 Nr. 6 S. 61.

7348. **A. M. Velasco,** Observando la Luna. El Universo Nr. 42 S. 41—42.

7349. **H. P. Wilkins,** Our Moon. London, Frederick Muller, 1958. 180 S. Preis 15 s. — Besprechung in Spaceflight **1** 300.

7350. **B. S. Yaplee, R. H. Bruton, K. J. Craig, N. G. Roman,** Radar echoes from the moon at a wavelength of 10 cm. Proc IRE **46** 293—297. — Die Arbeit enthält einen vorläufigen Bericht über Radarbeobachtungen des Mondes bei der Frequenz 2800 MHz. Die Wahl dieser hohen Frequenz ist durch den Wunsch mitbestimmt, die bei niederen Frequenzen auftretenden Fadings zu vermeiden. Die Versuche wurden mit einer Parabolantenne von etwa 15 m Durchmesser ausgeführt, Impulsleistung 2.3 Megawatt, Impulsdauer 2 μsec. Die Echoamplitude liegt −108.3 db unter dem Sendersignal. Die ersten Ergebnisse scheinen die Hoffnung zu rechtfertigen, die Entfernung auf weniger als 800 m genau bestimmen zu können. Daene

7351. Telephony via the Moon. J. Franklin Inst. **266** 153—154. — Ref. in RJ UdSSR 1959 Nr. 5 S. 42.

7352. Månatmosfären. PAT **39** 164—165.

* * Research in outer space. Vgl. Ref. **13**4111.

7353. Radio echoes from the Moon. Sky and Telescope **17** 178—179.

7354. Possible sources of a lunar atmosphere. Sky and Telescope **17** 342. — Ref. in Coelum **26** 174.

7355. Texture of the moon's surface. Sky and Telescope **17** 456.

7356. Moon photographs with an off-axis reflector. Sky and Telescope **18** 65—67.

7357. Negative observations of lunar meteors and lunar «twilight». Strolling Astronomer **12** 36.

Mondfinsternisse

7358. **F. Link,** Densité de la pénombre pendant les éclipses de lune. BAC **9** 169—178. — Verf. leitet theoretisch die Helligkeitsverteilung im Halbschatten ab unter Benutzung der neuesten Werte über den Aufbau der Erdatmosphäre und vergleicht die Ergebnisse mit den Beobachtungen. Etwa 75 % der Finsternisse geben zu große Helligkeit, zu deren Erklärung die Möglichkeit einer Lumineszenz des Mondbodens durch solare UV-Strahlung in Betracht gezogen wird. Ferner zeigt die Helligkeit des Halbschattens eine Beziehung zur Lage der entsprechenden Dämmerungszone auf der Erde und deutet auf eine größere Durchlässigkeit der Erdatmosphäre in den Polarzonen hin. Hoffmeister

7359. **A. Marks,** Fotometria zaćmień Księżyca. Urania Kraków **29** 53—55. — Anleitungen über photometrische Beobachtungen von Mondfinsternissen. Rybka

7360. **J. Meeus,** Een nieuwe Saros-cyclus begint. Hemel en Dampkring **56** 71.

7361. **W. M. Tschernow, W. F. Tschistjakow,** Die Struktur des Erdschattens. Bull. Astr.-Geod. Ges. UdSSR Nr. 22 S. 12—22 (russ.).

7362. **Mondfinsternis 1954 Juli 15—16**

J. H. Focas, Polarimetric and photographic observations of the penumbra during the partial eclipse of the Moon of the 15—16 July 1954. National Obs. Athen Bull. Astr. Inst. 1954 Nr. 1 S. 20—22.

7363. **Mondfinsternis 1957 Mai 13—14**

J. Bouška, The earth's shadow during the partial eclipse of the moon on May 13th—14th, 1957. BAC **9** 245—247. — Die Bearbeitung von 35 Eintritten und 65 Austritten ergibt als Radius des Erdschattens $r = 0.7416$ und als Vergrößerung gegen den theoretischen Wert $\Delta\ r/r_0 = 0.01805$. Für den westlichen Teil des Schattens wurde 0.0156, für den östlichen 0.0200 erhalten. Hoffmeister

M. Cimino, A. Fresa, Fotometria fotoelettrica dell' eclisse totale di luna del 13—14 maggio 1957. Rend. Accad. Nazionale Lincei, Cl. Sci. fis., mat., nat. (8) **25** 58—64 = Oss. Astr. Capodimonte-Napoli Contr. Sci. (NS) Nr. 13. — Während der Finsternis 1957 Mai 14 wurden vier Objekte der Mondoberfläche lichtelektrisch beobachtet, um die von Link vorgeschlagene Theorie zu prüfen. Cester

R. Compte Porta, Del eclipse total de Luna 13—14 mayo de 1957. El Universo Nr. 42 S. 30—34.

L. F. Gromowa, T. D. Pawlowa, Beobachtungen der Sichtbarkeit von Objekten der Mondoberfläche während der Mondfinsternis vom 13./14. Mai 1957 in Leningrad. AC Nr. 189 S. 20—21 (russ.).

C. Hoffmeister, Mondfinsternis 1957 Mai 13. Sterne **34** 126—127.

K. N. Kusmenko, W. C. Plushnikow, Beobachtung der totalen Mondfinsternis vom 13./14. Mai 1957. AC Nr. 189 S. 24 (russ.). — Kontakte.

H. K. Paetzold, Die Mondfinsternis vom 13./14. Mai 1957. Sterne **34** 78—79.

T. A. Poloshenzewa, N. M. Bronnikowa, Photographische Photometrie des Halbschattens der Mondfinsternisse vom 13. Mai und 7. November 1957. AC Nr. 194 S. 10—11 (russ.).

E. Proverbio, Occultazioni di stelle e loro riduzioni e osservazioni di eclissi negli anni 1956—57. — Vgl. Ref. **7368**.

R. M. Rasnik, Beobachtungen der totalen Mondfinsternis vom 13.—14. Mai 1957 in Uljanowsk. AC Nr. 194 S. 9—10 (russ.). — Kraterantritte.

R. Tlalka, Die Messung der effektiven Wellenlänge der Mondfarbe während der Mondfinsternis am 13.—14. V. 1957. Sterne **34** 190—193.

V. Vujnović, Fotometrija pomrčine Mjeseca 13./14. V. 1957. Vasiona **5** 115, 1957.

M. Wähnl, Beobachtungen der totalen Mondesfinsternis vom 13. auf den 14. Mai 1957 auf der Urania-Sternwarte Wien. Veröff. Urania-Sternw. Wien Nr. 1 S. 1—15.

BSAF **72** 30, 182—183, 269—275. L'éclipse totale de Lune du 13—14 mai 1957.

Mitt. Planetenbeobachter **11** 20—23. Unternehmen «Erdschatten». Materialübersicht. E. Mädlow.

Sterne **34** 87. Totale Mondfinsternis 1957 Mai 13/14. K. Liebermann.

7364. Mondfinsternis 1957 November 7—8

A. A. Kawerin, N. S. Tschernych, I. F. Jegortschenko, Beobachtungen der totalen Mondfinsternis vom 7. November 1957 in Irkutsk. AC Nr. 193 S. 34—35 (russ.).

J. Morel, Eclipse de Lune du 7 novembre 1957. BSAF **72** 38.

T. A. Poloshenzewa, N. M. Bronnikowa, Photographische Photometrie des Halbschattens der Mondfinsternisse vom 13. Mai und 7. November 1957. AC Nr. 194 S. 10—11 (russ.).

M. Yamaguchi, T. Hoshino, A report on the observation of the total lunar eclipse on November 7th—8th 1957. Res. Reports Kogakuin Univ. 1958 Nr. 5 S. 1—4 (japan. mit engl. Ref.). — Ref. in RJ UdSSR 1959 Nr. 1 S. 57.

BSAF 72 245. L'eclipse de lune par la pénombre le 7 novembre 1957.

Sky and Telescope 17 136—137. November's eclipse of the Moon. — Beobachtungen.

7365. Mondfinsternis 1958 Mai 3

NAT 1958 S. 30—31. Partiel måneformørkelse den 3. maj, usynlig i Danmark.

Sternbedeckungen

7366. **J. Herrmann,** Die Beobachtung von Sternbedeckungen und ihre Bedeutung für die theoretische Astronomie. I. VdS Nachr. **7** 47—51.

7367. **H. Hirose, K. Tomita, R. Manabe, M. Utida, Y. Kozai, S. Kaho, T. Takenouchi,** Photo-electric occultation observations. TAB (2) Nr. 111 S. 1195—1203. — Es wird eine Liste von 286 lichtelektrischen Beobachtungen von Sternbedeckungen gegeben, die in den Jahren 1950—1956 an 35 japanischen Beobachtungsstationen angestellt wurden. Das Beobachtungsverfahren wurde von K. Osawa entwickelt (AJB **51** Ref. 7339). Kdr.

7368. **E. Proverbio,** Occultazioni di stelle e loro riduzioni e osservazioni di eclissi negli anni 1956—57. Rend. Ist. Lombardo-Accad. Sci. e Lettere, Cl. di Sci. (A) **92** 459—472 = Contr. Oss. Astr. Milano-Merate (NS) Nr. 126. — Enthält: 1.) Ergebnisse einer Dreiecksmessung zur Bestimmung der Koordinaten des Merz-Refraktors von Mailand ($\lambda = -36^m\ 45^s.809$, $\varphi = +45°\ 28'\ 0''.6$); 2.) Sternbedeckungen 1956—1957; 3.) Bericht über die visuellen Beobachtungen der Mondfinsternis 1957 Mai 13—14 einschließlich Beobachtungen der Ein- und Austritte von Mondkratern aus dem Erdschatten. Cester

7369. Vorausberechnungen

BSAF **72** 42, 90, 187, 236, 283, 337, 340, 388, 436, 484, 531. Phénomènes intéressants.

Bull. Obs. Astr. Beograd **21** Nr. 3—4 S. 8—9. Lunar occultations, 1959. Occultations visible at Belgrade.

Ciel et Terre **74** 148, 150, 247, 251, 293, 295, 376, 378, 379, 417, 419, 420, 480, 482. Phénomènes intéressants.

National Obs. Athen Bull. Astr. Inst. 1954 Nr. 1 S. 32—34. Predictions of lunar occultations for 1954 visible at Athens.

NAT 1958 S. 83—84. Måneokkultationer 1959, beregnet for København.

Rocznik Astr. Obs. Krakowskiego 1958. International Suppl. Nr. 29 S. 115—117. Occultations of stars by the moon. J. Mietelski. — Vorausberechnungen für Poznania, Wrocławia, Torunia, Krakowa, Warszawy.

Desgl. 1959 Nr. 30 S. 113—115.

Sky and Telescope **17** 154, 206, 258, 316, 378, 480, 538, 656, **18** 112. Occultation predictions.

VdS Nachr. **7** 5, 21, 28, 33—34, 41, 58, 67—68. Sternbedeckungen. A. Güttler. — 1958 Febr.—Sept.

VdS Nachr. 7 73—75. Sternbedeckungen im IV. Quartal 1958. A. Güttler.

YC 1467 S. 2. Predictions of occultations during lunation 60434 in Japan.

YC 1467 S. 3. Predictions of occultations at Tokyo-Mitaka during $L = 60434$.

YC 1471 S. 2. Predictions of occultations during lunation 60435 in Japanese Standard Time.

YC 1471 S. 3—4. Predictions of occultations for Tokyo-Mitaka during $L = 60435$.

YC 1484. S. 2. Predictions of occultations during $L = 60436$.

YC 1484 S. 3—4. Predictions of occultations for Tokyo-Mitaka during lunation 60436.

7370 Beobachtungen und Reduktionen

AC Nr. 189 S. 25 (russ.). Beobachtung von Sternbedeckungen am Astronomischen Observatorium Charkow 1957. K. N. Kusmenko, W. C. Plushnikow.

AC Nr. 189 S. 25—26 (russ.). Beobachtungen von Sternbedeckungen an der Nikolajewer Abteilung des Astronomischen Hauptobservatoriums im Jahre 1957. E. M. Sereda.

AC Nr. 189 S. 26—27 (russ.). Beobachtungen von Sternbedeckungen am Astronomischen Observatorium der Staatsuniversität Kiew. A. K. Ossipow. — 1955 April, 1956 Mai, August, 1957 August.

AC Nr. 189 S. 27 (russ.). Beobachtungen von Sternbedeckungen in Irkutsk. N. S. Tschernych. — 1957 Nov. 25, 29.

AC Nr. 191 S. 23 (russ.). Beobachtungen von Sternbedeckungen in Tomsk. G. S. Tjuterew. — 1958 Jan. 30—März 31.

AC Nr. 191 S. 24—25 (russ.). Beobachtungen von Stern- und Saturnbedeckungen am Astrophysikalischen Observatorium Abastumani 1957. W. P. Dshapiaschwili.

AC Nr. 191 S. 25 (russ.). Beobachtungen von Sternbedeckungen am Astronomischen Engelhardt-Observatorium 1957. W. P. Kapralow.

AC Nr. 193 S. 31—32 (russ.). Beobachtungen von Sternbedeckungen in Golossejewo. A. S. Charin. — 1958 März 24—Mai 28.

AC Nr. 193 S. 32 (russ.). Beobachtungen von Sternbedeckungen in Irkutsk. N. S. Tschernych. — 1958 Jan. 3—März 25.

AC Nr. 193 S. 33 (russ.). Beobachtungen von Sternbedeckungen in Sigulda. M. Dīriķis. — 1957 Jan. 12—1958 April 25.

AC Nr. 196 S. 18 (russ.). Beobachtungen von Sternbedeckungen an der Magneto-Ionosphärischen Station Irkutsk. G. W. Kuklin. — 1958 April 25, August 25, September 5.

AC Nr. 197 S. 17 (russ.). Beobachtungen von Sternbedeckungen in Tomsk. G. S. Tjuterew.

AJ **63** 42. Occultations of stars by the moon observed during 1956 with the 8-inch equatorial at South Hadley, Mass. A. H. Farnsworth, S. Ellis, S. Vaughn.

AJ **63** 244—245. Discussion of occultations observed from 1953 to 1955. F. McBain Sadler.

AJ **63** 291—295. Surveying by occultations. S. W. Henriksen, S. H. Genatt, M. Q. Marchant, C. D. Batchlor.

AN **284** 64. Sternbedeckungen durch den Mond 1956, beobachtet auf der Sternwarte Sonneberg. C. Hoffmeister, E. Ahnert, P. Ahnert, G. Jackisch, K. Löchel, J. Schubart, D. Wallis.

AN **284** 164. Sternbedeckungen durch den Mond 1957. P. Ahnert.

AN **284** 183—184. Reduzierte Sternbedeckungen durch den Mond 1954 Nov. bis 1957 April. H. Krüger.

An. ştiinţ. Univ. Iaşi (1) **3** 451, 1957. Ocultatii observate la Observatorul Astronomic din Iasi. V. Mihul. — 1956—1957.

BAC **9** 194—198. Observations of occultations made at the People's Observatory Prague-Petřín in the years 1954—1957. R. Rajchl.

BAC 9 198. Observations of occultations of the stars made at the University Observatory, Brno, in the years 1956 and 1957. V. Vanýsek.

BAC 9 199. Observations of occultations made at the University Observatory Prague in the year 1957. J. Bouška.

Bull. Obs. Astr. Beograd 21 Nr. 3—4 S. 8. Occultations d'étoiles par la Lune observées à l'Observatoire de Beograd en 1956.

El Universo Nr. 45 S. 200. Apulso de «Spica» y la Luna. J. G. Hernández.

Gaz astr 40 66. Observations d'occultations d'étoiles par la Lune. W. Sandner.

Greenwich Astronomical Results 1950, A 57—A 58. Equatorial observations. Occultations. — Beob. 1950 Okt. 28.

Hemel en Dampkring 56 28, 71, 125, 195, 246. Werkgroep Bedekkingen. P. de Bruijn.

Japan Astr. Study Ass. Circ. 161 S. 122 (japan.). — Beob. 1957 Jan.—Mai.

Japan Astr. Study Ass. Circ. 162 S. 123—124 (japan.). — Beob. 1957 Juli—Okt.

Japan Astr. Study Ass. Circ. 163 S. 125—126 (japan.). — Beob. 1957 Nov.—Dez.

J. Astr. Soc. Victoria 11 79. Observations of lunar occultations.

J. and Proc. Roy. Soc. New South Wales 91 55—56 = Sydney Obs. Repr. Nr. 29. Occultations observed at Sydney Observatory during 1956. K. P. Sims.

Mem. Japan Astr. Study Ass. 2 1—8. The report of occultation observation in 1957. S. Itoh.

NAT 1958 S. 21. Observationer af okkultationer af stjerner ved månen.

National Obs. Athen Bull. Astr. Inst. 1954 Nr. 1 S. 31. Occultations of stars. D. P. Elias.

NAZ 12 6. W. Malsch. — Beob. 1957 Juli und Okt.

Rev. Astr. Nr. 144—145 S. 132. Ocultaciones de estrellas por la Luna. A. J. Camponovo.

YC 1467 S. 3—4. Occultations observed. K. Fujimori, K. Komoda.

YC 1471 S. 4. Reports of observations of occultations.

YC 1472 S. 4. Reports of observations of occultations. K. Fujimori.

YC 1474 S. 8. Reports of observations of occultations Y. Dômoto.

YC 1484 S. 1. Observations of occultations. A. Horiuchi, M. Morishita, K. Fujimori, Y. Dômoto.

YC 1485 S. 2, 1486 S. 3. Observations of occultations. K. Komoda.

7371. Bedeckungen von Planeten

Venus

AC Nr. 193 S. 33 (russ.). Beobachtung der Venusbedeckung durch den Mond am 14. Juni 1958. A. A. Kawerin, N. S. Tschernych.

AC Nr. 194 S. 7 (russ.). Beobachtung der Venusbedeckung am 14. Juni 1958 in Stalinabad. I. Gussew.

Mitt. Planetenbeobachter 11 38. Venusbedeckung am 14. Juni 1958. K. Friedrich.

VdS Nachr. 7 68. Beobachtung der Venus-Bedeckung vom 14. Juni 1958. R. Brandt.

Mars

J. Astr. Soc. Victoria 11 79—80. Occultation of Mars on Sept. 5.

Jupiter

J. Astr. Soc. Victoria 11 80. Occultation of Jupiter on Sept. 16.

Saturn

AC Nr. 191 S. 24—25. Vgl. Ref. **7370**.

Mitt. Planetenbeobachter **11** 5. Saturn-Bedeckung durch den Mond, 1957. IX. 28d. — Beobachtungen in Mexiko.

Mondformationen

7372. **L. B. Abbey jr., E. E. Both,** An atlas of lunar domes. Strolling Astronomer **12** 96—101.

7373. **P. Ahnert,** Das Geheimnis des verschwundenen «Riesenkraters» Alhazen. Sterne **34** 17—24. — Nach Pressemeldungen sollte Schröters Objekt Alhazen verschwunden sein. Verf. bemerkt, daß diese Behauptung schon im Jahre 1825 aufgestellt worden ist und weist glaubhaft nach, daß das Objekt bei geeigneter Beleuchtung heute noch ebenso aussieht wie auf Schröters Zeichnung von 1788. Es handelt sich offenbar nicht um ein Ringgebirge, sondern um eine Senke zwischen Gebirgszügen. Hoffmeister

7374. **D. W. Allan,** The moon as a clue to the earth's early history. J RAS Canada **52** 17—18. — Kurze Erörterung einiger Mondprobleme, die nach Ansicht des Verf. geeignet sind, zur Klärung gewisser geophysikalischer und geologischer Fragen der Frühgeschichte der Erde beizutragen. Kdr.

7375. **D. Alter,** Peculiar features of the lunar surface. Publ ASP **70** 489—494. — Für verschiedene Objekte, über die widersprechende Beobachtungen und Erklärungen veröffentlicht worden sind, wird eine Klärung auf Grund neuerer Aufnahmen (z. T. im Infrarot) versucht, von denen Reproduktionen beigefügt sind. Die Objekte sind: Linné, Messier und W. H. Pickering, Schiller, das Rheita-Tal, das Alpenquertal und die parallelen Täler im Ptolemäus-Gebiet. O. G.

7376. **L. Bartha,** Veränderliche Mondflecken im Ringgebirge Atlas. Naturwissenschaften **45** 280. — Es ist schon seit langem bekannt, daß die Flecken der Mondoberfläche ihre Ausdehnung und Intensität zeitweilig verändern. Solche Flecken befinden sich auch im Innern des Ringgebirges Atlas. Seit 1951 hat Verf. an der Urania-Sternwarte in Budapest die visuelle Farbveränderung des Kraterbodens beobachtet. 1951—53 wurden die Veränderungen der Form, 1956—57 die der Intensität der Mondflecken festgestellt. Die Ursache der Veränderungen ist noch ungeklärt. Verf. meint, daß der Grund für die Änderungen von Intensität und Ausdehnung in der Mikrostruktur des Kraterbodens zu suchen ist. Henn

7377. **E. E. Both,** Introduction to selenomorphology. Strolling Astronomer **12** 114—119.

7378. **F. Chemla-Lamech,** Les cases polygonales dans l'édification du réseau orographique lunaire. J. International Lunar Soc. **1** 72—75, 78. — Verf. betrachtet den Vulkanismus als das bestimmende Prinzip bei der Entstehung der Mondformationen und stützt seine Ansicht auf charakteristische Gebilde wie die polygonartigen Ringgebirge, unter Berücksichtigung der bei der Abkühlung erhitzter Massen auftretenden Kräfte. Hoffmeister

7379. **A. Dauvillier,** Le Volcanisme Lunaire et Terrestre. Paris, Editions Albin Michel, 1958. 300 S. Preis fr. 1200. — Besprechung in Sky and Telescope **17** 471.

7380. **K. H. Engel,** On the origin of the Moon's surface features. J. International Lunar Soc. **1** 55—63. — Die Arbeit befaßt sich hauptsächlich mit den Strahlensystemen. Es wird vermutet, daß ihre Ursachen in tieferen Schichten liegen und aus sternartigen Rissen des unterkühlten Magmas bestehen. Die «Krater» sollen spätere Bildungen in den Zentren der «Sterne» sein. Die großen Strahlensysteme des Tycho und des Copernicus werden für die ältesten Gebilde der sichtbaren Mondstrukturen gehalten. Hoffmeister

7381. **G. Fielder,** Measurement of the profile of a lunar wrinkle ridge. MN 118 547—550. — Mit Hilfe der Länge des Schattens, den ein Berg bekannter Höhe zu verschiedenen Zeiten wirft, wird die Höhenverteilung seiner Umgebung gemessen. F. S.

7382. **G. Fielder,** Lunar lattice patterns and their time of origin. Publ ASP **70** 308—310. — Es wird darauf hingewiesen, daß, wie J. E. Spurr zuerst gezeigt hat, an den Nord- und Südseiten gewisser Ringgebirge ein Gittermuster der Oberflächendetails erkennbar ist. Zwei Bildtafeln zeigen ein solches Muster im Süden von Arzachel. Verf. versucht, eine zeitliche Reihenfolge für die Bildung von Ringgebirgen und Gitterstrukturen aufzustellen. O. G.

7383. **J. J. Gilvarry,** The nature of the lunar maria. ApJ **127** 751—762. — Messungen des Temperaturganges bei Mondfinsternissen am Mondboden hatten für die Gebirge die Bedeckung mit Staub annehmen lassen. Verf. berechnet den Temperaturgang im Mare Vaporum unter der Annahme einer aus Lava bestehenden Oberfläche und findet so starke Abweichungen von der Beobachtung, daß auch hier Staubbedeckung anzunehmen ist. Er verweist auf die Ansicht von T. Gold, wonach die Mare staubgefüllte Krater sein sollen. Hoffmeister

7384. **A. J. H. Goodwin,** Cave dust and lunar craters. MN ASSA **17** 6—8.

7385. **A. K. Herring,** Some notes on the apparent displacement of certain lunar markings. Strolling Astronomer **12** 7—9.

7386. **A. K. Herring,** A new lunar cleft system. Strolling Astronomer **12** 82—83. — Beobachtung und Wiedergabe einer Zeichnung des Mondkratersystems Grimaldi mit seinen im Westen und Südwesten gelegenen Rillen.

7387. **K. I. Koslowa, J. W. Glagolewskij,** Der Farbenexzeß von sechs Mondkratern nach elektrophotometrischen Beobachtungen. AC Nr. 198 S. 1—2 (russ.).

7388. **P. Moore, P. J. Cattermole,** A catalogue of lunar domes. Part 2. J. International Lunar Soc. **1** 70—71.

7389. **P. Moore,** Lunar domes. Sky and Telescope **18** 91—92, 95.

7390. **P. Moore,** Some suggestions regarding lunar domes. Strolling Astronomer **12** 83—85.

7391. **A. N. Neate,** Lunar relative altitudes: region of Cichus — a correction. JBAA **68** 33.

7392. **A. A. Nefedjew,** Reliefkarten der Randzone des Mondes in bezug auf das Nullniveau. Leningrad, Astr. Hauptobs., 1958 (russ.). — Dissertationsreferat.

7393. **A. A. Nefedjew,** Auf das Nullniveau bezogene Reliefkarten der Randzone des Mondes. Mitt. Astr. Engelhardt-Obs. Kasan Nr. 30, 149 S. (russ.).

7394. **H. Oberndorfer,** Blick zum Mond. Sinus Iridium. Mitt. Planetenbeobachter **11** 7—8.

7395. **W. S. Partridge, H. B. Vanfleet,** Similarities between lunar and high-velocity-impact craters. ApJ **128** 416—419. Berichtigungen in ApJ **129** 524. — Ref. in Sky and Telescope **18** 85. — Es werden die Resultate verschiedener Laboratoriumsversuche beschrieben, künstliche Mondkrater durch Aufprall harter Körper auf verschiedene Materialien zu erzeugen. Es ergeben sich, wie bekannt, weitgehende Analogien zu den wirklich beobachteten Mondkratern. Selbst Zentralberge konnten unter gewissen Umständen erzeugt werden. F. S.

7396. **G. Ruggieri,** L'osservazione dei profili delle montagne lunari. Astronautica **6** 196—198.

7397. **P. F. Sabanejew,** Ergebnisse der Modellierung von Mondkratern bei erniedrigter Schwerkraft. Bull. Astr.-Geod. Ges. UdSSR Nr. 21 S. 17—24 (russ.).

7398. **P. F. Sabanejew,** Ergebnisse der Modellierung von Mondkratern auf ungleichmäßig haltbarem Boden. Bull. Astr.-Geod. Ges. UdSSR Nr. 23 S. 36—38 (russ.).

7399. **J. Sadil,** New contributions about the origin of lunar formations. RH **39** 25—32 (tschech.).

73100. **W. G. Teufel,** Über die normalen Farbenindizes von Mondobjekten. AC Nr. 192 S. 21—23 (russ.). — Kurzer Bericht über die photographische Photometrie von 262 kleinen Gebieten der Mondoberfläche bei λ 5500 und 4430 Å. Loh.

73101. **A. Wróblewski,** Wulkany innych planet. Urania Kraków **29** 327—329. — Allgemeinverständlicher Aufsatz über die Möglichkeit der Existenz von Vulkanen auf Mond und Planeten. Rybka

73102. Lunar topography: Gift to the University of Manchester. Nature **182** 1552.

73103. Some lunar observing problems. Sky and Telescope **17** 237.

73104. Vulkansk Virksomhed paa Maanen? Urania København **15** 76.

73105. **Mitteilungen über Mondformationen**

AC Nr. **197** S. **4** (russ.). Über die Vulkantätigkeit auf dem Mond. N. A. Kosyrew. — Der Mondkrater Alphonsus wurde vom 22. Okt. bis 4. Nov. 1958 überwacht. Am 3. Nov. vollzogen sich von 0^h bis 3^h30^m Weltzeit Änderungen im Spektrum des Zentralberges, insbesondere trat zwischen 3^h und 3^h30^m eine aus einer Reihe von Banden bestehende, helle Emission auf, die an das Aussehen von Kometenspektren erinnerte. Wahrscheinlich handelt es sich um einen Vulkanausbruch. Am 4. Nov. war der Zustand des Kraters wieder normal. Loh.

BAA Circ 405. Probable igneous eruption in the lunar crater Alphonsus.

DO-CIA Nr. 39. Les phénomènes éruptifs du cratère lunaire Alphonse.

Harv Card 1419. Lunar crater Alphonsus. G. P. Kuiper.

Irish AJ **5** 7—8. Peculiar shadows in lunar craters. R. V. Ramsay.

Irish AJ **5** 8—9. Suggestions as to the nature of illuminated patches observed by R. V. Ramsay. L. Milling.

JBAA **68** 278. The Lunar Atlas. E. A. Whitaker.

J. International Lunar Soc. **1** 76—77. The spots within Plato. H. P. Wilkins.

Mitt. Planetenbeobachter **11** 32—33. Polybius und der «Staudamm» bei Polybius «K». H. Oberndorfer.

Mitt. Planetenbeobachter **11** 34. Die Sichtbarkeit der Strahlensysteme des Mondes. W. Schröder.

PAT **39** 80. Studier av soluppgången över vallslätten Plato. P. O. Karlsson.

Sky and Telescope **17** 138. A view of the lunar crater Kies. A. C. Larrieu.

Sky and Telescope **17** 297. Mapping the floor of Plato. P. McIntosh.

Sky and Telescope **17** 414. A lunar curiosity. — Beobachtung 1956 Nov. 26.

Sky and Telescope **17** 464. Observing the Moon — Posidonius. A. K. Herring.

Sky and Telescope **17** 637. Observing the moon — Pitatus. A. K. Herring.

Strolling Astronomer **12** 10—11. Plato. H. P. Wilkins.

Strolling Astronomer **12** 32. Ptolemaeus and environs.

Strolling Astronomer **12** 33. Aristarchus normal on October 12 and 13, 1957.

Strolling Astronomer **12** 33, 34. Gassendi, Darwin, and Cassini.

Strolling Astronomer **12** 36. Transient bright mark in Mare Crisium.

Strolling Astronomer **12** 71—72. Copernicus.

Strolling Astronomer **12** 72. Lunar formations Palisa and Davy. A. K. Herring.

Strolling Astronomer **12** 112. Palisa and Davy.
Strolling Astronomer **12** 112. A lunar anomaly which wasn't. J. R. Lehr. — Beobachtung 1958 Mai 23.
Strolling Astronomer **12** 119—123. An apparent volcanic eruption in the lunar crater Alphonsus. W. H. Haas.
Strolling Astronomer **12** 154—155. Cassini. A. K. Herring.
Strolling Astronomer **12** 155. New cleft in «Ancient Newton». A. K. Herring.
Strolling Astronomer **12** 156. Lunar color observation.
VdS Nachr. **7** 42. Verschleierungen in Plato.

§ 74

Mars

7401. Astrometrische Beobachtungen

Greenwich Astronomical Results 1948, A 21. Observed right ascensions, declinations and diameters.
Desgl. für 1950, A 23—A 24.
Desgl. für 1952, A 25.
TAB (2) Nr. 108 S. 1167—1172. Meridian observations of the right ascensions of the Moon and planets during the year 1957. S. Nakano, H. Yasuda, H. Hara.

7402. Physische Beobachtungen

AC Nr. 188 S. 13—14 (russ.). Visuelle und photographische Beobachtungen von Mars während der Opposition 1956. W. Sawina.
BSAF **72** 16—26, 120—126. Commission des surfaces planétaires: L'observation de la planète Mars en 1956. J. Camus, A. Dollfus.
BSAF **72** 159—168. Etude de la planète Mars en 1956 au Japon. A. Dollfus.
Bull. Astr.-Geod. Ges. UdSSR Nr. 22 S. 3—11 (russ.). Visuelle Beobachtungen von Mars während der Opposition 1956. W. A. Bronstein.
Coelum **26** 72—75. Considerazioni generali sulle osservazioni effettuate durante la grande opposizione di Marte nel 1956. U. Ranzi, V. Croce.
JBAA **68** 95—98. Vgl. Ref. **7602**.
JBAA **68** 142—147. Mars in 1956. E. H. Collinson.
Mitt. Planetenbeobachter **11** 9. Spanische Mars-Beobachtungen 1956.
Mitt. Planetenbeobachter **11** 35, 37—38. Erste Meldungen über Marsbeobachtungen 1958. W. Carnuth.
Mitt. Planetenbeobachter **11** 39—40. Mars 1958, Juli—September. F. Kimberger.
Mitt. Planetenbeobachter **11** 54—59. Mars 1958 (2. Zwischenbericht). W. Carnuth.
Mitt. Planetenbeobachter **11** 59—60. Mars 1958 /2. Zwischenbericht. F. Kimberger.
Mitt. Planetenbeobachter **11** 60. Veränderungen der Südpolkappe des Mars vom Juli—Oktober 1958. F. Kimberger.
National Obs. Athen Bull. Astr. Inst. 1954 Nr. 1 S. 23—30. Polarimetric observations of the bright and dark areas of Mars 1954. J. H. Focas.
Orion Schaffhausen **5** 500—502. Observations de Mars en 1956. M. de Saussure.
Sterne **34** 188—190. Visuelle Beobachtungen und photographische Arbeiten während der Marsopposition 1956. F. Kimberger.
Sternenbote Wien **1** Nr. 7 S. 2—4, 8—9. Erscheinungen in der Marsatmosphäre. A. Barner, A. Riehs.
Sternenbote Wien **1** Nr. 9 S. 6—7. Erste Marsbeobachtungen 1958. W. Sandner.
Strolling Astronomer **12** 3—7. Observing Mars in 1958. L. B. Abbey jr.

Strolling Astronomer **12** 76—80. Some changing aspects of Mars in 1956. J. W. Goodman.

7403. **J. Ashbrook,** The new IAU nomenclature for Mars. Sky and Telescope **18** 23—26 = Harv Repr (2) Nr. 139. — Bericht über die von der IAU 1958 angenommene offizielle Festlegung der Namen von 128 permanenten, dunklen und hellen Flecken auf der Marsoberfläche, die die bisher vielfach nicht einheitliche Benennung systematisieren soll. Marskarten mit und ohne Namen der 128 benannten Gebiete sind beigefügt. Kdr.

7404. **H. von Bandat,** Martian features. Geotimes **2** Nr. 7 S. 6—7, 14. — Ref. in RJ UdSSR 1958 Nr. 9 S. 53.

7405. **N. P. Barabaschow,** Mars. Charkow, Gebietsverlag, 1956. 22 S. (russ.).

7406. **N. P. Barabaschow, I. K. Kowal,** The structure of the southern polar cap of Mars in 1956. AJ UdSSR **35** 261—264 (russ. mit engl. Ref.). — Engl. Übersetzung in Soviet Astr. AJ **2** 234—238. — Aus im Jahre 1956 angestellten Beobachtungen verschiedener Herkunft diskutiert Verf. den Aufbau der Polkappen. Das gleichzeitige Verschwinden der südlichen Polkappe am 1. Sept. 1956 sowohl im roten als auch im ultravioletten Licht macht es wahrscheinlich, daß die Polkappe zu dieser Zeit vollständig auf der festen Oberfläche des Planeten auflag, und daß der in verschiedenen Bereichen des Spektrums sichtbare Helligkeitskontrast zwischen der Kappe und dem übrigen Teil der Marsoberfläche (neben Streuungs-) durch Absorptionseigenschaften ihrer Atmosphäre erklärt werden kann. Eine genäherte Abschätzung der optischen Dichte der Marsatmosphäre im ultravioletten Licht ergibt $\tau \approx 0.3$. Verf. (übersetzt)

7407. **N. P. Barabaschow,** The main results of observations of Mars during the opposition of 1956. AJ UdSSR **35** 869—880 (russ. mit engl. Ref.). — Engl. Übersetzung in Soviet Astr. AJ **2** 814—824. — Verf. berichtet über die wesentlichsten Beobachtungsergebnisse während der Marsopposition 1956, die an einer Reihe von Sternwarten der UdSSR und durch die Astr. Geod. Ges. UdSSR durchgeführt wurden. Die Ergebnisse umfassen photographische, visuelle, photoelektrische und spektralphotometrische Beobachtungen. Es werden die Ursachen des Verschwindens der südlichen Polkappe zwischen dem 30. August und 14. September diskutiert, ferner das Auftreten mächtiger, gelb-orangefarbener Gebilde, die lange Zeit die verschiedensten Teile der Planetenoberfläche verhüllten. Darüber hinaus werden einige Schlußfolgerungen über den Aufbau der Polkappe, die Struktur der Länder und der Meere sowie über die absorbierenden und streuenden Eigenschaften der Marsatmosphäre gezogen. Loh.

7408. **N. P. Barabaschow,** Rezultatele preliminare ale observatiilor planetei Marte. An. Rom.-Sov. (mat.-fiz.) **12** 142—144. — Ref. in RJ UdSSR 1959 Nr. 4 S. 64.

7409. **N. P. Barabaschow,** Observation of Mars at the opposition 1956. Pokroky **3** 606—609 (tschech.).

7410. **G. Borocki,** Der rätselhafte Planet Mars. Vasiona **5** 113—114, 1957 (serb.). — Verf. teilt einige Daten, alte und neue Beobachtungen sowie Spekulationen über den roten Planeten und seine beiden Satelliten mit. Eksinger

7411. **M. M. Butslow, A. A. Kalinjak, L. A. Kamionko,** The results of the photometric reduction of photographs of Mars in the near infrared spectral region. Mitt. Astr. Hauptobs. Pulkowo **21** Nr. 3 (162) S. 63—71 (russ. mit engl. Ref.). — In der vorliegenden Arbeit wird über die Ergebnisse der photometrischen Bearbeitung von Marsaufnahmen berichtet, die während der Opposition von 1958 bei den effektiven Wellenlängen λ 8400 Å und 9830 Å aufgenommen worden waren. Die in Einheiten der Sonnenhelligkeit ausgedrückten Absoluthelligkeiten des Planeten Mars betragen in den genannten Wellenlängenbereichen 1.11×10^{-6} und 1.45×10^{-6}. Die Helligkeitsänderung von Mars und Mond stimmt in diesem Spektralbereich gut mit den Ergebnissen Kuipers überein. Die Helligkeit des auf der starken Trübung der Marsatmosphäre während des Beobachtungszeitraums beruhenden Streulichts macht etwa 20% der gesamten Helligkeit in Bildmitte aus. Verf. (übersetzt)

7412. **C. F. Capen jr.,** Mars drawings using filters. Sky and Telescope **18** 95.

7413. **T. R. Cave jr.,** Early observations of Mars. Sky and Telescope **18** 30—31, 35.

7414. **T. R. Cave,** Your telescope and Mars. Strolling Astronomer **12** 75—76.

7415. **W. D. Dawydow,** Über das Grundwasser auf Mars. AC Nr. 193 S. 21—22 (russ.).

7416. **A. Dollfus,** Etude de la planète Mars aux Etats-Unis en 1956. BSAF **72** 315—327.

7417. **A. Dollfus,** Nomenclature martienne selon l'Union Astronomique Internationale. BSAF **72** 453—455.

* * **M. S. Eigenson,** Über die solare Natur der starken Zirkulationsanomalien in den Atmosphären von Erde und Mars 1956. Vgl. Ref. 6814.

7418. **W. G. Fessenkow,** Marsbeobachtungen am 8'-Refraktor des Astrophysikalischen Institutes während der großen Opposition 1956. Mitt. Astrophys. Inst. Alma-Ata **7** 19—27 (russ. mit engl. Ref.). — Gegenstand der vorliegenden Untersuchung ist in erster Linie die Helligkeitsverteilung am äußersten Rand des Marsscheibchens. Es zeigt sich, daß dort die Helligkeit schneller abnimmt als es nach dem Lambertschen Gesetz der Fall sein sollte. Loh.

7419. **J. H. Focas,** Etude polarimétrique et photométrique de la calotte polaire et des régions sombres de la planète Mars. CR **246** 1665—1667 = National Obs. Athens Repr. Nr. 9. — Die Ergebnisse ausgedehnter polarimetrischer und photometrischer Messungen während der Marsoppositionen 1954 und 1956 werden in zusammengefaßter Form mitgeteilt. Im einzelnen wird das Verhalten der im Marswinter über der Polgegend lagernden Wolke behandelt; ferner werden die Helligkeitsveränderungen der dunklen Gebiete in zirkumpolaren und gemäßigten Breiten im Laufe der Jahreszeiten beschrieben. Mehltretter

7420. **J. W. Glagolewskij, K. I. Koslowa,** Photometrie von Teilen der Marsoberfläche im Jahre 1956 am Elektrophotometer AFM — 3. Publ. Sektor Astrobotanik Akad. Wiss. Kasach. Sowjetrepublik **6** 197—207 (russ.). — Ref. in RJ UdSSR 1959 Nr. 7 S. 68.

7421. **L. P. Golosnizkij,** Über die physikalischen Bedingungen und die Möglichkeit des Lebens auf Mars. Bull. Astr.-Geod. Ges. UdSSR Nr. 21 S. 3—13 (russ.).

7422. **S. G. Gordeladse, E. A. Gurtowenko,** Dreifarben-Kolorimetrie der Integralhelligkeit von Mars während der Opposition von 1956. Mitt. Astr. Hauptobs. Golossejewo **2** Nr. 2 S. 140—154 (russ.). — In Golossejewo wurde vom 1. 9. 56 bis zum 2. 1. 57 Mars in drei Spektralgebieten (430, 546, 622 mμ) photographisch photometriert. Die größte photovisuelle Helligkeit betrug m_{pv} = — 3.47. Sie nahm vom 7. 9. bis 2. 1. auf — 1^m02 ab. Die Farbenindizes nahmen mit dem Phasenwinkel ab. Verf. diskutiert abschließend den Zustand der Marsatmosphäre in Anlehnung an seine Ergebnisse. Loh.

7423. **W. D. Heintz,** Marsbeobachtungen 1954/56. Mitt. AG 1957/I S. 33. — Ref. AG.

7424. **W. D. Heintz,** On the Martian yellow cloud in 1956. Obs **78** 203—204. — Entgegen S. Miyamoto scheinen mehrere Beobachtungsreihen eine östliche Zugrichtung der Bewölkung anzuzeigen. Verf.

7425. **W. D. Heintz,** Rätsel des Mars. I. Bahnbewegung — Oberfläche — Jahreszeiten — Atmosphäre. Umschau in Wiss. und Technik **58** 172—174.

7426. **W. D. Heintz,** Rätsel des Mars. II. Leben oder nicht? — Was sind die Marskanäle? — Klima und Wettervorgänge. Umschau in Wiss. und Technik **58** 289—291.

7427. **S. L. Hess,** Blue haze and the vertical structure of the Martian atmosphere. ApJ **127** 743—750. — Ref. in Coelum **26** 175. — Der über der Marsoberfläche gelegentlich im blauen Licht beobachtete Dunstschleier wird auf die Bildung von Wolken aus Eiskristallen zurückgeführt. Eine ältere Hypothese des Verf., daß der Dunst auf der Gegenwart von CO_2-Kristallen beruht, wird zurückgenommen. Micz.

7428. **H. M. Jeffers,** Mars photographs with the 36-inch telescope. Publ ASP **70** 305—307 = Contr. Lick Obs. (2) Nr. 89. — In den Oppositionen 1939, 1941, 1943, 1954 und 1956 wurden insgesamt etwa 10000 Aufnahmen mit dem 36″-Teleskop des Lick-Observatoriums erhalten, fast alle mit einem Schott-OG 1-Filter. Verf. berichtet über Erfahrungen mit verschiedenen Emulsionen, Abblendung des Objektivs usw. Zwei Bildtafeln mit je drei Aufnahmen der gleichen Gegend in verschiedenen Oppositionen zeigen starke Änderungen der Durchsichtigkeit der Marsatmosphäre. O. G.

7429. **F. Kimberger,** Über das «Kerbenphänomen» auf Mars. Mitt. Planetenbeobachter **11** 1—4. — Das Kerbenphänomen auf Mars wurde 1924 und 1956 von verschiedenen Beobachtern verifiziert. Es handelt sich möglicherweise um eine schlecht beobachtbare Oberflächenstruktur, die vielleicht aus einer Vertiefung mit Schattenwurfbildung besteht. Verf.

7430. **F. Kimberger,** Dunkelgebiet um Toth. Mitt. Planetenbeobachter **11** 6.

7431. **K. I. Koslowa, J. W. Glagolewskij,** Visuelle Marsbeobachtungen während seiner Opposition 1956. Publ. Sektor Astrobotanik Akad. Wiss. Kasach. Sowjetrepublik **6** 7—22 (russ.). — Ref. in RJ UdSSR 1959 Nr. 6 S. 59—60.

7432. **M. Kossatschewskij,** Genäherte Werte für die Massen der Marsmonde. AC Nr. 195 S. 8—9 (russ.). — Die Massen werden unter verschiedenen Annahmen für Dichte und Albedo sowie unter der Voraussetzung homogener, kugelförmiger Gestalt bestimmt. Für die Durchmesser ergeben sich 15 (Phobos) bzw. 8 (Deimos) km. Loh.

7433. **M. P. Kossatschewskij,** Berechnung der gegenseitigen Störungen der Marsbegleiter. Bote Univ. Moskau (Math., Mechan., Astr., Phys., Chem.) 1958 Nr. 4 S. 57—63 (russ.). — Ref. in RJ UdSSR 1959 Nr. 8 S. 11.

7434. **N. A. Kosyrew,** Some properties of the atmosphere of Mars from spectrophotometric observations in 1956. Mitt. Astrophys. Obs. Krim **18** 61—65 (russ. mit engl. Ref.). — Im September 1956 wurde eine scharfe Abnahme des Kontrastes von Oberflächeneinzelheiten des Planeten bei geringer Veränderung der allgemeinen Farbe des Planeten beobachtet. Daraus wird der Schluß gezogen, daß eine Trübung der Marsatmosphäre nur in den untersten Schichten ohne wesentliche Änderungen der allgemeinen optischen Eigenschaften der Atmosphäre vor sich ging. Die Untersuchung von Spektrogrammen der Polkappe, die in der zweiten Septemberhälfte und Anfang Oktober 1956 beobachtet wurde, zeigte, daß diese Polkappe ein atmosphärisches Gebilde ist. Die Polkappe bildet sich auf Grund einer Verdichtung derselben Teilchen, welche die gewöhnliche Streuung in den höheren Schichten der Marsatmosphäre bewirken.
Verf. (übersetzt)

7435. **G. P. Kuiper,** Sobre los rasgos distintivos de la superficie del planeta Marte. Astronomia Popular 1 Nr. 4 S. 8—13.

7436. **A. P. Kutyrewa,** Einige Daten visueller Marsbeobachtungen im Jahre 1956. Publ. Sektor Astrobotanik Akad. Wiss. Kasach. Sowjetrepublik 6 23—33 (russ.). — Ref. in RJ UdSSR 1959 Nr. 6 S. 60.

7437. **E. López,** La próxima oposición de Marte. El Universo Nr. 45 S. 196—199.

7438. **C. H. Mayer, T. P. McCullough, R. M. Sloanaker,** Observations of Mars and Jupiter at a wave length of 3.15 cm. ApJ **127** 11—16. — Ref. in Irish AJ **5** 73—74. — Eine Serie von Messungen der Radiostrahlung von Mars bei 3.15 cm Wellenlänge in Oppositionsnähe im September 1956 führt auf eine Temperatur von 218° ± 76° K bei Annahme schwarzer Strahlung. Messungen an Jupiter im Mai 1956 ergeben 140° ± 56° K und im März 1957 in Oppositionsnähe 145° ± 26° K. Micz.

7439. **R. R. de Freitas Mourão,** Observações do planêta Marte, realizadas, durante a oposição de 1956. Obs. Nacional Rio de Janeiro Publ. Avulsa Nr. 1, 13 S., 1957.

7440. **E. Öpik,** Spectroscopic evidence of vegetation on Mars. Irish AJ **5** 12—13.

* * **H. K. Paetzold,** Über die Atmosphäre von Erde und Mars. Vgl. Ref. 7251.

7441. **I. A. Parschin,** Vorläufige Mitteilung über photographische Marsbeobachtungen während der Opposition 1956. AC Nr. 194 S. 6—7 (russ.). — Verf. berichtet kurz über das Verhalten einzelner Marsgebiete in den Spektralbereichen λ 430, 545 und 630 mμ.

* * **R. S. Richardson,** A survey of conditions on Mars and Venus. Vgl. Ref. 7125.

7442. **O. B. Rshanizyna,** Photographische Photometrie des hellen Marsgebiets Argyre im August 1956. AC Nr. 191 S. 9—11 (russ.). — Die Helligkeit des Gebiets ist Schwankungen unterworfen gewesen, doch blieb es dabei immer rötlich getönt. Loh.

7443. **K. Rudnicki,** Teoria Lebiedyńskiego o cyrkulacji wody na Marsie. Urania Kraków **29** 39—41. — Zusammenfassung eines Vortrages, den A. Lebedinskij am 26. 11. 57 auf der Tagung der polnischen Astronomischen Gesellschaft in Warschau gehalten hat. Rybka

7444. **G. Ruggieri,** Il pianeta Marte e i suoi enigmi. Astronautica **6** 11—16.

7445. **J. Sadil,** New investigations of the planet Mars. RH **39** 145—152 (tschech.).

7446. **J. Sadil,** The opposition of Mars in the year 1958. RH **39** 178—179 (tschech.).

7447. **W. Sandner,** Sternbedeckung durch Mars, 1958. VIII. 25^d. Mitt. Planetenbeobachter **11** 42.

7448. **W. Sandner,** Sternbedeckung durch Mars, 1958. X. 26^d. Mitt. Planetenbeobachter **11** 53.

7449. **W. W. Scharonow,** Visueller Vergleich von Helligkeit und Farbe der Marsscheibe mit Gebilden terrestrischer Wüstendecken. Abh. Staatsuniv. Leningrad Nr. 273 S. 120—143 (russ.). — Ref. in RJ UdSSR 1959 Nr. 9 S. 58.

7450. **W. W. Scharonow,** Die Natur der Oberfläche und Atmosphäre von Mars aus Beobachtungsdaten des Jahres 1956. AC Nr. 195 S. 7—8 (russ.). — Die an verschiedenen terrestrischen Proben gemessenen Helligkeits- und Farbkoeffizienten werden mit Beobachtungen von Einzelheiten der Marsoberfläche verglichen. Offensichtlich gibt es auf dem Planeten Verwehungsgebiete, die entweder von Sand und Staub leergefegt oder in denen diese angehäuft sind und sehr glatte Flächen bilden. Letzteres trifft vor allem auf die Mare zu, die sich durch Gleichartigkeit der Färbung und Glätte auszeichnen. Die Mare kommen als Entstehungsherde des Staubes in Betracht. Loh.

7451. **W. W. Scharonow,** Einige Ergebnisse über die Marsbeobachtungen während der Opposition 1956. Bote Univ. Leningrad 1958 Nr. 19 S. 187—202 (russ. mit engl. Ref.). — Ref. in RJ UdSSR 1959 Nr. 5 S. 59—60.

7452. **H. J. Schumacher,** Die Marsopposition 1958. VdS Nachr. **7** 82—83.

7453. **H. C. Urey,** The blue haze of Mars. ApJ **128** 736—737. — Die Theorie von S. Hess, wonach die Violettschicht auf Lichtstreuung an niederen Eiskristallen beruht, würde weitgehend einheitliche Klimaverhältnisse, speziell (bei plötzlicher Auflösung der Schicht) rasche globale Temperaturänderungen fordern, was unwahrscheinlich ist, und ferner auf eine größere Abplattung im Blauen führen, entgegen den Beobachtungen. Heintz

7454. **G. de Vaucouleurs,** World-wide observations of Mars in 1956. ASP Leaflet Nr. 351, 8 S. — Übersetzung in Urania København **15** 65—69.

7455. **W. A. Webb,** Mars, the New Frontier; Lowell's Hypothesis. San Francisco, Fearon Publishers, 1956. 141 S. Preis $ 5.00. — Besprechung in Publ ASP **71** 250—251 (D. B. McLaughlin).

7456. **W. A. Webb,** Analisis de la red de canales del planeta Marte. Astronomia Popular **1** Nr. 4 S. 3—7.

7457. **W. A. Webb,** Mars and the rocket program. Publ ASP **70** 465—466. — Ref. ASP.

7458. **R. Woynarski,** Roślinne pasy ochronne na Marsie? Urania Kraków **29** 301—305. — Besprechung der Hypothesen zur Erklärung der Marskanäle. Diskussion der Hypothese, nach der die Kanäle Vegetationsgürtel darstellen sollen. Rybka

7459. **A. Wróblewski,** Mars w świetle najnowszych badań. Postępy Astr. **6** 71—91. — Behandelt im 1. Abschnitt Zusammensetzung und Eigenschaften der Marsatmosphäre und die Entstehung der Wolken. Der 2. Abschnitt gibt eine Beschreibung der Marsoberfläche, der Kanäle und der Polkappen. Der 3. Abschnitt ist den Maren gewidmet. Es werden die vulkanische Hypothese nach McLaughlin und die Vegetationshypothesen betrachtet sowie die dagegen erhobenen Einwände. Verf. gibt Argumente für die Existenz von primitiver Vegetation auf Mars. Rybka

7460. **A. Wróblewski,** Spór o naturę «mórz» Marsa zaczyna się rozstrzygać. Urania Kraków **29** 202—210. — Verf. bespricht die vegetative und vulkanische Hypothese über die Marsmare. Verf. ist der Ansicht, daß sich der Streit um das Wesen der Mare zugunsten der ersten Hypothese entscheiden wird. Die von McLaughlin vertretene vulkanische Hypothese wird besprochen und es wird auf Schwierigkeiten hingewiesen. Rybka

7461. **A. K. Wróblewski,** Z tajemnic Marsa. Warszawa, PWN, 1958. 328 S. Preis 22 zł.

7462. Occultation d'étoile par Mars. DO-CIA Nr. 30. — 1958 Okt. 26.

7463. ¿ Vegetación en Marte ? El Universo Nr. 44 S. 154.

7464. Evidence for vegetation on Mars. JBAA **68** 196.

7465. Martian atmosphere restudied. J. Wash. Acad. Sci. **48** 176—179. — Ref. in RJ UdSSR 1959 Nr. 5 S. 60.

7466. Photométrie de certaines régions de Mars. La Nature **86** 292.

7467. Martian atmosphere restudied. National Bureau Standards Techn. News Bull. **42** Nr. 3 S. 48—52. — Ref. in RJ UdSSR 1958 Nr. 11 S. 62.

7468. Photometrie der Mars-«Meere». Naturwiss. Rundschau **11** 148.

7469. Liv paa Mars? Urania København **15** 30—34.

7470. Marsoppositionen d. 16. Nov. 1958. Urania København **15** 61—63.

7471. Marsoppositionen. Urania København **15** 76—77.

§ 75

Kleine Planeten

7501. Ephemeriden Kleiner Planeten für das Jahr 1959. Herausgegeben vom Institut für Theoretische Astronomie der Akademie der Wissenschaften der UdSSR. Moskau-Leningrad, Verlag Akad. Wiss. UdSSR, 1958. 171 S. Preis 14 R. 30 Kop. (russ.). — Inhalt: Elemente von 1629 Kleinen Planeten, Oppositionsdaten, Ephemeriden von 1253 Kleinen Planeten, die 1959 in Opposition kommen, Ephemeriden zur physischen Beobachtung heller Planeten, eine den gegenwärtigen Stand (1. 1. 1958) der Beobachtung Kleiner Planeten charakterisierende Tabelle. Loh.

* * **G. M. Bashenow,** Zwei praktische Schemata zur Berechnung von Störungen erster Ordnung der Bahnelemente eines Körpers von geringer Masse im räumlichen restringierten elliptischen Dreikörperproblem. Vgl. Ref. **4201**.

7502. **J. W. Batrakow,** On the distribution of the mean motions of asteroids near the commensurabilities. BIA **6** 577—580 (russ. mit engl. Ref.). — Es wird festgestellt, daß die mittleren Bewegungen der Kleinen Planeten unsymmetrisch zu den Stellen exakter Kommensurabilität mit der mittleren Bewegung Jupiters verteilt sind. Die mittleren Bewegungen der meisten nahe den Kommensurabilitätsstellen gelegenen Planetoiden übersteigen die den exakten Kommensurabilitäten entsprechenden Werte. Infolge dieser besonderen Verteilung sind die Lückenzentren im Planetoidenring von den Kommensurabilitätsstellen nach der Jupiterbahn zu verschoben. Es wird gezeigt, daß ein analoger Effekt auch im Saturnring auftritt. Böh.

7503. **A. J. M. van den Beld,** Het visueel en fotografisch zoeken naar planetoiden. Hemel en Dampkring **56** 72—73. — Verf. schildert seine visuellen Beobachtungen von Vesta sowie photographische Aufnahmen von Vesta und Neptun mit einer kleinen Kamera ohne Leitfernrohr. Gü.

7504. **D. Calvo Barrena,** Rectificatión de la órbita del asteroide 1164 Kobolda. Urania Barcelona **43** 7—9.

7505. **F. Fichera,** Rotazione fotometrica del pianetino (1) Cerere. AN **284** 65—70 = Oss. Astr. Capodimonte-Napoli Contr. Sci. (NS) Nr. 8.— Es werden 203 photoelektrische Helligkeitsmessungen des Kleinen Planeten (1) Ceres diskutiert, um die Rotationsperiode aus dem Lichtwechsel abzuleiten. Der Wert, der sich aus dem Vergleich von drei verschiedenen, charakteristischen Punkten der Lichtkurve ergibt, beträgt $P = 0^{d}.12157 \pm 0^{d}.00001$. In der folgenden Untersuchung zur Bestimmung des Phasenkoeffizienten k wird auf die Notwendigkeit hingewiesen, nur dieselben beobachteten Flächen zu vergleichen; ferner ist zu beachten, daß die Veränderung der scheinbaren Größe in Abhängigkeit vom Phasenwinkel nur für kleine Werte von φ linear ist. Sämtliche Beobachtungsdaten der einzelnen Nächte sind in einer Tabelle und in einer Abbildung wiedergegeben. Verf.

7506. **T. Gehrels,** The Indiana asteroid program. AJ **63** 50. — Ref. AAS.

7507. **T. Gehrels,** Second report on the Minor Planet Observing Program at the Goethe Link Observatory, Indiana University. MPC 1691—1692.

7508. **H. Haupt,** Photoelektrisch-photometrische Studie an Vesta. Sitzber. Österreich. Akad. Wiss. Math.-naturwiss. Kl. Abteilung II **167** 303—341 = Mitt. Sonnenobs. Kanzelhöhe Nr. 14. — Ref. in Anzeiger Österreich. Akad. Wiss. Math.-naturwiss. Kl. **95** 172—173. — In der Erscheinung 1951/52 wurden 306 lichtelektrische Beobachtungen des Kleinen Planeten Vesta in 22 Nächten in zwei Farben und vier Beobachtungen während einer Nacht in sechs Farben gewonnen. Beobachtungs- und Reduktionsverfahren werden beschrieben und das umfangreiche photometrische Material wird ausführlich diskutiert. Die wichtigsten Ergebnisse sind die folgenden: 1.) Nicht nur die Helligkeit, sondern auch Farbe und Amplitude des Rotationslichtwechsels zeigen eine Beziehung zur Phase. 2.) Der Phasenkoeffizient war im beobachteten Phasenintervall (11°.1—26°.6) konstant und betrug 0.0269 Größenklassen pro Grad. 3.) Die Rotation des Planeten erzeugt eine Lichtkurve mit einer Amplitude von im Mittel $0^m.14$ und von stets wechselnder Form. Unter bestimmten Annahmen wird der Lichtwechsel einmal durch die Gestalt des Planetoiden, ein anderes Mal durch unterschiedliche Albedo auf seiner Oberfläche zu erklären versucht. 4.) Die synodische Rotationsperiode wird zu $0^d.4452305$, die siderische zu $0^d.4453666$ gefunden. Der Rotationssinn ist retrograd. Vorschläge für weitere Untersuchungen werden angeführt. Verf.

7509. **P. Herget,** The computation of minor planet perturbations (Addendum to MPC 1504—8 and 1553). MPC 1695.

7510. **I. van Houten-Groeneveld, C. J. van Houten,** Photometric studies of asteroids. VII. ApJ **127** 253—273 = Mitt. Landessternw. Heidelberg Nr. 107 = Contr. McDonald Obs. Nr. 279. — Ref. in Coelum **26** 142, Hemel en Dampkring **57** 73, Irish AJ **5** 69—70, JBAA **68** 277—278. — Photoelektrisch gemessene Lichtkurven von neun Kleinen Planeten werden mitgeteilt. Die bereits früher gefundene retrograde Rotationsrichtung von (15) Eunomia wird bestätigt. Die Lichtwechselperiode von (321) Florentina ergibt sich zu $2^h\,52^m$. Von allen Objekten wurden auch die Farbenindizes im U, B, V-System bestimmt. Micz.

* * **W. A. Iswekow,** Die Verwendung moderner Rechenmaschinen im Ephemeridendienst der Kleinen Planeten. Vgl. Ref. **312**.

7511. **W. Jahn,** Bericht über die kleinen Planeten. Mitt. Planetenbeobachter **11** 5—6.

7512. **M. S. Jarow-Jarowoj,** Vergleich der vorläufigen Elemente von Ceres mit Beobachtungen für Epochen des 20. Jahrhunderts. Bote Univ. Moskau (Math., Mechan., Astr., Phys., Chem.) 1958 Nr. 4 S. 65—70 (russ.). — Ref. in RJ UdSSR 1959 Nr. 7 S. 10.

7513. **T. D. Kinman, J. v. B. Lourens, T. W. Russo, A. D. Thackeray,** Observations of Icarus. Obs **78** 202.

* * **A. Kranjc,** Determinazione di un'orbita circolare ed effemeride mediante calcolatrici elettroniche a programma. Vgl. Ref. **4508**.

7514. **G. P. Kuiper, Y. Fujita, T. Gehrels, I. Groeneveld, J. Kent, G. van Biesbroeck, C. J. van Houten,** Survey of asteroids. ApJ Suppl **3** 289—427 = Contr. McDonald Obs. Nr. 284. — Ref. in ApJ **127** 799—800, Coelum **26** 175—176, Sterne **35** 119—120. — Methode und Ergebnisse einer 1950—1952 ausgeführten

Durchmusterung Kleiner Planeten bis zur photographischen Größe 16ᵐ5 (Positionen mit einer Genauigkeit von ±3', Helligkeiten im System der Internationalen Photographischen Skala) und statistische Auswertung des Kollektivs nach verschiedenen Merkmalen. Böh.

* * **E. Leutenegger,** Photographie von Planetoiden. Vgl. Ref. **2053.**

7515. **C.-R. Liu,** A method for the prediction of the date of opposition of an asteroid. Acta Astr. Sinica **6** 230—241 (chines. mit engl. Ref.).

* * **E. N. Makarowa,** On the simultaneous determination of systematic errors of stellar catalogues and of the masses of planets from observations of asteroids. Vgl. Ref. **2510.**

7516. **E. J. Öpik,** On the catastrophic effects of collisions with celestial bodies. Irish AJ **5** 34—36 = Contr. Armagh Obs. Nr. 24. — Zusammenfassung einer später erscheinenden Veröffentlichung über die Katastrophenwirkung der Zusammenstöße von Himmelskörpern mit der Erde. Sie enthält die Abschnitte: Grundlagen und Ausgangsdaten, Wirkungen des Aufschlags, Größe der Kometenkerne, Aufzählung der mit der Erde kollisionsfähigen Körper, Wahrscheinlichkeit der Zusammenstöße. Böh.

7517. **J. Pagaczewski,** Wirujące bloki skalne. Urania Kraków **29** 323—327. — Allgemeinverständlicher Aufsatz über Kleine Planeten als kreisende Felsblöcke. Rybka

* * **W. Petri,** Praktische Auswertung von Meridianbeobachtungen Kleiner Planeten. Vgl. Ref. **9117.**

7518. **W. H. Robertson,** Minor planets observed at Sydney Observatory during 1956. J. and Proc. Roy. Soc. New South Wales **91** 92—96 = Sydney Obs. Papers Nr. 30.

7519. **N. S. Samojlowa-Jachontowa,** Minor planets 1956. BIA **6** 681—686 (russ. mit engl. Ref.).

7520. **G. E. Taylor,** Occultations of stars by minor planets. Strolling Astronomer **12** 2. — Hinweis auf die Bedeckung eines Sterns durch Juno 1958 Feb. 19.

7521. **W. G. Teufel,** Spektralphotometrie von Vesta. AC Nr. 195 S. 3—5 (russ.). — Aus Aufnahmen von April bis Juni 1956 wurde der Gradient von Vesta im Spektralbereich 3800—5000 Å relativ zu einem A2- und einem G0-Stern bestimmt. Es ergab sich +1.73 bzw. 0.39. Loh.

7522. 1951 QA. Irish AJ **5** 14.

7523. The diameter of Juno. JBAA **68** 195.

7524. En okkultation af en 8ᵐ-stjerne ved planetoiden Juno. NAT 1958 S. 102—103.

7525. Junos ockultation av en stjärna den 19 februari 1958. PAT **39** 73.

7526. Origin of rapidly rotating asteroids. Sky and Telescope **17** 345. — Ref. AAS.

7527. **Meridiankreisbeobachtungen Kleiner Planeten**

Greenwich Astronomical Results 1950, A 26—A 27. — Ceres, Pallas, Juno, Vesta.
Desgl. 1951, A 28—A 29. — Ceres, Pallas, Vesta, Metis, Bellona.
Desgl. 1952, A 28—A 29. — Ceres, Pallas, Juno, Vesta.
TAB (2) Nr. 107 S. 1165—1166. Meridian observations of the right ascension of minor planets during the year 1957. S. Nakano, H. Yasuda, H. Hara. — Ceres, Pallas, Juno, Vesta.

7528. Nachweis der Beobachtungen und Berechnungen Kleiner Planeten

Außer dieser Liste ist noch der Katalog von Kuiper, Fujita, Gehrels, Groeneveld, Kent, van Biesbroeck und van Houten mit Positionen Kleiner Planeten (vgl. Ref. **7514**) einzusehen.

Zur weiteren Beachtung: In UC **6** 296, 297 ist als Beobachtungsjahr U.T. 1956 angegeben. Nach einer Berichtigung in UC **6** 316 ist U.T. 1957 zu lesen.

Die gesamten Fußnoten [1]) bis [78]) zu dem Nachweis sind am Ende dieses Paragraphen **75** S. 305—306 zusammengestellt.

1 Ceres: AC Nr. 195 S. 2; BAN **14** 161, 162; Beograd Bull. **21** Nr. 3—4; Greenwich Astr. Results **1951** A 28, **1952** A 28; MPC 1796, 1814, 1828; Sky and Telescope **17** 206 (Eph); TAB (2) Nr. 107 S. 1165

2 Pallas: AC Nr. 193 S. 17, Nr. 195 S. 2; Acta Astr. Sinica **6** Nr. 2; BAN **14** 162—165; Beograd Bull. **21** Nr. 3—4; BSAF **72** 530 (Eph); Greenwich Astr. Results **1951** A 28, **1952** A 28; JO **41** 67; MPC 1292[1]), 1683, 1720, 1747, 1796; TAB (2) Nr. 107 S. 1166; UC **6** 296

3 Juno: Acta Astr. Sinica **6** Nr. 2; BAN **14** 165—167; Barcelona Bol. **3** Nr. 1—7; Greenwich Astr. Results **1952** A 28; JO **41** 67; København Publ. Nr. 173; Madrid Bol. **5** Nr. 3; MPC 1638[1]), 1699, 1720, 1769, 1770, 1771, 1796, 1797, 1814; TAB (2) Nr. 107 S. 1166; Taschkent Circ. Nr. 293

4 Vesta: AC Nr. 195 S. 1; Acta Astr. Sinica **6** Nr. 1, Nr. 2; AN **284** 96; BAN **14** 167—169; BSAF **72** 530 (Eph); Greenwich Astr. Results **1951** A 28, **1952** A 29; JO **41** 67; København Publ. Nr. 173; Madrid Bol. **5** Nr. 3; MPC 1686, 1696, 1699, 1720, 1722, 1747, 1766, 1767, 1768, 1797, 1814; NAZ **12** 5; TAB (2) Nr. 107 S. 1166

5 Astraea: Acta Astr. Sinica **6** Nr. 2; Beograd Bull. **21** Nr. 3—4; MPC 1719, 1720, 1764, 1812, 1828; NAZ **12** 9; Sky and Telescope **17** 206 (Eph)

6 Hebe: AC Nr. 195 S. 1, 5; Acta Astr. Sinica **6** Nr. 1, Nr. 2; BAN **14** 169, 170; JO **41** 67; MPC 1292[1]), 1722, 1747, 1797, 1814, 1818

7 Iris: AC Nr. 195 S. 1; Acta Astr. Sinica **6** Nr. 1, Nr. 2; BAA Circ 404 (Eph); BAN **14** 170, 171; Madrid Bol. **5** Nr. 3; MPC 1683, 1697, 1722, 1747, 1748, 1783, 1797, 1798; Sky and Telescope **17** 656 (Eph); UC **6** 296

8 Flora: Barcelona Bol. **3** Nr. 1—7; Madrid Bol. **5** Nr. 3; MPC 1697, 1808, 1812; Sky and Telescope **18** 54 (Eph)

9 Metis: Acta Astr. Sinica **6** Nr. 2; Greenwich Astr. Results **1951** A 28, A 29, JO **41** 67; MPC 1778, 1813, 1829; Sky and Telescope **17** 206 (Eph)

10 Hygiea: Acta Astr. Sinica **6** Nr. 1; BAN **14** 172; Barcelona Bol. **3** Nr. 1—7; Madrid Bol. **5** Nr. 3; MPC 1686, 1699, 1722, 1818

11 Parthenope: AC Nr. 194 S. 9; BAN **14** 172, 173; Barcelona Bol. **3** Nr. 1—7; Madrid Bol. **5** Nr. 3; MPC 1697, 1748, 1792, 1798; Sky and Telescope **17** 480 (Eph)

12 Victoria: Barcelona Bol. **3** Nr. 1—7[2]); MPC 1686, 1814

13 Egeria: Acta Astr. Sinica **6** Nr. 1; Barcelona Bol. **3** Nr. 1—7; MPC 1683, 1722, 1814; Sky and Telescope **18** 112 (Eph); UC **6** 296

14 Irene: Acta Astr. Sinica **6** Nr. 1; BAN **14** 173; Barcelona Bol. **3** Nr. 1—7; JO **41** 67; Madrid Bol. **5** Nr. 3; MPC 1698, 1720, 1722, 1815

15 Eunomia: Barcelona Bol. **3** Nr. 1—7; JO **41** 67; Madrid Bol. **5** Nr. 3; MPC 1726, 1808, 1812; Sky and Telescope **17** 379 (Eph)

16 Psyche: Barcelona Bol. **3** Nr. 1—7; MPC 1712 (El, Eph)

17 Thetis: AC Nr. 194 S. 9; JO **41** 67; MPC 1689, 1705, 1792, 1812

18 Melpomene: AC Nr. 195 S. 2; BAN **14** 173—175; Barcelona Bol. **3** Nr. 1—7; JO **41** 67; København Publ. Nr. 173; Madrid Bol. **5** Nr. 3; MPC 1687, 1698, 1712 (El), 1720, 1768, 1769, 1776, 1798

19 Fortuna: AC Nr. 194 S. 9; Madrid Bol. **5** Nr. 3; MPC 1687, 1688, 1792, 1808, 1812

20 Massalia: AA **8** 224 = Poznań Repr. Nr. 39; AC Nr. 194 S. 9; Acta Astr. Sinica **6** Nr. 1; AN **284** 96; Barcelona Bol. **3** Nr. 1—7; Madrid Bol. **5** Nr. 3; MPC 1696, 1698, 1722, 1775; NAZ **12** 5

21 Lutetia: AA **8** 99; Barcelona Bol. **3** Nr. 1—7; Madrid Bol. **5** Nr. 3; MPC 1697; Sky and Telescope **17** 538 (Eph)

22 Kalliope: Acta Astr. Sinica **6** Nr. 2; Beograd Bull. **21** Nr. 3—4; MPC 1793[3]), 1813; Sky and Telescope **17** 206 (Eph)

23 Thalia: AA 8 99; MPC 1683; UC **6** 296

24 Themis: Acta Astr. Sinica **6** Nr. 2; BAN **14** 175; Barcelona Bol. **3** Nr. 1—7; Beograd Bull. **21** Nr. 3—4; JO **41** 67; MPC 1720, 1814

25 Phocaea: Acta Astr. Sinica **6** Nr. 1; Barcelona Bol. **3** Nr. 1—7; JO **41** 67; MPC 1683, 1722, 1726; UC **6** 296

26 Proserpina: Barcelona Bol. **3** Nr. 1—7[4]); MPC 1689, 1690, 1782, 1783, 1792, 1825, 1826; NAZ **12** 25, 26

27 Euterpe: AA 8 99; Acta Astr. Sinica **6** Nr. 1; Barcelona Bol. **3** Nr. 1—7; JO **41** 67; Madrid Bol. **5** Nr. 3; MPC 1686, 1695, 1697, 1722, 1774, 1814; NAZ **12** 4

28 Bellona: Barcelona Bol. **3** Nr. 1—7; Greenwich Astr. Results **1951** A 29; Madrid Bol. **5** Nr. 3; MPC 1697, 1704, 1828

29 Amphitrite: Barcelona Bol. **3** Nr. 1—7; MPC 1681, 1683, 1704, 1814; Sky and Telescope **18** 54 (Eph); UC **6** 296

30 Urania: Acta Astr. Sinica **6** Nr. 2; Barcelona Bol. **3** Nr. 1—7; Beograd Bull. **21** Nr. 3—4; JO **41** 67; MPC 1764, 1812, 1813, 1828

31 Euphrosyne: BAN **14** 175, 176; Madrid Bol. **5** Nr. 3; MPC 1780

32 Pomona: Madrid Bol. **5** Nr. 3; MPC 1697, 1735, 1814, 1817

33 Polyhymnia = 1957 YL: Jap. Astr. Ass. Circ. 169 (Id); MPC 1778, 1792

34 Circe: Barcelona Bol. **3** Nr. 1—7

35 Leukothea: Barcelona Bol. **3** Nr. 1—7; MPC 1777

36 Atalante: MPC 1688

37 Fides: Barcelona Bol. **3** Nr. 1—7; MPC 1683, 1825; NAZ **12** 25, 26; Sky and Telescope **17** 596 (Eph); UC **6** 296

38 Leda: Barcelona Bol. **3** Nr. 1—7[5]); JO **41** 67; MPC 1683, 1783; UC **6** 296

39 Laetitia: AC Nr. 193 S. 14, Nr. 194 S. 9; BAN **14** 176, 177; Barcelona Bol. **3** Nr. 1—7; JO **41** 67; Madrid Bol. **5** Nr. 3; MPC 1748, 1764, 1798, 1808, 1812, 1829

40 Harmonia: AA 8 224 = Poznań Repr. Nr. 39; AC Nr. 195 S. 2; Acta Astr. Sinica **6** Nr. 2; BAN **14** 177, 178, 179; Barcelona Bol. **3** Nr. 1—7[6]); JO **41** 67; MPC 1764, 1793[3]), 1798, 1812, 1813, 1828; Sky and Telescope **17** 206 (Eph)

41 Daphne: Barcelona Bol. **3** Nr. 1—7; JO **41** 67; MPC 1726, 1808, 1812

42 Isis: Barcelona Bol. **3** Nr. 1—7; Beograd Bull. **21** Nr. 3—4; JO **41** 67; MPC 1813

43 Ariadne: Acta Astr. Sinica **6** Nr. 2

44 Nysa: Acta Astr. Sinica **6** Nr. 2; Beograd Bull. **21** Nr. 3—4; MPC 1720, 1812, 1828

45 Eugenia: AA 8 99; Acta Astr. Sinica **6** Nr. 1; Barcelona Bol. **3** Nr. 1—7; Beograd Bull. **21** Nr. 3—4; MPC 1706, 1722

46 Hestia: Madrid Bol. **5** Nr. 3; MPC 1690, 1697, 1734

47 Aglaja: Acta Astr. Sinica **6** Nr. 2; Barcelona Bol. **3** Nr. 1—7; MPC 1721, 1764; NAZ **12** 13

48 Doris: AC Nr. 194 S. 9; BAN **14** 179; Madrid Bol. **5** Nr. 3; MPC 1699

49 Pales: BAN **14** 179, 180; Barcelona Bol. **3** Nr. 1—7; MPC 1688, 1705, 1757, 1792; NAZ **12** 15

50 Virginia: Beograd Bull. **21** Nr. 3—4; MPC 1778

51 Nemausa: Acta Astr. Sinica **6** Nr. 1; BAN **14** 180—183; Barcelona Bol. **3** Nr. 1—7[7]); København Publ. Nr. 173; Madrid Bol. **5** Nr. 3; MPC 1682, 1683, 1699, 1722, 1772 (Eph), 1773 (Eph), 1774 (Eph), 1803, 1804, 1805, 1808[8]), 1812, 1814, 1817; NAZ **12** 17 (Eph), 18 (Eph); UAI Circ 1649 (Eph)

52 Europa: Acta Astr. Sinica **6** Nr. 1; BAN **14** 183; Madrid Bol. **5** Nr. 3; MPC 1699, 1722, 1808, 1824, 1828

54 Alexandra: Barcelona Bol. **3** Nr. 1—7; MPC 1726

55 Pandora: Barcelona Bol. **3** Nr. 1—7; MPC 1812

56 Melete: Acta Astr. Sinica **6** Nr. 1; Madrid Bol. **5** Nr. 3; MPC 1697, 1722

57 Mnemosyne: Acta Astr. Sinica **6** Nr. 2; BAN **14** 184; Barcelona Bol. **3** Nr. 1—7; JO **41** 67; MPC 1726, 1812, 1813

58 Concordia: Acta Astr. Sinica **6** Nr. 2; Barcelona Bol. **3** Nr. 1—7; MPC 1813, 1829

59 Elpis: Barcelona Bol. **3** Nr. 1—7; JO **41** 67

60 Echo: Acta Astr. Sinica **6** Nr. 2; Barcelona Bol. **3** Nr. 1—7; JO **41** 67; MPC 1719, 1720, 1812, 1828; NAZ **12** 9

61 Danaë: MPC 1683, 1783; UC **6** 296

62 Erato: BAN **14** 184

63 Ausonia: Beograd Bull. **21** Nr. 3—4; MPC 1687, 1808, 1829; Sky and Telescope **17** 379 (Eph)

64 Angelina: Beograd Bull. **21** Nr. 3—4; Madrid Bol. **5** Nr. 3; MPC 1792, 1808, 1812, 1813

65 Cybele: AA 8 99; BAN **14** 184, 185

66 Maja: Barcelona Bol. **3** Nr. 1—7; MPC 1683; UC **6** 296

67 Asia: Barcelona Bol. **3** Nr. 1—7; JO **41** 67; MPC 1720

68 Leto: AA 8 99; Acta Astr. Sinica **6** Nr. 1, Nr. 2; Barcelona Bol. **3** Nr. 1—7; MPC 1687, 1722, 1764, 1812, 1829; NAZ **12** 13

69 Hesperia: Acta Astr. Sinica **6** Nr. 1; Barcelona Bol. **3** Nr. 1—7; Madrid Bol. **5** Nr. 3; MPC 1698, 1723, 1815, 1820

70 Panopaea: MPC 1764

71 Niobe: Acta Astr. Sinica **6** Nr. 1; MPC 1723, 1726

72 Feronia: Barcelona Bol. **3** Nr. 1—7; JO **41** 67; MPC 1690, 1711 (El), 1734

73 Klytia: MPC 1758; NAZ **12** 15, 16

74 Galatea: Barcelona Bol. **3** Nr. 1—7; JO **41** 68; MPC 1758; NAZ **12** 16

75 Eurydike: MPC 1825, 1826; NAZ **12** 25, 26; Sky and Telescope **17** 596 (Eph)

76 Freia: AA 8 99; BAN **14** 185; Barcelona Bol. **3** Nr. 1—7; MPC 1705, 1719, 1755, 1814; NAZ **12** 9

77 Frigga: Barcelona Bol. **3** Nr. 1—7; MPC 1681, 1683, 1826; NAZ **12** 28; UC **6** 296

78 Diana: JO **41** 68; MPC 1681, 1683, 1783; UC **6** 296

79 Eurynome: JO **41** 68

80 Sappho: AA 8 99; Acta Astr. Sinica **6** Nr. 2; MPC 1813, 1825; NAZ **12** 25

81 Terpsichore: Acta Astr. Sinica **6** Nr. 2; MPC 1721; NAZ **12** 13

82 Alkmene: Barcelona Bol. **3** Nr. 1—7; Beograd Bull. **21** Nr. 3—4; MPC 1792, 1808

83 Beatrix: Barcelona Bol. **3** Nr. 1—7; MPC 1726, 1736, 1808, 1815

84 Klio: Beograd Bull. **21** Nr. 3—4; MPC 1720, 1779; NAZ **12** 9

85 Io: Beograd Bull. **21** Nr. 3—4; JO **41** 68; MPC 1720

86 Semele: Acta Astr. Sinica **6** Nr. 1; BAN **14** 185; JO **41** 68; MPC 1683, 1723, 1726, 1754, 1784, 1785[3]); UC **6** 296

87 Sylvia: BAN **14** 185, 186; Madrid Bol. **5** Nr. 3; MPC 1689, 1699, 1735, 1824, 1828

88 Thisbe: Acta Astr. Sinica **6** Nr. 2; Barcelona Bol. **3** Nr. 1—7; MPC 1705, 1829

89 Julia: Acta Astr. Sinica **6** Nr. 2; Barcelona Bol. **3** Nr. 1—7; Beograd Bull. **21** Nr. 3—4; MPC 1705, 1812, 1813, 1828

90 Antiope: BAN **14** 186; MPC 1720

91 Aegina: Barcelona Bol. **3** Nr. 1—7; Madrid Bol. **5** Nr. 3; MPC 1697, 1817, 1818, 1822

92 Undina: Acta Astr. Sinica **6** Nr. 2

93 Minerva: AC Nr. 194 S. 9; Barcelona Bol. **3** Nr. 1—7; JO **41** 68; Madrid Bol. **5** Nr. 3; MPC 1687, 1688, 1697, 1792, 1812, 1824

94 Aurora: Acta Astr. Sinica **6** Nr. 1; Madrid Bol. **5** Nr. 3; MPC 1698, 1723, 1819

95 Arethusa: AA 8 224 = Poznań Repr. Nr. 39; Barcelona Bol. **3** Nr. 1—7; MPC 1735, 1817, 1822

96 Aegle: MPC 1705

97 Klotho: MPC 1735; Sky and Telescope **18** 112 (Eph)

98 Ianthe: MPC 1680, 1705, 1711 (El), 1825, 1826; NAZ **12** 25, 26; UC **6** 296

99 Dike: MPC 1711 (El)

100 Hekate: Barcelona Bol. **3** Nr. 1—7; MPC 1719; NAZ **12** 9

101 Helena: Barcelona Bol. **3** Nr. 1—7; MPC 1721; NAZ **12** 13

102 Miriam: Barcelona Bol. **3** Nr. 1—7; MPC 1758; NAZ **12** 16

103 Hera: AA 8 99; Acta Astr. Sinica **6** Nr. 1; Barcelona Bol. **3** Nr. 1—7; Madrid Bol. **5** Nr. 3; MPC 1697, 1698, 1723, 1726, 1737

104 Klymene: Barcelona Bol. **3** Nr. 1—7; MPC 1735

105 Artemis: JO **41** 68

106 Dione: Barcelona Bol. **3** Nr. 1—7; MPC 1683, 1783; UC **6** 296

107 Camilla: Barcelona Bol. **3** Nr. 1—7; JO **41** 68; MPC 1817, 1822

108 Hecuba: Barcelona Bol. **3** Nr. 1—7; MPC 1817, 1822, 1826; NAZ **12** 28

109 Felicitas: Barcelona Bol. **3** Nr. 1—7; MPC 1683, 1726, 1735; UC **6** 296

110 Lydia: Barcelona Bol. **3** Nr. 1—7; MPC 1683, 1814; UC **6** 296

111 Ate: Barcelona Bol. **3** Nr. 1—7; JO **41** 68; MPC 1683, 1726, 1783; UC **6** 296

112 Iphigenia: Madrid Bol. **5** Nr. 3; MPC 1697, 1711 (El), 1817, 1818, 1822

113 Amalthea: AC Nr. 194 S. 9; JO **41** 68; Madrid Bol. **5** Nr. 3; MPC 1698

114 Kassandra: Barcelona Bol. **3** Nr. 1—7; MPC 1688, 1792

115 Thyra: Barcelona Bol. **3** Nr. 1—7; Beograd Bull. **21** Nr. 3—4; MPC 1726, 1792, 1808

116 Sirona: Acta Astr. Sinica **6** Nr. 1, Nr. 2 (El,Eph); Barcelona Bol. **3** Nr. 1—7; MPC 1689, 1690, 1723, 1782, 1824, 1828

118 Peitho: MPC 1683, 1704, 1735; Sky and Telescope **18** 112 (Eph); UC **6** 296

119 Althaea: AC Nr. 194 S. 9; Barcelona Bol. **3** Nr. 1—7; Madrid Bol. **5** Nr. 3; MPC 1698, 1719, 1812, 1815; NAZ **12** 9

120 Lachesis: Acta Astr. Sinica **6** Nr. 1; Barcelona Bol. **3** Nr. 1—7; MPC 1696, 1723; NAZ **12** 4

121 Hermione: Acta Astr. Sinica **6** Nr. 1; Barcelona Bol. **3** Nr. 1—7; Madrid Bol. **5** Nr. 3; MPC 1696, 1697, 1698, 1723, 1725, 1726, 1814; NAZ **12** 5

123 Brunhild: AC Nr. 194 S. 9; Barcelona Bol. **3** Nr. 1—7

124 Alkeste: AA **8** 99; Barcelona Bol. **3** Nr. 1—7; Madrid Bol. **5** Nr. 3; MPC 1697, 1735, 1808, 1814, 1817, 1822

125 Liberatrix: Barcelona Bol. **3** Nr. 1—7

126 Velleda: Barcelona Bol. **3** Nr. 1—7; MPC 1721; NAZ **12** 12

127 Johanna: Madrid Bol. **5** Nr. 3; MPC 1697, 1781, 1812, 1824

128 Nemesis: Barcelona Bol. **3** Nr. 1—7; MPC 1689, 1705, 1735, 1828

129 Antigone: Acta Astr. Sinica **6** Nr. 1; MPC 1683, 1704, 1723, 1725, 1726, 1735; UC **6** 296

131 Vala: MPC 1683, 1726; UC **6** 296

132 Aethra: MPC 1683; UC **6** 296

133 Cyrene: Barcelona Bol. **3** Nr. 1—7[9]); MPC 1792

134 Sophrosyne: Madrid Bol. **5** Nr. 3; MPC 1815

135 Hertha: Sky and Telescope **17** 379 (Eph)

137 Meliboea: Acta Astr. Sinica **6** Nr. 1; MPC 1723, 1726, 1817, 1822

138 Tolosa: Barcelona Bol. **3** Nr. 1—7; MPC 1758; NAZ **12** 15

139 Juewa: Madrid Bol. **5** Nr. 3; MPC 1697, 1726, 1736, 1815

140 Siwa: Barcelona Bol. **3** Nr. 1—7; MPC 1778

141 Lumen: Beograd Bull. **21** Nr. 3—4; MPC 1793

142 Polana: Barcelona Bol. **3** Nr. 1—7; MPC 1711 (El)

144 Vibilia: Barcelona Bol. **3** Nr. 1—7; MPC 1783; Sky and Telescope **17** 656 (Eph)

145 Adeona: AA **8** 224 = Poznań Repr. Nr. 39; Acta Astr. Sinica **6** Nr. 2; Barcelona Bol. **3** Nr. 1—7; MPC 1687, 1815, 1824

146 Lucina: Barcelona Bol. **3** Nr. 1—7; MPC 1725

149 Medusa: Barcelona Bol. **3** Nr. 1—7

150 Nuwa: Madrid Bol. **5** Nr. 3; MPC 1697, 1726, 1818, 1823

151 Abundantia: Barcelona Bol. **3** Nr. 1—7; MPC 1683, 1726, 1783; UC **6** 296

152 Atala: Barcelona Bol. **3** Nr. 1—7; MPC 1683; UC **6** 296

153 Hilda: Barcelona Bol. **3** Nr. 1—7

156 Xanthippe: MPC 1812

157 Dejanira: MPC 1726

158 Koronis: MPC 1819

159 Aemilia: MPC 1696, 1776; NAZ **12** 5

160 Una: Barcelona Bol. **3** Nr. 1—7; MPC 1793

161 Athor: Barcelona Bol. **3** Nr. 1—7; MPC 1683, 1784; UC **6** 296

162 Laurentia: MPC 1775

163 Erigone: MPC 1735

164 Eva: Barcelona Bol. **3** Nr. 1—7

165 Loreley: JO **41** 68

167 Urda: Barcelona Bol. **3** Nr. 1—7; MPC 1689, 1782, 1783

168 Sibylla: AC Nr. 194 S. 9; Acta Astr. Sinica **6** Nr. 1; Beograd Bull. **21** Nr. 3—4; Madrid Bol. **5** Nr. 3; MPC 1698, 1723, 1814

169 Zelia: Barcelona Bol. **3** Nr. 1—7; MPC 1721; NAZ **12** 12

171 Ophelia: JO **41** 68; MPC 1817, 1818, 1822, 1826; NAZ **12** 28

172 Baucis: Beograd Bull. **21** Nr. 3—4; MPC 1721, 1726, 1761; NAZ **12** 12

173 Ino: AA **8** 224 = Poznań Repr. Nr. 39; Acta Astr. Sinica **6** Nr. 2; MPC 1793

174 Phaedra: Barcelona Bol. **3** Nr. 1—7; MPC 1821, 1829

175 Andromache: JO **41** 68; MPC 1782, 1784

176 Iduna: Beograd Bull. **21** Nr. 3—4

177 Irma: Barcelona Bol. **3** Nr. 1—7; MPC 1757; NAZ **12** 15

178 Belisana: Barcelona Bol. **3** Nr. 1—7; JO **41** 68; MPC 1681, 1683, 1690, 1704, 1734, 1735, 1784, 1785; UC **6** 296

179 Klytaemnestra: MPC 1683, 1782, 1784; UC **6** 296

180 Garumna: Barcelona Bol. **3** Nr. 1—7; MPC 1775

181 Eucharis: MPC 1817, 1822

182 Elsa: Acta Astr. Sinica **6** Nr. 2; Barcelona Bol. **3** Nr. 1—7; MPC 1687, 1688

184 Dejopeja: MPC 1757; NAZ **12** 15

185 Eunike: AA **8** 99; Acta Astr. Sinica **6** Nr. 1; Barcelona Bol. **3** Nr. 1—7; JO **41** 68; Madrid Bol. **5** Nr. 3; MPC 1697, 1723, 1808, 1814

186 Celuta: Barcelona Bol. **3** Nr. 1—7; MPC 1758, 1761; NAZ **12** 15, 16

187 Lamberta: Beograd Bull. **21** Nr. 3—4; MPC 1776, 1819, 1820

188 Menippe: Barcelona Bol. **3** Nr. 1—7; MPC 1818

189 Phthia: MPC 1793, 1824, 1825, 1828; NAZ **12** 25

190 Ismene: MPC 1815, 1820

191 Kolga: Barcelona Bol. **3** Nr. 1—7; JO **41** 68; MPC 1696, 1726; NAZ **12** 5

192 Nausikaa: Madrid Bol. **5** Nr. 3; MPC 1793[3]), 1815

193 Ambrosia: MPC 1818

194 Prokne: Barcelona Bol. **3** Nr. 1—7[10]); MPC 1815

195 Eurykleia: Barcelona Bol. **3** Nr. 1—7; MPC 1727

196 Philomela: Barcelona Bol. **3** Nr. 1—7; MPC 1681, 1683, 1690, 1705, 1828; UC **6** 296

197 Arete: JO **41** 68; MPC 1696, 1727; NAZ **12** 5

198 Ampella: Barcelona Bol. **3** Nr. 1—7; Madrid Bol. **5** Nr. 3; MPC 1698, 1815

199 Byblis: MPC 1705

200 Dynamene: AC Nr. 194 S. 9; Acta Astr. Sinica **6** Nr. 2; Barcelona Bol. **3** Nr. 1—7; Beograd Bull. **21** Nr. 3—4

201 Penelope: MPC 1828

202 Chryseïs: AA **8** 99; Acta Astr. Sinica **6** Nr. 2; Barcelona Bol. **3** Nr. 1—7; MPC 1688, 1793, 1808, 1813

203 Pompeja: Acta Astr. Sinica **6** Nr. 2; Barcelona Bol. **3** Nr. 1—7; MPC 1720, 1793

204 Kallisto: Acta Astr. Sinica **6** Nr. 1; MPC 1723

205 Martha: Acta Astr. Sinica **6** Nr. 1; MPC 1723

206 Hersilia: Barcelona Bol. **3** Nr. 1—7; Beograd Bull. **21** Nr. 3—4; MPC 1719, 1820; NAZ **12** 9

207 Hedda: Barcelona Bol. **3** Nr. 1—7; MPC 1706, 1812

208 Lacrimosa: MPC 1818, 1823

209 Dido: Barcelona Bol. **3** Nr. 1—7; MPC 1727

210 Isabella: MPC 1758, 1761, 1815; NAZ **12** 16

211 Isolda: MPC 1683, 1727, 1825, 1826; NAZ **12** 26; UC **6** 296

212 Medea: MPC 1761, 1815

213 Lilaea: Acta Astr. Sinica **6** Nr. 2; MPC 1764

214 Aschera: Barcelona Bol. **3** Nr. 1—7; MPC 1684, 1704; UC **6** 296

215 Oenone: MPC 1722, 1779, 1793[3]); NAZ **12** 13

216 Kleopatra: Acta Astr. Sinica **6** Nr. 1; Barcelona Bol. **3** Nr. 1—7; JO **41** 68; Madrid Bol. **5** Nr. 3; MPC 1698, 1723, 1815, 1820

218 Bianca: AA **8** 224 = Poznań Repr. Nr. 39; MPC 1727, 1825; NAZ **12** 25

220 Stephania: MPC 1713 (El)

221 Eos: Acta Astr. Sinica **6** Nr. 1; Madrid Bol. **5** Nr. 3; MPC 1697, 1723, 1812

222 Lucia: Acta Astr. Sinica **6** Nr. 1; MPC 1723, 1775

224 Oceana: Acta Astr. Sinica **6** Nr. 1; Barcelona Bol. **3** Nr. 1—7; MPC 1723, 1775, 1777, 1819

225 Henrietta: Barcelona Bol. **3** Nr. 1—7; MPC 1727

226 Weringia: Barcelona Bol. **3** Nr. 1—7

227 Philosophia: Barcelona Bol. **3** Nr. 1—7

228 Agathe: MPC 1681, 1684; UC **6** 296

229 Adelinda: Barcelona Bol. **3** Nr. 1—7; MPC 1684, 1784, 1825, 1826; NAZ **12** 25, 26; UC **6** 296

230 Athamantis: Barcelona Bol. **3** Nr. 1—7

232 Russia: MPC 1825, 1826; NAZ **12** 25, 26

233 Asterope: Barcelona Bol. **3** Nr. 1—7; MPC 1727

234 Barbara: Madrid Bol. **5** Nr. 3; MPC 1698, 1725

235 Carolina = 1956 VK: Barcelona Bol. **3** Nr. 1—7; Jap. Astr. Ass. Circ. 162 (Id); MPC 1708 (El), 1753 (Id)

236 Honoria: Barcelona Bol. **3** Nr. 1—7; JO **41** 68; MPC 1793

237 Coelestina: Barcelona Bol. **3** Nr. 1—7; MPC 1828

238 Hypatia: Barcelona Bol. **3** Nr. 1—7; JO **41** 68

239 Adrastea: MPC 1708 (El)

240 Vanadis: MPC 1684, 1783, 1784, 1828; UC **6** 296

241 Germania = 1953 US, 1953 VK_1: Jap. Astr. Ass. Circ. 166—167 (Id); MPC 1684, 1824, 1828; UC **6** 296

242 Kriemhild: Barcelona Bol. **3** Nr. 1—7; MPC 1687, 1820

243 Ida: MPC 1686, 1727

244 Sita: MPC 1783

245 Vera: MPC 1706

246 Asporina: Barcelona Bol. **3** Nr. 1—7; JO **41** 68; Madrid Bol. **5** Nr. 3; MPC 1695, 1697, 1705, 1735; NAZ **12** 4

247 Eukrate: MPC 1780, 1808

248 Lameia: MPC 1754, 1755

249 Ilse: MPC 1727

250 Bettina: JO **41** 68; MPC 1684, 1704, 1826; NAZ **12** 28; UC **6** 296

252 Clementina: MPC 1826; NAZ **12** 28

253 Mathilde: MPC 1689

254 Augusta: MPC 1824

255 Oppavia = 1951 SG: MPC 1692 (Id)

256 Walpurga: Barcelona Bol. **3** Nr. 1—7

258 Tyche: Acta Astr. Sinica **6** Nr. 2; MPC 1829

259 Aletheia: Barcelona Bol. **3** Nr. 1—7

260 Huberta: JO **41** 68; MPC 1696, 1737; NAZ **12** 5

261 Prymno: MPC 1775

266 Aline: Barcelona Bol. **3** Nr. 1—7; MPC 1684; UC **6** 296

267 Tirza: MPC 1684, 1727; UC **6** 296

268 Adorea: AC Nr. 194 S. 9; Barcelona Bol. **3** Nr. 1—7; MPC 1687, 1688, 1815, 1821, 1824

269 Justitia: Barcelona Bol. **3** Nr. 1—7; JO **41** 68; MPC 1722, 1727; NAZ **12** 13

270 Anahita: MPC 1813, 1815

271 Penthesilea: Barcelona Bol. **3** Nr. 1—7; MPC 1688, 1758; NAZ **12** 16

272 Antonia: MPC 1757; NAZ **12** 15

273 Atropos: Barcelona Bol. **3** Nr. 1—7; MPC 1711 (El)

274 Philagoria: Barcelona Bol. **3** Nr. 1—7; MPC 1689, 1706

275 Sapientia: Barcelona Bol. **3** Nr. 1—7; MPC 1713 (El)

276 Adelheid: Beograd Bull. **21** Nr. 3—4; MPC 1705

278 Paulina: MPC 1681, 1684, 1705; UC **6** 296

279 Thule: MPC 1727[11]), 1828

280 Philia: MPC 1784

281 Lucretia: MPC 1756[12]), 1758; NAZ **12** 16

284 Amalia: Acta Astr. Sinica **6** Nr. 2; Barcelona Bol. **3** Nr. 1—7; MPC 1825; NAZ **12** 25

286 Iclea: Acta Astr. Sinica **6** Nr. 1; MPC 1723

287 Nephthys: AA **8** 224 = Poznań Repr. Nr. 39; AC Nr. 194 S. 9; Barcelona Bol. **3** Nr. 1—7; Madrid Bol. **5** Nr. 3; MPC 1697, 1812; Taschkent Circ. Nr. 293

291 Alice: MPC 1735

292 Ludovica: MPC 1721, 1727; NAZ **12** 12

295 Theresia: Barcelona Bol. **3** Nr. 1—7; MPC 1721; NAZ **12** 12

296 Phaëtusa: MPC 1754

297 Caecilia: MPC 1684, 1727, 1783[3]); UC **6** 296

298 Baptistina: MPC 1684, 1782; UC **6** 296

299 Thora: MPC 1781

300 Geraldina: MPC 1689, 1727

301 Bavaria: MPC 1695, 1774, 1775; NAZ **12** 4

302 Clarissa: MPC 1727, 1736

303 Josephina: Barcelona Bol. **3** Nr. 1—7; MPC 1758[12]); NAZ **12** 15

304 Olga: MPC 1711 (El), 1779

305 Gordonia: JO **41** 68; MPC 1727

306 Unitas: AA **8** 224 = Poznań Repr. Nr. 39

308 Polyxo: Barcelona Bol. **3** Nr. 1—7; Beograd Bull. **21** Nr. 3—4; JO **41** 68

309 Fraternitas: Barcelona Bol. **3** Nr. 1—7; MPC 1684, 1711 (El), 1727; UC **6** 296

310 Margarita: Acta Astr. Sinica **6** Nr. 1; MPC 1706, 1723

311 Claudia: MPC 1686

313 Chaldaea: Barcelona Bol. **3** Nr. 1—7; Madrid

Bol. **5** Nr. 3; MPC 1697, 1736

315 Constantia: MPC 1821

316 Goberta: MPC 1727

317 Roxane: MPC 1774

318 Magdalena: MPC 1705, 1727

322 Phaeo: MPC 1764

323 Brucia: MPC 1727

324 Bamberga: Acta Astr. Sinica **6** Nr. 2; Beograd Bull. **21** Nr. 3—4

325 Heidelberga: MPC 1684, 1727, 1825, 1826; NAZ **12** 26; UC **6** 296

327 Columbia: Barcelona Bol. **3** Nr. 1—7; MPC 1684; UC **6** 296

329 Svea: Barcelona Bol. **3** Nr. 1—7; MPC 1727

331 Etheridgea: Acta Astr. Sinica **6** Nr. 1; Barcelona Bol. **3** Nr. 1—7; MPC 1723, 1815, 1819

332 Siri: MPC 1727, 1824

333 Badenia: Barcelona Bol. **3** Nr. 1—7; MPC 1783

334 Chicago: MPC 1779

335 Roberta: MPC 1688, 1821

336 Lacadiera: Barcelona Bol. **3** Nr. 1—7; MPC 1820

337 Devosa: Barcelona Bol. **3** Nr. 1—7; MPC 1684, 1705, 1782, 1828; UC **6** 296

338 Budrosa: Acta Astr. Sinica **6** Nr. 1; Beograd Bull. **21** Nr. 3—4; MPC 1723, 1775, 1777, 1819

339 Dorothea: MPC 1722; NAZ **12** 13

340 Eduarda: MPC 1721; NAZ **12** 12

341 California: Barcelona Bol. **3** Nr. 1—7; MPC 1727

343 Ostara: Barcelona Bol. **3** Nr. 1—7; MPC 1688

344 Desiderata: MPC 1687, 1813

346 Hermentaria: Madrid Bol. **5** Nr. 3; MPC 1684, 1697, 1725, 1727, 1736[13]), 1737[12]); UC **6** 296

347 Pariana: AA 8 224 = Poznań Repr. Nr. 39

348 May: JO **41** 68; MPC 1684; UC **6** 296

349 Dembowska: Acta Astr. Sinica **6** Nr. 1; Madrid Bol. **5** Nr. 3; MPC 1698, 1723, 1727

350 Ornamenta: Barcelona Bol. **3** Nr. 1—7; MPC 1684; UC **6** 296

351 Yrsa: Acta Astr. Sinica **6** Nr. 2; MPC 1721; NAZ **12** 12

352 Gisela: Barcelona Bol. **3** Nr. 1—7; MPC 1719, 1720, 1828; NAZ **12** 9

354 Eleonora: JO **41** 68; Madrid Bol. **5** Nr. 3; MPC 1686, 1698; Taschkent Circ. Nr. 293

355 Gabriella: Barcelona Bol. **3** Nr. 1—7

356 Liguria: AC Nr. 194 S. 9; MPC 1687, 1761, 1808, 1815

357 Ninina: Barcelona Bol. **3** Nr. 1—7; JO **41** 68; MPC 1727

358 Apollonia: Barcelona Bol. **3** Nr. 1—7; MPC 1689

359 Georgia = 1953 TR: Jap. Astr. Ass. Circ. 164 — 165 (Id); MPC 1684, 1783; UC **6** 296

360 Carlova: JO **41** 68

361 Bononia: MPC 1684, 1783, 1784; UC **6** 296

362 Havnia: AC Nr. 194 S. 9; Acta Astr. Sinica **6** Nr. 1; Madrid Bol. **5** Nr. 3; MPC 1698, 1723, 1814, 1819

364 Isara: Barcelona Bol. **3** Nr. 1—7; MPC 1684, 1705, 1736; UC **6** 296

366 Vincentina: Acta Astr. Sinica **6** Nr. 1; Barcelona Bol. **3** Nr. 1—7; MPC 1723, 1775, 1776, 1777, 1819

367 Amicitia = 1957 TM: Acta Astr. Sinica **6** Nr. 1; Jap. Astr. Ass. Circ. 164—165 (Id); MPC 1723, 1775

368 Haidea: MPC 1825; NAZ **12** 25

369 Aëria: MPC 1706

371 Bohemia: Barcelona Bol. **3** Nr. 1—7; MPC 1819, 1820

372 Palma = 1949 SP_1: Madrid Bol. **5** Nr. 3; MPC 1708 (El), 1761, 1812, 1815; NAZ **12** 16 (Id)

373 Melusina: MPC 1727

374 Burgundia: JO **41** 68; MPC 1817, 1822

375 Ursula: Barcelona Bol. **3** Nr. 1—7; Madrid Bol. **5** Nr. 3; MPC 1705

376 Geometria: Barcelona Bol. **3** Nr. 1—7; MPC 1761

377 Campania: Acta Astr. Sinica **6** Nr. 2; MPC 1825; NAZ **12** 25

378 Holmia: Acta Astr. Sinica **6** Nr. 1; JO **41** 68; MPC 1695, 1723, 1735, 1736; NAZ **12** 4

379 Huenna: MPC 1727, 1781

380 Fiducia: MPC 1681, 1690, 1705, 1734, 1783

381 Myrrha: MPC 1764

382 Dodona: MPC 1727

383 Janina: MPC 1783

384 Burdigala: MPC 1727, 1774

385 Ilmatar: Barcelona Bol. **3** Nr. 1—7; MPC 1684, 1783, 1824, 1828; UC **6** 296

386 Siegena: Acta Astr. Sinica **6** Nr. 2; Barcelona Bol. **3** Nr. 1—7

387 Aquitania: MPC 1764, 1813, 1829

388 Charybdis: MPC 1815, 1824

389 Industria: MPC 1808, 1820

390 Alma: MPC 1755

391 Ingeborg: JO **41** 68; MPC 1727

392 Wilhelmina: Madrid Bol. **5** Nr. 3; MPC 1697

393 Lampetia: Acta Astr. Sinica **6** Nr. 2; MPC 1687, 1688, 1727; Sky and Telescope **17** 379 (Eph)

394 Arduina: MPC 1689, 1690, 1781

395 Delia: MPC 1727

396 Aeolia: Barcelona Bol. **3** Nr. 1—7; MPC 1819

397 Vienna: MPC 1727

398 Admete: MPC 1686, 1706

399 Persephone: MPC 1714 (El)

401 Ottilia: MPC 1684, 1727, 1783; UC **6** 296

402 Chloë: Barcelona Bol. **3** Nr. 1—7; MPC 1828

404 Arsinoë: MPC 1824

405 Thia: MPC 1785

406 Erna: MPC 1821

407 Arachne: Barcelona Bol. **3** Nr. 1—7; MPC 1684, 1727; UC **6** 296

408 Fama: Acta Astr. Sinica **6** Nr. 1; MPC 1723, 1775, 1776, 1777, 1819

409 Aspasia: Barcelona Bol. **3** Nr. 1—7; Beograd Bull. **21** Nr. 3—4; MPC 1686, 1687, 1815

410 Chloris: Acta Astr. Sinica **6** Nr. 1; Barcelona Bol. **3** Nr. 1—7; MPC 1723

412 Elisabetha: Barcelona Bol. **3** Nr. 1—7; MPC 1828

413 Edburga: MPC 1776

415 Palatia: Barcelona Bol. **3** Nr. 1—7; MPC 1705

416 Vaticana: MPC 1684; 1704; UC **6** 296

417 Suevia: MPC 1681

418 Alemannia: MPC 1727, 1815

419 Aurelia: MPC 1758[12]), 1813, 1829; NAZ **12** 15

420 Bertholda: MPC 1684, 1727; UC **6** 296

421 Zähringia: MPC 1719, 1754; NAZ **12** 9

422 Berolina: Barcelona Bol. **3** Nr. 1—7[14]); MPC 1721; NAZ **12** 12

423 Diotima: MPC 1705, 1780, 1793[3]), 1812, 1813

425 Cornelia: MPC 1782, 1784

426 Hippo: Barcelona Bol. **3** Nr. 1—7; MPC 1708 (El)

427 Galene: Barcelona Bol. **3** Nr. 1—7; MPC 1688, 1727

429 Lotis: MPC 1761

430 Hybris: JO **41** 68; MPC 1783

431 Nephele: JO **41** 68; Madrid Bol. **5** Nr. 3; MPC 1697, 1735

432 Pythia: MPC 1687, 1705, 1824, 1828

433 Eros: Barcelona Bol. **3** Nr. 1—7

434 Hungaria: MPC 1687, 1706

435 Ella: Barcelona Bol. **3** Nr. 1—7; MPC 1721; NAZ **12** 13

436 Patricia: MPC 1778

437 Rhodia: Madrid Bol. **5** Nr. 3; MPC 1697

438 Zeuxo: MPC 1815

439 Ohio: MPC 1727

440 Theodora: MPC 1736

441 Bathilde: MPC 1684, 1689, 1690, 1782, 1785; UC **6** 296

442 Eichsfeldia: MPC 1817, 1822

443 Photographica: JO **41** 68; MPC 1719; NAZ **12** 8

444 Gyptis: Barcelona Bol. **3** Nr. 1—7; MPC 1720

445 Edna: Barcelona Bol. **3** Nr. 1—7

446 Aeternitas: Barcelona Bol. **3** Nr. 1—7; MPC 1705, 1758; NAZ **12** 15

447 Valentine: MPC 1727, 1793[3])

448 Natalie: MPC 1755

449 Hamburga: Barcelona Bol. **3** Nr. 1—7

451 Patientia: Acta Astr. Sinica **6** Nr. 1; JO **41** 68; MPC 1684, 1723, 1725, 1815; UC **6** 296

453 Tea: Barcelona Bol. **3** Nr. 1—7; Beograd Bull. **21** Nr. 3—4; MPC 1778

454 Mathesis: Barcelona Bol. **3** Nr. 1—7; MPC 1696, 1775; NAZ **12** 5

455 Bruchsalia: Acta Astr. Sinica **6** Nr. 1; Barcelona Bol. **3** Nr. 1—7; Madrid Bol. **5** Nr. 3; MPC 1684, 1698, 1724, 1725, 1737, 1774; UC **6** 296

456 Abnoba: MPC 1696; NAZ **12** 4

458 Hercynia: Acta Astr. Sinica **6** Nr. 1; MPC 1724, 1725, 1737

461 Saskia: MPC 1755, 1820, 1821

462 Eriphyla = 1957 KB: Jap. Astr. Ass. Circ. 161 (Id); MPC 1689, 1705, 1735, 1753 (Id), 1782

463 Lola: Barcelona Bol. **3** Nr. 1—7

465 Alekto: MPC 1727

466 Tisiphone: Barcelona Bol. **3** Nr. 1—7; MPC 1687, 1688, 1727

468 Lina: MPC 1688, 1758; NAZ **12** 15

469 Argentina: MPC 1820

470 Kilia: MPC 1689

471 Papagena: Acta Astr. Sinica **6** Nr. 2; Barcelona Bol. **3** Nr. 1—7; JO **41** 68

472 Roma: MPC 1824

476 Hedwig: Barcelona Bol. **3** Nr. 1—7; MPC 1754

477 Italia: MPC 1711 (El)

478 Tergeste: Barcelona Bol. **3** Nr. 1—7

479 Caprera: MPC 1688, 1705

480 Hansa: MPC 1817, 1822

481 Emita: MPC 1821

482 Petrina = 1956 TK: MPC 1752 (Id)

483 Seppina = 1955 QJ: MPC 1707 (Id), 1728

485 Genua: JO **41** 68; MPC 1812

486 Cremona: MPC 1725

488 Kreusa: Madrid Bol. **5** Nr. 3; MPC 1728

489 Comacina: Acta Astr. Sinica **6** Nr. 1; MPC 1724

490 Veritas: Barcelona Bol. **3** Nr. 1—7

491 Carina: MPC 1728, 1821

492 Gismonda: MPC 1725, 1736, 1774

493 Griseldis: MPC 1728

494 Virtus: MPC 1782, 1784, 1824

495 Eulalia: Barcelona Bol. **3** Nr. 1—7[15])

497 Iva: MPC 1755

498 Tokio: Acta Astr. Sinica **6** Nr. 1; MPC 1705, 1724, 1808, 1817, 1821, 1822

499 Venusia: Beograd Bull. **21** Nr. 3—4; MPC 1719; NAZ **12** 9

500 Selinur: MPC 1719; NAZ **12** 9

501 Urhixidur = 1951 SE: BAN **14** 186; MPC 689[1]), 1686, 1692 (Id), 1706, 1728

503 Evelyn: Barcelona Bol. **3** Nr. 1—7; MPC 1815

504 Cora: MPC 1680 (Eph)[1]), 1778

506 Marion: MPC 1684, 1783; UC **6** 296

507 Laodica: Beograd Bull. **21** Nr. 3—4

509 Iolanda: Barcelona Bol. **3** Nr. 1—7

510 Mabella: Acta Astr. Sinica **6** Nr. 2; Barcelona Bol. **3** Nr. 1—7

511 Davida: Acta Astr. Sinica **6** Nr. 2; Barcelona Bol. **3** Nr. 1—7; JO **41** 68; MPC 1764, 1813, 1828; Sky and Telescope **17** 206 (Eph)

512 Taurinensis: Acta Astr. Sinica **6** Nr. 2; MPC 1815, 1824

513 Centesima: MPC 1708 (El)

514 Armida: Barcelona Bol. **3** Nr. 1—7; Beograd Bull. **21** Nr. 3—4; MPC 1755, 1820

515 Athalia: MPC 1785[16]), 1787

517 Edith: MPC 1689, 1690, 1782, 1783

519 Sylvania: MPC 1706

520 Franziska: MPC 1758; NAZ **12** 16

521 Brixia: MPC 1684, 1704, 1725[3]), 1728; UC **6** 296

522 Helga: Beograd Bull. **21** Nr. 3—4

523 Ada: Acta Astr. Sinica **6** Nr. 1; MPC 1684, 1724, 1734; UC **6** 296

524 Fidelio = 1953 UT: Barcelona Bol. **3** Nr. 1—7; MPC 1684, 1704, 1736, 1750 (Id), 1818, 1822; UC **6** 296

526 Jena: Barcelona Bol. **3** Nr. 1—7

527 Euryanthe: MPC 1688, 1711 (El)

528 Rezia: MPC 1706, 1774, 1819

529 Preziosa: MPC 1690, 1782, 1783

530 Turandot: Barcelona Bol. **3** Nr. 1—7; MPC 1681, 1704

532 Herculina: AA **8** 99; JO **41** 68; Madrid Bol. **5** Nr. 3; MPC 1686, 1698, 1720, 1815

533 Sara: Acta Astr. Sinica **6** Nr. 1; JO **41** 68; MPC 1724

534 Nassovia: Barcelona Bol. **3** Nr. 1—7

535 Montague: MPC 1705

536 Merapi: MPC 1681, 1684, 1787; UC **6** 296

537 Pauly: MPC 1828

538 Friederike: MPC 1721; NAZ **12** 12

539 Pamina: Barcelona Bol. **3** Nr. 1—7; MPC 1711 (El), 1728

540 Rosamunde: Acta Astr. Sinica **6** Nr. 1; Barcelona Bol. **3** Nr. 1—7; MPC 1724

541 Deborah: MPC 1776

543 Charlotte: MPC 1728

544 Jetta: MPC 1684; UC **6** 296

545 Messalina: MPC 1778, 1779, 1793[3]), 1820

546 Herodias: MPC 1684, 1784, 1828; UC **6** 296

547 Praxedis: MPC 1728

548 Kressida: MPC 1728

549 Jessonda: MPC 1719; NAZ **12** 9

550 Senta: MPC 1681, 1782, 1784

552 Sigelinde: MPC 1684; UC **6** 296

553 Kundry: MPC 1728

554 Peraga: Barcelona Bol. **3** Nr. 1—7; MPC 1684, 1711 (El), 1782, 1824; UC **6** 296

558 Carmen: Barcelona Bol. **3** Nr. 1—7; JO **41** 68

559 Nanon: Barcelona Bol. **3** Nr. 1—7; MPC 1720, 1728

560 Delila: JO **41** 68; MPC 1684; UC **6** 296

562 Salome: MPC 1815

563 Suleika: MPC 1721; NAZ **12** 12

565 Marbachia: MPC 1754

566 Stereoskopia: Barcelona Bol. **3** Nr. 1—7

567 Eleutheria: Acta Astr. Sinica **6** Nr. 1; MPC 1696, 1724, 1728, 1737, 1775; NAZ **12** 5

568 Cheruskia: MPC 1684, 1825; NAZ **12** 25; UC **6** 296

570 Kythera: Barcelona Bol. **3** Nr. 1—7; MPC 1687, 1777

571 Dulcinea: MPC 1728

573 Recha: MPC 1728

575 Renate: MPC 1684, 1728, 1828; UC **6** 296

576 Emanuela: MPC 1706, 1775, 1818, 1819

577 Rhea: Barcelona Bol. **3** Nr. 1—7; MPC 1721, 1821; NAZ **12** 12

578 Happelia: JO **41** 68; MPC 1721, 1722, 1780; NAZ **12** 13

579 Sidonia: MPC 1728

580 Selene: Beograd Bull. **21** Nr. 3—4; MPC 1719, 1728; NAZ **12** 9

581 Tauntonia: MPC 1728, 1778

582 Olympia: MPC 1706, 1728

583 Klotilde = 1950 RO: MPC 1743 (Id)

584 Semiramis: MPC 1761

585 Bilkis: Barcelona Bol. **3** Nr. 1—7; MPC 1736, 1775

586 Thekla: MPC 1755, 1775

587 Hypsipyle: MPC 1728, 1786

589 Croatia = 1953 VU, 1953 VR_1: MPC 1750 (Id)

590 Tomyris: Barcelona Bol. **3** Nr. 1—7

591 Irmgard: MPC 1719[17]); NAZ **12** 8[17])

592 Bathseba: Barcelona Bol. **3** Nr. 1—7; Beograd Bull. **21** Nr. 3—4; MPC 1705

593 Titania: Barcelona Bol. **3** Nr. 1—7; MPC 1728

594 Mireille: MPC 1687, 1688

595 Polyxena: Barcelona Bol. **3** Nr. 1—7; MPC 1815

596 Scheila: MPC 1684; UC **6** 296

597 Bandusia: MPC 1711 (El)

598 Octavia: MPC 1824, 1828

599 Luisa: MPC 1684, 1782[3]), 1784; UC **6** 297

600 Musa: Acta Astr. Sinica **6** Nr. 2

601 Nerthus: Beograd Bull. **21** Nr. 3—4; MPC 1696; NAZ **12** 5

602 Marianna: Barcelona Bol. **3** Nr. 1—7; JO **41** 68; MPC 1681, 1684; UC **6** 297

603 Timandra: MPC 1728

605 Juvisia: MPC 1684, 1728; UC **6** 297

606 Brangäne: Beograd Bull. **21** Nr. 3—4; MPC 1793[3])

607 Jenny: MPC 1728

609 Fulvia: MPC 1721; NAZ **12** 13

610 Valeska: MPC 1688, 1786

611 Valeria: MPC 1754

613 Ginevra: MPC 1793[3])

614 Pia: MPC 1728

615 Roswitha: Barcelona Bol. **3** Nr. 1—7; MPC 1728, 1736

616 Elly: MPC 1687, 1688

617 Patroclus: MPC 1687, 1688

618 Elfriede: Barcelona Bol. **3** Nr. 1—7; MPC 1684, 1725; UC **6** 297

619 Triberga: Madrid Bol. **5** Nr. 3; MPC 1699, 1817, 1822

620 Drakonia: MPC 1728, 1820, 1821

621 Werdandi: Acta Astr. Sinica **6** Nr. 2; MPC 1757, 1820; NAZ **12** 15

622 Esther: Barcelona Bol. **3** Nr. 1—7; MPC 1711 (El), 1824, 1825, 1828; NAZ **12** 25

624 Hektor: Barcelona Bol. **3** Nr. 1—7; JO **41** 68; MPC 1684, 1784; UC **6** 297

626 Notburga: MPC 1688, 1711 (El)

627 Charis: MPC 1688, 1689

628 Christine: MPC 1824

631 Philippina: Acta Astr. Sinica **6** Nr. 2; MPC 1761

634 Ute: MPC 1719; NAZ **12** 9

635 Vundtia = 1953 VV: MPC 1728, 1750 (Id)

636 Erika: MPC 1714 (El)

638 Moira: Acta Astr. Sinica **6** Nr. 1; MPC 1681, 1684, 1690, 1724, 1734, 1735, 1784; UC **6** 297

639 Latona: MPC 1820

640 Brambilla: Acta Astr. Sinica **6** Nr. 1; MPC 1724

641 Agnes: MPC 1719; NAZ **12** 8

642 Clara: JO **41** 68

643 Scheherezade = 1956 VG: Jap. Astr. Ass. Circ. 162 (Id); MPC 1719, 1753 (Id), 1820; NAZ **12** 8

644 Cosima: MPC 1725

646 Kastalia: MPC 1754

647 Adelgunde: MPC 1820

648 Pippa: Barcelona Bol. **3** Nr. 1—7

654 Zelinda: MPC 1684; UC **6** 297

655 Briseïs: JO **41** 68

656 Beagle: Acta Astr. Sinica **6** Nr. 1; Barcelona Bol. **3** Nr. 1—7; MPC 1724, 1776

659 Nestor: MPC 1728, 1782

660 Crescentia: Madrid Bol. **5** Nr. 3; MPC 1706, 1793, 1824, 1828

661 Cloelia: MPC 1684; UC **6** 297

662 Newtonia: Barcelona Bol. **3** Nr. 1—7; MPC 1689, 1690

663 Gerlinde: Acta Astr. Sinica **6** Nr. 1; MPC 1724, 1735, 1817, 1822

665 Sabine: MPC 1684, 1688; UC **6** 297

666 Desdemona: MPC 1689, 1690, 1781

667 Denise: MPC 1708 (El), 1728

670 Ottegebe: Acta Astr. Sinica **6** Nr. 2; MPC 1779

671 Carnegia: MPC 1695; NAZ **12** 4

673 Edda: Barcelona Bol. **3** Nr. 1—7; MPC 1721; NAZ **12** 12

674 Rachele: AA **8** 224 = Poznań Repr. Nr. 39; MPC 1292[1]), 1684, 1704, 1728; UC **6** 297

675 Ludmilla: Acta Astr. Sinica **6** Nr. 2; Barcelona Bol. **3** Nr. 1—7; MPC 1684; UC **6** 297

676 Melitta: Barcelona Bol. **3** Nr. 1—7[18])

677 Aaltje: Acta Astr. Sinica **6** Nr. 1; MPC 1695, 1724, 1735; NAZ **12** 4

678 Fredegundis: Barcelona Bol. **3** Nr. 1—7

679 Pax: Barcelona Bol. **3** Nr. 1—7; MPC 1685, 1725[3]); UC **6** 297

681 Gorgo: MPC 1708 (El)

683 Lanzia: Acta Astr. Sinica **6** Nr. 2; MPC 1685, 1728, 1825; NAZ **12** 25; UC **6** 297

684 Hildburg: Barcelona Bol. **3** Nr. 1—7

688 Melanie: Barcelona Bol. **3** Nr. 1—7

690 Wratislavia: MPC 1685; UC **6** 297

691 Lehigh: MPC 1721; NAZ **12** 12[19])

692 Hippodamia: MPC 1708 (El)

693 Zerbinetta: Barcelona Bol. **3** Nr. 1—7; MPC 1761, 1815

694 Ekard: AC Nr. 194 S. 9; Acta Astr. Sinica **6** Nr. 1; Madrid Bol. **5** Nr. 3; MPC 1698, 1724, 1818

695 Bella: JO **41** 68

696 Leonora: MPC 1708 (El)[12])

697 Galilea: MPC 1728

699 Hela: Acta Astr. Sinica **6** Nr. 1; MPC 1724, 1776

700 Auravictrix: MPC 1685; UC **6** 297

701 Oriola: MPC 1708 (El)

702 Alauda: MPC 1705, 1728

703 Noëmi: MPC 1715 (El)

704 Interamnia: AA **8** 224 = Poznań Repr. Nr. 39; JO **41** 68; MPC 1685, 1784; Sky and Telescope **17** 538 (Eph); UC **6** 297

706 Hirundo: MPC 1821

709 Fringilla = 1956 CA: Jap. Astr. Ass. Circ. 161 (Id); MPC 1685, 1753 (Id); UC **6** 297

711 Marmulla: Acta Astr. Sinica **6** Nr. 2; MPC 1722; NAZ **12** 13

712 Boliviana: AA **8** 99; Barcelona Bol. **3** Nr. 1—7[20]); MPC 1815

713 Luscinia: Acta Astr. Sinica **6** Nr. 1; MPC 1724

714 Ulula: Barcelona Bol. **3** Nr. 1—7; Madrid Bol. **5** Nr. 3; MPC 1698, 1818

715 Transvaalia: MPC 1689, 1690, 1781

720 Bohlinia: Barcelona Bol. **3** Nr. 1—7; MPC 1722, 1793[3]); NAZ **12** 13

721 Tabora: MPC 1685, 1728, 1826; NAZ **12** 28; UC **6** 297

722 Frieda: MPC 1721, 1780; NAZ **12** 13

723 Hammonia: Acta Astr. Sinica **6** Nr. 1; MPC 1724

727 Nipponia: MPC 1755

729 Watsonia: MPC 1728

732 Tjilaki: Barcelona Bol. **3** Nr. 1—7; MPC 1721, 1780; NAZ **12** 13

733 Mocia: MPC 1728

734 Benda: Barcelona Bol. **3** Nr. 1—7

735 Marghanna: Madrid Bol. **5** Nr. 3; MPC 1698, 1728, 1818

737 Arequipa: Madrid Bol. **5** Nr. 3; MPC 1697, 1817, 1822

738 Alagasta: Acta Astr. Sinica **6** Nr. 1; MPC 1681, 1685, 1704, 1708 (El), 1724, 1784, 1785; UC **6** 297

741 Botolphia: MPC 1756

742 Edisona: MPC 1681, 1685, 1704; UC **6** 297

743 Eugenisis: Barcelona Bol. **3** Nr. 1—7; MPC 1706, 1728

744 Aguntina: MPC 1719; NAZ **12** 9

745 Mauritia: MPC 1728

746 Marlu = 1926 WA: MPC 1750 (Id)

747 Winchester: Sky and Telescope **18** 112 (Eph)

748 Simeïsa: MPC 1696; NAZ **12** 4

749 Malzovia: MPC 1685, 1728; UC **6** 297

750 Oskar: MPC 1820

752 Sulamitis: Acta Astr. Sinica **6** Nr. 1; MPC 1706, 1724, 1729, 1737

753 Tiflis: MPC 1820[3])

754 Malabar: MPC 1826; NAZ **12** 28

755 Quintilla: Barcelona Bol. **3** Nr. 1—7; MPC 1708 (El), 1719; NAZ **12** 9

756 Lilliana = 1949 HJ_1: NAZ **12** 22 (Id)

758 Mancunia: Acta Astr. Sinica **6** Nr. 2; Madrid Bol. **5** Nr. 3; MPC 1706, 1793, 1825; NAZ **12** 25

760 Massinga: MPC 1685, 1825, 1826[16]); NAZ **12** 26; UC **6** 297

761 Brendelia: Acta Astr. Sinica **6** Nr. 1; MPC 1724, 1729

762 Pulcova: Barcelona Bol. **3** Nr. 1—7; MPC 1685, 1704; UC **6** 297

763 Cupido: MPC 1777

764 Gedania: JO **41** 68; MPC 1685, 1729, 1784, 1785; UC **6** 297

766 Moguntia: Barcelona Bol. **3** Nr. 1—7; MPC 1758; NAZ **12** 15, 16

767 Bondia = 1957 UR: Jap. Astr. Ass. Circ. 169 (Id); MPC 1729, 1736, 1737

768 Struveana: MPC 1704, 1725

769 Tatjana: MPC 1729, 1782, 1784

770 Bali: MPC 1758; NAZ **12** 16

771 Libera = 1958 HA: Beograd Bull. **21** Nr. 3—4; Jap. Astr. Ass. Circ. 164—165[21])

772 Tanete: MPC 1783, 1828

773 Irmintraud: Beograd Bull. **21** Nr. 3—4

774 Armor: MPC 1705

775 Lumière: MPC 1685, 1708 (El), 1783; UC **6** 297

776 Berbericia: MPC 1685, 1725; UC **6** 297

779 Nina: Beograd Bull. **21** Nr. 3—4; MPC 1761

781 Kartvelia: Barcelona Bol. **3** Nr. 1—7

782 Montefiore: MPC 1696; NAZ **12** 5

783 Nora: MPC 1706, 1821

784 Pickeringia: Barcelona Bol. **3** Nr. 1—7; MPC 1758; NAZ **12** 16

785 Zwetana: Barcelona Bol. **3** Nr. 1—7; MPC 1696, 1729; NAZ **12** 5

788 Hohensteina: Barcelona Bol. **3** Nr. 1—7

789 Lena: MPC 1729, 1825; NAZ **12** 25

792 Metcalfia: MPC 1761, 1762

794 Irenaea: MPC 1824, 1825; NAZ **12** 25

795 Fini: MPC 1779, 1780

797 Montana: MPC 1685, 1782; UC **6** 297

798 Ruth: Beograd Bull. **21** Nr. 3—4

799 Gudula: MPC 1729, 1736

800 Kressmannia: MPC 1688

801 Helwerthia: MPC 1729

802 Epyaxa: MPC 1384[22]), 1729[23]), 1815; New S. Wales J. and Proc. **90** 58 = Syd. Pap. Nr. 26[22])

803 Picka: Barcelona Bol. **3** Nr. 1—7

804 Hispania: Barcelona Bol. **3** Nr. 1—7; MPC 1721; NAZ **12** 12

805 Hormuthia: Acta Astr. Sinica **6** Nr. 1; Barcelona Bol. **3** Nr. 1—7; MPC 1724, 1729

807 Ceraskia: MPC 1706

808 Merxia: MPC 1722; NAZ **12** 13

810 Atossa: MPC 1737, 1775

811 Nauheima: MPC 1757; NAZ **12** 15

813 Baumeia: MPC 1729, 1784

814 Tauris: MPC 1706

815 Coppelia: MPC 1729

818 Kapteynia: MPC 1815, 1824

819 Barnardiana: MPC 1729, 1777, 1778

820 Adriana: MPC 1696; NAZ **12** 5

822 Lalage: MPC 1690, 1782

823 Sisigambis: MPC 1729

824 Anastasia: MPC 1793[3])

825 Tanina: MPC 1696, 1737; NAZ **12** 5

827 Wolfiana: MPC 1735

829 Academia: MPC 1729

830 Petropolitana: MPC 1819

832 Karin: MPC 1758; NAZ **12** 15

835 Olivia: MPC 1708 (El)

837 Schwarzschilda = 1951 TB: BAB **4** 112[24]); MPC 710[24]), 1689, 1739 (Id)

838 Seraphina: Barcelona Bol. **3** Nr. 1—7

839 Valborg: MPC 1729

841 Arabella: MPC 1729

842 Kerstin: MPC 1708 (El), 1719; NAZ **12** 8

845 Naëma: Barcelona Bol. **3** Nr. 1—7; Beograd Bull. **21** Nr. 3—4

847 Agnia: MPC 1729, 1736, 1818

849 Ara: MPC 1729

850 Altona: MPC 1688

854 Frostia = 1950 VP: ApJ Suppl. **3** 406 (Id) = Contr. McDonald Obs. Nr. 284; MPC 1729, 1737

857 Glasenappia: Barcelona Bol. **3** Nr. 1—7

860 Ursina: MPC 1736

861 Aïda: Acta Astr. Sinica **6** Nr. 2; MPC 1687, 1689, 1705

863 Benkoela: Acta Astr. Sinica **6** Nr. 2; MPC 1729

864 Aase = 1078 Mentha (vgl. 1917 BK): MPC 1763 (Id)[25])

865 Zubaida: MPC 1729, 1776

866 Fatme: MPC 1678[26]), 1689, 1705, 1817, 1821, 1822, 1824, 1828

873 Mechthild: MPC 1787

875 Nymphe: MPC 1729

877 Walküre: MPC 1689, 1690

882 Swetlana: MPC 1754

883 Matterania: MPC 1729

887 Alinda: MPC 1737

888 Parysatis: MPC 1820

889 Erynia = 1929 BG: MPC 1750 (Id)

890 Waltraut: MPC 1695; NAZ **12** 4

891 Gunhild: Acta Astr. Sinica **6** Nr. 1; MPC 1724

892 Seeligeria: MPC 1721, 1722, 1779; NAZ **12** 13

893 Leopoldina: MPC 1729

895 Helio: MPC 1685, 1729; UC **6** 297

896 Sphinx: MPC 1820

897 Lysistrata: Barcelona Bol. **3** Nr. 1—7

899 Jokaste: MPC 1685; UC **6** 297

901 Brunsia: MPC 1729

902 Probitas: MPC 1778

905 Universitas: MPC 1685; UC **6** 297

906 Repsolda: Madrid Bol. **5** Nr. 3; MPC 1697, 1725, 1736[27]), 1737, 1775[3])

908 Buda: MPC 1687

909 Ulla: MPC 1687[1]), 1754, 1755

910 Anneliese: MPC 1776, 1819

911 Agamemnon: MPC 1729, 1784

912 Maritima: MPC 1687, 1815, 1816

914 Palisana: Barcelona Bol. **3** Nr. 1—7; MPC 1685; UC **6** 297

915 Cosette: JO **41** 68

916 America: MPC 1755

917 Lyka: MPC 1722; NAZ **12** 13

921 Jovita: MPC 1685, 1729, 1825; NAZ **12** 25; UC **6** 297

924 Toni: Acta Astr. Sinica **6** Nr. 2; Barcelona Bol. **3** Nr. 1—7

925 Alphonsina: Barcelona Bol. **3** Nr. 1—7; MPC 1681, 1685, 1729; UC **6** 297

926 Imhilde: MPC 1681, 1685, 1783; UC **6** 297

927 Ratisbona: MPC 1685, 1729; UC **6** 297

929 Algunde: MPC 1688, 1716 (El), 1729

930 Westphalia: Barcelona Bol. **3** Nr. 1—7; MPC 1711 (El), 1729

931 Whittemora: MPC 1725[3]), 1729, 1737, 1774

932 Hooveria: Barcelona Bol. **3** Nr. 1—7; MPC 1762, 1816, 1820

934 Thuringia = 1952 OP: MPC 1750 (Id)

936 Kunigunde: MPC 1816, 1824

939 Isberga: MPC 1729

940 Kordula: MPC 1725

941 Murray: MPC 1775

942 Romilda: MPC 1821

943 Begonia: MPC 1708 (El), 1729

945 Barcelona: MPC 1729

947 Monterosa = 1958 FF: Jap. Astr. Ass. Circ. 164—165 (Id); MPC 1711 (El), 1779, 1788 (Id)

948 Jucunda: MPC 1705

950 Ahrensa: MPC 1755

952 Caia: MPC 1685, 1726, 1736; UC **6** 297

954 Li: MPC 1705

955 Alstede: Barcelona Bol. **3** Nr. 1—7; MPC 1722; NAZ **12** 13

957 Camelia: MPC 1708 (El)

959 Arne: MPC 1780

961 Gunnie: MPC 1729

966 Muschi: MPC 1820

968 Petunia: MPC 1687, 1688, 1729

971 Alsatia: MPC 1825; NAZ **12** 25

972 Cohnia: MPC 1681, 1685, 1704, 1729, 1734; UC **6** 297

973 Aralia = 1954 SE: Jap. Astr. Ass. Circ. 168 (Id)

975 Perseverantia: Barcelona Bol. **3** Nr. 1—7

976 Benjamina: JO **41** 68; MPC 1681, 1685, 1734; UC **6** 297

977 Philippa: MPC 1685, 1726; UC **6** 297

978 Aidamina: MPC 1817, 1822

979 Ilsewa: Beograd Bull. **21** Nr. 3—4

980 Anacostia: AA **8** 224 = Poznań Repr. Nr. 39; Madrid Bol. **5** Nr. 3; MPC 1697, 1704, 1814

981 Martina: MPC 1729

983 Gunila: Acta Astr. Sinica **6** Nr. 1; MPC 1724, 1820

986 Amelia: MPC 1729

987 Wallia: Acta Astr. Sinica **6** Nr. 2; MPC 1720, 1778, 1779; NAZ **12** 9

988 Appella: MPC 1714 (El)

994 Otthild: MPC 1775

995 Sternberga: Acta Astr. Sinica **6** Nr. 1; MPC 1724, 1735, 1817, 1822

997 Priska: MPC 1688[28])

999 Zachia: MPC 1729, 1818

1001 Gaussia: MPC 1736

1002 Olbersia: Acta Astr. Sinica **6** Nr. 2

1003 Lilofee = 1956 PE (?): Jap. Astr. Ass. Circ. 162 (Id); MPC 1696, 1730, 1753 (Id), 1775; NAZ **12** 5

1005 Arago: MPC 1819

1006 Lagrangea: MPC 1719, 1755; NAZ **12** 9

1007 Pawlowia: MPC 1730

1009 Sirene: MPC 1706

1010 Marlene: MPC 1681, 1685, 1704; UC **6** 297

1012 Sarema: MPC 1818, 1822

1013 Tombecka: Barcelona Bol. **3** Nr. 1—7; MPC 1730

1014 Semphyra: MPC 1687, 1688

1015 Christa: MPC 1719, 1730; NAZ **12** 9

1016 Anitra: MPC 1730

1018 Arnolda: MPC 1828

1019 Strackea: MPC 1730

1021 Flammario: Barcelona Bol. **3** Nr. 1—7; MPC 1705

1022 1924 RT: MPC 916[29]), 1715 (El), 1730

1023 Thomana: MPC 1689

1025 Riema: MPC 1730

1027 Aesculapia: Acta Astr. Sinica **6** Nr. 1; MPC 1724, 1776, 1777

1028 1923 PG: MPC 1706, 1816, 1821

1029 La Plata: MPC 1722, 1779; NAZ **12** 13

1031 Arctica: MPC 1818

1032 Pafuri: MPC 1681, 1828

1035 Amata: MPC 1685, 1730; UC **6** 297

1036 Ganymed: Barcelona Bol. **3** Nr. 1—7; MPC 1730, 1762

1037 Davidweilla: MPC 1045[30])

1039 Sonneberga: MPC 1730

1040 Klumpkea: MPC 1719[31]); NAZ **12** 9

1042 Amazone: MPC 1730

1043 Beate: MPC 1688

1044 Teutonia: MPC 1689

1045 Michela: MPC 1778

1047 Geisha: MPC 1730

1048 Feodosia: MPC 1821

1049 Gotho: MPC 1730

1051 Merope: MPC 1730

1052 Belgica: MPC 1688, 1716 (El)

1054 Forsytia: Acta Astr. Sinica **6** Nr. 2

1055 Tynka: MPC 1704

1056 Azalea: MPC 1821

1059 Mussorgskia: Acta Astr. Sinica **6** Nr. 2; Barcelona Bol. **3** Nr. 1—7

1060 Magnolia: MPC 1758; NAZ **12** 16

1061 Paeonia: MPC 1828

1062 Ljuba: MPC 1705, 1777, 1778

1063 Aquilegia: MPC 1719, 1730, 1778, 1820; NAZ **12** 9

1064 Aethusa: MPC 1711 (El), 1780

1067 Lunaria: MPC 1780

1068 Nofretete: MPC 1777

1069 Planckia: MPC 1730, 1735

1071 Brita: Barcelona Bol. **3** Nr. 1—7; MPC 1706

1073 Gellivara: MPC 1695, 1730; NAZ **12** 4

1074 Beljawskya: MPC 1719, 1730, 1755, 1820; NAZ **12** 8

1075 Helina: MPC 1685, 1730; UC **6** 297

1076 Viola: MPC 1695, 1774, 1775; NAZ **12** 4

1078 Mentha = 1917 BK (Vgl. 864 Aase): MPC 1763 (Id)

1079 Mimosa: MPC 1610[32]), 1730; NAZ **11** 22[32])

1080 Orchis: MPC 1754

1082 Pirola: MPC 1779

1083 Salvia: MPC 1705

1084 Tamariwa: Barcelona Bol. **3** Nr. 1—7[33]); MPC 1711 (El), 1825; NAZ **12** 25

1086 Nata: MPC 1793[3])

1087 Arabis: MPC 1824

1090 Sumida: MPC 1687, 1688

1093 Freda: MPC 1705

1096 Reunerta: Barcelona Bol. **3** Nr. 1—7; MPC 1730

1099 Figneria: Beograd Bull. **21** Nr. 3—4; MPC 1705

1101 Clematis: MPC 1817, 1822

1102 Pepita: MPC 1755, 1758; NAZ **12** 16

1103 Sequoia: MPC 1685, 1730, 1783; UC **6** 297

1109 Tata: MPC 1758[12]); NAZ **12** 15

1110 Jaroslawa: Barcelona Bol. **3** Nr. 1—7; MPC 1730

1111 Reinmuthia: MPC 1721; NAZ **12** 12

1112 Polonia: MPC 1821

1113 Katja: MPC 1730

1114 Lorraine: MPC 1705

1115 Sabauda: MPC 1705

1116 Catriona: MPC 1730

1117 Reginita: MPC 1755

1118 Hanskya: Acta Astr. Sinica **6** Nr. 2

1119 Euboea: MPC 1730

1121 Natascha: MPC 1730

1125 China: Acta Astr. Sinica **6** Nr. 2 (+ El, Eph)

1126 Otero: MPC 1782

1127 Mimi: MPC 1711 (El)

1128 Astrid: MPC 1824

1130 Skuld: Barcelona Bol. **3** Nr. 1—7; MPC 1721; NAZ **12** 13

1135 Colchis: MPC 1687, 1758[12]); NAZ **12** 15

1136 Mercedes: Barcelona Bol. **3** Nr. 1—7

1137 Raïssa: MPC 1821

1143 Odysseus: MPC 1730

1145 Robelmonte: MPC 1696; NAZ **12** 4

1146 Biarmia: Beograd Bull. **21** Nr. 3—4

1147 Stavropolis: MPC 1730

1150 Achaia: MPC 1716 (El)

1151 Ithaka = 1955 SQ_2 (?): MPC 1788 (Id)

1152 Pawona: Barcelona Bol. **3** Nr. 1—7

1153 Wallenbergia: Barcelona Bol. **3** Nr. 1—7

1154 Astronomia: Acta Astr. Sinica **6** Nr. 2

1156 Kira: MPC 1819

1157 Arabia: MPC 1685[34]); UC **6** 297[34])

1158 Luda: MPC 1704

1161 Thessalia = 1957 SF (?): Jap. Astr. Ass. Circ. 164—165 (Id); MPC 1730

1162 Larissa: MPC 1754, 1826; NAZ **12** 28

1165 Imprinetta: MPC 1730

1166 Sakuntala: Acta Astr. Sinica **6** Nr. 2

1171 Rusthawelia: MPC 1685, 1826; NAZ **12** 28; UC **6** 297

1174 Marmara: MPC 1730

1175 Margo: MPC 1730, 1783

1177 Gonnessia: JO **41** 68; MPC 1730

1180 Rita: MPC 1726, 1736, 1737

1184 Gaea: Barcelona Bol. **3** Nr. 1—7; MPC 1775

1185 Nikko: Acta Astr. Sinica **6** Nr. 1; MPC 1724

1188 Gothlandia: Beograd Bull. **21** Nr. 3—4; MPC 1779

1190 Pelagia: MPC 1754

1191 1931 CA: MPC 1817, 1818, 1822

1192 Prisma: Madrid Publ. Nr. 39 S. 1 (El); MPC 1706 (El)

1193 Africa: MPC 1730, 1783

1194 Aletta: JO **41** 68

1195 Orangia: MPC 1756

1199 Geldonia: JO **41** 68

1200 Imperatrix: MPC 1681, 1817, 1822, 1826; NAZ **12** 28

1201 Strenua: MPC 1730, 1817, 1822

1203 Nanna: Barcelona Bol. **3** Nr. 1—7

1204 Renzia: MPC 1717 (El), 1816, 1824

1207 Ostenia: MPC 1775, 1777

1209 Pumma: MPC 1730, 1737

1210 Morosovia: JO 41 69

1212 Francette: JO 41 69; MPC 1688

1213 Algeria: MPC 1730

1214 Richilde: MPC 1819

1221 Amor: MPC 1787

1223 Neckar: MPC 1721; NAZ 12 12

1224 Fantasia: Barcelona Bol. 3 Nr. 1—7; MPC 1688, 1717 (El)

1225 Ariane: MPC 1826; NAZ 12 28

1226 Golia: MPC 1777, 1820

1230 Riceia: MPC 1756

1231 Auricula: MPC 1731

1232 Cortusa: MPC 1688

1233 Kobresia: MPC 1721, 1756; NAZ 12 12

1236 Thaïs: MPC 1785

1237 Geneviève: Beograd Bull. 21 Nr. 3—4

1238 Predappia: BAB 4 49[35]); Madrid Publ. Nr. 35 S. 1 (El); MPC 388[35])

1239 Queteleta: MPC 1778

1240 Centenaria: MPC 1688

1242 Zambesia: MPC 1778, 1779, 1793[3])

1244 Deira: MPC 1681, 1685, 1783; UC 6 297

1245 Calvinia: Barcelona Bol. 3 Nr. 1—7; MPC 1754

1247 Memoria: MPC 1755, 1821

1248 Jugurtha: Acta Astr. Sinica 6 Nr. 2; MPC 1816, 1824

1249 Rutherfordia: MPC 1705

1251 Hedera = 1957 HF(?): Jap. Astr. Ass. Circ. 161 (Id)[36]); MPC 1753 (Id), 1825; NAZ 12 25

1254 Erfordia: MPC 1776

1259 Ogyalla: MPC 1731, 1736

1261 Legia: MPC 1826; NAZ 12 28

1262 Sniadeckia: MPC 1719; NAZ 12 9

1263 Varsavia: MPC 1685, 1731, 1737[12]); UC 6 297

1264 Letaba: MPC 1685, 1731; UC 6 297

1265 Schweikarda: MPC 1685; UC 6 297

1266 Tone: MPC 1755

1269 Rollandia: MPC 1721; NAZ 12 13

1273 Helma: MPC 1786

1274 Delportia: MPC 1688, 1731, 1825; NAZ 12 26

1275 Cimbria: MPC 1826; NAZ 12 28

1277 Dolores: Acta Astr. Sinica 6 Nr. 1; MPC 1724

1280 Baillauda = 1946 SF: Jap. Astr. Ass. Circ. 162 (Id); MPC 1754, 1783, 1790 (Id)

1281 Jeanne: MPC 1681, 1731

1282 Utopia: MPC 1779

1284 Latvia: MPC 1688

1285 Julietta: MPC 1731

1287 Lorcia: MPC 1731

1288 Santa: MPC 1735

1289 Kutaïssi = 1953 TO_2: JO 41 69; MPC 1044[37]), 1731, 1788 (Id)

1290 Albertine = 1953 EX: MPC 1750 (Id)

1291 Phryne: MPC 1731

1292 Luce: MPC 1731

1294 Antwerpia: MPC 1711 (El)

1295 Deflotte: MPC 1755

1299 Mertona: MPC 1721; NAZ 12 12

1301 Yvonne: MPC 1731

1302 Werra: MPC 1736, 1788

1303 Luthera: MPC 1706

1304 Arosa: MPC 1681, 1685, 1704, 1705; UC 6 297

1306 Scythia: MPC 1731

1307 Cimmeria: MPC 1696; NAZ 12 4

1308 Halleria = 1953 TT: Jap. Astr. Ass. Circ. 162 (Id); MPC 1685, 1753 (Id), 1826; NAZ 12 28; UC 6 297

1310 Villigera: MPC 1721; NAZ 12 13

1312 Vassar: MPC 1731

1313 Berna: MPC 1688, 1731

1314 Paula: MPC 1735

1315 Bronislawa: Acta Astr. Sinica 6 Nr. 1; MPC 1724, 1776

1317 Silvretta: MPC 1685, 1731; UC 6 297

1318 Nerina = 1956 SC(?): MPC 1528[38]), 1752 (Id); NAZ 11 3[38])

1319 Disa: MPC 1819

1321 Majuba: Acta Astr. Sinica 6 Nr. 2

1323 Tugela: MPC 1705, 1708 (El)

1327 Namaqua ≠ 1957 QK: MPC 1734 (nicht id.), 1754

1329 Eliane: MPC 1755, 1793[3])

1331 Solvejg: MPC 1778

1332 Marconia: MPC 1731, 1782, 1824, 1828

1333 Cevenola: MPC 1731, 1754

1334 Lundmarka: MPC 1731, 1821

1336 Zeelandia: MPC 1681, 1828

1341 Edmée = 1957 YK: Jap. Astr. Ass. Circ. 169 (Id); MPC 1705

1343 Nicole: MPC 1731, 1774

1346 Gotha: MPC 1726

1350 Rosselia: MPC 1784, 1826; NAZ **12** 28

1352 Wawel: Acta Astr. Sinica **6** Nr. 2

1353 Maartje: MPC 1731

1355 Magoeba: MPC 1756

1356 Nyanza: MPC 1685; UC **6** 297

1359 Prieska: MPC 1685, 1731; UC **6** 297

1360 Tarka: MPC 1736

1361 Leuschneria: MPC 1731

1364 Safara: MPC 1731

1366 Piccolo: MPC 1731

1367 1934 NA: AC Nr. 111 S. 5[39]); Kiew Publ. Nr. 6 S. 103[39]); MPC 1680 (El), 1686 (Eph)

1371 Resi: MPC 1690

1375 Alfreda: MPC 1731

1376 Michelle: MPC 1828

1378 Leonce: MPC 1384[40]), 1711 (El), 1756; New S. Wales J. and Proc. **90** 58 = Syd. Pap. Nr. 26[40])

1381 Danubia: MPC 1711 (El)

1384 Kniertje: MPC 1711 (El)

1385 Gelria: MPC 1689

1387 Kama: MPC 1779

1388 Aphrodite: Acta Astr. Sinica **6** Nr. 2

1391 Carelia: MPC 1690, 1731, 1734, 1788

1395 Aribeda: MPC 1731

1401 Lavonne = 1945 VC, 1951 KM: MPC 1743 (Id)

1406 Komppa: MPC 1784, 1825; NAZ **12** 26

1409 Isko: MPC 1696, 1737; NAZ **12** 5[19])

1410 Margret: Acta Astr. Sinica **6** Nr. 2; MPC 1755

1411 Brauna: MPC 1756

1415 Malautra: MPC 1705

1418 Fayeta: MPC 1776, 1819, 1820

1419 Danzig: MPC 1775

1421 Esperanto = 1958 GD: Jap. Astr. Ass. Circ. 164—165 (Id)

1425 1937 GB: MPC 1722; NAZ **12** 13

1426 1937 GF ≠ 1957 BQ: MPC 1708 (El), 1753 (Id)[11]), 1790 (nicht id.), 1821

1427 Ruvuma: MPC 1777

1429 Pemba: MPC 1782

1430 1937 NK: MPC 1782

1436 1936 YA: MPC 1818

1437 Diomedes: MPC 1731

1438 Wendeline: MPC 1786

1442 Corvina = 1956 VL (?): Jap. Astr. Ass. Circ. 162 (Id); MPC 1753 (Id), 1779

1444 1938 AE: MPC 1695, 1754; NAZ **12** 4

1446 1938 BA: MPC 1777

1450 1938 DP: MPC 1736

1452 1938 DZ_1 = 1953 YA: MPC 1124[41]), 1816 (Id)

1453 Fennia: MPC 1731, 1737

1454 1936 DO: MPC 1722; NAZ **12** 13

1456 1937 NG: MPC 1708 (El)

1457 Ankara: MPC 1756

1459 Magnya: MPC 1689

1461 1937 YL: MPC 1685, 1731, 1754, 1817, 1818, 1822; UC **6** 297

1463 Nordenmarkia: MPC 1826; NAZ **12** 26

1464 1939 VO: MPC 1763, 1764

1465 Autonoma: MPC 1820

1466 Mündleria: Madrid Publ. Nr. 34 S. 1

1467 Mashona: MPC 1731, 1818, 1822

1469 Linzia: MPC 1721, 1755; NAZ **12** 12, 13

1471 1938 SL_1: MPC 1756, 1779

1476 1936 RA: MPC 1776, 1777

1479 Inkeri: MPC 1825, 1826; NAZ **12** 25, 26

1483 1938 DJ_1: MPC 1787

1484 Postrema: MPC 1705

1486 Marilyn: MPC 1781

1496 Turku = 1957 HB: MPC 1680 (Id), 1681 (Eph), 1693 (Id), 1742 (Id, Eph)

1497 1938 SB_1: MPC 1731

1500 1938 UH: MPC 1781, 1782

1502 Arenda: MPC 1779

1503 1938 XD: MPC 1685, 1784; UC **6** 297

1504 1939 FM: MPC 1731, 1774[16]), 1786

1505 Koranna: MPC 1731

1506 Xosa: MPC 1787

1507 1939 RD: MPC 1776, 1777

1508 1938 UO: MPC 1780

1509 Esclangona: MPC 1731

1512 1939 FE = 1957 TA: Jap. Astr. Ass. Circ. 169 (Id); MPC 1774, 1775

1514 Ricouxa: MPC 1754

1517 1938 FD: MPC 1685, 1731, 1817, 1822; UC **6** 297

1518 1938 UA = 1951 SH: MPC 1693 (Id), 1783

1519 1938 UB: MPC 1779

1522 1938 WO: MPC 1787

1523 1939 BC: MPC 1731, 1732, 1818, 1822, 1823

1524 1939 SB: Acta Astr. Sinica **6** Nr. 2

1525 1939 SC: MPC 1776, 1777

1527 Malmquista: MPC 1779

1528 Conrada: MPC 1754

1531 1938 SH: MPC 1786

1533 1939 BD: MPC 1736, 1737

1539 1940 UB: MPC 1719, 1732, 1820; NAZ **12** 8

1540 1938 WK: MPC 1696; NAZ **12** 5

1544 Vinterhansenia: Barcelona Bol. **3** Nr. 1—7

1548 Palomaa: MPC 1732, 1778, 1779

1549 Mikko = 1957 HC(?): Jap. Astr. Ass. Circ. 161 (Id); MPC 1753 (Id)

1550 1937 WD: MPC 1685, 1726; UC **6** 297

1551 1938 DC_1: MPC 1689, 1690[42])

1553 Bauersfelda: MPC 1744 (El)

1554 1940 RE: MPC 1818

1556 Wingolfia: MPC 1690, 1734, 1788, 1828

1557 1942 AD: MPC 1778

1561 1941 CG: Acta Astr. Sinica **6** Nr. 2

1566 Icarus: Harv Card 1398 (Eph), 1399 (Eph); MN ASSA **17** 70; MPC 1703 (Eph)

1568 Aisleen: MPC 1685, 1726; UC **6** 297

1572 Posnania: Acta Astr. Sinica **6** Nr. 2; MPC 1779

1574 Meyer: JO **41** 69

1576 1948 SA: MPC 1782

1577 1949 BA: JO **41** 69

1578 Kirkwood = 1952 FK: Jap. Astr. Ass. Circ. 168 (Id); MPC 1736, 1788

1579 1948 SB: MPC 1755, 1786

1581 Abanderada: MPC 1754

1582 Martir: MPC 1732

1583 Antilochus: MPC 1781

1585 Union: MPC 1726, 1732

1586 1939 CJ = 1951 KT: Acta Astr. Sinica **6** Nr. 2; ApJ Suppl. **3** 412 (Id) = Contr. McDonald Obs. Nr. 284; MPC 1720, 1778, 1779; NAZ **12** 9

1587 1933 FS_1: MPC 1688, 1732

1588 Descamisada: MPC 1736

1589 Fanatica: MPC 1732

1591 Baize: AC Nr. 193 S.16 (El)

1592 1951 LA: Acta Astr. Sinica **6** Nr. 1; MPC 1724

1594 1949 WA: JO **41** 69

1595 1930 ME: MPC 1755, 1756

1596 1951 EV: MPC 1784

1602 Indiana: MPC 1783, 1786

1603 1926 VH: MPC 1732

1604 1931 FH: MPC 1732, 1786

1607 1950 RA: MPC 1687, 1689

1609 1951 NL: MPC 1732

1611 1950 DJ: MPC 1689, 1690

1612 Hirose: MPC 1685[43]), 1732; UC **6** 297[43])

1613 1950 SD: MPC 1786

1614 1952 HA: MPC 1786

1615 1950 BW: MPC 1732, 1787

1616 1950 EA: MPC 1737, 1775

1617 1952 FB: MPC 1780

1618 1948 NF = 1951 AK: ApJ Suppl. **3** 407 (Id) = Contr. McDonald Obs. Nr. 284; MPC 1689, 1690, 1781, 1788, 1824, 1828

1620 Geographos: MPC 1679 (Eph), 1794 (Eph)

1621 1926 TM = 1958 GA: Acta Astr. Sinica **6** Nr. 2; Jap. Astr. Ass. Circ. 164—165 (Id); MPC 1787

1622 1952 EA = 1952 DP_2: ApJ Suppl. **3** 423 (Id) = Contr. McDonald Obs. Nr. 284

1624 1931 TT_1 = 1953 PJ: Jap. Astr. Ass. Circ. 164—165 (Id)

1625 THE NORC: MPC 1688

1626 1927 AA: MPC 1786, 1787

1627 1929 SH: BAN **14** 186; MPC 1788 (Nu, El), 1795 (Eph), 1823 (Eph); NAZ **12** 22 (El)

1906 TD = 1943 EY: Jap. Astr. Ass. Circ. 171—172

1906 UX = 1935 CC (?): MPC 1738 (Id, El)

1908 EK[a] = 1955 SE_1, 1955 UF: Jap. Astr. Ass. Circ. 169 (Id, El); MPC 1732

1917 BK = 1078 Mentha ≠ 864 Aase: AC Nr. 168 S.11[44])

1922 LN = 1951 QE, 1952 UO: Jap. Astr. Ass. Circ. 169 (Id); MPC 1816 (Id)

1923 OG = 1957 CA: MPC 1742 (Id), 1793 (Id)

1924 QW: MPC 1679 (Eph)

1924 QZ = 1954 EK (?): Jap. Astr. Ass. Circ. 169 (Id)

1924 RY = 1943 EY: Jap. Astr. Ass. Circ. 171—172 (Id)

1925 QA: MPC 1759 (Eph)

1925 VF: MPC 1700

1926 WA = 746 Marlu

1929 BG = 889 Erynia

1929 EC: MPC 1688

1929 GC = 1935 KC, 1935 ML: Jap. Astr. Ass. Circ. 160 (Id); MPC 1739 (Id), 1742 (Id)

1929 SH Vgl. 1627

1929 VC = 1929 WC: MPC 1749

1929 WC = 1929 VC

1930 DJ = 1951 DE: MPC 1761 (Id)

1930 OG, OH, OK, OL, RB: BAN **14** 211

1930 SK = 1953 FQ: MPC 1757 (Eph), 1816 (Id)

1930 SO, SP, SX: BAN **14** 212

1930 SY = 1956 RK: BAN **14** 212; Jap. Astr. Ass. Circ. 168 (Id)

1930 SZ, SB_1: BAN **14** 212

1931 RW = 1951 SC: NAZ **12** 16

1931 TL: MPC 1736, 1737, 1775, 1791 (Eph)

1931 TT_2 = 1937 WH, 1955 GA: MPC 1692 (Id)

1932 CC_1 = 1932 EU: MPC 1749 (Id)

1932 DC = 1952 UV_1: MPC 1761 (Id)

1932 EU = 1932 CC_1

1933 OH = 1933 QD_1: MPC 1749 (Id)

1933 OJ: MPC 1679 (Eph)

1933 OK: MPC 1776

1933 QD_1 = 1933 OH

1934 FL = 1934 FP, 1934 HH: MPC 1745 (Id)

1934 FP = 1934 FL

1934 HH = 1934 FL

1934 LB = 1934 LH: MPC 1749 (Id)

1934 LH = 1934 LB

1934 RS = 1943 GE, 1956 RJ, 1956 SF, 1957 WA: Jap. Astr. Ass. Circ. 166—167 (Id), 169 (Id, El); MPC 1827 (Eph), 1854 (Eph)[16]

1935 BB: MPC 1792 (Eph)[3]

1935 BD: MPC 1679 (Eph), 1779

1935 CC = 1906 UX (?)

1935 JF: MPC 1759 (Eph)

1935 KC = 1929 GC, 1935 ML: Jap. Astr. Ass. Circ. 160 (El); MPC 1739 (El), 1742 (Id), 1744 (Id, El), 1790 (El)[3], 1791 (Eph)[16]

1935 ML = 1929 GC, 1935 KC

1935 QP: MPC 1679 (Eph)[1]

1935 RF = 1952 SX, 1952 UW, 1955 QT, 1955 RP: Jap. Astr. Ass. Circ. 161 (Id); MPC 1740 (Id)

1935 SV_1 = 1951 RL_1: MPC 1739 (Id)

1935 TG: MPC 1738 (El)

1935 US: MPC 1759 (Eph)

1935 YA = 1939 XA, 1955 TS, 1957 GD: Jap. Astr. Ass. Circ. 164—165 (Id); MPC 1744 (Id, El), 1750 (Id)[11], 1759 (Eph), 1789 (Id), 1790 (Id); NAZ **12** 22 (Id)

1936 BD: MPC 1732, 1759 (Eph)

1936 QH: NAZ **12** 14 (El)

1936 QO: MPC 1732, 1736, 1791 (Eph)

1936 SC + 1939 EA, 1951 QE: MPC 1816 (nicht id.)

1936 UC: MPC 1693 (+ El)

1936 VK = 1936 YG: MPC 1749 (Id)

1936 YG = 1936 VK

1937 TG = 1944 OC: MPC 1743 (Id), 1744 (El), 1787

1937 WH = 1931 TT_2

1938 ED + 1938 EF: NAZ **12** 22 (nicht id.)

1938 EF + 1938 ED: NAZ **12** 22 (El)

1938 FC = 1938 GB, 1943 EY: MPC 1761 (Id)

1938 GB = 1938 FC

1938 GK: MPC 1789

1938 MC = 1941 FD, 1952 UW: NAZ **12** 22 (Id)

1938 WA = 1951 EB (?): Jap. Astr. Ass. Circ. 169 (Id)

1939 BG: MPC 1757 (Eph)

1939 EA + 1936 SC

1939 XA = 1935 YA

1940 DA = 1940 FE: NAZ **12** 22 (Id)

1940 FE = 1940 DA

1940 GE, GH: Jap. Astr. Ass. Circ. 171—172 (El)

1940 GO: Jap. Astr. Ass. Circ. 171—172 (El); MPC 1789

1940 RO: Jap. Astr. Ass. Circ. 159 (Eph, El); MPC 1739 (El)[11]

1941 CB: Jap. Astr. Ass. Circ. 171—172 (El)

1941 DF = 1956 TM: Jap. Astr. Ass. Circ. 169 (Id), 171—172 (El)

1941 FD = 1938 MC

1941 QB, QC, UY: Jap. Astr. Ass. Circ. 171—172 (El)

1941 WA: Barcelona Bol. 3 Nr. 1—7 (+ El)

1942 CH = 1953 VD_1: Jap. Astr. Ass. Circ. 171—172 (Id)

1942 ED_1 = 1942 FO: MPC 1749 (Id)

1942 FO = 1942 ED_1

1942 GH: MPC 1789

1942 XA = 1957 YM: Jap. Astr. Ass. Circ. 171—172 (Id)

1943 EY = 1906 TD, 1924 RY, 1938 FC

1943 GE = 1934 RS: MPC 1789

1943 OE: BAN **10** 436[45]), 437[45]), **14** 213; NAZ **12** 22 (El)

1943 TK = 1943 VC: MPC 1749 (Id)

1943 VC = 1943 TK

1944 MD, OC = 1937 TG, **OG**: Jap. Astr. Ass. Circ. 164—165 (El)

1944 QD, QE, QJ: Jap.Astr. Ass. Circ. 171—172 (El)

1945 VC = 1401 Lavonne

1946 SF = 1280 Baillauda

1946 TB, TC, UD, UE, UG, UK, UL: Jap. Astr. Ass. Circ. 171—172 (El)

1947 GA, HD: MPC 1751 (El)

1948 EM = 1953 NA: MPC 1816 (Id)

1948 OF: BIA **7** 76 (El)

1948 PR: BIA **7** 77 (El)

1948 RP = 1948 TA: NAZ **12** 22 (Id)

1948 RQ: MPC 1751 (El)

1948 RZ = 1948 RL_1: MPC 1751 (El); NAZ **12** 22 (Id)

1948 RL_1 = 1948 RZ

1948 TA = 1948 RP

1948 TL = 1948 UH: MPC 1745 (Id)

1948 TR: MPC 1751 (El)

1948 UH = 1948 TL: BIA **7** 76[46])

1948 VK: BAB **4** 49[47]); MPC 388[47])

1949 AA, AB: MPC 1751 (El)

1949 FP = 1949 FD_1: MPC 1745 (Id)

1949 FW, FX: BIA **7** 77 (El)

1949 FD_1 = 1949 FP

1949 HC: Jap. Astr. Ass. Circ. 171—172 (El)

1949 HH_1, HJ_1 = 756 Lilliana, **HM_1**: BIA **7** 77 (El)

1949 KB: MPC 1751 (El)

1949 MV: BIA **7** 77 (El)

1949 OF = 1949 OY: MPC 1745 (Id)

1949 OY = 1949 OF

1949 ON_1: BIA **7** 76 (El)

1949 OO_1: BIA **7** 76 (El); Krim Mitt. **5** 144[48])

1949 PD = 1949 PX: MPC 1745 (Id)

1949 PH: MPC 1744 (El)

1949 PK, PN: NAZ **12** 14 (El)

1949 PS, PU: MPC 1744 (El)

1949 PV = 1949 QD_1: NAZ **12** 22 (Id)

1949 PX = 1949 PD: Krim Mitt. **5** 144[48])

1949 QD_1 = 1949 PV

1949 QJ_1 = 1949 QN_1: MPC 1740 (Id), 1751 (El)

1949 QN_1 = 1949 QJ_1

1949 QQ_1: MPC 1751 (El)

1949 QZ_1 = 1949 SX: BIA **7** 77 (El); NAZ **12** 22 (Id)

1949 QF_2: Krim Mitt. **5** 144[48])

1949 RB = 1949 UC: NAZ **12** 22 (Id)

1949 SB: MPC 435[49])

1949 SD = 1949 SA_1: NAZ **12** 23 (Id)

1949 SX = 1949 QZ_1

1949 SA_1 = 1949 SD

1949 SB_1, SF_1, SG_1: BIA **7** 77 (El)

1949 SP_1 = 372 Palma

1949 UC = 1949 RB

1949 WL, WM: MPC 1751 (El)

1950 AB = 1950 DA_1: Jap. Astr. Ass. Circ. 159 (Id, El); MPC 1745 (Id), 1751 (El)

1950 AC = 1950 DZ, **AD** = 1950 CV, 1950 DB_1: NAZ **12** 23 (Id)

1950 BM, BN: MPC 1751 (El)

1950 BL_1 = 1950 DE: NAZ **12** 23 (Id)

1950 CV = 1950 AD, **DE** = 1950 BL_1

1950 DL: MPC 1759 (Eph)

1950 DP: MPC 1719; NAZ **12** 8

1950 DT = 1950 ES: MPC 1749 (Id)

1950 DZ = 1950 AC, **DA_1** = 1950 AB, **DB_1** = 1950 AD, **ES** = 1950 DT

1950 ET = 1950 HS: Jap. Astr. Ass. Circ. 159 (Id, El)[11]); MPC 1745 (Id), 1751 (El)[11])

1950 GB: MPC 1744 (El)

1950 HF = 1950 JM: MPC 1749 (Id)

1950 HS = 1950 ET, **JM** = 1950 HF

1950 LB: MPC 1751 (El)

1950 LC_1, LD_1, LE_1: BIA **7** 77 (El)

1950 NE: MPC 1751 (El)

1950 NA_1: MPC 1759 (Eph)

1950 NB_1: MPC 1751 (El)

1950 NQ_1, NR_1: BIA **7** 77 (El)

1950 OC = 1950 PG, 1950 RS: MPC 1745 (Id)

1950 PG = 1950 OC

1950 PZ: ApJ Suppl. **3** 404 = Contr. McDonald Obs. Nr. 284

1950 QO: MPC 1751 (El)

1950 QA_1, QB_1: ApJ Suppl. **3** 404 = Contr. McDonald Obs. Nr. 284

1950 QC_1: ApJ Suppl. **3** 297 (El), 404 = Contr. McDonald Obs. Nr. 284

1950 QD_1, QE_1, QF_1, QG_1: ApJ Suppl. **3** 404 = Contr. McDonald Obs. Nr. 284

1950 RN, RO = 583 Klotilde, **RP**: BIA **7** 76 (El)

1950 RS = 1950 OC

1950 RZ, RA_1, RB_1, RC_1, RD_1, RE_1: ApJ Suppl. **3** 404 = Contr. McDonald Obs. Nr. 284

1950 SK: MPC 1757 (Eph)

1950 SL: MPC 1757 (Eph), 1786

1950 SS: ApJ Suppl. **3** 404 = Contr. McDonald Obs. Nr. 284

1950 ST, SU, SV: ApJ Suppl. **3** 405 = Contr. McDonald Obs. Nr. 284

1950 TD = 1950 TQ_1: MPC 1749 (Id)

1950 TJ: MPC 1751 (El)

1950 TQ_1 = 1950 TD

1950 TH_2: ApJ Suppl. **3** 297 (El) = Contr. McDonald Obs. Nr. 284

1950 TY_3, TZ_3, TA_4, TB_4, TC_4, TD_4, TE_4, TF_4, TG_4, TH_4: ApJ Suppl. **3** 405 = Contr. McDonald Obs. Nr. 284

1950 TJ_4, TK_4, TL_4, VF, VG, VH, VJ, VK, VL, VM, VN, VO, VP = 854 Frostia, **WB, WC, WD, WE, WF, XM, XN, XO**: ApJ Suppl. **3** 406 = Contr. McDonald Obs. Nr. 284

1950 XP, XQ, XR, XS, YA, YB: ApJ Suppl. **3** 407 = Contr. McDonald Obs. Nr. 284

1951 AK = 1618 1948 NF

1951 AX: BIA **7** 77 (El)

1951 AB_1, AC_1, AD_1, AE_1, AF_1, AG_1, AH_1, AJ_1: ApJ Suppl. **3** 407 = Contr. McDonald Obs. Nr. 284

1951 AK_1, AL_1, AM_1, AN_1, AO_1, AP_1, AQ_1, AR_1, AS_1, AT_1: ApJ Suppl. **3** 408 = Contr. McDonald Obs. Nr. 284

1951 BB: AC Nr. 111 S.5[50]); Kiew Publ. Nr. 6 S. 103[50])

1951 CJ_1: BIA **7** 77 (El)

1951 CL_1, CM_1, CN_1, CO_1, CP_1, CQ_1, CR_1: ApJ Suppl. **3** 408 = Contr. McDonald Obs. Nr. 284

1951 CS_1, CT_1, CU_1, CV_1, CW_1, CX_1, CY_1: ApJ Suppl. **3** 409 = Contr. McDonald Obs. Nr. 284

1951 DE = 1930 DJ: JO **41** 69

1951 EB = 1938 WA (?)

1951 EX_1, EY_1, EZ_1, EA_2, EB_2, EC_2, ED_2, EE_2, EF_2, EG_2, EH_2, EJ_2: ApJ Suppl. **3** 409 = Contr. McDonald Obs. Nr. 284

1951 EK_2, EL_2, EM_2, EN_2, EO_2, EP_2, EQ_2, ER_2, ES_2, ET_2, EU_2, EV_2, EW_2, EX_2, FC, GO, GP, GQ, GR, GS, GT, GU, GV, GW, GX, GY, GZ: ApJ Suppl. **3** 410 = Contr. McDonald Obs. Nr. 284

1951 GA_1, GB_1, GC_1, GD_1, GE_1, GF_1, GG_1, GH_1, GJ_1, GK_1, JK, JL, JM, JN, JO, JP, JQ, JR, JS, JT, JU: ApJ Suppl. **3** 411 = Contr. McDonald Obs. Nr. 284

1951 JV, JW, JX, JY, JZ, JA_1, JB_1: ApJ Suppl. **3** 412 = Contr. McDonald Obs. Nr. 284

1951 KM = 1401 Lavonne

1951 KR, KS, KT = 1586 1939 CJ, **KU, KV, KW, KX, KY, KZ, KA_1, KB_1, KC_1, LK, LL, LM, LN, LO, LP, LQ**: ApJ Suppl. **3** 412 = Contr. McDonald Obs. Nr. 284

1951 LR, LS, LT, LU, LV, LW, LX, LY, MK, ML, MM, MN, NM, PL, PM: ApJ Suppl. **3** 413 = Contr. McDonald Obs. Nr. 284

1951 QA: MPC 1791 (Eph)

1951 QE = 1922 LN + 1936 SC

1951 QJ, QK: ApJ Suppl. **3** 413 = Contr. McDonald Obs. Nr. 284

1951 RJ: MPC 1732, 1791 (Eph)[3])

1951 RQ: MPC 1757 (Eph)

1951 RU: MPC 1679 (Eph), 1732, 1779

1951 RC_1, RD_1, RE_1, RF_1, RG_1, RJ_1, RK_1, RL_1 = 1935 SV_1: BIA **7** 77 (El)

1951 RM_1: AC Nr. 193 S. 16 (El); MPC 1679 (Eph)

1951 RN_1: BIA **7** 77 (El)

1951 RW_1, RX_1, RY_1, RZ_1: ApJ Suppl. **3** 414 = Contr. McDonald Obs. Nr. 284

1951 SB: MPC 1760 (El)

1951 SC = 1931 RW

1951 SD: Jap. Astr. Ass. Circ. 160 (El)

1951 SE = 501 Urhixidur, **SG** = 255 Oppavia: MPC 1751 (El)

1951 SH = 1518 1938 UA

1951 SO: BIA **7** 76 (El); MPC 1744 (El)

1951 SW: ApJ Suppl. **3** 414 = Contr. McDonald Obs. Nr. 284

1951 TB = 837 Schwarzschilda

1951 TS: BAB **4** 112[51]); MPC 710[51])

1951 UG = 1951 WH: Jap. Astr. Ass. Circ. 160 (Id, El); MPC 1750 (Id), 1751 (El)

1951 UK: NAZ **12** 14 (El)

1951 VE, VF, VG: ApJ Suppl. **3** 414 = Contr. McDonald Obs. Nr. 284

1951 WH = 1951 UG: MPC 1751 (El)

1951 WT, WU, WV, WW, WX, WY, WZ, WA$_1$, WB$_1$: ApJ Suppl. **3** 414 = Contr. McDonald Obs. Nr. 284

1951 WC$_1$, WD$_1$, WE$_1$, WF$_1$, WG$_1$, WH$_1$, WJ$_1$, WK$_1$, WL$_1$, WM$_1$, WN$_1$, WO$_1$, WP$_1$, WQ$_1$, WR$_1$, WS$_1$, WT$_1$, WU$_1$, WV$_1$, WW$_1$, WX$_1$, WY$_1$, WZ$_1$, WA$_2$: ApJ Suppl. **3** 415 = Contr. McDonald Obs. Nr. 284

1951 WB$_2$, WC$_2$, WD$_2$, WE$_2$, WF$_2$, WG$_2$, WH$_2$, WJ$_2$, WK$_2$, WL$_2$, WM$_2$: ApJ Suppl. **3** 416 = Contr. McDonald Obs. Nr. 284

1951 XJ, XK: ApJ Suppl. **3** 297 (El) = Contr. McDonald Obs. Nr. 284

1951 XL, XM, XN, XO, XP, XQ, XR, XS, XT, XU, XV, XW, XX: ApJ Suppl. **3** 416 = Contr. McDonald Obs. Nr. 284

1951 XY, XZ, XA$_1$, XB$_1$, XC$_1$, XD$_1$, XE$_1$, XF$_1$, YB, YC, YD, YE, YF, YG, YH, YJ, YK, YL, YM, YN, YO, YP, YQ: ApJ Suppl. **3** 417 = Contr. McDonald Obs. Nr. 284

1951 YR, YS, YT, YU, YV, YW, YX, YY, YZ, YA$_1$, YB$_1$, YC$_1$, YD$_1$, YE$_1$, YF$_1$, YG$_1$, YH$_1$, YJ$_1$, YK$_1$, YL$_1$, YM$_1$, YN$_1$, YO$_1$, YP$_1$, YQ$_1$, YR$_1$, YS$_1$, YT$_1$: ApJ Suppl. **3** 418 = Contr. McDonald Obs. Nr. 284

1951 YU$_1$, YV$_1$, YW$_1$, YX$_1$, YY$_1$, YZ$_1$, YA$_2$, YB$_2$, YC$_2$, YD$_2$, YE$_2$, YF$_2$, YG$_2$, YH$_2$, YJ$_2$, YK$_2$, YL$_2$, YM$_2$, YN$_2$, YO$_2$, YP$_2$, YQ$_2$, YR$_2$, YS$_2$, YT$_2$: ApJ Suppl. **3** 419 = Contr. McDonald Obs. Nr. 284

1952 BK = 1952 DN, **BQ** = 1952 DU: Jap. Astr. Ass. Circ. 168 (Id), 171—172 (El)

1952 BR, BS, BT, BU, BV, BW, BX, BY, BZ, BA$_1$, BB$_1$, BC$_1$, BD$_1$, BE$_1$, BF$_1$, BG$_1$, BH$_1$, BJ$_1$, BK$_1$, BL$_1$, BM$_1$, BN$_1$, BO$_1$, BP$_1$, BQ$_1$: ApJ Suppl. **3** 420 = Contr. McDonald Obs. Nr. 284

1952 BR$_1$, BS$_1$, BT$_1$, BU$_1$, BV$_1$, BW$_1$, BX$_1$, BY$_1$, BZ$_1$, BA$_2$, BB$_2$, BC$_2$, BD$_2$, BE$_2$, CB, CC, CD: ApJ Suppl. **3** 421 = Contr. McDonald Obs. Nr. 284

1952 DB: JO **41** 69; MPC 1827 (Eph)

1952 DG, DJ: MPC 1751 (El)

1952 DN = 1952 BK

1952 DR = 1952 FH: Jap. Astr. Ass. Circ. 168 (Id), 171—172 (El)

1952 DU = 1952 BQ

1952 DA$_1$, DB$_1$, DC$_1$, DD$_1$, DE$_1$, DF$_1$, DG$_1$, DH$_1$, DJ$_1$, DK$_1$, DL$_1$, DM$_1$, DN$_1$, DO$_1$, DP$_1$, DQ$_1$, DR$_1$, DS$_1$, DT$_1$, DU$_1$, DV$_1$, DW$_1$, DX$_1$, DY$_1$: ApJ Suppl. **3** 422 = Contr. McDonald Obs. Nr. 284

1952 DZ$_1$, DA$_2$, DB$_2$, DC$_2$, DD$_2$, DE$_2$, DF$_2$, DG$_2$, DH$_2$, DJ$_2$, DK$_2$, DL$_2$, DM$_2$, DN$_2$, DO$_2$, DP$_2$ = 1622 1952 EA, **DQ$_2$, DR$_2$, DS$_2$, DT$_2$, DU$_2$, DV$_2$, DW$_2$, DX$_2$, DY$_2$, DZ$_2$, DA$_3$, DB$_3$, DC$_3$, DD$_3$**: ApJ Suppl. **3** 423 = Contr. McDonald Obs. Nr. 284

1952 DE$_3$, DF$_3$: ApJ Suppl. **3** 424 = Contr. McDonald Obs. Nr. 284

1952 FH = 1952 DR, **FK** = 1578 Kirkwood

1952 FP: BIA **7** 77 (El)

1952 FU, FV, FW, FX, FY, FZ, FA$_1$, FB$_1$, FC$_1$, FD$_1$, FE$_1$, FF$_1$, FG$_1$, FH$_1$, FJ$_1$, FK$_1$: ApJ Suppl. **3** 424 = Contr. McDonald Obs. Nr. 284

1952 HB = 1952 KG: Jap. Astr. Ass. Circ. 159 (El); MPC 1742 (El); NAZ **12** 23 (Id)

1952 HV: MPC 1751 (El)

1952 HR$_1$, HS$_1$: BIA **7** 77 (El)

1952 HY$_1$, HZ$_1$, HA$_2$, HB$_2$, HC$_2$[52]), **HD$_2$, HE$_2$, HF$_2$, HG$_2$**[52]), **HH$_2$, HJ$_2$, HK$_2$, HL$_2$, HM$_2$, HN$_2$, HO$_2$, HP$_2$, HQ$_2$, HR$_2$, HS$_2$, HT$_2$, HU$_2$, HV$_2$, HW$_2$**: ApJ Suppl. **3** 425 = Contr. McDonald Obs. Nr. 284

1952 HX$_2$, HY$_2$, HZ$_2$, HA$_3$, HB$_3$, HC$_3$, HD$_3$, HE$_3$, HF$_3$, HG$_3$, HH$_3$, HJ$_3$, HK$_3$, HL$_3$, HM$_3$, HN$_3$, HO$_3$, HP$_3$, HQ$_3$, HR$_3$, HS$_3$, HT$_3$, HU$_3$, HV$_3$, HW$_3$, HX$_3$: ApJ Suppl. **3** 426 = Contr. McDonald Obs. Nr. 284

1952 HY$_3$, HZ$_3$, HA$_4$: ApJ Suppl. **3** 427 = Contr. McDonald Obs. Nr. 284

1952 JB: Jap. Astr. Ass. Circ. 170 (El)

1952 KG = 1952 HB

1952 KM, KN, KO, KP, KQ, KR, KS, KT, KU, KV, KW, KX, KY, KZ, KA$_1$, KB$_1$, KC$_1$, KD$_1$: ApJ Suppl. 3 427 = Contr. McDonald Obs. Nr. 284

1952 KE$_1$: MPC 916[53])

1952 LA = 1952 MN: Jap. Astr. Ass. Circ. 160 (Id, El); MPC 1750 (Id), 1751 (El)

1952 MN = 1952 LA

1952 MU = 1952 OV: MPC 1750 (Id)

1952 OO = 1952 RA: Jap. Astr. Ass. Circ. 168 (Id), 171—172 (El)

1952 OP = 934 Thuringia

1952 OV = 1952 MU: BIA 7 77 (El)

1952 PG = 1952 QV: Jap. Astr. Ass. Circ. 170 (Id), 171—172 (El)

1952 QV = 1952 PG

1952 RA = 1952 OO

1952 RD = 1952 SO$_1$: NAZ 12 23 (Id)

1952 RH: AC Nr. 193 S. 16 (El)

1952 SA: MPC 1827 (Eph)

1952 SP = 1952 TG: Jap. Astr. Ass. Circ. 160 (Id, El); MPC 1750 (Id), 1751 (El)

1952 SV = 1952 UU: NAZ 12 23 (Id)

1952 SX = 1935 RF

1952 SB$_1$ = 1952 UR$_1$: Jap. Astr. Ass. Circ. 168 (Id), 171—172 (El)

1952 SO$_1$ = 1952 RD

1952 TA, TB: MPC 1751 (El)

1952 TG = 1952 SP

1952 UO = 1922 LN: YC 1473 (El)

1952 UU = 1952 SV: MPC 1751 (El)

1952 UV = 1952 VD: NAZ 12 23 (Id)

1952 UW = 1935 RF, 1938 MC: Jap. Astr. Ass. Circ. 161 (El), 164—165 (El); MPC 1740 (El); NAZ 12 22 (El)

1952 UR$_1$ = 1952 SB$_1$

1952 UU$_1$: BIA 7 77 (El)

1952 UV$_1$ = 1932 DC: Beograd Bull. 21 Nr. 3—4; MPC 1760 (El)

1952 UW$_1$: MPC 1760 (El)

1952 VD = 1952 UV

1953 CH = 1953 EO: NAZ 12 23 (Id)

1953 EE = 1953 FD$_1$: MPC 1762 (Id)

1953 EL: MPC 1751 (El)

1953 EO = 1953 CH, **EX** = 1290 Albertine

1953 FC, FD, FE: BIA 7 77 (El)

1953 FP: MPC 1751 (El)

1953 FQ = 1930 SK, **FR**: MPC 1751 (El)

1953 FS, FT, FU: Jap. Astr. Ass. Circ. 160 (El); MPC 1751 (El)

1953 FV, FW, FY, FZ, FA$_1$, FB$_1$, FC$_1$, FD$_1$ = 1953 EE: MPC 1751 (El)

1953 GA: MPC 1786

1953 GH: MPC 1757 (Eph)

1953 GP$_1$, GR$_1$: BIA 7 77 (El)

1953 NA = 1948 EM: MPC 1795 (Eph)

1953 NC: MPC 1753 (Eph)

1953 OA = 1953 OM: MPC 1749 (Id)

1953 OM = 1953 OA

1953 PA: MPC 1732

1953 PJ = 1624 1931 TT$_1$

1953 PV = 1953 QG: MPC 1750 (Id)

1953 QA, QG = 1953 PV: MPC 1751 (El)

1953 RT = 1953 TP: Jap. Astr. Ass. Circ. 162 (Id), 163 (El)[54]); MPC 1753 (Id), 1792 (El)[54])

1953 RK$_1$: BIA 7 77 (El)

1953 TP = 1953 RT

1953 TR = 359 Georgia, **TT** = 1308 Halleria

1953 TU = 1953 TF$_2$, **TV** = 1953 TJ$_2$: Jap. Astr. Ass. Circ. 162 (Id), 163 (El); MPC 1753 (Id), 1792 (El)

1953 TX = 1953 VO: NAZ 12 23 (Id)

1953 TZ = 1953 TW$_2$: Jap. Astr. Ass. Circ. 162 (Id); MPC 1753 (Id)

1953 TC$_1$ = 1955 EE: MPC 1740 (Id)

1953 TP$_1$: MPC 1751 (El)

1953 TQ$_1$ = 1953 VX: Jap. Astr. Ass. Circ. 162 (Id); MPC 1753 (Id)[12])

1953 TF$_2$ = 1953 TU, **TJ$_2$** = 1953 TV, **TO$_2$** = 1289 Kutaïssi

1953 TS$_2$: MPC 1751 (El)[16])

1953 TW$_2$ = 1953 TZ

1953 UD: MPC 1752 (El)

1953 US = 241 Germania, 1953 VK$_1$: Jap. Astr. Ass. Circ. 164—165 (Id), 171—172 (El)

1953 UT = 524 Fidelio

1953 UY = 1953 VH$_1$, 1953 XN: MPC 1044[55]); NAZ 12 16 (Id), 23 (Id)

1953 VB, VC, VD, VF: BIA 7 77 (El)

1953 VL = 1953 XS: NAZ 12 23 (Id)

1953 VO = 1953 TX, **VU** = 589 Croatia, **VV** = 635 Vundtia, **VX** = 1953 TQ$_1$, **VD$_1$** = 1942 CH, **VH$_1$** = 1953 UY, **VK$_1$** = 241 Germania, 1953 US

1953 VM$_1$ = 1953 XJ: MPC 1746 (Id)

1953 VR$_1$ = 589 Croatia

1953 VT$_1$ = 1953 XD: NAZ 12 23 (Id)

1953 VX$_1$, VY$_1$: MPC 1752 (El)

1953 VB$_3$: MPC 1045[56])

1953 XD = 1953 VT$_1$, **XJ** = 1953 VM$_1$, **XN** = 1953 UY, **XS** = 1953 VL, **YA** = 1452 1938 DZ$_1$

1954 AC: MPC 1759 (Eph)

1954 BF: BIA 7 77 (El)

1954 CJ: MPC 1752 (El)

1954 EK = 1924 QZ (?)

1954 ER: MPC 1741 (Eph)

1954 ET: BIA 7 77 (El)

1954 JN = 1954 KN: MPC 1746 (Id)

1954 KN = 1954 JN

1954 QG = 1954 UE$_1$: Jap. Astr. Ass. Circ. 168 (Id)

1954 QH: Jap. Astr. Ass. Circ. 171—172 (El)

1954 QJ: MPC 1752 (El)

1954 RJ: MPC 1791 (Eph)

1954 SE = 973 Aralia

1954 UA = 1954 WN: NAZ 12 23 (Id)

1954 UE$_1$ = 1954 QG

1954 UR$_1$ = 1954 WN: Jap. Astr. Ass. Circ. 163 (El)[54]); MPC 1753 (Id), 1792 (El)

1954 UE$_2$ = 1954 WH: NAZ 12 23 (Id)

1954 UH$_2$ = 1954 WV: NAZ 12 23 (Id)[57])

1954 UJ$_2$, UN$_2$: MPC 1399[11])

1954 UA$_3$ = 1954 WP: NAZ 12 16 (Id)

1954 WC: Vgl. 1954 UH$_2$

1954 WG = 1954 WL: MPC 1750 (Id), 1753 (Id)

1954 WH = 1954 UE$_2$, **WL** = 1954 WG, **WN** = 1954 UA, 1954 UR$_1$, **WP** = 1954 UA$_3$

1954 WQ, WR: MPC 1829 (El)

1954 WV = 1954 UH$_2$

1954 WX: AC Nr. 168 S. 11[58])

1955 BS, CC: MPC 1754

1955 EE = 1953 TC$_1$

1955 EO, EP: MPC 1754

1955 FA: MPC 1744 (El)

1955 FY, FZ: MPC 1754[3])

1955 FA$_1$, FC$_1$, FD$_1$, FE$_1$, FF$_1$: MPC 1754

1955 FL$_1$ = 1955 FP$_1$, **FM$_1$** = 1955 FQ$_1$: Jap. Astr. Ass. Circ. 168 (Id); NAZ 12 23 (Id)

1955 FP$_1$ = 1955 FL$_1$, **FQ$_1$** = 1955 FM$_1$, **FR$_1$, FS$_1$, FT$_1$**: MPC 1754

1955 GA = 1931 TT$_2$: Jap. Astr. Ass. Circ. 171—172 (El); MPC 1737, 1753 (Eph), 1827 (El, Eph)[16])

1955 HA: MPC 1752 (El)

1955 HQ: MPC 1756

1955 KF, KG: MPC 1754

1955 MM = 1955 MS: NAZ 12 23 (Id)

1955 MS = 1955 MM

1955 MT, MU: MPC 1754

1955 MV: MPC 1754, 1786

1955 MZ, MA$_1$, MB$_1$, MC$_1$, MD$_1$: MPC 1754

1955 ME$_1$, MF$_1$: MPC 1755

1955 MG$_1$, OC: MPC 1786

1955 OE = 1955 QV: NAZ 12 23 (Id)

1955 OF: MPC 1732

1955 OG: MPC 1755

1955 PC: MPC 1732

1955 QJ = 483 Seppina

1955 QK: MPC 1743 (Eph)

1955 QO = 1955 RB: NAZ 12 16 (Id)

1955 QT = 1935 RF: MPC 1732

1955 QV = 1955 OE

1955 QT$_1$, QU$_1$, QV$_1$: MPC 1732

1955 RB = 1955 QO: MPC 1312[1])

1955 RC: MPC 1718 (El, Eph)

1955 RJ: MPC 1791 (Eph)

1955 RP = 1935 RF

1955 RT = 1955 UT$_1$: NAZ 12 23 (Id)

1955 RH$_1$, RK$_1$: MPC 1755

1955 SU: Jap. Astr. Ass. Circ. 159 (El)

1955 SD$_1$ + 1955 UH: Jap. Astr. Ass. Circ. 159 (nicht id.)

1955 SE$_1$ = 1908 EK[a]: Jap. Astr. Ass. Circ. 164—165 (El)[59]); MPC 1315[1]), 1686 (El), 1743 (Eph)

1955 SF$_1$ = 1955 UM: NAZ 12 23 (Id)

1955 SG$_1$ + 1955 UN: Jap. Astr. Ass. Circ. 159 (nicht id.)

1955 SP$_1$: MPC 1315[1])

1955 SZ$_1$: Jap. Astr. Ass. Circ. 150 (El)[60])

1955 SK$_2$ = 1955 VE, **SL$_2$** = 1955 UR: NAZ 12 23 (Id)

1955 SP$_2$, SQ$_2$ = 1151 Ithaka (?): MPC 1755

1955 SR$_2$: Jap. Astr. Ass Circ. 144—145 (El)[65]); MPC 1355[61]); 1467 (El)[65]), 1755, 1756 (El)

1955 ST$_2$, SU$_2$: MPC 1774

1955 SV$_2$: MPC 1786

1955 TS = 1935 YA, 1957 GD: MPC 1741 (Id)[66]), 1744 (El)

1955 TA₁: MPC 1732

1955 UF = 1908 EK[a]

1955 UH ≠ 1955 SD₁: Jap. Astr. Ass. Circ. 159 (El); MPC 1752 (El)

1955 UM = 1955 SF₁

1955 UN ≠ 1955 SG₁: Jap. Astr. Ass. Circ. 159 (El); MPC 1752 (El)

1955 UR = 1955 SL₂

1955 UN₁: MPC 1718 (El, Eph)

1955 UT₁ = 1955 RT: MPC 1355[62]), 1755

1955 UU₁: MPC 1786

1955 VE = 1955 SK₂

1955 VA₁, VB₁: MPC 1732

1955 WB: MPC 1755, 1821

1955 WC: MPC 1755

1955 XA: JO 41 69

1955 WD = 1955 XD: MPC 1746 (Id)

1955 XD = 1955 WD

1955 XV: Jap. Astr. Ass. Circ. 171—172 (El)[63]); MPC 1755, 1786

1955 XB₁, XC₁, XD₁: MPC 1829 (El)

1956 AA: JO 41 69

1956 AB, AC, AD, AE, AF, AG: Beograd Bull. 21 Nr. 3—4 (El)

1956 AH = 1956 AW: Beograd Bull. 21 Nr. 3—4 (El); MPC 1750 (Id)[11])

1956 AJ, AK, AL, AM, AN, AO, AP, AQ, AR, AT, AU: Beograd Bull. 21 Nr. 3—4 (El)

1956 AW = 1956 AH

1956 BA, CA = 709 Fringilla, **CB, CC, CD, CE, DC, EB, EC, ED**: Beograd Bull. 21 Nr. 3—4 (El)

1956 EE: Beograd Bull. 21 Nr. 3—4 (El); MPC 1787

1956 EF, EG, EH, EJ, EK, EL, EM, EQ, ES, ET, EU, EV, EW, EX, EY: Beograd Bull. 21 Nr. 3—4 (El)

1956 EM₁, FA: MPC 1732

1956 GA, GB, GD, GE, GF, GG, GH: Beograd Bull. 21 Nr. 3—4 (El)

1956 GK: Jap. Astr. Ass. Circ. 164—165 (El); MPC 1732

1956 GL, GM: MPC 1732

1956 GN: Jap. Astr. Ass. Circ. 166—167 (El); MPC 1732, 1733

1956 GO, GP, GQ: MPC 1733

1956 JB, JC: Beograd Bull. 21 Nr. 3—4 (El)

1956 JD, KA: MPC 1733

1956 LC: MPC 1755

1956 NA, NB, PA: Beograd Bull. 21 Nr. 3—4 (El)

1956 PD = 1956 RT: MPC 1752 (El); NAZ 12 23 (Id)

1956 PE = 1003 Lilofee (?): MPC 1755

1956 PG: Jap. Astr. Ass. Circ. 166—167 (El); MPC 1733

1956 PH, PJ, QB: MPC 1755

1956 RA: Beograd Bull. 21 Nr. 3—4 (El)

1956 RB = 1956 SD: Beograd Bull. 21 Nr. 3—4 (El); MPC 1750 (Id), 1752 (Id)

1956 RC, RD: Beograd Bull. 21 Nr. 3—4 (El)

1956 RJ = 1934 RS, 1956 SF: MPC 1750 (Id), 1752 (Id)

1956 RK = 1930 SY

1956 RL = 1956 SJ: NAZ 12 23 (Id)

1956 RR, RS: MPC 1756

1956 RT = 1956 PD, **RU**: MPC 1733

1956 SC = 1318 Nerina (?): MPC 1528[64]); NAZ 11 3[64])

1956 SD = 1956 RB, **SF** = 1934 RS, 1956 RJ

1956 SH: MPC 1756

1956 SJ = 1956 RL: MPC 1733

1956 TA (= 1956x): Beograd Bull. 21 Nr. 3—4 (+ El); MPC 1752 (El)

1956 TB = 1956 VE: Jap. Astr. Ass. Circ. 159 (Id, El); MPC 1752 (Id, El)

1956 TC = 1956 UQ (?): Jap. Astr. Ass. Circ. 159 (Id, El); MPC 1752 (Id, El), 1765 (nicht id.)[67]); NAZ 12 16 (Id)

1956 TE = 1956 UQ (?): MPC 1750 (Id), 1752 (Id), 1765 (Id)[67]), NAZ 12 16 (Id)

1956 TF = 1956 UP: Jap. Astr. Ass. Circ. 159 (Id); MPC 1750 (Id), 1752 (Id, El)

1956 TK = 482 Petrina

1956 TM = 1941 DF: Jap. Astr. Ass. Circ. 169 (El); MPC 1752 (El), 1787

1956 TN: Jap. Astr. Ass. Circ. 159 (El); MPC 1752 (El)

1956 TX: MPC 1733

1956 UP = 1956 TF, **UQ** = 1956 TC (?), 1956 TE (?)

1956 VA: Beograd Bull. 21 Nr. 3—4 (El)

1956 VC: Beograd Bull. 21 Nr. 3—4 (El); Jap. Astr. Ass. Circ. 160 (El)[68]); MPC 1752 (El)

1956 VD: Beograd Bull. 21 Nr. 3—4 (El)

1956 VE = 1956 TB, **VG** = 643 Scheherezade

1956 VJ, VK = 235 Carolina, **VL** = 1442 Corvina (?), **XG**: MPC 1756

1956 XH: Jap. Astr. Ass. Circ. 163 (El); MPC 1756, 1792 (El), 1813 (El)

1956 XJ, XK, XL, XM: MPC 1756

1957 AA = 1957 BA: Jap. Astr. Ass. Circ. 163 (El); MPC 1750 (Id), 1792 (El)

1957 AD: MPC 1820

1957 BA = 1957 AA: MPC 1752 (El)

1957 BO: MPC 1821

1957 BP: MPC 1821[16])

1957 BQ ≠ 1426 1937 GF: Jap. Astr. Ass. Circ. 163 (El); MPC 1792 (El), 1813 (El), 1821[16]); YC 1473 (El)

1957 BR, BS: MPC 1821

1957 BT: MPC 1733

1957 BU: MPC 1820

1957 BV, BW, BX, BY, BZ, BA_1: MPC 1821

1957 CA = 1923 OG: MPC 1688, 1733, 1742 (Eph), 1780, 1793 (El)

1957 DA, DB: MPC 1687

1957 DC: MPC 1733

1957 DD: MPC 1821

1957 ED, EE, EF: MPC 1687

1957 EG, EH, EJ, EK, EL: MPC 1688

1957 EM: MPC 1688[69]), 1733

1957 FE: MPC 1733

1957 FF: MPC 1610[70]); NAZ 11 22[70])

1957 GA, GB: MPC 1821

1957 GC: MPC 1705

1957 GD = 1935 YA, 1955 TS: MPC 1733, 1741 (El, Eph)

1957 HB = 1496 Turku: MPC 1680 (El)

1957 HC = 1549 Mikko (?): MPC 1821

1957 HD: MPC 1813 (El), 1821; YC 1473 (El)

1957 HE, HF = 1251 Hedera (?), **HG**: MPC 1821

1957 HH: MPC 1688

1957 HJ: MPC 1733, 1741 (El, Eph)

1957 HK: Jap. Astr. Ass. Circ. 168 (El); MPC 1733

1957 HL, HM, HN, HO, HP, HQ, HR, HS, HT, HU, HV, HW: MPC 1782

1957 HX: Jap. Astr. Ass. Circ. 170 (El); MPC 1782, 1783

1957 HY, HZ: MPC 1782

1957 HA_1: MPC 1678[71]), 1821

1957 JA, JB, JC: MPC 1689

1957 JD: MPC 1689, 1782

1957 JE: MPC 1689

1957 JF: Jap. Astr. Ass. Circ. 163 (El), 171—172 (El); MPC 1689, 1690, 1782, 1787[72]), 1788, 1792 (El); YC 1474 (El)

1957 JG: MPC 1689, 1782

1957 JH = 1957 JN: Jap. Astr. Ass. Circ. 161 (Id); MPC 1689, 1740 (Id)

1957 JJ: MPC 1689, 1690[73])

1957 JK: Jap. Astr. Ass. Circ. 163 (El), 171—172 (El); MPC 1689, 1690, 1782, 1787[72]), 1788, 1792 (El), 1829 (El); YC 1474 (El)

1957 JL: MPC 1689, 1690

1957 JM, JN = 1957 JH: MPC 1689

1957 JO: MPC 1689, 1783

1957 JP = 1957 KD: Jap. Astr. Ass. Circ. 161 (Id), 163 (El); MPC 1689, 1740 (Id), 1782, 1792 (El)

1957 JQ, JR, JS: MPC 1733

1957 JT: Jap. Astr. Ass. Circ. 166—167 (El), 170 (El); MPC 1733, 1813 (El)

1957 JU: MPC 1774, 1783

1957 JV = 1957 KA: Jap. Astr. Ass. Circ. 170 (Id, El); MPC 1774, 1783

1957 JW, JX, JY, JZ, JA_1, JB_1, JC_1, JD_1: MPC 1783

1957 JE_1: MPC 1817, 1822

1957 KA = 1957 JV, **KB** = 462 Eriphyla, **KC, KD** = 1957 JP, **KE, KF, KG, KH**: MPC 1690

1957 KJ = 1957 MA: Jap. Astr. Ass. Circ. 164—165 (Id), 166—167 (El), 170 (El); MPC 1690, 1790 (Id); NAZ 12 23 (Id)

1957 KK: MPC 1733

1957 KL, KM, KN, KO: MPC 1783

1957 KP: MPC 1784[3])

1957 LA, LB, LC, LD, LE, LF, LG, LH, LJ, LK, LL: MPC 1784

1957 LM: Jap. Astr. Ass. Circ. 170 (El); MPC 1784, 1785

1957 LN: MPC 1784

1957 LO, LP, LQ: MPC 1785

1957 MA = 1957 KJ, **MB, MC**: MPC 1734

1957 MD: MPC 1735

1957 ME, MF: MPC 1733

1957 MG, MH, MJ: MPC 1785

1957 MK: MPC 1823

1957 NA: AJ **63** 251 = LOB Nr. 559; MPC 1681, 1685, 1693, 1694, 1704, 1732, 1736, 1746, 1776; UC **6** 297

1957 NB, NC, ND, NE: MPC 1733

1957 OA, OB, OC, OD, OE, OF, OG, OH, OJ, OK: MPC 1735

1957 OL: MPC 1733

1957 OM: MPC 1685[74]); UC 6 297[74])

1957 ON, OO, OP: MPC 1817, 1822

1957 OQ: MPC 1817, 1818, 1822

1957 OR: MPC 1817, 1822

1957 OS: MPC 1817

1957 OT: MPC 1817, 1822

1957 OU: MPC 1817

1957 OV: MPC 1818

1957 OW, OX, OY, OZ: MPC 1822

1957 PA: MPC 1733

1957 QA: MPC 1695; NAZ 12 4

1957 QB: MPC 1706, 1735

1957 QC: MPC 1736

1957 QD: Jap. Astr. Ass. Circ. 166—167 (El), 170 (El); MPC 1736, 1737, 1813 (El)

1957 QE, QF, QG, QH, QJ: MPC 1736

1957 QK + 1327 Namaqua, **QL, QM**: MPC 1733

1957 QN, QO, QP: MPC 1818

1957 SA, SB, SC, SD: MPC 1736

1957 SE, SF = 1161 Thessalia (?), **SG**: MPC 1737

1957 TA = 1512 1939 FE: MPC 1695; NAZ 12 4

1957 TB = 1957 US: Jap. Astr. Ass. Circ. 170 (Id); MPC 1695; NAZ 12 4

1957 TC: MPC 1695; NAZ 12 4

1957 TD: MPC 1737

1957 TE = 1957 UF: Jap. Astr. Ass. Circ. 164—165 (Id), 166—167 (El), 170 (El); MPC 1737, 1790 (Id); NAZ 12 23 (Id)

1957 TF, TG, TH, TJ, TK, TL, TM = 367 Amicitia: MPC 1737

1957 TN: MPC 1733

1957 UA, UB, UC, UD, UE, UF = 1957 TE, **UG, UH, UJ, UK, UL, UM, UN, UO**: MPC 1696; NAZ 12 5

1957 UP, UQ: MPC 1733

1957 UR = 767 Bondia: MPC 1774

1957 US = 1957 TB: MPC 1774, 1775

1957 UT, UU, UV, UW, UX: MPC 1774

1957 UY, UZ, UA_1, UB_1, UC_1, UD_1, UE_1, UF_1: MPC 1775

1957 UG_1: MPC 1818

1957 UH_1, UJ_1: MPC 1819

1957 UK_1 (= P.O.5): Acta Astr. Sinica 6 Nr. 2 (+ El, Eph)[75]); MPC 1843 (+ Vorläufige Bezeichnung)

1957 VA (= P.O.6): Acta Astr. Sinica 6 Nr. 2 (+ El, Eph); NAZ 12 1 (Vorläufige Bezeichnung); NAZvM 356 (Eph)

1957 VB (= P.O.7): Acta Astr. Sinica 6 Nr. 1; Jap. Astr. Ass. Circ. 166—167 (El), 170 (El); MPC 1724 (+Vorläufige Bezeichnung), 1813 (El)

1957 VC (= P.O.9): Acta Astr. Sinica 6 Nr. 1; Jap. Astr. Ass. Circ. 166—167 (El), 170 (El); MPC 1725 (+Vorläufige Bezeichnung), 1813 (El)

1957 WA (= P.O.8) = 1934 RS: Acta Astr. Sinica 6 Nr. 1; Jap. Astr. Ass. Circ. 166—167 (El), 170 (El); MPC 1724 (+ Vorläufige Bezeichnung)

1957 WB (= P.O.10): Acta Astr. Sinica 6 Nr. 1; MPC 1725 (+ Vorläufige Bezeichnung)

1957 WC (= P.O.11): Acta Astr. Sinica 6 Nr. 1; Jap. Astr. Ass. Circ. 164—165 (El); MPC 1725 (+ Vorläufige Bezeichnung)

1957 WD (= P.O.12): Acta Astr. Sinica 6 Nr. 1; MPC 1725 (+ Vorläufige Bezeichnung)

1957 WE, WF, WG: MPC 1775

1957 WH: MPC 1775, 1776

1957 WJ, WK: MPC 1775

1957 WL, WM, WN, WO, WP, WQ, WR, WS, WT, WU, WV, WW, WX, WY, WZ, WA_1, WB_1, WC_1, WD_1, WE_1, WF_1: MPC 1776

1957 WG_1: Jap. Astr. Ass. Circ. 170 (El); MPC 1776, 1777

1957 WH_1, WJ_1, WK_1, WL_1, WM_1: MPC 1776

1957 WN_1, WO_1, WP_1, WQ_1, WR_1, WS_1, WT_1, WU_1, WV_1, WW_1, WX_1: MPC 1819

1957 WY_1, WZ_1, WA_2, WB_2, WC_2: MPC 1820

1957 XA: MPC 1776

1957 XB, XC, XD, XE: MPC 1777

1957 XF: Acta Astr. Sinica 6 Nr. 2[76]); MPC 1843

1957 YA, YB: MPC 1719; NAZ 12 8

1957 YC: MPC 1719; NAZ 12 9[19])

1957 YD (= P.O.13): Acta Astr. Sinica 6 Nr. 1; Jap. Astr. Ass. Circ. 164—165 (El); MPC 1725 (+ Vorläufige Bezeichnung)

1957 YE (= P.O.14): Acta Astr. Sinica **6** Nr. 1; MPC 1725 (+Vorläufige Bezeichnung)

1957 YF, YG, YH, YJ, YK = 1341 Edmée, **YL** = 33 Polyhymnia: MPC 1777

1957 YM = 1942 XA: MPC 1777[77])

1957 YN, YO, YP, YQ: MPC 1777

1957 YR: MPC 1820

Unsicheres Objekt: Vgl. 591 Irmgard

1958 AA, AB: MPC 1777

1958 AC, AD, AE, AF, AG, AH, AJ: MPC 1778

1958 AK: MPC 1777[78])

1958 BA, BB, BC: MPC 1719; NAZ **12** 9

1958 BD, BE, BF, BG, BH, BJ, BK: MPC 1778

1958 BL (= P.O.15), **CA** (= P.O.16), **CB** (= P.O.17): Acta Astr. Sinica **6** Nr. 2; MPC 1846 (+ Vorläufige Bezeichnung)

1958 DA: MPC 1720, 1778, 1779; NAZ **12** 9

1958 DB, DC: MPC 1720; NAZ **12** 9

1958 DD: MPC 1720, 1779; NAZ **12** 9

1958 DE: MPC 1720[11]); NAZ **12** 9

1958 DF: MPC 1720, 1779; NAZ **12** 9

1958 DG, DH, DJ, DK, DL, DM, DN, DO, DP, DQ, DR, DS, DT, DU: MPC 1778

1958 DV, DW, DX, DY, DZ, DA_1, DB_1, DC_1, DD_1, DE_1, DF_1: MPC 1779

1958 DG_1 (= P. O. 18), **DH_1** (= P. O. 19): Acta Astr. Sinica **6** Nr. 2; MPC 1846 (+ Vorläufige Bezeichnung)

1958 FA: MPC 1721; NAZ **12** 12

1958 FB, FC, FD, FE, FF = 947 Monterosa: MPC 1721; NAZ **12** 13

1958 FG: MPC 1721, 1722; NAZ **12** 13

1958 FH, FJ, FK: MPC 1722; NAZ **12** 13

1958 FL: MPC 1779

1958 GA = 1621 1926 TM, **GB**: MPC 1757; NAZ **12** 15

1958 GC, GD = 1421 Esperanto, **GE**: MPC 1758; NAZ **12** 15

1958 GF, GG, GH, GJ, GK, GL, GM, GN: MPC 1779

1958 GO, GP: MPC 1780

1958 GQ (= P. O. 20): Acta Astr. Sinica **6** Nr. 2 (+ El, Eph); MPC 1843 (+ Vorläufige Bezeichnung)

1958 GR (= P. O. 21), **GS** (= P. O. 22), **GT** (= P. O. 23): Acta Astr. Sinica **6** Nr. 2; MPC 1846 (+ Vorläufige Bezeichnung)

1958 HA = 771 Libera: MPC 1758[12]); NAZ **12** 15

1958 HB, HC, HD, HE: MPC 1758; NAZ **12** 16

1958 HF, JA, JB: MPC 1780

1958 OA: MPC 1824

1958 RA: MPC 1825; NAZ **12** 25

1958 RB, RC: MPC 1825; NAZ **12** 26

1958 RD: MPC 1825, 1826; NAZ **12** 26

1958 TA, TB, TC, TD, TE, TF, TG, TH, TJ, TK: MPC 1826; NAZ **12** 28

Fußnoten zu dem Nachweis der Beobachtungen und Bearbeitungen Kleiner Planeten:

1) Berichtigung in MPC 1700.
2) 1939 Aug 6: statt 112 lies 12 Victoria.
3) Berichtigung in MPC 1858.
4) 1941 Okt 17: statt 126 lies 26 Proserpina.
5) Statt 381 lies 38 Leda; statt Jan lies Dez.
6) Statt 90 lies 40 Harmonia.
7) 1938 März 3: statt 31 lies 51 Nemausa.
8) Berichtigung in MPC 1873, 1874, 1880, 1906.
9) Statt 138 lies 133 Cyrene.
10) Statt 191 lies 194 Prokne.
11) Berichtigung in MPC 1765.
12) Berichtigung in MPC 1794.
13) Irrtümlich 906 Repsolda zugeordnet, MPC 1794.
14) Statt 424 lies 422 Berolina.
15) Statt 407 lies 495 Eulalia.
16) Berichtigung in MPC 1906.
17) Als unsicher bezeichnet, 591 Irmgard zugehörig, Jap. Astr. Ass. Circ. 164—165; MPC 1857.
18) Statt 576 lies 676 Melitta.
19) Berichtigung in NAZ **12** 18.
20) Statt 72 lies 712 Boliviana.
21) Statt 711 lies 771 Libera.
22) Irrtümlich 1378 Leonce zugeordnet, MPC 1815.
23) Berichtigung in MPC 1815.
24) Irrtümlich zugeordnet, MPC 1739. Vorläufige Bezeichnung 1951 TS, MPC 1765.
25) Nummer und Name annulliert.
26) Irrtümlich zugeordnet. Vorläufige Bezeichnung 1957 HA_1, MPC 1821, 1858.
27) Irrtümlich zugeordnet, 346 Hermentaria zugehörig, MPC 1794.
28) Wahrscheinlich irrtümlich zugeordnet, 1957 EM zugehörig, MPC 1734.
29) Irrtümlich zugeordnet, MPC 1715. Vorläufige Bezeichnung 1952 KE_1, MPC 1765.
30) Irrtümlich zugeordnet, 1953 VB_3 zugehörig, MPC 1764.
31) Berichtigung in MPC 1753, 1765.
32) Irrtümlich zugeordnet, MPC 1734. Vorläufige Bezeichnung 1957 FF, MPC 1765.
33) Statt 1048 lies 1084 Tamariwa.
34) Irrtümlich zugeordnet, 1612 Hirose zugehörig, MPC 1734.

35) Irrtümlich zugeordnet, Madrid Publ. Nr. 35 S. 1. Vorläufige Bezeichnung 1948 VK, MPC 1469.
36) Statt 1951 lies 1251 Hedera.
37) Beob. Okt 13 irrtümlich zugeordnet, 1953 UY zugehörig, MPC 1788.
38) Irrtümlich zugeordnet, 1956 SC zugehörig, MPC 1764.
39) Irrtümlich zugeordnet, MPC 1680. Vorläufige Bezeichnung 1951 BB, MPC 1765.
40) Irrtümlich zugeordnet, 802 Epyaxa zugehörig, MPC 1815.
41) Berichtigung in MPC 1816.
42) Irrtümlich 1957 JJ zugeordnet, Jap. Astr. Ass. Circ. 161; MPC 1753.
43) Die als 1612 Hirose bezeichnete Beob. ist irrtümlich zugeordnet, MPC 1734. Vorläufige Bezeichnung 1957 OM, MPC 1765. Die 1157 Arabia zugeordnete Beob. gehört 1612 Hirose an, MPC 1734.
44) Irrtümlich (864 Aase) zugeordnet, MPC 1764. Vorläufige Bezeichnung 1954 WX, MPC 1765.
45) Berichtigung in BAN **14** 214.
46) Für M vgl. MPC 1579.
47) Irrtümlich 1238 Predappia zugeordnet, Madrid Publ. Nr. 35 S. 1. Vorläufige Bezeichnung MPC 1469.
48) Berichtigung in BIA **7** 76.
49) Berichtigung in MPC 1762.
50) Irrtümlich 1367 1934 NA zugeordnet, MPC 1680. Vorläufige Bezeichnung MPC 1765.
51) Irrtümlich 837 Schwarzschilda zugeordnet, MPC 1739. Vorläufige Bezeichnung MPC 1765.
52) W — 35.1 Apr 23: statt HG_2 lies HC_2, briefl. Mitt.
53) Irrtümlich 1022 1924 RT zugeordnet, MPC 1715. Vorläufige Bezeichnung MPC 1765.
54) Berichtigung in Jap. Astr. Ass. Circ. 171—172.
55) Beob. Okt 13 irrtümlich 1289 Kutaïssi zugeordnet, MPC 1788.
56) Irrtümlich 1037 Davidweilla zugeordnet, MPC 1764.
57) Berichtigung in NAZ **13** 3, 5.
58) Irrtümlich 1917 BK (vgl. + 864 Aase) zugeordnet, MPC 1764. Vorläufige Bezeichnung MPC 1765.
59) Statt id. mit 1955 UE lies id. mit 1955 UF.
60) Berichtigung in Jap. Astr. Ass. Circ. 159.
61) Beob. Okt 22 irrtümlich zugeordnet, 1955 UT_1 zugehörig, MPC 1756.
62) Beob. Okt 22 irrtümlich 1955 SR_2 zugeordnet, MPC 1756.
63) Statt 1955 YX lies 1955 XV, briefl. Mitt.
64) Irrtümlich 1318 Nerina zugeordnet, MPC 1764.
65) Berichtigung in MPC 1756.
66) Berichtigung in NAZ **12** 22.
67) Berichtigung in NAZ **12** 10.
68) Berichtigung in Jap. Astr. Ass. Circ. 164—165.
69) Wahrscheinlich irrtümlich 997 Priska zugeordnet, MPC 1734.
70) Irrtümlich 1079 Mimosa zugeordnet, MPC 1734. Vorläufige Bezeichnung MPC 1765.
71) Irrtümlich 866 Fatme zugeordnet. Vorläufige Bezeichnung MPC 1821, 1858.
72) Berichtigung in MPC 1911.
73) Irrtümlich zugeordnet, 1551 1938 DC_1 zugehörig, Jap. Astr. Ass. Circ. 161; MPC 1753.
74) Irrtümlich 1612 Hirose zugeordnet, MPC 1734. Vorläufige Bezeichnung MPC 1765.
75) Beob. Dez 15, 19 irrtümlich zugeordnet. Vorläufige Bezeichnung 1957 XF, MPC 1843.
76) Beob. Dez 15, 19 irrtümlich 1957 UK_1 (= P. O. 5) zugeordnet. Vorläufige Bezeichnung MPC 1843.
77) Beob. Jan 10 irrtümlich zugeordnet, Jap. Astr. Ass. Circ. 171—172; MPC 1857. Vorläufige Bezeichnung 1958 AK, MPC 1991.
78) Beob. Jan 10 irrtümlich 1957 YM zugeordnet, Jap. Astr. Ass. Circ. 171—172; MPC 1857. Vorläufige Bezeichnung MPC 1991.

7529. Kleine Planeten. Verzeichnis der Beobachter und Berechner

W.K. Abalakin
C. Altavista
H. Araki
S. Arend
R. d'E. Atkinson
J. Baranowski
O. N. Bartenewa
A. Białas
G. van Biesbroeck
J. Bird
F. W. Blackwell
K. Blackwell
S. Böhme
I. Borodizkij
L. Boyer
W.C. Braun
J. R. Bravo
J. A. Bruwer
E. J. Bugoslawskaja
W.D. Caldwell
D. Calvo
C. F. Capen
J. R. Carstens
Č. Čepinac
Y. C. Chang
I. Che
J. Churms
J. Claver Arroyo Codina
W.E. Crawley
C. Cristescu
P. R. Davis
I. M. Demenko
I. Domiński
J. Drake
F. K. Edmondson
J. Febrer
A. E. Fernández
J. D. Fernie
Y. A. Fernie
J. Fetterer
J. de la Fuente
C. Fujita
Y. Fujita
U. Gawrilez
I. W. Gawrilow
T. Gehrels
H. van Gent
P. Gething
J. M. González-Aboín
J. Gordon
A. Gutiérrez
H. Hara
I. Hasegawa
A. M. Heiser
P. Herget
G. van Herk
S. Herrick
C. G. Hilton
C. J. van Houten
I. van Houten-Groeneveld
W.T. Hughes
W.A. Iswekow
M. Itzigsohn
H. Jaśkowa
L. N. Jaworskaja
H. M. Jeffers
F. Jeffries
A. Jones
H. Jørgensen
W. Kaisin
S. Kanda

J. T. Kapko
G. Kastel
J. Kent
J. Kibiński
T. D. Kinman
O. Kippes
A. R. Klemola
I. G. Koltschinskij
A. König
N. Kopejkina
Z. Korbel
B. I. Kosarenko
G. P. Kuiper
A. U. Landolt
J. Larink
M. Laugier
R. Leaton
L. E. Linda
C. Liu
Y. Liu
J. v. B. Lourens
R. F. Lyssjakowa
W. Malsch
S. R. Marcus
Marne
A. Martinez
K. Mayrhofer
V. Mejdahl
J. Mietelski
R. S. Mitrinović
J. Moczko
H. Moreno
K. Mori
B. Morkowska
M. Mündler
Muñoz
A. Murray
S. Nakano
H. Neckel
L. Nogacevsky
G. J. Nozicka
H. Oh-ishi
Oliveras
E. O. Olson
T. Omarow
A. B. Onegina
J. J. de Orús
L. Oterma
A. Patry
G. Pels
T. P. Pereshogina
C. L. Perry
J. G. Peters
E. V. Petersen
V. Planelles
S. Plich
I. Pólit
C. Popovici
B. H. Potter
M. Protitch
D. Pu
H. Rantaseppä
H. Raudsaar
K. Reinmuth
G. Richter
Rigamonti
W. H. Robertson
C. E. Rogati
H. Rubingh
T. W. Russo
F. Rutllant
C. T. Van Sant
G. Satterthwaite
M. J. Schmakowa
J. Schubart
M. Schürer
T. Seki
I. Serowa
L. Siegrist
K. P. Sims
A. I. Slastenow
A. K. Sosnowa
A. S. Sotschilina
J. A. Stewart
W. Strobel
H. Sugiyama
L. Symms
T. Takeuchi
A. D. Thackeray
H. E. Thorson
C. Torres
J. M. Torroja
G. Tschabrow
R. I. Tschuprina
S. Tuchtarowa
S. Vasilevskis
S. Vlaicu
H. Walter
R. H. Weitbrecht
G. Wells
W. Wenzel
J. Winter
W. Wiśniewski
H. Wood
H. Yasuda
K. Yoshihiro
Zavaro

§ 76

Jupiter

7601. Astrometrische Beobachtungen

AC Nr. 194 S. 8 (russ.). Rektaszensionen von Jupiter und Uranus aus Beobachtungen am Astronomischen Observatorium Taschkent 1958. B. S. Balshinowa.

Greenwich Astronomical Results 1948, A 21. Observed right ascensions, declinations and diameters.

Desgl. für 1950, A 24.

Desgl. für 1951, A 25.

Desgl. für 1952, A 25—A 26.

Mem SA It (NS) **29** 307—311 = Oss. Astr. Capodimonte-Napoli Oss. **1** Nr. 5. Determinazioni di ascensioni rette dei pianeti Venere, Giove, Urano nel 1957. E. Fichera, M. Liguori.

TAB (2) Nr. 108 S. 1167—1172. Meridian observations of the right ascensions of the Moon and planets during the year 1957. S. Nakano, H. Yasuda, H. Hara.

7602. Physische Beobachtungen

BAA Circ 398 S. 1. Jupiter.

BSAF **72** 514—516. L'opposition de Jupiter en 1958. J.-L. Hémeret.

Coelum **26** 78—83. L'opposizione di Giove 1956—1957. L. Baldinelli, U. Dall'Olmo.

DO-CIA Nr. 14. Activité éruptive en cours sur Jupiter.

El Universo Nr. 44 S. 147—151. Júpiter en la oposición de 1958. A. González Solís.

Gaz astr **40** 21—23. Observations de Jupiter en 1958. W. Sandner.

Gaz astr **40** 65. Taches sombres dans la bande équatoriale nord de Jupiter en 1958. H. d'Halluin.

JBAA **68** 95—98. Some planetary observations in 1956 and 1957. A. P. Lenham.

Mitt. Planetenbeobachter **11** 24—29. Jupiter 1958.

Mitt. Planetenbeobachter **11** 34.

Orion Schaffhausen **5** 503—511. Jupiter: présentation 1957—1958. S. Cortesi.

Strolling Astronomer **12** 11—16. Further statistics on Jovian festoons as observed from Baltimore in 1957. J. C. Bartlett jr.

Strolling Astronomer **12** 33, 35. S. E. B. disturbance of 1958.

Strolling Astronomer **12** 37—43. The 1956—1957 apparition of Jupiter. H. P. Squyres, E. J. Reese.

Strolling Astronomer **12** 72. The red spot region and the S. E. B. disturbance of Jupiter.

Strolling Astronomer **12** 85—88. Intensities and colors of Jovian features. P. W. Budine.

Strolling Astronomer **12** 88—90. Jupiter in 1956—57, addendum. E. J. Reese.

Urania København **15** 54. Jupiter.

7603. **L. Baldinelli, U. Dall'Olmo,** Osservazioni di Giove durante l'opposizione 1956. Mem SA It (NS) **29** 67—87 = Pubbl. Oss. Astr. Univ. Bologna **7** Nr. 3. — Verf. berichten über ihre visuellen und photographischen Beobachtungen von Jupiter während der Opposition 1955—56. Cester

7604. **C. H. Barrow, T. D. Carr,** Eighteen-megacycle radiation from Jupiter. JBAA **68** 63—69. — Ref. in Coelum **26** 124. — Die Beobachtungen von Ende Dezember 1956 bis März 1957 weisen auf mehrere Quellen in der Atmosphäre hin und werden durch die Annahme gedeutet, daß der Planet eine Ionosphäre mit einer Elektronendichte von der Größenordnung 10^6 cm^{-3} besitzt. Hoffmeister

7605. **T. D. Carr, A. G. Smith, R. Pepple, C. H. Barrow,** 18-megacycle observations of Jupiter in 1957. ApJ **127** 274—283. — Ref. in Coelum **26** 142. — Systematische Beobachtungen für das Auftreten von erratischen Radiosignalen von Jupiter bei 18 MHz im Jahre 1957 ergeben, daß es mehrere Strahlungsquellen auf dem Planeten gibt, welche mit einer Periode rotieren, die 11.8 Sekunden kürzer ist als die der Länge des Zentralmeridians im System II. Es wird vermutet, daß die Quellen fest mit der Oberfläche verbunden sind und daß Jupiter, ähnlich der Erde, eine Ionosphäre besitzt. Micz.

7606. **P. Darnell,** Er Jupiterobservationer lønnende for amatørastronomer? NAT 1958 S. 53—64.

7607. **W. C. DeMarcus,** The constitution of Jupiter and Saturn. AJ **63** 2—28. — Die Arbeit stützt sich auf die Lehre von den Gleichgewichtsfiguren rotierender Körper und die Eigenschaften von festem und flüssigem H und He. Verf. kommt zu dem Schluß, daß die beiden Planeten wahrscheinlich zu 78 Volumenprozent oder 63 Prozent der Masse aus Wasserstoff bestehen. Die Fehlergrenzen werden diskutiert, und es wird ein historisch-kritischer Überblick über das Problem gegeben. Hoffmeister

7608. **G. Fielder, R. Kurth,** On the mass-distribution in the interiors of the Jovian planets. ZfA **44** 106—111 = Astr. Contr. Univ. Manchester (3) Nr. 53. — Verf. berechnen Modelle des inneren Aufbaus der Planeten durch Näherungsrechnungen, ausgehend von den der Erfahrung entnommenen Werten für mittlere Dichte und Rotationsmoment. Sie teilen ihre Resultate für Jupiter, Saturn, Uranus und Neptun mit. Hoffmeister

7609. **J. E. Focas,** Wie entstehen die Radiostrahlungsemissionszentren auf dem Planeten Jupiter. Astr. Nachr. Athen **8** 13—15 (griech.). — Betrifft Entstehung und Lokalisierung der Radiostrahlungsemissionen auf Jupiter. Mawridis

7610. **K. L. Franklin, B. F. Burke,** Radio observations of the planet Jupiter. J. Geophys. Res. **63** 807—824.

7611. **F. F. Gardner, C. A. Shain,** Further observations of radio emission from the planet Jupiter. Australian J. Phys. **11** 55—69 = Commonwealth Sci. Industrial Res. Organization, Australia, Division Radiophys. — Es wird eine Übersicht über neuere Messungen der von Jupiter stammenden Radiostrahlung bei 19.6, 14 und 27 MHz gegeben. Es handelt sich bei dieser Strahlung um ein Rauschen, das raschen Intensitätsvariationen unterworfen ist, die zum Teil auch durch die terrestrische Ionosphäre verursacht sein können. Insgesamt konnten drei mehr oder minder diskrete Quellen lokalisiert werden, die jedoch nicht mit optischen Phänomenen auf der Jupiteroberfläche in Verbindung gebracht werden konnten. Mehltretter

7612. **V. Hambálek, D. Kaláb,** Observation of Jupiter at the popular observatory in Prostějov in the year 1958. RH **39** 258—259 (tschech.). — Aus visuellen Mikrometermessungen wurden die Positionen der Streifen STB, SEB, NEB, einiger dunkler Flecken in diesen Streifen und des großen roten Fleckes abgeleitet. J. B.

7613. **W. Löbering,** Die Bewegung des Großen Roten Flecks auf Jupiter. AN **284** 83.

7614. **M. Marin,** A propos des échancrures elliptiques de la bande tempérée sud de Jupiter. BSAF **72** 517—518.

* * **C. H. Mayer, T. P. McCullough, R. M. Sloanaker,** Observations of Mars and Jupiter at a wave length of 3.15 cm. Vgl. Ref. **7438**.

7615. **R. R. de Freitas Mourão,** Observações de Júpiter em 1957. Obs. Nacional Rio de Janeiro Publ. Avulsa Nr. 3, 9 S., 1957.

7616. **G. M. Nikolskij,** Über die Natur des Roten Flecks. Mitt. Astrophys. Inst. Alma-Ata **7** 58—64 (russ. mit engl. Ref.). — Verf. bestimmte für die effektiven Wellenlängen 5300 und 5800 Å die Randverdunklung des Roten Flecks, der als Gaswolke aufgefaßt wird, die NH_3 und CH_4 enthält. Loh.

7617. **B. M. Peek,** The Planet Jupiter. New York, Macmillan; London, Faber & Faber Ltd., 1958. 283 S. mit 14 Fig. und 16 Tafeln. Preis $ 8.50 bzw. 42 s. — Besprechung in El Universo Nr. 46 S. 46 (H. Scheffler), Hemel en Dampkring **56** 221 (A. J. M. Wanders), J. British Interplanetary Soc. **16** 556 (P. Moore), L'Universo **38** 826—827 (A. Murri), NAT 1958 S. 103—104 (P. Darnell), Obs **78** 213—215 (R. d'E. Atkinson), Publ ASP **70** 622—623 (H. L. Giclas), Science **128** 410 (G. de Vaucouleurs), Sky and Telescope **17** 364, 645—646 (W. H. Haas), Spaceflight **2** 92 (P. Moore), Strolling Astronomer **12** 102—103 (W. H. Haas).

7618. **E. J. Reese,** Additional notes on the long-enduring sections of the south temperate zone of Jupiter. Strolling Astronomer **12** 54—55.

7619. E. J. Reese, On the 1949 apparition of Jupiter. Strolling Astronomer **12** 135—143.

7620. H. J. Schumacher, Umwandlungen in der Jupiter-Atmosphäre. VdS Nachr. **7** 58.

7621. W. W. Shelesnjakow, On the theory of the sporadic radio emission of Jupiter. AJ UdSSR **35** 230—240 (russ. mit engl. Ref.). — Engl. Übersetzung in Soviet Astr. AJ **2** 206—215. — Es wird die Hypothese für die Entstehung der sporadischen Radiostrahlung von Jupiter diskutiert nach der die Strahlungsänderungen durch Eigenschwingungen des Plasmas in der Jupiterionosphäre hervorgerufen werden. Der Plasmamechanismus der Radiostrahlung vermag einen großen Teil der Besonderheiten der Radiostrahlung von Jupiter zu erklären und erlaubt wertvolle Erkenntnisse über die physikalischen Bedingungen in der Ionosphäre dieses Planeten zu erhalten. Nach ihren Parametern scheint die Jupiterionosphäre der F_2-Schicht der Erdionosphäre nahezustehen. Es ist möglich, daß die sporadische Radiostrahlung von Venus ebenfalls mit Plasmaschwingungen in ihrer Ionosphäre verbunden ist. Verf. (übersetzt)

7622. J. B. Sternstein, Jupiter 1953—1954. Bull. Astr.-Geod. Ges. UdSSR Nr. 21 S. 25—29 (russ.).

Jupitermonde

7623. S. M. Kosik, Bedeckungen der Jupiter-Monde. Bull. Astr.-Geod. Ges. UdSSR Nr. 21 S. 37—40 (russ.).

7624. B. G. Marsden, Times of interior contacts of Jupiter's satellite phenomena. JBAA **68** 60—62. — Die in den Jahrbüchern gegebenen Zeiten für den Anfang und das Ende von Verfinsterungen gelten streng für den Mittelpunkt des betreffenden Jupitermondes. Es werden Korrektionstafeln gegeben, um diese Angaben auf die eigentliche Kernschattenfinsternis zu reduzieren. Beobachtete Abweichungen gegenüber den Vorausberechnungen lassen sich durch diesen Unterschied erklären. T. L.

7625. Jupitermond VIII, X und XI

Harv Card 1403, 1404; UAI Circ 1644. P. Musen. — Ephemeride 1958 März 18 —Juni 25.

7626. Jupitermond IX

S. Herrick, C. G. Hilton, 1958 ephemerides of Jupiter's ninth and twelfth satellites. Publ ASP **70** 113.

G. Hori, Motion of the ninth satellite of Jupiter. Proc. Japan Acad. **34** 263—268 = Tokyo Astr. Obs. Repr. Nr. 166. — Verf. verbessert die von ihm früher bestimmte intermediäre Bahn des 9. Jupitermondes, indem er, im wesentlichen nach der Methode von Brown und Brouwer (Yale Trans. **6** Part 8), von der Neigung, der ersten Potenz des Parallaxenverhältnisses und der Jupiterexzentrizität abhängende Glieder hinzufügt und diese aus den zugehörigen Variationsgleichungen berechnet. Die so erhaltene Bahn wird mit den Beobachtungen und Rechnungen von Nicholson (ApJ **100** 57) verglichen. Böh.

7627. Jupitermond XII

S. Herrick, C. G. Hilton, 1958 ephemerides of Jupiter's ninth and twelfth satellites. Publ ASP **70** 113.

§ 77

Saturn

7701. **Astrometrische Beobachtungen**

Greenwich Astronomical Results 1948, A 22. Observed right ascensions, declinations and diameters.

Desgl. für 1950, A 25.

Desgl. für 1951, A 25—A 26.

Desgl. für 1952, A 26.

TAB (2) Nr. 108 S. 1167—1172. Meridian observations of the right ascensions of the Moon and planets during the year 1957. S. Nakano, H. Yasuda, H. Hara.

7702. **Physische Beobachtungen**

BAA Circ 400 S. 2. Saturn.

JBAA **68** 57—59. Saturn in 1957. M. B. B. Heath.

JBAA **68** 95—98. Vgl. Ref. **7602**.

JBAA **68** 98. Ganymede. A. P. Lenham.

Kop Akt Medd 398; UAI Circ 1650. Saturn's Crape ring (C ring). P. Read.

Mitt. Planetenbeobachter **11** 44—45. Saturn-Beobachtungen aus England. W. Carnuth.

Southern Stars **17** 104—106. Visual observations of Saturn in 1957. R. R. de Freitas Mourão.

Strolling Astronomer **12** 16—20. Saturn in 1957. T. A. Cragg.

VdS Nachr. **7** 67. Kreppring von Saturn unregelmäßig. — Beob. 1958 Juni 11 und 13.

7703. **L. M. Barreto, R. R. de Freitas Mourão,** Observações de Saturno em 1957. Obs. Nacional Rio de Janeiro Publ. Avulsa Nr. 2, 16 S., 1957.

7704. **G. van Biesbroeck,** Positions of Saturn's satellite Phoebe. AJ **63** 147.

7705. **L. Chincarini,** Saturno. Astronautica **6** 69—72. — Visuelle Beobachtungen Mai—Juli 1957 an der Privatsternwarte «Il Sagittario» in Venedig. Cester

7706. **A. F. Cook II, F. A. Franklin,** Optical properties of Saturn's rings: I. Transmission. Smithsonian Contr. Astrophys. **2** 377—383 = Harv Repr (2) Nr. 140. — Theoretische Neubearbeitung der von Barnard beobachteten Japetus-Bedeckung 1889 Nov. 1—2 und Ableitung der optischen Dichte des C-Rings, des inneren Radius des B-Rings und der Dichtekurve einer augenscheinlich mit dem C-Ring verbundenen Gaswolke. Hoffmeister

* * **W. C. DeMarcus,** The constitution of Jupiter and Saturn. Vgl. Ref. **7607**.

7707. **F. A. Franklin, A. F. Cook II,** Note on the nature of Saturn's rings. AJ **63** 398—400 = Harv Repr (2) Nr. 142. — Entgegen einer 1952 von Bobrow vorgebrachten Kritik ist die beobachtete Helligkeit des Saturnrings mit der von Schoenberg 1933 aufgestellten Theorie der Streuung an kleinen Partikeln verträglich. Die Beobachtungen sind aber nicht genau genug, um einen sicheren Rückschluß auf die Partikelgröße zu ziehen. F. S.

7708. **E. A. Grebenikow,** The analytical theory of motion of Japetus. AJ UdSSR **35** 904—916 (russ. mit engl. Ref.). — Engl. Übersetzung in Soviet Astr. AJ **2** 850—862. — Das Problem der Aufstellung einer analytischen Theorie der Bewegung des 8. Saturnmondes (Japetus) mit Hilfe der Hillschen Methode zur Bestimmung der absoluten gestörten Koordinaten wird diskutiert. Die abgeleiteten Formeln können zur Entwicklung einer Theorie für Satelliten benutzt werden, deren Bahnen stark gegen die Äquatorebene des Planeten geneigt sind. Bei der Untersuchung der gestörten Bewegung von Japetus wurde die Anziehung eines homogenen Rotationsellipsoids (Saturn), der Sonne und anderer Monde des Systems berücksichtigt. Die vollständigen Ausdrücke für die Störungen sind m letzten Paragraphen angegeben. Verf. (übersetzt)

7709. **W. H. Haas,** Occultation of star BD $-21°$ 4701 by Saturn and its rings on May 1, 1958. Mitt. Planetenbeobachter **11** 40—41.

7710. **J. A. Teufel,** Über die Absorptionsbande des CH_4 6190 Å im Saturnspektrum. AC Nr. 189 S. 9—10 (russ.). — Die Äquivalentbreite dieser Bande nimmt nach Beobachtungen im Jahre 1957 mit wachsender Sonnenfleckenfläche ab. Loh.

7711. **W. G. Teufel, J. A. Teufel,** Versuch einer Spektralphotometrie von Saturn. AC Nr. 188 S. 14—16 (russ.). — Verf. hat zwischen 4000 und 5800 Å eine photographische Spektralphotometrie für Ring und Scheibenrand durchgeführt, ferner im Anschluß an η Oph Farbenindizes dieser Objekte und des Scheibenzentrums bestimmt. Loh.

7712. **H. N. D. Wright,** Saturn. Spaceflight **1** 278—281.

7713. Is Saturn a radio source? Sky and Telescope **17** 121—122. — Ref. AAS. — Besprechung in NAT 1958 S. 29—30.

7714. Occultations by Saturn. Sky and Telescope **17** 378.

§ 78

Uranus, Neptun, Pluto

7801. **Uranus. Astrometrische Beobachtungen**

AC Nr. 194 S. 8 (russ.). Rektaszensionen von Jupiter und Uranus aus Beobachtungen am Astronomischen Observatorium Taschkent 1958. B. S. Balshinowa.

Greenwich Astronomical Results 1948, A 22. Observed right ascensions, declinations and diameters.

Desgl. für 1950, A 25.

Desgl. für 1951, A 26.

Desgl. für 1952, A 27.

Mem SA It (NS) **29** 307—311 = Oss. Astr. Capodimonte-Napoli Oss. **1** Nr. 5. Determinazioni di ascensioni rette dei pianeti Venere, Giove, Urano nel 1957. E. Fichera, M. Liguori.

TAB (2) Nr. 108 S. 1167—1172. Meridian observations of the right ascensions of the Moon and planets during the year 1957. S. Nakano, H. Yasuda, H. Hara.

7802. **O. Gingerich,** Navngivningen af Uranus og Neptun. NAT 1958 S. 128—133. — Übersetzung von ASP Leaflet Nr. 352.

7803. **J. Hernández,** A propósito de los diámetros de Urano y Neptuno. El Universo Nr. 42 S. 39—40.

7804. **J. A. Teufel,** Äquivalentbreiten der CH_4-Absorptionsbanden im Uranusspektrum. AC Nr. 195 S. 9 (russ.). — Die CH_4-Banden bei λ 5430, 5760, 5970 und 6190 Å wurden sechsmal zwischen Dez. 1956 und Febr. 1958 photometrisch untersucht. Es ergaben sich im Mittel Äquivalentbreiten von 67, 116, 36 und 116 Å. Loh.

JBAA **68** 95—98. Vgl. Ref. **7602**.

7805. **Neptun. Astrometrische Beobachtungen**

Greenwich Astronomical Results 1948, A 22. Observed right ascensions, declinations and diameters.

Desgl. für 1950, A 25.

Desgl. für 1951, A 26.

Desgl. für 1952, A 27.

TAB (2) Nr. 108 S. 1167—1172. Vgl. Ref. 7801.

* * **A. J. M. van den Beld,** Het visueel en fotografisch zoeken naar planetoiden. Vgl. Ref. 7503.

* * **O. Gingerich,** Navngivningen af Uranus og Neptun. Vgl. Ref. 7802.

* * **J. Hernández,** A propósito de los diámetros de Urano y Neptuno. Vgl. Ref. 7803.

7806. **A. P. Lenham,** Some planetary observations in 1956 and 1957. JBAA **68** 95—98.

7807. **R. A. Lyttleton,** A short method for the discovery of Neptune. MN **118** 551—559. — Verf. entwickelt eine Methode, mit der die Entdeckung von Neptun mit derselben Genauigkeit, aber mit viel kleinerem Rechenaufwand als bei Adams und Leverrier möglich ist. Böh.

7808. Orbit of Nereid. Sky and Telescope **17** 181.

7809. **Pluto. Astrometrische Beobachtungen**

UAI Circ 1645. L. Boyer. — α, δ.

7810. **J. Kordylewski,** Ephemeris of Pluto's appulses to stars. AA 8 185—186. — Für die Zeit 1958 Okt. 4—1959 Juli 7 werden Annäherungen von Pluto an drei BD-Sterne und an fünf schwache Sterne vorausberechnet.
Rybka

IX. Kometen. Meteore. Meteorite. Zodiakallicht

§ 80

Kometen im allgemeinen

8001. **L. F. Biermann, R. Lüst,** The tails of comets. Sci. American **199** Nr. 4 S. 44—50. — Ref. in RJ UdSSR 1959 Nr. 6 S. 61.

8002. **A. Dauvillier,** Sur l'existence de deux familles cométaires. CR **246** 2325—2327. — Die Kometen sind in zwei Klassen mit jeweils verschiedener chemischer Zusammensetzung einzuteilen: Die eine besteht aus Meteoriten, die aus dem Kleinplanetengürtel stammen, die andere, mit der Zusammensetzung der normalen Großplaneten, stammt von normalen Satelliten des Neptun, die beim Einfang des Satelliten Triton freigemacht wurden. Letzteres wird durch eine Abschätzung der Gesamtmassen der Neptun-Satelliten und der Kometenkerne plausibel gemacht. Mehltretter

8003. **O. W. Dobrowolskij,** Der 11-jährige Zyklus der Kometenaktivität. Bull. Kommission Kometen Meteore UdSSR 1958 Nr. 2 S. 20—23 (russ.).

8004. **I. W. Galibina,** Bestimmung der ursprünglichen und zukünftigen Bahnen langperiodischer Kometen. Leningrad, Astr. Hauptobs., 1958 (russ.). — Dissertationsref.

8005. **I. W. Galibina,** The determination of original and future orbits of some long-period comets. BIA **6** 630—670 (russ. mit engl. Ref.). — Es werden die Ergebnisse der Berechnung von 20 Fortsetzungs- und 3 Anfangsbahnen langperiodischer Kometen mitgeteilt. Die Rechnungen beruhen auf einer neuen Methode, bei der statt der Zeit die wahre Anomalie als unabhängige Veränderliche benutzt wird. 12 der Fortsetzungsbahnen ergaben hyperbolische und 8 elliptische Bahnen. 2 der 3 Anfangsbahnen sind schwach hyperbolisch. Böh.

* * **I. Hasegawa,** General index-list. Theoretical radiant points of meteors associated with comets. Vgl. Ref. 8224.

* * **L. Haser,** Quelques nouvelles bandes émises par la flamme oxyacétylénique. Vgl. Ref. 221.

8006. **J. Hopmann,** Photometrische Untersuchungen an Kometen. III. Die Kometenkerne nach Beobachtung und Theorie. Sitzber. Österreich. Akad. Wiss. Math.-naturwiss. Kl. Abteilung II **167** 53—70 = Mitt. Univ.-Sternw. Wien **9** Nr. 16. — Im dritten Teil der photometrischen Untersuchungen werden die Ergebnisse der visuellen Kernphotometrie an den Kometen 1956h und 1957d (vgl. Ref. **8169**) mit denen einer größeren Zahl älterer Kometen verglichen. Die im reflektierten Sonnenlicht leuchtenden Kerne zeigen keine verbürgte Abhängigkeit von der Phase, nur eine von Komet zu Komet stark verschiedene absolute Größe. Es ist dann möglich, in Anlehnung an die Seeligersche Theorie der Beleuchtung staubförmiger Massen ein plausibles Modell eines Kometenkerns zu entwickeln, das den photometrischen Beobachtungen entspricht. Verf.

8007. **A. Hruška, V. Vanýsek,** Physical properties of comets based on photometrical data. Českosl. Akad. Věd. Astr. Ústav Publ. Nr. **41,** 42 S. — Die üblichen Meßmethoden der Kometenphotometrie werden kritisch zusammengestellt. Es wird darauf hingewiesen, daß sie häufig nur ein unzureichendes Bild zu geben vermögen. Anregungen zu Verbesserungen werden gegeben. Die physikalische Bedeutung der photometrischen Parameter wird theoretisch interpretiert. Auf der Basis des vorliegenden Beobachtungsmaterials wird gezeigt, daß das Gas-Staub-Modell für Kometenatmosphären (V. Vanýsek, Contr. Astr. Inst. Brno Nr. 9 und 11 (1952), AJB **52** Ref 8016 und 8108) eine annehmbare Erklärung für die Abhängigkeit der photometrischen Parameter von der heliozentrischen Distanz bietet. In einigen Fällen, vornehmlich bei kurzperiodischen Kometen, braucht die zeitliche Änderung der photometrischen Parameter nicht durch Änderungen des Prozentsatzes von Staub verursacht zu sein. Verf. (übersetzt, gekürzt)

8008. **A. Hruška,** Comets. Rozhledy **36** 128—134 (tschech.).

8009. **T. Kawamura,** A method of analysing photographic data of comets. I. Mem. Japan Astr. Study Ass. **2** 17—24.

8010. **T. Kawamura,** A kinematical theory of comet tails. Mem. Japan Astr. Study Ass. **2** 25—28.

8011. **F. Link,** Kometen, Sonnentätigkeit und Klimaschwankungen. Sterne **34** 129—140. — Verf. entwickelt eine «kometarische Klimatologie», indem er unter Berücksichtigung aller sonstigen Einwirkungen aus der Anzahl der Kometenentdeckungen auf die mittlere Bewölkungsgröße schließt. Aus chinesischen und abendländischen Quellen findet er eine bisher unbekannte Periode der Sonnentätigkeit von 410 Jahren. Hoffmeister

8012. **R. A. Lyttleton,** Comets and interplanetary dust. Obs **78** 194—195.

8013. **M. S. Markowitsch,** Bestimmung des Temperaturverlaufs im Kometenkern aus der Lichtkurve. AC Nr. 197 S. 2—4 (russ.). — Die Lewinsche Formel über die Abhängigkeit der Kometenhelligkeit von der heliozentrischen Entfernung wird in sehr allgemeiner Form angesetzt, um die Helligkeitsanteile der staub- und der gasförmigen Komponenten einiger Kometen getrennt berechnen zu können. Das Helligkeitsverhältnis (Staub : Gas) ist beim Kometen 1881 III am größten (0.8). Dieser Komet zeigte auch ein recht intensives, kontinuierliches Spektrum sowie eine starke Polarisation des Lichtes vom Kometenkopf. Loh.

8014. **D. O. Mochnatsch,** Some remarks on the nonstationary distribution of the apparent density in comets. AJ UdSSR **35** 605—617 (russ. mit engl. Ref.). — Engl. Übersetzung in Soviet Astr. AJ **2** 560—572. — Die scheinbare Dichte im Kopf eines Kometen wird für verschiedene Zeitpunkte nach Beginn der isotropen Emission von Teilchen berechnet, und zwar für folgende drei Fälle: 1.) Wenn kein äußeres Feld vorhanden ist; 2.) bei Vorhandensein eines uniformen Feldes repulsiver Kräfte; 3.) bei Vorhandensein eines uniformen Feldes, wobei anschließend Photoionisation der Moleküle eintritt. Verf. zeigt, daß die heutigen Beobachtungen keine Entscheidung unter den Fällen zulassen und wendet seine Überlegungen auf den Kometen 1942 g als Beispiel an. Öster

8015. **D. O. Mochnatsch,** Die Bildung des Gasschweifes der Kometen. DAN **118** 891—894 (russ.).

8016. **D. O. Mochnatsch,** Der allgemeine Fall stationärer Verteilung der scheinbaren Dichte im Kometenkopf unter der Bedingung konstanter isotroper Emission. DAN **120** 1228—1230 (russ.). — Sobald eine stationäre Verteilung bei konstanter isotroper Emission erreicht worden ist, wird die scheinbare Dichte der Entfernung vom Emissionszentrum umgekehrt proportional, welche Lage der Beobachter auch zum Kometen hat. Loh.

8017. **P. P. Muñoz,** Estructura fisica de los cometas. Rev. Astr. Nr. 144—145 S. 123—126.

* * **E. J. Öpik,** On the catastrophic effects of collisions with celestial bodies. Vgl. Ref. **7516.**

8018. **S. W. Orlow,** Über die Natur der Kometen. Moskau, Verlag Akad. Wiss. UdSSR, 1958. 188 S. mit Fig. Preis 2 R. 80 Kop. (russ.). — Besprechung in Priroda **47** Nr. 10 S. 124.

8019. **S. W. Orlow,** Visual catalogues of absolute magnitudes of comets. AJ UdSSR **35** 486—487 (russ. mit engl. Ref.). — Engl. Übersetzung in Soviet Astr. AJ **2** 444—445. — Es werden einige Verbesserungen vorgeschlagen, die nicht zuletzt dem Katalog von Wsechswjatskij zugute kommen könnten. Besonders erwünscht sind Angaben über Güte und Fehlergrenzen des den mitgeteilten Daten zugrunde liegenden Beobachtungsmaterials. Petri

8020. **D. E. Osterbrock,** Comets' tails at large distances from the sun. Publ ASP **70** 457—459. — Ref. ASP.

8021. **L. M. Pajdušáková,** Kometen und ihre Entdeckung. Moskau, «Snanie», 1958. 24 S. Preis 60 Kop. (russ.).

8022. **J. Rajchl,** The spectra of comets. Rozhledy **36** 277—280 (tschech.).

* * **J. A. Schumaker,** Pierre de Maupertuis and the history of comets. Vgl. Ref. **1030.**

8023. **K. Šteins,** On the origin of comets with almost circular orbits. AA 8 112—121 = Sonderdruck Univ.-Sternw. Riga. — Es wird das Einfangen von Kometen der Saturngruppe durch Jupiter behandelt. Verf. untersucht die

Kometen, für welche die Wahrscheinlichkeit eines Einfangs am größten ist und deren Bahnen nach dem Einfangen am dauerhaftesten sind. Von zweimal eingefangenen Kometen sollten nur Kometen mit kleinen Exzentrizitäten entdeckt werden.
Rybka

8024. **K. A. Šteins,** The limiting criterion for the capture of comets. AJ UdSSR **35** 159—160 (russ. mit engl. Ref.). — Engl. Übersetzung in Soviet Astr. AJ **2** 139—140. — Für die ebene Bewegung wird eine Beziehung zwischen dem Bahnparameter p und der großen Halbachse a für solche Kometen abgeleitet, die von Planeten direkt aus parabolischen Bahnen eingefangen wurden.
Verf. (übersetzt)

8025. **P. Swings, J. L. Greenstein,** Présence des raies interdites de l'oxygène dans les spectres cométaires. CR **246** 511—513 = Inst. d'Astrophys. Univ. Liège Coll. 4° Nr. 89. — Aus einer genauen Untersuchung von Kometenspektren hoher Dispersion, insbesondere der Aufnahmen des Kometen Mrkos (1957 d) mit dem Palomar-Coudé-Spektrographen (27 Å/mm), ergibt sich folgendes: Die beiden verbotenen Linien des O I λ 6300.23 und λ 6363.88 sind im Spektrum der Kometen enthalten. Im Bereich des Kernes überwiegt die Emission λ 6300 des NH_2, die [O I]-Linie tritt in den Randgebieten des Kopfes und im Schweif auf, mit einer Verbreitung ähnlich der des Na-Dubletts. Die Linie λ 6363.88 ist nur bei großer Dispersion von der Linie λ 6360.43 des NH_2 zur trennen, desgleichen die Linie λ 5577 des [O I], die zwischen zwei Linien λ 5575.6 und λ 5578.6 der C_2-Bande liegt und außerdem schwächer ist als die roten Linien.
Mehltretter

8026. **P. Swings, J. Dufay,** Les intensités relatives des bandes du cyanogène dans les spectres cométaires. CR **246** 1121—1124 = Inst. d'Astrophys. Univ. Liège Coll. 4° Nr. 90 = Publ. Obs. Haute-Provence **4** Nr. 13. — Das relative Intensitätsverhältnis der beiden roten CN-Banden λ 8100 Å (3, 1) und λ 7900 Å (2, 0) wurde auf einer Aufnahme des Kometen Mrkos (1957 d) zu 0.55 bestimmt. Eine etwas vereinfachte Berechnung dieses Verhältnisses für den Fall der Fluoreszenzanregung liefert nahezu den gleichen Wert. Daraus wird geschlossen, daß die roten wie die blauen Banden des CN in Kometen durch Fluoreszenzmechanismen angeregt werden.
Mehltretter

8027. **W. Szulakowski,** Komety. Warszawa, «Wiedza Powszechna», 1958. 44 S. Preis 2 zł.

8028. **W. I. Tscherednitschenko,** Die Wahrscheinlichkeit der Dissoziation und Ionisation der Atome und Moleküle in Kometenatmosphären bei Ionen- und Photonenaufprall. Bull. Kommission Kometen Meteore UdSSR 1958 Nr. 2 S. 10—19 (russ.).

8029. **V. Vanýsek,** The determination of the quantity of dust in cometary atmospheres. Českosl. Akad. Věd. Astr. Ústav Publ. Nr. 37, 17 S. — Diese Arbeit diskutiert eine Methode zur Bestimmung der Gesamtmasse des in einer Kometenkoma enthaltenen Staubes. Unter Annahme einer bestimmten Häufigkeitsverteilung der Partikeldimensionen und unter Bezugnahme auf photometrische Daten ergibt sich, daß die maximale Gesamtmenge des Staubes in Kometenatmosphären zur Beobachtungszeit 8×10^{11} g beträgt. Dieser Wert folgt als Resultat aus photometrischen Parametern von solchen Kometen, welche starke kontinuierliche Spektren zeigen, und von denen Verf. daher annimmt, daß die Helligkeiten der Staub- und Gas-Komponente in der Koma im Verhältnis 1 : 1 stehen. Die photometrischen Messungen am Kometen Arend-Roland 1956 h führen im Maximum auf einen Wert von 1.4×10^{11} g. Für den Gegenschweif ergeben die Messungen 10^{13} g.
Verf. (übersetzt)

8030. **V. Vanýsek,** New results of the cometary physics. RH **39** 251—254 (tschech.).

8031. **L. V. Wallace, F. D. Miller,** Isophote configurations for model comets. AJ **63** 213—219. — Die zu beobachtenden Strukturen in einem Kometen bestehen wenigstens teilweise aus einer verwaschenen Koma und dem Schweif; beiden Gebilden überlagern sich schärfer definierte Strahlen, Halos und andere Formationen. Photometrisch kalibrierte Isophoten sind geeignete Mittel zur Beschreibung dieser diffusen Bestandteile. Für fünf einfache Kometenmodelle wurden die Formen und relativen Intensitäten solcher Isophoten berechnet. Das Gesetz von Mochnatsch für ein senkrecht zum Radiusvektor Sonne—Komet beobachtetes isotropes Ejektionsmodell mit einheitlicher Partikelgeschwindigkeit erweist sich auch als richtig für beliebige Orientierung der Beobachtungsrichtung. Es wurden sowohl die Effekte einer Streuung der Ejektionsgeschwindigkeiten untersucht als auch der Fall anisotroper Ejektion, der zu einer zweiarmigen Aufspaltung der Isophotenprofile führt. Verf. (übersetzt)

* * **F. L. Whipple,** Notes on comets, meteors, and planetary evolution. Vgl. Ref. **5512.**

8032. **J. Witkowski,** On the directions of perihelia of cometary orbits. Obs **78** 85—86.

8033. **S. K. Wsechswjatskij,** Die physikalischen Merkmale der Kometen. Moskau, Staatsverlag Phys.-Math. Literatur, 1958. 575 S. mit Fig. Preis 27 R. (russ.). — Besprechung in RH **39** 214.

8034. **S. K. Wsechswjatskij, O. I. Babitsch, W. W. Kasjutinskij,** On the capture hypothesis of the origin of short-period comets. AJ UdSSR **35** 473—478 (russ. mit engl. Ref.). — Engl. Übersetzung in Soviet Astr. AJ **2** 433—437. — Unter 216 durchgerechneten Einfangbahnen in der Jupiterebene waren nur 39 elliptisch, aber 37 stark hyperbolisch und 140 nahezu parabolisch ($e = 0.98$—1.05). Außerdem zeigt eine Reduktion des Tagesganges der Meteorhäufigkeit, daß es gegenwärtig 10 kurzperiodische, rückläufige Kometen geben müßte, wenn die Einfanghypothese zuträfe. Petri

* * Origin of comets. Vgl. Ref. **5513.**

8035. Cometary spectra. Nature **182** 564—565.

§ 81

Einzelne Kometen

8101. **S. Arend,** L'emploi de l'équinoxe normal 1950.0 pour les comètes. UAI Circ 1661; NAZ **12** 27—28.

8102. **M. Beyer,** Physische Beobachtungen von Kometen. X. AN **284** 112—128 = Mitt. Sternw. Hamburg-Bergedorf **10** Nr. 106. — Die zwischen 1953 Okt. 6 und 1955 Juli 9 erhaltenen physischen Beobachtungen von neun Kometen werden als Fortsetzung einer seit 1933 laufenden Serie von Berichten einer planmäßigen Überwachung dieser Himmelskörper mitgeteilt. Es handelt sich vorwiegend um visuelle Beobachtungen der Gesamthelligkeit des Komtenkopfes, um photometrische Messungen der als Kern bezeichneten sternartigen Verdichtung sowie um Bestimmungen des Durchmessers des visuell erkennbaren Teils der Koma. Zur Charakterisierung der Helligkeitsentwicklung wurden die Werte für H_0 und n des die Gesamthelligkeit des Kometen in Beziehung zu seinen Abständen von Sonne und Erde darstellenden Ausdrucks $m_t = H_0 + 2.5\,n \log r + 5 \log \Delta$ abgeleitet. Die in einigen Fällen vorhandenen, jedoch nicht immer gesicherten sekundären Helligkeitsschwankungen sind auch diesmal den auf die jeweiligen Kometenörter bezogenen Sonnenflecken-Relativzahlen gegenübergestellt, um etwaige Einflüsse der Sonnenaktivität auf das Kometenleuchten prüfen zu können. Weitere Beobachtungen beziehen sich auf die Gestalt, Struktur und Richtung der Schweife. Sofern die Richtungen, besonders in größeren Sonnenabständen, erheblich vom verlängerten Radiusvektor des Kometen abwichen, blieben sie doch stets innerhalb des Winkels zwischen diesem und der Richtung des zuletzt zurückgelegten Weges. Verf.

8103. **J. Gadomski,** Bogaty inwentarz czechosłowackich komet. Urania Kraków **29** 321—323. — Bericht über 13 in Lomnický Štit entdeckte Kometen. Rybka

8104. **J. G. Porter,** Comets (1957). MN **118** 393—400.

8105. **J. Schubart,** Die hellen Kometen der letzten 50 Jahre. Sterne **34** 97—104.

8106. Definitive Bezeichnung von Kometen. NAZ **12** 2, MN **118** 399. — Betrifft die Kometen: 1954 I = 1954 c (Harrington), 1954 II = 1953 h (Pajdušáková), 1954 III = 1954 a (Honda-Mrkos-Pajdušákováscher), 1954 IV = 1954 i (van Biesbroeck), 1954 V = 1955 b (Abell), 1954 VI = 1953 d (Zweiter Reinmuthscher), 1954 VII = 1953 c (Pons-Brooksscher), 1954 VIII = 1954 f (Vozárová), 1954 IX = 1953 f (Enckescher), 1954 X = 1953 g (Abell), 1954 XI = 1954 j (Wirtanenscher), 1954 XII = 1954 d (Kresák-Peltier), 1954 XIII = 1955 a (Harrington-Abell).

Desgl. NAZ **12** 27. — Betrifft die Kometen: 1955 I = 1954 g (Zweiter Schwassmann-Wachmannscher), 1955 II = 1954 e (Fayescher), 1955 III = 1955 e (Mrkos), 1955 IV = 1955 f (Bacharew-Macfarlane-Krienke), 1955 V = 1955 g (Honda), 1955 VI = 1954 h (Baade), 1955 VII = 1955 i (Perrine-Mrkosscher), 1955 VIII = 1955 d (Whipplescher).

8107. Roman numeral designation of comets in the year 1955. UAI Circ 1662.

Kometen. Gruppe (1)[1]

Anmerkung: Ein Pluszeichen (+) innerhalb einer Klammer zeigt an, daß außer Beobachtungen eines Kometen auch noch Elemente bzw. eine Ephemeride gegeben sind.

8108. **Arend-Rigauxscher Komet (1958 b = 1950 VII)**

Auffindung: E. Roemer, US Naval Observatory, Flagstaff-Station Arizona, 1958 Jan. 29.

BAA Circ **394**; BSAF **72** 87; Gaz astr **40** 13; Harv Card 1395; NAZ **12** 3; NAZvM 363; Publ ASP **70** 327; UAI Circ 1641, 1643 (Eph); YC 1479 S. 2 (Eph), 1480 S. 1—2 (Eph), 1481 S. 1.

I. Hasegawa beabsichtigt die Berechnung der definitiven Bahn des Arend-Rigauxschen Kometen. UAI Circ 1643.

8109. **Ashbrook-Jacksonscher Komet (1956 II = 1948 IX)**

AJ **63** 249—251 = LOB Nr. 559, **63** 296; MN **118** 394.

M. A. Mersljakowa, Periodic comet 1948 IX Ashbrook-Jackson. BIA **7** 120—139 (russ. mit engl. Ref.). — Verf. bestimmte die Elemente dieses Kometen aus Beobachtungen von 1948/49 und untersuchte seine Bewegung in der Zeit vor der Entdeckung. 1945 kam es zu einem nahen Vorbeigang an Jupiter. Infolge der damit verbundenen großen Störungen änderten sich die Elemente stark. Der ursprünglich zur Saturnfamilie gehörende Komet wurde ein typisches kurzperiodisches Objekt der Jupiterfamilie. Seine Periheldistanz verringerte sich von 3.9 auf 2.3 A.E., was 1948 seine Entdeckung ermöglichte. Verf. (übersetzt)

[1] Vgl. AJB **48** S. 210 Anmerkung.

8110. **Erster Borrellyscher Komet (1953 IV = 1932 IV)**
BAAH 1959 S. 50 (El, Eph).

8111. **Zweiter Brooksscher Komet (1953 V = 1946 IV)**
BAAH 1959 S. 51 (El, Eph).

8112. **Comas-Soláscher Komet (1952 VII = 1944 II)**
Bol. Obs. Fabra Barcelona (Astr.) **3** 44.

8113. **Crommelinscher Komet (1956 VI = 1928 III)**[2])
AJ **63** 297.

8114. **Enckescher Komet (1957 c = 1954 IX)**
AC Nr. 193 S. 2—3; AJ **63** 249—251 = LOB Nr. 559, **63** 297; MN **118** 396 (+ El).

A. M. Bacharew, Beobachtungen der Kometen Arend-Roland (1956 h), Mrkos (1957 d) und Encke-Backlund (1957 d) am Observatorium Stalinabad. Vgl. Ref. 8167.

W. Liller, Photoelectric spectrophotometry of the heads of three comets. Vgl. Ref. 8167.

S. I. Lutschitsch, The motion of comet Encke-Backlund in 1931—1937. BIA **7** 140—155 (russ. mit engl. Ref.). — Es wurde die Bewegung des Kometen Encke-Backlund während der Zeit 1931—1937 untersucht unter der Annahme der Existenz einer säkularen Akzeleration und einer säkularen Änderung der Exzentrizität. Aus acht Normalörtern wird ein Elementensystem abgeleitet mit einem mittleren Fehler der Gewichtseinheit von ± 3ʹ.1. Der Wert 15ʹ.4 für die säkulare Akzeleration bestätigt die festgestellte unregelmäßige Abnahme der mittleren Bewegung. Es wurde der Versuch gemacht, aus den Beobachtungen 1931—1947 ein Elementensystem zu berechnen. Verf. (übersetzt)

S. I. Lutschitsch, On the presence of systematic errors in the observations of comet Encke-Backlund. BIA **7** 156—164 (russ. mit engl. Ref.). — D. O. Mochnatsch hatte die Vermutung ausgesprochen, daß säkulare Akzelerationen von Kometen vollständig oder teilweise durch systematische Beobachtungsfehler erklärt werden können. In dieser Arbeit wird gezeigt, daß die Bewegung des Kometen Encke-Backlund 1931—1937 nicht ohne Annahme einer säkularen Akzeleration dargestellt werden kann und daß der Einfluß systematischer Fehler äußerst klein ist. Verf. (übersetzt)

P. Mianes, Mesures photométriques de la comète d'Encke. CR **246** 377—380 = Publ. Obs. Haute-Provence **4** Nr. 8. — Ergebnisse von photoelektrischen Messungen der Helligkeit der violetten CN-Bande (λ 3883 Å) und der Swan-Banden ($\lambda\lambda$ 4737, 5165, 5635 Å), die mittels Filtern isoliert wurden, werden mitgeteilt. Messungen mit Diaphragmen verschiedener Durchmesser gestatten, die Durchmesser des Objektes im Lichte der beiden Bereiche anzugeben (1.5×10^{-3} bzw. 1.0×10^{-3} AE für die violette CN-bzw. die Swan-Banden). In der Zeit vom 28. Sept. bis 6. Okt. ist die Helligkeit um $0^m.25$ bis $0^m.30$ größer als dem allgemeinen Verlauf entspricht. Der Koeffizient der Helligkeitsabnahme nimmt mit dem heliozentrischen Abstand r ab; er ist für die beiden Wellenlängenbereiche verschieden. Mehltretter

A. Woszczyk, Sur une relation possible entre une variation secondaire d'éclat de la comète 1957 c (Encke) et l'activité solaire. CR **246** 1667—1670 = Inst. d'Astrophys. Univ. Liège Coll. 4° Nr. 91. — Ein Vergleich zwischen den photoelektrisch gemessenen CN- und C_2-Helligkeiten des Kometen 1957 c (P. Mianes, CR **246** 377, vgl. vorstehendes Ref.) und den Daten über die Sonnenaktivität ergibt einen ziemlich sicheren Zusammenhang zwischen dem plötzlichen Hellig-

[2]) In Publ. Kwasan Obs. **1** Nr. 4 mit 1928 IV bezeichnet.

keitsanstieg des Kometen Sept. 28 einerseits, und einer Eruption (Importance 3) Sept. 26 und ihren Sept. 29 als magnetische Störungen und Polarlicht beobachteten terrestrischen Auswirkungen andererseits. Mehltretter

8115. **Giacobini-Zinnerscher Komet (1946 V = 1940 I)**

BAAH 1959 S. 46—47 (El, Eph); MN **118** 396 (+ El).

J. Kordylewski bearbeitet die Bahn des Giacobini-Zinnerschen Kometen. NAZ **12** 8; UAI Circ 1644; YC 1487 S. 3.

8116. **Grigg-Skjellerupscher Komet (1956 i = 1952 IV)**

AJ **63** 297; MN **118** 395; UC **6** 298.

8117. **Halleyscher Komet (1910 II = 1835 III)**

J. Hopmann, Photometrische Untersuchungen an Kometen. III. Die Kometenkerne nach Beobachtung und Theorie. Vgl. Ref. 8006.

M. Kamieński, Comet Halley in 1163 BC and the fall of Troy. Vgl. Ref. **1331**.

M. Kamieński, Nieznana kometa z roku około 2008 przed Chr. była prawdopodobnie kometą Halleya. Vgl. Ref. **1332**.

M. Kamieński, Rola komety Halleya w astronomii i w chronologii. Vgl. Ref. **1333**.

M. Kamieński, Katastrofa Poseidonii a kometa Halleya. Vgl. Ref. **1334**.

O. Lepil, Der Halleysche Komet. Rozhledy **36** 280—283 (tschech.).

8118. **Harringtonscher Komet (1957 g = 1952 II)**

BAA Circ 392; MN 118 396 (+ El); NAZ **12** 11—12 (El, Eph); UAI Circ 1648 (Eph), 1652 (Eph); YC 1467 S. 6—7 (Eph).

J. Kordylewski, Comet Harrington 1952 II. Perturbations by Jupiter and Saturn in the period from 1952 Jan. 16.0 to 1958 Sept. 24.0. AA 8 74—77.

J. Kordylewski, Orbita Komety Harringtona 1952 II. Postępy Astr. **6** 101—103. — Der Komet 1952 II Harrington ist wahrscheinlich mit dem zweiten Wolfschen Kometen von 1925 identisch. Verf. berechnete die Störungen für den Zeitraum 1952—1958 und eine Aufsuchungsephemeride 1957 August—November. Der Komet wurde gemäß der Ephemeride aufgefunden. Rybka

8119. **Honda-Mrkos-Pajdušákovásche Komet (1954 III = 1948 XII)**

BAAH 1959 S. 46 (El, Eph).

M. Beyer. Vgl. Ref. 8102.

8120. **Johnsonscher Komet (1956 V = 1949 II)**

AJ **63** 297.

8121. **Kopffscher Komet (1958 d = 1951 VII)**

Auffindung[3]): E. Roemer, US Naval Observatory, Flagstaff-Station Arizona, 1958 Juni 25.

AC Nr. 194 S. 1; BAA Circ 401; BSAF **72** 40, 334; DOB-CIA Nr. 18; Gaz astr **40** 46—47; Harv Card 1409; Kop Akt Medd 400; MN **118** 396 (El); NAZ **12** 7—8 (Eph), 19; NAZvM 393, 396; UAI Circ 1642 (Eph), 1651; YC 1482 S. 2—3 (Eph).

M. Bielicki, On a certain numerical method of determining the variance of a function. Vgl. Ref. 101.

M. Kamieński, Odnalezienie komet okresowych Wolfa I i Kopffa. Vgl. Ref. 8132.

---

[3]) Die von G. van Biesbroeck im Februar 1957 gemeldete Auffindung (vgl. AJB **57** Ref. **8127**) hat sich als irrtümlich erwiesen.

F. Kępiński, The motion of the periodic comet 1906 IV (Kopff). Part 8. AA 8 193—223. — Untersuchung der Bewegung des Kopffschen Kometen 1906 IV für die Zeit 1953—1958. Neue Elemente werden abgeleitet. Störungen durch Jupiter, Saturn, Erde, Venus, Mars und Uranus sind tabuliert. Rybka

8122. Olbersscher Komet (1956 IV = 1887 V)

AJ **63** 296.

8123. Otermascher Komet (1950 III = 1942 VII)

AC Nr. 196 S. 1; AJ **63** 249—251 = LOB Nr. 559, **63** 297; BAAH 1959 S. 53 (Eph); Harv Card 1413 (Eph); MN **118** 396 (+ El); UAI Circ 1659 (Eph).

A. W. Fokin, An investigation of the motion of the comet Oterma 3 1942 VII. AJ UdSSR **35** 674—676 (russ. mit engl. Ref.). — Engl. Übersetzung in Soviet Astr. AJ **2** 628—630.

A. W. Fokin, L'orbite de la comète Oterma 3, 1942 VII déterminée d'après les observations pendant les années 1943—1950. BIA **7** 89—112 (russ. mit französ. Ref.).

A. W. Fokin, Etude d'un rapprochement étroit de la comète Oterma 3 à Jupiter. BIA **7** 113—119 (russ. mit französ. Ref.). — In der Arbeit wird der nahe Vorübergang des Kometen an Jupiter in den Jahren 1936/1937 untersucht. Es wird gezeigt, daß die Kometenbahn vor der Annäherung zwischen der Jupiter- und Saturnbahn lag und der Komet deshalb nicht beobachtet werden konnte. Infolge der großen Störung bei der nahen Begegnung verlagerte sich die Kometenbahn zwischen die Mars- und Jupiterbahn und der Komet wurde 1943 entdeckt. Verf. (übersetzt)

L. Oterma, Vorläufige Mitteilung betr. große Jupiterstörungen auf den Kometen Oterma (1942 VII). Astr.-Opt. Inst. Univ. Turku Informo Nr. 17, 3 S. — Die Bewegung des Kometen wurde für den Zeitraum 1934—1965 durch Störungsrechnungen eingehend untersucht. Es zeigt sich, daß die heute innerhalb der Jupiterbahn liegende Kometenbahn sowohl früher als auch später außerhalb der Jupiterbahn liegt — als Folge naher Jupitervorübergänge. Möglicherweise bewirken solche Begegnungen periodische Bewegungen der Bahn um die Jupiterbahn. Verf. hält den sternartig aussehenden Kometen zur Bestimmung der Jupitermasse geeignet und empfiehlt intensive Beobachtungen der Bahnbewegung. Stumpff

K. Šteins, On the origin of comets with almost circular orbits. Vgl. Ref. 8023. NAZ **12** 3—4. Otermascher Komet (1950 III = 1942 VII).

8124. Perrine-Mrkosscher Komet (1955 VII = 1909 III)

R. Szafraniec bearbeitet die Bahn des Perrine-Mrkosschen Kometen. NAZ **12** 8; UAI Circ 1644; YC 1487 S. 3.

8125. Pons-Brooksscher Komet (1954 VII = 1884 I)

M. Beyer. Vgl. Ref. 8102.

8126. Pons-Winneckescher Komet (1951 VI = 1945 IV)

Bol. Obs. Fabra Barcelona (Astr.) **3** 45; MN **118** 396 (El, El(p)).

8127. Erster Reinmuthscher Komet (1957 e = 1950 IV)

AJ **63** 249—251 = LOB Nr. 559, **63** 298; MN **118** 396 (+ El); NAZvM 357.

8128. Schaumassescher Komet (1952 III = 1943 V)

BAAH 1959 S. 49 (El, Eph).

8129. Erster Schwassmann-Wachmannscher Komet (1941 VI = 1925 II)[4])

AJ **63** 249—251 = LOB Nr. 559, **63** 296; BAAH 1959 S. 52 (Eph); Harv Card 1412 (Eph), 1418; MN **118** 393; NAZ **12** 27 (Eph); UAI Circ 1656 (Eph).

W. Götz, Ein Helligkeitsausbruch des Kometen 1925 II (Schwassmann-Wachmann). AN **284** 143—144.

W. Götz, Ein Helligkeitsausbruch des Kometen 1925 II. Sterne **34** 200.

E. Roemer, The August 1957 outburst of comet Schwassmann-Wachmann I. AJ **63** 54.

E. Roemer, An outburst of comet Schwassmann-Wachmann 1. Publ ASP **70** 272—278. — In einem kurzen, allgemeinen Bericht wird die normale Entwicklung eines Ausbruchs des Kometen geschildert. Ausführlich werden dann visuelle und (auf Tafeln abgebildete) photographische Beobachtungen von Ende Juli bis Mitte Dezember 1957 beschrieben. Es wurde besonderer Wert darauf gelegt, neben dem Verhalten der Koma auch die Änderungen der Kernhelligkeit zu untersuchen. Vollständigere Beobachtungen der kurzen Anfangsphasen von Ausbrüchen werden zur Erklärung des Vorgangs beitragen können. O. G.

K. Šteins, On the origin of comets with almost circular orbits. Vgl. Ref. **8023**.

Sky and Telescope **17** 229—230. An outburst of comet Schwassmann-Wachmann I. — Ref. AAS. — Besprechung in Coelum **26** 125.

8130. Zweiter Schwassmann-Wachmannscher Komet (1955 I = 1948 VII)

M. Beyer. Vgl. Ref. 8102.

K. Šteins, On the origin of comets with almost circular orbits. Vgl. Ref. 8023.

8131. Erster Väisäläscher Komet (1949 V = 1939 IV)

BAAH 1959 S. 45 (Eph).

8132. Erster Wolfscher Komet (1958 c = 1950 VI)

Auffindung: W. A. Baum, Mount Wilson and Palomar Observatories, 1958 Juni 13.

AC Nr. 194 S. 1; BAA Circ 401; BSAF **72** 334; DOB-CIA Nr. 18; Gaz astr **40** 46; Harv Card 1410; Kop Akt Medd 400; MN **118** 396 (+ El(p)); NAZ **12** 19, 21 (+ El); NAZvM 393, 396; UAI Circ 1651.

M. Kamieński, The rediscovery of comet P/Wolf I in 1958. AA **8** 182. — Enthält die Abweichungen O—C für den Zeitpunkt der Wiederauffindung des Ersten Wolfschen Kometen am 13. Juni 1958 in bezug auf die Ephemeride, welche mit dem von Verf. bestimmten Elementensystem Q_5^{rev} berechnet worden war. Rybka

M. Kamieński, Odnalezienie komet okresowych Wolfa I i Kopffa. Urania Kraków **29** 258—259. — Mitteilung über die Wiederauffindung des Kometen Wolf I im Juni 1958 auf Mount Palomar und des Kopffschen Kometen in Flagstaff. Rybka

Kometen. Gruppe (2)[5])

8133. Komet 1874 III (= 1874 c) Coggia

J. Hopmann, Photometrische Untersuchungen an Kometen. III. Die Kometenkerne nach Beobachtung und Theorie. Vgl. Ref. 8006.

8134. Komet 1930 VI (= 1930 d) Schwassmann-Wachmann 3 (P)

MN **118** 396 (El, El (p)).

---

[4]) Auch mit 1925 III bezeichnet.

[5]) Vgl. AJB **48** S. 210 Anmerkung.

D. Kondratjewa, Die Bewegung des kurzperiodischen Kometen 1930 VI Schwassmann-Wachmann 3 von 1930—1957. Publ. Astrophys. Labor. Riga **7** 17—27 (russ. mit lett. Ref.).

8135. Komet 1931 IV (= 1931 c) Ryves

K. I. Antischina, Neue Elemente des hyperbolischen Kometen 1931 IV Ryves. AC Nr. 196 S. 3—4 (russ.).

8136. Komet 1936 II (= 1936 a) Peltier

Bol. Obs. Fabra Barcelona (Astr.) **3** 44.

8137. Komet 1937 IV (= 1937 b) Whipple

Bol. Obs. Fabra Barcelona (Astr.) **3** 44.

8138. Komet 1937 V (= 1937 f) Finsler

Bol. Obs. Fabra Barcelona (Astr.) **3** 44.

8139. Komet 1939 I (= 1939 a) Kozik-Peltier

Bol. Obs. Fabra Barcelona (Astr.) **3** 45.

8140. Komet 1939 VI (= 1939 h) Rigollet

Bol. Obs. Fabra Barcelona (Astr.) **3** 45.

8141. Komet 1941 I (= 1940 c) Cunningham

Bol. Obs. Fabra Barcelona (Astr.) **3** 45.

8142. Komet 1941 II (= 1941 a) Friend-Reese-Honda

Bol. Obs. Fabra Barcelona (Astr.) **3** 45.

8143. Komet 1941 IV (= 1941 c) De Kock-Paraskevopoulos

Bol. Obs. Fabra Barcelona (Astr.) **3** 45.

8144. Komet 1941 VII (= 1941 e) Du Toit-Neujmin-Delporte

BAA Circ 400; Bol. Obs. Fabra Barcelona (Astr.) **3** 46; DOB-CIA Nr. 13; MN **118** 396 (+ El (p)); NAZvM 379 (Eph), 387 (Eph); Strolling Astronomer **12** 25 (Eph); UAI Circ 1650 (Eph), 1652 (El, Eph).

A. S. Sotschilina, The ephemeris of the comet 1941 VII Du-Toit-Neujmin-Delporte for 1958. BIA **6** 671—674 (russ. mit engl. Ref.).

Strolling Astronomer **12** 25. Comet du Toit-Neujmin-Delporte. D. D. Meisel.

8145. Komet 1941 VIII (= 1941 d) Van Gent-Howarth-Bernasconi

Bol. Obs. Fabra Barcelona (Astr.) **3** 45.

8146. Komet 1942 IV (= 1942 a) Whipple-Bernasconi-Kulin

Bol. Obs. Fabra Barcelona (Astr.) **3** 46.

8147. Komet 1943 I (= 1942 g) Whipple-Fedtke-Tevsadse

Bol. Obs. Fabra Barcelona (Astr.) **3** 46.

D. O. Mochnatsch, Some remarks on the nonstationary distribution of the apparent density in comets. Vgl. Ref. 8014.

8148. Komet 1944 I (= 1943 f = 1943 g) Van Gent-Daimaca-Peltier

L. Krésak, The meteor showers of November 21, 1925 and 1935, and their connexion with the comet 1944 I. Vgl. Ref. 8281.

8149. Komet 1948 I (= 1947 k) Bester

J. Bouška, The spectra of comets 1948 I, 1948 IV, 1955 e and 1955 f. BAC **9** 68—70.

8150. Komet 1948 IV (= 1948 g) Honda-Bernasconi

J. Bouška, The spectra of comets 1948 I, 1948 IV, 1955 e and 1955 f. Vgl. Ref. 8149.

8151. Komet 1951 I (= 1950 b) Minkowski

MN 118 396 (El).

8152. Komet 1951 IX (= 1952 a) Harrington-Wilson (P)

MN 118 396 (El (p)); NAZ **12** 1—2 (El, Eph); UAI Circ 1637 (El, Eph); YC 1474 S. 7 (El, Eph).

8153. Komet 1951 X (= 1951 j) Arend (P)

BAAH 1959 S. 48 (El, Eph).

8154. Komet 1953 I (= 1952 e) Harrington

J. E. Forbes, H. Spinrad, D. B. Wood, Improved orbit of comet 1952 e Harrington. AJ **63** 510—511 = Berkeley Repr. Nr. 136.

8155. Komet 1953 VI (= 1953 e) Harrington (P)

MN 118 396 (+ El).

8156. Komet 1954 II (= 1953 h) Pajdusakova

M. Beyer. Vgl. Ref. 8102.

8157. Komet 1954 IV (= 1954 i) van Biesbroeck (P)

G. van Biesbroeck, The orbit of the comet 1954 i. AJ **63** 500—503. — Elemente des Kometen 1954 i aus neun Normalörtern 1954—1955.

8158. Komet 1954 VIII (= 1954 f) Vozarova

M. Beyer. Vgl. Ref. 8102.

8159. Komet 1954 X (= 1953 g) Abell

AA 8 224—225 = Poznań Repr. Nr. 39.
M. Beyer. Vgl. Ref. 8102.
J. Hopmann, Photometrische Untersuchungen an Kometen. III. Die Kometenkerne nach Beobachtung und Theorie. Vgl. Ref. 8006.

8160. Komet 1954 XII (= 1954 d) Kresak-Peltier

M. Beyer. Vgl. Ref. 8102.

8161. Komet 1955 III (= 1955 e) Mrkos

BAN **14** 187; Sterne **34** 44.
M. Beyer. Vgl. Ref. 8102.
J. Bouška, The spectra of comets 1948 I, 1948 IV, 1955 e and 1955 f. Vgl. Ref. 8149.

J. Bouška, Photometrische und spektroskopische Untersuchung des Kometen 1955 e Mrkos. AN **284** 161—163. — Schweiflage, Helligkeitsgesetz, Intensitätsverteilung in der Koma und das Spektrum werden beschrieben. Die aus dem Helligkeitsgesetz abgeleitete Desorptionswärme ist relativ klein. Das Spektrum zeigt über schwachem Kontinuum zahlreiche bekannte und unidentifizierte Emissionen. Stumpff

8162. **Komet 1955 IV (= 1955 f) Bacharew-Macfarlane-Krienke**

BAN **14** 186; Publ ASP **70** 191; Sterne **34** 44.

J. Bouška, The spectra of comets 1948 I, 1948 IV, 1955 e and 1955 f. Vgl. Ref. **8149**.

M. F. Walker, Observations of comets Bakharev-Macfarlane-Krienke, 1955 f, and Baade, 1954 h. Publ ASP **70** 191—196. — Lichtelektrische Helligkeitsmessungen der Kometen im U, B, V-System von Johnson und Morgan mit Verwendung verschieden großer Diaphragmen werden mitgeteilt. Der Komet Baade hatte ein reines Reflexionsspektrum, während die FI eine leichte Rötung ähnlich den blaueren Planetoiden zeigten. Bei dem Kometen Bakharev dagegen entsprechen die FI im wesentlichen den Intensitätsverhältnissen von bestimmten Emissionen. Aus Vergleichen der gemessenen Blauhelligkeiten mit photographisch beobachteten Kernhelligkeiten werden Schätzungen der Kerndurchmesser nach der Größe der verwendeten Diaphragmen erhalten. O. G.

AC Nr. 188 S. 2—4 (russ.). Beobachtungen der Kometen 1955 f Bacharew-Macfarlane-Krienke und 1955 g Honda am Kutschinoer Observatorium des Staatlichen Astronomischen Sternberg-Instituts. D. J. Martynow, L. G. Babitsch.

8163. **Komet 1955 V (= 1955 g) Honda**

BAN **14** 187; Sterne **34** 44.

T. Mitani, Physical observation of comet Honda (1955 g). (2nd report). Mem. Japan Astr. Study Ass. **2** 45—47.

AC Nr. 188 S. 2—4 (russ.). Beobachtungen der Kometen 1955 f Bacharew-Macfarlane-Krienke und 1955 g Honda am Kutschinoer Observatorium des Staatlichen Astronomischen Sternberg-Instituts. D. J. Martynow, L. G. Babitsch.

8164. **Komet 1955 VI (= 1954 h) Baade**

AJ **63** 249—251 = LOB Nr. 559, **63** 296; BAN **14** 187; MN **118** 394; Publ ASP **70** 191.

M. Beyer. Vgl. Ref. 8102.

D. E. Osterbrock, A study of two comet tails. ApJ **128** 95—105. — Von den beiden Kometen Baade (1954 h) und Haro-Chavira (1954 k) werden photographische Beobachtungen der Richtung des Schweifs mitgeteilt. Aus der Diskussion der Messungen wird geschlossen, daß die Schweifmaterie einer abstoßenden Kraft der Sonne und einer etwa gleich großen retardierenden Kraft entgegengesetzt zur Bewegungsrichtung unterliegt. Die Möglichkeit, daß das retardierende Medium ein interplanetares Gas ist, wird erörtert. Die heliozentrischen Entfernungen der Kometen betrugen zwischen 3.9 und 5.0 A.E. Micz.

D. E. Osterbrock, Comets' tails at large distances from the sun. Vgl. Ref. 8020.

M. F. Walker, Observations of comets Bakharev-Macfarlane-Krienke, 1955 f, and Baade, 1954 h. Vgl. Ref. 8162.

8165. **Komet 1956 I (= 1954 k) Haro-Chavira**

AJ **63** 249—251 = LOB Nr. 559, **63** 296.

D. E. Osterbrock, A study of two comet tails. Vgl. Ref. 8164.

D. E. Osterbrock, Comets' tails at large distances from the sun. Vgl. Ref. 8020.

8166. Komet 1956 c Wirtanen

AC Nr. 189 S. 5 (Eph), Nr. 192 S. 1 (Eph); Acta Astr. Sinica **6** 132; AJ **63** 249—251 = LOB Nr. 559; Harv Card 1388 (Eph), 1407 (Eph); MN **118** 394; Publ ASP **70** 327—328; UAI Circ 1638 (Eph), 1647 (+ Eph); UC **6** 298; YC 1472 S. 2 (+ Eph).

8167. Komet 1956 h Arend-Roland

AC Nr. 190 S. 6—9, Nr. 191 S. 1—3, Nr. 193 S. 1; AJ **63** 249—251 = LOB Nr. 559, **63** 297; Astronomia Popular **1** Nr. 4 Titelblatt (Au); Bol. Astr. Obs. Madrid **5** Nr. 3 S. 76; BSAF **72** 39 (Au); MN **118** 396 (+ El); Nantucket Maria Mitchell Ass. Annual Rep. 1957 S. 22 (Au); NAZ **12** 1; PAT **39** 67 (Au); Sterne **34** 79; UAI Circ 1636, 1643 (mit Berichtigung in 1645); El Universo Nr. 42 S. 2 (Au); YC 1483 S. 2.

A. M. Bacharew, Beobachtungen der Kometen Arend-Roland (1956 h), Mrkos (1957 d) und Encke-Backlund (1957 c) am Observatorium Stalinabad. AC Nr. 188 S. 9—12 (russ.). — Beschreibung des Aussehens und Helligkeitsschätzungen.

A. M. Bacharew, Über den Typ des Hauptschweifes des Kometen Arend-Roland 1956 h. AC Nr. 196 S. 2 (russ.).

F. Baldet, C. Bertaud, Photométrie de la comète Arend-Roland (1956 h). JO **41** 115—119, 184.

M. C. Ballario, La cometa Arend-Roland e le sue singolari caratteristiche. Giorn. fis. **1** 141—144, 1957. — Ref. in RJ UdSSR 1959 Nr. 1 S. 59.

D. R. Barber, Polarization of the integrated light of comet Arend-Roland, 1956 h. Nature **181** 760—761. — Ref. in Phys. Abstracts (A) **61** 262.

D. R. Barber, Magnitudes and colour indices of comet Arend-Roland, 1956 h. Obs **78** 80—82. — Auf zwei extrafokalen Aufnahmen auf Platten von verschiedener Farbenempfindlichkeit wurden durch Anschluß an extrafokale Bilder von Sternen Helligkeiten und Farbenindizes im dichtesten Teil der Koma und an zwei Stellen des inneren Schweifs bestimmt. Die Koma erscheint röter, der innere Schweif blauer als die Sonne. O. G.

M. Blaha, A. Hruška, Z. Švestka, V. Vanýsek, Polarization of light of the comets Arend-Roland (1956 h) and Mrkos (1957 d). Nature **182** 331—332. — In der Zeit von 1957 April 27—Mai 29 haben Verf. sieben Aufnahmen des Kometen Arend-Roland und von Aug. 20—23 drei Aufnahmen des Kometen Mrkos (1957 d) mit einem selbstregistrierenden Mikrophotometer gewonnen. Aus den vermessenen Platten erhielten sie die folgenden Ergebnisse: 1.) Der Polarisationsgrad im Schweif des Kometen Arend-Roland nimmt zum Kopf hin ab; 2.) Von April 27—29 wurde eine plötzliche Abnahme des Polarisationsgrades im gesamten Schweif festgestellt; 3.) Für den Polarisationsgrad im Schweif des Kometen Mrkos ergeben sich wesentlich niedrigere Werte. Henn

M. Blaha, A. Hruška, Z. Švestka, V. Vanýsek, Polarization of light of the comets Arend-Roland (1956 h) and Mrkos (1957 d). Českosl. Akad. Věd. Astr. Ústav Publ. Nr. 34 S. 71—81. — Photographische Polarisationsbeobachtungen zeigen, daß der Schweif des Kometen Arend-Roland eine beträchtliche Staubkomponente enthält, während beim Kometen Mrkos die Polarisation vorwiegend durch molekulare Emissionen erklärt werden kann. Verf. (übersetzt, gekürzt)

R. Bouigue, Photométrie photoélectrique des étoiles rouges et des comètes. Vgl. Ref. 2205.

J. Bouška, K. Hermann-Otavský, Spektrum des Kometen Arend-Roland 1956 h. BAC **9** 79—80.

J. Bouška, Helligkeit des Kometen Arend-Roland 1956 h. Českosl. Akad. Věd. Astr. Ústav Publ. Nr. 34 S. 67—70. — Aus den photographischen und visuellen Kometenhelligkeiten wurden die photometrischen Parameter m_0 und n berechnet. Es zeigt sich, daß die absolute Helligkeit der durchschnittlichen Größe m_0 der meisten Kometen gleich ist. Der Exponent n ist aber verhältnismäßig klein, besonders für die visuellen Beobachtungen. Der Farbenindex änderte sich mit wachsendem Abstand des Kometen von der Sonne. Verf.

Z. Ceplecha, Photographic isophotes of comet Arend-Roland 1956 h. Českosl. Akad. Věd. Astr. Ústav Publ. Nr. 34 S. 13—34. — Nach 20 Aufnahmen wurden Isophoten konstruiert. Die Aufnahmen waren im sichtbaren Spektralbereich im integralen Licht und mit Orange- und Blau-Filtern auf panchromatischer Emulsion (Agfa ISS-Platten) aufgenommen worden. Die maximal noch meßbare Ausdehnung des normalen Schweifes betrug 7°, die des Gegenschweifes 1°5.
Verf. (übersetzt, gekürzt)

R. Coutrez, J. Hunaerts, A. Koeckelenbergh, Radio emission from comet 1956 h on 600 mc. Proc IRE **46** 274—279 = Commun. Obs. Roy. Belgique Nr. 131. — Die Strahlung des Kometen im Perihel wurde bei 600 MHz beobachtet. Es handelt sich um eine monochromatische Emission, die wahrscheinlich durch Übergänge zwischen den Feinstrukturkomponenten des Niveaus J = 3/2 im $^2\Pi_{3/2}$-Zustand des CH-Moleküls entsteht. Die beobachteten Flußdichten führen auf größenordnungsmäßig 10^{30}—10^{31} Moleküle, in Übereinstimmung mit den Vorstellungen über die Molekülzahl in Kometenatmosphären.
Verf. (übersetzt, gekürzt)

A. Elvius, Preliminary results of polarization measurements in comets. Vgl. Ref. 8168.

V. Guth, Observations of the comets Arend-Roland (1956 h) and Mrkos (1957 d). Introduction. Českosl. Akad. Věd. Astr. Ústav Publ. Nr. 34 S. 9—11.

A. Gutiérrez, Observations of comet Arend-Roland (1956 h). AJ **63** 251—252.

A. Güttler, Photographische Polarisationsbeobachtungen am Kometen Arend-Roland. Mitt. AG 1957/I S. 34. — Ref. AG.

C. Hoffmeister, Bildbericht vom Kometen 1956 h (Arend-Roland). Sterne **34** 209—214. — Der Bericht umfaßt die Zeit vom 22. April bis 13. Mai 1957 und bringt 12 Aufnahmen des Kometen an der Schmidt-Kamera 500/700/1720 mm der Sternwarte Sonneberg, meist durch Blau- oder Gelbfilter, und sechs Zeichnungen, die die Länge und die Form des Schweifes darstellen. Verf.

J. Hopmann, T. Widorn, A. Purgathofer, Photometrische Untersuchungen an Kometen. I. Wiener Beobachtungen der Kometen Arend-Roland (1956 h) und Mrkos (1957 d). Sitzber. Österreich. Akad. Wiss. Math.-naturwiss. Kl. Abteilung II **167** 31—45 = Mitt. Univ.-Sternw. Wien **9** Nr. 14. — Im vorliegenden ersten Teil der photometrischen Untersuchungen sind die diesbezüglichen Beobachtungen von Hopmann (visuell), Purgathofer (photographisch) und Widorn (lichtelektrisch) zusammengestellt und einer ersten Auswertung unterzogen. Verf.

J. Hopmann, Photometrische Untersuchungen an Kometen. II. Auswertung der lichtelektrischen Beobachtung von T. Widorn am Kometen 1956 h (Arend-Roland). Sitzber. Österreich. Akad. Wiss. Math.-naturwiss. Kl. Abteilung II **167** 47—51 = Mitt. Univ.-Sternw. Wien **9** Nr. 15. — Die Einzelauswertung der lichtelektrischen Messungen ergab, daß sich die mittlere Flächenhelligkeit der Koma im linearen Abstande R vom Kern und r von der Sonne durch die einfache Beziehung $F(R, r) = F_0 R^{-1} r^{-3}$ gut darstellen läßt. Ferner konnten kurzfristige Helligkeitsschwankungen in Bestätigung anderer Beobachtungsreihen eindeutig nachgewiesen werden. Verf.

J. de Kort, Photographic positions of comet Arend-Roland (1956 h). Specola Astr. Vaticana Ric. Astr. **6** 41—45.

J. D. Kraus, Observations at a wave length of 11 meters during the close approach of comet Arend-Roland. AJ **63** 55—58 = Ohio State Univ. Radio Obs. Repr. Nr. 38. — Für zwei Radioquellen werden Beobachtungen der Durchgangszeit und der Intensität zwischen 1957 März 10 und Mai 17 mitgeteilt. Die eine der beiden, nämlich die zentrale galaktische Quelle, diente als Kontrolle oder Vergleich, während die andere mit dem Kometen Arend-Roland identifiziert werden könnte. Verf. (übersetzt)

I. D. Kupo, W. G. Teufel, Beobachtungen des Kometen 1956 h Arend-Roland im Sektor für Astrobotanik der Akademie der Wissenschaften der Kasachischen Sowjetrepublik. AC Nr. 188 S. 5—7 (russ.). — Kurzer Bericht über physische Beobachtungen des Kometen und über das Aussehen seines Schweifs. Loh.

G. Larsson-Leander, Physical observations of comet Arend-Roland (1956 h). Ark Astr **2** 259—271 = Stockholms Obs. Medd. Nr. 111. — Das allgemeine tägliche Aussehen des Kometen im Zeitraum 1957 Apr. 20.8 bis Mai 16.9 wird beschrieben und durch eine Reihe von Aufnahmen illustriert. Die Geometrie des Schweifes wird untersucht; der anomale Schweif wird als Konzentration von kometarischer Materie in der Bahnebene erklärt. Positionswinkel von Schweifstrahlen werden mitgeteilt. Ferner wird versucht, eine große Störung im Hauptschweif mit einem solaren Ausbruch zu korrelieren. Verf. (übersetzt, gekürzt)

W. Liller, Photoelectric spectrophotometry of the heads of three comets. AJ **63** 307. — Ref. AAS.

K. Lodén, L. O. Lodén, A photometric investigation of comet Arend-Roland (1956 h). Ark Astr **2** 199—212 = Stockholms Obs. Medd. Nr. 105. — Aus photographischen Aufnahmen des Kometen wurde eine Reihe von Isophotenkarten der Koma und des Schweifes gewonnen. Eine kurze Diskussion der Resultate wird gegeben. Verf. (übersetzt, gekürzt)

I. W. Matwejew, Beobachtungen des anomalen Schweifes des Kometen Arend-Roland. AC Nr. 189 S. 5—6 (russ.).

D. D. Meisel, Comet Arend-Roland (1956 h). Strolling Astronomer **12** 57—68.

R. Müller, Der helle Komet Arend-Roland, 1956 h. Photographie und Forschung **8** 21—24.

E. J. Öpik, The spike of comet Arend-Roland 1956 h. Irish AJ **5** 37—50 = Contr. Armagh Obs. Nr. 27. — Die Beobachtungen werden nach dem Prinzip der Bessel-Bredichin'schen Theorie der Kometenformen dynamisch gedeutet. Die den Gegenschweif bildenden Staubteilchen können danach nur einem wenige Stunden dauernden Ausbruch entstammen, der sich etwa zur Zeit des Perihel-durchganges ereignet haben muß. Die Eruptionsgeschwindigkeit war vernachlässigbar klein; die Beschleunigung der Partikel erfolgte durch den Wellenstrahlungsdruck der Sonne. Stumpff

L. A. Panaiotow, Some photometric and spectral characteristics of the comet 1956 h. AJ UdSSR **35** 257—260 (russ. mit engl. Ref.). — Engl. Übersetzung in Soviet Astr. AJ **2** 230—233. — Verf. untersucht die Helligkeitsverteilung in Kopf und Schweif des Kometen aus Aufnahmen, die am Doppelastrographen und Normalastrographen von Pulkowo aufgenommen wurden. In Objektivprismenspektren wurden einige Emissionsbanden im Spektrum des Kopfes identifiziert und es wird ein Vergleich der Intensitäten der beiden hellsten Banden durchgeführt. Vom Spektrum des gewöhnlichen und anomalen Schweifes wurden Registrierkurven erhalten. Verf. (übersetzt)

H. Pauscher, K.-H. Hintze, Mikrometer-Anschlüsse des Kometen Arend-Roland (1956 h). AN **284** 182 = Mitt. Sternw. Berlin-Babelsberg Nr. 6.

J. Rajchl, The spectrum of comet Arend-Roland. Českosl. Akad. Věd. Astr. Ústav Publ. Nr. 34 S. 83—89. — An Hand von Objektivprismenaufnahmen werden die Spektren von Koma und normalem Schweif eingehend untersucht. Die Koma zeigte Emissionen von C_2, C_3, CH, CH^+, CN, $NH_2 + NH_3$, Na und möglicherweise $C^{12}C^{13}$. Im Schweif wurden CO^+, CO_2^+ und N_2^+ beobachtet. Das Verhältnis Kontinuum zu Bandenemission im Schweif beträgt 1 : 0.6. Der Gegenschweif konnte nicht beobachtet werden. Stumpff

N. Richter, Das physikalische Bild des Kometen Arend-Roland (1956 h). Sterne **34** 215—227. — Die Übersicht behandelt Dimensionen und geometrische Beziehungen, die photometrischen Verhältnisse, spektroskopische Beobachtungen, Radiobeobachtungen und Polarisationsmessungen unter Einbeziehung der bis April 1958 erschienenen Literatur. Hoffmeister

T. S. Ringnes, Kometene Arend-Roland, 1956 h og Mrkos, 1957 d. Naturen 1958 S. 387—401 = Inst. Teoret. Astrofys. Blindern-Oslo Småtrykk Nr. 26.

B. Růžičková, M. Plavec, Photographic photometry of the comet Arend-Roland 1956 h in integral light. Českosl. Akad. Věd. Astr. Ústav Publ. Nr. 34 S. 35—52. — 15 aus photographischen Aufnahmen gewonnene Isophotenkarten werden dargestellt. Die wesentlichen Züge im Bild des Kometen während der

Tage April 27 bis Mai 2 werden kurz diskutiert. Die Isophoten beschreiben das Aussehen des Kometen auf blauempfindlichen und auf panchromatischen Platten bis zu einer Entfernung von 2°—3° vom Kopf. Verf. (übersetzt, gekürzt)

M. Scharf, Beobachtungen der Kometen 1956 h (Arend-Roland) und 1957 d (Mrkos). Sterne **34** 155.

L. Searle, The sunward spike of comet Arend-Roland. J RAS Canada **52** 44—45.

G. Thiessen, Photoelektrische Untersuchungen an Kometen. II. Die Helligkeitsverteilung, die Bewegungsverhältnisse und die Lebensdauer der leuchtenden Partikel im Schweif des Kometen Arend-Roland (1956 h). ZfA **44** 169—182 = Mitt. Sternw. Hamburg-Bergedorf **23** Nr. 266. — Aus photographischen Aufnahmen mit lichtelektrischer Skala wird die Abhängigkeit der Querschnittsintensität des Schweifes in gleichbreiten Streifen senkrecht zur Achse vom Abstand vom Kern für den Kometen Arend-Roland bestimmt. Für diesen Kometen als auch für Halley's Komet 1910 läßt sich die Abnahme der Querschnittsintensität mit wachsendem Abstand vom Kern deuten durch eine konstante Beschleunigung bei erheblicher Anfangsgeschwindigkeit, kombiniert mit einem zeitlichen Zerfall der leuchtenden Schweifpartikel. Es wird die Hypothese aufgestellt und begründet, daß die CO^+-Ionen des Schweifes mit hoher Anfangsgeschwindigkeit durch Stoß von Protonen der solaren Korpuskularstrahlung auf die Moleküle der Muttersubstanz in der Nähe des Kernes erzeugt werden. Die Anfangsgeschwindigkeit der Schweifpartikel ist allein durch die Geschwindigkeit der solaren Protonen bestimmt, während ihre Beschleunigung gleichzeitig auch durch die Protonendichte mitbestimmt wird. Thi.

B. Valniček, B. Růžičková, Photoelectric photometry of the comet Arend-Roland 1956 h. Českosl. Akad. Věd. Astr. Ústav Publ. Nr. 34 S. 53—57. — Photoelektrische Messungen der Helligkeitsschwankungen des Kometen wurden angestellt von 1957 April 22 bis Mai 6. Die absolute Helligkeit des Kometen bei 4000 Å wurde zu $m_0 = 6.73$, $n = 3.48$ geschätzt. Möglicherweise bestehen Korrelationen zwischen den Helligkeitsschwankungen und chromosphärischer Aktivität. Verf. (übersetzt, gekürzt)

V. Vanýsek, J. Tremko, Photoelectric observations of the comets 1956 h (Arend-Roland) and 1957 d (Mrkos). Českosl. Akad. Věd. Astr. Ústav Publ. Nr. 34 S. 59—66. — Aus photoelektrischen Beobachtungen im integralen Licht und in dem internationalen Farbsystem entsprechenden Spektralbereichen wird der Farbenindex der Kometen abgeleitet. Ein plötzlicher Anstieg des Farbenindex beim Kometen Arend-Roland vom 2. Mai kann nur durch einen Anstieg der Gasproduktion erklärt werden. Der mittlere Farbenindex für Arend-Roland beträgt 0.58, im Schweif 0.78; das Helligkeitsgesetz wird dargestellt durch $m_{0V} = 6.55$, $n_V = 2.03$ und $m_{0B} = 7.15$, $n_B = 2.30$. Eine gute Beobachtung des Kometen Mrkos führt auf einen Farbenindex von 0.15. Verf. (übersetzt, gekürzt)

V. Vanýsek, The determination of the quantity of dust in cometary atmospheres. Vgl. Ref. 8029.

K. Wenske, Beobachtungen der Schweifentwicklung des Kometen 1956 h (Arend-Roland). AN **284** 171—175 = Mitt. Sternw. Hamburg-Bergedorf **10** Nr. 108. — An Hand von Aufnahmeserien in zwei Spektralbereichen werden die Veränderungen der Richtung und der Gestalt des Kometenschweifs beschrieben. Die Ausbildung der Gegenschweife sowie die Formunterschiede im blauen und roten Spektralbereich werden mittels einer Isophotendarstellung untersucht. Eine Aufnahmereihe in der Nacht 1957 April 27/28 gestattete die Ermittlung von Materiebewegung in einem Schweifstrahl. Verf.

V. Znojil, Beobachtung der Kometen 1956 h und 1957 d auf der Volkssternwarte in Prostějov. RH **39** 89 (tschech.). — Aus visuellen Helligkeitsbeobachtungen wurden folgende photometrischen Parameter abgeleitet: Für den Kometen 1956 h $m_0 = 5.8$, $n = 3.3$ und für den Kometen 1957 d $m_0 = 4.5$, $n = 3.9$. J. B.

AN **284** 96. Beobachtungen von Planetoiden und Kometen. W. Malsch.

BSAF **72** 28—29, 74, 224, 264—266. La comète Arend-Roland (1956 h).
Sky and Telescope **17** 120—121. Comet Arend-Roland (1956 h). — Ref. AAS. — Besprechung in Coelum **26** 124.
Sky and Telescope **17** 241. Amateur photoelectric photometry of comet Arend-Roland.
Strolling Astronomer **12** 23—25. Comet Arend-Roland. D. D. Meisel.

8168. Komet 1957 d Mrkos

AC Nr. 190 S. 6—9, Nr. 191 S. 1—3, Nr. 193 S. 4—5; JBAA **68** 91—92 (+ Au); MN **118** 396 (+ El); Nantucket Maria Mitchell Ass. Annual Rep. 1957 S. 22 (Au); NAZvM 357 (Eph), 359 (Eph), 362; Sterne **34** 155; Strolling Astronomer **12** 20; UAI Circ 1635 (Eph), 1637 (Eph), 1639, 1644, 1646 (Eph); YC 1467 S. 5 (Eph), 1474 S. 6, 1477 S. 2, 1487 S. 1—2.

A. M. Bacharew, Beobachtungen der Kometen Arend-Roland (1956 h), Mrkos (1957 d) und Encke-Backlund (1957 c) am Observatorium Stalinabad. Vgl. Ref. 8167.

M. Blaha, A. Hruška, Z. Švestka, V. Vanýsek, Polarization of light of the comets Arend-Roland (1956 h) and Mrkos (1957 d). Vgl. Ref. 8167.

Z. Ceplecha, J. Rajchl, The spectrum of comet Mrkos (1957 d). Českosl. Akad. Věd. Astr. Ústav Publ. Nr. 34 S. 91—95.

M. Dufay, Photographies de la comète Mrkos (1957 d). BSAF **72** 258—263. — Ref. in Coelum **26** 176. — Am Obs. de Haute-Provence wurden vom 14. 8. bis 19. 9. 1957 72 Aufnahmen des Kometen gewonnen, von denen eine Anzahl reproduziert ist. Die Struktur und Strukturänderungen der beiden Schweife werden beschrieben. Aus Photographien in verschiedenen Farben in Verbindung mit Spektralaufnahmen anderer Autoren ergibt sich, daß der geradlinige, von der Sonne abgewandte Schweif wahrscheinlich aus Staub, der gekrümmte in der Bahnebene des Kometen gelegene Schweif aus Atomen und ionisierten Molekülen bestehen dürfte. Kdr.

J. Dufay, P. Swings, Le spectre de la comète Mrkos (1957 d) dans le proche infra-rouge. Ann d'Astrophys **21** 260—272 = Inst. d'Astrophys. Univ. Liège Coll. 4° Nr. 94 = Publ. Obs. Haute-Provence **4** Nr. 26. — Im Spektralbereich um λ 8000 Å wurden Spektrogramme des Kometen Mrkos aufgenommen, deren Auflösung größer ist als es bisher möglich war. In den Emissionen in der Nähe von λ 7900 und 8100 Å wird eine Tripelstruktur beobachtet. Die Zuordnung dieser Emissionen zu den (2—0) und (3—1) Übergängen des roten Systems von CN ist nun gesichert. Photometrische Messungen zeigen, daß diese Banden durch einen Fluoreszenzmechanismus angeregt werden. Verf. (übersetzt)

A. Elvius, Preliminary results of polarization measurements in comets. Ark Astr. **2** 195—197 = Stockholms Obs. Medd. Nr. 104. — Photographische Polarisationsmessungen an den Kometen Mrkos (1957 d) und Arend-Roland (1956 h) ergaben in beiden Fällen beträchtliche Polarisationsgrade (25% bei Mrkos, 20% bei Arend-Roland). Während für Mrkos die verschiedenen Schweifteile gleiche Polarisation zeigten, waren bei Arend-Roland deutlich differentielle Effekte meßbar, die sich entweder durch allmähliche Zersplitterung der Staubteilchen oder aber vielleicht auch als Konsequenzen der magneto-hydrodynamischen Theorie der Kometenschweife von Alfvén (Tellus **9** 92—96, AJB **57** Ref. 8001) deuten lassen. Stumpff

J. L. Greenstein, High-resolution spectra of comet Mrkos (1957 d). ApJ **128** 106—113. — Verf. hat von dem Kometen Mrkos (1957 d) Coudé-Spektren hoher Dispersion erhalten. Das Intensitätsverhältnis der Rotationslinien der Cyan-Banden ändert sich über eine Entfernung von 4000 km auf entgegengesetzten Seiten des Kerns. Bewegungen der Materie von etwa 3 km/sec radial zur Sonne werden angenommen, wodurch es zu einer Verschiebung der kometaren Absorptionsfrequenzen relativ zu den solaren kommt. Die Verschiebungen der reflektierten Sonnenlinien zeigen an, daß die Staubkomponente sich mit der Kernmaterie bewegt. Micz.

J. Grygar, Photometrical parameters of the comet 1957 d. BAC **9** 221—222. — Aus 41 Schätzungen der Helligkeit des Kometen Mrkos im Zeitraum 1957 Aug. 2 bis Sept. 26 wurden die photometrischen Parameter $n = 2.36 \pm 0.13$ und $m_0 = 4^m_.17 \pm 0^m_.09$ abgeleitet. Verf. (übersetzt)

V. Guth, Observations of the comets Arend-Roland (1956 h) and Mrkos (1957 d). Introduction. Vgl. Ref. 8167.

A. Gutiérrez, Observation of comet Mrkos (1957 d). AN **284** 176.

A. A. Hoag, Polarization measurements of comet Mrkos, 1957 d. Publ ASP **70** 203—206. — Verf. teilt lichtelektrische Polarisationsmessungen in Kern und Schweif des Kometen Mrkos mit. Skala und Nullpunkt wurden aus Beobachtungen von Sternen mit bekannter Polarisation gewonnen. Der Gang des Polarisationsgrades mit dem Phasenwinkel entspricht einer Formel von Öhman. Es wurden Anzeichen dafür gefunden, daß die Polarisation überwiegend durch Streuung zustande gekommen war. O. G.

J. Hopmann, T. Widorn, A. Purgathofer, Photometrische Untersuchungen an Kometen. I. Wiener Beobachtungen der Kometen Arend-Roland (1956 h) und Mrkos (1957 d). Vgl. Ref. 8167.

C. Kearns, Comet Mrkos, 1957 d. Publ ASP **70** 202—203 (+ Au). — Ref. in Coelum **26** 142—143.

I. D. Kupo, W. G. Teufel, Das Spektrum des Kometen 1957 d Mrkos. AC Nr. 188 S. 4—5 (russ.). — Auf den in Alma-Ata aufgenommenen Spektren zwischen dem 11. und 14. August konnten zwischen λ 3883 und 6200 Å zahlreiche Banden identifiziert werden. Loh.

W. Lasarewskij, Beobachtungen des Kometen Mrkos 1957 d. AC Nr. 188 S. 7—9 (russ.). — Mitteilung von Beobachtungen des Aussehens und der Helligkeiten des Kometen.

W. Liller, Photoelectric spectrophotometry of the heads of three comets. Vgl. Ref. 8167.

P. Maffei, La cometa Mrkos (1957 d). L'Universo **38** 609—612.

G. Mannino, Osservazioni spettroscopiche e fotografiche della cometa 1957 d (Mrkos). Mem SA It (NS) **29** 239—244 = Contr. Oss. Astrofis. Asiago Nr. 92. — Acht Spektren des Kometen 1957 d Mrkos wurden zwischen 1957 August 10 und September 9 am Spektrographen von Asiago erhalten. Mit Sicherheit waren nur die Emissionslinien aus den äußersten Teilen der Hülle und die Na-Doppellinie sichtbar. Ziemlich rasche Änderungen des Schweifes zeigen sechs zwischen August 20 und 30 erhaltene Aufnahmen des Kometen. Cester

M.-T. Martel, Polarisation de la comète Mrkos (1957 d). CR **246** 2347—2350 = Publ. Obs. Haute-Provence **4** Nr. 19. — Messungen des Polarisationsgrades und -winkels in verschiedenen Bereichen von Kopf und Schweif des Kometen Mrkos (1957 d) in der Zeit zwischen dem 22. und 28. August 1957 mit Hilfe des 80 cm-Reflektors in Haute-Provence und eines Öhman-Polarimeters werden beschrieben und die Ergebnisse mitgeteilt. Mehltretter

A. McClure, W. Liller, Rayed structure in the tail of comet Mrkos, 1957d. Publ ASP **70** 404—406. — Die Strahlenstruktur in dem diffusen, gekrümmten Nebenschweif des Kometen wird mit der Besselschen Synchronentheorie diskutiert. Die Beschleunigung der Materie ist etwa gleich der Gravitationsbeschleunigung der Sonne; die Materie im primären CO^+-Schweif unterliegt dagegen einer etwa 10 mal so großen Repulsivkraft. Stumpff

D. D. Meisel, A few notes on comet Mrkos-1957. Strolling Astronomer **12** 20—23.

F. D. Miller, Filters for comet photography — comet Mrkos, 1957 d. — Vgl. Ref. **2246**.

R. Redmond, Airplane sightings of comets. Sky and Telescope **17** 155. — Komet 1957d.

T. S. Ringnes, Kometene Arend-Roland, 1956h og Mrkos, 1957d. Vgl. Ref. 8167.

M. Scharf, Beobachtungen der Kometen 1956h (Arend-Roland) und 1957d (Mrkos). Vgl. Ref. 8167.

V. Vanýsek, J. Tremko, Photoelectric observations of the comets 1956h (Arend-Roland) and 1957d (Mrkos). Vgl. Ref. 8167.

L. Wan, Die Positionen des Kometen Mrkos (1957d) nach Beobachtungen in Pulkowo. Acta Astr. Sinica **6** 136 (russ.).

V. Znojil, Beobachtung der Kometen 1956h und 1957d auf der Volkssternwarte in Prostějov. Vgl. Ref. 8167.

Acta Astr. Sinica **6** 132—136 (chines. mit russ. Ref.). Photographic observations of the positions of comet Mrkos.

BSAF **72** 31—35 (+ Au), 84—86 (+ Au), 178—182, 375—377, 465—468 (+ Au). La comète Mrkos (1957d).

BSAF **72** Juin (Umschlagseite). Photographie de la comète Mrkos (1957d) prise au télescope Schmidt de l'Observatoire de Haute-Provence.

BSAF **72** 258—263. Photographies de la comète Mrkos (1957d). M. Dufay.

Kalender f. Sternfreunde 1959 S. 120—121. La comète Mrkos 1957d.

Vasiona **5** 71—72, 1957. Prve beleške o novoj kometi Mrkos (1957d). Č. Čepinac.

VdS Nachr. **7** 5—11. Beobachtungen der VdS am Kometen Mrkos (1957d). H. J. Richter.

8169. **Komet 1957 f Latyschew-Wild-Burnham**

BAA Circ 392 (El, Eph); Harv Card 1390; MN **118** 396 (+ El); NAZvM 356 (El, Eph), 361 (Eph); Publ ASP **70** 329; UAI Circ 1639 (+ Eph); YC 1467 S. 6 (Eph), 1474 S. 6, 1477 S. 1—2 (Eph).

AC Nr. 188 S. 12 (russ.). Beobachtungen des Kometen 1957f. I. N. Latyschew. — Beschreibung des Aussehens und Helligkeitsschätzungen.

NAZ **12** 3. Komet Latyschew-Wild-Burnham (1957f). C. Hoffmeister.

8170. **Komet 1958 a Burnham**

Entdeckung: R. Burnham, Lovell Observatory, Flagstaff (Arizona), 1958 Febr. 22. Unabhängig entdeckt durch E. Roemer, Naval Observatory, Flagstaff-Station, 1958 Febr. 22.

AC Nr. 189 S. 5, Nr. 190 S. 1, Nr. 191 S. 1 (Eph), Nr. 193 S. 3—4, Nr. 197 S. 1—2; Acta Astr. Sinica **6** 253; BAA Circ 394 (+ El, Eph), 395 (+ El, Eph), 397 (El, Eph); BSAF **72** 59 (Eph), 87, 278; Gaz astr **40** 12—13 (+ El); Harv Card 1396, 1397, 1400 (+ El, Eph), 1401 (+ El, Eph), 1406 (Eph); NAZ **12** 3; NAZvM 362, 363, 365, 366 (El, Eph), 367 (El, Eph), 368, 370, 371 (Eph), 373 (Eph), 374 (Eph), 386 (El, Eph); Publ ASP **70** 326—327 (+ Au); UAI Circ 1641, 1642 (+ El, Eph), 1643 (+ El, Eph), 1644 (+ Eph), 1645 (+ El, Eph), 1646 (+ Eph), 1651 (El, Eph), 1662; YC 1479 S. 1, 1481 S. 3, 1482 S. 1—2 (El, Eph), 1483 S. 1—2 (El, Eph), 1485 S. 1, 1487 S. 3 (+ Eph), 1488 S. 1 (El, Eph).

BSAF **72** 158. Observations de la comète Burnham (1958a). R. Weber.

BSAF **72** 278. Comète Burnham (1958a).

NAZ **12** 7. Komet Burnham (1958a). Genaue photographische Örter.

NAZ **12** 11. Komet Burnham (1958a). — Genaue photographische Örter, Helligkeit.

NAZ **12** 19. Komet Burnham (1958a). G. Richter. — Genauer photographischer Ort.

Sky and Telescope **17** 267, 283. New comet Burnham.

8171. **Komet 1958 e Burnham-Slaughter**

Entdeckung: R. Burnham, C. D. Slaughter, Flagstaff Arizona, 1958 Sept. 7.

AC Nr. 195 S. 1, Nr. 196 S. 1—2; BAA Circ 402, 403 (El, Eph); BSAF **72** 382 (+ El, Eph); DOB-CIA Nr. 26, 29, 37 (Eph); Gaz astr **40** 47; Harv Card 1414, 1415, 1416 (+ El, Eph), 1417, 1418 (Eph); Kop Akt Medd 402 (Eph); NAZ **12**

21; NAZvM 397, 398, 399 (El, Eph), 400 (El), 408 (Eph), 409 (El), 412 (Eph); UAI Circ 1656, 1657 (+ El, Eph), 1658 (+ El), 1659, 1660 (+ Eph), 1661 (El), 1662.

BAA Circ 404. Comet 1958e, Burnham-Slaughter.

Sky and Telescope **18** 22. Comet Burnham-Slaughter.

Strolling Astronomer **12** 155—156. Sketch of comet Burnham-Slaughter.

8172. Weitere Mitteilungen über Kometen

BSAF **72** 87, 334, 382.

Coelum **26** 56.

Coelum **26** 89. Comete.

Coelum **26** 120—121. Notizie sulle comete visibili ad ochio nudo.

Gaz astr **40** 12—13. Les comètes de 1958.

Hemel en Dampkring **56** 118. Vijftig periodieke kometen. J. Meeus.

J. Astr. Soc. Victoria **11** 29, 60—61, 97—98. Comet notes.

JBAA **68** 36—37, 123—125. Comet notes.

NAT 1958 S. 52, 97, 137—138. Kometerne.

Natur. Verden 1958 S. 72—74. Kometerne i året 1957. J. M. Vinter Hansen.

NAZvM Nr. 356—409.

Obs **78** 40, 89, 134, 175—176, 219. Comet notes. J. G. Porter.

PAT **39** 73, 163. Kometer.

Publ ASP **70** 121—123, 220—222, 326—329, 422—424, 514—516, 617—620. Comet notes. E. Roemer.

Rev. Astr. Nr. 144—145 S. 133—134.

El Universo Nr. 43 S. 94—95.

El Universo Nr. 44 S. 152—153. Los cometas de 1957. H. Scheffler.

Urania København **15** 3. Lidt om Aarets Kometer.

VdS Nachr. **7** 4, 27—28, 33, 45, 57—58, 73, 86.

8173. Kometen. Verzeichnis der Beobachter und Berechner

G. Adamopoulos
P. Ahnert
G. E. D. Alcock
L. Andrijeswkaja
M. Antal
S. Arend
L. Baldinelli
J. Baranowski
M. J. Barrett
W. A. Baum
F. Béroud
G. van Biesbroeck
J. Bobone
N. F. Bojewa
P. Bourge
L. Boyer
Braune
K. Brekke
G. Brenske
H. B. Brenske
J. A. Bruwer
H. Buisson
R. Burnham jr.
S. R. Butler
W. H. F. Calway
M. P. Candy
S. T. Chabibullin
C.-H. Chang
E. K. Charadse
W. A. Clark
T. A. Cochlashwili
R. Cornu
L. E. Cunningham
C. F. Dale
P. G. Darvill
E. A. Dibaj
C. Dinwoodie
P. Donnelly
J. H. Drake
A. D. Dubjago
M. Dufay
O. R. Eriksen
J. Farrell
Feldsmann
E. Ferval
P. Fouquet
R. P. Fourcade
J. T. Foxell
C. Fujita
R. Futaully
Ganser
E. Geneslay
F. Gianni
H. L. Giclas
R. T. Glynn
J. L. Gossner
W. Götz
W. A. Granger
Grauenhorst
W. Groubé
U. Güntzel-Lingner
J. S. Hall
H. d'Halluin
C. Hare
M. A. Harlick
M. Harwood
I. Hasegawa
J. L. Haughton
M. J. Hendrie
P. Henner
P. Herget
H. Hirose
C. Hoffmeister
M. Honda
H. J. Hubrig
H. C. C. Hunt
H. Hurnik
H. Huth

A. Jauréguiberry
H. M. Jeffers
A. F. Jones
O. M. Kamel
P. Kemp
F. Kępiński
H. Kern
P. Klein
A. R. Klemola
J. Kordylewski
H. Krumpholz
W. E. Kunkel
Wan Lai
A. Latypow
S. Laustsen
F. Le Coultre
K. M. Lester
L'Herbette
S. Lipinski
G. H. Lloyd
S. G. Makower
H. Malten
B. Manning
B. G. Marsden
H. Martin
D. Martynow
W. S. Matjagin
J. Mazet
A. McClure
G. Merton
T. Mitani
A. G. Mowbray
A. Mrkos
P. Musen
K. H. Neumann
J. Obellianne
A. Oberstatter
K. Omaki
E. Oravec
L. Oterma
H. K. Paetzold
R. W. Panther
E. Pearlmutter
E. V. Petersen
R. Phildius
Plankert
J. M. Pommeret
J. Ponchelet
J. G. Porter
P. Poulsen
A. Puch
v. Querfurth
Quester
A. Rachimow
O. C. Rank
H. Rantaseppä
C. Raudsaar
L. Rébuffat
G. Richter
H. J. Richter
N. B. Richter
F. Rigaux
E. Roemer
G. Roland
C. Roques
E. Roques
J.-M. Roques
D. A. Roshkowskij
A. A. Rubaschewskij
Rudolph
M. Ryan
G. N. Salukwadse
W. Sandner
J. Saugère
K. S. Schakirow
M. Scharf
Schröder
J. Schubart
Schuhmacher
W. J. Scrafield
F. Sebah
A. Sem
L. Shirbini
C. D. Slaughter
B. Solas
A. Soper
A. S. Sotchilina
W. H. Steavenson
G. E. B. Stephenson
M. G. Sumner
R. Szafraniec
G. E. Taylor
W. H. Thomas
K. Tomita
C. G. Torres
J. M. Torroja
J. Tremko
F. K. Usmanow
S. Vasilevskis
Vaucelle
J. Villermaux
A. W. Vince
P. H. Vince
J. M. Vinter Hansen
A. Višnovcová
R. L. Waterfield
G. Wegner
W. Wenzel
E. A. Whitaker
C. A. Wirtanen
S. K. Wsechswjatskij

§ 82

Meteore

8201. **I. S. Astapowitsch,** Meteorerscheinungen in der Erdatmosphäre. Moskau, Staatsverlag Phys.-Math. Literatur, 1958. 640 S. Preis 23 R. 50 Kop. (russ.). — Besprechung in AJ UdSSR **36** 555—556 (W. W. Fedynskij, E. L. Krinow), J RAS Canada **53** 181—183 (P. M. Millman), Priroda **48** Nr. 5 S. 122, RJ UdSSR 1959 Nr. 9 S. 64 (W. W. Fedynskij).

8202. **I. S. Astapowitsch, Z. Ceplecha,** Comparison of visual scales of meteor magnitudes of Ashkhabad (Soviet Union) and of Ondřejov (Czechoslovakia). BAC **9** 80.

8203. **I. S. Astapowitsch,** Die Photographie von Meteoren und ihren Spektren in natürlichen Farben. Nachr. Akad. Wiss. Turkmen. Sowjetrepublik 1958 Nr. 5 S. 107—108 (russ.). — Ref. in RJ UdSSR 1959 Nr. 7 S. 72.

8204. **D. L. Astawin-Rasumin,** Versuch zur Beobachtung von Meteoren auf photoelektrische Weise. Bull. Astr.-Geod. Ges. UdSSR Nr. 22 S. 23—27 (russ.).

8205. **D. L. Astawin-Rasumin,** Photographie eines Meteors mittels eines Polaroids. Bull. Astr.-Geod. Ges. UdSSR Nr. 22 S. 28 (russ.).

* * **H. G. Booker,** Concerning ionospheric turbulence at the meteoric level. Vgl. Ref. 72149.

8206. **I. C. Browne,** The effect of atmospheric wind shear on the distribution of meteor echo durations. Astr. Contr. Univ. Manchester (1) Jodrell Bank Ann. 1 245—254. — Viele langdauernde Radioechos von Meteorschweifen ereignen sich nur, nachdem sich die Schweife durch Winde in günstige Reflexionsbedingungen gedreht haben. Die Benutzung solcher Echos für die Statistik der Zahlen von Meteorechos gegebener Dauer führen zu Fehlern in der Meteormassenverteilung. Es wird eine einfache Theorie mitgeteilt, die gute Übereinstimmung mit den Beobachtungen ergibt. K. H. Schmidt

8207. **H. Brysk,** Electromagnetic scattering by low-density meteor trails. J. Geophys. Res. **63** 693—716. — Theoretische Untersuchung über Effekte der Streuung elektromagnetischer Wellen an meteoritischen Einschußkanälen, wobei gleichförmige Elektronendichte längs der Bahn und so geringe Dichtewerte vorausgesetzt sind, daß Elektronenzusammenstöße vernachlässigt werden können. Weiter wird das Mitwirken ambipolarer Diffusion berücksichtigt und die Eindringtiefe der Partikel in die ungestörte Atmosphäre abgeschätzt. Hoppe

8208. **N. Carrara,** Radiometeore. Scientia **93** 171—177. — Französ. Übersetzung in Scientia Suppl. **93** 91—96.

8209. **Z. Ceplecha,** On the composition of meteors. BAC **9** 154—159. — Auf Grund photographischer Meteorbeobachtungen leitet Verf. unter Voraussetzung der physikalischen Meteortheorie von Lewin die Häufigkeit von Eisen-, Stein- und Staubmeteoriten ab. Auffallend viel Eisenmeteorite sollen die Geminiden und die sporadischen Meteore enthalten, wogegen die Perseiden und Tauriden typische «Steinströme» sind. Die γ-Draconiden bestehen zu etwa 30% aus Staubkörpern. Hoppe

8210. **Z. Ceplecha,** Meteor statistics. Hourly rates of sporadic meteors 1948 and 1949. Českosl. Akad. Věd. Astr. Ústav Publ. Nr. 40 S. 9—24.

8211. **Z. Ceplecha,** Meteor statistics. The hourly rates of shower meteors. Českosl. Akad. Věd. Astr. Ústav Publ. Nr. 40 S. 25—39.

8212. **Z. Ceplecha,** Color index of meteors. RH **39** 195—196 (tschech.). — An Hand des Beobachtungsmaterials der Sternwarte Ondřejov zeigt Verf., daß der Farbenindex der Meteore nur von der Helligkeit der Meteore abhängig ist, in Übereinstimmung mit den Ergebnissen, die Jacchia aus dem Beobachtungsmaterial der Harvard-Sternwarte gewonnen hat. Der Verlauf der Abhängigkeit des Farbenindex von der Helligkeit der Meteore ist nach beiden Autoren verschieden. Verf. diskutiert die möglichen Ursachen. J. B.

8213. **K. Endresen, T. Hagfors, B. Landmark, J. Rödsrud,** Observations of angle of arrival of meteor echoes in v. h. f. forward scatter propagation. J. Atmosph. Terr. Phys. **12** 329—334.

8214. **E. I. Fialko, S. Issamutdinow,** Über komplexe Radarbeobachtungen von Meteoren. AC Nr. 193 S. 28—29 (russ.). — Bericht über Beobachtungen am 12. 8. 1957 in Tomsk bei 10 m und in Stalinabad bei 4 m Wellenlänge.

8215. **E. I. Fialko,** Einige Ergebnisse über die Untersuchung der Massen meteorischer Körper. AC Nr. 195 S. 22—23 (russ.).

8216. **E. I. Fialko,** The mean characteristic height of meteors detected by radio observations. AJ UdSSR **35** 881—887 (russ. mit engl. Ref.). — Engl. Übersetzung in Soviet Astr. AJ **2** 825—832. — Verf. untersucht die Verteilung der charakteristischen Höhen der Meteore. Die mittlere charakteristische Höhe der Meteore einer gegebenen Geschwindigkeit wird bestimmt. Die mittlere charakteristische Höhe der entdeckten Meteore hängt, wenn auch nur schwach, von den Parametern des Radargerätes ab. Abschließend werden Wege zur Erweiterung der Grenzen der mittels Radar erforschbaren Meteore erörtert. Verf. (übersetzt)

8217. **E. I. Fialko, F. I. Peregudow, E. K. Nemirowa,** Vorläufige Ergebnisse über Radarbeobachtungen von Meteoren bei $\lambda = 10$ m. Bull. Kommission Kometen Meteore UdSSR Nr. 2 S. 39—43 (russ.). — Verf. berichten über ein neues Radar-Gerät, das zur Messung der Häufigkeit, Entfernung und Geschwindigkeit der Meteore sowie zur Erforschung der atmosphärischen Turbulenz bestimmt ist. Vorläufige Ergebnisse, z. B. über die tägliche Variation der Meteore, werden mitgeteilt. Plavec

8218. **P. A. Forsyth,** The forward-scattered radio signal from an overdense meteor trail. Canadian J. Phys. **36** 1112—1124. — Ref. in Phys. Abstracts (A) **61** 704.

8219. **L. Fritzová, J. Rajchl,** Two meteor spectra. BAC **9** 148—150. — Für Ca und Mg wird das Intensitätsverhältnis $I_{neutr.}/I_{ionis.}$ längs der Leuchtbahn untersucht. Als Beobachtungsunterlage dienen die Spektren zweier im Jahre 1956 aufgenommener Perseiden. Bemerkenswert ist die Zunahme der Strahlung ionisierter Atome des Meteoritendampfes beim Anstieg der Gesamthelligkeit. Hoppe

8220. **V. Guth, Z. Ceplecha,** Meteor statistics. Hourly rates of sporadic meteors 1947. Českosl. Akad. Věd. Astr. Ústav Publ. Nr. 40 S. 1—8.

8221. **I. Halliday,** Meteor wakes and their spectra. ApJ **127** 245—252 = Contr. Dominion Obs. Ottawa **2** Nr. 25. — Verf. diskutiert die Identifizierung von Linien im Spektrum des langanhaltenden Nachleuchtens von Meteoren. Nach Besprechung einiger Theorien des Nachleuchtens wird geschlossen, daß die Anregung durch Partikeln von atomarer Größe zustande kommt. Micz.

8222. **I. Halliday,** Forbidden line of OI observed in meteor spectra. ApJ **128** 441—443 = Contr. Dominion Obs. Ottawa **2** Nr. 28. — In zwei Meteorspektren (Perseiden 1956), die am Meanook Meteor-Observatorium in Alberta (Kanada) gewonnen wurden, ist die verbotene O I-Linie λ 5577 identifiziert worden. Das Auftreten dieser grünen Nordlichtlinie ist ermöglicht durch die Anreicherung des Einschußkanals mit O-Atomen, die durch Verdampfen frei werden, und ist an eine bestimmte Luftdichte gebunden, die im Höhenbereich 99—106 km geherrscht hat. Die roten O I-Linien λ 6300 und 6364 sind nicht gefunden worden. Hoppe

8223. **I. Halliday,** Meteor spectroscopy with transmission diffraction gratings. J RAS Canada **52** 169—179 = Contr. Dominion Obs. Ottawa **2** Nr. 27. — Von den bis 1956 vorliegenden 214 Meteorspektren wurden 96 (45 %) in Kanada gewonnen. Verf. berichtet über die mit 17 mit Beugungsgittern ausgerüsteten Meteorspektrographen gemachten Erfahrungen. Die angewandten Dispersionen liegen zwischen 36 und 1953 Å/mm. Hoppe

8224. **I. Hasegawa,** General index-list. Theoretical radiant points of meteors associated with comets. DOB **11** Nr. 1 Fasc. 3, 4 S.; Nr. 4 Fasc. 1, 4 S.

8225. **G. S. Hawkins, F. L. Whipple,** The width of meteor trails. AJ **63** 283—291 = Harv Repr (2) Nr. 138. — Auf Platten des großen Palomar-Schmidt-Teleskops vorhandene Meteorspuren zeigten eine größere Breite, als die Sterne der gleichen Schwärzung. Berücksichtigt man alle fraglichen Effekte, so bleibt für 21 untersuchte Meteorspuren eine endliche Breite übrig, die auf einen mittleren Durchmesser des Einschußkanals von 1.3 m führt. Hoppe

8226. **G. S. Hawkins,** A search for radio emission from meteors. ApJ **128** 724—726 = Harv Repr Nr. 501. — Die Untersuchungen, mögliche Radio-Emissionen von Meteoren nachzuweisen, haben bisher zu keinem Erfolg geführt. Es wurde bei 475, 218 und 30 MHz beobachtet. Hoppe

8227. **G. S. Hawkins, E. K. L. Upton,** The influx rate of meteors in the earth's atmosphere. ApJ **128** 727—735 = Harv Repr Nr. 498. — Mit Hilfe photographischer Meteorbeobachtungen mit Super-Schmidt-Kameras wird die Zahl der in die Atmosphäre eindringenden Meteore, die heller als $+5^m$ erscheinen, zu 90 Millionen je Tag ermittelt. Der Faktor der Meteorzunahme je Größenklasse beträgt 3.4 ± 0.2. Hoppe

8228. **G. S. Hawkins,** A search for magnetic effects from meteors. J. Geophys. Res. **63** 467—475 = Harv Repr Nr. 492. — Nach einer früheren Arbeit Kalashnikows (Akad. Wiss. UdSSR Nr. 6, 1952) schien es, als würden beim Aufleuchten von Meteoren schwache magnetische Impulse auftreten. Eine Nachprüfung dieser Ergebnisse fiel negativ aus. Es wurde in Verbindung mit den Super-Schmidt-Kameras des Harvard-Meteor-Programms ein Magnetometer eingesetzt, dessen Empfindlichkeit zuerst 0.05 Gauß betrug, die später auf 0.003 Gauß erhöht wurde. Im visuellen Helligkeitsbereich von $+5^m$ bis -3^m konnten keine magnetischen Impulse von Meteoren erhalten werden. Hoppe

8229. **G. S. Hawkins,** Radio noise from meteors. Nature **181** 1610 = Harv Repr Nr. 491. — Es wird über Versuche berichtet, eine Radio-Strahlung von Meteoren nachzuweisen. Im Gegensatz zu ähnlichen russischen Versuchen findet Verf. keinen positiven Effekt. Kdr.

8230. **G. S. Hawkins, R. B. Southworth,** The statistics of meteors in the earth's atmosphere. Smithsonian Contr. Astrophys. **2** 349—364 = Harv Repr (2) Nr. 128. — Für 285 sporadische und 74 Strommeteore, die im Rahmen eines Teilprogramms der Meteor-Abteilung des Harvard College-Observatoriums gewonnen wurden, geben Verf. nach einer kurzen Einführung in die physikalische Theorie der Meteore eine Verteilung für die geozentrische Geschwindigkeit V_∞ und vergleichen dann die Aufleucht- und Endhöhen mit den nach der Theorie zu erwartenden Werten. Die Übereinstimmung ist überraschend gut. In einem Anhang sind die bearbeiteten Meteore tabellarisch aufgeführt. Hoppe

* * **G. S. Hawkins,** Catalogs of meteor radiants. Vgl. Ref. 8278.

8231. **W. Heybrock,** Doppler-Effekt bei Meteorspektren? Sterne **34** 244—245. — Ausführliche Diskussion einer rätselhaften Linienverschiebung der H- und K-Linie im Spektrum einiger Meteore. Eine überzeugende Deutung dieses Effektes konnte nicht gegeben werden. Hoppe

8232. **C. O. Hines,** A theoretical rate-amplitude relation in meteoric forward-scattering. Canadian J. Phys. **36** 539—554. — Die Theorie der Streuung von Radiowellen an ionisierten Meteorspuren wird zur Herleitung einer «Rate-Amplitude»-Relation angewendet. Diese Relation liefert die erwartete Häufigkeitsrate der gestreuten Signale, die ein gewähltes Amplituden-Niveau übersteigen, als Funktion dieses Niveaus. Ein Vergleich mit vorläufigen Beobachtungsergebnissen zeigt sowohl in quantitativer als auch in qualitativer Hinsicht gute Übereinstimmung. Henn

8233. **L. G. Jacchia,** On two parameters used in the physical theory of meteors. Smithsonian Contr. Astrophys. **2** 181—187 = Harv Repr (2) Nr. 122. — Aus dem Material der mittels Super-Schmidt-Kameras gewonnenen Meteorspuren werden zwei von Verf. in die physikalische Theorie der Meteore eingeführte Parameter untersucht: Der Zerbröckelungsindex (fragmentation index) und der Koeffizient der Masse-Geschwindigkeits-Beziehung. Überraschenderweise ist der erste Index unabhängig von der geozentrischen Geschwindigkeit, der zweite Koeffizient dagegen zeigt eine Abhängigkeit. Diese entspricht der bereits bekannten Tatsache, daß die Verdampfung der schnellen Meteore anscheinend langsamer erfolgt als die der langsamen. Hoppe

8234. **A. G. Jansen,** Een stopwatch bij meteoorwaarnemingen. Meteoor **14** 63—64.

8235. **B. Kaschtschejew,** Die Geschwindigkeit sporadischer Meteore im Januar 1958. AC Nr. 191 S. 22 (russ.).

8236. **B. Kaschtschejew, D. Lukjaschko,** Radarbeobachtungen sporadischer Meteore im Januar und Februar 1958. AC Nr. 191 S. 22—23 (russ.).

* * **T. J. Keary, H. J. Wirth,** The random occurrence of meteors in the upper atmosphere. Vgl. Ref. **7238.**

8237. **H. Kobayashi,** Report of meteor observation in the second half of 1957. Mem. Japan Astr. Study Ass. **2** 39—44.

8238. **L. Kohoutek, J. Grygar,** The influence of the telescopic field of vision on the magnitude determination of telescopic meteors. BAC **9** 102—105. — Helligkeitsschätzungen teleskopischer Meteore sind meist durch die Tatsache verfälscht, daß im allgemeinen nicht der hellste Teil der Erscheinung erfaßt wird. Die notwendige Korrektur ist so groß, daß die Leuchtkraftfunktion erheblich verändert werden muß. K. H. Schmidt

8239. **H. König,** Neun Monate Meteorbeobachtungen auf Herzogstand (Obb.). Sterne **34** 113—117.

8240. **K. W. Kostylew,** Equipment for radio-echo observations of meteors with automatic registration at the Engelhardt Astronomical Observatory. AJ UdSSR **35** 643—650 = Astr. Engelhardt-Obs. Kasan Sonderdruck Nr. 4 (russ. mit engl. Ref.). — Engl. Übersetzung in Soviet Astr. AJ **2** 596—603. — Es wird eine allgemeine Beschreibung der Meßanordnung gegeben, mit der statistische Daten über Radioechos an Meteoren für das IGJ-Programm gewonnen werden sollen. Das Gerät liefert im Dauerbetrieb Angaben über Zeitpunkt, Entfernung und Dauer des Echos. Oster

8241. **K. M. Kotadia,** Meteors and Es ionization. J. Sci. Industrial Res. (A) **17** Nr. 12 S. 46—49. — Ref. in Phys. Abstracts (A) **62** 383.

8242. **Z. Kvíz,** Probability of the perceptibility of a meteor and the independent counting method. BAC **9** 70—76. — Auf Grund der Wahrscheinlichkeitsrechnung werden Formeln für die Entdeckungswahrscheinlichkeit eines Meteors abgeleitet, wobei verschiedene Methoden gegenübergestellt werden. K. H. Schmidt

8243. **Z. Kvíz, J. Mikušek,** The luminosity function of telescopic meteors. BAC **9** 222—225. — Die Bearbeitung von visuellen Beobachtungen teleskopischer Meteore ergibt eine Häufigkeitsverteilung der Meteore im Helligkeitsbereich 6^m bis 10^m. Daraus erhalten Verf. für das Verhältnis $\varkappa$ den Wert 5.6, der sehr hoch erscheint und dafür spricht, daß der Anteil an kleinen Körpern bei verschiedenen Strömen nicht gleich ist. Hoppe

8244. **B. Landmark,** The fading of long duration meteor bursts in forward scatter propagation. J. Atmosph. Terr. Phys. **12** 341—342.

8245. **A. C. B. Lovell,** Apparatus for radio-echo meteor survey. Ann. International Geophys. Year **3** 342—345, 1957. — Ref. in RJ UdSSR 1959 Nr. 4 S. 47—48.

8246. **A. C. B. Lovell,** Meteorastronomie. Übersetzung aus dem Englischen (vgl. AJB **54** Ref. 8238). Moskau, Phys.-math. Staatsverlag, 1958. 488 S. Preis 17 R. 80 Kop. (russ.). — Besprechung in Priroda **48** Nr. 3 S. 121.

* * **J. S. Mainstone, W. G. Elford, A. A. Weiss,** A suggested improvement to the C. W. technique for measurements of meteor velocities. Vgl. Ref. **2423.**

8247. **L. A. Manning,** The initial radius of meteoric ionization trails. J. Geophys. Res. **63** 181—196. — Das bei der Verdampfung eines Meteors längs seiner atmosphärischen Bahn mit hoher Geschwindigkeit aus- bzw. zurückgestoßene Gas wird in einem bestimmten Abstand von der Flugbahn abgebremst. Diese mit Reichweite bezeichnete Eindringtiefe ist für die Theorie der normalen Schweifdiffusion der Anfangsradius. Verf. findet ihn zu etwa der 14-fachen mittleren freien Weglänge für die Ionen, dagegen größer für die neutralen Partikel. Hoppe

8248. **R. E. McCrosky,** The meteor wake. AJ **63** 97—106 = Harv Repr (2) Nr. 130. — Etwa ein Viertel aller mit der Baker-Schmidt-Kamera erhaltenen Meteorspuren zeigt Helligkeiten in den Zwischenräumen der zerhackten Spuren. Besonders häufig ist diese Erscheinung bei langsamen Meteoren. Offensichtlich werden vom Hauptkörper des Meteors kleinere Teile abgetrennt, die stärker gebremst werden. K. H. Schmidt

8249. **P. M. Millman,** Meteor news. J RAS Canada **52** 29—33, 181—184, 230—232, 275—276.

8250. **D. R. Moorcroft, C. O. Hines,** Resonance effects in the theory of meteor observability. Canadian J. Phys. **36** 134—136. — Ref. in Phys. Abstracts (A) **61** 344.

8251. **G. A. Nassyrow,** Radarbestimmung der Meteoraktivität von Juli—September 1957 in Aschchabad. Nachr. Akad. Wiss. Turkmen. Sowjetrepublik 1957 Nr. 6 S. 100 (russ.). — Ref. in RJ UdSSR 1959 Nr. 3 S. 42.

8252. **E. K. Nemirowa,** Einige Besonderheiten der Reflexion von Radiowellen an Meteorspuren. Bull. Kommission Kometen Meteore UdSSR 1958 Nr. 2 S. 46—49 (russ.). — Verf. berechnet mit Hilfe der Formel von Kaiser und Closs die Reflexion von Radiowellen an Meteorspuren und diskutiert kurz einige damit zusammenhängende Probleme. Plavec

8253. **A. V. Nielsen,** Et meteor fra 1910. NAT 1958 S. 119—122.

8254. **E. J. Öpik,** Physics of Meteor Flight in the Atmosphere. Interscience Tracts on Physics and Astronomy. New York; London, Interscience Publishers, 1958. 8 + 174 S. mit 14 Fig. Preis $ 3.85 bzw. s. 1.95. — Besprechung in Endeavour **18** 167, Publ ASP **71** 477—478 (P. M. Millman), Science **129** 1354 (R. Eshleman), Sky and Telescope **18** 522, 577—578 (D. W. R. McKinley), ZfMG **82** 238 (H. Vogt).

8255. **E. J. Öpik,** Problems in the physics of meteors. American J. Phys. **26** 70—80. — Verf. macht einige grundlegende Bemerkungen zur Physik der Meteore und gibt eine Übersicht über neuere Forschungsergebnisse. Henn

8256. **E. J. Öpik,** Statistical results from the Arizona expedition for the study of meteors. Contr. Armagh Obs. Nr. 26, 82 S. — Verf. gibt einen abschließenden Bericht über die in den Jahren 1931 bis 1933 von der Harvardsternwarte durchgeführte Meteor-Expedition, an der er maßgeblich beteiligt war. Die Resultate werden überwiegend tabellarisch gegeben. Es handelt sich um die Richtungsverteilung der geozentrischen Bewegung, die tägliche und jährliche Variation, die Helligkeitsverteilung und anderes mehr. Hoppe

8257. **F. I. Peregudow,** The influence of the meteor velocities on the hour number during radio detection. AJ UdSSR **35** 888—892 (russ. mit engl. Ref.). — Engl. Übersetzung in Soviet Astr. AJ **2** 833—838. — Der Einfluß der Fluggeschwindigkeit eines Meteors auf die Größe seines effektiven Streuquerschnittes wird untersucht. Hieraus läßt sich eine Beziehung zwischen der stündlichen Zahl und den Geschwindigkeiten der Meteore ableiten und die Abhängigkeit zwischen der stündlichen Zahl und der Wellenlänge der Radarstation genauer fixieren. Verf. (übersetzt)

8258. **F. I. Peregudow,** Über die Auswahl des Senders einer Radarstation für die Radarbeobachtung von Meteorspuren. Bull. Kommission Kometen Meteore UdSSR 1958 Nr. 2 S. 44—45 (russ.).

8259. **N. I. Pinegina,** Bearbeitung der Photographie des Meteors vom 13.—14. August 1952. Bull. Astr.-Geod. Ges. UdSSR Nr. 22 S. 29—31 (russ.).

8260. **M. S. Rao, R. L. Armstrong,** Investigation of the drifts of the effective point of radio reflection along a meteor train. Canadian J. Phys. **36** 1601—1623. — Ref. in Phys. Abstracts (A) **62** 182.

8261. **H. B. Ridley,** The value of visual observations of meteors. JBAA **68** 110—112.

8262. **A. P. Sawruchin,** Photographische Beobachtungen von Meteoren im August 1955 in Aschchabad. Nachr. Akad. Wiss. Turkmen. Sowjetrepublik 1958 Nr. 4 S. 116—118 (russ.). — Ref. in RJ UdSSR 1959 Nr. 7 S. 72.

8263. **A. P. Sawruchin,** Ergebnisse der Bearbeitung von Basisphotographien von 23 Meteoren. Publ. Inst. Phys. Geophys. Akad. Wiss. Turkmen. Sowjetrepublik 4 63—74 (russ.). — Ref. in RJ UdSSR 1959 Nr. 1 S. 62.

8264. **J. Schubart,** Der Poynting-Robertson-Effekt im Falle eines veränderlichen Strahlungsfeldes. Sterne **34** 184—186. — Verf. gibt eine ausführliche Diskussion des genannten Effektes für den in der Natur im allgemeinen meist vorkommenden Fall eines veränderlichen Strahlungsfeldes, wobei sowohl die elektromagnetische als auch die korpuskulare Strahlung des Zentralgestirns in Betracht gezogen wird. Hoppe

8265. **W. W. Sidorow,** Über die Bewegung des Reflexionspunktes entlang der Meteorspur. AC Nr. 197 S. 11—13 (russ.). — Die von Rao (Canadian J. Phys. **36** 840, Ref. 8292) beobachtete Veränderung der Doppler-Frequenz des von einer Meteorspur reflektierten Signals kann durch Annahme einer Turbulenz von der Ordnung 6—10 km erklärt werden. Loh.

8266. **E. G. Simakina,** Ergebnisse der Bearbeitung einer weiteren Photographie des Meteors vom 7.—8. August 1950. Bull. Astr.-Geod. Ges. UdSSR Nr. 22 S. 32—34 (russ.).

8267. **E. G. Simakina,** Über die Verwertung einseitiger Meteorphotographien. Bull. Kommission Kometen Meteore UdSSR 1958 Nr. 2 S. 50—52 (russ.). — Verf. zeigt an einem Beispiel, daß die einseitige Meteoraufnahme für eine Radianten- und Höhenbestimmung gut anwendbar ist, falls die Kamera mit einem rotierenden Sektor versehen ist. Plavec

8268. **A. K. Sosnowa,** Die Geschwindigkeitsbestimmung eines Meteorkörpers. AC Nr. 198 S. 15—16 (russ.).

8269. **A. K. Sosnowa,** Über den Fehler bei der Bestimmung der Koordinaten eines Radianten. Bull. Kommission Kometen Meteore UdSSR 1958 Nr. 2 S. 34—38 (russ.).

8270. **W. E. Stepan,** Über teleskopische Beobachtungen kometarischer Radianten. AC Nr. 196 S. 13—15 (russ.).

8271. **B. Teleki,** Der Staub im Universum. Vasiona **6** 11—12 (serb.). — Artikel über Meteore und Meteorite.

8272. **A. K. Terentjewa,** Katalog von 200 teleskopischen Meteoren aus Beobachtungen in Aschchabad 1951—1954. Publ. Inst. Phys. Geophys. Akad. Wiss. Turkmen. Sowjetrepublik 4 75—83 (russ.). — Ref. in RJ UdSSR 1959 Nr. 1 S. 62.

8273. **J. L. Trutze, A. Chanberdyjew, A. T. Belous,** Radarbeobachtungen der Meteoraktivität in Aschchabad im Juli—September 1957. Nachr. Akad. Wiss. Turkmen. Sowjetrepublik 1958 Nr. 3 S. 118—120 (russ.). — Ref. in RJ UdSSR 1959 Nr. 1 S. 39.

8274. **A. A. Weiss,** Approximations for the electron density in meteor trails. Australian J. Phys. **11** 591—594 = Commonwealth Sci. Industrial Res. Organization, Australia, Division Radiophys. — Für die Berechnung der durch ein Meteor längs seiner Bahn erzeugten Elektronendichte wird nach der Herlofsenschen Theorie eine neue Näherungslösung für langsame Meteore, bzw. solche, bei denen eine Abhängigkeit zwischen der Ionisationswahrscheinlichkeit und der Geschwindigkeit besteht, angegeben und diskutiert. Mehltretter

8275. **F. L. Whipple,** Meteors. Annual Report Smithsonian Inst. 1957 S. 239—260 = Smithsonian Inst. Publ. Nr. 4318 = Harv Repr Nr. 494. — Revidierter Abdruck eines Aufsatzes in Publ ASP **67** 367—386 (vgl. AJB **55** Ref. 8272). Kdr.

* * **F. L. Whipple,** Notes on comets, meteors, and planetary evolution. Vgl. Ref. **5512.**

8276. **H. van Woerden,** De grensmagnitude als maatstaf voor de waarnemingsomstandigheden. Meteoor **14** 44—48.

8277. Artificial meteors. Sky and Telescope **17** 111. — Ref. in Coelum **26** 123.

Meteorströme

* * **Z. Ceplecha,** Meteor statistics. The hourly rates of shower meteors. Vgl. Ref. 8211.

8278. **G. S. Hawkins,** Catalogs of meteor radiants. Smithsonian Contr. Astrophys. **3** 7—8 = Harv Repr (2) Nr. 137. — Dennings Katalog von über 3000 Stromradianten wird unter Heranziehung moderner Gesichtspunkte diskutiert. Sieht man von den unechten Radianten ab, so zeigen die übrigen, wie zu erwarten, eine deutliche Konzentration gegen die Ekliptik. Hoppe

8279. **C. O. Hines,** Diurnal variations in the number of shower meteors detected by the forward-scattering of radio waves. III. Ellipsoidal theory. Canadian J. Phys. **36** 117—126. — Ref. in Phys. Abstracts (A) **61** 137.

8280. **S. Imoto, I. Hasegawa,** Historical records of meteor showers in China, Korea, and Japan. Smithsonian Contr. Astrophys. **2** 131—144. — Eine Sammlung von Aufzeichnungen alter Meteorbeobachtungen aus China, Korea und Japan wird diskutiert. Unter den Meteorströmen konnten einige mit heute noch tätigen Strömen identifiziert werden. Einige gehören Strömen an, die heute erloschen oder durch Störungen abgelenkt sind. Die Liste reicht vom Jahre 36 n. Chr. bis zum Ende des 18. Jahrhunderts. Hoppe

8281. **L. Kresák,** The meteor showers of November 21, 1925 and 1935, and their connexion with comet 1944 I. BAC **9** 88—96. — Der vermutete Zusammenhang zwischen den sehr kurzen, aber intensiven Meteorschauern vom 21. November der Jahre 1925 und 1935 mit dem Kometen 1944 I wird von Verf. diskutiert. Während der Zeitpunkt der Erscheinung mit den Bahnelementen gut übereinstimmt, besteht zwischen den Radianten eine starke Abweichung. Verf. hält es für möglich, daß diese Diskrepanz zu Lasten einer ungenauen Radiantenbestimmung geht und weist darauf hin, daß sorgfältige Beobachtungen künftiger Erscheinungen dieses Stromes die Frage beantworten könnten. Hoppe

8282. **I. Kupo,** Über die Aktivität einiger Meteorradianten im Jahre 1957. AC Nr. 190 S. 26—27 (russ.). — Verf. macht nähere Angaben über die

π-Coroniden, ψ-Pegasiden und α-Aurigiden auf Grund von visuellen Beobachtungen einer Arbeitsgruppe der Astr.-Geod. Ges. der UdSSR in Alma-Ata 1957. Loh.

8283. **W. Stepan,** Die südlichsten Telemeteorströme nach Beobachtungen in der UdSSR. AC Nr. 188 S. 26—27 (russ.).

8284. **F. W. Wright,** An observation concerning mean radiant paths of photographic meteor showers. AJ **63** 312. — Ref. AAS.

8285. **V. Znojil,** Sternschnuppenbeobachtung auf der Volkssternwarte in Prostějov im Jahre 1957. RH **39** 67—68 (tschech.). — Übersicht über die Ergebnisse der im Jahre 1957 visuell und photographisch beobachteten Meteorschwärme. Es wurden zwei neue Radianten in der Nähe von δ Equ und α Per gefunden. J. B.

8286. Ein neuer Meteorstrom. AC Nr. 194 S. 3 (russ.). — Radiant bei α Lyr.

8287. Essaim des Dracocygnides. DO-CIA Nr. 20. — Hinweis.

8288. Essaim météorique des Tuttlides. DO-CIA Nr. 38.

8289. Possible meteor shower. Kop Akt Medd 402; UAI Circ 1657. A. V. Nielsen. — Möglicher Meteorschauer 1958 Okt. 9—10 in Verbindung mit dem Kometen Giacobini-Zinner.

8290. **Arietiden**

W. E. Stepan, Die Oktober-Arietiden. AC Nr. 197 S. 14—16 (russ.).

8291. **Draconiden**

W. E. Stepan, S. Mukumow, Die Draconiden 1958. AC Nr. 197 S. 13—14 (russ.).

NAT 1958 S. 103. Draconide—stjerneskuddene.

UAI Circ 1659. The Draconids. A. V. Nielsen, J. C. Steensgaard. — Beob 1958 Okt. 9.

8292. **Geminiden**

J. Grygar, L. Kohoutek, Geminids 1955. I. Hourly rates, magnitudes, trains. BAC **9** 13—18. — Bearbeitung von 2116 visuell beobachteten Geminiden des Jahres 1955. Beobachtet wurde in Gruppen zu 4—5 Mitgliedern. Untersucht werden die Häufigkeitsverteilung während der Nachtstunden, die Verteilung der Meteorzahlen auf die verschiedenen Helligkeitsklassen und das Auftreten von Schweifen. Als mittlere Helligkeit der Geminiden wurde $+2^{m}_{.}49$ erhalten, die Häufigkeit von Schweifbildungen ergab sich zu 17.7 %. Hoppe

C. de Jager, Internationale samenwerking bij waarnemingen van de Geminiden. Meteoor **14** 39.

B. L. Kaschtschejew, Geschwindigkeitsmessungen von Meteoren der Geminiden. AC Nr. 188 S. 26 (russ.).

W. I. Kuryschew, A. I. Nikischkin, Beobachtungen der Geminiden 1957 in Rjasan. AC Nr. 192 S. 31—32 (russ.).

M. S. Rao, Analysis of meteoric body Doppler radar records taken during a Geminid shower period. Canadian J. Phys. **36** 840—854.

H. van Woerden, Internationale samenwerking bij het waarnemen van de Geminiden. Hemel en Dampkring **56** 222.

H. van Woerden, De internationale Geminidencampagne. Meteoor **14** 50—59.

V. Znojil, Über die Verteilung der Helligkeiten der Geminiden. RH **39** 187—188 (tschech.). — Aus visuellen Beobachtungen in den Jahren 1953 und 1955 hat Verf. festgestellt, daß das Maximum der Verteilungskurve der Helligkeiten während der maximalen Tätigkeit der Geminiden gegen das Maximum der Verteilungskurve vor dem Maximum um $0^{m}_{.}9$ verschoben ist. J. B.

DO-CIA Nr. 37. Essaim météorique des Géminides.

8293. Giacobiniden

BAA Circ 403. The Giacobinid meteor shower, 1958 October 9.
BAA Circ 404. The Giacobinid meteor stream, 1958 October.
DO-CIA Nr. 28. Essaim des Giacobinides.

8294. Lacertiden

W. E. Stepan, Über die Lacertiden. AC Nr. 191 S. 21—22 (russ.).

8295. Leoniden

Z. Kvíz, Observation of telescopic Orionids and Leonids 1955 in Brno. BAC **9** 100—102. — Bei der Bearbeitung teleskopischer Beobachtungen der Orioniden und Leoniden im Jahre 1955 wird die Frage nach der maximalen Meteordichte in Strömen beantwortet. Bei relativ kleinem Gesichtsfeld liegt das Gebiet größter Meteorhäufigkeit in 10—12° Abstand vom Radianten. Hoppe

8296. Lyriden

R. L. Chotinok, Aktivität und Dichte der Lyriden 1953. Bull. Astr.-Geod. Ges. UdSSR Nr. 21 S. 45—49 (russ.).
S. P. Makarowa, Bestimmung des Radianten der Lyriden aus visuellen Beobachtungen 1955. Bull. Astr.-Geod. Ges. UdSSR Nr. 21 S. 50—51 (russ.).
W. W. Martynenko, Aktivitätsverstärkung der α-Lyriden. AC Nr. 196 S. 15—17 (russ.).

8297. Orioniden

C. D. Gulmedow, Die Aktivität der Orioniden 1957 aus Beobachtungen am Astrophysikalischen Observatorium in Wannowskoje. Nachr. Akad. Wiss. Turkmen. Sowjetrepublik 1958 Nr. 1 S. 109—110 (russ.). — Ref. in RJ UdSSR 1959 Nr. 1 S. 62.
J. A. Inosemzew, G. A. Nassyrow, W. Mollakow, Radiobeobachtungen der Orioniden 1956 in Aschchabad. Nachr. Akad. Wiss. Turkmen. Sowjetrepublik 1958 Nr. 5 S. 108—109 (russ.). — Ref. in RJ UdSSR 1959 Nr. 6 S. 46.
W. I. Kuryschew, A. I. Nikischkin, Beobachtungen der Orioniden 1957 in Rjasan. AC Nr. 193 S. 29—31 (russ.).
Z. Kvíz, Observation of telescopic Orionids and Leonids 1955 in Brno. Vgl. Ref. 8295.
W. E. Stepan, Beobachtungen der Orioniden 1958. AC Nr. 197 S. 16 (russ.).
H. van Woerden, Waarneming van de Orioniden en de Tauriden. Meteoor **14** 35—38.

8298. Perseiden

Z. Ceplecha, Photographic Perseids 1956. BAC **9** 225—234. — Bericht über umfangreiche photographische Beobachtungen von Perseiden aus dem Jahre 1956 und über die Auswertung des Materials hinsichtlich der physikalischen Theorie und der geozentrischen wie heliozentrischen Bahn. Hoppe
Z. Ceplecha, Visual Perseids 1956. BAC **9** 234—236. — Die Bearbeitung der visuellen Beobachtungen von 13 Beobachtern während neun Nächten zwischen dem 4. und 15. August 1956 werden mitgeteilt. Hoppe
L. Fritzová, J. Rajchl, Two meteor spectra. Vgl. Ref. 8219.
M. Hansa, I. Zacharov, Collections of the meteoric dust during Perseids. BAC **9** 236—242. — An drei günstig gelegenen Orten aufgefangenes, staubförmiges Material wird spektrochemisch auf den Eisen-Nickel-Gehalt untersucht. Der Nickelgehalt des zu Zeiten von Meteorströmen aufgefangenen Staubes ist höher als zu anderen Zeiten. Daraus wird auf einen Zufluß extraterrestrischen, meteoritischen Staubes geschlossen. Hoppe

M. Kresáková, On the presence of faint meteors within the Perseid stream. BAC **9** 82—88. — Die Bearbeitung teleskopisch beobachteter Perseiden des Jahres 1956 führt zu einer Reihe wichtiger Ergebnisse. Das Häufigkeitsverhältnis von teleskopischen Perseiden zu sporadischen Meteoren beträgt im Helligkeitsbereich von 5^m bis 8^m nur ein Zehntel des Wertes für mit bloßem Auge sichtbare Sternschnuppen 2. bis 3. Größe. Lage und tägliche Bewegung des Radianten der teleskopischen Perseiden wurden in Übereinstimmung mit den photographischen Ergebnissen von Wright und Whipple gefunden. Die Streuung der Radianten einzelner Perseiden ist ziemlich unabhängig von deren scheinbarer Helligkeit. Hoppe

P. I. Nissen Jøker, Perseiderne alias St. Laurentii tårer. Urania København **15** 77—79.

R. Podstanická, The photographic Perseids, 1953. BAC **9** 242—244. — Sieben photographisch gewonnene Einzelspuren von Perseiden werden hinsichtlich der Streuung ihrer Radianten untersucht. Hoppe

E. G. Simakina, Die Höhe eines Perseids. Bull. Astr.-Geod. Ges. UdSSR Nr. 23 S. 59—60 (russ.).

H. van Woerden, De Perseiden en het International Geofysisch Jaar. Meteoor **14** 20—25.

H. van Woerden, Perseiden 1958 — een teleurstelling, geen mislukking. Meteoor **14** 33—35.

DO-CIA Nr. 20. Perséides d'août 1958. Table crépusculaire.

8299. **Phoeniciden**

A. A. Weiss, The 1956 Phoenicid meteor shower. Australian J. Phys. **11** 113—117 = Commonwealth Sci. Industrial Res. Organization, Australia, Division Radiophys. — Es wird über simultane Radio- und visuelle Beobachtungen des Phoeniciden Meteorschauers berichtet. Dabei zeigt sich, daß die Häufigkeit der Radio-Meteore geringer war als nach den visuellen Beobachtungen zu erwarten gewesen wäre. Dies kann durch die geringe ionisierende Wirkung der langsamen Meteore erklärt werden. Mehltretter

82100. **Quadrantiden**

G. S. Hawkins, R. B. Southworth, The regression of the node of the Quadrantids. Smithsonian Contr. Astrophys. **3** 1—5 = Harv Repr (2) Nr. 136. — Die aus der Zeit zwischen 1838 und 1954 vorliegenden Beobachtungen der Länge des absteigenden Knotens der Bahn der Quadrantiden wurden zusammenfassend bearbeitet. Es ergibt sich eine Rückwärtsdrehung des Knotens dieses Meteorstromes von 0°6/Jahrhundert. Hoppe

B. Kaschtschejew, D. Lukjaschko, Die Meteoraktivität zur Zeit der Quadrantiden. AC Nr. 189 S. 19—20 (russ.).

W. Mollakow, Radiobeobachtungen der Quadrantiden 1957 in Aschchabad. Nachr. Akad. Wiss. Turkmen. Sowjetrepublik 1958 Nr. 1 S. 110 (russ.). — Ref. in RJ UdSSR 1958 Nr. 10 S. 39.

Meteoor **14** 62—63. Waarneming van de Quadrantiden.

YC 1467 S. 1. Quadrantid meteors. K. Komaki.

82101. **Tauriden**

H. van Woerden, Waarneming van de Orioniden en de Tauriden. Meteoor **14** 35—38.

DO-CIA Nr. 32. Essaim météorique des Taurides.

82102. **Ursiden**

W. Stepan, Beobachtungen der Ursiden am 22. Dezember 1957. AC Nr. 189 S. 19 (russ.).

Einzelne Meteore

82103. **Beobachtungen und Mitteilungen**

AC Nr. 194 S. 28—29 (russ.). Drei helle Boliden über Kasachstan und Kirgisien. M. G. Karimow, W. S. Matjagin. — 1957 Nov. 29, Dez. 25, 1958 Jan. 3.

AC Nr. 195 S. 23—25 (russ.). Spektrum des Boliden vom 8. Oktober 1956. E. Kramer.

AC Nr. 195 S. 25 (russ.). Heller Bolid. W. K. Drofa. — 1958 Juni 21.

AC Nr. 197 S. 16—17 (russ.). Heller Bolid. M. I. Owruzkij, W. I. Pugnin.

AC Nr. 198 S. 16—17 (russ.). Bearbeitung der Photographien des Meteors vom 24./25. August 1957. E. S. Chejlo.

Astr. Herald **51** Nr. 1 S. 17 (japan.). Über den großen Boliden vom 10. November 1957. Simoyasu.

Astr. Nachr. Athen 8 24 (griech.). Beobachtung eines Meteors. T. Tsolis. — 1958 Febr. 2.

BSAF **72** 7—8, 67, 150, 256, 503. Bolides, étoiles filantes.

BSAF **72** 39. Etoile filante au voisinage de la comète Arend-Roland. — 1957 Mai 22.

BSAF **72** 87. Météore d'éclat exceptionnel: Appel aux observateurs. — 1958 Jan. 30.

BSAF **72** 366. Météorite du 8 mai 1958. G. Delnott.

BSAF **72** 380. Bolide remarquable. Y. Bonete. — 1958 Juni 4.

Bull. Astr.-Geod. Ges. UdSSR Nr. 23 S. 57—58 (russ.). Photographie des Meteors vom 6.—7. Dez. 1950. E. G. Simakina.

Ciel et Terre **74** 358. Observations de bolides.

Ciel et Terre **74** 405. Observations. — 1958 Juli 13.

Coelum **26** 22, 56, Nr. 7—8 (3. Umschlagseite), 172—173. Meteoriti. G. Albertoni, L. Bertani, Gadoleta, F. Gianni, G. de Paolis, D. Quaglia, F. Rizzoli, M. Romagnoli, G. Romano. — Beobachtungen 1957 Sept.—Dez., 1958 Juni—Aug.

Coelum **26** 88. Meteorite. D. Quaglia. — Beobachtung 1958 April 16.

DO-CIA Nr. 32, 37. Bolides. — Beob. 1958 Okt. 13, 22, 30, 31.

Nachr. Akad. Wiss. Turkmen. Sowjetrepublik 1958. Nr. 6 S. 121—122 (russ.). Beobachtung eines Boliden minus vierter Größe im Feldstecher. I. S. Astapowitsch. — Ref. in RJ UdSSR 1959 Nr. 8 S. 55.

Orion Schaffhausen **5** 391. Helles Meteor mit Leuchtkugel am 17. Januar 1958. W. Brunner-Hagger.

Orion Schaffhausen **5** 464. Helle Meteore. H. Habermayr, D. Naef.

Sterne **34** 155. Meteor-Beobachtung. R. Brandt.

VdS Nachr. **7** 4. Helle Meteore.

VdS Nachr. **7** 59. Meteor-Beobachtungen. A. Güttler.

YC 1468 S. 3—4. Great fireball in daytime. K. Komaki.

82104. **Elemente einer Feuerkugel**

Medd. Ole Rømer-Obs. Århus Nr. 26, 11 S. The meteor of 1954 October 21st. A. V. Nielsen.

§ 83

Meteorite

8301. **G. L. Agajan,** Meteorite, ihre Zusammensetzung und Herkunft. Dnepropetrowsk, Gebietsverlag, 1956. 18 S. (russ.).

8302. **P. E. Argyle,** Use of collision radar for meteorite avoidance. J. British Interplanetary Soc. **16** 585—586.

8303. **R. M. L. Baker jr.,** Ephemeral natural satellites of the earth. Science **128** 1211—1213. — Streifend einfallende Meteorite können auf Satellitenbahnen eingefangen werden. Verf. schätzt die Bedingungen dafür ab und findet, daß 0.2 % der Steinmeteorite auf diese Weise zu natürlichen Satelliten werden. Weidemann

8304. **V. E. Barnes, Z. Kopal, H. C. Urey,** Origin of tektites. Nature **181** 1457—1458. — Verf. verweisen auf eine Arbeit von O'Keefe, Varsavsky und Gold (vgl. Ref. **8340**) und führen Argumente an, die gegen einen lunaren Ursprung der Tektite sprechen. Henn

8305. **G. L. Bate, H. A. Potratz, J. R. Huizenga,** Thorium in iron meteorites: a preliminary investigation. Geochim. Cosmochim. Acta **14** 118—125. — Unter Anwendung der Methode der Neutronenaktivierung werden für Thorium in zwei Eisenmeteoriten Konzentrationen von 6×10^{-12} bis 20×10^{-12} g Th/g Meteorit gefunden. Diese Werte sind mindestens zwei Zehnerpotenzen niedriger als die früher von Dalton und Mitarbeitern (vgl. AJB **53** Ref. **8305**) bestimmten. Die starke Abweichung muß auf Unterschieden in den Meßmethoden beruhen. Verf. stellen einige Gesichtspunkte heraus, wonach den durch Neutronenaktivierung bestimmten Werten mehr Gewicht beizumessen ist. Henn

8306. **C. A. Bauer,** Interpretation of responses of a meteorite detector on a rocket. AJ **63** 302. — Ref. AAS.

8307. **H. Brown, C. R. McKinney,** The composition of chondritic meteorites. Geochim. Cosmochim. Acta **14** 152. — Ref.

8308. **J. D. Buddhue,** Meteorite dust. Mineralogist **26** 26, 28, 30. — Ref. in RJ UdSSR 1959 Nr. 4 S. 68.

8309. **S. Deutsch, E. Picciotto, S. Wilgain,** Etude de la radioactivité de météorites métalliques. Geochim. Cosmochim. Acta **14** 154. — Ref.

8310. **S. Deutsch, E. Picciotto, F. G. Houtermans,** Alpha radioactivity of iron meteorites. II. Geochim. Cosmochim. Acta **14** 173—174.

8311. **J. van Diggelen,** Een nieuwe theorie over micrometeorieten. Meteoor **14** 2—3.

8312. **M. I. Djakonowa,** Der Nickelgehalt einiger Eisenmeteorite in der Sammlung der Akademie der Wissenschaften der UdSSR. Meteoritika Nr. 16 S. 179—180 (russ.).

8313. **P. L. Drawert,** Über photoelektrische Phänomene beim Niederfallen von Meteoriten und kosmischem Staub. Nachr. Omsker Abt. Geograph. Ges. UdSSR 1957 Nr. 2 (9) S. 65—68 (russ.). — Ref. in RJ UdSSR 1959 Nr. 4 S. 68.

8314. **J. Duchesne, J. Depireux,** Ferromagnetism of meteorites. Nature **182** 931. — Verf. teilen einige vorläufige Ergebnisse über das magnetische Verhalten von drei Steinmeteoriten mit. Henn

8315. **G. A. Eiby,** Origin of tektites. Nature **182** 1298. — Bezugnehmend auf die verschiedenen Hypothesen über den Ursprung der Tektite (O'Keefe, Varsavsky, Gold — Ref. **8340**; Barnes, Kopal, Urey — Ref. **8304**) weist Verf. auf einen 1926 von Hardcastle gemachten Vorschlag hin. Danach sollen die Tektite aus den Steinmeteoriten auf ihrem Weg durch die Atmosphäre durch Abwaschen entstanden sein. Henn

8316. **E. L. Fireman,** Distribution of helium-3 in the Carbo meteorite. Nature **181** 1725. — Die Verteilung des He^3 in einer Probe des Meteoriten wird durch Neutronenaktivierung gemessen. Die gewonnenen Ergebnisse werden diskutiert und zu Aussagen über die ursprüngliche Form des Meteoriten und die Energie der zur Bildung des He^3 erforderlichen kosmischen Strahlung herangezogen. Henn

8317. **K. Fredriksson,** A note on investigations of cosmic spherules and other small meteoritic particles. Univ. Gothenburg Astr. Notes Nr. 1 S. 21—26. — Ausgehend von den im Tiefseeschlamm vorhandenen kugelförmigen meteoritischen Partikeln wird auf die Schwierigkeiten und Möglichkeiten des Auffindens extraterrestrischer Staubteilchen eingegangen. Hoppe

8318. **I. Friedman, T. P. Kohman, W. A. Cassidy,** Tektites. Science **127** 91—94.

8319. **J. Geiss, D. C. Hess,** Argon-potassium ages and the isotopic composition of argon from meteorites. ApJ **127** 224—236. — Der Kalium- und Argon-Gehalt von 13 Meteoriten wird bestimmt und aus der Isotopenhäufigkeit das Alter berechnet. Die sieben untersuchten Chondrite führen auf ein Alter von 4.0×10^9 bis 4.4×10^9 Jahren, während das der Achondrite zwischen 0.7×10^9 und 4.4×10^9 Jahren liegt. K. H. Schmidt

8320. **F. Heide,** Kleine Meteoritenkunde. Vgl. AJB **57** Ref. **8318**. — Weitere Besprechung in Geochim. Cosmochim. Acta **14** 180 (F. A. Paneth), La Nature **86** 158, Meteoritika Nr. 17 S. 140—142 (E. L. Krinow, russ.), Sterne **35** 45 (C. Hoffmeister), Sternenbote **2** 136.

8321. **P. W. Hodge, J. S. Rinehart,** High-altitude collection of extraterrestrial particulate matter. AJ **63** 306. — Ref. AAS.

8322. **P. W. Hodge, R. Wildt,** A search for airborne particles of meteoritic origin. Geochim. Cosmochim. Acta **14** 126—133. — Von 1955 Juli — 1956 Juli wurden an mehreren Stationen täglich Sammlungen des atmosphärischen Staubes durchgeführt mit dem Ziel, die gewonnenen Partikel zu identifizieren und deren möglichen extraterrestrischen Ursprung zu klären. Die Partikel sind undurchsichtige Kügelchen mit Durchmessern kleiner als 15 μ. Nimmt man für die Partikel die Dichte von Magnetit (4 g/cm^3) an, so kann die jährliche Rate des auf die Erde einfallenden kosmischen Staubes zu 5×10^8 kg abgeschätzt werden. Henn

8323. **J. Hoppe,** Zur Frage der Staubmeteoriten. Mitt. AG 1957/I S. 35 (Ref. AG); Wiss. Z. Friedrich-Schiller-Univ. Jena Math.-naturwiss. Reihe **7** 109—112 = Mitt. Univ.-Sternw. Jena Nr. 36. — Es wird gezeigt, daß die Berechnung atmosphärischer Leuchtbahnen von staubartigen oder leicht zerbröckelnden Meteoriten mit Hilfe der bisherigen Berechnungsgrundlagen möglich ist und daß der Schluß auf die Staubnatur der gewöhnlichen Sternschnuppenkörper beim gegenwärtigen Stand der physikalischen Meteortheorie nicht notwendig ist.
K. H. Schmidt

8324. **C. de Jager,** Enkele problemen over meteorieten. Meteoor **14** 42—44.

8325. **A. A. Jawnel, I. B. Borowskij, N. P. Iljin, I. D. Martschukowa,** Untersuchung der Phasenzusammensetzung des meteoritischen Eisens nach der Methode der lokalen Röntgen-Spektralanalyse. DAN **123** 256—258 (russ.).

8326. **A. A. Jawnel,** Die Klassifikation der Meteorite nach ihrer stofflichen Zusammensetzung. Meteoritika Nr. 15 S. 115—135 (russ.). — Die chemische Zusammensetzung wird als das Hauptkriterium für eine Meteoritenklassifikation empfohlen. Das Klassifikationsschema von Prior wird angenommen und erweitert. Die drei Hauptklassen werden nach dem Eisengehalt in sechs Unterklassen geteilt. Nach dem FeO-Gehalt in Silikaten oder nach dem Nickelgehalt in Eisen werden alle Meteorite wieder in fünf Gruppen geteilt, die wahrscheinlich einen engen Zusammenhang mit dem Ursprung der Meteorite besitzen.
Plavec

8327. **A. A. Jawnel, M. I. Djakonowa,** Die chemische Zusammensetzung der Meteorite. Meteoritika Nr. 15 S. 136—151 (russ.). — Die charakteristische

Zusammensetzung von Meteoriten einzelner Unterklassen (vgl. Ref. 8326) wird untersucht. Eine Tafel über das Auftreten chemischer Elemente in den Meteoriten mit kritischen Bemerkungen wird gegeben. Plavec

8328. **A. A. Jawnel, M. I. Djakonowa,** Bestimmung der verschiedenen Formen des Eisens in Steinmeteoriten. Meteoritika Nr. 15 S. 152—155 (russ.).

8329. **I. A. Judin,** Die Meteorite des Urals. Swerdlowsk, Buchverlag, 1958. 34 S. mit Fig. Preis 50 Kop. (russ.).

8330. **T. P. Kohman,** Are tektites extra-solar-system meteorites? Nature **182** 252—253. — Verf. erörtert die Möglichkeit einer Entstehung der Tektite außerhalb des Sonnensystems und zieht einige Folgerungen aus einer solchen Annahme. Henn

8331. **E. L. Krinow,** Meteorite. Moskau, Physikalisch-Mathematischer Staatsverlag, 1958. 106 S. mit Fig. Preis 1 R. 65 Kop. (russ.). — Besprechung in Priroda **47** Nr. 11 S. 121.

8332. **E. L. Krinow,** Meteorytyka i jej podstawowe zagadnienia. Urania Kraków **29** 161—168. — Aufsatz über die verschiedenen Aufgaben der Meteoritik; auf einige wesentliche Probleme wird besonders hingewiesen. Rybka

8333. **L. G. Kwascha,** Über den thermalen Metamorphismus einiger Typen von Steinmeteoriten. Meteoritika Nr. 16 S. 156—174 (russ.).

8334. **J.-P. Legrand, R. Meunier, M. Bonpas,** Etude de la composition des poussières météoritiques recueillies dans la région parisienne par activation aux neutrons thermiques. Comparaison avec une sidérite. BSAF **72** 75—79. — Zur Klärung des irdischen oder außerirdischen Ursprungs von meteoritischem Staub wurde eine Probe solchen Staubes, ein Fragment eines natürlichen Sideriten und eine Ni-Scheibe durch Bestrahlung mit thermischen Neutronen künstlich radioaktiv gemacht. Das Abklingen dieser Aktivität wurde gemessen. Die Analyse der Ergebnisse läßt den Schluß zu, daß im Staub Ni vorhanden ist, was für die außerirdische Herkunft mindestens eines Teils der Staubprobe spricht. Kdr.

8335. **S. J. Lin, A. Weigert,** Zur Bestimmung der Bahnelemente von kometarischen Meteoriten. Wiss. Z. Friedrich-Schiller-Univ. Jena Math.-naturwiss. Reihe **7** 379—382 = Mitt. Univ.-Sternw. Jena Nr. 38. — Unter Modifikation eines von Lindblad zur Untersuchung der Spiralstruktur angewandten Verfahrens zeigen Verf. einen Weg zur Bestimmung der Bahnelemente von kometarischen Meteoriten. Hoppe

8336. **J. F. Lovering,** A typical parent meteorite body. Reply to comment by H. C. Urey. Geochim. Cosmochim. Acta **14** 174—177. — Entgegnung des Verf. auf eine Kritik seiner Arbeiten (vgl. AJB **57** Ref. 8335 und 8336) durch H. C. Urey.

8337. **R. R. Marshall, D. C. Hess,** Lead from some stone meteorites. J. chem. Phys. **28** 1258—1259. — Ref. in Phys. Abstracts (A) **62** 1, Phys. Ber. **38** 2226, RJ UdSSR 1959 Nr. 5 S. 64.

8338. **W. I. Michejew, A. I. Kalinin,** Anwendung der röntgenometrischen Methode zur Untersuchung der stofflichen Zusammensetzung der Meteorite. Meteoritika Nr. 15 S. 156—179 (russ.).

8339. **W. Nichiporuk,** Variations in the content of nickel, gallium, germanium, cobalt, copper and chromium in the kamacite and taenite phases of iron meteorites. Geochim. Cosmochim. Acta **13** 233—247.

8340. **J. A. O'Keefe, C. M. Varsavsky, T. Gold,** Origin of tektites. Nature **181** 172—174 = Harv Repr Nr. 480. — Die Autoren vertreten auf Grund verschiedener Argumente einen lunaren Ursprung der Tektite. Kdr.

8341. **E. J. Öpik,** Meteor impact on solid surface. Irish AJ **5** 14—33 = Contr. Armagh Obs. Nr. 24. — Ref. in Sky and Telescope **18** 187—189. — Verf. betrachtet die Vorgänge beim Eindringen eines großen Meteoriten in den Erdboden. Eine Beziehung zwischen der Tiefe und dem Rauminhalt des ausgeworfenen Kraters zur Masse und Geschwindigkeit des eindringenden Meteoriten wird gewonnen. Die Größe der nicht verdampften Bruchstücke ist ein empfindliches Kriterium für die Abschätzung der Auftreffgeschwindigkeit. Für den Meteoriten des Canyon Diablo erhält man hiernach $v = 15$ km/sec und $M = 2.6 \times 10^6\ t$. Hoppe

* * **E. J. Öpik,** On the catastrophic effects of collisions with celestial bodies. Vgl. Ref. 7516.

8342. **H. Pettersson,** Rate of accretion of cosmic dust on the earth. Nature **181** 330. — Ref. in Phys. Abstracts (A) **61** 345.

8343. **G. W. Reed, H. Hamaguchi, A. Turkevich,** The uranium contents of iron meteorites. Geochim. Cosmochim. Acta **13** 248—255. — Reed und Turkevich haben 1955 nach der Methode der Neutronenaktivierung den Urangehalt von zwei Meteoriten bestimmt. Da die von anderen Autoren gefundenen Werte beträchtlich höher lagen, haben Verf. weitere Bestimmungen durchgeführt. Sie berichten in vorliegender Arbeit über die Ergebnisse ihrer Untersuchung an sieben Meteoriten nach der gleichen, inzwischen verbesserten Methode. Sie finden, daß der Urangehalt veränderlich, aber jedenfalls kleiner als 3×10^{-10} g/g ist. Henn

8344. **O. M. Rimskaja-Korsakowa,** Die Meteorite der Sammlung der geologischen Fakultät der Leningrader Shdanow-Staatsuniversität des Lenin-Ordens. Meteoritika Nr. 15 S. 190—194 (russ.).

8345. **J. S. Rinehart,** Meteorites, satellites, and ceramics. American Ceramic Soc. Bull. **37** 461—467 = Harv Repr (2) Nr. 141.

8346. **O. A. Schaeffer, J. Zähringer,** Helium- und Argon-Erzeugung in Eisentargets durch energiereiche Protonen. Z. Naturforschung **13a** 346—347. — Verf. geben einen vorläufigen Bericht über experimentelle Untersuchungen und Ergebnisse zur Bestimmung der He- und A-Erzeugungsquerschnitte, die durch schnell bewegte Protonen im Energiebereich von 0.16 bis 3 GeV gewonnen wurden. Die Ergebnisse stehen mit dem bekannten He^3/A^{38}-Verhältnis in Eisenmeteoriten in Einklang. Hoppe

8347. **N. N. Schtschetinina,** Das Eindringen eines Meteoriten in ein dichtes Medium. Bull. Kommission Kometen Meteore UdSSR 1958 Nr. 2 S. 24—33 (russ.). — Es werden mathematisch die Prozesse verfolgt, die durch Eindringen eines Meteoriten in die Atmosphäre hervorgerufen werden, insbesondere wird die Entstehung und Ausbreitung der Stoßwelle behandelt. Plavec

8348. **R. Šimon,** Meteoritics in the USSR. RH **39** 60—62 (tschech.).

8349. **S. F. Singer,** Cosmic-ray evidence on the origin of meteorites. Nuovo Cimento (10) **8** 539—548. — Ref. in Phys. Abstracts (A) **61** 524, Phys. Ber. **37** 2305—2306.

8350. **L. J. Spencer,** Origin of chondrules in meteoritic stones. Nature **181** 680—681.

8351. **I. E. Starik, M. M. Schaz, E. W. Sobotowitsch,** Über das Alter der Meteorite. DAN **123** 424—426 (russ.). — Von den Meteoriten Nuovo Laredo, Forest City, Modok, Saratow, Kunaschak, Jelenowka und Norton County bestimmten Verf. das Alter aus den Verhältnissen Pb^{206}/U^{238}, Pb^{207}/U^{235} und Pb^{207}/Pb^{206}. Die Ergebnisse gruppieren sich eng um 4 bis 5×10^9 Jahre. Loh.

8352. **R. W. Stoenner, J. Zähringer,** Potassium-argon age of iron meteorites. Geochim. Cosmochim. Acta **15** 40—50. — Für sieben Proben von fünf Eisenmeteoriten wird der Gehalt an K^{41} und A^{40} bestimmt. Dabei zeigt sich, daß der A^{40}-Gehalt hauptsächlich radiogenen Ursprungs ist. Unter den für die Anwendung der Methode üblichen Voraussetzungen errechnet sich das Alter der Meteorite zu etwa 10×10^9 Jahren. Dieser Wert ist um einen Faktor 2 größer als das bisher bekannte Alter der Steinmeteorite und höher als das angenommene Alter des Universums. Henn

8353. **G. R. Tilton,** Isotopic composition of lead from tektites. Geochim. Cosmochim. Acta **14** 323—330.

8354. **K. Tuček,** Catalogue of the collection of meteorites of the National Museum in Prague. Sbor. Národn. Musea Praze (B) **14** 29—128. — Ref. in RJ UdSSR 1959 Nr. 7 S. 74.

8355. **H. C. Urey, A. Mele, T. Mayeda,** Diamonds in stone meteorites. Geochim. Cosmochim. Acta **13** 1—4.

8356. **H. C. Urey,** Comments on two papers by John F. Lovering concerning a typical parent meteorite body. Geochim. Cosmochim. Acta **13** 335—338. — Kritische Bemerkungen zu zwei Arbeiten von J. F. Lovering (AJB **57** Ref. **8335** und **8336**). Henn

8357. **H. C. Urey,** Origin of tektites. Nature **182** 1078. — Verf. entgegnet auf eine Arbeit von Kohman (vgl. Ref. **8330**) und weist erneut auf die von ihm vorgeschlagene Hypothese hin. Danach sollen die Tektite beim Zusammenstoß zwischen der Erde und dem Kopf von Kometen entstanden sein. Henn

8358. **A. P. Vinogradov,** The isotopic composition of rocks of the earth and of meteorites. Geochim. Cosmochim. Acta **15** 80—90. — Inhalt eines Vortrages, den Verf. anläßlich der internationalen Konferenz über Radio-Isotope (Paris, 9.—20. Sept. 1957) gehalten hat. Henn

8359. **H. Wänke, H. Hintenberger,** Helium und Neon als Reaktionsprodukte der kosmischen Strahlung in Eisenmeteoriten. Phys. Verhandlungen **9** 218. — Ref.

8360. **H. Wänke,** Höhenstrahlung und Meteorite. Phys. Verhandlungen **9** 253. — Ref.

8361. **H. Wänke,** $Scandium^{45}$ als Reaktionsprodukt der Höhenstrahlung in Eisenmeteoriten. I. Z. Naturforschung **13a** 645—649. — Mit Hilfe einer Neutronenaktivierungsanalyse wurde der Scandium-Gehalt dreier Eisenmeteorite gemessen. Die gefundenen Scandium-Mengen lagen bei etwa 10^{-9} g Sc/g und erwiesen sich den durch die Höhenstrahlung entstandenen Helium 3-, Helium 4- und Neon-Mengen proportional, wodurch mit ziemlicher Sicherheit der Schluß gezogen werden kann, daß diese Scandium-Mengen zumindestens zum überwiegenden Teil durch die Einwirkung der Höhenstrahlung auf die Atomkerne der Meteorite entstanden sind. Die absoluten Konzentrationen des Scandiums werden mit anderen bisher in Meteoriten gemessenen Reaktionsprodukten der Höhenstrahlung verglichen. Unter Verwendung der gleichen Technik wurde auch der Scandium-Gehalt eines Steinmeteoriten (Pultusk) gemessen. Der gefundene Wert von 5×10^{-6} g Sc/g fügt sich gut in andere von Steinmeteoriten gemachte Messungen ein. Verf.

8362. **H. Wänke, H. Hintenberger,** Helium und Neon als Reaktionsprodukte der Höhenstrahlung in Eisenmeteoriten. Z. Naturforschung **13a** 895—897. — Von den durch Einwirkung der Höhenstrahlung in Eisenmeteoriten als Reaktionsprodukte vorhandenen He- und Ne-Atomen wurden die Isotope des Neon untersucht. Ihr Verhältnis ergibt sich aus Proben von fünf Meteoriten zu $^{20}Ne : ^{21}Ne : ^{22}Ne = 32.4 : 31.7 : 34.3$, wogegen das gleiche Verhältnis des atmosphärischen Neon 90.5 : 0.3 : 9.1 beträgt. Hoppe

8363. **S. A. el Wardani,** On the geochemistry of germanium. Geochim. Cosmochim. Acta **13** 5—19. — Verf. untersucht die kosmische Häufigkeit von Germanium. Nach Hinweis auf frühere Bestimmungen seiner Häufigkeit in Meteoriten werden die Ergebnisse für sieben Eisenmeteorite und acht Chondrite vorgelegt. Dabei ergeben sich für den Germaniumgehalt in Eisenmeteoriten Werte zwischen 1 und 520 p. p. m., während er in Chondriten nur geringe Unterschiede (zwischen 6 und 12 p. p. m.) aufweist. Ein Vergleich mit dem gleichzeitig bestimmten Nickelgehalt scheint eine inverse Beziehung zwischen beiden anzudeuten. Eine Entscheidung darüber sowie eine Heranziehung des Germaniumgehaltes zu Untersuchungen über Entstehung und Struktur der Meteorite erfordert zunächst weitere experimentelle Arbeiten. Henn

8364. **R. K. Webster, J. W. Morgan, A. A. Smales,** Caesium in chondrites. Geochim. Cosmochim. Acta **15** 150—152. — Da die bisher veröffentlichten Werte für den Caesiumgehalt von Steinmeteoriten sehr stark schwanken, führen Verf. erneute Bestimmungen durch. Für 12 Chondrite werden die Ergebnisse in einer Tabelle zusammengestellt. Die gefundenen Werte liegen zwischen 0.01 und 0.3 p.p.m. Als Mittelwert wird ein Gehalt von 0.14 p.p.m. errechnet, der wesentlich unter dem von Suess und Urey angegebenen von 0.4 p.p.m. für die kosmische Häufigkeit des Caesiums liegt. Henn

8365. **R. S. Young,** The geochemistry of cobalt. Geochim. Cosmochim. Acta **13** 28—41. — Vorliegende Untersuchung enthält einen Hinweis auf bisherige Bestimmungen des Kobaltgehaltes in Meteoriten. Für diesen werden Werte zwischen 0.005 und 1.6% angegeben. Henn

8366. Ce que la Terre reçoit comme poussières cosmiques. La Nature **86** 193.

* * Een gouden jubileum. Vgl. Ref. **1375.**

8367. High-altitude meteoritic dust. Sky and Telescope **18** 20.

Einzelne Meteorite

8368. **I. S. Astapowitsch,** Untersuchung der Bewegungsbedingungen des Steinmeteoriten Staroje Pesjanoje. Meteoritika Nr. 15 S. 3—30 (russ.). — Der Meteorit fiel am 2. Oktober 1933 kurz nach 1 Uhr WZ. Er wurde als helle Feuerkugel mit Staubschweif von vielen Augenzeugen beobachtet, aus deren Beobachtungen Verf. Anfangs- und Endhöhe, Lage des Radianten und atmosphärische Geschwindigkeit bestimmt. Die sehr große Endhöhe von 42.8 km hängt mit der lockeren Struktur des Meteoriten zusammen, die durch den Zerfall in Erscheinung trat. Starke Schallerscheinungen wurden berichtet. Plavec

8369. **I. S. Astapowitsch,** Die Fallbedingungen des Steinmeteoritenregens Perwomajskij Posjolok. Meteoritika Nr. 15 S. 31—50 (russ.). — Der Meteorit fiel am 26. Dezember 1933 um $14^h 42^m$ WZ als helle Feuerkugel. Verf. bestimmt die Elemente der atmosphärischen Bahn und die Radiantenlage. Die beobachtete Bahngeschwindigkeit war sehr nahe an der parabolischen Grenze. Auf einer Fläche von 3×2 km wurden insgesamt 99 Stücke gesammelt. Einige Fragmente erloschen erst 2—2.5 km über dem Boden. Starke Schallerscheinungen wurden berichtet. Plavec

8370. **C. W. Beck, R. G. Stevenson jr.,** The Yonōzu, Japan stony meteorite (ECN = *1394*, 380). American J. Sci. **249** 815—821, 1951.

8371. **C. W. Beck, L. LaPaz,** The Nortonite fall and its mineralogy. American Mineralogist **36** 45—59, 1951.

8372. **E. L. Fireman,** Argon-39 in the Sikhote-Alin meteorite fall. Nature **181** 1613—1614. — Im Carbo Meteoriten konnte Ar^{39} nicht nachgewiesen werden, dagegen gelang seine Bestimmung im Sichoté-Alin Meteoriten. Ar^{39} kann zur Schätzung der Intensität der kosmischen Strahlung, der der Meteorit ausgesetzt war, benutzt werden. Sein Fehlen im Carbo Meteoriten deutet darauf hin, daß dessen Fall vor mehr als 1.5×10^3 Jahren stattgefunden hat. Das Isotopenverhältnis Ar^{38}/Ar^{39} läßt sich zur Altersabschätzung des Meteoriten verwenden. Es wird zu $\sim 10^9$ Jahren abgeschätzt. Henn

8373. **J. Geiss, H. Oeschger, P. Signer,** He^3-H^3-Messungen an einem Steinmeteoriten. Helvetica Phys. Acta **31** 322—323. — Mit den in Helvetica Phys. Acta **28** 464, 1955 beschriebenen Methoden haben Verf. den Gehalt an Helium-3 und Tritium in dem Chondriten Monte das Fortes, der 1950 gefallen ist, gemessen. Zum Vergleich sind die Ergebnisse von Begemann, Geiss und Hess am Achondriten Norton County angegeben. Es zeigt sich, daß die Tritiumwerte in beiden Steinmeteoriten etwa gleich sind, während der He^3-Gehalt im Chondriten um einen Faktor 4 kleiner ist. Dadurch ergibt sich ein Unterschied im Strahlungsalter um diesen Faktor. Das geringe Strahlungsalter des Chondriten gibt eine Aussage über den Zeitpunkt, zu dem dieser seine präatmosphärische Größe durch Herauslösen aus einem größeren Objekt erhielt. Henn

8374. **J. Geiss, B. Hirt, P. Signer,** Isotopenanalyse des Osmiums aus dem Meteoriten Henbury. Helvetica Phys. Acta **31** 324—325. — Verf. wenden den Re^{187}/Os^{187}-Zerfall auf Meteoritenuntersuchungen an. Die Messungen wurden mit dem Eisenmeteoriten Henbury begonnen, der nach den Ergebnissen von E. Goldberg und H. Brown (Phys. Rev. (2) **76** 1261, 1949) einen besonders hohen Rheniumgehalt hat. Nach den bisherigen Ergebnissen betrachten Verf. den Unterschied zwischen dem Osmiumgehalt des Henbury-Meteoriten und dem gewöhnlichen irdischen Osmium als gesichert. Dies zeigt, daß ein erheblicher Teil des kosmisch existierenden Os^{187} radiogener Herkunft ist. Henn

8375. **W. Gentner, H. Fechtig, G. Kistner,** Edelgase und ihre Isotopenverschiebung im Eisenmeteorit Treysa. Z. Naturforschung **13a** 569—570. — Summarischer Bericht über eine Untersuchung zur Frage der Isotopenverteilung der Edelgase He, Ne und A im Eisenmeteorit von Treysa in Abhängigkeit von der Tiefe als Indikator für die Einwirkung der kosmischen Strahlung. Methoden und vorläufige Ergebnisse der Bestimmung des Isotopenverhältnisses werden mitgeteilt. Hinsichtlich der endgültigen Schlüsse auf das extraterrestrische Energiespektrum der kosmischen Strahlung verweisen die Autoren auf die geplante Veröffentlichung in Geochimica et Cosmochimica Acta. Hoppe

8376. **E. K. Gerling, L. K. Lewskij,** Produkte der kosmischen Strahlung im Sichoté-Aliner Meteoriten. DAN **123** 420—423 (russ.). — Mit dieser Arbeit setzen Verf. frühere Untersuchungen fort (vgl. AJB **56** Ref. 8314). Von Proben des Sichoté-Aliner Meteoriten — in erster Linie der Nr. 2093 des Meteoriten — wird der relative Gehalt an Isotopen der leichten Edelgase He, Ne und A untersucht, ferner der Anteil kosmogener Produkte und deren Abhängigkeit von der Tiefe. An der Richtigkeit des von Paneth und Mitarbeitern (vgl. AJB **53** Ref. 8322) gefundenen Ergebnisses über den Tiefeneffekt an einigen Meteoriten werden Zweifel gehegt. Loh.

8377. **F. Heide,** Der Meteoreisenregen von Sichoté Alin. Tschermaks mineral. petrogr. Mitt. **6** 447—450. — Ref. in RJ UdSSR 1959 Nr. 4 S. 69.

8378. **J. H. Hoffman, A. O. Nier,** Production of Helium in iron meteorites by the action of cosmic rays. Phys. Rev. (2) **112** 2112—2117. — Ref. in Phys. Rev. Letters **1** 484. — Das Ziel vorliegender Arbeit war die Durchführung einer systematischen Untersuchung der Verteilung von He^3 und He^4 im Grant-Eisenmeteoriten. Die Heliumverteilung wird in einem Segment gemessen und graphisch dargestellt. Im Zentrum findet man ein Minimum des Heliumgehaltes und des Isotopenverhältnisses He^3/He^4. Das Isotopenverhältnis variiert von 0.26 im Zentrum bis 0.30 an der Oberfläche. Aus dem Isotopenverhältnis kann auch auf das Alter des Meteoriten geschlossen werden. Als vorläufiges Ergebnis errechnen Verf. ein Alter von 0.6×10^9 Jahren. Henn

8379. **A. A. Jawnel, S. S. Fonton,** Über die mechanische Haltbarkeit des Sichoté-Aliner Meteoriten. Meteoritika Nr. 16 S. 175—178 (russ.).

8380. **L. G. Kwascha,** Petrographische Untersuchung des Steinmeteoriten Nikolskoje. Meteoritika Nr. 15 S. 97—114 (russ.).

8381. **E. Michal,** Meteoritenfall vom 22. Mai 1808 bei Stonařov (Tschechoslowakei). Vesmír **37** 314 (tschech.).

8382. **F. A. Paneth,** Meteoritenfall in Deutschland. Phys. Blätter **14** 39—40.

8383. **E. Preuss,** Der Meteorit von Breitscheid. Sterne **34** 238—240. — Bericht über den am Nachmittag des 11. August 1956 anscheinend ohne Detonation niedergegangenen Chondriten. Der Stein drang ca. 40 cm tief durch Rasen und weiches Erdreich ein, stieß dann auf Basalt und zerbrach in vier Teile. Masse $\approx 10^3$ g, $\varrho = 3.4$ g/cm. Hoppe

8384. **V. Rossetti, R. Sitzia,** Meteorite di Sinnai (Cagliari). Period. mineral. **27** 179—206. — Ref. in RJ UdSSR 1959 Nr. 7 S. 74.

8385. **I. T. Sotkin, E. L. Krinow,** Untersuchung der Fallbedingungen des Steinmeteoritenregens Kunaschak. Meteoritika Nr. 15 S. 51—81 (russ.). — Der Meteorit fiel am 11. Juni 1949 um 3^h14^m WZ. Die Feuerkugel wurde auf einer Strecke von 700 km beobachtet. Verf. bestimmen die Endhöhe, den Radianten, physikalische Eigenschaften und atmosphärische Bahngeschwindigkeit. Da die heliozentrische Bahngeschwindigkeit schwach hyperbolisch herauskommt, wird eine parabolische Bahn berechnet. Insgesamt wurde mehr als 200 kg Meteoritenmaterial gesammelt. Fallort: – 0614.558. Plavec

8386. **I. T. Sotkin, E. L. Krinow,** Untersuchung der Fallbedingungen des Steinmeteoriten Nikolskoje. Meteoritika Nr. 15 S. 82—96 (russ.). — Der Meteorit fiel am 6. März 1954 um 15^h22^m WZ. Fallort: –0373.561. Die Feuerkugel war nicht sehr auffällig, hatte kurzen Schweif, schwache Schallerscheinungen und war am Ende ohne Lichtausbruch. Die heliozentrische Bahn ist eine Ellipse mit $P = 7.4$ Jahren. Auf einem Gebiet von 1 km Durchmesser wurden neun Stücke gefunden, die den Charakter eines Chondriten besitzen. Plavec

8387. Sulla meteorite caduta in Narni nel X sec. dell'E. V. Coelum **26** 17—18.

8388. Il meteorite di Narni (Terni). Coelum **26** 88.

8389. De meteorietenval van Sichote-Alin. Meteoor **14** 59—62.

Meteoritenkrater

8390. **C. S. Beals,** Canadian meteorite craters. J RAS Canada **52** 18—19. — Nach der Auffindung des Chubb-Kraters liegen drei neue Meldungen über wahrscheinliche Meteorkrater vor: Deep Bay mit einem Durchmesser von 13 km, Brent mit rund 3 km und Holleford mit etwa 2.4 km. Das Alter der durch Gesteinsbohrungen aufgefundenen beiden kleineren Krater beträgt mindestens 5×10^8 Jahre, würde also dafür sprechen, daß auch in früheren Epochen der Erdgeschichte Meteorite den interplanetaren Raum durchzogen. Hoppe

8391. **C. S. Beals,** A survey of terrestrial craters. Nature **181** 559. — Verf. weist darauf hin, daß in den letzten sieben Jahren mehrere Krater — sieben werden genannt mit Angabe des Durchmessers und teilweise des Alters — entdeckt worden sind, die meisten von ihnen auf Photographien vom Flugzeug aus. Es wird vorgeschlagen, solche Aufnahmen systematisch über mehrere Länder auszudehnen; das Ziel ist, die Verwandtschaft der Erdkrater mit den Mondkratern zu klären. Böh.

8392. **D. Eksinger,** Meteoritski krateri na Zemlji. Vasiona **5** 78—80, 1957. — Kurze Beschreibung der auf der Erde aufgefundenen Meteoritenkrater. Eksinger

8393. **W. G. Fessenkow,** Einige Gedanken über die Energie der Kraterbildungen und die Fallgeschwindigkeit des Meteoriten von Sichoté-Alin. Meteoritika Nr. 16 S. 147—155 (russ.).

8394. **J. Hargreaves,** The Ungava meteorite crater. JBAA **68** 33—34.

8395. **M. Kornhauser,** Prediction of cratering caused by meteoroid impacts. J. Astronautical Sci. **5** 58—63. — Unter Verwendung der bei Experimenten mit Höchstgeschwindigkeiten gewonnenen Erfahrungen wird eine Deutung, wobei Explosion bzw. Meteoritenaufsturz für die Erzeugung der «Krater» herangezogen wird, versucht. Es gelingt Beziehungen zwischen dem Tiefenverhältnis der entstehenden «Krater», den Materialeigenschaften und der Bewegungsenergie des auftreffenden Körpers abzuleiten. Hoppe

8396. **J. S. Rinehart,** On the nature of the meteoritic debris at the Arizona meteorite crater. AJ **63** 310. — Ref. in AAS.

8397. **J. S. Rinehart,** Distribution of meteoritic debris about the Arizona meteorite crater. Smithsonian Contr. Astrophys. **2** 145—160 = Harv Repr (2) Nr. 115. — Ref. in BSAF **73** 33. — Bericht über eine Untersuchung der weiteren Umgebung (200 km^2) des Arizona-Kraters nach verstreutem meteoritischem Material. Die nach verschiedenen Methoden aus den etwa 700 Bodenproben separierten meteoritischen Partikel wurden nach Größe und Menge ermittelt. Die Tiefenverteilung war normalerweise so, daß die Menge mit zunehmendem Abstand von der Oberfläche rasch abnahm. Im Durchschnitt enthielten die Proben weniger als 1 Gewichtsprozent Meteoritensubstanz (Fe). Eine Abschätzung des Gesamtmaterials, das in Form solcher Teilchen rings um den Krater verstreut ist, ergab 12000 t. Hoppe

8398. **B. Szczepkowski,** O pewnych formach morfologicznych podejrzanych o pochodzenie meteorytowe. Urania Kraków **29** 22—23. — Beschreibung von drei Vertiefungen in Kanada, die wahrscheinlich meteoritischen Ursprungs sind. Rybka

8399. Meteor craters. Irish AJ **5** 112—113.

83100. A meteor crater in Socotra. JBAA **68** 195.

83101. Arizona meteorite crater. Nature **181** 1777.

§ 84

Zodiakallicht, Gegenschein

8401. **I. S. Astapowitsch,** Die elfjährige Veränderlichkeit von Helligkeit, Form und Ausdehnung des Gegenscheins. AC Nr. 190 S. 25—26 (russ.). — Die Beobachtungen des Gegenscheins zwischen 1942 und 1957 erwecken den Eindruck, als ob dieser im Lauf des Sonnenzyklus Änderungen unterworfen ist wie etwa die Korona. Weiterhin werden Helligkeitszunahmen festgestellt, die denen von Kometen zur Zeit maximaler Fleckentätigkeit analog sind. Loh.

8402. **A. M. Bacharew,** Die Lage der Achse der Morgen- und Abendkomponente des Zodiakallichts aus Beobachtungen von 23-jähriger Dauer. Bull. Astr.-Geod. Ges. UdSSR Nr. 23 S. 61—65 (russ.).

8403. **H. Elsässer,** Neue Helligkeits- und Polarisationsmessungen am Zodiakallicht und ihre Interpretation. Sterne **34** 166—169 = Mitt. Astr. Inst. Univ. Tübingen Nr. 38. — Die Messungen der Gesamthelligkeit und des Polarisationsgrades längs der Ekliptik wurden auf der Boyden Station bei Bloemfontein im Jahre 1956 ausgeführt. Die Ergebnisse werden diskutiert im Hinblick auf das Modell der Dichteverteilung mit Rücksicht darauf, daß Polarisation sowohl durch Thomsonstreuung des Sonnenlichts an freien Elektronen als auch durch Staubteilchen verursacht werden kann. Hoffmeister

8404. **W. G. Fessenkow,** On the reduction of observations of zodiacal light. AJ UdSSR **35** 323—326 (russ. mit engl. Ref.). — Engl. Übersetzung in Soviet Astr. AJ **2** 299—302. — Für den Fall einer senkrecht zum Horizont stehenden Ekliptik wird gezeigt, wie bei der Reduktion von Zodiakallichtbeobachtungen außer der atmosphärischen Extinktion auch die unterschiedliche Beleuchtung der Troposphäre durch das Zodiakallicht selbst berücksichtigt werden muß. Bei 75° Zenitdistanz tritt hierdurch eine zusätzliche Aufhellung von 6% in Richtung der Zodiakallichtachse und von 30% in 40° Azimutdifferenz dazu ein. Die Isophoten erscheinen durch diesen erdatmosphärischen Effekt merklich verbreitert. Petri

8405. **W. G. Fessenkow,** Zodiacal light as the product of disintegration of asteroids. AJ UdSSR **35** 327—334 (russ. mit engl. Ref.). — Engl. Übersetzung in Soviet Astr. AJ **2** 303—309. — Zunächst wird für die Zodiakallichtmaterie ein unterer Grenzwert der Dichte von 1.5×10^{-24} g cm^{-3} abgeleitet. Sodann werden — unter Benutzung von Polarisationsmessungen auf einer Expedition in die südägyptische Wüste im Herbst 1957 — theoretische Isophoten konstruiert, die gut mit der Hypothese in Einklang stehen, daß die staubförmige Zodiakallichtmaterie durch den Zerfall von Asteroiden gebildet wird. Petri

8406. **W. G. Fessenkow,** On the polarization of zodiacal light. AJ UdSSR **35** 513—519 (russ. mit engl. Ref.). — Engl. Übersetzung in Soviet Astr. AJ **2** 475—481. — Der Polarisationsgrad des Zodiakallichts wird von Verf. unter der Annahme berechnet, daß der interplanetare Staub dem atmosphärischen Aerosol ähnelt. Da das Ergebnis von 27% nahezu mit dem beobachteten Polarisationsgrad übereinstimmt, ist die Annahme einer merklichen Beimengung freier Elektronen in der Zodiakallichtmaterie nicht notwendig. Loh.

8407. **W. G. Fessenkow,** Über die Natur des Zodiakallichts. Bote Akad. Wiss. Kasach. Sowjetrepublik 1958 Nr. 8 S. 3—9 (russ.). — Ref. in RJ UdSSR 1959 Nr. 7 S. 64.

8408. **W. G. Fessenkow,** Das nördliche Zodiakallicht Anfang Juli 1957. Mitt. Astrophys. Inst. Alma-Ata **7** 28—38 (russ. mit engl. Ref.). — Das Zodiakallicht des Nordhimmels wurde mit einem vom Verf. konstruierten visuellen Photometer beobachtet. Die Isophoten deuten auf eine komplizierte Überlagerung der kosmischen und atmosphärischen Komponente hin. Der Polarisationsgrad beträgt etwa 9%. Plavec

* * **U. Haug,** Über die Häufigkeitsverteilung der Bahnelemente bei den interplanetaren Staubteilchen. Vgl. Ref. **7010**.

8409. **C. Hoffmeister,** Visuelle Beobachtung des Zodiakallichts als psycho-physiologisches Problem. Sterne **34** 174—181. — Die Ausführungen betreffen Isophoten und Kontrastlinien, Pulsationen, scheinbare Lageänderungen, den «Gasschweif der Erde», jahreszeitliche Helligkeitsänderungen. Es wird versucht, die oft schwer erklärbaren Beschreibungen als physiologische Effekte verständlich zu machen. Am Schluß wird darauf hingewiesen, daß es erforderlich ist, festzusetzen, was unter der Bezeichnung «Zodiakallicht» verstanden werden soll, da die Definitionen mancher Autoren eine Überlagerung durch atmosphärische Lichtwirkungen zulassen. Hoffmeister

8410. **H. M. Johnson,** The spectrum of the zodiacal light. Obs **78** 125—126. — Im Hinblick auf eine Diskussion über die Natur des Zodiakallichts weist Verf. darauf hin, daß es möglich sein müßte, durch Beobachtung der Dopplerverbreiterung von Absorptionslinien im Spektrum des Zodiakallichts über die Natur der zweiten Komponente neben interplanetarem Gas zu entscheiden. Rasch bewegte Partikel der solaren Korpuskularstrahlung würden eine starke Dopplerverbreiterung der Linien hervorrufen, interplanetarer Staub dagegen nicht. Die bisherigen Beobachtungen geben noch keine Entscheidung; sie sprechen aber mehr für kleine Geschwindigkeiten der Partikel. O. G.

8411. **Y. Kataoka,** Zodiacal light. YC 1477 S. 2. — Beobachtung.

8412. **H. Walter,** Rückwärtsstreuung sphärischer Partikel mit Anwendung auf Gegenschein, Dunst- und Wolkenglorien. Diss. Univ. Tübingen, 1957.

8413. **H. Walter,** Rückwärtsstreuung sphärischer Partikel und Theorie des Gegenscheins. Sterne **34** 169—172. — Verf. berechnet die Helligkeitsverteilung im Gegenschein auf Grund der Mieschen Theorie mit einigen einschränkenden Annahmen. Durch Wahl der Verteilungsfunktion und des Mischungsverhältnisses von absorbierendem und dielektrischem Material wird gute Übereinstimmung mit den Beobachtungen erreicht. Hoffmeister

8414. **H. Walter,** Theoretische Deutung des Gegenscheins durch Lichtstreuung an sphärischen Partikeln. ZfA **46** 9—16 = Mitt. Astr. Inst. Univ. Tübingen Nr. 34. — Die Deutung des Gegenscheins erfolgt unter der Annahme, daß er durch Streuung des Lichtes an interplanetarem Staub verursacht wird. Auf der Grundlage der Mieschen Theorie der Lichtstreuung an kugelförmigen Teilchen wird die Flächenhelligkeit des Gegenscheins berechnet und mit den Beobachtungsergebnissen verglichen. Es erweist sich, daß neben absorbierenden auch dielektrische Partikel wegen ihrer charakteristischen Streufunktion zur Wiedergabe des gemessenen Helligkeitsverlaufes notwendig sind; sehr große dielektrische Partikel können jedoch infolge des scharfen Maximums ihrer Streufunktion im Bereich der Rückwärtsstreuung nur in ganz geringer Anzahl vorhanden sein. Die erhaltenen Daten über die Anzahl der Teilchen pro cm^3, den prozentualen Anteil dielektrischer und absorbierender Partikel und deren Albedo zeigen, daß Gegenschein, Fraunhoferkorona, Zodiakallicht als zusammengehörige Streulichterscheinungen einer interplanetaren Staubwolke anzusehen sind. Verf.

X. Sterne

§ 90

Allgemeines

9001. **J. Kleczek,** Stars. Rozhledy **36** 86—90 (tschech.).

9002. **N. D. Nikolau,** Die Astronomie des Unsichtbaren. Monographie Griech. Astr. Ges. Nr. 9, 16 S. (griech.). — Betrifft die Entdeckung unsichtbarer Begleiter von Himmelskörpern. Mawridis

9003. **O. Obůrka,** Unsichtbare Sterne. Vesmír **37** 259—261 (tschech.).

9004. **J.-C. Pecker,** Les systèmes planétaires dans l'univers. BSAF **72** 61—65. — Im Anschluß an die Arbeiten von van de Kamp über planetenartige Begleiter von Fixsternen wird die Frage der Existenz anderer Planetensysteme außer dem unsrigen erörtert. Kdr.

9005. **M. Plavec,** About the shape of stars. RH **39** 265—269 (tschech.).

* * **C. Popovici,** Stelele. Date fizice, structura internă, originea şi evoluţia lor. Vgl. Ref. 5222.

§ 91

Positionen, Kataloge, Fundamentalsystem, Karten

9101. **P. M. Afanassjewa,** Katalog der Rektaszensionen von 203 Sternen nach Beobachtungen am neuen photoelektrischen Passageninstrument 1955—1956. Leningrad, Astr. Hauptobs., 1958 (russ.). — Dissertationsref.

9102. **A. Ali,** Comparison of the places of stars in the «Catalogue of 8824 stars» Washington with the photographic measures on the plates of the Hyderabad Section of the Astrographic Catalogue. Publ. Nizamiah Obs. 8 Part 2, 27 S.

9103. **J.-P. Blaser, W. Schuler,** Observations astronomiques à la lunette zénithale photographique (PZT) 1956—1957. Publ. Obs. Neuchâtel Nr. 1, 23 S. — Die Sterne des Beobachtungsprogrammes wurden dem AGK_2 entnommen. Der unbekannten Positionsfehler wegen wurde die Beobachtung auf gleichbleibende Sterngruppen beschränkt. Das Beobachtungsmaterial eines Jahres gestattet eine erste interne Ausgleichung der zwölf Sterngruppen. Der Nullpunkt in Deklination des ausgeglichenen Systems wurde bisher nicht geändert, da vorläufige Messungen am Astrolab Danjon mit FK3-Sternen die erhaltene mittlere Breite bis auf 0"04 bestätigen. Die Anpassung in Rektaszension an das FK3-System erfolgte provisorisch durch Vergleich mit den Meridianbeobachtungen, später genauer mit Beobachtungen am Astrolab. Der mittlere Fehler einer individuellen Sternbeobachtung beträgt, über die ganze Beobachtungsperiode gemittelt, $\pm$ 0"13 sowohl in Länge wie auch in Breite. Verf.

9104. **A. P. Botelheiro, B. Santos,** Positions d'étoiles en déclinaison. Bull. Obs. Astr. Lisbonne Nr. 12 S. 1—12.

9105. **M. Cavedon, J.-P. Blaser,** Astrolabe. Programme d'observation. Publ. Obs. Neuchâtel Nr. 2, 13 S. — Die bei der Wahl der Sterne des Beobachtungsprogramms aus dem FK3 angewandten Kriterien werden beschrieben. Drei Tafeln geben die Liste der benutzten Sterne sowie die Symmetriekonstanten der 12 Gruppen. Verf.

9106. **A. Danjon,** The contribution of the impersonal astrolabe to fundamental astronomy. MN **118** 411—431; Obs **78** 107—111 (Ref. RAS). — In dieser George Darwin Lecture werden behandelt: Das Prinzip des Astrolabs, Auswertung der Beobachtungen zur Bestimmung von Zeit und Polhöhe sowie von systematischen und individuellen Verbesserungen des FK3-Systems, Diskussion der bis jetzt vorliegenden Beobachtungen. Diese lassen die hohe Genauigkeit des Instruments und seine Freiheit von systematischen Fehlerquellen und damit seine Überlegenheit über den Meridiankreis erkennen. Die systematischen Fehler des FK3 scheinen in δ nur gering zu sein, in α zeigt sich aber zwischen $\delta = 50°$

und 70° ein systematischer Gang $\Delta\alpha_\delta$, während die $\Delta\alpha_\alpha$ systematische Unterschiede in einzelnen Gebieten der Sphäre zeigen, die eine andere Trennung in systematische und individuelle Fehler erfordern als dies bisher üblich war. Bo.

* * **A. Dermul,** Catalogues d'étoiles. XII. Vgl. Ref. **1310.**

9107. **B. Guinot,** Sur l'obtention de coordonnées d'étoiles par la méthode d'observation de hauteurs égales. CR **246** 2108—2111. — Aus Beobachtungen mit dem unpersönlichen Prismenastrolab wurden für 115 Sterne des FK3 und FK3 Supp individuelle Verbesserungen $\Delta\alpha$ und $\Delta\delta$ abgeleitet und mitgeteilt. Mehltretter

* * **B. Guinot,** L'astrolabe impersonnel A. Danjon, modèle O.P.L. de l'Observatoire de Paris. Etude des résultats d'une année d'observations. Variation de la latitude. Catalogue d'étoiles. Vgl. Ref. **2414.**

9108. **A. P. Guljajew,** Vergleich des Katalogs der Rektaszensionen polnaher Sterne mit dem FK3. AC Nr. 188 S. 23—24 (russ.).

9109. **W. D. Heintz,** Relative Rektaszensionen von 856 Fundamentalsternen. AN **284** 193—204 = Veröff. Sternw. München **5** Nr. 2. — Aus 20000 Durchgangsbeobachtungen des Zeitdienstes in Mount Stromlo in den Jahren 1945—55 wird ein Katalog individueller Verbesserungen der Rektaszension von FK3-Sternen, meist zwischen +20° und −60° Deklination, abgeleitet und der Einfluß persönlicher Gleichungen behandelt. Die Ergebnisse stimmen genähert mit dem Katalog N30 überein. Verf.

9110. **A. K. Korol, W. W. Konin,** Katalog der Deklinationen von 67 Sternen im Programm des Poltawaer Zenit-Teleskops. Mitt. Astr. Hauptobs. Golossejewo **2** Nr. 2 S. 3—22 (russ.).

9111. **J. de Kort,** Corrections to Stein's list of astrographic double stars and to the Vatican astrographic zone in general. Catalogo Astrografico. Sez. Vaticana. Decl. da + 55° a + 65°. Appendice V, 16 S.

9112. **L. D. Kostina,** The determination of right ascensions of circumpolar stars of the FK3. Mitt. Astr. Hauptobs. Pulkowo **21** Nr. 2 (161) S. 94—116 (russ. mit engl. Ref.). — Mit einem tragbaren Durchgangsinstrument wurden in Pulkowo Rektaszensionen von 47 Sternen in der Deklinationszone +75° bis +90° bestimmt. Als Vergleichssterne dienten 41 Sterne aus der Zone +55° bis +75°. Die Beobachtungen wurden in den Systemen FK3 und N30 bearbeitet. Im System FK3 ändern sich die systematischen Fehler $\Delta\alpha_\delta$ stark beim Übergang von der Zone +75° bis +80° zur Zone +80° bis +90°; die Fehler $\Delta\alpha_\alpha$ weisen einen Gang mit der Periode 12^h auf. In der Arbeit wird auch die Untersuchung des benutzten Instruments beschrieben. Ond.

9113. **H.-J. Kung,** Observations of transit of stars at Zi-Ka-Wei Observatory. Acta Astr. Sinica **6** 137—142 (chines.).

9114. **J. Larink,** Das System der schwachen Sterne des AGK1 nach neueren Beobachtungen. Mitt. AG 1957/I S. 24—27. — Ref. AG.

9115. **E. Paloque, H. Berthomieu, P. Prêtre, M. Reynis,** Mouvements propres des étoiles variables de la liste du Dr. Plaut établie en vue d'études galactiques à la suite du colloque de Groningue de 1953. Ann. Obs. Astr. Mét. Toulouse **26** 7—51. — In einer ersten Liste werden die Eigenbewegungen von 37 Variablen der Toulouse-Zone veröffentlicht. Insgesamt werden 138 Veränderliche zwischen +4° und +12° Deklination aufgeführt. Für die 37 Sterne wurden die Örter im PGC-System und die photographischen Helligkeiten auf zahlreichen Platten bestimmt. Die Eigenbewegungen wurden einmal auf Grund dieser sukzessiven Örter hergeleitet und außerdem durch Vergleich von Plattenpaaren gleicher Zentren mit Epochendifferenzen bis zu 65 Jahren gemessen. Eine Tabelle gibt die Örter und die aus beiden Bestimmungsarten gemittelten Eigenbewegungen dieser Sterne mit ihren wahrscheinlichen Fehlern. Gli.

9116. **N. N. Pawlow,** The observations and reduction of the general catalogue of stars for the Time Services of the USSR. Mitt. Astr. Hauptobs. Pulkowo **21** Nr. 2 (161) S. 2—12 (russ. mit engl. Ref.). — In mehreren Arbeiten wurde festgestellt, daß die systematischen Fehler der existierenden Fundamentalkataloge die Genauigkeit der Zeitdienstbeobachtungen ungünstig beeinflussen. Verf. zeigt, daß die Beobachtungen des Zeitdienstes zur Verbesserung der Rektaszensionen des Fundamentalkatalogs benutzt werden können. Methoden zur Ermittlung zufälliger und systematischer Fehler des Fundamentalkatalogs werden gegeben und eine zweckmäßige Anordnung der Beobachtungen wird beschrieben. Ond.

9117. **W. Petri,** Praktische Auswertung von Meridianbeobachtungen Kleiner Planeten. AN **284** 219—225, mit Anhang von R. Baumann S. 225—226 = Veröff. Sternw. München **5** Nr. 4. — Die von F. Schmeidler (AN **284** 205—218, Ref. **9120**) entwickelten vereinfachten Formeln zur Verbesserung der Bahnelemente von Planeten und zur Bestimmung der systematischen Fehler von Meridianbeobachtungen werden auf Kleine Planeten angewendet. Für eine Simultanauswertung aller in München seit 1941 gemachten Planetenbeobachtungen wird die elektronische Rechenmaschine PERM der Techn. Hochschule München benutzt. Im Anhang werden von R. Baumann nähere Angaben über die Technik der Programmierung und der numerischen Rechnung gemacht. F. S.

9118. **G. M. Petrow,** A catalogue of right ascensions of 101 stars with declinations from +75 to +90° for the equinox 1950.0. Mitt. Astr. Hauptobs. Pulkowo **21** Nr. 2 (161) S. 77—93 (russ. mit engl. Ref.).

9119. **D. N. Ponomarew, A. M. Mikischa,** A list of the misprints and errors in the Pulkowo Astrographic Catalogue of 11322 stars between declinations +90° and +70°. Publ. Astr. Hauptobs. Pulkowo (2) **72** 123—132 (russ.).

9120. **F. Schmeidler,** Über die Bestimmung absoluter Koordinatensysteme mit Hilfe von Planetenbeobachtungen. AN **284** 205—218 = Veröff. Sternw. München **5** Nr. 3. — Mit Hilfe von Planetenbeobachtungen werden die systematischen Fehler von Meridianbeobachtungen bestimmt. Die Bedingungsgleichungen für die Verbesserung der Bahnelemente von Planeten werden so umgeformt, daß nur Glieder vorkommen, die vom Sinus oder Cosinus der geozentrischen Koordinaten abhängen. Die mit den Meridianinstrumenten der Münchener Sternwarte in den Jahren 1941—1956 gemachten Beobachtungen Großer Planeten werden mit Hilfe des Verfahrens behandelt. F. S.

9121. **N. Sekiguchi, J. Matsumoto,** Polar tube observations during 1957. TAB (2) Nr. 105 S. 1153—1154.

9122. **T. S. Semjonowa,** Right ascensions of 254 stars observed at the Time Service at Nikolajew. Mitt. Astr. Hauptobs. Pulkowo **21** Nr. 2 (161) S. 117—128 (russ. mit engl. Ref.).

9123. **M. S. Swerew, D. D. Poloshenzew,** A preliminary general catalogue of fundamental faint stars with declinations from +90° to −20° (PFKSZ). Publ. Astr. Hauptobs. Pulkowo (2) **72** 5—76 (russ. mit engl. Ref.).

9124. **N. A. Tschernega,** Beobachtungen der Rektaszensionen von Sternen des FKSS am Meridiankreis des Astronomischen Observatoriums der Universität Kiew in den Jahren 1951—1954. Veröff. (Trudy) Astr. Obs. Kiew **2** 469—507 (russ.).

9125. L. F. Tschernijew, Katalog der Deklinationen von 67 Sternen des neuen Breitenprogramms mit dem Zenitteleskop des Gravimetrischen Observatoriums Poltawa. Publ. Gravimetr. Obs. Poltawa 7 90—110 (russ.).

9126. K. Tuzi, Meridian observation of right ascension of equatorial stars, made with Repsold transit instrument. Preliminary results No. 13. TAB (2) Nr. 103 S. 1107—1139.

9127. H. Yasuda, H. Hara, The catalogue of the right ascension of 612 zenith stars for the equinox 1950.0 observed with Gautier meridian circle. Ann. Tokyo Astr. Obs. (2) **6** 1—53. — Der Katalog (der erste mit dem bereits 1004 erbauten Meridiankreis beobachtete Katalog) enthält Sterne im Deklinationsbereich +31° bis +41° der Zenitzone von Tokyo. Bei 10 bis 15 Beobachtungen eines Sterns ist der wahrscheinliche Fehler eines Katalogortes $\pm$ 0ˢ005. Aus den Vergleichen mit den Katalogen GC, N30, Gyllenberg und den Katalogen der Astronomischen Gesellschaft werden die Eigenbewegungen abgeleitet. Bo.

9128. Provisional selection of stars for a southern faint star catalogue, −30° to −40°, −40° to −52°, −52° to −64°. Cape Mimeogram Nr. 7—9, 18 + 18 + 15 S.

9129. Zweiter Katalog der Astronomischen Gesellschaft für das Äquinoktium 1950. Örter der Sterne bis zur neunten Größe zwischen dem Nordpol und 2° südlicher Deklination, abgeleitet aus photographischen Himmelsaufnahmen der Sternwarten Bergedorf und Bonn unter Leitung von R. Schorr und A. Kohlschütter. **12.** Band: Deklination +10° bis +15°. Bonn, 1958. 304 S.
Desgl. **13.** Band: Deklination +5° bis +10°. Bonn, 1958. 356 S.
Desgl. **14.** Band: Deklination 0° bis +5°. Bonn, 1958. 320 S.
Desgl. **15.** Band: Deklination −2°5 bis 0°. Bonn, 1958. 154 S.

9130. Observatoire de l'Université de Bordeaux. Catalogue méridien de 2.024 étoiles repères de la zone +11° à +18°. Equinoxe 1950.0, système FK3, époque moyenne de l'observation: 1953. Paris, Centre National de la Recherche Scientifique, 1958. 55 S.

9131. Catalogul de stele fundamentale slabe (FKSZ) cuprinse între −30° si +90°. Studii cercetări astr. seismol. Acad. RPR **2** 297—401, 1957. — Ref. in RJ UdSSR 1959 Nr. 3 S. 12—13.

9132. Cape Photographic Catalogue for 1950.0. Zone −56° to −64°. Prepared under the direction of J. Jackson and R. H. Stoy. London, Her Majesty's Stationery Office, 1958. Ann. Cape Obs. **20**, 22 + 163 + 150 S.

9133. Astrographic Catalogue, 1900.0. Sydney Section. Dec. −51° to −65°. From photographs taken at the Sydney Observatory, New South Wales, Australia. Vol. **39**. R. A. 12^h to 18^h, Dec. −60° to −62°. Plate Centres Dec. −61°. Sydney, 1958. 3 + 65 S.
Desgl. Vol. **40**. R. A. 18^h to 24^h, Dec. −60° to −62°. Plate Centres Dec. −61°. Sydney, 1958. 3 + 20 S.
Desgl. Vol. **41**. R. A. 0^h to 6^h, Dec. −61° to −63°. Plate Centres Dec. −62°. Sydney, 1957. 3 + 17 S.

9134. Melbourne Astrographic Catalogue, 1900.0. Vol. **6**, Zones −75°, −76° and −77°. Rectangular co-ordinates and diameters of star images from photographs taken at Melbourne Observatory and measured and prepared for publication under the direction of Government Astronomers for Victoria R. L. J. Ellery, P. Baracchi and J. M. Baldwin and Government Astronomer for New South Wales H. Wood. Paris, 1958. 14 + 283 S.

9135. Melbourne Astrographic Catalogue, 1900.0. Vol. **7**. Zones –78°, –79°, –80° and –81°. Rectangular co-ordinates and diameters of star images from photographs taken at Melbourne Observatory and measured and prepared for publication under the direction of Government Astronomers for Victoria R. L. J. Ellery, P. Baracchi and J. M. Baldwin and Government Astronomer for New South Wales H. Wood. Published under the auspices of the International Astronomical Union. Paris, 1958. 15 + 244 S.

9136. Geschichte des Fixsternhimmels, enthaltend die Sternörter der Kataloge des 18. und 19. Jahrhunderts. Abteilung II. Der südliche Sternhimmel. Band **17**. 16^h Rektaszension. Herausgegeben von J. Haas. Karlsruhe, Kommissionsverlag G. Braun, 1958. 14 + 496 Spalten. Preis DM 30.

9137. Geschichte des Fixsternhimmels. Abteilung II. Der südliche Sternhimmel. Band **22**. 21^h Rektaszension. Zweite Lieferung 25^m—59^m. Berlin, Akademie-Verlag, 1958. S. 165—366.

9138. Geschichte des Fixsternhimmels, enthaltend die Sternörter der Kataloge des 18. und 19. Jahrhunderts. Abteilung II. Der südliche Sternhimmel. Band **23**. 22^h Rektaszension. Zweite Lieferung 26^m—59^m, bearbeitet von I. Meister. Herausgegeben von der Deutschen Akademie der Wissenschaften zu Berlin, Astronomisches Recheninstitut. Berlin, Akademie-Verlag, 1958. S. 147—328.

Sternkarten

9139. A. Bečvář, Atlas Eclipticalis. Prag, Verlag Akad. Wiss., 1958. 1 S. + 32 Karten. Preis Kčs. 123. — Besprechung in BAC **10** 80 (F. Janák), Obs **79** 25 (G. E. Taylor), Sky and Telescope **18** 161—162, RH **39** 287, Vesmír **37** 317. — Auf 32 Karten 47 × 62 cm ($1^h 30^m$ × 30°) der Deklinationszone ±30° enthält der Atlas alle Sterne der Yale-Kataloge und des GC sowie andere Objekte. Die Positionen der Sterne und die Grenzen der Sternbilder beziehen sich auf das Äquinoktium 1950.0. Die Spektralklassen der Sterne sind durch sechs Farben unterschieden. J. B.

9140. A. Bečvář, Atlas Coeli 1950.0. Prag, Verlag Akad. Wiss., 1958. 3. Auflage. 16 sechsfarbige Karten. Preis Kčs. 60.— (vgl. AJB **56** Ref. **9123**). — Besprechung in NAT 1959 S. 33—34 (P. Darnell), RH **39** 213. — Der Atlas enthält alle Sterne bis zur Größe $7^m\!.75$, die wichtigsten Doppelsterne, veränderliche und neue Sterne, Sternhaufen, Nebel, Galaxien und Radioquellen. Kurze Einführung in tschechischer, russischer, englischer und deutscher Sprache. J. B.

9141. V. de Callataÿ, Atlas of the Sky. Übersetzung der französischen Originalausgabe (AJB **55** Ref. **9129**) von H. Spencer Jones. London, Macmillan & Co., Ltd.; New York, St. Martin's Press, 1958. 157 S. Preis $ 12.50. — Besprechung in Endeavour **17** 227, J RAS Canada **53** 144 (G. A. Bakos), Obs **78** 175, Proc. Phys. Soc. **73** 983, Publ ASP **70** 627 (D. H. McNamara), Science **128** 834—835 (S. P. Wyatt), Sky and Telescope **17** 419, 584 (R. J. Stein), Strolling Astronomer **12** 68 (C. A. Haas).

9142. P. Couderc, La carte du ciel. BSAF **72** 450—452.

9143. B. Ernst, T. E. de Vries, W. P. Atlas van het Heelal. Amsterdam-Brüssel, Elsevier, 1958. 220 S. mit zahlreichen Fig. und 93 Tafeln. Preis hfl. 19.50. — Besprechung in Hemel en Dampkring **56** 217 (L. Plaut).

9144. P. Kalaja, Atlas över norra stjärnhimlen för Skandinavien. Übersetzung aus dem Finnischen. Stockholm, Svenska Bokförlaget Bonniers, 1958. 13 S. mit 9 Karten. Preis Schw. Kr. 12.50. — Besprechung in PAT **39** 81—82 (A. Elvius).

9145. G. B. Lacchini, Carta delle costellazioni. Coelum **26** 5—7.

9146. **G. B. Lacchini,** Atlante celeste spettroscopico. Faenza (Ravenna), 1958. 40 Tafeln. Preis der ersten 22 Tafeln L. 2000. — Besprechung in Coelum **26** 147—148.

9147. **G. G. Lengauer,** Über die Projektionen für bewegliche Schulsternkarten. Nachr. Akad. Pädagog. Wiss. Russ. Sowjetrepublik Nr. 85 S. 489—498 (russ.). — Ref. in RJ UdSSR 1958 Nr. 6 S. 8.

9148. **A. A. Michajlow,** Sternatlas. Vier Karten des Sternhimmels bis 50° südlicher Deklination mit allen Sternen bis zur $5^1/_2$. Größe. Moskau-Leningrad, Akad. Wiss. UdSSR, 1958. 3. verbesserte Auflage. 13 S. und Karten. Preis 2 R. 50 Kop. (russ.).

9149. **A. D. Mogilko,** Schul-Sternatlas. Moskau, Lehr-Pädagogischer Staatsverlag, 1958. 33 S. Preis 6 R. 90 Kop. (russ.).

9150. **N. J. Nielsen,** Et bevægeligt Stjernekort med fast Horisont. Urania København **15** 17—22.

* * **J. Rousseau, F. Spite,** Carte de la séquence polaire Nord et de la région du pôle 1950. Vgl. Ref. **9427**.

9151. **C. D. Shane,** A new sky atlas. Publ ASP **70** 609—610.

9152. **O. Thomas,** Sternzeiger für die Rocktasche des Himmelsfreundes. Salzburg-Stuttgart, Verlag Das Bergland-Buch, 1958. Preis DM 1.90. — Besprechung in Coelum **26** 169—170, Sterne **35** 128 (C. Hoffmeister), VdS Nachr. 8 60—61 (J. Herrmann).

9153. Revue des constellations. BSAF **72**, Umschlagseiten.

9154. Philip's Chart of the Stars. Herausgegeben von E. O. Tancock. London, George Philip, 1958. 2. Auflage. Preis 7 s. net. — Vgl. AJB **57** Ref. **9153**. — Besprechung in JBAA **68** 274—275.

9155. A New Popular Star Atlas. London, Gall & Inglis. Preis 6 s. — Besprechung in NAT 1958 S. 106.

9156. A Star Atlas and Reference Handbook. NAT 1958 S. 106.

9157. Stjerneglobus. Hassings forlag. Preis 32 kr. — 188 kr. — Besprechung in NAT 1958 S. 34—35, 107.

§ 92

Eigenbewegung, Radialgeschwindigkeit

9201. **S. van den Bergh,** A list of stars with common proper motions. AJ **63** 246—249 = Contr. Perkins Obs. (2) Nr. 10.

* * **N. M. Bronnikowa,** A catalogue of proper motions of stars in the four open clusters and in the neighbourhood of them. Vgl. Ref. **12115**.

* * **C. R. Cowley,** A search for blue stars in high galactic latitudes. Vgl. Ref. **9510**.

9202. **H. L. Giclas,** Lowell proper motions. Proper motion survey of the northern hemisphere with the 13-inch photographic telescope of the Lowell Observatory. Lowell Obs. Bull. **4** 1—34. — In Wiederholung der 1930 auf der Suche nach einem transneptunischen Planeten gemachten Aufnahmen, die den ganzen Nordhimmel überdecken, wurden als erstes Resultat 18 Platten durchmustert. Es wurden 856 Sterne mit jährlichen Eigenbewegungen

≧ 0ʺ27 gefunden; 358 davon waren bereits bekannt. Der wahrscheinliche Fehler einer Eigenbewegungsmessung beträgt ±0ʺ024. Der Katalog gibt für diese Sterne: Örter auf 1ˢ bzw. 1ʹ genau (Äquinoktium 1950.0, Epoche 1957—1958), totale Eigenbewegung und Positionswinkel auf 0ʺ01 bzw. 1°; photographische Helligkeit (zwischen 8. und 17. Größe), die auf Grund der Bilddurchmesser im N. P. S.-System gemessen wurde, und die Farbe in einer 6-stufigen Skala, geschätzt an Hand von Blau- und Rotaufnahmen. In der Einleitung werden die Methoden beschrieben und die Meßergebnisse mit älteren Werten verglichen. Gli.

9203. A. N. Goyal, Stars with large proper motions in the astrographic zones +32° and +33° (list I). JO **41** 21—30 = Nizamiah Obs. Repr. Nr. 22. — 37 gemeinsame Regionen der Astrographischen Kataloge von Oxford und Potsdam im Bereich $11^h 55^m$ bis $15^h 4^m$, +32° und +33° wurden miteinander verglichen (durchschnittliche Epochendifferenz 40 Jahre). Unter 4183 Sternen wurden 726 relative jährliche Eigenbewegungen von der Größenordnung 0ʺ05 und darüber gefunden und publiziert. Korrektionen zur Reduktion auf absolute Eigenbewegungen werden gegeben. Die wahrscheinlichen Fehler betragen ±0ʺ011 in Rektaszension und ±0ʺ009 in Deklination, während der Vergleich mit dem Eigenbewegungslexikon durchschnittliche Abweichungen von ±0ʺ021 in jeder Koordinate zeigt. Gli.

9204. A. N. Goyal, Stars with large proper motions in the astrographic zones +32° and +33° (list II). JO **41** 121—128. — Den in Liste I (vgl. voranstehendes Ref.) veröffentlichten relativen Eigenbewegungen werden die weiteren für 630 Sterne aus 19 Regionen hinzugefügt. Die wahrscheinlichen Fehler der jährlichen Eigenbewegungen betragen in jeder Koordinate ±0ʺ008. Gli.

* * **S. L. Lippincott,** Parallaxes and proper motions of six nearby stars from photographs taken with the 24-inch Sproul refractor. Vgl. Ref. **9305**.

9205. J. v. B. Lourens, New proper motions for 33 southern stars for which the large published motions are suspect. MN ASSA **17** 138—141. — An Hand zahlreicher Meridiankreiskataloge und photographischer Kataloge werden die Eigenbewegungen von 33 schwächeren Sternen (m_{pg} zwischen 8. und 11. Größe) bestimmt, da bisher nur unsichere Werte jährlicher Eigenbewegungen ≧ 0ʺ09 bekannt waren. Nur bei acht Sternen konnten die großen Werte bestätigt werden. Gli.

9206. A. B. Onegina, Untersuchungen der Eigenbewegungen in den Umgebungen von zehn hellen Sternen. Mitt. Astr. Hauptobs. Golossejewo **2** Nr. 2 S. 23—86 (russ.). — Betrifft Sterne in den Umgebungen von α Cas, α Ari, α Leo, α UMa, ε UMa, ζ UMa, α Boo, γ Cyg, α Cyg, ϱ Peg.

* * **E. Paloque, H. Berthomieu, P. Prêtre, M. Reynis,** Mouvements propres des étoiles variables de la liste du Dr. Plaut établie en vue d'études galactiques à la suite du colloque de Groningue de 1953. Vgl. Ref. **9115**.

9207. E. Paloque, Sur la précision des mouvements propres stellaires et la comparaison des méthodes de détermination. Ann. Obs. Astr. Mét. Toulouse **26** 53—59. — Es wird die Genauigkeit von Eigenbewegungsmessungen nach verschiedenen Methoden untersucht: Vergleich rechtwinkliger Koordinatenmessungen auf Plattenpaaren gleicher Zentren; direkter differentieller Vergleich zweier Platten; Herleitung aus sukzessiven photographischen Positionen und Herleitung aus sukzessiven Meridianpositionen, die auf dasselbe System reduziert und nach der Methode der Kleinsten Quadrate ausgeglichen wurden. Verf. betont den Vorteil der differentiellen Methode, angewandt auf zwei Platten gleichen Zentrums, die mit dem gleichen Instrument unter analogen Bedingungen aufgenommen wurden. Gli.

9208. P. P. Parenago, D. K. Karimowa, Die Eigenbewegung des Sterns BD +64°3. AC Nr. 189 S. 13—14 (russ.).

9209. K. A. Strand, A. Lenham, T. Owen, A survey of stars with large proper motions in the region of the Orion constellation. AJ **63** 337—339 = Contr. Dearborn Obs. Nr. 18. — Zwei mit dem 13′-Lowell-Refraktor aufgenommene Platten zeigen bei einer Epochendifferenz von 13 Jahren 39 Sterne mit jährlicher Eigenbewegung = 0.″27 in einem um ε Orionis liegenden Feld ($5^h\,10^m$ bis $5^h\,57^m$; $-8°\,25'$ bis $+5°\,57'$; 1950). Grenzgröße ist $m_{pg} = 17$. Für 19 Sterne mit bisher unbekannter Eigenbewegung werden Identifizierungskärtchen veröffentlicht. Gli.

* * **K. A. Strand,** Stellar motions in the Orion nebula cluster. Vgl. Ref. **12222**.

* * **S. Vasilevskis, A. Klemola, G. Preston,** Relative proper motions of stars in the region of the open cluster NGC 6633. Vgl. Ref. **12145**.

9210. H. Werner, Bestätigung von Fixstern-Eigenbewegungen durch antike Sternbildbeschreibungen. Mitt. AG 1957/I S. 37—39. — Ref. AG.

Radialgeschwindigkeit

9211. W. Buscombe, P. M. Morris, Radial velocities of fundamental southern stars. MN **118** 609—617. — Mit dem 3-Prismen Cassegrain-Spektrographen des 30″-Reflektors (Dispersion 36 Å/mm bei Hγ) wurden die Radialgeschwindigkeiten von 12 Standardsternen und von über 60 weiteren Sternen des FK3 und N30 gemessen. Ausgewählt wurden solche Sterne, für die bisher keine oder nur ungenaue Messungen vorlagen. Tabelle I enthält 33 Sterne mit konstanter Radialgeschwindigkeit, Tabelle II gibt die Einzelmessungen von 32 weiteren Sternen, die variable Radialgeschwindigkeiten zeigten. Gli.

9212. M. Duflot, C. Fehrenbach, A. Duflot, E. Rouvière, D. Schneider, La mesure des vitesses radiales au prisme objectif. VIII. 2e liste de vitesses radiales déterminées au prisme objectif à vision directe. JO **41** 43—63 = Publ. Obs. Haute-Provence **4** Nr. 12. — Nach einigen methodischen Ausführungen werden Radialgeschwindigkeiten und MK-Spektraltypen von 310 Sternen in vier Feldern geringer galaktischer Breite veröffentlicht. Die Werte des Wilson-Kataloges werden zum Vergleich herangezogen. Gli.

9213. M. Eckstein, Über die Bestimmung von Radialgeschwindigkeiten mit Objektivprisma. Sterne **34** 145—151. — Geschichtlicher Überblick über die Methoden der Radialgeschwindigkeitsbestimmung mit Objektivprisma. Beschreibung der modernen Arbeiten von Fehrenbach (AJB **47** Ref. **7209, 7210** und AJB **48** Ref. **2404**) und Schalén (AJB **54** Ref. **2420**). Gli.

9214. M. W. Feast, A. D. Thackeray, Analysis of radial velocities of distant B type stars. MN **118** 125—153 = Commun. Radcliffe Obs. Nr. 42. — Infolge neuer Messungen am Radcliffe Observatorium konnte ein auf 314 frühe B-Sterne ergänztes Radialgeschwindigkeitsmaterial untersucht werden, das sich auf den Nord- und Südhimmel verteilt. Die Entfernungen der Sterne werden an Hand der MK-Klassifikation bestimmt. Die Sterne werden in Gruppen von etwa 1 kpc bis 4 kpc unterteilt. Bei Beschränkung auf Glieder 1. Ordnung werden die Oortsche Konstante A (wahrscheinlichster Wert $+17.5 \pm 1.5$ km/sec/kpc) sowie der K-Term bestimmt. Nur die Sterne zwischen 1 und 2 kpc geben einen negativen K-Term. Für die Entfernung der Sonne vom galaktischen Zentrum finden Verf. $R_0 =$ 8.9 kpc. Mit Hilfe der Oortschen Gleichung $V = Ar \sin 2\lambda \cos^2 b$ werden die mittleren absoluten Helligkeiten der O9—B5-Sterne der Leuchtkraftklassen I bis V neu geeicht. Schließlich wird die Kurve der differentiellen Rotation ω (R) hergeleitet. Gli.

9215. **M. W. Feast, A. D. Thackeray,** Analysis of radial velocities of distant B stars. Obs 78 45—48. — Ref. RAS.

9216. **R. M. Petrie, D. H. Andrews, J. K. McDonald,** Wave-length standards for radial-velocity determinations, spectral types A 3—K 8 with low dispersion. Publ. Dominion Astrophys. Obs. Victoria **10** 415—423. — 65 Spektrogramme von sechs F 5- bis K 5-Sternen und 52 Spektrogramme von fünf Sternen des Typs A 3—F 4 mit einer Dispersion von 90 Å/mm bei Hγ wurden ausgemessen. Es zeigte sich, daß die Wellenlängen von je 12 Linien Radialgeschwindigkeitswerte in guter Übereinstimmung mit den bei größerer Dispersion gefundenen Werten liefern. Bei einer Platte durchschnittlicher Qualität liegt der wahrscheinliche Fehler zwischen ± 3.0 und ± 4.8 km/sec. Gli.

* * **W. W. Shane,** The radial velocity of Delta Cephei. Vgl. Ref. **11175.**

9217. **O. Struve, J. Sahade, S.-S. Huang, V. Zebergs,** The radial velocity of ν Persei. Publ ASP **70** 409—411. — Eine Serie von Spektrogrammen mit hoher Dispersion ergab für den F5 II-Stern ν Per keine kurzperiodische RG-Änderung. Ein Vergleich mit Ergebnissen von anderen Sternwarten läßt kleine Änderungen der RG als möglich erscheinen. Die neuen Spektrogramme zeigen einige komplizierte Blends aus Linien, die durch Rotation verbreiterte Profile haben. O. G.

9218. **A. D. Thackeray,** Radial velocities. Occasional Notes **3** 189—202 = Commun. Radcliffe Obs. Nr. **44.** — Beginnend mit einem historischen Überblick zeigt Verf. Methoden, Ergebnisse und Probleme der Radialgeschwindigkeitsmessungen. Er weist auf die darauf basierenden kinematischen Untersuchungen hin und stellt zum Schluß derzeitige und künftige Aufgaben der Radialgeschwindigkeitsprogramme zusammen. Gli.

9219. **A. B. Underhill,** Some radial-velocity observations of K-type stars in NGC 2264. Publ ASP **70** 607—608. — Auf Spektrogrammen mit einer Dispersion von 90 Å/mm bei Hγ wurden für fünf K-Riesen in der Umgebung von NGC 2264 Radialgeschwindigkeiten gemessen, um über die Haufenzugehörigkeit zu entscheiden. Einer der Sterne könnte ein Haufenmitglied sein, zwei andere Sterne haben offenbar veränderliche Radialgeschwindigkeit. O. G.

* * **G. L. Vandervort,** The magnitudes, colors, and motions of stars of spectral class R. Vgl. Ref. **9432.**

* * **G. Wallerstein,** Radial velocities and spectral characteristics of the population II cepheids M 5 No. 42, M 5 No. 84, and TW Capricorni. Vgl. Ref. **11184.**

* * Weitere Mitteilungen über Radialgeschwindigkeiten von Doppelsternen siehe § **101, 102,** von Veränderlichen siehe § **111.**

§ 93

Parallaxe

9301. **H. Eichhorn,** Parallax and mass ratio of BD +19°5116. AJ **63** 228—230 = Publ. Leander McCormick Obs. 11 Part 15. — BD +19° 5116 = AC +19° 1114—72 = AC +20° 797—82.

9302. **W. D. Heintz,** Entfernungen im Weltraum. Umschau in Wissenschaft und Technik **58** 709—711.

9303. L. F. Jenkins, Summary of the parallaxes of thirty-four stars from plates obtained with the Yale telescope at Johannesburg, South Africa. AJ **63** 340.

9304. S. L. Lippincott, Parallax and mass ratio of ADS 7284 from photographs taken with the 24-inch Sproul refractor. AJ **63** 230—233. — ADS 7284 = Σ 3121.

9305. S. L. Lippincott, Parallaxes and proper motions of six nearby stars from photographs taken with the 24-inch Sproul refractor. AJ **63** 314—322. — Aus Serien von 22 bis 69 Nächten, die sich über 16 und mehr Jahre verteilen, wurden die Parallaxen der Sterne Ross 318, Ross 04, Ross 882, Ross 619, Lalande 18115 A, B und Wolf 424 bestimmt. Die wahrscheinlichen Fehler liegen zwischen $\pm 0\overset{''}{.}005$ und $\pm 0\overset{''}{.}010$. Es waren keine Störungen in den Eigenbewegungen nachweisbar. Die Duplizität von Wolf 424 zeigt sich in Elongationen des Bildes, die auf eine Minimum-Periode von etwa 16 Jahren hinweisen.
Gli.

9306. S. A. Mitchell, D. Reuyl, C. M. Anderson, Trigonometric parallaxes of 432 stars. Publ. Leander McCormick Obs. **14** Part 1, 121 S. — Es werden die Details von 432 Bestimmungen trigonometrischer Parallaxen publiziert, deren Ergebnisse sich zum allergrößten Teil bereits in Liste 24, 27—33 im AJ **48**—**54** (1939—1949) finden. Bei Abweichungen ersetzen die hier gegebenen relativen Parallaxenwerte und deren Fehlerangaben in jedem Falle die älteren Werte.
Gli.

9307. J. B. G. Turner, Stellar parallaxes determined photographically at the Cape Observatory (twentieth list). MN **118** 31—36. — Es werden neu bestimmte relative Parallaxen von 18 Sternen gegeben, von denen 11 bisher noch nicht am Cape-Observatorium beobachtet wurden, und ferner die relativen Eigenbewegungen in Deklination von 408 Sternen, deren relative Parallaxen und Eigenbewegungen in Rektaszension bereits früher veröffentlicht wurden.
Verf. (übersetzt)

9308. O. C. Wilson, New method for determination of distances of late-type stars. Science **128** 1149. — Ref.

§ 94

Helligkeit, Farbe

9401. A. Alksnis, Bestimmung der Größen, Farbenindizes und Spektralklassen von Sternen im Gebiet um $\alpha_{1950} = 21^h 24^m$, $\delta_{1950} = +58\overset{\circ}{.}5$. Publ. Astrophys. Labor. Riga **7** 33—97 (russ. mit lett. Ref.).

9402. R. Ampel, Photovisual stellar magnitudes in the Cassiopeia field. Studia Soc. Sci. Toruń (F) **1** Nr. 3 S. 60—95 = Bull. Astr. Obs. Toruń Nr. 15. — Die Arbeit enthält photovisuelle Helligkeiten im internationalen System von 3856 Sternen in einem Feld von 12 Quadratgrad mit dem Zentrum $\alpha = 23^h 57^m$, $\delta = +59\overset{\circ}{.}6$. Die schwächsten Sterne sind $13\overset{m}{.}2$; Vollständigkeit bis $12\overset{m}{.}8$ ist erreicht worden.
Bahner

9403. H. C. Arp, Southern hemisphere photometry. II. Photoelectric measures of bright stars. AJ **63** 118—127 = Publ. Goethe Link Obs. Nr. 20. — Für 170 Sterne der Südhalbkugel wurden lichtelektrische Helligkeiten in drei Farben am 24 inch-Refraktor der Kap-Sternwarte gemessen. Es handelt sich um Standardsterne von Johnson-Morgan und Sterne aus E-Regionen, um galaktische Überriesen und Sequenzen in den Magellanschen Wolken und ω Centauri. Einfache und sichere Umrechnung auf das Helligkeitssystem von Johnson-Morgan war nur für die B- und V-Helligkeiten möglich. In Tabellen werden angegeben: Die Helligkeit V, der Farbenindex B−V und dazu der im System des Refraktors liegende ultraviolette Farbenindex. Die Beziehungen zu anderen Helligkeitssystemen werden abgeleitet, außerdem einige Farbenexzesse. O. G.

9404. **J. D. R. Bahng,** Multicolor photoelectric photometry of stars with composite spectra. ApJ **128** 572—594.

9405. **A. G. A. Balz jr., A. N. Vyssotsky,** Photographic and photovisual magnitudes of stars in Harvard standard C regions. AJ **63** 474—476 = Publ. Leander McCormick Obs. **11** Part 16. — Mit Hilfe der Polkappe wurden durch direkten Vergleich mit Beobachtungen bei gleicher Höhe für 100 Sterne in den 12 Harvard C-Regionen (*m* zwischen $9^m\!.0$ und $11^m\!.0$) photographische und photovisuelle Helligkeiten bestimmt. Bahner

9406. **B. J. Bok, P. Bok,** Four photoelectric sequences for the southern hemisphere. AJ **63** 303. — Ref. AAS.

9407. **E. S. Brodskaja, P. F. Schajn,** Spectra and photographic magnitudes of 3340 stars in Perseus. Mitt. Astrophys. Obs. Krim **20** 299—337, **21** 277 (russ. mit engl. Ref.). — In einem Gebiet von etwa 45 Quadratgrad mit dem Mittelpunkt $\alpha = 2^h\,30^m$, $\delta = +58°\,0'$ wurden Spektralklassen und photographische Größen von 3340 Sternen heller als $12^m\!.5$ bestimmt. Bei O-, B-, A- und einem Teil der F-Sterne wurden auch Farbenindizes ermittelt. Die photographischen Größen und Farbenindizes sind auf das (B, V)-System reduziert. Petri

9408. **E. Chavira,** Estrellas azules en el Casquete Galáctico Sur. Bol. Obs. Tonantzintla y Tacubaya Nr. 17 S. 15—31. — Als Teilergebnis der Suche nach blauen Sternen werden für 419 Objekte genäherte Werte der Positionen und der photographischen Helligkeiten angegeben und Suchkärtchen abgebildet. Die Objekte sind wahrscheinlich Sterne der Spektraltypen O—F, weiße Zwerge, Sterne des galaktischen Halo und vielleicht einige blaue extragalaktische Systeme. O. G.

9409. **E. A. Dibaj,** Ein Stern mit großem Farbenindex. AC Nr. 189 S. 14 (russ.). — Der Stern $\alpha = 20^h\,58^m\!.5$, $\delta = +46°\!.5$ besitzt den ungewöhnlich großen Farbenindex $+4^m\!.1$.

9410. **S. Gąska,** Photovisual stellar magnitudes in the Aquila field. Studia Soc. Sci. Toruń (F) **1** Nr. 3 S. 96—117 = Bull. Astr. Obs. Toruń Nr. 15. — Das Feld von 14 Quadratgrad (Zentrum $\alpha = 19^h\,17^m$, $\delta = +13°\!.0$) enthält 1950 Sterne bis $13^m\!.4$; die Durchmusterung ist vollständig bis $13^m\!.0$. Bahner

9411. **N. M. Goldberg-Rogosinskaja,** The determination of photometric standards in areas of the Pulkovo Catalogue of Galaxies. Mitt. Astr. Hauptobs. Pulkowo **21** Nr. 3 (162) S. 94—103 (russ. mit engl. Ref.). — Für 12 Felder des Pulkowoer Katalogs außergalaktischer Nebel wurden photometrische Standards im internationalen System ermittelt. Die Aufnahmen erfolgten mit der Spiegel-Linsen-Kamera ASI-4. In jedem Feld wurden die Helligkeiten von 20 Sternen mit einem mittleren Fehler von $\pm 0^m\!.09$ bestimmt. Gleichzeitig wurden die photographisch-photometrischen Randfehler des Instruments untersucht. Ferner wird eine kurze Beschreibung eines neuen Mikrophotometers (MF-6) gegeben. Loh.

9412. **S. Grudzińska,** Photovisual stellar magnitudes in the Sagitta field. Studia Soc. Sci. Toruń (F) **1** Nr. 3 S. 1—59 = Bull. Astr. Obs. Toruń Nr. 15. — In einem Feld von 16 Quadratgrad, Zentrum $\alpha = 19^h\,39^m$, $\delta = +17°\!.7$, werden photovisuelle Helligkeiten im internationalen System für 6053 Sterne gegeben. Der Katalog ist praktisch vollständig bis $13^m\!.0$. Bahner

9413. **A. R. Hogg,** Photometric observations of 244 bright stars. Mt. Stromlo Obs. Mimeogram Nr. 2, 16 S.

9414. **B. Iriarte,** Photoelectric study of blue stars near the north galactic pole. ApJ **127** 507—510 = Contr. McDonald Obs. Nr. 280. — Photoelektrische Messungen im U, B, V-System von 37 blauen Sternen, welche Iriarte und Chavira (Bol. Tonantzintla y Tacubaya Nr. 16, vgl. AJB **57** Ref. **9405**) in der Nähe des galaktischen Nordpols gefunden hatten, werden mitgeteilt. In der kurzen Diskussion der Ergebnisse wird geschlossen, daß die Natur dieser Objekte ungeklärt ist. Micz.

9415. **H. L. Johnson,** The intrinsic colors of early-type stars. Lowell Obs. Bull. **4** 37—46. — Eine von Johnson und Morgan (AJB **53** Ref. **9407**) angegebene Methode zur Bestimmung der Verfärbung von Hauptreihensternen frühen Typs wird auf Grund neueren Beobachtungsmaterials geringfügig modifiziert unter Berücksichtigung der Abhängigkeit der Verfärbung vom Spektraltyp. Die resultierende Beziehung zwischen den beobachteten und wahren Farbenindizes wird in Form eines Nomogramms wiedergegeben. Sodann werden für eine Anzahl von Überriesen in der Umgebung des Doppelhaufens im Perseus wahre Farben abgeleitet, die von denen der Hauptreihensterne gleichen Spektraltyps verschieden sind. Kdr.

9416. **J. Kleczek,** Helligkeit, Farbe und Spektrum der Sterne. Rozhledy **36** 123—128 (tschech.).

9417. **I. M. Kopylow,** Normal colour indices of O, B and A stars. Mitt. Astrophys. Obs. Krim **18** 41—54 (russ. mit engl. Ref.). — Bei der Ausarbeitung einer zweidimensionalen Spektralklassifikation der O, B, A-Sterne wurden genaue Absoluthelligkeiten für Standardsterne benötigt, für die zwecks Berücksichtigung der interstellaren Absorption zunächst normale Farbenindizes gebraucht wurden. Die Untersuchung ergab, daß sowohl für das C_1-System von Stebbins, Huffer und Whitford als auch für das U-, B-, V-System von Johnson und Morgan Verbesserungen anzubringen sind. Auf verschiedene Weise, besonders nach der «zweiten» Methode von N. F. Florja (Publ. Sternberg-Inst. **16**, 4) und aus den hellsten Sternen, wurden mit gut übereinstimmenden Ergebnissen mittlere normale Farbenindizes gewonnen, die in Tabellen und Diagrammen mit den früheren Systemen verglichen werden. Die Untersuchung erstreckt sich auf Sterne der Klassen O5–O9V, B0V—A7V sowie Überriesen O9–A5 in Assoziationen und Haufen, dabei im Zentralgebiet von h und χ Persei. Petri

9418. **T. A. Kotschlaschwili,** Photovisual magnitudes and colour indices of the stars in the galactic centre direction. Bull. Astrophys. Obs. Abastumani Nr. 22 S. 67—92 (russ. mit engl. Ref.). — Verf. hat für 1685 Sterne in einem Gebiet von 200 Quadratgraden (Mittelpunkt $\alpha = 17^h 32^m$, $\delta = -25°$) photovisuelle Größen bestimmt (mittlerer Fehler $\pm 0^m.06$). Auf Grund der von Wallenquist für dieses Gebiet bestimmten photographischen Größen werden Farbenindizes abgeleitet. Für sechs Teilgebiete wurde die Abhängigkeit des Farbenexzesses von der Entfernung untersucht. Ond.

9419. **G. E. Kron,** Three-color photoelectric observations of the intrinsically faintest star known. Publ ASP **70** 102—106 = Contr. Lick Obs. (2) Nr. 87. — Ref. in Sterne **35** 40—41. — Lichtelektrische Beobachtungen des schwachen Begleiters von BD +4° 4048 am Crossley-Reflektor ergaben folgende Helligkeiten und die durchschnittlichen Abweichungen: $P = 20^m.11 \pm 0^m.13$, $V = 17^m.78 \pm 0^m.10$, $I = 12^m.40 \pm 0^m.04$. Verf. leitet daraus eine Farbtemperatur von etwa 1500° K ab, bemerkt aber dazu, daß das Auftreten der TiO-Banden eine höhere Temperatur, mindestens für Teile der Oberfläche, erwarten läßt. Zur Messung der an der Grenze der Reichweite liegenden Helligkeiten P und V werden einige Einzelheiten mitgeteilt. O. G.

9420. **G. E. Kron,** Color excesses from six-color photometry of supergiant stars. Publ ASP **70** 561—580. — Die neuen Sechs-Farben-Helligkeitsmessungen am Lick-Observatorium, die mit einem im Infrarot empfindlichen Multiplier von Lallemand durchgeführt wurden, erweitern die früheren Beobachtungen von Stebbins und Whitford auf eine Gesamtzahl von 139 Überriesen bis zum Spektraltyp K5. Ungerötete Farben, die den Temperaturen entsprechen, wurden aus der Diskussion von Rötungslinien in einem Farbendifferenzen-Diagramm gewonnen. Die Farbenexzesse bis zu K0-Sternen sind auf das *P*, *V*-System umgerechnet worden. O. G.

9421. **A. Lisicki,** Photovisual stellar magnitudes in the Sagitta-Aquila field. Studia Soc. Sci. Toruń (F) 1 Nr. 3 S. 118—135 = Bull. Astr. Obs. Toruń Nr. 15. — Das Feld hat sein Zentrum bei $\alpha = 19^h\,27^m\!.5$, $\delta = +15\overset{\circ}{.}0$ und überdeckt 12 Quadratgrad. Gegeben werden die Helligkeiten von 1694 Sternen, wobei Vollständigkeit bis $12^m\!.8$ erreicht wurde. Bahner

9422. **M. Lunel,** Indices de couleur infrarouges d'étoiles brillantes de différents types spectraux. CR **247** 1440—1443 = Publ. Obs. Haute-Provence **4** Nr. 29. — Nach Messungen mit einer PbS-Zelle in Verbindung mit dem 120 cm-Reflektor in Haute-Provence werden für 24 Sterne heller als 8. Größe und mit verschiedenen Spektraltypen die infraroten Farbenindizes ($m_V - m_{IR}$) mitgeteilt. Der infrarote Bereich wird dabei durch Filterkombinationen mit Durchlaßbereichen $\lambda > 0.72\,\mu$, $\lambda > 0.74\,\mu$, $\lambda > 0.90\,\mu$ und $2.5\,\mu > \lambda > 1.8\,\mu$ definiert. Mehltretter

* * **J. J. Nassau, V. M. Blanco,** M-type stars and red variables in the galactic center. Vgl. Ref. **12163**.

9423. **A. B. Numerowa,** A catalogue of the spectra, photographic magnitudes and colour indices of 5000 stars in Cygnus in an area of 6° × 6° with the centre at $\alpha_{1950} = 20^h\,05^m$, $\delta_{1950} = +36°$. Mitt. Astrophys. Obs. Krim **19** 230—340 (russ.).

9424. **K. Osawa,** On colors of metallic-line stars. Publ. Astr. Soc. Japan **10** 102—103 = Tokyo Astr. Obs. Repr. Nr. 172. — Von 20 Metalliniensternen wurden lichtelektrisch Farben im UBV-System von Johnson gemessen, aus denen sich für diese Sterne, verglichen mit normalen Hauptreihensternen, eine merkliche Depression im UV ergibt. Kdr.

9425. **I. I. Pronik,** Spectral classes, stellar magnitudes and colour indices of 3915 faint stars in an area with the centre $\alpha = 18^h\,10^m$, $\delta = -15°\,0'$ (1950). Mitt. Astrophys. Obs. Krim **20** 208—298, **21** 276—277 (russ. mit engl. Ref.). — Der Katalog wurde aus 18 Objektivprismenaufnahmen erhalten und reicht bis $12^m\!.2$. Photographische Sternkarten des bearbeiteten Gebiets: $17^h\,56^m < \alpha < 18^h\,30^m$; $-10°\,30' > \delta > -19°\,0'$ (1950) sind beigefügt. Petri

9426. **E. A. Ralston, R. H. Stoy,** Photographic magnitudes for stars in the southern Selected Areas. MN ASSA **17** 12—16. — Für 1320 Sterne in S. A. 188—199 ($\delta = -60°$) wird ein Vergleich der in Johannesburg gemessenen Helligkeiten (Ann. Sterrewacht Leiden **21** 115, AJB **57** Ref. **9410**) mit denen des Cape Photographic Catalogue 1950.0 durchgeführt. Die mittlere Differenz nach Korrektion für eine lineare Farbgleichung ist $0^m\!.056$, die durchschnittliche Nullpunktsdifferenz für die 12 Felder $0^m\!.018$. Für die Umwandlung der Leiden-Helligkeiten in SPg, IPg und B werden Korrektionen als Funktion des Potsdamer Spektraltyps gegeben. Bahner

9427. **J. Rousseau, F. Spite,** Carte de la séquence polaire Nord et de la région du pôle 1950. Contr. Labor. Astr. Lille Nr. 9, 7 S. mit 2 Karten. — Eine «stumme» und eine beschriftete Karte großen Maßstabes (1° ≈ 150 mm) enthalten alle Sterne bis 13^m photographisch in einer weiteren Umgebung des Pols sowie alle bis $15^m\!.5$ in einem Kreis von 34′ Durchmesser um den Pol von

1950. Genäherte rechtwinklige Koordinaten und Korrespondenzlisten für verschiedene Kataloge erleichtern die Identifizierung der Sterne. Bahner

9428. **K. H. Schmidt,** Bemerkungen zum UBV-System. Mitt. AG 1957/I S. 40—41. — Ref. AG.

9429. **R. H. Stoy,** Photoelectric three colour magnitudes for 436 southern stars. MN ASSA **17** 142—153. — Unter den am 24″-Victoria-Refraktor beobachteten Sternen heller als 10^m visuell sind vor allem Sterne großer Parallaxe, A-Sterne am galaktischen Südpol und B-Sterne enthalten. Gegeben werden V- und S′Pg-Helligkeiten sowie Farbenindizes B—V, S′CI und Cape U—B (diese im natürlichen System des Photometers am Refraktor im Zenit). Die inneren mittleren Fehler der Katalogwerte (Mittel aus mindestens vier Beobachtungen) sind kleiner als $0^m.01$. Bahner

* * **K. A. Strand,** Stellar motions in the Orion nebula cluster. Vgl. Ref. **12222**.

9430. **W. G. Tifft,** A system of three-color photometry, with applications to galactic structure in Cygnus. AJ **63** 127—145. — Ein Dreifarbensystem für lichtelektrische und photographische Photometrie, ähnlich dem System von W. Becker, wird in seinen Eigenschaften und Beziehungen zu anderen photometrischen Systemen diskutiert. Die Anwendung des Systems auf die galaktischen Haufen NGC 6910 und NGC 6913 erlaubte eine Trennung der stark geröteten frühen Haufensterne von den Vordergrundsternen, die Bestimmung der Entfernungen der Haufen (beide haben zwei Konzentrationszentren, die bei NGC 6910 sehr deutlich getrennt sind) und der Absorptionsverhältnisse. Die Beobachtungen weniger Sterne von NGC 663 sprechen für die Lage dieses Haufens im Perseus-Spiralarm der Milchstraße. O. G.

9431. **T. A. Uranowa,** Untersuchung der Sterne im Gebiet von S Monocerotis. Publ. Astr. Sternberg-Inst. **29** 71—177 (russ.). — Inhalt: Die Gewinnung des Beobachtungsmaterials, S. 77—81; die Bestimmung der Helligkeiten und Farbenindizes, S. 82—90; die veränderlichen Sterne, S. 91—103; das scheinbare Farben-Helligkeitsdiagramm, S. 104—126; Untersuchung der Sternbewegungen im S Mon-Gebiet, S. 127—133; einige allgemeine statistische Schlußfolgerungen, Erörterung der Altersmerkmale und der möglichen Entwicklungswege der Sterne des Haufens, S. 134—140; Schlußfolgerungen, S. 140—142; Ergänzungen, Literatur, Tabellen, Karten, S. 142—177. Loh.

9432. **G. L. Vandervort,** The magnitudes, colors, and motions of stars of the spectral class R. AJ **63** 311 (Ref. AAS), 477—483 = Publ. Leander McCormick Obs. **11** Part. 17. — Die Helligkeiten und Farben von 98 R-Sternen wurden am McCormick Observatorium photoelektrisch gemessen. Der Spektraltyp dieser Sterne wurde nach eigenen Kriterien neu bestimmt. Eigenbewegungen wurden teils Katalogen entnommen, teils durch Kombination neuer Aufnahmen mit bekannten älteren Positionen verschiedener Herkunft abgeleitet. Die statistische Verarbeitung des Materials zeigt ein Wachsen des Farbenindex von den frühen zu den späten Typen der Unterklasse, wobei bekannte veränderliche Sterne merklich röter gefunden werden als Nichtvariable. Säkulare Parallaxen zeigen, daß die späten Typen eine größere absolute Helligkeit besitzen als die früheren. Die absoluten Helligkeiten der Veränderlichen scheinen sich nicht von den der späten R-Sterne ohne Lichtwechsel zu unterscheiden. Die erhaltenen Ergebnisse werden mit denen anderer Autoren verglichen. Schaifers

9433. Standard magnitudes in the E regions. The 1958 S′ system. Cape Mimeogram Nr. 5, 24 S.

§ 95

Spektrum

9501. **H. A. Abt,** Line broadening in high-luminosity stars. II. Less luminous supergiants. ApJ **127** 658—666 = Contr. McDonald Obs. Nr. 283. — Verf. diskutiert verschiedene Ursachen für eine Linienverbreiterung im Spektrum von Ib-Überriesen. Makroturbulenz läßt sich von Rotationseffekten kaum unterscheiden. Ein Magnetfeld von 3800 Gauß verursacht keine Verbreiterung der Linie λ 4508 des Fe II, täuscht jedoch erhöhte Fe II-Häufigkeit vor. Als mittlere Rotationsgeschwindigkeit in Blickrichtung werden 17 km/sec gefunden. Aus der Verteilung der Rotationsgeschwindigkeiten geht hervor, daß eine Entscheidung über den Verlust an Drehmoment während der Entwicklung der Ib-Sterne nicht getroffen werden kann. Micz.

* * **A. Alksnis,** Bestimmung der Größen, Farbenindizes und Spektralklassen von Sternen im Gebiet um $\alpha_{1950} = 21^h 24^m$, $\delta_{1950} = +58^\circ\!.5$. Vgl. Ref. **9401**.

9502. **L. H. Aller, J. Jugaku,** The atmospheres of the B stars. V. The spectrum of Gamma Pegasi. ApJ **127** 125—142. — Wellenlängen und Identifizierungen einer großen Anzahl von Linien im Spektrum des B-Sterns γ Peg zwischen λ 3975 Å und λ 6738 Å auf Grund von Coudé-Spektrogrammen werden mitgeteilt. Für einen großen Teil der Linien wurden auch die Äquivalentbreiten gemessen. Änderungen der Linienprofile oder der Äquivalentbreite mit der Phase des Lichtwechsels dieses β Canis majoris-Sterns wurden nicht bemerkt. Micz.

9503. **I. Atanasijevič, D. Chalonge,** Classification de quelques étoiles dans les amas Ori I, NGC 2264 et dans les Pléiades. JO **41** 97. — Für insgesamt 12 Sterne der drei Sternhaufen werden vorläufige Werte der Parameter im System der Pariser dreidimensionalen Spektralklassifikation gegeben, dazu die entsprechende MK-Klassifikation. Zwei Sterne sind Unterriesen, die übrigen gehören der Hauptreihe an. O. G.

* * **J. D. R. Bahng,** Multicolor photoelectric photometry of stars with composite spectra. Vgl. Ref. **9404**.

9504. **M. K. V. Bappu,** Physical conditions in Wolf-Rayet atmospheres. Bull. National Inst. Sci. India Nr. 9 S. 155—162 = Uttar Pradesh State Obs. Repr. Nr. 1. — Es wird eine kritische Diskussion der gegenwärtigen Kenntnisse durchgeführt und besonderer Nachdruck auf die Beobachtungen an Bedeckungsveränderlichen gelegt. Es werden auch die Anomalien der chemischen Zusammensetzung und die verschiedenen Theorien über Struktur und Entstehung der Gashülle behandelt. v. Hoerner

9505. **M. Barbier,** Etude spectrale de 401 étoiles situées dans la constellation du Cygne. CR **246** 380—383 = Publ. Obs. Haute-Provence **4** Nr. 9. — Die Spektraltypen von 401 in zwei je 24 Quadratgrad großen Feldern um P Cyg und 28 Cyg werden auf Grund von Aufnahmen mit dem Fehrenbachschen Objektivprisma durch Vergleich mit dem Keenan-Morgan-Atlas bestimmt. Die Klassifikationsergebnisse sind mit denen anderer Autoren in weitgehender Übereinstimmung, wie ein Vergleich mit Hilfe verschiedener doppelt klassifizierter Sterne zeigt. Mehltretter

9506. **A. A. Bojartschuk,** Spektralphotometrische Untersuchung der Be-Sterne. Leningrad, Astr. Hauptobs., 1958 (russ.). — Dissertationsreferat.

9507. **W. K. Bonsack,** Wavelength variations in the spectrum of 56 Arietis. Publ ASP **70** 90—97. — A. J. Deutsch hatte Intensitätsänderungen von Linien im Spektrum von 56 Ari gefunden und mit dem Modell eines schiefen Rotators mit Flecken von stärkerer Emission erklärt. Die RG-Messungen des Verf., die für Si II-Linien, He I λ 4026 und Wasserstofflinien getrennt diskutiert werden, entsprechen den Erwartungen des Modells; sie zeigen aber auch, daß die Variationen komplizierter sind. O. G.

* * **E. S. Brodskaja, P. F. Schajn,** Spectra and photographic magnitudes of 3340 stars in Perseus. Vgl. Ref. **9407**.

9508. H. E. Butler, H. Seddon, Spectrophotometric measurements of early type stars. 5. Results and discussion for 20 stars of M. K. type B 2. Publ. Roy. Obs. Edinburgh **2** 113—184. — Ref. in MN **118** 93. — Im 5. Teil der Reihe werden aus Spektren — aufgenommen am 36 inch-Teleskop mit einer Dispersion von 132 Å/mm bei Hα, 46 Å/mm bei Hβ und 28 Å/mm bei Hγ — die Äquivalentbreiten von 69 Absorptions- und Emissionslinien bzw. Banden bestimmt. Es zeigt sich, daß die Summe der Äquivalentbreiten von Linien bestimmter Ionen, hauptsächlich von N II, O II, Si III, als quantitatives Leuchtkraftkriterium benutzt werden kann. Untersuchungen der im Programm vorhandenen Emissionsliniensterne ergeben, daß mit Hα in Emission auch Linien von He I, He II, Fe II, Mg II, C II eine Tendenz zur Emission aufweisen. Der beigefügte Atlas gibt die mittleren B2-Spektren von Überriesen und von Zwergen mit und ohne H-Emissionen. Bekannte interstellare Banden wurden vermessen. Bei $\lambda = 4890$ Å wird eine weitere interstellare Bande vermutet. Oetken

* * **R. Cayrel,** Observations et étude théorique du spectre de ζ Per. Vgl. Ref. **5107**.

9509. E. K. Charadse, R. A. Bartaja, Spektralklassifikation von Sternen in einigen Gebieten der Sternbilder Sagittarius, Cygnus und Cepheus sowie in der Umgebung der Haufen Tr 1 und NGC 6913. AC Nr. 192 S. 11—13 (russ.). — Das neue 70 cm-Meniskus-Teleskop mit einem 70 cm-Objektivprisma wurde zur Klassifikation von Sternspektren bis 13^m in einigen Milchstraßengebieten benutzt. In den ausgewählten Gebieten befinden sich einige von Schajn und Hase entdeckte Emissionsnebel sowie auch offene Sternhaufen mit Sternketten. Im Gebiet der Haufen NGC 6604 und 6611 wurden unter 400 Sternen 61 O—B2-Sterne entdeckt. In der Umgebung der Haufen Tr 1, bzw. NGC 6913 wurden unter 900, bzw. 1500 Sternen 71 bzw. 174 O—B2-Sterne gefunden. Im Haufen Tr 1 befindet sich eine enge Kette von O—B0-Sternen. In der Umgebung von NGC 6913 befinden sich auch fünf Wolf Rayet- und drei Be-Sterne. Ond.

9510. C. R. Cowley, A search for blue stars in high galactic latitudes. AJ **63** 484—487 = Publ. Leander McCormick Obs. **11** Part 18. — Untersuchung der Polkalotten $\pm 60°$ galaktischer Breite. Für 20 blaue Sterne werden gegeben: Spektraltyp, photoelektrische Helligkeit, Farbenindex, Eigenbewegung. In einer zweiten Liste sind weitere 73 Sterne vom Spektraltyp B0—A2 zusammengestellt. Zwei Sterne mit einer EB $> 0\overset{m}{.}1$ sind möglicherweise weiße Zwerge.

9511. D. L. Crawford, Two-dimensional spectral classification by narrow-band photometry for B stars in clusters and associations. ApJ **128** 185—206 = Contr. McDonald Obs. Nr. 287. — Mit dem 36-inch-Reflektor (McDonald) wurden photoelektrisch Intensitäten der Hβ-Linie gewonnen für B-Sterne bekannter MK-Typen und für B-Sterne in mehreren Haufen und Assoziationen. Nach Diskussion verschiedener Filter und einer Korrektion infolge der interstellaren Rötung wird eine zweidimensionale Klassifikation durchgeführt. Der Einfluß der Sternentwicklung wird untersucht und das Alter mehrerer Haufen und Assoziationen bestimmt. Verf. (übersetzt u. gekürzt)

9512. M. W. Dolidse, Sterne mit Hα in Emission. AC Nr. 193 S. 22—23 (russ.). — Betrifft BD +11°829, +11°820, −3°1646, −3°1641 und $6^h\,49\overset{m}{.}9$, −3°45′ (1900.0).

9513. M. W. Dolidse, M. W. Arakeljan, Über eine Gruppe von Sternen mit Wasserstoffemissionen in Ophiuchus. AC Nr. **194** S. 22 (russ.). — In den Gebieten um $\alpha = 16^h 17^m\!.0$, $\delta = -24° 40'$ und $\alpha = 16^h 29^m\!.0$, $\delta = -24° 20'$ fanden Verf. zahlreiche Sterne mit Hα in Emission. Es wird besonders darauf hingewiesen, daß sich die Sterne nur in einem kleinen Teil des untersuchten größeren Gebiets zusammendrängen. Bei sechs Sternen handelt es sich um T Tauri-Sterne. Loh.

9514. **M. W. Dolidse,** Über die mit Nebeln verbundenen Sterne mit Hα in Emission. AC Nr. 195 S. 13—15 (russ.). — Verf. teilt nach einer Durchmusterung des Bečvářschen Atlasses die Koordinaten von 35 Gebieten mit, in denen sich helle und dunkle Nebel (überlappend) vorfinden und in deren Nähe Sterne mit Hα in Emission vorkommen und weitere noch gefunden werden dürften. Loh.

9515. **M. W. Dolidse,** Spectrophotometry of four non-stable stars. Bull. Astrophys. Obs. Abastumani Nr. 23 S. 69—80 (russ. mit engl. Ref.). — Verf. untersuchte die Energieverteilung im kontinuierlichen Spektrum von P Cygni und drei Wolf Rayet-Sternen. Bei P Cygni wurden zeitliche Änderungen des Spektrums verfolgt. Verf. fand kleine, rasche und unregelmäßige Änderungen der spektralphotometrischen Temperatur, die von Zeit zu Zeit durch Änderungen der Intensität und Lage der Linienkomponenten begleitet waren. Plavec

9516. **M. W. Dolidse,** Remarks concerning the spectral measurements of the Be and P Cygni type stars. Bull. Astrophys. Obs. Abastumani Nr. 23 S. 81—89 (russ. mit engl. Ref.). — Verf. zeigt an im Laboratorium erzeugten Spektren, daß einige Besonderheiten der Spektren der Be- und P Cygni-Sterne auch durch photographische und physiologische Effekte erklärt werden können. Plavec

9517. **T. Elvius, U. Sinnerstad,** Spectrophotometric measurements of the sub-luminous blue star BD +75°325. Ark Astr **2** 189—194 = Stockholms Obs. Medd. Nr. 103. — Am Observatorium Stockholm wurden drei Spektrogramme von BD +75°325 mit einer Dispersion von 75 Å/mm aufgenommen, von denen zwei für die photometrische Auswertung geeignet sind. Das Spektrum zeigt kräftige He II-Linien, die durch Stark-Effekt verbreitert sind. Von 12 Linien wurden Äquivalentbreiten gemessen. Für den Versuch einer Bestimmung der Temperatur aus dem Intensitätsverhältnis von He I λ4471 und He II λ4542 dienten die O-Sterne λ Cep und S Mon als Vergleichssterne. Bei gleichzeitiger Berücksichtigung der Konturen der He II-Linien ergab sich eine Temperatur von etwa 60000°. O. G.

9518. **A.-M. Fringant,** Etude spectrophotométrique de deux étoiles O très bleues. JO **41** 98—99. — Die am Observatorium von Haute-Provence aufgenommenen Spektrogramme zweier heißer Subzwerge des galaktischen Halo zeigen praktisch keinen Balmersprung, einige schwache Balmer-Linien aber starke He II-Linien. O. G.

9519. **L. S. Galkin,** An investigation of A and F type stars with an anomalous intensity of metallic lines. IV. Spectrophotometry of 60 Leonis. Mitt. Astrophys. Obs. Krim **19** 187—188 (russ. mit engl. Ref.). — Eine Untersuchung von 60 Leo bestätigte das frühere Ergebnis, wonach die chemische Zusammensetzung von Metallinien-Sternen am linken Rande ihrer Sequenz (im Gebiet A4—A6) von der chemischen Zusammensetzung der Hauptreihensterne weniger abweicht als am anderen Rande (Spektralbereich F0—F6). Petri

* * **J. E. Geake, W. L. Wilcock,** Exploration de raies spectrales stellaires en inclinant un interféromètre Fabry-Pérot. Vgl. Ref. 2226.

9520. **J. L. Greenstein, P. C. Keenan,** Abundances of metals, CN, and CH in giant stars. ApJ **127** 172—190 = Contr. Perkins Obs. (1) Nr. 50. — Äquivalentbreiten von 63 Atom- und Moleküllinien im Spektrum von 16 Riesen des Spektralbereichs G4—K0, von denen 12 Sterne hoher Geschwindigkeit oder Sterne mit spektralen Besonderheiten sind, wurden auf Coudé-Spektrogrammen gemessen. Es wird gefunden, daß sieben Sterne hoher Geschwindigkeit gegenüber normalen Riesen eine geringere Häufigkeit an Metallen und CN aufweisen. Der CH-Gehalt ist normal. Ein Schnelläufer gehört zur Population I und zeigt normale Häufigkeiten. Vier Objekte mit spektralen Eigentümlichkeiten besitzen ungewöhnliche Häufigkeiten von CH, CN und C. Micz.

9521. **J. L. Greenstein, G. Wallerstein,** The helium-rich star, Sigma Orionis E. ApJ **127** 237—240. — Das Spektrum von σ Ori E (HD 37479) wird beschrieben. Es zeichnet sich durch sehr kräftige Absorptionslinien und eine Absorptionskante des Heliums aus. Verf. kommen zu dem Schluß, daß es sich um einen Hauptreihenstern großer Masse handelt. Micz.

9522. **K. Gyldenkerne,** Photoelectric spectral classification of G and K stars. I. Classification indices k, n and g measured for 258 bright stars. Discussion of the measurements. Ann d'Astrophys **21** 26—66 = Publ. Københavns Obs. Nr. 175. — Die früheren Beobachtungen von Strömgren und Verf. zur lichtelektrischen Spektralklassifikation von G- und K-Sternen aus drei charakteristischen Intensitätsverhältnissen (AJB **55** Ref. **9564**) sind fortgesetzt und erweitert worden. In dieser Arbeit wird die Reduktion der Messungen aus verschiedenen Zeitabschnitten auf ein homogenes System diskutiert. Dabei wird die Genauigkeit der Messungen neu untersucht. In einem Katalog werden für die beobachteten Sterne verbesserte Werte der gemessenen Indizes mitgeteilt und dazu die aus anderen Veröffentlichungen entnommene Klassifikation im MK-System. O. G.

9523. **K. Gyldenkerne,** Photoelectric spectral classification of G and K stars. II. Discussion of the indices k, n and g. A method for the determination of accurate intrinsic colour indices. Ann d'Astrophys **21** 77—97 = Publ. Københavns Obs. Nr. 175. — Die gemessenen Indizes der lichtelektrischen Spektralklassifikation werden auf ihre Brauchbarkeit zur Bestimmung von absoluten Helligkeiten und Farbenexzessen geprüft. Dazu werden die Beziehungen der Indizes zum MK-System und zu Farbenindizes untersucht sowie gegenseitige Abhängigkeiten der Indizes und ihre Beziehung zu spektralphotometrischen Äquivalenten von Westerlund. Bisher wird nur der Bereich von G8—K3 erfaßt. Zur Verbesserung der Methode wird die Hinzunahme eines weiteren Helligkeitskriteriums vorgeschlagen. O. G.

9524. **M. Hack, T. Tamburini,** Ricerche sulle stelle A peculiari. Lo spettro di α^2 C Ven nel marzo 1954. Mem SA It (NS) **29** 165—176 = Contr. Oss. Astr. Milano-Merate (NS) Nr. 127. — Die Ergebnisse aus 12 eigenen im Jahr 1954 am 120 cm-Reflektor von Asiago erhaltenen Spektrogrammen werden mit früheren anderer Beobachter zusammengestellt und verglichen. Für die Intensitätsänderungen der Linien von Si II, Cr II, Eu II, Gd II und Ca II wird eine gute Übereinstimmung gefunden; für die Linien Fe II, Mg II und Sr II weichen die Ergebnisse der Autoren voneinander ab. Der Spektraltyp von α^2 CVn entspricht wahrscheinlich B8 V. Bemerkenswerte Merkmale des Spektrums sind: Eine große Anzahl schwacher Metall-Linien und seltener Erden, die hohe Intensität der Si II-Linien und die außerordentlich schwache K-Linie. Cester

9525. **M. Hack,** Studio spettrofotometrico di 12 Lacertae. Mem SA It (NS) **29** 207—216 = Contr. Oss. Astr. Milano-Merate (NS) Nr. 128. — Quantitative Untersuchung des Sterns 12 Lac aus einer Reihe von in Merate 1956 Sept. 11—12 aufgenommenen Spektren. Ergebnisse: $T_{\text{ion}} = 22500°$ K, log $P_e = 2.70$, log $g = 4.23$, log H/He = 1.42. Spektraltyp: B2 V. Auf Intensitätsänderungen der Linien und auf das Verhalten der Linien von He I wird hingewiesen. Cester

9526. **M. Hack,** Ricerche sulle stelle A peculiari. Analisi quantitativa di β Coronae Borealis. Mem SA It (NS) **29** 263—284 = Contr. Oss.

Astr. Milano-Merate (NS) Nr. 129. — Enthält die Ergebnisse der quantitativen Untersuchung von β CrB. Ein Vergleich mit der Sonne und α^2 CVn wird durchgeführt. Aus den Profilen von Hγ und Hδ wird ein Atmosphärenmodell mit $\Theta_0 = 0.6$ und $\log g = 4.5$ erhalten; es folgen aus der Formel von Holtsmark $\log P_e = 2.80$, aus dem Spektrum der Metallinien aber $\log P_e = 1.70$, ferner $T_{exc} \cong T_{ion} \cong 8000°$ K und für die Opazität $\log k = -0.30$. Die Unterschiede der Ergebnisse aus den Metall- und Balmer-Linien geben einen Hinweis auf eine Schichtenbildung der Elemente. Die Werte der Mikroturbulenz schwanken zwischen 4—20 km/sec. Normale Häufigkeiten zeigen Mg, Ca, Sc, V und Ni. Einige seltene Erden besitzen eine 1000mal größere Häufigkeit; anomal sind auch Ti, Fe mit einem Häufigkeitsfaktor (7), Cr (30), Sr (40) und Zr (90). Cester

9527. **M. Hack, T. Tamburini,** Ricerche sulle stelle A peculiari: Studio di HD 224801. Mem SA It (NS) **29** 507—519. — Enthält die Ergebnisse der spektrographischen Untersuchung von HD 224801. Die außerordentlich großen Intensitäten der Si II- und Sr II-Linien sind die Hauptmerkmale des Spektrums dieses Sterns. Der wahrscheinlichste Typ dürfte A0 V sein. Die Schwankungen der Linienintensitäten und Radialgeschwindigkeiten werden innerhalb der Periode der Lichtkurve, die 3ᵈ74 beträgt, untersucht. Die gefundenen Erscheinungen können mit Ausnahme der Schwankungen der Linienintensitäten nach der Fleckenhypothese von Deutsch verstanden werden. Cester

9528. **M. Hack,** Strengthening of the emission spectrum of ζ Tauri. Publ ASP **70** 114.

* * **L. Haser,** Quelques nouvelles bandes émises par la flamme oxyacétylénique. Vgl. Ref. 221.

9529. **A. van Hoof, A. Blaauw,** The behavior of Theta Ophiuchi during four cycles in April, 1956. ApJ **128** 273—286 = Contr. McDonald Obs. Nr. 289. — Messungen von Radialgeschwindigkeiten, die auf 152 in vier aufeinanderfolgenden Nächten erhaltenen McDonald-Spektrogrammen vorgenommen wurden, zeigen zyklische Veränderungen mit einer Periode von $3^h\,22^m$. Diese Schwankungen werden von sekundären Wellen gestört. Während der Geschwindigkeitsmaxima treten Emissionslinien des Ca II, He I und Mg II auf. Neben sämtlichen Einzelbeobachtungen sind zahlreiche Geschwindigkeitskurven wiedergegeben. Beyer

9530. **F. Janák,** Spectral classification of stars. RH **39** 54—59 (tschech.).

9531. **M. Karpowicz,** Próby nowej klasyfikacji gwiazd. Urania Kraków **29** 107—115. — Nach einer Beschreibung der Harvard-Klassifikation werden die Grundsätze der zweidimensionalen Klassifikation von Morgan-Keenan sowie der von Chalonge und Divan vorgeschlagenen dreidimensionalen Klassifikation behandelt. Rybka

* * **J. Kleczek,** Helligkeit, Farbe und Spektrum der Sterne. Vgl. Ref. **9416**.

9532. **B. Kleman,** The blue-green bands in the spectra of N-type stars. Arkiv Fys. **13** 272. — Ref.

9533. **I. M. Kopylow,** The equivalent widths of absorption lines in the spectra of 109 O 5—B 7 stars. Mitt. Astrophys. Obs. Krim **20** 123—155 (russ. mit engl. Ref.). — Mit dem großen Spektrographen des 120 cm-Reflektors des Krim-Observatoriums (75 Å/mm bei Hγ) wurden die Spektren von 109 O5—B7 Sternen aufgenommen. Die Äquivalentbreiten für alle H- und He-Linien sowie auch für viele O, Si, N, C, Mg- und Ca-Linien im Bereich 3700—5000 Å wurden bestimmt und mit den Angaben anderer Autoren verglichen. Die Ursachen systematischer Differenzen werden diskutiert. Verf. ist der Ansicht, daß die Dispersion 30—70 Å/mm erfolgreich zur Bestimmung von Äquivalentbreiten benutzt werden kann. Ond.

9534. **V. Kourganoff,** Les étoiles chaudes à raies d'émission. BSAF **72** 113—117, 151—156. — Überblick über die wesentlichsten beobachteten Eigenschaften der Be- und P Cygni-Sterne und über Modellvorstellungen zu ihrer Interpretation. Kdr.

9535. **I. D. Kupo,** Relative Photometrie des kontinuierlichen Spektrums von φ Persei. AC Nr. 191 S. 13—14 (russ.). — In dieser vorläufigen Notiz teilt Verf. mit, daß der spektralphotometrische Gradient des Sterns veränderlich ist, und daß Änderungen sogar innerhalb von 10 Minuten beobachtet worden sind. Die Schärfe der Wasserstoffabsorptionslinien ist ebenfalls veränderlich; die von Ludendorff gefundene Phasenverschiebung der Schärfe wird bestätigt. Loh.

9536. **I. D. Kupo,** Untersuchung des kontinuierlichen Spektrums von χ Ophiuchi. AC Nr. 198 S. 9—11 (russ.).

9537. **J. Lemmens,** Sur la corrélation décelée entre la constante de l'aberration et le type spectral des étoiles. Bull. Cl. Sci. Acad. roy. Belgique (5) **44** 129—133 = Inst. Astr. Bruxelles (2) Nr. 111. — Zur Frage der Korrelation zwischen dem Wert der Aberrationskonstante und dem Spektraltyp der benutzten Sterne wird festgestellt, daß zu ihrer Erklärung der Einfluß des sekundären Spektrums der Objektive nicht ausreicht, sondern noch mannigfache andere Ursachen in Betracht zu ziehen sind. Böh.

9538. **G. Mannino,** Intensities of isotopic carbon bands in the spectra of twelve N-type stars. Ann d'Astrophys **21** 67—68 = Oss. Astr. Padova Comun. e rassegne Nr. 7. — In den Jahren 1953 bis 1957 wurden am Astrophysikalischen Observatorium Asiago mit einem Zwei-Prismen-Spektrographen (Dispersion 58 Å/mm bei λ 4737) im Cassegrain-Fokus des 120 cm-Teleskops kalibrierte Spektren der C_2-Swan-Bande von 12 N-Sternen gewonnen (Belichtungszeiten 1 bis 6 Stunden). Infolge der geringen Auflösung konnten nur integrierte Äquivalentbreiten ganzer Äste gemessen werden, und zwar für die 1—0-Übergänge λ 4737 C^{12} C^{12}, λ 4744 C^{12} C^{13}, λ 4752 C^{13} C^{13}. Unter der Voraussetzung, daß die relativen Molekülzahlen C^{12} C^{12} : C^{12} C^{13} : C^{13} C^{13} $= a^2 : 2a : 1$ sind, wurden daraus Werte der relativen Häufigkeit a von C^{12} : C^{13} abgeleitet. Die für die untersuchten 12 Sterne erhaltenen mittleren Werte von a liegen zwischen 1.7 und 4.1 und sind damit in guter Übereinstimmung mit Ergebnissen anderer Autoren. Jäger

9539. **G. Mannino,** Intensità delle bande isotopiche del carbonio negli spettri di dodici stelle della classe N. Mem SA It (NS) **29** 31—39 = Contr. Oss. Astrofis. Asiago Nr. 88. — Verf. gibt einen geschichtlichen Überblick über die Untersuchungen des Häufigkeitsverhältnisses C^{12} : C^{13} in den Atmosphären von R- und N-Sternen. Es werden dann nach der Methode von McKellar die relativen Intensitäten der Haupt- und Isotopen-Banden der Übergänge 1—0 (λ 4737 C^{12} C^{12}, λ 4744 C^{12} C^{13}, λ 4752 C^{13} C^{13}) des C_2 Swan-Systems für 12 N-Sterne aus Beobachtungen in Asiago gegeben. Die Ergebnisse stehen in guter Übereinstimmung mit denen, welche McKellar für einige R-Sterne erhalten hat. Cester

9540. **G. Mannino, J. Humblet,** Osservazioni spettrofotometriche di alcune stelle della classe spettrale Of. II. Ric. Sci. **28** 1199—1204 = Contr. Oss. Astrofis. Asiago Nr. 89 = Inst. d'Astrophys. Univ. Liège Coll. 8° Nr. 398. — Verf. veröffentlichen die Ergebnisse der Messungen an 38 Spektren, erzielt im Zeitraum 1955—56, die sich auf die Sterne HD 108, HD 34656, HD 188001, HD 190429, HD 192639, die alle zur Spektralklasse Of gehören, beziehen. Vor allem wurde die Variabilität einiger Emissionslinien bestätigt. Es scheint außerdem, daß die Intensitätsschwankungen der Linie λ 4686 des He II von gleichzeitigen Schwankungen der Absorptionslinien des Wasserstoffs und Heliums begleitet werden. Letzteres folgt aus dem Vergleich zwischen den verschiedenen quantitativen Messungen an Spektren mittlerer Dispersion; es erscheint daher zweckmäßig zu warten, bis die Untersuchung von Spektren mit höherer Dispersion eine weitere Bestätigung bieten wird. Verf.

9541. **G. A. Manowa,** Neue Emissionssterne im Orion. AC Nr. 191 S. 12—13 (russ.). — Verf. untersucht mit einem 70 cm-Fernrohr mit Objektivprisma und Rotfilter die H II-Gegend bei λ Ori. 32 Sterne mit Hα-Emission wurden neu gefunden. Eine dichte Gruppe von 11 solchen Sternen liegt bei FU Ori; wahrscheinlich bildet sie ein System mit der schon früher bekannten Gruppe von 31 Emissionssternen bei CO Ori. Plavec

9542. **D. B. McLaughlin,** Spectral variations of the Be star HD 20336. AJ **63** 51—52. — Ref. AAS.

9543. **E. E. Mendoza V.,** A spectroscopic and photometric study of the Be stars. ApJ **128** 207—218 = Contr. McDonald Obs. Nr. 288. — Von den Sternen mit Mount Wilson-Typen zwischen B0 und B5 werden diejenigen untersucht, die heller als 8.6 Größenklassen sind, nördlich von $\delta = -20°$ liegen, und eine Leuchtkraftklasse geringer als I haben. Für 175 dieser so ausgewählten 182 Sterne werden MK-Typen bestimmt. Die Häufigkeit zeigt ein starkes Maximum bei B2, das nicht durch Auswahleffekte zu erklären ist. Beobachtungen im UBV-System werden durchgeführt und der Ultraviolettexzeß untersucht. Die Festlegung von absoluten Helligkeiten zeigt, daß die B1e- bis B2.5e-Sterne sich zur Bestimmung von Entfernungen eignen. Diese Sterne sind nicht in Assoziationen konzentriert, sondern liegen verstreut innerhalb des Spiralarms, in dem sich die Sonne befindet. v. Hoerner

9544. **G. R. Miczaika, M. J. S. Wade,** Doppler motions in the atmosphere of 8 Comae. ApJ **127** 143—147 = Harv Repr Nr. 484. — Messungen der Halbwerts- und Äquivalentbreite von Linien im Spektrum des Metallinien-Sterns 8 Com werden nach einem von Huang und Struve entwickelten Verfahren diskutiert. Die Geschwindigkeit der kleineren Turbulenzelemente ergibt sich zu 6.9 km/sec, etwas größer als aus der Wachstumskurve (4.8 km/sec); die Geschwindigkeit der kleinen und großen Turbulenzelemente beträgt etwa 10 km/sec. Micz.

9545. **E. R. Mustel, L. S. Galkin, R. N. Kumajgorodskaja, M. E. Bojartschuk,** A quantitative spectral classification of F0—K5 stars with well determined distances. Mitt. Astrophys. Obs. Krim **18** 3—37 (russ. mit engl. Ref.). — Es wird über eine quantitative Spektralklassifikation von 81 Sternen berichtet, die auf Äquivalentbreiten einer großen Anzahl von Absorptionslinien beruht. Die Spektren haben eine Dispersion von 72 Å/mm bei Hγ und wurden mit dem 122 cm-Spiegelteleskop auf der Krim aufgenommen. Die Beziehung zwischen Linienbreite und Spektralklasse wurde sukzessiv verbessert. Verf. schließen, daß die verläßlichste Klassifikation auf die Verhältnisse der Äquivalentbreiten von Metall- und Wasserstofflinien gegründet werden kann. Perek

* * **J. J. Nassau, V. M. Blanco,** M-type stars and red variables in the galactic center. Vgl. Ref. **12163**.

9546. **A. A. Nikitin,** Einige charakteristische Merkmale der Ca II-, Ba II- und Sr II-Linien in Sternspektren. Abh. Staatsuniv. Leningrad Nr. 273 S. 14—29 (russ.). — Ref. in RJ UdSSR 1959 Nr. 8 S. 25—26.

9547. **A. A. Nikitin,** Einige Intensitätsschätzungen von Heliumlinien in den Spektren instationärer Sterne. DAN **121** 991—993 (russ.). — Die chromosphärische Heliumlinie λ 10830 Å ($2\,^3S$—$2\,^3P$) ändert bekanntlich ihre Intensität binnen einiger Minuten oder Stunden. Da $2\,^3S$ ein metastabiler Zustand ist, sucht Verf. die Ursache in einer erhöhten Zahl der Zusammenstöße bei zufälligem Anwachsen der Elektronendichte. Der Einfluß dieses Effektes auf die Linien der Hüllen-Spektren wird besprochen. Plavec

9548. **A. A. Nikitin,** Einige Intensitätsschätzungen von Heliumlinien in den Spektren instationärer Sterne. DAN Armen. Sowjetrepublik **26** 149—152 (russ. mit armen. Ref.). — Ref. in RJ UdSSR 1959 Nr. 2 S. 32.

* * **A. B. Numerowa,** A catalogue of the spectra, photographic magnitudes and colour indices of 5000 stars in Cygnus in an area of $6° \times 6°$ with the centre at $\alpha_{1950} = 20^h\,05^m$, $\delta_{1950} = +36°$. Vgl. Ref. **9423**.

9549. **K. Osawa,** On the ultraviolet excess of a high-velocity star HR 3018. Publ. Astr. Soc. Japan **10** 104—105 = Tokyo Astr. Obs. Repr. Nr. 173.

9550. **K. Özemre,** Variations spectrales de l'étoile HD 162428. CR **246** 704—707. — Nach einer Reihe von Beobachtungen im Zeitraum 1953—1957 wird das Verhalten dieses Spektrum-Veränderlichen beschrieben. Danach treten zu gewissen Zeiten Wasserstoff- und Metallinien-Hüllen vorübergehender Dauer auf. Das Verhalten verschiedener Linienintensitäten und der Profile von $H\beta$, $H\gamma$, $H\delta$ in der Zeit von 1954—1957 wird in einem Diagramm quantitativ mitgeteilt.
Mehltretter

9551. **K. Özemre,** Variation du spectre de l'étoile HD 218393. CR **247** 428—431. — Es wird über die spektralen Variationen in der Zeit 1953—1957 berichtet und das Verhalten der Wasserstoff-Linienprofile diskutiert. Demnach erscheint um 1956 eine α Cygni-ähnliche Hülle. Die wesentlichen Veränderungen lassen sich durch Relativbewegungen der äußeren Hüllen deuten. Nach dem Schema von Rojas-Herman läßt sich der Stern als B0 III–II klassifizieren. Mehltretter

* * **I. I. Pronik,** Spectral classes, stellar magnitudes and colour indices of 3915 faint stars in an area with the centre $\alpha = 18^h\,10^m$, $\delta = -15°\,0'$ (1950). Vgl. Ref. **9425**.

9552. **A.-M. Rozis-Saulgeot,** Contribution des raies de Balmer à la magnitude B du système photoélectrique en trois couleurs U, B, V (ultraviolet, bleu, jaune). CR **246** 3022—3025 = Contr. Inst. d'Astrophys. Paris (A) Nr. 237. — Der Einfluß der Balmer-Linien auf die Blau-Helligkeit im Morganschen U, B, V-System wird untersucht. Es zeigt sich, daß dabei nur die Blau-Helligkeit betroffen wird, und selbst in den günstigsten Fällen der Beitrag unter $0^m\!.1$ liegt. Mehltretter

9553. **K. Schaifers,** Die Klassifikation von M-Sternen in Vulpecula. Mitt. AG 1957/I S. 41—42. — Ref. AG.

9554. **T. Schmidt,** Linienverbreiterung in den Spektren von OB-Sternen. Sterne **34** 84—86.

9555. **L. Searle,** A study of three shell stars. ApJ **128** 61—76. — Von den drei Sternen mit Hüllenspektren 1 Del, HD 33232 und HD 195407 werden Linienprofile und Äquivalentbreiten mitgeteilt. Außerdem wurden Farbenindizes im U, B, V-System gemessen. Alle Sterne zeigen Effekte der Strahlungsverdünnung, 1 Del auch starke Schichtungseffekte. Elektronendichten und Massen der Atmosphären werden abgeschätzt. Micz.

9556. **O. Struve, J. Sahade, S.-S. Huang,** Plaskett's star HD 47129. ApJ **127** 148—159 = Berkeley Repr. Nr. 128. — Die Änderungen im Spektrum von HD 47129, insbesondere von $H\alpha$, während der 14-tägigen Umlaufsperiode werden beschrieben. Der Stern besitzt danach einen sich schnell ausdehnenden Gasstrom, dessen Radialgeschwindigkeit zu -700 km/sec gemessen wurde. Für eine Reihe von Linien werden Radialgeschwindigkeitskurven gegeben. Verf. erörtern die Hypothese, daß HD 47129 eine Art Zwischenstufe zwischen einem «normalen» O-Typ-Doppelstern und einem Wolf Rayet-Doppelstern ist. Micz.

9557. **O. Struve,** The spectrum of 17 Leporis. Publ ASP **70** 208—209. — Auf einem Coudé-Spektrogramm von 17 Lep mit einer Dispersion von 4.5 Å/mm ist die von K. O. Wright gefundene, nach Rot verschobene Emission von Sc II λ 4247 deutlich erkennbar; außerdem ist ein nach Violett verschobener Emissionsflügel dieser Linie angedeutet. 17 Lep sollte als novaähnlicher Stern mit außergewöhnlich geringer Helligkeitsamplitude und hoher Frequenz der Ausbrüche angesehen werden. O. G.

9558. **O. Struve,** Hα in the spectrum of V 448 Cygni. Publ ASP **70** 608—609. — Änderungen von Hα im Vergleich mit der He I-Linie λ 6678 werden an Hand von vier abgebildeten Spektrogrammen beschrieben. Zur Erklärung der Änderungen werden schwache Emissionsflügel von Hα vermutet. O. G.

9559. **W. G. Tifft, J. L. Greenstein,** MWC 603, a high-velocity symbiotic star. ApJ **127** 160—171. — MWC 603 besitzt ein Kombinationsspektrum M 3ep + O. Seine Helligkeit ist leicht veränderlich. Verf. beschreiben das Spektrum und teilen einen Katalog der Emissionslinien zwischen λ 3662 Å und λ 6678 Å mit. Der Anregungszustand des Spektrums ist nicht so hoch wie der von AX Per, und das Spektrum scheint weniger veränderlich zu sein als das vieler ähnlicher Objekte. Micz.

9560. **A. B. Underhill,** A wave-length study of the spectrum of HD 188001, 9 Sagittae. AJ **63** 310—311. — Ref. AAS.

9561. **V. Vanýsek,** Spectral classification of stars. Pokroky **3** 442—447 (tschech.).

9562. **H. H. Voigt,** Populationskriterien bei Spektren von geringer Dispersion. Sterne **34** 245—246. — Ausführliche Besprechung einer Arbeit von H. Tomasik (vgl. AJB **56** Ref. **9570**).

9563. **A. N. Vyssotsky, A. G. A. Balz jr.,** Spectral classification of faint stars. Declination zones −2° to +49°. Publ. Leander McCormick Obs. **13** Part 2, 2 + 127 S. — Der 2. Teil der Spektralklassifikation von AGK_2-Sternen wurde im gleichen System und nach der gleichen Methode wie der 1. Teil (AJB **56** Ref. **9504**) durchgeführt. Es werden Spektraltypen von 40 145 Sternen gegeben. 23 Sterne, die erheblich von der Bergedorfer Spektral-Durchmusterung abweichende Typen ergaben, sind gesondert tabuliert. Gli.

9564. **R. Wilson,** Observations of broad interstellar features at $\lambda\lambda$ 4430, 4760, 4890, 6180. ApJ **128** 57—60 = Contr. Dominion Astrophys. Obs. Victoria Nr. 63. — Verf. teilt Intensitätsregistrierungen der interstellaren Banden bei λ 4430, λ 4760, λ 4890 und λ 6180 im Spektrum von zwei stark verfärbten Sternen frühen Typs mit. Micz.

9565. **R. Wilson,** Spectrophotometric measurements of early type stars. 4. Results for stars of types O6—B0. Publ. Roy. Obs. Edinburgh **2** 61—111. — Ref. in MN **118** 92. — Im 4. Teil der spektralphotometrischen Untersuchungen von Edinburgh werden die Äquivalentbreiten von 35 Linien im visuellen Spektrum von 16 (O6—B0)-Sternen bestimmt. Drei Äquivalentbreiten-Verhältnisse von Linien ein und desselben Ions werden als Leuchtkraftkriterien eingeführt. Dabei wurde zur Bestimmung der absoluten visuellen Helligkeit M_V die Relation von Petrie zwischen M_V und der Stärke von Hγ benutzt. Gemessen wurden außerdem die Linien He II λ 4688, N III λ 4634—42, O III λ 5696, welche eine deutliche Tendenz zeigen, mit wachsender Leuchtkraft des Sterns in Emission überzugehen. Oetken

9566. **K. M. Yoss,** The relationship between objective prism cyanogen equivalents and space velocities of G5 to K5 giants. AJ **63** 61—63. — Von 131 hellen G5- bis K5-Sternen mit bekannter Helligkeitsklasse und Raumgeschwindigkeit wurden verbreiterte Objektivprismen-Spektrogramme geringer

Dispersion aufgenommen. Aus den Registrierkurven wurde das Cyan-Äquivalent ermittelt. Für Sterne der Helligkeitsklassen III und III–IV kann ein kleiner Wert des Cyan-Äquivalents als Zeichen für die Zugehörigkeit zu einer Gruppe von Sternen mit hoher Raumgeschwindigkeit angesehen werden. Als Alternative bleibt allerdings die Möglichkeit, daß ein Teil dieser Sterne eigentlich in die Helligkeitsklasse IV einzuordnen wäre. O. G.

9567. Variability of supergiant stars. Sky and Telescope **17** 119—120. — Ref. AAS.

9568. Spectral variations of HD 20336. Sky and Telescope **17** 344—345. — Ref. AAS.

9569. Metal abundances in K-type stars of population II. Sky and Telescope **17** 628. — Ref. AAS.

9570. Stars of class R. Sky and Telescope **18** 22. — Ref. in NAT 1958 S. 133.

* * Spektren von Veränderlichen Sternen siehe § **111**.

§ 96

Temperatur, Strahlung

9601. **H. Kienle,** Das Problem der Sterntemperaturen. Naturwiss. Rundschau **11** 343—347.

9602. **H. Kienle,** Lichtquellen mit kontinuierlichem Spektrum für Spektralphotometrie. Optik **15** 670—675. — Die Eignung verschiedener Strahlungsnormale für astronomisch-spektralphotometrische Zwecke wird besprochen; die Intensitätsverteilung wird graphisch dargestellt. Verf.

9603. **J. Kleczek,** Temperature of stars. Rozhledy **36** 186—189 (tschech.).

9604. **O. A. Melnikow,** The calibration of the scale of gradient (spectrophotometric) stellar temperatures by reference to the sun. AJ UdSSR **35** 218—221 (russ. mit engl. Ref.). — Engl. Übersetzung in Soviet Astr. AJ **2** 195—198. — Der Stern 85 Peg ist mit $M_V = 4.73$ und dem Spektraltyp G2 V ein Analogon zur Sonne. Aus den Abbotschen, von Minnaert reduzierten Messungen der Energieverteilung im Spektrum der Sonne folgt ein spektralphotometrischer Gradient von 2.44. Dieser wurde auch bei 85 Peg zu Grunde gelegt und über die Stebbinssche Sechsfarbenphotometrie ein spektralphotometrischer Anschluß an ε UMa und α Lyr hergestellt. Daraus folgt für diese beiden Sterne und damit für den A0-Stern ein absoluter Gradient von 1.15 bei λ 5700 Å. Dem wiederum entspricht eine Farbtemperatur von 15600°. Loh.

9605. **B. Westerlund,** Relative spectral gradients as measured in high-dispersion grating spectra. Publ. Dominion Astrophys. Obs. Victoria **10** 425—433. — Aus 40 mit einem spaltlosen Gitterspektrographen aufgenommenen Spektrogrammen von 14 Sternen (Dispersion 7 Å/mm im Gelben, 4.5 Å/mm im Blauen) werden relative Gradienten abgeleitet, und zwar 1.) nur im Gelb-Bereich, $1/\lambda$ von 1.65 bis 1.8; 2.) Gelb/Blau-Gradienten, $1/\lambda$ um 1.72 und um 2.33. Die Ergebnisse werden zu den bekannten Gradienten-Systemen (Göttingen, Greenwich, Chalonge) in Beziehung gesetzt. Auf die Diskontinuität bei $1/\lambda = 2.05$ wird hingewiesen. Wempe

§ 97

Leuchtkraft, Durchmesser, Masse, Zustandsdiagramme

9701. **R. A. Bartaja,** Catalogue of absolute spectral magnitudes of 766 B and A stars in 44 Kapteyn areas situated along the galactic belt ($|b| \leq 30°$). Bull. Astrophys. Obs. Abastumani Nr. 22 S. 25—43 (russ. mit engl. Ref.). — Das Beobachtungsmaterial wurde in Abastumani in den Jahren 1948—55 mit einem Objektivprisma auf einer 20 cm-Kamera (115 Å/mm bei $H\delta$) gewonnen. Als Kriterium der absoluten Größen dienten die Gesamtabsorptionen in den Linien $H\gamma$, $H\delta$, $H\varepsilon$. Diese wurden mit einem Mikrophotometer gemessen, wobei eine Spaltbreite benutzt wurde, welche im Spektrum etwa 18 Å umfaßte. Sterne mit bekannten trigonometrischen und spektroskopischen Parallaxen wurden zur Ableitung der Eichkurven herangezogen. Der mittlere Fehler betrug $\pm 0^{M}_{.}1$. Ond.

9702. **J. Berger, D. Chalonge, L. Divan, A.-M. Fringant, B. Westerlund,** Diagrammes λ_1, D, pour les populations I et II. Comparaison au diagramme HR. JO **41** 100—104. — Verf. behandeln das Zustandsdiagramm der Sterne unter Verwendung ihrer Klassifikationsparameter λ_1, D, die in früheren Arbeiten beschrieben sind. Die Parameter λ_1, D haben gegenüber Farbe und absoluter Helligkeit den Vorteil, daß sie nicht durch Verfärbung und interstellare Absorption verfälscht sind. Die bisher nur geringe Zahl von klassifizierten Sternen gestattet allerdings noch keine ins einzelne gehende Schlüsse. Pilowski

9703. **F. Bertola,** Le nane bianche. Coelum **26** 65—72 = Oss. Astr. Padova Comun. e rassegne Nr. 2. — Behandelt zunächst Geschichte und Auffindung der weißen Zwerge. In einer Tabelle sind 72 Objekte zusammengestellt. Es werden besprochen: Die galaktische Verteilung, die Masse, die Lage im HR-Diagramm, das Spektrum, die Klassifikation nach Greenstein und schließlich die Theorie der weißen Zwerge. Cester

9704. **A. A. Bojartschuk,** The luminosity of B and Be stars. Mitt. Astrophys. Obs. Krim **18** 38—40 (russ. mit engl. Ref.). — Aus einer Diskussion des Hertzsprung-Russell-Diagramms von Sternassoziationen folgt, daß die B- und Be-Sterne der Hauptreihe dieselbe Leuchtkraft besitzen. Verf. (übersetzt)

* * **R. Hanbury Brown, R. Q. Twiss,** Interferometry of the intensity fluctuations in light. IV. A test of an intensity interferometer on Sirius A. Vgl. Ref. 2405.

9705. **A. D. Code, T. E. Houck,** A superluminous B-type star in the Large Magellanic Cloud, and its galactic counterpart. Publ ASP **70** 261—266. — Es wird gezeigt, daß nach photometrischen und spektrographischen Beobachtungen große Ähnlichkeit zwischen HDE 269700 in der Großen Magellanschen Wolke und ζ^1 Sco besteht. Beides sind Sterne von höchster Leuchtkraft ($M_v = -9^m$). Die Spektraltypen sind B2 Ia und B1.5 Ia. Da den beiden Sternen Massen in der Nähe der oberen möglichen Grenze zuzuschreiben sind, werden Betrachtungen über die Stabilität angestellt. Bei ζ^1 Sco sind Anzeichen für leichte Instabilität nach Art von P Cyg vorhanden. O. G.

* * **W. Iwanowska,** Subsystems, populations and masses of stars. Vgl. Ref. 12003.

9706. **M. Jaschek, C. Jaschek,** The position of the peculiar A-type stars in the color-absolute magnitude diagram. ZfA **45** 35—48 = Obs. Astr. La Plata Separata Astr. Nr. 6. — Es wird die Lage von (peculiar) A-Sternen im Farben-Helligkeitsdiagramm untersucht. Das Hervortreten der besonderen Spektrallinien ist mit dem Farbenindex streng korreliert. Bis auf die λ 4200-Objekte lassen sich die verschiedenen Gruppen der Hauptreihe nach Johnson und

Morgan zuordnen. Soweit eine Massenuntersuchung statistisch möglich ist, scheint sie auf eine Übereinstimmung der Massen mit denjenigen normaler A-Sterne hinzuweisen. Pilowski

9707. **H. L. Johnson, B. Iriarte,** The luminosities of early-type stars. Lowell Obs. Bull. **4** 47—57. — Neuere Beobachtungsdaten von einer Reihe galaktischer Sternhaufen werden benützt, um den Zusammenhang zwischen $H\gamma$-Intensitäten und absoluten Helligkeiten bei Sternen frühen Typs neu zu bestimmen. Es ergeben sich Werte für M_V, die im Mittel etwa $0^m.7$ heller sind als die alten Werte von Petrie. Dies bedingt auch Korrekturen an den absoluten Helligkeiten im Morgan-Keenan System der Spektraltypen und Leuchtkraft-Klassen. Kdr.

9708. **N. B. Kalandadse,** Catalogue of absolute magnitudes of 425 stars of spectral types G and K. Bull. Astrophys. Obs. Abastumani Nr. 22 S. 45—66 (georg. mit engl. Ref.). — Die vorliegende Arbeit ist eine Fortsetzung einer in den Jahren 1947-48 begonnenen Arbeit (vgl. AJB **49** Ref. **9709**). Als Kriterium der absoluten Größe dienten wieder die Intensitäten der Cyanbanden im Gebiet λ 4144—4215 Å; die Methodik jedoch wurde verbessert. Die Sterne befinden sich in 26 Kapteyn-Feldern. Die absoluten Größen wurden mit einem wahrscheinlichen Fehler von $\pm 0^M.2$ bestimmt. Ond.

9709. **I. M. Kopylow,** A two dimensional quantitative spectral classification of 238 O5—B7 stars and the construction of a spectrum-absolute magnitude diagram. Mitt. Astrophys. Obs. Krim **20** 156—207 (russ. mit engl. Ref.). — Auf Grund des Kataloges der Äquivalentbreiten von Absorptionslinien von 238 Sternen wurden aus Verhältnissen von gewissen Linienkombinationen die Spektralklassen und absoluten Größen bestimmt. Die Genauigkeit beträgt 0.14 bis 0.28 Spektralklassen und 0.10 Größenklassen. Die untersuchten Sterne bilden im Spektrum-Leuchtkraft-Diagramm zwei 2^m bis 3^m breite Streifen. Der erste Streifen wird von Sternen der Leuchtkraftklassen Ia und Ib, der zweite von Sternen der Leuchtkraftklassen III bis V gebildet. Bei Spektren O9 bis B1 überlagern sich die Streifen teilweise. Die Überriesen beginnen bei O9. Die früheren Sterne sind als eine Verlängerung der Hauptreihe anzusprechen. Aus diesem Material wurden die Entfernungsmoduln von fünf galaktischen Sternhaufen und Assoziationen bestimmt. Perek

9710. **S.-M. Kung, H.-C. Chen,** The interpretation of the Hertzsprung-Russell diagram and the hydrogen and helium content of various main sequences. Acta Astr. Sinica **6** 20—42 (chines. mit engl. Ref.).

9711. **S.-M. Kung, H.-C. Chen,** The distributions of the main sequences of populations I and II in the Hertzsprung-Russell diagram. Acta Astr. Sinica **6** 153—165 (chines. mit engl. Ref.).

9712. **A. G. Massewitsch,** On some peculiar stars below the main sequence of the H-R diagram. AJ UdSSR **35** 292—294 (russ. mit engl. Ref.). — Engl. Übersetzung in Soviet Astr. AJ **2** 263—265. — Die vier Sterne λ Boo, 29 Cyg, γ Aqr und 2 And weisen Besonderheiten im Spektrum auf und liegen unterhalb der Hauptreihe des Hertzsprung-Russell-Diagramms. Es dürfte kein Grund vorliegen, diese Sterne als Repräsentanten des sphärischen Untersystems anzusehen. Ihre gegenwärtige Lage im Diagramm kann man durch die Annahme erklären, daß sie ursprünglich auf der Hauptreihe lagen ($1 < M_\odot < 2$; $0.8 < X < 0.9$; $0.01 < Z < 0.1$) und ihre Entwicklung dann bei konstanter Masse und vollständiger Durchmischung bis etwa $X = 0.5$ erfolgte. Dafür war ein Zeitraum von etwa $3 \times 10^9 < t < 8 \times 10^9$ Jahren erforderlich. Loh.

9713. **P. P. Parenago,** A revision of the spectrum-luminosity diagram according to near stars. AJ UdSSR **35** 169—193 (russ. mit engl. Ref.). — Engl. Übersetzung in Soviet Astr. AJ **2** 151—171. — Aus zuverlässigen Daten, insbesondere von Sternen mit großen Parallaxen entwirft Verf. das Hertzsprung-

Russell-Diagramm. Die Hauptreihe, die am besten definierte Sequenz, weist nur eine kleine, allerdings von Stück zu Stück veränderliche Dispersion auf. Die Hertzsprung-Lücke kommt deutlich zum Ausdruck. Die Streuung der B—F5-Riesen ist sehr gering, die der G6—M-Riesen knapp $\pm 0\overset{\text{m}}{.}6$. Die weißgelben Unterriesen bilden von A bis F4 einen recht glatten Zug, der sich nach K3 hin wie eine Trompete öffnet. Bei den weißen Zwergen zeichnet sich ebenfalls eine nicht sehr streuende Sequenz mit nach K abnehmender Helligkeit ab. Die beste Deckung des Farben-Helligkeitsdiagramms von M3 mit den Vertretern des kugelförmigen Untersystems erbringt für die RR Lyrae-Sterne $M_V \approx +1\overset{\text{m}}{.}5$. Die Dispersion der Unterzwergreihe ist relativ groß. Zahlreiche Tabellen und Figuren sind beigefügt, den Schluß bildet eine Bemerkung zur Sternentwicklung. Loh.

9714. **R. M. Petrie,** Spectroscopic absolute magnitudes of fifteen B stars of the Scorpio-Centaurus group. Publ ASP **70** 460—461. — Ref. ASP.

9715. **K. Pilowski,** Zum Nachweis der Feinstruktur des Zustandsdiagramms der Sterne. Astr. Station Geod. Inst. Hannover 1958. 60 S. — Die Ergebnisse des Verf. über die Feinstruktur des Zustandsdiagramms der Sterne werden an einem vermehrten Beobachtungsmaterial bestätigt. Die Einwände von J. Hardorp (vgl. AJB **57** Ref. **12111**) werden eingehend untersucht und erweisen sich nicht als berechtigt. Verschiedene Hinweise zeigen die Möglichkeit der Existenz der gleichen Feinstruktur auch bei den Kugelsternhaufen. Der äußerlich auffällige Unterschied in den Zustandsdiagrammen und damit der Unterschied der verschiedenen Populationen kann durch eine verschiedenartige Besetzung der gleichen Zustandsreihen erklärt werden. Im ersten Abschnitt der Arbeit wird ein zusammenfassender Überblick über die Untersuchungen des Verf. zum Zustandsdiagramm gegeben. Pilowski

9716. **K. Pilowski,** Zur Sternentwicklung und zur Feinstruktur des Zustandsdiagramms. Astr. Station Geod. Inst. Hannover 1958 (2) S. 11—19. — Es wird zu dem Widerspruch Stellung genommen, in dem die von Verf. abgeleitete Feinstruktur des Zustandsdiagramms zu der von Hoyle und Schwarzschild berechneten Entwicklung der Sterne der Population II steht. Es wird gezeigt, daß dieser Widerspruch wohl mit der modellmäßigen Berechnung, die ja immer an gewisse Annahmen geknüpft werden muß, nicht aber mit den zugrundeliegenden grundsätzlichen physikalischen Auffassungen besteht. Verf.

9717. **K. Pilowski,** Zur Feinstruktur des Zustandsdiagramms der Sterne. ZfA **44** 254—258. — In einer kritischen Stellungnahme zu den Untersuchungen des Verf. über das Zustandsdiagramm der Sterne lehnt J. Hardorp die Ergebnisse des Verf. ab. In vorliegender Arbeit können die Einwände Hardorps widerlegt und die Ergebnisse des Verf. durchaus bestätigt werden. Verf.

9718. **J.-L. Rigal,** Contribution au problème de l'estimation de la magnitude absolue d'étoiles proches. Thèses présentées à la Faculté des Sciences de l'Université de Paris, pour obtenir le grade de Docteur des Sciences Mathématiques. Paris, 1958. 77 S.

9719. **M. S. Roberts,** The luminosity function in galactic clusters. Publ ASP **70** 462—463. — Ref. ASP.

9720. **A. S. Scharow,** Das Farben-Helligkeitsdiagramm der Sterne in Sonnenumgebung. Publ. Astr. Sternberg-Inst. **29** 3—70 (russ.). — Der Diskussion liegen Beobachtungen des Verf. am Elektrophotometer des Astronomischen Engelhardt-Observatoriums Kasan von 150 Sternen der nahen Sonnenumgebung zu Grunde. Die von Eggen früher gefundene Feinstruktur der Hauptreihe wird nicht bestätigt. Auch eine Abhängigkeit zwischen der Lage eines Sterns innerhalb der Breite der Hauptreihe und der Raumgeschwindigkeit läßt sich nicht finden. Das gleiche gilt für die Beziehung zur Sternrotation. Ein Katalog schließt die Arbeit ab. Loh.

9721. **E. Schatzman,** White Dwarfs. Amsterdam, North-Holland Publishing Co., 1958. 8 + 180 S. mit 19 Fig. Preis DM 21.75. — Besprechung in BSAF **72** 384—385 (M. Hénon), Endeavour **17** 223 (H. Spencer Jones), Irish AJ **5** 9—10, J. appl. Phys. **29** 746, J. Optical Soc. America **48** 584—585 (J. L. Greenstein), J RAS Canada **52** 239—240 (A. G. W. Cameron), Mem SA It (NS) **29** 354—357 (M. Hack), NAT 1959 S. 110—111 (J. O. Petersen), Obs **79** 27—28 (L. Mestel), Proc. Phys. Soc. **72** 319—320 (Z. Kopal), Science **128** 409—410 (W. J. Luyten), Sky and Telescope **17** 306, ZfMG **80** 239 (F. Schmeidler).

9722. **T. Schmidt,** H- und K-Emissionslinien in Sternen späten Spektraltyps, ein neues Leuchtkraftkriterium. Sterne **34** 246—247. — Die Emissionskomponenten, die in den Absorptionslinien H und K des Ca II vieler G-, K-, M-Sterne vorkommen, geben in ihrer Linienbreite ein auffallend klares Leuchtkraftkriterium ab. Die Leuchtkraft ist eine lineare Funktion des Logarithmus der Linienbreite. Ausnahmen deuten sich bei Schnelläufern (Population II) an. Pilowski

9723. **J. Smak,** Ewolucja gwiazd, a funkcja jasności absolutnych (luminosity function). Postępy Astr. **6** 120—124. — Besprechung der drei Untersuchungen von A. R. Sandage in ApJ **125** 422, 435 und ApJ **126** 326 (AJB **57** Ref. **9718**/19, **12126**).

9724. **W. W. Sobolew,** Über die Leuchtkraft der heißen Sterne. DAN **122** 41—43 (russ.). — Verf. befaßt sich mit der Bestimmung der Leuchtkraft der Wolf Rayet-Sterne und der weißen Zwerge. Ein Vergleich der O- und WR-Zentralsterne von planetarischen Nebeln führt zur Feststellung, daß die scheinbare Helligkeit der WR-Sterne durch die Fluoreszenz ihrer Atmosphäre im Durchschnitt um zwei Größenklassen erhöht wird. Nach einer entsprechenden Korrektion wird für die WR-Komponente des Systems HD 193576 die Masse-Leuchtkraft-Beziehung $L \sim m^4$ erfüllt. Ferner werden einige Gründe dafür erwähnt, daß die Temperatur der weißen Zwerge höher ist, als gewöhnlich angenommen wird. In diesem Zusammenhang wird die früher von Verf. vorgelegte Hypothese angeführt, daß die Kerne gewöhnlicher Sterne eine den weißen Zwergen ähnliche Struktur besitzen. Ond.

9725. **G. A. Starikowa,** Die Leuchtkraft- und Farbfunktionen der Sterne. AC Nr. 194 S. 16—19 (russ.). — Aus den Daten für die hellen Sterne bis zur 6. Größe und den im Katalog von Gliese (vgl. AJB **57** Ref. **9110**) aufgeführten Sternen ermittelt Verf. die Verteilungsfunktionen für Leuchtkraft und Farbe der Sterne in der Sonnenumgebung. Loh.

9726. **U. Steinlin,** Das Hertzsprung-Russell-Diagramm. Orion Schaffhausen **5** 361—365. — Anordnung und Nutzen des Hertzsprung-Russell-Diagramms werden erörtert. H. M.

9727. **J. Stock, C. Roslund,** Stjärnornas utveckling i Hertzsprung-Russell-diagrammet. PAT **39** 127—133. — Allgemeinverständliche Darstellung des Hertzsprung-Russell-Diagramms, beginnend von den älteren Anschauungen bis zu den Entwicklungswegen im HR-Diagramm nach A. Sandage. C. L. J.

9728. **M. Takeuti,** The masses of pulsating stars. Sci. Reports Tôhoku Univ. **42** 71—76 = Sendai Astr. Rap. Nr. 66. — Die Massen von pulsierenden Sternen verschiedener Typen werden aus der Periode-Dichte-Beziehung für verschiedene Werte des Parameters Q berechnet. Groth

9729. **A. N. Vyssotsky,** Dwarf M stars found spectrophotometrically; supplementary list. AJ **63** 211—212 = Publ. Leander McCormick Obs. **11** Part 13. — 19 weitere spektrophotometrisch am McCormick Observatorium entdeckte M-Zwerge werden als Nr. 877—895 des dortigen Programms veröffentlicht (vgl. AJB **56** Ref. **9574**). Gli.

9730. **V. Weidemann,** The atmosphere of the white dwarf van Maanen 2. Publ ASP **70** 466—467. — Ref. ASP.

9731. **R. v. d. R. Woolley, O. J. Eggen,** Colour-luminosity arrays of nearby stars. MN **118** 57—64. — 348 Sterne mit zuverlässigen trigonometrischen Parallaxen aus dem Katalog von Gliese (vgl. AJB **57** Ref. **9110**) werden auf Grund ihrer galaktischen Bahnexzentrizität bzw. ihrer perigalaktischen Distanzen in sechs Gruppen unterteilt, und es werden deren Farbenhelligkeitsdiagramme abgebildet. Die Unterschiede zwischen diesen sechs Diagrammen können als Korrelation zwischen perigalaktischer Entfernung und Sternalter gedeutet werden. Das Diagramm der Sterne mit nahezu kreisförmigen Bahnen zeigt Gemeinsamkeiten mit dem der Plejaden; das Diagramm der am nächsten zum galaktischen Zentrum vordringenden Sterne kann dagegen mit dem des «sehr alten» Sternhaufens M 67 verglichen werden. Gli.

9732. Exceptionally faint stars. Irish AJ **5** 114—115.

§ 98

Rotation, Magnetfeld

9801. **H. W. Babcock,** A catalog of magnetic stars. ApJ Suppl **3** 141—210. — Ref. in ApJ **126** 599. — Zusammenstellung des bisher erarbeiteten Materials über magnetische Sterne. Der Katalog gliedert sich in vier Teile. Teil I enthält 89 Sterne mit sicher nachgewiesenem Magnetfeld. Hier wird für jeden Stern eine kurze Beschreibung des individuellen Beobachtungsbefundes gegeben. In Teil II sind die Daten für 66 wahrscheinlich magnetische Sterne zusammengestellt, in Teil III die für 61 Sterne mit scharfen Spektrallinien, aber nur schwachen oder gar keinen Anzeichen eines Zeeman-Effekts. Teil IV schließlich enthält 122 Sterne, die aus verschiedenen Gründen geprüft wurden, deren Linien aber für die Messung eines eventuell vorhandenen Zeeman-Effekts zu breit sind. Kdr.

9802. **H. W. Babcock,** Magnetic fields of the A-type stars. ApJ **128** 228—258. — Aus einer Diskussion der Rotationsgeschwindigkeiten folgt, daß alle schnell rotierenden A-Sterne mit Konvektionszonen starke Magnetfelder zu haben scheinen. Diese Felder können aber nur bei der kleinen Anzahl von Sternen beobachtet werden, die «pole-on» gesehen werden. Die A-Sterne mit beobachteten Magnetfeldern werden in vier Gruppen nach der Regularität der magnetischen Veränderungen eingeteilt. Alle vier Gruppen haben pekuliare Spektren, die von hydromagnetischen Bewegungen der Materie herrühren. Zur Erklärung der magnetischen Veränderungen werden folgende Modelle diskutiert: Das Sonnenfleckenzyklusmodell und das Modell des schiefen Rotators. Eine Reihe der spektralen Eigentümlichkeiten der magnetischen Veränderlichen werden beschrieben. Groth

* * **H. W. Babcock,** Stars as sources of cosmic rays. Vgl. Ref. **12703**.

9803. **A. A. Bojartschuk, I. M. Kopylow,** On the distribution of stellar rotational velocities. AJ UdSSR **35** 804—810 (russ. mit engl. Ref.). — Engl. Übersetzung in Soviet Astr. AJ **2** 752—757. — Ein Katalog der Rotationsgeschwindigkeiten für 2362 Sterne wurde aus den veröffentlichten Daten zusammengestellt. Die Werte wurden auf das System von Slettebak reduziert. Für mehr als die Hälfte der Sterne sind MK-Klassifikationen bekannt. Es wird gezeigt, daß der Verlauf der mittleren Rotationsgeschwindigkeiten in Abhängigkeit von den Spektralklassen einige ausgeprägte Maxima und Minima aufweist, was vom Standpunkt der gegenwärtigen Entwicklungstheorien schwer zu erklären ist. Im Bereich der Spektralklassen O9—A2 haben die Riesen kleinere Rotationsgeschwindigkeiten als die Hauptreihensterne, was eher auf Grund der Entwicklung mit konstanter als mit abnehmender Masse zu erklären ist. Bei den Leuchtkraftklassen I, II fällt die Rotationsgeschwindigkeit zwischen B1 und B3 rasch ab. Für die späteren Klassen ist sie erheblich kleiner als bei Riesen und Hauptreihensternen. Ond.

9804. **G. R. Burbidge, E. M. Burbidge,** A result of the Eniwetok nuclear test and its bearing on the synthesis of chromium and manganese in magnetic stars. ApJ **127** 557—560. — Von Atombombenversuchen ist bekannt geworden, daß Mn^{54} durch Reaktionen des Typs (n, p) und $(n, 2n)$ entsteht. Verf. erörtern die Möglichkeit, daß Reaktionen dieser Art vielleicht für die Bildung von Cr und Mn in den Oberflächenschichten magnetischer Sterne verantwortlich sind. Mion.

9805. **J. Do,** Stellar configuration with a toroidal magnetic field. ZfA **44** 249—254. — Das Gleichgewicht einer selbstgravitierenden, elektrisch unendlich leitenden, reibungsfreien Flüssigkeit konstanter Dichte wird für den Fall der starren Rotation in einem toroidalen Magnetfeld untersucht. Bei einer kritischen Winkelgeschwindigkeit ergibt sich die Gestalt einer Kugel, bei anderen Werten resultieren abgeflachte oder verlängerte Rotationsellipsoide. Weiterhin wird die Ausbreitung Alfvénscher Wellen in diesem Modell untersucht. v. Hoerner

* * **S. P. Talwar,** Stability of magnetic stars in a decay field. Vgl. Ref. 250.

9806. **D. R. Vitale,** Una nuova teoria del campo magnetico degli astri, dedotta dalla relatività ristretta. Ann. Ist. univ. navale Napoli **25** 399—406, 1956. — Ref. in RJ UdSSR 1959 Nr. 5 S. 67.

XI. Doppelsterne

§ 100

Allgemeines

10001. **G. B. van Albada,** Telescope diaphragms for the observation of faint and fairly close binary components. Contr. Bosscha Obs. Lembang Nr. 6, 29 S. — Es wird geprüft, ob die Beobachtungen von engen Doppelsternsystemen mit großem Helligkeitsunterschied durch Benutzung von Blenden nichtkreisförmiger Gestalt vor dem Objektiv erleichtert werden können. Theoretische Rechnungen und praktische Beobachtungen zeigen, daß bei spindelförmigen Blenden erheblich bessere Resultate erzielt werden können als bisher. Eine Reihe von schwierigen Systemen, darunter Sirius und Antares, wurden mit großem Erfolg auf diese Weise beobachtet. F. S.

10002. **J. Berger,** Classification d'étoiles doubles dans le système à 3 paramètres λ_1, D, Φ_b. JO **41** 105—108. — Mit Hilfe von visuellen Doppelsternen, für deren Komponenten einzeln die drei spektralen Parameter Wellenlänge, Größe des Balmersprungs sowie absoluter Gradient im blauen Bereich gemessen wurden und für die der Helligkeitsunterschied der Komponenten bekannt ist, wird die Differenz der absoluten Helligkeiten als Funktion der Differenzen der drei Parameter abgeleitet. Diese Funktion wird auf Einzelsterne mit bekannten Parallaxen angewendet. Verf. macht noch Bemerkungen zum relativen Alter einiger Doppelsternsysteme. O. G.

* * **R. Bonnet,** Sur l'estimation du degré de concordance entre deux séries autocorrélatives de mesures. Vgl. Ref. 102.

10003. **W. H. van den Bos,** Double stars that vex the observer. ASP Leaflet Nr. 347, 7 S. — Übersetzung in NAT 1958 S. 92—96.

10004. **W. H. van den Bos,** Some hints for double-star observers and orbit computers. Publ ASP **70** 160—167. — Die Hinweise für visuelle Doppelsternbeobachtungen betreffen: Ablesefehler, Fehlidentifikationen, Distanzmessung (und -schätzung) enger Paare, Feld- oder Fadenbeleuchtung, Grenze der Trennbarkeit, Okularwechsel, Abblendung des Objektivs, Verwendung von Spiegelteleskopen, Zahl der Einstellungen, Gebrauch des Reversionsprismas. Am Anfang und Ende werden dazu noch Hinweise zur Veröffentlichung von Beobachtungen und berechneten Bahnelementen gegeben. O. G.

10005. **L. Chiara,** Limiti superiori della variazione dell'eccentricità nei sistemi binari di massa decrescente. Rend. Accad. Nazionale Lincei, Cl. Sci. fis., mat., nat. (8) **24** 704—708 = Pubbl. Oss. Astr. Palermo (NS) **10** Nr. 10. — Es werden die Grenzwerte der Exzentrizität eines Doppelsternsystems veränderlicher Masse für zwei gesetzmäßige Formen der Masseemission angegeben. Böh.

10006. **P. Couteau,** Où en est l'astronomie des étoiles doubles? BSAF **72** 225—233. — Kurzgefaßter Überblick über die gegenwärtige Situation der visuellen Doppelstern-Astronomie. Es werden behandelt: Statistik der bekannten Doppelsterne, Methoden und Ergebnisse der Bestimmungen von Bahnelementen, Massen und Parallaxen, Einfluß von Auswahleffekten, Orientierung der Bahnebenen im Raum und kosmogonische Fragen. Bo.

10007. **O. Günther,** Zur Entstehung von Gasströmen in engen Doppelsternsystemen. Bemerkungen zu Rechnungen von Z. Kopal. AN **284** 167—168 = Mitt. Astrophys. Obs. Potsdam Nr. 68. — Es wird vermutet, daß die spektrographisch beobachteten Gasströme um die Hauptkomponente in den Doppelsternsystemen, die Kopal als «detached» und «semi-detached systems» unterscheidet, eine gemeinsame Entstehungsursache haben. Die von Kopal untersuchte differentielle Rotation der Nebenkomponente kann nur einen Teil der Beobachtungen erklären, deshalb wird noch eine «Protuberanzentätigkeit», wie sie von Struve angenommen wird, als mögliche Entstehungsursache von Gasströmen kurz diskutiert. O. G.

10008. **S.-S. Huang,** A hypothesis advanced to explain the overluminous nature of the secondary components in some binaries. Publ ASP **70** 473—478. — Zur Erklärung des Helligkeitsüberschusses der Unterriesen-Nebenkomponenten vieler Bedeckungssysteme vom Algol-Typ wird angenommen, daß die von der Hauptkomponente ausgehende Korpuskularstrahlung eine wesentliche Helligkeitssteigerung bewirkt. Verschiedene Vermutungen über den Ejektionsmechanismus werden kurz diskutiert. Als Konsequenzen der Hypothese erwähnt Verf.: 1.) Das Auftreten einer Hülle von der Art der Korona, 2.) Verkürzung der Lebenszeit früher Sterne, 3.) die Notwendigkeit zusätzlicher Parameter bei der Berechnung von Sternmodellen (Masse- und Energieverlust), 4.) zusätzlichen Masseverlust bei Novaausbrüchen, 5.) Berücksichtigung des ionisierenden Einflusses der Korpuskularstrahlen in der Theorie der Emissionslinien planetarischer Nebel. O. G.

10009. **C. Luplau Janssen,** Drilagtige Stjerner. Urania København **15** 34—37. — Beispiele von Objekten, die man leicht mit Nachbarobjekten verwechselt. C. L. J.

10010. **Z. Kopal,** The nature of gas streams in close binary systems. AN **284** 169—170. — Durch Abschätzungen wird gezeigt, daß der Wasserstoff der Gasströme in solchen Systemen wie U Sge oder RW Tau fast vollständig ionisiert ist. Die Größe der Reynoldsschen Zahl zwingt zur Annahme starker Turbulenz. Die kinematische Viskosität ist sehr hoch. Magnetfelder, die durch die Wirbelbewegung geladener Teilchen erzeugt werden, haben sicher wesentlichen Einfluß auf die Dynamik solcher Gasströme. O. G.

10011. **Z. Kopal,** Evolutionary trends in close binary systems. Proc. National Acad. Sci. India (A) **26** 462—471, 1957.

10012. **W. A. Krat,** Über die Gasströme in engen Doppelsternen. VS Bull **11** 359—368 (russ. mit deutschem Ref.). — Das Problem der Instabilität von Gasatmosphären der Komponenten in engen Doppelsternen, wenn sich die Photosphären der kritischen Roche-Grenze nähern, wird im allgemeinen untersucht. Es wird gezeigt, daß sich die Umlaufsperiode des Systems im Fall der Instabilität nur monoton ändern kann. Die Instabilität zeigt an und für sich, daß eine fortschreitende Ausdehnung einer Komponente stattfindet. Wenn sich die Stromgeschwindigkeit der kritischen parabolischen Geschwindigkeit nähert, kann die Periode nur wachsen. Die Eigentümlichkeiten der Absorptionsspektren und der Emission der Gasströme werden diskutiert. Für die Ionisation und Anregung der Gasatome in den Strömen spielen die Elektronenstöße neben den Rekombinationen eine wichtige Rolle. Die Emission in den H- und K-Linien kann durch Elektronenstöße bei verhältnismäßig niedriger Elektronentemperatur ($T_e \approx 6000°$) in Strömen aus Sternen später Spektraltypen verursacht werden. Verf.

10013. **J. Kubikowski, J. Łukaszewicz, A. Opolski,** Statystyczne kryterium podwójności gwiazd. Postępy Astr. **6** 62. — Die Wahrscheinlichkeit, daß der geringste Winkelabstand zwischen zwei Sternen kleiner als ϱ ist, wird durch die Formel $P(x_{min} < \varrho) = 1 - [{}^1/_2 (1 + \cos \varrho)]^n$ ausgedrückt, wobei n die Anzahl der Sterne bedeutet, die als Komponenten in einem Doppelsternsystem auftreten können. Rybka

10014. **A. P. Linnell,** Atmospheric eclipses. I. ApJ **127** 211—223. — Verf. entwickelt allgemein die Gleichungen für den Lichtwechsel bei Bedeckung eines Sternes durch die Atmosphäre des anderen. Heintz

10015. **R. C. Palacios,** On the necessary and sufficient observations for determination of elliptic orbits in double stars. AJ **63** 395—397. — Analog zur Bahnbestimmung nach Thiele-van den Bos werden hier die Formeln zur Verbesserung aus vier Winkeln und drei Distanzen gegeben. Heintz

10016. **W. W. Radsijewskij,** On the period-excentricity correlation. AJ UdSSR **35** 597—604 (russ. mit engl. Ref.). — Engl. Übersetzung in Soviet Astr. AJ **2** 552—559. — Die Erklärung der beobachtbaren Korrelation zwischen den Perioden und Exzentrizitäten der Doppelsterne als Auswahleffekt hält einer quantitativen Prüfung nicht mehr länger stand. Durch einen dem Whippleschen Kometeneffekt analogen können sich vielmehr Periode und Exzentrizität im Lauf der Zeit ändern und so zu der beobachteten Korrelation führen. Loh.

10017. **R. A. Saakjan,** Die Verteilungsfunktion der engen Doppelsterne nach der Summe der relativen Radien der Komponenten. Mitt. Obs. Bjurakan Nr. 24 S. 73—89 (russ. mit armen. Ref.).

10018. **J. Sahade,** The transfer of mass in close binary stars. ASP Leaflet Nr. 344, 8 S. — Übersetzung in Urania København **15** 9—14 von C. Luplau Janssen.

10019. **D. A. Tidman,** Suprathermal particle production by binary stars. Phys. Rev. (2) **112** 1759—1762. — Ref. in Phys. Rev. Letters **1** 435. — Die Sonnenkorona expandiert mit einer Geschwindigkeit von der Größenordnung 10^3 km/sec. Es wird der Zusammenstoß der beiden expandierenden Koronen in einem Doppelsternsystem untersucht. Es muß zur Ausbildung von Stoßfronten kommen, wobei die vorhandenen Magnetfelder die Ionen im Sinne des Fermi-Mechanismus bis zu den geforderten Injektionsgeschwindigkeiten der kosmischen Strahlung beschleunigen können. Wegen der großen Häufigkeit der Doppelsternsysteme dürften auf diese Weise genügend Partikel vorbeschleunigt werden. Hunger

§ 101

Visuelle Doppelsterne

10101. **W. P. Bidelman,** Spectral classification of visual binaries having primaries above the main sequence. Publ ASP **70** 168—179 = Contr. Lick Obs. (2) Nr. 88. — Ref. in JBAA **68** 330. — Ausgehend von der Auffassung, daß die Komponenten der Doppelsterne gleiches Alter und teilweise verschieden rasche Entwicklung haben, stellt Verf. in Tabellen und HR-Diagrammen Spektraltypen im MKK-System und absolute Helligkeiten für verschiedene Gruppen von Doppelsternsystemen (nach den Spektraltypen der Nebenkomponenten geordnet) zusammen. Die Untersuchung bestätigt einige Ergebnisse über das nichtgleichzeitige Vorkommen von gewissen Sterntypen, die beim Studium von Sternhaufen gefunden worden waren. O. G.

10102. **B. Cester,** Perequazione grafico-meccanica delle misure di stelle doppie visuali con applicazione al sistema ADS 6554. Mem SA It (NS) **29** 395—411 = Oss. Astr. Trieste Nr. 284. — Beschreibung eines Apparates zur graphischen Ausgleichung von Messungen visueller Doppelsterne in Verbindung mit einer graphischen Methode zur Berechnung der Bahnelemente. Anwendung auf ADS 6554.

10103. **J. Dommanget,** Les associations stellaires optiques parmi les étoiles doubles visuelles. Ciel et Terre **74** 443—444.

10104. **J. D. Fernie,** The binary system X Ophiuchi. AJ **63** 305—306.— Ref. AAS.

10105. **M. A. Giannuzzi,** Determinazione delle densità delle componenti in un sistema binario visuale, senza la conoscenza della parallasse. I. Rend. Accad. Nazionale Lincei, Cl. Sci. fis., mat., nat. (8) **24** 533—536 = Oss. Astr. Roma Monte Mario Contr. Sci. (NS) Nr. 246. — Verf. leitet Formelsysteme ab, aus denen für ein visuelles Doppelsternsystem sowohl die mittlere Dichte des Paares als auch die Dichte jeder Komponente ohne Kenntnis der Parallaxe berechnet werden können; gebraucht werden die effektiven Temperaturen und scheinbaren bolometrischen Helligkeiten (zu bestimmen aus den Spektraltypen und den photovisuellen Größen) der Komponenten, die große Halbachse der relativen Bahn und die Umlaufszeit. Böh.

10106. **M. A. Giannuzzi,** Determinazione delle densità delle componenti di un sistema binario visuale, senza la conoscenza della parallasse. II. Rend. Accad. Nazionale Lincei, Cl. Sci. fis., mat., nat. (8) **24** 700—704 = Oss. Astr. Roma Monte Mario Contr. Sci. (NS) Nr. 246. — Anwendung der Formelsysteme aus der in vorstehendem Referat zitierten Arbeit auf die Systeme ADS 520, 5423, 8119, 10157, 14773, 15972. Böh.

10107. **J. Hernández,** Estudio de estrellas dobles. II. El Universo Nr. 44. S. 144—146. — Betrifft ξ UMa und ξ Her.

10108. **J. Hernández,** La magia de las estrellas dobles. El Universo Nr. 45 S. 163—175.

10109. **E. Hertzsprung,** Remarque sur la répartition des excentricités des étoiles doubles visuelles. JO **41** 65. — Durch eine Auszählung wird gezeigt, daß die Größen $1 - e^2$ (e = Exzentrizität) unter 151 Doppelsternbahnen gleichförmig verteilt sind. F. S.

10110. **E. Hertzsprung,** Remarque sur β 536 — ADS 2755 — Gaultier 86 Pleiadum. JO **41** 66.

10111. **J. Hopmann,** Photometrisch-kolorimetrische Beobachtungen von visuellen Doppelsternen. V. Das zweite Programm. Beobachtungen mit dem Blaukeilphotokolorimeter von 345 Sternen. Sitzber. Österreich. Akad. Wiss. Math.-naturwiss. Kl. Abteilung II **167** 343—368. — Es wird das neue Blaukeilphotokolorimeter, das Beobachtungsverfahren und die Ermittlung der vier Keilkonstanten beschrieben, dann die Durchführung der Messungen und ihre Reduktion und die erreichte Genauigkeit geschildert. Es folgt der Katalog nebst Bemerkungen zu einzelnen Sternen. In einem 6. Teil wird eine Gesamtdiskussion der Wiener Doppelstern-Kolorimetrie gegeben werden. Verf.

10112. **O. R. Jaschek,** Las masas de las estrellas binarias visuales. Rev. Union Math. Argent. Asoc. Fis. Argent. **18** 27, 1956. — Ref. in RJ UdSSR 1959 Nr. 2 S. 36.

* * **J. de Kort,** Corrections to Stein's list of astrographic double stars and to the Vatican astrographic zone in general. Vgl. **9111**.

* * **J. Kubikowski,** O ubytku masy ewolucji gwiazd. Vgl. Ref. **5416**.

10113. **E. López,** Estudio de estrellas dobles. El Universo Nr. 43 S. 92—94. — γ Vir, α Cent.

10114. **F. D. Miller,** Mean errors of the University of Michigan Catalog of Southern Double Stars. AJ **63** 323—324. — Der Rossiter-Katalog (1955) zeigt mittlere Beobachtungsfehler, abhängig von Helligkeit und Distanz, in der üblichen Größe. Heintz

10115. **P. Muller,** Trajectoires rectilignes. Circ. Inf. Comm. 26 UAI Nr. 14 S. 1.

10116. **P. Muller,** Couples prioritaires. Circ. Inf. Comm. 26 UAI Nr. 14 S. 2—3.

10117. **P. Muller,** Orbites nouvelles. Circ. Inf. Comm. 26 UAI Nr. 14 S. 1, Nr. 16 S. 1—2.

10118. **P. P. Parenago,** On the masses of the components of γ Leonis, which belong to the giants of the spherical galactic component. AJ UdSSR **35** 289—292 (russ. mit engl. Ref.). — Engl. Übersetzung in Soviet Astr. AJ **2** 260—262. — Unter der Annahme einer aus dem vorhandenen Material abgeleiteten Parallaxe von $\pi = 0''0270 \pm 0''0027$ findet Verf. für die Massensumme $2.13 \pm 0.82\ M_\odot$. Es ist daher sehr unwahrscheinlich, daß die mittlere Masse der Komponenten außerhalb der Grenzen 0.5 bis 2 $M_\odot$ liegt, wohingegen die gewöhnliche Masse-Leuchtkraftbeziehung etwa 4 $M_\odot$ erwarten läßt. Loh.

10119. **E. Pettit,** The visual magnitudes of double stars. AJ **63** 324—328. — Helligkeiten der Komponenten für 157 Objekte des ADS — meist solcher mit lichtschwachen Begleitern bis zur 14. Größe — werden durch visuelle Keilphotometrie bestimmt. Der mittlere Unterschied gegen HP (Harvard Photometry) und DM (Durchmusterung) ist gering, während die Abweichungen von den einzelnen ADS-Helligkeiten manchmal bis über zwei Größenklassen betragen. Heintz

10120. **M. Protitch,** Sur une transformation de la méthode Thiele—Innes—Van den Bos de la détermination des orbites d'étoiles doubles. Bull. Obs. Astr. Beograd **21** Nr. 3—4 S. 13—16. — Die Umformung der van den Bos'schen Gleichungen in Polarkoordinaten sowie Reihenentwicklung führen auf Formeln, die im Falle gleicher Zeitabstände und vernachlässigbarer Glieder 3. Ordnung (was bei kürzeren Bögen gewöhnlich zutrifft) vorteilhaft sind. Näherungsformeln zur Kontrolle der Normalörter und als Beispiel eine Bahn für Σ 1338 werden gegeben. Heintz

10121. **J. Sahade,** Binaries having one component below the main sequence. Publ ASP **70** 316—319. — Ausgehend von einem vorgeschlagenen Modell für β Lyr wird ausführlich für ε Aur und summarisch für einige weitere bekannte Doppelsternsysteme die Möglichkeit erwogen, daß die Nebenkomponente ursprünglich die Komponente mit größerer Masse gewesen sein könnte und daß sie nach rascherer Entwicklung im Verhältnis zur Hauptkomponente jetzt im HR-Diagramm unterhalb der Hauptreihe einzuordnen wäre. O. G.

10122. **O. Struve,** Orbits of visual double stars. Sky and Telescope **17** 548—551, mit Berichtigung S. 617. — Beschreibung einer einfachen graphischen Näherungsmethode zur Bestimmung der Bahnelemente visueller Doppelsterne. Die Methode beruht auf der empirischen Orientierung einer durchsichtigen, mit einem rechtwinkligen Achsenkreuz versehenen Platte vor einem Bild der scheinbaren Ellipse derart, daß sich die beiden Achsen auf den Durchmesser durch Hauptstern und Zentrum der scheinbaren Ellipse und den dazu konjugierten Durchmesser projizieren. Kdr.

10123. **A. B. Underhill,** Some radial-velocity observations of visual double stars. Publ ASP **70** 464—465. — Ref. ASP.

10124. **Å. Wallenquist,** Photoelectric determinations of colours and differences in magnitudes of double stars. Ark Astr **2** 171—182 = Uppsala Astr. Obs. Medd. Nr. 118. — In einer Tabelle werden für die Komponenten von 130 weiten Doppelsternen der Helligkeitsunterschied und die Farbenindizes (blau—gelb) angegeben. Die lichtelektrischen Messungen wurden an drei Instrumenten in den Jahren 1950—1957 ausgeführt. Die Genauigkeit ist durch ungünstige atmosphärische Verhältnisse beeinträchtigt. Beim Vergleich mit anderen Ergebnissen wurden nur geringe Nullpunktsdifferenzen gefunden. Im FHD liegen die meisten helleren Komponenten über der normalen Hauptreihe. O. G.

10125. **S. Wierzbiński,** Relations et distributions relatives aux étoiles doubles visuelles. AA **8** 78—90 = Wrocław Astr. Obs. Repr. Nr. 11. — Untersuchung einer Korrelation zwischen Perioden und Exzentrizitäten der Bahnen visueller Doppelsterne auf Grund von 378 bekannten elliptischen Bahnen. Es wird der Schluß gezogen, daß es zwischen den Perioden und Exzentrizitäten keine Korrelation gibt. Es wurde auch zwischen den Spektren und Exzentrizitäten sowie zwischen den Elementen i, Ω und ω und den Perioden keine Korrelation festgestellt. Rybka

10126. **A. Ziller,** Correspondances entre les courbes $\Theta(t)$ et $\varrho(t)$ d'une étoile double visuelle et amélioration de la courbe $\Theta(t)$. Ciel et Terre **74** 434—442.

10127. **H. Zimmer,** Die Helligkeit und die Entfernung von Alpha Scorpii. Sterne **34** 6—10 = Veröff. Wilhelm-Foerster-Sternw. Berlin Nr. 12. — Diskussion der neueren Beobachtungen über die Zustandsgrößen von α Sco (ADS 10074). F. S.

10128. Tweedledum and Tweedledee. JBAA **68** 329.

10129. Castor — α Geminorum. NAT 1958 S. 26—29.

10130. Massenverhältnisse von visuellen Doppelsternen

H. Eichhorn, Parallax and mass ratio of BD +19°5116. Vgl. Ref. **9301**.

S. L. Lippincott, Parallax and mass ratio of ADS 7284 from photographs taken with the 24-inch Sproul refractor. Vgl. Ref. **9304**.

10131. Beobachtungen visueller Doppelsterne

S. Archer, Micrometer measures of double stars. JBAA **68** 108—109.

W. H. van den Bos, Micrometer measures of double stars. AJ **63** 63—78 = Lick Obs. Bull. Nr. 558.

G. Böttger, Photographische Doppelsternmessungen mit einem Refraktor von 182 cm Brennweite. AN **284** 177—181 = Mitt. Astrophys. Obs. Potsdam Nr. 67.

J. Churms, Micrometer measures of double stars. Union Circ **6** 298—301.

B. Clouet, R. Sagot, Mesures d'étoiles doubles faites à l'équatorial de 215 mm de l'Observatoire de la Société Astronomique de France. JO **41** 31—39.

P. Couteau, Mesures d'étoiles doubles faites au réfracteur de 38 cm de l'Observatoire de Nice. JO **41** 1—14.

P. Couteau, Mesures d'étoiles doubles effectuées au réfracteur de 38 cm de l'Observatoire de Nice. JO **41** 81—90.

P. M. Djurković, L. M. Dačić, Mesures micrométriques d'étoiles doubles faites au réfracteur de 0.65 m d'ouverture. Bull. Obs. Astr. Beograd **21** Nr. 3—4 S. 10.

W. S. Finsen, Interferometer measures of double stars. Union Circ **6** 302—303.

O. Franz, The triple system Zeta Aquarii. Vgl. Ref. **10132**.

A. N. Goyal, Double stars (list 1), astrographic zones +32° and 33°. AJ **63** 147 = Nizamiah Obs. Repr. Nr. 24.

R. Jonckheere, Mesures d'étoiles doubles effectuées au téléscope de 80 cm de l'Observatoire de Marseille. JO **41** 145—159.

P. Muller, Observations d'étoiles doubles faites au Pic-du-Midi en septembre-octobre 1957. JO **41** 109—114.

10132. Elemente visueller Doppelsterne

P. Baize, Eléments orbitaux de 30 étoiles doubles. JO **41** 163—181.

B. Cester, Perequazione grafico-meccanica delle misure di stelle doppie visuali con applicazione al sistema ADS 6554. Vgl. Ref. **10102**.

P. Couteau, Orbites de trois étoiles doubles visuelles. JO **41** 15—19. — Betrifft: ADS 9247 BC = β 1111; ADS 12126 = A 95; ADS 14942 = A 2268.

P. Couteau, Orbites de cinq étoiles doubles visuelles. JO **41** 91—96. — Betrifft: ADS 2464 = β 1177, ADS 2959 = Σ 483, ADS 4299 = A 494, ADS 9195 = Hu 1266, ADS 15267 = Ho 166.

O. Franz, The triple system Zeta Aquarii. AJ **63** 329—337 = Contr. Dearborn Obs. Nr. 17. — Visuelle und photographische Beobachtungen ergeben für die Bahn der Komponenten A–BC eine Periode $P = 600$ Jahre und für die Halbachse den Wert $a = 4\overset{''}{.}013$, für die Bahnstörung der B-Komponente $P' = 25.5$ Jahre und $a' = 0\overset{''}{.}097$. Die Parallaxe wird aus Yerkes-Platten zu $0\overset{''}{.}039$ bestimmt. Unter Annahme gleicher Massen für A und B + C hat der unsichtbare Körper C die Masse 0.28 und ist etwa 12. Größe. Heintz

E. Horeschi, Die Bahn des Doppelsternsystems ADS 1733. AN **284** 57—60. — Von dem physischen Doppelstern ADS 1733 (= BDS 1179 = Hastings 1 = Lalande 4219) wird eine provisorische Bahn abgeleitet. Die dynamischen Elemente dieser Bahn bestätigen in Verbindung mit den astrophysikalischen Systemgrößen die vermutete große Parallaxe des Doppelsternes nicht in dem erwarteten Maße. Verf.

V. Janová, Orbite de ADS 11260 = Hu 197. BAC **9** 18—21. — Eine Bahnbestimmung nach den Methoden Thiele und Rabe ergibt zwei fast gleiche Bahnen. Heintz

V. Janová, Bahnbestimmung eines Doppelsterns aus einem Bogen in der Umgebung des Periastrons. Die Bahn des Doppelsterns ADS 16373. Vgl. Ref. **4505**.

M. W. Makemson, Two orbits of 99 Herculis. AJ **63** 41.

J. M. Mohr, Bahn des Doppelsterns ADS 10229 = Σ 2106. BAC **9** 150—154. — Die Bahn des Doppelsterns ADS 10229 wurde nach der in einer Arbeit von Janová (vgl. Ref. **4505**) aufgeführten Methode bestimmt. Die Untersuchung hat die der Wahl der Ausgangselemente vorangehende Erwägung und den genauen Vorgang der Bahnbestimmung zum Inhalt. Verf.

P. Muller, Orbites nouvelles. Circ. Inf. Comm. 26 UAI Nr. 15 S. 1—2. — Betrifft die Sterne: ADS 221, ADS 974, ADS 2464, ADS 2755 AB, ADS 2959, h 4539, ADS 9195, ADS 10621, h 5014, Kpr + 4°4510, ADS 16165.

V. Osvalds, The astrometric orbit of δ Aquilae. AJ **63** 222—228 = Publ. Leander McCormick Obs. **11** Part 14.

W. Rabe, Bahnverbesserung durch Variationsbahnen für 8 Doppelsternsysteme. AN **284** 97—108 = Veröff. Sternw. München **4** Nr. 23. — Betrifft: ADS 746 = OΣ 20; ADS 755 = Σ 73; ADS 940 = OΣ 515; ADS 6175 = Σ 1110; ADS 7724 = Σ 1424; ADS 8148 = Σ 1536; ADS 9979 = Σ 2032; ADS 11632 = Σ 2398. — Nach den von Verf. in AN **280** 1, 1950 (vgl. AJB **50** Ref. **10116**) mitgeteilten neuen Methoden der Bahnverbesserung werden acht Systeme bearbeitet. Bei drei Systemen kommt die allgemeine Methode aus der Tangentialgeschwindigkeit zur Oskulationsepoche zur Anwendung; fünf Systeme werden durch die Spezialmethode der Drehung der Apsidenlinie verbessert. Die allgemeinen Erfahrungen über die Methoden sind einleitend kurz zusammengefaßt. Verf.

S. Vlaicu, Orbita amelioratǎ a stelei duble Σ 1785. Studii cercetari astr. seismol. Acad. RPR **2** 409—416, 1957. — Ref. in RJ UdSSR 1959 Nr. 3 S. 35.

S. Wierzbiński, Eléments orbitaux de Jc 8 AB = CPD –44°338. AA **8** 91—93 = Wrocław Astr. Obs. Repr. Nr. 11. — Berechnung neuer Bahnelemente aus Beobachtungen in den Jahren 1897—1954 und Bestimmung der dynamischen Parallaxe und der Massen der Komponenten. Rybka

S. Wierzbiński, Eléments orbitaux de I 27 = CPD –69°44. AA **8** 94—97 = Wrocław Astr. Obs. Repr. Nr. 11. — Berechnung neuer Bahnelemente aus 42 Beobachtungen der Jahre 1897—1954 und Bestimmung der dynamischen Parallaxe und der Massen der Komponenten. Rybka

S. Wierzbiński, Révision de l'orbite de ADS 1865 = A 2329. AA **8** 183—104 = Wrocław Astr. Obs. Repr. Nr. 8.

S. Wierzbiński, Orbite de h 5014 = CPD –43°8434. JO **41** 78—80.

S. Wierzbiński, Orbite améliorée de h 4539 = γ Cen = CPD –48°4965. Urania Barcelona **43** 3—6.

§ 102

Spektroskopische Doppelsterne

* * **A. Abrami,** La doppia spettroscopica U Ophiuchi. Vgl. Ref. **11101.**

10201. H. A. Abt, A spectroscopic binary in the Pleiades. ApJ **128** 139—140 = Contr. McDonald Obs. Nr. 286. Berichtigungen in ApJ **129** 524. — Der Plejadenstern HD 23642 wird als spektroskopischer Doppelstern mit zwei Spektren erkannt (A0 und A5). Spektroskopische Bahnelemente werden mitgeteilt. Es ist nicht ausgeschlossen, daß der Stern auch ein Bedeckungsveränderlicher ist. Micz.

10202. J. A. Pearce, H.D. 23642, a spectrographic binary in the Pleiades. Publ. Dominion Astrophys. Obs. Victoria **10** 435—445. — Aus 21 Spektrogrammen werden die Bahnelemente des einzigen bisher in den Plejaden bekannten Zweispektren-Sterns (BD +23°540) abgeleitet. Spektralphotometrisch wird das Helligkeitsverhältnis der beiden Komponenten nahezu gleichen Spektraltyps (A0 und A1) aus den Konturen der K-Linie bestimmt, die absolute Helligkeit aus der Äquivalentbreite von Hγ. Wempe

10203. J. Sahade, On the nature of the Wolf-Rayet stars. Obs **78** 79—80. — In einer Tabelle werden die Wolf Rayet-Sterne zusammengestellt, die als spektroskopische Doppelsterne mit Linienverdopplung bekannt sind, so daß Massen abgeleitet werden konnten. Die Begleiter (O- und B-Sterne) haben durchweg größere Massen. Verf. nimmt an, daß die Begleiter in schnellerer Entwicklung ungefähr die Hauptreihe erreicht haben, während die Wolf Rayet-Sterne sich noch im Stadium der Kontraktion befinden, wobei die Ejektion von Materie die Sterne vom überschüssigen Drehmoment befreien soll. Auf ähnliche Verhältnisse bei den T Tauri-Sternen wird hingewiesen. O. G.

10204. **O. Struve,** Evolutionary changes in spectroscopic binaries of early type. AJ **63** 346—348. — Zwei Gruppen von spektroskopischen Doppelsternen mit O- und B-Komponenten, die sich dadurch unterscheiden, daß Hα-Emissionen in einer Gruppe vorkommen und in der anderen fehlen, werden verglichen. Verf. vermutet, daß die Emissionen nur in einem Übergangsstadium der Entwicklung auftreten. Für UW CMa werden RG-Kurven und ein Modell des in diesem System beobachteten Gasstroms gegeben. O. G.

10205. **O. Struve, J. Sahade, S.-S. Huang, V. Zebergs,** The spectroscopic binary Alpha Virginis (Spica). ApJ **128** 310—327 = Berkeley Repr. Nr. 134. — Die Apsidenlinie des Systems rotiert mit einer Periode von 133 Jahren. Die Rotationsperioden beider Komponenten sind kürzer als die Umlaufsperioden. Obwohl die Spektrallinien beider Komponenten nur geringe Unterschiede zeigen, läßt sich aus Helligkeiten und Massen schließen, daß die sekundäre Komponente ein B7-Stern ist, dessen Atmosphäre die eines B3-Sternes vortäuscht, auf Grund ihrer schnellen Rotation und der Bestrahlung durch die primäre Komponente (B2-Stern). Verf. (übersetzt u. gekürzt)

10206. En spektroskopisk dobbelstjerne i Plejaderne. NAT 1958 S. 134—136. — HD 23642.

10207. Apsidal motion in HR 8800. Sky and Telescope **17** 627. — Ref. AAS.

10208. **Elemente spektroskopischer Doppelsterne**

S. Archer, M. W. Feast, The spectroscopic binary HD 224113. MN ASSA **17** 9—11.

E. G. Ebbighausen, The spectroscopic orbit of Algol C. ApJ **128** 598—603. — Die Messungen an den Metall-Linien während des primären Vorüberganges haben zu den folgenden Bahnelementen geführt: $P = 1862$ Jahre, $\gamma = +1.4$ km/sec, $e = 0.211$, $\omega = 308\overset{\circ}{.}1$, $K = 33.6$ km/sec, $T = 1952.007$. Verf. (übersetzt)

R. P. Kraft, The binary system Nova T Coronae Borealis. Vgl. Ref. **11308**.

G. Mannino, Velocità radiali della binaria DO Cas e calcolo dell'orbita spettroscopica. Mem SA It (NS) **29** 433—438 = Contr. Oss. Astrofis. Asiago Nr. 100. — Aus 58 am 120 cm-Reflektor von Asiago in der Zeit zwischen 1955 Nov.—1956 Jan. und 1957 Sept.—Dez. erhaltenen Spektren werden die Radialgeschwindigkeitskurve und daraus die Bahnelemente abgeleitet. Der Vergleich zwischen der von Verf. neu berechneten Periode und früheren Bestimmungen läßt auf eine Periodenänderung schließen. Cester

J. A. Pearce, The spectrographic orbit of H.D. 24118. Publ. Dominion Astrophys. Obs. Victoria **10** 349—355, 1957.

M. Stewart, The orbit of the spectroscopic binary Delta Capricorni. J RAS Canada **52** 11—16 = Contr. Dominion Astrophys. Obs. Victoria Nr. 60. — Ein Material von 38 Spektrogrammen von δ Cap aus den Jahren 1933—1938 wurde vermessen und eine Neubestimmung der Bahn des Sternes wird durchgeführt. Ein Vergleich mit älteren Ergebnissen erlaubt zwar, Änderungen der Bahnelemente festzustellen, doch ist die Sicherheit nicht ausreichend um weitergehende Schlüsse ziehen zu können. Kdr.

O. Struve, J. Sahade, S.-S. Huang, V. Zebergs, The orbit of the spectroscopic binary 29 UW Canis Majoris. ApJ **128** 328—335 = Berkeley Repr. Nr. 135.

XII. Veränderliche Sterne. Novae

§ 110

Ephemeriden, Allgemeines

* * Rocznik Astronomiczny Obserwatorium Krakowskiego 1958. Vgl. Ref. 417. — Enthält Ephemeriden 1958 von 703 Bedeckungsveränderlichen. Desgl. für 1959. Vgl. Ref. 417. — Enthält Ephemeriden 1959 für 704 Bedeckungsveränderliche.

11001. **R. Bajcár,** Determination of periods of variable stars. RH **39** 77—81 (slowak.).

11002. **F. M. Bateson,** Variable star observing in New Zealand. J RAS Canada **52** 241—249.

* * **F. M. Holborn,** The methods of the variable star section. Vgl. Ref. **2051.**

11003. **W. Iwanowska,** Widma zmiennych długookresowych. Postępy Astr. **6** 55. — Die Abschwächung der Absorptionslinien wird an Hand von ca. 100 Aufnahmen von Spaltspektren langperiodischer Veränderlicher im Helligkeitsmaximum untersucht. Rybka

11004. **G. Jackisch,** Lichtelektrisch-photometrische Überprüfung heller Sterne auf Veränderlichkeit geringer Amplitude. Mitt. AG 1957/I S. 42. — Ref. AG.

11005. **J. I. Jefremow, P. N. Cholopow,** Neunter Nachtrag zur ersten Ausgabe des Generalkatalogs Veränderlicher Sterne. Moskau, Verlag Akad. Wiss. UdSSR, 1958. 48 S. (russ.).

11006. **B. W. Kukarkin, P. P. Parenago, J. I. Jefremow, P. N. Cholopow,** Generalkatalog Veränderlicher Sterne. I, II. 2. Ausgabe, enthaltend eine Zusammenstellung von 14708 bis zum Jahr 1958 entdeckten und bezeichneten veränderlichen Sternen. Moskau-Leningrad, Verlag Akad. Wiss. UdSSR, 1958. 700 + 479 S. (russ.). — Besprechung in RH **39** 238, Southern Stars **18** 70—71.

* * **M. W. Mayall,** Manual for Observing Variable Stars. Vgl. Ref. **2054.**

* * **I. D. Nowikow,** Photographische Liebhaberbeobachtungen veränderlicher Sterne. Vgl. Ref. **2056.**

11007. **O. Obůrka,** Variable stars. RH **39** 1—3 (tschech.).

11008. **G. J. Odgers,** Variable stars. J RAS Canada **52** 259—270. — Dieser erste Teil eines Berichts über veränderliche Sterne behandelt die Bezeichnung und Entdeckung von Veränderlichen und sodann die verschiedenen Arten physischer Veränderlichkeit entsprechend dem derzeitigen Stand der Forschung. Kdr.

11009. **H. Schneller,** Geschichte und Literatur des Lichtwechsels der veränderlichen Sterne. Vgl. AJB **57** Ref. **11010.** — Weitere Besprechung in Obs **78** 215 (R. H. Garstang).

11010. **A. D. Walker, M. Olmsted,** Identification charts for 42 variable stars discovered at Harvard. Publ ASP **70** 495—504 = Harv Repr Nr. 504. — Für 42 Veränderliche sind Suchkarten nach blauempfindlichen Aufnahmen abgebildet. Sie sind nicht einheitlich im Maßstab und in der Helligkeitsskala. Zum Teil ist eine abgegrenzte nähere Umgebung des Veränderlichen ausführlicher dargestellt als die weitere Umgebung. O. G.

11011. Search for bright variable stars. Sky and Telescope **18** 73.

§ 111

Veränderliche Sterne

Bedeckungsveränderliche

11101. **A. Abrami,** La doppia spettroscopica U Ophiuchi. Mem SA It (NS) **29** 381—393 = Oss. Astr. Trieste Nr. 283. — Aus 28 mit dem 120 cm-Reflektor von Asiago aufgenommenen Spektren (Dispersion 42 Å/mm bei Hγ) des spektroskopischen Doppelsterns U Oph wird eine neue Radialgeschwindigkeitskurve erhalten. Nach der Methode von Sterne werden die spektroskopischen Elemente abgeleitet. Der Wert K_2 unterscheidet sich merklich von dem, den 1919 Plaskett gefunden hat, während die eigenen Beobachtungen den Wert 182.1 km/sec von Struve (1930) bestätigen. Die Bahn erweist sich als leicht exzentrisch und liegt, mit ω nahe bei 90°, in guter Übereinstimmung mit den photometrischen Ergebnissen von Magalaschwili. Es werden die absoluten Dimensionen des Systems mit Hilfe der neuen spektroskopischen Elemente und der photometrischen Elemente von Huffer und Kopal berechnet. Cester

11102. **R. S. Alexander,** Photoelectric light curves of the eclipsing binary CM Lacertae. AJ **63** 106—108. — Zwischen J. D. 2434294 und 35440 wurden am 11.5zölligen Crane-Refraktor des Observatoriums Washburn Univ. of Topeka, Kansas, lichtelektrische Messungen im gelben und blauen Spektralbereich vorgenommen. Neben den Epochen von acht Haupt- und sechs Nebenminima wurde die Kurve der Farbenänderung des Systems abgeleitet und dargestellt. Auf Grund dieser Ergebnisse werden im Verein mit den spektroskopischen Daten von R. F. Sanford absolute Dimensionen bestimmt. Beyer

11103. **S. Archer,** Photoelectric observations of eclipsing binaries: I. RZ Cassiopeiae. JBAA **68** 266—269. — Mit einem an anderer Stelle beschriebenen lichtelektrischen Photometer (vgl. Ref. **2201**) wurden 268 Messungen des Variablen erhalten. Aus den Ergebnissen werden Elemente für dieses System abgeleitet. Schaifers

11104. **S. Archer,** Photoelectric observations of eclipsing binaries: II. VW Cephei. JBAA **68** 269—271. — Lichtelektrische Beobachtungen des W UMa-Typ-Sterns sowie daraus abgeleitete Elemente werden gegeben. Schaifers

11105. **G. A. Bakos, J. F. Heard,** The eclipsing system, SZ Psc. AJ **63** 302. — Ref. AAS.

11106. **G. Chiş, I. Todoran,** Steaua variabila de eclipsa CM Lacertae. Studii cercetari astr. seismol. Acad. RPR **2** 417—426, 1957. — Ref. in RJ UdSSR 1959 Nr. 3 S. 19.

11107. **G. G. Cillié, E. M. Lindsay,** The photo-electric light curve of RT Sculptoris. MN **118** 585—590 = Contr. Armagh Obs. Nr. 25. — In den Jahren 1951, 1952 und 1954 wurden insgesamt 1986 lichtelektrische Helligkeitsmessungen des Bedeckungsveränderlichen im blauen und gelben Spektralbereich am 60zölligen Reflektor der Boyden-Station erhalten. Die Beobachtungen zeigen neben einer langsamen Abnahme der Periodenlänge einen unsymmetrischen Aufbau der Lichtkurve. Es werden neue Elemente, bildliche Darstellungen der Lichtkurve für Blau und Gelb sowie Tabellen der Normalpunkte gegeben. Beyer

11108. **M. Fracassini, M. Hack,** Osservazioni spettrografiche di ε Aurigae eseguite a Merate nel periodo ottobre 1956—aprile 1957. Mem SA It (NS) **29** 101—111 = Contr. Oss. Astr. Milano-Merate (NS) Nr. 124. — Es werden die Ergebnisse der spektroskopischen Beobachtungen von ε Aur, welche in Merate von 1956 Okt. — 1957 April angestellt und mit einigen 1957 Jan. auf Mt. Wilson aufgenommenen Spektren verglichen wurden, mitgeteilt. Es ergibt sich ein systematischer Unterschied der Radialgeschwindigkeiten aus Linien der Hülle und des Sterns. Einige größere Abweichungen der Radialgeschwindigkeiten des Sterns vom Mittelwert können durch die Hypothese erklärt werden, daß in der Hülle oder in der Atmosphäre des primären Sterns unregelmäßig verteilte Wolken vorhanden sind. Cester

11109. **J. Gadomski,** Algol. AA 8 171—181 = Astr. Obs. Warsaw Univ. Repr. Nr. 73. — Die Untersuchung enthält die Bearbeitung der vom Verf. in den Jahren 1920—1934 angestellten Beobachtungen von β Per. Die Beobachtungen sind in einer Lichtkurve dargestellt, aus welcher 102 einzelne Minima und aus diesen 20 Normalminima erhalten wurden. Rybka

11110. **M. Hack,** Spettrofotometria di W Serpentis. Mem SA It (NS) **29** 41—66 = Contr. Oss. Astr. Milano-Merate (NS) Nr. 123. — Verf. gibt eine spektrophotometrische Untersuchung von W Ser auf Grund von 20 Mt. Wilson-Aufnahmen (Dispersion 10 Å/mm). Das Hüllenspektrum besteht aus kräftigen, scharfen und tiefen Linien ionisierter Elemente, insbesondere von Fe II, Ti II, Cr II, verschiedenen Flügeln der Emissionslinien von H, Ca II und Fe II, Emissionslinien von Si II, λ 4481 Mg II und schließlich aus einigen verbotenen Linien von Fe II. Das allgemeine Aussehen des Spektrums von W Ser ist demjenigen von α Per F5 I b sehr ähnlich. Die Radialgeschwindigkeitskurve wird aus den gemessenen Verschiebungen der breiten Sternlinien in Bezug auf die scharfen Hüllenlinien bestimmt. Eine Verzerrung infolge Rotation ist vorhanden. Auf mehrere Änderungen der Gestalt und Intensität einiger Linien wird hingewiesen. Cester

11111. **Y. Hosokawa,** The revised elements of Algol. Publ. Astr. Soc. Japan **10** 120—128 = Sendai Astr. Rap. Nr. 61. — Die photometrischen Elemente von Algol werden unter Berücksichtigung der von S.-S. Huang (ApJ **126** 51, AJB **57** Ref. 11121) bestimmten Intensitäten der dritten Komponente neu abgeleitet. Beyer

11112. **Y. Hosokawa,** The luminous efficiency in eclipsing binary systems. Sci. Reports Tôhoku Univ. (1) **41** 226—235 = Sendai Astr. Rap. Nr. 56. — Die meist bei der Berechnung des theoretischen Reflexionseffektes gemachte Annahme Planckscher Energieverteilung wird durch eine Berechnung des monochromatischen Flusses nach Chandrasekhar ersetzt. Die erhaltenen Reflexionskoeffizienten (Faktoren von $\cos\Theta$) werden mit den beobachteten Werten für 30 Systeme verglichen (ohne Berücksichtigung des Elliptizitätseffektes in $\cos\Theta$). Es zeigt sich ein Gang der B—R von Null bei $E_2/E_1 \sim 1$ $(E = J/T_e^4)$ zu größeren Abweichungen, mit E_2/E_1 wachsend. Wellmann

11113. **L. Houziaux,** The sodium and helium lines in the visual spectrum of β Lyrae. Publ ASP **70** 209—212. — Nach Spektrogrammen, die O. Struve und J. Sahade am Mount Wilson-Observatorium aufgenommen haben, wird das Verhalten der verschiedenen Komponenten der Na I D-Linien und der He I-Linien λ 5876 und λ 6678 diskutiert. Die He I-Linien sind der Hülle zuzuordnen, während bei den D-Linien zu den Komponenten vom Stern und von der Hülle noch interstellare Ca II-Linien hinzukommen, so daß oft Blends auftreten. O. G.

11114. **L. Houziaux,** On the spectrum of the primary component of Beta Lyrae. ZfA **45** 264—268. — Auf Grund von Mt. Wilson-Spektrogrammen werden die Dichten von H, He und die Elektronendichte in der Atmosphäre des Sterns bestimmt. Er wird der Leuchtkraftklasse I b zugeordnet. Hoffmeister

11115. **M. Huruhata, M. Kitamura,** Photoelectric observations of ε Aurigae. TAB (2) Nr. 102 S. 1103—1105. — Die in 42 Nächten zwischen J.D. 2434343 und 35922 am 20zölligen Refraktor des Observatoriums von Tokyo erhaltenen lichtelektrischen Messungen in sechs Farbbereichen sind in einer Tabelle und einer graphischen Darstellung wiedergegeben. Während die Helligkeitsamplitude im Ultraviolett größer als im Rot ist, scheint die Dauer des kleinsten Lichts in beiden Farbbereichen gleich zu sein. Beyer

11116. **I. M. Ischtschenko,** Zur Bestimmung der Minimaepochen für Bedeckungsveränderliche mit asymmetrischen Lichtkurven. VS Bull **11** 210—212 (russ. mit deutschem Ref.). — Die modifizierte Methode von Hertzsprung für die Bestimmung der Minimaepochen von Bedeckungsveränderlichen mit asymmetrischen Lichtkurven wird beschrieben. Diese Methode ist zur Bestimmung der Asymmetriegröße der photographischen Lichtkurven von CQ Cep nach den Beobachtungen von Gaposchkin und Verf. verwandt worden. Verf. (gekürzt)

11117. **M. Karpowicz, W. Zonn,** Photographic observations of the eclipsing binary V 541 Cygni. AA **8** 187—188 = Astr. Obs. Warsaw Univ. Repr. Nr. 74. — Mit den 14 cm-Astrographen der Filialsternwarte von Warschau wurden in Ostrowik 58 Aufnahmen erhalten und Helligkeitsschätzungen des Bedeckungsveränderlichen V 541 Cyg durchgeführt. Normalminima und verbesserte Elemente werden abgeleitet. Rybka

11118. **J. Kordylewska,** Momenty minimów gwiazd zaćmieniowych z 37-letnich obserwacji krakowskich. Postępy Astr. **6** 58—60. — In den Jahren 1920—1957 wurden in Krakau 136581 Beobachtungen (meist visuelle Schätzungen) von Bedeckungsveränderlichen ausgeführt. Von diesen Beobachtungen lassen sich ungefähr 3500 Minima ableiten. Diese Arbeit ist zu 81 % vollendet. Rybka

11119. **K. K. Kwee,** Investigation of variations in the period of sixteen bright short-period eclipsing binary stars. BAN **14** 131—151. — Zwischen 1951 und 1954 konnten in Leiden insgesamt 57 Minimumepochen von 16 helleren, kurzperiodischen Bedeckungsveränderlichen lichtelektrisch festgelegt werden. Die große Genauigkeit dieser lichtelektrisch bestimmten Epochen läßt bei den meisten Sternen deutlich das Nebeneinander zweier Periodenänderungen erkennen, von denen die eine sich in kurzen und sehr geringen Störungen der Lichtkurve, die andere sich in auch visuell oft beobachteten langsamen Schwankungen bemerkbar macht. Die letzteren werden als eine Folge von mehr oder weniger plötzlichen Periodenänderungen gedeutet, die möglicherweise durch einen Massenaustausch von einer Komponente zur anderen hervorgerufen werden. Eine kurze Betrachtung zeigt den Weg einer Prüfung solcher Vorgänge. Zum Nachweis der Periodenänderungen sind neben den lichtelektrischen Minimumepochen auch sämtliche älteren Epochen für die einzelnen Sterne wiedergegeben. Ein Anhang der Arbeit enthält alle lichtelektrischen Einzelmessungen und einige graphische Darstellungen, die den Einfluß der atmosphärischen Bedingungen auf die Ergebnisse zeigen. Beyer

11120. **G. Larsson-Leander,** Photoelectric observations of the 1955—1957 eclipse of Epsilon Aurigae. Ark Astr **2** 283—294 = Stockholms Obs.

Medd. Nr. 112. — Mit dem 60 cm-Refraktor der Stockholmer Sternwarte wurden zwischen J.D. 2435427 und 36334 je 132 lichtelektrische Messungen im blauen und gelben Bereich erhalten, die neben einer sehr sicheren Bestimmung der Lichtkurve des Bedeckungsvorgangs den Verlauf der seit langem bekannten sekundären Helligkeitsschwankungen wiedergeben. Es zeigt sich, daß die letzteren mit Änderungen des Farbenindex verbunden sind, die auf eine geringe Pulsation der F-Komponente zurückzuführen sind. Beyer

11121. **A. McKellar, R. M. Petrie,** Victoria observations of 31 Cygni. Publ. Dominion Astrophys. Obs. Victoria **11** 1—34. — Während des letzten Minimums dieses Bedeckungsveränderlichen vom Typ ζ Aur wurden 1951 zahlreiche Spektren großer Dispersion mit dem Gitter-Spektrographen des Dominion Astrophys. Obs. erhalten, die in Verbindung mit den Beobachtungsergebnissen anderer Institute, insbesondere den lichtelektrischen Messungen von C. M. Huffer und E. F. Carpenter, weitgehende Aufschlüsse über die geometrischen und physischen Verhältnisse des Doppelsternsystems liefern. Neben der Auswertung der 260 Victoria-Spektrogramme wurden auch alle verfügbaren lichtelektrischen Messungen diskutiert. Die Periode wurde zu 3781^d bestimmt. Weitere Betrachtungen befassen sich mit dem Massenverhältnis der beiden Komponenten und den aus den chromosphärischen Linien bestimmten Radialgeschwindigkeiten. Am Schluß der Arbeit sind die absoluten Dimensionen der Systeme 31 Cyg, 32 Cyg und ζ Aur miteinander verglichen. Beyer

11122. **D. H. McNamara, K. Hansen,** The rotational disturbance in the spectrum of RZ Scuti. ApJ **128** 77—82. — Verf. untersuchen den Rotationseffekt in der Radialgeschwindigkeitskurve von RZ Sct. Die einzelnen Helium- und Wasserstofflinien ergeben erheblich verschiedene Geschwindigkeiten. Die Beobachtungen werden durch Annahme einer ausgedehnten Hülle um die helle Komponente des Systems, deren Rotationsgeschwindigkeit mit der Höhe abnimmt, erklärt. Micz.

11123. **W. J. Miller,** Five new eclipsing variables, VV 34—38. Specola Astr. Vaticana Ric. Astr. **6** 1—37. — Als Fortsetzung einer Serie von Mitteilungen über neuentdeckte Veränderliche in der großen Cygnus-Wolke werden für zwei β Lyr- und drei Algol-Sterne mit photographischen Helligkeiten zwischen 14^m und 17^m Aufsuchungskarten, Tabellen der Beobachtungen während der Minima sowie der Vergleichsstern-Helligkeiten und die Elemente des Lichtwechsels wiedergegeben. Für jeden Stern stehen weit über 1000 Helligkeitswerte zur Verfügung, die in der Form von mittleren Lichtkurven graphisch dargestellt sind. Beyer

11124. **J. A. Pearce,** The eclipsing variable H. D. 190786 (V 477 Cygni). Publ. Dominion Astrophys. Obs. **10** 447—458. — 32 Einprismen-Spektrogramme, die 1951 Juni 19 — Sept. 4 mit Dispersionen von 30, 51 und 92 Å/mm (Hγ) erhalten wurden, liefern in Verbindung mit den lichtelektrischen Beobachtungen von Wallenquist (Uppsala 1948) sehr zuverlässige absolute Dimensionen des Systems. Sämtliche Originalbeobachtungen, einige Registrierkurven, Ausschnitte aus den Spektren, Geschwindigkeitskurven sowie die Ableitung der Apsidenbewegung, der Parallaxe und Raumgeschwindigkeit werden wiedergegeben. Beyer

11125. **K. Pilowski,** Zum Kopal'schen Katalog der Elemente von Bedeckungsveränderlichen. Astr. Station Geod. Inst. Hannover 1958 (2) S. 3—10.

11126. **J. Sahade,** On the system of β Lyrae. AJ **63** 52—53. — Ref. AAS.

11127. **J. Sahade, G. Wallerstein,** The spectrum of Algol in the near infrared at principal eclipse. Publ ASP **70** 207—208. — Aufnahmen mit dem Coudé-Spektrographen des 100'-Spiegelteleskops von Mount Wilson zeigen keine Linien der Komponente B. Die doppelten D-Linien von Na I und von dem infraroten Ca II-Triplett sind den Komponenten A und C zuzuordnen. O. G.

11128. **K. C. Saidow,** Spektralphotometrie von Beta Lyrae. Publ. Akad. Wiss. Tadshik. Sowjetrepublik **66**, 94 S., 1957 (russ.) = Publ. Astr. Obs. Stalinabad **6**. — Nach einer Zusammenfassung der bereits vorhandenen Beobachtungsdaten berichtet Verf. über seine eigenen Beobachtungen sowie deren Ergebnisse und Deutung. In Bezug auf letztere werden besonders diskutiert: Die monochromatischen Lichtkurven, die Bestimmung relativer Gradienten und spektralphotometrischer Temperaturen, der Farbenindex des Systems, die Bestimmung der Farbtemperaturen aus den Farbenindizes, das Verhalten der Emissionslinien, das Modell des Systems β Lyr, die Bestimmung der Spektralklasse des Begleiters, die Bestimmung der absoluten Merkmale des Systems und die Veränderung der Intensität der Emissionslinien im Spektrum. Loh.

11129. **M. de Saussure,** Das Minimum von Epsilon Aurigae 1955—1957. Orion Schaffhausen **5** 511—512. — Es werden Helligkeitsschätzungen des Sternes ε Aur während seines letzten Minimums mitgeteilt; die Beobachtungen erfolgten mit Hilfe eines Feldstechers. H. M.

* * **S. Segre,** Un modello della struttura interna di Algol A. I. II. Vgl. Ref. **5225**.

11130. **N. N. Semjonowa,** The variation of radiative intensity from the center to the limb of a stellar disc in eclipsing variable systems. Mitt. Astr. Hauptobs. Pulkowo **20** Nr. 6 (159) S. 103—143 (russ. mit engl. Ref.). — Die Untersuchung erstreckt sich auf YZ Cas, β Per und β Lyr. Von YZ Cas wurden die Randverdunklung bei λ 5600, 5000, 4487, 4170 und 3950 Å bestimmt, außerdem die Bahnelemente und der Spektraltyp des Begleiters (F 6). In den Spektren von β Per und β Lyr wurde das Verhalten einer Reihe von Spektrallinien untersucht. Aus den Äquivalentbreiten und Konturen von Hγ und Hδ in β Per wurden P_e, N_{02}, H und g_e ermittelt, deren Änderungen beim Übergang vom Maximum zum Minimum unbedeutend sind. In β Lyr wurden die Linien des Hauptsterns (c B 9) He I 4009, 4144, Si II 4130, Ca II (K) und H 9 photometriert. Das anomale Verhalten der He-Linien wird durch eine anomale Temperaturverteilung an der Oberfläche des Hauptsterns erklärt. Loh.

11131. **O. Struve, H. Pillans, V. Zebergs,** The radial velocity of Epsilon Aurigae. ApJ **128** 287—309 = Berkeley Repr. Nr. 133.

11132. **O. Struve,** The problem of β Lyrae. Publ ASP **70** 5—40. — Nach einigen historischen Anmerkungen werden die Schwierigkeiten einer vollständigen Deutung der photometrischen und vor allem der spektrographischen Beobachtungen von β Lyr aufgezeigt. Besonders diskutiert werden die Radien, die Massen und die absoluten Helligkeiten der Komponenten, die Periodenänderung und die Frage der Konstanz von γ. Radialgeschwindigkeitskurven aus Linien verschiedener Elemente werden in Abbildungen wiedergegeben. Bei der Diskussion der Gasströme im System wird nicht nur ein Modell zur Deutung der Beobachtungen erörtert, sondern auch versucht, die richtige Einordnung von β Lyr in die verschiedenen möglichen Gruppen von engen Doppelsternsystemen in der Gegenwart und im Laufe der Entwicklung zu finden. O. G.

11133. **O. Struve, J. Sahade, V. Zebergs, B. T. Lynds,** The spectrum of the eclipsing binary 29 UW Canis Majoris. Publ ASP **70** 267—271 = Berkeley Repr. Nr. 131. — Es handelt sich um ein enges Paar von O-Sternen. Emissionslinien von N III und He II zeigen Änderungen der Intensität und des Profils in Abhängigkeit von der Phase. Die Radialgeschwindigkeiten aus Emissionen und Absorptionen unterscheiden sich um etwa 50 km/sec. γ und K_1 sind nicht konstant. Die Spektrogramme zeigen das Auftreten eines Gasstroms mit geringerer Ionisation als in der Atmosphäre der helleren Komponente. Die Hα-Emission geht von einer das ganze System umgebenden Hülle aus. 29 CMa ist wohl ein junges, in rascher Entwicklung begriffenes Doppelsternsystem. O. G.

11134. **O. Struve, J. Sahade,** The spectrum of β Lyrae in the visual and infrared regions. Publ ASP **70** 313—314 = Berkeley Repr. Nr. 132. — Im September und Oktober 1957 aufgenommene Spektrogramme im Gebiet von λ 5876 bis λ 9000, welche die ganze Periode von β Lyr umfassen, zeigen keine Spuren der Komponente mit späterem Spektraltyp. Das Verhalten der beobachteten Emissionen entspricht dem Verhalten der Hβ-Emission. Es wurden doppelte Linien der Paschenserie beobachtet. Sie zeigten aber nicht die von Hynek beobachteten Intensitätsänderungen mit der Phase. Vier Tafeln zeigen Reproduktionen von Teilen der Spektrogramme. O. G.

11135. **O. Struve,** The rotational disturbance of the velocity curve of β Lyrae. Publ ASP **70** 585—589 = Berkeley Repr. Nr. 142. — Neue Radialgeschwindigkeitskurven, die aus Messungen an Si II-Linien erhalten wurden, zeigen Unterschiede in den Phasen kurz nach der Mitte der Bedeckung. Die violetten Satellitenabsorptionen sind in den beiden beobachteten Zyklen verschieden stark. Sie entstehen im Gasstrom in Richtung auf den Beobachter. Die Beobachtungen sind als Ergebnis von «Blends» nur dann erklärbar, wenn die Satellitenlinien auch Profiländerungen erfahren haben. Verf. denkt dabei an die Wirkung von Elektronenstreuung im Gasstrom. O. G.

11136. **M. A. Swetschnikow,** Spektralphotometrische Untersuchung des Bedeckungsveränderlichen λ Tau. Abh. Staatsuniv. Leningrad Nr. 273 S. 46—69 (russ.). — Ref. in RJ UdSSR 1959 Nr. 8 S. 21.

11137. **A. Szczepanowska,** Photoelectric observations of the eclipsing variable AG Virginis. AA **8** 36—42. — Ergebnisse der an der Sternwarte Krakau in den Jahren 1953—1957 durchgeführten photoelektrischen Beobachtungen. Lichtkurve. Rybka

11138. **T. Widorn,** Lichtelektrische Beobachtungen von Epsilon und Eta Aurigae. Sitzber. Österreich. Akad. Wiss. Math.-naturwiss. Kl. Abteilung II **167** 203—211. — Im Rahmen der in Wien durchgeführten lichtelektrischen Beobachtungen von Bedeckungsveränderlichen wurde ε Aur in der Zeit von 1955 Jan. 17 — 1958 März beobachtet. In diesen Zeitraum fällt das letzte Minimum dieses langperiodischen Veränderlichen, dessen Lichtwechsel eine Periode von ungefähr 27 Jahren aufweist. Die Messungen umfassen den absteigenden Ast des Minimums und den aufsteigenden Ast sowie einen Teil der Lichtkurve vor und nach der Bedeckung. Es zeigen sich die gleichen sekundären Helligkeitsschwankungen, die auch bei der letzten Bedeckung 1928 festgestellt wurden. Bei den Beobachtungen wurde 1956 auch η Aur als veränderlich erkannt und weiterhin mitvermessen. Es zeigt sich, daß eine Helligkeitsschwankung von einigen Zehnte Größenklassen vorliegt. Eine einwandfreie Periode konnte jedoch nicht abgeleitet werden. Henn

11139. **D. B. Wood,** Photoelectric observations of U Coronae Borealis. ApJ **127** 351—354 = Berkeley Repr. Nr. 130. — Von dem Bedeckungsveränderlichen U CrB wurden 381 lichtelektrische Beobachtungen im blauen und gelben Licht erhalten, welche die Lichtkurve gut bedecken. Im gelben Licht wurde ein sekundäres Minimum von $0^m.06$ gefunden. Micz.

11140. **D. B. Wood,** Photometric elements of U Coronae Borealis. ApJ **128** 595—597. — Lichtelektrische Messungen, die 1957 im gelben Bereich vorgenommen wurden, ermöglichen die Ableitung von photometrischen Elementen des Bedeckungsveränderlichen nach der Methode von Russell. Geringe Abweichungen der Beobachtungen von der gerechneten Lichtkurve lassen auf das Vorhandensein von Gasströmen schließen. Beyer

11141. **K. O. Wright,** Victoria spectrographic observations obtained at the 1955—57 eclipse of ε Aurigae. AJ **63** 312—313. — Ref. AAS.

11142. **W. P. Zessewitsch,** On the periods of twenty eclipsing variable stars. VS Bull **11** 403—437 (russ. mit engl. Ref.). — Aus einer Diskussion des vorliegenden Beobachtungsmaterials geht hervor, daß die kurzen Perioden stabiler sind als die längeren. In einer Anzahl von Fällen kommen sprungartige Periodenänderungen vor. Das Verhältnis $\Delta P/P$ nimmt mit P zu. Loh.

11143. **H. Zimmer,** Der Bedeckungsveränderliche VV Cephei. BAV-Rundbrief **7** 35—38. — Besprechung der Arbeit von K. O. Wright, A. McKellar in Publ ASP **68** 405, 1956 (AJB **56** Ref. **11158**) sowie Hinweis auf eigene Beobachtungen des Veränderlichen.

11144. Algolminimer i 1959. NAT 1958 S. 100—134.

11145. Minima of Algol. Sky and Telescope **17** 154, 206, 258, 316, 378, 431, 480, 538, 596, 657; **18** 54, 112.

Cepheiden

11146. **G. S. Badaljan,** Über den Zusammenhang zwischen der Verteilung der galaktischen Cepheiden und des neutralen Wasserstoffs. DAN Armen. Sowjetrepublik **27** 145—147 (russ. mit armen. Ref.). — Ref. in RJ UdSSR 1959 Nr. 5 S. 35.

11147. **G. S. Badaljan,** Vergleich der Farbenindizes galaktischer Cepheiden. VS Bull **11** 369—374 (russ. mit engl. Ref.). — Der Vergleich bezieht sich auf photographisch und photoelektrisch bestimmte Farbenindizes. Die hier festgestellte gute Übereinstimmung ist jedoch bei den normalen Farbenindizes nicht mehr vorhanden. Die aus photoelektrischen Beobachtungen abgeleiteten normalen Farbenindizes sind größer. Auf die Genauigkeit der Bestimmung der selektiven Absorption ist dies von großem Einfluß. Loh.

11148. **W. Becker,** Korrektion des Nullpunktes der Perioden-Helligkeits-Beziehung mit Hilfe der interstellaren Verfärbung der Cepheiden. ZfA **44** 126—128 = Mitt. Astr.-Meteorol. Anstalt Univ. Basel (Astr.) Nr. 7. — Auf Farbenexzesse von δ Cephei-Veränderlichen, die von Gascoigne und Eggen gemessen worden sind, wendet Verf. seine im Jahre 1939 angegebene Methode der Leuchtkraftbestimmung aus der interstellaren Verfärbung an. Es ergibt sich eine Korrektion für die alte Perioden-Helligkeitsbeziehung von $-1^m\!.5 \pm 0^m\!.3$ (m. F.) in guter Übereinstimmung mit anderen Bestimmungen. Pilowski

* * **S. van den Bergh,** Cepheids and galactic structure. Vgl. Ref. **12301.**

11149. **T. Boenigk,** The colour index of the variable TU Ursae Maioris. AA **8** 13—16 = Bull. Astr. Obs. Toruń Nr. 16. — Vgl. Ref. **11187.**

11150. **T. Boenigk,** The colour index of the variable RR Lyrae. AA **8** 17—20 = Bull. Astr. Obs. Toruń Nr. 16. — Vgl. Ref. **11187.**

11151. **P. Broglia,** Sulla molteplice periodicità della variabile RV Arietis. Mem SA It (NS) **29** 113—137 = Contr. Oss. Astr. Milano-Merate (NS) Nr. 125. — Mit Hilfe von 800 photoelektrischen Beobachtungen in zwei Farben an der Sternwarte in Merate wurde eine verbesserte Periode $P_b = 0^d\!.316336$ abgeleitet. Die Helligkeiten im Maximum sind unbefriedigend, weshalb versucht wird, die Abweichungen durch eine dritte Periode $P_3 = 0^d\!.27554$ darzustellen. Cester

11152. **A. Burnicki, B. Krygier,** The colour index of the variable EH Librae. AA **8** 21—25 = Bull. Astr. Obs. Toruń Nr. 16. — Vgl. Ref. **11187.**

11153. **A. W. J. Cousins,** Photoelectric observations of Kappa Pavonis. MN ASSA **17** 130—132. — In den Jahren 1952, 1957, 1958 wurden am Cape Observatorium drei Serien photoelektrischer Beobachtungen des Cepheiden $\varkappa$

Pav erhalten. Licht- und Farbkurve werden im B, V-System gegeben. Die Beobachtungen stimmen gut mit denen von Eggen, Gascoigne und Burr überein. Sie bestätigen nicht die Behauptungen von Gaposchkin, der eine Schwankung von mindestens 0.1 Größenklassen zu verschiedenen Epochen festgestellt hat.
Schaifers

* * **J. D. Fernie,** The distribution of classical Cepheids in the galactic plane. Vgl. Ref. **12307.**

11154. **S. Gaposchkin,** Visual observations of several cycles of β Doradus, l Carinae, $\varkappa$ Pavonis, and L_2 Puppis. AJ **63** 234—237 = Harv Repr (2) Nr. 133.

11155. **E. Geyer,** Die Periodenänderungen von RZ Cephei. Mitt. AG 1957/I S. 42—43. — Ref. AG.

11156. **E. Geyer,** Photometrische Beobachtungen an RR Lyrae-Sternen. I. RZ Cephei. ZfA **44** 98—105 = Kleine Veröff. Remeis-Sternw. Bamberg Nr. 19. — Lichtelektrische Messungen in zwei Farben zeigen eine Einsenkung im Maximum der Lichtkurve, die auf das Vorhandensein von mindestens einer zweiten Periode in den Lichtwechselelementen hindeutet. Schätzungen des Sterns auf Überwachungsplatten von Bamberg, Harvard und Sonneberg in dem Zeitraum von 1930—1957 ergeben eine Verkürzung der Periode seit 1947. Die Zusammenfassung sämtlicher schon von Prager zusammengetragener Normalmaxima von 1890 bis 1938 mit den aus obigen Schätzungen abgeleiteten Maxima deuten auf eine periodische Veränderung der Grundperiode innerhalb von 45.65 Jahren hin.
Verf.

11157. **W. Götz, K. Schreiber,** S 4741 Lyncis, ein RR Lyrae-Stern mit Periodenänderungen. AN **284** 137—140. — Für den Zeitabschnitt zwischen 1910 und 1957 konnten aus Sonneberger Aufnahmen und älteren Harvard-Platten 70 Maximumepochen des Veränderlichen bestimmt werden, die sich jedoch nicht mit einer konstanten Periode verbinden lassen. Eine Darstellung der Beobachtungen gelingt nur, wenn man vier sehr verschieden lange Abschnitte getrennt für sich behandelt. Die resultierenden Perioden liegen zwischen $0^d.4816929$ und $0^d.4818529$. Lichtkurven für drei verschiedene Abschnitte, ein Diagramm der Epochenverschiebungen sowie ein Aufsuchungskärtchen mit Vergleichssternen sind wiedergegeben.
Beyer

11158. **J. Hanasz,** The colour index of the variable XZ Cygni. AA 8 31—35 = Bull. Astr. Obs. Toruń Nr. 16. — Vgl. Ref. **11187.**

11159. **R. H. Hardie, C. D. Geilker,** Three-color photometry of DY Pegasi. ApJ **127** 606—619. — Von dem kurzperiodisch veränderlichen Stern DY Peg wurden 1600 photoelektrische Beobachtungen im U, B, V-System erhalten. Der allgemeine Charakter des Lichtwechsels bleibt über viele Zyklen erhalten. Unregelmäßigkeiten der Lichtkurve scheinen sich nicht in systematischer Weise zu wiederholen.
Micz.

11160. **C. Hoffmeister,** Ein RR Lyrae-Stern an der Grenze des Milchstraßen-Systems. Sterne **34** 86. — Der Abstand vom galaktischen Zentrum des Sterns S 5218 Ursae maioris ergibt sich unter Annahme verschiedener Werte für die interstellare Absorption zu 16 bis 21 kpc. Die Periode beträgt $0^d.548$.
Hoffmeister

11161. **J. B. Irwin,** Photoelectric observations of southern Cepheids. AJ **63** 46. — Kurzbericht über die Ergebnisse von rund 1700 lichtelektrischen Messungen von 145 klassischen δ Cephei-Sternen, die 1955 in drei Farbbereichen am 24zölligen Victoria-Refraktor der Kap-Sternwarte ausgeführt wurden. Für 86 Sterne konnten gute, für 37 ziemlich gute Entfernungen abgeleitet werden. Die räumliche Verteilung dieser Sterne deutet eine Neigung zu Anhäufungen im Verlauf der Spiralarme unseres Milchstraßensystems an.
Beyer

11162. **J. B. Irwin,** Photoelectric observations of two southern Cepheids. AJ **63** 197—198 = Goethe Link Obs. Repr. Nr. 15.

* * **F. Janák,** Studies on galactic Cepheids system. I. II. Vgl. Ref. **12347**/48.

* * **F. Janák,** Galactic orbits of the Cepheids. Vgl. Ref. **12349.**

11163. **L. A. Klepikowa,** Etude de l'effet Blajko. II. VS Bull **11** 137—169 (russ. mit französ. Ref.). — An Hand eines umfangreichen und mitgeteilten Beobachtungsmaterials wird der Blashko-Effekt bei AR Her untersucht. Außerdem werden ergänzende Bemerkungen zu dem bereits früher diskutierten Veränderlichen RW Dra gemacht. Loh.

11164. **R. P. Kraft, D. C. Camp, J. D. Fernie, C. Fujita, W. T. Hughes,** Line profiles for the classical Cepheid SV Vulpeculae. AJ **63** 307. — Ref. AAS.

11165. **I. N. Latyschew,** Untersuchung des Blashko-Effekts. AC Nr. 192 S. 24—25 (russ.).

11166. **I. N. Latyschew,** Die halbempirischen Methoden zur Prüfung der Pulsationstheorie. AC Nr. 194 S. 22—23 (russ.). — Verf. äußert kritische Bemerkungen zu den Methoden von Wesselink, van Hoof und Stebbins. Loh.

11167. **W. J. Miller, A. A. Wachmann,** A new galactic Cepheid of unusually long period, VV 48. AJ **63** 309. — Ref. AAS.

11168. **W. J. Miller, A. A. Wachmann,** Six new RR Lyrae variables in the Cygnus cloud, VV 39—44. Specola Astr. Vaticana Ric. Astr. **6** 65—105. — Für sechs neuentdeckte RR Lyr-Sterne im südlichen Gebiet der großen Cygnus-Wolke werden auf Grund von 3219 photographischen Beobachtungen in Bergedorf und New-York (Fordham-Univ.) sehr zuverlässige mittlere Lichtkurven abgeleitet. Neben photographischen Aufsuchungskarten sind graphische Darstellungen aller Einzelbeobachtungen, die Elemente des Lichtwechsels sowie Tabellen der Vergleichssterne und der beobachteten Maximumepochen wiedergegeben. Beyer

11169. **W. J. Miller, A. A. Wachmann,** Six Cepheid variables in the Cygnus cloud, VV 45—50. Specola Astr. Vaticana Ric. Astr. **6** 109—149. — Fortsetzung der Untersuchungen von Veränderlichen der Vatikan-Sternwarte, für die jeweils rund 415 Beobachtungen auf Platten der Bergedorfer oder Fordham-Sternwarte (New-York) zur Verfügung stehen. Es handelt sich um einen klassischen Cepheiden, einen W Vir-Veränderlichen und vier RR Lyr-Sterne, für die Aufsuchungskarten, Vergleichssternhelligkeiten, Lichtkurven, Maxima, Normalpunkte und Elemente des Lichtwechsels mitgeteilt sind. Beyer

11170. **J. B. Oke,** Photoelectric spectrophotometry of Cepheids. AJ **63** 46—47. — Am David Dunlap Observatorium wurde mit Hilfe eines eigens zu diesem Zwecke gebauten Spektrophotometers die Energieverteilung der Sterne δ Cep und η Aql gemessen. Innerhalb des Bereichs λ 3400—5200 konnten Lichtkurven für 21 verschiedene Wellenlängen erhalten werden, die den Ergebnissen der Sechs-Farben-Photometrie mit Filtern überlegen sind. Beyer

11171. **P. P. Parenago,** On period changes of longperiod Cepheids. VS Bull **11** 236—267 (russ. mit engl. Ref.). — Verf. untersucht die Periodenänderungen ΔP von 42 Cepheiden. Sie verlaufen alle sprungartig. Die Zahl der festgestellten Perioden schwankt von Stern zu Stern zwischen $n = 2$ und 12. Für $n = 2$ überwiegen Periodenvergrößerungen, für $n > 2$ nicht mehr. Die Größe $\Delta E \,|\, \Delta P/P \,|$ bleibt nahezu konstant 0.1 bzw. 0.5 für die Cepheiden des flachen bzw. sphärischen Untersystems. ΔE ist der Zeitraum, in dem P einen bestimmten Wert hatte. Loh.

11172. **M. Petit,** Les céphéides. Bull. mens. Soc. Astr. Popul. Toulouse **49** 31—40.

11173. **G. W. Sajzewa,** Die Abhängigkeit des normalen Farbenindex der Cepheiden von der Periodenlänge. AC Nr. 198 S. 7—8 (russ.). — Verf. fand $(B—V)_0 = 0.087 + 0.377 \log P$.

11174. **R. Santirocco, M. P. Savedoff,** Chemical abundances in the atmospheres of RR Lyrae and certain F stars. AJ **63** 53. — Ref. AAS.

11175. **W. W. Shane,** The radial velocity of Delta Cephei. ApJ **127** 573—582 = Contr. Lick Obs. (2) Nr. 86. — Mit dem Mills-Spektrographen wurden 27 Radialgeschwindigkeiten von δ Cep im Jahre 1950 erhalten. Sie werden sorgfältig mit Messungen von Spektrogrammen mit dem gleichen Instrument aus den Jahren 1907 und 1923 verglichen. Es wird kein Anzeichen für langsame Änderungen der mittleren Radialgeschwindigkeit des Sternes (— 16.1 km/sec), der Amplitude (39.4 km/sec) oder der Form der Radialgeschwindigkeitskurve gefunden. Verf. schließt mit einigen Bemerkungen über das atmosphärische Niveau, in dem die gemessenen Linien entstehen. Micz.

11176. **S. A. Shewakin,** Über die einheitliche Interpretation der verschiedenen Typen der stellaren Pulsationsveränderlichkeit. DAN **119** 907—910 (russ.). — Auf Grund einer Berechnung nichtadiabatischer Schwingungen eines vielschichtigen, diskreten, sphärischen Sternhüllenmodells zeigt Verf., daß alle bekannten Typen der Pulsationsveränderlichkeit, die sich voneinander durch Phasenbeziehungen zwischen Helligkeits- und Radiusschwankungen unterscheiden, aus diesem Modell für verschiedene Werte nur eines Parameters abgeleitet werden können. Verf. (übersetzt)

11177. **S. A. Shewakin,** Über die sogenannte Perioden-Helligkeitsbeziehung der Cepheiden. DAN **123** 252—255 (russ.). — Der neue Nullpunkt der Perioden-Helligkeitsbeziehung für die Cepheiden steht mit den Folgerungen des Verf. aus der Theorie über die Veränderlichkeit der Sterne im Einklang. Aus derselben Theorie wird auch die von Sandage festgestellte Differenz zwischen den absoluten Helligkeiten der Cepheiden C und A, B quantitativ abgeleitet. Nach Verf. gibt es zwei verschiedene Perioden-Helligkeitsbeziehungen (Population I und II). Die Streuung in absoluter Helligkeit bei gegebener Periode beträgt innerhalb einer Population $1^m\!.2$. Verf. schlägt vor, die Cepheiden nach der Phasendifferenz zwischen dem Verlauf der Helligkeit und der Radialgeschwindigkeit innerhalb jeder Population in Untergruppen zu teilen. Wegen der aus der Theorie abgeleiteten Abhängigkeit dieser Phasendifferenz von der Leuchtkraft kann auf diese Weise die Streuung der Leuchtkraft bei gegebener Periode vermindert werden. Ond.

11178. **G. A. Starikowa,** Die Eigenbewegungen der beiden kurzperiodischen Cepheiden BP Vulpeculae und AR Persei. VS Bull **11** 389—392 (russ.).

11179. **A. Stawikowski,** The colour index of the variable RZ Cephei. AA **8** 1—6 = Bull. Astr. Obs. Toruń Nr. 16. — Vgl. Ref. **11187**.

11180. **A. Stawikowski,** The colour index of the variable SU Draconis. AA **8** 26—30 = Bull. Astr. Obs. Toruń Nr. 16. — Vgl. Ref. **11187**.

11181. **A. Stawikowski,** Wyznaczenie średnich wskaźników barwy gwiazd zmiennych typu RR Lyrae. Postępy Astr. **6** 110. — Zusammenfassung der Ergebnisse einer Zusammenarbeit auf der Sternwarte Toruń zur Bestimmung der Farbenindizes von sieben RR Lyrae-Veränderlichen: EH Lib, VZ Cnc, RZ Cep, XZ Cyg, TU UMa, RR Lyr, SU Dra. Rybka

11182. **G. Thiessen,** Untersuchungen an pulsierenden Sternen. III. Über die Turbulenz- und Rotationsgeschwindigkeit von η Aquilae. ZfA **46** 1—8 = Mitt. Sternw. Hamburg-Bergedorf **23** Nr. 268. — Die Originalregistrierungen von 20 Coudé-Spektren des Sterns η Aql, welche am 100'-Teleskop von Mt. Wilson erhalten wurden, wurden nach einer Methode untersucht, die bei pulsierenden Sternen zwischen Sternrotation, isotroper, transversaler und radialer Makroturbulenz zu unterscheiden erlaubt. Es stellt sich heraus, daß η Aql mit etwa 15 km/sec effektiver Äquatorgeschwindigkeit rotiert, während keine wesentliche Makroturbulenz vorhanden ist — im Gegensatz zu der bisherigen Auffassung. Thi.

11183. **W. G. Tifft, H. J. Smith,** T Sextantis, an RR Lyrae star of type «c». AJ **63** 54 (Ref. AAS), ApJ **127** 591—605. — Für den RR Lyrae-Stern vom Typ c werden lichtelektrische Beobachtungen im U, B, V-System und Radialgeschwindigkeitsmessungen mitgeteilt. Verf. diskutieren Lichtkurve und Farbänderungen und vermuten, daß der Stillstand auf dem ansteigenden Ast der Lichtkurve durch den Zusammenstoß aufsteigender und fallender Atmosphärenschichten bewirkt wird. Micz.

11184. **G. Wallerstein,** Radial velocities and spectral characteristics of the population II Cepheids M 5 No. 42, M 5 No. 84, and TW Capricorni. ApJ **127** 583—590. — Von drei δ Cephei-Sternen der Population II, Nr. 42 und Nr. 84 im Kugelhaufen M 5 und TW Cap werden Radialgeschwindigkeiten mitgeteilt. Verf. vermutet, daß die Geschwindigkeitskurven der Cepheiden der Population II mit $p > 15^d$ diskontinuierlich sind. Ferner werden die spektralen Änderungen während des Lichtwechsels beschrieben. Für die Cepheiden der Population II mit $p > 15^d$ scheint eine Beziehung zwischen der Form der Lichtkurve und dem frühesten Spektraltyp, den sie erreichen, zu bestehen. Die Wasserstofflinien sind, verglichen mit denen von Feldsternen, schwach. Micz.

11185. **R. Weber,** Une nouvelle étoile variable du type céphéide dans l'amas galactique NGC 7789. BSAF **72** 80—82. — Bericht über die Entdeckung eines neuen Veränderlichen.

11186. **A. Woszczyk,** The colour index of the variable VZ Cancri. AA 8 7—12 = Bull. Astr. Obs. Toruń Nr. 16. — Vgl. Ref. **11187.**

11187. The color indices of RR Lyrae variables. I. AA 8 1—35 = Bull. Astr. Obs. Toruń Nr. 16. — An der Sternwarte Toruń wurden mit Hilfe des 8'-Draper-Teleskops photographische und photovisuelle Helligkeiten von RZ Cep, VZ Cnc, TU UMa, RR Lyr. EH Lib, SU Dra und XZ Cyg bestimmt. Die Beobachtungen werden mitgeteilt, die Lichtkurven und die Farbenindexkurve sind dargestellt. Die Skalen sind an die Nordpolsequenz angeschlossen. Für RZ Cep werden neue Elemente gegeben. — Die einzelnen Untersuchungen sind in § **111** unter dem jeweiligen Autor aufgeführt. Rybka

Sonstige Veränderliche

11188. **K. D. Abhyankar, H. Spinrad,** Light variability of HD 47129. Publ ASP **70** 411—414. — Lichtelektrische Helligkeitsmessungen in drei bzw. zwei Farben, die von Verf. in 14 bzw. 11 Nächten teilweise gleichzeitig am Lick- und am Leuschner-Observatorium durchgeführt wurden, sprechen trotz nichtbefriedigender Übereinstimmung der Beobachtungen für eine geringe Veränderlichkeit von HD 47129. O. G.

11189. **M. A. Arakeljan, N. L. Iwanowa,** Über die kontinuierliche Emission im Spektrum von AG Draconis. Mitt. Obs. Bjurakan Nr. 24 S. 19—32 (russ. mit armen. Ref.). — Die Auswertung der im Frühjahr 1955 am spaltlosen Spektrographen und im Okt. 1957 mittels Objektivprisma in Bjurakan aufgenommenen Spektren von AG Dra führt zu dem Ergebnis, daß die absolute Energieverteilung vom Gelb-grünen bis λ 3770 Å monoton abnimmt, dann aber bis zur Meßgrenze bei λ 3400 Å wieder stark zunimmt. Eine befriedigende Erklärung dieses Effektes ist noch nicht möglich; bereits gegebene Erklärungen werden kritisch erörtert. Loh.

11190. **S. Archer,** Variability of Omicron Andromedae. Obs **78** 250—251. — Neue lichtelektrische Helligkeitsmessungen und spektralphotometrische Gradientenmessungen ergaben, daß die bisher angenommene Periode zu halbieren ist und daß o And jetzt der Haufenveränderliche mit größter scheinbarer Helligkeit ist. Eine genaue Neubestimmung der Parallaxe wäre zur Prüfung des Nullpunkts der Periode-Leuchtkraft-Kurve erwünscht. O. G.

11191. **G. S. Badaljan,** Über die Farbänderungen der T Tauri-Sterne. Mitt. Obs. Bjurakan Nr. 25 S. 49—61 (russ. mit armen. Ref.). — Verf. teilt die Ergebnisse kolorimetrischer Messungen an T Tau, UX Tau, RY Tau und AG Dra mit. In allen Fällen sind die Helligkeitsamplituden im Photographischen größer als im Visuellen, ihr Verhältnis liegt zwischen 2.4 (AG Dra) und 3.5 (UX Tau). Die Sterne werden also mit abnehmender Helligkeit röter. Loh.

11192. **W. P. Bidelman, G. H. Herbig,** A new emission line in the spectra of long-period variables. Publ ASP **70** 451—452 = Contr. Lick Obs. (2) Nr. 92. — Ref. ASP. — R Hya, χ Cyg.

11193. **A. A. Bojartschuk,** Spectrophotometric observations of γ Cassiopeiae in 1956. Mitt. Astrophys. Obs. Krim **18** 55—60 (russ. mit engl. Ref.). — Verf. berichtet über die spektralphotometrischen Beobachtungen von γ Cas aus dem Jahre 1956. Es werden die Profile der Wasserstofflinien und der He I-Linie λ 5875 gegeben und die Größe, Masse und optische Dicke der Hülle bestimmt. Verf. (übersetzt)

11194. **A. A. Bojartschuk,** Gamma Cassiopeiae in 1940. Mitt. Astrophys. Obs. Krim **19** 165—186 (russ. mit engl. Ref.). — Untersuchung der Hüllenlinien (Dispersion 36 Å/mm bei Hγ). Die Hülle war undurchsichtig in der Linienmitte der ersten Balmer-Linien. Die Masse der Hülle wird zu 10^{-10} $M_\odot$ abgeschätzt. Die beobachtete Zustandsverteilung der Heliumatome weicht stark von einer Boltzmann-Verteilung ab. Die ausgeworfene Sternmaterie braucht mehrere Wochen, um auf die Temperatur der Hülle abzukühlen. Plavec

11195. **A. A. Bojartschuk,** Gamma Cassiopeiae in 1941. Mitt. Astrophys. Obs. Krim **20** 118—122 (russ. mit engl. Ref.). — Das Spektrum der Hülle von γ Cas wurde auf den Spektrogrammen der Simeïs-Sternwarte (40'-Reflektor, Dispersion 36 Å/mm bei Hγ) verfolgt. Besondere Änderungen gegenüber 1940 wurden nicht gefunden. Verf. zeigt, daß die Linienkonturen nicht durch Rotation oder Pulsation der Hülle erklärt werden können und neigt zur Annahme von Zirkulationen in der Hülle. Plavec

11196. **A. W. J. Cousins,** Photoelectric observations of π^1 Gruis and RS Ophiuchi. MN ASSA **17** 132—133. — Von dem irregulär Veränderlichen π^1 Gruis mit dem Spektraltyp S wurden photoelektrische Beobachtungen im V-System erhalten. Die Blau-Helligkeiten sind im S'Pg-System gemessen. Zwischen Licht- und Farb-Schwankungen ergeben sich keine eindeutigen Beziehungen. Ferner werden von der Wiederkehr-Nova RS Oph vier Beobachtungen im B, V-System zur Zeit eines Ausbruchs gegeben. Schaifers

11197. **T. A. Cragg,** Some very irregular variable stars. Sky and Telescope **17** 126—128, mit Berichtigung S. 179. — R CrB, RY Sgr, RS Tel, SU Tau, SS Cyg, U Gem, RU Peg, Z Cam.

11198. **U. Dall'Olmo,** Due nuove variabili a «flare» nella nebulosa d'Orione. Coelum **26** 50—52 = Oss. Astr. Padova Comun. e rassegne Nr. 4. — Im Laufe der Beobachtungen des Orion-Nebels wurden zwei Flare-Sterne entdeckt: Der erste ist Nr. P 1485 (m_{ph} = 15.3) des Katalogs von Parenago; am 16. Jan. 1958 erreichte er die Helligkeit m_{ph} = 14.4. Das zweite Objekt Nr. P 2078 (m_{ph} = 15.8) erreichte am 27. Jan. 1958 m_{ph} = 12.8. Damit steigt die Zahl der Flare-Sterne im Orion-Nebel auf 18 an. Cester

11199. **G. Darsenius,** Observations of flare stars. Univ. Gothenburg Astr. Notes Nr. 1 S. 16—20.

111100. **A. J. Deutsch,** Recent observations of the companion of Mira. AJ **63** 49. — Ref. AAS.

111101. **Y. Fujita, Y. Yamashita, S. Nishimura,** Emission features around 4651 A and 4676 A in R Cygni. ApJ **128** 445—447. — Registrierungen der Linienprofile von Spektren der beiden Veränderlichen U Cas und R Cyg machen es wahrscheinlich, daß die im R Cyg-Spektrum auftretenden Aufhellungen bei λ 4651 und 4676 Å echte Emissionen sind. Beyer

* * **S. Gaposchkin,** Color index of the supernova in NGC 4374, M 84 and a new variable in its vicinity. Vgl. Ref. **11324**.

111102. **W. G. Gorbackij,** On the interpretation of the emission spectrum of long-period variable stars. II. AJ UdSSR **35** 748—754 (russ. mit engl. Ref.). — Engl. Übersetzung in Soviet Astr. AJ **2** 698—703. — Verf. untersucht die Herkunft der hellen Linien ionisierter Metalle, welche in den gleichen Schichten der Atmosphären langperiodischer Veränderlicher entstehen wie die Wasserstofflinien. Er stellt fest, daß die Anregung der Atome im wesentlichen durch Elektronen nach dem Maximum der Helligkeit stattfindet, worauf die Elektronendichte zum Minimum hin stark abnimmt. In gleicher Weise wird die Anzahl deaktivierender Stöße vermindert, so daß die Helligkeit der verbotenen Fe II-Linien gegenüber den erlaubten Übergängen wachsen kann. Oster

111103. **I. M. Gordon,** The physical nature of nonthermal ultraviolet emission in the spectra of T Tau stars and the origin of cosmic rays. I. AJ UdSSR **35** 458—468 (russ. mit engl. Ref.). — Engl. Übersetzung in Soviet Astr. AJ **2** 420—428. — Verf. stellt fest, daß neuere Meßergebnisse über das Spektrum von T Tauri seine Theorie bestätigen, nach der das starke UV-Kontinuum durch Synchrotron-Strahlung relativistischer Elektronen in einem kleinen Teil der Atmosphäre angeregt wird. Die Strahlung besteht dabei im wesentlichen aus erzwungenen Übergängen, wodurch sich die Polarisation des Balmer-Kontinuums und der Balmer-Linien erklären läßt. Für seine «aktiven Zonen» in der Sternatmosphäre nimmt Verf. eine Fläche von etwa 10^{19} cm^2, ein Magnetfeld von 10^4 Gauß und eine Elektronendichte von 10^{13}/cm^3 an. Oster

111104. **K. A. Grigorjan,** Polarisationsbeobachtungen von μ Cephei. Mitt. Obs. Bjurakan Nr. 25 S. 45—48 (russ. mit armen. Ref.). — In Fortführung früherer Beobachtungen werden die im Okt. 1956 und im Juli—Sept. 1957 erhaltenen Ergebnisse mitgeteilt. Der Polarisationsgrad (δ) liegt zwischen 0.6 % und 2.3 %, die Polarisationsrichtung (Θ) zwischen 60° und 126°, wobei sich δ als abnehmende Funktion von Θ herausstellt. Loh.

111105. **C. Grubissich,** Quindici nuove variabili intorno alla SA 109. Contr. Oss. Astrofis. Asiago Nr. 99, 4 S.

111106. **R. Hardie,** Light-variation of the spectrum variable HD 124224. ApJ **127** 620—624. — HD 124224 ist ein A-Stern mit ungewöhnlich starken Si II-Linien. Das Spektrum ist veränderlich. Photoelektrische Beobachtungen im U, B, V-System ergaben einen Lichtwechsel kleiner Amplitude mit der Periode der Spektrumveränderlichkeit. Micz.

111107. **G. H. Herbig,** Occurrence of aluminium hydride emission in spectra of long-period variables. Science **128** 1145. — Ref.

111108. **G. H. Herbig,** The irregular variable star V 348 Sagittarii. ApJ **127** 312—318 = Contr. Lick Obs. (2) Nr. 84. — Nach einer kurzen Erörterung des Lichtwechsels des R CrB-Sterns V 348 Sgr wird das Spektrum beschrieben. In der Nähe des Lichtmaximums enthält es vornehmlich starke Emissionslinien des C II; He I- und [O II]-Linien wurden beobachtet. Das Kontinuum ähnelt dem eines F-Sterns ohne Absorptionslinien. Im Lichtminimum ist das Spektrum dem eines Gasnebels mit H- und [O II]-Linien ähnlich. Die Radialgeschwindigkeit ist veränderlich. Direkte Aufnahmen im Minimum zeigen eine Nebelhülle von etwa 7' Durchmesser um den Stern. Verf. diskutiert kurz die mögliche Ursache des Lichtwechsels und weist auf eine mögliche Verwandtschaft des Objekts mit den vielen lichtschwachen planetarischen Nebeln hin, die in seiner Umgebung gefunden worden sind. Micz.

111109. **D. Hoffleit,** Some peculiar variables in Sagittarius. AJ **63** 50. — Ref. AAS.

111110. **C. Hoffmeister,** Bemerkung über einen verdächtigen Stern bei NGC 4374. MVS Nr. 372.

111111. **C. Hoffmeister,** Über das Verhalten von drei typischen und sechs atypischen RW Aurigae-Sternen. Veröff. Sternw. Sonneberg **3** 339—437. — Ref. in Mitt. Planetenbeobachter **11** 47, Sterne **35** 127. — Die Beobachtungen des Verf. in Südwestafrika wurden ergänzt durch solche der Royal New Zealand Astronomical Society, wodurch es möglich war, Lichtkurven ohne Unterbrechung durch die Tageshelligkeit zu zeichnen. Die Objekte sind T Cha, RU und RY Lup, AK Sco, V 350 Ori, Y Lep, S 4799 — 4800 — 4801 Phe. Bei mehreren Sternen werden quasi-periodische Wellen nachgewiesen, die als durch Pulsationen von Teilen des Sterns entstehend aufgefaßt werden können. Hoffmeister

111112. **F. M. Holborn,** Erratic behaviour of Z Camelopardalis. JBAA **68** 214—216. — Beobachtungen des Typ-Sterns Z Cam in den Jahren 1956—57 zeigen nach einem typischen Verlauf mehrmals «Stillstände» der Lichtvariationen. Der normale Helligkeitszyklus beträgt ca. 23^d. Die beobachteten Stillstände gingen bis zu 105^d. Weitere Anomalien in den Lichtkurven werden aufgezeigt. Schaifers

111113. **K. Hunger, G. Kron,** Polarisation in einem T Tauri-Stern mit UV-Emissionskontinuum. Mitt. AG 1957/I S. 44. — Ref. AG.

111114. **K. Hunger,** Das Spektrum von T Tauri. Mitt. AG 1957/I S. 44. — Ref. AG.

111115. **N. L. Iwanowa,** Spektralphotometrische Beobachtung von X Persei. Mitt. Obs. Bjurakan Nr. 25 S. 63—66 (russ. mit armen. Ref.). — Aus am 10''-Teleskop in Bjurakan 1957 erhaltenen Spektrogrammen von X Per im Anschluß an HD 23675 folgt eine Gleichheit der Farbtemperatur in den Bereichen λ 3900—4700 Å und λ 3300—3650 Å. Dazwischen erfolgt ein steiler Intensitätsanstieg bei X Per, der 1955 noch nicht oder nur in geringem Umfang vorhanden war. Loh.

111116. **G. Jackisch,** Lichtelektrische Messungen von Beta Cephei. AN **284** 61—63. — Die Änderung der Gesamthelligkeit von β Cep wurde 1951 in 13 Nächten lichtelektrisch beobachtet. Die Beobachtungsergebnisse lassen sich durch die von Struve, McNamara, Kung und Beymer abgeleitete Periode darstellen, deren Länge für den Beobachtungszeitraum $P = 0^d.1904884$ ist. Andere Perioden brachten keine Verbesserung. Die Amplitude des Lichtwechsels beträgt $0^m.04$. Sie ist nur ein Mittelwert über den Beobachtungszeitraum und unterliegt Änderungen bis zu etwa $\pm 0^m.03$. Verf.

111117. **A. F. Jones,** Z Apodis. Roy. Astr. Soc. New Zealand Variable Star Sect. Circ. Nr. 88, 10 S. — Es werden visuelle Schätzungen nach der Argelander-Methode mitgeteilt. Der Veränderliche zeigt schnelle Änderungen seiner Helligkeit in den Grenzen von 10.5—12.6 mag. Er ist irregulär und in seinem Verhalten wohl ähnlich RR Tau. Schaifers

111118. **A. H. Joy,** A spectrographic observation of a flare of UV Ceti. Publ ASP **70** 505—506. — 1957 Oktober 3—7 wurden gleichzeitige lichtelektrische Helligkeitsmessungen und spektrographische Beobachtungen von

UV Cet durchgeführt. Okt. 7 ereignete sich während der Aufnahme eines Spektrogramms ein Flare von etwa 10 Minuten Dauer mit einer Aufhellung von über einer Größenklasse. Auf dieser Aufnahme sind die Wasserstofflinien um ein Vielfaches stärker und doppelt so breit wie auf vorhergehenden Aufnahmen; die K-Linie ist nur etwas verstärkt. O. G.

111119. **P. Ledoux,** Some remarks on the mechanisms at work in the Beta Canis Majoris stars. ApJ **128** 336—341 = Inst. d'Astrophys. Univ. Liège Coll. 8° Nr. 401. — Kritische Betrachtungen über die von van Hoof in Publ ASP **69** 308 gegebene Deutung des Mechanismus der β CMa-Sterne. Es wird gezeigt, daß die Annahme rein radialer Schwingungen den Beobachtungen nicht gerecht wird. Beyer

111120. **N. L. Magalaschwili, J. I. Kumsischwili,** Photoelectric observations of 12 Lacertae. Bull. Astrophys. Obs. Abastumani Nr. 22 S. 7—18 (russ. mit engl. Ref.). — 311 lichtelektrische Beobachtungen von 12 Lac von August—September 1956, welche mit dem 33 cm-Reflektor der Sternwarte Abastumani im Rahmen des internationalen Programms erhalten wurden, werden mitgeteilt. Plavec

111121. **N. L. Magalaschwili, J. I. Kumsischwili,** Electrophotometric observations of HD 217050. Bull. Astrophys. Obs. Abastumani Nr. 22 S. 19—24 (russ. mit engl. Ref.). — Die Sternwarte Abastumani nahm am internationalen Programm der Beobachtungen von HD 217050 teil. 212 Beobachtungen, welche mit einem lichtelektrischen Photometer am 33 cm-Reflektor in der Zeit 1956 Juni—August angestellt worden waren, werden gegeben. Plavec

111122. **A. McKellar,** Emission lines in the spectrum of the N-type variable RS Cygni. Publ ASP **70** 456—457. — Ref. ASP.

111123. **O. A. Melnikow, W. S. Popow,** Über die Spektren instationärer Sterne. Priroda **47** Nr. 11 S. 83—84 (russ.).

111124. **P. W. Merrill, J. L. Greenstein,** Double absorption lines in the spectrum of R Andromedae. Publ ASP **70** 98—101. — Ein Spektrogramm im infraroten Bereich (Dispersion 6.8 Å/mm), einen Monat nach einem ungewöhnlich hellen Maximum aufgenommen, zeigt bei vielen Atomlinien zwei schmale Absorptionskomponenten, von denen eine die normale Lage hat und die andere eine relative RG von −23 km/sec anzeigt. Auf Spektrogrammen im Bereich kürzerer Wellenlängen aus früheren Jahren wurde in solchen Teilen, die keine Absorptionsbanden enthalten, nach entsprechenden Begleitern gesucht. Die Zahl der gefundenen Linien geht im allgemeinen wenig, nur bei Co I etwas stärker, über den rein zufällig zu erwartenden Prozentsatz hinaus. O. G.

111125. **L. W. Mirsojan,** Über die Natur der kontinuierlichen Emission. DAN **119** 667—670 (russ.). — In der vorliegenden Arbeit diskutiert Verf. die Gesamtheit der Unterlagen über die kontinuierliche Emission in den Spektren von AG Dra, NX Mon und VY Ori und macht einige Bemerkungen zu der von K. H. Böhm (vgl. AJB **57** Ref. **111142**) gegebenen Deutung. Es wird darauf hingewiesen, daß die kontinuierliche Emission allgemein durch Prozesse bedingt ist, die sich ihrer Natur nach sowohl von der Wärmestrahlung als auch von der Synchrotron-Strahlung relativistischer Elektronen unterscheiden. Die beobachteten Besonderheiten der kontinuierlichen Emission lassen sich durch das Ineinanderfließen der Emissionslinien auf Grund des Auflösungsvermögens des Spektrographen schwer erklären. Loh.

* * **J. J. Nassau, V. M. Blanco,** M-type stars and red variables in the galactic center. Vgl. Ref. **12163**.

111126. **S. Nishimura,** Spectrophotometry of W Cygni. Publ. Astr. Soc. Japan **10** 138—150 = Tokyo Astr. Obs. Repr. Nr. 174. — Die Messungen von

306 Linien zwischen λ4512 und 4770 Å werden mitgeteilt. Aus den Wachstumskurven des neutralen Fe, Ti und Ca werden Anregungstemperatur (etwa 2800° K) und Turbulenz-Geschwindigkeit (6.5 km/sec) bestimmt. Beyer

111127. **M. Petit,** Etoiles à sursauts lumineux. (Types UV Ceti et T Tauri). Acta Astr. Sinica **6** 199—208 (chines. mit französ. Ref.).

111128. **M. Petit,** Les étoiles variables du type U Geminorum. Ciel et Terre **74** 195—215. — Ref. in Coelum **26** 143. — Es wird eine Zusammenstellung der bekannten Veränderlichen des Typs U Gem mit entsprechenden bibliographischen Hinweisen gegeben. Schaifers

111129. **M. Petit,** Etoiles variables dans Messier 8. Contr. Oss. Astrofis. Asiago Nr. 98, 4 S.

111130. **G. Romano,** Una nuova variabile del tipo U Geminorum. Mem SA It (NS) **29** 177—180 = Oss. Astr. Padova Comun. e rassegne Nr. 8. — Entdeckung eines neuen Veränderlichen (R. A. = $23^h24^m58^s$, Dekl. = +43° 10′, 1900.0). Der Stern gehört wahrscheinlich zum Typ U Gem und zum Untertyp UV Per. Der Veränderliche zeigt auch Helligkeitsschwankungen im Minimum. Cester

111131. **P. E. Roques,** Observations of dMe stars with small fluctuations. Publ ASP **70** 310—313. — Bei den lichtelektrischen Beobachtungen zur Überwachung von Flare-Sternen wurden bei zwei Sternen sicher und bei drei weiteren weniger sicher gelegentliche kleinere Helligkeitsschwankungen gefunden. O. G.

111132. **L. Rosino,** Deux nouvelles étoiles variables à sursauts dans la nébuleuse d'Orion. DOB Circ Nr. 14.

111133. **R. Rudolph,** Z Cam in den Jahren 1956 und 1957. BAV Rundbrief **7** 48—49.

111134. **R. F. Sanford, P. W. Merrill,** Mount Wilson spectrograms of AB Aurigae. Publ ASP **70** 602—604. — Auf den untersuchten 64 Spektrogrammen aus den Jahren 1921—1946 zeigten die Wasserstofflinien starke Änderungen im Profil und in der Position (RG). Der Stern scheint zeitweise eine sich ausdehnende Hülle zu haben. Eine Periode der Änderungen wurde nicht gefunden. O. G.

111135. **N. Sato,** Photoelectric observations of 12 DD Lacertae. Sci. Reports Tôhoku Univ. (1) **41** 256—260 = Sendai Astr. Rap. Nr. 59. — Neben einer ausführlichen Beschreibung des lichtelektrischen Photometers am 10zölligen Spiegelteleskop der Tôhoku-Universität in Sendai sind die Ergebnisse der ersten mit diesem Instrument durchgeführten Messungen von 12 DD Lac wiedergegeben, die J. D. 2435786, 806 und 822 in den drei Farbbereichen λ5200, 4600 und 3900 erhalten wurden. Die gewonnenen Lichtkurven sind den Voraussagen von C. de Jager gegenübergestellt. Beyer

111136. **N. Sato,** Photoelectric observations of β Canis Majoris stars. Sci. Reports Tôhoku Univ. (1) **42** 48—50 = Sendai Astr. Rap. Nr. 65. — Im Herbst 1957 wurden die Veränderlichen γ Peg (Okt. 3, 21), 12 Lac (Okt. 22, Nov. 15), δ Cet (Nov. 21, 24) und υ Eri (Dez. 16) lichtelektrisch in den fünf Bereichen λ3600, 3900, 4600, 5260 und 5600 Å beobachtet. Die Helligkeitsamplituden sind im kurzwelligen Bereich etwa doppelt so hoch wie bei λ5600 Å. Die Einzelbeobachtungen sind in Tabellen und zum Teil auch als Lichtkurven wiedergegeben. Beyer

111137. **T. Schmidt,** Die Helligkeitsänderungen von TU Cassiopeiae. Sterne **34** 152. — Ref.

111138. **J. Smak,** O klasyfikacji gwiazd niestacjonarnych typu T Tauri. Postępy Astr. **6** 22—23. — Neue Klassifikation veränderlicher Sterne vom RW Aur- und T Tau-Typ, vorgeschlagen von Herbig, Haro und Cholopow auf dem Symposium in Bjurakan 1956 und veröffentlicht in der Publikation «The Non-Stable Stars», Erevan 1957 (AJB **57** Ref. **1171**). Rybka

111139. **M. J. Smyth,** Photoelectric observations of 12 (DD) Lacertae. Obs **78** 82—85 = Dunsink Obs. Repr. Nr. 9. — Im Rahmen der von de Jager vorgeschlagenen Zusammenarbeit wurden 1956 in neun Nächten lichtelektrische Beobachtungen im blauen und gelben Bereich durchgeführt. Die Einzelbeobachtungen werden mitgeteilt. O. G.

* * **J. Štohl,** The apparent galactic concentration of irregular variable stars. Vgl. Ref. **12322**.

111140. **M.-L. Tcheng, M. Bloch,** Observations spectroscopiques de FR Scuti. Acta Astr. Sinica **6** 43—48 (chines. mit französ. Ref.).

111141. **M. F. Walker,** HD 217050: A cooperative program of photoelectric observations. AJ **63** 237—243. — HD 217050, ein Hüllenstern hoher Rotationsgeschwindigkeit, besitzt eine Lichtkurve mit Minima, deren Amplituden und Phasen variabel sind. Das Auftreten dieser Minima wird dem Vorübergang dunkler Störgebiete über die sichtbare Sternscheibe zugeschrieben. Zur Prüfung wurden in internationaler Zusammenarbeit photoelektrische Beobachtungen durchgeführt, deren Meßergebnisse mitgeteilt werden. Thi.

111142. **G. Wallerstein,** The spectrum of the irregular variable VY Canis Majoris. Publ ASP **70** 479—484. — Das Spektrum der Komponenten AB des mehrfachen Systems VY CMa wurde aus Spektrogrammen im blauen und im infraroten Gebiet klassifiziert zu M5 Ibp. Die früher von Joy beobachteten Wasserstoffemissionen fehlten, dagegen traten Emissionen von Ca I, Na I und K I auf. Verf. hat aus den Intensitäten der Emissionen die Temperatur zu 1000° K und die Elektronendichte zu 10^9—10^{13} cm^{-3} abgeschätzt. O. G.

111143. **W. Wenzel,** Zwei eigenartige Typen unregelmäßig veränderlicher Sterne. BAV-Rundbrief **7** 1—4.

111144. **J. A. Wright, P. C. Keenan,** The spectrum of TY Virginis, a high-velocity variable star. ApJ **127** 506—507 = Contr. Perkins Obs. (1) Nr. 52. — TY Vir ist ein unregelmäßig veränderlicher K2-Stern in hoher galaktischer Breite mit großer Geschwindigkeit rechtwinklig zur galaktischen Ebene. Die Radialgeschwindigkeit beträgt +233.1 km/sec. Das Spektrum ähnelt sehr nahe dem von Mitgliedern in Kugelsternhaufen. Micz.

111145. **F. Zwicky,** Nuclear goblins and flare stars. Publ ASP **70** 506—508. — Der Zerfall eines Neutrons kann nur dann erfolgen, wenn für die getrennten Teile Proton und Elektron ein ausreichendes Volumen zur Verfügung steht. Neutronen können also durch genügend hohen Druck stabilisiert werden. Neben dem schon früher zur Erklärung von Supernova-Ausbrüchen angenommenen Fall eines Sterns mit Neutronenkern hält Verf. es für möglich, daß im Inneren von massereichen und dichten Sternen durch ausreichenden Druck kleine Gebilde mit stabilisierten Neutronen entstehen können. Diese Neutronengebilde können schnell in oberflächennahe Schichten wandern und dort in heftiger Explosion Energiebeträge freigeben, die zur Erklärung der Flares ausreichen. O. G.

111146. Anomalie du dernier maximum de Mira Ceti. DO-CIA Nr. 23.

111147. SS Cygni i 1957. NAT 1958 S. 23—24.

111148. Mass of a long-period variable in Ophiuchus. Sky and Telescope **17** 628. — Ref. AAS.

* * Veränderliche in Sternhaufen siehe auch § **121**, in außergalaktischen Nebeln § **124**.

* * Weitere Mitteilungen über Veränderliche siehe auch § **123**.

§ 112

Listen veränderlicher Sterne, Einzelbeobachtungen

11201. **F. M. Bateson,** The Observation of Variable Stars. Roy. Astr. Soc. New Zealand Variable Star Section, 1958. 27 S. + 11 Karten. — Besprechung in Southern Stars 18 71—72. — Beobachtungsanleitung. Aufsuchungskarten für folgende Sterne: S Aps; R, S Car; R, T Cen; VW Hyi; R Pic; L_2 Pup; RS Sco; RY Sgr.

11202. **F. M. Bateson,** Royal Astronomical Society of New Zealand. Variable Star Section. Observations. Circ. Nr. 84—86. — Umfaßt die Beobachtungen der nachstehenden Veränderlichen im Zeitraum von 1957 Jan. 1 bis 1957 Sept. 30.

Aps S, T, RT
Aqr R, Z, TX, VV, VX, WW
Aql TV, TX, VW, DX, DY, EM
Ara U
Cae R
CMa Z
Cap RR, RX
Car R, S, T, Z, RR, RS, RV, RW, RY, RZ, AF, AG, BO, CL, HR, IW
Cen R, T, U, W, X, RS, RT, RV, RX, AD, BV
Cet U, *o*
Cha R
Col R, S, T
CrA R, S, T, TY
CrB T
Crv R
Dor R, SU
Eri T, U, W, RW
For R
Gem U
Gru R, S, T
Hor R, T, U
Hya R, W, RS, RT, RU
Hyi VW
Ind R, S
Leo RY
Lep R
Lib U, W, RU
Lup R, Y, EX
Mic R, S, U
Mon R, U, RS, RX, SW
Nor R, T
Oct R, S, T, U
Oph W, RY, TT, TX, UX, UZ, VV
Ori S, RR, UV, CN, CZ, α
Pav R, S, T, W, κ
Phe R, T, V
Pic R, S, T
PsA R, S, U, RY, ST
Pup U, W, Y, Z, L_2
Ret R
Sgr R, S, RR, RT, RU, RV, RW, RX, RY, ST, SW, TY, VX, AR, AZ, BH, V 348
Sco R, S, Z, RR, RS, RT, RU, RW, SV, SX, TV, CL, V 380, α
Scl R, S, T, U, V, X
Sct R, ST
Ser UZ
Sex S
Tau RV
Tel R, S, RR
Tuc R, S, T, U, UU, AA
Vel W, Y, Z, SY, WY
Vir S, RV, SU
Vol R, S

11203. **A. Brun,** Recherches d'étoiles variables nouvelles dans les Selected Areas Nr. 31, 37, 44 et 47. DOB 11 Nr. 7 Fasc. 1, 4 S.

11204. **A. Brun,** Recherches d'étoiles variables nouvelles dans les Selected Areas Nr. 68 et 72, Nr. 75 et 80. DOB 11 Nr. 10 Fasc. 1, 4 S.

11205. **A. W. J. Cousins,** Magnitudes and colours for the comparison stars of some important southern variables. MN ASSA 17 134—136.

11206. **W. P. Fjodorowitsch,** Veränderliche Sterne im Orion. AC Nr. 189 S. 17—18 (russ.). — Kurze Mitteilung über veränderlich bestätigte und veränderlich verdächtige Sterne.

11207. **S. I. Gaposchkin,** Observations of 285 variable stars towards galactic nucleus. VS Bull 11 268—311 (russ. mit engl. Ref.).

11208. **W. Götz,** Veränderliche in der Region MHα 265. MVS Nr. 359. — Betrifft die Veränderlichen Nr. 42—75 aus der Liste von Haro (Bol. Obs. Tonantzintla y Tacubaya Nr. 8 S. 3—18, AJB **53** Ref. **9526**).

11209. **W. Götz,** Veränderliche in der Region MHα 265. MVS Nr. 360. — Betrifft die Veränderlichen 2—3, 5—7, 9, 12—13, 16 aus der Liste von Joy (ApJ **110** 424, AJB **49** Ref. **9526**).

11210. **W. Götz,** Veränderliche in der Region MHα 259. MVS Nr. 361—362. — Aus der Liste von Haro (Bol. Obs. Tonantzintla y Tacubaya Nr. 8 S. 3—18, AJB **53** Ref. **9526**) wurden die nachfolgenden Sterne beobachtet: Nr. 1—13, 16—22, 25, 29—33, 35. Aus der Liste von Joy (ApJ **110** 424, AJB **49** Ref. **9526**) wurden die folgenden Veränderlichen beobachtet: Nr. 3—5, 6s, 6n, 7—8, 9npr, 9sf, 10—13, 15, 19—20, 22—24.

11211. **W. Götz, H. Huth,** Die veränderlichen Sterne der nördlichen Milchstraße. Teil X. Veröff. Sternw. Sonneberg **4** 241—283. — Ref. in Sterne **35** 127—128. — Erstmalig bearbeitet wird das Feld φ Orionis; für die Felder 6^h 59^m $-6°$ und δ Aquilae werden Ergänzungen früherer Mitteilungen bekanntgemacht. Neben den Elementen werden Epochen der Extremwerte und in vielen Fällen bildliche Darstellungen der Lichtkurven gegeben. Hoffmeister

11212. **G. H. Herbig,** Identification charts for twelve variable stars. Publ ASP **70** 605—606.

11213. **D. Hoffleit,** Confirmation of neglected variables in Sagittarius. AJ **63** 78—80. — Von 20 Sternen erwiesen sich 14 als langperiodisch; ihre Perioden wurden bestimmt. Für zwei Algolsterne blieben die Perioden unbestimmt; ein Objekt wurde als «halbregelmäßig ?», ein weiteres als unregelmäßig und zwei Objekte wurden als wahrscheinlich unregelmäßig bezeichnet. Hoffmeister

11214. **C. Hoffmeister,** Bearbeitung des Lichtwechsels von 10 südlichen veränderlichen Sternen. Veröff. Sternw. Sonneberg **3** 441—447. — Ref. in Sterne **35** 127. — Nach Beobachtungen des Verf. in Südwestafrika werden Sterne behandelt, die bei einer früheren Mitteilung zurückgestellt wurden. Dabei erweisen sich je ein Stern als Bedeckungs- und als δ Cephei-Stern, die anderen Sterne als halbregelmäßig oder unperiodisch. Hoffmeister

11215. **W. S. Houston,** Bimonthly predictions of variable stars for the AAVSO. AAVSO Bull. Nr. 17, 2 S. — Vorhersage von Helligkeiten veränderlicher Sterne für 1958 März 1, Mai 1, Juli 1, Sept. 1, Nov. 1 und 1959 Jan. 1.

11216. **M. W. Mayall,** 1958 annual predictions: Maxima and minima of long period variables. AAVSO Bull. Nr. 16, 6 S. — Enthält 494 Maxima und 516 Minima für 395 langperiodische Veränderliche für das Jahr 1958.

11217. **M. W. Mayall,** Variable star notes. The American Association of Variable Star Observers. J RAS Canada **52** 37—40, 87—90, 137—140, 185—188, 234—238, 271—274.

11218. **M. W. Mayall,** The American Association of Variable Star Observers. Observations of variable stars. Quarterly Report Nr. 20—21, 53 + 54 S. — Umfaßt die Beobachtungen der nachstehenden Veränderlichen im Zeitraum 1953 Jan. 22 bis 1955 April 1.

And	R, T, U, V, W, X, Y, Z, RR, RS, RU, RV, RW, RX, RY, RZ, SS, ST, SV, SZ, TV, TY, TZ, UZ, VY, AQ, λ	Ant	HD 84610
		Aps	S, T
		Aqr	R, S, T, U, V, W, X, Y, Z, RR, RS, AE, χ

Aql R, S, T, U, V, W, X, Z, RR, RS, RT, RU, RV, RW, SV, SY, TW, TY, UU, VW, HK, V 356, V 433, V 603, η
Ara U
Ari R, S, T, U, V, RR
Aur R, S, U, V, W, X, Z, RS, RT, RU, RW, SS, SV, TU, TW, UU, UV, UZ, XZ, AB, AE, ψ
Boo R, S, U, V, W, Y, Z, RV, RW, RX, RY, UV
Cae R
Cam R, S, T, U, V, X, Z, RR, RS, RY, ST, VZ
Cnc R, T, U, V, W, X, RS, RT, RV
CVn R, T, V, Y
CMa Z, W
CMi R, S, T, U, V
Cap R, T, U, V, W, X, Y, Z, RR, RS, RT, RU
Car R, S, Z, RR, RV, RW, RY, RZ, AF, AG, l
Cas R, S, T, U, V, W, X, Y, Z, RR, RU, RV, SS, SV, TZ, UV, WZ, IZ, α, γ, ϱ
Cen R, T, U, W, X, Y, RS, RT, RV, RX, UW, AD
Cep S, T, U, V, W, X, Y, Z, RR, RU, RW, RX, SS, ST, AR, DO, μ
Cet R, S, T, U, V, W, X, Z, RS, UV, o
Cha R, S,
Col R, S, T
Com R
CrA R, S, T, TY
CrB R, S, T, V, W, X, Y, Z, RR, RS
Crv R
Crt R
Cyg R, S, T, U, V, W, X, Z, RS, RT, RU, RV, RW, RX, RZ, SS, ST, SV, SX, TT, TU, TW, TY, TZ, UU, UV, UX, WX, WY, AB, AF, AV, AW, AX, BG, BI, CH, CP, EY, V 449, V 460, V 476, V 568, χ
Del R, S, T, U, V, X, Y, Z, EU
Dor R, β
Dra R, S, T, U, V, W, X, Y, RY, SV, TW, TX, UW, UX, UY, VW, VY, AB
Equ R
Eri T, U, W, Z, RR, BR
For R
Gem R, S, T, U, V, X, Y, Z, RS, SS, SW, TU, TV, TW, VW, WY, BM, BN, BQ*), BU, η
Gru R, S, T, π_1
Her R, S, T, U, W, X, RR, RS, RT, RU, RV, RY, RZ, SS, ST, SV, SX, TV, TZ, UU, UY, AC, MZ, OP, g, α
Hor R, T
Hya R, S, T, U, V, W, X, Y, RR, RS, RT, RU, RV, AK, FF
Ind R, S
Lac R, S, RS, RV, RX, RY
Leo R, S, V, W, X, RY, TU, AB, AD
LMi R, S, U, 16
Lep R, S, T
Lib R, S, T, U, V, W, X, Y, RR, RS, RT, RU, ι
Lup R, S, X, Y
Lyn R, S, T, U, V, Y
Lyr R, S, T, U, V, W, Z, RS, RT, RU, RW, RX, RY, SZ, TU, XY, AY, δ^2
Mic R, S, U
Mon R, S, T, U, V, X, Y, RR, RS, RV, RY, SW
Mus R, BO
Nor R, T
Oct R, S, T, U
Oph R, S, T, V, W, X, Z, RR, RT, RU, RY, SS, TT, TX, XX, V 849, $\varkappa$, χ
Ori R, S, T, U, V, W, RT, TU, AN, AQ, BL, BQ, CI, CK, CN, CZ, EX, KX, NU, V 371, α
Pav R, S, T, W, Y, $\varkappa$
Peg R, S, T, V, W, X, Y, Z, RR, RS, RT, RU, RV, RW, RY, RZ, SV, SY, SZ, TT, TW, UV, AG, AM, β
Per R, S, T, U, W, X, Y, RR, RS, RU, RZ, SU, TT, TX, TZ, UV, VW, XX, AD, FZ, ϱ
Phe R, T, V
Pic R, S, T
Psc R, S, U, Z, TV, TX
PsA R, S, U
Pup U, W, X, Z, RU, RY, CP, L_2
Pyx S
Ret R
Sge R, T, V, VZ
Sgr R, S, T, Z, RR, RT, RU, RV, RW, RX, RY, SS, ST, SW, TY, UX, VX, AQ, V 1275
Sco R, S, W, X, Y, Z, RR, RS, RT, RU, RW, RZ, SV
Scl R, S, T, U, V, X, RR
Sct R, S, RR

*) Druckfehler in Quarterly Report Nr. 21 S. 12 1. Spalte unten lies BQ Gem 070716 anstatt BQ Ori.

Ser R, S, T, U, UZ, AM, CT, d, τ^4
Sex S
Tau R, S, T, V, W, X, Y, Z, RR, RS, RU, RV, RX, SU, TV, TX, XX, BU, CE
Tel R, S, RR, RW, BL
Tri R, W
Tuc R, S, T, U
UMa R, S, T, U, V, X, Y, Z, RS, RX, RY, RZ, ST, SU, SW, SY, VW, VY, WX, δ
UMi R, S, T, U, V
Vel W, Y, Z
Vir R, S, T, U, V, W, Y, Z, RR, RS, RT, RU, RV, RW, RX, SS, SU, SW
Vol R, S
Vul R, S, V, RU, RT
BD 55°1823
Zinner 357, 776

11219. **A. V. Nielsen,** Oversigt over astronomisk Selskabs observationer af foranderlige stjerner. NAT 1958 S. 22.

11220. **C. P. Olivier,** Epochs and periods of certain variable stars. AN **284** 185—186.

* * **E. Paloque, H. Berthomieu, P. Prêtre, M. Reynis,** Mouvements propres des étoiles variables de la liste du Dr. Plaut établie en vue d'études galactiques à la suite du colloque de Groningue de 1953. Vgl. Ref. 9115.

11221. **L. Plaut,** Estimates of 140 variable stars on Franklin-Adams plates centred at l = 325°, b = −2°, taken by the late Dr. H. van Gent. Ann. Sterrewacht Leiden **21** 217—250. — Als Fortsetzung der im Jahre 1948 in den Ann. Sterrewacht Leiden **20** veröffentlichten Ergebnisse der Helligkeitsschätzungen von 91 Veränderlichen auf Franklin-Adams-Platten werden diesmal die Untersuchungen von weiteren 140 Veränderlichen der südlichen Milchstraße mitgeteilt. Da rund 330 Platten zur Verfügung standen, ist die Art des Lichtwechsels in fast allen Fällen eindeutig sichergestellt. Neben Tabellen der Örter und der Epochen der Maxima und Minima sind für fast alle Veränderlichen Aufsuchungskärtchen mit den benutzten Vergleichssternen wiedergegeben. Tabellen der Vergleichssternhelligkeiten und Beschreibungen des Lichtwechsels ergänzen die Mitteilungen, die fortgesetzt werden sollen. Beyer

11222. **G. Romano,** Studio sulle stelle variabili del campo attorno a Beta Cassiopeiae. Mem SA It (NS) **29** 465—505 = Oss. Astr. Padova Pubbl. Nr. 116 = Oss. Privato Specola «Ariel» Treviso Pubbl. Nr. 17. — Betrifft Beobachtungen und Elemente folgender Sterne: Cas T, Y, Z, RT, RY, SX, SY, TT, TV, TZ, UU, VX, WY, WZ, ZZ, BD, BE, BF, BG, CE, CF, CG, CU, DD, DI, DL, DW, EN, EP, EQ, EX, EY, FM, FN, FS, FT, GT, GU, KK, KN, MQ, MU, NO, NR, PY, PZ, QQ, QW, V 336, SVS 840, S 4670, Wr 9, Wr 47, Wr 57, Wr 63, Wr 85, GR 10, GR 11, GR 13, GR 28, GR 29, GR 30.

11223. **C. L. Segers,** Observaciones de estrellas variables. Rev. Astr. Nr. 143 S. 82—87. — Betrifft folgende Sterne: R Ari, o Cet, R Cet, R Hor, S Col, U Ori, UW Ori, R CMi, L_2 Pup, S CMi, S Vol, R Cnc, V Cnc, S Hya, RW Car, R Car, HD 84046, R Leo, l Car, RR Car, S Car, RZ Car, W Cen, R Com, U Cen, R Vir, R Mus, HD 110716, S Vir, T Cen, RT Cen, T Aps, Θ Aps, R Cen, RS Vir, V Boo, R Aps, S Aps, X TrA, R Nor, 152849a Nor, RS Sco, RR Sco, SV Sco, U Ara, R Pav, ϰ Pav, R Aql, RY Sgr, RT Aql, S Gru, R Tuc.

11224. **A. W. Solowjow, N. M. Schachowskoj,** Untersuchung von 50 kurzperiodischen Cepheiden. Publ. Akad. Wiss. Tadshik. Sowjetrepublik **76** 45—199 (russ.) = Publ. Inst. Astrophys. Stalinabad **7** 45—199. — Betrifft die Veränderlichen: SW, XX And; BR, CP, CY, DN Aqr; X, RV Ari; TZ Aur; RS, TV, TW, UU, UY Boo; RU CVn; RZ Cep; RR, RU, RV, RX Cet; RV CrB; UY, DM Cyg; SW Dra; RX, SV, UZ, BB, BC Eri; SS For; RR Gem; TW Her; SV, SZ, UU Hya; RR Leo; U Lep; VY Lib; EZ Lyr; AV, BH, DH Peg; AR Per; RY Psc; V 440, V 675 Sgr; RU Scl; SX UMa; AF Vir; P 146 Ori = KVVS 465.

11225. **W. Strohmeier,** 32 neue Veränderliche. Kleine Veröff. Remeis-Sternw. Bamberg Nr. 21, 4 S. — Betrifft die Bamberger Veränderlichen Nr. 178—209.

11226. **R. Szafraniec,** Minima of eclipsing variables observed in 1957. AA 8 189—192. — Betrifft: TT, WZ, XZ, AB And; KO, V 342, V 343, V 346 Aql; RY, AM Aur; 44i, TU, TY, VW Boo; UZ Cnc; RS CVn; RZ, SX, AQ Cas; VW Cep; U, RW CrB; SY, UW, VW, WW, BR, CG, DK, V 345, V 698 Cyg; W Del; TW Dra; S Equ; RW, TX, AE, AF, AY, BO Gem; CC, DI Her; TY Hya; UY, VX Lac; RT Leo; T LMi; TZ, UZ Lyr; AW, BO Mon; U, RZ, V 501 Oph; CP, DN, ET, EY, FO, FR, GG, OS Ori; UX, BN, DO Peg; β, RT, RV, RY, XZ, CM Per; SX Psc; AO Ser; RW, AL, AM, CF Tau; X Tri; AY, BE, BO Vul.

11227. **P. Tempesti,** Five new variable stars in Corona australis. BAN 14 152—153.

* * **T. A. Uranowa,** Untersuchung der Sterne im Gebiet von S Monocerotis. Vgl. Ref. **9431.**

* * **A. D. Walker, M. Olmsted,** Identification charts for 42 variable stars discovered at Harvard. Vgl. Ref. **11010.**

11228. **T. Walraven, A. B. Muller, P. T. Oosterhoff,** Photo-electric magnitudes and colours at maximum brightness for 184 Cepheids. BAN 14 81—129. — Die Beobachtungen wurden mit dem 40 cm-Astrographen in Johannesburg gewonnen; die effektiven Wellenlängen der beiden Farbbereiche sind 424 und 537 mμ. Individuelle Vergleichssterne wurden nicht benutzt, sondern neun Standardsterne aus den E-Regionen 1—9, die zusammen mit weiteren Sternen aus den E-Regionen 8 und 9 die Beziehung zum System Cape 1953 S liefern. Auch die Beziehungen zu anderen photometrischen Systemen werden ausführlich diskutiert. Die Durchmusterung ist am Südhimmel nahezu vollständig bis zur 12. Größe, einige nördliche Cepheiden wurden ebenfalls beobachtet. Für manche Veränderliche sind ziemlich vollständige Lichtkurven gegeben; für viele sind verbesserte Elemente mitgeteilt. Für 42 Cepheiden sind die Amplituden (gelb, blau, Farbenindex) mitgeteilt. Bei Population I-Sternen ergeben sich recht enge lineare Zusammenhänge zwischen Gelb- und Blau- bzw. zwischen Farb- und Blauamplitude. Dagegen zeigen die Beziehungen zwischen Helligkeits- bzw. Farbamplituden und log P (P = Periode) ein breites Streufeld; Eggens Klassen A, B und C lassen sich darin nicht nachweisen. Weiter werden lineare Beziehungen zwischen Blau- und Radialgeschwindigkeits-Amplitude angegeben. Aus einer Betrachtung aller verfügbaren Daten wird als Farbenindex im Maximum angenommen $SCI_{max} = +0.01 + 0.10 \log P$, in naher Übereinstimmung mit Gascoigne und Eggen (1957) und Stibbs (1955). Das Verhältnis der photographischen Absorption zum Farbenexzeß wird zu $A_{pg}/E_{SCI} = 3.5$ (entspricht $A_V/E_{B-V} \approx 3.1$) angenommen. Zusammen mit einer Nullpunktskorrektion von $-1^m\!.7$ für Population I und $-0^m\!.2$ für Population II an Shapleys Periode-Leuchtkraft-Beziehung ergeben sich individuelle Distanzen der gemessenen Cepheiden und Abstände z von der galaktischen Ebene. Auf Grund großer z und anderer Kriterien werden 23 Veränderliche der Population II zugewiesen. Für die Population I-Cepheiden ergibt sich $\bar{z} = -24 \pm 5.5$ pc mit einer Dispersion von ± 65 pc, in guter Übereinstimmung mit Westerhouts (1957) Bestimmung der Symmetrieebene aus 21 cm-Beobachtungen am Nordhimmel. Zusammen mit den Radialgeschwindigkeiten von Stibbs (1955) läßt sich die Oortsche Konstante zu $A = +17.4 \pm 2.1$ km sec^{-1} kpc^{-1} bestimmen. Die Verteilung in der galaktischen Ebene zeigt Andeutungen von Spiralstruktur und besonders eine Konzentration in Richtung auf das galaktische Zentrum bei $r \approx 600$ pc, die als Fortsetzung des Carina-Armes angesehen wird. Bahner

11229. **R. Weber,** Catalogue d'étoiles variables nouvelles. JO **41** 74—77. — Enthält 75 Veränderliche aus Beobachtungen 1942—1958.

* * BAV-Rundbrief 1958. Mitteilungsblatt der Berliner Arbeitsgemeinschaft für Veränderliche Sterne. — Enthält zahlreiche Mitteilungen über die Beobachtung

veränderlicher Sterne, die nur zum Teil einzeln in diesen Paragraphen aufgenommen worden sind.

11230. 26 nuove variabili. Coelum **26** 163—164 = Oss. Privato Specola «Ariel» Treviso Pubbl. Nr. 14.

11231. Nachweis der Beobachtungen und Bearbeitungen Veränderlicher

Außer dieser Liste sind noch die vorhergehenden Tabellen von Beobachtungen und § **111** einzusehen.

Andromeda

R TAB (2) Nr. 110
V AC Nr. 198 S. 12, TAB (2) Nr. 110
Y AC Nr. 198 S. 12
RW AC Nr. 198 S. 12, TAB (2) Nr. 110
RY AC Nr. 198 S. 12
SV TAB (2) Nr. 110
TV NAT 1958 S. 69
WW VS Bull **11** 398
XZ AC Nr. 190 S. 24, Nr. 193 S. 24
AD VS Bull **11** 399
BD VS Bull **11** 316

Apus

Z Southern Stars **17** 115

Aquarius

R AC Nr. 198 S. 12
T Desgl.
X Desgl.
RR Desgl.
RW Desgl.
AE J RAS Canada **52** 137
BN AC Nr. 190 S. 23
CY Desgl.
DS AC Nr. 198 S. 14
χ VS Bull **11** 213

Aquila

R AC Nr. 198 S. 12
RT TAB (2) Nr. 110
RV AC Nr. 198 S. 12
UU J RAS Canada **52** 137
WW AC Nr. 198 S. 12
AA AC Nr. 190 S. 23
AK AC Nr. 198 S. 12
CU Desgl.
DR MVS Nr. 363
DT AC Nr. 198 S. 12
GZ MVS Nr. 360
HH MVS Nr. 355
KP AC Nr. 194 S. 25
KY MVS Nr. 366
V 346 AC Nr. 194 S. 25
V 415 AC Nr. 189 S. 15

Aries

T Ciel et Terre **74** 298
Z AC Nr. 190 S. 19
RS MVS Nr. 365
RT AC Nr. 190 S. 19
RU Desgl.

Auriga

U AC Nr. 190 S. 20, TAB (2) Nr. 110
W AC Nr. 190 S. 20
RU Desgl.
SS BAA Circ 392, 394, 397, J RAS Canada **52** 137
AC AC Nr. 190 S. 20
AL Desgl.

Bootes

S Ciel et Terre **74** 298
RR TAB (2) Nr. 110
RS Stud. Soc. Sci. Toruń (F) **2** Nr. 1 = Toruń Bull. Nr. 17
RV Desgl.
RX Ciel et Terre **74** 298
RY VS Bull **11** 213
RZ AC Nr. 190 S. 19
UV Stud. Soc. Sci. Toruń (F) **2** Nr. 1 = Toruń Bull. Nr. 17
VX AC Nr. 196 S. 13
WW AC Nr. 196 S. 11
XX AC Nr. 188 S. 24
YY AC Nr. 189 S. 14
YZ AC Nr. 188 S. 24
44i AC Nr. 192 S. 25

Camelopardalis

U Ciel et Terre **74** 298
X BAV-Rundbrief **7** 39
TV AC Nr. 192 S. 29
AH VS Bull **11** 467
AI AC Nr. 190 S. 19

Cancer

R Ciel et Terre **74** 298
RR AC Nr. 190 S. 19
ST Desgl.
SU Desgl.
SZ Desgl.
TW AJ **63** 243
UY AC Nr. 190 S. 19
VW Desgl.

Canes venatici

R AC Nr. 198 S. 12
Y Ciel et Terre **74** 298

Canis maior

ST AC Nr. 198 S. 12

Canis minor

R AC Nr. 198 S. 12
S Desgl.

Capricornus

RW AC Nr. 190 S. 24
SS AC Nr. 190 S. 19
SW Desgl.
SZ Desgl.

Cassiopeia

RZ AC Nr. 190 S. 24, Nr. 192 S. 26, Nr. 193 S. 24, Nr. 194 S. 25
SZ AC Nr. 190 S. 22
TV AC Nr. 188 S. 25, Nr. 194 S. 25, Nr. 195 S. 15
TX AC Nr. 195 S. 15
VV VS Bull **11** 228
AO Publ ASP **70** 111
BB VS Bull **11** 401
BC VS Bull **11** 388
EK AC Nr. 198 S. 14

KT VS Bull **11** 467
MM AC Nr. 192 S. 29
OX AC Nr. 191 S. 19
PV Desgl.
QQ Bamberg Kleine Veröff. Nr. 22, Coelum **26** 37 = Treviso Pubbl. Nr. 11
γ Ciel et Terre **74** 298

Cepheus

U VS Bull **11** 375
W Ciel et Terre **74** 298
SU AC Nr. 194 S. 25
UU MVS Nr. 357
VV Mem Japan Astr. Study Ass. **2** 29
ZZ BAV-Rundbrief **7** 38
AW AC Nr. 190 S. 19

Cetus

SS AC Nr. 195 S. 21
o BAV-Rundbrief **7** 39

Columba

S TAB (2) Nr. 110
T Desgl.

Coma Berenices

RW AC Nr. 195 S. 15

Corona borealis

R Ciel et Terre **74** 152
U AC Nr. 188 S. 25
RS TAB (2) Nr. 110

Cygnus

U AC Nr. 198 S. 13
W TAB (2) Nr. 110, VS Bull **11** 213
X VS Bull **11** 316
RW TAB (2) Nr. 110
SS BAA Circ 392, 398, J RAS Canada **52** 137
SU VS Bull **11** 218
SY AC Nr. 191 S. 17
SZ VS Bull **11** 472
TX AC Nr. 198 S. 12
UZ AC Nr. 195 S. 15
VV VS Bull **11** 170
VX AC Nr. 198 S. 12
VY Desgl.
AE AA **8** 48 = Warsaw Obs. Repr. Nr. 68
BM MVS Nr. 363
BW MVS Nr. 356
BY MVS Nr. 369
BZ AC Nr. 198 S. 12
DH VS Bull **11** 170
DV MVS Nr. 366
EY J RAS Canada **52** 137
MZ AC Nr. 198 S. 12
V 347 Desgl.
V 355 VS Bull **11** 170
V 356 AC Nr. 198 S. 12
V 386 Desgl.
V 402 VS Bull **11** 474
V 443 MVS Nr. 352—353
V 449 VS Bull **11** 213
V 458 VS Bull **11** 170
V 460 VS Bull **11** 213
V 463 VS Bull **11** 226
V 514 AC Nr. 198 S. 12
V 526 VS Bull **11** 170
V 532 AC Nr. 198 S. 12
V 541 VS Bull **11** 226
V 620 AC Nr. 194 S. 27
V 751 VS Bull **11** 222
V 752 VS Bull **11** 170
V 759 AC Nr. 193 S. 23
V 779 VS Bull **11** 170
V 780 Desgl.
χ Ciel et Terre **74** 152

Delphinus

U VS Bull **11** 213
W AC Nr. 190 S. 24
TX AC Nr. 190 S. 22
BW AC Nr. 192 S. 29
BX Desgl.

Draco

Z AA **8** 48 = Warsaw Obs. Repr. Nr. 68, AC Nr. 190 S. 24
RY VS Bull **11** 213
RZ AC Nr. 195 S. 15
SX AC Nr. 191 S. 17
TW VS Bull **11** 375
UX VS Bull **11** 213
UZ AC Nr. 195 S. 15
VW VS Bull **11** 213

Equuleus

Z MVS Nr. 372

Eridanus

RZ AC Nr. 195 S. 15

Gemini

U BAA Circ 392, J RAS Canada **52** 137
RW AC Nr. 195 S. 15
RY Desgl.
SX Desgl.
AF Desgl.
η TAB (2) Nr. 110, VS Bull **11** 213

Hercules

R AC Nr. 190 S. 20
S Desgl.
T Desgl.
W Desgl.
RS Desgl.
RT Desgl.
RU Desgl.
RV Desgl.
RY Desgl.
RZ Desgl.
SS Desgl.
SU Desgl.
SY Desgl.
TW AC Nr. 190 S. 23
UZ AC Nr. 190 S. 20
XZ AC Nr. 189 S. 16
AC AC Nr. 195 S. 16, Stud. Soc. Sci. Toruń (F) **2** Nr. 1 = Toruń Bull. Nr. 17
AE AC Nr. 189 S. 16, Nr. 190 S. 20
AI AC Nr. 190 S. 20
AL Desgl.
AQ Desgl.
AS Desgl.
BQ AC Nr. 195 S. 19
CF AC Nr. 190 S. 20
DF Desgl.
FR Desgl.
LS AC Nr. 192 S. 29
V 347 AC Nr. 192 S. 27

Hydra

U VS Bull **11** 213

Lacerta

SW AA **8** 48 = Warsaw Obs. Repr. Nr. 68

Leo

X J RAS Canada **52** 137
Y AC Nr. 190 S. 24

RS AC Nr. 191 S. 14
RT AC Nr. 195 S. 15
SV AC Nr. 191 S. 14
TZ Desgl.

Lepus

R TAB (2) Nr. 110

Libra

TZ AC Nr. 191 S. 14
UL Desgl.

Lupus

EX Southern Stars **17** 115

Lynx

ST MVS Nr. 358
SW MVS Nr. 351

Lyra

R Ciel et Terre **74** 298
TT AC Nr. 195 S. 15
XY VS Bull **11** 213
AY J RAS Canada **52** 137
CY Desgl.
FN AC Nr. 192 S. 27
KX AC Nr. 193 S. 25
δ^2 VS Bull **11** 213

Monoceros

RZ AC Nr. 191 S. 14
ST Desgl.

Ophiuchus

X AC Nr. 189 S. 16
Y VS Bull **11** 385
RV AC Nr. 195 S. 15
RY AC Nr. 189 S. 16
TY VS Bull **11** 462
UW AC Nr. 191 S. 14
BD Desgl.

Orion

U Ciel et Terre **74** 298
W Desgl.
BQ Desgl.
CZ J RAS Canada **52** 137
GG AC Nr. 189 S. 15
V346 AC Nr. 193 S. 26

Pegasus

W TAB (2) Nr. 110
RU J RAS Canada **52** 137
UU AC Nr. 191 S. 14
VY Desgl.
VZ TAB (2) Nr. 110
AU AC Nr. 198 S. 12
AV AC Nr. 190 S. 23
BX AA 8 48 = Warsaw Obs. Repr. Nr. 68
DY AC Nr. 190 S. 23, Nr. 191 S. 17
EG AC Nr. 191 S. 14
γ AC Nr. 192 S. 23

Perseus

U Ciel et Terre **74** 298
RT AC Nr. 190 S. 24
RV AC Nr. 195 S. 15
RW Desgl.
RY Desgl.
UV BAA Circ 397
AR AC Nr. 190 S. 23
HU AC Nr. 191 S. 16
ϱ VS Bull **11** 213

Pisces

X AC Nr. 191 S. 14
RR Desgl.
RX Desgl.
TZ Desgl.

Puppis

AQ TAB (2) Nr. 110
AS Desgl.
L_2 Desgl.

Pyxis

RZ TAB (2) Nr. 110

Sagitta

S AC Nr. 198 S. 11

Serpens

VV VS Bull **11** 462
ZZ Desgl.
AG Desgl.
BL Desgl.
BM Desgl.
BO Desgl.
BR Desgl.

BT VS Bull **11** 462
d VS Bull **11** 213

Taurus

R Ciel et Terre **74** 298
S Desgl.
Y Desgl.
RR J RAS Canada **52** 185
RZ AC Nr. 195 S. 15
SV AC Nr. 191 S. 17
SX AC Nr. 193 S. 26
SZ VS Bull **11** 218
TZ AC Nr. 193 S. 26
UU Desgl.
UV Desgl.
UY Desgl.
WX Desgl.
AG Desgl.
BU VS Bull **11** 213

Telescopium

HH MVS Nr. 374, 375

Triangulum

V AC Nr. 195 S. 15
X AA 8 48 = Warsaw Obs. Repr. Nr. 68, VS Bull **11** 448
Z AC Nr. 193 S. 26
RT Desgl.

Ursa maior

S Ciel et Terre **74** 298
T Desgl.
Z NAT 1958 S. 98
RS Ciel et Terre **74** 298
SU J RAS Canada **52** 137

Virgo

SY AC Nr. 193 S. 26
VY Desgl.
XY Desgl.
AQ Desgl.
CF Desgl.

Vulpecula

R TAB (2) Nr. 110
S VS Bull **11** 392
T VS Bull **11** 218
X VS Bull **11** 392
BO MVS Nr. 364

11232. Veränderliche mit provisorischer Bezeichnung

341.1930	AC Nr. 195 S. 19	315.1934	MVS Nr. 369, 371	557.1936	Coelum **26** 37 = Treviso Pubbl. Nr. 11
101 1931	TAB (2) Nr. 110	150.1936	AC Nr. 196 S. 11	5.1938	VS Bull **11** 312
80.1933	AC Nr. 195 S. 19	378.1936	AC Nr. 195 S. 19		
78.1934	AC Nr. 196 S. 11	557.1936	= KVVS 5474		

11233. Bamberger Veränderliche

Bamberg Nr.		Bamberg Nr.	
38	Bamberg Kleine Veröff. Nr. 23	170	AC Nr. 194 S. 23
73	= QQ Cas	171	Desgl.
85	Bamberg Kleine Veröff. Nr. 23, MVS Nr. 370—371	193	Bamberg Kleine Veröff. Nr. 22, 23
106	Bamberg Kleine Veröff. Nr. 22	200	Bamberg Kleine Veröff. Nr. 22
131	MVS Nr. 354—355	203	Bamberg Kleine Veröff. Nr. 23
		210—222	Desgl.

11234. Veränderliche BD-Sterne

+83°168	= Bamberg Nr. 213	+37°4760	= SVS 814
81 382	= Bamberg Nr. 38	37 4754	= 101.1931
81 245	= Bamberg Nr. 214	37 2824	= Bamberg Nr. 106
80 426	= Bamberg Nr. 219	37 435	AC Nr. 194 S. 25
80 112	= Bamberg Nr. 211	20 685	AC Nr. 194 S. 26
76 0790	= Bamberg Nr. 200	12 3780	Desgl.
76 431	= Bamberg Nr. 218	8 2766	Desgl.
75 791	NAZ **12** 2 mit Berichtigung S. 6, NAZ **12** 26 = Bamberg Nr. 203	6 189	Desgl.
69 1191	= Coelum **26** 37 = Treviso Pubbl. Nr. 11	4 4568	Desgl.
53 323	NAZ **12** 26	+ 2 3428	Desgl.
+47 1350	= Bamberg Nr. 85	− 1 3490	Desgl.
		3 1283	Desgl.
		9 749	Desgl.
		−14 2777	Desgl.

11235. KVVS-Sterne*)

122	VS Bull **11** 467	5337	AC Nr. 191 S. 19	5634	TAB (2) Nr. 110
3483	= 341.1930	5402	Desgl.	5651	= 101.1931
4551	= 80.1933	5413	Desgl.	5652	= SVS 814
4583	= SVS 870	5425	Desgl.	5655	TAB (2) Nr. 110
4781	MVS Nr. 362	5445	Desgl.	5683	Desgl.
4840	= 378.1936	5465	Desgl.	5692	= Ross 223
5273	AC Nr. 191 S. 19	5474	= 557.1936	5703	TAB (2) Nr. 110
5285	Desgl.	5496	AC Nr. 191 S. 19	5718	Desgl.
5306	Desgl.	5508	Desgl.	5780	Desgl.
5311	Desgl.	5509	Desgl.		

11236. SVS-Sterne

499	AC Nr. 189 S. 14	870	AC Nr. 195 S. 19	1234	AC Nr. 192 S. 29
814	TAB (2) Nr. 110	1022	AC Nr. 192 S. 27	1248	AC Nr. 195 S. 21
850	AC Nr. 193 S. 25	1024	Desgl.	1254	AC Nr. 197 S. 10
867	AC Nr. 192 S. 27				

*) AJB **51** Ref. **11003**

11237. Sonstige Veränderliche

Äqu. 1855

$23^h\,22^m48^s$	$+42°\,56'$	Coelum **26** 37 = Treviso Pubbl. Nr. 11

Äqu. 1900

$0^h\,10^m20^s$	$+59°\,47'$	Coelum **26** 37 = Treviso Pubbl. Nr. 11
2 51 3	+74 29	Coelum **26** 108 = Treviso Pubbl. Nr. 13
6 48 4	−19 59	Coelum **26** 77 = Treviso Pubbl. Nr. 12
7 0 23	−15 0.1	Desgl.
11 33 13	+46 30	Desgl.
11 43 52	+49 46	Desgl.
12 6 22	+18 34	Coelum **26** 108 = Treviso Pubbl. Nr. 13
12 14 35	+17 5	Desgl.
20 38 32	+71 11	Coelum **26** 37 = Treviso Pubbl. Nr. 11
21 2 17	+67 37	AC Nr. 191 S. 15
23 22 48	+42 56	Desgl.
23 52 0	+56 9	AC Nr. 194 S. 26
23 54 4	+13 14	Coelum **26** 108 = Treviso Pubbl. Nr. 13

Äqu. 1950

$6^h\,49^m\,0^s\!.47$	$+31°\,0'\,59''\!.7$	UAI Circ 1636

---

32 Cyg	AC Nr. 189 S. 18, VS Bull **11** 438
HD 9234	= BD +53°323
HD 205 234	= BD +75°791
155 Ori	AC Nr. 194 S. 26
157 Ori	= BD −3°1283
158 Ori	AC Nr. 194 S. 26
P 5637	= 557.1936
P 5637	= KVVS 5474
Romano 2	AC Nr. 188 S. 24
Romano 3	Desgl.
Ross 223	AC Nr. 195 S. 19
S 3875	= KVVS 122
S 4740	MVS Nr. 367—368
S 4746	= SW Lyn
S 5218	AN **284** 165

11238. Veränderliche Sterne. Verzeichnis der Beobachter und Berechner

J. Alexandrowitsch
A. Alksnis
K. F. Andersen
T. A. Asarnowa
A. D. Ashuseniss
A. A. Batyrew
S. Berg
E. Besshō
R. D. Bolokadse
R. A. Bozula
H. Brzeska
V. Buhl
P. N. Cholopow
P. Darnell
G. Darsenius
D. H. Didriksen
W. Dziewulski
H. Eguchi
G. S. Filatow
A. J. Filin
R. Fogelquist
H. Gessner
J. Ginter
C. Grunnet-Hansen
C. Hoffmeister
H. Huth
A. F. Jones
S. Kaho
S. Kaihatsu
A. Koeckelenbergh
J. Kordylewski
Z. Kordylewski
L. A. Korowkina
L. K. Korowkina
M. Koshiro
B. Krygier
B. W. Kukarkin
W. I. Kulikow
J. I. Kumsischwili
N. E. Kurotschkin
H. Kuragano
G. A. Lange
M. Lawrow
K. Löchel
F. I. Lukazkaja
N. L. Magalaschwili
O. E. Mandel
D. J. Martynow
I. W. Matwejewa
M. W. Mayall
J. Meeus
A. B. Mersljakow
J. E. Migatsch
T. G. Nikulina
Y. Okada
G. Olijnyk
J. Østergaard Olesen
B. Paczyński
P. P. Parenago
N. B. Perowa
J. Poljakow
A. E. Prichodko
W. W. Prokofjewa

M. B. Protitch
K. Reinmuth
G. Richter
G. Romano
R. Rudolph
J. Sahade
S. Sakuma
A. A. Sasanowa
E. A. Satanowa
A. S. Scharow
A. W. Solowjow
E. Starick
G. S. Steiman
J. C. Steensgaard
E. P. Strelkowa
W. Strohmeier
O. Struve
A. Sugizaki
R. I. Tschuprina
Y. Tsuchiya
O. P. Wassiljanowskaja
W. Wenzel
A. Wernik
B. S. Whitney
Y. Yoshioka
L. Zaleski
W. P. Zessewitsch

§ 113

Novae, Supernovae

11301. **C. Bertaud,** Le déclin final des novæ, les postnovæ. BSAF **72** 45—59. — Ref. in Coelum **26** 127—128. — Verf. gibt einen ausführlichen, allgemein verständlichen Überblick über die bei Postnovae entdeckten Eigentümlichkeiten. Auf viele in den letzten Jahrzehnten gesammelte Einzeluntersuchungen wird zurückgegriffen und deren Ergebnisse werden dargestellt. Schaifers

11302. **W. G. Gorbazkij,** Über die Entstehung der [OI]- und [Fe II]-Linien im Spektrum Neuer Sterne nach dem Maximum. Abh. Staatsuniv. Leningrad Nr. 273 S. 30—37 (russ.). — Ref. in RJ UdSSR 1959 Nr. 7 S. 37.

11303. **T.-T. Hsi,** A new catalog of ancient novae. Smithsonian Contr. Astrophys. **2** 109—130. — Übersetzung der Arbeit aus Acta Astr. Sinica **3** 183 (vgl. AJB **55** Ref. 11306).

11304. **C. Payne-Gaposchkin,** The Galactic Novae. Vgl. AJB **57** Ref. **11306.** — Weitere Besprechung in Naturwissenschaften **45** 196 (A. Behr), PAT **40** 78 (G. Larsson-Leander).

11305. **E. Schatzman,** Remarques sur le phénomène de nova (VIII). Ann d'Astrophys **21** 1—17 = Contr. Inst. d'Astrophys. Paris (B) Nr. 169. — Die früheren Untersuchungen zeigten, daß ein Novaausbruch erwartet werden kann, wenn im Laufe der Sternentwicklung eine Schwingungsinstabilität eintritt, die an gewisse Voraussetzungen über Art und Verteilung der Energiequellen im Sterninneren gebunden ist. Die Zeitskala dieser Vorgänge ist aber zu klein, um die Wiederholung des Novaphänomens erklären zu können. Deshalb wird ein naher Begleiter postuliert, dessen Gezeitenkräfte den Hauptstern beeinflussen. Es entstehen Schwingungen, die in explosive Abläufe ausarten können, falls eine entwicklungsmäßig bedingte Instabilität erreicht wird. Wellmann

Beobachtungen einzelner Novae

11306. **Nova V 603 Aquilae (1918)**

H. F. Weaver, Physical model of Nova Aquilae 1918. Science **128** 1149. — Ref.

11307. **Nova Eta Carinae (1843)**

AAVSO Quarterly Report Nr. 20 S. 16, Nr. 21 S. 16; Roy. Astr. Soc. New Zealand Variable Star Section Circ. Nr. 84 S. 3, Nr. 85 S. 3, Nr. 86 S. 3.

L. Gratton, A. Rengele, Einige Bemerkungen über η Carinae. VS Bull **11** 352—358 (russ. mit engl. Ref.). — η Car ist wahrscheinlich ein Mitglied der O-Assoziation in Carina. Stern und Assoziation sind etwa 1000 pc von der Sonne entfernt. Die absolute Helligkeit von η Car beträgt im Maximum $-13^{M}3$ oder mehr. Loh.

A. E. Ringuelet, Note on the nebulosity around Eta Carinae. ZfA **46** 276—278 = Obs. Astr. La Plata Separata Astr. Nr. 7. — Die helleren Knoten des den novaähnlichen Veränderlichen η Car umgebenden Nebels lassen nach den in einem Diagramm dargestellten Messungen der letzten Jahrzehnte ganz deutlich eine stetige, radial gerichtete Expansion erkennen. Man kann nunmehr feststellen, daß diese Kondensationen den Stern zu den Zeiten seiner Helligkeitsmaxima verlassen haben. Die Expansionsgeschwindigkeit ist von der Größenordnung einiger hundert km/sec. Beyer

11308. Nova T Coronae Borealis (1866)

R. P. Kraft, The binary system Nova T Coronae Borealis. ApJ **127** 625—641 = Publ. Goethe Link Obs. Nr. 21. — Die wiederkehrende Nova T CrB ist ein spektroskopischer Doppelstern mit zwei sichtbaren Spektren und einer Periode von 227.6 Tagen. Verf. schätzt, daß die Masse der Nova in der Nähe von 2.6 Sonnenmassen liegt. Die beobachteten Veränderungen im Spektrum werden erörtert und durch die Annahme von Gasströmen und -Hüllen zu erklären versucht. Es wird ferner auf verwandte Objekte (AE Aqr, SS Cyg und andere) aufmerksam gemacht. Micz.

11309. Nova P Cygni (1600)

AAVSO Quarterly Report Nr. 20 S. 30, Nr. 21 S. 30.

11310. Nova Q Cygni

NAT 1958 S. 24. Nova Q Cygni.

11311. Nova DQ Herculis (1934)

AAVSO Quarterly Report Nr. 20 S. 25, Nr. 21 S. 25.

P. Ahnert, Versuch des Nachweises der Doppelsternnatur der Nova DQ Herculis vor dem Ausbruch im Dezember 1934. MVS Nr. 373.

T. Herczeg, On the binary nature of Nova DQ Herculis (1934). Mem SA It (NS) **29** 145—155 = Contr. Oss. Astrofis. Asiago Nr. 90. — 21 photographische Beobachtungen der Nova DQ Her, welche von sechs Autoren in der Zeit zwischen 1955 April 29 und Mai 10 erhalten wurden, sind in einer Tabelle zusammengestellt. Eine deutliche Tendenz zu schwächeren Helligkeiten um die Phase 0.5 weist auf die Möglichkeit einer Bedeckung hin. Auch die kürzlich von Gaposchkin veröffentlichten Helligkeiten, die er auf Harvard-Kontrollplatten abschätzte, zeigen eine Abschwächung um die Phase 0.4. Es wird die Möglichkeit der Existenz der Duplizität der Nova schon vor der Explosion aufgezeigt. Ein neuer Wert für die Periode wird abgeleitet, $P = 0.1936204$. Neue, vorläufige Bahnelemente auf Grund der photometrischen Beobachtungen von Rosino werden berechnet. Cester

R. P. Kraft, The variable radial velocity of He II in the spectrum of Nova DQ Herculis. Publ ASP **70** 598—600. — Auf 25 Spektrogrammen, die 1956 mit dem Newtonfokus-Spektrographen des 100 inch-Spiegelteleskops der Mount Wilson-Sternwarte erhalten wurden (Dispersion 180 Å/mm), wurden Radialgeschwindigkeiten der He II-Emissionslinie λ 4686 gemessen. Die RG-Änderungen mit der photometrischen Periode von $4^h\,39^m$ wurden durch eine Sinuskurve dargestellt. Die Amplitude ergab sich bei zwei Meßverfahren verschieden groß. Es ist noch nicht sicher, ob die RG-Änderung der He II-Linie durch die Bahnbewegung der bedeckten Komponente zu erklären ist. O. G.

E. R. Mustel, M. E. Bojartschuk, A study of the absorption spectrum of N Her 1934 at light maximum. Mitt. Astrophys. Obs. Krim **20** 86—100 (russ. mit engl. Ref.). — Sieben Spektrogramme zur Zeit des Lichtmaximums werden untersucht. Verf. leiten die Wachstumskurve aus den Äquivalentbreiten der Absorptionslinien ab. Aus dem Vergleich mit der theoretischen Kurve von Unsöld ergibt sich eine Turbulenzgeschwindigkeit von nur 4.4 km/sec. Die Konturen der Wasserstoffabsorptionen werden besprochen. Plavec

E. R. Mustel, R. N. Kumajgorodskaja, A study of the emission bands in the spectrum of N Her 1934. Mitt. Astrophys. Obs. Krim **20** 101—117 (russ. mit engl. Ref.). — Spektrogramme der Nova aus der Zeit nach dem Lichtmaximum (Jan.—März 1935) werden untersucht. Verf. besprechen die Konturen und Intensitäten der Emissionsbanden und deren zeitliche Änderungen. Plavec

L. Rosino, On the period of Nova DQ Herculis (1934). Mem SA It (NS) **29** 233—237 = Contr. Oss. Astrofis. Asiago Nr. 91. — 1956 und 1957 wurden neue photographische Beobachtungen der Nova DQ Her am 120 cm-Reflektor von Asiago erhalten. Verbesserte Elemente wurden abgeleitet. Cester

M. F. Walker, Photoelectric observations of Nova DQ Herculis (1934). ApJ **127** 319—350 = Warner and Swasey Obs. Case Inst. Technol. Repr. Nr. 85. — Ref. in Coelum **26** 143, Irish AJ **5** 70. — Lichtelektrische Beobachtungen des Bedeckungsveränderlichen Nova DQ Her (1934) ergeben zehn unterschiedliche Lichtkurven; die Ableitung zuverlässiger Systemelemente erscheint aussichtslos. Die sekundäre Veränderlichkeit mit einer Periode von etwa einer Minute und ihre Beziehung zur Phase des Bedeckungslichtwechsels wird ausführlich erörtert. Verf. diskutiert abschließend Hypothesen über die Ursache des schnellen Lichtwechsels. Micz.

11312. Nova CP Lacertae (1936)

AAVSO Quarterly Report Nr. 20 S. 33, Nr. 21 S. 32.

11313. Nova DK Lacertae (1950)

AAVSO Quarterly Report Nr. 20 S. 34, Nr. 21 S. 33.

11314. Nova RS Ophiuchi

Entdeckung: G. Haro, Tonantzintla, 1957 Sept. 19.

AAVSO Quarterly Report Nr. 20 S. 24, Nr. 21 S. 24; AC Nr. 191 S. 1, Nr. 194 S. 2—3; BAA Circ 401 S. 1; DO-CIA Nr. 17, 26, 32; Harv Card 1405, 1411; J. Astr. Soc. Victoria **11** 64, 80—81; Kop Akt Medd 401; MN ASSA **17** 71; NAT 1958 S. 99; NAZ **12** 10, 19—20, 23; Orion Schaffhausen **5** 471; Roy. Astr. Soc. New Zealand Variable Star Section Circ. Nr. 84 S. 5, Nr. 85 S. 5, Nr. 86 S. 4; UAI Circ 1653, 1654, 1655, 1656, 1658.

F. M. Bateson, The recurrent Nova 174406 RS Ophiuchi. Roy. Astr. Soc. New Zealand Variable Star Section Circ. Nr. 87, 4 S. — Beobachtungen des Ausbruchs 18. 7. 58 der Wiederkehr-Nova RS Oph werden mitgeteilt. Schaifers

C. Bertaud, Une nova récurrente: RS Ophiuchi (1898—1933—1958). BSAF **72** 437—446. — Anläßlich des dritten Aufleuchtens der rekurrenten Nova RS Oph im Juli 1958 wird ein Überblick über die Geschichte dieses Sterns seit 1898 gegeben. Vom letzten Ausbruch werden provisorische photometrische und spektrographische Beobachtungen mitgeteilt. Kdr.

M. Bloch, J. Dufay, Evolution du spectre de Nova RS Ophiuchi du 14 au 25 juillet 1958. CR **247** 865—868 = Publ. Obs. Haute-Provence **4** Nr. 24. — Die Entwicklung des Spektrums der Nova RS Oph in der Zeit des dritten Ausbruchs (1958 Juli 14—25) wird an Hand von Spektren, die mit dem 120 cm-Reflektor und verschiedenen Spektrographen im Bereich λ 3500—λ 8900 Å in Haute-Provence gewonnen wurden, ausführlich beschrieben. Die Entwicklung ähnelt im wesentlichen derjenigen bei dem zweiten Ausbruch 1933 August 12. Mehltretter

M. Connelley, A. Sandage, Photoelectric observations of RS Ophiuchi. Publ ASP **70** 600—602. — Am 100 inch-Teleskop des Mount Wilson-Observatoriums wurden nach dem Novaausbruch im Juli 1958 in neun Nächten Helligkeitsmessungen von RS Oph im U, B, V-System von Johnson und Morgan durchgeführt. Aus der durchschnittlichen Helligkeitsabnahme in den ersten fünf Tagen wurde im Vergleich mit der Nova Nr. 3 in M 31 (vgl. AJB **56** Ref. **12403**) die absolute photographische Helligkeit von RS Oph im Maximum zu $-8^{\mathrm{M}}\!.7$ berechnet. O. G.

A. W. J. Cousins, Photoelectric observations of π^1 Gruis and RS Ophiuchi. MN ASSA **17** 132—133. — Vgl. Ref. **11196**.

J. Dufay, M. Bloch, C. Bertaud, M. Dufay, Les raies brillantes de la couronne solaire dans le spectre de Nova (RS) Ophiuchi 1958. CR **247** 1316—1318 = Publ. Obs. Haute-Provence **4** Nr. 28. — Es wird über Beobachtungen der Koronalinien λ 6374 (Fe X), λ 3987 und λ 7892 (Fe XI), λ 5303 (Fe XIV) und λ 4231 (Ni XII) im Spektrum der Nova RS Oph berichtet, die nach dem 12. August 1958 aufgetreten sind und sich zunehmend verstärkten. Das Verhalten entspricht genau den Beobachtungen während des Ausbruchs 1933. Mehltretter

R. Griffin, A. D. Thackeray, Coronal lines in post-maximum spectra of RS Oph 1958. Obs **78** 245—247. — Nach Cassegrain-Spektrogrammen, die 1958 Juli 10 bis Aug. 20 am 74 inch Spiegelteleskop des Radcliffe-Observatoriums aufgenommen wurden, wird eine Liste von Emissionslinien mit geschätzten Intensitäten gegeben. Die zeitliche Reihenfolge des Auftretens einiger Linien mit hohen Anregungspotentialen wird besonders hervorgehoben. O. G.

T. Jarzębowski, Observations of Nova RS Ophiuchi. AA **8** 226—227 = Wrocław Astr. Obs. Repr. Nr. 12. — Photoelektrische Helligkeiten von RS Oph, welche in der Zeit 1958 Juli 18—Sept. 2 an der Sternwarte in Wrocław in zwei Farben durchgeführt wurden, werden mitgeteilt. Rybka

S. M. P. McKenna, M. J. Smyth, RS Ophiuchi. Obs **78** 245 = Dunsink Obs. Repr. Nr. 10. — Beob. 1958 Juli 15 und 16.

R. Rudolph, Ein neuer Ausbruch der Nova RS Oph. BAV-Rundbrief **7** 49—51.

G. Wallerstein, Sharp lines in the spectrum of Nova RS Ophiuchi. Publ ASP **70** 537—543. — Das Aussehen des Spektrums, vor allem das Auftreten und Verschwinden der scharfen Linien in der Zeit 1958 Juli 14.3 bis Juli 30.3 wird nach Spektrogrammen beschrieben, die den photographischen bis infraroten Bereich mit Dispersionen von 20—60 Å/mm erfassen. Die Radialgeschwindigkeiten für verschiedene Linien und Liniengruppen sind unterschiedlich, aber im Beobachtungszeitraum konstant. Um wenigstens einen Teil der Beobachtungen zu erklären, nimmt Verf. an, daß die beobachteten Linien in einer Hülle entstanden, die RS Oph schon vor dem Novaausbruch umgab und die nicht radialsymmetrisch war. O. G.

R. Weber, La nouvelle explosion de RS Ophiuchi. BSAF **72** 332—333.

A. Wróblewski, Zmiany blasku RS Ophiuchi. Urania Kraków **29** 378—379. — Beobachtungen der Wiederkehrnova RS Ophiuchi. Rybka

BSAF **72** 281. Nouvelle explosion de la nova RS Ophiuchi.

Gaz astr **40** 39—40. La soudaine montée de l'éclat de RS Ophiuchi. A. Dermul.

Orion Schaffhausen **5** 518. Der veränderliche Stern RS Ophiuchi, eine rekurrente Nova.

PAT **39** 165—166. Nytt utbrott av RS Ophiuchi.

Sky and Telescope **17** 343. Nova in Ophiuchus.

Sky and Telescope **17** 555. Recurrent Nova in Ophiuchus.

11315. Nova GK Persei (1901)

AAVSO Quarterly Report Nr. 20 S. 8—9, Nr. 21 S. 7.

11316. Nova RR Pictoris (1925)

AAVSO Quarterly Report Nr. 20 S. 12, Nr. 21 S. 11; Roy. Astr. Soc. New Zealand Variable Star Section Circ. Nr. 84 S. 2, Nr. 85 S. 2, Nr. 86 S. 2.

11317. Nova CP Puppis (1942)

F. M. Bateson, N. L. Maseyk, Nova (CP) Puppis 1942. Southern Stars **17** 88—90. — Eine früher gegebene Beobachtungsreihe der Nova von der Entdeckung bis JD 2432823 wird jetzt bis JD 2435347 fortgesetzt. Alle Beobachtungen werden zu einer Lichtkurve zusammengefaßt. Im Maximum erreichte die Nova die visuelle Helligkeit m = 0.0, nach 6 Tagen hatte die Helligkeit auf m = 3.5 und nach 590 Tagen auf m = 9.0 abgenommen. In den folgenden 200 Tagen trat eine weitere Helligkeitsabnahme um 2.1 Größenklassen ein. Schaifers

11318. Nova Sagittarii (1932)

J. H. Andersen, Nova Sagittarii 1932. AJ **63** 511—512. — Im Harvard Variable Star Field Nr. 193 wurde eine weitere (die 11.) Nova entdeckt, die im Maximum etwa $8^m_.0$ erreichte. Die aus der Prüfung von 1450 Platten gewonnenen Beobachtungen sowie Umgebungskarte und Lichtkurve werden mitgeteilt. Wempe

Sky and Telescope **17** 560. Nova Sagittarii 1932.

Supernovae

11319. **A. G. W. Cameron,** Mechanism of neutron production in supernova explosions. AJ **63** 48—49. — Ref. AAS.

11320. **G. Haro,** Nota sobre una supernova en una galaxia espiral. Bol. Obs. Tonantzintla y Tacubaya Nr. 17 S. 32. — Gelegentlich einer Durchmusterung von Schmidtspiegel-Aufnahmen der Tonantzintla-Sternwarte fand G. Haro auf zwei Platten von 1955 Nov. 17 etwa 1.5 Bogenminuten nördlich vom Spiralnebel $0^h 44^m 8$, $-17° 11'$ (1855.0) eine Supernova $15^m 5$, die 8 Tage vorher noch nicht sichtbar und bestimmt schwächer als $17^m_.5$ war. 1955 Dez. 18 war die Helligkeit auf $15^m_.8$ gesunken. Die Gesamthelligkeit des Spiralnebels wird zu $15^m_.7$ geschätzt. Ausschnitte aus zwei Aufnahmen sind beigefügt. Beyer

* * **H. M. Johnson,** Moslem astronomy and supernovae. Vgl. Ref. **1330.**

11321. **A. Poveda Ricalde,** Las supernovas y el Californio 254. Astronomia Popular **1** Nr. 4 S. 19—20.

* * **O. Struve,** The Veil nebula as a supernova remnant. Vgl. Ref. **12223.**

* * **O. Struve,** The Crab nebula as a supernova remnant. Vgl. Ref. **12233.**

11322. Supernova in Andromeda

A. V. Nielsen, Nova S Andromedae (1885)-Supernovaen i Andromedatagen. NAT 1958 S. 73—82.

11323. Supernova in NGC 1365

VdS Nachr. **7** 4.

11324. Supernova in NGC 4374 (M 84)

S. Gaposchkin, Color index of the supernova in NGC 4374, M 84 and a new variable in its vicinity. AJ **63** 146 = Harv Repr (2) Nr. 126. — Filteraufnahmen der Supernova, die auf dem Mount Stromlo-Observatorium mit dem Uppsala-Schmidt-Teleskop erhalten wurden, zeigen auf Blauplatten zwischen J. D. 2435982 und 987 eine Helligkeitsabnahme von $12^m_.8$ auf $13^m_.3$. Der Farbenindex wuchs in dieser Zeit von +0.4 auf +0.9 an. Ein in der Nachbarschaft der Supernova stehender Stern zeigte rasche Helligkeitsänderungen zwischen $13^m_.4$ und $14^m_.3$. Eine Umgebungskarte der Supernova mit den benutzten Vergleichssternen und dem neuen Veränderlichen ist beigefügt. Beyer

W. Götz, Supernova in NGC 4374 (= M 84). AN **284** 141—142. — 18 photographische Helligkeiten aus Sonneberger Schmidtspiegel-Aufnahmen zwischen J. D. 2435931 und 36024 werden mitgeteilt und gemeinsam mit 14 Beobachtungen von G. Romano (Treviso) als Lichtkurve dargestellt. Die absolute Maximalhelligkeit dürfte etwa $-15^M_.8$ betragen haben. Beyer

11325. Supernova in NGC 5236 (M 83)

Entdeckung: H. S. Gates, Mt. Wilson/Palomar, 1957 Dez. 28. Bestätigung durch E. F. Carpenter, Tucson, 1958 Febr. 14.

Harv Card 1394; NAZ **12** 10; Sky and Telescope **17** 287; UAI Circ 1643.

11326. Novae. Verzeichnis der Beobachter

F. M. Bateson
A. Biskupski
D. P. Elias
F. C. Fernald
H. S. Gates
H. Gessner
R. Griffin
G. Haro
H. Huth
M. O. Jones
T. Kiang
Z. Kieńć
N. E. Kurotschkin
W. M. Lindley
M. W. Mayall
H. van Schewick
J. Schubart
G. A. Starikowa
J. B. Tatum
W. Wenzel
L. Wohlfeil
A. Wróblewski

XIII. Sternsysteme. Nebel. Interstellarer Raum

§ 120

Allgemeines

12001. **P. Bouvier,** A case of doubly perturbed stellar motions. Archives Sci. Genève **11** 493—499 (französ.) .— Ref. in Phys. Abstracts (A) **62** 1007.

12002. **G. R. Burbidge,** Nuclear energy generation and dissipation in galaxies. Publ ASP **70** 83—89. — Ausgehend von den Annahmen, daß 10% der Masse der Milchstraße in Helium umgewandelt worden ist und daß die absolute Helligkeit der Milchstraße -20^m beträgt, ergibt sich, daß die frei gewordene Kernenergie in 10^{11} Jahren abgestrahlt würde, während das Alter der Milchstraße zu 10^{10} Jahren angenommen wird. Verf. nimmt an, daß ein großer Teil der in einem früheren Entwicklungsstadium von Galaxien frei gewordenen Kernenergie als kinetische und magnetische Energie gespeichert wurde und durch nichtthermische Strahlung zerstreut wird oder daß Masse ausgeschleudert wurde. Verf. führt Beobachtungen an, die diese Annahmen stützen. Der mögliche Einfluß von Magnetfeldern auf die Entwicklung von Galaxien wird hervorgehoben. O. G.

12003. **W. Iwanowska,** Subsystems, populations and masses of stars. Bull. Acad. polon. Sci. (Ser. math., astr., phys.) **6** 581—584 = Bull. Astr. Obs. Toruń Nr. 18. — Bei ursprünglich größerer Sterndichte sollte, ebenso wie bei der Wechselwirkung mit anderen massereichen, interstellaren Wolken, die Masse der Sterne stellardynamisch bedeutend sein. Verf. führt daher neben dem Entstehungsort bzw. der Populationszugehörigkeit und dem Alter auch die Masse als Parameter für die Bildung von Subsystemen ein. Danach sollten z. B. nur die massereichen Sterne der Population I in der galaktischen Ebene gehalten werden und das abgeplattete Subsystem bilden, während die Sterne kleinerer Masse die Entstehungsorte auf Grund der Störung durch andere Sterne und interstellare Wolken leichter verlassen und ein intermediäres Subsystem bilden, wie entsprechend die in Sonnenumgebung beobachteten Vertreter der Population II ein Subsystem der massearmen Sterne des galaktischen Zentrums formen. Weidemann

12004. **M. Karpowicz,** Zagadnienie obłoków Hagena. Urania Kraków **29** 33—36. — Bemerkungen zum Problem der Hagenschen Wolken. Hinweis auf die experimentellen Untersuchungen von F. Becker und J. Meurers (vgl. AJB **53** Ref. **12001**). Rybka

12005. **J. B. Oke,** Stellar populations — the key to our galaxy. J RAS Canada **52** 20—28. — Ref. in Coelum **26** 143—144. — Der Aufsatz schildert die Zusammenhänge zwischen der Struktur unseres Milchstraßensystems und den Sternpopulationen, von denen insgesamt fünf angenommen werden, die eine Reihe mit dem Sternalter als Parameter bilden. Ihre wesentlichsten Charakteristiken werden kosmogonisch auf Grund der Theorie der Energieerzeugung und Umwandlung der Elemente im Sterninnern interpretiert. Kdr.

12006. **F. Zwicky,** Morphological Astronomy. Vgl. AJB **57** Ref. **12004**. — Weitere Besprechung in Astronaut. Acta **4** 289 (K. Schütte), BSAF **73** 338—339, Naturwissenschaften **45** 172 (H. Kienle), Publ ASP **71** 352 (W. W. Morgan), Science **127** 343—344 (H. S. Hogg), Z. Naturforschung **14a** 849—850 (H. Elsässer).

12007. Five stellar populations. Sky and Telescope **17** 287.

§ 121

Sternhaufen

Offene Sternhaufen

* * **H. A. Abt,** A spectroscopic binary in the Pleiades. Vgl. Ref. **10201**.

12101. **G. Alter, J. Ruprecht, V. Vanýsek,** Catalogue of Star Clusters and Associations. Prag, Verlag Akad. Wiss., 1958. 40 + 1566 S. Preis Kčs. 140. — Besprechung in BAC **9** 200 (P. Mayer), J RAS Canada **52** 192 (H. S. Hogg), RH **39** 188, ZfA **48** 77—78 (O. Heckmann). — Katalog aller bisher bekannten offenen Sternhaufen, Kugelsternhaufen und O-Assoziationen. Der Katalog enthält auf mehr als 800 Zetteln neben den wichtigsten Angaben auch Literaturzitate. J. B.

12102. **S. Aravamudan,** Note on the proper motion of the cluster M 38 (NGC 1912). JO **41** 71—73. — Die Eigenbewegung des Haufens M 38 ist gleich dem Betrag seiner säkularen Parallaxe. F. S.

12103. **H. C. Arp, C. T. van Sant,** Southern hemisphere photometry IV: The galactic cluster NGC 4755. AJ **63** 341—346 = Publ. Goethe Link Obs. Nr. 29. — Ref. in JBAA **69** 136. — Drei Überriesen des Haufens schließen einen roten Riesen ein, der möglicherweise nicht zum Haufen gehört, weil seine (noch unsichere) Radialgeschwindigkeit gegen eine Mitgliedschaft spricht. Mit lichtelektrischen Messungen und nach photographischen Aufnahmen wird das Farbenhelligkeitsdiagramm aufgestellt. Farbenexzeß $0^m.3$, wahrer Entfernungsmodul $9^m.6$ werden bestimmt. Der obere Teil der Hauptreihe liegt zwischen h und χ Persei und den Plejaden. Eine starke Streuung am unteren Ende der Reihe wird versuchsweise so gedeutet, daß sich die masseärmeren Sterne noch in ihrer Kontraktionsphase befinden. Dv.

12104. **H. C. Arp,** Cepheids in galactic clusters. III. EV Sct in NGC 6664. ApJ **128** 166—173. — Enthält genaue Messungen der Helligkeiten und Farben in NGC 6664 sowie die Lichtkurve des ihm angehörenden Veränderlichen EV Sct. F. S.

12105. **I. M. Artjuchina, P. N. Cholopow,** The distribution of stellar density in the open star cluster M 37. AJ UdSSR **35** 524—547 (russ. mit engl. Ref.). — Engl. Übersetzung in Soviet Astr. AJ **2** 486—506. — Verf. diskutieren die scheinbare und räumliche Verteilung verschiedener Sterngruppen des Haufens in Anlehnung an die Daten von v. Zeipel und Lindgren (vgl. AJB **23** Ref. **6117**). Loh.

* * **I. Atanasijevič, D. Chalonge,** Classification de quelques étoiles dans les amas Ori I, NGC 2264 et dans les Pléiades. Vgl. Ref. **9503.**

12106. **J. Banasiewiczová,** Galactic clusters. RH **39** 193—195 (tschech.).

12107. **K. A. Barchatowa,** Der offene Sternhaufen NGC 1582. Abh. Ural-Univ. 1958 Nr. 22 S. 3—18 (russ.). — Ref. in RJ UdSSR 1959 Nr. 9 S. 39.

12108. **K. A. Barchatowa,** Neue Daten über den offenen Sternhaufen NGC 188. AC Nr. 191 S. 11—12 (russ.). — Neben der im Intervall $10.0 < m_{pg} < 15.5$ sehr steil verlaufenden Hauptreihe besitzt der Haufen eine weitere Reihe, die sich im FHD nach rechts oben hinzieht. Vielleicht nimmt der Haufen eine Mittelstellung zwischen den offenen und den kugelförmigen Haufen ein. Loh

12109. **K. A. Barchatowa,** Clusters in the region of the North America nebula. AJ UdSSR **35** 448—457 (russ. mit engl. Ref.). — Engl. Übersetzung in Soviet Astr. AJ **2** 410—419. — Wahrscheinlich bilden die in 500 pc von der Sonne gelegenen Sternhaufen NGC 6996, Cr 428 und An (20^h50^m, $+45°40'$, 1900) mit einigen benachbarten Sternen eine Assoziation, deren genetischer Zusammenhang mit der diffusen Materie des Nordamerikanebels vermutet wird. Petri

12110. **K. A. Barchatowa, L. I. Drjachluschina,** The open cluster NGC 1664. AJ UdSSR **35** 491—494 (russ. mit engl. Ref.). — Engl. Übersetzung in Soviet Astr. AJ **2** 449—452. — Aus photometrischen Messungen auf Platten, die mit einem 15′-Schmidt-Spiegel aufgenommen wurden, wurde der Winkeldurchmesser des Haufens zu 22—25 pc, der mittlere Farbenexzeß zu 0^m40, die Entfernung zu 910 pc bestimmt und der Sternhaufen als Typ 2a klassifiziert. Perek

12111. **W. Becker, J. Stock,** Die räumliche Verteilung von 40 offenen Sternhaufen. ZfA **45** 269—281 = Mitt. Astr.-Meteorol. Anstalt Univ. Basel (Astr.) Nr. 9. — Nach einleitenden Betrachtungen über die Dreifarbenmethode (UBV oder RGU), Verfärbung und Entfernung abzuleiten, werden Ergebnisse an Hand eigener Beobachtungen und aus der Literatur in der galaktischen Ebene dargestellt. Häufung in Sonnennähe und in 2 kpc Entfernung könnten Schnitte mit Spiralarmen sein. Diese beiden Arme und ein dritter in Scutum werden deutlich in der Figur, welche die H II-Regionen und die OB-Aggregate enthält. Vermutlich liegt der neutrale Wasserstoff nicht überall an den gleichen Stellen im Raum wie die Haufen. Die von Trümpler gefundene Beziehung zwischen Typus des Haufens und seinem Durchmesser wird, außer bei den größten Haufen, bestätigt. Dv.

12112. **W. Becker, J. Stock,** Farben-Helligkeits-Diagramm und Entfernungen von 10 offenen Sternhaufen. ZfA **45** 282—292 = Mitt. Astr.-Meteorol. Anstalt Univ. Basel (Astr.) Nr. 8. — Nach photographischen Beobachtungen im RGU-System liegende Farbenhelligkeitsdiagramme werden mitgeteilt. Eine Tabelle gibt die photometrisch gewonnenen Farbenexzesse und die Entfernungen. Ausführliche Messergebnisse werden als Veröffentlichung der Basler Sternwarte angekündigt. Dv.

12113. **S. van den Bergh,** Old galactic clusters. ZfA **46** 176—178. — Die beiden bekannten, extrem alten offenen Haufen M 67 und NGC 188 werden mit zwei weiteren verglichen: NGC 2243 und NGC 2420. Allen vier Haufen ist gemeinsam: 1.) Innerhalb von $0.25 \leq M_{pg} \leq 3.25$ liegen nur sehr wenig Sterne. Sie befinden sich im Stadium fortgeschrittener Entwicklung. 2.) Bei $M_{pg} = 3.5$ steigt die Leuchtkraftfunktion steil an. 3.) Die Leuchtkraftfunktion nimmt für $M_{pg} > 5$ ab. 4.) Alle vier Haufen sind weiter als 400 pc von der galaktischen Ebene entfernt. v. Hoerner

12114. **N. M. Bronnikowa,** An investigation of open stellar clusters. Mitt. Astr. Hauptobs. Pulkowo **21** Nr. 2 (161) S. 144—169 (russ. mit engl. Ref.). — Aus einer Analyse der von verschiedenen Autoren erhaltenen wahrscheinlichen Fehler wurde festgestellt, daß im Durchschnitt die jährliche Eigenbewegung der Haufen mit einem wahrscheinlichen Fehler von ± 0ʺ005 in beiden Koordinaten abgeleitet wird. Die gemessenen Eigenbewegungen liegen für die Mehrzahl der Haufen innerhalb der Genauigkeit der Eigenbewegungsbestimmungen. Für die vier Haufen NGC 1513, 1960, 2099, 6705 wurden aus Aufnahmen am Normalastrographen von Pulkowo absolute Eigenbewegungen bestimmt. Außerdem wurden für 5000 Sterne in der Umgebung der Haufen relative Bewegungen abgeleitet. Verf. (übersetzt)

12115. **N. M. Bronnikowa,** A catalogue of proper motions of stars in the four open clusters and in the neighbourhood of them. Publ. Astr. Hauptobs. Pulkowo (2) **72** 77—122 (russ. mit engl. Ref.). — Die Eigenbewegungen wurden von Sternen in und um NGC 1513, 1960, 2099 und 6705 mit Epochendifferenzen von meist mehr als 50 Jahren abgeleitet. Loh.

12116. **E. M. Burbidge, A. Sandage,** The color-magnitude diagram for the galactic cluster NGC 7789. ApJ **128** 174—184. — Messung der Helligkeiten und Farben von 700 Sternen in NGC 7789. Aus den Daten werden das Farbenhelligkeitsdiagramm und m—M abgeleitet. Es ergeben sich einige, durch Entwicklungshypothesen nicht erklärbare Abweichungen von dem gewohnten Bild. Es wird der Schluß gezogen, daß NGC 7789 älter ist als die Sternhaufen Praesepe und die Hyaden, aber jünger als M 67. F. S.

12117. **P. N. Cholopow,** Veränderliche Sterne in offenen Sternhaufen. VS Bull **11** 325—351 (russ. mit engl. Ref.). — Die weit verbreitete Meinung über das Fehlen von Veränderlichen in offenen Sternhaufen erweist sich als unbegründet. Eine statistische Analyse der Gesamtheit der offenen Sternhaufen und Veränderlichen sowie eine Untersuchung der Zusammensetzung der offenen Sternhaufen in Sonnennähe zeigt vielmehr, daß in den offenen Sternhaufen unregelmäßige Veränderliche, Bedeckungsveränderliche, α^2 CVn-Sterne und vielleicht auch langperiodische Cepheiden vorkommen. Loh.

* * **D. L. Crawford,** Two-dimensional spectral classification by narrowband photometry for B stars in clusters and associations. Vgl. Ref. **9511.**

12118. **E. A. Dibaj,** An investigation of the open cluster IC 1369. AJ UdSSR **35** 938—940 (russ. mit engl. Ref.). — Engl. Übersetzung in Soviet Astr. AJ **2** 884—886. — Verf. hat die photographischen Helligkeiten und Farbenindizes von 75 Sternen im Gebiet des galaktischen Haufens IC 1369 bestimmt. Aus Sternzählungen wurde die Leuchtkraftfunktion des Haufens ermittelt. Die Entfernung des Haufens beträgt 1500 pc, der lineare Durchmesser 1.5 pc. Sterne des Spektraltyps F machen offensichtlich den Hauptteil unter den Haufensternen aus. Verf. (übersetzt)

* * **M. Dobrzycka, J. Dobrzycki,** Auxiliary tables for computing apparent declinations of stars in the Pleiades. Vgl. Ref. **3002.**

12119. **F. D. Drake,** Neutral hydrogen in galactic clusters. AJ **63** 49—50. — Ref. AAS.

12120. **K. Eberlein,** Infrarot-Photometrie der Praesepe. Mitt. AG 1957/I S. 44—45. — Ref. AG.

12121. **M. W. Feast,** Spectral types and radial velocities in the galactic cluster NGC 3293. MN **118** 618—630. — Untersuchung des Haufens NGC 3293, dessen HR-Diagramm sich als normal erweist. Eine Korrelation zwischen Radialgeschwindigkeit und scheinbarer Helligkeit bleibt ungeklärt. F. S.

12122. **N. N. Gorochowa,** A spectrophotometric investigation of stars in the Pleiades. Mitt. Astr. Hauptobs. Pulkowo **21** Nr. 3 (162) S. 83—93 (russ. mit engl. Ref.). — Von den Plejadensternen bis zur 9. Größe hat Verf. die spektralphotometrischen Gradienten in den beiden Wellenlängenbereichen 6500—5000 Å und 5000—3950 Å bestimmt. Im Anschluß an die erhaltenen Ergebnisse wird der Frage nach der Existenz absorbierender Materie im Gebiet der Plejaden nachgegangen. Es wird gezeigt, daß absorbierende Materie an der Peripherie des Haufens vorhanden ist, die eine merkliche Rötung des Sternlichts bewirkt. Loh.

12123. **N. B. Grigorjewa,** The galactic cluster NGC 6940. AJ UdSSR **35** 936—938 (russ. mit engl. Ref.). — Engl. Übersetzung in Soviet Astr. AJ **2** 881—883. — Nach der Bestimmung der photographischen Helligkeiten und der Farbenindizes von 511 Sternen im Gebiet des Haufens NGC 6940 wurde das Hertzsprung-Russell-Diagramm (m_{pg} — C) entworfen. Auf Grund dieses Diagramms und der Sternzählungen des Untergrundes für verschiedene Helligkeiten wurde die Leuchtkraftfunktion des Haufens abgeleitet. Unter Verwendung der von Rach und Vasilevskis gefundenen Eigenbewegungen wurde das Hertzsprung-Russell-Diagramm der Haufensterne bis $m_{pg} \approx 13^{m}0$ entworfen. Für die Entfernung ergibt sich etwa 800 pc. Verf. (übersetzt)

12124. **N. B. Grigorjewa,** Untersuchung der Haufen NGC 752 und NGC 6940. Mitt. Astrophys. Inst. Alma-Ata **7** 90—110 (russ. mit engl. Ref.). — Von den Sternen bis zur 16. Größe der beiden Haufen wurden Helligkeiten und Farbenindizes bestimmt. Damit werden die Farben-Helligkeitsdiagramme entworfen und die Leuchtkraftfunktionen ermittelt. Loh.

12125. **O. Heckmann, K. Lübeck,** Der Sternhaufen bei Alpha Persei. Mitt. AG 1957/I S. 45. — Ref. AG.

* * **O. Heckmann, K. Lübeck,** Das Farben-Helligkeits-Diagramm des Bewegungshaufens um Alpha Persei. Vgl. Ref. **12345.**

12126. **H. L. Helfer,** A 21-cm survey around the Pleiades. Publ ASP **70** 455. — Ref. ASP.

12127. **W. A. Hiltner, B. Iriarte, H. L. Johnson,** The galactic cluster NGC 6633. ApJ **127** 539—543 = Contr. McDonald Obs. Nr. 282. — In der Gegend des galaktischen Sternhaufens NGC 6633 werden Farben und Helligkeiten im U, B, V-System von 161 Sternen gemessen. Aus dem sich ergebenden Farben-Helligkeits-Diagramm werden die interstellare Rotverfärbung und die Entfernung ermittelt. Das Farben-Helligkeits-Diagramm ähnelt dem der Praesepe. Micz.

12128. **S. von Hoerner,** Altersverteilung und Auflösungszeit offener Sternhaufen. Mitt. AG 1957/I S. 45—47. — Ref. AG.

12129. **S. von Hoerner,** Die Auflösungszeit offener Sternhaufen. ZfA **44** 221—242 = Mitt. Astr. Rechen-Inst. Heidelberg (A) Nr. 9. — Modell 1: Pro Relaxationszeit erhalten 0.0074 der Haufensterne Überentweichgeschwindigkeit und nehmen 0.0054 der Haufenenergie mit. Da die Relaxationszeit linear mit der Zeit abnimmt, wird die Auflösung zunehmend beschleunigt und ist nach 30 ursprünglichen Relaxationszeiten beendet. — Modell 2: Der Massenverlust durch Sternentwicklung wird berücksichtigt, trägt jedoch nicht viel bei. — Modell 3: Die Gezeitenkraft der Milchstraße kann die Auflösung stark beschleunigen. Die mittlere Lebensdauer offener Haufen wird auf 1×10^{9} Jahre abgeschätzt. — Schnelläufer: Nach beendeter Auflösung haben 0.5 % der ehemaligen Haufensterne Geschwindigkeiten über 60 km/sec. Verf.

12130. **J. Hopmann,** Der galaktische Sternhaufen NGC 1502. Sitzber. Österreich. Akad. Wiss. Math.-Naturwiss. Kl. Abteilung II **167** 1—30 = Mitt. Univ. Sternw. Wien **9** Nr. 13. — Nach der Aufgabenstellung wird in den ersten vier Abschnitten die Genauigkeit der nach dem Oxforder Verfahren ermittelten Koordinaten der Sterne in der Vatikanzone der internationalen Himmelskarte untersucht sowie die Ableitung von neuen in Wien gemessenen Positionen und ihre Genauigkeit besprochen, an die sich die Vermessung von McCormick-Platten anschließt. Der fünfte Abschnitt gibt den Anschluß der Plattenkoordinaten an die Sphäre, im sechsten werden die Eigenbewegungen abgeleitet. Der mittlere Fehler einer 100jährigen Eigenbewegung beträgt etwa $\pm$ 0ʺ4. Der siebte Abschnitt gibt statistische Untersuchungen, wie hoch der Anteil an Feld- und Haufensternen (bis rund 13^m) zu setzen ist. Es sind nur 26 der 147 vermessenen Sterne zum Haufen zu rechnen. Der achte Abschnitt gilt den 19 Sternen, die gesichert den physischen Haufen bilden und die auffällig linear angeordnet sind. Dieses, die Spektralangaben und anderes sprechen dafür, daß wir es mit einem noch sehr gedrängten, jungen Objekt zu tun haben. Der hellste Stern der Gruppe ist zugleich der spektroskopisch-photometrische Doppelstern SZ Cam. An Hand der vorliegenden Literatur läßt sich sein Entfernungsmodul zu $-8^m_.4$ ermitteln, so daß die Distanz des Haufens zu 480 pc angesetzt werden kann. Die beiden hellsten Sterne des Haufens bilden zusammen mit einigen Nachbarn den Vielfachstern ADS 2884 = Σ 485. Für Σ 485 konnte aus den seit 1830 vorliegenden Beobachtungen keine gesicherte relative Eigenbewegung der Komponenten abgeleitet werden. Verf. (gekürzt)

12131. **H. L. Johnson, R. I. Mitchell,** The color-magnitude diagram of the Pleiades cluster. II. ApJ **128** 31—40. — Ref. in Sky and Telescope **17** 626, Sterne **35** 202. — Photographisch und photoelektrisch gemessene Helligkeiten und Farbenindizes von allen als Mitglieder der Plejaden betrachteten Sternen werden mitgeteilt. 262 Sterne heller als 16. Größe werden als sichere und 27 als wahrscheinliche Mitglieder betrachtet. Keine weißen Zwerge wurden gefunden. Die Hauptsequenz zeigt eine starke Verbreiterung unterhalb der 12. Größe. Einige Sterne wurden als Flare-Sterne erkannt. Micz.

12132. **R. P. Kraft,** Cepheids in galactic clusters. II. Radial velocities and spectral types in NGC 129, NGC 6664, and NGC 7790. ApJ **128** 161—165 = Publ. Goethe Link Obs. Nr. 25. — Berichtigung in ApJ **130** 704. — Verschiedene bekannte klassische Cepheiden erweisen sich durch genaue Messungen der Radialgeschwindigkeiten und der Spektraltypen als Mitglieder von Sternhaufen. F. S.

12133. **A. G. Massewitsch,** A possible interpretation of the H-R diagram for the Pleiades based on modern theory of stellar structure. Proc. National Acad. Sci. India (A) **26** 456—461.

* * **T. K. Menon,** Hydrogen line study of stellar associations and clusters. Vgl. Ref. **12681**.

12134. **J. Meurers, K. Zentgraf, H. F. Mohn,** Untersuchungen über die Eigenbewegungen von Sternhaufen. VI. NGC 6885 und NGC 1960 (M 36). Veröff. Univ.-Sternw. Bonn Nr. 49, 27 S. — Der erste Teil der Arbeit gibt die relativen EB des NGC 6885 und seiner Umgebung. Die Epochendifferenz beträgt 36 Jahre. Nach dem Aussehen der Platten ist es zweifelhaft, ob es sich um einen Sternhaufen handelt. Die EB weisen keine gemeinsame Haufenbewegung auf, nur ein Sternstrom mit sehr unterschiedlichen EB zeigt sich, der stark von der allgemeinen Feldbewegung abweicht. Der zweite Teil der Arbeit gibt absolute und relative EB des NGC 1960. Die Epochendifferenz beträgt auch hier 36 Jahre. Es besteht eine gute Übereinstimmung bezüglich der Haufenzugehörigkeit nach den Bewegungskriterien und den Farbkriterien nach E. Bodén. 14 Sterne im unmittelbaren Haufenbereich zeigen ein besonderes Verhalten nach Position, Farbe und Bewegung. Meurers

12135. **J. Meurers,** Ein Stern-Aggregat im M 36. ZfA **44** 203—212 = Mitt. Univ.-Sternw. Bonn Nr. 12. — Es wird die innere Bewegung einer Gruppe von Sternen gleichen Spektraltyps im offenen Sternhaufen M 36 (NGC 1960) mitgeteilt und ihr Zusammenhang mit den Problemen der sogenannten Stern-Assoziationen untersucht. Verf.

12136. **A. M. Mikischa, F. A. Zizin,** Atlas der Farben-Helligkeitsdiagramme offener Sternsysteme. UdSSR, 1958. 127 S. (russ.).

12137. **V. C. Reddish,** Correlations in the deviations of magnitudes of stars in clusters. Obs **78** 247—249. — Für mehrere Sternhaufen wurden Differenzen gebildet zwischen den photographisch in zwei Farben mit Verwendung von lichtelektrisch gemessenen Sequenzen bestimmten Helligkeiten und den entsprechenden lichtelektrisch beobachteten Helligkeiten. Die Differenzen für die beiden Farben sind deutlich positiv korreliert. Es bleibt zu untersuchen, ob systematische Fehler der Messungen vorliegen, oder ob ein Teil der Sterne Helligkeitsänderungen kleiner Amplitude aufweist. O. G.

12138. **V. C. Reddish,** The cluster M 67. Obs **78** 255—256. — Der Haufen M 67 enthält alte Population I. Es sind verschiedene Schlüsse daraus gezogen worden, daß in M 67 nur ein oder zwei Sterne heller als $M_V = 0^m$ gefunden worden sind. Durch Vergleich mit reduzierten Zahlen für den Haufen M 3 wird gezeigt, daß wegen der kleinen Gesamtzahl der Sterne in M 67 nicht mehr Sterne von großer absoluter Helligkeit zu erwarten sind. Ein vollständiges Farben-Helligkeits-Diagramm für alte Population I kann nur aus der Beobachtung eines Haufens mit Sternen dieser Population mit größerer Sternzahl oder durch Kombination der Ergebnisse für mehrere Haufen erhalten werden. O. G.

12139. **J. Ruprecht,** Dynamics and structure of open star clusters. Českosl. Akad. Věd. Astr. Ústav Publ. Nr. 39, 46 S. — Der innere Aufbau von Sternhaufen wird untersucht. Im Zentrum ist die Dichte höher und daher die Relaxationszeit kürzer als in den weiter außen liegenden Teilen; daher geht die Entwicklung im Zentrum schneller vor sich, wodurch das Zentrum des Haufens schneller kontrahiert. Die zentrale Konzentration wird somit immer stärker. Weiterhin wird eine Methode entwickelt, um aus den jetzigen Geschwindigkeiten der Sterne auf ihre ursprünglichen Geschwindigkeiten zu schließen, was sich bei der Altersabschätzung offener Haufen verwenden läßt. Auch der Zusammenhang zwischen Alter und Abflachung wird diskutiert. v. Hoerner

12140. **A. Sandage,** Cepheids in galactic clusters. I. CF Cass in NGC 7790. ApJ **128** 150—160. — Durch genaue Messungen wird es wahrscheinlich gemacht, daß der Veränderliche CF Cas (Cepheidentyp) dem galaktischen Sternhaufen NGC 7790 angehört. F. S.

12141. **P. A. Sawizkij,** Über einige Gesetzmäßigkeiten in den galaktischen offenen Sternhaufen. AC Nr. 193 S. 19—21 (russ.). — Eine Durchmusterung von 19 offenen Sternhaufen bezüglich Helligkeiten und Eigenbewegungen der Sterne im Innern und in der Randzone ergab, daß in der Mehrzahl der Fälle in der Randzone schwächere Sterne mit größeren Eigenbewegungen, im Innern hellere Sterne mit kleineren Eigenbewegungen vorkommen. Loh.

12142. **H. van Schewick,** Untersuchungen über die Eigenbewegungen von Sternhaufen. VII. NGC 2244 und NGC 2252. Veröff. Univ.-Sternw. Bonn Nr. 51, 16 S. — Zur Ableitung der EB von NGC 2244 wurden drei mit dem Bonner 30 cm-Refraktor aufgenommene Plattenpaare mit 39, 39 und 37 Jahren Epochendifferenz vermessen. In einem Zentralfeld von 25′ Durchmesser konnte für 22 Sterne die Zugehörigkeit zum Haufen sicher nachgewiesen werden. Ihre relativen EB wurden mit Hilfe von Meridianbeobachtungen der helleren Sterne auf den Platten in absolute EB umgewandelt. Es ergab sich für die absolute EB des Haufens: $\mu_\alpha \cos\delta = -0\farcs13 \pm 0\farcs11$, $\mu_\delta = -0\farcs40 \pm 0\farcs17$ oder $\mu = 0\farcs42$ im Positionswinkel $P = 198°$ in 100 Jahren. Ferner wurden der Durchmesser des Haufens zu 10.5 pc, die Radialgeschwindigkeit relativ zur Sonne zu +34.1 km/sec bestimmt. Die Pekuliarbewegungen der äußeren Haufensterne zeigen andeutungsweise eine systematische radiale Komponente nach außen, entsprechend einem Expansionsalter von etwa 10^6 Jahren. Auf denselben Platten konnte auch NGC 2252 vermessen werden, von dem vermutet worden war, daß er durch Expansion aus NGC 2244 entstanden sei. Die abgeleiteten EB bestätigen das aber nicht, sie sind auf NGC 2244 zu gerichtet. Verf. nimmt an, daß NGC 2252 kein echter Haufen ist, sondern eine Verdichtung in der Milchstraße und nur durch eine vorgelagerte Dunkelwolke als Sternhaufen vorgetäuscht wird. Kdr.

12143. **T. Schmidt,** Junge Sternhaufen. Sterne **34** 198—199.

* * **W. G. Tifft,** A system of three-color photometry, with applications to galactic structure in Cygnus. Vgl. Ref. **9430**.

* * **T. A. Uranowa,** Untersuchung der Sterne im Gebiet S Monocerotis. Vgl. Ref. **9431**.

* * **K. Serkowski,** Statistical analysis of the polarization and reddening of the double cluster in Perseus. Vgl. Ref. **12546**.

* * **K. Serkowski,** Statystczna analiza polaryzacji i poczerwienienia Podwójnej Gromady w Perseuszu. Vgl. Ref. **12547**.

12144. **J. Smak,** Badania fotometryczne najmłodszych gromad gwiezdnych. Postępy Astr. **6** 17—21. — Besprechung der Untersuchungen von M. F. Walker in AJ **59** 333 (AJB **54** Ref. **12122**) und in ApJ **125** 636 (AJB **57** Ref. **12134**).

12145. **S. Vasilevskis, A. Klemola, G. Preston,** Relative proper motions of stars in the region of the open cluster NGC 6633. AJ **63** 387—395 = Lick Obs. Bull. Nr. 560. — Es wurden relative Eigenbewegungen in der Region von NGC 6633 aus drei Plattenpaaren, welche mit dem 30'-Thaw-Refraktor des Allegheny Observatoriums aufgenommen worden sind, bestimmt. Bei einer Epochendifferenz von 40 Jahren beträgt der wahrscheinliche Fehler in μ_α und μ_δ je etwa $\pm$ 0ʺ001. Relativ zum Eigenbewegungszentroid der Feldsterne wird die Gesamteigenbewegung des Haufens zu 0ʺ0037 bestimmt. In einem Feld von 50' × 40' wird die Anzahl der Haufenmitglieder bis zur Grenzgröße $m_{pg} = 13.5$ auf 90 geschätzt. Gli.

12146. **M. F. Walker,** Photoelectric observations of the galactic cluster NGC 6940. ApJ **128** 562—571 = Contr. Lick Obs. (2) Nr. 91. — Photometrische Messungen in drei Farben ergeben kein ganz klares Bild über Entfernung und Entwicklungszustand von NGC 6940. Der Haufen enthält einen Riesenstern vom Typ M5, der sich als veränderlich erweist. F. S.

12147. **G. Walusinski,** Les nébulosités des Pléiades. BSAF **72** Déc. Umschlagseite 2—3.

12148. Star cluster lifetimes. Sky and Telescope **17** 627—628. — Ref. AAS.

Kugelsternhaufen

12149. **H. C. Arp,** Southern hemisphere photometry. III. The color-magnitude diagram of NGC 419 and the adjoining field in the Small Magellanic Cloud. AJ **63** 273—282 = Publ. Goethe Link Obs. Nr. 23. — Ref. in JBAA **69** 308. — V gegen B–V-Diagramme in einem Ring um das Haufenzentrum und in einem Parallelogramm außerhalb bis $V = 19^m5$ werden diskutiert. Das Haufendiagramm wird nach dem Diagramm der Feldsterne statistisch korrigiert. Zusätzlich gemessene helle Sterne im Haufeninnern führen auf eine Ähnlichkeit mit normalen Kugelhaufendiagrammen. Charakteristische Unterschiede lassen die Deutung zu, daß der Haufen mit einem Alter von einigen 10^9 Jahren in gleich alte Umgebungssterne eingebettet ist, daß aber jüngere Sterne in einer Entfernung von einigen kpc davor oder dahinter stehen können. Dv.

12150. **H. C. Arp,** Southern hemisphere photometry. V. The color-magnitude diagram of NGC 361 and the adjoining field in the Small

Magellanic Cloud. AJ **63** 487—491. — Aus dem Farben-Helligkeitsdiagramm von NGC 361 und dem der Umgebung werden Rückschlüsse auf das Alter verschiedener Gruppen von Sternen gezogen, die in der Kleinen Magellanschen Wolke auftreten. F. S.

12151. **G. Bachmann,** Die Periode des Veränderlichen Nr. 19 im Kugelhaufen M 15. AN **284** 191—192 = Mitt. Sternw. Berlin-Babelsberg Nr. 7. — Es wird die Helligkeit des Veränderlichen aus 63 Babelsberger Aufnahmen aus den Jahren 1925 und 1933 mitgeteilt und eine neue Periode abgeleitet. Verf.

12152. **S. van den Bergh,** Intergalactic globular clusters. Obs **78** 85.

12153. **E. M. Burbidge, A. Sandage,** Properties of two intergalactic globular clusters. ApJ **127** 527—538. — Zwei über 10^5 pc entfernte Kugelhaufen (R. A. = $11^h\,26^m\!.6$, Dekl. = $+29°\,15'$, 1950 und R.A. = $10^h\,3^m\!.0$, Dekl. = $+0°\,18'$, 1950) werden untersucht. Die Farben-Helligkeits-Diagramme zeigen den normalen Verlauf, jedoch enthält der eine Haufen nur einen, der zweite Haufen überhaupt keine RR Lyrae-Sterne. Die linearen Durchmesser betragen 90 pc und 80 pc, die Massen jedoch nur 1.8 und 1.1×10^4 Sonnenmassen. Hieraus wird gefolgert, daß diese Haufen dem Zentrum der Milchstraße nie näher als 9 kpc gekommen sind. Die Flugdauern der Haufen vom Andromeda-Nebel her werden abgeschätzt. v. Hoerner

12154. **P. N. Cholopow,** Density distribution of RR Lyrae variables in globular clusters and phenomena of stratification in these systems. VS Bull **11** 202—209 (russ. mit engl. Ref.). — Es wird ein Vergleich der räumlichen Dichteverteilungen der RR Lyrae-Sterne in fünf Kugelsternhaufen durchgeführt. In den Kernen der weniger konzentrierten Haufen beobachtet man eine Stratifikation, d. h. die Existenz von Zonen konstanter Dichte. Zur Messung des Konzentrationsgrades der Sterne in der inneren Kernzone zum Haufenzentrum hin wird die durch $Q = |\,d \log f(r)/dr\,|_0$ definierte Größe eingeführt, wobei die Ableitung nur innerhalb der inneren Zone berechnet wird und als Entfernungseinheit der Radius dieser Zone dient. Mit zunehmender Konzentrationsklasse nimmt Q ab. Verf. (übersetzt)

12155. **J. Cuffey,** Color indices in M 53. ApJ **128** 219—227 = Publ. Goethe Link Obs. Nr. 24. — Enthält Messungen von Helligkeiten und Farben in M 53, einem Kugelsternhaufen in hoher galaktischer Breite. F. S.

12156. **C. Grubissich,** L'ammasso globulare NGC 6426 e i suoi dintorni. Contr. Oss. Astrofis. Asiago Nr. 94, 16 S. — Für den Kugelhaufen NGC 6426 und seine Umgebung wurde nach Veränderlichen gesucht. Zu den elf von Baade entdeckten wurden fünf neue gefunden; drei davon sind Feldsterne. Für dreizehn Veränderliche werden Lichtkurven angegeben. Der unkorrigierte, scheinbare Entfernungsmodul ergibt sich zu m — M = 17.80. v. Hoerner

12157. **H. S. Hogg,** Globular star clusters. J RAS Canada **52** 97—108. — Referierender Vortragsbericht, in dem die Fortschritte der Erforschung der kugelförmigen Sternhaufen etwa während des letzten Jahrzehnts besprochen werden. Kdr.

12158. **T. D. Kinman,** A revision of the distance moduli of the galactic globular clusters. MN ASSA **17** 19—33 = Radcliffe Obs. Repr. Nr. 9. — Die verschiedenen Methoden der Entfernungsbestimmung werden diskutiert. Für 75 kugelförmige Sternhaufen wird der Entfernungsmodul angegeben. Die absoluten Helligkeiten liegen im Mittel um 0.2 Größenklassen höher als bei Lohmann, was im wesentlichen auf eine etwas andere Berücksichtigung der Absorption zurückzuführen ist. v. Hoerner

12159. **T. D. Kinman,** A revision of the distance moduli of seventy-five globular clusters. Obs **78** 122—123. — Entsprechend dem Vorgehen von Shapley wurden zunächst die Entfernungen von 36 Kugelsternhaufen mit RR Lyrae-Sternen bestimmt und Eichkurven für die Ableitung der Entfernungen anderer Haufen aus den Helligkeiten der hellsten Haufensterne, aus integrierten Helligkeiten und aus linearen Durchmessern wiedergegeben. Die interstellare Absorption wurde neu bestimmt und berücksichtigt. In einer Tabelle werden der Entfernungsmodul und sein wahrscheinlicher Fehler für 75 Haufen angegeben. O. G.

12160. **R. Kurth, F. Holden,** Note on the diameters of globular clusters. ZfA **46** 231—233 = Astr. Contr. Univ. Manchester (3) Nr. 60. — Lineare Regression und Korrelationskoeffizient zwischen Durchmesser, Entfernung, Absorption, absoluter Helligkeit von Kugelsternhaufen werden angegeben und diskutiert. Durchmesser und Helligkeit sind nur schwach korreliert. Die enge Korrelation zwischen Durchmesser und Entfernungsmodul kann entweder ein reiner Auswahleffekt (Absorption) oder durch eine reelle Korrelation zwischen Durchmesser und Abstand vom galaktischen Zentrum hervorgerufen sein. v. Hoerner

12161. **G. Mannino,** Periodi e curve di luce di sei variabili dell'ammasso globulare NGC 4147. II. Mem SA It (NS) **29** 139—143 = Contr. Oss. Astrofis. Asiago Nr. 87. — Untersuchung der Perioden der Veränderlichen Nr. 1, 2, 3, 10, 11 und 17 im Kugelsternhaufen NGC 4147 an Hand der Beobachtungen von Baade, Newborn und der Beobachtungen des Verf. Cester

12162. **J. Náprstková,** Globular clusters. RH **39** 155—157 (tschech.).

12163. **J. J. Nassau, V. M. Blanco,** M-type stars and red variables in the galactic center. ApJ **128** 46—56 = Warner and Swasey Obs. Repr. Nr. 86. — Ref. in Sky and Telescope **17** 626. — In der Umgebung des Kugelsternhaufens NGC 6522, welche nur geringe interstellare Absorption aufweist, wurde auf Infrarotaufnahmen nach M-Riesen gesucht. Auf einer Fläche von 390 Quadratbogenminuten wurden 210 M-Sterne gefunden. Eine große Anzahl roter Veränderlicher, welche Baade früher entdeckt hat, wird klassifiziert. Ein großer Teil der M-Sterne scheint veränderlich zu sein oder eine kleine Amplitude zu besitzen. Micz.

12164. **P. Notni, H. Oleak,** Der Lichtwechsel von 25 Veränderlichen des Kugelhaufens M15. AN **284** 49—56 = Mitt. Sternw. Berlin-Babelsberg Nr. 4. — Auf insgesamt 74 Platten aus den Jahren 1925 und 1933, aufgenommen mit dem 122 cm-Spiegel der Sternwarte Babelsberg, wurde der Lichtwechsel von 22 bekannten und 3 neuentdeckten Veränderlichen untersucht. Für 11 Sterne konnten sichere Perioden bestimmt werden, bei weiteren 6 Sternen sind die Elemente noch unsicher. Für 8 Veränderliche sind keine Perioden abgeleitet worden. Die Lichtkurven von 11 Sternen werden angegeben. Verf.

12165. **L. Rosino, F. Nobili,** Ricerche astronomiche nell'emisfero australe. I. Scoperta e studio preliminare di ottantadue stelle variabili nell'ammasso globulare Messier 54 = NGC 6715. Mem SA It (NS) **29** 413—431 = Contr. Oss. Astrofis. Asiago Nr. 97. — Auf 27 am 74"-Reflektor von Pretoria in der Zeit 1956 Juni—Juli aufgenommenen Platten wird der Kugelsternhaufen M 54 untersucht. 19 der 28 schon früher von Rosino entdeckten Veränderlichen wurden wieder gefunden. 54 Veränderliche wurden neu entdeckt, so daß sich eine Gesamtzahl von 82 veränderlichen Sternen in M 54 ergibt: 55 Veränderliche sind RR Lyrae-Sterne, ein Cepheid besitzt eine Periode von $1\overset{d}{.}35$, vier Sterne sind Halbregelmäßige, zwei sind Bedeckungsveränderliche; die restlichen 16 Veränderlichen sind unbestimmbar. Es werden 28 Lichtkurven gegeben. Das Maximum der Periodenhäufigkeit liegt zwischen $0\overset{d}{.}5$ und $0\overset{d}{.}6$. Die scheinbaren photographischen Helligkeiten wurden bei beliebigem Nullpunkt geschätzt. Die mittleren Werte für die RR Lyrae-Sterne liegen um $17\overset{m}{.}1$. Die Mehrheit der Veränderlichen gehört zum Haufen und nicht zum dazwischenliegenden dichten Sternfeld. Cester

12166. **J.-M. Saurer,** Les amas globulaires. BSAF **72** 359—365. — Allgemein verständliches Referat über Zahl, Dimension und Verteilung der Kugelsternhaufen, ihre Farben-Helligkeits-Diagramme und deren Interpretation, die Veränderlichen in den Haufen und schließlich über die Haufenstruktur. Kdr.

12167. **A. D. Thackeray,** Periods and light-curves of variable stars in NGC 121. MN **118** 117—124 = Commun. Radcliffe Obs. Nr. 41. — Perioden und Lichtkurven nach Stufenschätzungen auf 82 Platten werden für fünf Veränderliche bis 1' Abstand vom Zentrum des am Rande der Kleinen Magellanschen Wolke stehenden Kugelhaufens mitgeteilt. Drei Veränderliche sind kurzperiodisch (Bailey-Typ a, b), zwei langperiodisch. Vier weitere Veränderliche liegen so weit außerhalb des Haufenzentrums, daß sie zur Magellanschen Wolke selbst gehören. Die noch ungenügenden Beobachtungen machen es wahrscheinlich, daß es sich bei diesen um RR Lyrae-Sterne im allgemeinen Feld der Kleinen Magellanschen Wolke handelt. Dv.

12168. **G. Wallerstein,** Note on the population II Cepheid region in the color-magnitude diagram of globular clusters. ApJ **128** 141—142. — Im Farben-Helligkeits-Diagramm der Kugelhaufen M2, M3, M10, M13 und M15 finden sich im Gebiet der Cepheiden der Population II einige nicht veränderliche Sterne. Verf. identifiziert mehrere als nicht den Haufen zugehörig; einige, die für eine spektroskopische Beobachtung zu schwach sind, mögen jedoch Haufenmitglieder sein. Micz.

12169. Intergalactic globular clusters. Irish AJ **5** 118.

12170. Stjerneantellat i Kuglehobe. Urania København **15** 54.

§ 122

Galaktische Nebel

* * **A. Alksnis,** Bestimmung der Dichte und Masse der Dunkelwolke in Cepheus und des Emissionsnebels IC 1396. Vgl. Ref. **12503**.

12201. **Y. Andrillat,** Détails du spectre infrarouge du noyau de la nébuleuse de Campbell. CR **246** 1160—1162 = Publ. Obs. Haute-Provence **4** Nr. 14. — Auf einem Gitterspektrum (Dispersion 275 Å/mm) des Zentralsterns HD 184738 konnten im Bereich $\lambda\lambda$ 5600—8800 Å verschiedene Komponenten der Multiplettübergänge $3p^4P$—$3d^4P$, $3p^4D$—$3d^4F$ und $3s^4P$—$3p^4D$ des C II und $4d^3D$—$3d^3F$ des C III auf Grund der Laboratoriumswellenlängen von Glad und Edlén identifiziert werden. Mehltretter

12202. **E. E. Chatschikjan,** Polarimetrische Untersuchung des kometenförmigen Nebels NGC 2261. Mitt. Obs. Bjurakan Nr. 25 S. 67—74 (russ. mit armen. Ref.). — Am Schmidt-Spiegel von Bjurakan wurden am 2. und 5. 12. 1956 sowie am 13. 1. 1958 photographische Polarisationsaufnahmen auf Ilford-Zenit (1956) und Kodak OaO-Platten (1958) gemacht und daraus Polarisationsgrad und -richtung für zahlreiche Punkte im Nebel abgeleitet. Der mittlere Polarisationsgrad betrug 1956 13 %, 1958 16 %. Der Verlauf der ebenfalls graphisch dargestellten Polarisationsrichtungen kann die Folge einer Reflexion oder einer Synchrotronstrahlung relativistischer Elektronen in einem Dipolmagnetfeld sein. Abschließend werden kolorimetrische Daten mitgeteilt. Loh.

12203. **E. E. Chatschikjan,** Messung von Polarisationsgrad und Farbe der Nebel NGC 2023 und NGC 7023. Nachr. Akad. Wiss. Armen. Sowjetrepublik (Phys.-Math.) **10** Nr. 5 S. 107—122, 1957 (russ. mit armen. Ref.). — Ref. in RJ UdSSR 1959 Nr. 1 S. 20—21.

* * **G. Courtès,** Etude de l'émission interstellaire à l'aide de l'étalon de Fabry-Pérot. Vgl. Ref. 2213.

12204. **W. A. Dombrowskij,** On the nature of the radiation of the Omega nebula. AJ UdSSR **35** 687—693 (russ. mit engl. Ref.). — Engl. Übersetzung in Soviet Astr. AJ **2** 646—652. — Verf. untersuchte in den Jahren 1955—56 auf photoelektrischem Wege die Polarisation des Lichtes von M 17 = NGC 6618 (Omega Nebel) und fand Polarisationsgrade zwischen 3 und 10%. Die Polarisationsrichtung ist über den ganzen Nebel konstant, weshalb Streuung als Polarisationsursache ausgeschlossen wird. Aus dem Vergleich mit den Polarisationsverhältnissen bei benachbarten Sternen schließt Verf. weiterhin eine interstellare Herkunft der Polarisation aus. Er vermutet an Hand seiner spektralphotometrischen und radioastronomischen Beobachtungen dieselbe Ursache wie beim Crab-Nebel. Oster

12205. **W. A. Dombrowskij,** Polarimetrische Untersuchung der Nebel IC 405 und 410 und über die Natur der kometenförmigen Einschlüsse in ihnen. Bote Univ. Leningrad 1958 Nr. 13 S. 11—15 (russ.). — Ref. in RJ UdSSR 1959 Nr. 5 S. 25.

12206. **J. Dufay,** Galactic Nebulae and Interstellar Matter. Vgl. AJB **57** Ref. 12204. — Weitere Besprechung in Strolling Astronomer **13** 31—32 (E. E. Both).

12207. **J. Dufay,** Photographie en trois couleurs des nébulosités voisines de α Cygni. BSAF **72** 1—4. — Bericht über neuere Aufnahmen der Gegend des Nordamerika- und Pelikan-Nebels in drei Spektralbereichen mit dem Schmidt-Spiegel des Observatoriums Haute-Provence. Zwei Aufnahmen (im Bereich der Hα-Linie und im nahen Infrarot) werden reproduziert und kommentiert. Kdr.

12208. **W. G. Fessenkow,** Über die Sternketten und die dunklen Fasern im Gebiet galaktischer Nebel. Mitt. Astrophys. Inst. Alma-Ata **7** 11—18 (russ. mit engl. Ref.). — In einigen dichten Sternfeldern finden sich gewisse Regelmäßigkeiten in der Anordnung der Sterne, insbesondere Sternketten. Für die Realität solcher Ketten sprechen nicht nur Wahrscheinlichkeitsbetrachtungen, sondern auch die Ähnlichkeit in Helligkeit und Farbe, ferner auch noch die Ausrichtung entlang dunkler Filamente, wenn solche vorhanden sind. Ein Beispiel des gleichzeitigen Vorkommens von Ketten und Filamenten ist der Nebel McDonald 12. Die Dichte seiner Filamente wird auf 10^{-22} g/cm^3 abgeschätzt. Loh.

12209. **S. D. Gossner,** The great Orion nebula. Nature Mag. **51** 491—493. — Ref. in RJ UdSSR 1959 Nr. 5 S. 9.

12210. **J. K. Gulak,** Die Helligkeitsverteilung im Bild eines Nebels mit konstanter Dichte. Bull. Astr.-Geod. Ges. Nr. 23 S. 31—35 (russ.).

12211. **G. H. Herbig,** NGC 7000, IC 5070, and the associated emission-line stars. ApJ **128** 259—266 = Contr. Lick Obs. (2) Nr. 90. — Eine Durchmusterung eines sechs Quadratgrad großen Gebietes im Bereich des Nordamerika- und Pelikan-Nebels mit einem spaltlosen Gitterspektrographen führte zur Entdeckung von 68 Sternen zwischen 9^m und 19^m mit Hα-Emissionslinien. Die meisten helleren Objekte waren Be-Sterne, während die schwächeren ab $m_{pg} = 16$ in der Hauptsache T Tauri-Sterne sind. Letztere sind hauptsächlich konzentriert in der H II-Region des Gebietes und nicht in der Vordergrund-Absorptionswolke, die im Abstandsbereich 200 pc bis 400—800 pc liegt. Thi.

12212. **G. H. Herbig,** The spectrum of the nebulosity at AE Aurigae. Publ ASP **70** 468—472 = Contr. Lick Obs. (2) Nr. 92. — Es wird angenommen, daß AE Aur in rascher Bewegung zwei Nebelmassen erreicht hat: Eine große Gaswolke von geringer Dichte, die der O 9.5-Stern zu einer H II-Region gemacht hat, und einige Staubstreifen, die nur das Sternlicht streuen. Längere Einwirkung der Sternstrahlung wird diese Nebelmassen wahrscheinlich noch modifizieren. O. G.

12213. **T. S. Kirillowa,** Untersuchung der Sterne in Gasnebeln. Publ. Astr. Sternberg-Inst. **29** 178—274 (russ.). — Ziel der vorliegenden Arbeit ist eine photometrische Untersuchung der Sterne in der Umgebung der fünf großen Nebel IC 1805, 1396, NGC 2175, 2237—38, 6618. Die Farben-Helligkeitsdiagramme werden entworfen und eingehend diskutiert. Zum Alter von Sternen und Nebeln werden einige Bemerkungen gemacht. Loh.

12214. **J. E. Kupperian jr., A. Boggess III, J. E. Milligan,** Observational astrophysics from rockets. I. Nebular photometry at 1300 A. ApJ **128** 453—464. — Ref. in Sky and Telescope **18** 369, Sterne **35** 203—204. — Im Bereich λ 1225—1350 Å wurde von einer Rakete mit Photonenzähler mit einem Auflösungsvermögen von 3° eine Durchmusterung des Winterhimmels durchgeführt. Es wurden zahlreiche, ausgedehnte Strahlungsquellen hoher Flächenintensität entdeckt, die sich vorwiegend in der Nähe von O- und B-Sternen befinden. Um α Vir herum wurde ein helles Nebelgebiet mit 22°5 Durchmesser beobachtet, das für die Erde einen Energiefluß von 10^{-5} erg/cm² sec liefert. Wahrscheinlich sind Stoßprozesse für die Erzeugung dieser kurzwelligen Strahlung verantwortlich. Thi.

12215. **A. Lallemand, M. Duchesne, C. Fehrenbach, G. Wlérick, M. Chopinet, R. Augarde,** Sur les spectres de nébuleuses obtenus par photographie électronique. CR **246** 2342—2344 = Publ. Obs. Haute-Provence **4** Nr. 18. — Die Ergebnisse der Beobachtungen von Spektren des Orion-Nebels, des planetarischen Nebels NGC 2392 und der extragalaktischen Nebel NGC 3627, 4631 am 120 cm-Reflektor in Haute-Provence mit Hilfe der elektronischen Bildverstärker-Kamera werden beschrieben. Dabei ist eine Verkürzung der Belichtungszeit um einen Faktor 100 möglich, so daß Belichtungszeiten zwischen 2 und 15 Minuten genügen. Mehltretter

12216. **P. Maffei,** Su alcune peculiarità strutturali delle nebulose diffuse. Mem SA It (NS) **29** 285—305 = Pubbl. Oss. Astr. Univ. Bologna **7** Nr. 6. — Auf mehreren, am 60 cm-Reflektor von Loiano erhaltenen Aufnahmen der diffusen Nebel M 20, M 17, NGC 2264, NGC 6888 und NGC 7635 wurden rundliche Gebilde mit relativ kleinen Durchmessern (6′—12′) festgestellt und untersucht. Die Verteilung der linearen Durchmesser zeigt ein Häufigkeitsmaximum bei etwa 8000 Å und ein zweites scheint bei 3000 Å zu liegen. Die Gebilde sind meist von der Größenordnung der Globulen nach Bok. In M 42, NGC 7635 und NGC 6888 wurden einige ausgedehnte, sternartige Gebilde gefunden. Es läßt sich für sie keine Klassifikation angeben. Cester

12217. **M.-T. Martel,** Polarisation et couleur du spectre continu des nébuleuses galactiques. Acta Astr. Sinica **6** 49—62 (chines. mit französ. Ref.).

12218. **D. E. Osterbrock, E. Flather,** Electron densities in the Orion nebula. II. AJ **63** 310. — Ref. AAS.

12219. **D. E. Osterbrock,** Electron densities in filamentary nebulae. Publ ASP **70** 180—184. — Ref. in JBAA **68** 329—330. — Aus dem Intensitätsverhältnis der [O II]-Linien λ 3729/λ 3726 wird für sieben ausgewählte Stellen des Cirrus-Nebels mit einer angenommenen Elektronentemperatur von 40000° im Mittel $N_e = 200$ Elektr. cm^{-3} (geschätzte Unsicherheit $\leq$ 40 %) gefunden und für eine Stelle in IC 443 mit $T_e = 20000°$ entsprechend $N_e = 590$ Elektr. cm^{-3}. Die Masse eines Filaments des Cirrus-Nebels wird zu 2×10^{-4} M$_\odot$ geschätzt, die Masse des ganzen Systems leuchtender Filamente zu etwa 0.1 M$_\odot$. Wenn es sich um eine in Ausdehnung begriffene Hülle einer Supernova handelt, könnte der Cirrus-Nebel seinem jetzigen Volumen nach nichtleuchtende interstellare Materie von der Größenordnung 100 M$_\odot$ enthalten. O. G.

12220. **D. E. Osterbrock,** Two dense nebulae. Publ ASP **70** 399—403. — Für den Nebel Herbig Nr. 1 wurde aus dem gemessenen Intensitätsverhältnis λ 3729/λ 3726 [O II] die Elektronendichte 3.7 × 10^3 cm^{-3} gefunden in guter Übereinstimmung mit unabhängigen Ergebnissen von K. H. Böhm. Dichte und Gesamtmasse werden abgeschätzt. Die Ionisationsverhältnisse sind weder durch Strahlungsionisation noch durch thermische Stoßionisation erklärbar. Bei T Tau, für dessen Nebelmasse das gleiche Intensitätsverhältnis λ 3729/λ 3726 gefunden wurde, wird der Ionisationsgrad wahrscheinlich erreicht durch den Stoß von Gasteilchen, die vom Zentralstern ausgeschleudert werden. Ähnliche Verhältnisse könnten bei Herbig Nr. 1 vorliegen. O. G.

12221. **K. A. Strand, T. M. Teska,** Charts of the Orion nebula cluster. Ann. Dearborn Obs. **7** 67—89. — In einem zum Trapez zentrierten Gebiet von etwa $^1/_2$ mal $^1/_2$ Grad Ausdehung werden auf 10 Einzelkarten die Mitglieder des Orion-Nebel-Sternhaufens mit visuellen Größen bis zu 18^m einschließlich angegeben. Die Karten beruhen auf dem Studium der Eigenbewegungen des Orion-Haufens an Yerkes Aufnahmen des 40′-Refraktors mit einem Zeitintervall von 50 Jahren. Thi.

12222. **K. A. Strand,** Stellar motions in the Orion nebula cluster. ApJ **128** 14—30 = Contr. Dearborn Obs. Nr. 13. — Auf Aufnahmen des Orion-Trapezes, welche mit dem Yerkes-Refraktor und einem Intervall von etwa 50 Jahren erhalten wurden, werden Eigenbewegungen von 224 Sternen in der Nähe des Zentrums des Orion-Nebels bestimmt. Aus der beobachteten Expansionsbewegung der Haufensterne wird auf ein Alter von 3 × 10^5 Jahren und aus einem Vergleich der Eigenbewegungen mit den Radialgeschwindigkeiten auf eine Entfernung von 520 pc geschlossen. Das Farben-Helligkeits-Diagramm zeigt eine breite Hauptsequenz von O6—K2. Micz.

12223. **O. Struve,** The Veil nebula as a supernova remnant. Sky and Telescope **17** 116—118. — Ref. in Coelum **26** 126—127.

12224. **O. Struve,** The densities of gaseous nebulae. Sky and Telescope **17** 401—403. — Ref. in Coelum **26** 177—178. — Nach Besprechung der Methode von Ambarzumjan zur Bestimmung der Dichte von Gasnebeln referiert Verf. über die Untersuchungen von Seaton und Osterbrock, die das gleiche Problem auf Grund der Messung des Intensitätsverhältnisses der beiden Komponenten der [O II]-Emissionslinien bei λ 3726 und λ 3729 behandeln (AJB **54** Ref. **12237**; **55** Ref. **12220**; **57** Ref. **5316**). Kdr.

12225. An unusual reflection nebula and the star AE Aurigae. Sky and Telescope **18** 20—22.

Crab-Nebel

12226. **J. G. Bolton, G. J. Stanley, B. G. Clark,** A solar occultation of the Crab nebula at a wavelength of 12 meters. Publ ASP **70** 594—597. — Eine Bedeckung des Crab-Nebels durch die Sonnenkorona wurde mit einer Interferometeranordnung bei 12 m Wellenlänge beobachtet. Der Streifenabstand des Interferometers ist zum Ausschließen der Radioemission der ruhigen Sonne genügend klein. Störende Strahlung von aktiven Gebieten der Sonne trat während der Bedeckung zufällig nicht zu häufig auf trotz der Nähe des Fleckenmaximums. Die Bedeckungskurve zeigt ein Minimum mit breitem, konstantem Boden und steilem Abfall und Anstieg. Die ziemlich gleichförmige Wirkung der Korona erstreckt sich dabei bis zu 18 Sonnenradien. O. G.

* * **C. E. R. Bruce,** The evolution of extragalactic nebulae and the origin of metagalactic radio emission. Vgl. Ref. **12407**.

12227. **G. R. Burbidge,** Particle energies and magnetic energy in the Crab nebula. ApJ **127** 48—53. — Die Hypothese, daß die zur Erzeugung der Synchrotron-Strahlung des Crab-Nebels erforderlichen Elektronen und Protonen hoher Energie sekundäre Partikeln sind, welche aus Zusammenstößen primärer Protonen stammen, wird entwickelt. Die Gesamtenergie der primären Protonen wird zu $\sim 5 \times 10^{50}$ erg abgeschätzt. Im sekundären Elektronen- und Protonenstrom (mittlere Lebensdauer der Partikeln etwa 1—5 Jahre) sind etwa 1—5 $\times 10^{46}$ erg enthalten. Die magnetische Feldstärke wird zu etwa 3—1 $\times 10^{-2}$ Gauß abgeschätzt. Verf. vergleicht sein Modell des Crab-Nebels mit dem von Oort und Walraven. Micz.

12228. **G. R. Burbidge,** Der Crab-Nebel, ein kosmisches Synchrotron. Vasiona **5** 64—66, 1957 (serb.). — Übersetzung aus dem Englischen (vgl. AJB **57** Ref. **12222**).

* * **M. H. Cohen,** Radio astronomy polarization measurements. Vgl. Ref. **12615**.

12229. **R. D. Davies,** A measurement of the polarization of the radio emission from the Crab nebula at a frequency of 1425 Mc/s. Astr. Contr. Univ. Manchester (1) Jodrell Bank Ann. **1** 237—244. — Mit einer 9 m-Parabolantenne wurde untersucht, ob die 21 cm-Radiostrahlung des Crab-Nebels linear polarisiert ist, da im sichtbaren Teil des Spektrums bereits ein Polarisationsgrad von nahezu 10% gemessen wurde. Die Beobachtungen bei 1425 MHz ergaben einen Polarisationsgrad von weniger als 2.75% bzw. (nach Kombination mit Westerhouts Messungen) von 1.5%. Bei Deutung dieses Ergebnisses ist zu berücksichtigen, daß durch das geringe Auflösungsvermögen der verwendeten Antenne und durch den Faraday-Effekt im Crab-Nebel die Polarisation scheinbar verringert wird. Zur endgültigen Klärung der Frage muß also eine Antenne mit größerem Auflösungsvermögen verwendet werden (so daß der Rest der Quelle von dem Teil getrennt werden kann, der auch polarisiertes Licht abstrahlt) und die Wirkung des Faraday-Effekts durch Wahl einer höheren Frequenz herabgesetzt werden. (Bei 4500 MHz z. B. ist die Faraday-Rotation nur $^1/_{10}$ so groß). Rabben

12230. **S. Hayakawa,** High energy gamma-rays from the Crab nebula. Progr. Theoret. Phys. **19** 219. — Um zu prüfen, ob die Vorstellungen von Burbidge über den Entstehungsmechanismus der Crab-Nebel Strahlung richtig sind, wird vorgeschlagen, Kernemulsionsplatten in großer Höhe zu exponieren. Falls entsprechend der Annahmen von Burbidge Photonen mit Energien von rund 10^{11} eV eintreffen, sollten Kaskadenschauer beobachtet werden, die nicht von Pionen begleitet sind. Nach dem Oort-Walraven-Modell wären Photonen so hoher Energie nicht zu erwarten. Weidemann

12231. **T. Jarzębowski,** Mechanizm świecenia i polaryzacja światła mgławicy «Krab». Postępy Astr. **6** 166—168. — Übersicht über den Leuchtmechanismus und die Polarisation des Crab-Nebels an Hand der Untersuchungen hauptsächlich von Oort, Schklowskij, Walraven und Woltjer (vgl. AJB **56** Ref. **12221**, AJB **57** Ref. **12233, 12239/40**). Rybka

12232. **M.-T. Martel,** Polarisation de la nébuleuse du Crabe. Polarisation et couleur des nébuleuses diffusantes. Ann d'Astrophys Suppl Nr. 7, 82 S. = Publ. Obs. Haute-Provence **4** Nr. 20. — Der 1. Teil der Arbeit beschreibt die Meßmethode, der 2. Teil die Anwendung auf den Crab-Nebel, im 3. Teil werden die Ergebnisse für zehn diffuse Nebel mitgeteilt, im 4. Teil photometrische Messungen dieser Nebel und Farbenexzesse. Die Messungen in 29 Flächenelementen (von je 0.014 Quadratbogenminuten) zeigen eine sehr hohe Polarisation (> 40%), identisch im Bereich λ 4000—5000 Å und λ 5200—5800 Å. Die Richtungen der beobachteten Polarisationsebenen stimmen überall dort mit denen der von Baade entdeckten Filamente überein, wo die Filamentstruktur nicht zu verwickelt ist. Der mittlere Polarisationsgrad der zehn diffusen Nebel liegt zwischen 10% und 20%. Bei NGC 7023 beobachtet man fast ausschließlich eine radiale Polarisation, bei den übrigen neun Nebeln im allgemeinen eine nicht-radiale. Es scheint sogar sich mehr zu bestätigen, daß die Polarisationsebenen den hellen Streifenspuren einer Nebelmasse folgen. Die untersuchten diffusen Nebel sind im allgemeinen etwas blauer als die assoziierten Sterne; der Farbenexzeß nimmt jedoch mit zunehmender Entfernung vom Stern zu. Eberlein

12233. **O. Struve,** The Crab nebula as a supernova remnant. Sky and Telescope **17** 174—177.

12234. **T. Widorn,** Der Krebsnebel. Veröff. Urania-Sternw. Wien 1958 Nr. 1 S. 15—19.

12235. **L. Woltjer,** The Crab nebula. BAN **14** 39—80. — Ausführliche Monographie mit spektroskopischen, photometrischen, polarimetrischen und radioastronomischen Beobachtungsergebnissen. Theoretische Betrachtungen über Sternentwicklung bis zur Bildung der Supernova unter besonderer Berücksichtigung magnetischer Felder und Abschätzung der in verschiedenen Formen vorhandenen Energien unter Einschluß radioaktiver Prozesse. Dv.

Planetarische Nebel

12236. **L. H. Aller,** Magnetic stellar envelopes and planetary nebulae. AJ **63** 47. — Ref. AAS.

12237. **J. K. Gulak,** Detailphotometrie und räumliche Struktur der planetarischen Nebel NGC 6720, 7009 und 7662. Charkow, Universität, 1958 (russ.). — Dissertationsreferat.

12238. **G. A. Gursadjan,** A remark on the intensity variation of λ4363 [O III] in the spectrum of the planetary nebula IC 4997. AJ UdSSR **35** 520—523 (russ. mit engl. Ref.). — Engl. Übersetzung in Soviet Astr. AJ **2** 482—485. — Die Abnahme der relativen Intensität dieser Linie ist auf eine Verminderung der Elektronentemperatur des Nebels zurückzuführen. Letztere ist das Ergebnis einer Abkühlung des Nebelkerns. Loh.

12239. **G. A. Gursadjan,** Das Dipol-Magnetfeld in planetarischen Nebeln. DAN **120** 734—737 (russ.). — Verf. berechnet die Dichteverteilung in planetarischen Nebeln in Abhängigkeit von der Intensitätsverteilung des magnetischen Feldes. Die beobachteten Helligkeitsisophoten verschiedener planetarischer Nebel können theoretisch abgeleitet werden. Im Falle expandierender Nebel führt die verschieden große Bremsung in Richtung der magnetischen Achse und des Äquators zur Abplattung. Aus dem Vergleich der theoretischen Isophoten mit den beobachteten wird für einige Objekte das Magnetfeld zu 10^{-3} bis 10^{-4} Gauß abgeleitet. Ond.

12240. **G. A. Gursadjan,** Über die Natur der Magnetfelder planetarischer Nebel. Mitt. Obs. Bjurakan Nr. 24 S. 33—57 (russ. mit armen. Ref.). — Verf. zeigt, daß die Vorstellung, in planetarischen Nebeln existiere ein magnetisches Dipolfeld, die beobachtete Vielfalt ihrer Form und Struktur gut erklärt. Der Leitgedanke ist hierbei die Idee, die planetarischen Nebel als Reste eines Sternbildungsprozesses aufzufassen und die Kerne als unlängst entstandene Sterne zu deuten. Loh.

12241. **G. A. Gursadjan,** Über die elektromagnetische Natur der spiralförmigen planetarischen Nebel. Mitt. Obs. Bjurakan Nr. 24 S. 59—72 (russ. mit armen. Ref.). — Wenn auch Grundstruktur und Form der Mehrzahl der planetarischen Nebel durch eigene Dipolfelder erklärt werden, so können doch auch Einzelheiten oder Strukturelemente ihrer Existenz oder Herkunft nach der überlagernden Wirkung des galaktischen Magnetfeldes und des Nebelmagnetfeldes zugeschrieben werden. Loh.

12242. **G. A. Gursadjan,** Über das geringe Alter der Kerne planetarischer Nebel. Mitt. Obs. Bjurakan Nr. 25 S. 101—118 (russ. mit armen. Ref.). — Für ein geringes Alter der Zentralsterne der planetarischen Nebel spricht als erstes der Umstand, daß es sich hierbei häufig um Wolf Rayet-Sterne, ferner um Of-Sterne handelt, von denen eine Reihe instationäre Sterne sind. Darüber hinaus gehören viele dieser WR- und Of-Sterne O-Sternassoziationen an. Der Materieabfluß von den Oberflächen dieser Sterne erfolgt mit einer um 1—2 Größenordnungen größeren Geschwindigkeit als die Expansion der planetarischen Nebel. Die Vorbedingungen sind also für beide verschieden und haben sich im Lauf der Bildung des Zentralsterns und seiner Entwicklung rasch geändert. Da nicht alle WR-Sterne Nebelhüllen besitzen, wird geschlossen, daß die Instationarität dieser Sterne den Zeitpunkt des Nebelverlustes überdauern kann und daß erst dann eine normale Entwicklungsphase folgt. Loh.

12243. **N. A. Rasmadse,** Photoelectric photometry of bright planetary and diffuse gaseous nebulae. Bull. Astrophys. Obs. Abastumani Nr. 23 S. 91—156 (russ. mit engl. Ref.). — Die vorliegende Dissertation umfaßt drei Kapitel: I.) Überblick über die Ergebnisse früherer Untersuchungen. II.) Beobachtungsapparatur. III.) Beobachtungen 11 planetarischer und zweier diffuser Nebel. Besonders eingehend wurden der große Hantel-Nebel NGC 6853 und das Zentralgebiet des Orion-Nebels untersucht. Die Ergebnisse, besonders Meßwerte und H^+-, O^+- und O^{++}-Konzentrationen, sind in Tabellen ausführlich mitgeteilt. Allgemein zeigt sich, daß die Dichte eines Nebels hauptsächlich von dessen Gestalt und Volumen abhängt. Sie nimmt von planetoiden über Doppelhüllen-Nebel bis zu sphärischen Ringnebeln hin ab. In der Mitte des Orion-Nebels herrscht etwa die gleiche Dichte wie in einem durchschnittlichen planetarischen Nebel. In NGC 6853, der sich durch relativ geringe Dichte bei großer Masse auszeichnet, könnte die Materieverteilung außer durch Rotation auch durch elektromagnetische Kräfte beeinflußt sein. Petri

12244. **W. W. Sobolew,** Physics of planetary nebulae. Fragen der Kosmogonie **6** 112—156 (russ. mit engl. Ref.). — Ref. in Math. Rev. **21** 223—224.

12245. **P. Swings, C. Fehrenbach,** Le spectre de la nébuleuse planétaire IC 3568. JO **41** 161—162 = Inst. d'Astrophys. Univ. Liège Coll. 4° Nr. 95 = Publ. Obs. Haute-Provence **4** Nr. 31. — Die Spektren von IC 3568 (gewonnen mit Prismen- und Gitterspektrographen am 120 cm-Spiegel des Observatoriums von Haute-Provence) im Gebiet λ 3650 — λ 6700 Å bestätigen und erweitern bisherige Beobachtungen: Beim Nebel wurden intensive Dublett-Linien von [A IV] (λ 4711 und λ 4740), zahlreiche Linien von [He I], die Balmerserie bis H_{17} beobachtet. Das Dublett von [N II] bei Hα fehlt. Für den Kern des Nebels konnte λ 4452 He II in Absorption nicht bestätigt werden. Dagegen ist λ 4686 He II sehr stark. Das Kontinuum ist intensiv. Ferner treten gleichzeitig Emissionen von N III, N IV, C III und C IV auf. Der Kern von IC 3568 ähnelt mehr oder weniger denen von NGC 6543, IC 4997 und NGC 6826. Seine Linien sind sehr schwach. Eberlein

12246. Electronic temperatures of planetary nebulae. Nature **182** 431—432.

12247. Magnetic stellar envelopes and planetary nebulae. Sky and Telescope **17** 230—231. — Ref. AAS. — Besprechung in Coelum **26** 126.

* * Radioastronomische Untersuchungen von galaktischen Nebeln siehe auch § 126.

§ 123

Milchstraßensystem

* * Radioastronomische Untersuchungen zum Aufbau der Galaxis siehe auch § 126.

Aufbau

* * **W. Becker, J. Stock,** Die räumliche Verteilung von 40 offenen Sternhaufen. Vgl. Ref. **12111.**

12301. **S. van der Bergh,** Cepheids and galactic structure. AJ **63** 492—496. — Die Häufigkeitsverteilung der Perioden der Cepheiden wird für verschiedene Gebiete der Milchstraße untersucht. In Übereinstimmung mit den beiden Magellanschen Wolken sind die äußeren Gebiete des Milchstraßensystems reicher an kurzperiodischen ($2^d < P < 4^d$) Cepheiden. Nimmt man an, daß die Perioden der Cepheiden vom He- bzw. vom Gehalt der schwereren Elemente des interstellaren Gases, aus dem diese Sterne entstammen, abhängen, so kann die obige Erscheinung als Ergebnis der Abnahme des He-Gehaltes im interstellaren Gas mit der galaktozentrischen Entfernung erklärt werden. Mawridis

12302. **V. M. Blanco,** Carbon stars at intermediate galactic latitudes. ApJ **127** 191—193 = Warner and Swasey Obs. Case Inst. Technol. Repr. Nr. 84. — Ein Katalog von Kohlenstoff-Sternen zwischen $\pm 6°$ und $\pm 18°$ galaktischer Breite und in verschiedenen Längenbereichen der nördlichen Milchstraße wird mitgeteilt. Micz.

12303. **E. K. Charadse, R. A. Bartaja,** Über die mittlere Entfernung zwischen den aus hellen Sternen bestehenden Sternkettchen. AC Nr. 194 S. 20—21 (russ.). — Aus der Diskussion der Unterlagen für drei Sternkettchen leiten Verf. als mittlere Entfernung 15—35 pc ab. Loh.

12304. **G. Contopoulos,** Die gegenwärtigen Ansichten bezüglich des Aufbaus des Universums. Ann. Faculty Sci. Univ. Thessaloniki **8** 3—20 (griech.) = Veröff. Astr. Inst. Univ. Thessaloniki Nr. 1. — Die gegenwärtigen Ansichten über den Aufbau der Milchstraße sowie Aufbau, Expansion und Entwicklung des Universums werden auseinandergesetzt. Mawridis

12305. **E. A. Dibaj,** Untersuchung von Sternketten. Wiss. Hochschulber. (Phys.-Math.) 1958 Nr. 2 S. 128—132 (russ.). — Ref. in RJ UdSSR **1959** Nr. 9 S. 40.

12306. **J. Feige,** A search for underluminous hot stars. ApJ **128** 267—272. — Auf Platten des «Palomar Sky Atlas» hat Verf. 114 neue, schwache, blaue Sterne in hohen nördlichen und südlichen galaktischen Breiten entdeckt. Örter, photographische Helligkeiten und Farbenindizes dieser Sterne werden gegeben. Aus vorhandenen lichtelektrischen U-, B-, V-Helligkeiten, Spektren und Radialgeschwindigkeiten einiger dieser Sterne geht hervor, daß es sich dabei meistens um Halo- oder Population I-Sterne mit großen Geschwindigkeiten sowie auch um heiße Unterzwerge und weiße Zwerge handelt. Mawridis

12307. **J. D. Fernie,** The distribution of classical Cepheids in the galactic plane. AJ **63** 219—222 = Publ. Goethe Link Obs. Nr. 22. — Ref. in Coelum **26** 176—177. — Eine Untersuchung der räumlichen Lage von 120 klassischen Cepheiden zur Klärung der Frage, ob und inwieweit diese Sterne die durch die 21 cm-Emission des Wasserstoffs gekennzeichneten Spiralarme bevorzugen, ergibt eine gleichmäßige Verteilung der Cepheiden mit Perioden $< 17^d$ innerhalb und außerhalb der Spiralarme. Nur die sieben δ Cephei-Sterne mit Perioden $> 17^d$ liegen sämtlich innerhalb der Wasserstoff-Spiralarme. Vermutlich sind die Cepheiden mit den längsten Perioden die jüngsten Vertreter ihres Typs. Beyer

12308. **K. G. Henize,** The Michigan — Mount Wilson survey of the southern sky for Hα emission stars and nebulae. Michigan, Univ., 1955. — Dissertation.

* * **E. R. Hill, O. B. Slee, B. Y. Mills,** A pencil-beam survey of the galactic plane at 3.5 m. Vgl. Ref. **12625.**

12309. **R. I. Kiladse,** On the mass distribution in the galaxy. Bull. Astrophys. Obs. Abastumani Nr. 22 S. 125—137 (russ. mit engl. Ref.). — Als erster Grenzfall wird ein Modell einer flachen Scheibe untersucht. Die Dichte wird als Lösung einer Integralgleichung, welche die Potentialfunktion enthält, abgeleitet. Die praktische Lösung wird auf die numerische Integration von Ausdrücken, die eine Funktion der Rotationsgeschwindigkeit enthalten, zurückgeführt. Als zweiter Grenzfall wird eine kugelsymmetrische Massenverteilung untersucht. Verf. schließt, daß der Wert 216 km/sec für die Sonnengeschwindigkeit besser ist als der Wert 234 km/sec. Perek

12310. **E. B. Kostjakowa,** Vorläufige Ergebnisse einer Spektralphotometrie heller Gebiete der Milchstraße. AC Nr. 192 S. 13—14 (russ.). — Mit einem lichtstarken Nebelspektrographen (1 : 0.7) wurden am Astrophysikalischen Observatorium Alma-Ata (Höhe 1400 m) 1955 und 1956 Aufnahmen zur Untersuchung des integralen Spektrums von 13 Milchstraßengebieten gemacht. Der Spektrographenspalt überdeckte ein Gebiet von 8° × 1°. Die Sterne ε And, Θ Leo, 50 Cas und ι Per dienten als spektralphotometrische Anhaltssterne. Die erhaltenen spektralphotometrischen Temperaturen liegen zwischen 4550° und 8500°. Loh.

12311. **N. E. Kurotschkin,** The space distribution of early spectral type stars. AJ UdSSR **35** 86—100 (russ. mit engl. Ref.). — Engl. Übersetzung in Soviet Astr. AJ **2** 74—86. — Verf. untersucht die Verteilung der B0 — B5 und B6 — A4-Sterne in der zur galaktischen Hauptebene senkrechten Richtung (z-Achse). Dabei wurde unter Annahme einer exponentiellen Leuchtkraftfunktion eine Näherungslösung der Integralgleichung der Stellarstatistik zu Grunde gelegt. Die sich ergebenden räumlichen Dichten lassen sich zwar in erster Näherung durch Exponentialgesetze darstellen, doch deuten sich Sprünge im logarithmischen Dichtegradienten an, die in beiden Fällen eine Variation der Parameter in Abhängigkeit von z verlangen. Loh.

* * **E. E. Mendoza V.,** A spectroscopic and photometric study of the Be stars. Vgl. Ref. **9543.**

12312. **W. W. Morgan,** On the stellar population of the nuclear region of the galaxy. Science **128** 1147. — Ref.

12313. **H. Neckel,** The distribution of the BD M-type stars along the galactic equator. ApJ **128** 510—532 = Warner and Swasey Obs. Case Inst. Technology Repr. Nr. 87. — Ref. in Sterne **35** 245. — Auf Grund einer Durchmusterung von Objektivprismen-Infrarot-Platten wird ein Katalog mitgeteilt, der alle BD-Sterne vom Spektraltyp M2 oder später in einer 12° breiten Zone längs des galaktischen Äquators enthält. Es folgt eine statistische Betrachtung über die räumliche Verteilung dieser Sterne. Neckel

12314. **A. B. Numerowa,** The space distribution of early type stars in Cygnus. Mitt. Astrophys. Obs. Krim **19** 189—229 (russ. mit engl. Ref.). — In einem Gebiet von 6 × 6° mit dem Mittelpunkt in 20^h4^m, +36° wurden 1800 Sterne bis A0 und heller als 12.5 m_{pg} untersucht. Die Entfernungen aller Sterne und Sternhaufen wurden neu bestimmt. Es wurde festgestellt, daß in diesem Gebiet mehrere Sterngruppen mit Entfernungsmoduln zwischen $11^m.0$ und $13^m.0$ vorkommen. Die Gruppen enthalten Sterne bis B5 und manchmal bis B8. Die späteren Sterne B9 und A0 bilden unabhängige und näher gelegene Gruppen. Die ganze Sternverteilung entspricht dem Umstand, daß die Blickrichtung längs eines Spiralarmes verläuft. In den Sterngruppen wurden 12 Trapez-Systeme entdeckt. Sterne hoher Leuchtkraft kommen vorherrschend in Gebieten mit starker Absorption vor. Perek

12315. **J. H. Oort, F. J. Kerr, G. Westerhout,** The galactic system as a spiral nebula. MN **118** 379—389 = Commonwealth Sci. Industrial Res. Organization, Australia, Div. Radiophys.; Netherlands Foundation Radio Astronomy; Obs. Leiden. — In einem Überblick über neueste Ergebnisse der galaktischen Forschung werden folgende Punkte behandelt: Rotationsgeschwindigkeit, insbesondere ihre Abhängigkeit von der galaktozentrischen Entfernung. Verteilung des neutralen Wasserstoffs in der Galaxis, hergeleitet aus den Profilen der 21 cm-Linie, und seine Anordnung in Spiralarmen. Die Expansion in der inneren Galaxis — der «3-Kiloparsec-Arm». Entwicklung der Spiralstruktur durch Vergleich mit extragalaktischen Systemen. Dabei werden die Natur der Spiralstruktur, die Beziehung zwischen der Verteilung von Gas und Sternen und das Kraftfeld behandelt. Gli.

12316. **A. G. Pacholczyk,** O stosunku polaryzacji do absorpcji w różnych ramionach spiralnych Galaktyki. Postępy Astr. **6** 154—160. — Auf Grund der Beobachtungen von Hiltner, van Smith, Larsson Leander und Serkowski hat Verf. die Werte von p/A_V für einige Spiralarme des Milchstraßensystems zusammengestellt und eine Abhängigkeit des mittleren Wertes p/A_V von der Entfernung des Spiralarms berechnet. Die Zunahme der Polarisation in den verdünnten Gebieten zwischen den Spiralarmen steht nicht im Widerspruch zum Mechanismus nach Davis und Greenstein. Rybka

12317. **C. Perry, M. Roberts, C. Stableford,** Integrated properties of the solar neighborhood. Publ ASP **70** 459—460. — Ref. ASP.

12318. **J. M. Ramberg,** Ett bidrag till vår kunskap om Vintergatans spiralstruktur. PAT **39** 44—64. — Übersicht über die bisherigen Ergebnisse von der Struktur unseres Milchstraßensystems unter besonderer Berücksichtigung der Untersuchungen von Baade, Oort und Morgan. Als Beitrag zur Strukturfrage ist in Stockholm eine Untersuchung zweier Sternfelder in Lacerta durchgeführt worden. Es ergibt sich eine befriedigende Übereinstimmung mit den Resultaten von Oort. C. L. J.

* * **N. G. Roman, B. S. Yaplee,** Radio sources and the Milky Way at 440 Mc. Vgl. Ref. **12668.**

12319. **K. H. Schmidt,** Verzeichnis von 62 O- und B-Sterngruppen. AN **284** 76—78 = Mitt. Univ.-Sternw. Jena Nr. 33. — Es wird eine Liste von 62 Gruppen von Sternen früher Spektraltypen mitgeteilt, die die Kataloge von Morgan, Whitford und Code sowie von Markarjan erweitert. Verf.

12320. **H. Shapley,** The Inner Metagalaxy. Vgl. AJB **57** Ref. **12321.** — Weitere Besprechung in Obs **78** 259—260 (B. E. J. Pagel), Science **127** 976—977 (G. de Vaucouleurs).

12321. **S. Sharpless,** The distribution of M-type supergiants. I. Red supergiants near h and χ Persei and 30 Doradus. Publ ASP **70** 392—398. — Für M-Überriesen im Gebiet von h und χ Persei wurden infrarote Spaltspektrogramme (Dispersion 200 Å/mm) aufgenommen und zur Bestimmung spektroskopischer Parallaxen lichtelektrisch B- und V-Helligkeiten gemessen. Bei Berücksichtigung der geringen Absorption ergibt sich eine lineare Beziehung zwischen Helligkeit und Farbe. Die scheinbare Verteilung der M-Überriesen ist unsymmetrisch in bezug auf h und χ Persei. Wird die mittlere, absolute photographische Helligkeit auf die M-Überriesen von 30 Dor übertragen, so geben diese einen Entfernungsmodul, der mit dem aus Cepheiden und Novae abgeleiteten gut übereinstimmt. O. G.

* * **J. Smak,** Rozmieszczenie wapnia międzygwiazdowego w kierunku prostopadłym do płaszczyzny Galaktyki. Vgl. Ref. **12523.**

12322. **J. Štohl,** The apparent galactic concentration of irregular variable stars. BAC **9** 96—100 (russ. mit engl. Ref.). — Die galaktische Konzentration von schwachen unregelmäßigen Veränderlichen wird durch einen höheren Vollständigkeitsgrad des Beobachtungsmaterials in niedrigen Breiten verursacht. Verf. schließt, daß die Ergebnisse von Jemeljanenko und Matwejew (vgl. AJB **53** Ref. **11186**) über das niedrige Alter dieser Sterne unrichtig sind, da sie auf der scheinbaren galaktischen Konzentration beruhen. Perek

12323. **O. Struve,** Galactic co-ordinates. Sky and Telescope **17** 611—614, 617. — Der Aufsatz erläutert die Aufgaben einer während der Tagung in Dublin eingesetzten Unterkommission der IAU zur Revision des Systems der galaktischen Koordinaten. Insbesondere wird auf die Bedeutung von radioastronomischen Beobachtungen des interstellaren Wasserstoffs für das Problem eingegangen. Kdr.

12324. **B. Takase,** Die Spiralstruktur der Galaxis. Astr. Herald **51** 74—75 (japan.) — Ref. in RJ UdSSR 1959 Nr. 4 S. 45.

* * **H. Tunmer,** On a feature of galactic radio emission. Vgl. Ref. **12650.**

* * **G. Westerhout,** Note on the density of ionized hydrogen in the galactic system. Vgl. Ref. **12655.**

12325. **W. Zonn, J. Stodółkiewicz,** Wpływ nieciągłości materii międzygwiazdowej na wyniki badań rozmieszczenia przestrzennego gwiazd. Postępy Astr. **6** 114—117. — Es wird eine modifizierte Integralgleichung für $A(m)$ unter Berücksichtigung des Einflusses der Unstetigkeit in der Verteilung der interstellaren Materie auf die Untersuchung der Raumverteilung der Sterne angegeben. Zum Vergleich wurde $A'(m)$ unter der Voraussetzung einer mittleren interstellaren Absorption bestimmt. Es wurde $A(m)/A'(m) > 1$ erhalten. Rybka

12326. Color of the Milky Way. Sky and Telescope **17** 287.

12327. The colour of the galaxy. Southern Stars **17** 122—123.

Magnetfeld

12328. **G. Contopoulos,** Magnetfelder in der Milchstraße. Astr. Nachr. Athen **8** 3—12 (griech.) = Veröff. Astr. Inst. Univ. Thessaloniki Nr. 3. — Betrifft die Existenz von interstellaren Magnetfeldern in der Milchstraße (Entstehung der kosmischen Strahlung, Polarisation des Sternlichtes) und deren Einfluß auf die Stabilität der Spiralarme. Mawridis

12329. **L. Marshall,** A galactic model for production of cosmic rays and radio noise. Proc IRE **46** 215—220. — Bei Milchstraßensystemen vom Typ Sb und Sc, die nach Mills als nichtthermische Radiostrahler einen höheren Wirkungsgrad aufweisen als andere Typen, liegt die Vermutung nahe, daß die Magnetfeldkomponente des Spiralarmfeldes zusammen mit der eines etwa kugelförmigen Feldes wie ein (Fermi-)Teilchenbeschleuniger wirkt, also kosmische und Radiostrahlung erzeugt. Ein Modell, dem eine bestimmte Form des Gesamtmagnetfeldes zugrunde liegt, wird diskutiert und seine Vereinbarkeit mit den Beobachtungsergebnissen, vor allem mit den an unserer Milchstraße gewonnenen, untersucht (kinetische Energiedichte, Elektronendichte, Magnetfeldstärke usw.). Das Modell beruht auf der Zusammenwirkung von zwei aus magnetischen Feldlinien gebildeten Spiegeln und Alfvén-Wellen. Es kann folgende Tatsachen erklären: 1.) Milchstraßensysteme mit ausgeprägten Spiralarmen sind Radiostrahler. 2.) Vorzeichen und Größe der Rotverschiebung der beobachtbaren

21 cm-Linienstrahlung des Halos. 3.) Die Radiostrahlung der Spiralarme wird intensiver bei Annäherung an das Milchstraßenzentrum. 4.) Die Richtung des Magnetfeldes in den Spiralarmen ist parallel zu den Armen, nachdem das System einige Umdrehungen gemacht hat. 5.) Die Beschleunigung auch der schweren Kerne in der kosmischen Ultrastrahlung ist eine Folge der Struktur des Magnetfeldes. Das Modell liefert keine Erklärung für die Natur des Prozesses, durch den die Teilchen den Fermi-Ultrastrahlungsbeschleuniger verlassen können. Rabben

12330. **S. B. Pikelner,** Magnetisches Feld in der Galaxis. Pokroky **3** 81—89 (tschech.).

Kinematik und Dynamik

12331. **W. Buscombe, P. M. Morris,** Southern stars of high velocity. AJ **63** 48 (Ref. AAS). — Mem. Mt. Stromlo Obs. **3** Nr. 4 (14), 36 S. — Der Katalog enthält 1315 Schnelläufer oder mögliche Schnelläufer südlich des Äquators und ist in erster Linie als Quelle für den Beobachter gedacht. Zusammengestellt sind die Sterne mit Raumgeschwindigkeiten über 60 km/sec und solche mit Radial- bzw. Tangentialgeschwindigkeiten über 50 km/sec. Dabei wurden die Komponenten von der Sonnenbewegung (20 km/sec; 270°, +30°) befreit. Zur Berechnung der Tangentialgeschwindigkeiten wurden alle trigonometrischen Parallaxen > 0.″01 herangezogen; spektroskopische Parallaxen wurden nicht benutzt. Ferner wurden alle Sterne mit jährlichen Eigenbewegungen über 0.″5 aufgenommen. Kugelsternhaufen, RR Lyrae-Sterne und planetarische Nebel bleiben ausgeschlossen. Außer dem Ort für 1900 werden für jeden Stern — soweit bekannt — seine photographische Helligkeit, der Harvard-Spektraltyp (oder Luyten's Farbklasse), Eigenbewegung, trigonometrische Parallaxe, Radialgeschwindigkeit relativ zur Sonne und die Raumgeschwindigkeit (nach Eliminierung der Sonnenbewegung) gegeben. Gli.

12332. **R. M. Dsigwaschwili,** The study of the galactic orbits of stars. Bull. Astrophys. Obs. Abastumani Nr. 23 S. 183—193 (russ. mit engl. Ref.). — Die Ergebnisse einer früheren Arbeit (vgl. AJB **55** Ref. **12329**), in welcher die galaktischen Bahnen unter der Annahme der Potentialformel von Parenago untersucht wurden, werden mit den Bahnen unter Benutzung der Potentialformel von Kusmin (vgl. AJB **53** Ref. **4403**) verglichen. Es wurden namentlich apo- und perigalaktische Entfernungen abgeleitet und Bottlinger-Diagramme konstruiert. Die für die Sternbewegungen charakteristischen Bahnelemente unterscheiden sich unbedeutend, da den beiden Potentialformeln das gleiche Beobachtungsmaterial zugrunde liegt. Perek

12333. **W. Dziewulski,** Motions of A-stars. I. Studia Soc. Sci. Toruń (F) **2** Nr. 1 S. 1—6 = Bull. Astr. Obs. Toruń Nr. 17. — Es wurde ein Katalog von Sternen zusammengestellt, deren Parallaxen dem Yale-Katalog (1952), deren Radialgeschwindigkeiten dem Lick-Katalog (1932) und deren Eigenbewegungen dem General Catalogue von Boss entnommen wurden. Daraus wurden die Raumgeschwindigkeiten von 316 A-Sternen abgeleitet; Sterne mit Geschwindigkeiten über 60 km/sec und mit absoluten Helligkeiten schwächer als 3.m0 wurden ausgeschlossen. Relativ zu ihrem Zentroid ergibt sich die Sonnengeschwindigkeit zu 16.1 km/sec für $l = 13.°1$, $b = +22.°0$. Die große Achse eines dreiachsigen Geschwindigkeitsellipsoids ist nach $l = 2.°1$, $b = -2.°8$ gerichtet. Die Verteilung der Geschwindigkeitsvektoren wird im einzelnen beschrieben. Gli.

12334. **A. Dziewulska,** Motions of F-stars. Studia Soc. Sci. Toruń (F) **2** Nr. 1 S. 7—11 = Bull. Astr. Obs. Toruń Nr. 17. — Aus dem in der vorangehenden Arbeit (vgl. vorstehendes Ref.) erwähnten Material werden die Raumgeschwindigkeiten von 230 F-Sternen nach den gleichen Prinzipien ausgewählt und untersucht. Die Sonnengeschwindigkeit beträgt 19.8 km/sec für $l = 13.°7$, $b = +21.°1$, die

Richtung der großen Achse des dreiachsigen Geschwindigkeitsellipsoids ergibt sich zu $l = 349^\circ.8$, $b = +0^\circ.5$. Sterne mit annähernd gemeinsamer Bewegung werden aufgeführt. Gli.

12335. **W. Dziewulski,** Motions of A-stars. II. Studia Soc. Sci. Toruń (F) 2 Nr. 1 S. 25—31 = Bull. Astr. Obs. Toruń Nr. 17. — Die in Part I durchgeführte Untersuchung (vgl. Ref. **12333**) wird an 463 Sternen wiederholt, deren Radialgeschwindigkeiten dem Katalog von Wilson (1953) entnommen sind. Die Daten für Sonnengeschwindigkeit und Geschwindigkeitsellipsoid bleiben fast die gleichen wie in Part I. 17 Sterne zeigen annähernd die gleiche Bewegung wie der Ursa Major-Strom; einige weitere bewegen sich etwa so wie die Sonne. Gli.

12336. **W. Dziewulski,** Motions of A- and F-stars. Studia Soc. Sci. Toruń (F) 2 Nr. 1 S. 32—38 = Bull. Astr. Obs. Toruń Nr. 17. — In Fortsetzung vorangegangener Arbeiten (vgl. Ref. **12333/34/35**) werden die Raumgeschwindigkeiten von 697 A- und F-Sternen untersucht, ferner werden Sonnengeschwindigkeit und Geschwindigkeitsellipsoid bestimmt und die Sterne gemeinsamer Bewegung zusammengestellt. 21 Sterne zeigen die Bewegung des Ursa Major-Stromes; fünf weitere solche Gruppen mit 4—10 Sternen sind genannt. Gli.

12337. **H. Eelsalu,** The gradient of the gravitational acceleration perpendicular to the galactic plane near the sun. Publ. Astr. Obs. Tartu **33** 153—197 (russ. mit engl. Ref.). — Der Gradient der Gravitationsbeschleunigung wurde aus den Bewegungen von Sternen verschiedener Spektralklassen, meist für dF- und gK-Typen, bestimmt. Dabei wurde sowohl eine stetige als auch eine wolkenartige interstellare Absorption berücksichtigt. Der resultierende Wert von $C = 67 \pm 3$ km/sec/kpc wird mit einer früheren Bestimmung von Oort (73 km/sec/kpc) verglichen. Perek

12338. **O. J. Eggen,** Stellar groups. I. The Hyades and Sirius groups. MN **118** 65—79. — Es werden auf Grund der Raumgeschwindigkeiten 24 FK3-Sterne zusammengestellt, die annähernd die gleiche Bewegung haben wie der Sternhaufen in den Hyaden. 32 weitere mögliche Mitglieder dieser «Hyadengruppe» finden sich unter den Sternen innerhalb 20 pc. Das Farben-Helligkeitsdiagramm der Gruppe ähnelt denjenigen der Sternhaufen Hyaden und Praesepe. Entsprechend werden 67 Sterne aus der Arbeit von N. G. Roman über den Ursa Major-Strom (vgl. AJB **49** Ref. **12364**) als Mitglieder einer «Siriusgruppe» zusammengestellt. Deren Farben-Helligkeitsdiagramm deutet im Rahmen der Entwicklungstheorien an, daß die Siriusgruppe jünger als die Hyadengruppe ist. Gli.

12339. **O. J. Eggen,** Stellar groups. II. The ζ Herculis, ε Indi and 61 Cygni groups of high-velocity stars. MN **118** 154—160. — Ref. in Obs 78 52—54 (Ref. RAS). — Unter 700 Schnelläufern — hauptsächlich die Sterne der Kataloge von Miczaika und von Roman — wurden drei Gruppen annähernd gemeinsamer Bewegung gefunden: 22 Mitglieder einer ζ Her-Gruppe (Konvergenzpunkt: 5^h48^m, $-16^\circ.5$; Raumgeschwindigkeit: 74.5 km/sec), 14 Sterne einer ε Ind-Gruppe (6^h44^m, $+6^\circ.7$; 88.5 km/sec) und 15 Sterne einer 61 Cyg-Gruppe (6^h28^m, $+0^\circ.3$; 108.0 km/sec). Das Farben-Helligkeitsdiagramm der Mitglieder dieser drei Gruppen ähnelt stark dem des galaktischen Haufens M 67. Gli.

12340. **O. J. Eggen,** Stellar groups. III. The space motions of some main sequence dwarfs. MN **118** 560—571. — Für 359 Zwerge [$1^m.24 \geq (P-V)_E > 0^m.5$] mit bekannten lichtelektrischen $(P, V)_E$-Helligkeiten, Radialgeschwindigkeiten und Eigenbewegungen wurden photometrische Parallaxen und die U-, V-, W-Komponenten der Raumgeschwindigkeit in bezug auf die Sonne berechnet. Die Daten sind in einem Katalog wiedergegeben. Die U/V-Diagramme, die auf Grund des Katalogs aufgestellt wurden, lassen die in früheren Arbeiten des Verf. (vgl. Ref. **12341** und **12342**) entdeckten Sterngruppen erkennen und gestatten unter Umständen neue Mitglieder dieser Gruppen aufzufinden. Mawridis

12341. O. J. Eggen, The ζ Herculis group of high-velocity stars. Obs 78 21—23. — Ref. in NAT 1958 S. 99, Sky and Telescope **17** 555. — Aus den Katalogen von Sternen mit hoher Geschwindigkeit von Miczaika und Roman wurden Mitglieder einer Gruppe von Sternen mit gemeinsamer Raumbewegung, die ζ Herculis-Gruppe genannt werden soll, zusammengetragen. Für diese Sterne werden, außer Daten zur Charakterisierung der Raumbewegung, auch Gruppenparallaxen, Helligkeiten, Farbenindizes und Spektralklassen angegeben; ferner ist ein FHD abgebildet. O. G.

12342. O. J. Eggen, Possible Cepheid members of the Alpha Persei group. Obs **78** 76—79. — Für den Bewegungshaufen um α Per wird ein FHD gegeben, das erweitert ist durch Hinzunahme von vier hellen, frühen B-Sternen sowie δ Cep und α UMi mit ihren visuellen Begleitern. Nach der Untersuchung des Verf. ist die Zugehörigkeit dieser Sterne zur α Per-Gruppe noch nicht als definitiv gesichert zu betrachten, da wegen der geringen Gruppengeschwindigkeit leicht eine irrtümliche Zuordnung möglich ist. O. G.

12343. S. Emoto, Über die galaktischen Bahnen der Schnelläufer. Publ. Astr. Soc. Japan **10** 151—164. — Unter der Annahme von Keplerschen Bahnen wurden die Bahnelemente der Schnelläufer des Katalogs von Roman berechnet und es wird ihre Häufigkeitsverteilung untersucht. Auf Grund der kinematischen und physikalischen Eigenschaften lassen sich diese Sterne in zwei Gruppen unterteilen: In Halo-Schnelläufer mit großen Bahnneigungen, langgestreckten Bahnen und großem UV-Exzeß, und in Scheiben-Schnelläufer, für welche man vermutlich zwei weitere Untergruppen zu unterscheiden hat. Mawridis

12344. W. Gliese, Die Geschwindigkeitsverteilung der M-Zwerge mit Emissionslinien. ZfA **45** 293—301 = Astr. Rechen-Inst. Heidelberg Mitt. (A) Nr. 12. — An Hand des auswahleffektfreien McCormick-Materials früher M-Zwerge wird die Geschwindigkeitsverteilung von 106 dMe-Sternen verglichen mit der von 202 M-Zwergen, deren Spektren anscheinend keine Emission zeigen. Die Sonnengeschwindigkeit ergibt sich zu 13 km/sec relativ zu den dMe-Sternen und zu 23 km/sec relativ zu den dM-Sternen. Die Geschwindigkeitsdispersion ist innerhalb der dMe-Gruppe beträchtlich kleiner; diese Sterne zeigen eine Vertexabweichung von 10°—20°. In beiden Gruppen tritt Asymmetrie auf. Die Geschwindigkeitsverteilung wird durch Linien gleicher Dichte der in die drei galaktischen Koordinatenebenen projizierten Geschwindigkeitsvektoren demonstriert. Verf.

12345. O. Heckmann, K. Lübeck, Das Farben-Helligkeits-Diagramm des Bewegungshaufens um Alpha Persei. ZfA **45** 243—263 = Mitt. Sternw. Hamburg-Bergedorf **23** Nr. 267. — Die Ergebnisse einer photographischen Dreifarbenphotometrie werden in einem Katalog von 212 Sternen nahe bei α Persei gegeben. Der Katalog enthält Größen, Farbenindizes, Farbenexzesse und Spektren. Er liefert das Farbenhelligkeitsdiagramm der wahrscheinlichen Mitglieder des Bewegungshaufens, deren Gruppenzugehörigkeit diskutiert wird. Der Entfernungsmodul beträgt $5^m\!.85 \pm 0^m\!.1$, die Entfernung 148 pc. Die photometrischen Daten in Verbindung mit den Eigenbewegungen scheinen die Existenz eines zweiten Haufens anzudeuten, der in einem Abstand von rund 50 pc hinter dem bekannten Haufen steht und sich an der Sphäre auf diesen projiziert. Verf.

12346. W. Iwanowska, O stosunku pojęć podsystemów i populacji. Postępy Astr. **6** 55—56. — Die kinematischen Eigenschaften und die Verteilung der Sterne, welche die Untersysteme bestimmen, sind eine Funktion der Anfangsbedingungen für die Existenz des Sterns, des Alters der Sterne und ihrer Masse. Rybka

12347. F. Janák, Studies on galactic Cepheids system. I. Absorption of Cepheids with known radial velocities and a nomogram for the computation of the galactocentric distance. BAC **9** 107—114. — Die Arbeit gibt eine Zusammenstellung der Daten für 196 im Katalog der Radialgeschwindigkeiten von R. E. Wilson enthaltenen Cepheiden. Besonderer Wert wurde auf die Bestimmung der interstellaren Absorption aus Farbenexzessen oder nach der Methode von Parenago gelegt, um einwandfreie Entfernungen und daraus, mit Hilfe von Nomogrammen, galaktozentrische Distanzen zu gewinnen. Bo.

12348. **F. Janák,** Studies on galactic Cepheids system. II. Galactic rotation of the system, velocity of escape in the vicinity of the sun and models of the galaxy. BAC **9** 139—147. — Auf Grund der im 1. Teil dieser Arbeit (siehe vorstehendes Ref.) tabulierten galaktozentrischen Distanzen und Radialgeschwindigkeiten von Cepheiden wird der Verlauf der Kreisbahngeschwindigkeit als Funktion der Distanz vom galaktischen Zentrum zwischen 6 und 11 kpc hergeleitet und diskutiert. Als Wert der Oortschen Konstanten A folgt 17.0 km sec^{-1} kpc^{-1}, für die Entweichgeschwindigkeit im Sonnenabstand 308 km sec^{-1}. Zum Schluß werden Modelle für die Massenverteilung im Milchstraßensystem diskutiert. Bo.

12349. **F. Janák,** Galactic orbits of the Cepheids. BAC **9** 161—164. — Nach einer Methode des Verf. werden für 36 Delta Cephei-Sterne, deren Raumgeschwindigkeiten ausreichend genau bekannt sind, Charakteristiken berechnet, welche die Abweichung der galaktischen Bahnbewegung von einer Kreisbahn kennzeichnen. Mit Ausnahme von U Car und drei Sternen in der Zone zwischen 8.3 und 8.4 kpc Abstand vom Zentrum ergeben sich Kreisbahnen für die Delta Cephei-Sterne der Population I. Go.

12350. **M. Karpowicz,** Systematyczne odchylenie zewnętrznych rejonów wodoru w Galaktyce. Postępy Astr. **6** 67. — Besprechung der Arbeiten von B. F. Burke in AJ **62** 90 (AJB **57** Ref. **12334**) und von F. J. Kerr in AJ **62** 93 (AJB **57** Ref. 12690).

12351. **S. Kikuchi,** Über die Verteilungen der galaktozentrischen Keplerschen Bahnelemente. I. Sci. Reports Tôhoku Univ. (1) **41** 236—247 mit Berichtigung in **42** 252 = Sendai Astr. Rap. Nr. 57. — Die Verteilungsfunktionen der Exzentrizitäten, großen Halbachsen und Bahngeschwindigkeiten der Keplerschen Bahnen in Sonnenumgebung wurden, unter Zugrundelegung einer vom Ort unabhängigen, zweidimensionalen, ellipsoidalen Geschwindigkeitsverteilung, bestimmt. Die Ergebnisse werden mit den von Schütte angegebenen, entsprechenden, «beobachteten» Häufigkeitsverteilungen verglichen. Mawridis

12352. **S. Kikuchi,** Über die Verteilungen der galaktozentrischen Keplerschen Bahnelemente. II. Sci. Reports Tôhoku Univ. (1) **42** 39—47 = Sendai Astr. Rap. Nr. 64. — Bestimmung und Diskussion der Häufigkeiten der Bahnelemente a und e von Schnelläufern. Die Voraussetzungen und die numerischen Ausgangswerte sind die gleichen wie in der vorhergehenden Untersuchung (Ref. **12351**). Go.

12353. **M. G. Kolchidaschwili,** On the determination of elements of the ellipsoid expressing the distribution of the V_r and V_t components of star velocities. Bull. Astrophys. Obs. Abastumani Nr. 23 S. 175—182 (russ. mit engl. Ref.). — Die Elemente K und H des Geschwindigkeitsellipsoides folgen einfach aus der mittleren Pekuliargeschwindigkeit und aus dem zweiten Moment dieser Geschwindigkeiten. Der Methode liegt die Voraussetzung zu Grunde, daß die Verteilungsfunktion der Geschwindigkeiten unabhängig von den Koordinaten ist und daß die Sterne am Himmel gleichmäßig verteilt sind. Perek

12354. **N. E. Kurotschkin,** The division of short-period Cepheids into two subsystems. AJ UdSSR **35** 160—164 (russ. mit engl. Ref.). — Engl. Übersetzung in Soviet Astr. AJ **2** 141—144. — Die RR Lyrae-Veränderlichen mit bekannten Raumgeschwindigkeiten werden in zwei Untersysteme eingeteilt. Ihrer

Kinematik und Verteilung der Perioden nach stehen die Sterne der ersten Gruppe den Sternen dieses Typs in Kugelhaufen nahe. Die Sterne der zweiten Gruppe besitzen weniger ausgeprägte kinematische Eigenschaften und grenzen an die Zwischensysteme der Galaxis an. Es wird eine radiale Expansion des Sternsystems der zweiten Gruppe gefunden. Verf. (übersetzt)

12355. **B. Lindblad,** Dispersion orbits and spiral structure in the galaxy. Stockholms Obs. Ann. **20** Nr. 4, 20 S. — Eine genauere Theorie der «Dispersionsbahnen» in einem Sternsystem wird entwickelt (vgl. AJB **57** Ref. 12345). Mit Hilfe der 21 cm-Radiobeobachtungen wurden fünf Dispersionsbahnen für das Milchstraßensystem berechnet und werden als «zweite Approximation» für die Korrektion des unter Zugrundelegung von Kreisbahnen abgeleiteten Verlaufs der Spiralarme angewandt. Systematische Fehler, die bei der Interpretation der 21 cm-Radiobeobachtungen mit Hilfe von Kreisbahnen entstehen, werden durch die Benutzung der «zweiten Approximation» vermieden. Die Richtigkeit der Theorie der Dispersionsbahnen wird auch durch die 21 cm-Radiobeobachtungen in Richtung des Antizentrums bestätigt. Die räumliche Verteilung der hellen Spiralarmobjekte (Sternassoziationen, Cepheiden usw.) wird mit dem Verlauf der Dispersionsbahnen in Sonnenumgebung verglichen. Mawridis

12356. **B. Lindblad,** On the dynamics of the central layer in the galaxy. Stockholms Obs. Ann. **20** Nr. 6, 18 S. — In einem, mit der mittleren Kreisbahngeschwindigkeit rotierenden Koordinatensystem erscheinen die Bahnen der Sterne als «Dispersionsbahnen» (dispersion orbits); sind sie in sich geschlossen, so werden sie als «spezielle Bahnen» (special orbits) bezeichnet. Einige hiermit definierte Begriffe werden statistisch behandelt unter der Voraussetzung, daß Massenverschiebungen innerhalb der galaktischen Scheibe das Potential nur geringfügig ändern. Es wird untersucht, wann Störungen zur Resonanz führen können, weiterhin die Möglichkeit gleichförmig umlaufender Verdichtungswellen sowie ringförmiger Verdichtungen. Der Zusammenhang mit der beobachteten Verteilung der Geschwindigkeiten wird diskutiert. v. Hoerner

12357. **L. W. Mirsojan,** Über den K-Effekt der O-B0-Sterne. Nachr. Akad. Wiss. Armen. Sowjetrepublik (Phys. Math.) **11** Nr. 5 S. 71—78 (russ. mit armen. Ref.). — Der Untersuchung liegen die Radialgeschwindigkeiten von 330 O — B0.5-Sternen bis zur 10. Größe des Wilsonschen Katalogs (vgl. AJB **53** Ref. 9224) zugrunde. Nach Abzug der Apex- und galaktischen Rotationskomponenten schält sich der K-Effekt deutlich als abnehmende Funktion der mittleren Leuchtkraft heraus. Die Ursache des K-Effekts ist in der Materieejektion von den Oberflächen dieser Sterne zu sehen. Loh.

12358. **N. Missana,** L'effetto K nelle velocità radiali delle stelle. Scientia **93** 285—292. — Französ. Übersetzung in Scientia Suppl. **93** 153—160.

12359. **L. A. Panaiotow,** Some peculiarities of motion of B stars in a narrow galactic zone. AJ UdSSR **35** 64—70 (russ. mit engl. Ref.). — Engl. Übersetzung in Soviet Astr. AJ **2** 54—59. — Es werden diejenigen B-Sterne untersucht, die in einer engen galaktischen Zone von 40 pc Breite und innerhalb 200 pc Entfernung von der Sonne liegen. Es wird eine Abhängigkeit zwischen der zur galaktischen Hauptebene senkrechten Komponente der Raumgeschwindigkeit und der z-Koordinate festgestellt. Die Verteilung der Sterne nach ihren V_z-Geschwindigkeiten weist auf die Existenz zweier Ströme hin. Die große und mittlere Halbachse des Geschwindigkeitsellipsoids sind relativ zu den sonst üblichen in Richtung wachsender Längen gedreht. Es werden einige kosmogonische Betrachtungen angefügt, welche die beobachteten Besonderheiten erklären könnten. Verf. (übersetzt)

12360. **P. P. Parenago,** On the kinematics of the various sequences of the spectrum-luminosity diagram. AJ UdSSR **35** 488—490 (russ. mit engl. Ref.). — Engl. Übersetzung in Soviet Astr. AJ **2** 446—448. — Die Verteilung der Raumgeschwindigkeiten von Sternen mit bekannten genauen trigonometrischen und dynamischen Parallaxen zeigt, daß die Trennung der Hauptreihe bei F7 richtig war. Beim Typ F7 setzt eine bedeutend größere Streuung der Geschwindigkeiten ein. Doppelsterne gehören kinematisch immer derselben Reihe an wie der Hauptstern. Perek

12361. **L. Perek,** The galactocentric velocity of HD 168476. BAC **9** 117. — Auf Grund der von Thackeray gemessenen Radialgeschwindigkeit von −165 km/sec und der allerdings noch relativ ungenau bekannten Eigenbewegung dieses Sterns, dessen Spektrum keine Wasserstofflinien zeigt, errechnet sich eine hyperbolische Raumgeschwindigkeit. Auch die Unsicherheiten in der Distanz und Eigenbewegung ändern nichts an diesem Ergebnis. Bo.

12362. **R. M. Petrie,** A re-examination of the space motions and luminosities of the stars of the Cassiopeia-Taurus group based upon new radial velocities. MN **118** 80—91 = Contr. Dominion Astrophys. Obs. Victoria Nr. 61. — Verf. untersucht die von Blaauw (vgl. AJB **56** Ref. **12361**) studierte Cassiopeia-Taurus-Gruppe von 49 B-Sternen, nachdem er Radialgeschwindigkeiten für 40 dieser Sterne neu gemessen hat. Vertex, Raumgeschwindigkeit und K-Term wurden für die Gruppe, und zwar mit oder ohne Berücksichtigung der differentiellen galaktischen Rotation, bestimmt ($A = 97°$, $D = -15°$, $S = 20.1$ km/sec, $K = +0.4$ km/sec bzw. $A = 97°$, $D = -18°$, $S = 23.9$ km/sec, $K = -1.2$ km/sec). Im Gegensatz zu Blaauw schließt Verf., daß die Gruppe keinen Bewegungssternhaufen bildet; ferner wurde keine Expansion der Gruppe gefunden. Unter der Annahme, daß die beobachteten Sternbewegungen nur durch die Sonnenbewegung und die ungeordneten Pekuliarbewegungen der Sterne bedingt sind, kann man die mittlere Parallaxe der Gruppe berechnen, die mit dem Mittelwert der aus den Hγ-Äquivalentbreiten bestimmten spektroskopischen Parallaxen gut übereinstimmt. Mawridis

12363. **K. Schütte, M. Eckstein,** Galaktozentrische Bahnelemente von über 850 Sternen in den Entfernungen 67—100 und 167—333 Parsec von der Sonne. Sitzber. Österreich. Akad. Wiss. Math.-naturwiss. Kl. Abteilung II **167** 143—202. — Ref. in Anzeiger Österreich. Akad. Wiss. Math.-naturwiss. Kl. **95** 157—158. — In der neuen Untersuchung wird die Bestimmung galaktozentrischer Bahnelemente auf weiter entfernte Sterne ausgedehnt. Hierbei werden vor allem auch frühe Typen, die bei der ersten Untersuchung fast ganz fehlen, berücksichtigt. Um die Zahl der Sterne nicht zu stark anwachsen zu lassen, erfolgte eine Beschränkung auf die Entfernungszonen von 67—100 und 167—333 pc. Die größeren Entfernungen der Sterne hatten weiter zur Folge, daß bei der Berechnung der Bahnelemente ihre Entfernung von der Sonne nicht mehr vernachlässigt werden konnte, wie es bei den früheren Arbeiten der Fall war. Die Berechnungen wurden dadurch merklich zeitraubender und umständlicher. Trigonometrische Parallaxen wurden nicht mehr benutzt; an ihre Stelle traten vor allem die spektroskopischen, teilweise auch dynamische und vereinzelt strahlungsenergetische Parallaxen. Nach einer kurzen Erläuterung der Methode und Grundlagen wird der Katalog der galaktozentrischen Bahnelemente von über 850 Sternen veröffentlicht. Verf.

* * **G. L. Vandervort,** The magnitudes, colors, and motions of stars of the spectral class R. Vgl. Ref. **9432.**

12364. **W. Wenzel,** Eigenbewegung von 33 T-Tauri-Sternen in den Taurus-Dunkelgebieten. Sterne **34** 199—200. — Die Sterne in der Umgebung von φ Tau ergeben die Mittelwerte $\mu_\alpha \cos\delta = +0\overset{''}{.}0043$, $\mu_\delta = +0\overset{''}{.}0085$ (m. F. der Mittel $\pm 0\overset{''}{.}0025$). Für die mittlere Pekuliarkomponente wurde $-0\overset{''}{.}0292$ gefunden. Hoffmeister

12365. **R. v. d. R. Woolley,** On the velocity distribution of 743 stars within 20 parsecs of the sun. MN **118** 45—56. — Die Raumgeschwindigkeiten von 743 Einzel- und Doppelsternkomponenten aus dem Katalog von Gliese (vgl. AJB **57** Ref. **9110**) haben relativ zur Sonne folgende mittlere Bewegung (km/sec): $u_0 = +11$ (u vom galaktischen Zentrum weg gerichtet), $v_0 = -17$ (v in galaktischer Rotationsrichtung), $w_0 = -7$ (w zum galaktischen Nordpol gerichtet). Ein Vergleich zwischen Radial- und Tangentialgeschwindigkeiten läßt bei den K- und M-Sternen starke Auswahleffekte erkennen (Bevorzugung großer Geschwindigkeiten). Eine Gruppierung der Sterne nach der Größe der Exzentrizität ihrer galaktischen Bahnen zeigt mit wachsender Exzentrizität die starke Zunahme der mittleren $v - v_0$ und eine Zunahme der Geschwindigkeitsdispersion senkrecht zur galaktischen Ebene. Es tritt keine bemerkenswerte Vertexabweichung in Erscheinung. Das Verhältnis $(B-A)/B$ der Oortschen Konstanten ergibt sich zu 3.1. Eine Gruppierung nach der Sternmasse zeigt, daß unter den sonnennahen Sternen keine Äquipartition herrscht. Gli.

* * **K. M. Yoss,** The relationship between objective prism cyanogen equivalents and space velocities of G5 to K5 giants. Vgl. Ref. **9566.**

12366. Runaway stars. Irish AJ **5** 116—118.

12367. Southern stars of high velocity. Nature **182** 923—924, Sky and Telescope **17** 344. — Ref. AAS. — Besprechung in Coelum **26** 177.

12368. Galactic rotation. Nature **182** 1347.

Sternassoziationen

* * **G. Alter, J. Ruprecht, V. Vanýsek,** Catalogue of Star Clusters and Associations. Vgl. Ref. **12101.**

12369. M. A. Arakeljan, Über die Geschwindigkeitsdispersion von Zwergen mit Emissionslinien. Nachr. Akad. Wiss. Armen. Sowjetrepublik (Phys. Math.) **11** Nr. 5 S. 79—84 (russ. mit armen. Ref.). — In der Umgebung der Sonne existieren M-Zwerge mit Wasserstoffemissionslinien, die ihren kinetischen Merkmalen nach auf jeden Fall nicht dem sphärischen Untersystem angehören. Weiterhin expandiert diese Gruppe von Sternen mit einer Geschwindigkeit von einigen km/sec. Man muß die Gruppe daher für eine Art Sternassoziation halten, wobei sie sich allerdings von anderen Zwergsternassoziationen durch größere Zerstreutheit (Offenheit) und Fehlen von interstellarer Materie unterscheidet. Loh.

* * **K. A. Barchatowa,** Clusters in the region of the North America nebula. Vgl. Ref. **12109.**

12370. F. C. Bertiau, Absolute magnitudes of stars in the Scorpio-Centaurus association. ApJ **128** 533—561 = Contr. McDonald Obs. Nr. 291. — Neu bestimmte Eigenbewegungen, Radialgeschwindigkeiten, MK-Spektren, photographische und lichtelektrische Helligkeiten wurden für die Ableitung des Vertex und der Raumgeschwindigkeit der Scorpio-Centaurus-Assoziation benutzt. Die Untersuchung wurde nach zwei Methoden (Expansion ohne differentielle galaktische Rotation bzw. differentielle Rotation ohne Expansion) durchgeführt; jedoch ist die erste Methode für die weitere Diskussion vorgezogen. Ferner wurden Mittelwerte und Streuung der absoluten Helligkeiten der B0–B4-Sterne der Leuchtkraftklassen III–V aus den berechneten absoluten Helligkeiten der Assoziationsmitglieder, die Streuung der Pekuliargeschwindigkeiten ($\approx$ 1.0 km/sec) und das Alter der Assoziation (20×10^6 Jahre) bestimmt. Im dichtesten Gebiet der Assoziation sind neue schwächere Mitglieder entdeckt worden. In einem Anhang werden Einzelheiten bezüglich der Ableitung der Eigenbewegungen gegeben. Mawridis

12371. P. N. Cholopow, The spectrum-luminosity diagram for T-associations. AJ UdSSR **35** 434—447 (russ. mit engl. Ref.). — Engl. Übersetzung in Soviet Astr. AJ **2** 398—409. — Für folgende Assoziationen werden Spektrum-

Leuchtkraft-Diagramme entworfen: T Ori, S Mon, T Tau, RY Tau, UZ Tau, RW Aur, CO Ori, IC 34ɜ, R CrA und ϱ Oph. Es ergibt sich, daß die Diagramme für die T-Sequenz vollständig unabhängig von denen der O-Sequenz sind. Schließlich werden noch die Besonderheiten der RW Aur-Sterne diskutiert. Oster

* * **D. L. Crawford,** Two-dimensional spectral classification by narrow-band photometry for B stars in clusters and associations. Vgl. Ref. **9511**.

12372. **J. Delhaye,** Les associations stellaires instables et la détermination astrométrique d'âges d'étoiles. J. Phys. Radium **19** 88S. — Ref. Soc. française Phys.

* * **J. Dommanget,** Les associations stellaires optiques parmi les étoiles doubles visuelles. Vgl. Ref. **10103**.

12373. **W. E. Howard III,** A study of stellar associations I Lacertae. AJ **63** 50—51. — Ref. AAS. — Vgl. Ref. **12380**.

12374. **M. Karpowicz,** Zagadnienie ekspansji assocjacji gwiazdowych. Postępy Astr. **6** 68—69. — Besprechung der Untersuchung von R. M. Petrie in J RAS Canada **51** 177 (AJB **57** Ref. **12373**).

12375. **I. M. Kopylow,** On the space distribution of groups of hot stars. AJ UdSSR **35** 390—407 (russ. mit engl. Ref.). — Engl. Übersetzung in Soviet Astr. AJ **2** 359—374. — Es werden 54 Sternanhäufungen betrachtet, die hinsichtlich visueller Grenzen und Sternzahl in der Mitte zwischen Aggregaten und O-Assoziationen liegen. 33 davon zerfallen in mehrere (2—5) Gruppen, die in unterschiedlicher Entfernung von der Sonne liegen. 90 % dieser Gruppen dürften nicht Zufallsgebilde sein. Ihre Anordnung läßt drei (nachschleppende) Spiralarme der Galaxis erkennen und zeigt die Tendenz zur Bildung langgestreckter Komplexe. Die Analyse der Eigenbewegungen in den Assoziationen Lac und Cep II bestätigt früher gewonnene Erkenntnisse. Die Annahme, daß Sterne unmittelbar durch Kondensation diffuser Materie entstehen können, wird erhärtet. Die Vermutung einer ursprünglichen Konzentration expandierender Assoziationssterne auf engsten Raum bedarf dagegen noch weiterer Stützen. Verf. (gekürzt)

* * **T. K. Menon,** Interstellar structure of the Orion region. I. Vgl. Ref. **12680**.

* * **T. K. Menon,** Hydrogen line study of stellar associations and clusters. Vgl. Ref. **12681**.

* * **J. Meurers,** Ein Stern-Aggregat im M 36. Vgl. Ref. **12135**.

12376. **D. H. Schulte,** New members of the association VI Cygni. II. ApJ **128** 41—45. — Mit Hilfe lichtelektrisch gemessener U-, B-, V-Helligkeiten konnten 12 neue Mitglieder der Sternassoziation VI Cygni entdeckt werden. In einem Katalog werden die U-, B-, V-Helligkeiten, MK-Spektren, Farbenexzesse und die absoluten Helligkeiten der gegenwärtig bekannten 31 Mitglieder dieser Assoziation wiedergegeben. Mawridis

12377. **K. Serkowski,** Gwiazdy w stadium grawitacyjnego kurczenia się odkryte w asocjacji w Orionie. Postępy Astr. **6** 20—21. — Besprechung der Untersuchung von H. L. Johnson in ApJ **126** 134 (AJB **57** Ref. **9407**).

12378. **K. A. Šteins, M. K. Abele,** The expansion of the association Cephei II. AJ UdSSR **35** 82—85 (russ. mit engl. Ref.). — Engl. Übersetzung in Soviet Astr. AJ **2** 70—73. — Verf. leitet eine Formel für die Konzentration der Sterne in Assoziationen in Abhängigkeit vom Zeitintervall der beobachteten Bewegung der Sterne an der Sphäre ab. Hierbei werden die Voraussetzungen der Hypothese von Ambarzumjan benutzt. Die Frage nach der Geschwindigkeitsverteilung in den Assoziationen wird nicht diskutiert; die Verteilung wird aus den

Beobachtungen entnommen. Da die Beobachtungen im Fall der Assoziation Cephei II gut mit der Theorie übereinstimmen, wird geschlossen, daß die Expansion der Assoziation Cephei II die Hypothese von Ambarzumjan bestätigt. Die für die Altersbestimmung abgeleitete Formel gibt für die Assoziation Cephei II ein Alter von 2.8×10^6 Jahren. Verf. (übersetzt)

12379. **R. v. d. R. Woolley, O. J. Eggen,** On the reality of expanding motions in the Lacerta aggregate. Obs **78** 149—155. — Für das Lacerta-Aggregat liegen Spektraltypen im MK-System, also auch absolute Helligkeiten für die Entfernungsbestimmung vor. Deshalb kann bei dieser Sterngruppe die Realität der von Blaauw und Morgan behaupteten Expansion nachgeprüft werden. Die Radialgeschwindigkeiten zeigen eher eine schwache Kontraktion als eine Expansion. Bei den Eigenbewegungen wurden μ_δ und μ_α getrennt geprüft. Der Gang der μ_δ mit δ gibt eine Expansion, er könnte aber auch durch systematische Fehler der EB verursacht sein. O. G.

12380. A study of the stellar association I Lacertae. Sky and Telescope **17** 230. — Ref. AAS.

§ 124

Außergalaktische Nebel

* * Theoretische Untersuchungen über Sternsysteme siehe § **44**.

12401. **G. O. Abell,** The distribution of rich clusters of galaxies. ApJ Suppl **3** 211—288. — Ref. in ApJ **127** 243—244, JBAA **68** 277, Sky and Telescope **17** 406. — Auf den Rot-Platten des Palomar Sky Survey wurde eine Durchmusterung nach reichen Nebelhaufen ausgeführt. Von 2712 Haufen des Katalogs erfüllen 1682 besondere Kriterien, so daß man sie als eine homogene Gesamtheit ansehen kann. Diese Kriterien sind: 1.) Der Haufen muß wenigstens 50 Mitglieder enthalten, die heller sind als $m_3 + 2$, wobei m_3 die Helligkeit des dritthellsten Nebels des Haufens angibt. 2.) Die fünfzig Mitglieder müssen innerhalb eines Radius von $4.6 \times 10^5/c$ $d\lambda/\lambda$ mm auf der Platte des 48′ liegen. 3.) Der Haufen muß eine Rotverschiebung von mindestens 6000 km/sec haben (geschätzt aus m_{10}). 4.) Der Haufen muß in hohen galaktischen Breiten liegen. — Aus doppelt überdeckten Feldern konnte die Vollständigkeit des Katalogs zu 98 % abgeschätzt werden. Eine Untersuchung der Verteilung der Haufenzentren an der Sphäre zeigte, daß auch die Nebelhaufen noch eine deutliche Tendenz zur Haufenbildung zeigen. Rohlfs

12402. **V. A. Ambarzumjan,** Mehrfachgalaxien und Radiogalaxien. III. Über Zwei-Kern-Galaxien. DAN Armen. Sowjetrepublik **26** 73—76 (russ. mit armen. Ref.). — Ref. in RJ UdSSR 1959 Nr. 1 S. 39.

12403. **V. A. Ambarzumjan, R. K. Schachbasjan,** Mehrfachgalaxien und Radiogalaxien. II. Blaue Auswürfe und Begleiter elliptischer Nebel. DAN Armen. Sowjetrepublik **25** 185—192, 1957 (russ. mit armen. Ref.). — Ref. in RJ UdSSR 1959 Nr. 1 S. 39.

12404. **W. A. Baum,** A method of searching for clusters of galaxies beyond present limits. Publ ASP **70** 450—451. — Ref. ASP.

12405. **S. van den Bergh,** The density of gas and young stars in the Andromeda Nebula. Publ ASP **70** 109—111 = Contr. Perkins Obs. (1) Nr. 51. — Die Ergebnisse von Sternzählungen bis etwa $m_{pg} = 19^m\!.5$ auf einem Blatt des Palomar-Atlasses (Blauhelligkeiten) in drei schmalen Streifen entlang der großen Achse des Andromeda-Nebels werden in einer Tabelle mitgeteilt. In einer Abbildung wird die Flächendichte der hellen Sterne mit der Dichte des neutralen Wasserstoffgases nach Beobachtungen von van de Hulst und Raymond verglichen. Außerhalb des Kerngebiets, für das keine Zählungen vorliegen, gehen Sterndichte und Gasdichte ziemlich parallel. O. G.

12406. **C. E. R. Bruce,** The evolution of the extragalactic nebulae and the origin of meta-galactic radio noise. Phil. Mag. (8) **3** 539—540. — Verf. erweitert den Anwendungsbereich seiner Theorie, nach der eine Reihe von Erscheinungen in kosmischen Objekten mit ausgedehnten Atmosphären auf radiale, elektrische Felder, welche von Zeit zu Zeit durch Blitzentladungen zusammenbrechen, zurückzuführen sind, auf den «Jet», welcher aus der elliptischen Galaxis NGC 4486 herausragt. Oster

12407. **C. E. R. Bruce,** The evolution of extragalactic nebulae and the origin of metagalactic radio emission. Phil. Mag. (8) **3** 1328—1329. — Bruce antwortet Burbidge (vgl. Ref. **12408**), daß der Hauptzweck seiner Veröffentlichung war, auf die von ihm bereits im Jahre **1944** gemachte Vorhersage solcher Jets als Radioquellen hinzuweisen. Da jedoch die große Schwierigkeit, die Herkunft der Magnetfelder für den Synchrotronmechanismus zu erklären, noch nicht überwunden sei, habe er den elektrischen Entladungsmechanismus bevorzugt. Auch hätten neuere Untersuchungen von Woltjer (vgl. Ref. **12235**) gezeigt, daß die im Crab-Nebel beobachtete Polarisation durch die Annahme elektrischer Ströme erklärt werden kann. Ferner könne der Pinch-Effekt in diesen Entladungskanälen durch hohe Drucke Jets mit Geschwindigkeiten bis zu 1000 km/sec verursachen, wie sie auch im Crab-Nebel beobachtet werden können. Weidemann

* * **G. R. Burbidge,** Possible sources of radio emission in clusters of galaxies. Vgl. Ref. **12609a**.

12408. **G. R. Burbidge,** The evolution of extragalactic nebulae and the origin of metagalactic radio emission. Phil. Mag. (8) **3** 1327—1328. — Verf. wendet sich in einem Brief gegen die Auffassung von Bruce (vgl. Ref. **12406**), den Jet des elliptischen Nebels NGC 4486 einem elektrischen Entladungsmechanismus zuzuschreiben. Der inzwischen beobachtete hohe Polarisationsgrad (bis zu 40%) bestätigte vielmehr die Voraussage Schklowskijs, daß es sich um Synchrotronstrahlung handle, in Übereinstimmung mit der gegenwärtigen Auffassung, daß allgemein die nichtthermische Strahlung durch den Synchrotronmechanismus hervorgerufen wird. Weidemann

12409. **P. Couderc,** La galaxie Messier 31 d'Andromède et la cosmologie. BSAF **72** 11—15. — Allgemein verständliches Referat über den Aufbau des Andromedanebels auf Grund der Forschungsergebnisse der letzten 15 Jahre. Insbesondere werden die beiden Sternpopulationen und ihre kosmogonische Bedeutung besprochen. Kdr.

* * **G. Courtès,** Etude de l'émission interstellaire à l'aide de l'étalon de Fabry-Pérot. Vgl. Ref. **2213**.

12410. **N. H. Dieter,** Neutral hydrogen in M 33. AJ **63** 49. — Ref. AAS.

12411. **D. S. Evans, P. A. Wayman,** Five new extragalactic radial velocities. MN ASSA **17** 137—138. — Für die fünf extragalaktischen Nebel NGC 1365, 6769, 6770, 6771 und IC 5152 wurden am Radcliffe Observatorium Spektren mit Belichtungszeiten von 6—7 Stunden aufgenommen. Die daraus bestimmten Radialgeschwindigkeiten werden mitgeteilt. Thi.

* * **D. S. Heeschen, N. H. Dieter,** Extragalactic 21-cm line studies. Vgl. Ref. **12677**.

12412. **J. Herrmann,** Neues über die Entfernungen außergalaktischer Nebel. VdS Nachr. **7** 31—32.

* * **W. A. Hiltner,** Interstellar polarization in M 31. Vgl. Ref. **12542**.

12413. **W. A. Hiltner, B. Iriarte,** Three color-photometry of extragalactic nebulae. ApJ **128** 443—445 = Contr. McDonald Obs. Nr. 290. — Die Ergebnisse einer photoelektrischen Dreifarbenphotometrie an 25 extragalaktischen Nebeln werden mitgeteilt. In einem B—V-, U—B-Diagramm ist die Lage der Nebel zusammen mit der Kurve für die galaktische Hauptsequenz eingezeichnet. Alle Nebel liegen oberhalb dieser Kurve, was einem Ultraviolett-Exzeß von $0^{m}.1$ bis $0^{m}.7$ entspricht. Seine Ursache mag in einer Ultraviolett-Linienemission, einer überlagerten Synchrotron-Strahlung oder einem fortgeschrittenen Entwicklungsstadium der Sterne in Nebelgebieten liegen. Thi.

12414. **A. Hnatek,** Die regellosen Eigengeschwindigkeiten und die absoluten Größen der extragalaktischen Feld-Nebel. ZfA **46** 224—230. — Eine statistische Untersuchung an 428 extragalaktischen Feldnebeln liefert eine Zunahme der mittleren Expansionsgeschwindigkeit um etwa 1000 km/sec für eine Entfernungszunahme gleich dem mittleren Abstand benachbarter Nebel, und ferner regellose Eigengeschwindigkeiten der Nebel bis zu ±1200 km/sec mit häufigsten Werten bei 400—600 km/sec. Die Verteilung der absoluten Helligkeiten entspricht einer Wahrscheinlichkeitsverteilung mit einem Maximum bei $-18^{M}.23$. Thi.

12415. **E. Holmberg,** A photographic photometry of extragalactic nebulae. I. A study of integrated magnitudes and colors of 300 galaxies. Lunds Univ. Årsskrift (NF) Avd. 2 **54** Nr. 1, 103 S. = Medd. Lunds Astr. Obs. (2) Nr. 136. — Mit Hilfe des 60'- und 100'-Reflektors auf Mt. Wilson wurden die integralen Helligkeiten m_{pg}, m_{pv} von 300 hellen außergalaktischen Nebeln des nördlichen Himmels, darunter viele Doppelnebel und Mitglieder des Virgo-Nebelhaufens, photographisch bestimmt. In einem Katalog werden diese Helligkeiten zusammen mit den galaktischen Koordinaten, Nebeltypen, scheinbaren Winkeldurchmessern und integralen Farbenindizes wiedergegeben. Unter Benutzung dieses Materials werden Probleme bezüglich der Bestimmung der Eigenfarben und absoluten Helligkeiten der Galaxien wie auch Rotverschiebung und Natur der Doppelnebel eingehend diskutiert [Eigenfarben zwischen $+0^{m}.12$ (*Ir I*) und $+0^{m}.77$ (*E*), M_{pg} (max) = $-20^{m}.9$ bei NGC 4472 (*E*), Hubblesche Konstante $H = 134$ km/sec pro 10^{6} pc]. Mawridis

12416. **E. Hubble,** The Realm of the Nebulae. New York, Dover Publications, Inc., 1958. 14 + 207 S. Preis $ 1.50. Neudruck der Auflage aus dem Jahre 1936 mit einem Vorwort von A. Sandage. — Besprechung in Sky and Telescope **19** 48, ZfA **49** 69—70 (A. Unsöld).

12417. **F. Janák,** New opinions about the origin of arms of galaxies. RH **39** 270—273 (tschech.).

12418. **A. T. Kalloglјan,** Kolorimetrie von Galaxien. II. Mitt. Obs. Bjurakan Nr. 25 S. 35—44 (russ. mit armen. Ref.). — NGC 936 und NGC 7723 werden flächenphotometrisch und -kolorimetrisch unter Verwendung von Schmidt-Spiegel-Aufnahmen in Bjurakan untersucht. Die Ergebnisse werden in photometrischen und kolorimetrischen Schnitten graphisch dargestellt. Loh.

12419. **M. Karpowicz,** Odkrycie mgławic pozagalaktycznych w pobliżu płaszczyzny galaktycznej. Postępy Astr. **6** 67. — Besprechung der Untersuchung von E. Böhm-Vitense in Publ ASP **68** 430 (AJB **56** Ref. **12406**).

12420. **M. Karpowicz,** Klasyfikacja galaktyk. Urania Kraków **29** 197—201. — Beschreibung der Klassifikation extragalaktischer Nebel nach Hubble sowie des neuen Klassifikationssystems, das auf den Beobachtungen mit dem 5 m-Spiegel von Mount Palomar beruht. Rybka

12421. **K. W. Kawrajskaja,** Bestimmung der Verteilungsfunktion der wahren Abplattung der Galaxien. Bote Univ. Leningrad 1958 Nr. 1 S. 148—158 (russ.). — Ref. in RJ UdSSR 1958 Nr. 10 S. 34—35.

12422. **K. W. Kawrajskaja,** Die Entfernungsbestimmung von Nebelhaufen und einzelnen Galaxien. Untersuchung der Abhängigkeit zwischen der absoluten Größe und der wahren Abplattung der Galaxien. Bote Univ. Leningrad 1958 Nr. 13 S. 16—26 (russ.). — Ref. in RJ UdSSR 1959 Nr. 5 S. 36.

12423. **V. Kučera,** O istraživanjima udaljenosti izvangalaktičkih maglica. Naučna Misao Nr. 7 S. 77—79.

* * **A. Lallemand, M. Duchesne, C. Fehrenbach, G. Wlérick, M. Chopinet, R. Augarde,** Sur les spectres de nébuleuses obtenus par photographie électronique. Vgl. Ref. 12215.

12424. **E. Lamla,** Über die spektrale Energieverteilung eines extragalaktischen Nebels. Mitt. AG 1957/I S. 48. — Ref. AG.

12425. **S. Laustsen,** Galakser og lysbroer. NAT 1958 S. 123—128. — Besprechung der Untersuchungen von F. Zwicky in den Ergebnissen der exakten Naturwissenschaften **29** 344 (AJB **56** Ref. 12437).

12426. **J. Lequeux,** L'échelle des distances de l'Univers encore révisée. La Nature **86** 438.

12427. **B. E. Markarjan,** Kolorimetrische Untersuchung des Spiralnebels M 101. Mitt. Obs. Bjurakan Nr. 24 S. 3—18 (russ. mit armen. Ref.). — Aus Aufnahmen am Schmidt-Spiegel in Bjurakan wurde die Sc-Spirale Punkt für Punkt im Photographischen und Photovisuellen photometriert. Der Farbenindex (CI) nimmt von innen (+0^{m}9) nach außen (+0^{m}3) ab. Die photographische Integralhelligkeit beträgt 8^{m}5, der integrale CI +0^{m}5, der CI des Kerns allein +0^{m}95. Entlang der Spiralarme ist der CI fast konstant. Die Helligkeit der Spiralarme macht $^1/_4$ bzw. $^1/_7$ der pg- bzw. pv-Integralhelligkeit aus. Die Existenz eines recht hellen kontinuierlichen Untergrundes, der von weißen Sternen erzeugt wird, läßt den Schluß zu, daß der Populationstyp dieser Galaxis einen Zwischentyp darstellt. Loh.

12428. **B. E. Markarjan,** Die Doppelgalaxie M 51. Mitt. Obs. Bjurakan Nr. 25 S. 15—34 (russ. mit armen. Ref.). — Die vorliegende Arbeit ist das Ergebnis einer ausgedehnten Flächenphotometrie von M 51 = NGC 5194 + NGC 5195 im Photographischen und Photovisuellen unter Verwendung von Schmidt-Spiegel-Aufnahmen in Bjurakan. Verf. erhält für die photographische Integralhelligkeit 9^{m}09 bzw. 10^{m}75 und für die Farbenindizes +0^{m}39 bzw. +0^{m}75. Aus der Flächenphotometrie werden für NGC 5194 Helligkeits- und Farbverlauf in radialer Richtung ermittelt, außerdem wird für M 51 ein photometrisch-kolorimetrischer Schnitt in α durchgeführt. Der auf den Aufnahmen ersichtliche Zusammenhang von NGC 5195 mit einem Spiralarm von NGC 5194 dürfte nur optisch, nicht aber physikalisch reell sein. Loh.

12429. **W. W. Morgan,** A preliminary classification of the forms of galaxies according to their stellar population. Publ ASP **70** 364—391. — Ref. in JBAA **69** 188. — Das vorgeschlagene Klassifikationssystem ist eine Verfeinerung des Hubbleschen Systems. Es behält die zentrale Konzentration als Hauptkriterium bei und macht von neuen spektrographisch erhaltenen Ergebnissen Gebrauch, um die Sternpopulationen der hellen Teile der Galaxien zu charakterisieren. Als sekundäre Parameter werden Form- und Neigungsklassen angegeben. Das Klassifikationssystem wird durch 72 abgebildete, klassifizierte Galaxien und durch einen Katalog von 608 Objekten repräsentiert. O. G.

12430. **A. Poveda,** The masses of spherical galaxies. M 32, a likely application. Bol. Obs. Tonantzintla y Tacubaya Nr. 17 S. 3—7. — Unter der Annahme, das Verhältnis von Masse zu Leuchtkraft sei überall im Nebel konstant, wird aus der beobachteten Helligkeitsverteilung in der Projektion die Dichteverteilung und die potentielle Energie und dadurch die Gesamtmasse eines kugelförmigen Nebels mit Hilfe des Virialsatzes berechnet. Die Anwendung der Methode auf den elliptischen Nebel M 32 ergibt $M = 5 \times 10^8 M_\odot$ und M/L (pg) = 5, einen sehr viel kleineren Wert, im Gegensatz zu M. Schwarzschild, welcher $M/L = 200$ (vgl. AJB **54** Ref. **12439**) gefunden hatte. Mawridis

12431. **G. Reaves,** The position angles of galaxies in Horologium. Publ ASP **70** 461—462. — Ref. ASP.

12432. **L. Rosino,** Galassie. Coelum **26** 97—101, 152—158. — Geschichtliche Betrachtung über den Begriff «Galaxien», beginnend von Messier bis zu unseren heutigen Kenntnissen. Es folgt die Klassifikation der Galaxien, die Beschreibung der Methoden zur Entfernungsbestimmung. Nach einer Zusammenstellung der nächsten Galaxien folgt ihre Beschreibung. Cester

12433. **A. Sandage,** Current problems in the extragalactic distance scale. ApJ **127** 513—526. — Ref. in Coelum **26** 145—146. — Verf. unternimmt eine kritische Diskussion des gegenwärtigen Standes des Problems der extragalaktischen Entfernungsskala, insbesondere der Bestimmung der Hubble-Konstanten. Ausführlich erörtert wird die Verwendung der Cepheiden und der hellsten Sterne der Nebel als Entfernungsindikatoren. Als bester derzeit bestimmbarer Wert der Hubble-Konstanten wird $H = 75$ km/sec 10^6 pc und $H^{-1} = 13 \times 10^9$ Jahre mit einem Unsicherheitsfaktor 2 gefunden. Der neue Wert wird kurz im Hinblick auf seine kosmologische Bedeutung besprochen. Micz.

12434. **J. L. Sérsic,** Photometry of southern galaxies: NGC 5128. Obs **78** 24—29. — Nach Baade und Minkowski ist NGC 5128 ein elliptischer Nebel, vor dem wahrscheinlich ein von der Kante gesehener Spiralnebel liegt. Aufnahmen im Blauen, Gelben und Roten wurden photometrisch ausgewertet und in Form von Isophoten und Farbprofilen dargestellt. Absorption und Rötung wurden von normalem Betrag gefunden. Aus erkennbaren hellsten Einzelsternen konnte der Entfernungsmodul abgeleitet werden; damit ergaben sich Dimensionen und absolute Totalhelligkeiten. In einem Anhang wird die Berechnung der Totalhelligkeiten erläutert. O. G.

12435. **J. L. Sérsic,** The southern barred spiral NGC 1097. Obs **78** 123—125. — Eine Isophotenkarte, die aus registrierten Profilen des Nebels auf einer lang belichteten Aufnahme gewonnen wurde, wird abgebildet und beschrieben. Durch Integration der Helligkeitsverteilung ergeben sich die photographischen Gesamthelligkeiten für NGC 1097 und seinen elliptischen Begleiter. Eine kurzbelichtete Aufnahme zeigt Details im Kern des Nebels. Unter Verwendung von veröffentlichten Radialgeschwindigkeiten werden Entfernung und Dimensionen bestimmt. O. G.

12436. **J. L. Sérsic,** Fotometria de galaxias australes. I. NGC 1566. Rev. Astr. Nr. 143 S. 65—67.

12437. **J. L. Sérsic,** Fotometria de galaxias australes. II. NGC 5128. Rev. Astr. Nr. 143 S. 68—81.

12438. **J. L. Sérsic,** Fotometria de galaxias australes. III. NGC 7090 — NGC 7421. Rev. Astr. Nr. 144—145 S. 109—112. — Mit dem 1.54 m Reflektor von Bosque Alegre wurden für den zuerst genannten Nebel längs der großen Achse photographisch die Intensitäts- und Farbverteilung gemessen und sind graphisch dargestellt. Für den zweiten Nebel wird die Intensitätsverteilung in der NS-Richtung durch den Nebelkern gegeben. Thi.

12439. **J. L. Sérsic,** Fotometria de galaxias australes. IV. NGC 1316. Rev. Astr. Nr. 144—145 S. 113—116. — Für den Nebel, der zugleich eine Radioquelle ist, wird photographisch mit dem 1.54 m Spiegel von Bosque Alegre eine Isophotendarstellung des Intensitätsverlaufes gegeben. Die Gesamthelligkeit beträgt $9^{m}.3$ (pg). Thi.

12440. **J. L. Sérsic,** Fotometria de galaxias australes. V. NGC 1097. Rev. Astr. Nr. 144—145 S. 117—122. — Für die Gesamthelligkeit des Spiralnebels vom Typ SB(s)b ergibt sich $9^{m}.5$ (pg), etwa eine Größenklasse heller als von anderen Autoren früher angegeben wurde. Die Ausdehnung beträgt $9'.0 \times 6'.0$, in Übereinstimmung mit früheren Werten. Es wird eine Isophotendarstellung des Helligkeitsverlaufes gegeben. Die photographischen Aufnahmen wurden mit dem 1.54 m-Reflektor von Bosque Alegre erhalten. Thi.

12441. **W. G. Tifft,** Photometry of extragalactic nebulae. Publ ASP **70** 463—464. — Ref. ASP.

12442. **E. Vandekerkhove,** The reddening of the extragalactic nebulae. Obs **78** 206—211 = Commun. Obs. Roy. Belgique Nr. 149. — Ausgehend von integrierten Farbenindizes galaktischer Sternhaufen werden die verschiedenen Effekte diskutiert, die Einfluß auf die integrierten Farbenindizes oder Gradienten von extragalaktischen Nebeln haben: Rotverschiebung, Anteil der verschiedenen Sternpopulationen, selektive Absorption durch interstellare und vielleicht auch intergalaktische Materie, und verschiedenes Entwicklungsstadium. Verf. schlägt vor, für viele Nebel den Gradienten in dem Gebiet zu messen, das dem Bereich λ 5000 Å eines irdischen Vergleichsspektrums entspricht, und dazu einen Gradienten im roten Bereich. O. G.

12443. **G. de Vaucouleurs,** L'exploration des galaxies voisines par les méthodes optiques et radio-électriques. Paris, Masson et Cie., Éditeurs, 1958. 155 S. mit 47 Fig. und 18 Tafeln. Preis fr. 1600. — Besprechung in Ann d'Astrophys **22** 293—294 (J. Lequeux), Coelum **27** 27, Gaz astr **40** 70—71 (A. Dermul), Irish AJ **5** 184—185 (H. Shapley), J. Astr. Soc. Victoria **12** 11, La Nature **87** 395, Obs **79** 158 (A. Hewish), Orion Schaffhausen **5** 681—682 (M. Golay), PAT **40** 79—80 (A. Elvius), Phys. Abstracts (A) **62** 878 (D. R. Barber), RJ UdSSR 1959 Nr. 5 S. 37—38, Sky and Telescope **18** 278, 341, 343 (T. Page).

12444. **G. de Vaucouleurs,** Tilt criteria and direction of rotation of spiral galaxies. ApJ **127** 487—503. — Ref. in Irish AJ **5** 119, Nature **182** 1287—1288. — Es wird eine Übersicht über das Beobachtungsmaterial geboten, das für die Bestimmung des Rotationssinnes der Spiralnebel von Bedeutung ist. Einige spezielle Fälle werden unter Heranziehung zum Teil neuen Materials näher untersucht. Verf. kommt zu dem Schluß, daß die Spiralarme dem Sinne der Rotation folgen. Micz.

12445. **G. de Vaucouleurs,** Photoelectric photometry of the Andromeda nebula in the U, B, V system. ApJ **128** 465—488, **129** 521. — Ref. in Obs **79** 29—30, Publ ASP **70** 453—454 (Ref. ASP). — Eine Isophotenkarte von M 31 für blaues Licht wurde durch direkte lichtelektrische Registrierungen längs Linien parallel zum Äquator in 10′ Deklinationsabstand voneinander erhalten. Die integrierte Helligkeit und Farbe innerhalb eines vier Quadratgrad großen Gebiets ergaben sich zu $m_0(B) = 4.39$ und B—V $= 0.91$; U—B $= 0.50$. Das Achsenverhältnis erreicht ein Minimum von 0.25 für $2a = 100'$ mit der Flächenhelligkeit B ≈ 22.5 mag/sec^2. Die effektiven Dimensionen der Isophote, innerhalb welcher die halbe Totalintensität emittiert wird, betragen $2a_e = 71'$, $b_e/a_e = 0.3$ mit der Flächenhelligkeit $B_e = 22.62$ mag/sec^2. Das Helligkeitsprofil längs der großen Achse wird zerlegt in eine flache und eine ellipsoidische Komponente; letztere trägt 24 % zur Gesamthelligkeit im blauen Licht bei. Thi.

12446. **G. de Vaucouleurs,** The local supercluster of galaxies. Nature **182** 1478—1480 = Harv Repr Nr. 503. — Die schon mehrfach vermutete Existenz eines lokalen Übersystems von Galaxien mit dem Zentrum im Virgo-Haufen wird durch neues Beobachtungsmaterial gestützt. Aus mehr als 300 Objekten, heller als 14. Größe, innerhalb 30° supergalaktischer Breite, wird eine Doppelwelle in den Radialgeschwindigkeiten nachgewiesen, die auf differentielle Rotation hindeutet. Ferner ergibt sich eine Längenabhängigkeit des Verlaufs der Beziehung zwischen scheinbarer Helligkeit und mittlerer Radialgeschwindigkeit, woraus Verf. auf differentielle Expansion schließt. Die Gesamtmasse des Übersystems wird auf $\sim 10^{10}$ Sonnenmassen geschätzt. Für die Umlaufsperiode um das Zentrum im Virgo-Haufen resultiert ein Wert von etwa 5×10^{10} sec, der nach außen größer wird. Kdr.

12447. **B. A. Woronzow-Weljaminow,** Die ersten Ergebnisse einer Untersuchung in Wechselwirkung befindlicher Galaxien. AC Nr. 192 S. 15—16 (russ.). — Verf. hat im Mount Palomar-Atlas ungefähr 500 Paare und Gruppen von Galaxien gefunden, deren Katalog zum Druck vorbereitet wird. Weitere 200—300 solche Objekte werden wahrscheinlich noch entdeckt werden. Die Wechselwirkung von Galaxien äußert sich oft durch eine Störung der normalen Form. Es wurden auch Objekte mit Spiralarmen von entgegengesetzter Richtung entdeckt. Viel ausgeprägter sind Störungen der Form bei Spiralsystemen als bei elliptischen Galaxien. Diese Störungen können nicht nur durch Gravitationskräfte hervorgerufen werden. Verf. äußert die Meinung, daß die Galaxien uns noch unbekannte Eigenschaften besitzen, durch welche sie sich von den Sternhaufen qualitativ unterscheiden. Die in Wechselwirkung stehenden Galaxien und Gruppen von Galaxien müssen einen gemeinsamen Ursprung haben. Ond.

12448. **B. A. Woronzow-Weljaminow,** The interaction of galaxies and the nature of their arms, spanning filaments and tails. AJ UdSSR **35** 858—868 (russ. mit engl. Ref.). — Engl. Übersetzung in Soviet Astr. AJ **2** 805—813. — Verf. gibt einen allgemeinen Überblick über die verschiedenen Phänomene der Wechselwirkung von Galaxien, wie sie aus dem Mount Palomar-Atlas abgeleitet werden. Er stellt fest, daß die Beobachtungen die Ansicht nahe legen, daß die in Wechselwirkung oder gegenseitiger Durchdringung stehenden Galaxien einen gemeinsamen Ursprung haben und nicht durch Zufall zusammengestoßen sind. Die verschiedenen linearen Formen, wie Brücken etc., dürften sich nicht durch Rotationswirkung, Schwerkraft oder Ähnliches erklären lassen, vielmehr scheint den Galaxien eine bisher unbekannte makroskopische Eigenschaft eigen zu sein, aus welcher die merkwürdigen, beobachteten Strukturen bei irgendwelchen Wechselwirkungen entstehen. Oster

12449. Rotation and mass of the Andromeda nebula. JBAA **68** 225.

12450. The cosmic distance scale. Nature **182** 1132—1133.

12451. Nya resultat rörande Stebbins-Whitfordeffekten. PAT **39** 74—75.

12452. Några galaxer på vårhimlen för spegelteleskopet. PAT **39** 166—168.

12453. Among southern galaxies — Messier 83, NGC 253, III—X. Sky and Telescope **17** 172—173, 224—225, 288—289, 334—335, 404—405, 454—455, 510—511, 566—567, 618—619, **18** 26—27.

12454. Abnormally blue galaxies. Sky and Telescope **17** 231—232. — Ref. AAS. — Besprechung in Coelum **26** 145.

12455. Rotation and expansion of the local supergalaxy. Sky and Telescope **17** 232—233. — Ref. AAS. — Besprechung in Coelum **26** 144—145.

12456. Catalogue of galaxies and clusters of galaxies. Sky and Telescope **17** 234.

12457. Cosmic distance scale and the red shift. Sky and Telescope **17** 275—277. — Ref. AAS. — Besprechung in Coelum **26** 145—146, Obs **78** 177—178.

Magellansche Wolken

* * **H. C. Arp,** Cepheid variables in the Small Magellanic Cloud. Vgl. Ref. **1178.**

* * **H. C. Arp,** Southern hemisphere photometry. III. The color-magnitude diagram of NGC 419 and the adjoining field in the Small Magellanic Cloud. Vgl. Ref. **12149.**

* * **H. C. Arp,** Southern hemisphere photometry. V. The color-magnitude diagram of NGC 361 and the adjoining field in the Small Magellanic Cloud. Vgl. Ref. **12150.**

* * **H. C. Arp,** Small Magellanic Cloud. Vgl. Ref. **1118.**

* * **A. D. Codè, T. E. Houck,** A superluminous B-type star in the Large Magellanic Cloud, and its galactic counterpart. Vgl. Ref. **9705.**

12458. **H. Elsässer,** Lichtelektrische Flächenphotometrie der Kleinen Magellanschen Wolke. Mitt. AG 1957/I S. 47—48. — Ref. AG.

12459. **H. Elsässer,** Lichtelektrische Flächenphotometrie der Magellanschen Wolken I. Die Kleine Magellansche Wolke. ZfA **45** 24—34 = Mitt. Astr. Inst. Univ. Tübingen Nr. 32. — Die Helligkeits- und Farbverteilung in der Kleinen Magellanschen Wolke wurden mit Hilfe des Metcalf-Refraktors der Boyden-Station bis zur Isophote 10 Sterne $10^m/\square^\circ = 25\overset{m}{.}3/\square'$ lichtelektrisch bestimmt. Innerhalb dieser Isophote ist: 1.) Die Gesamthelligkeit $P = 2\overset{m}{.}86$, 2.) der integrale Farbenindex $P—V = +0\overset{m}{.}14$, 3.) die maximale Flächenhelligkeit $P = 327$ Sterne $10^m/\square^\circ = 21\overset{m}{.}50/\square'$ und $V = 318$ Sterne $10^m/\square^\circ = 21\overset{m}{.}52/\square'$; der Farbenindex ändert sich von $0\overset{m}{.}0$ im Zentrum bis $1\overset{m}{.}0$ am Rande der Wolke. Ein Vergleich mit den 21 cm-Radiobeobachtungen zeigt, daß der Beitrag der außerhalb dieser Isophote liegenden, photometrisch nicht erfaßbaren Gebiete zur Gesamthelligkeit der Wolke kleiner als 20% ist. Mawridis

12460. **M. W. Feast, A. D. Thackeray, A. J. Wesselink,** The Magellanic Clouds — spectroscopy and photometry of bright stars. Obs **78** 156—165 = Radcliffe Obs. Repr. Nr. 13. — Spektrographische und lichtelektrische Beobachtungen heller Sterne in den Magellanschen Wolken zeigten, daß kein merklicher Unterschied zwischen den hellsten Sternen der beiden Wolken und normalen galaktischen Überriesen besteht. Die beobachteten Sterne sind etwas durch selektive Absorption gerötet, die teilweise innerhalb der Magellanschen Wolken wirkt. Ein Unterschied in der Absorptionswirkung des Staubs in den Magellanschen Wolken und in der Milchstraße wurde nicht festgestellt. O. G.

12461. **S. Gaposchkin,** Visual brightness and form of the Magellanic Clouds. Irish AJ **5** 4—6 = Harv Repr Nr. 496. — Ref. in Sky and Telescope **17** 626. — Es werden die visuellen Gesamthelligkeiten der beiden Magellanschen Wolken durch Vergleich mit extrafokalen Bildern von benachbarten Sternen bekannter Größe zu $-1\overset{m}{.}26$ bzw. $+1\overset{m}{.}23$ bestimmt. Die Arbeit enthält zwei Zeichnungen der Großen bzw. Kleinen Magellanschen Wolke. Thi.

12462. **J. Landi Dessi, N. Keller,** Variables rojas en las nubes de Magallanes. Rev. Union mat. argent. Asoc. fis. argent. **18** Nr. 1 S. 22, 1956. — Ref. in RJ UdSSR 1959 Nr. 2 S. 28.

12463. **E. M. Lindsay,** The cluster system of the Small Magellanic Cloud. MN **118** 172—182 = Contr. Armagh Obs. Nr. 23. — Mit Hilfe von 103a.O-ADH-Platten (Belichtungszeit 30^m) wurde eine Durchmusterung der Haufen der Kleinen Magellanschen Wolke durchgeführt. Ein Katalog gibt die Örter, photographischen scheinbaren Helligkeiten und Durchmesser für 116 Haufen, die als Wolkenmitglieder angenommen werden. Aus der Verteilung dieser Haufen ergibt sich für die große Achse der Wolke (der Flügel wird als Teil der Wolke betrachtet) der Wert 8 kpc, für die kleine Achse der Wert 5.4 kpc; die Haufenverteilung läßt keine Spiralstruktur erkennen. Mawridis

12464. **A. D. Thackeray,** Double stars in the Large Magellanic Cloud. MN ASSA **17** 56—58. — In einer Tabelle werden Daten für 44 Doppelsternpaare mit Distanzen zwischen 0ʹ.6 und 17ʹ gegeben. Die Zusammenstellung soll zu weiteren Beobachtungen anregen, um Kriterien für die Zugehörigkeit zur Wolke zu gewinnen. Bo.

12465. **G. de Vaucouleurs, A. de Vaucouleurs,** An analysis of the composite spectrum of the Large Magellanic Cloud. AJ **63** 304. — Ref. AAS.

12466. **G. de Vaucouleurs, A. de Vaucouleurs,** A quantitative analysis of the composite spectrum of the Large Magellanic Cloud. Lowell Obs. Bull. **4** 58—81. — Aus Spektren geringer Dispersion des zentralen Teiles der Großen Magellanschen Wolke werden über die Äquivalentbreite einer Reihe wichtiger Linien in Zusammenhang mit dem gemessenen Farbenindex die Beiträge der verschiedenen Spektralklassen zur visuellen Helligkeit bestimmt. Als Hauptergebnis zeigt sich ein großer Überschuß an OB- und MK-Riesen und Überriesen im Kern der Großen Magellanschen Wolke im Vergleich zur Sonnenumgebung des galaktischen Systems. Thi.

§ 125

Interstellare Materie, Polarisation

* * Radiostrahlung der interstellaren Materie siehe § **126**.

12501. **I. F. Alanija,** Investigation of the selective light absorption in the galaxy on the base of colour excesses of RR Lyrae type stars. Bull. Astrophys. Obs. Abastumani Nr. 23 S. 3—67 (russ. mit engl. Ref.). — Die selektive Absorption wurde auf Grund der Farbenexzesse von 102 RR Lyrae-Sternen untersucht. Die Normalfarbe im Maximum wurde an Veränderlichen, die höher als $b = 60°$ liegen, zu $-0^m.20 \pm 0^m.05$ bestimmt. Rund 80 % der Veränderlichen bilden ein kolorimetrisch homogenes System. 47 Sterne ergeben eine mittlere absolute Größe von $+0^m.2 \pm 0^m.2$. Beträchtliche Verfärbungen in mittleren und hohen Breiten sind keine Ausnahme und deuten die Wolkenstruktur an. Die selektive Absorption ist unregelmäßig auch über kleine Gebiete. In der Nähe der galaktischen Ebene gibt es Sterne mit unbedeutenden Farbenexzessen. Der mittlere Farbenexzeß beträgt $0^m.05$/100 pc. Perek

12502. **A. Alksnis,** Die interstellare Absorption des Lichts im Gebiet mit dem Zentrum $\alpha = 21^h 24^m$, $\delta = +58°.5$ im Sternbild Cepheus. Nachr. Akad. Wiss. Lett. Sowjetrepublik 1958 Nr. 9 S. 87—96 (russ. mit lett. Ref.) = Astrofiz. Labor. Riga atsevišķs iespiedums Nr. 2.

12503. **A. Alksnis,** Bestimmung von Dichte und Masse der Dunkelwolke in Cepheus und des Emissionsnebels IC 1396. Nachr. Akad. Wiss. Lett. Sowjetrepublik 1958 Nr. 9 S. 97—98 (russ.) = Astrofiz. Labor. Riga atsevišķs iespiedums Nr. 2.

12504. **N. W. Bystrowa,** The reddening of stars in three parts of the sky. Mitt. Astr. Hauptobs. Pulkowo **20** Nr. 5 (158) S. 74—129 (russ. mit engl. Ref.). — In der Arbeit werden Gradientenexzesse und absolute Größen einer Reihe von Sternen in drei Gebieten von Auriga, Cygnus und Cassiopeia bestimmt. Allem Anschein nach sind gewisse Unterschiede in der Form der Kurven der interstellaren Absorption dieser Gebiete reell. Eine Laboratoriumsuntersuchung der selektiven Lichtschwächung durch Teilchen einiger Metalle und Dielektrika wurde durchgeführt. Wenn die selektive interstellare Absorption im wesentlichen durch Metallteilchen bewirkt wird, die fähig sind, sich mit Sauerstoff zu verbinden, so kann die Oxydation der Oberflächenschichten dieser Teilchen zur beobachteten Ähnlichkeit der Absorptionskurven in den verschiedenen Himmelsgebieten führen. Die Teilchen des interstellaren Staubs können im Mittel Durchmesser der Ordnung 10^{-6} cm oder weniger haben. Verf. (übersetzt)

12505. **D. S. Chawtassi,** Determination of some statistical characteristics of dark nebulae basing on the star counts. Bull. Astrophys. Obs. Abastumani Nr. 23 S. 157—166 (russ. mit engl. Ref.). — Die Sternzählungen verschiedener Autoren, die sich überwiegend auf die nördliche Halbkugel beziehen, wurden mittels des Wolfschen Verfahrens untersucht. Die mittleren Dichten und Massen der Dunkelnebel wurden bestimmt. In Cygnus und Vulpecula befinden sich die entferntesten Dunkelnebel. Perek

12506. **A. D. Code,** A pre-discovery observation of the diffuse interstellar band λ 4430. Publ ASP **70** 407—409. — In den Anmerkungen zum Henry Draper-Katalog ist bei HD 80077 die starke interstellare Bande bei λ4430 Å mit Hγ verwechselt worden. Das Spektrum von HD 80077 ist B2 Iape. Der Stern ist stark gerötet. Seine Entfernung beträgt wohl mindestens 1.1 kpc. O. G.

12507. **O. Eklöf,** A statistical investigation into the dark nebulae in Auriga. Ark Astr **2** 213—244 = Uppsala Astr. Obs. Medd. Nr. 119. — Die vorliegende Arbeit ist der dritte und abschließende Teil der Extinktionsuntersuchungen in Auriga. Mit Hilfe von Farbenindexmessungen der Sterne verschiedener Spektraltypen werden die Farbenexzesse in verschiedenen Teilen des Gebietes ermittelt. Das Verhältnis zwischen totaler und selektiver Absorption wurde zu $R = 2.7$ bestimmt. Die Diskussion der Beobachtungsergebnisse führt auf drei Dunkelwolken in Entfernungen von 125, 300 und 600 pc. K. H. Schmidt

12508. **O. Eklöf,** A photometric and statistical investigation into stars in bright and dark regions in Auriga. Uppsala Astr. Obs. Medd. Nr. 120, 7 S. — Ref. in PAT **39** 171—172. — Die Arbeit ist eine Zusammenfassung von drei früheren Untersuchungen, in denen Helligkeiten und Farbenindizes von 1800 Sternen in Auriga mitgeteilt und statistisch ausgewertet wurden. Es zeigte sich, daß in dem betrachteten Gebiet drei Dunkelwolken in den Abständen 125, 300 und 600 pc die Absorption des Lichtes hervorrufen. K. H. Schmidt

12509. **W. I. Krassowskij,** «Cold» interstellar gas and light absorption. AJ UdSSR **35** 825—828 (russ. mit engl. Ref.). — Engl. Übersetzung in Soviet Astr. AJ **2** 775—777. — Verf. zeigt, daß in einem «kalten», interstellaren Gas die Ionen durch eine Wolke neutraler Moleküle abgeschirmt werden. In dieser Hülle findet eine intensive Molekülbildung aus Atomen statt, desgleichen die Bildung negativer Ionen. Die Konzentration negativer Ionen, insbesondere von O_2, sollte hoch genug sein, um die beobachtete Lichtabsorption und die interstellare Polarisation des Sternlichts zu erklären. Oster

12510. **J. Krawiecka,** Temperatura materii międzygwiazdowej. Postępy Astr. **6** 25—38. — Übersicht über das Temperaturproblem der interstellaren Materie.

12511. **G. D. Kwirkwelija,** On the determination of total absorption of light in space. Bull. Astrophys. Obs. Abastumani Nr. 23 S. 167—174 (russ. mit engl. Ref.). — Von einer von Parenago gegebenen Absorptionsfunktion ausgehend, leitet Verf. Formeln zur Bestimmung der Absorption aus Sternzählungen ab. Mit diesen Formeln wurde die Absorption in fünf Kapteyn-Feldern für Entfernungen von 100 bis 1000 pc bestimmt. Ond.

12512. **H. Lambrecht, K. H. Schmidt,** Über den Staubanteil der interstellaren Materie. AN **284** 71—72 = Mitt. Univ.-Sternw. Jena Nr. 32. — Ref. in Irish AJ **5** 70—72. — Aus der Verteilung des interstellaren neutralen Wasserstoffs und den Farbenexzessen von 19 Assoziationen wird die Staubkomponente der interstellaren Materie in der galaktischen Ebene für verschiedene Richtungen und Entfernungen berechnet. Es zeigt sich, daß das Verhältnis zwischen Gas und Staub nicht konstant ist. Verf.

12513. **A. Lisicki,** Materia międzygwiazdowa. Urania Kraków **29** 293—298. — Populärer Aufsatz über die interstellare Materie. Rybka

12514. **L. Mawridis,** Bemerkungen über das (U—B)/(B—V)-Diagramm der O-, B-Sterne. ZfA **45** 98—112 = Astr. Rechen-Inst. Heidelberg Mitt. (A) Nr. 11. — Unter Benutzung aller O- bis A0-Sterne mit bekannten MK-Spektren und lichtelektrischen U-, B-, V-Helligkeiten wurden Form und Lage der Verfärbungslinien im (U—B)/(B—V)-Diagramm für Spektraltyp und Leuchtkraftklasse bestimmt. Bei geringer Verfärbung ($E_{B-V} < 1^m$) können die Verfärbungslinien als parallele Geraden mit der Neigung 0.76 angenommen werden. Ein Leuchtkrafteffekt in der Lage der Verfärbungslinien wurde entdeckt, dessen Einfluß auf die Eigenfarben diskutiert wird. Mawridis

12515. **O. A. Melnikow,** Über eine neue Formel zur Berechnung der selektiven Absorption des Lichts in der Galaxis. AC Nr. 198 S. 4—7 (russ.). — Die von Verf. vorgeschlagene Formel stellt die Beobachtungen zwischen 0.35 und 2.00 μ gut dar. Loh.

12516. **S. B. Pikelner, L. P. Metik,** On the anisotropy of velocities of interstellar gas clouds. Mitt. Astrophys. Obs. Krim **18** 198—201 (russ. mit engl. Ref.). — Das Magnetfeld der Spiralarme muß einen Einfluß auf die Bewegung des interstellaren Gases haben, indem es die mittlere Dispersion der Geschwindigkeiten in Richtung senkrecht zum Feld verringert. Es wurden drei Gebiete in den Grenzen $\pm$ 20° vom galaktischen Äquator ausgesucht, deren Richtungen senkrecht zum Arm (Cas—Per), parallel zu demselben (Cyg) und parallel zum Arm in Sgr verlaufen. Die dem Adamsschen Katalog entnommenen Geschwindigkeiten der interstellaren Wolken wurden wegen galaktischer Rotation verbessert und in drei Diagramme zwischen Radialgeschwindigkeit und galaktischer Länge eingezeichnet. Die schnellen Komponenten zeigen entlang der Arme eine größere Geschwindigkeitsdispersion als senkrecht dazu, was den Einfluß des Feldes auf die Bewegung des Gases bestätigt. Die Untersuchung der langsamen Komponenten in Richtung entlang der Arme zeigt, daß die Hauptmasse des Gases keine merkliche systematische Bewegung entlang der Arme aufweist. Verf. (übersetzt)

12517. **D. A. Roshkowskij,** Über die statistische Entdeckung von Globulen auf einem Untergrund von Sternwolken. Mitt. Astrophys. Inst. Alma-Ata **6** 73—91 (russ. mit engl. Ref.). — Das zu untersuchende Gebiet wird in eine große Anzahl von kleinen Quadraten unterteilt und die Häufigkeitskurve der Sternzahlen *n* in den einzelnen Quadraten gebildet. Weist die Kurve zwei Maxima auf, kann man die Anzahl und die Absorption der Globulen bestimmen. Diese Methode kann nur auf Felder mit zufälliger Verteilung von Sternen und Globulen angewendet werden. Als Beispiel wird ein Feld in $18^h 50^m$, $+1° 15'$ im Palomar Atlas untersucht. Das Gebiet mit 16000 Sternen wurde in Quadrate von 1 und 4 mm² unterteilt. Da kein sekundäres Maximum in der Häufigkeitskurve auftritt, kann man im untersuchten Gebiet nicht auf die Existenz von dichten Globulen von der Ordnung von 1' schließen. Perek

12518. **K. W. Roth,** Cosmic clouds. Southern Stars **17** 139—148. — Allgemeinverständliche Darstellung der mit der interstellaren Materie verknüpften Probleme. Näher behandelt werden Beobachtungstatsachen, Temperatur und Entwicklung von Staub- und Gasmassen. F. S.

12519. **C. Schalén,** Interstellärt stoft i Vintergatan och andra stjärnsystem. NAT 1958 S. 37—52. — Eine umfassende, populäre Darstellung unseres heutigen Wissens von den interstellaren Staubmassen, insbesondere in unserem Sternsystem. Die in Uppsala ausgeführten Untersuchungen werden ausführlich sowie auch Arbeiten von Stebbins, Whitford, Divan und Ambarzumjan besprochen. Am Schluß werden einige Bemerkungen über die kosmogonische Bedeutung der interstellaren Materie gegeben. C. L. J.

12520. **A. S. Scharow,** Sur la question de la formule du coéfficient de proportionalité entre l'absorption générale et sélective de la lumière et de l'absorption neutre de la lumière dans la galaxie. AJ UdSSR **35** 295—296 (russ. mit französ. Ref.) — Engl. Übersetzung in Soviet Astr. AJ **2** 266—267. — Die von M. A. Waschakidse (vgl. AJB **53** Ref. **12522/23**) abgeleitete Formel für den Koeffizienten γ, der den Farbenexzeß mit der totalen Absorption verbindet, ist die Folge eines Mißverständnisses. Die darauf beruhenden quantitativen Abschätzungen der Rolle der neutralen Absorption des Lichtes in der Galaxis sind daher unbegründet. Verf. (übersetzt)

12521. **K. H. Schmidt,** Weitere Bemerkungen über den Staubanteil der interstellaren Materie. AN **284** 73—75 = Mitt. Univ.-Sternw. Jena Nr. 34. — Das Verhältnis zwischen Gas- und Staubdichte im interstellaren Raum wird an 15 Assoziationen im galaktischen Längenbereich $65° < l < 115°$ erneut bestimmt. Es zeigt sich, daß zwischen der Gasdichte ϱ_{HI} und der Staubdichte ϱ_{D} die Beziehung $\varrho_{\mathrm{D}} \sim \varrho_{\mathrm{HI}}^{1.5}$ besteht. Verf.

12522. **J. Smak,** On the distribution of interstellar calcium. AA **8** 43—47 = Astr. Obs. Warsaw Univ. Repr. Nr. 67. — 189 Sterne mit bekannten Entfernungen und Äquivalentbreiten der interstellaren K-Linie wurden zur Bestimmung der Dichteabnahme des interstellaren Ca II senkrecht zur galaktischen Ebene benutzt. Stellt man diese Dichteabnahme durch die Formel $D(z) = D(0)\, e^{-\frac{|z|}{\beta}}$ dar, so ergeben sich die Werte: $D(0) = [1.30 \pm 0.26] \times 10^{-9}$ Ca II-Ionen/cm³, $\beta = 302 \pm 60$ pc. Mawridis

12523. **J. Smak,** Rozmieszczenie wapnia międzygwiazdowego w kierunku prostopadłym do płaszczyzny Galaktyki. Postępy Astr. **6** 15—16. — Untersuchung der Dichteverteilung des interstellaren Calciums in Richtung senkrecht zur galaktischen Ebene auf Grund einer Untersuchung der Intensitäten der zu Ca II gehörenden H- und K-Linien. Verf. bestimmt die den Grad der galaktischen Konzentration des interstellaren Calciums charakterisierenden Parameter. Es wird der Schluß gezogen, daß die galaktische Konzentration des interstellaren Calciums mehr für die flachen als für die intermediären Untersysteme typisch ist. Rybka

12524. **K. Takakubo,** On the low-velocity interstellar gas. I. Publ. Astr. Soc. Japan **10** 176—186 = Sendai Astr. Rap. Nr. 62. — Von den K-Linien des interstellaren Ca II, die von Adams beobachtet wurden, werden die Linien geringer Radialgeschwindigkeit im Hinblick auf die Häufigkeiten der Intensitäten untersucht. Die gefundene Verteilung läßt sich durch ein Wolkenmodell der interstellaren Materie erklären, in dem der größte Teil des Mediums in kleinen, ein wesentlich geringerer Teil in einigen größeren Wolken vereinigt ist. Weiterhin ergibt sich, daß sich in unmittelbarer Nähe der Sonne eine oder mehrere kleine Wolken befinden. K. H. Schmidt

12525. **K. Takakubo,** On the low-velocity interstellar gas. II. Publ. Astr. Soc. Japan **10** 187—200 = Sendai Astr. Rap. Nr. 63. — In Fortsetzung der Arbeit I wird die Radialgeschwindigkeitsverteilung der K-Linien des interstellaren Ca II-Gases und die Beziehung zwischen Linienintensität und Entfernung untersucht. Die beobachtete Radialgeschwindigkeitsverteilung läßt sich sowohl durch einen exponentiellen Ansatz als auch durch eine Gauß-Verteilung darstellen. Die Äquivalentbreiten der Linien nehmen proportional mit der Entfernung zu.

Es werden weiterhin Argumente gegen eine gleichförmige Verteilung des interstellaren Gases vorgebracht. K. H. Schmidt

12526. **A. F. Torondshadse,** An investigation of the dependence between the colour excess and the factor for transferring selective absorption into total absorption. I. AJ UdSSR **35** 71—81 (russ. mit engl. Ref.). — Engl. Übersetzung in Soviet Astr. AJ **2** 60—69. — Der theoretische Ausdruck für den Faktor γ, der die selektive Absorption in die totale überführt, wird näher untersucht. Durch die Berechnung der Grenzwerte dieses Faktors und seiner Ableitung nach dem Farbenexzeß CE für CE = 0 und CE = ∞ wird gezeigt, daß γ eine von CE abhängige Veränderliche ist, das heißt, daß sie vom optischen Weg abhängt, den das Licht im absorbierenden Medium durchläuft. Es werden Formeln für die Totalabsorption, den Farbenexzeß und γ unter Berücksichtigung der Glieder zweiter Ordnung abgeleitet. Es zeigt sich, daß zur vollständigen Charakterisierung eines photometrischen Systems die Bestimmung der effektiven Wellenlänge allein nicht genügt, sondern noch die Einführung von Parametern notwendig ist, welche die Durchlässigkeitsbreite des Systems charakterisieren. Als solcher Parameter kann das mittlere Quadrat des Absorptionskoeffizienten dienen. Verf. (übersetzt)

12527. **A. F. Torondshadse,** An investigation of the dependence between the colour excess and the factor for transferring selective absorption into total absorption. II. AJ UdSSR **35** 548—556 (russ. mit engl. Ref.). — Engl. Übersetzung in Soviet Astr. AJ **2** 507—515. — Die Abhängigkeit des Faktors γ vom Farbenexzeß CE wird untersucht. Mit wachsendem CE von Null bis Unendlich fällt γ von 6.00 bis 2.00 ab. Die numerischen Werte gelten für das photometrische System von Charadse, das nahe dem internationalen System liegt. Perek

12528. **A. F. Torondshadse,** The determination of the constant parameters in the dependence coefficient of cosmic absorption-wavelength. AJ UdSSR **35** 848—857 (russ. mit engl. Ref.). — Engl. Übersetzung in Soviet Astr. AJ **2** 795—804. — Verf. diskutiert verschiedene Methoden, in der Formel für die interstellare Absorption den Parameter zu berechnen, welcher die Abhängigkeit der Absorption von der Wellenlänge angibt. Insbesondere werden Vergleiche mit den Beobachtungen von Whitford angestellt. Oster

12529. **A. F. Torondshadse,** Über den Einfluß der diskreten Struktur der absorbierenden Schicht und der zufälligen Meßfehler auf die Untersuchung der interstellaren Absorption aus Farbenexzessen von Sternen. Nachr. Akad. Wiss. Georg. Sowjetrepublik **20** Nr. 2 S. 161—166 (russ.). — Ref. in RJ UdSSR 1959 Nr. 4 S. 28.

12530. **A. F. Torondshadse,** Über die Berücksichtigung des Einflusses der diskreten Struktur der absorbierenden Schicht und der zufälligen Meßfehler bei der Untersuchung der interstellaren Absorption aus Farbenexzessen von Sternen. Nachr. Akad. Wiss. Georg. Sowjetrepublik **21** Nr. 1 S. 37—42 (russ.). — Ref. in RJ UdSSR 1959 Nr. 6 S. 27.

* * **R. Wilson,** Observations of broad interstellar features at $\lambda\lambda$ 4430, 4760, 4890, 6180. Vgl. Ref. **9564**.

12531. **R. Wilson,** Interstellar dust. ASP Leaflet Nr. 350, 8 S.

12532. **F. Zwicky,** Les premiers spectres obtenus de la matière brillante intergalactique. BSAF **72** 285—290. — Verf. beschreibt und interpretiert zwei Spektren von leuchtender intergalaktischer Materie. Das erste, das für solche Lichtbrücken zwischen extragalaktischen Nebeln repräsentativ sein dürfte, ist ein reines Absorptionsspektrum, woraus zu schließen ist, daß die intergalaktische Materie in der Hauptsache aus Sternen besteht. In seltenen Fällen können in ihr auch Emissionsnebel auftreten, wie aus dem zweiten Spektrum hervorgeht, das bei λ 3727 eine kräftige Emissionslinie aufweist. Kdr.

12533. Search for interstellar deuterium. Sky and Telescope **17** 181.

Polarisation

12534. **L. Davis jr.,** Polarization of starlight: the torque on a nutating grain. ApJ **128** 508—509. — Verf. zeigt, daß die von Davis und Greenstein (ApJ **114** 206, AJB **51** Ref. **12537**) zur Berechnung des Drehmomentes auf ein nutierendes, isotropes, paramagnetisches Staubteilchen benutzte Formel keine Näherungsformel ist, wie ursprünglich angenommen wurde. Groth

12535. **W. A. Dombrowskij,** Elektrophotometrische Beobachtungen der Polarisation des Sternlichts. Bote Univ. Leningrad 1958 Nr. 1 S. 129—147 (russ. mit engl. Ref.). — Ref. in RJ UdSSR 1958 Nr. 10 S. 23.

12536. **I. M. Gordon, L. D. Pitschachtschi,** Über die Polarisation des Lichtes in den von Synchrotron-Strahlung relativistischer Elektronen angeregten Emissionslinien instationärer Sterne. DAN **120** 55—58 (russ.).

12537. **S. Grzędzielski,** Remarques sur la polarisation dans le milieu H II. CR **246** 890—893 = Contr. Inst. d'Astrophys. Paris (A) Nr. 235. — Unter plausiblen Annahmen über Dichte, Turbulenzgeschwindigkeit und magnetische Feldstärke in den zwischen den dichteren H I-Wolken liegenden stark verdünnten H II-Regionen wird die Effektivität des von Greenstein und Davis (ApJ **114** 206, AJB **51** Ref. **12537**) vorgeschlagenen Polarisationsmechanismus abgeschätzt. Dabei ergibt sich, daß die H II-Regionen einen beträchtlichen Anteil zur Polarisation des Sternlichts beitragen können. Mehltretter

12538. **S. Grzędzielski,** O możliwości powstawania polaryzacji w ośrodku międzobłocznym. Postępy Astr. **6** 50—54. — Unter der Voraussetzung, daß die Staubdichte zur Gasdichte proportional ist, und aus einer Abschätzung des Temperaturunterschiedes der Staubteilchen in H I- und H II-Gebieten, hat das Verhältnis p_2/p_1 der nur in H II-Gebieten vorhandenen Polarisation p_2 zu der nur in H I-Gebieten festgestellten Polarisation p_1 den genäherten Wert 0.7. Ein beträchtlicher Teil der beobachteten Polarisation entsteht also im ionisierten Medium zwischen den Wolken. Rybka

12539. **J. S. Hall,** Polarization of starlight in the galaxy. Publ. US Naval Obs. (2) **17** 275—342.

12540. **J. Henry,** Polarization of starlight by ferromagnetic particles. ApJ **128** 497—507. — Der von Davis jr. und Greenstein (ApJ **114** 206, AJB **51** Ref. **12537**) angegebene Mechanismus zur Ausrichtung paramagnetischer Staubteilchen im interstellaren Magnetfeld wird verallgemeinert und auf ferromagnetische Teilchen angewandt. Um die Teilchen so auszurichten, daß das beobachtete Verhältnis von Polarisation zu Farbenexzeß richtig wiedergegeben wird, ist ein Magnetfeld von 10^{-6} Gauß nötig. Die Teilchen richten sich mit ihren großen Achsen senkrecht zum Magnetfeld aus. Groth

12541. **W. A. Hiltner, B. Iriarte,** Polarization in «blue galaxies» and T Tauri stars. ApJ **127** 510—512 = Contr. McDonald Obs. Nr. 281. — Ref. in Obs **78** 178. — Messungen des Polarisationsgrades des Lichts einiger von Haro entdeckter, «blauer» Milchstraßensysteme ergeben keine merklichen Beträge. Farbenindexmessungen sprechen nicht für das Vorhandensein einer nicht-thermischen Strahlung. Ein merklicher Anteil von Synchrotron-Strahlung im Licht dieser Objekte erscheint daher ausgeschlossen. Eine von anderer Seite angezeigte Polarisation des Lichts des T Tauri-Sterns NX Mon konnte nicht nachgewiesen werden. Micz.

12542. **W. A. Hiltner,** Interstellar polarization in M 31. ApJ **128** 9—13 = Contr. McDonald Obs. Nr. 285. — Verf. hat die Polarisation des Lichtes von 21 Kugelhaufen in M 31 gemessen und dadurch die Existenz interstellarer Polarisation in diesem Nebel bestätigt. Vier Haufen mit gut bestimmten Polarisationswerten zeigen, daß der elektrische Vektor parallel zur großen Achse des Nebels verläuft, in Übereinstimmung mit den entsprechenden Ergebnissen für die Milchstraße. Das Verhältnis der Polarisation zur totalen Absorption für dieselben Haufen beträgt ungefähr 0.03. Mawridis

* * **K. Hunger, G. Kron,** Polarisation in einem T Tauri-Stern mit UV-Emissionskontinuum. Vgl. Ref. **111113.**

* * **M.-T. Martel,** Polarisation de la nébuleuse du Crabe. Polarisation et couleur des nébuleuses diffusantes. Vgl. Ref. **12232.**

12543. T. Schmidt, Interstellare Polarisation und Eigenfarben galaktischer Delta-Cephei-Sterne. ZfA **45** 214—238 = Veröff. Univ.-Sternw. Göttingen Nr. 121. — Es werden die Polarisationen einer Reihe von Cepheiden gemessen. Diese Werte führten über das lokale Verhältnis p/A_V und die allgemeine Funktion $p\ (A_V;\ l, b, r)$ zur interstellaren Verfärbung. Auf diese Weise wurden die Normalfarben der Cepheiden zu $(P—V)_0 = 0.14 + 0.08 \log P$ bestimmt, wobei die Veränderlichen der Population II offensichtlich um $0^m\!.1$ blauer sind. Aus Eigenbewegungen von 17 Cepheiden ergab sich die Nullpunktskorrektion der Perioden-Leuchtkraft-Beziehung zu $-1^m\!.7$. K. H. Schmidt

12544. T. Schmidt, Zur Analyse des Zusammenhangs zwischen interstellarer Polarisation und interstellarer Verfärbung. ZfA **46** 145—167 = Veröff. Univ.-Sternw. Göttingen Nr. 123. — Eine Analyse der Eigenfarben der O- und B-Sterne wird durchgeführt. Anschließend wird der Zusammenhang zwischen Polarisation, Verfärbung und Absorption untersucht. Das maximale Verhältnis zwischen Polarisation und Absorption beträgt 0.065. Eine Abhängigkeit von der galaktischen Länge wird festgestellt, nicht dagegen von der Breite oder der Entfernung. v. Hoerner

12545. K. Serkowski, Fotograficzne pomiary polaryzacji asocjacji III Cephei. Postępy Astr. **6** 160—162. — Durchführung von Polarisationsmessungen am 35 cm-langbrennweitigen Astrographen in Göttingen.

12546. K. Serkowski, Statistical analysis of the polarization and reddening of the double cluster in Perseus. AA 8 135—170 = Astr. Obs. Warsaw Univ. Repr. Nr. 72. — Ausgangsdaten: Polarisationsmessungen von Hiltner, Farbenexzesse von Johnson, Morgan, Hiltner. Sterne im Umkreis von 2° vom Zentrum der Haufen h und χ Persei. Untersuchung der Verteilung der Verfärbung im Gebiet des Doppel-Haufens. Mittlerer Farbenexzeß $\overline{E}_{B—V} = 0^m\!.57$; Streuung $\sigma_E = \pm\ 0^m\!.090$. Statistische Darstellung der Verfärbung durch die Autokorrelations-Methode. Mikroskala der Dichtefluktuationen der absorbierenden Materie 1.75 pc (obere Grenze). Mittelwerte der Stokes-Parameter der Polarisation $\overline{Q} = 0^m\!.079$, $\overline{U} = 0^m\!.000$. Diskussion verschiedener Modelle des interstellaren Magnetfeldes. Beste Abschätzung für die mittlere magnetische Kraftflußdichte $\beta = 7 \times 10^{-6}$ Gauß. Keine Korrelation zwischen Polarisation und Verfärbung. Go.

12547. K. Serkowski, Statystczna analiza polaryzacji i poczerwienienia Podwójnej Gromady w Perseuszu. Postępy Astr. **6** 162—165. — Beschreibung einer Methode zur Untersuchung der Eigenschaften der interstellaren Materie auf Grund einer statistischen Analyse von Messungen der Polarisation und Rötung einer Gruppe von Sternen, die sich in gleicher Entfernung von uns befinden. Für etwa 100 Sterne im Doppelhaufen in Perseus wurden die drei Parameter E, Q, U berechnet und statistisch untersucht. Zwei Fluktuationsmodelle werden betrachtet. Rybka

12548. A. J. Wesselink, On the reduction of polarization measures affected by instrumental polarization. MN **118** 271—275 = Commun. Radcliffe Obs. Nr. 43. — Der Einfluß schräger Spiegelungen auf die Messungen der Polarisation werden untersucht. Einige einfache Formeln werden abgeleitet; die Beobachtung von Sternen mit bekannter Polarisation kann zur Eichung benutzt werden. Verf. (übersetzt, gekürzt)

12549. **E. B. Weston,** Some observations of T Tauri stars for polarization effects. AJ **63** 311. — Ref. AAS.

§ 126

Radiostrahlung

* * Radiostrahlung von Sonne, Venus, Mars, Jupiter siehe § **65, 71, 74, 76.**

Allgemeines

12601. **J. Aarons, W. R. Barron, J. P. Castelli,** Radio astronomy measurements at VHF and microwaves. Proc IRE **46** 325—333. — Messungen der Radiostrahlung der Sonne bei 8.7 mm, 3.2 cm und 218 MHz und von Cas A bei 218 MHz mit Seeinterferometern wurden benutzt, um Daten über die atmosphärische Absorption, Refraktion und Szintillation zu erhalten. Die durch O_2 bzw. Wasserdampf verursachte Absorption wurde bei 3.2 cm und 8.7 mm in db/km aus Messungen der Sonne in verschiedenen Höhen abgeleitet. Die Refraktion erwies sich größer als im optischen Gebiet; ihr Betrag variierte von Tag zu Tag. Zeitweilig war sie bei 3.2 cm größer als bei 8.7 mm, zeitweilig war es aber auch umgekehrt. Die Refraktion bei 218 MHz war stets größer als im Mikrowellengebiet. Es zeigte sich, daß die Szintillation troposphärischen Ursprungs war, und daß ihre Eigenschaften stark von der Höhe der Radioquelle abhingen. Bei niedrigen Höhen hatte die Szintillation lange Perioden und große Amplituden, bei größeren Höhen kurze Perioden und kleine Amplituden. Bei 3.2 cm änderten sich die Eigenschaften der Szintillation von Tag zu Tag wenig, bei 8.7 mm waren sie stark wetterabhängig. Bei 218 MHz wurde die Szintillation nur mit Hilfe von Cas A untersucht, sie hing hier von der solaren Aktivität ab. A. Böhme

12602. **J. E. Baldwin,** The gas density in the galactic halo. Obs **78** 166—169. — Aussicht auf die Möglichkeit, eine Absorption der Radiostrahlung im galaktischen Halo nachzuweisen, besteht nur bei den niedrigsten von der Ionosphäre noch durchgelassenen Frequenzen. Verf. hat die Beobachtungen von Reber und Ellis bei 2.1 MHz analysiert. Wenn danach überhaupt eine merkliche Absorption im galaktischen Halo angenommen wird, und wenn die Temperatur dort wie in anderen H II-Regionen zu 10^4 °K angesetzt wird, ist die obere Grenze der Dichte des ionisierten Gases 1/50 cm^{-3}. Eine genauere Untersuchung ist wegen des geringen Auflösungsvermögens der verwendeten Apparatur nicht möglich. O. G.

12603. **R. V. Bhonsle, K. R. Ramanathan,** Studies of the cosmic radio noise on 25 Mc/s at Ahmedabad. J. Sci. Industrial Res. (A) **17** Nr. 12 S. 40—45. — Ref. in Phys. Abstracts (A) **62** 383.

* * **E. J. Blum,** Aspects de la radioastronomie après le congrès de l'URSI à Boulder. Vgl. Ref. **1137.**

12604. **H. G. Booker,** The use of radio stars to study irregular refraction of radio waves in the ionosphere. Proc IRE **46** 298—314. — Ref. in RJ UdSSR 1958 Nr. 7 S. 29.

12605. **B. H. Briggs,** A study of the ionospheric irregularities which cause spread-F echoes and scintillations of radio stars. J. Atmosph.

Terr. Phys. **12** 34—45. — Die vorliegende statistische Untersuchung beruht auf den stündlichen Echolotungen der drei Ionosphärenstationen Slough, Invernes und Oslo und den Szintillationsbeobachtungen des Radiosterns 23.05 in Cassiopeia, die in Cambridge 1954 Sept. und Dez. sowie 1955 März und Juni ausgeführt wurden. Streu- und Szintillationsindex werden definiert und auf eine bestehende Korrelation hin untersucht. Henn

12606. **B. H. Briggs,** The diurnal and seasonal variations of spread-F ionospheric echoes and the scintillations of a radio star. J. Atmosph. Terr. Phys. **12** 89—99. — Nach bisherigen Untersuchungen wird allgemein angenommen, daß Streuechos aus der F-Schicht und Szintillationen von Radiosternen durch die gleichen Störungen in der F-Schicht verursacht sind. Dies sollte aber bei beiden Erscheinungen auch in den täglichen und jahreszeitlichen Änderungen gewisse Ähnlichkeiten nach sich ziehen. Da eine Untersuchung dieser Variationen aber Abweichungen zeigt, diskutiert Verf. in vorliegender Arbeit die möglichen Ursachen für das verschiedene Verhalten. Henn

12607. **R. Hanbury Brown, A. C. B. Lovell,** The Exploration of Space by Radio. Vgl. AJB **57** Ref. **12609**. — Weitere Besprechung in Astronaut. Acta 5 251—252 (J. Fuchs), J. appl. Phys. **29** 1268, J. Atmosph. Terr. Phys. **12** 346—347 (E. V. Appleton), JBAA **69** 52, La Nature **87** 46, L'Universo **38** 1017 (A. Murri), Nature **181** 1562—1563 (F. G. Smith), PAT **40** 77—78 (G. Larsson-Leander), Phys. Abstracts (A) **61** 434, Phys. Blätter **15** 283—284 (A. Unsöld), Proc IRE **46** 1546—1547 (F. T. Haddock), Publ ASP **70** 623—624 (R. N. Bracewell), Sky and Telescope **17** 525.

* * **C. E. R. Bruce,** The evolution of the extragalactic nebulae and the origin of meta-galactic radio noise. Vgl. Ref. **12406**.

* * **C. E. R. Bruce,** The evolution of extragalactic nebulae and the origin of metagalactic radio emission. Vgl. Ref. **12407**.

12608. **J. Budějický,** Radioastronomie. Prag, Orbis, 1958. 92 S. mit 47 Abb. Preis Kčs. 3.25 (tschech.).

12609. **J. Budějický,** About one possibility of using small-aperture antennas for estimating the position of local sources of radio noise on the sun's disk. BAC **9** 60—67. — Ausgehend von einem in der Radar-Technik gebräuchlichen Verfahren wird die Möglichkeit der Anwendbarkeit dieser Methode für radioastronomische Lokalisationsmessungen untersucht. Das Verfahren besteht im einfachsten Falle in einer durch eine Schaltvorrichtung bewirkten Schwenkung des Richtdiagramms in zwei symmetrisch zur Normalstellung verschobene Stellungen. Eine genau in Richtung der Antennenachse liegende Quelle gibt in beiden Stellungen den gleichen Eingangswert am Empfänger und somit keine Schaltfrequenzamplitude. Es wird gezeigt, daß im Prinzip selbst unter Verwendung kleiner Antennenöffnungen eine beträchtliche Genauigkeit der Ortsbestimmung zu erreichen ist. Zwei mögliche Ausführungsformen werden beschrieben. Daene

12609a. **G. R. Burbidge,** Possible sources of radio emission in clusters of galaxies. ApJ **128** 1—8. — Verf. vermutet, daß die Radiostrahlung, welche von extragalaktischen Nebelhaufen zu kommen scheint, nicht allein auf Nebel zurückgeführt werden muß, sondern zum Teil aus intergalaktischen Wolken stammt. Unter der Annahme von Synchrotronstrahlung werden Magnetfelder von 10^{-7} Gauß abgeschätzt. Als Gesamtenergie der Wolken werden 10^{59}—10^{61} erg angenommen. Die Herkunft dieser Energie wird kurz erörtert. Micz.

* * **G. R. Burbidge,** The evolution of extragalactic nebulae and the origin of metagalactic radio emission. Vgl. Ref. **12408**.

12610. **N. Calder,** Radio Astronomy. London, Phoenix House, 1958. 68 S. Preis 9 sh. 6 d.

12611. **W. N. Christiansen,** Radio astronomy in Australia. J. Astr. Soc. Victoria **11** 87—93.

12612. **E. Chvojková,** Refraction of radiowaves in an ionised medium. I. Waves from radiostars crossing spherical layers. BAC **9** 1—5. — Das Refraktionsintegral wird für eine durch eine ionisierte Schicht sphärischer Form und beliebiger Elektronendichteverteilung gehende Radiowelle diskutiert. Um Einblick in die Wirkung der verschiedenen, die Schicht charakterisierenden Parameter zu gewinnen und um die Abhängigkeit vom Einfallwinkel zu untersuchen, wurde der Integrand in eine Taylorreihe entwickelt und R durch Integration dieser Reihe bestimmt. Diese Methode wurde auf eine parabolische Schicht angewandt. Die so ermittelte Formel ist einfacher und genauer als die sonst gebräuchliche Formel von Bailey. Um die Formel zu vereinfachen, wurde nicht, wie es in der Anwendung auf die Ionosphäre sonst üblich ist, als Längeneinheit der Erdradius, sondern der Krümmungsradius der Schicht maximaler Elektronendichte gewählt. Dadurch erhält man die Refraktion nicht in Abhängigkeit von der beobachteten Zenitdistanz, sondern von einem Winkel i_0, der durch $\sin i_0 = \mu_{max} \sin i_{max}$ definiert ist, wo μ_{max} und i_{max} Brechungsindex und Winkel des Strahls gegen den Radiusvektor in der Schicht maximaler Elektronendichte sind. Es werden Grenzen für die Gültigkeit dieses Verfahrens angegeben. A. Böhme

12613. **E. Chvojková, E. Vokalová,** Refraction of radiowaves in an ionised medium. II. Table of refraction in parabolic layers. BAC **9** 6—9. — Die Rechnungen der Arbeit I für eine parabolische Schicht werden ausgewertet. Um möglichst allgemeine Ergebnisse zu erzielen und um einfach zu handhabende Tabellen rechnen zu können, wurde als Längeneinheit stets der Krümmungsradius der Schicht maximaler Elektronendichte gewählt. Der in I angegebene Winkel i_0 wurde in verschiedener Weise geometrisch interpretiert. Ferner wurde der Einfluß eines Magnetfeldes erörtert. Die Genauigkeit der Rechnungen wurde abgeschätzt. Am Schluß der Arbeit ist eine Tabelle angegeben, aus der im Falle einer parabolischen Schicht für verschiedene Werte von f^c/f und i_0 (f^c = Grenzfrequenz; f = Beobachtungsfrequenz) der Betrag der Refraktion zu entnehmen ist. A. Böhme

12614. **E. Chvojková,** Refraction of radiowaves in an ionised medium. III. Arbitrary electron distribution. BAC **9** 133—138. — Es wird der Betrag der Refraktion beim Durchgang einer Radiowelle durch eine ionisierte Schicht sphärischer Form mit beliebiger Abhängigkeit der Elektronendichte von der Höhe berechnet. Zuerst wurde die Refraktion beim Durchgang durch eine Schicht mit linearem Dichteverlauf bestimmt. Der Übergang zu einer beliebigen Verteilung wurde dadurch vollzogen, daß man eine solche Schicht aus vielen dünnen Schichten mit linearem Dichteverlauf zusammensetzte. Die gesamte Refraktion wurde dann durch Integration über alle Schichten erhalten. Dabei zeigt sich, daß in guter Näherung die Refraktion nicht von der Verteilung der Elektronen mit der Höhe, sondern nur von $\int N_e \, dh$ abhängt. Diese Näherung ist solange sinnvoll, wie die Schichtdicke kleiner als 1/10 des Krümmungsradius der Schicht ist. Ferner muß $f^c/f \cos i_0 < 0.4$ sein, wobei f^c die Grenzfrequenz, f die Beobachtungsfrequenz sind. i_0 ist in den ersten Arbeiten dieser Veröffentlichungsreihe definiert. A. Böhme

12615. **M. H. Cohen,** Radio astronomy polarization measurements. Proc IRE **46** 172—183. — Die Zusammenhänge zwischen den für eine vollständige Polarisationsmessung erforderlichen vier von einander unabhängigen Parametern (speziell den von Stokes) und den mit Antennen meßbaren Größen werden abgeleitet und die in Frage kommenden Meßmethoden diskutiert. Ferner wird die durch die frequenzabhängige Drehung der Polarisationsebene (Faraday-Effekt $\sim f^{-2}$) eintretende Dispersion der Polarisation untersucht. Es ergibt sich unter anderem, daß eine Polarisationsbestimmung ausreicht, um die Grenzwerte für das Achsenverhältnis und den Polarisationsgrad einer Radioquelle sowie für das

Integral des Produktes: «longitudinale Magnetfeldstärke × Elektronendichte» entlang des Strahlenweges zu ermitteln. (Als Hilfe hierfür ist eine graphische Darstellung der Dispersionstheorie von Hatanaka beigefügt). Drei Parameter lassen sich unter bestimmten Voraussetzungen durch Messungen auf zwei Frequenzen bestimmen. Bisherige Polarisationsbeobachtungen an der Sonne und beim Crab-Nebel werden im Hinblick auf Faraday-Rotationseffekte diskutiert und auf die ergänzende Bedeutung der optischen und $\lambda = 3.15$ cm-Beobachtungen für Polarisationsmessungen bei längeren Radiowellen wird hingewiesen. Rabben

12616. **R. Coutrez,** Radioastronomie. Vgl. AJB **56** Ref. **12608**. — Weitere Besprechung in BSAF **73** 188, Science **127** 153—154 (D. S. Heeschen), Scientia **93** (III—1958) S. 39—40.

12617. **G. R. Ellis,** The trapping of cosmic radio waves beneath the ionosphere. J. Atmosph. Terr. Phys. **13** 61—71.

12618. **B. Elsmore,** Improved measurements of the positions of 17 intense radio stars. MN **118** 603—608. — Die Messungen (Wellenlänge 1.9 m) hatten zum Ziel, die Genauigkeit der Deklinationsbestimmungen zu erhöhen. Sie beruhen auf Durchgangsbestimmungen, indem jeweils zwei diagonale Einzelantennen des Cambridge-Teleskops als Zwei-Element-Interferometer geschaltet wurden. Diese beiden Einzelinterferometer bilden einen Winkel von 10° 5′. Die Meßgenauigkeit ist bei diesem Verfahren am größten in der Nähe des Zenits. Nach eingehender Beschreibung des Meßverfahrens und Diskussion der Fehlerquellen werden die Positionen von 17 Objekten mitgeteilt und mit noch unveröffentlichten Messungen der dritten Cambridge-Durchmusterung verglichen, wobei sich unter Berücksichtigung der jeweils angegebenen wahrscheinlichen Fehler eine sehr gute Übereinstimmung ergibt. Daene

12619. **G. Eriksen,** Radioastronomi. Inst. Teoret. Astrofys. Blindern-Oslo Småtrykk Nr. 24, 7 S.

12620. **B.-H. Grahl,** Absolute Temperaturmessungen radioastronomischer Flächenquellen mit einer 90°-Winkelantenne. Diss. Univ. Kiel, 1957.

12621. **B.-H. Grahl,** Absolutmessung radioastronomischer Flächenhelligkeiten bei 198 MHz mit einer 90°-Winkelantenne. ZfA **45** 49—67 = Sonderdruck Sternw. Kiel. — Für die 90°-Winkelantenne (corner reflector) wird untersucht, zu welchem Bruchteil die mit dem Empfänger gemessene Antennentemperatur durch den Mittelwert der Temperaturverteilung im Bereich ihrer Hauptkeule bestimmt ist. Hierzu dienen unter anderem ausführliche Charakteristikmessungen an einem Modell bei 20 cm Wellenlänge. Energiemessungen für ausgewählte Punkte bzw. Bereiche der Sphäre führen zu Korrektionen für die Intensitätsskala der 200 MHz-Durchmusterung von F. Dröge und W. Priester. Ein Vergleich der Isophotenkarte der 200-MHz-Durchmusterung mit der entsprechenden Karte für 81 MHz von J. E. Baldwin bestätigt diese Ergebnisse und dient zur Ableitung der spektralen Intensitätsverteilung der allgemeinen Radiofrequenzstrahlung im Bereich 81 MHz bis 200 MHz. Verf.

12622. **F. T. Haddock,** Introduction to radio astronomy. Proc IRE **46** 3—12. — Nach einem Überblick über die Bedeutung der radioastronomischen Beobachtungen für die Erforschung des Weltalls und über die Geschichte der radioastronomischen Entdeckungen (Sonnenbeobachtung: erste Versuche 1894, erste Erfolge 1942; erste Beobachtung extraterrestrischer Radiowellen 1932 usw.) folgen zwei kurze Kapitel über den Einfluß der Radioastronomie auf die Technik (Radiosextant, «Ionosphärenwettervorhersage») und auf die Geräteentwicklung (hochauflösende Antennenanlagen und Radiointerferometer, hochempfindliche Empfänger und Funkgeräte für Fernverbindungen über Mondreflektion). Den Hauptteil der Arbeit bildet ein ausführlicher Kommentar zu den

folgenden 49 radioastronomischen Veröffentlichungen in Proc IRE **46** Nr. 1, wobei Verf. der Radiospektrographie der Sonne besondere Aufmerksamkeit schenkt.
Rabben

12623. **F. T. Haddock,** Report on URSI commission V — radio astronomy. Proc IRE **46** 1373—1375.

12624. **G. G. Hetmanzew,** On some peculiarities of the magnetodecelerating mechanism of non-thermal radio emission. AJ UdSSR **35** 722—729 (russ. mit engl. Ref.). — Engl. Übersetzung in Soviet Astr. AJ **2** 676—681. — Es wird zunächst festgestellt, daß relativistische Elektronen, welche in Quellen in der galaktischen Ebene entstehen und in die Außengebiete der Galaxis wandern, die adiabatischen Invarianzbedingungen verletzen, falls sie sich in einem interstellaren Magnetfeld bewegen. Anschließend wird die Möglichkeit der Bildung von Elektronen als Folge von Zusammenstößen zwischen relativistischen Protonen und interstellarer Materie diskutiert. Oster

12625. **E. R. Hill, O. B. Slee, B. Y. Mills,** A pencil-beam survey of the galactic plane at 3.5 m. Australian J. Phys. **11** 530—549 = Commonwealth Sci. Industrial Res. Organization, Australia, Div. Radiophys. — Das durchmusterte Gebiet erstreckt sich in galaktischer Länge von 223° über das Zentrum hinweg bis 13°, in galaktischer Breite von +4° bis −6°. Die Ergebnisse sind in einer Anzahl von Isophoten-Karten zusammengefaßt, wobei das bei ihrer Ableitung angewandte Verfahren im einzelnen beschrieben wird. Kdr.

12626. **E. R. Hill,** A search for radio emission at 3.5 m from the local supergalaxy. Australian J. Phys. **11** 580—583 = Commonwealth Sci. Industrial Res. Organization, Australia, Div. Radiophys. — Das von mehreren Seiten behauptete Vorhandensein einer Radio-Strahlung aus dem lokalen supergalaktischen System wurde an Hand von Beobachtungen bei λ 3.5 m mit dem Sydney-Radio-Teleskop nachgeprüft. Das untersuchte Gebiet erstreckte sich von 10^h30^m bis 14^h30^m in Rektaszension und von −15° bis +10° in Deklination. Nach Eliminierung des allgemeinen Temperaturabfalls von der galaktischen Ebene aus sowie des Einflusses diskreter Radioquellen ergab sich kein Zusammenhang mit der Verteilung der Spiralnebel. Kdr.

* * **C. M. Jansky jr.,** The discovery and identification by Karl Guthe Jansky of electromagnetic radiation of extraterrestrial origin in the radio spectrum. Vgl. Ref. **1328**.

12627. **O. Jones,** Radio astronomy, a brief survey. Southern Stars **17** 133—138.

12628. **H. C. Ko,** The distribution of cosmic radio background radiation. Proc IRE **46** 208—215. — Die Ergebnisse von zahlreichen Messungen der kosmischen Radiostrahlungsverteilung bei verschiedenen Frequenzen wurden zum Vergleich mit einander zusammengefaßt. Acht Isophotenkarten für die Frequenzen 64, 81, 100, 160, 250, 480, 600 und 910 MHz (im gleichen Koordinatensystem und gleichen Maßeinheiten) sind zu einem Bilde vereinigt. Der Vergleich der Strukturen der Isophotenkarten bei den verschiedenen Frequenzen läßt Rückschlüsse auf die Natur der Strahlungserzeugung zu: 1.) Ein 3° breiter, sehr heller Streifen in der Milchstraßenebene mit Maximum im Milchstraßenzentrum besteht aus thermischen und nichtthermischen Quellen; 2.) ein breiteres Band innerhalb etwa ± 15° bis ± 30° galaktischer Breite und ebenfalls mit Maximum im Milchstraßenzentrum hat nichtthermische Entstehungsursachen wegen der starken Helligkeitszunahme mit abnehmender Frequenz; 3.) eine ziemlich isotrope Komponente ist ebenfalls nichtthermischen Ursprungs. Besonders ausführlich werden die in Ohio/USA mit einem hochauflösenden (1°.2 × 8°) Antennensystem gewonnenen Meßergebnisse bei 250 MHz besprochen, die 75 % des Himmels umfassen. Das hohe Auflösungsvermögen der Empfangsanlage erlaubt, eine Anzahl von Feinstrukturen in der Radiohelligkeitsverteilung und zahlreiche diskrete Radioquellen zu erkennen. Rabben

12629. **H. C. Ko,** Amplitude scintillation of extraterrestrial radio waves at ultrahigh frequency. Proc IRE **46** 1872—1873. — Beobachtungen an der Ohio State University Sternwarte mit einem 40 Fuß-Parabolspiegel bei 40° N zeigen, daß noch bei 915 MHz Szintillation vorkommt, falls sich die Cyg A-Quelle nahe dem Horizont befindet. Es wurde ein Einfluß der Nordlichtaktivität festgestellt. Weidemann

12630. **J. R. Koster,** Radio star scintillations at an equatorial station. J. Atmosph. Terr. Phys. **12** 100—109. — Mit einem Phasenumschaltinterferometer wurden in Achimota (6° N) seit 1953 bei einer Frequenz von 45 MHz die Scintillationen von sieben Radiosternen beobachtet. Eine Analyse der gewonnenen Registrierungen zeigt, daß der Effekt am Äquator sehr viel stärker ist als in höheren Breiten. Die Szintillationen treten nur nachts und besonders verstärkt zur Zeit des Sonnenfleckenmaximums auf. Es läßt sich eine positive Korrelation zur Sonnenfleckenrelativzahl nachweisen. Weiterhin besteht eine gute Korrelation zum Auftreten von Streuechos aus der F-Schicht. Henn

* * **J. D. Kraus,** Observations at a wave length of 11 meters during the close approach of comet Arend-Roland. Vgl. Ref. **8167.**

12631. **M. Laffineur,** Radio-astronomie. BSAF **72** 209—214. — Populärer Aufsatz über einige Fragen der Radio-Astronomie.

* * **R. S. Lawrence,** An investigation of the perturbations imposed upon radio waves penetrating the ionosphere. Vgl. Ref. **72165.**

* * **A. G. Little,** Gain measurements of large aerials used in interferometer and cross-type radio telescopes. Vgl. Ref. **2178.**

12632. **H. Louyat,** Radioastronomie. Bull. mens. Soc. Astr. Popul. Toulouse **49** 85—91, 100—109. — Ref. in RJ UdSSR 1959 Nr. 1 S. 7.

* * **L. Marshall,** A galactic model for production of cosmic rays and radio noise. Vgl. Ref. **12329.**

* * **C. H. Mayer, T. P. McCullough, R. M. Sloanaker,** Measurements of planetary radiation at centimeter wavelengths. Vgl. Ref. **7014.**

12633. **O. A. Melnikow,** Kontinuierliche Spektren von «Radiosternen». Priroda **47** Nr. 7 S. 84—85 (russ.). — Kurzer Bericht über vorhandene Ergebnisse.

12634. **P. Mezger,** Verzerrung radioastronomischer Beobachtungen durch Antennencharakteristik und Tiefpaß. Z. Instrumentenkunde **66** 219—227 = Mitt. Univ.-Sternw. Bonn Nr. 18. — Sowohl der endliche Öffnungswinkel der Antenne als auch der integrierende Tiefpaß am Empfängerausgang verschmieren die Feinstrukturen radioastronomischer Beobachtungen. Die Wirkungen von Antennencharakteristik und Tiefpaß auf eine beobachtete Temperaturverteilung werden verglichen und eine Regel aufgestellt, welche Abtastgeschwindigkeit für gegebene Antenne und Tiefpaß gewählt werden muß, um bei einem gegebenen Temperaturauflösungsvermögen des Empfängers keine Informationen zu verlieren. Verf.

12635. **B. Y. Mills, E. R. Hill, O. B. Slee,** The galaxy at 3.5 m. Obs **78** 116—121 = Commonwealth Sci. Industrial Res. Organization, Australia, Div. Radiophys. — Nach Abschluß der Beobachtungen mit der Mills-Kreuzantenne über die Verteilung der 3.5 m-Strahlung über den Südhimmel wird die galaktische Strahlung bei dieser Wellenlänge in drei Komponenten mit zunehmender Konzentration gegen die galaktische Hauptebene zerlegt: a) die Korona, b) die Scheibe, c) intensive Radioquellen von kleiner Winkelausdehnung. Unter Heranziehung von Radiobeobachtungen bei anderen Wellenlängen wird gezeigt, daß die Strahlung der Radioquellen und der «Scheibe» im Meterwellenbereich zum großen Teil nichtthermisch ist. Vermutungen über den Ursprung der nichtthermischen Komponente werden diskutiert. O. G.

12636. **J. L. Pawsey, R. N. Bracewell,** Radio Astronomy. Vgl. AJB **55** Ref. **12627**. Übersetzung ins Russische. Moskau, Verlag für Ausländische Literatur, 1958. 414 S. Preis 21 R.

12637. **J. Pfeiffer,** The Changing Universe. Vgl. AJB **56** Ref. **12630**. — Weitere Besprechung in Nature **181** 980 (F. G. Smith).

* * **J. H. Piddington,** Growth of electric space-charge and radio waves in moving ion streams. Vgl. Ref. 238.

12638. **W. W. Pissarewa,** The diffraction of radiowaves on random nonuniformities and the intensity variations of solar and cosmic radio emission. AJ UdSSR **35** 112—128 (russ. mit engl. Ref.). — Engl. Übersetzung in Soviet Astr. AJ **2** 97—111. — Verf. untersucht die Intensitätsschwankungen des elektromagnetischen Feldes einer sphärischen Welle, die eine Schicht mit veränderlichem Brechungsindex durchlaufen hat. Es werden Ausdrücke und Kurven für die Autokorrelationsfunktion und das mittlere Quadrat der Intensitätsschwankungen des gestörten Feldes erhalten. Im Fall einer schwachen Störung der Wellenfront stimmen die Ergebnisse mit denen anderer Autoren überein. Für den Fall einer starken Störung der Wellenfront unterscheiden sich die gefundenen Ausdrücke für die Autokorrelationsfunktion und das mittlere Quadrat der Intensitätsschwankungen von den entsprechenden Größen, die Scheffler (vgl. AJB **55** Ref. **72227**) gefunden hat. Die Ergebnisse werden auf das Problem der Intensitätsschwankungen der sporadischen, solaren Radiostrahlung angewandt, die auf die Diffraktion an koronalen Inhomogenitäten zurückgehen. Es wird die Möglichkeit erörtert, ob die Intensitätsschwankungen der diskreten Radioquelle Hya A durch die Diffraktion der Radiostrahlung an Inhomogenitäten des interstellaren und interplanetaren ionisierten Gases erklärt werden können. Verf. (übersetzt)

12639. **W. A. Rasin,** Über eine Methode zur Messung der linearen Polarisation der kosmischen Radiostrahlung. Abh. Univ. Gorkij **35** 35—37, 1957 (russ.). — Ref. in RJ UdSSR 1959 Nr. 2 S. 45—46.

12640. **W. A. Rasin,** The polarization of cosmic radio emission at wave lengths of 1.45 and 3.3 meters. AJ UdSSR **35** 241—252 (russ. mit engl. Ref.). — Engl. Übersetzung in Soviet Astr. AJ **2** 216—225. — Es wird experimentell die Frage untersucht, ob die nichtthermische Radiostrahlung der Galaxis durch die Ausstrahlung relativistischer Elektronen im Magnetfeld entstehen kann. Zu diesem Zweck wird der Polarisationsgrad bei den Wellenlängen 1.45 und 3.3 m und in galaktischen Breiten oberhalb 5° gemessen, um von den Störungen durch die Milchstraßenarme freizukommen. Die technischen Anforderungen an die Apparatur werden besprochen, insbesondere deren Bandbreite. Es zeigt sich, daß die Intensität der linear polarisierten Komponente einer absoluten Temperatur von 2—4° entspricht und daß der Polarisationsgrad bei 3.3 m vier- bis fünfmal so groß ist wie bei 1.45 m. Oster

12641. **W. A. Rasin,** On the galactic halo. AJ UdSSR **35** 829—837 (russ. mit engl. Ref.). — Engl. Übersetzung in Soviet Astr. AJ **2** 778—785. — Nimmt man an, daß relativistische Elektronen für die nichtthermische Radiostrahlung der Galaxis verantwortlich sind, so wird man auf eine mittlere Dichte von etwa $10^{-3}/cm^3$ im interstellaren Gas geführt. Andererseits verlangt die Bedingung des Schweregleichgewichts nach Pikelner und Schklowskij eine Dichte von etwa $10^{-2}/cm^3$. Es scheint deshalb natürlich zu sein anzunehmen, daß die Hauptmasse des Halogases in Wolken angeordnet ist, in welche im allgemeinen die Elektronen nicht einzudringen vermögen. Die Auffindung von Gaswolken in großer Entfernung von der galaktischen Ebene scheint diese Annahme zu bestätigen. Oster

12642. **H. Rishbeth,** Radio emission from the Vela-Puppis region. Australian J. Phys. **11** 550—563 = Commonwealth Sci. Industrial Res. Organization, Australia, Div. Radiophys. — Eine Durchmusterung des obigen Gebiets wurde bei λ 3.5 m und λ 15.2 m durchgeführt; das Ergebnis ist in Isophotendarstellung wiedergegeben. Bemerkenswert sind einige H II-Gebiete, deren Strahlung thermischen Ursprungs ist. Sie wurden bei λ 3.5 m in Emission, bei λ 15.2 m in Absorption beobachtet. Ferner wurde in der Nähe des galaktischen Äquators eine Gruppe starker, nicht-thermischer Radioquellen festgestellt. Zusammenhänge mit der galaktischen Struktur sind angedeutet. Kdr.

12643. **H. Rishbeth,** Radio emission from Orion. MN **118** 591—602 = Commonwealth Sci. Industrial Res. Organization, Australia, Division Radiophys. — Durchmusterung des Orion-Gebietes mit dem «Mills Cross»-Interferometer auf den Wellenlängen 3.5 m und 15.2 m. Die Halbwertsbreite beträgt 50′ × 60′ bzw. 85′ × 100′. Die Messung umfaßt bei 3.5 m ein Gebiet von über 400 Quadratgrad zwischen $\delta = +5°$ bis $-10°$ und zwischen $\alpha = 4^h 40^m$ bis $6^h 20^m$. Bei 15.2 m erstreckt sich das Meßfeld von $\delta = 0°$ bis $-10°$ und $\alpha = 5^h 0^m$ bis $6^h 15^m$. Die Diskussion der Messungen und ihr Vergleich mit optischen Daten führen zu dem Schluß, daß die Radiostrahlung in der Hauptsache thermischen Ursprungs ist. Lediglich im Gebiet des Pferdekopfnebels deuten die Messungen bei 15.2 m auf eine nicht-thermische Komponente hin. Eine schwache ausgedehnte Quelle bei $\alpha = 5^h 40^m$ und $\delta = -1°$ (Orion X) zeigt, allerdings nicht völlig schlüssig, ebenfalls nicht-thermisches Verhalten. Daene

12644. **V. de Sabbata,** La radioastronomia e l'origine dei raggi cosmici. Coelum **26** 7—11. — Fortsetzung zu Coelum **25** 177—178 (vgl. AJB **57** Ref. **12641**).

12645. **H. Siedentopf,** Zur Radioastronomie der interplanetaren Materie. Sterne **34** 181—184 = Mitt. Astr. Inst. Univ. Tübingen Nr. 37.

12646. **M. Šimek,** Einführung in die Radioastronomie. Pokroky **3** 698—707 (tschech.).

12647. **Y. V. Somayajulu, N. N. Rao,** Observations on galactic radiation at 30 Mc/s. J. sci. industr. Res. (A) **17** Nr. 12 (Suppl.) S. 54—56. — Ref. in Phys. Abstracts (A) **62** 995.

12648. **K. S. Stankewitsch,** The investigation of radio emission of the galactic center on $\lambda = 91.6$ cm. AJ UdSSR **35** 157—159 (russ. mit engl. Ref.). — Engl. Übersetzung in Soviet Astr. AJ **2** 136—138. — Es wird ein Versuch zum Empfang der Radiostrahlung des Deuteriums beschrieben, wobei festgestellt wird, daß seine Dichte im interstellaren Raum kleiner als 10^{-3} Atome/cm^3 ist. Verf. (übersetzt)

12649. **C. H. Townes,** Application of masers to radioastronomy. American J. Phys. **26** 407. — Ref. American Phys. Teacher.

12650. **H. Tunmer,** On a feature of galactic radio emission. Phil. Mag. (8) **3** 370—376. — Beobachtungen der Intensitätsverteilung der Radioemission haben einen Gürtel hoher Intensität ergeben, der auf der galaktischen Ebene etwa senkrecht steht und durch das Antizentrum geht. Eine Erklärung wird vorgeschlagen in Form der stark anisotropen Strahlung relativistischer Elektronen, die sich im Magnetfeld des lokalen Spiralarms bewegen. Die Sonne braucht daher nicht an einem ausgezeichneten Ort der Milchstraße zu liegen. Verf. (übersetzt)

12651. **R. Q. Twiss,** Radiation transfer and the possibility of negative absorption in radio astronomy. Australian J. Phys. **11** 564—579 = Commonwealth Sci. Industrial Res. Organization, Australia, Div. Radiophys. — Es wird darauf hingewiesen, daß der Strahlungstransport im optischen und radiofrequenten Bereich wesentliche Unterschiede aufweist. So ist im ersten Fall der Einfluß der Spektrallinien bedeutend, im zweiten Fall nur gering. Umgekehrt ist bei Radiofrequenzen die Wahrscheinlichkeit für induzierte Emission relativ zur spontanen ganz erheblich größer als bei optischen Frequenzen. Hiermit hängt die Möglichkeit des Auftretens negativer Absorption, d. h. der Verstärkung von Radiostrahlung zusammen. Als notwendige Bedingung hierfür ergibt sich eine merkliche Abweichung der Energieverteilung der strahlenden Elektronen von thermischer Verteilung mit einem erheblichen Überschuß an Elektronen hoher Energie und außerdem die Existenz eines Maximums der Wahrscheinlichkeit für induzierte Übergänge bei einer bestimmten endlichen kinetischen Energie. Einige Beispiele werden diskutiert, in denen diese Bedingungen erfüllt sind (Čerenkov-Effekt, Gyro- und Synchrotron-Strahlung). Kdr.

12652. **C. M. Wade,** On the radio emission of hydrogen nebulae. Australian J. Phys. **11** 388—399 = Commonwealth Sci. Industrial Res. Organization, Australia, Division Radiophys. — Es werden die Zusammenhänge zwischen den im radiofrequenten Bereich direkt beobachtbaren Eigenschaften und den physikalischen Zustandsgrößen von H II-Gebieten diskutiert. Insbesondere wird gezeigt, wie sich Schwankungen der Elektronendichte und -temperatur auf die optische Tiefe und das sog. Emissionsmaß auswirken. Weiter werden die Radioemission von H II-Gebieten und die Bestimmung der Elektronentemperatur in ihnen behandelt und schließlich eine empirische Methode zur Ermittlung der Strömgrenschen Konstanten skizziert, die das Volumen eines H II-Gebiets mit Spektraltyp und Leuchtkraft des anregenden Sterns verbindet. Kdr.

12653. **P. Wellmann,** Radioastronomie. Vgl. AJB **57** Ref. **12648**. — Weitere Besprechung in Mitt. Planetenbeobachter **12** 14 (G. D. Roth).

12654. **G. Westerhout,** A survey of the continuous radiation from the galactic system at a frequency of 1390 Mc/s. BAN **14** 215—260. — Bericht über die Resultate einer Durchmusterung des Himmels in den Gegenden Sagittarius, Aquila, Cygnus und Orion nach Radiostrahlung der Frequenz 1390 MHz. Für das Gebiet von 320° bis 56° galaktischer Länge und zwischen $\pm 5^c$ galaktischer Breite werden Isophoten und Karten diskreter Quellen gegeben. Ein Vergleich mit einer anderen Durchmusterung abweichender Frequenz ermöglicht die Trennung der thermischen von der nichtthermischen Komponente der Strahlung. Aus den gefundenen Resultaten werden Werte der Dichte und räumlichen Verteilung des ionisierten Wasserstoffs abgeleitet. F. S.

12655. **G. Westerhout,** Note on the density of ionized hydrogen in the galactic system. BAN **14** 261—263. — Es wird darauf hingewiesen, daß die in der vorangehenden Arbeit erhaltenen Werte der Dichte des ionisierten Wasserstoffs obere Grenzen sind. F. S.

12656. **G. R. Whitfield,** The spectra of radio stars. Obs **78** 48—50. — Ref. RAS.

12657. **B. A. Woronzow-Weljaminow,** Radio-galaxies and galaxies with broad emissions in the spectra of their nuclei. IV. AJ UdSSR **35** 208—217 (russ. mit engl. Ref.). — Engl. Übersetzung in Soviet Astr. AJ **2** 186—194. — Verf. beschreibt Galaxien mit breiten Emissionen im Spektrum ihrer Kerne (vgl. Seyfert, AJB **45** Ref. **8920**) und führt Vergleiche mit Radiogalaxien durch. Die Radiogalaxis NGC 1275 fällt nicht aus dem Rahmen dieser Gruppe heraus. Die Deutung von Cyg A als kollidierende Galaxien stößt auf Schwierigkeiten. Ferner besitzt keine der vielen wirklich kollidierenden Galaxien eine erhöhte Radiostrahlung. Das spritzerähnliche Gebilde in NGC 4486 ist wahrscheinlich ein dünner Spiralarm und nicht das Ergebnis kollidierender Kugelhaufen. Die Masse des leuchtenden Gases in den Kernen von Radiogalaxien und in Galaxien mit breiten Emissionen wird abgeschätzt; im Fall Cyg A liegt sie zwischen 5×10^3 und $4 \times 10^7 M_\odot$. Alle Radiogalaxien sind Riesensysteme. Loh.

12658. Radio Astronomy, Special Subject List Nr. 26, compiled by F. R. Taylor. London, Library Association, Chaucer House, 1958. Preis 2 s. 6 d. — Besprechung in Obs **78** 263.

12659. New radio astronomy tool. Sky and Telescope **17** 234.

Radioquellen

12660. **D. O. Edge, P. A. G. Scheuer, J. R. Shakeshaft,** Evidence on the spatial distribution of radio sources derived from a survey at a frequency of 159 Mc/s. MN **118** 183—196. — Für einige begrenzte Gebiete des Himmels stehen bereits Ergebnisse von einer Durchmusterung bei 159 MHz zur Verfügung. Etwa ein Viertel der Quellen der alten Durchmusterung bei 81.5 MHz konnten bestätigt werden. Ein Vergleich der neuen Positionen mit den von Mills und Slee bei 85 MHz gefundenen zeigt für Quellen mit größeren Strahlungsintensitäten ($\geq 2 \times 10^{-25}$ W m^{-2} Hz^{-1} bei 85 MHz) eine gute Übereinstimmung, jedoch nur eine sehr geringe für schwächere Quellen. Trägt man log N gegen log S auf (wobei N die Anzahl der Quellen mit einer Flußdichte größer als S ist), so ergeben sich Steigungen von –2.2 für ein begrenztes Gebiet und –2.7 für ein anderes. Hierbei hat allerdings der verfälschende Einfluß des begrenzten Winkel-Auflösungsvermögens («confusion») und des Effekts der Quellen mit endlichem Winkeldurchmesser ein unbekanntes Ausmaß. Mit einer verbesserten Analysiermethode kann gezeigt werden, daß die schwächeren Quellen gleichförmig verteilt sind, während die aus den beiden Durchmusterungen bei 159 und 81.5 MHz ermittelte Verteilung aller Quellen nicht mit einer homogenen Verteilung vereinbar ist. Allerdings ist dieses Ergebnis statistisch nicht gesichert, so daß weitere Beobachtungen erforderlich sind. Rabben

12661. **A. Hewish,** The distribution of radio stars. Publ ASP **70** 140—143. — Verf. vertritt die Auffassung, daß die schlechte Übereinstimmung zwischen den Cambridger Durchmusterungen mit den Wellenlängen 3.7 und 1.9 m und der Durchmusterung von Mills und Slee nicht allein auf die Wirkung des begrenzten Auflösungsvermögens zurückzuführen ist. Er vergleicht die Wahrscheinlichkeitsverteilung der Amplituden, die sich aus den Registrierungen der Cambridger Durchmusterungen ergibt, mit der Wahrscheinlichkeitsverteilung, die bei einer bestimmten Verteilung der Radioquellen zu erwarten ist. Dabei findet er eine größere Dichte der schwachen Quellen. O. G.

12662. **R. C. Jennison,** A phase sensitive interferometer technique for the measurement of the Fourier transforms of spatial brightness distributions of small angular extent. MN **118** 276—284 = Astr. Contr. Univ. Manchester (2) Jodrell Bank Repr. Nr. 163. — Die Herleitung der Intensitätsverteilung einer Quelle aus der Amplitudenfunktion ihrer Fourier-transformierten ergibt keine eindeutige Lösung und dürfte daher auch die Feinstruktur der Quelle nicht vollständig wiedergeben. Die zusätzlich benötigte Phasenbeziehung der Fouriertransformierten läßt sich jedoch bei den großen Basen der verwendeten Interferometer mit der bisher bekannten Technik nicht mit genügender Sicherheit bestimmen. Es wird daher eine Methode beschrieben, die es gestattet, die Amplitude und die Phase der komplexen Fouriertransformation einer Quelle mit räumlicher Helligkeitsverteilung durch nur eine Meßreihe mit einem Dreifach-Interferometer zu bestimmen. Die verwendete Apparatur arbeitet auf einer Betriebsfrequenz von 127 MHz und benutzt drei Antennen verschiedener Größe. Die Antennen werden über Richtstrecken zu drei Interferenzsystemen mit unterschiedlichen Basen zusammengefaßt, deren Empfangsleistungen getrennt registriert werden. In der Auswertung lassen sich die apparativ bedingten Störungen eliminieren und es können Daten zur Ableitung der Amplituden- und Phasenfunktion der Fouriertransformierten gewonnen werden. Zur Erprobung des Verfahrens wurden Messungen der Quellen Cas A und Cyg A durchgeführt. Schneewolf

12663. **G. C. McVittie,** Model universes derived from counts of very distant radio sources. Publ ASP **70** 152—159. — Verf. hat Formeln abgeleitet, die es ermöglichen sollen, durch statistische Auswertung der Radio-Durchmusterungen, entsprechend den Nebelzählungen, bis zu bestimmten Grenzgrößen eine Entscheidung zwischen verschiedenen möglichen Weltmodellen zu treffen. Säkulare Änderungen der Strahlungsstärke der Radioquellen können die Entscheidung erschweren. Zur Auswertung muß für eine Standard-Radioquelle die optische Rotverschiebung bekannt sein. Bisher läßt sich nur sagen, daß die Ergebnisse von Sydney mit NGC 1275 als Standard für ein Weltmodell mit gleichförmiger Verteilung der Radioquellen sprechen. Mit Cyg A als Standard und erst recht mit den Katalogen von Cambridge ergeben sich unwahrscheinliche Schlüsse über die Natur des Weltmodells. Größere Genauigkeit der Durchmusterungen und mehr identifizierte Radioquellen sind nötig. O. G.

12664. **P. G. Mezger,** Der absolute Strahlungsfluß einiger Radioquellen bei 1419 MHz. ZfA **46** 234—244 = Mitt. Univ.-Sternw. Bonn Nr. 17. — Der absolute Strahlungsfluß der Radioquellen Cas A, Cyg A, Tau A, Vir A und Hya A bei 1419 MHz wurde mit dem 25 m-Radioteleskop der Radiosternwarte Stockert bestimmt. Die Eichung der Antennentemperatur erfolgt mit einer koaxialen Rauschdiode, die über einen Richtkoppler gleichzeitig mit der Antenne auf den Empfängereingang geschaltet werden kann. Die Rauschdiode ihrerseits wird mit einem heizbaren Absorber geeicht, ohne daß die Temperatur-Spannungs-Charakteristik des Empfängers in diese Eichung eingeht. Ein zwischen Empfängereingang und Antenne bzw. Absorber geschalteter Isolator (Uniline) reduziert kleine Anpassungsfehler, die sonst die Eichung stark verfälschen könnten. Zur Absoluteichung der Antenne wurde die thermische Strahlung des Erdbodens verwendet. Der von Verf. gemessene relative Strahlungsfluß der vier stärksten Radioquellen stimmt sehr gut mit den von Westerhout bei 1390 MHz gefundenen Werten überein. Dagegen liegt der von Verf. aus dem Antennengewinn berechnete absolute Strahlungsfluß der Radioquellen um rund 15 % unter den von Westerhout mitgeteilten Werten. Ein Vergleich zwischen der von Westerhout benutzten «pine-tree»-Eichung und der Eichmethode des Verf. gibt eine mögliche Erklärung für diese Differenz der Absolutmeßwerte. Verf.

12665. **B. Y. Mills, O. B. Slee, E. R. Hill,** A catalogue of radio sources between declinations +10° and −20°. Australian J. Phys. **11** 360—387 = Commonwealth Sci. Industrial Res. Organization, Australia, Division Radiophys. — Der Katalog enthält 1159 Objekte, die bei λ 3.5 m mit dem Sydney-Radioteleskop beobachtet wurden. Eine Anzahl neuer möglicher Identifizierungen mit Spiralnebeln und einige statistische Ergebnisse über die Verteilung der Radioquellen sind angeschlossen. Kdr.

12666. **R. Minkowski,** The problem of the identification of extragalactic radio sources. Publ ASP **70** 143—151. — Die Tatsache, daß nur für einen kleinen Teil der Radioquellen entsprechende, optisch beobachtbare Objekte identifiziert werden können, ist erklärlich, wenn außer den allgemeinen Schwierigkeiten der Identifizierung beachtet wird, daß sicher nur für einen kleinen Teil der Objekte die Radiohelligkeit so viel größer ist als die optische Helligkeit wie bei Cyg A. Die Untersuchung der näheren Galaxien hat gezeigt, daß Radiostrahlung hauptsächlich von den Spiralarmen ausgeht und daß Sterne der Population II keine Radiostrahler sind. O. G.

12667. **J. L. Pawsey,** Sydney investigations and very distant radio sources. Publ ASP **70** 133—140 = Commonwealth Sci. Industrial Res. Organization, Australia, Division Radiophys. — Ryle und Scheuer hatten die Ergebnisse ihrer 1955 abgeschlossenen Durchmusterung mit dem Cambridger Interferometer bei 81 MHz so interpretiert, daß in großen Entfernungen die Zahl der Radioquellen einen Exzeß zeigt gegenüber der zu erwartenden Zahl in einem statischen Euklidischen Universum. Eine entsprechende Durchmusterung von Mills und

Slee mit dem Mills-Kreuz in Sydney bei 85 MHz ergab schlechte Übereinstimmung mit den Ergebnissen von Cambridge außer für stärkere Quellen. Theoretische und experimentelle Untersuchungen haben übereinstimmend ergeben, daß zufällig verteilte und einzeln nicht mehr erfaßbare schwache Punktquellen die Durchmusterungen verfälschen können. Die Gefahrengrenze liegt bei einer Dichte von einer Quelle pro 10 bis 20 Keulenflächen der Antenne. O. G.

* * **W. Priester,** Zur Statistik der Radioquellen in der relativistischen Kosmologie. Vgl. Ref. **4160**.

12668. N. G. Roman, B. S. Yaplee, Radio sources and the Milky Way at 440 Mc. Proc IRE **46** 199—204. — Bisherige Untersuchungen der Spektren diskreter Radioquellen zwischen 10 und 10000 MHz ergaben einen Intensitätsverlauf, der theoretisch nicht sofort verständlich ist und Skepsis gegenüber den Meßmethoden hervorruft. Bisher wurden nämlich für Radiostrahlungsmessungen im Bereich der niederen Frequenzen andersartige Antennen verwendet als in dem der höheren. Deshalb wird versucht, für die Messungen bei 440 MHz die gleiche Antenne zu verwenden wie bei 1420 MHz: eine Hornantenne mit 15 m-Parabolreflektor. Die Meßergebnisse zeigen keinen wesentlichen Unterschied zu den mit andersartigen Antennen erzielten. Es wurden neun diskrete Quellen und zwei Gebiete der Milchstraßenebene nahe dem galaktischen Zentrum und nördlich davon sowie das Gebiet um die intensive Quelle Cyg A herum untersucht. Die Meßgenauigkeit wird mit $\pm 2°$ bis $\pm 7°$ K für die diskreten Quellen und mit etwa 10° K für die Isothermen der drei Gebiete angegeben. Außer der Darstellung und Diskussion der Meßergebnisse (im Vergleich zu denen anderer Beobachter) wird eine Beschreibung des Gerätes und der Beobachtungsmethode gegeben. Rabben

12669. M. Ryle, The nature of the cosmic radio sources. Proc. Roy. Soc. (A) **248** 289—308. — Nach einer allgemeinen Einführung gibt Verf. in dieser Vorlesung in zehn Abschnitten einen zusammenfassenden Überblick über die aus den bisherigen Beobachtungen folgenden Ergebnisse über die Natur der Radiosterne. Henn

12670. C. A. Shain, The radio emission from Centaurus-A and Fornax-A. Australian J. Phys. **11** 517—529 = Commonwealth Sci. Industrial Res. Organization, Australia, Division Radiophys. — Die Arbeit von Sheridan (vgl. Ref. **12671**) wird durch Beobachtungen bei 19.7 MHz ergänzt. Die Dimensionen der Cen A-Quelle sind in der niedrigeren Frequenz deutlich größer. Ferner ergeben sich weitere Argumente zu Gunsten der Auffassung, daß die beiden Quellen hinsichtlich Ausdehnung und physikalischen Eigenschaften sehr ähnlich sind. Bei den ausgedehnten Partien der Cen-Quelle, die anscheinend dem hellen ellipsoidischen Teil von NGC 5128 zuzuordnen ist, deutet sich eine spiralige Struktur an. Kdr.

12671. K. V. Sheridan, An investigation of the strong radio sources in Centaurus, Fornax, and Puppis. Australian J. Phys. **11** 400—408 = Commonwealth Sci. Industrial Res. Organization, Australia, Division Radiophys. — Die drei untersuchten Objekte sind die stärksten Radioquellen des Südhimmels. Für die beiden ersten ergaben Interferometerbeobachtungen bei λ 3.5 m wesentlich größere scheinbare Dimensionen als für die mit ihnen zu identifizierenden extragalaktischen Nebel NGC 5128 und 1316 optisch festgestellt wurden. Berechnung der räumlichen Dimensionen unter Verwendung optischer Entfernungsschätzungen führte bei beiden auf Werte ähnlicher Größenordnung. Die dritte Quelle, Puppis A, ist mit einem galaktischen Nebelgebiet verbunden. Ähnlichkeiten mit der Radioquelle in Cassiopeia lassen vermuten, daß es sich um die Überbleibsel einer galaktischen Supernova des Typs II handelt. Kdr.

12672. W. A. Udalzow, W. W. Witkewitsch, On the intensity distribution of the discrete source of radio emission, Taurus A. AJ UdSSR **35** 713—721 (russ. mit engl. Ref.). — Engl. Übersetzung in Soviet Astr. AJ **2** 669—

675. — Die Grundlage der Untersuchung bilden Beobachtungen der Bedeckung der Taurusquelle durch den Mond am 30. November 1956, die bei einer Wellenlänge von 3.5 m auf interferometrischem Wege gewonnen wurden. Meßanordnung und Beobachtungstechnik sind im einzelnen beschrieben. Es ergibt sich ein Anstieg der Strahlung zum Zentrum hin, ferner Abweichungen von der Radialsymmetrie. Die Quelle scheint in der SO-Richtung verlängert zu sein; kleine und große Achse ergeben sich nach Richtung und Betrag in Übereinstimmung mit optischen Beobachtungen. Dagegen scheint die Quelle nach den radioastronomischen Beobachtungen in der SO-Richtung gegenüber den optischen Beobachtungen verschoben zu sein. Die Ergebnisse werden unter der Annahme diskutiert, daß die Strahlung eine Cyklotronstrahlung relativistischer Elektronen ist. Oster

12673. H. W. Wells, Flux measurements of Cassiopeia A and Cygnus A between 18.5 Mc and 107 Mc. Proc IRE **46** 205—208. — Zur Schaffung eines zuverlässigen «Maßstabes» für (relative) Strahlungsintensitäts-Messungen an kosmischen Radioquellen wird versucht, die bisherigen Absolutmessungen an der Quelle Cas A im Spektralbereich von 18.5 bis 108 MHz zu ergänzen bzw. zu bestätigen. Meßergebnisse werden für die Frequenzen 18.5, 27, 50, 87 und 108 MHz angegeben; diese stimmen gut mit denen in C. L. Seegers URSI-Report überein. Ferner wurden Relativmessungen an Cyg A vorgenommen, die Werte zwischen 0.5 und 0.6 ergaben. Die Messungen wurden mit einfachen Zwei-Antennen-Interferometern (Länge der OW-Basis: $10 \ldots 20\,\lambda$) ausgeführt. Die aus je einem gefalteten Dipol mit Reflektorwand bestehenden Antennen sind nach der Phasenschaltmethode (von Ryle) mit dem Empfänger verbunden. Die Eichung geschieht mit einer Rauschdiode, deren HF-Energie über «magische T-Brückenschaltungen» in die Antennenleitungen eingespeist werden kann. Die Hauptfehlerquellen werden diskutiert nach Aufgliederung in solche, die sich auf die effektive Antennentemperatur (T) und solche, die sich auf die effektive Antennenfläche (A) beziehen ($S = kT/A$). Rabben

21 cm-Strahlung

12674. A. H. Barrett, Spectral lines in radio astronomy. Proc IRE **46** 250—259. — Ausführlicher als in bisherigen Untersuchungen wird 1.) das Wesentliche über die Entstehung der 21 cm-H-Linie und anderer atomarer und molekularer Spektrallinien, soweit sie für die Radioastronomie Bedeutung erlangen könnten, zusammengestellt und 2.) die Bildung von Emissions- und Absorptionslinien im Radiofrequenzbereich diskutiert. Der Teil (1) umfaßt die betreffenden Abschnitte der Theorie der Energieniveaus, der Dipol-Matrixelemente und der Auswahlregeln, der Übergangsfrequenzen und der Spektrallinienbreiten. Im Teil (2) wird der mögliche Einfluß eines interstellaren Gases, das Resonanzlinien im Beobachtungsfrequenzbereich aufweist, auf die von der Milchstraße empfangene Radiostrahlung untersucht. Rabben

12675. J. G. Bolton, G. J. Stanley, D. E. Harris, A 21-cm line survey for galactic longitudes 294° to 328°, latitudes ±8°. Publ ASP **70** 544—555. — Diese auf dem Mount Palomar durchgeführte Durchmusterung soll die Beobachtungen von Muller und Westerhout für die Deklinationen −30° bis −52° ergänzen. Für einen Teil der Beobachtungen sind die Korrektionen unsicher, und zwar hauptsächlich durch Änderungen an der Empfangseinrichtung. Die Ergebnisse werden durch neun Konturdiagramme mitgeteilt, welche die beobachtete Antennentemperatur als Funktion der galaktischen Länge und der Radialgeschwindigkeiten geben (galaktische Breiten von +8° bis −8°) sowie durch eine Reihe von Profilen der 21 cm-Linie. O. G.

12676. G. B. Field, Excitation of the hydrogen 21-cm line. Proc IRE **46** 240—250 = Harv Repr (2) Nr. 112. — Bei Emissions- oder Absorptionsmessungen in der 21 cm-H-Linie soll aus der ermittelten «Spintemperatur» auf die physikalischen Eigenschaften ihres Entstehungsortes geschlossen werden. Es wird gezeigt, daß dies nicht immer einfach durch Gleichsetzung mit der kinetischen Gastemperatur getan werden darf, da unter gewissen Umständen (geringe Dichte und/oder hohe Strahlungsintensität) wesentliche Abweichungen auftreten können. Die Anregungsmechanismen bei Zusammenstößen mit Partikeln (speziell H-Atomen und Elektronen) und Photonen (speziell Lα) werden untersucht und die Ergebnisse in einer Tabelle über «Wirkungsgrade» zusammengefaßt, so daß man mit deren Hilfe die «Spintemperatur» berechnen kann. Eine Anwendung der Ergebnisse auf die astronomischen Gegebenheiten wird diskutiert; für fünf typische Fälle sind die Werte der wesentlichen Größen in einer zweiten Tabelle zusammengestellt. Die Deuteriumlinie ($\lambda = 91.6$ cm) wird in gleicher Weise betrachtet mit dem Ergebnis, daß die «Spintemperatur» wahrscheinlich der kinetischen Gastemperatur sehr nahe kommt. Rabben

12677. **D. S. Heeschen, N. H. Dieter,** Extragalactic 21-cm line studies. Proc IRE **46** 234—239 = Harv Repr (2) Nr. 114 = National Radio Astr. Obs. Repr. Nr. 5. — Eine Übersicht über die schon durchgeführten und noch möglichen Beobachtungen von extragalaktischen Radioquellen im Bereich der 21 cm-H-Linie zeigt, daß radioastronomische Untersuchungen dieser Objekte wertvolle Ergänzungen der entsprechenden optischen Beobachtungen liefern können. Die erfolgreichen Beobachtungen von sieben Milchstraßensystemen (M 31, 81, 33, 51, 32 sowie beide Magellansche Wolken) und drei Nebelhaufen (Coma, Herkules und nördliche Krone) sind beschrieben und ihre Ergebnisse in Tabellenform dargestellt. Weitere Tabellen fassen zusammen, welche Antennentemperaturen bei einigen anderen Sternsystemen und Nebelhaufen zu erwarten sind, wenn 18 oder 43 m-Antennen verwendet werden, und welche Antennentemperaturen bei Coma-gleichen Nebelhaufen in verschiedenen Abständen erwartet werden. Mit einer 300 m-Antenne würden solche Haufen noch in 1600 mpc Entfernung nachweisbar sein bei einer Doppler-Rotverschiebung von $\Delta\lambda/\lambda = 0.86$. Rabben

* * **H. L. Helfer,** A 21-cm survey around the Pleiades. Vgl. Ref. **12126**.

12678. **F. J. Kerr,** A 21-centimeter view of the whole Galaxy. AJ **63** 51. — Ref. AAS.

12679. **A. E. Lilley, E. F. McClain,** Absorption techniques as a tool for 21-cm research. Proc IRE **46** 221—229. — Die Beobachtung der 21 cm-H-Linie in Absorption eröffnet neue Möglichkeiten für die Entfernungsbestimmung von Radioquellen (Doppler-Effekt) und für die Ermittlung der Verteilung und des physikalischen Zustandes des interstellaren Gases. Auf die sich ferner bei Absorptionsmessungen bietenden Möglichkeiten für die Entdeckung anderer Spektrallinien im Radiofrequenzbereich, für die Bestimmung der Magnetfeldstärke (Zeeman-Effekt) und der Dichte im interstellaren Gas wird hingewiesen. Gegenüber den Emissionsbeobachtungen verlangen Absorptionsmessungen eine starke Radioquelle im Hintergrund, so daß das Auflösungsvermögen von der Ausdehnung dieser Quelle und nicht von der Größe der Antenne abhängt. Ein für diese Beobachtungen geeigneter Empfänger wird angegeben und die Auswertung der Meßergebnisse wird diskutiert. Einige Meßergebnisse werden besprochen, z. B.: 1.) Entfernungsbestimmung der Quelle Cas A und die Diskrepanz mit den durch optische Methoden erzielten Ergebnissen. 2.) Messungen an dem komplexen Linienprofil bei der Quelle Sgr A und 3.) an der extragalaktischen Quelle Cyg A (gute Übereinstimmung von radioastronomischer und optischer Entfernungsbestimmung). Rabben

12680. **T. K. Menon,** Interstellar structure of the Orion region. I. ApJ **127** 28—47 = Harv Repr Nr. 485. — Ref. in Coelum **26** 125. — Verf. berichtet über 21 cm-Beobachtungen des weitausgedehnten H II-Rings im Orion (Banard's Großer Bogen). Danach ist der Ring tatsächlich eine Kugelschale von etwa 110000 Sonnenmassen, welche sich mit etwa 10 km/sec in einer Ausdehnung befindet. Ihr Zentrum fällt mit μ Col, AE Aur und 53 Ari zusammen und zeigt keine Radialgeschwindigkeit. Im Schaleninneren befinden sich asymmetrisch verteilte Massen. Es wird angenommen, daß die Expansion vor etwa 2.4 × 10^6 Jahren begann. Es wird ferner darauf aufmerksam gemacht, daß die gegenwärtigen Vorstellungen über die Entwicklung von Sternassoziationen mit dem Beobachtungsbefund in der Orion-Gegend nicht in Einklang stehen. Micz.

12681. **T. K. Menon,** Hydrogen line study of stellar associations and clusters. Proc IRE **46** 230—234 = Harv Repr (2) Nr. 113. — Durch Untersuchungen an 21 cm-Linienprofilen von neutralem Wasserstoff, der bestimmte Sternassoziationen (Orion I und II) umgibt, gelang es, die vorhergesagte Desintegration bzw. Expansion dieser Assoziationen zu bestätigen, wobei eine gute Übereinstimmung mit den auf optischem Wege gefundenen Geschwindigkeiten festgestellt werden konnte. Bei anderen Assoziationen (Lacerta, Cygnus II und VI, NGC 2244 und 2264) konnte keine merkliche Expansion gemessen werden. Ferner wurden Altersbestimmungen an galaktischen Sternhaufen (h und χ Persei, Plejaden, Coma Berenices, Praesepe und M 67) durchgeführt durch Ermittlung der Masse des neutralen Wasserstoffs aus Messungen des Überschusses an 21 cm-Strahlung. Die Altersbestimmung setzt die Gültigkeit der Sternbildungsfunktion von E. E. Salpeter voraus und die Richtigkeit der Annahme, daß das Gas der sich in der Vorstufe der Sternbildung befindlichen Objekte neutraler Wasserstoff ist. Die Ergebnisse zeigten eine gute Übereinstimmung mit den durch optische Beobachtungen gewonnenen. Die Bedeutung der erzielten Ergebnisse wird diskutiert. Der größte Teil der Untersuchungen ist noch nicht abgeschlossen. Rabben

12682. **J. D. Murray, R. X. McGee,** A new hydrogen cloud in Pyxis-Hydra. Obs **78** 242—244 = Commonwealth Sci. Industrial Res. Organization, Australia, Division Radiophys. — Eine H I-Wolke von etwa 12° Durchmesser wurde bei Versuchsbeobachtungen mit einem neuen Empfänger für die 21 cm-Strahlung entdeckt, bei dem das Frequenzband auf 48 Kanäle mit getrennter Registrierung aufgeteilt ist, so daß in zwei Minuten ein vollständiges Profil der 21 cm-Linie erhalten wird. Die Begrenzung der Wolke wurde nach den beobachteten Radialgeschwindigkeiten ermittelt. Weitere Informationen ergaben sich mit Verwendung von Ergebnissen über eine H II-Region, die offenbar von Außenteilen der Wolke in Richtung auf die anregenden Sterne gebildet wird. O. G.

12683. **J. Smak,** Nowe wyniki obserwacji radiowych linii wodorowej 21 cm. Postępy Astr. **6** 173—177. — Besprechung der Untersuchungen in BAN **13** Nr. 475 (AJB **57** Ref. **12696**/97, **12699**, **126101**).

§ 127

Kosmische Strahlung

* * Kosmische Strahlung der Sonne siehe auch § **65**, **66**.

12701. **K. I. Alexejewa, S. I. Brikker, N. L. Grigorow, F. D. Sawin, N. A. Tscherbakow,** Measurements of the primary cosmic-ray flux at 31° N latitude. Soviet Phys. Doklady **2** 303—307, 1957. — Ref. in Phys. Ber. **38** 876.

12702. **H. Alfvén, E. Åström,** Energy spectrum of cosmic radiation. Nature **181** 330—331. — Ref. in Phys. Ber. **38** 261—262.

* * **K. A. Anderson,** Soft radiation events at high altitude during the magnetic storm of August 29—30, 1957. Vgl. Ref. **7220**.

12703. **H. W. Babcock,** Stars as sources of cosmic rays. Phys. Rev. (2) **109** 2210—2211. — Verf. stellt die bisherigen Beobachtungsergebnisse über

Sterne mit unregelmäßig schwankenden Magnetfeldern zusammen und diskutiert sie. Fast alle A-Sterne weisen starke Wechselfelder auf; wahrscheinlich treten auch bei anderen Sternen schwächere Felder auf. Diese Magnetfelder entstehen infolge turbulenter Bewegung und gleichzeitiger Rotation der Sternmaterie. Die Fluktuationen verursachen Induktionsprozesse und hydromagnetische Stoßwellen, die Ionen zu hohen Energien anregen. Nach Ansicht des Verf. reicht der Energie-Ausstoß bei solchen Vorgängen aus, um kosmische Strahlen zu erzeugen. Henn

12704. **J. C. Barton, J. H. Stockhausen,** Time variations of the cosmic ray intensity in Jamaica. Phil. Mag. (8) **3** 55—62.

12705. **A. Beiser,** Cosmic-ray trapping in interplanetary space. J. Geophys. Res. **63** 1—17.

12706. **L. Biermann, L. Davis,** On the origin of cosmic rays during the early part of the evolution of our galaxy. Z. Naturforschung **13a** 909—915. — Die Hypothese wird diskutiert, daß das Volumen, in welchem die kosmische Strahlung gespeichert wird, vergleichbar ist demjenigen des Halos unseres Milchstraßensystems, und daß daher (wenn die gesamte Menge des Gases im Halo höchstens vergleichbar ist mit derjenigen in der Scheibe) die mittlere Lebensdauer eines Teilchens der kosmischen Strahlung vergleichbar ist mit dem Alter unserer Milchstraße. Es wird ferner die Vorstellung begründet, daß die Menge des interstellaren Gases, die Anzahl der Sterne frühen Spektraltyps und die Produktion von kosmischer Strahlung in den frühen Phasen der Entwicklung unseres Systems viel größer waren als heute. Es wird gezeigt, daß unter diesen Voraussetzungen die beobachteten Daten über die Isotropie der kosmischen Strahlung (einschließlich der ihrer energiereichsten Teilchen) sowie die Daten über die Häufigkeit der Li-, Be-, B-Kerne interpretiert werden können, und daß die Bedingungen für die Wirksamkeit des statistischen Beschleunigungsmechanismus in den frühen Phasen viel günstiger waren als sie es heute sind. Verf.

12707. **V. Bisi, R. Cester, C. M. Garelli, L. Tallone,** High Z nuclei in cosmic radiation. Nuovo Cimento (10) **10** 881—891.

12708. **G. Botti,** L'origine della radiazione cosmica. Astronautica **6** 138—140.

* * **R. R. Brown,** Solar activity and cosmic radiation. Vgl. Ref. **6807.**

12709. **R. R. Brown,** Latitude variation of 27-day cosmic ray intensity decreases. Nuovo Cimento (10) **9** 197—207. — Ref. in Phys. Abstracts (A) **61** 742.

12710. **R. Cester, A. Debenedetti, C. M. Garelli, B. Quassiati, L. Tallone, M. Vigone,** On the charge and energy spectrum of heavy primaries in cosmic radiation. Nuovo Cimento (10) **7** 371—399. — Ref. in Phys. Abstracts (A) **61** 167.

12711. **J. J. Corrigan, S. F. Singer, M. J. Swetnick,** Cosmic ray increases associated with small solar flares. Bull. American Phys. Soc. (2) **3** 71. — Ref.

12712. **J. J. Corrigan, S. F. Singer, M. J. Swetnick,** Cosmic-ray increases produced by small solar flares. Phys. Rev. Letters **1** 104—105. — Ref. in Phys. Abstracts (A) **61** 742.

12713. **R. E. Danielson, P. S. Freier,** Geomagnetic effects on heavy primary cosmic radiation at 42° N. Phys. Rev. (2) **109** 151—157. — Ref. in Phys. Ber. **37** 1782.

12714. **L. I. Dorman, G. I. Freidman,** Der Intensitätsanstieg der kosmischen Strahlung am 23. Februar 1956 und seine Deutung. Publ.

Jakut. Abt. Akad. Wiss. UdSSR 1958 Nr. 2 S. 129—169 (russ.). — Ref. in RJ UdSSR 1959 Nr. 3 S. 31.

12715. **D. Eckhartt,** On the increase in cosmic ray intensity and the electromagnetic state in interplanetary space during the solar flare of Feb. 23, 1956. Vgl. Ref. **6623**.

12716. **A. Ehmert,** Die weltweiten Schwankungen der kosmischen Strahlung durch isotrope Modulation der Primärstrahlung. Phys. Verhandlungen **9** 218—219. — Ref.

12717. **A. Engler, M. F. Kaplon, J. Klarmann,** Flux of cosmic-ray particles with $Z \geq 2$ over Texas. Phys. Rev. (2) **112** 597—605. — Ref. in Phys. Ber. **38** 2118.

12718. **S. E. Forbush,** Cosmic-ray intensity variations during two solar cycles. J. Geophys. Res. **63** 651—669.

12719. **C. M. Garelli, B. Quassiati, M. Vigone,** On the energy determination of the heavy primaries. Nuovo Cimento (10) 8 731—739. — Ref. in Phys. Abstracts (A) **61** 561.

12720. **S. Hayakawa, K. Ito, Y. Terashima,** Origin of cosmic rays. Suppl. Progr. Theoret. Phys. 1958 Nr. 6 S. 1—92. — Ref. in RJ UdSSR 1959 Nr. 9 S. 36.

12721. **W. L. Hinsburg, M. I. Fradkin,** Die Entstehung der kosmischen Strahlung. Priroda **47** Nr. 8 S. 3—12 (russ.).

12722. **J. E. Hooper, M. Scharff,** The Cosmic Radiation. London, Methuen & Co.; New York, John Wiley & Sons, 1958. 172 S. Preis 12 s. 6 d. bzw. $ 2.75. — Besprechung in J. appl. Phys. **29** 1383, Proc. Phys. Soc. **72** 482—483 (J. G. Wilson), Publ ASP **70** 338.

12723. **J. Katzman,** A cosmic ray increase related to solar activity. Vgl. Ref. **6833**.

12724. **S. A. Korff,** The origin and implications of the cosmic radiation. American Scientist **45** 281—300, 1957.

12725. **S. A. Korff,** The origin and implications of the cosmic radiation. Gaz. fís. **3** 161—176.

12726. **A. A. Kortschak,** Über die Zusammensetzung der kosmischen Strahlung in den Quellen der vorläufigen Beschleunigung. Ber. Bulgar. Akad. Wiss. **10** 261—264, 1957 (russ. mit französ. Ref.). — Ref. in Phys. Abstracts (A) **62** 876, RJ UdSSR 1959 Nr. 1 S. 28.

12727. **A. A. Kortschak,** Über die Zusammensetzung der primären kosmischen Strahlung. Ber. Bulgar. Akad. Wiss. **10** 265—268, 1957 (russ. mit französ. Ref.). — Ref. in Phys. Abstracts (A) **62** 876, RJ UdSSR 1959 Nr. 1 S. 28—29.

12728. **A. A. Kortschak, S. I. Syrowatskij,** Über die Möglichkeit einer bevorzugten Beschleunigung schwerer Elemente in den Quellen der kosmischen Strahlung. DAN **122** 792—794 (russ.). — In Anlehnung an den Fermi-Beschleunigungsmechanismus der kosmischen Strahlung (vgl. AJB **49** Ref. **12712**) untersuchen Verf. das im Titel genannte Problem und zeigen, daß in den Quellen der kosmischen Strahlung die Bedingungen so sein können, daß schwer(er)e Elemente bevorzugt beschleunigt werden. Loh.

12729. **M. Koshiba, G. Schultz, M. Schein,** The charge spectrum of the cosmic radiation at 41° N. Nuovo Cimento (10) **9** 1—16. — Ref. in Phys. Abstracts (A) **62** 35, Phys. Ber. **38** 457.

12730. **J.-P. Legrand,** Possibilités de prévision des phénomènes solaires et de leurs répercussions sur le globe par l'étude de l'intensité du rayonnement cosmique. CR **247** 70—73. — Fortlaufende Registrierungen der Intensität der kosmischen Strahlung zeigten, daß Störungen im Intensitätsverlauf stets auf eine Periode allgemein um 1 bis 3% erniedrigter Intensität folgen, die etwa 3 bis 5 Tage andauern. Dieses allgemeine Absinken der Intensität setzt ferner etwa 24 bis 48 Stunden vor dem Auftreten von chromosphärischen Eruptionen mit geomagnetischen und ionosphärischen Folgen ein, außerdem gleichzeitig oder 24 bis 48 Stunden früher als solare Rauschstürme. Die Meßanordnung und eine Reihe von Einzelbeobachtungen werden beschrieben. Dabei ergibt sich, daß im gesamten Beobachtungszeitraum keine solaren Aktivitätserscheinungen mit starken terrestrischen Auswirkungen stattgefunden haben, die nicht mit dem oben beschriebenen Verhalten der Intensität der kosmischen Strahlung assoziiert waren. Mehltretter

12731. **J. A. Lockwood,** Variations in the cosmic-ray nucleonic intensity. Phys. Rev. (2) **112** 1750—1758. — Ref. in Phys. Rev. Letters **1** 435. — Die monatliche Intensität der Nukleonenkomponente der kosmischen Strahlung wurde auf dem Mt. Washington (Breite 44°,2, Höhe 6262 Fuß) gemessen. Von Juli 1954 bis Dez. 1957 nahm sie um 22% ab. Während der gleichen Periode nahm die Amplitude der Intensitätsschwankungen laufend zu. Die größte Intensitätsabnahme vom Forbush-Typ, die sich während dieses Zeitraumes ereignete, wird untersucht. Diese Abnahmen zeigen keine 27 Tage Wiederkehrtendenz. Die Einschränkungen, die durch diese Ergebnisse für das Modell der solaren Intensitätsschwankungen gemacht werden müssen, werden diskutiert. Henn

* * **L. Marshall,** A galactic model for production of cosmic rays and radio noise. Vgl. Ref. 12329.

12732. **K. G. McCracken, N. R. Parsons,** Unusual cosmic-ray intensity fluctuations observed at southern stations during October 21—24, 1957. Phys. Rev. (2) **112** 1798—1801. — Ref. in Phys. Rev. Letters **1** 435. — Verf. berichten über Beobachtungen von außergewöhnlichen Intensitätsschwankungen der kosmischen Strahlung, welche auf südlichen Stationen in der Zeit vom 21.—24. Aug. 1957 festgestellt wurden. Diese Schwankungen deuten auf eine kurze und starke Richtungsanisotropie der Primärstrahlung hin. Dieser Periode folgte unmittelbar eine starke Forbush-Abnahme. Henn

12733. **F. B. McDonald,** Primary cosmic-ray proton and alpha flux near the geomagnetic equator. Phys. Rev. (2) **109** 1367—1375. — Ref. in Phys. Abstracts (A) **61** 166, Phys. Ber. **38** 78.

12734. **A. Murri,** Influenze meteorologiche sulla radiazione cosmica. L'Universo **38** 935—944.

12735. **G. S. Murty, R. K. Varma,** Acceleration of cosmic radiation. Phys. Rev. (2) **112** 1789—1792. — Ref. in Phys. Rev. Letters **1** 434. — In ein Plasma, das sich in einem konstanten Magnetfeld befindet, kann durch ein mit der Zeit sinusförmig variierendes Zusatzmagnetfeld Energie gepumpt werden, wenn während des Maximums der Feldstärke die Energie durch Stöße auf die vom Magnetfeld unbeeinflußten Freiheitsgrade übertragen werden kann. Dieser Effekt ist unabhängig in ähnlicher Weise schon von A. Schlüter diskutiert worden. Hunger

12736. **K. Nagashima,** The diurnal variation of cosmic rays. J. Geomagn. Geoelect. **7** 51—68, 1955. — Ref. in Phys. Abstracts (A) **62** 35.

12737. **H. V. Neher, S. E. Forbush,** Correlation of cosmic-ray intensity and solar activity. Phys. Rev. Letters **1** 173—174. — Ref. in Phys. Abstracts (A) **62** 224.

12738. **H. V. Neher, H. Anderson,** Cosmic-ray changes from 1954 to 1957. Phys. Rev. (2) **109** 608. — Der Teilchenfluß am Gipfel der Atmosphäre wurde mit Hilfe von Ionisationskammern in Ballonen registriert. Es ergab sich eine Abnahme von 1954 (Sonnenfleckenminimum) bis 1957 (Sonnenfleckenmaximum) um einen Faktor vier. Die für 1937 (Sonnenfleckenmaximum) festgestellte Zählrate der Primärteilchen zeigt bis 1954 eine Zunahme um einen Faktor 2.5.
Henn

12739. **B. J. O'Brien,** Energy spectrum of particles bombarding the earth. Nature **182** 521. — Ref. in Phys. Abstracts (A) **62** 142.

12740. **E. N. Parker,** Origin and dynamics of cosmic rays. Phys. Rev. (2) **109** 1328—1344.

* * **E. N. Parker,** Cosmic-ray modulation by solar wind. Vgl. Ref. 6852.

12741. **W. Petri,** Unbekannte Höhenstrahlung hoher Intensität. Naturwiss. Rundschau **11** 274.

* * **J. H. Piddington,** Interplanetary magnetic field and its control of cosmic-ray variations. Vgl. Ref. 7017.

12742. **M. A. Pomerantz, S. P. Agarwal, V. R. Potnis,** Nature of the current reduction in the primary cosmic-ray intensity. Phys. Rev. Letters **1** 65—68. — Ref. in Phys. Abstracts (A) **61** 742.

12743. **M. A. Pomerantz, S. P. Agarwal,** Further observations on the nature of the current reduction in the primary cosmic-ray intensity. Phys. Rev. Letters **1** 107—109, 183—184. — Ref. in Phys. Abstracts (A) **62** 142.

12744. **M. A. Pomerantz, S. P. Agarwal, V. R. Potnis,** Direct observation of periodic variation of primary cosmic-ray intensity. Phys. Rev. (2) **109** 224—225. — Verf. haben während der Maximumsperiode der Sonnenaktivität (1957 Juli bis Nov.) unter Verwendung von Ballonsonden die Vertikalintensität der kosmischen Strahlung gemessen und berichten über dabei festgestellte Intensitätsschwankungen. Danach sank der Teilchenfluß bei Höhen unter 18 km zeitweilig bis 25% unter den zwischen 1949 und 1952 gemessenen Wert ab. Andererseits wurden unter 18 km keine nennenswerten Schwankungen beobachtet.
Henn

12745. **M. V. K. A. Rao, S. Biswas, R. R. Daniel, K. A. Neelakantan, B. Peters,** Abundance of light nuclei in the primary cosmic radiation. Phys. Rev. (2) **110** 751—765. — Die Zusammensetzung der kosmischen Primärstrahlung wird durch nukleare Zusammenstöße, welche die Primärteilchen beim Durchgang durch den interstellaren Raum erfahren, modifiziert. Die Häufigkeit solcher Zusammenstöße läßt sich auf Grund der Zahl der Kernbruchstücke, die mit den leichten Elementen Li, Be und B am Gipfel der Atmosphäre beobachtet werden, abschätzen. Dazu ist eine Trennung zwischen den im äußeren Weltraum und den in den äußeren Schichten der Atmosphäre entstehenden Teilchen notwendig. Um die relative Häufigkeit der beiden Komponenten zu bestimmen, haben Verf. die Häufigkeit der leichten Elemente in der Primärstrahlung als Funktion der durchsetzten Luftschicht gemessen. Die in einer Tabelle mitgeteilten Werte zeigen, daß die leichten Kerne nur einen geringen Bruchteil der schwereren Primärteilchen ausmachen. Henn

12746. **B. Rossi,** Il problema dell'origine dei raggi cosmici. Giorn. fis. **1** 120—134, 1957. — Ref. in RJ UdSSR 1959 Nr. 1 S. 29.

12747. **P. Rothwell,** Cosmic rays in the earth's magnetic field. Phil. Mag. (8) **3** 961—970. — Ref. in Phys. Abstracts (A) **61** 742, Phys. Ber. **38** 459.

* * **V. de Sabbata,** La radioastronomia e l'origine dei raggi cosmici. Vgl. Ref. **12644.**

12748. **A. E. Sandström,** Cosmic ray measurements with an airborne neutron monitor. Arkiv Fys. **13** 285. — Ref.

12749. **A. E. Sandström,** The latitude effect of the cosmic ray nucleonic component in relation to the magnetic dip. Arkiv Fys. **14** 409—418.

12750. **A. E. Sandström,** Den kosmiska strålningen. En översikt. PAT **39** 18—43, 102—126. — Allgemeinverständliche Übersicht unseres Wissens über die kosmische Strahlung sowie der verfügbaren Beobachtungsmethoden. C. L. J.

* * **S. F. Singer,** Cosmic-ray evidence on the origin of meteorites. Vgl. Ref. **8349.**

12751. **S. F. Singer,** «Radiation belt» and trapped cosmic-ray albedo. Phys. Rev. Letters **1** 171—173. — Ref. in Phys. Abstracts (A) **62** 142.

12752. **S. F. Singer,** Trapped albedo theory of the radiation belt. Phys. Rev. Letters **1** 181—183. — Ref. in Phys. Abstracts (A) **62** 142.

12753. **R. Steinmaurer,** Probleme der Kosmischen Strahlungs-Forschung. Phys. Verhandlungen **9** 9—10. — Ref.

12754. **J. R. Storey, A. G. Fenton, K. G. McCracken,** A survey of the cosmic-ray nucleonic component along 145° east longitude using an airborne monitor. Nature **181** 1155—1156. — Ref. in Phys. Ber. **38** 263.

* * **D. A. Tidman,** Suprathermal particle production by binary stars. Vgl. Ref. **10019.**

12755. **M. Trellis,** Sur une relation possible entre les variations de la composante de basse énergie du rayonnement cosmique et le passage sur le disque solaire de certaines régions optiquement actives. CR **247** 1964—1965. — Bei der fortlaufenden Registrierung der Neutronen der kosmischen Strahlung im zweiten Halbjahr 1957 und im ersten Halbjahr 1958 wurden Fälle von plötzlichem Absinken der registrierten Partikelzahlen um beträchtliche Beträge festgestellt, die sich im Mittel mit einer Periode von 27 Tagen wiederholten. Dies läßt auf eine Ursache schließen, die auf der Sonne beheimatet ist. In diesem Zusammenhang wird darauf hingewiesen, daß ein intensiver Koronastrahl in dieser Zeit das einzige optische Phänomen ist, das über eine gleichlange Zeit (von etwa einem Jahr) wie die obengenannten periodischen Störungen existent war. Mehltretter

12756. **D. Venkatesan,** Changes in amplitude of the 27-day variation in cosmic ray intensity during the solar cycle of activity. Tellus **10** 117—125. — Ref. in RJ UdSSR 1959 Nr. 3 S. 49.

12757. **R. de Vogelaere,** Contributions à la théorie des effets de latitude et d'asymétrie des rayons cosmiques. Le pénombre au voisinage de l'équateur. Ann. Soc. Sci. Bruxelles (1) **64** 83—92, 1950 = Publ. Labor. Astr. Géod. Univ. Louvain **13** Nr. 117.

12758. **W. I. Wechsler,** Über einen neuen Mechanismus zur Erzeugung relativistischer Elektronen im kosmischen Raum. DAN **118** 263—265 (russ.). — Verf. betrachtet eine völlig ionisierte, quasi-neutrale Plasma-Verdichtung, welche sich im inhomogenen magnetischen Feld bewegt. Unter einigen vereinfachenden Voraussetzungen wird gezeigt, daß die Lorentz-Kräfte zu einer Polarisation des Plasmas führen, worauf die Elektronen durch Übernahme der kinetischen Energie der Ionen beträchtlich beschleunigt werden können. Diese schnellen Elektronen werden als mögliche Ursache der kosmischen Radiostrahlung betrachtet. Ond.

12759. **S. N. Wernow, N. L. Grigorow, J. I. Logatschew, A. E. Tschudakow,** Die Messung der kosmischen Strahlung mit dem künstlichen Erdbegleiter. DAN **120** 1231—1233 (russ.). — Aus den Messungen mit der in den zweiten Sputnik eingebauten Apparatur wurden 1.) die Abhängigkeit der relativen Intensität der kosmischen Strahlung von der Höhe (bis 700 km) ermittelt, 2.) in ein Längen-Breiten-Diagramm die Linien gleicher Intensität der kosmischen Strahlung (Isokosmen) eingezeichnet, und 3.) erhebliche Schwankungen kurzfristiger Art festgestellt. Loh.

12760. **S. N. Wernow, J. I. Logatschew, A. E. Tschudakow, J. G. Schafer,** Untersuchung der Variationen der kosmischen Strahlung. Fortschritte Phys. Wiss. **63** (b) 149—162, 1957 (russ.). — Ref. in RJ UdSSR 1959 Nr. 5 S. 31—32.

* * **J. R. Winckler, L. Peterson,** A large cosmic-ray decrease accompanying the solar maximum of 1957. Vgl. Ref. 6870.

12761. **T. Yagi,** Intensity problem in the deflection of cosmic rays in the solar magnetic field. J. Geomagn. Geoelect. 8 87—92, 1956. — Ref. in Phys. Abstracts (A) **62** 92—93.

12762. **O. B. Young, F. E. Harvey,** Charge spectrum, mean free paths, and flux of heavy primary cosmic rays at the top of the atmosphere. Phys. Rev. (2) **109** 529—532. — Ref. in Phys. Ber. **38** 78.

12763. **M. Zepe,** Kosmiskie stari. Riga, LatvPSR Zinātņu Akad., 1957. 79 S. Preis 95 Kop.

12764. Progress in Elementary Particle and Cosmic Ray Physics. Vol. IV. Herausgegeben von J. G. Wilson, S. A. Wouthuysen. Amsterdam, North-Holland Publishing Co., 1958. 12 + 470 S. Preis hfl. 470 bzw. DM 54.50. — Besprechung in J. appl. Phys. **29** 1269, Phil. Mag. (8) **3** 1055.

XIV. Geodäsie. Nautik

§ 130

Höhere Geodäsie, Kartographie, Allgemeines

13001. **D. Božić,** Einige Anwendungen kartographischer Grundrisse zur Lösung von Aufgaben geodätischer Positionsastronomie. Zbornik 1 117—130 (jugoslaw. mit engl., französ., deutschem und russ. Ref.).

13002. **D. C. Brown,** Photogrammetric flare triangulation. Air Res. Development Command US Air Force, Missile Test Project, RCA Data Reduction Technical Rep. Nr. 46, 46 S.

13003. **E. Fichera,** Relazione sui lavori della Sezione III — Astronomia della Associazione Internazionale di Geodesia alla XI Assemblea Generale dell'U. G. G. I. — Toronto — Canadà, 3—14 settembre 1957. Boll. Geod. Sci. affini **17** 247—251. — Bericht.

13004. **W. K. Hristow,** Tafeln zur Maschinenrechnung der Gaußschen Koordinaten, der Meridiankonvergenz und des Maßstabes aus den geographischen Koordinaten auf dem Ellipsoid von F. N. Krassowsky für alle Breiten. Bulgar. Akad. Nauk. Trudove Central. Lab. Geod. 1956, 228 S. — Besprechung in Math. Rev. **19** 1241—1242 (B. Chovitz).

13005. **E. Koldewitz,** Polygonzuganschlüsse durch astronomische Messungen der Sonne. Vermessungstechnik Berlin **6** Nr. 2 S. 47—48, Nr. 3 S. 69—72.

13006. **P. S. Sakatow,** Lehrbuch der höheren Geodäsie. Aus dem Russischen übersetzt von H. A. Corazza. Berlin, VEB Verlag Technik, 1957. 467 S. Preis DM 45. — Besprechung in Math. Rev. **20** 120—121 (A. Marussi).

13007. **A. E. Scheidegger,** Principles of Geodynamics. Berlin, Göttingen, Heidelberg, Springer-Verlag, 1958. 280 S. mit 86 Fig. Preis DM 49.60.

13008. Jordan, Eggert, Kneißl, Handbuch der Vermessungskunde. 10., völlig neu bearbeitete und neu gegliederte Ausgabe. Band **4**. Mathematische Geodäsie (Landesvermessung) von M. Kneißl. Stuttgart, J. B. Metzlersche Verlagsbuchhandlung, 1958. 10 + 674 S. mit 347 Fig. Preis DM 115. — Besprechung in Österreich. Z. Vermessungswesen **46** 124—125.

Desgl. Band **5**. Astronomische und physikalische Geodäsie (Erdmessung), von K. Ledersteger. Dritte Lieferung S. 289—432.

13009. Instrucciones tecnicas para la ejecucion de los trabajos geodesicos. Buenos Aires, Instituto Geografico Militar, 1957. 266 S.

13010. The Australian Institute of Navigation. J. Inst. Navigation **11** 188—193.

13011. Artificial satellites in 1946. Sky and Telescope **17** 181. — Vgl. AJB **47** Ref. **9304**.

§ 131

Erdfigur, Erdrotation, Schwerkraft, Massenverteilung

* * **K. Arnold,** Der gravimetrische Effekt der Polhöhenschwankungen. Vgl. Ref. **13201**.

13101. **N. Boneff,** Sur le contour des continents terrestres. Influence probable de la Lune. AN **284** 155—160. — Transversale Risse und Verschiebungen der Kontinente werden als Folgen von Spannungen in Meridianrichtung gedeutet, welche durch eine säkulare Abnahme der Erdabplattung hervorgerufen wurden. Diese läßt sich in der geforderten Größenordnung im Einklang mit der Darwinschen Gezeitentheorie auf den Einfluß des Mondes zurückführen. T. L.

13102. **L. Bragard,** Méthodes de détermination du géoïde. Bull. géod. (NS) Nr. 50 S. 31—35. — Die Bestimmung des Geoids in Bezug auf ein Referenzellipsoid kann entweder direkt oder in zwei Schritten über das Cogeoid erfolgen. T. L.

13103. **F. Brož,** Das Erdellipsoid von F. N. Krassovski. Nachr. Karten- und Vermessungswesen (III) Inst. angew. Geod. Frankfurt Nr. 4 S. 17—40. — Übersetzung aus Zeměměřictví 1953 Nr. 1 S. 10—16.

13104. **U. Cassina,** Su un teorema di Peano ed il moto del polo. Ist. Lombardo. Rend. Sci. mat. fis. chim. geolog. (A) **92** 631—655. — Untersuchung der Bewegung eines Systems, das aus einem starren und einem beweglichen Teil besteht. Die Formeln werden gegeben und als ein besonderer Fall wird ein Theorem von Peano nochmals abgeleitet. Die numerische Rechnung für den Einfluß des Golfstromes auf die Bewegung des Erdpols wird ausgeführt. Die Ergebnisse stehen mit jenen von Peano in Übereinstimmung. Cester

13105. **M. Cimbálnik,** Beitrag zu einer Studie des Geoids auf dem Gebiet der Tschechoslowakei. Nachr. Karten- und Vermessungswesen (III) Inst. angew. Geod. Frankfurt Nr. 4 S. 41—61. — Übersetzung aus Zeměměřictví 1953 Nr. 7—8 S. 104—109.

13106. **A. H. Cook,** Determination of the Earth's gravitational potential from observations on Sputnik 2 (1957 β). Geophys. J. 1 341—345. — Die beobachtete Drehgeschwindigkeit der Bahnebene von Sputnik 2 (1957 β) wird benutzt, um verbesserte Zahlen für die Koeffizienten J und D von Jeffreys in der Entwicklung des Potentials der Erde nach Kugelfunktionen zu erhalten und die Elliptizität des Erdkörpers zu bestimmen. Böh.

13107. **A. Danjon,** Sur les variations de la rotation de la Terre et sur une cause possible de la variation aléatoire. CR **247** 2061—2066. — Es wird eine zusammengefaßte Darstellung der neueren Meßergebnisse über die jahreszeitliche und die ungeregelte Änderung der Rotationsgeschwindigkeit der Erde gegeben. Die unregelmäßigen Änderungen werden genauer beschrieben. Es zeigt sich, daß eine plötzliche Änderung ziemlich genau mit der großen Eruption 1956 Febr. 23 zusammen auftritt. Mehltretter

13107a. **H. Draheim,** Künstliche Satelliten und die Abplattung der Erde. Allgemeine Vermessungsnachr. 1958 Nr. 12 S. 376. — Nach Mitteilung von F. L. Whipple in «Surveying and Mapping» **18** 293 wurden vom U.S. Army Map Service vorläufige Werte für die Abplattung der Erde aus den Beobachtungen künstlicher Satelliten berechnet. Aus 1958 β 2 folgt $1/298.38 \pm 0.07$, aus 1958 α $1/298.0 \pm 0.3$, und nach einer anderen Methode ergibt sich 1/297.8. Schrick

13108. **L. Essen, J. V. L. Parry, W. Markowitz, R. G. Hall,** Variation in the speed of rotation of the earth since June 1955. Nature **181** 1054. — Aus Vergleichen astronomischer Zeitbestimmungen und Messungen der Übergangsfrequenz (4,0) $\rightleftharpoons$ (3,0) des Caesiums folgt seit Juli 1955 bis Januar 1958 eine fortschreitende Zunahme der Tageslänge und damit verbunden der Rotationsperiode der Erde um 0.43 msec pro Jahr. Henn

* * **E. P. Fjodorow,** Die Nutation und die erzwungene Bewegung der Erdpole aus Breitenbeobachtungen. Vgl. Ref. 3109.

13109. **T. Gold,** Irregularities in the earth's rotation. Sky and Telescope **17** 216—218, 284—286 = Harv Repr (2) Nr. 117. — Im ersten Teil wird ein Überblick über Präzession, Nutation, Polhöhenschwankungen, Variationen der Tageslänge, Gezeitenreibung und verwandte Probleme gegeben. Etwas ausführlicher werden hierbei die Holmbergschen Überlegungen über den Einfluß der Atmosphärengezeiten auf die Erdrotation behandelt. Der zweite Teil befaßt sich mit neueren Arbeiten zur Frage der Verschiebung der Kontinente und Magnetpole. Kdr.

13110. **N. P. Gruschinskij,** Die Zeitmessung bei Schwerebestimmungen mittels Pendel auf See. AC Nr. 191 S. 25—27 (russ.).

13111. **W. A. Heiskanen, F. A. Vening Meinesz,** The Earth and its Gravity Field. New York, Toronto, London, McGraw-Hill Book Company, Inc., 1958. 10 + 470 S. mit zahlreichen Abbildungen. Preis 97 s. bzw. $ 12.50. — Besprechung in J. appl. Phys. **29** 1775, Nature **182** 1580—1581 (E. C. Bullard), Science **129** 460 (R. H. Dicke).

13112. **A. K. Iwanowa-Tschurkina,** Beobachtungsergebnisse von Gezeiten-Lotschwankungen am Astronomischen Engelhardt-Observatorium. AC Nr. 190 S. 9—11 (russ.).

13113. **K. Ledersteger,** Gedanken zu einer hypothesenfreien Ableitung des mittleren Erdellipsoides und der Undulationen des Geoides. Bull. géod. (NS) Nr. 50 S. 22—30. — Die Lösung des Problems der Erdfigur ist nur durch sukzessive Approximationen möglich, deren einzelne Schritte beschrieben werden. Grundsätzlich kann das mittlere Erdellipsoid erst nach Bestimmung der Geoidundulationen abgeleitet werden. T. L.

13114. **K. Ledersteger,** Das moderne Problem der Erdfigur. Österreich. Z. Vermessungswesen **46** 1—7, 33—38. — Es wird gezeigt, daß eine möglichst hypothesenfreie Lösung des Problems der Erdfigur von den Geoidundulationen ausgehen muß; aus den gravimetrischen Höhen läßt sich dann das mittlere Erdellipsoid ableiten. T. L.

13115. **K. Ledersteger,** Die gravimetrische Methode zur Bestimmung der Erdfigur. Sitzber. Bayer. Akad. Wiss. Math.-naturwiss. Kl. 1958 S. 117—136.

13116. **J. J. Levallois,** Sur une équation intégrale très générale de la gravimétrie. Bull. géod. (NS) Nr. 50 S. 36—49. — Das Geoid wird durch die Wahl der orthometrischen Höhen festgelegt. Die abgeleitete Integralgleichung definiert dieses Geoid (oder Quasi-Geoid) in Bezug auf die gewählte gravimetrische Bezugsfläche. T. L.

13117. **W. Markowitz, R. G. Hall,** Changes in speed of rotation of the earth as determined by the moon and by atomic standards. AJ **63** 307—308. — Ref. AAS.

13118. **W. Markowitz,** Use in geodesy of the results of lunar observations and eventual observations of artificial satellites. Bull. géod. (NS) Nr. 49 S. 33—40. — Es wird ein Überblick über die Möglichkeiten zur Ableitung der Erdfigur aus Beobachtungen des Mondes sowie von Sternbedeckungen und Finsternissen gegeben. Bei künstlichen Satelliten kämen außer den analogen geometrischen Methoden auch dynamische in Betracht. T. L.

13119. **P. S. Matwejew,** Bestimmung der Erdgezeiten aus Beobachtungen der Lotabweichung in Stalinabad 1948—1950. Publ. Gravimetr. Obs. Poltawa **7** 26—89 (russ.).

13120. **M. S. Molodensky,** New methods of studying the figure of the Earth. Bull. géod. (NS) Nr. 50 S. 17—21. — Durch Einführung eines «Quasi-Geoids» kann das äußere Schwerefeld der Erde unmittelbar aus der Form der Erdoberfläche und den auf sie bezogenen Schweremessungen ermittelt werden. T. L.

13121. **M. S. Molodensky,** Deducing Stokes's formula with a relative error of the order of the square of the flattening. Bull. géod. (NS) Nr. 50 S. 50—51. — Die Modifikation wird dadurch erreicht, daß man im Theorem von Stokes die Kugel durch das Niveauellipsoid ersetzt. T. L.

13122. **D. W. Sagrebin,** Geodätische und gravimetrische Daten zum Problem der Dreiachsigkeit der Erde. Nachr. Karten- und Vermessungswesen (III) Inst. angew. Geod. Frankfurt Nr. 4 S. 5—16. — Übersetzung der in AJB **51** Ref. **13130** zitierten Arbeit.

13123. **A. Stoyko, N. Stoyko,** Sur la variation progressive de la rotation de la Terre. CR **246** 235—237. — Die durch eine Caesium-Resonanz-Uhr gesteuerten Zeitsignale des Senders Rugby werden mit der durch das Bureau International de l'Heure gegebenen Zeit verglichen. Nach Elimination der jahreszeitlichen Schwankungen läßt sich für den Zeitraum Juni 1955 bis September 1957 eine monatliche Zunahme der Tagesdauer von $32 \pm 0.6\ \mu$ sec/Monat ermitteln. Entsprechende Vergleiche mit einer Ammoniak-Uhr in Japan lieferten den Wert von $36.8\ \mu$ sec/Monat. Mehltretter

13124. A. Stoyko, N. Stoyko, Sur la variation aléatoire de la vitesse de la rotation de la Terre. CR **247** 182—185. — Weitere Untersuchungen über die Änderung der Tageslänge durch Vergleich der astronomischen Zeit mit dem Caesium-Frequenznormal des NPL in Teddington werden mitgeteilt. Demnach gibt es Perioden konstanter Rotationsgeschwindigkeit und Perioden, in denen sie sich ändert. Das Verhalten der Tagesdauer im Zeitraum 1955 Juni bis 1958 Juni wird mitgeteilt. Mehltretter

13125. N. Stoyko, La rotation de la Terre et l'horloge atomique. Ann. Françaises Chronométrie (2) **12** 63—68. — Um eine endgültige Prüfung der Güte einer Uhr vorzunehmen, muß man mit ihr die jahreszeitliche Unregelmäßigkeit der Erdumdrehung bestimmen. Dank der Atomuhr hat man die jahreszeitliche Unregelmäßigkeit der Erdumdrehung mit großer Genauigkeit bestimmen können. Sie erlaubt bereits, die fortschreitenden Änderungen der Erdumdrehung zu bestimmen. Verf.

13126. N. Stoyko, L'irrégularité saisonnière de la rotation de la Terre et son extrapolation pour l'année 1959. Bull hor (4) Nr. 20 S. 409—410, 412. — Auch für 1959 kann die gleiche Formel für ΔT_s verwendet werden wie in den drei Vorjahren. Der Vergleich mit den Atomuhren zeigt eine Abnahme der mittleren Abweichung zwischen den extrapolierten und den interpolierten saisonalen Schwankungen der Erdrotation. T. L.

13127. J. M. Torroja, La astronomía en el problema de la determinación de la forma y dimensiones de la Tierra. Anuario del Obs. Astr. Madrid 1959 S. 309—360.

13128. F. L. Whipple, Oblateness of the earth by artificial satellites. Harv Card 1408. Vgl. auch NAZ **12** 20.

13129. F. Zagar, La variazione della rotazione terrestre. Milano, Libreria Editrice Politecnica, 1957. 8 S. — Radiovortrag über Zeitbestimmung und Änderung der Erdrotation.

13130. Shape of the earth. Sky and Telescope **17** 514. — Ref. in NAT 1958 S. 101—102.

§ 132

Geodätische Koordinaten, Polschwankung

* * Weitere geographische Koordinaten siehe § **12**.

13201. K. Arnold, Der gravimetrische Effekt der Polhöhenschwankungen. Z. Vermessungswesen **83** 346—348. — Der Betrag der durch Polhöhenschwankungen verursachten Schwerestörung wird theoretisch abgeleitet. Wegen der geringen Amplitude und der langsamen Änderungen wird dieser Effekt durch Messungen vorläufig noch nicht nachweisbar sein. In extremen Fällen können Schwereunterschiede zwischen weit voneinander entfernten Stationen durch Polhöhenschwankungen um 0.012 mgal verändert werden. Schrick

13202. O. A. de Azeredo Rodrigues, Longitude por alturas iguais próximas ao meridiano. Rev. maritima brasil **77** 791—805, 1957. — Ref. in RJ UdSSR 1959 Nr. 3 S. 15.

13203. S. J. Belych, Bestimmung der geographischen Koordinaten aus Beobachtungen von Sternpaaren in den Vertikalen +45° und −45°. Publ. Inst. Ing. Geod. Luftbildaufnahme Kartographie Nowosibirsk **7** 3—14, 1956 (russ.). — Ref. in RJ UdSSR 1959 Nr. 7 S. 18.

13204. **J. C. Bhattacharji,** Comments on «azimuth determination without circle readings» by R. K. C. Johns. Bull. géod. (NS) Nr. 50 S. 52—55. — Zur Kritik der von Johns vorgeschlagenen Methode wird gezeigt, daß ein Fehler in der geographischen Länge des Beobachtungsortes in gleicher Größenordnung in das hergeleitete Azimut eingehen kann. T. L.

13205. **J.-P. Blaser,** L'opération mondiale des longitudes et des latitudes. Rev. International Horlog. 1958 Nr. 8 S. 16—24. — Ref. in RJ UdSSR 1959 Nr. 5 S. 14.

13206. **A. W. Butkewitsch,** Über die Berechnung des Einflusses der täglichen Aberration bei der Breitenbestimmung aus Zenitdistanzen von Sternen. Publ. Inst. Geod. Luftbildaufnahme Kartographie Nowosibirsk 7 39—40, 1956 (russ.). — Ref. in RJ UdSSR 1959 Nr. 7 S. 18.

13207. **L. Carnera,** Risultati del Servizio Internazionale delle Latitudine dal 1935.0 al 1941.0. Unione Internazionale Astronomica. Associazione Geodetica Internationale. Firenze, 1957. Vol. 9, 263 S. mit 7 Tafeln.

13207a. **L. Cichowicz,** Une méthode de la détermination simultanée du temps local et de l'azimut au moyen de l'observation des étoiles à une hauteur égale à leur déclinaison. Geodezja i Kartografia Warszawa 7 214—233. — Zur simultanen Bestimmung des Uhrstandes und des Azimuts durch Beobachtung von Sternen in der Höhe $h = \delta$ wurden Formeln abgeleitet, nach denen vorläufige Werte t_0 und a_0 berechnet und Korrektionen Δt und Δa angebracht werden. Ein Beobachtungsbeispiel mit dem «Wild T4» ist ausführlich wiedergegeben; darin betragen die mittleren quadratischen Fehler aus einer Sternbeobachtung $m_0\,(\Delta t) = \pm 0\overset{s}{.}17$ bzw. $m_0\,(\Delta a) = \pm 1\overset{\prime\prime}{.}6$. Schrick

13208. **A. Danjon,** Instruction pour la détermination de l'heure et de la latitude avec l'astrolabe impersonnel A. Danjon. Ann. International Geophys. Year 4 151—154, 1957. — Ref. in RJ UdSSR 1959 Nr. 4 S. 15.

13209. **J. Dobrzycki,** Badania nad wahaniami bieguna w Bureau International de l'Heure. Postępy Astr. 6 118—120. — Besprechung der Untersuchung von A. Stoyko und N. Stoyko in BA 21 205 (AJB 57 Ref. 13226).

13210. **S. Drosdow,** Die Breitenschwankungen des Gravimetrischen Observatoriums der Akademie der Wissenschaften der Ukrainischen Sowjetrepublik in Poltawa von 1946.5 bis 1947.5. AC Nr. 198 S. 4 (russ.).

13211. **E. Fichera,** Théorie et pratique astronomiques dans les stations du Service International des Latitudes. Obs. Roy. Belgique Monographie Nr. 6, 116 S.

13212. **A. E. Filippow,** Über eine mögliche Ursache der systematischen Fehler bei Breitenbestimmungen. Publ. Gravimetr. Obs. Poltawa 7 111—118 (russ.).

13213. **T. Hattori,** Die Beobachtungen von Breitenänderungen in unserer Zeit. Astr. Herald 51 Nr. 2 S. 26—28 (japan.).

13214. **T. Hattori,** Secular variations of latitudes. J. Geod. Soc. Japan 1 14—19, 1954.

* * **T. Ikeda,** The effect of the upper wind on the latitude observation at Mizusawa. Vgl. Ref. 1250.

13215. **E. I. Jewtuschenko, I. P. Ogorodnik,** Die Breitenschwankungen von Poltawa nach Beobachtungen am Zeißschen Zenitteleskop von 1949.7—1956.5. Publ. Gravimetr. Obs. Poltawa 7 3—25 (russ.).

13216. **A. M. Kalmykow,** Die Breitenänderung von Kitab im Zeitraum 1955.0—1957.5. AC Nr. 192 S. 17—18 (russ.).

13217. **W. A. Kowalenko,** Genäherte Bestimmung des Azimuts aus zwei Höhen-Azimut-Beobachtungen ein und derselben Sterne. Lwow, Politechn. Inst., 1958 (russ.). — Dissertationsref.

13218. **D. I. Krawzew,** Die mittlere Breite von Kitab im Zeitraum 1947.7—1954.3. AC Nr. 192 S. 16—17 (russ.).

13219. **D.-Z. Lo, N. I. Pantschenko, A. P. Zapowa,** Die Polbewegung der Erde von 1955 bis 1957. AC Nr. 188 S. 20—21 (russ.).

13220. **W. Markowitz,** Instructions for use of the PZT in the longitude and latitude programme. Ann. International Geophys. Year **4** 197, 1957. — Ref. in RJ UdSSR 1959 Nr. 4 S. 15.

13221. **P. Melchior,** Déplacements séculaires du pôle moyen et catalogues d'étoiles (II). Commun. Obs. Roy. Belgique Nr. 134, 20 S.

13222. **W. Munk, R. Haubrich.** The annual pole tide. Nature **182** 42.

13223. **A. J. Orlow,** Service des Latitudes. Moskau, Verlag Akad. Wiss., 1958. 126 S. (russ. und französ.).

13224. **A. Orte Lledó,** La operación mundial de longitudes del Año Geofísico y el problema de la hora. Urania Barcelona **43** 11—18.

13225. **N. I. Pantschenko,** Die Polbewegung der Erde von 1946 bis 1954. AC Nr. 188 S. 18—20 (russ.).

13226. **W. P. Sabajew,** Tagesbestimmungen des Azimuts eines terrestrischen Objekts mit Polaris. Abh. Landwirtschaftl. Inst. Woronesh **27** 305—312 (russ.). — Ref. in RJ UdSSR 1959 Nr. 3 S. 14.

13227. **B. Ševarlić, G. Teleki, V. Milovanović,** Observations à la lunette zénithale (de 110 mm) du Service de Latitude de l'Observatoire. Bull. Obs. Astr. Beograd **21** Nr. 3—4 S. 3—4.

13228. **F. Spigeleer,** Réduction nouvelle d'observations effectuées par A. M. Kowalski, à Kasan, en 1892—93. Bull. Cl. Sci. Acad. roy. Belgique (5) **44** 126—128 = Inst. Astr. Bruxelles (2) Nr. 110. — Neureduktion der Breitenbeobachtungen von Kowalski 1892—93 in Kasan mit Sternörtern des Katalogs von Boss und dem Wert 20."51 für die Aberrationskonstante. Böh.

13229. **C. Sugawa,** The effect of the upper wind on the latitude observations. Publ. Latitude Obs. Mizusawa **2** 411—431, 1957.

13230. **S. Takagi,** Longitude determination of the International Latitude Observatory of Mizusawa. I. II. III. Publ. Latitude Obs. Mizusawa **2** 451—578.

13231. **S. Yumi,** On the magnitude of latitude stars. Publ. Latitude Obs. Mizusawa **2** 432—449, 1957. — Verf. vergleicht die Anzahl der Beobachtungen des Breitendienstes in Mizusawa 1922—1935 mit den Beobachtungen anderer Stationen (Gaithersburg, Carloforte, Ukiah, Kitab). Er untersucht den Einfluß der Jahreszeiten, der Abend- und Morgenbeobachtungen und den von Wolken. Verf. schließt, daß für ein Zenitteleskop von 110 mm Öffnung die Helligkeiten der Sterne zwischen $5^m.5$ und $7^m.0$ liegen sollten. Im Winter müßten etwas hellere Sterne gewählt werden. Gli.

13232. **I.-S. Zsou, D.-Z. Lo,** Die Berechnung der Polkoordinaten und die Analyse der Breitenänderungen zwischen nahen Stationen. Acta Astr. Sinica **6** 209—218 (chines. mit russ. Ref.).

13233. Recommendations for the programme of longitude and latitude determinations, adopted at the Second Meeting of the Special Committee for the International Geophysical Year, held in

Rome, 30 September—4 October 1954, and at the Third Meeting, held in Brussels, 8—14 September 1955. Ann. International Geophys. Year **4** 197—201, 1957. — Ref. in RJ UdSSR 1959 Nr. 5 S. 14.

13234. Auszug aus dem Bericht des Herrn P. Engi über die Bearbeitung der im Sommer 1957 ausgeführten Beobachtungen zur Bestimmung der Längendifferenz München-Genf. Procès-Verbal de la 103e séance de la Commission Géod. Suisse, S. 3—13.

13235. Auszug aus dem Bericht des Herrn N. Wunderlin über die Auswertung der Beobachtungen der Längendifferenz München-Genf. Procès-Verbal de la 103e séance de la Commission Géod. Suisse, S. 13—19.

13236. Variation of latitude 1948. Greenwich Astronomical Results 1948, A 48.
Desgl. für 1950, A 55—A 56.
Desgl. für 1951, A 72.
Desgl. für 1952, A 70.

13237. Declinazioni apparenti delle coppie di stelle osservate nelle Stazioni Internazionale di Latitudine — Parallelo Nord 1958. Pubbl. Ufficio Internazionale delle Latitudini — Oss. Astr. Torino Nr. 17, 36 S. — Verzeichnis der scheinbaren Deklinationen der Sternpaare für den Internationalen Breitendienst.

13238. Bull hor (4) Nr. 19 S. 387, Nr. 20 S. 411, Nr. 21 S. 437, Nr. 22 S. 461, Nr. 23 S. 488. — Enthält die rechtwinkligen, interpolierten Koordinaten x und y des Poles und die entsprechenden Korrektionen für die Längen der Beobachtungsstationen des Internationalen Breitendienstes.

§ 133

Navigation

13301. **W. A. Behrens,** Astronomisches Mittagsbesteck mit vorausberechneter Kulminationslänge. Seewart **19** 227—228.

13302. **M. Blewitt,** Celestial Navigation for Yachtsmen. London, 1958. 3. Aufl.

13303. **J. D. Bottoms,** The zenith indicator position instrument. Navigation Los Angeles **6** 128—129.

13304. **C. Chavanier,** Abaques pour compléter les cartes marines polaires en vue de faciliter leur usage pour la navigation maritime et aérienne. Navigation Paris **6** 62—71. — Unter anderem Verwendung von Höhengleichendiagrammen auf einer stereographischen Karte im Polargebiet; Sonnenstandlinien auf einer solchen Karte. Fr.

13305. **P. Couillault,** Star identifier. Hydr. Review **35** Nr. 2 S. 61—65. — Diagramme von Kurven gleicher Höhe und gleichen Azimuts von 10° zu 10°, die über zwei Sternkarten des Nord- und des Süd-Himmels gelegt werden können (Hydr. Off. 2102 D). Fr.

13306. **A. N. Deutsch,** Über kurzfristige Sonnenbeobachtungen und ihre Bearbeitung zur Bestimmung des Schiffsortes. Abh. Ing.-Seehochschule Leningrad 1956 Nr. 3 S. 96—105 (russ.). — Ref. in RJ UdSSR 1959 Nr. 2 S. 17—18.

13307. **W. F. Djakonow,** Nautische Astronomie. Leningrad, «Seetransport», 1958. 463 S. Preis 12 R. 80 Kop. (russ.).

13308. **J. Dohm,** The American Flight Navigator. Pan American Navigation Service, 1958. 352 S. mit Fig. Preis $ 6.50. — Besprechung in J. Inst. Navigation 11 415—418 (J. E. D. Williams). — Handbuch der Luftnavigation, das unter anderen auch ein Kapitel über astronomische Ortsbestimmung enthält, das aus der Praxis der amerikanischen Fliegerei geschrieben und auf die derzeitigen Bedürfnisse der amerikanischen Flugsicherungsbehörden zugeschnitten ist. Die darin liegenden Nachteile werden vom Referenten Williams kritisiert. Fr.

13309. **B. Duttons, J. C. Hill, T. F. Utegaard, G. Riordan,** Navigation and Piloting. Maryland, U. S. Naval Institute Annapolis, 1957/58. 6 + 771 S. mit vielen Abb. — Ausführliche Besprechung in J. Inst. Navigation 12 111—113. — Vollständige Neubearbeitung des berühmten Lehrbuchs, das seit 1926 zehn Auflagen erlebte. Die astronomische Navigation, von Hill und Riordan bearbeitet, macht etwa ein Drittel des Buches aus und behandelt vor allem Standlinien nach der Höhenmethode mit Hilfe der Tafeln HO 214. Fr.

13310. **G. E. Earl, F. Main,** Munro's Navigation, Using the 1958 Almanac. Glasgow, Munro, 1958. Rev. Ausgabe. 432 S. Preis 35 sh.

13311. **A. C. Gardner,** Teach Yourself Navigation. English Universities Press, 1958. 191 S. Preis 6 s. — Besprechung in J. Inst. Navigation 11 427 (G. A. A. Grant).

13312. **H. O. Hill, E. W. Paget-Tomlinson,** Instruments of Navigation. A catalogue, with notes upon their use. London, Her Majesty's Stationery Office, 1958. 90 S. mit 10 Fig. und 9 Tafeln. Preis 4 s. 6 d. — Besprechung in J. Inst. Navigation 11 326 (A. V. Thomas).

13313. **P. Hugon,** Le calculateur de point astronomique en navigation maritime et aérienne. Navigation Paris 6 107—134. — Grundlegender Aufsatz über die Möglichkeiten der maschinellen Berechnung astronomischer Schiffsorte, besonders mit elektronischen Analogrechnern. Fr.

13314. **N. Jeshow,** Die praktisch notwendige Genauigkeit bei der Berechnung von Gestirnshöhen. Hochseeflotte 1958 Nr. 2 S. 5—6 (russ.). — Ref. in RJ UdSSR 1958 Nr. 11 S. 15.

13315. **H. L. Karsch,** The far side program. Navigation Los Angeles 6 34—42.

13316. **M. de Kerviler,** Navigation astronomique, guide pratique pour le yacht de croisière. Paimboeuf, Ed. Plaisance, 1956. 8 + 107 S. Preis Fr. 1100.

13317. **A. D. Kusnezow,** Bestimmung des Ortes und Weges eines Schiffes mit Hilfe des Sextanten aus zwei Zielen mit kleinen Zwischenwinkeln. Publ. Zentr. Wiss. Forschungsinst. Hochseeflotte 1958 Nr. 16 S. 49—57 (russ.). — Ref. in RJ UdSSR 1959 Nr. 4 S. 17.

13318. **J. C. Lieuwen,** Record Tables. Rotterdam, NV Observator, 1957. 8 + 112 S. — Zweite Auflage der Tafeln zur abgekürzten Berechnung astronomischer Standlinien. Fr.

13319. **P. Löhr,** Über den geometrischen Ort der Standlinien-Leitpunkte bei einer astronomischen Ortsbestimmung auf See. Deutsche Hydrograph. Z. 11 35—36.

13320. **P. Löhr,** Die Genauigkeit der Standortbestimmung durch Reihenbeobachtungen bei spitzem Winkel. Seewart 19 16—19.

13321. **L. J. Lukeš,** Ausnutzung von Dauersignalen zur astronomischen Orientierung. Vermessungstechnik, Berlin 6 Nr. 5 S. 98.

13322. **B. Malzew,** Über die praktische Genauigkeit der Schiffsortbestimmung aus zwei ungleichzeitigen Sonnen-Beobachtungen. Hochseeflotte 1958 Nr. 7 S. 7—8 (russ.). — Ref. in RJ UdSSR 1959 Nr. 2 S. 18.

13323. **R. De La Mar,** Abaco náutico. Urania Barcelona **43** 91—97.

13324. **R. V. Miner,** The search for selfcontained navigation aids. Navigation Los Angeles **6** 120—123. — Noch immer ist die astronomische Navigation ein wichtiges Verfahren allein mit Bordmitteln. Fr.

13325. **A. B. Moody,** Use of satellites for navigation. Navigation Los Angeles **6** 95—101. — Die Möglichkeiten, auf geeigneten Bahnen angesetzte Satelliten (z. B. 24^h Umlaufszeit) als Objekte einer astronomischen Navigation zu beobachten, werden erörtert. Voraussetzung ist natürlich die genaue Kenntnis ihrer Bahnbewegung. Fr.

13326. **D. B. Nichinson,** An automatic astro compass. Navigation Los Angeles **6** 182—189.

13327. **C. Pacé,** Astronomie Nautique. Paris, Ed. maritimes et coloniales, 1958. ca. 200 S. mit zahlreichen Abb.

13328. **E. S. Pedersen,** Airline navigation in polar arctics. J. Inst. Navigation **11** 356—360.

13329. **L. Pieczyński,** Zur Frage der Navigationsastronomie. Przeglad Geodezyjny, Warszawa **14** Nr. 2 S. 60—63.

13330. **H. Ricken,** Anwendungsmöglichkeiten der H. O. 249. Seewart **19** 199—203. — Anwendung dieser Höhen- und Azimuttafeln für bestimmte Fixsterne auf andere Navigationsaufgaben. Fr.

13331. **A. I. Rodionow,** Die Bestimmung der Breite eines Schiffes aus der Azimutänderung eines Gestirns. Publ. Zentr. Wiss. Forschungsinst. Hochseeflotte 1958 Nr. 16 S. 57—61 (russ.). — Ref. in RJ UdSSR 1959 Nr. 4 S. 17.

13332. **D. H. Sadler, W. A. Scott,** Yugoslav activity in the design of tables for astronomical navigation at sea. J. Inst. Navigation **11** 207—213. — Behandelt die Tafeln der abgekürzten Standlinienberechnung von Flego (Split 1957) und Kotlarič (Split 1955). Fr.

13333. **P. Sizaire,** Astronomie Nautique. Paris, Ed. coloniales et maritimes, 1958. 20 + 488 S. mit zahlreichen Abb. und einer Sternkarte. — Lehrbuch für die französische Marineschule, das die Grundlagen der sphärischen Astronomie und der mathematischen Geographie behandelt. Fr.

13334. **N. Twere,** Die Eliminierung von Fehlern bei der Berechnung des Schiffsweges aus Ortsbestimmungen mit der Sonne. Hochseeflotte 1958 Nr. 2 S. 7—8 (russ.). — Ref. in RJ UdSSR 1958 Nr. 11 S. 15.

13335. **P. V. H. Weems, C. Lee,** Marine Navigation. Annapolis, 1958. 10 + 471 S. mit vielen Abb. — 170 S. des Buchs beschäftigen sich mit nautischer Astronomie.

13336. **W. W. Woronow,** Über einige Ursachen der Veränderlichkeit des Deviationskoeffizienten. Abh. Ing.-Seehochschule Leningrad 1958 Nr. 10 S. 97—104 (russ.). — Ref. in RJ UdSSR 1959 Nr. 4 S. 17—18.

13337. U. S. Navy Hydrographic Office. American Practical Navigator, originally by N. Bowditch. Washington, Government Printing Office, 1958. H. O. Publ. Nr. 9, 1524 S. mit vielen Abb. — Die Neuauflage (etwa die 70.) des bekannten Buches umfaßt 240 S. Nautische Astronomie neben dem Tafelteil, der auch eine Reihe Tafeln für dieses Gebiet enthält. Bemerkenswert ist vor allem eine Übersicht über alle neueren Reduktionsverfahren für astronomische Höhenbeobachtungen. Fr.

§ 134

Astronautik, Raketen

* * Siehe auch § 72.

13401. **M. Allward, J. W. R. Taylor,** Rockets and Missiles. Ian Allen, 1958. 36 S. Preis 2 s. 6 d. — Besprechung in Spaceflight **2** 32.

13402. **M. Allward,** The space age is here. Spaceflight **1** 196—197.

13403. **E. E. Angle,** Attitude control techniques. Navigation Los Angeles **6** 00—71. — Überwachung der Orientierung eines Raumfahrzeuges. Fr.

13404. **R. Argentière,** Astronáutica. S. Paulo, «Pincar», 1957. 278 S. Preis 120,0 cruz.

13405. **R. M. L. Baker,** Navigational requirements for the return trip from a space voyage. Navigation Los Angeles **6** 175—181.

13406. **E. Bialoborski,** Raketen, Satelliten, Raumschiffe. Leipzig, Urania-Verlag, 1958. 384 S. mit 102 Abb. Preis DM 9.80. — Besprechung in Weltraumfahrt 1958 S. 125.

13407. **Z. Bochníček,** Hviezdy mieru a štastia. Bratislava, Verlag SVPL, 1958. 128 S. mit 21 Abb. Preis Kčs. 5.50 (slowak.).

13408. **U. Bonfiglioli,** Elementi di astronautica. Astronautica **6** 87—91, 186—195.

13409. **L. Boni,** Possibilità di viaggi cosmici mediante propulsione fotonica. Astronautica **6** 33—40.

13410. **K. Boruń,** Dalekie perspektywy astronautyki. Urania Kraków **29** 233—237, 262—266.

13411. **W. v. Braun,** Start in den Weltraum. Frankfurt, S. Fischer Verlag, 1958. 327 S. mit 38 Fig. und 17 Tafeln. Preis DM 12.80. — Besprechung in Sternenbote Wien **1** Nr. 9 S. 17.

13412. **W. v. Braun,** Die Eroberung des Weltraums. Übersetzung aus dem Englischen. Frankfurt/M.-Hamburg, Fischer-Bücherei, 1958. 194 S. Preis DM 2.20.

13413. **E. Burgess,** An Introduction to Rockets and Spaceflight. Vgl. AJB **56** Ref. **13405**. — Weitere Besprechung in L'Universo **38** 162—163 (A. Murri).

13414. **E. Burgess,** Satelliter och rymdfart. Hörsta, 1958. 176 S. Preis Kr. 22:50.

13415. **J. L. Castle,** Vanguard to Venus. New York, Dodd. Mead, 1957. 212 S. Preis $ 3.

13416. **L. Chincarini,** Zone della Luna ritenuta più adatta per la discesa delle astronavi. Astronautica **6** 26—28.

13417. **L. Chincarini,** Il punto nello spazio. Astronautica **6** 80—81.

13418. **A. C. Clarke,** The Scottie Book of Space Travel. London, Transworld Publ., 1957. 126 S. mit Fig. Preis 2 s. 6 d.

13419. **A. C. Clarke,** The Exploration of Space. Harmondsworth, Penguin Books, 1958. 192 S. Preis 30 sh. 6 d.

13420. **J. Coggins, F. Pratt,** By Space Ship to the Moon. New York, Random, 1958. 56 S. Preis $ 1.00.

13421. **D. M. Cole,** Minimum time interplanetary orbits. J. Astronautical Sci. **5** 31—38.

13422. **J. Copeland,** Interplanetary trajectories under low-thrust radial acceleration. American Rocket Soc. Prepr. Nr. 648, 19 S. — Ref. in RJ UdSSR 1959 Nr. 6 S. 70.

13423. **D. B. Cross, J. Jensen,** A survey of propulsion and space dynamics. J. Astronautical Sci. **5** 15—19, 30.

13424. **K. Cuypers,** Op Reis naar de Maan. Antwerpen, De Sikkel N. V. Preis F. 48. — Besprechung in Ciel et Terre **75** 231 (J. F. Brouet).

13425. **A. Ducrocq,** Voor de poorten van het heelal. Übersetzung aus dem Französischen. Amsterdam, Scheltema en Holkema N. V., 1958. 171 S. Preis f. 6.90. — Besprechung in Hemel en Dampkring **57** 186 (C. W. Dornseiffen).

13426. **D. B. Duncan,** Inertial guidance and space navigation. Navigation Los Angeles **6** 30—33.

13427. **E. P. Eaton,** Star trackers. Navigation Los Angeles **6** 24—29. — Behandelt die Möglichkeiten der ununterbrochenen Beobachtung von Gestirnen bei Raumflügen zum Zwecke der automatischen, astronomischen Standortbestimmung. Fr.

13428. **K. A. Ehricke,** Error analysis of Keplerian flights involving a single central force and transfer between two central force fields. Navigation Los Angeles **6** 5—23. — Eingehende theoretische Untersuchung des Einflusses von Fehlern in Richtung und Geschwindigkeit beim Abschuß eines Raumfahrzeuges auf die Elemente der Bahnbewegung im Erdfeld sowie im Sonnensystem. Fr.

13429. **K. A. Ehricke, G. Gamow,** Mit einer Rakete um den Mond. Vasiona **5** 68—71, 1957 (serb.). — Übersetzung aus dem Juniheft des Sci. American 1957.

13430. **H. C. Freiesleben,** Interplanetare Navigation. Seewart **19** 89—93.

13431. **W. E. Frye,** Fundamentals of inertial guidance and navigation. J. Astronautical Sci. **5** 1—4, 10.

13432. **O. W. Gail, W. Petri,** Weltraumfahrt. Physik, Technik, Biologie. München, Hanns Reich Verlag, 1958. 2. Auflage. 151 S. mit 50 Fig. und 8 Tafeln. Preis DM 9.80. — Besprechung in Sterne **35** 93—94 (C. Hoffmeister), VdS Nachr. 8 78 (J. Herrmann).

13433. **G. García,** Sobre el movimiento de un punto material de masa variable sometido a la acción de la atracción y de la resistencia del medio. Actas Acad. Nacional Ci. Exact. Fis. Nat. Lima **21** Fasc. 3—4 S. 8—33.

13434. **G. García,** Sobre la ecuación diferencial del proyectil cohete y un procedimiento de integración. Actas Acad. Nacional Ci. Exact. Fis. Nat. Lima **21** Fasc. 3—4 S. 34—41.

13435. **H. Gartmann,** Jahrhundert der Raketen. München, P. Müller, 1958. 349 S. Preis DM 12.—.

13436. **F. Gel, A. Rükl, J. Bukovský, F. Kadavý,** Přes práh vesmíru. Prag, Verlag SNPL, 1958. 94 S. mit 48 Abb. Preis Kčs. 6.80. (tschech.). — Besprechung in RH **39** 143, Vesmír **37** 286.

13437. **K. Gilzin,** Naar Verre Werelden. Amsterdam, Uitgeverij Pegasus, 1958. 303 S. mit 69 Fig. und 13 Tafeln. Preis f. 8.90. — Besprechung in Hemel en Dampkring **57** 85—86 (J. Weenen), Meteoor **15** 30 (J. de Metter).

13438. **S. W. Greenwood,** Reconnaissance orbits. J. British Interplanetary Soc. **16** 534—537. — Verf. betont die Zweckmäßigkeit von Erkundungsfahrten gegenüber gezielten Flügen in den planetaren Raum und beschreibt einige dazu geeignete Bahnformen. Böh.

13439. **W. H. Haas,** The A. L. P. O. Lunar Missile Survey: A status report. Strolling Astronomer **12** 103—107.

13440. **A. G. Haley,** Rocketry and Space Exploration. Princeton N. J., London, D. van Nostrand Co., 1958. 15 + 334 S. Preis 51 s. — Besprechung in Spaceflight **2** 155—156 (H. E. Ross).

13441. **L. Hansen,** Rumfart og Raket-Teknik. Kopenhagen, Hirschprung, 1958. — Besprechung in Urania København **15** 72.

13442. **S. Herrick, R. M. L. Baker jr.,** Recent advances in astrodynamics. Jet Propulsion Oct. 1958, 6 S. = Astr. Papers Univ. California **2** Nr. 5.

13443. **S. Herrick,** Space navigation and the institute. Navigation Los Angeles **6** 3—4. — Einleitende Worte zu einem Heft, das nur der Astronautik gewidmet ist.

13444. **S. Herrick, R. M. L. Baker jr., C. G. Hilton,** Gravitational and related constants for accurate space navigation. Proc. VIIIth Internat. Astronaut. Congress, Barcelona 1957. Berlin-Göttingen-Heidelberg, Springer-Verlag, 1958 S. 197—235 = Astr. Papers Univ. California **1** Nr. 24. — Kritische Untersuchung über die Genauigkeit der in die Navigation von Flugkörpern im Weltraum eingehenden fundamentalen astronomischen und geodätischen Konstanten im Vergleich mit den an sie für diesen Zweck zu stellenden Ansprüchen. Umrechnungstafeln für einige der Konstanten werden gegeben. Böh.

13445. **D. C. Holmes,** What's going on in Space? A Chronicle of Man's Exploration into Space beyond this Earth. New York, Funk and Wagnalls, 1958. 256 S. Preis $ 3.95. — Besprechung in Spaceflight **2** 30 (H. E. Ross).

13446. **G. Horn-d'Arturo,** Ultimi messaggi del Razzo vettore. Coelum **26** 2—3.

13447. **L. Jacot,** La Terre s'en va. Paris, La Table Ronde, 1958. 233 S. mit 64 Tafeln. — Besprechung in Ann d'Astrophys **21** 164—165 (J.-C. Pecker).

13448. **C. Luplau Janssen,** Pa Vej til Manen. Kopenhagen, Forlaget Fremad, 1958. 94 S. Preis Dän. Kr. 9.75. — Besprechung in PAT **39** 171 (Å. Wallenquist), Urania København **15** 16.

13449. **W. A. Jegorow,** Certain problems of moon flight dynamics. The Russian literature of satellites. I. S. 107—174. New York, International Physical Index, Inc., 1958. 6 + 181 S. mit 1 Tafel. Preis $ 10. — Besprechung in Math. Rev. **20** 477 (E. Laimanis).

13450. **W. A. Jegorow,** Einige Probleme der Dynamik des Fluges zum Mond. Priroda **47** Nr. 2 S. 3—9 (russ.). — Gekürzte Übersetzung in Naturwiss. Rundschau **11** 426—429 durch W. Petri. — Es werden Bahnen einer nicht angetriebenen Rakete in der Mondebene behandelt. Die Rakete kann auf den Mond fallen, den Mond umfliegen oder vorbeifliegen. Ferner kann die Rakete vom Mond beschleunigt werden und in eine hyperbolische Bahn übergehen. Eine Diskussion der notwendigen Genauigkeit im Antriebsteil des Fluges zeigt, daß es technisch möglich ist, eine Rakete auf den Mond fallen oder den Mond umfliegen zu lassen. Perek

13451. **W. P. Kaznewski,** Les fusées interplanétaires. Übersetzung aus dem Russischen. Paris, Ed. Farandole, 1958. 158 S. Preis Fr. 390.

13452. **R. Koch,** Jenseits aller Grenzen. Tatsachen und Probleme an der Schwelle eines neuen Weltzeitalters. In Zusammenarbeit mit A. F. Staats, H. Tietze, P. Koch, H.-D. von Bernuth. München, AWA-Verlag E. F. Flatan & Co., 1958. 285 S. mit 30 Fig. und zahlreichen Tafeln. Preis DM 22.80.

13453. **D. F. Lawden,** Optimal escape from a circular orbit. Astronaut. Acta **4** 218—233.

13454. **I. G. Letowalzew,** The transformation of rectangular space coordinates on the earth's ellipsoid. AJ UdSSR **35** 627—633 (russ. mit engl. Ref.). — Engl. Übersetzung in Soviet Astr. AJ **2** 582—588.

13455. **W. Ley,** Rockets, Missiles, and Space Travel. Vgl. AJB **57** Ref. 13421. London, Chapman & Hall, 1957. 2. Auflage. 16 + 528 S. Preis 50 s. — Weitere Besprechung in La Nature **87** 46.

13456. **W. Ley,** Satellites, Rockets and Outer Space. New York, New American Library; London, Muller, 1958. 10 + 128 S. Preis 3 sh. 6 d. — Besprechung in Spaceflight **2** 30 (P. E. Cleator).

13457. **B. W. Liapunow,** Viagens interplanetárias. Übersetzung aus dem Russischen. S. Paulo, Ed. Zumbi, 1958. 234 S. Preis 100.00 cruz.

13458. **P. Manni,** «Destinazione Luna»? Astronautica **6** 55—62.

13459. **P. Manni,** Progetto schematico di una base lunare semovente temporanea. Astronautica **6** 281—291.

13460. **A. G. Massewitsch,** Ein neues wirksames Hilfsmittel zur Erforschung des Weltalls. Bote Akad. Wiss. UdSSR 1958 Nr. 1 S. 8—12 (russ.).

13461. **D. H. Menzel,** The astronomer's stake in outer space. Atlantic Monthly 1958 S. 95—99 = Harv Repr (2) Nr. 134.

13462. **I. A. Merkulow,** Der Raketenflug in den Weltenraum. Moskau, DOSAAF, 1958. 88 S. Preis 1 R. 50 Kop. (russ.).

13463. **R. Montone,** Principi di radionavigazione intersiderale. Astronautica **6** 29—32.

13464. **R. Montone,** Sulla determinazione della velocità di un veicolo intersiderale mediante l'effetto Doppler. Astronautica **6** 73—74.

13465. **P. Moore,** Space Exploration. Cambridge, National Book League by University Press; The MacMillan Company of Canada Ltd., 1958. 36 S. Preis 60 c. — Besprechung in J RAS Canada **53** 48, Obs **78** 217.

13466. **W. D. Müller,** Men amongst the Stars. Übersetzung aus dem Deutschen. New York, Criterion Books, 1957. 307 S. Preis 18 s. bzw. $ 4.95. — Besprechung in Spaceflight **1** 332 (C. A. Cross).

13467. **R. R. Newton,** On the optimum trajectory of a rocket. J. Franklin Inst. **266** 155—187. — Ref. in RJ UdSSR 1959 Nr. 6 S. 70.

13468. **G. E. Orbegoso,** Movimiento del proyectil de masa variable en el vacio. Actas Acad. Nacional Ci. Exact. Fís. Nat. Lima **21** Fasc. 3—4 S. 1—7.

13469. **N. Pace,** Problems in space physiology. Publ ASP **70** 349—359.

13470. **G. W. Petrowitsch,** Die Grundprobleme der Kosmonautik. Bote Akad. Wiss. UdSSR 1958 Nr. 6 S. 28—34 (russ.). — Ref. in RJ UdSSR 1959 Nr. 7 S. 78.

13471. **G. I. Pokrowskij,** Über Luft- und Weltraumfahrt. Priroda **47** Nr. 1 S. 90—93 (russ.).

13472. **W. Proell, N. J. Bowman,** A Handbook of Space Flight. Chicago, Perastadion Press, 1958. 458 S. Preis $ 8.00. — Besprechung in Sky and Telescope **17** 525.

13473. **M. B. Protić,** Veštački Zemljini pratioci i perspectiva koju oni otvaraju astronomiji. Vasiona **6** 7—8.

* * **W. A. Rense,** Rocket ultraviolet solar spectroscopy. Vgl. Ref. **6515.**

13474. **R. E. Roberson,** Attitude control, problems and principles. Navigation Los Angeles **6** 59—61. — Fragen der Orientierung von Raumraketen. Fr.

13475. **E. Rodriguez,** A method of determining steering programs for low thrust interplanetary vehicles. American Rocket Soc. Prepr. Nr. 645, 33 S. — Ref. in RJ UdSSR 1959 Nr. 6 S. 70—71.

13476. **K. Rudnicki,** Znaczenie astronautyki dla astronomii. Urania Kraków **29** 65—69. — Ausblicke auf astronomische Beobachtungen, die man vom Mond aus unternehmen könnte. Hinweise auf die Bedeutung künstlicher Erdsatelliten für die Untersuchung der Bewegung von Himmelskörpern. Rybka

13477. **E. Sänger,** Einige optische und kinematische Effekte in der interstellaren Raumfahrt. Z. angew. Math. Phys. **9b** 591—600. — Ref. in RJ UdSSR 1959 Nr. 6 S. 67.

13478. **K. Schütte,** Die Weltraumfahrt hat begonnen. Vom ersten Satelliten bis zur Mondreise. Freiburg i. Br., Herder-Verlag, 1958. Herder-Bücherei Band 11. 173 S. mit 39 Fig. Preis DM 1.90. — Besprechung in Orion Schaffhausen **5** 683, PAT **39** 83 (C. Schalén), Sterne **35** 93—94 (C. Hoffmeister), VdS Nachr. **7** 35 (G. D. Roth), 78—79 (J. Herrmann).

13479. **K. Schütte,** Rymdfarten har börjat. Hörsta, 1958. 198 S. Preis Kr. 21 : 50.

13480. **S. F. Singer,** Interplanetary ballistic missiles. A new astrophysical research tool. Astronaut. Acta **4** 59—69.

13481. **K. I. Siwtschew,** Von der Aeronautik zur Astronautik. Vasiona **6** 1—2 (serb.).

13482. **R. C. Spencer,** The astronautic chart. Sky and Telescope **17** 572—575.

13483. **A. Sternfeld,** Sztuczny księżyc. Warszawa, PWN, 1957. 265 S. Preis 20 zł.

13484. **A. Sternfeld,** Ruimtevaart. Übersetzung aus dem Russischen. Amsterdam, Pegasus, 1958. 60 S. Preis Fl. 1.75.

13485. **A. Sternfeld,** Od umělých družic k meziplanetárním letům. Prag, Verlag SNTL, 1958. 141 S. mit 27 Abb. Preis Kčs. 4.35 (Übersetzung aus dem Russischen). — Besprechung in RH **40** 40.

13486. **A. Sternfeld,** Umělé družice. Prag, Verlag Orbis, 1958. 322 S. mit 58 Abb. Preis Kčs. 14. — (Übersetzung aus dem Russischen).

13487. **G. H. Stine,** Rocket Power and Space Flight. New York, Holt, 1957. 190 S. Preis $ 3.75.

13488. **H. Strughold,** «Geographie des Weltenraumes»: Spatiographie. Weltraumfahrt 1958 S. 65—68. — Vorschlag zur Unterteilung des Weltraumes nach ökologischen Gesichtspunkten, nach den Sphären des Gravitationseinflusses und nach den Intensitätsunterschieden der Sonnenstrahlung.

13489. **E. Stuhlinger,** Raketen und Satelliten im Dienste der Geophysik. Mitt. Gesellschaft Deutscher Naturf. Ärzte 1958 Nr. 3 S. 3. — Ref.

13490. **E. Stuhlinger,** Von künftiger Weltraumfahrt. Naturwiss. Rundschau **11** 263—268.

13491. **M. Vertregt,** Interplanetary orbits. J. British Interplanetary Soc. **16** 326—354, mit einer Erwiderung von S. W. Greenwood S. 543. — Übersicht der zwischen zwei Planeten möglichen Flugbahnen unter stark vereinfachenden Annahmen. Böh.

13492. **J. Walczewski,** Rakieta «RM 1». Urania Kraków **29** 361—363. — Bericht über einen Raketenaufstieg in der Wüste Błędowo bei Krakau am 10. Okt. 1958. Die Rakete erreichte eine Höhe von 3500 m. Rybka

13493. **L. G. Walters,** Lunar trajectory mechanics. Navigation Los Angeles **6** 51—58.

13494. **F. L. Whipple,** Orbit accuracy and ranges from ground-based optical tracking. Harv Repr Nr. 487, 5 S. — Es wird die Genauigkeit untersucht, bis zu der es einerseits mit optischen Methoden möglich, die andererseits jedoch nötig ist, um eine Rakete in Entfernungen bis zum Mond und den nächsten Planeten zu lenken. Böh.

13495. **D. White,** Electromagnetic analogs for the gravitational fields in the vicinity of a satellite. Proc IRE **46** 920—922.

13496. **K. Zarankiewicz,** O sztucznym księżycu. Warszawa, «Wiedza Powszechna», 1957. 52 S. Preis 2 zł.

13497. **K. E. Ziolkowskij,** Jenseits der Erde. Moskau, Verlag Akad. Wiss. UdSSR, 1958. 143 S. Preis 3 R. (russ.). — Besprechung in Priroda **47** Nr. 11 S. 121.

13498. Realities of Space Travel. Herausgegeben von L. J. Carter. Vgl. AJB **57** Ref. **13435**. — Weitere Besprechung in J. Astronautical Sci. **5** 50 (G. R. Arthur).

13499. Handbuch der Astronautik. Lfg. 1. Herausgegeben von K. Schütte, H. K. Kaiser. Konstanz, Akad. Verlagsges. Athenaion, 1958. 32 S. Preis DM 5.20.

134100. Vistas in Astronautics. Herausgegeben von M. Alperin, M. Stern. London-New York-Paris-Los Angeles, Pergamon Press, 1958. 21 + 330 S. Preis sh. 105. — Besprechung in J. British Interplanetary Soc. **17** 111 (A. V. Cleaver), Nature **184** 663—664 (D. G. King-Hele).

134101. Manual on Rockets and Satellites. Herausgegeben von L. V. Berkner in Zusammenarbeit mit G. Reid, J. Hanessian jr., L. Cormier. London-New York, Pergamon Press, 1958. 20 + 508 S. Preis 25 $ bzw. 160 s. — Besprechung in Nature **184** 213—214, Science **129** 1134 (J. P. Hagen), Sky and Telescope **18** 278.

134102. Raketnyje issledovanija verchnej atmosfery. Herausgegeben von R. L. F. Boyd, M. J. Seaton, H. S. W. Massey. Moskau, Verlag für ausländische Literatur, 1957. 415 S. Preis R. 24.35 (russ.). — Übersetzung des in AJB **55** Ref. **13449** zitierten Buches aus dem Englischen. — Besprechung in RH **39** 214.

134103. Space Flight; Satellites, Spaceships, Space Stations and Space Travel Explained. Herausgegeben von C. C. Adams. New York, McGraw-Hill Book Co., 1958. 389 S. Preis $ 6.50.

134104. Space Research and Exploration. Edited by D. R. Bates. New York, William Sloane Associates, 1958. 287 S. Preis $ 4.00. — Besprechung in Nature **181** 1299, Publ ASP **70** 624—625 (G. W. Preston).

134105. Space Exploration. Cambridge, National Book League, 1958. — Besprechung in Spaceflight **2** 92.

134106. Přes práh vesmíru. O umělých družicích Země. Praha, SNPL, 1958. 112 S. Preis 6.80 Kčs.

134107. Russian-English Glossary of Guided Missile, Rocket, and Satellite Terms. Zusammengestellt von A. Rosenberg. Washington, U.S. Library of Congress, 1958. 6 + 352 S. Preis $ 2.50. — Besprechung in J. British Interplanetary Soc. **17** 40 (G. V. E. Thompson).

134108. L'avventura del pioneer. Coelum **26** 159.

134109. Astronautics and philately. J. British Interplanetary Soc. **16** 314.

134110. World data centre for rockets and satellites, Slough. Nature **182** 988.

134111. Research in outer space. Science **127** 793—802. — Raketen. Erdsatelliten. Experimente mit Satelliten geringen Gewichts. Versuche mit fortentwickelten Satelliten. Monduntersuchungen. Erforschung der Planeten und des interplanetaren Raumes. Bemannter Raumflug. Weidemann

134112. Man's farthest step into space. Sky and Telescope Special Suppl. Nov. 1958, 8 S.

134113. Einführung in die Probleme und Möglichkeiten der Raumfahrt. Weltraumfahrt 1958 S. 33—40.

Künstliche Erdsatelliten

134114. W. N. Abbott, Seasonal illumination of a circumpolar earth satellite at its extreme-latitude orbit point. Nature **182** 651—652. — Verf. gibt eine Theorie der Beleuchtung eines Erdsatelliten ($i = 65°$, Höhe $h =$ 400 km im Gipfelpunkt) durch die Sonne mit Tabellen und Diagrammen. Böh.

134115. H. Abraham, Künstliche Satelliten als Problem der Himmelsmechanik. VdS Nachr. **7** 53—55, 83—86.

134116. V. Ajvaz, Satelitski Program «Istraživač». Vasiona **6** 33—35.

134117. A. H. Allan, J. E. Drummond, Doppler measurements on Soviet satellites. New Zealand J. Sci. **1** 143—153. — Ref. in Phys. Abstracts (A) **62** 94.

134118. M. Allward, Sputnik III. Spaceflight **1** 303—307, 327.

134119. I. Almár, Beobachtung des Eintritts des zweiten künstlichen Erdsatelliten in den Erdschatten zur Bestimmung seines genauen Ortes im Raum. AC Nr. 192 S. 4—5 (russ.).

134120. R. A. Anderson, C. S. I. Keay, A simple method of plotting the track of an earth satellite. J. British Interplanetary Soc. **16** 355—361. — Näherungsverfahren, um aus einer beschränkten Anzahl von Beobachtungen eines Erdsatelliten einfach und schnell Vorausberechnungen seines Erscheinens zu erhalten. Böh.

134121. P. E. Argyle, Sputnik I. J. British Interplanetary Soc. **16** 309.

134122. J. Ashbrook, G. F. Schilling, T. E. Sterne, Glossary of astronomical terms for the description of satellite orbits. Smithsonian Contr. Astrophys. **2** 211—217.

* * **R. d'E. Atkinson,** A «telescope» of unit magnification and very large field for satellite work. Vgl. Ref. **2105**.

134123. H. Bachmann, Bemerkungen über die Bahn künstlicher Erdsatelliten. Orion Schaffhausen **5** 371—380. — Es wird in verständlicher Weise dargelegt, wie die Bahn eines künstlichen Erdsatelliten im Raum verläuft, und welche Änderungen der Bahn zu erwarten sind. Ferner wird gezeigt, wie man sich leicht selbst Durchgangszeiten des Satelliten berechnen und auch seine Sichtbarkeit ermitteln kann. Um die Entscheidung zu erleichtern, ob der Satellit sichtbar, d. h. von der Sonne beleuchtet wird, ist eine kleine nützliche Tabelle über die Höhe der Grenze des Erdschattens zu verschiedenen Zeiten und in verschiedenen Monaten beigefügt. H. M.

134124. **H. Bachmann,** Beobachtung des zweiten russischen Erdsatelliten (1957 β) in der Schweiz. Orion Schaffhausen **5** 381.

134125. **H. Bachmann,** Satelliten-Plauderei. Orion Schaffhausen **5** 450—456. — 1.) Übersicht über die vergangenen und die noch kreisenden Satelliten. 2.) Die Bahnstörungen durch die Abplattung der Erde und die verschiedenen Perioden der Satelliten. 3.) Die Bahnstörungen durch den Luftwiderstand und die Lebensdauer der Satelliten.

134126. **W. C. Bain, R. W. Meadows,** Observations of bearing and angle of elevation of satellite I. Proc. Instn. electr. Engineers (B) **105** 91—93. — Ref. in Phys. Ber. **37** 2103.

134127. **R. M. L. Baker,** Passive stability of a satellite vehicle. Navigation Los Angeles **6** 64—65.

134128. **J. Bartels,** Eine mögliche Ursache für Änderungen des Luftwiderstandes in Satelliten-Bahnen. Naturwissenschaften **45** 181. — Bei der Beobachtung von künstlichen Satelliten ergaben sich Schwankungen der Umlaufszeit (bei Sputnik 2 im Februar eine Zunahme von 3ˢ9 auf 5 sec und dann wieder Abnahme auf 4ˢ5), die außerhalb der Beobachtungsfehler liegen und die auf zeitliche Schwankungen des wirksamen Luftwiderstandes hinweisen dürften. Zur Klärung der möglichen Ursache weist Verf. darauf hin, daß nahe der Polarlichtzone die Höhenerstreckung der Atmosphäre stark mit der erdmagnetischen Aktivität, das heißt mit der Intensität der solaren Korpuskularstrahlung schwankt. Henn

134129. **L. Beeland, R. Wells,** Space Satellite: the Story of the Manmade Moon. Englewood Cliffs, N. J., Prentice-Hall, 1957. 89 S. Preis $ 2.95.

134130. **A. N. Beresford,** Apparatus used at the Royal aircraft establishment. Proc. Instn. electr. Engineers (B) **105** 85—88. — Ref. in Phys. Ber. **37** 2103.

134131. **B. Bergqvist,** Il peso dei veicoli orbitali di minimo costo. Astronautica **6** 63—68.

134132. **A. Boni,** Observation of a satellite near its culmination. Astronaut. Acta **4** 188—217.

134133. **C. H. Bosanquet,** Scale height of the upper atmosphere. Nature **182** 1010—1011. — Herleitung von Formeln zur vollständigen Berechnung des Luftwiderstandes auf die Bahn von Erdsatelliten. Böh.

134134. **C. H. Bosanquet,** Change of inclination of a satellite orbit. Nature **182** 1533. — Verf. versucht nachzuweisen, daß die Veränderung der Neigung von 1957 β, welche nicht auf die Exzentrizität der Erde zurückzuführen ist, durch den von der Erdrotation erzeugten Seitenwind erklärt werden kann. Böh.

134135. **J. Bouška,** Wissenschaftliches Programm für künstliche Erdsatelliten. Vesmír **37** 28 (tschech.).

134136. **R. L. F. Boyd,** Radio observations on the Russian satellites. Introduction. Proc. Instn. electr. Engineers (B) **105** 81—83. — Ref. in Phys. Ber. **37** 2103.

134137. **R. N. Bracewell, O. K. Garriott,** Rotation of artificial earth satellites. Nature **182** 760—762. — Theorie der Drehung eines Erdsatelliten von Bleistift- und von Scheibenform und Aussagen über die einem solchen Flugkörper zu gebende günstigste Form, um die sich infolge der Rotation beim Empfang der Funksignale zeigenden Störungen zu verringern. Böh.

134138. **F. M. Branley,** Exploring by Satellite; the Story of Project Vanguard. New York, Crowell, 1957. 40 S. Preis $ 3.

134139. **P. J. Brice, P. N. Parker,** Radio observations on the signal characteristics of satellite I. Proc. Instn. electr. Engineers (B) **105** 101—104. — Ref. in Phys. Ber. **37** 2104.

134140. **J. Brouet, J. Lemmens,** Observation des satellites artificiels. Ciel et Terre **74** 145.

134141. **E. Buchar,** Motion of the nodal line of the second Russian earth satellite (1957 β) and flattening of the earth. Nature **182** 198—199. — Aus 33 visuellen Beobachtungen des Erdsatelliten 1957 β 1957 Dez. 7—1958 März 21 in der Tschechoslowakei wurde die Bewegung der Knotenlinie abgeleitet und daraus die Abplattung der Erde zu 1/294.4 $\pm$ 0.4 berechnet. Böh.

134142. **E. Buchar,** On the influence of the earth's oblateness on the motion of the artificial satellites. RH **39** 121—128 (tschech.).

134143. **E. Buchar,** The motion of the orbital node of sputnik 2 (1957 β) and the oblateness of the earth. Studia **2** 306—321 (mit russ. Ref.). — Aus 47 Beobachtungen des Erdsatelliten 1957 β, die auf verschiedenen tschechoslowakischen Stationen durchgeführt wurden, wurde die Bewegung des aufsteigenden Knotens berechnet und daraus die Abplattung der Erde zu 1/297.90 $\pm$ 0.18 abgeleitet. J. B.

134144. **E. Burgess,** Satellites and Spaceflight. Vgl. AJB **57** Ref. **13454**. — Weitere Besprechung in Astronautical Sci. Rev. **1** 24 (O. F. Kattwinkel), J. Astronautical Sci. **5** 50 (O. F. Kattwinkel), J. British Interplanetary Soc. **17** 111—112 (E. T. B. Smith), Nature **181** 980—981 (D. G. King-Hele), Proc. Phys. Soc. **73** 830 (H. S. W. Massey), Weltraumfahrt 1958 S. 64.

134145. **E. G. C. Burt,** Über die Verfolgung von Satelliten. Endeavour **17** 216—222. — Methoden zur Beobachtung künstlicher Erdsatelliten; Einfluß der Erdabplattung und Atmosphäre auf die Bahnform und Bahnentwicklung des Satelliten. Böh.

134146. **N. Carrara, P. F. Checcacci, L. Ronchi,** Sulla determinazione della traiettoria dei satelliti artificiali. Ric. Sci. **28** 1341—1355. — Es wird eine auf den Doppler Effekt begründete Methode zur Bestimmung einiger Bahnparameter eines künstlichen Satelliten angegeben; die mit dieser Methode erreichbare Genauigkeit wird besprochen; ferner wird eine Methode beschrieben, die den Vorteil besitzt, ohne besondere Voraussetzungen über die untersuchte Bewegung auszukommen. Endlich wird eine besondere Anordnung der erdgebundenen Apparaturen untersucht. Verf.

134147. **R. C. Carrorena,** Künstliche Satelliten. Beobachtung und astronomische Anwendung. Rev. Obr. publ. Madrid, 1958, Nr. 2915.

134148. **R. Chaléat,** Satellites artificiels et chronométrie. France horlog. Nr. 155 S. 107—114, Nr. 157 S. 78—84. — Ref. in RJ UdSSR 1959 Nr. 6 S. 71, Nr. 9 S. 7.

134149. **M. Charles-Noël,** Les satellites artificiels. Paris, Presses univ. France, 1958. 128 S. Preis Fr. 177.

134150. **P. F. Checcacci, C. Carreri,** Ulteriori osservazioni radio sui satelliti artificiali. Ric. Sci. **28** 1817—1831. — Ref. in Phys. Abstracts (A) **62** 94.

134151. **L. Chincarini,** La Terra e il suo satellite. Analogie di formazione strutturale dei due corpi celesti. Astronautica **6** 264—273.

134152. **E. Chvojková,** Beobachtung der künstlichen Satelliten durch Radiomethoden. Pokroky **3** 708—725 (tschech.).

134153. **P. Darnell, J. Trier, C. Jacobsen,** Om fotografering af de kunstige drabanter. NAT 1958 S. 17—21.

134154. **J. Davis, J. V. Evans, S. Evans, J. S. Greenhow, J. E. Hall,** Radar observations of the Russian earth satellites and carrier rocket. Proc. Instn. electr. Engineers (B) **105** 105—107. — Ref. in Phys. Ber. **37** 2104.

134155. **E. Della Longa,** Los Sputnik. El Universo Nr. 43 S. 86—88.

134156. **A. N. Deutsch,** The determination of the photographic position of a Sputnik, using two reference stars. AJ UdSSR **35** 810—818 (russ. mit engl. Ref.). — Engl. Übersetzung in Soviet Astr. AJ **2** 758—766.

134157. **S. P. Diliberto,** Satellite orbits. Science **128** 1143. — Ref.

134158. **P. M. Djurković,** Astronomski rezultati i pojave kod kretanja sputnika. Vasiona **6** 13—16.

* * **H. Draheim,** Künstliche Satelliten und die Abplattung der Erde. Vgl. Ref. **13107a.**

134159. **Eckmann,** Die Bahn des Satelliten Sputnik I. Vermessungstechn. Rundschau **20** Nr. 3 S. 102—104.

134160. **O. Engelstoft,** Sputnik. Urania København **15** 14—15.

134161. **D. S. Evans,** Moonwatch in South Africa. MN ASSA **17** 4—5.

134162. **D. S. Evans,** Explorer (satellite 1958α) over Africa. Nature **181** 1173—1174.

134163. **W. H. Finlay,** Launching IGY satellites. Proc IRE **46** 357. — Ref. in RJ UdSSR 1958 Nr. 7 S. 54.

134164. **J. Gadomski,** Astronomia sztucznych satelitów. Urania Kraków **29** 172—175. — Zusammenstellung der Daten über die beiden ersten sowjetischen Erdsatelliten Sputnik I und II und die amerikanischen Satelliten Explorer I, II und III. Rybka

134165. **J. Gadomski,** Sztuczne satelity planet. Urania Kraków **29** 289—292. — Untersuchung der Grenzen, in denen stationäre Satellitenbahnen der acht Planeten existieren können im Hinblick auf die Möglichkeit zur Errichtung künstlicher Satelliten. Rybka

134166. **H. Gartmann,** Künstliche Satelliten. Stuttgart, Franckh'sche Verlagshandlung, 1958. 78 S. mit 26 Fig. Preis DM 2.80. — Besprechung in VdS Nachr. **7** 68—69 (J. Herrmann).

134167. **W. D. Garvey, I. S. Gulledge, J. B. Henson,** Effect of length of observing time on the visual threshold for detecting a faint satellite. Science **127** 1243—1244. — Untersuchungen an acht Personen über Zeitintervalle von 5 bis 120 Minuten ergaben, bei Unkenntnis der Beobachter über den Zeitpunkt des Erscheinens von Satelliten repräsentierenden Lichtpunkten im Gesichtsfeld ihrer Moonwatch-Teleskope, eine Herabsetzung der Sehschwelle von 0.3 Größenklassen bei 5 bis 15 Minuten bis auf maximal $1^{m}1$ bei 60 Minuten. Weidemann

134168. **K. W. Gatland,** Russia's second satellite. Spaceflight **1** 204—205.

134169. **F. George,** A simple graphical solution for satellite orbits. J. Inst. Navigation **11** 98—102, mit einer Bemerkung von D. H. Sadler. — Unter der Annahme einer raumfesten Kreisbahn eines künstlichen Satelliten wird mit Hilfe der stereographischen Projektion untersucht, wo dieser Satellit im Zenit erscheint, wann er für einzelne Orte auf der Erde sichtbar ist und in welcher Himmelsrichtung. Die Methode gibt nur einen Überblick und ist wegen des verschiedenen Maßstabs stereographischer Polarkarten in der Nähe und entfernt vom Berührungspunkt zweckmäßig auf eine Halbkugel zu beschränken. D. H. Sadler kommentiert die Methode mit einem kurzen Hinweis auf die Möglichkeit, eine winkeltreue Kegelkarte zu Grunde zu legen. Fr.

134170. **W. L. Godson,** Meteorological applications of earth satellites. J RAS Canada **52** 49—56.

134171. **G. Grant, A. L. Jones, R. W. Burhans, P. S. Fay, D. Frazier,** Determination of orbital characteristics of an earth satellite from single-station radio-transit observations. Nature **181** 900—901. — Ref. in Phys. Abstracts (A) **61** 616.

134172. **G. V. Groves,** Effect of the earth's equatorial bulge on the life-time of artificial satellites and its use in determining atmospheric scale-heights. Nature **181** 1055. — Ref. in Phys. Abstracts (A) **61** 346, Phys. Ber. **38** 1621.

134173. **W. H. Guier, G. C. Weiffenbach,** Theoretical analysis of Doppler radio signals from earth satellites. Nature **181** 1525—1526. — Ref. in Phys. Abstracts (A) **61** 525.

134174. **H. Guillard, G. Jaegly, J. Hennebert,** Les satellites artificiels. Cannes, C. E. L., 1958. 8 + 24 S.

134175. **I. S. Gulledge, M. J. Koomen, D. M. Packer, R. Tousey,** Visual thresholds for detecting earth satellite. Science **127** 1242—1243. — Im Laboratorium wurden mittels eines langsam rotierenden Spiegels Lichtpunkte entsprechend Satelliten zweiter bis zehnter stellarer Größenklasse vor variabler Hintergrundshelligkeit mit nachgeahmten Sternen bewegt. Es folgt, daß ein bewegter Satellit je nach Hintergrund um 1 bis 4 Größenklassen heller sein muß als im stationären Fall, um entdeckt zu werden. Weidemann

134176. **U. Güntzel-Lingner,** Abnahme der Umlaufszeit von Sputnik 3 zwischen 15. Mai und 31. August 1958. Mitt. und Ergeb. des Satelliten-Beobachtungsdienstes Heft 2 S. 15—17. — Aus den in Kühlungsborn durchgeführten Feldstärkemessungen des Satellitensenders (Frequenz 20 MHz) werden die Umlaufszeiten abgeleitet und graphisch sowie durch eine quadratische Interpolationsformel dargestellt, aus deren Koeffizienten sich die voraussichtliche Lebensdauer des Satelliten zu 688 Tagen ergibt. Auf einige kleine Unregelmäßigkeiten in der Satellitenbewegung wird hingewiesen. Wempe

134177. **U. Güntzel-Lingner,** Bahnbewegung und optische Beobachtung von künstlichen Erdsatelliten. Vermessungstechnik **6** 173—179. — Die dynamischen und geometrischen Eigenschaften der Bahnen erdnaher Satelliten werden, durch Tabellen und Bilder erläutert, in Abhängigkeit von Anfangshöhe, Geschwindigkeit und geographischer Breite des Startortes dargestellt. Ferner werden die Präzession der Bahnebene durch die Erdabplattung und die dadurch bedingten täglichen Änderungen für die optische Beobachtbarkeit behandelt. Von den Beobachtungsverfahren werden die optische Barriere und der Doppelanschnitt zur Höhenbestimmung beschrieben. Wempe

134178. **U. Güntzel-Lingner,** Voraussichtliche Lebensdauer künstlicher Erdsatelliten. Wissenschaft und Fortschritt **8** 395. — Allgemeinverständliche Darstellung der Möglichkeit, die voraussichtliche Lebensdauer künstlicher Erdsatelliten aus der beobachteten Verkürzung der Umlaufszeit abzuschätzen. Wempe

134179. **V. Guth,** Künstliche Erdsatelliten und die Himmelsmechanik. Pokroky **3** 448—457 (tschech.).

134180. **W. H. Haas,** Artificial planet one and the A. L. P. O. Lunar Missile Survey. Strolling Astronomer **12** 152—154.

134181. **T. Hall,** Satelliter och rymdfärder. Stockholm, Bonniers, 1958. 125 S. Preis Schw. Kr. 13.75. — Besprechung in PAT **39** 80—81 (U. Sinnerstad).

134182. **D. E. Hampton,** Analysis of Doppler data from earth satellites. Proc. Instn. electr. Engineers (B) **105** 99—100. — Ref. in Phys. Ber. **37** 2104.

134183. **P. Harzer,** Bébés lune et vrais satellites, notre avenir? Paris, Ed. Fleuve noir, 1957. 255 S. Preis fr. 900.

134184. **I. Hasegawa,** Orbit of the soviet satellite 1957 β. Study of observations made during the last decade of January, 1958. YC 1475 S. 1—8.

134185. **J. F. Heard,** Visual observations of artificial satellites. J RAS Canada **52** 57—59. — Es werden einige Überlegungen mitgeteilt, um aus Bahnneigung und Umlaufsperiode von künstlichen Erdsatelliten die Zeiten ihrer Sichtbarkeit vorauszusagen. Sodann wird über eine Anzahl visueller Beobachtungen der beiden ersten russischen Satelliten an mehreren kanadischen Observatorien berichtet. Kdr.

134186. **M. Hegedušić,** Razmatranja oko prvih umjetnih satellita zemlje. Naučna Misao Nr. 7 S. 67—75.

134187. **M. J. Hendrie,** The photographic observation of artificial satellites. Spaceflight **1** 267—274. — Ausführliche Beschreibung der Instrumente und Verfahren, die mit einfachen Mitteln die genügend genaue Ortsbestimmung künstlicher Erdsatelliten ermöglichen. Böh.

134188. **J. W. Herbstreit, M. C. Thompson jr.,** Continuous phase difference measurements of earth satellites. Proc IRE **46** 1535.

134189. **G. Hergenhahn,** Die Bahn des Satelliten 1958 δ_2. Naturwissenschaften **45** 434—435. — Aus 370 (1958 Mai 15 — Juli 2) an neun Stationen der Bundesrepublik erhaltenen Messungen des Dopplereffektes im 20 MHz-Signal abgeleitete Elemente von 1958 δ_2 (Sputnik III) und Bemerkungen über die Änderung der Umlaufszeit. Böh.

134190. **D. R. Herriott,** Polyhedral satellite for more accurate measurement of orbit data of earth satellites. J. Optical Soc. America **48** 667—668. — Ref. in Phys. Abstracts (A) **62** 94.

134191. **J. Herrmann,** Künstliche Erdsatelliten. VdS Nachr. **7** 18—19.

134192. **J. Herrmann,** Erste Forschungsergebnisse der sowjetischen Erdsatelliten. VdS Nachr. **7** 55—56.

134193. **J. Herrmann,** Sputnik III: Bahnelemente und Ephemeride. VdS Nachr. **7** 57.

134194. **G. G. Hetmanzew, W. L. Hinsburg, I. S. Schklowskij,** Radioastronomische Untersuchungen mit Hilfe künstlicher Erdsatelliten. Fortschritte Phys. Wiss. **66** 157—161 (russ.). — Ref. in RJ UdSSR 1959 Nr. 6 S. 75.

134195. **J. S. Hey,** Observations at the Royal Radar Establishment. Proc. Instn. Electr. Engineers (B) **105** 107—115. — Ref. in Phys. Ber. **37** 2104.

134196. **W. A. Hilton, R. C. Crawford,** Minimum satellite detection equipment. American J. Phys. **26** 371—373.

134197. **R. Hoglund, J. Thale,** Recovery from a satellitic orbit. American Rocket Soc. Prepr. Nr. 650, 19 S. — Ref. in RJ UdSSR 1959 Nr. 5 S. 81.

134198. **N. E. Howard,** Handbook for Observing the Satellites. New York, Thomas Y. Crowell Co., 1958. 136 S. Preis $ 3.50. — Besprechung in Sky and Telescope 18 402, 519—521 (A. S. Leonard).

134199. **J. S. Hurst,** Les satellites artificiels américains. Paris, Deux-Rives, 1957. 192 S. mit 8 Tafeln. Preis fr. 750. — Besprechung in La Nature **86** 416.

134200. **I. Ischtschenko, G. Gorasda-Lesnych,** Beobachtungen des zweiten sowjetischen künstlichen Erdsatelliten am kurzbrennweitigen Astrographen des Astronomischen Observatoriums Taschkent. Circ. Astr. Obs. Taschkent Nr. 294 S. 8 (russ.).

134201. **W. I. Iwanikow,** Die Möglichkeit einer photographischen Aufnahme künstlicher Erdbegleiter. AC Nr. 193 S. 6—8 (russ.).

134202. **I. Izsák,** On the first order secular perturbations of an artificial satellite in the gravitational field of the oblate earth. Mitt. Sternw. Ungar. Akad. Wiss. Budapest-Szabadsághegy Nr. 43, 13 S. — Nach Abschätzung und Vergleich der auf einen künstlichen Erdsatelliten wirkenden Gravitationseinflüsse werden die von der Abplattung der Erde erzeugten säkularen Störungen 1. Ordnung bei beliebiger Neigung und Exzentrizität des Satelliten berechnet. Böh.

134203. **L. G. Jacchia,** The final moments of Sputnik II. Sky and Telescope **17** 561—562.

134204. **C. de Jager,** Visual and photographic observation of artificial satellites. Avia-Vliegwereld 1958 Nr. 17, 4 S. = Sterrewacht «Sonnenborgh» Utrecht Overdruk 4° Nr. 14 = Werkgroep Meteoren Med. Nr. 42.

134205. **C. de Jager,** Spoetnik II en Spoetnik III. Hemel en Dampkring **56** 140—146, 160.

134206. **C. Luplau Janssen,** Sputnikerne. Urania København **15** 1—2.

134207. **R. Jastrow, I. Harris,** Fall of the Sputnik I rocket. Science **127** 1499—1500. — Auswertung von Radarbeobachtungen der letzten fünf Tage vor dem Niedergang in die Atmosphäre, der nach Berechnungen der Verf. am 1. Dez. 1957 8^h46 G. M. T. bei 45° N, 106° O stattgefunden hat. Weidemann

134208. **N. S. Kalitzin,** Künstliche Erdsatelliten und interplanetare Flüge. Sofia, Medizin und Körperkultur, 1958. 74 S. Preis 1.60 Lw. (bulgar.).

* * **N. S. Kalitzin,** Über den Einfluß der Eigenrotation des Zentralkörpers auf die Bewegung der Satelliten nach der Einsteinschen Gravitationstheorie. Vgl. Ref. **4139.**

134209. **S. A. Kaplan,** Die Bewegungsgleichung künstlicher Erdbegleiter und die Kontrolle der Beobachtungen. AC Nr. 189 S. 1—3 (russ.). — Die hier ohne Herleitung mitgeteilten Formeln erlauben jedem Beobachter eines Sputniks dessen Höhe über dem Ort und die Umlaufsperiode zu berechnen. Außerdem erlauben sie eine Kontrolle der Beobachtungsgenauigkeit. Loh.

134210. **S. A. Kaplan,** Methode der genäherten Ephemeridenrechnung künstlicher Erdsatelliten und ihre Bahnbestimmung. AC Nr. 192 S. 5—8 (russ.). — Das Charakteristische der vom Verf. vorgeschlagenen, einfachen Methode ist die Durchführung der Rechnungen in Sternzeit und äquatorialen Koordinaten. Loh.

134211. **N. Karabaschew,** Die künstlichen Erdsatelliten. Sofia, NS OF, 1958. 68 S. Preis 1.50 Lw. (bulgar.).

134212. **A. G. Karpenko, M. L. Lidow,** Die Temperatur eines künstlichen Erdsatelliten. Bull. Acad. Sci. UdSSR Sér. Geophys. 1957 S. 527—533 (russ.).

134213. **D. G. King-Hele, R. H. Merson,** Satellite orbits in theory and practice. J. British Interplanetary Soc. **16** 446—471. — Berechnung des Einflusses der Abplattung der Erde und der Atmosphäre auf die Bahn eines Erdsatelliten; Beschreibung des Verfahrens der Auswertung bei Beobachtungen mit Theodoliten; Bearbeitung der Beobachtungen von Sputnik 2 und Ergebnisse. Böh.

134214. D. G. King-Hele, Progress of Sputnik 2 (1957β). Nature **181** 738—739. — Ref. in Phys. Abstracts (A) **61** 345.

134215. D. G. King-Hele, D. C. M. Leslie, Effect of air drag on the orbit of the Russian earth satellite 1957β: comparison of theory and observation. Nature **181** 1761—1763.

134216. D. G. King-Hele, D. M. C. Walker, The last minutes of satellite 1957β (Sputnik 2). Nature **182** 426—427.

134217. D. G. King-Hele, D. M. C. Walker, An irregularity in the atmospheric drag effects on Sputniks 2 and 3 (satellites 1957β, 1958δ_1 and 1958δ_2). Nature **182** 860—861.

134218. D. G. King-Hele, Progress of the Russian Earth satellite Sputnik 3 (1958 δ). Nature **182** 1409—1411. — Beschreibung der Bewegung von Sputnik 3 (1958 δ) und seiner Trägerrakete mit Angaben über die Änderung seiner Bahnform. Böh.

134219. D. G. King-Hele, The effect of the earth's oblateness on the orbit of a near satellite. Proc. Roy. Soc. (A) **247** 49—72. — Die Bewegungsgleichungen eines Satelliten werden unter Berücksichtigung der Erdabplattung für eine Bahn im Vakuum analytisch gelöst und für verschiedene Erdformen durchgerechnet. Die gewonnenen theoretischen Ergebnisse werden mit den Beobachtungen an Sputnik 1 und 2 verglichen. Henn

134220. F. A. Kitchen, E. R. Billam, W. R. R. Joy, R. F. Cleaver, D. L. Cooper-Jones, J. M. Beukers, Some direction-finding observations on the 20 Mc/s signal. Proc. Instn. Electr. Engineers (B) **105** 89—91, 95—96. — Ref. in Phys. Ber. **37** 2103.

134221. W. B. Klemperer, Satellite librations. Navigation Los Angeles **6** 62—63. — Ref. in RJ UdSSR 1959 Nr. 9 S. 77.

134222. D. E. Kölle, Die Meßsatelliten der USA und UdSSR. Raketentechnik Raumfahrtforschung **2** 25—28. — Ref. in RJ UdSSR **1959** Nr. 4 S. 80.

134223. P. A. Koning, Het helderheidsverval van kunstmanen. Meteoor **14** 9—11.

* * **A. Kranjc,** Determinazione di un'orbita circolare ed effemeride mediante calcolatrici elettroniche a programma. Vgl. Ref. **4508**.

134224. J. D. Kraus, J. S. Albus, A note on some signal characteristics of Sputnik I. Proc IRE **46** 610—611.

134225. J. D. Kraus, Detection of Sputniks I and II by CW reflection. Proc IRE **46** 611—612.

134226. J. D. Kraus, The last days of Sputnik I. Proc IRE **46** 612—614.

134227. J. D. Kraus, R. C. Higgy, J. S. Albus, Observations of the U. S. satellites Explorers I and III by CW reflection. Proc IRE **46** 1534.

134228. J. D. Kraus, E. E. Dreese, Sputnik I's last days in orbit. Proc IRE **46** 1580—1587. — Ref. in Phys. Abstracts (A) **61** 785.

134229. B. W. Kukarkin, Die optischen Methoden zur Beobachtung künstlicher Erdbegleiter. Priroda **47** Nr. 2 S. 83—84 (russ.).

134230. L. W. Kurnossowa, J. L. Alpert, Einige Untersuchungsergebnisse mit Hilfe künstlicher Erdbegleiter. Priroda **47** Nr. 6 S. 85—87 (russ.). — Der zuerst genannte Verf. berichtet über die Intensität der kosmischen Strahlung, der zweite über den Zustand der äußeren Ionosphäre. Loh.

134231. G. Land, Het fotograferen van kunstmanen. Meteoor **14** 6—8.

134232. **G. A. Lejkin,** The influence of tidal friction on the motion of sputnik. AJ UdSSR **35** 297—300 (russ. mit engl. Ref.). — Engl. Übersetzung in Soviet Astr. AJ **2** 268—272. — Verf. schätzt die von der Gezeitenreibung abhängige Lebensdauer eines Sputniks ab.

134233. **A. S. Leonard,** Orbit differences exhibited by artificial earth satellites 1957 alpha one and alpha two. Publ ASP **70** 455—456. — Ref. ASP.

134234. **D. C. M. Leslie,** Life-time of an artificial earth satellite. Nature **181** 403—404. — Unter der Voraussetzung kleiner Exzentrizität haben Fejer und Scott Formeln für die Abschätzung der Lebensdauer künstlicher Erdsatelliten abgeleitet. Es wird gezeigt, daß diese Formeln auch ohne die obige einschränkende Voraussetzung gültig sind. Für die Lebensdauer t_0 ergibt sich $t_0 = 3e_0\,T_0/4\,(-\mathrm{d}T/\mathrm{d}t)_0$, wobei T_0 die Umlaufszeit und $\mathrm{d}T/\mathrm{d}t$ die Änderung derselben bedeuten. Henn

134235. **J. N. Lipskij,** Enregistrement de l'heure dans la photographie des satellites artificiels de la Terre. AJ UdSSR **35** 301—304 (russ. mit französ. Ref.). — Engl. Übersetzung in Soviet Astr. AJ **2** 273—275.

134236. **G. B. Longden,** Estimating the height of the first satellite from radio interferometer records. Proc. Instn. Electr. Engineers (B) **105** 93—95. — Ref. in Phys. Ber. **37** 2103—2104.

134237. **E. Mädlow,** Die ersten künstlichen Erdsatelliten. VdS Nachr. **7** 39—41.

134238. **E. Mädlow,** Informationen über Sputnik III. VdS Nachr. **7** 56—57.

134239. **A. Mak,** Een eenvoudige methode om de positie van een kunstmaan te bepalen. Meteoor **14** 8—9.

* * **W. Markowitz,** Use in geodesy of the results of lunar observations and eventual observations of artificial satellites. Vgl. Ref. **13118.**

* * **F. R. Marsicano,** Sobre las ecuaciones del movimiento del satélite. Vgl. Ref. **4224.**

134240. **E. L. Martin,** Il primo satellite artificiale della terra. Oss. Astr. Trieste Nr. 280/II, 12 S. — Fortsetzung der in AJB **57** Ref. **134112** zitierten Arbeit.

134241. **C. E. Martinato,** Orbite di satelliti artificiali. Coelum **26** 33—37. — Allgemeinverständliche Darstellung der Bewegung (Geschwindigkeit, Umlaufsperiode, Bremseffekt der Erdatmosphäre) eines künstlichen Satelliten. Cester

134242. **A. G. Massewitsch, A. M. Losinskij,** Optical tracking methods for the first artificial satellites. Publ ASP **70** 79—82. — Der mittlere Fehler visueller Beobachtungen mit dem AT-1-Teleskop liegt bei wenigen Zehntelgrad und bestenfalls 0.2 bis 0.3 Sekunden. Photographische Positionsbestimmungen erreichen eine Genauigkeit von etwa 2′ bis 3′ und 0ˢ02 bis 0ˢ03. Roshkowskij hat mit einer Spezialeinrichtung am 50 cm-Maxutow-Teleskop von Alma-Ata Positionen auf 2′ und 0ˢ02 bestimmen können. Über Beobachtungen außerhalb der UdSSR werden kurze Angaben gemacht. O. G.

134243. **H. S. W. Massey,** Raketen und Satelliten in wissenschaftlicher Forschung. Endeavour **17** 85—89.

134244. **H. S. W. Massey, R. L. F. Boyd,** Scientific observations of the artificial earth satellites and their analysis. Nature **181** 78—80. — Ref. in Phys. Abstracts (A) **61** 139, Phys. Ber. **38** 185.

134245. **R. A. McIntosh,** Sputnik III and its rocket cone. Southern Stars **17** 125—126.

134246. **M. Melin,** Observing the satellites. Sky and Telescope **17** 458—459, 507—508, 562—563, 624—625, **18** 28—29.

134247. **R. H. Merson, D. G. King-Hele,** Use of artificial satellites to explore the earth's gravitational field: results from Sputnik 2 (1957 β). Nature **182** 640—641. — Die aus Theodolitbeobachtungen 1957 Nov. —1958 April von 1957 β abgeleitete Bewegung der Knotenlinie wird mit der theoretischen verglichen, die sich aus dem Schwerefeld der Erde ergibt. Der Versuch, beide Kurven in Übereinstimmung zu bringen, ermöglicht Aussagen über die Zahlenwerte der das Erdfeld charakterisierenden Parameter. Böh.

134248. **G. R. Miczaika, H. O. Curtis,** Evaluation of satellite observing network for Project «Space Track». Air Force Cambridge Research Center, Air Force Surveys in Geophysics Nr. 101, 19 S. — Ausführliche Beschreibung der zur Positionsbestimmung künstlicher Satelliten benutzten Verfahren mit Angabe ihrer Vorteile und Grenzen; Einzelheiten speziell über die vom Air Force Cambridge Research Center geschaffene Organisation «Space Track»; Empfehlungen und Forderungen an das Netz von optischen, radio- und radartechnischen Beobachtungsstationen. Böh.

134249. **G. R. Miczaika, E. W. Wahl,** The orbital motion of the earth satellite 1957 β from 1 April 1958 to its decay 14 April 1958. Air Force Cambridge Research Center, Air Research and Development Command, 1958. 38 S.

134250. **G. R. Miczaika, W. S. Wahl, E. W. Wahl,** Catalogue of positional data of the Russian artificial earth satellite 1957 β. Air Research Development Command US Air Force, Project Space Track 1. Dec. 1958. 305 S.

134251. **G. R. Miczaika,** Explorer, ein amerikanischer Erdsatellit. Umschau in Wiss. und Technik **58** 270—272.

134252. **F. Millet,** Observations et réflexions sur les Spoutniks 1 et 2. Bull. mens. Soc. astr. popul. Toulouse **49** 64—76. — Ref. in RJ UdSSR 1959 Nr. 7 S. 90.

134253. **P. M. Millman,** Satellite periods and velocities. J RAS Canada **52** 61—64. — Die bekannte Beziehung im Zweikörperproblem zwischen Relativgeschwindigkeit, Abstand der beiden Massen und großer Halbachse der relativen Bahn wird für die Bewegung eines Satelliten um die Erde spezialisiert und die Abhängigkeit der Geschwindigkeit bzw. Periode von der Höhe des Satelliten über der Erdoberfläche für eine Kreis- und Ellipsenbahn diskutiert. Kdr.

134254. **K. Miya, Y. Taguchi, S. Tabuchi,** Radio observation of the earth satellite 1957 α. Rep. Ionosphere Res. Japan **12** 16—27. — Ref. in RJ UdSSR 1959 Nr. 6 S. 72—73.

134255. **A. de Moraes,** Effects of the earth's oblateness on the orbit of an artificial satellite. Anais Acad. Brasileira Ciências **30** 465—510 = Contr. Inst. Astr. Geofís. São Paulo Nr. 1. — Ref. in Phys. Abstracts (A) **62** 1008, Math. Rev. **21** 191.

134256. **C. H. Moulton,** The nature of Sputnik's radio signals. American J. Phys. **26** 202. — Ref. American Phys. Teacher.

134257. **L. Mowbray,** Mesures réalisables par les satellites. La Nature **86** 29—34. — Verf. stellt einige Probleme (z. B. Bestimmung der Abplattung der Erde, Dichte der Hochatmosphäre, kosmische Strahlung, UV-Strahlung der Sonne) zusammen, bei deren Lösung der Einsatz künstlicher Erdsatelliten wertvolle Beiträge erwarten läßt. Henn

134258. **P. Muller,** La fin de Sputnik II. BSAF **72** 141—145. — Ref. in Coelum **26** 142. — Aus Beobachtungen des Sputnik II vom 10. bis 13. 4. 1958 in

Meudon konnten die Orte genauer festgelegt werden, die dieses Objekt unmittelbar vor seinem Ende (am 14. 4. 1958 gegen 2^h WZ im Gebiet der Antillen oder über der Nordküste von Südamerika) überflogen hat. Hierzu wird ein interessanter Augenzeugenbericht von der Insel Guadeloupe mitgeteilt. Kdr.

134259. **P. Muller,** Note sur l'annonce des passages des satellites artificiels. BSAF **72** 381—382.

134260. **P. Muller,** Observations de Sputnik III. BSAF **72** 447—449.

134261. **G. H. Munro, R. B. White,** Observations in Australia of radio transmissions from the first artificial earth satellite. Nature **181** 104. — Ref. in Phys. Abstracts (A) **61** 139.

134262. **R. A. Naef,** Abschuß eines ersten amerikanischen Satelliten «Explorer» (1958 α). Orion Schaffhausen **5** 380.

134263. **R. A. Naef,** Abschuß eines dritten russischen Erdsatelliten (1958 δ). Orion Schaffhausen **5** 415.

134264. **H. Naumann,** Die Oberflächengestaltung künstlicher Himmelskörper. Naturwiss. Rundschau **11** 8—9.

134265. **H. Neckel,** A photographic observation of the satellite 1957 beta leaving the Earth's shadow. Nature **181** 257—258. — An einer in Cleveland gemachten Aufnahme des aus dem Erdschatten austretenden Satelliten 1957 β wird gezeigt, wie seine Höhe über der Erdoberfläche in einfacher Weise bestimmt werden kann. Die Genauigkeit des Verfahrens ist gut. Für eine Satellitenhöhe von 800 km wird ein Fehler von ± 30 km angegeben. Henn

134266. **A. N. Nesmejanow,** Zum Start der ersten künstlichen Erdbegleiter. Bote Akad. Wiss. UdSSR 1958 Nr. 1 S. 5—7 (russ.).

134267. **P. I. Nikitin,** Die künstlichen Erdsatelliten. Moskau, DOSAAF, 1958. 88 S. Preis 1 R. 50 Kop. (russ.).

134268. **M. M. Niţă,** Etude sur le mouvement des satellites artificiels dans un milieu résistant. Acad. R. P. Romîne. Stud. Cerc. Mec. Apl. **9** 337—358. — Ref. in Math. Rev. **21** 191.

134269. **T. R. F. Nonweiler,** Perturbation of elliptic orbits by atmospheric contact. J. British Interplanetary Soc. **16** 368—379. — Unter der Annahme, der Luftwiderstand sei so klein, daß er als Störung behandelt werden darf, und weiteren Vereinfachungen werden für die große Halbachse und die Exzentrizität eines Erdsatelliten die Störungen durch die Atmosphäre berechnet. Böh.

134270. **T. Nonweiler,** Effect of solar flares on earth satellite 1957 β. Nature **182** 468—469. — Ref. in Phys. Abstracts (A) **62** 94.

134271. **A. Novák,** Photographic observation of the artificial satellites. RH **39** 226—230 (tschech.).

134272. **B. Onderlička,** A simple method for determining the orbit of a close Earth satellite. BAC **9** 191—194 (russ. mit engl. Ref.). — Methode zur genäherten Bahnbestimmung eines erdnahen Satelliten aus drei Beobachtungen, bei der die geozentrischen Distanzen und die Elemente getrennt ermittelt werden. Böh.

134273. **F. I. Ordway III,** Instrumentation of artificial satellites. Astronaut. Acta **4** 90—110.

134274. **H. K. Paetzold,** Ergebnisse der Erdsatelliten. Phys. Blätter **14** 525—526.

134275. **H. K. Paetzold, H. Zschörner,** Beobachtungen von künstlichen Erdsatelliten. Phys. Verhandlungen **9** 205. — Ref.

134276. **H. K. Paetzold,** Einige Ergebnisse aus den Beobachtungen der ersten russischen Erdsatelliten. Raketentech. Raumfahrtforsch. **2** 50—54. — Ref. in Phys. Ber. **37** 2313.

134277. **H. K. Paetzold,** Die russischen Erdsatelliten 1957 α_1 und 1957 α_2. VdS Nachr. **7** 1—3.

134278. **H. K. Paetzold,** Beobachtungen der künstlichen Erdsatelliten und der Zustand der höchsten irdischen Atmosphäre. VdS Nachr. **7** 89—91.

134279. **L. A. Panaiotow,** Die photographische Aufnahme schwacher Erdsatelliten mit Hilfe einer Kamera mit beweglicher Platte. AC Nr. 189 S. 4 (russ.). — Verf. schlägt vor, das bei Aufnahmen Kleiner Planeten oft verwandte Verfahren auch bei der photographischen Erfassung von Sputniks zu benutzen. Loh.

134280. **L. A. Panaiotow,** Die ersten Ergebnisse der photographischen Aufnahme eines künstlichen Erdsatelliten mittels einer Kamera mit beweglicher Platte. AC Nr. **192** S. 2—3 (russ.).

134281. **L. A. Panaiotow,** Das Spektrum des zweiten künstlichen Erdbegleiters. AC Nr. 192 S. 3—4 (russ.).

* * **D. G. Parkyn,** Elliptic orbits in a frictional atmosphere. Vgl. Ref. 4233.

134282. **D. G. Parkyn,** Calculation of the life-time of a satellite. Nature **181** 1156—1157.

134283. **D. G. Parkyn, D. G. King-Hele, D. C. M. Leslie,** Effect of air drag on the orbit of an earth satellite. Nature **182** 787—788. — Ref. in Phys. Abstracts (A) **62** 283.

134284. **F. M. Perkins,** An analytical solution for flight time of satellites in eccentric and circular orbits. Astronaut. Acta **4** 113—134. — Analytische Lösungen für das Höhe-Zeit-Verhältnis sowohl für Kreisbahngeschwindigkeit als auch für exzentrische Satellitenbahnen werden abgeleitet und vorgeschlagen. Zum Vergleich werden die Resultate einer analytisch geschlossenen Lösung angegeben, die mit Hilfe einer elektronischen Rechenmaschine unter Benützung genauer, stufenweise integrierter Bahnberechnungen erhalten wurde. Verf.

134285. **L. N. Persen,** Satellitenbewegung mit Reibung. Z. angew. Math. Mech. **38** 437—442. — Ref. in Math. Rev. **21** 191.

134286. **R. Pešek,** Künstliche Erdsatelliten. Vesmír **37** 148—157 (tschech.).

134287. **W. Petri,** Auf der Schwelle des Weltraums. Bericht über die ersten Wochen der künstlichen Erdsatelliten (Sputniki) 1957 α_1, α_2 und β. Naturwiss. Rundschau **11** 1—7.

134288. **W. Petri, H. Faust,** Neue Satelliten-Ergebnisse. Naturwiss. Rundschau **11** 460—461. — Inhalt: Dichteänderung der Hochatmosphäre; Mikrometeoriten; Erdfigur; Zustand der höchsten Atmosphärenschichten auf Grund neuer Satellitenmessungen. Henn

134289. **V. Petrov,** Iskusstvennyj sputnik Zemli. Moskau, Heeresverlag des Ministeriums der Streitkräfte der UdSSR, 1958. 303 S. mit 84 Abb. Preis R. 5.90 (russ.). — Besprechung des Buches «Künstlicher Satellit der Erde» in RH **39** 239.

134290. **J. A. Pobedonoszew,** Über die Gesetzmäßigkeiten der Bewegung eines Erdbegleiters. Priroda **47** Nr. 1 S. 19—25 (russ.). — Einfache Methoden zur Berechnung der Geschwindigkeit und Energie eines Erdbegleiters sowie zur Berechnung einer mehrstufigen Rakete werden dargelegt. Perek

134291. **V. Polara,** I satelliti artificiali. Atti Soc. Peloritana Sci. fis., mat., nat. **4** Nr. 3—4 S. 119—145.

134292. **F. Pollard,** U. S. satellites (failure and success), artificial meteors and Project Farside. Spaceflight **1** 231—237.

134293. **D. D. Poloshenzew,** Eine einfache Methode zur schnellen Bestimmung genäherter Koordinaten künstlicher Erdbegleiter aus Aufnahmen mit der NAFA SS/25-Kamera. AC Nr. 191 S. 5—6 (russ.).

134294. **J. G. Porter,** The voyage of Sputnik. J. Inst. Navigation **11** 177—179.

134295. **W. Priester, H.-G. Bennewitz, P. Lengrüßer,** Radiobeobachtungen des ersten künstlichen Erdsatelliten. Köln und Opladen, Westdeutscher Verlag, 1958. 38 S. Wiss. Abh. der Arbeitsgemeinschaft für Forschung des Landes Nordrhein-Westfalen Band 1 = Mitt. Univ.-Sternw. Bonn Nr. 14. — Besprechung in Naturwiss. Rundschau **11** 196, Sterne **34** 64—69, ZfA **46** 143 (H. Elsässer). — Aus Dopplereffektmessungen und Feldstärkeregistrierungen der 200 MHz- und 40 MHz-Signale des ersten Erdsatelliten wurden die Bahnelemente und ihre zeitliche Änderung durch die Präzession und die Reibung in der Erdatmosphäre berechnet. Eine Zusammenstellung der Bahnelemente wird gegeben. Verf. erhielten für die Präzession der Bahn $2.96 \pm 0.20\,^\circ/\mathrm{d}$, in guter Übereinstimmung mit dem theoretischen Wert von D. G. King-Hele und D. M. C. Gilmore. Für die Luftdichte ergab sich in einer Höhe von 215 km (über der mittleren Erdkugel $R = 6371$ km bei 42° nördlicher Breite) der Wert $4.7 \times 10^{-13}\,\mathrm{gcm}^{-3}$. Dieser Wert ist das Fünffache der aus den amerikanischen Raketenversuchen (1952/53) erhaltenen Luftdichte für diese Höhe. Verf.

134296. **W. Priester, G. Hergenhahn,** Bahnbestimmung von Erdsatelliten aus Doppler-Effekt-Messungen. Köln und Opladen, Westdeutscher Verlag, 1958. 38 S. Preis DM 8.— bzw. DM 6.— Wiss. Abh. der Arbeitsgemeinschaft für Forschung des Landes Nordrhein-Westfalen Band 8 = Mitt. Univ.-Sternw. Bonn Nr. 15. — Besprechung in Phys. Ber. **38** 363, ZfA **47** 135 (H. G. Groth). — Das Verfahren basiert auf der Messung der Doppler-Effekte in der Frequenz der Satellitensender an drei Empfangsstationen, deren gegenseitige Abstände in der gleichen Größenordnung wie die Flughöhe des Satelliten liegen. Die erzielbare Genauigkeit in der Bestimmung der Bahnelemente ist der Genauigkeit der einfachen visuellen Verfahren gleichwertig, wenn die Sendefrequenz hinreichend groß ist gegenüber der Plasmafrequenz der Ionosphäre. Für eine vollständige Bestimmung der Satellitenbahn sind Messungen bei einem Süd-Nord- und einem Nord-Süd-Vorübergang des Satelliten am Beobachtungsgebiet erforderlich. Benutzt werden die Epochen, die zu den Wendepunkten in den Doppler-Effekt-Kurven gehören, und die Steigungen der Wendetangenten. Priester

134297. **A. Przybylski,** Note on the orbital acceleration of satellite 1957 β. AA 8 105—111.

134298. **A. Przybylski,** On the visibility of artificial satellites with highly inclined orbits. Australian J. Sci. **20** 193—202 = Mt. Stromlo Obs. Repr. Nr. 13.

134299. **J. Queiroz jr.,** Sputnik, a lua vermelha; a verdade sôbre os satélites sovieticos. Rio de Janeiro, Distr. Ed. Copac, 1957. 197 S. Preis cruz. 120,00.

134300. **J. J. Raimond jr.,** Kunstmanen in de maak. Hemel en Dampkring **56** 1—13.

134301. **J. J. Raimond jr.,** Vanguard I, de tweede Amerikaanse kunstmaan. Hemel en Dampkring **56** 157—159.

134302. **R. Rajchl,** About the accurate time-determination during the observation of earth's artificial satellites. RH **39** 50—53 (tschech.).

134303. **R. E. Roberson,** Gravitational torque on a satellite vehicle. J. Franklin Inst. **265** 13—22. — Ref. in Math. Rev. **20** 260, RJ UdSSR 1958 Nr. 11 S. 73.

134304. **R. E. Roberson,** Air drag effect on a satellite orbit described by difference equations in the revolution number. Quart. J. Appl. Math. **16** 131—136. — Ref. in Math. Rev. **20** 77—78, RJ UdSSR 1959 Nr. 5 S. 70, ZfMG **82** 185.

134305. **G. Romano,** Il passaggio del razzo vettore del satellite artificiale fotografato a Treviso. Coelum **26** 3—4 = Oss. Privato Specola «Ariel» Treviso Pubbl. Nr. 10.

134306. **D. A. Roshkowskij,** Über die Verwendung des Verschlusses als veränderliches Diaphragma bei der Photographie künstlicher Erdbegleiter. AC Nr. 193 S. 10—12 (russ.).

134307. **D. A. Roshkowskij, W. S. Matjagin, A. W. Charitonow,** Photographic observations of the Sputniks with the Maxutow meniscus telescope. AJ UdSSR **35** 479—485 (russ. mit engl. Ref.). — Engl. Übersetzung in Soviet Astr. AJ **2** 438—443.

134308. **W. D. Ross, R. H. Wilson jr.,** Temperature of earth satellites. Science **128** 208—209.

* * **G. D. Roth,** Aufnahmen künstlicher Erdsatelliten mit der Edixa-Reflex. Vgl. Ref. **2059.**

134309. **R. Rothmayer,** Rakete, Sputnik, Weltraumschiff. 100 Fragen und 100 Antworten zu einem aktuellen Thema. Wien, Globus-Verlag, 1957. 175 S. mit Fig. Preis Sch. 24.

134310. **E. Sablowskis, E. Grawitis,** Die Signalgebung bei visuellen Beobachtungen künstlicher Erdbegleiter. AC Nr. 190 S. 11—12 (russ.).

134311. **A. D. Samorskij,** Zur Beobachtung künstlicher Erdsatelliten. Priroda **47** Nr. 11 S. 85—87 (russ.).

134312. **I. S. Schklowskij, P. W. Schtscheglow,** Die optischen Beobachtungen künstlicher Erdsatelliten. Fortschritte Phys. Wiss. **64** 417—424 (russ.). — Ref. in RJ UdSSR 1959 Nr. 2 S. 71.

134313. **C. M. Schmidt, A. J. Hanawalt,** Skin temperatures of a satellite. Jet Propuls. **27** 1079—1083, 1957. — Ref. in Phys. Ber. **38** 1213.

134314. **D. Schtschegolew,** Die genäherte Vorausberechnung von Ephemeriden künstlicher Erdsatelliten. AC Nr. 191 S. 8—9 (russ.).

134315. **A. Schwartzman, P. D. Stahl,** Doppler equation for earth satellite measurements. Proc IRE **46** 915—916.

134316. **L. Searle,** The perturbations of an earth satellite. J RAS Canada **52** 65—67. — Die Arbeit behandelt in elementarer Form den störenden Einfluß der nicht-sphärischen Erdgestalt und des Widerstands in den äußeren Atmosphärenschichten auf die Bewegung künstlicher Erdsatelliten. Der erste Effekt bedingt eine Präzession der Bahnebene, der zweite eine Verkürzung der Umlaufsdauer eines Satelliten. Kdr.

134317. **J. R. Shakeshaft,** Observations at Cambridge. Proc. Instn. Electr. Engineers (B) **105** 83—84. — Ref. in Phys. Ber. **37** 2103.

* * **F. J. Sigel,** Über den Zusammenhang des eingeschränkten Dreikörperproblems mit der Bewegung künstlicher Erdsatelliten. Vgl. Ref. **4242.**

134318. **U. Sinnerstad,** De första konstgjorda satelliterna. PAT **39** 1—17. — Der Aufsatz enthält einen populär gehaltenen ausführlichen Bericht über Aufstieg, Bewegung und Ende des ersten künstlichen Satelliten Sputnik I. Die Bahnlage und ihre Änderungen werden beschrieben. Die Beobachtungen und Beobachtungsmethoden sind auseinandergesetzt. Es folgt die Beschreibung der instrumentellen Ausrüstung von Sputnik II und III. Schließlich wird die Bedeutung der Satelliten besprochen. C. L. J.

134319. **E. Škrabal,** On the prediction of the visibility of the artificial satellites. RH **39** 129—135 (tschech.). — Enthält eine graphische Methode für die Vorhersage der Sichtbarkeit eines künstlichen Erdsatelliten. J. B.

134320. **A. E. Slater,** Artificial satellites. Junior Astronomer **5** Nr. 1 S. 3—6.

134321. **O. B. Slee,** Radio scintillations of satellite 1958α. Nature **181** 1610—1612 = Commonwealth Sci. Industrial Res. Organization, Australia, Division Radiophys.

134322. **J. W. Slowey,** A chart for finding a satellite's distance and elevation. Smithsonian Contr. Astrophys. **2** 343—344.

134323. **C. H. Smiley,** Artificial satellite approximations. J RAS Canada **52** 145—148. — Zur Erleichterung der visuellen Beobachtung künstlicher Erdsatelliten werden die Ergebnisse einfacher numerischer Rechnungen zusammengestellt, welche erlauben, günstige Sichtbarkeitszeiten und -bedingungen auszuwählen. Kdr.

134324. **M. J. Smyth,** Photographic observations of artificial earth satellites. Spaceflight **1** 247—251.

134325. **A. Sosnowa,** Die Bearbeitung photographischer Beobachtungen künstlicher Erdsatelliten mit Hilfe des elektronischen Ziffernrechners «Strela-4». AC Nr. 192 S. 9—10 (russ.).

134326. **Y. Sourine,** Mon dossier Spoutnik. Paris, Ed. France-Empire, 1958. 285 S. Preis fr. 750.

134327. **J. Spincourt,** Le premier satellite américain. La Nature **86** 102—103.

134328. **H. Stanesby,** Precise frequency measurements on first Russian satellite. Proc. Instn. Electr. Engineers (B) **105** 96—99. — Ref. in Phys. Ber. **37** 2104.

134329. **A. Sternfeld,** Iskusstvennyje sputniki Zemli. Moskau, Staatsverlag für technisch-theoretische Literatur, 1956. 180 S. mit 27 Abb. Preis R. 2.85 (russ.). — Besprechung des Buches «Künstliche Erdsatelliten» in RH **39** 95.

134330. **A. M. Sternfeld,** Künstliche Erdbegleiter. Moskau, Techn. Staatsverlag, 1958. 2. Auflage. 296 S. mit Fig. Preis 7 R. 20 Kop. (russ.).

134331. **A. Sternfeld,** Sputnik, raketter og rumskibe. Übersetzung aus dem Russischen. København, 1957. 63 S. Preis 3.75 Kr.

134332. **G. P. Taratynowa,** The motion of an artificial earth satellite in the non-central gravitational field of the earth when atmospheric resistance is present. Acad. R. P. Romîne An. Romîno-Soviet (mat.-fiz.) **12** 32—41 (rumän.). — Ref. in Math. Rev. **20** 602, RJ UdSSR 1959 Nr. 4 S. 74.

134333. **L. Telle,** Het Moonwatch-Station Curaçao. Hemel en Dampkring **56** 209—211.

134334. **J. H. Thomson,** The rotation of the first Russian earth-satellite. Phil. Mag. (8) **3** 912—916. — Die Beobachtungen des ersten russischen

Erdsatelliten, die über Cambridge in 200 und 500 km Höhe gemacht worden sind, werden ausgewertet. Die Eigenrotation des Satelliten ergab sich zu 6.5 U/min.
Henn

134335. **C. Tilenius,** 1958 Alpha «Explorer». Weltraumfahrt 1958 S. 5—8.

134336. **D. Todorović,** Elementi putanje satelita. Vasiona **6** 28—31.

134337. **W. G. H. Tregear,** A. S. V. Moonwatch station report No. 2. J. Astr. Soc. Victoria **11** 44—45, 52—55, 93—94.

134338. **B. Valníček,** Messungen an künstlichen Erdsatelliten. Pokroky **3** 457—463 (tschech.).

134339/40. **V. Vanýsek,** Künstliche Erdsatelliten. Rozhledy **36** 227—230 (tschech.).

134341. **E. Vassy,** L'intérêt scientifique des satellites artificiels. Alençon, Impr. alençonnaise, 1958. 24 S. Preis fr. 250.

134342. **M. Velasco de Pando,** Artificial satellites and interplanetary voyages. Rev. Acad. Ci. Madrid **52** 11—61 (span.). — Ref. in Math. Rev. **20** 77.

134343. **J. Veldkamp,** De eerste Amerikaanse kunstmaan. Hemel en Dampkring **56** 147—149, 160.

134344. **F. Vilbig,** Nachrichtenübertragungen auf Weitestentfernungen mit Hilfe von Satelliten. Elektrotech. Z. (A) **79** 375—382. — Ref. in Phys. Ber. **38** 1213.

134345. **O. Vučurović,** Warum und wie bewegen sich Erdsatelliten? Vasiona **6** 17—19 (serb.). — Anläßlich des Starts künstlicher Satelliten beschreibt Verf. das Grundsätzliche ihrer Bewegung, die Vorgänge beim Start und die Bahnformen.
Eksinger

134346. **M. Wassiljew, W. W. Dobronrawow,** Sputnik into Space. Übersetzung der italienischen Ausgabe «Su Sputnik nei Cosmo» von M. Savill. London, Souvenir Press Ltd.; Toronto, The Ryerson Press, 1958. 147 S. mit 19 Fig. Preis 15 s. — Besprechung in J. British Interplanetary Soc. **16** 386—387 (G. V. E. Thompson), Spaceflight **2** 92.

134347. **H. W. Wells,** Unusual propagation at 40 mc from the USSR satellite. Proc IRE **46** 610.

134348. **F. L. Whipple, J. A. Hynek,** The IGY optical satellite tracking program as a source of geodetic information. Ann. Géophys. **14** 326—328, Bull géod. (NS) Nr. 49 S. 50—52 = Harv Repr Nr. 505.

134349. **F. L. Whipple,** The optical tracking of artificial earth satellites. Proc. American Philos. Soc. **102** 215—220 = Harv Repr (2) Nr. 131.

134350. **F. L. Whipple,** The meteoritic risk to space vehicles. Proc. VIIIth International Astronautical Congress, Barcelona 1957 S. 418—428 = Harv Repr Nr. 495. — Es werden die Verteilung von meteoritischem Material und seine Einfallgeschwindigkeit auf der Erde als Funktionen der Masse und der Geschwindigkeit betrachtet. Mit Hilfe einer einfachen Theorie wird die Wahrscheinlichkeit berechnet, daß die Oberflächen im Weltraum in der Umgebung der Erde durch meteoritische Einwirkung durchlöchert werden. Eine Tabelle der diesbezüglichen Daten und Wahrscheinlichkeiten wird gegeben. Die Berechnung zeigt, daß ein erdnaher Satellit vom Radius 50 cm und einer Hüllendicke von 0.5 mm Aluminium durchschnittlich einmal in fünf Tagen durchlöchert wird.
Verf. (gekürzt)

134351. **F. L. Whipple,** Optical tracking of artificial earth satellites. Science **128** 124—129. — Tabelle der Parameter der ersten neun Satelliten bzw. deren Trägerraketen (bis einschließlich 1958 γ, Explorer III). Optische und Radio-Bahnbestimmungsmethoden. Erläuterung des «Volunteer Moonwatch» und «Precision Photographic Program». Weidemann

134352. **W. A. Wildhack,** Effect of transverse atmospheric drag on satellite orbits. Science **128** 309—310. — Abschätzung des Einflusses, der durch die Mitnahme der Erdatmosphäre bei der Erdrotation ausgeübt wird. Approximationsformel für den maximalen Effekt bei kugelförmigen Satelliten mit polarer Bahn. Weidemann

134353. **P. Wilker, R. A. Naef,** Die amerikanischen Erdsatelliten. Orion Schaffhausen **5** 408—411.

134354. **P. Wilker,** Kurzberichte über die ersten beiden russischen Satelliten. Orion Schaffhausen **5** 412—415.

134355. **A. P. Willmore,** A new method of tracking artificial earth satellites. Nature **182** 1008—1010. — Ref. in Phys. Abstracts (A) **62** 284.

134356. **R. H. Wilson jr.,** Psychological brightness reduction of simulated flashes from a polyhedral satellite. AJ **63** 312. — Ref. AAS.

134357. **R. H. Wilson jr.,** Theory of a polyhedral heliotrope of an artificial satellite. AN **284** 79—82. — Verf. schlägt vor, einem künstlichen Satelliten die Form eines spiegelnden Polyeders zu geben, um von einer seiner Facetten reflektiertes Sonnenlicht als Signal zu empfangen und auszuwerten. Verf. entwickelt die Theorie eines solchen Heliotrops. Böh.

134358. **R. H. Wilson jr.,** Temperatures of a close earth satellite due to solar and terrestrial heating. Science **127** 811—812. — Für einen Satelliten ohne innere Wärmequelle ergibt sich eine maximale mittlere Temperatur zu $T = 300 \times (\alpha F/\varepsilon)^{1/4}$ Grad, wobei α bzw. ε Absorptions- bzw. Emissionsvermögen bedeuten und F der Bruchteil der Flugzeit ist, der im Sonnenlicht verbracht wird. Weidemann

134359. **R. H. Wilson jr.,** Psychological brightness. Reduction of simulated flashes from a polyhedral satellite. Science **128** 1086—1087.

134360. **H. Wörner,** Die Berechnung von Bahnelementen künstlicher Satelliten. Sterne **34** 56—63. — Elementare Anleitung, die Bahnelemente künstlicher Erdsatelliten mit dem Rechenschieber aus den in Tageszeitungen veröffentlichten Angaben zu bestimmen, mit Zahlenbeispiel. Böh.

134361. **E. Woyk-Chvojková,** Determination of radio-propagation elements due to an artificial earth satellite. Nature **181** 1195—1196. — Die in einer früheren Arbeit gewonnenen Ergebnisse werden benutzt, um eine einfache Beziehung für die Länge des Weges abzuleiten, den ein von einem Satelliten ausgehendes Radiosignal bis zur Empfangsstation zurücklegt. Gleichzeitig wird eine Formel angegeben, die es gestattet, den scheinbaren Ort des Satelliten relativ zu seinem wahren Ort zu bestimmen. Henn

134362. **L. H. Young,** Putting a satellite into outer space. Control Engineering **5** Nr. 1 S. 99—102. — Ref. in Phys. Ber. **38** 1408.

134363. **F. Zagar,** Razzi e satelliti. Roma, 1958. 10 S. — Radiovortrag.

134364. **W. P. Zessewitsch, E. A. Satanowa, W. M. Grigorewskij,** Helligkeitsänderungen des zweiten künstlichen Erdbegleiters. AC Nr. 188 S. 1—2 (russ.). — Die am 15. 12. 1957 geschätzten Helligkeiten schwankten zwischen $1^m.76$ und $5^m.00$. Die Maxima und Minima wurden zeitlich fixiert. Loh.

134365. **W. P. Zessewitsch, E. A. Satanowa, W. M. Grigorewskij,** Über die Rotation des zweiten künstlichen Erdbegleiters. AC Nr. 191 S. 6—8 (russ.). — Aus Beobachtungen am Astronomischen Observatorium Odessa leiten Verf. die «Elemente des Lichtwechsels» dieses Sputniks ab. Loh.

134366. **W. P. Zessewitsch,** Über die Helligkeitsänderungen des zweiten künstlichen Erdbegleiters. Priroda **47** Nr. 4 S. 78—79 (russ.). — Verf. teilt eine Lichtkurve des Sputniks bei einem seiner Wege über Odessa mit. Loh.

134367. Scientific Uses of Earth Satellites. Herausgegeben von J. A. van Allen. Vgl. AJB **57** Ref. **134178**. — Weitere Besprechung in Nature **183** 963 (E. B. Armstrong).

134368. A discussion on observations of the Russian artificial earth satellites and their analysis. Under the leadership of H. S. W. Massey. Discussion held 29 November 1957. Proc. Roy. Soc. (A) **248** 1—87. — Ref. in Phys. Ber. **38** 986—988. — Inhalt: H. S. W. Massey, Introductory remarks; M. Ryle, Observations at the Mullard Radio Astronomy Observatory, Cambridge; A. N. Beresford, Interferometer measurements on the first satellites; H. V. Griffiths, Observations on the U.S.S.R. earth satellite radio signals; The Staff (J. Davis, J. G. Davies, J. V. Evans, J. S. Greenhow, J. Hall, A. C. B. Lovell, E. L. Neufeld) of the Jodrell Bank Experimental Station, Radar observations of the Russian earth satellites and carrier rocket; J. S. Hey, V. A. Hughes, Centimetric radar observations of the Russian satellites; L. Jacchia, Method for computations of satellite orbits; D. H. Sadler, The prediction service of H. M. Nautical Almanac Office; E. G. C. Burt, The computation of orbit parameters from interferometer and Doppler data; D. G. King-Hele, Perturbations of the orbit of a satellite near to the earth; F. A. Kitchen, Direction-finding observations on the 20 Mc/s transmissions from the artificial earth satellites; W. C. Bain, Radio observations on 20 and 40 Mc/s; C. F. Booth, Post Office observations on the first Russian satellite; K. Weekes, The ionosphere and the radio emission from the satellites; R. d'E. Atkinson, The rocket's dimensions; J. Heywood, The British Astronomical Association's and Radio Society of Great Britain's earth satellite observations.

134369. Project Satellite. Herausgegeben von K. W. Gatland. London, Allan Wingate; New York, British Book Center, 1958. 169 S. bzw. 186 S. mit Fig. Preis 21 s. bzw. $ 5.00. — Besprechung in J. British Interplanetary Soc. **16** 600 (K. C. Garner), Science **129** 636 (H. E. Newell jr.).

134370. Soviet Sputniks. London, «Soviet News» Booklet Nr. 25, 1958. 52 S. Preis 1 s. 6 d. — Besprechung in JBAA **68** 325—326, Southern Stars **17** 124, Spaceflight **1** 300 (P. E. Cleator).

134371. Vorläufige Ergebnisse der wissenschaftlichen Untersuchungen mit Hilfe der ersten sowjetischen Erdsatelliten und Raketen. Sammlung von Aufsätzen. Moskau, Akad. Wiss. UdSSR, 1958. 150 S. (russ.).

134372. Künstliche Erdsatelliten. Nr. I. Ergebnisse der im Rahmen des Programms des Internationalen Geophysikalischen Jahres mit Hilfe des 1. und 2. künstlichen Erdsatelliten durchgeführten wissenschaftlichen Untersuchungen. Moskau, Akad. Wiss. UdSSR, 1958. 95 S. Preis 4 R. (russ.).

134373. The Russian Literature of Satellites, Part I. New York, International Physical Index, Inc., 1958. 181 S. Preis $ 10.00. — Besprechung in Sky and Telescope **17** 525.

134374. Lanzamiento de un satélite artificial por científicos norteamericanos. Bol. Asoc. peruana astr. **5** 168—169. — Ref. in RJ UdSSR 1959 Nr. 3 S. 74.

134375. Satellites artificiels. BSAF **72** 8—10.

134376. Satellites artificiels. BSAF **72** 218—219.

134377. Désintégration du Spoutnik II. Bull. mens. Soc. astr. popul. Toulouse **49** 92. — Ref. in RJ UdSSR 1959 Nr. 7 S. 90—91.

134378. Satellite jottings. J. Astr. Soc. Victoria **11** 26—29.

134379. Sputnik I, launched October 4, 1957. J. British Interplanetary Soc. **16** 295—296.

134380. Sputnik II, launched November 2, 1957. J. British Interplanetary Soc. **16** 296—299.

134381. The first American artificial earth satellite. J. British Interplanetary Soc. **16** 315.

134382. Observations on the Russian satellites. J. British Interplanetary Soc. **16** 420—421.

134383. The U.S.A. satellites. J. British Interplanetary Soc. **16** 421—423.

134384. The first year of spaceflight. J. British Interplanetary Soc. **16** 429—430.

134385. Satellites followed with transparent earth-sky globe. J. Franklin Inst. **265** 82. — Ref. in RJ UdSSR 1958 Nr. 11 S. 78.

134386. Radars used to track satellite launching. J. Franklin Inst. **265** 336. — Ref. in RJ UdSSR 1959 Nr. 5 S. 72.

134387. Third Russian earth satellite. J. Geophys. Res. **63** 557.

134388. Satellites. J. Instn. Electr. Engineers (NS) **4** 82—83, 110. — Ref. in Phys. Ber. **37** 1489—1490.

134389. Die Erdsatelliten «Explorer». Luftfahrttechnik **4** Nr. 2 S. 44.

134390. Variation de l'éclat du deuxième Spoutnik. La Nature **86** 499.

134391. Fourth artificial earth satellite (1958 β). Nature **181** 810.

134392. End of the second artificial earth satellite. Nature **181** 1107.

134393. Tracking the Russian earth satellite. Nature **181** 1441.

134394. The third Russian earth satellite (1958 δ). Nature **181** 1441.

134395. The American Air Force lunar probe. Nature **182** 1060.

134396. Berichte über die Erdsatelliten. Naturwiss. Rundschau **11** 182—184. — Inhalt: Explorer und Vanguard; Umlaufszeit und Lebensdauer der ersten Satelliten; Funkbeobachtung des Satellitenzerfalls.

134397. Satellites artificiels. Orion Schaffhausen **5** 515.

134398. Raketen und Satelliten. Phys. Blätter **14** 83—84.

134399. Der dritte sowjetische künstliche Erdbegleiter. Priroda **47** Nr. 6 Beilage nach S. 8 (russ.).

134400. Radio observations on the Russian satellites. Proc. Instn. Electr. Engineers (B) **105** 81—114. — Ref. in Phys. Abstracts (A) **61** 203.

134401. Strahlungsmessungen durch Explorer IV. Raketentechn. Raumfahrtforsch. **2** 131—132. — Ref. in Phys. Ber. **38** 986.

134402. Vanguard to last 200 years. Science **127** 1108.

134403. Research based on Sputniks I and II reported by Soviets. Science **127** 1378—1380.

134404. Sputnik III signal recording. Science **128** 18.

134405. Giant dish used to track Sputnik I rocket. Sky and Telescope **17** 123.

134406. Satellite talk. Sky and Telescope **17** 129—131.

134407. More satellite talk. Sky and Telescope **17** 222—223, 233.

134408. Some satellite notes. Sky and Telescope **17** 278—279.

134409. Satellites and space research. Sky and Telescope **17** 332—333.

134410. Artificial satellite temperatures. Sky and Telescope **17** 345. — Ref. AAS.

134411. Some satellite studies. Sky and Telescope **17** 398—399.

134412. Smithsonian Astrophysical Observatory. Bulletin for Visual Observers of Satellites. Nr. 8, 9. Beilage zu Sky and Telescope **17** Nr. 5, 9. — Ref. zu Nr. 9 in Irish AJ **5** 75.

134413. The first days of Sputnik I. Spaceflight **1** 198—202.

134414. Table of artificial satellites. Some details about the earth satellites successfully launched, up to August 10, 1958. Spaceflight **1** 319.

134415. Some artificial satellites notes. Strolling Astronomer **12** 32—33.

134416. Preliminary summary of USSR satellite reports. Trans. American Geophys. Union **38** 991—993, 1957. — Ref. in RJ UdSSR 1959 Nr. 3 S. 71.

134417. First US-IGY satellite. Trans. American Geophys. Union **39** 353—355. — Ref. in RJ UdSSR 1959 Nr. 3 S. 73.

134418. Volunteer satellite tracking by radio. Trans. American Geophys. Union **39** 383—384. — Ref. in RJ UdSSR 1959 Nr. 3 S. 69.

134419. Second and third US-IGY satellites. Trans. American Geophys. Union **39** 587—590. — Ref. in RJ UdSSR 1959 Nr. 7 S. 91.

134420. Preliminary reports: satellites 1958 Alpha and 1958 Gamma. Trans. American Geophys. Union **39** 767—771. — Ref. in RJ UdSSR 1959 Nr. 5 S. 75.

134421. Third Soviet satellite. Trans. American Geophys. Union **39** 771—772. — Ref. in RJ UdSSR 1959 Nr. 7 S. 91.

134422. Rocket results at Fort Churchill. Trans. American Geophys. Union **39** 778—782. — Ref. in RJ UdSSR 1959 Nr. 8 S. 66.

134423. Fourth US-IGY satellite. Trans. American Geophys. Union **39** 1002—1003. — Ref. in RJ UdSSR 1959 Nr. 9 S. 76.

134424. First deep space probe. Trans. American Geophys. Union **39** 1230—1231. — Ref. in RJ UdSSR 1959 Nr. 6 S. 79.

134425. Radio observations on the first Russian artificial earth satellite. Trans. South African Inst. Electr. Engineers **48** 363—369, 1957. — Ref. in Phys. Abstracts (A) **62** 94.

134426. De kunstige Drabanter. Urania København **15** 48—49.

134427. Merenje zračenja pomoću veštačkih Zemlijnih satelita. Vasiona **6** 36—37.

134428. Die ersten amerikanischen Satelliten. Weltraumfahrt 1958 S. 1—4.

134429. Vanguard. Geschichte eines Satellitenstarts in Bildern. Weltraumfahrt 1958 S. 41—44.

134430. Einige Ergebnisse der amerikanischen Satelliten Explorer 1 und 2. Weltraumfahrt 1958 S. 45—47.

134431. Aufgaben der Minitrack-Stationen. Weltraumfahrt 1958 S. 120—121.

134432. Weitere Beobachtungen und Ergebnisse künstlicher Erdsatelliten

Acta Astr. Sinica **6** 143—151 (chines.). Observations of the conveying rocket of the first Soviet artificial satellite and of the second artificial satellite.

Acta Astr. Sinica **6** 151. Photographic observations of the second Soviet artificial satellite.

AC Nr. 190 S. 3—5 (russ.). Helligkeitsänderungen des zweiten sowjetischen künstlichen Erdbegleiters. E. A. Satanowa, W. M. Grigorewskij.

AC Nr. 190 S. 5 (russ.). Über die Rotation des zweiten künstlichen Satelliten. W. P. Zessewitsch. — Mitteilung der Lichtwechselelemente.

AC Nr. 193 S. 5—6 (russ.). Bestimmung von Örtern des zweiten sowjetischen Sputniks aus photographischen Beobachtungen am Bergobservatorium des Astrophysikalischen Instituts der Akademie der Wissenschaften der Kasachischen Sowjetrepublik. W. S. Matjagin, L. N. Tulenkowa.

AC Nr. 193 S. 8—10 (russ.). Photographische Photometrie des zweiten Sputniks. W. I. Iwanikow.

AC Nr. 194 S. 3—5 (russ.). Genaue Örter des zweiten künstlichen Erdsatelliten. A. Sosnowa.

American J. Phys. **26** 400—401. Detecting the Vanguard signal. W. A. Hilton, R. C. Crawford.

BAA Circ **392** S. 1. A.E.S. 2.

BAA Circ **393** S. 1. A.E.S. 3.

BAA Circ **393** S. 1—2. A.E.S. 2.

BAA Circ **395** S. 1—2. A.E.S. 2.

BAA Circ **395** S. 2. A.E.S. 4.

BAA Circ **396** S. 1—2. A.E.S. 2.

BAA Circ **396** S. 2. A.E.S. 5.

BAA Circ **397** S. 1. The artificial earth satellites.

BAA Circ **398** S. 1. A.E.S. 6.

BAA Circ **399** S. 1—2. A.E.S. 6 — Sputnik 3 and rocket.

BAA Circ **400** S. 1—2. A.E.S. 6 — Sputnik 3 and its rocket.

BAA Circ **401** S. 1. A.E.S. 7 — Explorer 4.

BAA Circ **401** S. 1—2. A.E.S. 6 — Sputnik 3 and its rocket.

BAA Circ **402** S. 1. Artificial earth satellites. Rocket 3.

BAA Circ **402** S. 2. Flashing of rocket 3.

BAA Circ **403** S. 1—2. Artificial earth satellites. Sputnik 3 and rocket 3.

BAA Circ **404** S. 1—2. Artificial earth satellites. Sputnik 3 and rocket 3.

BAA Circ **405** S. 1. A.E.S. 6 — sputnik 3 and its rocket.

BSAF **72** 256. Satellites artificiels.

BSAF **72** 383—384. Observations de la fusée porteuse du satellite artificiel Sputnik III. R. Futaully, P. Muller.

Bull. Cl. Sci. Acad. roy. Belgique (5) **44** 133 = Inst. Astr. Bruxelles (2) Nr. 112. Observation du satellite artificiel 1957 β effectuée le 24 janvier 1958. J. Lemmens.

Ciel et Terre **74** 146. Observation du satellite artificiel 1957 β le 9 février 1958 par J. F. Cox et J. Lemmens. J. Lemmens.

Coelum **26** 89. Osservazioni del razzo vettore del primo Sputnik.

Coelum **26** 138—139. Osservazioni del satellite 1958 Delta e del suo razzo vettore.

DOB **11** Nr. 1 Fasc. 1, 7 S. = Contr. Inst. d'Astrophys. Paris (A) Nr. 230. Observations photographiques des satellites avec l'analyseur de trajectoires. R. Rigollet.

DOB 11 Nr. 2 Fasc. 1, 4 S. Satellites artificiels de la terre.

DOB 11 Nr. 3 Fasc. 1, 2 S. Observation photographique du satellite 1957 Alpha 1. J. Villermaux.

DOB 11 Nr. 3 Fasc. 1, 2 S. Observations du satellite 1957 Beta. J. Kordylewski, Z. Kordylewski.

DO-CIA Nr. 10, 11, 12, 13, 14, 15, 16, 17, 18, 19, 20, 22, 23, 24, 25. Satellite 1958 Delta.

DO-CIA Nr. 14. Observations du satellite 1957 Beta exécutées à l'Observatoire d'Athènes. D. P. Elias.

DO-CIA Nr. 27. Satellite 1958 Beta 1.

DO-CIA Nr. 29, 30, 31, 32, 34, 35. Satellite 1958 Delta 1.

DO-CIA Nr. 28, 29, 30, 31, 32, 33, 34, 35, 36, 37, 38, 39. Satellite 1958 Delta 2.

DO-CIA Nr. 21, 22, 24, 27, 33, 35, 36, 37, 38. Satellite 1958 Epsilon.

From the Astronomical Observatory Helsinki—Finland. Observations at the Meteorological Observatory Jokioinen, observations at Niinisalo. Maschinenschriftvervielfältigungen.

Harv Card 1389. Satellite 1957 α 1. L. G. Jacchia, F. L. Whipple.

Harv Card 1390. Satellite 1958 α.

Harv Card 1391, 1392, mit Berichtigung in 1394. Satellite 1957 β. F. L. Whipple.

Harv Card 1393. Satellite 1958 α. P. Herget, R. L. Duncombe, F. L. Whipple.

Harv Card 1402. Satellite 1957 α 2. L. G. Jacchia, F. L. Whipple.

Harv Card 1404, mit Berichtigung in 1405. Satellite 1958 α. C. A. Whitney, F. L. Whipple.

Harv Card 1420. Satellite 1958 β 2. J. A. O'Keefe, A. Eckels.

Hemel en Dampkring 56 173. Het einde van Spoetnik II. C. de Jager.

Inst. Astr. Bruxelles (2) Nr. 113, 2 S. Observations du satellite artificiel 1957 β.

Irish AJ 5 74—75. The end of Sputnik II (1957 β_1).

Irish AJ 5 75—77. Rotation of artificial satellites. E. Öpik.

Japan Astr. Study Ass. Circ. 164—165 S. 129—130 (japan.). Radio observation of artificial satellite 1958 β and 1958 δ 2.

Japan Astr. Study Ass. Circ. Nr. 164—165 S. 130 (japan.). Visual observations of 1958 δ.

Japan Astr. Study Ass. Circ. Nr. 166—167 S. 132—133 (japan.). Radio observations of artificial satellites 1958 β 2, δ 2 and ε.

Japan Astr. Study Ass. Circ. Nr. 166—167 S. 133—134 (japan.). Visual observations of 1958 δ.

Japan Astr. Study Ass. Circ. Nr. 168 S. 135—136 (japan.). Radio observations of artificial satellites 1958 β 2, δ 2 and ε.

Japan Astr. Study Ass. Circ. Nr. 168 S. 136 (japan.). Visual observation of 1958 ε.

Japan Astr. Study Ass. Circ. Nr. 169 S. 138 (japan.). Radio observations of artificial satellites 1958 δ 2 and ε.

Japan Astr. Study Ass. Circ. Nr. 170 S. 140 (japan.). Radio observations of artificial satellite 1958 δ 2. 1958 δ 1.

Japan Astr. Study Ass. Circ. Nr. 171—172 S. 143 (japan.). Radio observations of artificial satellite 1958 δ 2.

Japan Astr. Study Ass. Circ. Nr. 171—172 S. 144 (japan.). Visual observations of 1958 δ.

Japan Astr. Study Ass. Satellite Circ. Nr. 5—10 (japan.).

JO 41 129—131. Observations photographiques de positions des satellites artificiels. R. Rigollet.

Kop Akt Medd 396. Satellit 1958 α. — P. Herget, R. L. Duncombe. — El.

Kop Akt Medd 397. De kunstige jord-satellitter.

Kop Akt Medd 399. Sputnik III og dens raket. H. Jøergensen, S. Laustsen. — Eph.

Kop Akt Medd 400. Sputnik III's raket. S. Laustsen. — Eph.

Meteoor 14 16—20. Fotografische positiebepalingen van Spoetnik 2. J. J. van der Laan.

Mitt. Ergebnisse Satell. Beob. Dienst DDR Nr. 1, 10 S. H. Philipps.

Mitt. Ergebnisse Satell. Beob. Dienst DDR Nr. 2, 16 S. Radiobeobachtungen des 3. sowjetischen Erdsatelliten. U. Güntzel-Lingner, L. Klinker.

National Obs. Athens, Greece, Repr. Nr. 8 = Documentation des Observateurs Circ. Nr. 14. Observations du satellite 1957 Beta, exécutées à l'Observatoire d'Athènes. D. P. Elias.

Nature **181** 367—368. Artificial earth satellite, 1958 Alpha.

Naturwiss. Rundschau **11** 20—21. Zum zweiten künstlichen Erdsatelliten.

Naturwiss. Rundschau **11** 102. Der amerikanische künstliche Erdsatellit 1958 Alpha.

Naturwiss. Rundschau **11** 102—103. Englische Beobachtungen an den beiden russischen Erdsatelliten.

Naturwiss. Rundschau **11** 377. Neuer künstlicher Erdsatellit. — Explorer IV (1958 ε).

Sky and Telescope **17** 182. A telescopic view of a satellite rocket.

Sky and Telescope **18** 82—83. Observing the satellites. — 1958 δ_1.

Smithsonian Contr. Astrophys. **2** 191—198. Preliminary orbit information for U.S.S.R. satellites 1957 α 1 and α 2. G. F. Schilling, T. E. Sterne.

Smithsonian Contr. Astrophys. **2** 199—205. Additional orbit information for U.S.S.R. satellites 1957 α 1 and β 1. J. S. Rinehart, G. F. Schilling.

Smithsonian Contr. Astrophys. **2** 219—244. Soviet orbit predictions and orbital information for satellites 1957 α1, α2, and Beta. G. F. Schilling, E. S. Ferguson.

Smithsonian Contr. Astrophys. **2** 245—274. Visual observations of satellite 1957 α1 made by Moonwatch stations. L. Campbell jr., J. A. Hynek.

Smithsonian Contr. Astrophys. **2** 281—284. Soviet orbit information for satellites 1957 α2 and β1. G. F. Schilling.

Smithsonian Contr. Astrophys. **2** 285—286. Basic orbital data for satellite 1957 β1. L. G. Jacchia.

Smithsonian Contr. Astrophys. **2** 287—337. Processed observational data for U. S. S. R. satellites 1957 Alpha and 1957 Beta. R. M. Adams, N. McCumber, M. Brinkman.

Smithsonian Contr. Astrophys. **2** 339—341. Successive revisions of orbital elements for satellite 1957 Beta. L. G. Jacchia.

Sterne **34** 201—203. Radio-Beobachtungen des Satelliten 1957 α auf der Volkssternwarte Bochum. H. Kaminski.

UAI Circ 1640. Satellite 1958 α. P. Herget, R. L. Duncombe. — El.

UAI Circ 1644. Satellite 1958 β.

Urania Kraków **29** 156. Obserwacje sztucznego satelity. J. Gromadzki. — Beobachtungen des künstlichen Satelliten in Choszczno am 21. März 1958. Rybka

Vasiona **5** 61—62, 1957 (serb.). Der in Belgrad beobachtete künstliche Erdsatellit. P. M. Djurković. — Beobachtungen des ersten Sputniks.

Vasiona **5** 63—64, 1957 (serb.). Der erste künstliche Erdsatellit. N. Janković. — Kurzer geschichtlicher Beitrag über die Bemühungen, einen künstlichen Satelliten zu starten. Eksinger

Vasiona **5** 75—76, 1957. Putanje sovjetkog i američkog Zemljinog satelita. D. D. Jovanović.

Vasiona **6** 3. Lansiran treći satelit.

Vasiona **6** 4—7 (serb.). Die ersten künstlichen Erdsatelliten. V. Matović.

Vasiona **6** 9—11 (serb.). Ich habe den Satelliten gesehen. L. Mitić.

Vasiona **6** 19—22. Projekat američkog satelita «Izvidnik». V. Ajvaz.

Vasiona **6** 37. Treći Sovjetski sputnjik 1958 δ.

Vasiona **6** 44—45 (serb.). Sputniks I und II existieren nicht mehr. Č. Čepinac.

Vasiona **6** 45—46. Pregled novih satelita.

VdS Nachr. 7 3. Beobachtungen des Satelliten 1957 β. J. Herrmann.
VdS Nachr. 7 19. Sichtbarkeitsbedingungen von Satellit 1957 β im März. H. K. Paetzold.
VdS Nachr. 7 34. Beobachtungen des Satelliten 1957 β. H. König, F. Dörr, W. Grauenhorst, H. Mühle, R. Rudolph.
VdS Nachr. 7 67. Satellit 1958 ε. J. Herrmann.
YC 1469 S. 1. Predictions of satellite 1957 β. I. Hasegawa.
YC 1469 S. 2. Reports of observations of 1957 β.
YC 1470 S. 1. Predictions of apparitions of 1957 β. I. Hasegawa.
YC 1470 S. 2—4. Reports of observations of satellite 1957 β. T. Amagasu, T. Seki, T. Sato, K. Imagawa, T. Nomura, Y. Murakami.
YC 1471 S. 1. Observations of 1957 β. K. Komaki, M. Nakajima.
YC 1472 S. 1. American satellite launched!
YC 1472 S. 1. Observations of satellite 1957 β. Y. Murakami.
YC 1473 S. 1. Predictions of satellite 1957 β. I. Hasegawa.
YC 1474 S. 3. Observations of satellite 1957 β. K. Hurukawa.
YC 1476 S. 2—3. Satellite 1958 α.
YC 1476 S. 4. Observations of 1957 α, β. A. Fujii.
YC 1478 S. 1—3. Predictions of satellite 1957 β. I. Hasegawa.
YC 1481 S. 1—2. Observations of Soviet satellite 1957 β. M. Inaba.
YC 1482 S. 4. Observations of Soviet satellite, 1957 β.
YC 1485 S. 4. Ephemeris of 1957 β.
YC 1486 S. 3—4. Satellite 1957 β. K. Imagawa, K. Komaki, S. Shibata, S. Kuwahara.

Transkription des russischen Alphabets

(Vgl. AJB **50** Vorwort S. III)

Russisch	AJB	Math.Rev.	Phys. Abstracts
а	a	a	a
б	b	b	b
в	w	v	v
г	g	g	g
д	d	d	d
е	e, je, jo	e	e, ë
ж	sh	ž	zh
з	s	z	z
и	i	i	i
й	j	ĭ	ĭ
к	k	k	k
л	l	l	l
м	m	m	m
н	n	n	n
о	o	o	o
п	p	p	p
р	r	r	r
с	ss, s	s	s
т	t	t	t
у	u	u	u
ф	f	f	f
х	ch	h	kh
ц	z	c	ts
ч	tsch	č	ch
ш	sch	š	sh
щ	schtsch	šč	shch
ы	y	y	ȳ
ь	—, j	'	'
э	e, é	è	é
ю	ju	yu	yu
я	ja	ya	ya

Beispiel: Зверев = Swerew (AJB) = Zverev (Math. Rev.)
= Zverev (Physics Abstracts)

Namen-Verzeichnis

Das Verzeichnis verweist unter Angabe der Seitenzahlen auf die Stellen, an denen Arbeiten und Beobachtungen der Autoren besprochen sind, hingegen nicht auf Stellen, an denen auf solche Arbeiten nur Bezug genommen oder ein Name in irgend einem Zusammenhang genannt wird.

Auch sind reine Personalnotizen nicht berücksichtigt, da sie schon in § 10 alphabetisch geordnet sind.

Nicht aufgenommen sind ferner die Namen der Beobachter und Berechner Kleiner Planeten in § 75, der Kometen in § 81 und der Veränderlichen Sterne und Novae in § 112 bzw. § 113. Für diese Autoren sind zusätzlich noch die folgenden Listen einzusehen:

S. 306—307 **Kleine Planeten. Verzeichnis der Beobachter und Berechner**
S. 333—334 **Kometen. Verzeichnis der Beobachter und Berechner**
S. 422—423 **Veränderliche Sterne. Verzeichnis der Beobachter und Berechner**
S. 428 **Novae. Verzeichnis der Beobachter**

Alphabetical Subject Index

Berichtigungen

AJB 57, 1957

S. XII. Unter Annales Françaises de Chronométrie. Bulletin Trimestriel Signalétique de Documentation de Chronométrie Générale lies 1957 anstatt 1956.

S. XIX. Unter El Universo lies Nr. 41 anstatt Nr. 40.

S. 32 Ref. 731. Lies VdS Nachr. 7 61 anstatt 5 61.

S. 302 10. Zeile von unten. Lies R. I. Mitchell anstatt R. L. Mitchell.

S. 514 Lies Scheffler, Helmut 191. 245. 456.
Scheffler, Herbert 24. 25. 38. 224. 233.

Kolibri 360 GmbH
Ferdinand-Jühlke-Straße 7
99095 Erfurt, Deutschland
produktsicherheit@kolibri360.de